国外优秀数学著作
原版系列

代数几何导引(德文)

Introduction to Algebraic Geometry

[瑞士]马库斯·布罗德曼(Markus Brodmann)著

哈尔滨工业大学出版社
HARBIN INSTITUTE OF TECHNOLOGY PRESS

黑版贸审字 08-2017-075 号

图书在版编目(CIP)数据

代数几何导引:德文/(瑞士)马库斯·布罗德曼(Markus Brodmann)著.—哈尔滨:哈尔滨工业大学出版社,2018.4

ISBN 978-7-5603-6900-6

Ⅰ.①代… Ⅱ.①马… Ⅲ.①代数几何-德文 Ⅳ.①O187

中国版本图书馆 CIP 数据核字(2017)第 203253 号

策划编辑　刘培杰
责任编辑　张永芹　钱辰琛
封面设计　孙茵艾
出版发行　哈尔滨工业大学出版社
社　　址　哈尔滨市南岗区复华四道街 10 号　邮编 150006
传　　真　0451-86414749
网　　址　http://hitpress.hit.edu.cn
印　　刷　哈尔滨市工大节能印刷厂
开　　本　787mm×1092mm　1/16　印张 31　字数 658 千字
版　　次　2018 年 4 月第 1 版　2018 年 4 月第 1 次印刷
书　　号　ISBN 978-7-5603-6900-6
定　　价　68.00 元

Algebraische Geometrie 介绍

代数几何学的发展经历波浪式的前进过程，由 18 世纪一次和二次代数曲线的直观研究到当代抽象而严格的数学理论体系的建立，成为现代数学的基础性学科之一，与数论、代数学、拓扑学、复分析以及编码和密码理论等数学分支关系密切，对数学和自然科学的一些领域有重要的影响，并且是解决某些困难问题的有力的抽象数学工具. 例如，代数几何码的构造，著名的 Fermat 猜想的解决，等等，都显示了代数几何学在理论和应用两方面的价值.

由于代数几何学的理论和应用两方面的重要性，在当代(国内外)大学理科的数学教育中，设置了不同层次的代数几何学课程，有各种不同类型的(中外文)代数几何学的出版物问世，本书是其中的一种. 本书作者 Markus Brodmann 教授多年来在瑞士苏黎世(Zürich)大学为该校研究生和大学高年级学生讲授代数几何学，本书是在此基础上形成的一本关于代数几何学的引论性专著.

本书选材比较全面，包含代数几何学的各种基本概念和重要结果. 从仿射超曲面开始，逐步深入地讨论任意仿射簇和投影簇，并且着重论述了维数、态射、重数等理论以及次数概念. 本书作者注意给出 2 维和 3 维情形的典型例子，或附以适当的图解，以加深初学者对抽象结果的理解. 对于所需要的关于抽象代数、交换代数、复分析和拓扑学等方面的预备知识，都在相应的章节做了补充论述，一般不需要另行参考其他专著. 各节都配备一定数量的习题. 总的来看，本书可读性较高.

全书共分六章，各章内容简述如下：

第Ⅰ章：仿射超曲面．本章研究仿射代数超曲面的基本性质，是全书的基础．由四节组成．第1节：代数集．这是本书引进的代数几何中的第一个基本概念，即代数方程组 $f_i(z_1,\cdots,z_n)=0(i=1,\cdots,r)$ 的解的集合

$$V(f_1,\cdots,f_r):=\{(c_1,\cdots,c_n)\mid f_i(c_1,\cdots,c_n)=0(i=1,\cdots,r)\}$$

这里 $f_i(z_1,\cdots,z_n)$ 是（复）变量 $z_1,\cdots,z_n$ 的复系数多项式．本章主要讨论平面仿射曲线．通过一些例子讨论多项式的复的、实的以及有理零点，其中包括 Fermat 曲线 $u^n+v^n=w^n(n>2)$．第2节：多项式的基本性质．这是后文的需要（包括简要的证明），如多项式的恒等，多项式的齐次部分，多项式的 Taylor 展开，代数学基本定理及应用（多项式的线性因子分解），多项式（序列）零点的连续性，等等．第3节：重数和奇性．定义超曲面上点的重数，由此给出正则点和奇点的概念，并且相当详细地讨论了一些平面曲线和曲面（尖点三次抛物线 $z_1^3=z_2^2$，环面，等等）．还讨论了与直线相交的重数．第4节：切锥和次数．给出与切线有关的一些概念，特别，具体讨论了一些曲面（如旋转抛物面等）的例子，以及平面曲线的切锥．

第Ⅱ章：仿射簇．本章开始研究任意代数集即仿射代数簇，共包含四节（第5～8节）．第5节：多项式．实际是代数几何研究所必需的交换代数工具性预备知识．首先给出环、理想和 Noether 环的定义，然后证明 Hilbert 基定理，着重讨论了零点定理（包括弱零点定理等），最后应用于仿射超曲面的分解．第6节：Zariski 拓扑与坐标环．首先引进适合于代数集的拓扑即 Zariski 拓扑，给出它的基本性质，定义了 Noether 空间和正则函数，然后比较深入地讨论仿射代数集的坐标环．第7节：态射．本节讨论“适合于”代数集的映射，即对仿射簇和拟仿射簇引进态射（射）的概念，并且给出仿射簇间以及拟仿射簇间的射的基本性质，配备了一些实例．第8节：局部环和乘积．首先一般地讲述环的局部化，然后讨论拟仿射簇的局部结构，最后引进拟仿射簇的乘积及射的乘积的概念．

第Ⅲ章：有限射和维数．本章给出代数簇的一个重要的不变量即维数，以及有限射的概念和基本性质，共包含四节（第9～12节）．第9节：整扩张．这里包含本章及后文所需要的主要的交换代数预备知识（给出完整的证明），包括模、Noether 模及环的整扩张等重要概念，着重讨论了有限整扩张和正规环的整扩张，最后借助整扩张概念引进一类重要的射即两个拟仿射簇间的有限射．第10节：维数理论．首先回顾域论中超越次数的概念．作为本章的一个主要结果，证明了正规化引理，并应用于素理想的链定理中．然后给出 Noether 空间的维数的定义和其他有关概念（如余维数等），以及基本性质（包括借助超越次数给出的不可约仿射簇的维数公式）．第11节：射的拓扑性质．首先证明所谓“射的正

规化引理”,进而证明“射的主定理”. 作为这个定理的应用,讨论了可构造集,给出拟仿射簇间的射的一些性质,最后证明了可构造集的拓扑比较定理. 第 12 节:拟有限射和双有理射. 前者是一类不可约拟仿射簇间的射,讨论了它们的次数和纤维化;后者是一类重要的特殊情形的拟有限射,在此证明了簇的正规化的存在性等重要结果.

第Ⅳ章:切空间与重数. 本章是第Ⅰ章中关于超曲面上正则点和奇点的讨论的继续和深化,但在此考虑任意拟仿射簇的情形. 由四节(第 13～16 节)组成. 第 13 节:切空间. 首先引进拟仿射簇的一个点上的切空间的概念(与超曲面情形的相应概念是一致的),然后证明了代数几何的一个基本结果:一个簇的正则点的集合是开的,并且是稠密的. 最后讨论正规点和正则点间的关系. 第 14 节:分层,给出上节结果的几何意义,定义层的概念,研究簇的分层,并讨论了一些例子. 第 15 节:Hilbert-Samuel 多项式,包含了下节讨论所需的代数工具性预备知识. 首先给出分次环、分次模以及齐次环等基本概念,然后定义 Hilbert 函数和 Hilbert 多项式,以及 Hilbert-Samuel 函数和 Hilbert-Samuel 多项式,最后给出 Noether 局部环的 Hilbert-Samuel 重数概念和基本性质. 第 16 节:重数和切锥. 首先定义任意拟仿射簇的一个点的重数为它在该点的局部环的 Hilbert-Samuel重数(这与超曲面情形的相应概念是一致的),然后证明“关于重数的主定理”,进而讨论切锥,证明了对于切锥的维数定理和重数公式,从而将第Ⅰ章中对于平面曲线的相应结果扩充到任意簇的情形.

第Ⅴ章:射影簇. 本章研究射影簇和拟射影簇的性质,它们的局部性质常可比照拟仿射簇的结果加以理解,而整体性质的研究则基于分次环理论(见第Ⅳ章). 本章的讨论最终将第Ⅰ章的主题扩充到一般性框架中. 全章包含四节(第 17～20 节). 第 17 节:射影空间. 讲述 n 维射影空间的有关基本概念和性质,例如,齐次坐标,强拓扑和 Zariski 拓扑,齐次坐标环,齐次化和非齐次化,以及射影空间的维数理论,等等,还包含一些例子. 第 18 节:射. 定义拟射影簇、射影簇以及射的概念,给出拟仿射簇、仿射簇、射影簇以及拟射影簇间的关系,研究了拟射影簇的拓扑性质(从而关于两个拟仿射簇间的射的定理可以直接扩充到两个拟射影簇间的射的情形)和局部结构,等等. 此外,还讨论了拟射影簇的正规化. 第 19 节:次数和相交重数. 将第Ⅰ章中对于仿射超曲面定义的一些概念扩充到射影簇的情形. 首先定义了射影簇的次数,这是一个重要的整体不变量;进而给出相交重数的定义,以及它与射影簇的次数间的关系,还证明了齐次正规化引理等结果. 第 20 节:平面射影曲线. 首先证明了两个齐次多项式的 Bézout 定理,然后讨论了三次平面曲线

$$h(z_0, z_1, z_2) = z_0^2 z_1 + c z_1^2 z_0 - z_2^3 \ (c \neq 0)$$

以及其他一些例子.

第Ⅵ章:丛.本章是丛论的基本导引,特别注重代数簇上的凝聚丛.由本书最后五节(第21～25节)组成.第21节:丛论的基本概念.这里包括一系列一般性概念:如拓扑空间上Abel群的预丛,环和ℂ一代数以及$\mathscr{A}$一模的预丛,丛,子丛,预丛的同态以及剩余类丛,等等.讨论了预丛和丛的关系,给出了一些例子.第22节:凝聚丛.首先引进仿射簇上诱导丛的概念,然后讨论拟射影簇上的拟凝聚丛和凝聚丛,包括在代数几何中具有重要意义的一类特殊的凝聚丛即局部自由丛(它在代数几何中的作用类似于微分几何中的向量丛).第23节:切场和Kähle微分.讨论了另外两类重要的凝聚丛:切丛和Kähle微分丛,包括一些例子.第24节:Picard群.研究拟射影簇上秩为1的局部自由丛,它的同构类形成一个Abel群,即簇的Picard群.本节同样也包含了一些代数工具性预备知识(模的张量积)和例子.第25节:射影簇上的凝聚丛.证明了$\mathbb{P}^d(d>0)$的Picard群同构于ℤ.另一个基本结果是Serre有限性定理.此外,还定义了凝聚丛的Hilbert多项式和次数,扩充了第Ⅴ章的某些结果.

本书是一本起点较高的专著.虽然有关章节包含了所需要的预备知识,但读者仍然需要具备较坚实的关于集论、抽象代数学、复分析及拓扑学等方面的数学基础知识,如果具备一些"初等"代数几何的知识那就更好了(本书正文后完整地列出国外流行的关于代数几何和交换代数的教科书的目录).本书可作为大学理科有关专业高年级学生和研究生的教学参考书,也是相关科研人员有价值的数学参考资料.

朱尧辰

2018年3月1日

Inhalt

I. Affine Hyperflächen 1

1. Algebraische Mengen 2
Nullstellengebilde von Polynomen 2
Der Kreis im Komplexen 3
Komplexe, reelle und rationale Nullstellen 7

2. Elementare Eigenschaften von Polynomen 11
Der Identitätssatz für Polynome 11
Homogene Teile von Polynomen 13
Taylor-Entwicklung und Vielfachheit 17
Zerlegung in Linearfaktoren 19
Stetigkeit der Nullstellen 22

3. Vielfachheit und Singularitäten 24
Vielfachheit von Punkten auf Hyperflächen 24
Die Neillsche Parabel $z_1^3 = z_2^2$ 27
Zur Entstehung von Singularitäten 31
Die Schnittvielfachheit mit Geraden 35

4. Tangentialkegel und Grad 37
Der Begriff der Tangente 37
Der Tangentialkegel 40
Die Vielfachheit von Tangenten 40
Einige Flächen in $\mathbb{C}^3$ 42
Tangentialkegel ebener Kurven 45
Grad und Schnittvielfachheit 47

II. Affine Varietäten 52

5. Der Polynomring 53
Ringe 53
Ideale 55
Noethersche Ringe 57
Der Nullstellensatz 58
Zerlegung in Primfaktoren 62

6. Zariski-Topologie und Koordinatenringe 67
Die Zariski-Topologie 67
Noethersche Räume 68
Zerlegung in irreduzible Komponenten 69
Reguläre Funktionen 70
Der Koordinatenring einer affinen algebraischen Menge 72
Der relative Standpunkt 75

7. Morphismen 78
Der Begriff des Morphismus 78
Quasiaffine und affine Varietäten 81
Morphismen zwischen affinen Varietäten 83
Dominante Morphismen, abgeschlossene Einbettungen 84
Beispiele von Morphismen 85
Nenneraufnahme 88
Reguläre Funktionen und elementare offene Mengen 91
Affine Morphismen 95

8. Lokale Ringe, Produkte 96
Funktionskeime und lokale Ringe 96
Lokalisierung von Ringen 99
Die lokale Struktur quasiaffiner Varietäten 101
Produkte von quasiaffinen Varietäten 103
Produkte von Morphismen 105
Die Diagonaleinbettung 106

III. Endliche Morphismen und Dimension 109

9. Ganze Erweiterungen 110
Ein Beispiel zur Problematik des Dimensionsbegriffs 110
Moduln 112
Noethersche Moduln 114
Ganze Erweiterungen 114
Ideale und ganze Erweiterungen 117
Primidealketten und ganze Erweiterungen 120
Normale Ringe 122
Ganze Erweiterungen von normalen Ringen 126
Endliche Morphismen 127

10. Dimensionstheorie 130
Der Transzendenzgrad 130
Das Normalisationslemma 133
Der Kettensatz 135

Die Dimension 137
Moduln endlicher Länge 139
Höhe und Kodimension 142
Zur Dimensionstheorie noetherscher Ringe 146

11. Topologische Eigenschaften von Morphismen 150
Der Hauptsatz über Morphismen 150
Konstruierbare Mengen 154
Parametersysteme 154
Die Faserdimension 157
Normale Varietäten 160
Morphismen und starke Topologie 161

12. Quasiendliche und birationale Morphismen 164
Quasiendliche Morphismen 164
Rationale Funktionenkörper 166
Der Grad eines quasiendlichen Morphismus 168
Die Diskriminante 169
Fasern von quasiendlichen Morphismen 173
Birationale Morphismen 176
Die Normalisierung einer Varietät 178
Der normale Ort einer Varietät 181
Reduziertheit von Fasern 182
Verzweigtheit von Morphismen 184

IV. Tangentialraum und Multiplizität 187

13. Der Tangentialraum 189
Tangentialvektoren und Richtungsableitungen 189
Tangentialraum und Differentiale 191
Die Einbettungsdimension 192
Die Rolle des lokalen Ringes 194
Tangentialräume von Fasern 196
Reguläre und singuläre Punkte 197
Normale und reguläre Punkte 199
Das Normalitätskriterium 201

14. Stratifikation 204
Strata von Varietäten 204
Strata als analytische Mannigfaltigkeiten 206
Determinantenvarietäten 210

15. Hilbert-Samuel-Polynome 217
Graduierte Ringe und Moduln 217

Homogene Ringe 220
Assoziierte Primideale 222
Torsionsmoduln und Quasi-Nichtnullteiler 224
Homogene K-Algebren 227
Das Hilbertpolynom 228
Rees-Ringe und graduierte Ringe zu Idealen 231
Hilbert-Samuel-Polynome und Multiplizität 234
Dimension und Additivität 238

16. Multiplizität und Tangentialkegel 241
Das Hilbert-Samuel-Polynom für einen Punkt 241
Der Multiplizitätsbegriff für Punkte 244
Multiplizität und Regularität 246
Affine algebraische Kegel 248
Tangentialkegel 251
Tangenten und deren Vielfachheit 256

V. Projektive Varietäten 263

17. Der projektive Raum 264
Der Begriff des projektiven Raumes 264
Der kanonische affine Atlas 270
Zariski-Topologie und affine Kegel 272
Projektiver Abschluss und Fernpunkte 276
Homogener Koordinatenring und graduierte Verschwindungsideale . . 278
Homogenisierung und Dehomogenisierung 279
Dimensionstheorie im projektiven Raum 283

18. Morphismen 285
Reguläre Funktionen 285
Quasiprojektive Varietäten und Morphismen 287
Topologische Eigenschaften quasiprojektiver Varietäten . . 292
Morphismen aus projektiven Varietäten 293
Die lokale Struktur quasiprojektiver Varietäten 294
Segre-Einbettungen und Produkte 296
Veronese-Einbettungen 300
Elementare affine Teilmengen projektiver Varietäten . . . 306
Lokale Ringe in irreduziblen Mengen 309
Endliche Morphismen und affine Kegel 311
Normalisierung quasiprojektiver Varietäten 312

19. Grad und Schnittvielfachheit 315
Der Grad einer projektiven Varietät 315
Das homogene Normalisationslemma, generische Projektionen . . 319

Grad und generische Projektionen 323
Der Begriff der Schnittvielfachheit 325
Der Zusammenhang zwischen Grad und Schnittvielfachheit 329

20. Ebene projektive Kurven 332
Der Satz von Bézout für zwei homogene Polynome 332
Die Verzweigungsordnung 334
Eine ebene Kubik 337
Tangenten und Wendepunkte 342
Die Hesse-Form 344
Die Gruppenstruktur der kubischen Kurven 347

VI. Garben 354

21. Grundbegriffe der Garbentheorie 355
Der Garbenbegriff 355
Halme 357
Homomorphismen 362
Untergarben und Restklassengarben 366
Exakte Sequenzen 370
Einschränkung auf offene Untermengen 372
Direkte Bilder 374

22. Kohärente Garben 376
Moduln und Nenneraufnahme 376
Induzierte Garben über affinen Varietäten 380
Quasikohärente und kohärente Garben 387
Kriterien für die Kohärenz 392
Lokal freie Garben 394

23. Tangentialfelder und Kähler-Differentiale 398
Homomorphismen-Garben 398
Duale Garben 403
Die Tangentialgarbe 405
Die Garbe der Kähler-Differentiale 409
Die Beziehung zur Tangentialgarbe 414

24. Die Picard-Gruppe 417
Tensorprodukte von Moduln 417
Tensorprodukte von Garben 422
Invertierbare Garben und die Picard-Gruppe 426
Zur Picard-Gruppe affiner Varietäten 428

25. Kohärente Garben über projektiven Varietäten 432
Verdrehte Strukturgarben 432
Einbettung in die Picard-Gruppe 434
Verdrehte kohärente Garben 437
Totale Schnittmoduln 438
Induzierte Garben 442
Schnittmoduln induzierter Garben 446
Der Endlichkeitssatz 449
Hilbertpolynom und Grad für kohärente Garben 452
Ein Verschwindungskriterium für $\Gamma(X,\mathscr{F}(n))$ 455

Bibliographie 459

Index 463

Vorwort

Dieses Buch entstand auf Grund einer an der Universität Zürich gehaltenen Vorlesung und soll eine Einführung in die algebraische Geometrie geben, ohne grosse Kenntnisse der Algebra vorauszusetzen. Wir erwarten eine mathematische Grundausbildung im Umfang von 2 bis 3 Studiensemestern und führen die benötigten algebraischen Hilfsmittel bei Bedarf ein. Dabei beschränken wir uns auf die Behandlung komplexer quasiprojektiver Varietäten, stellen aber so viel an kommutativer Algebra bereit, dass dem Leser ein späterer «Schema-theoretischer» Zugang zur algebraischen Geometrie nicht mehr schwerfallen dürfte. Weiter verzichten wir auf Methoden aus der komplexen Analysis. (Eine Ausnahme machen wir bei der Behandlung von Stratifikationen, welche wir auch vom Standpunkt der komplex-analytischen Mannigfaltigkeiten aus betrachten). Angesichts der überwältigenden Reichhaltigkeit der algebraischen Geometrie muss sich eine Einführung in dieses Gebiet auf einige zentrale Grundthemen konzentrieren. In unserem Fall sind dies die Begriffe des regulären und des singulären Punktes, des Tangentialkegels, der Multiplizität und des mit dieser verwandten Grad-Begriffes. Nebst diesen im eigentlichen Sinne geometrischen Begriffen spielt auch das topologische Konzept der Dimension eine wichtige Rolle in der algebraischen Geometrie. Deshalb werden wir uns ausführlich mit der Dimensionstheorie befassen. Breiten Raum nimmt auch die Behandlung der Morphismen – d.h. der Abbildungen der algebraischen Geometrie – ein.

Das Buch ist in 6 Kapitel gegliedert. Im ersten behandeln wir affine Hyperflächen, d.h. Nullstellengebilde eines einzigen Polynoms. Für solche Hyperflächen führen wir den Multiplizitäts- oder Vielfachheitsbegriff und den Tangentialkegel ein. Aus der Multiplizität ergibt sich auch das Konzept des singulären und des regulären Punktes. Schliesslich geben wir hier auch einen ersten Zusammenhang zwischen dem Grad und der Schnittmultiplizität und werfen so bereits einen Blick in Richtung der projektiven Varietäten. Die genannten Begriffe werden uns als roter Faden durch den Rest des Buches begleiten. Ein wesentlicher Teil unserer späteren Arbeit wird nämlich darin bestehen, diese für Hyperflächen einfachen Begriffe im Falle beliebiger quasiprojektiver Varietäten zu definieren und zu untersuchen. Viel Platz nehmen im ersten Kapitel auch die Beispiele ein, welche der Veranschaulichung der eingeführten Begriffe dienen sollen.

Im zweiten Kapitel untersuchen wir beliebige affine und quasiaffine Varietäten. Dazu stellen wir zuerst das nötige algebraische Rüstzeug aus der Idealtheorie der Polynomringe bereit. Anschliessend führen wir die Zariski-Topologie, reguläre Funktionen und Koordinatenringe ein. Dann definieren wir Morphismen und beweisen einige ihrer grundlegenden Eigenschaften. Weiter führen wir den Begriff des lokalen Rings einer Varietät in einem Punkt ein und machen uns dessen fundamentale Bedeutung klar. Schliesslich behandeln wir hier auch Produkte von quasiaffinen Varietäten.

Kapitel III ist der Dimensionstheorie und den für diese unentbehrlichen endlichen Morphismen gewidmet. Wir beweisen dort auch einige wichtige topologische Eigenschaften von Morphismen, wobei den Fasern eine besondere Bedeutung zukommt. Ausführlich befassen wir uns auch mit den quasiendlichen und den birationalen Morphismen.

In Kapitel IV werden wir die Begriffe des regulären (resp. singulären) Punktes, der Multiplizität sowie das Konzept des Tangentialkegels für beliebige quasiaffine Varietäten behandeln. Anders als in Kapitel I stellen wir den Begriff des regulären und des singulären Punktes an den Anfang und fassen diesen mit Hilfe des Tangentialraums. Danach wenden wir uns den Stratifikationen zu. Erst dann führen wir den Multiplizitätsbegriff ein, und zwar über die Theorie der Hilbert-Samuel-Polynome von graduierten Ringen. Schliesslich behandeln wir den Tangentialkegel, wobei die graduierten Ringe auch hier ein wichtiges Hilfsmittel sind.

Das fünfte Kapitel befasst sich mit den projektiven und den quasiprojektiven Varietäten. Die lokalen Eigenschaften dieser Varietäten verstehen wir leicht dank unsern Kenntnissen der quasiaffinen Varietäten. Die Untersuchung der globalen Eigenschaften stützt sich auf die schon in Kapitel IV entwickelte Theorie der graduierten Ringe. Die wichtigste globale Invariante ist dabei der Grad einer projektiven Varietät. Wir werden uns auch etwas mit dem Zusammenhang zwischen der Schnitttheorie und dem Grad befassen. Damit bringen wir die entsprechenden Aussagen aus Kapitel I in einem allgemeineren Rahmen zum Abschluss.

Im letzten Kapitel geben wir einige Grundbegriffe aus der Garben-Theorie. Dabei stehen die kohärenten Garben über algebraischen Varietäten im Vordergrund. Besonders wichtig sind hier die kohärenten Garben über projektiven Varietäten, die in engem Zusammenhang mit den graduierten Moduln stehen. Insbesondere lässt sich für diese ein Grad-Begriff einführen, der denjenigen aus Kapitel V verallgemeinert. Ebenso behandeln wir invertierbare Garben und definieren die Picard-Gruppe einer Varietät, wobei wir einfache Beispiele betrachten.

Jedem der 6 Kapitel ist eine kurze Einleitung vorangestellt. Jedes Kapitel ist in 4 (oder 5) Abschnitte gegliedert. Diese sind durchgehend numeriert von 1 bis 25. Die Abschnitte selbst sind nach Themen in 3 bis 8 Unterabschnitte aufgeteilt. Jedem Abschnitt sind einige Übungsaufgaben nachgestellt. Die Anmerkungen geben Hinweise zum Text, sind aber für das Verständnis nicht notwendig.

Im einzelnen setzen wir an Kenntnissen voraus:

Mengenlehre: Zornsches Lemma, abzählbare und überabzählbare Mengen.

Algebra: Gruppen, Körper, Grundbegriffe der linearen Algebra.

Analysis: Grundbegriffe der Infinitesimalrechnung, der Körper der komplexen Zahlen.

Topologie: Topologische Räume, Kompaktheit, stetige Abbildungen.

Danken möchte ich den Herausgebern der Reihe «Basler Lehrbücher» für das entgegengebrachte Vertrauen. H. Kraft danke ich für seine Vorschläge und Anregungen. Besonderer Dank gebührt auch H. Keller für seine sorgfältige Lektüre des Manuskripts und seine zahlreichen Korrekturvorschläge.

Zürich, Mai 1988 M. Brodmann

I. Affine Hyperflächen

Unter einer *affinen algebraischen Hyperfläche* verstehen wir die Menge

$$V(f) = \{(c_1, \ldots, c_n) \in \mathbb{C}^n \mid f(c_1, \ldots, c_n) = 0\}$$

der Nullstellen $(c_1, \ldots, c_n) \in \mathbb{C}^n$ eines Polynoms $f = f(z_1, \ldots, z_n) \neq 0$ mit komplexen Koeffizienten.

In diesem Kapitel wollen wir elementare Eigenschaften solcher affinen Hyperflächen untersuchen. Eine besondere Bedeutung kommt dabei den ebenen affinen Kurven, d.h. den «Hyperflächen» $X \subseteq \mathbb{C}^2$, zu.

Zunächst machen wir uns an Beispielen klar, was es bedeutet, komplexe Nullstellengebilde zu betrachten. Die Beispiele sollen aber auch andeuten, dass die Untersuchung reeller und rationaler algebraischer Nullstellengebilde mit fundamentalen Fragen der Mathematik verknüpft ist.

Anschliessend stellen wir einige grundlegende Ergebnisse über (komplexe) Polynome bereit. Im einzelnen handelt es sich um den Identitätssatz, den Divisionsalgorithmus, den Fundamentalsatz und die stetige Abhängigkeit der Nullstellen von den Koeffizienten. Zudem führen wir die Taylor-Entwicklung und den Begriff der Vielfachheit von Nullstellen ein. Hier beweisen wir auch ein erstes topologisches Resultat über affine Hyperflächen, nämlich dass diese keine isolierten Punkte besitzen.

Als nächstes führen wir zwei Begriffe ein, welche für alles weitere von grundsätzlicher Bedeutung sind: Den Begriff der Vielfachheit von Punkten auf Hyperflächen und das auf diesem beruhende Konzept des regulären resp. singulären Punktes. Das Auftreten von Singularitäten ist typisch für «implizite» geometrische Theorien wie die algebraische oder die analytische Geometrie. Wir werden uns dieses Phänomen auf Grund von Beispielen veranschaulichen.

Schliesslich führen wir die Schnittvielfachheit einer Geraden mit einer Hyperfläche (in einem gegebenen Schnittpunkt) ein und gelangen so zum Begriff der Tangente und des Tangentialkegels. Verschiedene Beispiele sollen diese Konzepte konkretisieren. Zum Schluss definieren wir den Grad einer affinen Hyperfläche mit Hilfe der Schnittvielfachheit. Die Eigenschaften dieser «globalen» Grösse legen es nahe, affine Hyperflächen durch Hinzunahme geeigneter Punkte «im Unendlichen» zu vervollständigen. Damit wird bereits auf das Konzept der projektiven Varietät hingewiesen, das später eine wichtige Rolle spielen wird.

1. Algebraische Mengen

Nullstellengebilde von Polynomen. Ausgangspunkt der *algebraischen Geometrie* ist das Studium der *algebraischen Mengen*, d.h. der *Lösungsgebilde von algebraischen Gleichungssystemen*. Genauer heisst dies folgendes: Wir betrachten ein *Polynom* $f(z_1, \ldots, z_n)$ in den *n Variablen* $z_1, \ldots, z_n$. Eine Gleichung der Form $f(z_1, \ldots, z_n) = 0$ nennt man eine *algebraische Gleichung*. Ein System solcher Gleichungen, etwa

(1.1) $$f_i(z_1, \ldots, z_n) = 0 \ (i \in \mathscr{A})$$

($\mathscr{A}$ steht dabei für eine beliebige Indexmenge, f_i ist jeweils ein Polynom) nennt man ein *algebraisches Gleichungssystem*. Die *Lösungsmenge* oder das *Lösungsgebilde* des Systems (1.1) schreiben wir als $V(\{f_i \mid i \in \mathscr{A}\})$, also:

(1.2) $$V(\{f_i \mid i \in \mathscr{A}\}) = \{(c_1, \ldots, c_n) \mid f_i(c_1, \ldots, c_n) = 0, \forall\, i \in \mathscr{A}\}.$$

$V(\{f_i \mid i \in \mathscr{A}\})$ heisst auch die *Nullstellenmenge* oder das *Nullstellengebilde* von $\{f_i \mid i \in \mathscr{A}\}$. Treten nur endlich viele Polynome f_i auf, so setzen wir

(1.2)′ $$V(f_1, \ldots, f_r) := V(\{f_i \mid i = 1, \ldots, r\}).$$

(1.3) **Bemerkungen:** A) Ausgangspunkt der *linearen Algebra* ist bekanntlich das Studium der Lösungsgebilde linearer Gleichungssysteme. Es handelt sich dabei genau um solche Systeme (1.1), bei denen alle Polynome f_i vom Grad 1 sind. Die Lösungsgebilde dieser Systeme sind *affine Räume* und können mit Hilfe der Methoden der linearen Algebra vollständig beschrieben werden.

Für allgemeinere algebraische Gleichungssysteme liegen die Verhältnisse wesentlich komplizierter. Insbesondere gibt es – anders als im linearen Fall – keine Methoden, um die Lösungsgebilde explizite zu bestimmen. An Stelle quantitativer Verfahren (wie Lösungsalgorithmen) treten im nicht-linearen Fall qualitative Untersuchungen der Lösungsgebilde, die allenfalls zu verschiedenen *Klassifikationen* führen.

B) Ein wichtiger Gegenstand der *Algebra* ist das Studium von algebraischen Gleichungen $f(z) = 0$ in einer einzigen Variablen z. Die Algebra gibt (dort wo dies möglich ist – nämlich falls f vom Grad $\leqslant 4$ ist) «exakte» Lösungsverfahren. Die *Numerik* gibt Verfahren, um die Lösungen einer algebraischen Gleichung mit beliebig vorgegebener Genauigkeit zu bestimmen. Beide Aspekte sind in der algebraischen Geometrie nicht von Belang, da sich diese nur für Aussagen über die (endliche) Menge der Lösungen insgesamt interessiert. Eine ganz wichtige Frage für die algebraische Geometrie ist dabei die Frage nach der *Vielfachheit* einer bestimmten Lösung. Diese Frage ist natürlich auch für die oben angegebenen Gesichtspunkte der Algebra und der Numerik von Bedeutung. So ist etwa das Konvergenzverhalten von numerischen Lösungsverfahren bei (beinahe) mehrfachen Lösungen anders als bei einfachen. ○

Der Kreis im Komplexen. Beim Studium algebraischer Gleichungen ist es oft einfacher, alle Lösungen – d.h. auch die komplexen – zu untersuchen, selbst wenn man nur an den reellen Lösungen interessiert ist. Wir wollen diesen Standpunkt auch für das Studium algebraischer Nullstellengebilde übernehmen. Anhand von Beispielen wollen wir uns aber klar machen, welche Konsequenzen er hat.

(1.4) **Beispiel:** Sei $\varepsilon \in \mathbb{R}-\{0\}$. Wir betrachten die algebraische Menge $X^{(\varepsilon)} := V(z_1^2+z_2^2-\varepsilon)$ in $\mathbb{C}^2$ und das entsprechende reelle Nullstellengebilde $X_{\mathbb{R}}^{(\varepsilon)} := X^{(\varepsilon)} \cap \mathbb{R}^2$. $X_{\mathbb{R}}^{(\varepsilon)}$ verstehen wir einfach, denn es gilt

$$X_{\mathbb{R}}^{(\varepsilon)} = \begin{cases} \text{Kreis mit Radius } \sqrt{\varepsilon}, & \text{falls } \varepsilon > 0 \\ \emptyset & \text{, falls } \varepsilon < 0 \,. \end{cases}$$

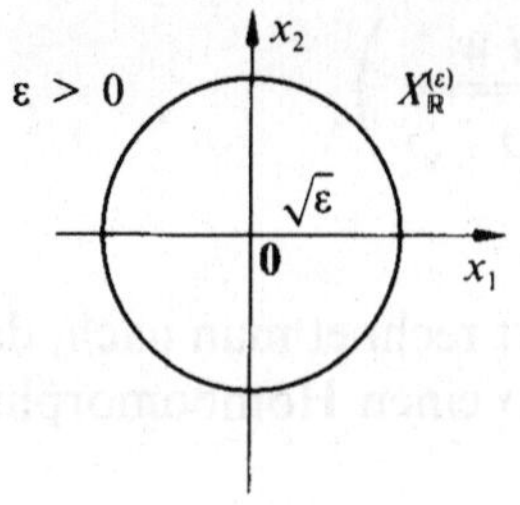

Wir wollen uns nun auch ein geometrisches Bild von $X^{(\varepsilon)}$ machen. Wir zerlegen dabei die komplexen Variablen z_j in Real- und Imaginärteil, d.h. wir schreiben

$$z_j = x_j + i\, y_j \quad (j = 1, 2),$$

wobei x_1, x_2, y_1, y_2 reelle Variablen sind. Wir identifizieren nun $\mathbb{C}^2$ mit $\mathbb{R}^4$, indem wir den Punkt $(z_1, z_2) \in \mathbb{C}^2$ mit dem Punkt $(x_1, x_2, y_1, y_2) \in \mathbb{R}^4$ identifizieren. Damit fassen wir $X^{(\varepsilon)}$ als Menge im $\mathbb{R}^4$ auf. Da sich der Raum $\mathbb{R}^4$ unserer direkten Anschauung entzieht, wollen wir einen Homöomorphismus

$$\varphi^{(\varepsilon)} : X^{(\varepsilon)} \xrightarrow[\approx]{} H^{(\varepsilon)} \subseteq \mathbb{R}^3$$

von $X^{(\varepsilon)}$ auf eine einfache Fläche $H^{(\varepsilon)}$ im Raum $\mathbb{R}^3$ konstruieren (dabei sei $X^{(\varepsilon)} \subseteq \mathbb{R}^4$ mit der induzierten Topologie versehen).

$X^{(\varepsilon)}$ ist die Menge aller $(z_1, z_2) \in \mathbb{C}^2$, für die $\mathrm{re}(z_1^2+z_2^2-\varepsilon) = \mathrm{im}(z_1^2+z_2^2-\varepsilon) = 0$. re und im stehen dabei für den *Realteil* resp. den *Imaginärteil* einer komplexen

Zahl. Wegen $\mathrm{re}(z_1^2+z_2^2-\varepsilon)=x_1^2+x_2^2-y_1^2-y_2^2-\varepsilon$, $\mathrm{im}(z_1^2+z_2^2)=2(x_1\,y_1+x_2\,y_2)$ ist $X^{(\varepsilon)}\subseteq\mathbb{R}^4$ des Lösungsgebilde des Systems:

(i) (a) $x_1^2+x_2^2-y_1^2-y_2^2-\varepsilon = 0$

(b) $x_1\,y_1+x_2\,y_2 = 0.$

Wir behandeln zuerst den Fall $\varepsilon>0$. Wir definieren V^+ als die Menge aller Punkte $(x_1, x_2, y_1, y_2)\in\mathbb{R}^4$, welche der Gleichung (i)(b) genügen und für welche $(x_1, x_2)\neq(0,0)$. Wegen $\varepsilon>0$ ist dann klar, dass $X^{(\varepsilon)}\subseteq V^+$. Den Raum $\mathbb{R}^3$ beschreiben wir mit den Koordinaten u, v, w. $W\subseteq\mathbb{R}^3$ sei dabei die Menge $\{(u, v, w)\mid (u, v)\neq(0,0)\}$, die aus $\mathbb{R}^3$ durch Entfernen der w-Achse entsteht. Nun definieren wir Abbildungen $\varphi^+ : V^+\to W$, $\psi^+ : W\to V^+$, durch die Vorschriften

$$(x_1, x_2, y_1, y_2)\xmapsto{\varphi^+}\left(x_1, x_2, \frac{x_1\,y_2-x_2\,y_1}{\sqrt{x_1^2+x_2^2}}\right)$$

$$(u, v, w)\xmapsto{\psi^+}\left(u, v, \frac{-v\,w}{\sqrt{u^2+v^2}}, \frac{u\,w}{\sqrt{u^2+v^2}}\right).$$

Offenbar sind beide Abbildungen stetig. Sofort rechnet man nach, dass φ^+ und ψ^+ zueinander invers sind. Wir haben so also einen Homöomorphismus

$$\varphi^+ : V^+ \xrightarrow[\approx]{} W \subseteq \mathbb{R}^3$$

erhalten. In $\mathbb{R}^3$ betrachten wir die Fläche

$$H^{(\varepsilon)} = \{(u, v, w)\mid u^2+v^2-w^2-|\varepsilon| = 0\}$$

(die wir auch für $\varepsilon<0$ so definieren wollen). $H^{(\varepsilon)}$ entsteht, indem wir die in der (u, w)-Ebene liegende Hyperbel $u^2-w^2-|\varepsilon|=0$ um die w-Achse rotieren lassen. $H^{(\varepsilon)}$ ist also ein *einschaliges Rotationshyperboloïd*, dessen Achse die w-Achse ist. Unter Verwendung der Gleichungen (i)(a), (b) rechnet man sofort nach, dass $\varphi^+(X^{(\varepsilon)})\subseteq H^{(\varepsilon)}$, $\psi^+(H^{(\varepsilon)})\subseteq X^{(\varepsilon)}$, d.h. dass $\varphi^+(X^{(\varepsilon)})=H^{(\varepsilon)}$. Somit können wir den gesuchten Homöomorphismus $\varphi^{(\varepsilon)}$ als die Einschränkungsabbildung $\varphi^+\restriction X^{(\varepsilon)}$ definieren und erhalten die Situation

$$\begin{array}{ccc} X^{(\varepsilon)} & \xrightarrow[\approx]{\varphi^{(\varepsilon)}} & H^{(\varepsilon)} \\ \cap & & \cap \\ V^+ & \xrightarrow[\approx]{\varphi^+} & W \end{array}, \quad (\varepsilon > 0).$$

φ^+ bildet also V^+ homöomorph auf die offene Menge $W \subseteq \mathbb{R}^3$ ab und führt dabei $X^{(\varepsilon)}$ in das Hyperboloïd $H^{(\varepsilon)}$ über. $H^{(\varepsilon)}$ ist also ein topologisch treues Bild von $X^{(\varepsilon)}$.

Wir sehen auch sofort, dass $\varphi(X^{(\varepsilon)}_{\mathbb{R}})$ gerade der «Taillenkreis» von $H^{(\varepsilon)}$ ist: $\varphi(X^{(\varepsilon)}_{\mathbb{R}}) = T^{(\varepsilon)} := \{(u, v, w) \in H^{(\varepsilon)} \mid w=0\}$.

Ist $\varepsilon<0$, so definieren wir V^- als die Menge aller Punkte $(x_1, x_2, y_1, y_2) \in \mathbb{R}^4$, welche der Gleichung (i)(b) genügen und für welche $(y_1, y_2) \neq (0, 0)$. Dann gilt $X^{(\varepsilon)} \subseteq V^-$. Wir definieren nun zwei stetige, zueinander inverse Abbildungen $\varphi^- : V^- \to W$, $\psi^- : W \to V^-$ durch die Vorschriften

$$(x_1, x_2, y_1, y_2) \xmapsto{\varphi^-} \left(-y_1, -y_2, \frac{-y_1x_2+y_2x_1}{\sqrt{y_1^2+y_2^2}}\right)$$

$$(u, v, w) \xmapsto{\psi^-} \left(\frac{-vw}{\sqrt{u^2+v^2}}, \frac{uw}{\sqrt{u^2+v^2}}, -u, -v\right)$$

und gelangen so wieder zu einem Homöomorphismus

$$\varphi^- : V^- \xrightarrow[\approx]{} W.$$

Es gilt $\varphi^-(X^{(\varepsilon)}) = H^{(\varepsilon)}$, so dass wir setzen können $\varphi^{(\varepsilon)} := \varphi^- \restriction X^{(\varepsilon)}$ und die folgende Situation erhalten:

$$\begin{array}{ccc} X^{(\varepsilon)} & \xrightarrow{\varphi^{(\varepsilon)}} & H^{(\varepsilon)} \\ \cap\!\!| & & \cap\!\!| \\ V^- & \xrightarrow[\approx]{\varphi^-} & W \end{array} \quad , \quad (\varepsilon < 0).$$

Schreiben wir $X^{(\varepsilon)}_{i\mathbb{R}}$ für die Menge $\{(z_1, z_2) \in X^{(\varepsilon)} \mid x_1 = x_2 = 0\}$ der rein imaginären Punkte von $X^{(\varepsilon)}$, so wird sofort klar, dass $\varphi^{(\varepsilon)}(X^{(\varepsilon)}_{i\mathbb{R}}) = T^{(\varepsilon)}$.

Wir wählen nun $\varepsilon>0$. Dann ist offenbar zunächst $H^{(\varepsilon)} = H^{(-\varepsilon)}$.

$X^{(\varepsilon)}$ und $X^{(-\varepsilon)}$ sind also homöomorph, obwohl es $X^{(\varepsilon)}_{\mathbb{R}} \approx T^{(\varepsilon)}$ und $X^{(-\varepsilon)}_{\mathbb{R}} = \emptyset$ nicht sind. Wir können dies auch so verstehen, dass wir die durch $(z_1, z_2) \mapsto (iz_1, iz_2)$ definierte Abbildung $\tau : \mathbb{C}^2 \to \mathbb{C}^2$ betrachten, die natürlich ein Homöomorphismus ist. Identifizieren wir $\mathbb{C}^2$ mit $\mathbb{R}^4$, so wird τ beschrieben durch die Vorschrift

$$(x_1, x_2, y_1, y_2) \xmapsto{\tau} (-y_1, -y_2, x_1, x_2),$$

und es gilt $\tau(V^+) = V^-$. Insbesondere besteht auch das kommutative Diagramm

$$\begin{array}{ccc} X^{(\varepsilon)} & & \\ & \searrow^{\varphi^{(\varepsilon)}}_{\approx} & \\ \tau \downarrow \wr & & H^{(\varepsilon)} \\ & \nearrow^{\approx}_{\varphi^{(-\varepsilon)}} & \\ X^{(-\varepsilon)} & & \end{array}$$

○

In $\mathbb{R}^3$ lässt sich die Situation für $\varepsilon > 0$ wie folgt veranschaulichen.

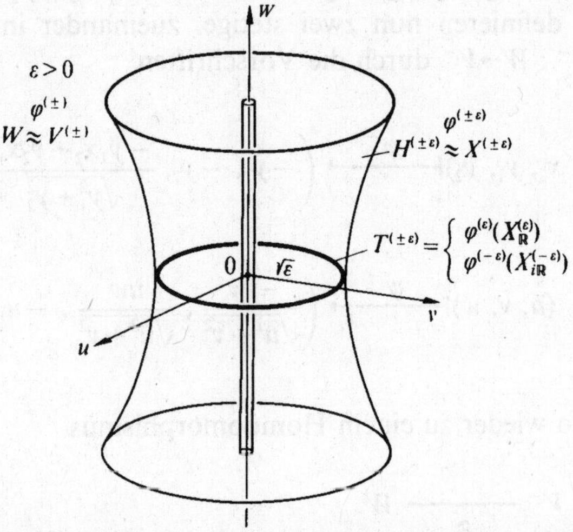

Anmerkung: Die Homöomorphismen $\varphi^{(\varepsilon)} : X^{(\varepsilon)} \to H^{(\varepsilon)}$ liefern mehr als nur ein topologisch treues Bild von $X^{(\varepsilon)}$. V^+ und V^- ist jeweils eine *differenzierbare Untermannigfaltigkeit* von $\mathbb{R}^4$, W eine von $\mathbb{R}^3$ und $\varphi^+ : V^+ \to W$ rsp. $\varphi^- : V^- \to W$ ein *Diffeomorphismus*. Insbesondere ist $H^{(\varepsilon)}$ sogar ein *diffeomorphes Bild* von $X^{(\varepsilon)}$. Weil $H^{(\varepsilon)}$ eine differenzierbare Untermannigfaltigkeit von W ist, ist also $X^{(\varepsilon)}$ eine solche von V^+ resp. V^-. Also ist $X^{(\varepsilon)}$ eine differenzierbare Untermannigfaltigkeit von $\mathbb{R}^4$. ○

Dieses Beispiel zeigt uns, dass das Nullstellengebilde $X^{(\varepsilon)}$ für alle $\varepsilon \in \mathbb{R} - \{0\}$ topologisch gesehen immer eine Fläche ist. Der reelle Teil $X_{\mathbb{R}}^{(\varepsilon)}$ von $X^{(\varepsilon)} \subseteq \mathbb{R}^4$ entsteht dabei durch Schneiden mit der reellen Ebene $y_1 = y_2 = 0$. Wie $X_{\mathbb{R}}^{(\varepsilon)}$ aussieht, hängt dabei primär nicht von der topologischen Gestalt der Fläche $X^{(\varepsilon)}$ ab, sondern von deren Lage im Raum $\mathbb{R}^4$. Für $\varepsilon > 0$ ist ja $X_{\mathbb{R}}^{(\varepsilon)}$ ein Kreis und $X_{\mathbb{R}}^{(-\varepsilon)}$ leer. Die geometrische Erklärung liegt darin, dass $X^{(-\varepsilon)}$ aus $X^{(\varepsilon)}$ durch Anwendung der «Drehung» τ hervorgeht und nach dieser Drehung gar nicht mehr von der reellen Ebene getroffen wird.

Wir können sogar einen Schritt weiter gehen und $X^{(\varepsilon)} = V(z_1^2 + z_2^2 - \varepsilon)$ für beliebige $\varepsilon \in \mathbb{C}$ betrachten. Ist $\varepsilon \neq 0$, so wählen wir $\delta \in \mathbb{C}$ so, dass $\delta^2 = \varepsilon$ und betrachten die Abbildung $\sigma : \mathbb{C}^2 \mapsto \mathbb{C}^2$ definiert durch $(z_1, z_2) \mapsto (\delta z_1, \delta z_2)$. σ ist ein Homöomorphismus und es gilt $\sigma(X^{(1)}) = X^{(\varepsilon)}$. Also ist $X^{(\varepsilon)}$ immer zu $X^{(1)}$ homöomorph. Die topologische Gestalt von $X^{(\varepsilon)}$ ist also für alle $\varepsilon \in \mathbb{C} - \{0\}$ dieselbe, nämlich $H^{(1)}$. Die Gestalt von $X^{(\varepsilon)}$ ist demnach für fast alle $\varepsilon \in \mathbb{C}$ dieselbe. Damit ist ein klassisches Postulat der algebraischen Geometrie erfüllt: Das sogenannte *Permanenzprinzip*. Dieses besagt, dass die geometrische Natur eines Nullstellengebildes $V(\{f_i\})$ bei Variation der Koeffizienten seiner definierenden Polynome f_i «fast immer» dieselbe ist. Dass sich die geometrische Natur eines Nullstellengebildes bei Variation der Koeffizienten ändern kann, sieht man leicht, wenn man $X^{(\varepsilon)}$ für $\varepsilon=0$ betrachtet. Wegen $z_1^2+z_2^2=(z_1+i\,z_2)(z_1-i\,z_2)$ gilt nämlich $X^{(0)}=V(z_1^2+z_2^2)=V(z_1+i\,z_2)\cup V(z_1-iz_2)$. In $\mathbb{R}^4$ betrachtet, sind $V(z_1+i\,z_2)$ und $V(z_1-i\,z_2)$ Ebenen, die sich genau im Ursprung treffen. $X^{(0)}$ entspricht also topologisch der Vereinigung zweier sich transversal schneidender Ebenen, ist also sicher nicht zu $H^{(1)}$ homöomorph.

Die Tatsache, dass $X_{\mathbb{R}}^{(\varepsilon)}=\emptyset$ für alle $\varepsilon<0$, zeigt sofort, dass im Reellen das Permanenzprinzip verletzt ist.

Anmerkung: Das Permanenzprinzip (oder auch *Kontinuitätsprinzip*) ist in der obigen Formulierung nicht als strenge Aussage zu verstehen. Es tritt aber in Form zahlreicher Sätze (meist sogenannter Halbstetigkeitsaussagen) in Erscheinung. ○

Komplexe, reelle und rationale Nullstellen. Dass das Permanenzprinzip im Reellen nicht gilt, spricht ebenfalls für die «komplexe Betrachtungsweise». Wir wollen also im weitern nur noch *komplexe Nullstellengebilde* $X=V(\{f_i\})\subseteq\mathbb{C}^n$ betrachten, wobei die definierenden Polynome komplexe Koeffizienten haben dürfen. Dabei verwenden wir die schon oben eingeführte Schreibweise

$$X_{\mathbb{R}}:=X\cap\mathbb{R}^n, \quad (X\subseteq\mathbb{C}^n)$$

und nennen $X_{\mathbb{R}}$ den *reellen Teil* von X.
Analog kann man auch den durch

$$X_{\mathbb{Q}}:=X\cap\mathbb{Q}^n, \quad (X\subseteq\mathbb{C}^n)$$

definierten *rationalen Teil von X* betrachten.

Das Studium der reellen Nullstellengebilde von reellen Polynomen gehört in das Gebiet der *reellen algebraischen Geometrie*. Diese untersucht allerdings nicht nur die Lösungsmengen algebraischer Gleichungssysteme, sondern auch die von Systemen algebraischer Ungleichungen. Man spricht deshalb von *semialgebraischer Geometrie*. Diese Theorie bedient sich weitgehend anderer Methoden als die «klassische», d.h. die komplexe algebraische Geometrie. Obwohl wir bei der Behandlung von Beispielen immer wieder reelle Teile von Nullstellengebilden betrachten, werden wir uns deshalb ausschliesslich auf die Darstellung der komplexen Theorie beschränken.

Natürlich ist es auch interessant, den rationalen Teil $X_{\mathbb{Q}}$ einer algebraischen Menge $X\subseteq\mathbb{C}^n$ zu betrachten, insbesondere dann, wenn die definierenden Gleichungen von X rationale Koeffizienten haben. Diese Betrachtungsweise gehört in das Gebiet der *arithmetischen Geometrie* und ist eng verknüpft mit der

Theorie der *diophantischen Gleichungen*. Die letztgenannte Theorie ist ein klassisches Gebiet der *Arithmetik*. Es geht dabei um die Bestimmung ganzzahliger Lösungen von algebraischen Gleichungssystemen mit ganzzahligen Koeffizienten.

(1.5) **Beispiel:** Ein typisches Beispiel aus der Theorie der diophantischen Gleichungen ist die Frage nach allen *pythagoreischen Tripeln*, d.h. nach allen Tripeln

(i) $(u, v, w) \in \mathbb{Z}^3$, mit $u\,v\,w \neq 0$ und $u^2+v^2 = w^2$.

Dabei ist natürlich nur die Frage nach den *primitiven Tripeln* von Interesse, d.h. nach den Tripeln (u, v, w) mit dem grössten gemeinsamen Teiler 1. Diese Tripel sind schon seit der Antike bekannt:

(ii) *Die Menge der primitiven pythagoreischen Tripel ist gegeben durch* $\{(2mn, n^2-m^2, n^2+m^2) \mid n, m \in \mathbb{N}, ggT(n, m) = 1, n-m = 2k+1, k \in \mathbb{N}\}$.

Wir betrachten jetzt den komplexen Kreis $X=V(z_1^2+z_2^2-1)$ und die Menge

(ii) $X_{\mathbb{Q}} = \{(a, b) \in \mathbb{Q}^2 \mid a^2+b^2 = 1\}$

seiner rationalen Punkte. Ist (u, v, w) ein primitives phythagoreisches Tripel, so gilt offenbar $\left(\frac{u}{w}, \frac{v}{w}\right) \in X_{\mathbb{Q}}-\{(0, \pm 1), (\pm 1, 0)\} =: \dot{X}_{\mathbb{Q}}$. Man überlegt sich:

(iii) *Durch die Zuordnung* $(u, v, w) \mapsto \left(\frac{u}{w}, \frac{v}{w}\right)$ *wird eine Bijektion zwischen der Menge P der primitiven pythagoreischen Tripel und der Menge* $\dot{X}_{\mathbb{Q}}$, *der nicht auf den Koordinatenachsen liegenden rationalen Punkten des Kreises X definiert.* ○

(1.6) **Beispiel:** Sei $n \in \{3, 4, 5, \ldots\}$. Eine klassische Frage der Zahlentheorie ist das sogenannte *Fermat-Problem*, d.h. die Frage, ob die Gleichung

(i) $u^n+v^n = w^n, (n > 2)$

überhaupt nichttriviale ganzzahlige Lösungen $(u, v, w) \in \mathbb{Z}^3$ haben kann (d.h. Lösungen mit $u\,v\,w \neq 0$).

Gleichbedeutend ist offenbar die Frage, ob die Punkte auf den Koordinatenachsen die einzigen rationalen Punkte der Menge

(ii) $X_n := V(z_1^n+z_2^n-1) \subseteq \mathbb{C}^2$.

sind. X_n heisst deshalb die $n-te$ affine *Fermat-Kurve*. ○

(1.7) **Beispiel:** Wir betrachten die algebraische Menge $X = V(z_1^3 + z_2^2 - z_1 - 1) \subseteq \mathbb{C}^2$ und interessieren uns für den rationalen Teil

(i) $$X_{\mathbb{Q}} = \{(u, v) \in \mathbb{Q}^2 \mid u^3 + v^2 - u - 1 = 0\}.$$

Offenbar gilt

(ii) $$(1, \pm 1), (0, \pm 1), (-1, \pm 1) \in X_{\mathbb{Q}}.$$

Wir wollen nun einen rein geometrischen Prozess angeben, mit dem wir aus zwei Punkten

$$p = (u_0, v_0) \quad , \quad q = (u_1, v_1) \in X_{\mathbb{Q}}$$

einen weiteren Punkt

$$\langle p, q\rangle = (u_2, v_2) \in X_{\mathbb{Q}}$$

gewinnen können, den wir den *Verbindungspunkt* $\langle p, q\rangle$ von p und q nennen. Dazu nehmen wir an, es sei $u_0 \neq u_1$ und betrachten die Verbindungsgerade

$$L_{p,q} = V((z_1 - u_0)\frac{v_1 - v_0}{u_1 - u_0} - z_2 + v_0)$$

der Punkte p, q. Der Schnitt $X \cap L_{p,q}$ besteht aus den Lösungen des Systems

$$z_1^3 + z_2^2 - z_1 - 1 = 0 \quad , \quad z_2 = (z_1 - u_0)\frac{v_1 - v_0}{u_1 - u_0} + v_0.$$

Für die Koordinate z_1 eines Schnittpunktes $(z_1, z_2) \in X \cap L_{p,q}$ gilt also $z_1^3 + ((z_1 - u_0)\frac{v_1 - v_0}{u_1 - u_0} + v_0)^2 - z_1 - 1 = 0$, also

$$z_1^3 + z_1^2\left(\frac{v_1 - v_0}{u_1 - u_0}\right)^2 + z_1\left(2v_0\frac{v_1 - v_0}{u_1 - u_0} - 1\right) + \left(v_0 - u_0\frac{v_1 - v_0}{u_1 - u_0}\right)^2 - 1 = 0.$$

Wegen $p, q \in X \cap L_{p,q}$ sind $z_1 = u_0$, $z_1 = u_1$ Lösungen dieser Gleichung. Nach Vieta gibt es also genau eine weiter Lösung $z_1 = u_2$, gegeben durch

(iii) $$u_2 = -u_0 - u_1 - \left(\frac{v_1 - v_0}{u_1 - u_0}\right)^2.$$

Entsprechend enthält $X \cap L_{p,q}$ nebst den Punkten p und q noch den Punkt $\langle p, q\rangle$, gegeben durch

(iv) $$\langle p, q\rangle = (u_2, v_2),\ v_2 = (u_2 - u_0)\frac{v_1 - v_0}{u_1 - u_0} + v_0.$$

Es gilt also

(v) $\qquad X \cap L_{p,q} = \{p, q, \langle p, q\rangle\}, \quad \langle p, q\rangle \in \mathbb{Q}^2.$

Man kann auch den Verbindungspunkt $\langle p, p\rangle$ von p mit sich selbst definieren, indem man die Sekante $L_{p,q}$ durch die Tangente $L_{p,p}$ von $X_{\mathbb{R}}$ in p ersetzt. Man hat dann in den Formeln (iii) und (iv) lediglich die Sekantensteigung $\frac{v_1 - v_0}{u_1 - u_0}$ durch die Tangentensteigung $-\frac{3u_0^2 - 1}{2v_0}$ zu ersetzen:

(vi) $$\langle p, p\rangle = \left(-2u_0 - \left(\frac{3u_0^2-1}{2v_0}\right)^2, \left(-3u_0 - \frac{3u_0^2-1}{2v_0}\right)^2 \frac{3u_0^2-1}{2v_0} + v_0\right).$$

Ausgehend von den 6 Punkten (ii) erhält man so durch fortgesetztes Bilden von Verbindungspunkten immer neue Punkte in $X_{\mathbb{Q}}$. Mit einem gewissen Mehraufwand lässt sich zeigen, dass man so alle Punkte von $X_{\mathbb{Q}}$ erzeugen kann:

(vii) *$X_{\mathbb{Q}}$ enthält endlich viele Punkte $p_1, \ldots, p_r$, aus welchen man alle Punkte $p \in X_{\mathbb{Q}}$ durch fortgesetztes Bilden von Verbindungspunkten erhält.*

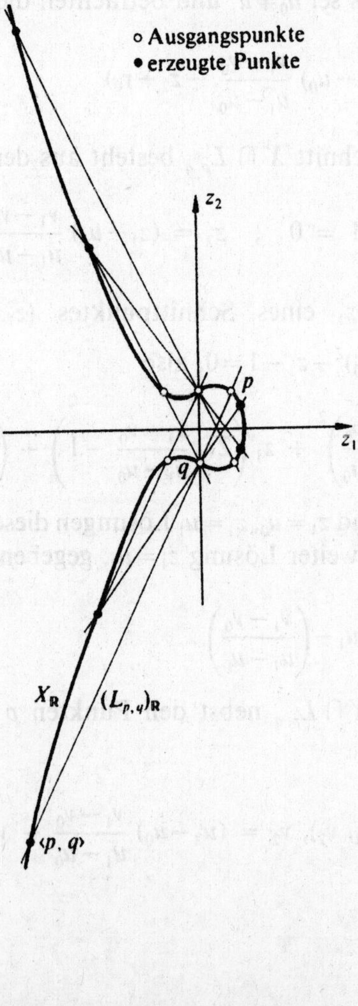

Anmerkungen: Diophantische Gleichungen werden nach dem griechischen Mathematiker Diophantos von Alexandria benannt. Ihm wird die in (1.5) (ii) gegebene Beschreibung der pythagoreischen Tripel zugeschrieben. Ebenfalls auf Diophantos geht das in (1.7) beschriebene geometrische Verfahren zur Erzeugung neuer rationaler Lösungen zurück. Dieses lässt sich natürlich auf jede Gleichung $f(z_1, z_3)=0$ vom Grad 3 mit rationalen Koeffizienten anwenden. Dabei besteht im allgemeinen (nämlich sobald $X=V(f)$ nach Hinzunahme von endlich vielen Punkten homöomorph zu einer Torusfläche ist) die in (1.7) (vii) beschriebene Situation, dass es endlich viele Punkte $p_1, \ldots, p_r \in X_{\mathbb{Q}}$ gibt, aus denen sich alle $p \in X_{\mathbb{Q}}$ erzeugen lassen. Dies folgt aus einem von L. S. Mordell im Jahre 1922 bewiesenen Satz. Mordell äusserte die Vermutung, dass für eine Gleichung $f(z_1, z_2)=0$ vom Grad >3 im allgemeinen (nämlich sobald sie – auch im Unendlichen – nicht singulär ist) höchstens endlich viele rationale Lösungen existieren. Diese Vermutung wurde von G. Faltings im Jahre 1983 in einem wesentlich allgemeineren Rahmen bewiesen. ○

Die Theorie der diophantischen Gleichungen stützt sich wesentlich auf das Studium der Lösungen modulo geeigneter Primzahlen ab. Dadurch führt die Zahlentheorie auch dazu, algebraische Geometrie über endlichen Körpern zu betreiben. Auch auf die Darstellung dieser heute sehr weit entwickelten Theorie wollen wir ganz verzichten.

Natürlich kann man die Theorie der diophantischen Gleichungen schlechthin als «algebraische Geometrie über den Bereich $\mathbb{Z}$ der ganzen Zahlen» betrachten. Auch dieser Standpunkt hat sich als fruchtbar erwiesen, wobei man im Rahmen der algebraischen Zahlentheorie $\mathbb{Z}$ durch sogenannte ganze Zahlenringe ersetzt.

(1.8) **Aufgaben:** (1) Man skizziere die reellen Teile der Fermat-Kurven X_n (vgl. (1.6) (ii)) für $n=3, 4, 5, 6, \ldots$.

(2) Man zeige, dass das reelle Nullstellengebilde $X \subseteq \mathbb{R}^n$ eines reellen algebraischen Gleichungssystems stets als Nullstellengebilde einer einzigen Gleichung geschrieben werden kann.

(3) Sei $X=V(z_2-z_1^n) \subseteq \mathbb{C}^2$ $(n=1, 2, 3, \ldots)$. Man gebe einen Homöomorphismus $\varphi: X \to \mathbb{C}$ an.

(4) Sei $X=V(z_1^2+z_2^2-1) \subseteq \mathbb{C}^2$. Unter Verwendung von (1.5) (ii) zeige man, dass die Menge $X_{\mathbb{Q}}$ dicht liegt in $X_{\mathbb{R}}$.

(5) Sei $f=z_1^3+z_1^2-1$, $X=V(f) \subseteq \mathbb{C}^2$. Man bestimme alle Punkte $p \in X_{\mathbb{Q}}$, welche sich aus den 3 Punkten $p_1=(0, 1)$, $p_2=(0, -1)$, $p_3=(1, 0)$ durch fortgesetztes Bilden von Verbindungspunkten gewinnen lassen, und skizziere die Situation im Reellen.

(6) Man setze $X=V(f) \subseteq \mathbb{C}^2$, wo $f \in \mathbb{C}[z_1, z_2]$ vom Grad 2 ist. Dann zeige man, dass X immer homöomorph zum komplexen Einheitskreis $X^{(1)}$, zu $\mathbb{C}$ oder zur Vereinigung zweier (sich eventuell in einem Punkte schneidender) Exemplare von $\mathbb{C}$ ist. ○

2. Elementare Eigenschaften von Polynomen

Der Identitätssatz für Polynome. $\mathbb{C}[z_1, \ldots, z_n]$ sei die Menge der komplexen Polynome in den Variablen $z_1, \ldots, z_n$. Solche Polynome fassen wir dabei immer als Funktionen von $\mathbb{C}^n$ nach $\mathbb{C}$ auf. Ist $f \in \mathbb{C}[z_1, \ldots, z_n]$, so finden wir eine endliche Indexmenge $\mathcal{M} \subseteq \mathbb{N}_0^n$ und Koeffizienten $a_{\nu_1 \ldots \nu_n} \in \mathbb{C}$ so, dass wir schreiben können

$$f = f(z_1, \ldots, z_n) = \sum_{(\nu_1, \ldots, \nu_n) \in \mathcal{M}} a_{\nu_1 \ldots \nu_n} z_1^{\nu_1} \ldots z_n^{\nu_n}$$

Anstelle dieser schwerfälligen Schreibweise verwenden wir oft die *Multi-Index-Schreibweise*. Das n-Tupel $(\nu_1, \ldots, \nu_n) \in \mathcal{M}$ schreiben wir dann kurz als $\boldsymbol{\nu}$, den Koeffizienten $a_{\nu_1 \ldots \nu_n}$ als a_ν und das Potenzprodukt $z_1^{\nu_1} \ldots z_n^{\nu_n}$ als z^ν. f lässt sich dann schreiben in der Form

$$f = \sum_{\nu \in \mathcal{M}} a_\nu z^\nu = \sum_\nu a_\nu z^\nu.$$

Wir verwenden die Schreibweise $f = \sum_\nu a_\nu z^\nu$, um auszudrücken, dass $\boldsymbol{\nu}$ alle n-Tupel in $\mathbb{N}_0^n$ durchläuft, wobei a_ν für fast alle $\boldsymbol{\nu}$ verschwinden soll.

(2.1) **Satz** (*Identitätssatz*): *Sei* $U \subseteq \mathbb{C}^n$ *eine nicht-leere offene Menge und sei* $f = \sum_{\nu \in \mathcal{M}} a_\nu z^\nu \in \mathbb{C}[z_1, \ldots, z_n]$, *so dass* $f(U) = \{0\}$. *Dann gilt* $a_\nu = 0$, $\forall \nu \in \mathcal{M}$.

Beweis. (Induktion nach n) Sei $n = 1$. Wir finden ein $d \in \mathbb{N}_0$, so dass $f = \sum_{i=0}^{d} a_i z_1^i$, wobei $a_0, \ldots, a_d \in \mathbb{C}$. In U finden wir $d+1$ paarweise verschiedene Werte $\lambda_0, \ldots, \lambda_d$. Wegen $\sum_{i=0}^{d} a_i \lambda_j^i = f(\lambda_j) = 0$ $(j = 0, \ldots, d)$ erhalten wir das lineare Gleichungssystem

$$\Lambda \begin{pmatrix} a_0 \\ \cdot \\ \cdot \\ a_d \end{pmatrix} = \begin{pmatrix} 0 \\ \cdot \\ \cdot \\ 0 \end{pmatrix}, \text{ wobei } \Lambda = \begin{pmatrix} 1 & \lambda_0 & \ldots & \lambda_0^d \\ & \ldots\ldots & & \\ 1 & \lambda_d & \ldots & \lambda_d^d \end{pmatrix} \in \mathbb{C}^{(d+1) \times (d+1)}.$$

Aus der linearen Algebra weiss man, dass $\det \Lambda = \prod_{j > l} (\lambda_j - \lambda_l)$. Weil die Werte λ_j paarweise verschieden sind, folgt $\det \Lambda \neq 0$, also $a_0 = a_1 = \ldots = a_d = 0$.

Sei $n > 1$. Wir betrachten die beiden Projektionen $\pi_1 : \mathbb{C}^n \to \mathbb{C}$, $\pi_2 : \mathbb{C}^n \to \mathbb{C}^{n-1}$, definiert durch

$$(z_1, \ldots, z_n) \overset{\pi_1}{\mapsto} z_n, \quad (z_1, \ldots, z_n) \overset{\pi_2}{\mapsto} (z_1, \ldots, z_{n-1})$$

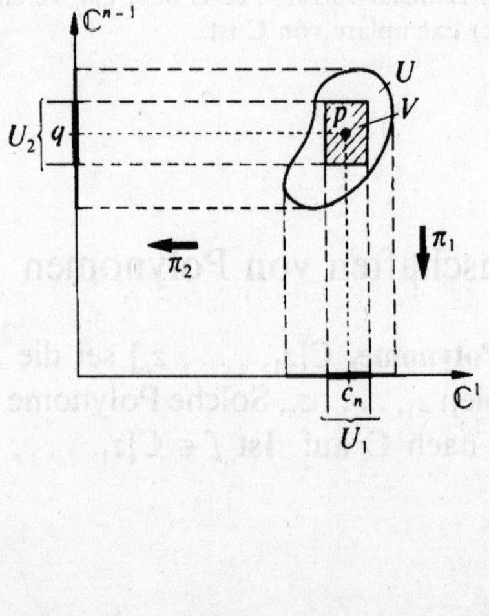

Wir finden zwei nicht-leere, offene Mengen $U_1 \subseteq \pi_1(U)$, $U_2 \subseteq \pi_1(U)$, so dass $V := U_1 \times U_2 \subseteq U$. Schliesslich betrachten wir die Menge $\mathcal{M}_n := \{\nu_n \mid (\nu_1, \ldots, \nu_n) \in \mathcal{M}\}$ und die Polynome

$$f_i := \sum_{\substack{(\nu_1 \ldots \nu_n) \in \mathcal{M} \\ \nu_n = i}} a_\nu z_1^{\nu_1} \ldots z_{n-1}^{\nu_{n-1}} \; (i \in \mathcal{M}_n)$$

Wir können nun schreiben $f = \sum_{i \in \mathcal{M}_n} f_i z_n^i$. Sei nun $q = (c_1, \ldots, c_{n-1}) \in U_2$. Wir wählen $c_n \in U_1$ beliebig. Dann gehört $p := (c_1, \ldots, c_n)$ zu V und so folgt $\sum_{i \in \mathcal{M}_n} f_i(q) c^i = f(p) = 0$, $\forall\, c_n \in U_1$. Nach dem schon behandelten Fall $n = 1$ folgt $f_i(q) = 0$, also $f_i(U_2) = \{0\}$, $\forall\, i \in \mathcal{M}_n$. Nach Induktionsvoraussetzung folgt $a_\nu = 0$, $\forall \nu = (\nu_1, \ldots, \nu_n)$ mit $\nu_n = i$, $\forall\, i \in \mathcal{M}_n$. Dies ergibt unsere Behauptung. □

(2.2) **Bemerkung:** Wir wählen $U \subseteq \mathbb{C}^n$ wie oben und betrachten zwei Polynome $f = \sum_\nu a_\nu z^\nu$, $g = \sum_\nu b_\nu z^\nu \in \mathbb{C}[z_1, \ldots, z_n]$, die auf U als Funktionen übereinstimmen. Anwendung von (2.1) auf $f - g = \sum_\nu (a_\nu - b_\nu) z^\nu$ liefert $a_\nu = b_\nu$, $\forall_\nu$. Also sehen wir:

(i) *Die Koeffizienten eines Polynoms $f \in \mathbb{C}[z_1, \ldots, z_n]$ (also auch f selbst) sind durch die Wirkung von f als Funktion auf einer beliebigen nicht-leeren offenen Menge $U \subseteq \mathbb{C}^n$ eindeutig festgelegt.*

Insbesondere erhält man mit $U = \mathbb{C}^n$ die (sogar für Polynome über einen beliebigen unendlichen Körper richtige) Tatsache, dass die Koeffizienten eines Polynoms f eindeutig durch seine Wirkung als Funktion festgelegt sind. Deshalb nennt man (2.1) den *Identitätssatz für Polynome.* ○

Homogene Teile von Polynomen. Das *Gewicht* $|\nu|$ eines n-Tupels $\nu = (\nu_1, \ldots, \nu_n)$ definieren wir durch

$$|\nu| := \nu_1 + \ldots + \nu_n.$$

Ist $f = \sum_\nu a_\nu z^\nu \in \mathbb{C}[z_1, \ldots, z_n]$ so definieren *den i-ten homogenen Teil $f_{(i)}$ von f* durch:

$$f_{(i)} := \sum_{|\nu| = i} a_\nu z^\nu \quad (i \in \mathbb{N}_0).$$

Im Hinblick auf die in (2.2) gemachte Eindeutigkeitsaussage ist diese Definition sinnvoll. Weiter ergibt sich die eindeutige Darstellung

$$f = \sum_{i \geq 0} f_{(i)} = \sum f_{(i)}$$

(in der $f_{(i)}=0$ für fast alle $i \in \mathbb{N}_0$). Diese Darstellung nennen wir die *Zerlegung von f in homogene Teile.*

Ist $i \geqslant 0$, so schreiben wir $\mathbb{C}[z_1, \ldots, z_n]_i$ für die Menge $\{f_{(i)} \mid f \in \mathbb{C}[z_1, \ldots, z_n]\}$. $\mathbb{C}[z_1, \ldots, z_n]_i$ ist offenbar gerade der von allen Potenzprodukten z^ν mit $|\nu| = i$ aufgespannte Unterraum von $\mathbb{C}[z_1, \ldots, z_n]$. Wir nennen $\mathbb{C}[z_1, \ldots, z_n]_i$ den i-ten *homogenen Teil des Polynomrings* $\mathbb{C}[z_1, \ldots, z_n]$. Offenbar ist $\mathbb{C}[z_1, \ldots, z_n]_0 = \mathbb{C}$.

(2.3) **Bemerkung:** Offenbar gibt es genau $\binom{n+i-1}{i}$ n-Tupel ν vom Gewicht i.

Nach (2.2) sind die zugehörigen Potenzprodukte z^ν über $\mathbb{C}$ linear unabhängig und bilden deshalb eine Basis von $\mathbb{C}[z_1, \ldots, z_n]_i$, also gilt:

(i) $\dim_{\mathbb{C}} (\mathbb{C}[z_1, \ldots, z_n]_i) = \binom{n+i-1}{i}, \quad (i \geqslant 0).$

Die Zerlegung in homogene Teile zeigt, dass jedes Polynom $f \in \mathbb{C}[z_1, \ldots, z_n]$ eindeutig als (endliche) Summe $f = \sum_i f_{(i)}$ geschrieben werden kann, wobei $f_{(i)} \in \mathbb{C}[z_1, \ldots, z_n]_i$. Der Polynomring ist also die direkte Summe seiner homogenen Teile:

(ii) $\mathbb{C}[z_1, \ldots, z_n] = \bigoplus_{i \geq 0} \mathbb{C}[z_1, \ldots, z_n]_i.$

Die Polynome $f \in \mathbb{C}[z_1, \ldots, z_n]_i$ nennen wir *homogene Polynome.*

Schliesslich beachten wir noch, dass (mit der Konvention $\max \emptyset = -\infty$) gilt:

(iii) $\operatorname{Grad}(f) = \max \{i \mid f_{(i)} \neq 0\}; \ (f \in \mathbb{C}[z_1, \ldots, z_n]).$ ○

Wir führen jetzt einige einfache Tatsachen an, deren Beweis sich jeweils sofort aus den Definitionen ergibt:

(2.4) **Lemma:** *Seien* $f, g, \in \mathbb{C}[z_1, \ldots, z_n]$. *Dann gilt:*

(i) $(af+bg)_{(i)} = a f_{(i)}, \ \forall\, a, b, \in \mathbb{C}; \ (i \in \mathbb{N}_0).$

(ii) $(fg)_{(i)} = \sum_{j+k=i} f_{(j)}\, g_{(k)}, \ (i \in \mathbb{N}_0).$

(iii) $\operatorname{Grad}(f+g) \leq \max \{\operatorname{Grad}(f), \operatorname{Grad}(g)\}$, *wobei Gleichheit gilt falls* $\operatorname{Grad}(f) \neq \operatorname{Grad}(g)$.

(iv) $\operatorname{Grad}(fg) = \operatorname{Grad}(f) + \operatorname{Grad}(g).$

(v) $fg = 0 \Leftrightarrow f = 0 \text{ oder } g = 0.$

(2.5) **Lemma:** *Sei* $f \in \mathbb{C}[z_1, \ldots, z_n]$, $i \in \mathbb{N}_0$. *Dann gilt:*

$$f \in \mathbb{C}[z_1, \ldots, z_n]_i \Leftrightarrow f(\lambda z) = \lambda^i f(z), \ \forall \lambda \in \mathbb{C}.$$

Beweis: «$\Rightarrow$» : Ist $f \in \mathbb{C}[z_1, \ldots, z_n]_i$, so können wir schreiben $f = \sum_{|\nu|=i} a_\nu z^\nu$. Wegen $(\lambda z)^\nu = \lambda^{|\nu|} z^\nu$ folgt so $f(\lambda z) = \lambda^i f(z)$. «$\Leftarrow$» : Sei $c \in \mathbb{C}^n$, $u(z) := f(c)z^i$, $v(z) = \sum_j f_{(j)}(c)z^j \in \mathbb{C}[z]$. Anwendung der schon bewiesenen Implikation «$\Rightarrow$» auf $f_{(j)}$ liefert $f_{(j)}(\lambda c) = \lambda^j f_{(j)}(c)$. Es folgt $u(\lambda) = \lambda^i f(c) = f(\lambda c) = \sum_j f_{(j)}(\lambda c) = \sum f_{(j)}(c)\lambda^j = v(\lambda)$, $(\lambda \in \mathbb{C})$, also $u(z) = v(z)$. Nach (2.2) folgt $f(c) = f_{(i)}(c)$. □

Eine wichtige Rolle spielen die *partiellen Ableitungen* von Polynomen. Ist $f \in \mathbb{C}[z_1, \ldots, z_n]$, $\sigma = (\sigma_1, \ldots, \sigma_n) \in \mathbb{N}_0^n$, so schreiben wir

$$\frac{\partial^{\sigma_1+\ldots+\sigma_n} f}{\partial z_1^{\sigma_1} \ldots \partial z_n^{\sigma_n}} \quad \text{oder kurz} \quad \frac{\partial^{|\sigma|} f}{\partial z^\sigma}$$

für das Polynom, das wir erhalten, wir f zuerst σ_n-mal nach z_n, dann σ_{n-1}-mal nach $z_{n-1}, \ldots$ und schliesslich σ_1-mal nach z_1 ableiten. Wie üblich lassen wir im linksstehenden Ausdruck allfällige Ausdrücke ∂z_i^0 weg und schreiben ∂f für den Ausdruck $\partial^1 f$ und ∂z_i für ∂z_i^1. So schreiben wir etwa

$$\frac{\partial^2 f}{\partial z_1^2} \ \text{für} \ \frac{\partial^2 f}{\partial z_1^2\, \partial z_2^0}, \quad \frac{\partial f}{\partial z_1} \ \text{für} \ \frac{\partial^1 f}{\partial z_1^1\, \partial z_2^0} \quad (f \in \mathbb{C}[z_1, z_2]).$$

Weiter ist $\dfrac{\partial^{|0|} f}{\partial z^0} = f$. Ist $f \in \mathbb{C}[z]$, so ist $\dfrac{\partial^n f}{\partial z^n}$ die $n-$te Ableitung von f und wird mit $\dfrac{df}{dz^n}$ oder $f^{(n)}$ bezeichnet. Auf Grund der Rechenregeln für Ableitungen folgt sofort:

(2.6) **Lemma:** *Sei* $\sigma = (\sigma_1, \ldots, \sigma_n) \in \mathbb{N}_0^n$. *Dann gilt:*

(i) $$\frac{\partial^{|\sigma|}(af+bg)}{\partial z^\sigma} = a\,\frac{\partial^{|\sigma|} f}{\partial z^\sigma} + b\,\frac{\partial^{|\sigma|} g}{\partial z^\sigma}, \quad (a, b \in \mathbb{C}, f, g \in \mathbb{C}\,[z_1, \ldots, z_n]).$$

(ii) $$\frac{\partial^{|\sigma|} z^\nu}{\partial z^\sigma} = \begin{cases} 0, \ \textit{falls} \ \sigma_i > \nu_i \ \textit{für ein} \ i \leqslant n \\ \prod_{i=1}^{n} \prod_{j=0}^{\sigma_i - 1} (\nu_i - j)\, z^{\nu-\sigma}, \ \textit{sonst} \end{cases} \quad (\nu = (\nu_1, \ldots, \nu_n) \in \mathbb{N}_0^n).$$

Anmerkung: Die Zuordnung $f \mapsto \dfrac{\partial^{|\sigma|} f}{\partial z^\sigma}$ ist durch die Eigenschaften (2.6) (i), (ii) eindeutig festgelegt. Sie kann also durch diese beiden Rechenvorschriften rein algebraisch definiert werden. ○

Schliesslich halten wir fest:

(2.7) **Lemma:** *Sei* $f \in \mathbb{C}[z_1, \ldots, z_n]$, $\sigma \in \mathbb{N}_0^n$. *Dann gilt:*

(i) $$f \in \mathbb{C}[z_1, \ldots, z_n]_i \Rightarrow \frac{\partial^{|\sigma|} f}{\partial z^\sigma} \begin{cases} = 0, \textit{ falls } i < |\sigma| \\ \in \mathbb{C}[z_1, \ldots, z_n]_{(i-|\sigma|)}, \textit{ sonst} \end{cases}$$

(ii) $$\text{Grad}\,(f) < |\sigma| \Rightarrow \frac{\partial^{|\sigma|} f}{\partial z^\sigma} = 0.$$

(iii) $$\text{Grad}\,(f) \geqslant |\sigma| \Rightarrow \text{Grad}\left(\frac{\partial^{|\sigma|} f}{\partial z^\sigma}\right) = \text{Grad}\,(f) - |\sigma|.$$

Beweis: (i) Gehört das Polynom f zu $\mathbb{C}[z_1, \ldots, z_n]$, so lässt es sich über $\mathbb{C}$ aus Potenzprodukten z^ν linear kombinieren für die $|\nu| = i$. Nun schliesst man mit (2.6) (i), (ii).

(ii), (iii) Man zerlege f in homogene Teile und wende (i) und (2.6) (i) an. □

(2.8) **Lemma:** *Sei* $f \in \mathbb{C}[z_1, \ldots, z_n]$. *Dann gilt:*

(i) $$\frac{\partial^{|\sigma|}\left(\dfrac{\partial^{|\tau|} f}{\partial z^\tau}\right)}{\partial z^\sigma} = \frac{\partial^{|\sigma+\tau|} f}{\partial z^{\sigma+\tau}}, \quad (\sigma, \tau \in \mathbb{N}_0^n).$$

(ii) $$\frac{\partial^{|\sigma|} f(z+c)}{\partial z^\sigma} = \frac{\partial^{|\sigma|} f}{\partial z^\sigma}(z+c), \quad (\sigma \in \mathbb{N}_0^n, c \in \mathbb{C}^n).$$

Beweis: (i) Die durch $f \mapsto \dfrac{\partial^{|\tau|} f}{\partial z \tau}, f \mapsto \dfrac{\partial^{|\sigma|} f}{\partial z^\sigma}, f \mapsto \dfrac{\partial^{|\sigma+\tau|} f}{\partial z^{\sigma+\tau}}$ definierten Abbildungen $\mathbb{C}[z_1, \ldots, z_n] \circlearrowleft$ sind nach (2.6) (i) $\mathbb{C}$-linear. Insbesondere gilt dies dann auch für die Zusammensetzung

$$f \mapsto \frac{\partial^{|\sigma|}\left(\dfrac{\partial^{|\tau|} f}{\partial z^\tau}\right)}{\partial z^\sigma}$$

dieser Abbildungen. Weil die Potenzprodukte z^ν ($\nu \in \mathbb{N}_0^n$) eine Basis des $\mathbb{C}$-Vektorraumes $\mathbb{C}[z_1, \ldots, z_n]$ bilden, genügt es also, unsere Behauptung für diese zu zeigen. Dies kann man aber sehr leicht mit (2.6) (ii) tun.

(ii) Wir zeigen die Behauptung zuerst für $\sigma = e_i = (0, \ldots, 1, \ldots 0)$. Genau wie oben überlegt man sich, dass es genügt, die Behauptung für Potenzprodukte z^ν zu zeigen. Hier prüft man sie mit (2.6) (ii) leicht nach. (Man kann natürlich auch mit der Kettenregel argumentieren). Für allgemeine $\sigma \in \mathbb{N}_0^n$ macht man nun vermöge (i) Induktion nach $|\sigma|$. □

Taylor-Entwicklung und Vielfachheit. Ist $\nu = (\nu_1, \ldots, \nu_n) \in \mathbb{N}_0^n$, $c = (c_1, \ldots, c_n) \in \mathbb{C}^n$, so schreiben wir:

$$\nu! := \nu_1!\,\nu_2!\ldots\nu_n!,$$
$$(z-c)^\nu := (z_1-c_1)^{\nu_1}(z_2-c_2)^{\nu_2}\ldots(z_n-c_n)^{\nu_n}.$$

(2.9) **Satz** *(Taylor-Entwicklung von Polynomen): Sei $f \in \mathbb{C}[z_1, \ldots, z_n]$ vom* Grad *d und sei $c \in \mathbb{C}^n$. Dann gilt*

$$f(z) = \sum_{i=0}^{d} \sum_{|\sigma|=i} \frac{1}{\sigma!} \frac{\partial^i f}{\partial z^\sigma}(c).\,(z-c)^\sigma.$$

Beweis: Nach (2.6) (i) ist die Zuordnung $f \mapsto \frac{\partial^i f}{\partial z^\sigma}$ jeweils $\mathbb{C}$-linear. Damit es auch die Zuordnung $f \mapsto \frac{\partial^i f}{\partial z^\sigma}(c)$, also auch die Zuordnung $f \mapsto \frac{\partial^i f}{\partial z^\sigma}(c)\cdot(z-c)^\sigma$. Damit ist die Abbildung $\mathbb{C}[z_1, \ldots, z_n] \circlearrowleft$, die einem Polynom f die rechte Seite der behaupteten Gleichung zuordnet, $\mathbb{C}$-linear. Weil sich jeder Polynom $f \in \mathbb{C}[z_1, \ldots, z_n]$ als Polynom in den Variablen $z_j' := z_j - c_j$ $(j = 1, \ldots, n)$ schreiben lässt, bilden die Polynome $z'^\nu = (z-c)^\nu$ $(\nu \in \mathbb{N}_0^n)$ ein Erzeugendensystem des $\mathbb{C}$-Vektorraumes $\mathbb{C}[z_1, \ldots, z_n]$. Es genügt deshalb, die Behauptung für $f = (z-c)^\nu$ zu zeigen. Nach (2.8) (ii) und (2.6) (ii) gilt

$$\frac{\partial^{|\sigma|}(z-c)^\nu}{\partial z^\sigma}(c) = \begin{cases} 0, \text{ falls } \nu \neq \sigma \\ \sigma!, \text{ falls } \nu = \sigma. \end{cases}$$

Dies ergibt unsere Behauptung.

(2.10) **Bemerkung:** Die Gleichung (2.9) ist die *Taylor-Entwicklung von f an der Stelle c.* Wir können diese auch anders beschreiben. Dazu setzen wir

(i) $$f_{(i)}^{(c)} = f_{(i)}^{(c)}(z) := \sum_{|\sigma|=i} \frac{1}{\sigma!} \frac{\partial^i f}{\partial z^\sigma}(c)\cdot(z-c)^\sigma, \quad (i \in \mathbb{N}_0).$$

Dann können wir (2.9) schreiben als:

(ii) $$f = \sum_{i=0}^{d} f_{(i)}^{(c)}.$$

Offenbar ist $f_{(i)}^{(c)} \in \mathbb{C}[z_1', \ldots, z_n']_i$, wobei $z_j' = z_j - c_j$. Wir können (ii) also auch so verstehen, dass wir f als ein Polynom in den Variablen $z_1', \ldots, z_n'$ ausdrücken und es dann bezüglich dieser Variablen in homogene Teile zerlegen. $f_{(i)}^{(c)}$ ist dann gerade der i-te homogene Teil von f bezüglich $z_1', \ldots, z_n'$. Offenbar ist $f_{(i)}^{(0)} = f_{(i)}$.

○

(2.11) **Definition:** Sei $f \in \mathbb{C}[z_1, \ldots, z_n]$, $c \in \mathbb{C}^n$.

Wir definieren die *Vielfachheit von f an der Stelle* **c** (oder die *Vielfachheit von* **c** *als Nullstelle von f*) durch

(i) $\mu_c(f) := \min\{i \in \mathbb{N}_0 \mid \exists\, \boldsymbol{\sigma} \in \mathbb{N}_0^n \; mit \; |\boldsymbol{\sigma}| = i \; und \; \frac{\partial f}{\partial z^{\sigma}}(c) \neq 0\}$.

Mit der in (2.10) eingeführten Schreibweise gilt also:

(ii) $\mu_c(f) = \min\{i \in \mathbb{N}_0 \mid f_{(i)}^{(c)} \neq 0\}$.

Eine wichtige Rolle spielt im folgenden immer der Term $f_{(\mu_c(f))}^{(c)}$, den wir den *Leitterm* von f an der Stelle c nennen. Zur Vereinfachung schreiben wir diesen Leitterm in der Form $f^{(c)}$. Also:

(iii) $f^{(c)} := f_{(\mu_c(f))}^{(c)}$, *falls* $f \neq 0$; $\quad 0^{(c)} := 0$. ○

(2.12) **Lemma:** *Sei* $c \in \mathbb{C}^n$, $f, g \in \mathbb{C}[z_1, \ldots, z_n]$. *Dann gilt:*

(i) $\mu_c(f) > 0 \Leftrightarrow f(c) = 0$.

(ii) $\mu_c(f) = \infty \Leftrightarrow f = 0$.

(iii) $f \neq 0 \Rightarrow \mu_p(f) \leqslant \text{Grad}(f)$.

(iv) $\mu_c(f+g) \geqslant \min\{\mu_c(f), \mu_c(g)\}$, *wobei Gleichheit gilt falls* $\mu_c(f) \neq \mu_c(g)$.

(v) $\mu_c(fg) = \mu_c(f) + \mu_c(g)$.

Beweis: (i) ist klar aus der Beschreibung (2.11) (i) von $\mu_c(f)$.

(ii) und (iii) ergeben sich sofort aus der Beschreibung (2.11) (ii) und aus (2.10). Zum Beweis von (iv) und (v) wenden wir zunächst (2.4) (i), (ii) mit den Variablen $z_j' = z_j - c_j$ an und erhalten so $(f+g)_{(i)}^{(c)} = f_{(i)}^{(c)} + g_{(i)}^{(c)}$ und $(fg)_{(i)}^{(c)} = \sum_{j+k=i} f_{(j)}^{(c)} g_{(k)}^{(c)}$. Nun folgt das Gewünschte sofort aus (2.11) (ii). □

Wir wollen nun einige Resultate über Polynome in einer Variablen z angeben.

Zerlegung in Linearfaktoren.

(2.13) **Satz** (*Euklidscher Restsatz*): *Seien* $f, g \in \mathbb{C}[z]-\{0\}$ *so, dass* Grad $(f) \geqslant$ Grad (g). *Dann gibt es eindeutig bestimmte Polynome* $r, q \in \mathbb{C}[z]$ *mit:*

$$f = g\,q + r, \quad \text{Grad}\,(r) < \text{Grad}\,(g).$$

Beweis: Zuerst zeigen wir die Existenz-Aussage. Wir setzen $d = \text{Grad}\,(f)$, $s = \text{Grad}\,(g)$, $f = \sum_{i=0}^{d} a_i z^i$, $g = \sum_{i=0}^{s} b_i z^i$ ($\Rightarrow a_d, b_s \neq 0$). Wir machen Induktion nach $d-s$. Ist $d-s=0$, so setzen wir $r = f - \frac{a_d}{b_s} g$, $q = \frac{a_d}{b_s}$, womit offenbar die Behauptung gilt. Sei also $d > s$. Wir setzen $q_0 = \frac{a_d}{b_s} z^{d-s}$ und führen ein

$$h := \sum_{d-s \leqslant i < d} \left(a_i - \frac{a_d}{b_s} b_i\right) z^i + \sum_{j < d-s} a_j z^j.$$

Dann ist Grad $(h) < d$ und es gilt $f = g\,q_0 + h$. Ist Grad $(h) < s$, so setzen wir $r = h$, $q = q_0$ und sind fertig. Andernfalls finden wir gemäss Induktionsvoraussetzung (angewandt auf das Paar h, g) Polynome $r_1, q_1 \in \mathbb{C}[z]$ mit $h = g\,q_1 + r_1$, Grad $(r_1) < s$. Jetzt setzt man $r = r_1$, $q = q_0 + q_1$.

Zum Beweis der Eindeutigkeit gehen wir aus von zwei Darstellungen $f = g\,q + r$, $f = g\,q' + r'$ mit Grad (r), Grad $(r') <$ Grad (g). Dann folgt $g(q-q') + (r-r') = 0$, also $g(q'-q) = r - r'$. Wegen Grad $(r-r') <$ Grad (g) folgt $q'-q=0$, also auch $r - r' = 0$. Dies beweist das Gewünschte. □

Anmerkung: Der obige Satz beruht natürlich auf dem bekannten *Divisions-Algorithmus* für Polynome, der nach Euklid benannt wird. Er gilt sinngemäss auch in $\mathbb{Z}$, wenn man den Grad ersetzt durch den Absolutbetrag. ○

(2.14) **Satz** (*Fundamentalsatz der Algebra*): *Jedes nicht-konstante Polynom* $f \in \mathbb{C}[z]$ *hat eine Nullstelle.*

Beweis: Sei $f(z) \in \mathbb{C}[z]$ ein Polynom vom Grad $d > 0$, das keine Nullstelle hat. Durch $z \to u(z) := \frac{f(z)}{|f(z)|}$ können wir dann eine Abbildung $\mathbb{C} \circlearrowleft$ definieren. Vermöge der Identifikation $(x, y) \leftrightarrow z := x + i\,y$ fassen wir $\mathbb{C}$ als die Ebene $\mathbb{R}^2$ auf und die Zuordnung $(x, y) \mapsto u(x + i\,y)$ als ebenes normiertes stetiges Vektorfeld auf $\mathbb{R}^2$.

Sei $r > 0$ und sei K_r der durch $t \mapsto z_r(t) = r \operatorname{cis} t$ $(0 \leqslant t \leqslant 2\pi)$ parametrisierte Kreis mit Zentrum 0 und Radius r. Weil u ein stetiges normiertes Vektorfeld ist, hängt die Richtung von u längs K_r stetig vom Parameter t ab. Genauer: Es gibt eine stetige Funktion $\alpha_r : [0, 2\pi] \to \mathbb{R}$ derart, dass $\alpha_r(t)$ jeweils der (im Gegenuhrzeigersinn gemessene) Winkel zwischen $u(z_r(0))$ und $u(z_r(t))$ ist, $(t \in [0, 2\pi])$. Wegen $u(z_r(0)) = u(z_r(2\pi))$ gilt also insbesondere

$$\alpha_r(2\pi) = 2\pi n_r, \quad \text{mit} \quad n_r \in \mathbb{Z}.$$

Wegen der Stetigkeit von u ist $\alpha_r(t)$ für festes t auch stetig in r (wobei $r \in]0, \infty[$). Deshalb ist $n_r = \dfrac{\alpha_r(2\pi)}{2\pi} =: n$ konstant. n gibt an, wie viele volle Drehungen der Vektor $u(z)$ ausführt, wenn z durch einen vollen Kreis um 0 läuft (und zwar im positiven Sinn). n nennt man deshalb die Umlaufzahl des Feldes u.

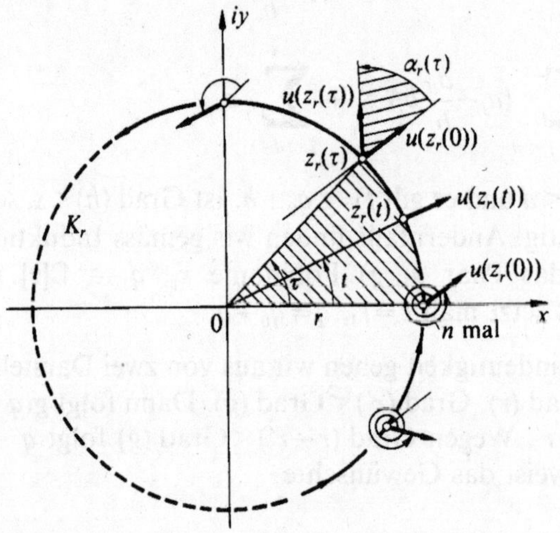

Wir schreiben $f(z) = a_0 + a_1 z + \ldots + a_d z^d$ $(a_0, \ldots, a_d \in \mathbb{C})$. Nach Voraussetzung ist $a_0, a_d \neq 0$. Weiter setzen wir

$$v(z) := \frac{f(z)}{a_d z^d} = 1 + a_d^{-1}(a_0 z^{-d} + \ldots + a_{d-1} z^{-1}), \quad (z \neq 0).$$

Offenbar gilt $v(z) \xrightarrow{|z| \to \infty} 1$. Wegen $u(z) = \dfrac{a_d z^d}{|a_d z^d|} \dfrac{v(z)}{|v(z)|}$, $(z \neq 0)$, folgt $u(z) \xrightarrow{|z| \to \infty} \dfrac{a_d z^d}{|a_d z^d|}$. Das bedeutet, dass $\sup\{\,|u(z) - \dfrac{a_d z^d}{|a_d z^d|}|\,\}$ für hinreichend grosse r beliebig klein wird. Für $r \gg 0$ läuft deshalb $u(z)$ beim Durchlaufen von K_r gleich oft um wie der normierte Vektor $\dfrac{a_d z^d}{|a_d z^d|}$, d. h. d-mal. Damit ist gezeigt, dass $n = d > 0$.

Nun setzen wir

$$w(z) := \frac{f(z)}{a_0} = 1 + a_0^{-1} (a_1 z + \ldots + a_d z^d).$$

Wegen $w(z) \xrightarrow{|z| \to 0} 1$ und $u(z) = \frac{a_0}{|a_0|} \frac{w(z)}{|w(z)|}$ erhalten wir diesmal, dass $u(z)$ für hinreichend kleine $r > 0$ beim Durchlaufen von K_r gleich oft umläuft wie das konstante Feld $\frac{a_0}{|a_0|}$, also 0-mal. Es folgt $n = 0$, also ein Widerspruch. □

Anmerkung: Der Fundamentalsatz der Algebra wurde zuerst von C.F. Gauss bewiesen, allerdings auf ganz andere Weise. Heute sind ca. 100 Beweise für diesen Satz bekannt. Der Fundamentalsatz ist von grundlegender Bedeutung für die Algebra. Er wird später in Form des Nullstellensatzes auf mehrere Variablen erweitert. ○

Als Anwendung des Fundamentalsatzes beweisen wir:

(2.15) **Korollar** (*Zerlegung in Linearfaktoren*): *Sei* $f = \sum_{i=0}^{d} a_i z^i \in \mathbb{C}[z]$ *vom* Grad $d > 0$. *Dann gibt es paarweise verschiedene Zahlen* $\lambda_1, \ldots, \lambda_r \in \mathbb{C}$, *natürliche Zahlen* $\mu_1, \ldots, \mu_r \in \mathbb{N}$ *und ein* $a \in \mathbb{C} - \{0\}$ *so, dass*

$$f(z) = a(z - \lambda_1)^{\mu_1} \ldots (z - \lambda_r)^{\mu_r}.$$

Dabei sind a und die Menge $\{(\lambda_1, \mu_1), \ldots, (\lambda_r, \mu_r)\}$ *durch f eindeutig festgelegt und es gilt*

(i) $\quad a = a_d \quad , \quad \{\lambda_1, \ldots, \lambda_r\} = \nu(f),$

(ii) $\quad \mu_i = \mu_{\lambda_i}(f), (i = 1, \ldots, r); \quad \sum_i \mu_i = d.$

Beweis: Durch Induktion nach d zeigen wir zunächst die Existenz einer Zerlegung

$$(*)\ f(z) = a(z - \alpha_1) \ldots (z - \alpha_d), (\alpha_1, \ldots, \alpha_2 \in \mathbb{C}, a \in \mathbb{C} - \{0\}).$$

Im Fall $d = 1$ genügt es offenbar, $\alpha_1 = -\frac{\alpha_0}{\alpha_1}$, $a = \alpha_1$ zu setzen. Sei also $d > 1$. Nach (2.14) gibt es ein $\alpha_d \in \mathbb{C}$ mit $f(\alpha_d) = 0$. Wenden wir (2.13) an mit $g = (z - \alpha_d)$, so können wir schreiben $f = q \cdot (z - \alpha_d) + r$, wobei $q \in \mathbb{C}[z]$ und wobei $r \in \mathbb{C}$. Es folgt $r = q(\alpha_d) \quad (\alpha_d - \alpha_d) + r = f(\alpha_d) = 0$, also $f = q(z - \alpha_d)$. Insbesondere ist

Grad $(q)=d-1$. Nach Induktion finden wir bereits eine Darstellung $q=a(z-\alpha_1)\ldots(z-\alpha_{d-1})$ der gewünschten Art. Also lässt sich f in der Form (*) schreiben.

Durch Zusammenfassen gleicher α_i können wir jetzt schreiben $f=a(z-\lambda_1)^{\mu_1}\ldots(z-\lambda_r)^{\mu_r}$ mit $\mu_i\in\mathbb{N}$ und paarweise verschiedenen $\lambda_i\in\mathbb{C}$. Wir müssen also (i) und (ii) beweisen. (i) ist trivial. $\sum\mu_i=d$ ist eine Konsequenz von (2.4) (iv). Zum Nachweis von $\mu_i=\mu_{\lambda_i}(f)$ setzen wir $g=a(z-\lambda_1)^{\mu_1}\ldots(z-\lambda_{i-1})^{\mu_{i-1}}(z-\lambda_{i+1})^{\mu_{i+1}}\ldots(z-\lambda_r)^{\mu_r}$. Wegen $g(\lambda_i)\neq 0$ und $f=(z-\lambda_i)^{\mu_i}\,g$ folgt über (2.12) (v) $\mu_{\lambda_i}(f)=\mu_{\lambda_i}((z-\lambda_i)^{\mu_i})+\mu_{\lambda_i}(g)=\mu_i\,\mu_{\lambda_i}(z-\lambda_i)=\mu_i$. □

Anmerkung: (2.15) zeigt insbesondere, dass die Summe der Vielfachheiten eines Polynoms f in seinen Nullstellen gerade den Grad ergibt. Also: ein Polynom $f\in\mathbb{C}[z]$ von Grad $d\geqslant 0$ hat – gezählt mit Vielfachheit – gerade d Nullstellen. ○

Stetigkeit der Nullstellen. Wenn wir nicht primär an der Vielfachheit der Nullstellen von $f(z)$ $(\in\mathbb{C}[z]$, Grad $(f)=d)$ interessiert sind, schreiben wir die in (2.15) gegebene Zerlegung in Linearfaktoren in der Form

$$f(z)=a(z-\alpha_1)\ldots(z-\alpha_d),\quad(\alpha_1,\ldots,\alpha_d\in\mathbb{C},\ a\in\mathbb{C}-\{0\}).$$

Das System $(\alpha_1,\ldots,\alpha_d)$ ist dann bis auf die Reihenfolge der a_j durch f eindeutig bestimmt. Wir nennen dieses ungeordnete System das *Nullstellensystem* von f. Natürlich gibt $\{\alpha_j\mid j=1,\ldots,d\}=V(f)$.

Wir schreiben $f(z)=\sum_{i=0}^{d}a_i z^i$ und betrachten eine Folge $\{f_m(z)=\sum_{i\geqslant 0}a_{i,m}z^i\}_{m=0}^{\infty}$ von Polynomen in $\mathbb{C}[z]$. Wir sagen f_m *konvergiere koeffizientenweise gegen* f, wenn

$$a_{i,m}\xrightarrow[m\to\infty]{}a_i\quad,\qquad(\forall\, i\in\mathbb{N}_0).$$

Wir zeigen nun, dass sich das Nullstellensystem eines Polynoms nur wenig ändert, wenn sich (bei beschränktem Grad) die Koeffizienten nur wenig ändern:

(2.16) **Satz:** *Sei* $f(z)=\sum_{i=0}^{d}a_iz^i\in\mathbb{C}[z]$ *vom* Grad $d>0$ *und mit dem Nullstellensystem* $(\alpha_1,\ldots,\alpha_d)$. *Sei* $s\geqslant d$ *und sei* $\{f_m(z)\}_{m=1}^{\infty}\subseteq\mathbb{C}[z]$ *eine Folge von Polynomen, die koeffizientenweise gegen f konvergiert und so, dass* $d_m:=\operatorname{Grad}(f_m)\leqslant s$. *Sei* $(\alpha_{1,m},\ldots,\alpha_{d_{m},m})$ *das Nullstellensystem von* f_m $(m\in\mathbb{N})$. *Nach geeigneter Umordnung jedes einzelnen dieser Nullstellensysteme gilt dann* $\alpha_{i,m}\xrightarrow[m\to\infty]{}\alpha_i$; $(i=1,\ldots,d)$.

Beweis: O.E. können wir $d \leqslant d_m$ annehmen. Sei zunächst $d=s$. Wir schreiben $f_m(z)=\sum_{i=0}^{d} a_{i,m}\, z^i$. Dann gilt

$$a_{d,m}(\alpha_d-\alpha_{1,m}) \ldots (\alpha_d-\alpha_{d,m}) = f_m(\alpha_d), \; (m \in \mathbb{N}).$$

Weil die Folge $\{f_m\}_{m=1}^{\infty}$ koeffizientenweise nach f strebt, gilt $f_m(\alpha_d) \xrightarrow[m\to\infty]{} f(\alpha_d)=0$, $a_{d,m} \xrightarrow[m\to\infty]{} a_d \neq 0$. Es folgt $(\alpha_d-\alpha_{1,m}) \ldots (\alpha_d-\alpha_{d,m}) \xrightarrow[m\to\infty]{} 0$. Deswegen gibt es eine Indexfolge $\{i_m\}_{m=1}^{\infty} \subseteq \{1, \ldots, d\}$ so, dass $\alpha_{i_m,m} \xrightarrow[m\to\infty]{} \alpha_d$.

Nach Umordnung jedes Systems $(\alpha_{1,m}, \ldots, \alpha_{d,m})$ können wir annehmen, es sei immer $i_m=d$. Dann gilt $\alpha_{d,m} \xrightarrow[m\to\infty]{} \alpha_d$. Im Fall $d=1$ folgt das Gewünschte sofort. Sei also $d>1$. Wir setzen $g(z)=a_d \prod_{j<d} (z-\alpha_j)$, $g_m(z)=a_{d,m}\prod_{j<d} (z-\alpha_{j,m})$. Weiter schreiben wir $g(z)=\sum_{i=0}^{d-1} b_i\, z^i$, $g_m(z)=\sum_{i=0}^{d-1} b_{i,m}\, z^i$. Wegen $(z-\alpha_d)g(z)=f(z)$, $(z-\alpha_{d,m})g_m(z)=g(z)$ folgt:

$$b_{d-1} = a_d, \quad b_i = a_{i+1}+\alpha_d\, b_{i+1}, \quad (i<d-1);$$
$$b_{d-1,m} = a_{d,m}, \quad b_{i,m} = a_{i+1,m}+\alpha_{d,m}\, b_{i+1,m}, \quad (i<d-1).$$

Beachtet man, dass $a_{j,m} \xrightarrow[m\to\infty]{} a_j$, so ergibt sich aus diesen Gleichungen durch Induktion nach fallendem Index i sofort $b_{i,m} \xrightarrow[m\to\infty]{} b_i \; (i \leqslant d-1)$. Also konvergiert die Folge der g_m koeffizientenweise nach g. Nach Induktion können wir jetzt annehmen, es gelte $\alpha_{j,m} \xrightarrow[m\to\infty]{} \alpha_j \; (j=1, \ldots, d-1)$ und haben damit die Behauptung gezeigt.

Sei nun $s>d$. Wir wählen $a \in \mathbb{C}-V(f)$. Dann ist $\tilde{f}(z) := f(z+\alpha)$ vom Grad d, $\tilde{f}_m(z) := f_m(z+a)$ vom Grad d_m, $\tilde{f}(0) \neq 0$, $\{\tilde{f}_m\}_{m=1}^{\infty}$ konvergiert koeffizientenweise nach $\tilde{f}$, und die Nullstellensysteme von $\tilde{f}$ und $\tilde{f}_m$ sind gegeben durch $(\alpha_1-\alpha, \ldots, \alpha_d-\alpha)$ resp. $(\alpha_{1,m}-\alpha, \ldots, \alpha_{d_m}-\alpha)$. So dürfen wir f und $\{f_m\}$ durch $\tilde{f}$ und $\{\tilde{f}_m\}$ ersetzen, d.h. annehmen, es sei $f(0) \neq 0$, d.h. $a_0 \neq 0$. Nach Weglassen endlich vieler f_m können wir dann auch annehmen, es sei $a_{0,m} \neq 0$ $(m \in \mathbb{N})$. Wir setzen $f^*(z)=\sum_{i=s-d}^{s} a_{s-i}\, z^i$, $f^*_m(z)=\sum_{i=s-d_m}^{s} a_{s-i,m}\, z^i \; (m \in \mathbb{N})$. f^*_m und f^* sind dann vom Grad s und $\{f^*_m\}_{m=0}^{\infty}$ konvergiert koeffizientenweise nach f^*. Also gilt – nach dem eingangs Gezeigten – unsere Behauptung für die Polynome f^* und f^*_m. Nun können wir aber schliessen, weil die Nullstellensysteme von f^* resp. von f^*_m gegeben sind durch $(\alpha_1^{-1}, \ldots, \alpha_d^{-1}, 0, \ldots, 0)$ resp. $(a_{1,m}^{-1}, \ldots, a_{d_m,m}^{-1}, 0, \ldots, 0)$.

□

Als geometrische Anwendung zeigen wir nun

(2.17) **Satz:** *Sei* $n>1, f\in\mathbb{C}[z_1,\ldots,z_n]$, Grad $(f)>0$. *Dann ist* $X=V(f)$ *nicht leer und enthält keine isolierten Punkte.*

Beweis: Wir schreiben $f=\sum_\nu a_\nu z^\nu$. Weil f positiven Grad hat, können wir nach allfälliger Umnumerierung der Variablen annehmen, es sei $a_\nu\neq 0$ für ein n-Tupel $\nu=(\nu_1,\ldots,\nu_n)$ mit $\nu_n\geq 1$. Wie im Beweis von (2.1) setzen wir $f_i:=\sum_{\nu_n=i} a_\nu z_1^{\nu_1}\ldots z_{n-1}^{\nu_{n-1}}$, $(i\in\mathbb{N})$. Dann gilt $f=\sum_i f_i z_n^i$. Dabei ist $f_i\neq 0$, also $f_i(c_1,\ldots,c_{n-1})\neq 0$ für ein $i>0$. Also ist $f(c_1,\ldots,c_{n-1},z_n)$ von positivem Grad in z_n. Nach (2.14) folgt

$$f(c_1,\ldots,c_{n-1},c_n)=0$$

für ein $c_n\in\mathbb{C}$.

Also ist $X\neq\emptyset$. Sei nun $p=(p_1,\ldots,p_n)\in X$. Wir müssen eine Folge $\{s_m\}_{m=0}^\infty\subseteq X-\{p\}$ so finden, dass $s_m\xrightarrow[m\to\infty]{} p$. Wir setzen $q=(p_1,\ldots,p_{n-1})$. Ist $f(q,z_n)\in\mathbb{C}[z_u]$ konstant, so verschwindet dieses Polynom, und alle Punkte (q,c) $(c\in\mathbb{C})$ gehören zu X. Dann sind wir fertig. Sei also $f(q,z_n)$ von positivem Grad. Wir finden eine Folge $\{q_m\}_{m=0}^\infty\subseteq\mathbb{C}^n-\{q\}$, die nach q strebt und so, dass das Polynom $f(q_m,z_n)$ nie kleineren Grad hat als $f(q,z_n)$. Die Polynome $f(q_m,z_n)$ konvergieren koeffizientenweise nach $f(q,z_n)$ und sind vom Grad $\leqslant$ Grad (f). Nach (2.16) finden wir $c_{n,m}\in V(f(q_m,z_n))$ $(m\in\mathbb{N})$ so, dass $c_{n,m}\xrightarrow[m\to\infty]{} p_n$. Man setze $s_m=(q_m,c_{n,m})$. □

(2.18) **Aufgaben:** (1) Ein reelles Polynom $f(x)\in\mathbb{R}[x]$ lässt sich als Produkt von reellen Polynomen vom Grad $\leqslant 2$ schreiben.

(2) Man beweise das «Maximumprinzip für Polynome»: Ist $f(z)\in\mathbb{C}[z]$ vom Grad >0 und ist $c\in\mathbb{C}$, so gibt es in jeder offenen Umgebung U von c Punkte b mit $|f(b)|>|f(c)|$.

(3) Man zeige durch ein Beispiel, dass die in (2.16) gemachte Voraussetzung der Beschränktheit der Grade d_m notwendig ist.

(4) Sei $f(z_1,z_2)=a\,z_1^2+b\,z_1\,z_2+c\,z_2^2$ ein homogenes Polynom vom Grad 2 $(a,b,c\in\mathbb{C})$. Man gebe notwendige und hinreichende Bedingungen für $(a,b,c)\in\mathbb{C}^3$, damit $\mu_c(f)=1$, $\forall\, c\in V(f)\subseteq\mathbb{C}^2$.

(5) Mit Hilfe des zum Beweis des Fundamentalsatzes verwendeten Prinzips zeige man, dass für eine stetige Abbildung $u:\mathbb{R}^2\to\mathbb{R}^2-\{(0,0)\}$ immer der Grenzwert $\lim_{\|x\|\to\infty}\frac{u(x)}{u(\|x\|)}$ existiert. ○

3. Vielfachheit und Singularitäten

Vielfachheit von Punkten auf Hyperflächen. Wir wollen uns in diesem Abschnitt mit der geometrischen Bedeutung des in (2.11) definierten Vielfachheitsbegriffes für Polynome befassen. Wir beginnen mit:

(3.1) **Beispiel:** Sei $X = V(f) \subseteq \mathbb{C}^2$, wobei $f = z_1^3 + z_1^2 - z_2^2$. Die ersten partiellen Ableitungen von f sind gegeben durch $\frac{\partial f}{\partial z_1} = 3z_1^2 + 2z_1$, $\frac{\partial f}{\partial z_2} = -2z_2$. Die gemeinsamen Nullstellen dieser Ableitungen sind offenbar gerade die Punkte $\mathbf{0} = (0, 0)$ und $(-\frac{2}{3}, 0)$. Der zweite Punkt gehört dabei nicht zu X. Weiter ist $\frac{\partial^2 f}{\partial z_2^2} = -2$. Insgesamt bedeutet dies natürlich, dass

$$\mu_p(f) = \begin{cases} 1, & \text{für } p \in X - \{\mathbf{0}\}, \\ 2, & \text{für } p = \mathbf{0}. \end{cases}$$

Der Punkt $p = \mathbf{0} \in X$ spielt also für das Polynom f eine besondere Rolle. Dies zeigt sich auch geometrisch, denn mit $x_i = r(z_i)$ $(i = 1, 2)$ hat $X_{\mathbb{R}}$ die skizzierte Schlaufenform. In dieser spielt – dem Augenschein nach – der Punkt $\mathbf{0}$ tatsächlich eine besondere Rolle.

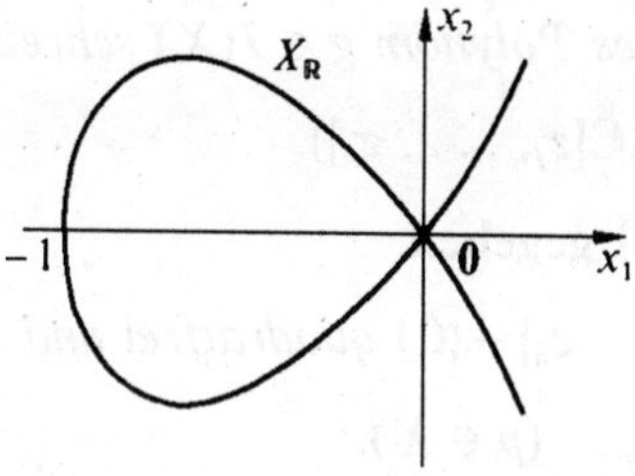

Wir wollen nun das Konzept der Vielfachheit einer Hyperfläche $X = X(f)$ in einem Punkt p definieren, das es uns erlaubt, Beispiele wie das soeben betrachtete zu verstehen. Zunächst führen wir eine Notation ein. Ist $X = V(\mathcal{M}) \subseteq \mathbb{C}^n$ eine algebraische Menge ($\mathcal{M} \subseteq \mathbb{C}[z_1, \ldots, z_n]$), so setzen wir

(3.2) $$I(X) = \{g \in \mathbb{C}[z_1, \ldots, z_n] \mid g(X) = 0\} \quad \textit{falls} \quad X \neq \emptyset;$$
$$I(\emptyset) = \mathbb{C}[z_1, \ldots, z_n].$$

Natürlich ist dann $\mathcal{M} \subseteq I(X)$. Nun definieren wir:

(3.3) **Definition:** Sei $f \in \mathbb{C}[z_1, \ldots, z_n] - \{0\}$, $X = V(f)$, $p \in \mathbb{C}^n$. Dann definieren wir die *Vielfachheit von X in p* als:

$$\mu_p(X) := \min\{\mu_p(g) \mid g \in I(X)\}. \qquad \circ$$

Natürlich gilt $\mu_p(X) \in \mathbb{N}_0$. Offenbar ist $\mu_p(X) > 0$ genau dann, wenn $p \in X$. Sei nun $p \in X$. Man sagt p sei ein *einfacher* oder *regulärer* Punkt von X, wenn $\mu_p(X) = 1$. Wir sagen dann auch X sei regulär oder X sei *glatt* in p. Ist $\mu_p(X) > 1$, so sagen wir p sei ein *singulärer Punkt* oder eine *Singularität* von X. Wir sagen auch, X sei *singulär in p* oder X habe eine Singularität in p. Wir schreiben Reg (X) resp. Sing (X) für die Menge der regulären resp. der singulären Punkte:

(3.4) (i) $\operatorname{Reg}(X) := \{p \in X \mid \mu_p(X) = 1\}$,
(ii) $\operatorname{Sing}(X) := \{p \in X \mid \mu_p(X) > 1\}$, $\quad (X = V(f), f \in \mathbb{C}[z_1, \ldots, z_n] - \{0\})$.

Die Ausführungen von (3.1) zeigen, dass für $X = V(z_1^3 + z_1^2 - z_2^2)$ alle Punkte $p \in X - \{\mathbf{0}\}$ reguläre Punkte von X sind. Ob $\mathbf{0}$ tatsächlich eine Singularität von X ist, lässt sich auf den ersten Blick nicht entscheiden. Gemäss (3.3) müssten wir dazu ja entscheiden, ob $\mu_{\mathbf{0}}(g) > 1$ für alle $g \in I(X)$. Zur Behandlung dieses Problems (das wir lösen müssen, wenn wir Beispiele studieren wollen), müssen wir ein Resultat vorwegnehmen, das wir erst später beweisen werden. Zur Formulierung dieses Ergebnisses führen wir die folgende Sprechweise ein: Ein Polynom $f \in \mathbb{C}[z_1, \ldots, z_n] - \{0\}$ nennen wir *quadratfrei*, wenn es sich *nicht* schreiben lässt als $f = h^2 g$ mit Polynomen $h, g \in \mathbb{C}[z_1, \ldots, z_n]$ wobei $\operatorname{Grad}(h) > 0$.

(3.5) **Lemma** (*Lemma von Study*): *Ist $f \in \mathbb{C}[z_1, \ldots, z_n] - \{0\}$ quadratfrei und $X = V(f)$, so lässt sich jedes Polynom $g \in I(X)$ schreiben als*

$$g = f\,h, \quad (h \in \mathbb{C}[z_1, \ldots, z_n]).$$

Beweis: Wird in Kapitel II gegeben.

(3.6) **Satz:** *Ist $f \in \mathbb{C}[z_1, \ldots, z_n] - \{0\}$ quadratfrei und $X = V(f)$, so gilt*

$$\mu_p(X) = \mu_p(f), \quad (p \in X).$$

Beweis: Es genügt zu zeigen, dass $\mu_p(g) \geqslant \mu_p(f)$ für alle $g \in I(X)$. Nach (3.5) können wir jedes solche g schreiben als $g = f\,h$. Nun folgt $\mu_p(g) = \mu_p(f) + \mu_p(h) \geqslant \mu_p(f)$, (2.12) (iv). □

Als nützliches Kriterium für die Quadratfreiheit halten wir fest

(3.7) **Lemma:** *Sei $f \in \mathbb{C}[z_1, \ldots, z_n] - \{0\}$ so, dass* $\operatorname{Sing}(f) := \{p \in \mathbb{C}^n \mid \mu_p(f) > 1\}$ *keine Hyperfläche $V(h)$ ($h \in \mathbb{C}[z_1, \ldots, z_n]$,* Grad $(h) > 0$) *enthält. Dann ist f quadratfrei.*

Beweis: Nehmen wir das Gegenteil an. Dann gilt $f = h^2 g$, *wo* $g, h \in \mathbb{C}[z_1, \ldots, z_n]$ Polynome mit Grad $(h) > 0$ sind. Sei $p \in V(h)$. Über die Produktregel für Ableitungen folgt $\frac{\partial f}{\partial z_i}(p) = \frac{\partial h^2 g}{\partial z_i}(p) = h(p)\frac{\partial h\,g}{\partial z_i}(p) + h(p)\,g(p)\frac{\partial h}{\partial z_i}(p) = 0$ $(i = 1, \ldots, n)$, also $\mu_p(f) > 1$. Es ergibt sich der Widerspruch $V(h) \subseteq \operatorname{Sing}(f)$. □

Die folgende Anwendung unseres Kriteriums ist zur Behandlung von Beispielen nützlich.

(3.8) **Korrollar:** *Sei $n > 1$ und sei $f \in \mathbb{C}[z_1, \ldots, z_n] - \{0\}$ so, dass für höchstens endlich viele Punkte $q \in \mathbb{C}^n$ gilt $\mu_q(f) > 1$. Dann gilt für alle $p \in X := V(f)$*

$$\mu_p(X) = \mu_p(f).$$

Beweis: Im Hinblick auf (3.6) und auf (3.7) genügt es zu zeigen, dass $V(h)$ eine unendliche Menge ist für alle Polynome $h \in \mathbb{C}[z_1, \ldots, z_n]$ von positivem Grad. Dies ist aber klar nach (2.17). □

Im Hinblick auf die in (3.1) festgestellte Tatsache, dass $\mu_q(z_1^3+z_1^2-z_2^2)$ nur für den Punkt $\mathbf{0}$ grösser als 1 ist, folgt jetzt insbesondere, dass $\mu_\mathbf{0}(X)=\mu_\mathbf{0}(f)=2$ für $f=z_1^3+z_1^2-z_2^2$. $\mathbf{0}$ ist also eine Singularität von X.

(3.9) **Beispiele:** (i) Sei $X \subseteq \mathbb{C}^n$ eine *Hyperebene*, d.h. von der Form $X=V(l)$, wo Grad $(l)=1$. Dann ist l offenbar quadratfrei, und nach (2.12) gilt $\mu_p(l)=1$ für alle $p \in X$. Nach (3.6) folgt also in dieser Situation: $\mu_p(X)=1$, $(\forall\, p \in X)$, also $\mathrm{Reg}(X)=X$, $\mathrm{Sing}(X)=\emptyset$. Ein Spezialfall: Ist $p \in \mathbb{C}$, so gilt $\mu_p(\{p\})=1$. Das Phänomen der singulären Punkte tritt also erst bei Hyperflächen auf, die durch Polynome vom Grad >1 definiert werden.

(ii) (*nicht ausgeartete ebene Quadriken*) Sei $f \in \mathbb{C}[z_1, z_2]$ so, dass Grad $(f)=2$ und so, dass die *Quadrik* $X=V(f)\subseteq \mathbb{C}^2$ keine Gerade enthält, d.h. nicht ausgeartet ist. Wir wollen zeigen, dass X *singularitätenfrei* ist, d.h., dass $\mu_p(X)=1$ für alle $p \in X$. Nehmen wir das Gegenteil an! Dann gibt es ein $\mathbf{c}=(c_1, c_2) \in \mathbb{C}^2$ mit $f_{(0)}^{(c)}=f_{(1)}^{(c)}=0$. Wegen Grad $(f)=2$ folgt aus (2.10) (i) $f=f_{(2)}^{(c)}$. Dabei ist $f_{(2)}^{(c)}$ homogen und vom Grad 2 in den Variablen $z_j'=z_j-c_j$, $(j=1, 2)$. Wir können also schreiben $f=u(z_1')^2+v\, z_1'\, z_2'+w(z_2')^2$, $(u, v, w \in \mathbb{C})$. Ist $u \neq 0$, so setzen wir

$$l_{1,2} := \left(z_1' + \frac{v \pm \sqrt{v^2-4uw}}{2u}\, z_2'\right)$$

und erhalten $f=ul_1\, l_2$. Ist $u=0$, so setzen wir $l_1=v\, z_1'+w\, z_2'$ und $l_2=z_2'$, und erhalten $f=l_1\, l_2$. In beiden Fällen enthält also X die Geraden $L_j=V(l_j)$, $(j=1, 2)$, und wir erhalten einen Widerspruch. ○

Die Neillsche Parabel $z_1^3 = z_2^2$.

(3.10) **Beispiel:** Sei $f=z_1^3-z_2^2 \in \mathbb{C}[z_1, z_2]$ und sei $X=V(f)\subseteq\mathbb{C}^2$. Wir setzen $x_j=\mathrm{re}(z_j)$, $y_j=\mathrm{im}(z_j)$, $(j=1, 2)$. Für den reellen Teil $X_\mathbb{R}$ von X erhalten wir eine Kurve der skizzierten Gestalt, auf der $\mathbf{0}$ dem Augenschein nach singulär sein könnte.

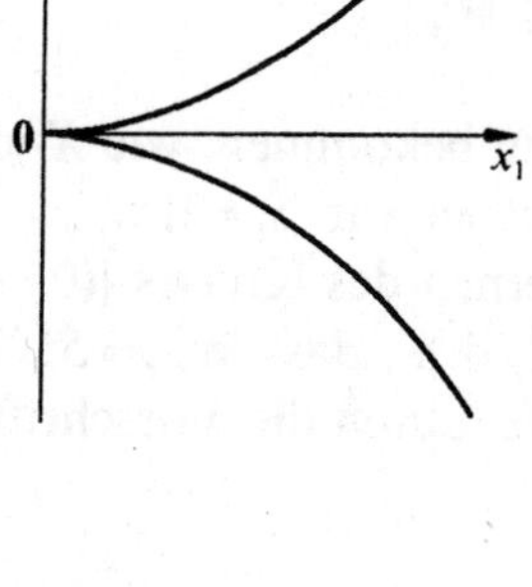

In der Tat gilt $\frac{\partial f}{\partial z_1}=3\,z_1^2$, $\frac{\partial f}{\partial z_2}=-2z_2$. Die einzige gemeinsame Nullstelle dieser beiden partiellen Ableitungen ist der Punkt $\mathbf{0}$. Weil zudem $\frac{\partial^2 f}{\partial z_2^2}=-2$ folgt über (3.8):

(i) $\quad \operatorname{Sing}(X)=\{\mathbf{0}\},\ \mu_0(X)=2.$

Um X zu verstehen, führen wir eine Abbildung φ: $\mathbb{C}\mapsto\mathbb{C}^2$ ein, definiert durch $z\mapsto(z^2, z^3)$. Offenbar ist dann $\varphi(\mathbb{C})\subseteq X$. Weiter ist φ stetig. Wir definieren nun eine Abbildung $\psi: X\to\mathbb{C}$ durch

$$\psi(z_1, z_2)=\begin{cases}0, & \text{falls } z_1=z_2=0\\ \frac{z_2}{z_1}, & \text{falls } (z_1, z_2)\in X-\{\mathbf{0}\}.\end{cases}$$

ψ ist wohldefiniert, stetig und erfüllt $\psi\cdot\varphi=id_{\mathbb{C}}$, $\varphi\cdot\psi=id_X$. Also ergibt sich dank φ ein Homöomorphismus zwischen $\mathbb{C}$ und X:

$$\begin{array}{ccc}\mathbb{C} & \xrightarrow{\approx} & X\\ & \searrow^{\varphi}\ \circlearrowleft & \downarrow\\ & & \mathbb{C}^2\end{array}$$

Setzen wir $\operatorname{re}(z)=x$, $\operatorname{im}(z)=y$ und identifizieren wir $\mathbb{C}$ mit $\mathbb{R}^2$ vermöge $z=x+i\,y\leftrightarrow(x, y)$, so folgt $X\approx\mathbb{R}^2$: X ist topologisch eine reelle Ebene.

Vermöge der Identifikation $(z_1, z_2)\leftrightarrow(x_1, x_2, y_1, y_2)$ von $\mathbb{C}^2$ mit $\mathbb{R}^4$ fassen wir X als eine (zu $\mathbb{R}^2$ homöomorphe) Fläche in $\mathbb{R}^4$ auf und stellen uns die Frage, wie X in $\mathbb{R}^4$ eingebettet liegt. Dazu wählen wir $r>0$ und schneiden X mit der 3-Sphäre $S_r^3:=\{(x_1, x_2, y_1, y_2)\mid x_1^2+x_2^2+y_1^2+y_2^2=r^2\}$. Wir wollen uns nun ein Bild machen von

(iii) $\quad \mathscr{C}_{x,r}:=S_r^3\cap X\subseteq\mathbb{R}^4,$

um einen Eindruck davon zu bekommen, wie X «in der Nähe der Singularität $\mathbf{0}$» in $\mathbb{R}^4$ liegt. Zunächst setzen wir $\mathring{S}_r^3=\{(x_1, x_2, y_1, y_2)\in S_r^3\mid x_1^2+y_1^2\neq 0\}$. $\mathring{S}_r^3$ entsteht aus S_r^3 durch Entfernen des Kreises $\{(0, x_2, 0, y_2)\mid x_2^2+y_2^2=r^2\}$. Sofort sieht man, dass $S_r^3\cap X\subseteq\mathring{S}_r^3$, d.h., dass $\mathscr{C}_{x,r}=\mathring{S}_r^3\cap X$. Wir definieren nun eine stetige Abbildung $\tau_r:\mathring{S}_r^3\to\mathbb{R}^3$ durch die Vorschrift

$$p := (x_1, x_2, y_1, y_2) \overset{\tau_r}{\mapsto} \left(u := (r+x_2)\frac{x_1}{\sqrt{x_1^2+y_1^2}},\quad v := (r+x_2)\frac{y_1}{\sqrt{x_1^2+y_1^2}},\quad w := y_2\right).$$

Um diese Abbildung besser beschreiben zu können, setzen wir:

$$\rho(p) = |z_2|;\quad \alpha(p) = \arg(z_1),\quad \beta(p) = \arg(z_2),\quad (0 \leqslant \alpha(p), \beta(p) < 2\pi).$$

Dann können wir nämlich offenbar auch schreiben:

(iv) $\tau_r(p) = ((r+\rho(p)\cos\beta(p))\cos\alpha(p),\ (r+\rho(p)\cos\beta(p))\sin\alpha(p),\ \rho(p)\sin\beta(p)$,

wobei zudem gilt $0 \leqslant \rho(p) < r$. Also liegt $\tau(p)$ in einem offenen Volltorus $V_r \subseteq \mathbb{R}^3$, dessen Zentralkreis in der (u, v)-Ebene liegt, Zentrum **0** und Radius r hat und dessen Kleinkreisradius ebenfalls r ist. Dabei hat $\tau_r(p)$ bezüglich V_r gerade die Toruskoordinaten $\alpha(\beta), \beta(p), \rho(p)$.

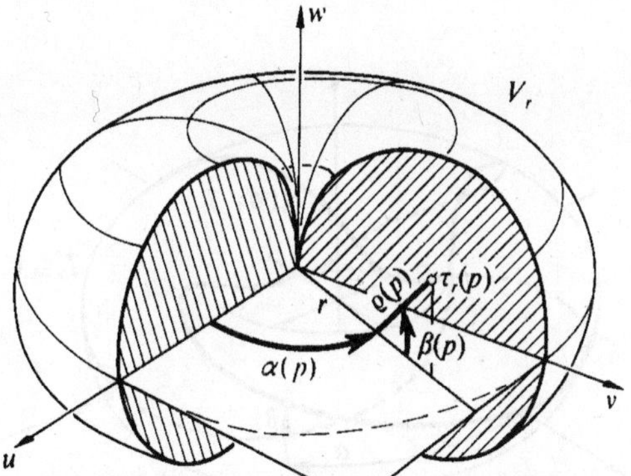

Wir definieren nun auch eine stetige Abbildung $V_r \xrightarrow{\sigma_r} \mathbb{R}^4$, indem wir dem Punkt $(u, v, w) \in V$ mit den Toruskoordinaten α, β, ρ zuordnen den Punkt

$$(x_1 = \sqrt{r^2-\rho^2}\cos\alpha,\ x_2 = \rho\cos\beta,\ y_1 = \sqrt{r^2-\rho^2}\sin\alpha,\ y_2 = \rho\sin\beta),$$

der in $\mathbb{C}^2$ dem Punkt $(z_1 = \sqrt{r^2-\rho^2}\operatorname{cis}\alpha,\ z_2 = \rho^2\operatorname{cis}\beta)$ entspricht. Offenbar ist σ_r die Umkehrabbildung von τ. So erhalten wir einen Homöomorphismus

(v) $$\mathring{S}_r^3 \xrightarrow[\approx]{\tau_r} V_r \subseteq \mathbb{R}^3.$$

Über τ_r wollen wir nun die Schnittmenge $\mathscr{C}_{x,r} = \mathring{S}_r^3 \cap X$ «in den 3-dimensionalen Raum holen». Genauer: wir wollen $\tau(\mathscr{C}_{x,r})$ bestimmen. Wegen $|z_1|^2 = x_1^2+y_1^2$, $|z_2|^2 = x_2^2+y_2^2 = \rho(p)^2$ gilt für alle $p = (x_1, x_2, y_1, y_2) \in \mathring{S}_r^3 : |z_1| = \sqrt{r^2-\rho(p)^2}$. Ist zudem $p \in X$, so folgt (wegen $z_1^3 = z_2^2$) zusätzlich noch $|z_1|^3 = \rho(p)^2$, also $\rho(p)^4 = (r^2 - \rho(p)^2)^3$. Diese Gleichung hat genau eine reelle Lösung für $\rho(p)^2$, und diese liegt im Intervall $]0, r^2[$. Damit nimmt $\rho(p)$ für alle $p \in \mathscr{C}_{x,r}$ denselben Wert $\rho_r \in]0, r[$ an. Also liegt $\tau_r(\mathscr{C}_{x,r})$ auf der in V_r enthaltenen Torusfläche T_r mit demselben Zentralkreis wie V_r und dem Kleinkreisradius ρ_r. Wegen $z_1^3 = z_2^2$ gilt aber auch $3 \arg z_1 = 2 \arg z_2 + 2\pi k$ $(k \in \mathbb{Z})$. Gilt umgekehrt diese Gleichung und gilt $\tau_r(p) \in T_r$, so liegt p in $\mathscr{C}_{x,r}$. Damit ist klar:

(vi) *$\tau_r(\mathscr{C}_{x,r})$ ist die Menge aller Punkte in T_r, deren Toruskoordinatenwinkel α, β einer Gleichung folgender Art genügen:*

$$3\alpha = 2\beta + 2\pi k \quad (k \in \mathbb{Z}).$$

Damit ist $\tau_r(\mathscr{C}_{x,r})$ eine einfach geschlossene Kurve auf dem Torus T_r, d.h. ein sogenannter *Torusknoten*. Macht α zwei volle Umläufe, so macht β drei. Wir erhalten so die folgende Situation:

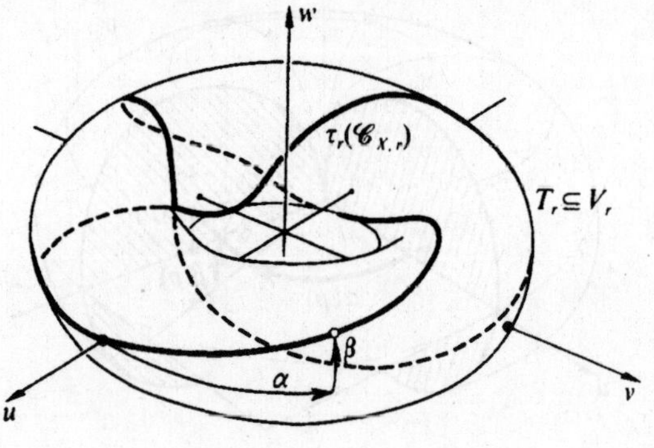

Übersichtlicher ist das folgende Bild, das man im wesentlichen bei der Betrachtung aus der Richtung der w-Achse erhält: Man nennt diesen Knoten auch *Kleeblattknoten*.

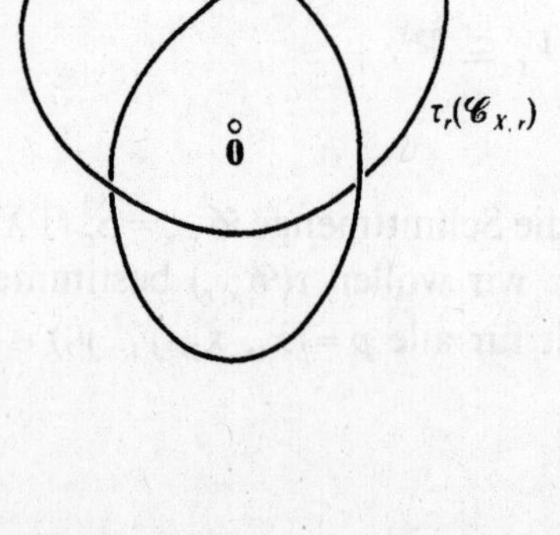

Sofort sieht man, dass $\mathscr{C}_{X,r}=\varphi(K_r)$, wo $K_r\subseteq\mathbb{C}$ der Kreis $|z|=r$ ist. Wir wollen uns ein gewisses Bild von X in der Nähe der Singularität $\mathbf{0}$ machen. Dazu betrachten wir die Kreisscheibe $D_r=\{z\in\mathbb{C}\,\|\,z\,|\leqslant r\}$ und ihr homöomorphes Bild $\varphi(D_r)=:\mathscr{D}_{X,r}$, das man auch schreiben kann in der Form: $\mathscr{D}_{X,r}=X\cap\mathrm{B}_r$, wo $\mathrm{B}_r\subseteq\mathbb{C}^2$ die Vollkugel $x_1^2+x_2^2+y_1^2+y_2^2=|z_1|^2+|z_2|^2\leqslant r^2$ ist. Ist $p\in\mathbb{R}^4$, so setzen wir $r(p)=\sqrt{x_1^2+x_2^2+y_1^2+y_2^2}$ und definieren eine stetige Abbildung $\tau:\mathbb{R}^4\to\mathbb{R}^3$ durch

$$\tau(p)=\begin{cases}\mathbf{0} & \text{falls } p=\mathbf{0}\\ \tau_{r(p)}(p), & \text{falls } p\neq\mathbf{0}.\end{cases}$$

Jetzt «holen wir $\mathscr{D}_{X,r}$ vermöge τ in den $\mathbb{R}^3$», d.h. wir betrachten $\tau(\mathscr{D}_{X,r})$. Es handelt sich um eine Kreisscheibe, die «in den Knoten $\tau_r(\mathscr{C}_{X,r})$ eingespannt wird so, dass $\mathbf{0}$ zum Zentrum wird». Längs der positiven u-Achse sowie längs der durch $\alpha=\frac{\pi}{3}$, $\alpha=\frac{2\pi}{3}$ in der (u,v)-Ebene gegebenen Halbgeraden u', u'' entstehen Selbstdurchdringungen.

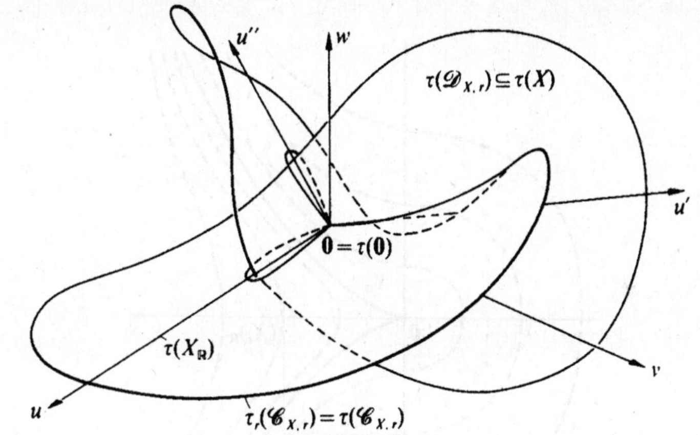

○

Anmerkung: Im Beispiel (1.4) des komplexen Kreises X konnten wir eine 3-dimensionale Mannigfaltigkeit im $\mathbb{R}^4$ finden, in welcher X enthalten war und diese Mannigfaltigkeit homöomorph in den $\mathbb{R}^3$ abbilden. Im Falle der oben untersuchten Menge ist dies nicht möglich, denn sonst könnten wir den Knoten $\tau(\mathscr{C}_{X,r})$ im Raum auflösen. Wir können also $\mathscr{D}_{X,r}$ zwar mit φ^{-1} zu einer Kreisscheibe «aufliegen», wir können aber bei diesem Glättungsprozess kein «3-dimensionales Stück» um die Scheibe herum mitverformen. Man kann sogar zeigen, dass X in p keine Untermannigfaltigkeit von $\mathbb{R}^4$ ist. D.h.: Es gibt keine offene Umgebung U von p und keinen Homöomorphismus $\varepsilon: U \xrightarrow{\approx} \mathbb{R}^4$ so, dass $\varepsilon(X\cap U)$ in $\mathbb{R}^4$ eine Ebene wird. ○

Zur Entstehung von Singularitäten. Wir haben in (3.10) eine Singularität p einer algebraischen Menge $X\subseteq\mathbb{C}^n$ dadurch studiert, dass wir untersuchten, wie

X (in der Nähe von p) in den umgebenden Raum $\mathbb{C}^n$ eingebettet ist. Eine andere Art der Beschreibung von Singularitäten besteht darin, anzugeben, «wie diese entstehen».

(3.11) **Beispiel:** Sei $f_\varepsilon = z_1^3 - z_2^2 - \varepsilon \in \mathbb{C}[z_1, z_2]$ und sei $X_\varepsilon := V(f_\varepsilon) \subseteq \mathbb{C}^2$, $(\varepsilon \in \mathbb{C})$. Für $\varepsilon = 0$ erhalten wir das in (3.10) untersuchte Beispiel zurück. Weiter gilt $\frac{\partial f_\varepsilon}{\partial z_1} = 3z_1^2$, $\frac{\partial f_\varepsilon}{\partial z_2} = -2z_3$, $\mathbf{0} \notin X_\varepsilon$ für $\varepsilon \neq 0$. Also:

(i) $X_0 = X = V(z_1^3 - z_2^2)$; $\quad \mathrm{Sing}\,(X_\varepsilon) = \emptyset$ *für* $\varepsilon \neq 0$.

X entsteht also, indem wir in der Familie der singularitätenfreien Kurven X_ε $(\varepsilon \neq 0)$ den Parameter ε nach 0 gehen lassen. Wir wollen uns nun – allerdings nur im Reellen – über die geometrische Bedeutung dieser Beschreibung klar werden. Wir wählen dazu $\varepsilon \in \mathbb{R}$ und setzen $x_j = \mathrm{re}(z_j)$, $(j = 1, 2)$. Zeichnet man einige Mitglieder der Schar $(X_\varepsilon)_\mathbb{R}$, so ergibt sich das folgende Bild:

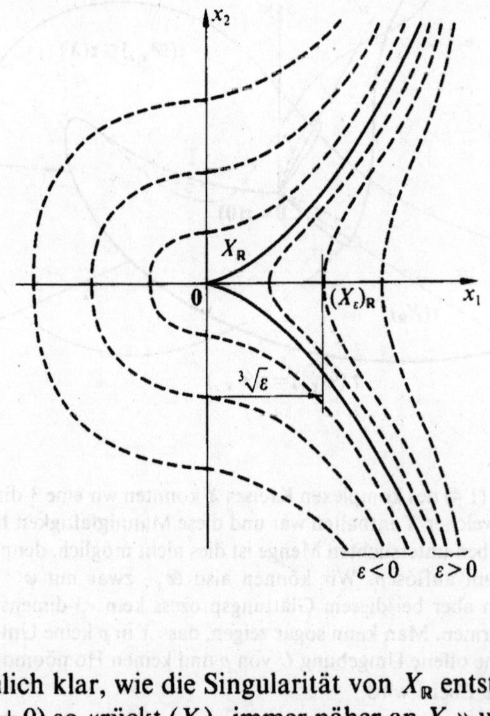

Damit ist anschaulich klar, wie die Singularität von $X_\mathbb{R}$ entsteht: Geht ε nach 0 (und bleibt dabei $\neq 0$) so «rückt $(X_\varepsilon)_\mathbb{R}$ immer näher an $X_\mathbb{R}$» und die Krümmung im Scheitel von $(X_\varepsilon)_\mathbb{R}$ (d.h. im Schnittpunkt mit der x_1-Achse) strebt dabei nach ∞. So entsteht die Spitze in $\mathbf{0}$. Wir haben somit X als Ergebnis einer Verformung $X_\varepsilon \xrightarrow[\varepsilon \to 0]{} X$ beschrieben, die wir, zumindest im Reellen, anschaulich geometrisch verstehen. X haben wir dabei aus einer singularitätenfreien Kurve X_ε verformt.

Oft will man auch beschreiben, wie eine bestimmte Singularität durch Verformung einer algebraischen Menge mit «einfacheren» Singularitäten entsteht. In unserem Fall setzen wir dazu $f^\delta = z_1^3 + \delta z_1^2 - z_2^2$, $X^\delta := V(f^\delta) \subseteq \mathbb{C}^2$ ($\delta \in \mathbb{C}$). Wir sehen jetzt, dass $X^0 = X$. X^1 ist gerade die in (3.1) behandelte Kurve. Wir haben in dieser Situation:

$$\frac{\partial f^\delta}{\partial z_1} = 3z_1^2 + 2\delta z_1, \quad \frac{\partial f^\delta}{\partial z_2} = -2z_2, \quad \frac{\partial^2 f^\delta}{\partial z_2^2} = -2.$$

Die gemeinsamen Nullstellen der ersten beiden partiellen Ableitungen sind der Ursprung $\mathbf{0}$ und der Punkt $q := (-\frac{2\delta}{3}, 0)$. Ist $\delta \neq 0$, so gilt $q \notin X^\delta$. Andernfalls ist $q = \mathbf{0}$. So folgt über (3.8) sofort:

(ii) $\quad \mathrm{Sing}(X^\delta) = \{\mathbf{0}\}$, $\mu_{\mathbf{0}}(X^\delta) = 2$.

Im Reellen erhalten wir das folgende Bild.

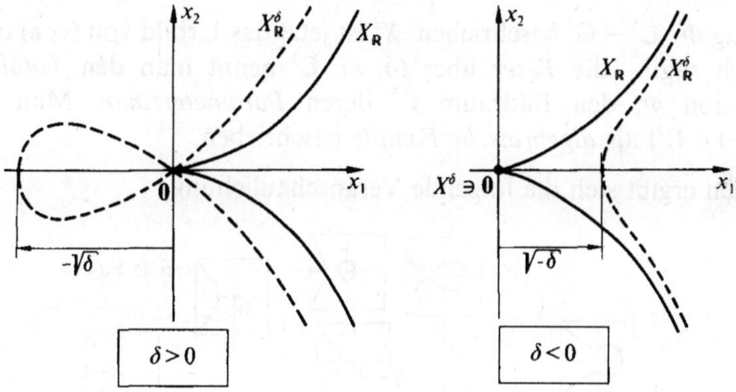

Sei $\delta > 0$. Dann bildet $X^\delta_{\mathbb{R}}$ eine Schlaufe mit Ursprung $\mathbf{0}$. Geht δ fallend nach 0, so geht $X^\delta_{\mathbb{R}}$ in $X_{\mathbb{R}}$ über, wobei die Schlaufe zusammengezogen wird. So entsteht die Spitze $\mathbf{0}$ auf X durch das Zusammenziehen der Schlaufe von $X^\delta_{\mathbb{R}}$.

Wir wollen nun beide Verformungen $X_\varepsilon \xrightarrow[\varepsilon \to 0]{} 0$, $X^\delta \xrightarrow[\delta \to 0]{} X$ zusammen betrachten. Dazu setzen wir

$$f^\delta_\varepsilon = z_1^3 + \delta z_1^2 - z_2^2 - \varepsilon \in \mathbb{C}[z_1, z_2], \; X^\delta_\varepsilon = V(f^\delta_\varepsilon), \; (\delta, \varepsilon \in \mathbb{C}).$$

Die partiellen Ableitungen von f_ε^δ und von f^δ stimmen überein. Als Singularitäten von X_ε^δ kommen also höchstens die Punkte $\mathbf{0}$ und $q = (-\frac{2\delta}{3}, 0)$ in Frage. Nun gilt aber offenbar «$\mathbf{0} \in X_\varepsilon^\delta \Leftrightarrow \varepsilon = 0$» und «$q \in X_\varepsilon^\delta \Leftrightarrow \varepsilon = \frac{4\delta^3}{27}$». So ergibt sich insgesamt:

(iii) (a) $X_\varepsilon^0 = X_\varepsilon$, $X_0^\delta = X^\delta$, $X_0^0 = X$.

(b) $\operatorname{Sing}(X_\varepsilon^\delta) = \emptyset$, *falls* $\varepsilon \neq 0$ *oder* $\delta \neq 0$ *oder* $\varepsilon \neq \frac{4\delta^3}{27}$.

(c) $\varepsilon = \frac{4\delta^3}{27} \Rightarrow \operatorname{Sing}(X_\varepsilon^\delta) = \{q\}$, $\mu_q(X_\varepsilon^\delta) = 2$.

Wir beschreiben nun die Familie X_ε^δ wie in der algebraischen Geometrie üblich mit Hilfe einer geeigneten Abbildung Φ. Wir definieren dabei $\Phi : \mathbb{C}^3 \to \mathbb{C}^2$ durch die Vorschrift $(z_1, z_2, z_3) \mapsto (z_3, z_1^3 + z_3 z_1^2 - z_2^2)$. Offenbar gilt jetzt

(iv) $\Phi^{-1}(\{\delta, \varepsilon\}) = X_\varepsilon^\delta \quad , \quad ((\delta, \varepsilon) \in \mathbb{C}^2)$.

Wir haben jetzt die *Deformation* $X_\varepsilon^\delta \xrightarrow[(\delta, \varepsilon) \to (0, 0)]{} X$ vermöge der polynomialen Abbildung $\Phi : \mathbb{C}^3 \to \mathbb{C}^2$ beschrieben. X_ε^δ ist jetzt das Urbild von (δ, ε) oder – wie man auch sagt – die *Faser* über (δ, ε). $\mathbb{C}^3$ nennt man den *Totalraum* der Deformation Φ, den Bildraum $\mathbb{C}^2$ deren *Parameterraum*. Man hat jetzt $\{X_\varepsilon^\delta \mid (\delta, \varepsilon) \in \mathbb{C}^2\}$ als *algebraische Familie* beschrieben.

Im Reellen ergibt sich die folgende Veranschaulichung.

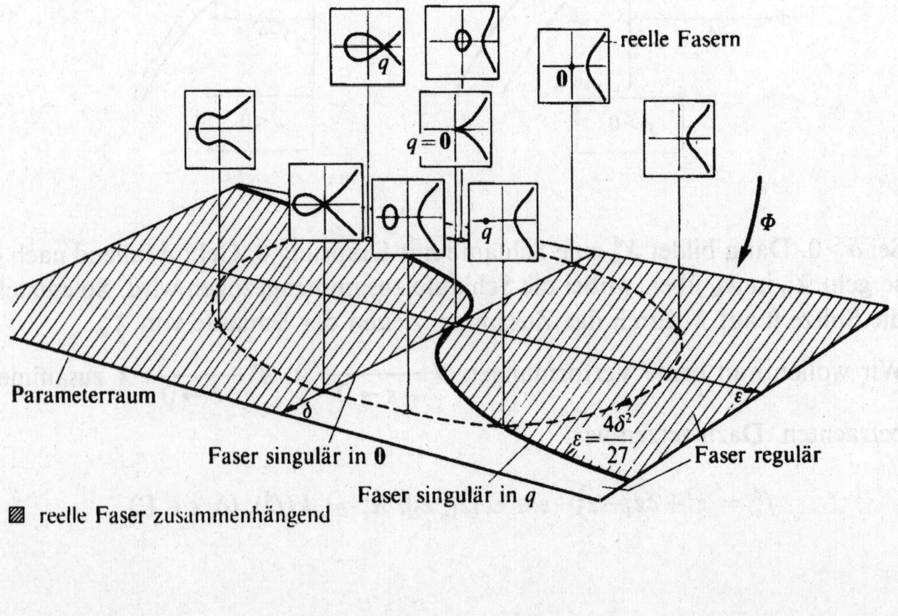

Anmerkung: Ist $\delta \neq 0$, $\varepsilon \neq \frac{4\delta^2}{27}$, so ist X_ε^δ *im Komplexen* topologisch gesehen eine «angeschnittene Torusfläche» der nebenan skizzierten Gestalt. Geht δ nach 0, so zieht sich der eingezeichnete Kreis $\mathscr{C}_1$ zusammen auf einen Punkt. Strebt ε nach $\frac{4\delta^2}{27}$, so zieht sich $\mathscr{C}_2$ zusammen. X entsteht durch gleichzeitiges Zusammenziehen von $\mathscr{C}_1$ und $\mathscr{C}_2$. ○

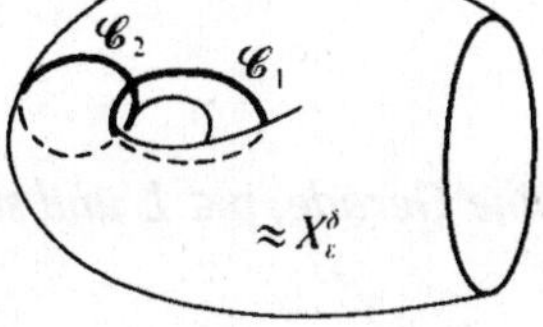

Die Schnittvielfachheit mit Geraden. Wir wollen jetzt eine andere Beschreibung der Vielfachheit $\mu_p(X)$ einer Hyperfläche X in einem Punkt $p \in X$ geben.

Wir holen dazu etwas aus und wählen ein Polynom $f \in \mathbb{C}[z_1, \ldots, z_n]$, einen Punkt $p \in \mathbb{C}^n$ und eine durch p laufende *Gerade* $L \subseteq \mathbb{C}^n$. Wir parametrisieren L linear durch $z \mapsto \boldsymbol{c} + z\,\boldsymbol{a}$ ($\boldsymbol{c}, \boldsymbol{a} \in \mathbb{C}^n$). Es gibt genau einen Parameterwert $\lambda_p \in \mathbb{C}$ mit $\boldsymbol{c} + \lambda_p \boldsymbol{a} = \boldsymbol{p}$. Schliesslich betrachten wir das Polynom $\tilde{f}(z) := f(\boldsymbol{c} + z\boldsymbol{a})$ und definieren die *Schnittvielfachheit von f* mit L an der Stelle p durch

(3.12) $$\mu_p(f \cdot L) := \mu_{\lambda_p}(\tilde{f}).$$

Natürlich müssen wir zeigen, dass diese Definition sinnvoll ist, d.h. unabhängig von der gewählten linearen Parameterdarstellung von L. Wir beweisen dazu (ohne diese Unabhängigkeit zu benutzen):

(3.13) **Lemma:** $\mu_p(f \cdot L) = \min\{i \geqslant 0 \mid L \nsubseteq V(f_{(i)}^{(p)})\}$, (*wobei* $f_{(i)}^{(p)}$ *gemäss* (2.10) *definiert ist*).

Beweis: Wir schreiben $f(z) = \sum_\nu d_\nu (z - \boldsymbol{p})^\nu$, wobei $d_\nu \in \mathbb{C}$. Für $i \in \mathbb{N}_0$ folgt dann $f_{(i)}^{(p)}(z) = \sum_{|\nu| = i} d_\nu (z - p)^\nu$. Aus $p = \boldsymbol{c} + \lambda_p \boldsymbol{a}$ folgt $\boldsymbol{c} + z\boldsymbol{a} - p = (z - \lambda_p)\boldsymbol{a}$. So erhalten wir $f_{(i)}^{(p)}(\boldsymbol{c} + z\boldsymbol{a}) = \left[\sum_{|\nu| = i} d_\nu \boldsymbol{a}^\nu\right](z - \lambda_p)^i$. Daraus folgt

$$\tilde{f}(z) = f(\boldsymbol{c} + z\boldsymbol{a}) = \sum_i f_{(i)}^{(p)}(\boldsymbol{c} + z\boldsymbol{a}) = \sum_i \left[\sum_{|\nu| = i} d_\nu \boldsymbol{a}^\nu\right](z - \lambda_p)^i.$$

Im Hinblick auf (2.11) (ii) folgt $\mu_{\lambda_p}(\tilde{f}) = \min\{i \geqslant 0 \mid \sum_{|\nu| = i} d_\nu \boldsymbol{a}^\nu \neq 0\}$.

Es bleibt also zu zeigen, dass $\sum_{|\nu|=i} d_\nu \boldsymbol{a}^\nu$ genau dann verschwindet, wenn $L \subseteq V(f_{(i)}^{(p)})$. Weil $z \mapsto p+z\,\boldsymbol{a}$ ebenfalls eine Parameterdarstellung von L ist, gilt $L \subseteq V(f_{(i)}^{(p)})$ genau dann, wenn $f_{(i)}^{(p)}\,(p+z\,\boldsymbol{a}) \equiv 0$. Nun ist offenbar $f_{(i)}^{(p)}\,(p+z\,\boldsymbol{a})$ $= \sum_{|\nu|=i} d_\nu\,(z\,\boldsymbol{a})^\nu = \left[\sum_{|\nu|=i} d_\nu\,\boldsymbol{a}^\nu\right] z^i$, also $f_{(i)}^{(p)}\,(p+z\,\boldsymbol{a}) \equiv 0 \Leftrightarrow \sum_{|\nu|=i} d_\nu\,\boldsymbol{a}^\nu = 0$. □

Wir halten folgende Eigenschaften der Schnittmultiplizität fest:

(3.14) **Lemma:** *Sei $L \subseteq \mathbb{C}^n$ eine Gerade, $p \in L$ und seien $f, g \in \mathbb{C}[z_1, \ldots, z_n]$. Dann gilt:*

(i) $\mu_p\,(f \cdot L) > 0 \Leftrightarrow p \in V(f) \cap L.$

(ii) $\mu_p\,(f \cdot L) = \infty \Leftrightarrow L \subseteq V(f).$

(iii) $\mu_p\,(f\,g \cdot L) = \mu_p\,(f \cdot L) + \mu_p\,(g \cdot L).$

Beweis: (i), (ii), (iii) folgen unmittelbar aus (2.12) (i), (ii), (v). □

(3.15) **Lemma:** *Sei $L \subseteq \mathbb{C}^n$ eine Gerade, $f \in \mathbb{C}[z_1, \ldots, z_n]$, und sei $L \nsubseteq V(f)$. Dann gilt:*

$$\sum_{p \in L} \mu_p(f \cdot L) \leqslant \text{Grad}\,(f).$$

Beweis: Sei $z \mapsto \boldsymbol{c} + z\,\boldsymbol{a}$ eine Parameterdarstellung von L. Wegen $L \nsubseteq V(f)$ ist $\tilde{f}(z) = f(\boldsymbol{c} + \boldsymbol{a}z) \in \mathbb{C}[z] - \{0\}$. Natürlich gilt auch Grad $(\tilde{f}) \leqslant$ Grad (f). Aus (2.15) folgt $\sum_{\lambda \in \mathbb{C}} \mu_\lambda\,(\tilde{f}) \leqslant \text{Grad}\,(f)$. □

(3.16) **Definition:** Sei $f \in \mathbb{C}[z_1, \ldots, z_n] - \{0\}$, $X = V(f)$, $L \subseteq \mathbb{C}^n$ eine Gerade und $p \in L$. Dann definieren wir die *Schnittvielfachheit von L mit X in p* als:

$$\mu_p(X \cdot L) := \min\,\{\mu_p\,(g \cdot L) \mid g \in I\,(X)\}. \qquad \circ$$

(3.17) **Satz:** *ist $f \in \mathbb{C}[z_1, \ldots, z_n] - \{0\}$ quadratfrei, $X = V\,(f)$, $L \subseteq \mathbb{C}^n$ eine Gerade und $p \in L$, so gilt:*

$$\mu_p(X \cdot L) = \mu_p\,(f \cdot L).$$

Beweis: Völlig analog zum Beweis von (3.6). Anstelle von (2.12) (v) verwendet man (3.14) (iii). □

(3.18) **Korollar:** *Sei $n > 1$, und sei $f \in \mathbb{C}[z_1, \ldots, z_n] - \{0\}$ derart, dass für höchstens endlich viele Punkte $q \in \mathbb{C}^n$ gilt $\mu_q(f) > 1$. Dann gilt für jede Gerade $L \subseteq \mathbb{C}^n$ und jeden Punkt $p \in L$ die Gleichheit $\mu_p(X \cdot L) = \mu_p(f \cdot L)$.*

Beweis: Bereits im Beweis von (3.8) haben wir gesehen, dass f unter den gemachten Voraussetzungen quadratfrei ist. Jetzt schliessen wir mit (3.17). □

Schliesslich kommen wir zu der angekündigten Beschreibung der Vielfachheit einer Hyperfläche in einem Punkt:

(3.19) **Satz:** *Sei $f \in \mathbb{C}[z_1, \ldots, z_n] - \{0\}$, $p \in X = V(f)$. Dann gilt*

$$\mu_p(X) = \min \{\mu_p (L \cdot X) \mid L \subseteq \mathbb{C}^n \text{ Gerade mit } p \in L\}.$$

Beweis: Nach Definition ist sofort klar, dass $\mu_p(f) = \min \{i \geq 0 \mid V(f_{(i)}^{(p)}) \neq \mathbb{C}^n\}$ $(f \in I(X))$. Nach (3.13) folgt daraus insbesondere $\mu_p(f \cdot L) \geq \mu_p(f)$, $(f \in I(X))$. Dies beweist die Ungleichung $\mu_p(X) \leq \min \{\mu_p(X \cdot L)\}$, indem man L und f so wählt, dass $\mu_p(f \cdot L) = \mu_p(X \cdot L)$. Sei umgekehrt $f \in I(X)$ so gewählt, dass $\mu_p(f) = \mu_p(X) =: \mu$. Dann ist $V(f_{\mu}^{(p)}) \neq \mathbb{C}^n$. Deshalb finden wir eine durch p laufende Gerade $L \subseteq \mathbb{C}^n$ mit $L \nsubseteq V(f_{(\mu)}^{(p)})$. Es folgt $\mu_p(f \cdot L) \leq \mu$, mithin unsere Behauptung. □

(3.20) **Aufgaben:** (1) Man bestimme Sing (X) und $\mu_p(X)$ ($p \in$ Sing (X)) für $X = V(f)$, wobei
a) $f = z_1^3 - z_1^3 + z_2^2$; b) $f = z_1^4 + z_2^4 - z_1^2$.

(2) Sei $f_\varepsilon = z_1^2 + z_2^2 - z_3^2 + \varepsilon \in \mathbb{C}[z_1, z_2, z_3]$, $X_\varepsilon = V(f_\varepsilon) \subseteq \mathbb{C}^3$, ($\varepsilon \in \mathbb{C}$).
a) Man bestimme die Singularitäten von X_ε.
b) Man beschreibe $\{X_\varepsilon \mid \varepsilon \in \mathbb{C}\}$ als Familie von Fasern einer polynomialen Abbildung $\Phi : \mathbb{C}^4 \to \mathbb{C}$.
c) Man skizziere die Situation im Reellen.

(3) Sei $n > 1$, $f \in \mathbb{C}[z_1, \ldots, z_n]$ vom Grad 3 so, dass $X = V(f)$ keine Gerade enthält. Mit (3.15) zeige man: X hat höchstens eine Singularität, und deren Vielfachheit ist 2.

(4) Seien $p, q \in \mathbb{N}$ teilerfremd, $p > q$. Man bestimme $\tau(\mathscr{C}_{X,r})$ für $X = V(z_1^p - z_2^q)$ (vgl. (3.11) und skizziere das Ergebnis für $p = 5$, $q = 2$.

(5) Seien $H_1, \ldots, H_s \subseteq \mathbb{C}^n$ paarweise verschiedene Hyperebenen. Man zeige, dass $X := H_1 \cup \ldots \cup H_s$ eine algebraische Hyperfläche ist und beschreibe $\mu_p(X)$. ○

4. Tangentialkegel und Grad

Der Begriff der Tangente. Sei $f \in \mathbb{C}[z_1, \ldots, z_n] - \{0\}$, sei $X = V(f)$, $p \in X$ und sei $L \subseteq \mathbb{C}^n$ eine durch p laufende Gerade. Nach (3.19) wissen wir, dass $\mu_p(X \cdot L) \geq \mu_p(X)$, wobei es Geraden L gibt, für die Gleichheit gilt. Wir wollen uns klarmachen, was das Bestehen der strikten Ungleichung $\mu_p(X \cdot L) > \mu_p(X)$ geometrisch bedeutet.

Sei $\{L_m\}_{m=1}^{\infty}$ eine Folge von Geraden durch p. Wir sagen $\{L_m\}$ *strebe nach* L und schreiben $L_m \xrightarrow[m\to\infty]{} L$, wenn es eine Folge $\{s_m\}_{m=1}^{\infty}$ so gibt, dass $s_m \in L_m$ ($m \in \mathbb{N}$) und $s_m \xrightarrow[m\to\infty]{} s \in L-\{p\}$.

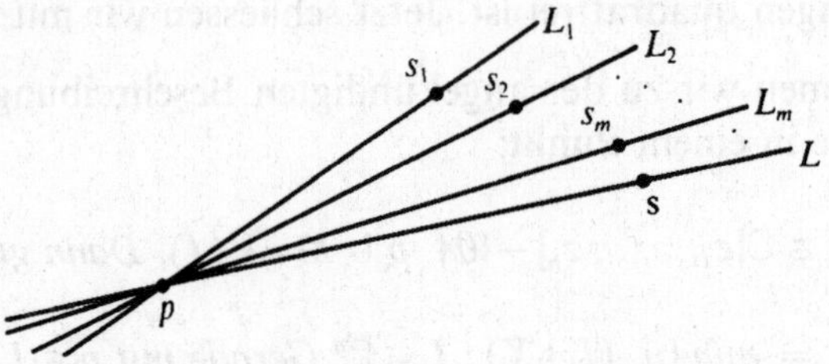

Ist $q \in \mathbb{C}^n-\{p\}$, so schreiben wir $L(q)$ für die Gerade durch p und q.

(4.1) **Satz:** *Folgende Aussagen sind äquivalent:*

(i) $\mu_p(X\cdot L) > \mu_p(X)$.

(ii) *Es gibt eine Folge* $\{q_m\}_{m=1}^{\infty} \subseteq X-\{p\}$ *so, dass* $q_m \xrightarrow[m\to\infty]{} p$, $L(q_m) \xrightarrow[m\to\infty]{} L$.

Beweis: Sei f das Polynom kleinsten Grades, für das gilt $X=V(f)$. Dann überlegt man sich sofort, dass f quadratfrei ist. «(i) $\Rightarrow$ (ii)» : Wir nehmen an, es sei $\mu_p(X\cdot L)>\mu:=\mu_p(X)$. Ist $\mu_p(X\cdot L)=\infty$, so gilt $L\subseteq X$ (s.(3.14), (3.17)), und die Behauptung ist trivial.

Sei also $\mu_p(X,L)=:\sigma<\infty$. Wir wählen $s\in L-\{p\}$. Nach (2.1) gibt es keine offene Umgebung U von s mit $f_{(\mu)}^{(p)}\ (U)=\{0\}$. Also gibt es eine Folge $\{s_m\}_{m=1}^{\infty}\subseteq\mathbb{C}^n-V(f_{(\mu)}^{(p)})$ die nach s strebt. Insbesondere ist auch $s_m\neq p$. Wir setzen $L_m=L(s_m)$. Es genügt, eine Folge $q_m\in(L_m\cap X)-\{p\}$ $(m=1,2,\ldots)$ zu finden, die nach p strebt. $z\mapsto p+z(s-p)$ ist eine Parameterdarstellung von L, $z\mapsto p+z(s_m-p)$ eine solche von L_m. Wir setzen $\tilde f(z):=f(p+z(s-p))$, $\tilde f_m(z):=f(p+z(s_m-p))$. Die Folge $\tilde f_m$ strebt koeffizientenweise nach f, und es gibt $d_m:=$ Grad $(\tilde f_m)\leqslant$ Grad (f). Nach (3.17) ist $\mu_0(\tilde f)=\mu_p(f\cdot L)=\sigma$. Wegen $0<\sigma<\infty$ folgt daraus $0<\sigma\leqslant d:=$ Grad $(f)<\infty$, und wir können das Nullstellensystem von $\tilde f$ schreiben als $(\underbrace{0,\ldots,0}_{\sigma},\alpha_{\sigma+1},\ldots,\alpha_d)$. Wegen $s_m\notin V(f_{(\mu)}^{(p)})$ ergibt sich über (3.14) und (3.19) $\mu_0(\tilde f_m)=\mu_p(f\cdot L_m)=\mu$. Also können wir das Nullstellensystem von $\tilde f_m$ jeweils schreiben als $(\underbrace{0,\ldots,0}_{\mu},\alpha_{\mu+1,m},\ldots,\alpha_{d_m,m})$, mit $\alpha_{\mu+1,m}$,

$\ldots, \alpha_{d_m,m} \neq 0$, wobei wir wegen (2.16) und wegen $\sigma \geqslant \mu+1$ annehmen können, es gelte $\alpha_{\mu+1,m} \xrightarrow[m \to 0]{} 0$. Es genügt $q_m = p + \alpha_{\mu+1,m}(s_m - p)$ zu setzen.

«(ii) ⇒ (i)» : Sei $s \in L - \{p\}$ und sei $s_m \in L_m$ $(m = 1, 2, \ldots)$ so, dass $s_m \xrightarrow[m \to \infty]{} s$. Wir behalten die obigen Bezeichnungen bei und müssen zeigen, dass $\mu_0(\tilde{f}) > \mu$. Nach (2.17) gilt $\mu_0(\tilde{f})$, $\mu_0(\tilde{f}_m) \geqslant \mu$. Wir können also schreiben $\tilde{f}(z) = z^\mu g(z)$, $\tilde{f}_m(z) = z^\mu g_m(z)$ mit geeigneten Polynomen g, $g_m \in \mathbb{C}[z]$. Weil die Folge der $\tilde{f}_m$ koeffizientenweise nach $\tilde{f}$ strebt, konvergiert die Folge der g_m koeffizientenweise nach g. Wählen wir jeweils γ_m so, dass $q_m = p + \gamma_m(s_m - p)$, so gilt $\tilde{f}_m(\gamma_m) = 0$, $\gamma_n \neq 0$, also $g_m(\gamma_m) = 0$. Wegen $\gamma_m \xrightarrow[m \to 0]{} 0$ folgt $g(0) = \lim_{m \to 0} g_m(\gamma_m) = 0$, also $\mu_0(g) > 0$. Dies ergibt die Behauptung. □

Seien $\{L_m\}_{m=1}^{\infty}$ und $\{q_m\}_{m=1}^{\infty}$ gewählt wie in (4.1) (ii). Dann strebt also die Folge der durch p und q_m laufenden Sekanten L_m nach L. Wir definieren den *Abstand* $d(\boldsymbol{a}, \boldsymbol{b})$ zweier Punkte $\boldsymbol{a}, \boldsymbol{b}$ durch $d(\boldsymbol{a}, \boldsymbol{b}) = \sqrt{\sum_i |a_i - b_i|^2}$ und den Abstand $d(q, L)$ eines Punktes q von der Geraden L als $d(q, L) = \inf_{s \in L}(d(q, s))$. Dann rechnet man leicht nach, dass in unserer Situation gilt: $\dfrac{d(q_m, L)}{d(q_{m,p})} \xrightarrow[m \to \infty]{} 0$. Diese Tatsachen entsprechen der Vorstellung, dass L die Hyperfläche X in p berührt.

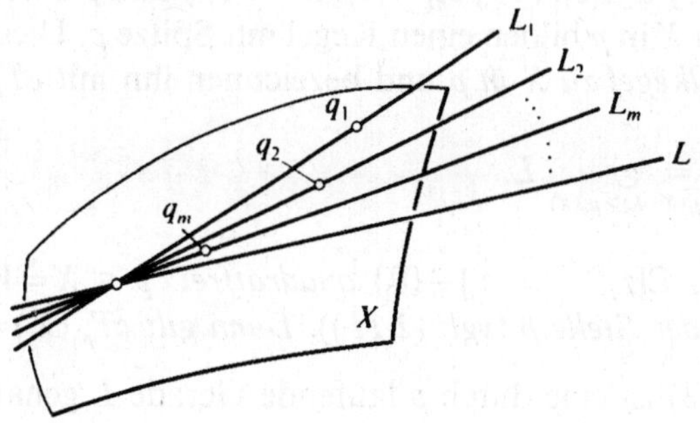

Im Hinblick auf die in (4.1) gegebene Äquivalenz rechtfertigt dies die folgende Festsetzung:

(4.2) Definition: Sei $f \in \mathbb{C}[z_1, \ldots, z_n] - \{0\}$, $X = V(f)$ $p \in X$ und $L \subseteq \mathbb{C}^n$ eine Gerade durch p. Wir sagen *L berühre X in p* oder *L sei Tangente an X in p*, wenn

$$\mu_p(X \cdot L) > \mu_p(X).$$

Andernfalls sagen wir, *L schneide X* in *p transversal.* ○

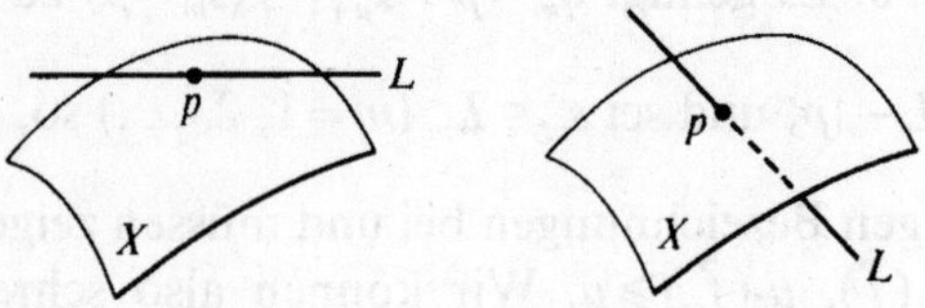

$\mu_p(X \cdot L) > \mu_p(X)$ $\mu_p(X \cdot L) = \mu_p(X)$

Der Tangentialkegel. Eine Menge $C \subseteq \mathbb{C}^n$ nennen wir einen *Kegel mit Spitze p*, wenn gilt:

$$p \in C, \quad q \in C - p \Rightarrow L(q) \subseteq C.$$

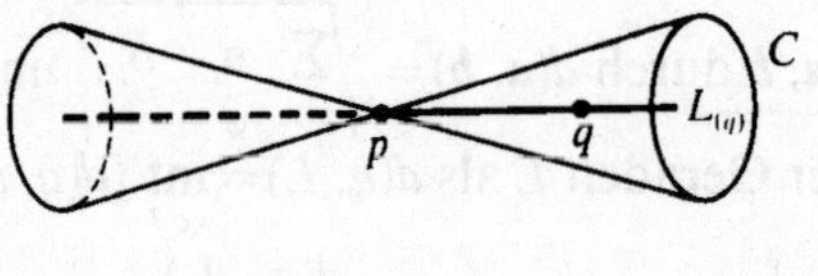

Wir sprechen von einem *algebraischen Kegel*, wenn *C* zudem noch eine algebraische Menge ist.

(4.3) **Definition:** Sei $f \in \mathbb{C}[z_1, \ldots, z_n] - \{0\}$, $X = V(f)$ und $p \in X$. Die Vereinigung aller Tangenten an *X* in *p* bilden einen Kegel mit Spitze *p*. Diesen Kegel nennen wir den *Tangentialkegel zu X in p* und bezeichnen ihn mit $cT_p(X)$. Also:

$$cT_p(X) = \bigcup_{\mu_p(X \cdot L) > \mu_p(X)} L. \qquad ○$$

(4.4) **Satz:** *Sei* $f \in \mathbb{C}[z_1, \ldots, z_n] - \{0\}$ *quadratfrei;* $p \in X = V(f)$. *Sei* $f^{(p)}$ *der Leitterm von f an der Stelle p (vgl. (2.11)). Dann gilt* $cT_p(X) = V(f^{(p)})$.

Beweis: Nach (3.13) ist eine durch *p* laufende Gerade *L* genau dann Tangente an *X*, wenn $\mu_p(f \cdot L) > \mu_p(X)$. Diese Ungleichung ist nach (3.13) genau dann erfüllt, wenn $L \subseteq V(f^{(p)})$. □

Insbesondere ist also der Tangentialkegel ein algebraischer Kegel!

Die Vielfachheit von Tangenten. Wir schreiben $p = (p_1, \ldots, p_n)$. Ein Polynom $h \in \mathbb{C}[z_1, \ldots, z_n]$, das homogen ist vom Grad *d* in den Variablen $z_j' := z_j - p_j$ $(j = 1, \ldots, n)$ nennen wir *homogen (vom Grad d) an der Stelle p*. Die Polynome $f_{(i)}^{(p)}$ sind natürlich homogen an der Stelle *p*. Sei nun *L* eine durch *p* laufende Gerade, die wir parametrisieren durch $z \mapsto p + z\mathbf{a}$, und sei *h* homogen vom Grad *d* an der

Stelle p. Ist $d \geqslant 0$, so folgt über (2.5) sofort, dass $h(p+z\boldsymbol{a})=z^d\, h(p+\boldsymbol{a})$. Also: Gilt $h(s)=0$ für einen Punkt $s \in L-\{p\}$, so folgt $h(L-\{p\})=0$. Ist $d<0$, d.h. $h=0$, so gilt diese Aussage trivialerweise. Beachtet man nun, dass alle partiellen Ableitungen von h wieder homogen sind an der Stelle p, so erhält man über das soeben Gesagte, dass $\mu_q\,(h)$ für alle $q \in L-\{p\}$ denselben Wert einnimmt. Diesen nennen wir die *Vielfachheit von h längs der Geraden L* und bezeichnen ihn mit $\mu_L(h)$. Nun definieren wir:

(4.5) **Definition:** Sei $f \in \mathbb{C}[z_1, \ldots, z_n]-\{0\}$, $X=V(f)$ $p \in X$ und sei $L \subseteq \mathbb{C}^n$ eine durch p laufende Gerade. Wir definieren die *Vielfachheit* $\mu_{p,L}\,(X)$ *von L als Tangente an X in p* als das Minimum der Vielfachheiten $\mu_L\,(g^{(p)})$ der Leitterme $g^{(p)}$ (vgl. 2.11) aller Polynome $g \in I(X)$:

$$\mu_{p,L} := \min\{\mu_L\,(g^{(p)}) \mid g \in I(X)\} \qquad \circ$$

(4.6) **Satz:** *Sei $f \in \mathbb{C}\,[z_1, \ldots, z_n]-\{0\}$, $p \in X=V(f)$, $L \subseteq \mathbb{C}^n$ eine durch p laufende Gerade. Dann gilt:*

(i) $\quad f$ quadratfrei $\Rightarrow \mu_{p,L}(X) = \mu_L\,(f^{(p)})$.

(ii) $\quad \mu_{p,L}(X) \leqslant \mu_p(X)$.

(iii) $\quad \mu_{p,L}(X) > 0 \Leftrightarrow$ *L ist Tangente an X in p.*

Beweis: (i) Sei $g \in I(X)-\{0\}$, $q \in L-\{p\}$. Nach (3.5) können wir schreiben $g=f\,h$, wo $h \in \mathbb{C}[z_1, \ldots, z_n]-\{0\}$. Nach (3.10) gilt $\mu_p(g)=\mu_p(f)+\mu_p(h)$ und $g^{(p)}=f^{(p)}\,h^{(p)}$. So folgt $\mu_L(g^{(p)})=\mu_q(g^{(p)}) \geqslant \mu_q(f^{(p)}=\mu_L(f^{(p)})$.

Zum Nachweis von (ii) und (iii) ersetzen wir (falls nötig) f durch ein Polynom kleinsten Grades, das X definiert. Damit nehmen wir an, f sei quadratfrei. Jetzt folgt (ii) aus (i) wegen Grad $(f^{(p)})=\mu_p(X)$ und (iii) aus (4.4). □

(4.7) **Satz:** *Sei $f \in \mathbb{C}[z_1, \ldots, z_n]-\{0\}$, $p \in X=V(f)$. Dann ist p ein regulärer Punkt von X genau dann, wenn der Tangentialkegel $cT_p(X)$ eine Hyperebene ist und wenn alle Tangenten L an X in p die Vielfachheit $\mu_{p,L}\,(X)=1$ haben.*

Beweis: Ohne Einschränkung können wir annehmen, f sei quadratfrei. Sei $p \in \operatorname{Reg}(X)$. Dann ist $\mu_p(f)=1$, also $c\ T_p(X)=V(f_{(1)}^{(p)})$. Wegen Grad $(f_{(1)}^{(p)})=1$ ist $cT_p(X)$ eine Hyperebene. Nach (4.6) gilt $\mu_{p,L}(X)=1$ für alle Tangenten L an X in p.

Sei umgekehrt $c\ T_p(X)=V(l)$, wo l vom Grad 1 ist, und sei $\mu_{p,L}(X)=1$ für alle Tangenten. Wir setzen $\mu=\mu_p(X)$. Nach (4.4) ist $V(l)=V(f_{(\mu)}^{(p)})$. Nach (3.5) gilt $f_{(\mu)}^{(p)}=h \cdot l$, wobei $h \in \mathbb{C}[z_1, \ldots, z_n]-\{0\}$. Es genügt zu zeigen, dass h konstant ist, denn dann ist $\mu=1$. Im Fall $n=1$ ist unsere Behauptung trivial (vgl. (2.15)). Sei also $n>1$. Ist jetzt h nicht konstant, so besitzt h eine Nullstelle $q \neq p$ (2.17). Dann gilt $q \in V(h\,l) = V(l)$ und die Gerade L durch p und q ist Tangente an X in p. Jetzt folgt der Widerspruch $\mu_{p,L}(X) = \mu_q(f^{(p)}_{(\mu)}) = \mu_q(h\,l) = \mu_q(h) + \mu_q(l) > 1$. □

Einige Flächen in $\mathbb{C}^3$. Wir betrachten die soeben eingeführten Begriffe am Beispiel einiger *algebraischer Flächen* $V(f) \subseteq \mathbb{C}^3$.

(4.8) **Beispiele:** A) Sei $f = z_1^2 + z_2^2 - z_3$; $X = V(f) \subseteq \mathbb{C}^3$. Es gilt für die partiellen Ableitungen $\frac{\partial f}{\partial z_1} = 2z_1$, $\frac{\partial f}{\partial z_2} = 2z_2$, $\frac{\partial f}{\partial z_3} = -1$. Also gilt $\mu_p(f) = 1$ für alle $p \in X$. Insbesondere ist f quadratfrei und glatt (d.h. Reg $(X) = X$). Ist $p = (p_1, p_2, p_3) \in X$, so gilt $p_3 = p_1^2 + p_2^2$ und so folgt $f^{(p)}_{(1)} = \sum_{i=1}^{3} \frac{\partial f(p)}{\partial z_i}(z_i - p_i)$

$= 2p_1(z_1 - p_1) + 2p_2(z_2 - p_2) - (z_3 - p_1^2 - p_2^2) = 2p_1 z_1 + 2p_2\, z_2 - z_3 - 3(p_1^2 + p_2^2)$. Also ist $c\,T_p(X) = V(2p_1\, z_1 + 2p_2\, z_2 - z_3 - 3(p_1^2 + p_2^2))$. Im Reellen erhalten wir die unten skizzierte Veranschaulichung (man beachte, dass $\mu_{p,L}(X) = 1$ und $\mu_p(X \cdot L) = 2$ für alle Tangenten in p (s. (4.7), (3.13)):

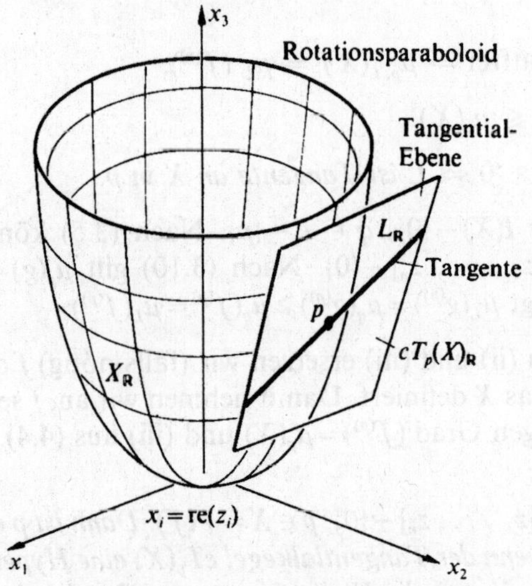

B) $f = z_1^2 + z_2^2 - z_3^2 + z_3^3$, $X = V(f) \subseteq \mathbb{C}^3$. Es gilt $\frac{\partial f}{\partial z_1} = 2z_1$, $\frac{\partial f}{\partial z_2} = 2z_2$, $\frac{\partial f}{\partial z_3} = -2z_3 + 3z_3^2$. Die einzige gemeinsame Nullstelle dieser Ableitungen ist $\mathbf{0}$. Also ist f quadratfrei und es gilt Sing $(X) = \{\mathbf{0}\}$. Weiter gilt $\frac{\partial^2 f}{\partial z_1^2} = 2$, $\frac{\partial^2 f}{\partial z_1 \partial z_2} = 0$, $\frac{\partial^2 f}{\partial z_1 \partial z_3} = 0$, $\frac{\partial^2 f}{\partial z_2^2} = 2$, $\frac{\partial^2 f}{\partial z_2 \partial z_3} = 0$, $\frac{\partial^2 f}{\partial z_3^2} = -2 + 6z_3$. Daraus entnehmen wir, dass $\mu_{\mathbf{0}}(X) = 2$ und dass $f^{(\mathbf{0})}_{(2)} = f_{(2)} = \sum_{i+j=2} \frac{\partial^2 f(\mathbf{0})}{\partial z_1^i \partial z_2^j} z_1^i z_2^j = 2z_1^2 + 2z_2^2 - 2z_3^2$. So erhalten wir $c\,T_{\mathbf{0}}(X) = V(z_1^2 + z_2^2 - z_3^2)$.

Sofort rechnet man nach, dass $\mu_q\,(2z_1^2+2z_2^2-2z_3^2)=1$ für alle $q \in cT_0(X)-\{\mathbf{0}\}$. Damit ist aber auch klar, dass $\mu_{\mathbf{0},L}(X)=1$ für jede Tangente L an X in $\mathbf{0}$.

Weil $V(f_{(3)}^{(\mathbf{0})})=V(f_{(3)})=V(z_3)$ keine der Tangenten L an X in p enthält, gilt $\mu(X \cdot L)=3$. Die reelle Veranschaulichung steht unten.

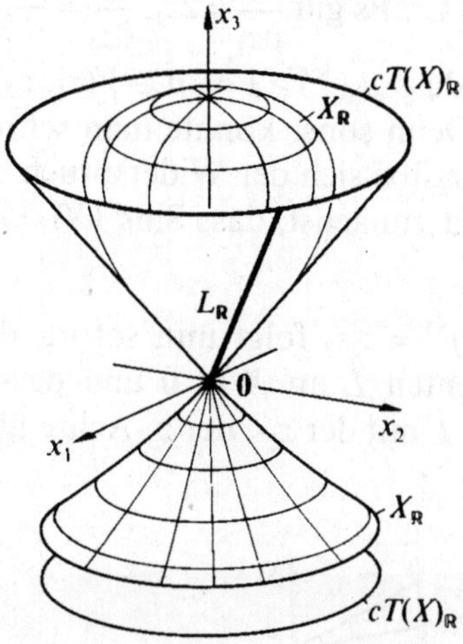

C) $f=z_1z_2+z_3^3,\ X=V(f)\in \mathbb{C}^3$. Hier gilt $\dfrac{\partial f}{\partial z_1}=z_2,\ \dfrac{\partial f}{\partial z_2}=z_1,\ \dfrac{\partial f}{\partial z_3}=3z_3^2,\ \dfrac{\partial^2 f}{\partial z_1 \partial z_2}=1.$ Sofort ergibt sich, dass f quadratfrei ist, dass Sing $(X)=\{\mathbf{0}\}$ und dass $\mu_{\mathbf{0}}(X)=2$. Weiter ist $f_{(2)}^{(\mathbf{0})}=f_{(2)}=z_1z_2,\ f_{(3)}^{(\mathbf{0})}=f_{(3)}=z^3$. Somit sehen wir, dass $cT_{\mathbf{0}}(X)=V(z_1z_2)=V(z_1)\cup V(z_2)$. Damit wird $\mu_q(f_{(2)}^{(\mathbf{0})})=2$ oder 1, je nachdem $q\in cT_{\mathbf{0}}(X)-\{\mathbf{0}\}$ zur z_3-Achse gehört oder nicht. Also haben alle Tangenten L an X in $\mathbf{0}$ die Vielfachheit 1 mit Ausnahme der z_3-Achse, deren Vielfachheit 2 beträgt. Wegen $V(f_{(3)}^{(\mathbf{0})})=V(z_3)$ schneiden alle Tangenten in $\mathbf{0}$ die Fläche X mit der Vielfachheit 3, mit Ausnahme der z_1- und der z_2-Achse, die zu X gehören und X demnach mit der Vielfachheit ∞ schneiden.

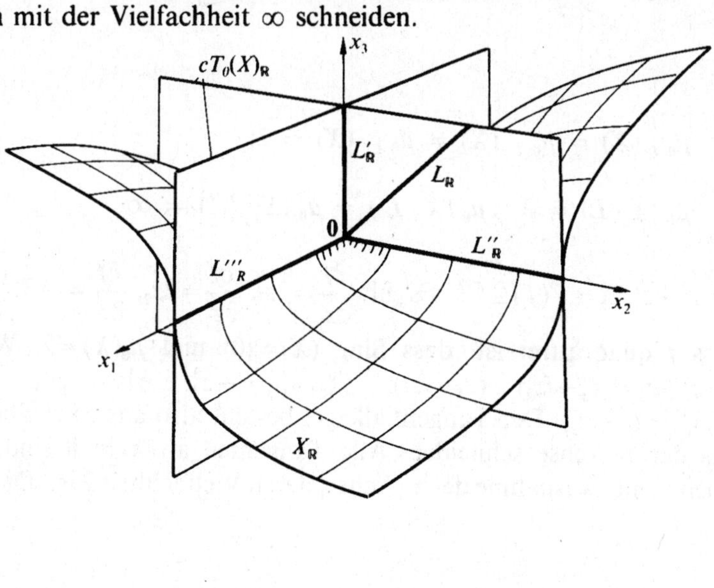

$$\mu_{0,L}(X) = \mu_{0,L''}(X) = \mu_{0,L'''}(X) = 1, \quad \mu_{0,L'}(X) = 2;$$

$$\mu_0(X \cdot L) = \mu_0(X \cdot L') = 3, \quad \mu_0(X \cdot L'') = \mu_0(X \cdot L''') = \infty.$$

D) $f = z_1^2 - z_2^2 z_3$, $X = V(f) \subseteq \mathbb{C}^3$. Es gilt $\frac{\partial f}{\partial z_1} = 2z_1$, $\frac{\partial f}{\partial z_2} = -2z_1 z_3$, $\frac{\partial f}{\partial z_3} = -z_2^2$. Daraus entnehmen wir zunächst, dass $\mu_p(f) > 1 \Leftrightarrow p \in V(z_1, z_2)$. Die z_3-Achse $V(z_1, z_2)$ enthält keine Fläche Y. (Denn sonst könnte man schreiben $Y = V(g)$ mit quadratfreiem g. Nach (3.5) ergäbe sich der Widerspruch $z_j = h_j g$ $(j = 1,2)$.) Also ist f quadratfrei (3.7). So folgt zunächst, dass Sing $(X) = V(z_1, z_2)$, $\mu_p(X) = 2$, $\forall\, p \in V(z_1, z_2)$.

Wegen $f_{(2)}^{(0)} = f_{(2)} = z_1^2$, $f_{(3)}^{(0)} = f^{(3)} = z_2^2 z_3$ folgt nun sofort, dass $cT_0(X) = V(z_1)$, dass $\mu_{0,L}(X) = 2$ für alle Tangenten L an X in $\mathbf{0}$ und dass $\mu_{0,L}(X) = \infty$ oder 3, je nachdem ob die Tangente L mit der z_2-, der z_3-Achse übereinstimmt oder nicht.

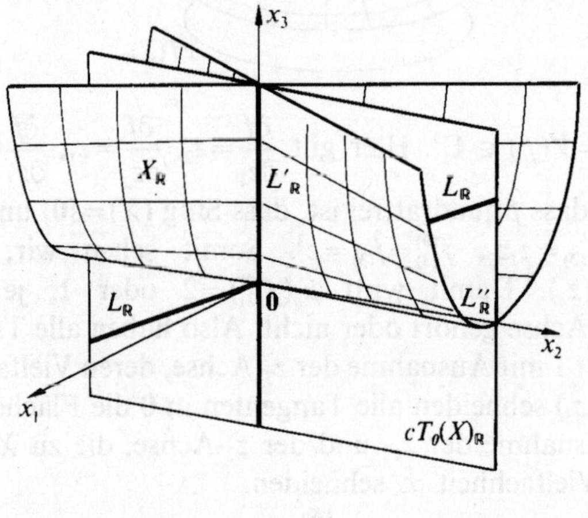

$$\mu_{0,L}(X) = \mu_{0,L'}(X) = \mu_{0,L''}(X) = 2;$$

$$\mu_0(X \cdot L) = 3, \quad \mu_0(X \cdot L') = \mu_0(X \cdot L'') = \infty.$$

E) $f = z_1^2 + z_2^2 - z_3^3$, $X = V(f) \subseteq \mathbb{C}^3$. Es gilt $\frac{\partial f}{\partial z_1} = 2z_1$, $\frac{\partial f}{\partial z_2} = 2z_2$, $\frac{\partial f}{\partial z_3} = -3z_3^2$. Wieder folgt, dass f quadratfrei ist, dass Sing $(X) = \{\mathbf{0}\}$ und $\mu_0(X) = 2$. Weiter ist $f_{(2)}^{(0)} = f_{(2)} = z_1^2 + z_2^2 = (z_1 + iz_2)\ (z_1 - iz_2)$, $f_{(3)}^{(0)} = f_{(3)} = -z_3^3$. Also gilt $cT_0(X) = V(z_1 + iz_2) \cup V(z_1 - iz_2)$. Der Tangentialkegel besteht also aus zwei Ebenen, die sich längs der z_3-Achse schneiden. Alle Tangenten an X in $\mathbf{0}$ sind von der Vielfachheit 1, mit Ausnahme der z_3-Achse, deren Vielfachheit 2 ist. Die Schnittvielfachheit aller Tangenten in $\mathbf{0}$ ist 3. Weil der Tangentialkegel als reellen Teil nur die x_3-Achse hat, ergibt sich die untenstehend skizzierte Situation. ○

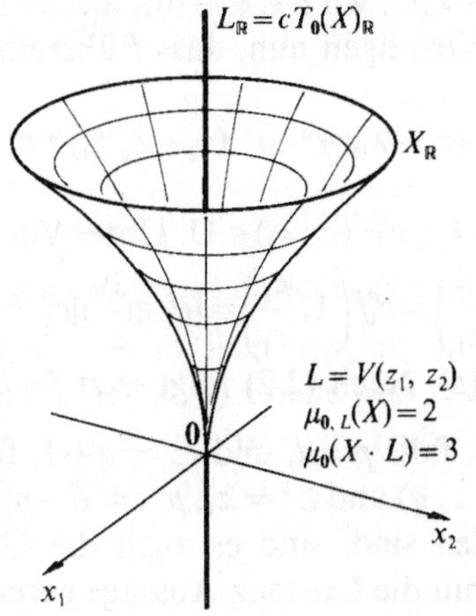

(4.9) **Bemerkung:** Falls der Tangentialkegel $cT_p(X)$ an eine Hyperfläche X in einem Punkt $p \in X$ eine Hyperebene ist und falls alle Tangenten an X in p einfach (d.h. von der Vielfachheit 1) sind, so ist p nach (4.7) ein regulärer Punkt von X. Beide Bedingungen sind dabei auch notwendig. Dass die Bedingungen unabhängig sind, wird gezeigt durch die Beispiele (4.8) (ii) und (4.8) (iv). Deshalb ist es sinnvoll, den Tangentialkegel nicht nur als Menge, sondern zusammen mit der Abbildung $L \to \mu_{p,L}(X)$ zu betrachten, die einer Tangente L an X in p ihre Vielfachheit zuordnet. ○

Tangentialkegel ebener Kurven. Zur Behandlung der ebenen Kurven $V(f) \subseteq \mathbb{C}^2$ stellen wir bereit

(4.10) **Satz** (*Eulersches Lemma*): *Sei* $f \in \mathbb{C}[z_1, z_2]$ *homogen und vom* Grad $d > 0$. *Dann gibt es Linearformen* $l_i = a_i z_1 + b_i z_2 \in \mathbb{C}[z_1, z_2]_1 - \{0\}$ *mit paarweise verschiedenen Nullstellengebilden* $L_i := V(l_i)$, *natürliche Zahlen* μ_i $(i = 1, \ldots, r)$ *und eine Konstante* $a \in \mathbb{C} - \{0\}$ *so, dass*

$$f(z_1, z_2) = a\, l_1(z_1, z_2)^{\mu_1} \ldots l_r(z_1, z_2)^{\mu_r}.$$

Dabei ist die Menge $\{(L_1, \mu_1), \ldots, (L_r, \mu_r)\}$ *durch f eindeutig festgelegt und es gilt:*

(i) $\quad L_1 \cup \ldots \cup L_r = V(f).$

(ii) $\quad \mu_i = \mu_c(f), \forall\, c \in L_i - \{\mathbf{0}\} \quad (i = 1, \ldots, r); \quad \sum_i \mu_i = d.$

Beweis: Wir schreiben $f(z_1, z_2) = \sum_{s+t=d} c_{s,t} z_1^s z_2^t$ und $g(z) = f(1, z) = \sum_{t=0}^{d} c_{d-t,t} z^t \in \mathbb{C}[z]$. Es gilt $g \neq 0$ und $p := \text{Grad}(g) \leqslant d$. Nach (2.15) können wir schreiben $g(z) = a(z-\lambda_1)^{\mu_1} \dots (z-\lambda_q)^{\mu_q}$, wo $a \in \mathbb{C} - \{0\}$, $\lambda_1, \dots, \lambda_q \in \mathbb{C}$ (mit $\lambda_i \neq \lambda_j$ für $i \neq j$) und $\mu_1, \dots, \mu_q \in \mathbb{N}$. Wir zeigen nun, dass f übereinstimmt mit

$$h(z_1, z_2) := a(z_2 - \lambda_1 z_1)^{\mu_1} \dots (z_2 - \lambda_q z_1)^{\mu_q} z_1^{d-p}.$$

Sei $U = \mathbb{C}^2 - \{(0, c) \mid c \in \mathbb{C}\}$, $\mathbf{c} = (c_1, c_2) \in U$. Unter Verwendung von (2.5) erhalten wir $f(\mathbf{c}) = f\left(c_1 \cdot 1, c_1 \cdot \frac{c_2}{c_1}\right) = c_1^d f\left(1, \frac{c_2}{c_1}\right) = [c_1^p\, g(\frac{c_2}{c_1})] c_1^{d-p} = [a(c_2 - \lambda_1 c_1)^{\mu_1} \dots (c_2 - \lambda c_1)^{\mu_q}] c_1^{d-p} = h(\mathbf{c})$. Nach (2.2) folgt jetzt $f = h$.

Nun setzen wir $r := q$, falls $p = d$, und $r := q+1$, falls $p < d$. Dann setzen wir $l_i := (z_2 - \lambda_i z_1)$ $(i = 1, \dots, q)$ und $l_r := z_1$, $\mu_r := d - p$, falls $d > p$. Weil die Zahlen λ_i paarweise verschieden sind, sind es auch die Geraden $L_i := V(l_i)$. Wegen $f = h = a\, l_1^{\mu_1} \dots l_r^{\mu_r}$ ist damit die Existenz-Aussage gezeigt. Es gilt also noch (i) und (ii) zu beweisen.

(i) ist trivial. $\Sigma \mu_i = d$ folgt aus (2.4) (iv). Sei schliesslich $\mathbf{c} \in L_i - \{\mathbf{0}\}$. Da die Geraden L_j paarweise verschieden sind und $\mathbf{0}$ durchlaufen, folgt $\mathbf{c} \notin L_j$ für $i \neq j$. Nach (2.12) (i) und (iii) folgt daraus $\mu_c(l_i) = 1$, $\mu_c(a \prod_{j \neq i} l_j^{\mu_j}) = 0$. Nach (2.12) (v) folgt $\mu_c(f) = \mu_c(l_i^{\mu_i}) = \mu_i$. □

(4.10) **Bemerkung:** Sei $X = V(f) \subseteq \mathbb{C}^2$ eine ebene algebraische Kurve, definiert durch ein *quadratfreies* Polynom $f \in \mathbb{C}[z_1, z_2] - \{0\}$. Sei $p = (c_1, c_2) \in X$ und sei $\mu = \mu_p(X)$. Dann ist $f_{(\mu)}^{(p)}$ homogen vom Grad $\mu \in \mathbb{N}$ in den Variablen $z_j' = z_j - c_j (j = 1, 2)$. Anwendung von (4.9) (mit den Variablen z_1', z_2') ergibt eine Darstellung

(i) $\qquad f_{(\mu)}^{(p)} = c\, l_1'^{\mu_1} \dots l_r'^{\mu_r}$, $(c \in \mathbb{C} - \{0\}, \mu_i \in \mathbb{N})$, *mit* $\Sigma \mu_i = \mu$,

in der l_i' jeweils homogen vom Grad 1 in z_1', z_2' ist und in der die r (durch p laufenden) Geraden L_i paarweise verschieden sind. Nach (4.4) und (4.6) (i) folgt:

(ii) $\qquad cT_p(X) = L_1 \cup \dots \cup L_r, \quad \mu_{p, L_i}(X) = \mu_i\,; \ \sum_{i=1}^{r} \mu_{p, L_i}(X) = \mu_p(X).$

(iii) Der *Tangentialkegel einer ebenen algebraischen Kurve X in einem Punkt p ∈ X besteht also aus endlich vielen Tangenten. Ist X durch ein quadratfreies Polynom f definiert, so findet man diese Tangenten aus der Zerlegung des Leitterms* $f^{(p)}$ *in Linearfaktoren (und zwar mit Vielfachheiten). Die Summe der Vielfachheiten aller Tagenten in p ist die Vielfachheit* $\mu_p(X)$ *von X in p.* ○

(4.11) **Beispiele:** A) (vgl. (3.1)) $f = z_1^3 + z_1^2 - z_2^2$. Wir wissen bereits, dass f quadratfrei ist und dass $X = V(f)$ die einzige Singularität in $\mathbf{0}$ hat, wobei

$\mu_0(X)=\mu_0(f)=2$. Es ist $f_{(2)}^{(0)}=z_1^2-z_2^2=l'_1\,l'_2$, wo $l'_1=z_1-z_2$, $l'_2=z_1+z_2$. Mit $L_i=V(l'_i)$ folgt $L_1\cup L_2=cT_0(X)$ und $\mu_{0,L_1}(X)=\mu_{0,L_2}(X)=1$.

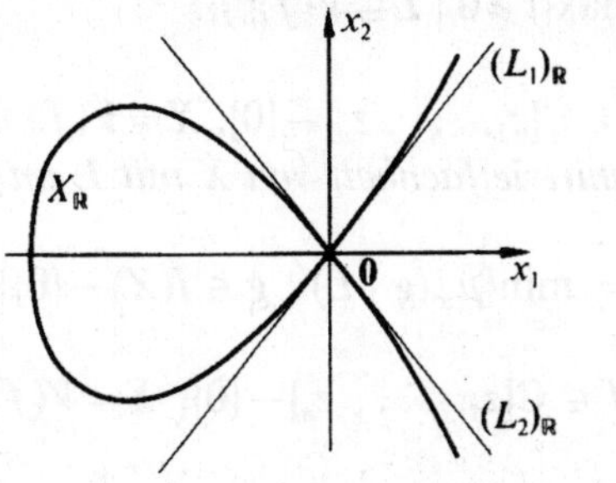

B) (vgl. (3.10)) $f=z_1^3-z_2^2$. Hier ist f quadratfrei und es gilt $f_{(\mu_p(X))}^{(0)}=f_{(2)}=z_2^2$. Also ist $cT_0(X)=L:=V(z_2)$ und $\mu_{0,L}(X)=2$.

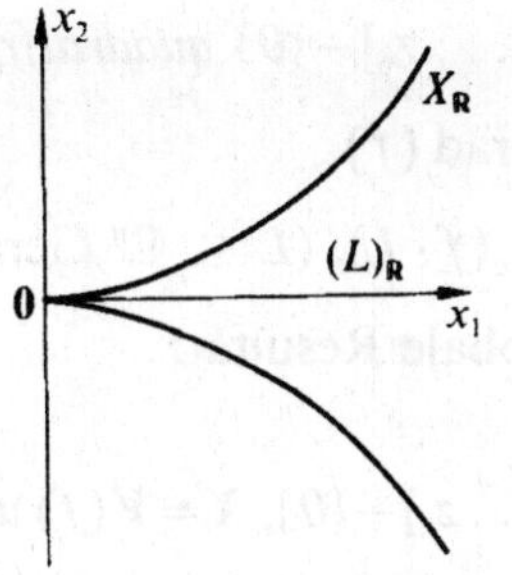

Grad und Schnittvielfachheit. Wir sind über die Schnittvielfachheit $\mu_p(X\cdot L)$ einer Geraden L mit einer Hyperfläche X zum lokalen Konzept der Tangente gelangt. Wir wollen nun diese Schnittvielfachheiten in einen globalen Zusammenhang bringen.

Sei $f\in\mathbb{C}[z_1,\ldots,z_n]-\{0\}$ und sei $L\subseteq\mathbb{C}^n$ eine durch $z\mapsto \boldsymbol{c}+z\,\boldsymbol{a}$ ($\boldsymbol{c}$, $\boldsymbol{a}\in\mathbb{C}^n$) definierte Gerade. Wir betrachten das Polynom $\tilde{f}(z):=f(\boldsymbol{c}+z\boldsymbol{a})$ und definieren die *Schnittvielfachheit von f mit L im Unendlichen* durch

(4.12) $$\mu_\infty(f\cdot L) = \operatorname{Grad}(f)-\operatorname{Grad}(\tilde{f}).$$

Um zu zeigen, dass diese Definition von der gewählten Parameterdarstellung von L unabhängig ist, beweisen wir

(4.13) **Lemma:** *Sei $q\in L$. Dann gilt:*

$$\mu_\infty(f\cdot L) = \operatorname{Grad}(f)-\max\{i\geqslant 0 \mid L\nsubseteq V(f_{(i)}^{(q)})\}.$$

Beweis: Wir schreiben $f(z)=\sum_\nu d_\nu(z-q)^\nu$ und wählen $\lambda_q \in \mathbb{C}$ so, dass $q=\boldsymbol{c}+\lambda_q \boldsymbol{a}$. Wie im Beweis von (3.13) folgt $\tilde{f}(z)=\sum_i f_{(i)}^{(q)}(\boldsymbol{c}+z\,\boldsymbol{a}), f_{(i)}^{(q)}(\boldsymbol{c}+z\,\boldsymbol{a})=[\sum_{|\nu|=i} d_\nu \boldsymbol{a}^\nu](z-\lambda_q)$. Somit ist Grad $(\tilde{f})=\max\{i\geqslant 0 \mid L \nsubseteq V(f_{(i)}^{(q)})\}$. □

(4.14) **Definition:** Sei $f\in\mathbb{C}[z_1,\ldots,z_n]-\{0\}$, $X=V(f)$ und $L\subseteq\mathbb{C}^n$ eine Gerade. Wir definieren die *Schnittvielfachheit von X mit L im Unendlichen durch*

$$\mu_\infty(X\cdot L) = \min\{\mu_\infty(g\cdot L)\mid g\in I(X)-\{0\}\}. \qquad \circ$$

(4.15) **Definition:** Sei $f\in\mathbb{C}[z_1,\ldots,z_n]-\{0\}$, $X=V(f)$. Der *Grad* von X wird definiert durch

$$\text{Grad}\,(X) = \min\{\text{Grad}\,(g)\mid g\in I(X)-\{0\}\}. \qquad \circ$$

Aus (3.5) ergibt sich nun sofort

(4.16) **Satz:** *Sei $f\in\mathbb{C}[z_1,\ldots,z_n]-\{0\}$ quadratfrei, $X=V(f)$. Dann gilt:*

(i) $\quad$ $\text{Grad}\,(X) = \text{Grad}\,(f)$.

(ii) $\quad$ $\mu_\infty(X\cdot L) = \mu_\infty(f\cdot L)$, ($L\subseteq\mathbb{C}^n$ Gerade).

Nun das angekündigte globale Resultat:

(4.17) **Satz:** *Sei $f\in\mathbb{C}[z_1,\ldots,z_n]-\{0\}$, $X=V(f)$ und sei $L\in\mathbb{C}^n$ eine Gerade. Dann gilt:*

(i) $\quad$ $L\in X \Leftrightarrow \mu_\infty(X\cdot L) = \infty$

(ii) $\quad$ $L\nsubseteq X \Rightarrow \mu_\infty(X\cdot L)+\sum_{p\in X\cap L}\mu_p(X\cdot L) = \text{Grad}\,(X)$.

Beweis: Ohne Einschränkung können wir annehmen, f sei quadratfrei: Dann gilt $\mu_\infty(X\cdot L)=\mu_\infty(f\cdot L)$, $\mu_p(X\cdot L)=\mu_p(f\cdot L)$ und Grad $(X)=$ Grad (f). (i) ist dann sofort klar, wenn man die Festsetzung Grad $(0)=-\infty$ beachtet. Zum Nachweis von (ii) schreiben wir $\tilde{f}(z)=f(\boldsymbol{c}+\boldsymbol{a}\,z)$, wobei $z\mapsto\boldsymbol{c}+\boldsymbol{a}\,z$ eine Parameterdarstellung von L ist. $\tilde{f}$ ist $\not\equiv 0$ und hat somit endlich viele (paarweise verschiedene) Nullstellen $\lambda_1,\ldots,\lambda_r\in\mathbb{C}$, und es gilt $\sum\mu_{\lambda_i}(\tilde{f})=\text{Grad}\,(\tilde{f})$. Mit $p_i:=\boldsymbol{c}+\lambda_i\,\boldsymbol{a}$ folgt $\{p_1,\ldots,p_r\}=X\cap L$, $p_i\neq p_j$ für $i\neq j$ und $\sum\mu_{p_i}(X\cdot L)=\text{Grad}\,(f)-\mu_\infty(X\cdot L)$. □

(4.18) **Bemerkung:** (4.17) ist eine *geometrische Charakterisierung des Grades der Hyperfläche X*. Um diese besser zu verstehen, holen wir etwas aus. Sind $L, L'\subseteq\mathbb{C}^n$ zwei Geraden, parametrisiert durch $z\mapsto\boldsymbol{c}+z\,\boldsymbol{a}$ resp. $z\to\boldsymbol{c}'+z\,\boldsymbol{a}'$, so sagen wir L sei *parellel* zu L' (in Zeichen $L\parallel L'$), wenn $\boldsymbol{a}'=\lambda\boldsymbol{a}$ für ein $\lambda\in\mathbb{C}-\{0\}$. $\parallel$ ist eine Äquivalenzrelation. Die Äquivalenzklasse einer Geraden $L\subseteq\mathbb{C}^n$ nennen wir die *Richtung* von L und bezeichnen diese mit $\rho(L)$. Ist Grad $(f)=d$ und $\boldsymbol{a}'=\lambda\boldsymbol{a}$

($\lambda \in \mathbb{C} - \{0\}$), so ist der Koeffizient von $f(\boldsymbol{c}' + z\,\boldsymbol{a}')$ im Grad d das λ^d-fache jenes von $f(\boldsymbol{c} + z\,\boldsymbol{a})$. Daraus folgt:

(i) *Ist* $L \parallel L'$, *so gilt*: $\mu_\infty(X \cdot L) = 0 \Leftrightarrow \mu_\infty(X \cdot L') = 0$.

Also: Ob $\mu_\infty(X \cdot L) = 0$, hängt nur von der Richtung $\rho(L)$ von L ab.

Insbesondere ist es jetzt sinnvoll zu sagen, X sei *vollständig in Richtung von L*, wenn $\mu_\infty(X \cdot L) = 0$. Aus (4.17) folgt jetzt:

(ii) *X vollständig in Richtung von* $L \Rightarrow \sum_{p \in X \cap L} \mu_p(X \cdot L) = \operatorname{Grad}(X)$.

Ist $C \subseteq \mathbb{C}^n$ ein Kegel mit Spitze $\mathbf{0}$, so schreiben wir

$$\rho(C) = \{\rho(L) \mid \mathbf{0} \in L \subseteq C,\ L \text{ Gerade}\}$$

und nennen $\rho(C)$ den *Richtungskegel von C*. Ist h homogen, so ist $V(h)$ nach (2.5) ein Kegel mit Spitze $\mathbf{0}$. Aus (4.13) und (4.16) folgt nun

(iii) Ist $f \in \mathbb{C}[z_1, \ldots, z_n] - \{0\}$ *quadratfrei*, $X = V(f)$, *so gilt*:

X vollständig in Richtung $L \Leftrightarrow \rho(L) \notin \rho(V(f_{(\operatorname{Grad}(f))}))$.

Also gibt $\rho(V(f_{(\operatorname{Grad}(f))}))$ (im Falle der Quadratfreiheit von f) genau die Richtungen an, in denen X nicht vollständig ist. X ist also in «fast allen» Richtungen vollständig: Die *kritischen Richtungen,* in denen X nicht vollständig ist, sind durch einen algebraischen Kegel gegeben.

Ein besseres Verständnis (sowie die Rechtfertigung der Sprechweise «Schnittvielfachheit im Unendlichen») erhält man durch das folgende Resultat (in dem die Bezeichnungen von (4.1) gelten und in dem $\|\boldsymbol{a}\| := \sqrt{\sum |a_i|^2}$):

(iv) Sei $p \in \mathbb{C}^n$, $p \in L$. *Dann sind äquivalent*:
 (a) $\mu_\infty(X \cdot L) > 0$.
 (b) *Es gibt eine Folge* $\{q_m\}_{m=1}^\infty \subseteq X - \{p\}$ *so, dass*
 $\|\boldsymbol{q}_m\| \xrightarrow[m\to\infty]{} \infty$, $L(q_m) \xrightarrow[m\to\infty]{} L$.

Der Beweis von (iv), den wir hier nicht geben wollen, ist ähnlich zu demjenigen von (4.1).

Die Aussage (iv) (a) bedeutet, dass X in *Richtung von L ins Unendliche geht*. Also können wir sagen:

(v) *Die Richtungen, in denen X nicht vollständig ist, sind die Richtungen, in denen X ins Unendliche geht.* ○

(4.19) **Beispiel:** $f = z_1^2 + z_2^2 - z_3^2 + 1$, $X = V(f) \subseteq \mathbb{C}^3$. Offenbar ist $\mathbf{0}$ die einzige Nullstelle der 3 partiellen Ableitungen $\frac{\partial f}{\partial z_i}$.

Deshalb ist f quadratfrei, Grad $(X)=2$ und Sing $(X)=\emptyset$. $\rho(V(f_{(2)}=z_1^2+z_2^2-z_3^2))$ ist der Kegel der Richtungen, in denen X nicht vollständig ist. Mit $x_j=\text{re}\,(z_j)$ erhalten wir im Reellen die nebenstehende Veranschaulichung. (X vollständig in Richtung $L_{\mathbb{R}}'$, $L_{\mathbb{R}}''$ nicht vollständig in Richtung L.) ○

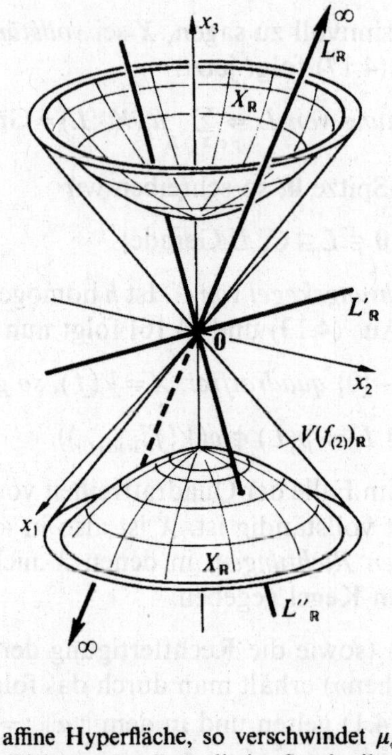

Anmerkung: Ist $X\subseteq\mathbb{C}^n$ eine affine Hyperfläche, so verschwindet $\mu_\infty(X\cdot L)$ für fast alle Geraden $L\subseteq\mathbb{C}^n$ – nämlich sobald X in Richtung L vollständig ist. Somit gilt die Schnittformel (4.18) (ii) für fast alle Geraden L. Die Formel (4.17) (ii) (zusammen mit der Implikation $L\|L' \Rightarrow \mu_\infty(X\cdot L)=\mu_\infty(X\cdot L')$ legt es nahe, die Richtungen, in denen X nicht vollständig ist, als Punkte zu X hinzuzufügen, derart, dass die Formel (4.18) (ii) immer gilt. In der so gewonnenen *Vervollständigung* von X wäre das Permanenzprinzip für das Schneiden mit Geraden in besonders schöner Weise erfüllt. Wir werden später bei der Behandlung der *projektiven Varietäten* in natürlicher Weise auf die obengenannten Vervollständigungen stossen. ○

(4.20) **Aufgaben:** (1) Man bestimme die Singularitäten von $X=V(f)$ und in diesen den Tangentialkegel für a) $f=z_1^3-z_1z_2-z_2^3$, b) $f=z_1^4-z_2^4+z_1^3\,z_2^2$ (Skizze im Reellen).

(2) Sei $X=V(f)\subseteq\mathbb{C}^2$. $p\in\text{Reg}\,(X)$ heisst ein *Wendepunkt* von X, wenn für die Tangente L von X in p gilt $\mu_p(X\cdot L)>2$. L heisst dann *Wendetangente* zu X. Sei Grad $(X)=3$, Sing $(X)=\emptyset$. Man zeige: Eine Gerade $L\subseteq\mathbb{C}^2$ ist Wendetangente genau dann, wenn L X in einem Punkt trifft.

(3) Sei $X\subseteq\mathbb{C}^2$ eine ebene algebraische Kurve, $p\in X$. Man zeige

a) $\mu_p(X)=$ Grad $(X)\Leftrightarrow X$ ist Vereinigung von Grad (X) Geraden durch p.

b) X ist in höchstens Grad (X) Richtungen nicht vollständig.

(4) Sei f wie in (4.8) (iii), $p\in\text{Sing}\,(X)-\{0\}$. Man bestimme $cT_p(X)$ sowie $\mu_p(X\cdot L)$ und $\mu_{p,L}(X)$ für alle Tangenten L in p und man skizziere die Situation im Reellen für geeignete p.

(5) Man beweise (4.18) (iv).

(6) Eine ebene Kurve $X \subseteq \mathbb{C}^2$ von Grad $\leqslant 5$ hat nie 3 Singularitäten, welche auf einer Geraden liegen.

(7) Sei $X = V(z_2 g(z_1) - h(z_1)) \subseteq \mathbb{C}^2$, wobei $g, h \in \mathbb{C}[z_1] - \{0\}$ keine gemeinsame Nullstelle haben. Man bestimme $\mu_\infty(X \cdot L)$ für alle durch 0 laufenden Geraden $L \subseteq \mathbb{C}^2$, wobei die Fälle Grad $(h) \gtreqless$ Grad $(g)+1$ zu unterscheiden sind.

(8) Man gebe ein Beispiel einer Kurve $X = V(f) \subseteq \mathbb{C}$ und zweier Geraden $L \parallel L'$ mit $\mu_\infty(X \cdot L) \neq \mu_\infty(X \cdot L')$. ○

II. Affine Varietäten

In diesem Kapitel wollen wir mit der Untersuchung von beliebigen algebraischen Mengen $V(\{f_i \mid i \in \mathscr{A}\}) \subseteq \mathbb{C}^n$ beginnen. Solche Mengen nennt man *affine algebraische Varietäten*.

Schon bei der Behandlung der Hyperflächen haben wir immer wieder auf ein algebraisches Resultat zurückgegriffen – nämlich auf das Lemma von Study (vgl. (3.5)). Dieses Lemma macht eine Aussage über die Menge aller Polynome, die auf einer Hyperfläche verschwinden, und ermöglicht so zahlreiche geometrische Anwendungen. Genau an dieser Stelle muss die Untersuchung allgemeiner affiner Varietäten einsetzen. Es gilt also zuerst, geeignete Mengen von Polynomen algebraisch zu untersuchen und diese in Zusammenhang mit den affinen Varietäten zu bringen. Dies führt uns auf die Theorie der Polynomideale, denen Abschnitt 5 gewidmet ist. Drei der Resultate, die wir hier beweisen, sind von fundamentaler Bedeutung: Der Hilbertsche Basissatz, der Hilbertsche Nullstellensatz und der Gausssche Primfaktorensatz. Eine besondere Rolle spielt dabei der Nullstellensatz, der eine enge Beziehung zwischen den Polynomidealen und den affinen Varietäten herstellt.

In Abschnitt 6 führen wir auf den affinen Varietäten eine den algebraischen Fragestellungen angepasste Topologie ein – die Zariski-Topologie. Wir werden einige Konsequenzen aus den Eigenschaften dieser Topologie erhalten – etwa die Zerlegung der Varietäten in irreduzible Komponenten. Ebenfalls in Abschnitt 6 beginnen wir mit dem Studium der regulären Funktionen auf affinen Varietäten, d.h. der Funktionen, die lokal durch rationale Funktionen darstellbar sind. Insbesondere gelangen wir so zum wichtigen Begriff des Koordinatenrings einer affinen Varietät.

Eine geometrische Theorie kann sich nicht nur auf die Untersuchung ihrer Objekte – d.h. in bestimmter Weise strukturierter Räume – beschränken, sondern sie muss sich auch mit Morphismen – d.h. geeigneten Abbildungen – zwischen diesen Räumen befassen. In Abschnitt 7 führen wir den für die algebraische Geometrie geeigneten Morphismus-Begriff ein. Wir ziehen dabei nicht nur affine Objekte in Betracht, sondern auch quasiaffine (d.h. offene Teilmengen affiner Varietäten). Wir werden sehen, dass für affine Varietäten ein enger Zusammenhang zwischen den Morphismen und den Homomorphismen von Koordinatenringen besteht. Weiter werden wir den für die Untersuchung von Morphismen und regulären Funktionen unentbehrlichen algebraischen

Prozess der Nenneraufnahme einführen. Schliesslich werden wir das wichtige Konzept des affinen Morphismus kennenlernen.

Im letzten Abschnitt dieses Kapitels befassen wir uns mit den lokalen Ringen quasiaffiner Varietäten – d.h. mit den Ringen von Keimen regulärer Funktionen. Insbesondere werden wir sehen, dass diese Ringe die lokale Struktur der Varietäten festlegen.

Zum Schluss befassen wir uns mit Produkten von quasiaffinen Varietäten und wenden diese an.

5. Der Polynomring

Ringe. Wir schreiben $A = \mathbb{C}[z_1, \ldots, z_n]$. Polynome können wir in kanonischer Weise addieren und multiplizieren. Dabei gilt für die entsprechenden Operationen + und · :

(5.1) (i) $(A, +)$ ist eine *kommutative Gruppe mit neutralem Element* 0.

(ii) $a, b, c \in A \Rightarrow a \cdot (b \cdot c) = (a \cdot b) \cdot c$ (*Assoziativgesetz der Multiplikation*).

(iii) $a, b \in A \Rightarrow a \cdot b = b \cdot a$ (*Kommutativität der Multiplikation*).

(iv) $a, b, c \in A \Rightarrow a \cdot (b+c) = a \cdot b + a \cdot c$ (*Distributivgesetz*).

(v) $1 \neq 0$, $a \in A \Rightarrow 1 \cdot a = a$ (1 *ist neutrales Element der Multiplikation*).

Eine Menge A mit zwei Elementen 0, 1 $(0 \neq 1)$ und zwei binären Operationen +, ·, für welche die Axiome (5.1) gelten, nennt man einen (*kommutativen, unitären*) *Ring*. 0 nennt man dann *Null-Element*, 1 heisst *Eins-Element*, die Operation + heisst *Addition*, die Operation · heisst *Multiplikation*. Für $a \cdot b$ schreiben wir ab, für $a + (-b)$ schreiben wir $a - b$. In gewohnter Art verwenden wir die Schreibweisen $m\,a$, a^n $(a \in A,\ m \in \mathbb{Z},\ n \in \mathbb{N}_0)$. Einfache *Rechenregeln* (wie $(-1)^2 = 1$, $0a = 0$, $(-1)a = -a$), die sich sofort aus den Axiomen ergeben, verwenden wir stillschweigend.

Beispiele von Ringen sind die Menge $\mathbb{Z}$ der ganzen Zahlen (mit den üblichen Operationen) oder auch die Körper. Den Ring $\mathbb{C}[z_1, \ldots, z_n]$ nennt man den *Polynomring* in den Variablen $z_1, \ldots, z_n$ über $\mathbb{C}$. Über die Struktur dieses Ringes wollen wir in diesem Abschnitt einige Aussagen machen. Zunächst wollen wir allerdings einige allgemeine Tatsachen über Ringe festhalten.

(5.2) **Definitionen und Bemerkungen:** A) Seien A, B Ringe. Eine Abbildung $\varphi: A \to B$ heisst ein *(unitärer) Homomorphismus*, wenn gilt

(i) $\varphi(a+b) = \varphi(a) + \varphi(b)$, $\varphi(ab) = \varphi(a)\varphi(b)$, $(a, b \in A)$.

(ii) $\varphi(1) = 1$.

Ein Homomorphismus $\varphi : A \to B$ von Ringen heisst ein *Isomorphismus*, wenn er einen Umkehrhomomorphismsus besitzt, d.h. wenn ein Homomorphismus $\varphi : B \to A$ existiert mit $\varphi \circ \psi = id_B$, $\psi \circ \varphi = id_A$. $\psi = \varphi^{-1}$ ist dann ebenfalls ein Isomorphismus. Ein Homomorphismus $\varphi : A \to B$ ist genau dann ein Isomorphismus, wenn er bijektiv ist.

Besteht zwischen zwei Ringen A, B ein Isomorphismus, so nennen wir diese Ringe *isomorph* und schreiben $A \cong B$. Weil die Komposition von Homomorphismen wieder ein Homomorphismus ist, weil die Umkehrabbildung eines Isomorphismus wieder ein Isomorphismus ist und weil id_A ein Isomorphismus ist, ist die Isomorphie eine Äquivalenzrelation.

B) Sei B ein Ring. Eine Teilmenge A von B heisst ein *Unterring* von B, wenn sie – versehen mit den Operationen von B – wieder ein Ring ist. Eine Teilmenge A von B ist genau dann ein Unterring, wenn

(iii) $a, b \in A \Rightarrow a - b,\ a\,b \in A$.

(iv) $1 \in A$.

Anstatt zu sagen, A sei ein Unterring von B, sagen wir auch B sei ein *Erweiterungsring* von A.

Ist $\varphi : C \to B$ ein Homomorphismus von Ringen, so ist $\varphi(C)$ ein Unterring von B.

C) Sei A ein Ring und seien $t_1, \ldots, t_n$ formale Symbole, die wir *Unbestimmte* nennen wollen. Ist $\boldsymbol{\nu} = (\nu_1, \ldots, \nu_n) \in \mathbb{N}_0^n$, so schreiben wir kurz $\boldsymbol{t}^{\boldsymbol{\nu}}$ für den formalen Ausdruck $t_1^{\nu_1} \ldots t_n^{\nu_n}$. Unter einem *Polynom in den Unbestimmten* $t_1, \ldots, t_n$ und *mit Koeffizienten in A* verstehen wir einen formalen Ausdruck.

(v) $$f = \sum_{\boldsymbol{\nu} \in \mathcal{M}} a_{\boldsymbol{\nu}}\, \boldsymbol{t}^{\boldsymbol{\nu}} = \sum_{\boldsymbol{\nu}} a_{\boldsymbol{\nu}}\, \boldsymbol{t}^{\boldsymbol{\nu}} \quad (a_{\boldsymbol{\nu}} \in A;\ \mathcal{M} \subseteq \mathbb{N}_0^n,\ \text{endlich}).$$

Dabei verwenden wir die Schreibweise $f = \sum_{\boldsymbol{\nu}} a_{\boldsymbol{\nu}}\, \boldsymbol{t}^{\boldsymbol{\nu}}$ wieder im Sinne, dass $\boldsymbol{\nu}$ ganz $\mathbb{N}_0^n$ durchläuft, wobei die Koeffizienten $a_{\boldsymbol{\nu}}$ für fast alle $\boldsymbol{\nu}$ verschwinden und Ausdrücke $a_{\boldsymbol{\nu}}\, \boldsymbol{t}^{\boldsymbol{\nu}}$ mit $a_{\boldsymbol{\nu}} = 0$ weggelassen werden.

Dabei seien zwei solche Polynome $\sum a_{\boldsymbol{\nu}}\, \boldsymbol{t}^{\boldsymbol{\nu}}$, $\sum b_{\boldsymbol{\nu}} \boldsymbol{t}^{\boldsymbol{\nu}}$ genau dann gleich, wenn $a_{\boldsymbol{\nu}} = b_{\boldsymbol{\nu}}$ für alle $\boldsymbol{\nu} \in \mathbb{N}_0^n$.

Natürlich kann man ein solches Polynom $f = \sum_{\boldsymbol{\nu}} a_{\boldsymbol{\nu}}\, \boldsymbol{t}^{\boldsymbol{\nu}}$ eindeutig in seine *homogenen Teile* $f_{(i)} = \sum_{|\boldsymbol{\nu}| = i} a_{\boldsymbol{\nu}}\, \boldsymbol{t}^{\boldsymbol{\nu}}$ zerlegen. Der *Grad* von f ist in naheliegender Weise definiert. In einem *Monom* $a\, t_1^{\nu_1} \ldots t_n^{\nu_n}$ $(a \in A)$, $(\nu_1, \ldots, \nu_n) \in \mathbb{N}_0^n)$ lassen wir $t_i^{\nu_i}$ weg, wenn $\nu_i = 0$. So können wir die Elemente von A als Polynome vom Grad $\leqslant 0$ auffassen und Polynome in einem Teil der Unbestimmten als Polynome in $t_1, \ldots, t_n$.

Die Menge aller Polynome (v) bezeichnen wir mit $A[t_1, \ldots, t_n]$. Diese wird zum Ring vermöge der Operationen

(vi) $$(\sum_\nu a_\nu t^\nu) + (\sum_\nu b_\nu t^\nu) := \sum_\nu (a_\nu + b_\nu) t^\nu,$$

(vii) $$(\sum_\nu a_\nu t^\nu) \cdot (\sum_\nu b_\nu t^\nu) := \sum_\nu (\sum_{\mu+\sigma=\nu} a_\mu b_\sigma) t^\nu.$$

$A[t_1, \ldots, t_n]$ nennt man den *Polynomring in den Unbestimmten* $t_1, \ldots, t_n$ *über* A.

D) Sei B ein Erweiterungsring von A und seien $b_1, \ldots, b_n \in B$. Wir schreiben $\boldsymbol{b}^\nu$ für $b_1^{\nu_1} \ldots b_n^{\nu_n}$. Die Menge aller Elemente

(iix) $$f = \sum_{\nu \in \mathcal{M}} a_\nu \boldsymbol{b}^\nu = \sum_\nu a_\nu \boldsymbol{b}^\nu \quad (a_\nu \in A;\ \mathcal{M} \subseteq \mathbb{N}_0^n \text{ endlich})$$

bildet einen Unterring von B, der A umfasst. Diesen Ring bezeichnen wir mit $A[b_1, \ldots, b_n]$ (die Bezeichnungsweise ist verträglich mit der oben eingeführten). $A[b_1, \ldots, b_n]$ ist der kleinste A und $b_1, \ldots, b_n$ umfassende Unterring von B und wird der über A *durch* $b_1, \ldots, b_n$ *erzeugte Ring* genannt.

Sind $t_1, \ldots, t_n$ Unbestimmte, so wird durch die Vorschrift $\sum a_\nu \boldsymbol{t}^\nu \to \sum a_\nu \boldsymbol{b}^\nu$ ein Homomorphismus $A[t_1, \ldots, t_n] \to B$ definiert, der durch $t_i \to b_i$ definierte *Einsetzungshomomorphismus* φ. Ist dieser injektiv, so nennen wir $b_1, \ldots, b_n$ *algebraisch unabhängig* über A, andernfalls nennen wir $b_1, \ldots, b_n$ *algebraisch abhängig* über A.

Ist $n=1$, also im Falle eines einzelnen Elements $b_1 = b$, nennen wir b *transzendent* resp. *algebraisch über* A, je nachdem, ob φ injektiv ist oder nicht. Gleichbedeutend zur algebraischen Unabhängigkeit ist auch, dass der Homomorphismus $\varphi: A[t_1, \ldots, t_n] \to A[b_1, \ldots, b_n]$ ein Isomorphismus ist. Wir können dann in $A[b_1, \ldots, b_n]$ so rechnen, als wären die b_i Unbestimmte, d.h. $A[b_1, \ldots, b_n]$ als Polynomring in den «Unbestimmten» $b_1, \ldots, b_n$ betrachten. Nach (2.2) sind die Variablen $z_1, \ldots, z_n \in \mathbb{C}[z_1, \ldots, z_n]$ algebraisch unabhängig über $\mathbb{C}$ und können deshalb als Unbestimmte aufgefasst werden.

E) Sei B ein Erweiterungsring von A. Wir nennen B *endlich erzeugt über* A, wenn wir endlich viele Elemente $b_1, \ldots, b_n \in B$ so finden, dass $B = A[b_1, \ldots, b_n]$. ○

Ideale.

(5.3) **Definition:** Eine Teilmenge I eines Ringes A nennt man ein *Ideal*, wenn sie den folgenden Axiomen genügt:

(i) $a, b \in I \Rightarrow a+b \in I.$

(ii) $c \in A,\ b \in I \Rightarrow c\,b \in I.$ ○

Die Ideale von $\mathbb{C}[z_1, \ldots, z_n]$, die sogenannten *Polynomideale*, spielen eine wichtige Rolle in der algebraischen Geometrie. Bevor wir anfangen, diese speziellen Ideale zu untersuchen, machen wir einige Bemerkungen über Ideale in allgemeinen Ringen.

(5.4) **Bemerkungen und Definitionen:** A) Sei A ein Ring. Die Mengen $\{0\}$ und A sind dann Ideale. Die von A verschiedenen Ideale nennen wir *echte Ideale*. Offenbar gilt

(i) I echt $\Leftrightarrow 1 \notin I$, ($I \subseteq A$ *Ideal*).

B) Sei $\{I_\iota \mid \iota \in \mathscr{A}\}$ eine Menge von echten Idealen, welche bezüglich der Inklusion total geordnet ist (d.h. für $i, j \in \mathscr{A}$ gilt immer $I_i \subseteq I_j$ oder $I_j \subseteq I_i$). Dann ist $\bigcup_{\iota \in \mathscr{A}} I_\iota$ wieder ein Ideal, das wegen (i) echt ist. Mit dem Zornschen Lemma können wir also schliessen:

(ii) *Jedes echte Ideal ist in einem maximalen echten Ideal enthalten. Die maximalen echten Ideale von A nennen wir kurz Maximalideale von A. Deren Menge bezeichnen wir mit* Max(A).

C) Ist $\mathscr{M} \subseteq A$, so ist

(iii) $(\mathscr{M}) := \{a_1 m_1 + \ldots + a_n m_n \mid a_i \in A, m_i \in \mathscr{M}\}$

ein Ideal. Wir nennen $(\mathscr{M})$ das von $\mathscr{M}$ *erzeugte Ideal*. $(\mathscr{M})$ ist das kleinste $\mathscr{M}$ umfassende Ideal.

Sind $m_1, \ldots, m_s \in A$, so schreiben wir $(m_1, \ldots, m_s)$ für $(\{m_1, \ldots, m_s\})$. Ein Ideal der Form $I = (m_1, \ldots, m_s)$ nennen wir *endlich erzeugt*, $m_1, \ldots, m_s$ ein *Erzeugendensystem* von I.

Ein Ideal der Form $I = (m) = \{a\, m \mid a \in A\} =: A\, m$ $(m \in A)$ nennen wir ein *Hauptideal*. Ein Ring, in dem alle Ideale Hauptideale sind, heisst ein *Hauptidealring*. Typische Beispiele von Hauptidealringen sind: der Ring $\mathbb{Z}$ (ist $I \neq \{0\}$ ein Ideal in $\mathbb{Z}$ und $m \in I - \{0\}$ von minimalem Betrag, so gilt $I = (m)$), der Polynomring $\mathbb{C}[z]$ (ist $I \neq \{0\}$ ein Ideal in $\mathbb{C}[z]$ und $f \in I - \{0\}$ von minimalem Grad, so folgt aus dem Enklidischen Restsatz $I = (f)$).

D) Für einen Ring A gilt offenbar:

(iv) $A = $ *Körper* $\Leftrightarrow \{0\}$ *und A sind die einzigen Ideale von A.*

E) Ist $\{I_\iota \mid \iota \in \mathscr{A}\}$ eine Familie von Idealen, so ist der *Durchschnitt* $\bigcap_{\iota \in \mathscr{A}} I_\iota$ wieder ein Ideal.

Wir definieren die *Summe* der Ideale I_ι als

(v) $\sum_{\iota \in \mathscr{A}} I_\iota := (\bigcup_{\iota \in \mathscr{A}} I_\iota) = \{m_{\iota_1} + \ldots + m_{\iota_n} \mid m_{\iota_i} \in I_{\iota_i}\}$.

F) Sei $\varphi : A \to B$ ein Homomorphismus von Ringen. Ist J ein Ideal von B, so ist $\varphi^{-1}(J)$ ein Ideal von A. Dabei bleibt die Echtheit erhalten. Das Ideal $\varphi^{-1}(0)$ heisst der *Kern* von φ und wird mit Kern (φ) bezeichnet. Es gilt

(v) Kern $(\varphi) = \{0\} \Leftrightarrow \varphi$ *ist injektiv*.

Ist $I \subseteq A$ ein Ideal, so schreiben wir auch $I\, B$ für das Ideal $(\varphi(I))$ von B.

Ist A ein Unterring von B (d.h. φ die Inklusionsabbildung), so nennen wir $\varphi^{-1}(J) = J \cap A$ die *Retraktion* von J, IB das *Erweiterungsideal* von I. ○

Noethersche Ringe.

(5.5) **Lemma:** *Für einen Ring A sind äquivalent:* (i) *Jedes Ideal $I \subseteq A$ ist endlich erzeugt.*

(ii) *Jede unendliche aufsteigende Folge $I_0 \subseteq I_1 \subseteq I_2 \subseteq \ldots$ von Idealen wird stationär, d.h. es gibt ein $n \in \mathbb{N}$ mit $I_n = I_{n+1} = \ldots$.*

(iii) *Jede nichtleere Menge von Idealen in A hat bezüglich der Inklusion maximale Mitglieder.*

Beweis: «(i) ⇒ (ii)»: Ist $I_0 \subseteq I_1 \subseteq \ldots$ eine aufsteigende Idealfolge, so ist $I := \bigcup_{n \geq 0} I_n$ ein Ideal, von dem wir annehmen können, es sei endlich erzeugt. Also: $I = (m_1, \ldots, m_s)$. Wir finden ein n mit $m_1, \ldots, m_s \in I_n$. Jetzt folgt $I_n = I$.

«(ii) ⇒ (iii)» ergibt sich aus dem Zornschen Lemma.

«(iii) ⇒ (i)»: Sei $\mathcal{M}$ die Menge aller endlich erzeugten Ideale von A, die in einem nicht endlich erzeugten Ideal von A enthalten sind. $\mathcal{M}$ hat offenbar keine (bezüglich $\subseteq$) maximalen Mitglieder, ist nach (iii) also leer. Daraus folgt (i).

□

(5.6) **Definition:** Einen Ring A, der die äquivalenten Eigenschaften (5.5) (i), (ii), (iii) besitzt, nennen wir *noethersch.* ○

(5.7) **Bemerkungen:** A) Hauptidealringe sind noethersch.

B) Sei $\varphi : A \to B$ ein Homomorphismus von Ringen. Ist $L \subseteq \varphi(A)$ ein Ideal, so gilt $L = \varphi(\varphi^{-1}(L))$. Unter Verwendung der Charakterisierung (5.5) (ii) ergibt sich:

(i) *A noethersch ⇒ $\varphi(A)$ noethersch.* ○

(5.8) **Satz** (*Hilbertscher Basissatz*): *Sei A noethersch und sei B ein endlich erzeugter Erweiterungsring von A. Dann ist B noethersch.*

Beweis: Wir können schreiben $B = A[b_1, \ldots, b_n]$, $(b_i \in B)$. Wegen $B = A[b_1, \ldots, b_{n-1}][b_n]$ können wir uns durch Induktion auf den Fall $n = 1$ beschränken, also annehmen, es sei $B = A[b]$ $(b \in A)$. Ist t eine Unbestimmte, so ist der durch $t \mapsto b$ vermittelte Einsetzungshomomorphismus $A[t] \to B$ surjektiv. Nach (5.7) (i) genügt es also zu zeigen, dass $A[t]$ noethersch ist.

Nehmen wir das Gegenteil an! Dann gibt es ein nicht endlich erzeugtes Ideal I von $A[t]$. Natürlich ist $I \neq \{0\}$. Wir wählen $f_1 \in I - \{0\}$ von minimalem Grad. Wir finden eine Folge $\{f_i\}_{i=1}^{\infty} \subseteq A[t]$ so, dass $f_i \in I - (f_1, \ldots, f_{i-1})$ von minimalem Grad ist $(i > 1)$. Mit $d_i = \text{Grad}(f_i)$ gilt $d_i \leq d_{i+1}$. Sei $a_i \in A$ der Koeffizient zum höchsten

Grad in f_i. Nach Voraussetzung wird in A die Idealfolge $(a_1) \subseteq (a_1, a_2) \subseteq \ldots$ stationär. Für ein $r \in \mathbb{N}$ finden wir also Elemente $c_1, \ldots, c_r \in A$ so, dass $a_{r+1} = \sum_{i=1}^{r} c_i a_i$. Wir setzen

$$f := f_{r+1} - \sum_{i=1}^{r} c_i f_i t^{(d_{r+1} - d_i)}.$$

Dann ist $f \in I - (f_1, \ldots, f_r)$ und Grad $(f) <$ Grad (f_{r+1}), und wir haben einen Widerspruch zur Minimalität des Grades von f_{r+1}. □

(5.9) **Korollar:** Polynomringe über noetherschen Ringen sind noethersch.

(5.10) **Korollar:** $\mathbb{C}[z_1, \ldots, z_n]$ *ist noethersch.*

(5.11) **Definition und Bemerkung:** Ist $\mathcal{M} \subseteq \mathbb{C}[z_1, \ldots, z_n]$ eine nichtleere Menge von Polynomen, so betrachten wir deren *Nullstellengebilde* (vgl. (1.2))

(i) $V(\mathcal{M}) := \{c \in \mathbb{C}^n \mid f(c) = 0, \forall f \in \mathcal{M}\}$.

Sofort sieht man, dass das Nullstellengebilde von $\mathcal{M}$ mit dem Nullstellengebilde des von $\mathcal{M}$ erzeugten Ideals übereinstimmt:

(ii) $V(\mathcal{M}) = V((\mathcal{M}))$.

Es genügt also, die Nullstellengebilde von Idealen zu studieren!

Weil $\mathbb{C}[z_1, \ldots, z_r]$ noethersch ist, können wir schreiben $(\mathcal{M}) = (f_1, \ldots, f_r)$, wobei $f_1, \ldots, f_r \in \mathcal{M}$. Aus (ii) folgt dann

(iii) $V(\mathcal{M}) = V(f_1, \ldots, f_r) = V(f_1) \cap \ldots \cap V(f_r)$; $(f_1, \ldots, f_r \in \mathcal{M})$.

Also ist jede *algebraische Menge* $X \subseteq \mathbb{C}^n$ *das Nullstellengebilde endlich vieler Polynome,* d.h. der Durchschnitt endlich vieler Hyperflächen! ○

Anmerkung: Nach Eisenbud-Evans [EE] ist jede algebraische Menge $X \subseteq \mathbb{C}^n$ sogar als Nullstellengebilde von n oder weniger Polynomen darstellbar. Andrerseits hat für $n > 1$ die minimale Erzeugendenzahl von Idealen $I \subseteq \mathbb{C}[z_1, \ldots, z_n]$ keine obere Schranke. ○

Der Nullstellensatz. Über die *Idealtheorie* von $\mathbb{C}[z_1, \ldots, z_n]$ haben wir gemäss (5.11) ein geometrisches Resultat gewonnen, nämlich die Darstellbarkeit der algebraischen Mengen in $\mathbb{C}^n$ als Durchschnitt endlich vieler algebraischer Hyperflächen. Wir wollen diesen Weg jetzt weiterverfolgen. Ziel ist der sogenannte Nullstellensatz, der eine vollständige Entsprechung zwischen den algebraischen Mengen in $\mathbb{C}^n$ und gewissen Polynomidealen liefert. Allerdings wollen wir einige weitere Tatsachen über Ideale vorwegnehmen.

(5.12) **Definitionen und Bemerkungen:** A) Sei A ein Ring und sei $I \subseteq A$ ein Ideal. Die Menge

$$\sqrt{I} := \{x \in A \mid \exists\, n \in \mathbb{N} : x^n \in I\}$$

nennen wir das *Radikal* von A. Weil in A die binomische Formel gilt, ist $\sqrt{I}$ wieder ein Ideal. Sofort sieht man:

(i) $I \subseteq \sqrt{I}, \quad \sqrt{\sqrt{I}} = \sqrt{I}.$

(ii) $I \neq A \Leftrightarrow \sqrt{I} \neq A.$

Ein Ideal $I \subseteq A$ heisst *perfekt*, wenn es mit seinem Radikal übereinstimmt, d.h. wenn $I = \sqrt{I}$. Radikale sind immer perfekt.

B) Ein Ideal $\mathfrak{p} \subseteq A$ heisst ein *Primideal* (oder kurz *prim*), wenn

(iii) (a) $\mathfrak{p}$ *ist ein echtes Ideal*, d.h. $\mathfrak{p} \neq A$.
(b) $a, b \in A - \mathfrak{p} \Rightarrow a\,b \in A - \mathfrak{p}$.

Die Menge der Primideale von A nennen wir das *Spektrum* von A und bezeichnen diese Menge mit Spec(A):

(iv) $\operatorname{Spec}(A) := \{\mathfrak{p} \subseteq A \mid \mathfrak{p} = \textit{Primideal}\}$.

Durch Induktion über r zeigt man sofort:

(v) Ist $\mathfrak{p} \in \operatorname{Spec}(A)$ *und sind* $I_1, \ldots, I_r \subseteq A$ *Ideale mit* $I_i \nsubseteq \mathfrak{p}$, $(i = 1, \ldots, r)$, *so gilt* $\bigcap_{i \leq r} I_i \nsubseteq \mathfrak{p}$.

Leicht prüft man auch nach:

(vi) (a) *Primideale sind perfekt*: $\mathfrak{p} \in \operatorname{Spec}(A) \Rightarrow \sqrt{\mathfrak{p}} = \mathfrak{p}$.
(b) *Maximalideale sind prim*: $\operatorname{Max}(A) \subseteq \operatorname{Spec}(A)$. ○

(5.13) **Satz** (*schwacher Nullstellensatz*): *Ist I ein echtes Ideal von $\mathbb{C}[z_1, \ldots, z_n]$, so gilt $V(I) \neq \emptyset$.*

Beweis: Nach (5.4) B) ist I enthalten in einem Maximalideal $\mathfrak{m}$ von $\mathbb{C}[z_1, \ldots, z_n]$. Wir zeigen zuerst, dass es zu jedem $i \in \{1, \ldots, n\}$ ein $c_i \in \mathbb{C}$ so gibt, dass $z_i - c_i \in \mathfrak{m}$.

Nehmen wir das Gegenteil an! Nach Umnumerierung der Variablen können wir dann annehmen, es sei $z_1 - c \notin \mathfrak{m}$ für alle $c \in \mathbb{C}$. Für jedes $c \in \mathbb{C}$ gilt also die Gleichung $\mathfrak{m} + \mathbb{C}[z_1, \ldots, z_n](z_1 - c) = \mathbb{C}[z_1, \ldots, z_n]$, so dass wir schreiben können $m_c + g_c(z - c) = 1$ mit geeigneten Polynomen $m_c \in \mathfrak{m}$, $g_c \in \mathbb{C}[z_1, \ldots, z_n]$.

Weil $\mathbb{C}$ überabzählbar ist, finden wir ein $d \in \mathbb{N}_0$, so dass die Menge $C := \{c \in \mathbb{C} \mid \operatorname{Grad}(g_c) = d\}$ nicht endlich ist. Weil $\{f \in \mathbb{C}[z_1, \ldots, z_n] \mid \operatorname{Grad}(f) \leq d\}$ ein Vektorraum endlicher Dimension ist, finden wir endlich viele paarweise verschiedene Elemente $c_1, \ldots, c_r \in C$, $(r > 1)$ und Elemente $\lambda_1, \ldots, \lambda_r \in \mathbb{C} - \{0\}$, so dass $\sum_{j=1}^{r} \lambda_j\, g_{c_j} = 0$. Wir setzen

$$g := \sum_{j=1}^{r} \lambda_j \prod_{k \neq j} (z_1 - c_k).$$

Wegen $g = \sum_j \lambda_j [m_{c_j} + g_{c_j}(z_1 - c_j)] \prod_{k \neq j} (z_1 - c_k) = \sum_{j=1}^{r} \left[\lambda_j \prod_{k \neq j} (z_1 - c_k) \right] m_{c_j}$ ist $g \in \mathfrak{m}$. Weiter ist $g \in \mathbb{C}[z_1]$. Weil $c_1, \ldots, c_r$ paarweise verschieden sind, ist $g(c_1) \neq 0$, also $g \neq 0$. Wir können demnach schreiben $g = a(z_1 - a_1) \ldots (z_1 - a_s)$, wobei $a \in \mathbb{C} - \{0\}$, $a_1, \ldots, a_s \in \mathbb{C}$. Dabei ist $a \notin \mathfrak{m}$ (denn sonst wäre $1 = a\, a^{-1} \in \mathfrak{m}$) und nach unserer Annahme gilt $z_1 - a_i \notin \mathfrak{m}$ $(i = 1, \ldots, s)$. Weil $\mathfrak{m}$ prim ist (*s.* (5.12) (iv)), folgt der Widerspruch $g \notin \mathfrak{m}$.

Mit geeigneten $c_i \in \mathbb{C}$ können wir jetzt also schreiben $(z_1 - c_1, \ldots, z_n - c_n) \subseteq \mathfrak{m}$. Sei $f \in \mathfrak{m}$. Drücken wir f durch die Variablen $z'_i = z_i - c_i$ aus, so können wir schreiben $f = c + m$, wobei $c \in \mathbb{C}$, $m \in (z_1 - c_1, \ldots, z_n - c_n)$. Wegen $c = m - f \in \mathfrak{m}$ folgt $c = 0$, also $f = m \in (z_1 - c_1, \ldots, z_n - c_n)$. Also gilt sogar $(z_1 - c_1, \ldots, z_n - c_n) = \mathfrak{m}$. Daraus folgt natürlich sofort $p := (c_1, \ldots, c_n) \in V(\mathfrak{m})$, also $p \in V(I)$. □

(5.14) **Bemerkung:** Sei $f \in \mathbb{C}[z]$, $I = (f)$. I ist genau dann ein echtes Ideal, wenn Grad $(f) \neq 0$. In diesem Fall hat f nach (5.13) eine Nullstelle. Dies ist aber gerade die Aussage des Fundamentalsatzes der Algebra. ○

Der schwache Nullstellensatz kann auch ausgesprochen werden in der Form:

(5.15) **Korollar:** *Durch* $(c_1, \ldots, c_n) \mapsto (z_1 - c_1, \ldots, z_n - c_n)$ *wird eine Bijektion* $\mathbb{C}^n \leftrightarrow \mathrm{Max}(\mathbb{C}[z_1, \ldots, z_n])$ *gegeben.*

Beweis: Dass die angegebene Zuordnung surjektiv ist, folgt aus dem Beweis von (5.13). Dass sie injektiv ist, ist leicht nachzurechnen. □

(5.15) gibt eine erste Entsprechung zwischen gewissen algebraischen Mengen in $\mathbb{C}^n$ (nämlich den einpunktigen) und gewissen Idealen von $\mathbb{C}[z_1, \ldots, z_n]$ (nämlich den maximalen). Wir wollen jetzt diese Entsprechung auf alle algebraischen Mengen erweitern. Zunächst führen wir die nötigen Begriffe ein.

(5.16) **Definitionen und Bemerkungen:** A) Sei $X \subseteq \mathbb{C}^n$ eine algebraische Menge. Unter dem *Verschwindungsideal* $I(X)$ von X verstehen wir die in (3.2) eingeführte Menge.

$$I(X) := \{f \in \mathbb{C}[z_1, \ldots, z_n] \mid f(X) = 0\},$$

wobei wir setzen $I(\emptyset) = \mathbb{C}[z_1, \ldots, z_n]$. Offenbar ist $I(X)$ immer ein perfektes Ideal!

Sofort verifiziert man (für (iv) verwende man (5.15)):

(i) $Y \subseteq X \Rightarrow I(Y) \supseteq I(X)$, $(X, Y \subseteq \mathbb{C}^n$ *algebraisch*).

(ii) $V(I(X)) = X$, $(X \subseteq \mathbb{C}^n$ *algebraisch*).

(iii) $I(\mathbb{C}^n) = \{0\}$.

(iv) $I(\{(c_1, \ldots, c_n)\}) = (z_1 - c_1, \ldots, z_n - c_n)$, $((c_1, \ldots, c_n) \in \mathbb{C}^n)$.

B) Eine algebraische Menge $X \subseteq \mathbb{C}^n$ nennen wir *irreduzibel*, wenn sie weder leer noch die Vereinigung zweier echter algebraischer Untermengen $X_1, X_2 \subsetneqq X$ ist. Wir wollen zeigen:

(v) $\qquad$ *X irreduzibel* $\Leftrightarrow$ *$I(X)$ prim*; *($X \subseteq \mathbb{C}^n$ algebraisch).*

Beweis: «$\Rightarrow$»: Wegen $X \neq \emptyset$ ist $1 \notin I(X)$, also $I(X)$ echt. Seien $f_1, f_2 \in \mathbb{C}[z_1, \ldots, z_n] - I(X)$. Wir müssen zeigen, dass $f_1, f_2 \notin I(X)$. Dazu betrachten wir die algebraischen Mengen $X_i := X \cap V(f_i)$ $(i=1, 2)$. Wegen $f_i \notin I(X)$ gilt $X_i \subsetneqq X$. Weil X irreduzibel ist, folgt $X_1 \cup X_2 \subsetneqq X$. Wir finden also einen Punkt $p \in X - X_1 \cup X_2$. Für diesen gilt $f_i(p) \neq 0$, $(i=1, 2)$, also $f_1 f_2(p) \neq 0$. Es folgt $f_1 f_2 \notin I(X)$. «$\Leftarrow$»: Weil $I(X)$ ein echtes Ideal ist, gilt $X = V(I(X)) \neq \emptyset$ (vgl. (ii), (15.14)). Seien $X_1 \subsetneqq X$, $X_2 \subsetneqq X$ echte algebraische Untermengen. Nach (i) und (ii) finden wir Polynome $f_i \in I(X_i) - I(X)$ $(i=1, 2)$. Es ist also $f_1 f_2 \in I(X_i)$ $(i=1, 2)$, $f_1 f_2 \notin I(X)$. Daraus folgt $X_1 \cup X_2 \neq X$.

(5.17) **Satz** (*Nullstellensatz*): *Die Zuordnungen*

$$\begin{array}{ccc} I & \longmapsto & V(I) \\ \cap & & \cap \\ \{I \subseteq \mathbb{C}[z_1, \ldots, z_n] \mid I \text{ perfektes Ideal}\} & \underset{I}{\overset{V}{\rightleftarrows}} & \{X \subseteq \mathbb{C}^n \mid X \text{ algebraisch}\} \\ \cup & & \cup \\ I(X) & \longleftarrow\!\!\!\dashv & X \end{array}$$

sind zueinander inverse Bijektionen.

Beweis: Wir müssen zeigen:

$$V(I(X)) = X, \quad (X \subseteq \mathbb{C}^n \text{ algebraisch}).$$
$$I(V(I)) = I, \quad (I \subseteq \mathbb{C}[z_1, \ldots, z_n] \text{ perfektes Ideal}).$$

Die erste Gleichung ist identisch mit (5.16) (ii). Es genügt also, die zweite Gleichung zu zeigen. Trivialerweise gilt $I \subseteq I(V(I))$. Es bleibt also zu zeigen, dass $I(V(I)) \subseteq I$ für ein perfektes Ideal $I \subseteq \mathbb{C}[z_1, \ldots, z_n]$.

Ohne Einschränkung können wir dazu annehmen, I sei ein echtes Ideal, denn andernfalls ist die Behauptung trivial. Ebenso können wir annehmen, es sei $I(V(I)) \neq \{0\}$. Nun wählen wir $f \in I(V(I)) - \{0\}$ und betrachten den Polynomring $A := \mathbb{C}[z_0, z_1, \ldots, z_n]$. In A betrachten wir das Ideal $J := (I) + A \cdot (1 - z_0 f)$ und behaupten, dass $J = A$. Andernfalls gäbe es nach dem schwachen Nullstellensatz einen Punkt $p = (c_0, c_1, \ldots, c_n) \in V(J)$. Dann wäre auch $q := (c_1, \ldots, c_n) \in V(I)$, also $f(q) = 0$, also $1 = 1 - c_0 f(q) = (1 - z_0 f)(p) = 0$. Also ist $J = A$. Damit besteht eine Gleichung $\sum_{i=1}^{r} g_i h_i + (1 - z_0 f)\, l = 1$, mit $g_1, \ldots, g_r \in I$, $h_1, \ldots, h_r, l \in A$. Sei $Y = V(1 - z_0 f) \subseteq \mathbb{C}^{n+1}$, sei $U = \mathbb{C}^{n+1} - V(f)$, $U_0 = \mathbb{C}^n - V(f)$. Auf $Y \cap U$ gilt $z_0 = f(z_1, \ldots, z_n)^{-1}$. Die kanonische Projektion $(z_0, z_1, \ldots, z_n) \mapsto (z_1, \ldots, z_n)$ bildet $Y \cap U$ auf die offene nicht-leere Menge U_0 ab. Deshalb gilt auf U_0 die

Gleichung $\sum_{i=1}^{r} g_i(z_1, \ldots, z_n)\, h_i(f(z_1, \ldots, z_n)^{-1}, z_1, \ldots, z_n) = 1$. Wir finden ein $m \in \mathbb{N}$ so, dass $f^m(z_1, \ldots, z_n)\, h_i(f(z_1, \ldots, z_n)^{-1}, z_1, \ldots, z_n)$ auf U_0 durch ein Polynom $k_i(z_1, \ldots, z_n) \in \mathbb{C}[z_1, \ldots, z_n]$ dargestellt wird für $i = 1, \ldots, r$. Auf U_0 folgt so $\sum_{i=1}^{r} g_i\, k_i = f^m$. Nach (2.1) gilt diese Gleichung auf ganz $\mathbb{C}^n$. Also ist $f^m \in (g_1, \ldots, g_r) \subseteq I$, also $f \in \sqrt{I}$. Weil I perfekt ist, folgt $f \in I$. □

(5.18) **Bemerkung:** Aus (5.15) und (5.16) (iv), (v) folgt, dass bei der im Nullstellensatz gegebenen Bijektion die irreduziblen algebraischen Mengen den Primidealen entsprechen, die einpunktigen Mengen den Maximalidealen, $\mathbb{C}^n$ dem Ideal $\{0\}$ und $\emptyset$ dem vollen Polynomring. Insbesondere ist $\mathbb{C}^n$ irreduzibel, denn $\{0\}$ ist ja ein Primideal in $\mathbb{C}[z_1, \ldots, z_n]$. ○

Zerlegung in Primfaktoren. In $\mathbb{Z}$ gilt bekanntlich der Satz von der eindeutigen Zerlegung in Primfaktoren. Dieses Konzept wollen wir jetzt verallgemeinern.

(5.19) **Definitionen und Bemerkungen:** A) Sei A ein Ring. Ein Element $a \in A$ nennen wir einen *Nullteiler*, wenn es ein Element $b \in A - \{0\}$ mit $ab = 0$ gibt. Andernfalls nennen wir a einen *Nichtnullteiler*. Wir sctzen

(i) $NT(A) := \{a \in A \mid a \text{ Nullteiler}\}$, $NNT(A) := \{a \in A \mid a \text{ Nichtnullteiler}\}$.

Die Menge $NNT(A)$ ist *multiplikativ abgeschlossen*, d.h. aus $a, b \in NNT(A)$ folgt $ab \in NNT(A)$.

Ist $NT(A) = \{0\}$ (d.h. gilt $ab = 0 \Rightarrow a = 0 \vee b = 0$), so nennen wir A *integer* oder einen *Integritätsbereich*. Gleichbedeutend ist es zu sagen, dass $\{0\}$ ein Primideal ist in A, oder dass in A die *Kürzungsregel* gilt, d.h. die Regel:

(ii) $ac = bc,\ c \neq 0 \Rightarrow a = b,\ (a, b, c \in A)$.

Beispiele von Integritätsbereichen sind $\mathbb{Z}$ oder die Körper.

B) Ein Element a eines Ringes A nennt man eine *Einheit*, wenn es ein $b \in A$ gibt mit $ab = 1$ ($b := a^{-1}$ ist dann eindeutig bestimmt). Die Menge der Einheiten von A bezeichnen wir mit A^*:

(iii) $A^* := \{a \in A \mid a \text{ Einheit}\}$.

Es gilt $1 \in A^*$. A^* ist bezüglich der Multiplikation eine Gruppe. Wir nennen A^* deshalb die *Einheitengruppe* von A. Offenbar gilt:

(iv) (a) $a \in A^* \Leftrightarrow (a) = A$.
(b) $A^* \subseteq NNT(A)$.

Es ist etwa $\mathbb{Z}^* = \{1, -1\}$, $\mathbb{C}[z_1, \ldots, z_n]^* = \mathbb{C} - \{0\} = \mathbb{C}^*$. Elemente aus $A - A^*$ nennen wir *Nichteinheiten*.

C) Eine *Nichteinheit* eines Ringes A nennen wir *irreduzibel*, wenn sie nicht das Produkt zweier von 0 verschiedener Nichteinheiten ist. 0 ist also genau dann irreduzibel, wenn A integer ist. Eine Darstellung $a=a_1 \ldots a_r$ von $a \in A$ als Produkt endlich vieler irreduzibler Faktoren a_i nennen wir eine *Zerlegung von a in irreduzible Faktoren.*

D) Ein Element a eines Ringes A nennt man ein *Primelement*, wenn es in A ein Primideal erzeugt:

$$a \text{ Primelement: } \Leftrightarrow (a) \in \operatorname{Spec}(A).$$

Aus der Kürzungsregel folgt:

(v) *Die Primelemente eines Integritätsbereiches sind irreduzibel.*

Eine Darstellung $a=a_1 \ldots a_r$ von $a \in A$ als Produkt endlich vieler Primelemente a_i nennen wir eine *Zerlegung von a in Primfaktoren*, die Elemente a_i *Primfaktoren von a*. Ist A integer, so ist jedes Primelement Primfaktor von 0.

Wir wollen zeigen:

(vi) *Ist A integer und besitzt $a \in A-\{0\}$ eine Zerlegung in Primfaktoren, so ist diese (im wesentlichen) eindeutig. D.h. sind $a=a_1 \ldots a_r$, $a=b_1 \ldots b_s$ solche Zerlegungen, so ist $r=s$, und nach geeigneter Umnumerierung der b_i gilt $b_i=e_ia_i$ mit $e_i \in A^*$* (d.h. $(b_i)=(a_i)$), *$(i=1, \ldots r)$.*

Den Beweis führen wir durch Induktion nach r. Der Fall $r=1$ ist klar, weil a_1 irreduzibel ist. Sei also $r>1$. Wegen $b_1 \ldots b_s \in (a_r) \in \operatorname{Spec}(A)$ gibt es ein j mit $b_j \in (a_r)$. Nach Umnumerierung können wir $j=s$ setzen und schreiben $b_s=e_ra_r$ $(e_r \in A)$. Weil b_s irreduzibel ist, folgt $e_r \in A^*$. Weiter folgt $a_1 \ldots a_{r-1}a_r=b_1 \ldots b_{s-1}e_ra_r$, also $a_1 \ldots [a_{r-1}\, e_r^{-1}]=b_1 \ldots b_{s-1}$ (wobei $[a_{r-1}\, e_r^{-1}]$ ein Primelement ist). Nach Induktion ist $r-1=s-1$, und wir können schreiben $b_1=e_1a_1, \ldots, b_{r-2}=e_{r-2}\, a_{r-2}$, $b_{r-1}=e\, a_{r-1}\, e_r^{-1}$ $(e, e_1, \ldots, e_{r-2} \in A^*)$. Mit $e_r^{-1}=ee_r^{-1}$ folgt die Behauptung.

E) Zwei Elemente a, b eines Ringes A nennen wir *im wesentlichen gleich*, wenn gilt $b=e\,a$ mit $e \in A^*$. Andernfalls nennen wir a und b *wesentlich verschieden*. Sind a und b im wesentlichen gleich, so gilt $(a)=(b)$. Ist A integer, so gilt auf Grund der Kürzungsregel auch die Umkehrung. Besitzt $a \in A$ eine Zerlegung in Primfaktoren, so können wir *(im wesentlichen) gleiche Primfaktoren zusammenfassen* und schreiben

$$a = e\, a_1^{\nu_1} \ldots a_s^{\nu_s} \quad (e \in A^*,\ \nu_j \in \mathbb{N}),$$

wobei $a_1 \ldots a_s$ im wesentlichen paarweise verschiedene Primelemente sind. ○

(5.20) **Definition:** Einen Integritätsbereich A nennen wir *faktoriell*, wenn jede Nichteinheit $a \in A-\{0\}$ eine Zerlegung in Primfaktoren besitzt. ○

Auf Grund von (5.19) D) (vi) nennt man faktorielle Ringe auch *Ringe mit eindeutiger Primfaktorzerlegung* oder *EPZ-Ringe*. Beispiele sind $\mathbb{Z}$ oder die Körper.

(5.21) **Lemma:** *Sei A ein Ring, $\mathfrak{p} \subseteq A$ ein Primideal und seien $t_1, \dots, t_n$ Unbestimmte. Dann ist das Erweiterungsideal $\mathfrak{p}A[t_1, \dots, t_n]$ ein Primideal von $A[t_1, \dots, t_n]$.*

Beweis: Ist $n > 1$, so schreiben wir $B = A[t_1, \dots, t_{n-1}]$. Dann ist t_n transzendent über B, also $A[t_1, \dots, t_{n-1}] = B[t_n]$ eine Polynomalgebra in t_n über B. Weiter ist $\mathfrak{p}A[t_1, \dots, t_n] = [\mathfrak{p}B]B[t_n]$. Durch Induktion nach n kann man sich deshalb auf den Fall $n = 1$ beschränken. Wir setzen $t_1 = t$. Offenbar ist $\mathfrak{p}A[t]$ gerade die Menge der Polynome aus $A[t]$, deren sämtliche Koeffizienten zu $\mathfrak{p}$ gehören. Insbesondere ist $\mathfrak{p}A[t]$ ein echtes Ideal. Seien $f = \sum a_i t^i$, $g = \sum b_j t^j \in A[t] - \mathfrak{p}A[t]$. Dann gibt es ein minimales $i \geqslant 0$ mit $a_i \notin \mathfrak{p}$ und ein minimales $j \geqslant 0$ mit $b_j \notin \mathfrak{p}$. Der Koeffizient zum Grad $i+j$ von $f\,g$ ist von der Form

$$c = a_i b_j + \sum_{k<i} a_k\, b_{i+j-k} + \sum_{l<j} a_{i+j-l}\, b_l.$$

Wegen $\mathfrak{p} \in \operatorname{Spec}(A)$ ist $a_i b_j \notin \mathfrak{p}$. Die restlichen Summanden gehören zu $\mathfrak{p}$. Also ist $c \notin \mathfrak{p}$, d.h. $fg \notin \mathfrak{p}$. □

(5.21)′ **Lemma:** *Sei A integer und seien $t_1, \dots, t_n$ Unbestimmte. Dann ist auch $A[t_1, \dots, t_n]$ integer.*

Beweis: Man wende (5.21) an mit $\mathfrak{p} = \{0\}$. □

(5.22) **Satz:** (*Primfaktorensatz von Gauss*): *Sei A faktoriell und seien $t_1, \dots, t_n$ Unbestimmte. Dann ist $A[t_1, \dots, t_n]$ ebenfalls faktoriell.*

Beweis: Wie im Beweis von (5.21) können wir $n = 1$ und $t_1 = t$ setzen. Sei also $g \in A[t] - \{0\}$, $g \notin A[t]^*$. Wir zeigen, dass g eine Zerlegung in Primfaktoren besitzt. Dies tun wir durch Induktion nach Grad (g).

Sei Grad $(g) = 0$. Dann ist $g \in A - \{0\}$, $g \notin A^*$. Nach Voraussetzung lässt sich g im Ring A in Primfaktoren zerlegen. Nach (5.21) sind die auftretenden Primfaktoren aber auch Primelemente in $A[t]$. Dies zeigt das Gewünschte.

Sei also Grad $(g) > 0$. Nach allfälligem Ausklammern der gemeinsamen Primfaktoren aller Koeffizienten von g können wir schreiben $g = af$, wobei $a \in A$ und wobei die Koeffizienten von f keine gemeinsamen Primfaktoren haben. Nach dem schon Bewiesenen, genügt es f in Primfaktoren zu zerlegen. Indem wir g durch f ersetzen, können wir also annehmen, die Koeffizienten von g hätten keinen gemeinsamen Primfaktor. Ist g jetzt das Produkt zweier Nichteinheiten $g_1, g_2 \in A[t]$, so muss gelten Grad (g_1), Grad $(g_2) <$ Grad (g). Nach Induktion zerfallen aber g_1 und g_2 in Primfaktoren. Dasselbe gilt deshalb auch für $g=g_1g_2$. Wir können deshalb annehmen, g sei irreduzibel. Dann bleibt zu zeigen, dass g prim ist.

Nehmen wir das Gegenteil an! Dann gibt es Polynome $f=\sum u_j t^j$, $h=\sum v_j t^j$ mit $f, h \notin (g)$, $fh \in (g)$. Wir schreiben $g=\sum a_i t^i$, d = Grad (g), $r=$ Grad (f) und $s=$ Grad (h). Dabei wollen wir annehmen, f und h seien so gewählt, dass r den kleinstmöglichen Wert annimmt. Insbesondere ist dann $r \leqslant s$.
Wir beweisen jetzt das folgende Hilfsresultat

$$(*)\ f = pf_0,\ p \text{ prim} \Rightarrow f_0,\ h \notin (g),\ f_0\, h \in (g).$$

Dazu schreiben wir $fh=gk$, was wegen $fh \in (g)$ möglich ist. Es folgt $pf_0h=gk$, also $gk \in (p)$. Weil g irreduzibel, aber nicht prim ist, gilt $g \notin (p)$. Es folgt deshalb $k \in (p)$, d.h. $k=pk_0$, also $pf_0h=gpk_0$. Weil $A[t]$ integer ist, ergibt sich $f_0h=gk_0$. $f_0, h \in (g)$ ist nach dem Obigen klar. Dies beweist (*).

Sei zunächst $r<d$. Nach Induktion (und wegen $f \in A[t]^*$) hätte f dann eine Zerlegung in Primfaktoren: $f=p_1 \ldots p_s$. Gemäss (*) könnte man f ersetzen durch $p_1 \ldots p_{s-1}$, dann durch $p_1 \ldots p_{s-2}$ und schliesslich durch $p_1 = p_1 \cdot 1$. Gemäss (*) wäre dann $h=1 \cdot h \in (g)$, was unsern Annahmen widerspricht.

Also ist $r \geqslant d$. Wegen der Minimalität von r folgt aus a_d, $f \notin (g)$ und Grad $(a_d)=0<r$ sofort $a_d\, f \notin (g)$, also $f' := a_d f - g u_r\, t^{r-d} \notin (g)$. Wegen Grad $(f')<r$, $h \notin (g)$ und $f'h \in (g)$ ergibt dies einen Widerspruch. □

(5.23) **Korollar:** *$\mathbb{C}[z_1, \ldots, z_n]$ ist faktoriell.*

(5.24) **Anwendung** (*Zerlegung der affinen Hyperflächen*): Sei $f \in \mathbb{C}[z_1, \ldots, z_n]$ ein Polynom positiven Grades. Sei

(i) $\quad f = c f_1^{\nu_1} \ldots f_r^{\nu_r} \quad (c \in \mathbb{C}-\{0\},\ \nu_i \in \mathbb{N})$

mit im wesentlichen paarweise verschiedenen Primfaktoren f_i (vgl. (5.19) E)). Unter Verwendung der Eindeutigkeit (5.19) D) (iv) der Zerlegung in Primfaktoren sieht man sofort:

(ii) f *quadratfrei* $\Leftrightarrow \nu_1, \ldots, \nu_r = 1 \Leftrightarrow (f) = (f_1 \ldots f_r)$.

(iii) $\quad \sqrt{(f)} = (f_1 \ldots f_r)$.

Weil $\sqrt{(f)}$ perfekt ist, gilt nach dem Nullstellensatz $\sqrt{(f)} = I(V(\sqrt{(f)}) = I(V(f))$. Aus (iii) folgt so:

(iv) $\quad I(V(f)) = (f_1 \ldots f_r)$.

Ebenfalls nach dem Nullstellensatz gilt $(f_i)=I(V(f_i))$, wobei die Mengen $V(f_i)$ irreduzibel sind (vgl. 5.16) B) (v)). Weil die Ideale (f_i) paarweise verschieden sind, sind es auch die Mengen $V(f_i)$. Also können wir schreiben:

(v) $V(f) = V(f_1)\cup\ldots\cup V(f_r)$, ($V(f_i)$ *irred., paarweise verschieden*).

Ist $Y\subseteq V(f)$ eine irreduzible Hyperfläche, so können wir nach dem Bisherigen schreiben $I(Y)=(h)$ mit einem Primpolynom h. Wegen $(h)\supseteq(f)$ ist h ein Primfaktor von f, also im wesentlichen gleich einem der Faktoren f_i. Also gilt $Y=V(f_i)$ für ein i. Damit ist gezeigt:

(vi) *Jede algebraische Hyperfläche $X\subseteq\mathbb{C}^n$ ist in eindeutiger Weise als endliche Vereinigung irreduzibler algebraischer Hyperflächen X_i darstellbar, den sogenannten irreduziblen Komponenten von X. Diese Komponenten sind gerade die in X enthaltenen irreduziblen Hyperflächen oder – gleichbedeutend – die Nullstellengebilde der Primfaktoren des X definierenden Polynoms.* ○

(5.25) **Korollar:** *Sei $f\in\mathbb{C}[z_1,\ldots,z_n]-\{0\}$, $X=V(f)$. f ist genau dann quadratfrei, wenn $I(X)=(f)$.*

Beweis: Der Fall Grad $(f)=0$ ist trivial. Ist Grad $(f)>0$, so schliesst man mit (5.24) (ii) (iv). □

Mit (5.25) ist insbesondere (3.5) gezeigt!

Anmerkung: Der Nullstellensatz zeigt, dass die Theorie der Polynomideale in einem engen Zusammenhang steht zur Theorie der algebraischen Mengen. Dies legt es nahe, dass man geometrische Resultate mit Hilfe algebraischer Aussagen über Polynomringe beweist. Dass dieser Weg zu Resultaten führen kann, wird durch die in (5.24) gegebene Zerlegung der affinen Hyperflächen gezeigt.

Das durch den Nullstellensatz nahegelegte Vorgehen wird für unsere weiteren Untersuchungen von grundlegender Bedeutung sein. Deshalb ist es unumgänglich, gewisse Resultate aus der Theorie der kommutativen noetherschen Ringe bereitzustellen. Dieser Teil der Algebra – die sogenannte *kommutative Algebra* – wird somit zu einem wichtigen Werkzeug der algebraischen Geometrie. ○

(5.26) **Aufgaben:** (1) Sei $I\subsetneqq\mathbb{C}[z_1,\ldots,z_n]$ ein perfektes Ideal. Man zeige, dass $I=\bigcap\mathfrak{m}$, wo $\mathfrak{m}$ alle I umfassenden Maximalideale von $\mathbb{C}[z_1,\ldots,z_n]$ durchläuft.

(2) Sei A noethersch und integer. Man zeige, dass jedes von 0 verschiedene Element $a\in A-A^*$ eine Zerlegung in irreduzible Faktoren besitzt. (Hinweis: Man betrachte die Menge aller echten Hauptideale $(a)\neq\{0\}$, für welche a keine Zerlegung in irreduzible Faktoren besitzt.)

(3) Sei A ein integrer Hauptidealring und sei $a\in A-A^*$, $a\neq0$. (a) Man zeige: a irreduzibel $\Leftrightarrow$ $(a)\in\operatorname{Spec}(A)\Leftrightarrow(a)\in\operatorname{Max}(A)$. (b) Man zeige: A ist faktoriell. (Hinweis: Aufgabe (2).)

(4) Für ein Polynom $f(z)\in\mathbb{R}[z]$ gilt: f prim $\Leftrightarrow$ Grad $(f)=1\vee($Grad $(f)=2\wedge V(f)_{\mathbb{R}}=\emptyset)$.

(5) Sei $A=\mathbb{C}[z^2,z^3]\subseteq\mathbb{C}[z]$. Man zeige zuerst, dass z^2 und z^3 in A irreduzibel sind und schliesse dann, dass A nicht faktoriell ist. ○

6. Zariski-Topologie und Koordinatenringe

Die Zariski-Topologie. Unser erstes Ziel ist die Einführung einer den algebraischen Mengen angepasste Topologie. Zuerst zeigen wir

(6.1) **Lemma:** (i) $V(\{0\})=\mathbb{C}^n$, $V(\mathbb{C}[z_1, \ldots, z_n])=\emptyset$.

(ii) $\bigcap_{i\in\mathscr{A}} V(I_i) = V(\sum_{i\in\mathscr{A}} I_i)$, $(I_i \subseteq \mathbb{C}[z_1, \ldots, z_n]$ *Ideale*).

(iii) $\bigcup_{i=1}^{r} V(I_i) = V(\bigcap_{i=1}^{r} I_i)$, $(I_i \subseteq \mathbb{C}[z_1, \ldots, z_n]$ *Ideale*).

Beweis: (i), (ii) sowie die Inklusion «$\subseteq$» in (iii) sind trivial. Zum Nachweis der verbleibenden Inklusion wählen wir $p \in V(\bigcap_{i=1}^{r} I_i)$. Wir müssen ein $j \leqslant r$ so finden, dass $f(p)=0$ für alle $f \in I_j$. Nehmen wir an, dass sei nicht möglich! Dann gibt es Polynome $f_i \in I_i$ mit $f_i(p) \neq 0$ für $i=1, \ldots, r$. Mit $f=f_1 \ldots f_r$ folgt der Widerspruch $f(p) \neq 0$, $f \in \bigcap I_i$. □

(6.1) besagt insbesondere, dass der Durchschnitt beliebig vieler und die Vereinigung endlich vieler algebraischer Mengen aus $\mathbb{C}^n$ wieder algebraische Mengen sind. Zudem sind $\emptyset$ und $\mathbb{C}^n$ algebraisch. Deshalb kann man auf $\mathbb{C}^n$ eine Topologie einführen, deren abgeschlossene Mengen gerade die algebraischen sind.

(6.2) **Definition:** Die Topologie auf $\mathbb{C}^n$, deren abgeschlossene Mengen gerade die algebraischen Teilmengen von $\mathbb{C}^n$ sind, nennen wir die *Zariski-Topologie*. $\mathbb{C}^n$, versehen mit dieser Topologie, nennen wir den *n-dimensionalen affinen Raum* und bezeichnen diesen mit $\mathbb{A}^n$. $\mathbb{A}^1$ nennen wir die *affine Gerade*, $\mathbb{A}^2$ die *affine Ebene*. ○

(6.3) **Festsetzung:** Ab jetzt versehen wir alle Teilmengen X von $\mathbb{C}^n$ mit der durch $\mathbb{A}^n$ induzierten Topologie, die wir ebenfalls *Zariski-Topologie* nennen. Alle topologischen Aussagen beziehen wir auf diese Topologie. Anstatt von algebraischen Mengen in $\mathbb{C}^n$ sprechen wir z. B. von abgeschlossenen Mengen in $\mathbb{A}^n$. Die bis jetzt verwendete übliche Topologie von $\mathbb{C}^n$ werden wir immer ausdrücklich als die *starke Topologie* bezeichnen. ○

(6.4) **Bemerkungen und Definition:** A) Algebraische Mengen sind Nullstellengebilde von Polynomen, und diese sind in der starken Topologie stetig. Algebraische Mengen sind also abgeschlossen in der starken Topologie. Die starke Topologie ist also *feiner* als die Zariski-Topologie, d. h. Zariski-offene Mengen sind offen in der starken Topologie.

B) Die Zariski-Topologie von $\mathbb{A}^n$ $(n>0)$ ist *nicht Haussdorfsch*. Ist nämlich $U \subseteq \mathbb{A}^n$ nicht leer und offen, so verschwinden nach (2.1) und A) alle auf U

verschwindenden Polynome auf ganz $\mathbb{A}^n$. Damit ist $\mathbb{A}^n$ der Abschluss von U. Daraus sieht man, dass sich zwei offene Mengen $\neq\emptyset$ stets schneiden.

C) Aus (2.15) folgt, dass die abgeschlossenen Mengen von $\mathbb{A}^1$ gerade $\emptyset$, $\mathbb{A}^1$ und die endlichen Teilmengen von $\mathbb{C}$ sind.

D) Ist $\mathscr{M}\subseteq\mathbb{C}[z_1, \ldots, z_n]$, $\mathscr{M}\neq\emptyset$, so setzen wir $U(\mathscr{M}) := \mathbb{A}^n - V(\mathscr{M})$.

Sind $f_1, \ldots, f_r \in \mathbb{C}[z_1, \ldots, z_n]$, so schreiben wir $U(f_1, \ldots, f_r]$ für $U(\{f_1, \ldots, f_r\})$. Die Mengen $U(\mathscr{M})$ sind offen. Nach (5.11) kann man jede offene Menge $U\subseteq\mathbb{A}^n$ schreiben in der Form

(i) $U = U(I)$, $\quad (I \subseteq \mathbb{C}[z_1, \ldots, z_n]$ *Ideal*),

oder auch in der Form

(ii) $\qquad U = U(f_1, \ldots, f_r) = U(f_1) \cup \ldots \cup U(f_r), \qquad (f_i \in \mathbb{C}[z_1, \ldots, z_n])$.

Die speziellen Mengen $U(f)$ $(f \in \mathbb{C}[z_1, \ldots, z_n])$ nennen wir die *elementaren offenen Mengen von* $\mathbb{A}^n$. ○

Noethersche Räume. Wir wollen jetzt eine wesentliche Eigenschaft der Zariski-Topologie herleiten. Zunächst halten wir fest

(6.5) **Lemma:** *Für einen topologischen Raum X sind äquivalent:*

(i) *Jede offene Menge $U \subseteq X$ ist kompakt.*

(ii) *Jede aufsteigende Folge $U_0 \subseteq U_1 \subseteq \ldots \subseteq U_n \subseteq \ldots$ $(n \in \mathbb{N}_0)$ offener Mengen aus X wird stationär.*

(iii) *Jede absteigende Folge $V_0 \supseteq V_1 \supseteq \ldots \supseteq V_n \supseteq \ldots$ $(n \in \mathbb{N}_0)$ abgeschlossener Mengen von X wird stationär.*

(iv) *Jede nichtleere Familie offener Mengen aus X hat bezüglich der Inklusion maximale Mitglieder.*

(v) *Jede nichtleere Familie abgeschlossener Mengen aus X hat bezüglich der Inklusion minimale Mitglieder.*

Beweis: «(i) ⇔ (ii) ⇔ (iii)», «(iv) ⇔ (v)» und «(iv) ⇒ (ii)» sind trivial. «(ii) ⇒ (iv)» ergibt sich aus dem Zornschen Lemma. □

(6.6) **Definition:** Einen topologischen Raum, der die äquivalenten Bedingungen (6.5) (i) ÷ (v) erfüllt, nennen wir *noethersch.* ○

(6.7) **Satz:** $\mathbb{A}^n$ *ist noethersch und die elementaren offenen Mengen bilden eine Basis aller offenen Mengen. Insbesondere ist jede offene Menge die Vereinigung endlich vieler elementarer offener Mengen.*

Beweis: Sei $V_0 \supsetneqq V_1 \supsetneqq \ldots$ eine absteigende Folge abgeschlossener Mengen in $\mathbb{A}^n$. Dann ist $I(V_0) \subsetneqq I(V_1) \subsetneqq \ldots$ eine aufsteigende Folge von Idealen aus $\mathbb{C}[z_1, \ldots, z_n]$ und wird demnach stationär. Nach (5.16) A) (ii) ist $V_i = V(I(V_i))$. Also wird die Folge $V_0 \supsetneqq V_1 \ldots$ stationär. Also ist $\mathbb{A}^n$ noethersch. Der Rest der Behauptung folgt aus (6.4) C) (ii). □

(6.8) **Definition und Bemerkung:** A) Eine Teilmenge Y eines noetherschen Raumes X nennt man *lokal abgeschlossen*, wenn sie als Durchschnitt $Y = U \cap Z$ einer offenen Menge $U \subseteq X$ und einer abgeschlossenen Menge $Z \subseteq X$ geschrieben werden kann. Offene und abgeschlossene Mengen sind lokal abgeschlossen. Ist W lokal abgeschlossen in Y und Y lokal abgeschlossen in X, so ist W lokal abgeschlossen in X. Der Durchschnitt endlich vieler lokal abgeschlossener ist wieder lokal abgeschlossen.

B) Ist X ein noetherscher topologischer Raum, so sind seine offenen und seine abgeschlossenen Unterräume noethersch ((6.5)(ii), (iii)). So folgt:

(i) *X noethersch, $Y \subseteq X$ lokal abgeschlossen $\Rightarrow$ Y noethersch.* ○

Zerlegung in irreduzible Komponenten. Wir wollen jetzt die in (5.24) angegebene Zerlegungseigenschaft der Hyperflächen für beliebige abgeschlossene Mengen $X \subseteq \mathbb{A}^n$ aussprechen.

(6.9) **Definition und Bemerkungen:** A) Für einen topologischen Raum X sind die folgenden Eigenschaften gleichbedeutend:

(i) *X ist nicht die Vereinigung zweier echter abgeschlossener Teilmengen $X_1, X_2 \subsetneqq X$.*

(ii) *Jede offene Teilmenge $U \neq \emptyset$ von X ist dicht in X* (d.h. *der Abschluss $\overline{U}$ von U stimmt mit X überein*).

(iii) *Je zwei offene Teilmengen $U_1, U_2 \neq \emptyset$ schneiden sich.*

Einen topologischen Raum $X \neq \emptyset$ mit diesen Eigenschaften nennen wir *irreduzibel.* Irreduzible Räume sind *zusammenhängend* (s. (iii)). *Die abgeschlossenen irreduziblen Mengen $X \subseteq \mathbb{A}^n$ sind gerade die irreduziblen algebraischen Mengen von $\mathbb{C}^n$.*

Sofort prüft man nach:

(iv) *Nichtleere offene Teilräume eines irreduziblen Raumes sind irreduzibel.*

(v) *Der Abschluss eines irreduziblen Unterraumes ist irreduzibel.*

(vi) *Das stetige Bild eines irreduziblen Raumes ist irreduzibel.*

B) Eine *unverkürzbare* Darstellung $X = X_1 \cup \ldots \cup X_r$ eines topologischen Raumes als Vereinigung endlich vieler abgeschlossener irreduzibler Teilräume X_i

nennen wir eine *Zerlegung von X in irreduzible Komponenten.* (Die Unverkürzbarkeit der Darstellung heisst, dass $X \neq \bigcup_{j \neq i} X_j$ $(i=1, \ldots, r)$.) Die Mengen X_i nennen wir *irreduzible Komponenten* von X. Wir wollen zeigen:

(vii) *Besitzt ein topologischer Raum X eine Zerlegung in irreduzible Komponenten, so ist diese eindeutig. D.h. sind $X = X_1 \cup \ldots \cup X_r$, $X = Y_1 \cup \ldots \cup Y_s$ zwei solche Zerlegungen, so ist $r = s$, und nach geeigneter Umnumerierung der Y_i gilt $Y_i = X_i$ $(i = 1, \ldots, r)$.*

Wegen der Unverkürzbarkeit bestehen keine Inklusionen $X_i \subseteq X_j$, $Y_i \subseteq Y_j$ falls $i \neq j$. Es genügt demnach zu zeigen, dass jede Menge X_i in einer Menge Y_j und jede Menge Y_j in einer Menge X_i liegt. Es genügt natürlich, die erste dieser Aussagen zu zeigen. Wegen $X_i = X_i \cap (Y_1 \cup \ldots \cup Y_s)$ gibt es ein kleinstes $j \geqslant 1$ mit $X_i = X_i \cap (Y_1 \cup \ldots \cup Y_j)$. Wegen $Z := X_i \cap (Y_1 \cup \ldots \cup Y_{j-1}) \subsetneqq X_i$, $Z \cup (X_i \cap Y_j) = X_i$ und weil Z und $X_i \cap Y_j$ abgeschlossen sind in der irreduziblen Menge X_i, folgt $X_i \cap Y_j = X_i$. ○

(6.10) **Satz:** *Ein noetherscher Raum X besitzt eine Zerlegung $X = X_1 \cup \ldots \cup X_r$ in irreduzible Komponenten. Dabei sind die Komponenten X_i gerade die maximalen abgeschlossenen irreduziblen Teilräume von X.*

Beweis: Die Familie $\mathcal{M}$ der abgeschlossenen Teilräume $Y \subseteq X$, die keine Zerlegung in irreduzible Komponenten besitzen, hat offenbar keine minimalen Mitglieder. Also ist $\mathcal{M} = \emptyset$, und die Existenz der Zerlegung ist gezeigt. Der Rest folgt aus der Eindeutigkeitsaussage (6.9)(vii). □

(6.11) **Korollar:** *Sei $X \subseteq \mathbb{A}^n$ lokal abgeschlossen und $\neq \emptyset$. Dann ist X noetherisch und besitzt eine Zerlegung $X = X_1 \cup \ldots \cup X_r$ in irreduzible Komponenten. Die Komponenten X_i sind dabei gerade die maximalen irreduziblen in X abgeschlossenen Mengen oder – gleichbedeutend – die maximalen irreduziblen lokal abgeschlossenen Teilmengen von X.*

Beweis: Weil sich die Irreduzibilität auf Abschlüsse überträgt (s. (6.9) (v)), sind die maximalen irreduziblen lokal abgeschlossenen Teilmengen von X in X abgeschlossen. Jetzt schliesst man mit (6.7), (6.8)(i) und (6.10). □

Reguläre Funktionen. Wir führen jetzt eine Klasse von Funktionen ein, welche dem Konzept der algebraischen Menge angemessen ist.

(6.12) **Definition:** Sei $X \subseteq \mathbb{A}^n$ lokal abgeschlossen und nicht leer. Eine Funktion $f: X \to \mathbb{C}$ nennen wir *regulär,* wenn sie lokal als rationale Funktion darstellbar ist. D.h., zu jedem Punkt $p \in X$ gibt es eine offene Umgebung $U \subseteq X$ von p und Polynome $h, g \in \mathbb{C}[z_1, \ldots, z_n]$ so, dass:

$$g(q) \neq 0, \quad f(q) = \frac{h(q)}{g(q)}, \quad \forall\, q \in U.$$

Wir sagen dann, f *werde auf* U *durch* $\frac{h}{g}$ *dargestellt*. Die Menge der regulären Funktionen $f: X \to \mathbb{C}$ bezeichnen wir mit $\mathcal{O}(X)$. ○

(6.13) **Bemerkungen und Definitionen:** A) Sei $X \subseteq \mathbb{A}^n$ lokal abgeschlossen und $\neq \emptyset$. Seien $f, g \in \mathcal{O}(X)$. Ist $p \in X$, so finden wir offene Umgebungen $U, V \subseteq X$ von p und Polynome $h, l, k, m \in \mathbb{C}[z_1, \ldots, z_n]$ so, dass f auf U durch $\frac{h}{g}$ dargestellt und g auf V durch $\frac{k}{m}$. Auf $U \cap V$ gilt dann

$$f+g = \frac{hm+kl}{lm}, \quad fg = \frac{hk}{lm}.$$

Daraus folgt $f+g, fg \in \mathcal{O}(X)$. Wir identifizieren die konstante Funktion $X \to \{c\}$, $(c \in \mathbb{C})$ mit c. So wird $\mathcal{O}(X)$ zu einem Erweiterungsring von $\mathbb{C}$, d.h. zu einer $\mathbb{C}$-*Algebra*. Wir nennen $\mathcal{O}(X)$ deshalb den *Ring* (oder die $\mathbb{C}$-*Algebra*) der regulären Funktionen auf X.

B) Wir wollen nun die *Einschränkungen von regulären Funktionen studieren.* Dazu wählen wir eine lokal abgeschlossene Teilmenge $Y \subseteq X$, $Y \neq \emptyset$. Ist $f \in \mathcal{O}(X)$, so sieht man leicht, dass die Einschränkung $f \upharpoonright Y$ regulär ist auf Y. Die so definierte *Einschränkungsabbildung*

$$\cdot \upharpoonright Y : \mathcal{O}(X) \longrightarrow \mathcal{O}(Y)$$
$$\quad\quad\quad\; \text{\rotatebox{90}{$\in$}} \qquad\qquad \text{\rotatebox{90}{$\in$}}$$
$$f \longrightarrow f \upharpoonright Y$$

ist offenbar ein Ringhomomorphismus, der die konstanten Funktionen, d.h. die Elemente von $\mathbb{C}$, festlässt. Eine solche Abbildung nennt man einen *Homomorphismus von* $\mathbb{C}$-*Algebren.*

C) Zu den $\mathbb{C}$-Algebren im allgemeinen wollen wir folgendes bemerken: $\mathbb{C}$-Algebren sind in kanonischer Weise Vektorräume über $\mathbb{C}$. Eine Abbildung $\varphi: A \to B$ zwischen zwei $\mathbb{C}$-Algebren ist genau dann ein Homomorphismus von $\mathbb{C}$-Algebren, wenn sie ein $\mathbb{C}$-linearer Ringhomomorphismus ist. Ein *Isomorphismus von* $\mathbb{C}$-*Algebren* ist ein Homomorphismus von $\mathbb{C}$-Algebren, der eine Umkehrabbildung besitzt, die selbst wieder ein Homomorphismus von $\mathbb{C}$-Algebren ist. Die Isomorphie von $\mathbb{C}$-Algebren deuten wir an mit dem Zeichen $\underset{\mathbb{C}}{\cong}$ oder $\cong$.

D) Sei $X \subseteq \mathbb{A}^n$ wie oben. Offenbar ist die Regularität einer Funktion $f: X \to \mathbb{C}$ eine *lokale Eigenschaft:*

(ii) (a) $U \subseteq X$ *offen* $\wedge$ f *regulär* $\Rightarrow f \upharpoonright U$ *regulär.*
(b) Ist $\{U_i \mid i \in \mathscr{A}\}$ *eine offene Überdeckung von* X, *so gilt:*
$f \upharpoonright U_i$ *regulär,* $\forall\, i \in \mathscr{A} \Rightarrow f$ *regulär.*

Wegen der Kompaktheit von X können wir auch sagen:

(iii) *f ist genau dann regulär, wenn es eine endliche offene Überdeckung $\{U_j \mid j=1, \ldots, s\}$ von X und Polynome $g_j, h_j \in \mathbb{C}[z_1, \ldots, z_n]$ so gibt, dass f auf U_j dargestellt wird durch $\frac{g_j}{h_j}$, $(j=1, \ldots, s)$.*

E) Wichtig ist auch die *Stetigkeit der regulären Funktionen:*

(iv) *$f \in \mathcal{O}(X)$, aufgefasst als Abbildung $X \to \mathbb{A}^1$, ist stetig.*

Beweis: Die echten abgeschlossenen Teilmengen von $\mathbb{A}^1$ sind endlich (vgl. (16.4)C). Es genügt also zu zeigen, dass $f^{-1}(c)$ abgeschlossen ist ($c \in \mathbb{C}$). Sei $p \in X$, und sei $U \subseteq X$ eine offene Umgebung von p, auf der f dargestellt wird durch $\frac{g}{h}$, $(g, h \in \mathbb{C}[z_1, \ldots, z_n])$. Es genügt zu zeigen, dass $f^{-1}(c) \cap U$ abgeschlossen ist in U. Dies ist aber klar wegen $f^{-1}(c) \cap U = U \cap V(g-ch)$. ○

Der Koordinatenring einer affinen algebraischen Menge. Die regulären Funktionen auf abgeschlossenen Mengen $X \subseteq \mathbb{A}^n$ lassen sich einfach beschreiben:

(6.14) **Satz:** *Sei $X \subseteq \mathbb{A}^n$ abgeschlossen und nicht leer. Sei $f: X \to \mathbb{C}$ eine Funktion. Dann gilt*

$$f \in \mathcal{O}(X) \Leftrightarrow \exists \tilde{f} \in \mathbb{C}[z_1, \ldots, z_n] : f = \tilde{f} \restriction X.$$

Beweis: «$\Leftarrow$» ist trivial.

«$\Rightarrow$»: Sei $f \in \mathcal{O}_X(X)$. Nach (6.13)(iii) finden wir eine endliche offene Überdeckung $\{U_1, \ldots, U_s\}$ von X, so dass f auf U_j durch $\frac{h_j}{g_j}$ dargestellt wird (h_j, $g_j \in \mathbb{C}[z_1, \ldots, z_n], j=1, \ldots, s$). Nach (6.7) können wir zudem annehmen, die offenen Mengen U_j seien von der Form $U_j = X \cap U(l_j)$ ($l_j \in \mathbb{C}[z_1, \ldots, z_n]$). Auf U_j gilt dann $f = \frac{l_j h_j}{l_j g_j}$, und weiter ist $U_j = X \cap U(l_j g_j)$. So können wir jeweils h_j ersetzen durch $l_j h_j$ und g_j durch $l_j g_j$, also annehmen, es sei $U_j = X \cap U(g_j)$. Schliesslich können wir noch h_j durch $g_j h_j$ und g_j durch g_j^2 ersetzen, also annehmen, es gelte $V(g_j) \subseteq V(h_j)$ $(j=1, \ldots, s)$. Jetzt können wir zeigen

$$(*)\ X \subseteq V(h_j g_k - h_k g_j) \quad (j, k = 1, \ldots, s).$$

Sei nämlich $Z = V(h_j g_k - h_k g_j)$ und seien $X_1, \ldots, X_r$ die irreduziblen Komponenten von X. Es genügt zu zeigen, dass $X_i \subseteq Z$. Ist $U_j \cap X_i = \emptyset$, so folgt $X_i \subseteq V(g_j) \subseteq V(h_j)$, also $X_i \subseteq Z$. Analog schliesst man, falls $U_k \cap X_i = \emptyset$. Sind $U_j \cap X_i$, $U_k \cap X_i \neq \emptyset$, so ist $U_j \cap U_k \cap X_i \neq \emptyset$, also $U_j \cap U_k \cap X_i$ dicht in X_i. Weil auf $U_j \cap U_k$ gilt $\frac{h_j}{g_j} = f = \frac{h_k}{g_k}$, ist $U_j \cap U_k \cap X_i \subseteq Z \cap X_i$, und es folgt $X_i = \overline{U_j \cap U_k \cap X_k} \subseteq Z \cap X_i$, also $X_i \subseteq Z$.

Schliesslich gilt $V(I(X)+(g_1,\ldots,g_s))=X\cap V(g_1)\cap\ldots\cap V(g_r)=X-\bigcup_j U(g_j)=X-\bigcup_j U_j=X-X=\emptyset$. Nach dem schwachen Nullstellensatz gilt also $I(X)+(g_1,\ldots,g_s)=\mathbb{C}[z_1,\ldots,z_n]$. Wir können demnach schreiben $1=m+\sum_{k=1}^{s} m_k g_k$ $(m\in I(X), m_k\in\mathbb{C}[z_1,\ldots,z_n])$. Sei $\tilde{f}=\sum_{k=1}^{s} m_k h_k$. Unter Beachtung von (*) erhalten wir $\tilde{f}\restriction U_j=\frac{1}{g_j}\left(\sum_{k=1}^{s} m_k h_k g_j\right)\restriction U_j=\frac{1}{g_j}\left(\sum_{k=1}^{s} m_k h_j g_k\right)\restriction U_j=\frac{h_j}{g_j}\left(\sum_{k=1}^{s} m_k g_k\right)\restriction U_j$ $=f\restriction U_j\,(m+\sum_{k=1}^{s} m_k g_k)\restriction U_j=f\restriction U_j$. Daraus ergibt sich $\tilde{f}\restriction X=f$. □

(6.15) **Korollar:** *Sei $X\subseteq\mathbb{A}^n$ abgeschlossen und $\neq\emptyset$. Dann ist der Einschränkungshomomorphismus*

$$\mathbb{C}[z_1,\ldots,z_n]\xrightarrow{\cdot\restriction X}\mathcal{O}(X)$$

surjektiv und sein Kern ist das Verschwindungsideal $I(X)$. □

(6.16) **Definition:** Sei $X\subseteq\mathbb{A}^n$ *abgeschlossen* und $\neq\emptyset$. Die $\mathbb{C}$-Algebra $\mathcal{O}(X)$ der auf X regulären Funktionen nennt man den *Koordinatenring* von X. Nach (6.15) ist $\mathcal{O}(X)$ gerade auch der Ring der *polynomialen Funktionen* $X\to\mathbb{C}$, d.h. der Funktionen, die Einschränkungen von Polynomen aus $\mathbb{C}[z_1,\ldots,z_n]$ sind. ○

Wir wollen die Koordinatenringe abgeschlossener Mengen etwas eingehender untersuchen. Dazu stellen wir einiges bereit.

(6.17) **Definitionen und Bemerkungen:** A) Ein Element a eines Ringes A nennen wir *nilpotent*, wenn $a^n=0$ für ein $n\in\mathbb{N}$. Gleichbedeutend ist es, zu sagen, dass $a\in\sqrt{\{0\}}$. 0 ist immer nilpotent. Ist 0 das einzige nilpotente Element von A, so nennen wir A *reduziert*. Gleichbedeutend ist es zu sagen, dass $\{0\}$ ein perfektes Ideal ist. Integritätsbereiche sind reduziert.

B) Eine $\mathbb{C}$-Algebra A nennen wir *endlich erzeugt*, wenn A ein endlich erzeugter Erweiterungsring von $\mathbb{C}$ ist.

C) Sei $\varphi: A\to B$ ein Homomorphismus von Ringen und sei $I\subseteq B$ ein Ideal. Dann prüft man sofort nach:

(i) *Ist I perfekt (resp. prim), so ist auch $\varphi^{-1}(I)$ perfekt (resp. prim). Ist φ surjektiv, so gilt auch die Umkehrung. In diesem Fall ist $\varphi^{-1}(I)$ genau dann maximal, wenn I es ist.*

Anwendung mit $I=\{0\}$ ergibt (vgl. (5.19) A), (5.4) (v)):

(ii) *Ist $\varphi: A\to B$ ein surjektiver Homomorphismus von Ringen, so ist B genau dann reduziert, resp. integer, resp. ein Körper, wenn Kern(φ) perfekt, resp. prim, resp. maximal ist.* ○

(6.18) Satz: *Sei $X \subseteq \mathbb{A}^n$ abgeschlossen und nicht leer. Dann ist $\mathcal{O}(X)$ eine endlich erzeugte reduzierte $\mathbb{C}$-Algebra. Zudem gilt:*

(i) $\mathcal{O}(X)$ *integer* $\Leftrightarrow$ *X irreduzibel.*

(ii) $\mathcal{O}(X) = \mathbb{C} \Leftrightarrow X = \{p\}, p \in \mathbb{A}^n$.

Beweis: Dass $\mathcal{O}(X)$ endlich erzeugt und reduziert ist, folgt aus (6.15) und (6.17) (ii). Zum Beweis von (i) beachte man zusätzlich, dass X genau dann irreduzibel ist, wenn $I(X)$ prim ist (vgl. (5.16) (v)). Sind $p, q \in \mathbb{A}^n$ verschiedene Punkte, so gibt es ein $f \in \mathbb{C}[z_1, \ldots, z_n]$ mit $f(p) \neq f(q)$. Daraus folgt (ii). □

(6.19) Definitionen und Bemerkungen: A) Sei A ein Ring und sei I ein echtes Ideal von A. Seien $a, b \in A$. Wir sagen a und b haben den *gleichen Rest modulo I* und schreiben $a \equiv b$ max (I), wenn $a - b \in I$. Sofort prüft man nach:

(i) (a) $a \equiv a \bmod (I)$.
(b) $a \equiv b \bmod (I) \Leftrightarrow b \equiv a \bmod (I)$.
(c) $a \equiv b \bmod (I)$, $b \equiv c \bmod (I) \Rightarrow a \equiv c \bmod (I)$.

(ii) $a \equiv a' \bmod (I)$, $b \equiv b' \bmod (I) \Rightarrow$
$a + b \equiv a' + b' \bmod (I)$, $ab = a'b' \bmod (I)$.

Die Eigenschaften (i) besagen, dass die Restgleichheit modulo(I) eine Äquivalenzrelation ist. Ist $a \in A$, so schreiben wir a/I für die entsprechende Äquivalenzklasse von a und nennen diese die *Restklasse von a (modulo I)*. Ist $\mathcal{M} \subseteq A$, so schreiben wir $\mathcal{M}/I$ für die Menge $\{a/I \mid a \in \mathcal{M}\}$ aller Restklassen von Elementen aus A. Dank der Eigenschaft (ii) kann man auf A/I wieder eine Addition und eine Multiplikation definieren, und zwar durch

$$(a/I) + (b/I) := (a+b)/I, \quad (a/I) \cdot (b/I) := (ab)/I \quad (a, b \in A).$$

Sofort sieht man, dass A/I auf diese Weise zu einem Ring mit Eins-Element $1/I$ und Null-Element $0/I$ wird. Diesen Ring nennt man den *Restklassenring* von A nach I. Ist A eine $\mathbb{C}$-Algebra, so ist auch A/I eine $\mathbb{C}$-Algebra.

B) Wir schreiben oft $\bar{a}$ für a/I und $\bar{\mathcal{M}}$ für $\mathcal{M}/I$. Durch $a \mapsto \bar{a}$ wird ein surjektiver Homomorphismus $A \xrightarrow{\bar{\ }} \bar{A} = A/I$ definiert, der sogenannte *Restklassenhomomorphismus.* Der Kern von $\bar{\cdot}$ ist gerade I. Aus (6.17) (ii) folgt deshalb:

(iii) *A/I ist genau dann reduziert, resp. integer, resp. ein Körper, wenn I perfekt, resp. prim, resp. maximal ist.*

Aus (6.17) (i) folgt weiter:

(iv) *Durch $J \mapsto \bar{J}$ wird eine $1-1$-Beziehung zwischen den I umfassenden Idealen von A und den Idealen von A/I definiert. Dabei entsprechen einander die perfekten (resp. primen, resp. maximalen) Ideale.*

C) Sofort überzeugt man sich von der Richtigkeit des sogenannten *Homomorphiesatzes:*

(v) *Ist $\varphi : A \to B$ ein Homomorphismus von Ringen (resp. von $\mathbb{C}$-Algebren), so wird durch $a/$Kern $(\varphi) \mapsto \varphi(q)$ ein Isomorphismus von Ringen (resp. von $\mathbb{C}$-Algebren)*

$$A/\text{Kern}\ \varphi \xrightarrow[\cong]{} \varphi\,(A)$$

definiert.

(6.20) **Korollar:** *Sei $X \subseteq \mathbb{A}^n$ eine abgeschlossene Menge $\neq \emptyset$. Dann besteht das folgende Diagramm von Homomorphismen von $\mathbb{C}$-Algebren*

$$\begin{array}{ccc} & \mathbb{C}[z_1, \ldots, z_n] & \\ \overline{\ \cdot\ } \swarrow & \circlearrowleft & \searrow \cdot\restriction X \\ \mathbb{C}[z_1, \ldots, z_n]/I(X) & \cong & \mathcal{O}(X) \end{array}$$

Beweis: Klar aus (6.15) und dem Homomorphiesatz. □

(6.21) **Bemerkung:** Sei $A = \mathbb{C}[a_1, \ldots, a_n]$ eine endlich erzeugte reduzierte $\mathbb{C}$-Algebra, und sei $\pi : \mathbb{C}[z_1, \ldots, z_n] \to A$ der durch $z_i \to a_i$ definierte Einsetzungshomomorphismus. π ist ein surjektiver Homomorphismus von $\mathbb{C}$-Algebren. Nach (6.17) (ii) ist Kern (π) perfekt, und mit $X := V(\text{Kern}\ (\pi))$ folgt jetzt nach dem Nullstellensatz und dem Homomorphiesatz

(i) $$I(X) = \text{Kern}\ (\pi);\ \begin{array}{ccc} \mathcal{O}(X) & \xrightarrow[\cong_{\mathbb{C}}]{} & A \\ \cup\!\shortmid & & \cup\!\shortmid \\ z_i\restriction X & \longmapsto & a_i \end{array} \quad (i=1, \ldots, \text{n}).$$ ○

Mit dem soeben Gesagten ist also gezeigt, dass jede reduzierte endlich erzeugte $\mathbb{C}$-Algebra als Koordinatenring einer algebraischen Menge realisiert werden kann:

(6.22) **Satz:** *Ist A eine endlich erzeugte, reduzierte $\mathbb{C}$-Algebra, so gibt es eine abgeschlossene Menge $X \neq \emptyset$ eines affinen Raumes $\mathbb{A}^n$ so, dass $\mathcal{O}(X) \underset{\mathbb{C}}{\cong} A$.*

Anmerkung: Die Bezeichnung «Koordinatenring» trägt der Tatsache Rechnung, dass dieser Ring durch die (Einschränkungen der) Koordinatenfunktionen erzeugt wird (vgl. (6.15)).

○

Der relative Standpunkt. Nach (6.15) ist $\mathcal{O}(\mathbb{A}^n) = \mathbb{C}[z_1, \ldots, z_n]$. Dies legt es nahe, $\mathbb{A}^n$ durch eine abgeschlossene Menge $X \subseteq \mathbb{A}^n$ zu ersetzen und den Polynomring $\mathbb{C}[z_1, \ldots, z_n]$ durch deren Koordinatenring $\mathcal{O}(X)$. Im folgenden wollen wir diesen *relativen Standpunkt* einnehmen.

(6.23) **Definition:** Sei $X \subseteq \mathbb{A}^n$ abgeschlossen und $\neq \emptyset$. Ist $\mathcal{M} \subseteq \mathcal{O}(X)$, $\mathcal{M} \neq \emptyset$, so schreiben wir

(i) $$V_X(\mathcal{M}) := \{p \in X \mid f(p) = 0, \forall f \in \mathcal{M}\}$$

und nennen $V_X(\mathcal{M})$ das *Nullstellengebilde von $\mathcal{M}$ in X*. Wir schreiben

$$V_X(f_1, \ldots, f_r) \text{ für } V_X(\{f_1, \ldots, f_r\}), \quad (f_1, \ldots, f_r \in \mathcal{O}(X)).$$

Ist $Y \subseteq X$ abgeschlossen, so setzen wir

(ii) $$I_X(Y) := \{f \in \mathcal{O}(X) \mid f(Y) = 0\}, (Y \neq \emptyset) \quad \textit{und } I_X(\emptyset) = \mathcal{O}(X).$$

Das perfekte Ideal $I_X(Y)$ nennen wir das *Verschwindungsideal von Y in $\mathcal{O}(X)$*. ○

(6.24) **Bemerkungen:** A) Sei $X \subseteq \mathbb{A}^n$ *abgeschlossen* und $\neq \emptyset$. Sofort verifiziert man dann:

(i) (a) $V_X(\mathcal{M}) = V_X((\mathcal{M})) = V_X(\sqrt{(\mathcal{M})})$, $\quad (\emptyset \neq \mathcal{M} \subseteq \mathcal{O}(X))$.
(b) $\mathcal{M} \subseteq \mathcal{N} \Rightarrow V_X(\mathcal{M}) \supseteq V_X(\mathcal{N})$, $\quad (\emptyset \neq \mathcal{M}, \mathcal{N} \subseteq \mathcal{O}(X))$.
(c) $V_X(\mathcal{O}(X)) = \emptyset$, $V_X(\{0\}) = X$.
(d) $\bigcap_{l \in \mathcal{A}} V_X(\mathcal{M}_l) = V_X(\bigcup_{l \in \mathcal{A}} \mathcal{M}_l) = V_X(\sum_{l \in \mathcal{A}} (\mathcal{M}_l))$, $\quad (\emptyset \neq \mathcal{M}_l \subseteq \mathcal{O}(X))$.
(e) $\bigcup_{i=1}^{r} V_X(\mathcal{M}_i) = V_X(\bigcap_{i=1}^{r} (\mathcal{M}_i))$, $\quad (\emptyset \neq \mathcal{M}_i \subseteq \mathcal{O}(X))$.

Für die Verschwindungsideale erhält man:

(ii) (a) $Y \subseteq Z \Rightarrow I_X(Y) \supseteq I_X(Z)$, $\quad$ ($Y, Z \subseteq X$ *abgeschlossen*).
(b) $I_X(\emptyset) = \mathcal{O}(X)$, $I_X(X) = \{0\}$.
(c) $I_X(\bigcup_{i=1}^{r} Y_i) = \bigcap_{i=1}^{r} I_X(Y_i)$, $\quad$ ($Y_i \subseteq X$ *abgeschlossen*).

B) Sei X wie in A) und sei $\rho : \mathbb{C}[z_1, \ldots, z_n] \to \mathcal{O}(X)$ der Einschränkungshomomorphismus. Offenbar gilt dann

(iii) $$V_X(\rho(\tilde{\mathcal{M}})) = V(\tilde{\mathcal{M}}) \cap X, \; (\tilde{\mathcal{M}} \subseteq \mathbb{C}[z_1, \ldots, z_n]).$$

(iv) $$\rho^{-1}(I_X(Y)) = I(Y), \rho(I(Y)) = I_X(Y), \; (Y \subseteq X \textit{ abgeschlossen}).$$ ○

(6.25) **Satz** (*Nullstellensatz in X*): *Sei $X \subseteq \mathbb{A}^n$ abgeschlossen und nicht leer. Dann sind die Zuordnungen*

$$\begin{array}{ccc}
I & \longmapsto & V_X(I) \\
\cap & & \cap \\
\{I \subseteq \mathcal{O}(X) \mid I \textit{ perfektes Ideal}\} & \underset{I_X}{\overset{V_X}{\rightleftarrows}} & \{X \subseteq X \mid Y \textit{ abgeschlossen}\} \\
\cup & & \cup \\
I_X(Y) & \longleftarrow & Y
\end{array}$$

zueinander inverse Bijektionen. Dabei entsprechen die Primideale den irreduziblen abgeschlossenen Mengen und die Maximalideale den einpunktigen Mengen.

Beweis: Sei $I \subseteq \mathcal{O}(X)$ perfekt. Dann gilt in den obigen Bezeichnungen: $V_X(I) = V(\rho^{-1}(I))$, also $I_X(V_X(I)) = \rho(I(V_X(I)) = \rho(I(V(\rho^{-1}(I))) = \rho(\rho^{-1}(I)) = I$. (Wir haben (6.24) B) und (5.17) benutzt.) Ist $Y \subseteq X$ abgeschlossen, so gilt trivialerweise $V_X(I_X(Y)) = Y$. Der Rest der Behauptung folgt (wegen der Surjektivität von ρ) sofort aus (6.17) (iii) und (5.18). □

(6.25)′ **Korollar:** *Sei $X \subseteq \mathbb{A}^n$ abgeschlossen und $\neq \emptyset$. Dann gilt:*

(i) $$I_X(\mathcal{M}) = \sqrt{(\mathcal{M})}; \quad (\emptyset \neq \mathcal{M} \subseteq \mathcal{O}(X)).$$

(ii) $$I_X(\bigcap_i Y_i) = \sqrt{\sum_i I_X(Y_i)}; \quad (Y_i \subseteq X \text{ abgeschlossen}).$$

Beweis: Klar aus (6.24) (i) (a), (d) und (6.25). □

(6.26) **Definition und Bemerkung:** Sei $X \subseteq \mathbb{A}^n$ abgeschlossen und $\mathcal{M} \subseteq \mathcal{O}(X)$, $\mathcal{M} \neq \emptyset$. Wir setzen

(i) $$U_X(\mathcal{M}) := X - V_X(\mathcal{M}).$$

und schreiben $U_X(f_1, \ldots, f_r)$ für $U_X(\{f_1, \ldots, f_r\})$, $(f_i \in \mathcal{O}(X))$.

Die Mengen der Form

(ii) $$U_X(f) \quad , \quad (f \in \mathcal{O}(X))$$

nennen wir *elementare offene Teilmengen von X.*

Nach (6.23) (iii) und (6.4) gilt:

(iii) *Jede offene Teilmenge U von X lässt sich schreiben als*

$$U = U_X(f_1, \ldots, f_r) = U_X(f_1) \cup \ldots \cup U_X(f_r), \ (f_i \in \mathcal{O}(X)).$$ ○

Im Hinblick auf (6.7), (6.8), (6.11) und (6.25) folgt:

(6.27) **Satz:** *Sei $X \subseteq \mathbb{A}^n$ abgeschlossen und nicht leer. Dann gilt:*

(i) *X ist noethersch, und die elementaren offenen Mengen von X bilden eine Basis der offenen Mengen. Insbesondere ist jede offene Teilmenge von X die Vereinigung endlich vieler elementarer offener Mengen.*

(ii) *Jede nichtleere abgeschlossene Menge $Y \subseteq X$ hat eine Zerlegung $Y = Y_1 \cup \ldots . \cup Y_r$ in irreduzible Komponenten. Die Komponenten Y_i sind dabei gerade die maximalen abgeschlossenen irreduziblen Teilmengen von Y, die Ideale $I_X(Y_i)$ die minimalen $I_X(Y)$ umfassenden Primideale.* □

Schliesslich erhalten wir aus (6.16), dem Diagramm

$$\begin{array}{ccc} \mathbb{C}[z_1,\ldots,z_n] & \xrightarrow{\ \cdot\restriction Y\ } & \mathcal{O}(Y) \\ & {\scriptstyle \cdot\restriction X}\searrow \quad \circlearrowleft \quad \nearrow{\scriptstyle \cdot\restriction Y} & \\ & \mathcal{O}(X) & \end{array} \quad , (Y\subseteq X\subseteq \mathbb{A}^n \text{ abgeschlossen}),$$

und dem Homomorphiesatz:

(6.28) **Satz:** *Seien $Y\subseteq X\subseteq \mathbb{A}^n$ abgeschlossen und $\neq\emptyset$. Dann ist die Einschränkungsabbildung $\cdot\restriction Y : \mathcal{O}(X)\to\mathcal{O}(Y)$ ein surjektiver Homomorphismus von $\mathbb{C}$-Algebren mit dem Kern $I_X(Y)$. Insbesondere besteht das Diagramm:*

$$\begin{array}{ccc} & \mathcal{O}(X) & \\ {\scriptstyle \cdot}\swarrow & \circlearrowleft & \searrow{\scriptstyle \cdot\restriction Y} \\ \mathcal{O}(X)/I_X(Y) & \underset{\mathbb{C}}{\cong} & \mathcal{O}(Y) \end{array}$$

(6.29) **Aufgaben:** (1) Sei $X=\mathbb{A}^1-\{0\}$, und sei $K\subseteq\mathbb{A}^1$ eine ε-Umgebung von 0 in der starken Topologie, $f\in\mathcal{O}(X)$. Man zeige : f beschränkt auf $K-\{0\}\Leftrightarrow f$ ist polynomial.

(2) e^z, $\sin z$, $\cos z$: $\mathbb{C}\to\mathbb{C}$ sind nicht stetig in der Zariski-Topologie. Jede Bijektion $\mathbb{C}\to\mathbb{C}$ ist ein Homöomorphismus in der Zariski-Topologie.

(3) (*Zerlegung der* 1). Sei $X\subseteq\mathbb{A}^n$ abgeschlossen, sei $\{U_i \mid i\in\mathscr{A}\}$ eine offene Überdeckung von X und sei $f_i\in\mathcal{O}(X)$ jeweils eine reguläre Funktion, die auf U_i keine Nullstelle hat. Dann gibt es endlich viele reguläre Funktionen $g_1,\ldots,g_r\in\mathcal{O}(X)$ und endlich viele Indices $i_1,\ldots,i_r\in\mathscr{A}$ mit $\sum_{j\leq r} g_j f_{i_j}=1$.

(4) Sei X ein unendlicher noetherscher Raum. Sei $p\in X$ so, dass $\{p\}$ abgeschlossen, aber nicht offen ist. Dann ist X nicht haussdorfsch.

(5) (*Zariski-Topologie auf* Spec(A)). Für ein Ideal I in einem Ring A definieren wir $V(I):=\{\mathfrak{p}\in \operatorname{Spec}(A)\mid I\subseteq\mathfrak{p}\}$. Man zeige, dass die Mengen $V(I)$ gerade die abgeschlossenen Mengen einer Topologie auf Spec(A) sind. Dabei gilt A noethersch $\Rightarrow$ Spec(A) noethersch.

(6) Sei $X\subseteq\mathbb{A}^n$ abgeschlossen. Vermöge des Nullstellensatzes zeige man, dass zwischen den abgeschlossenen Mengen $Y\subseteq X$ und den abgeschlossenen Mengen $Z\subseteq \operatorname{Spec}(\mathcal{O}(X))$ eine kanonische Bijektion besteht. ○

7. Morphismen

Der Begriff des Morphismus. Wir führen jetzt den zu den algebraischen Mengen «passenden» Abbildungstyp ein.

(7.1) **Definition:** Seien $X \subseteq \mathbb{A}^m$, $Y \subseteq \mathbb{A}^n$ lokal abgeschlossen und nicht leer. Eine Abbildung $f: X \to Y$ nennen wir einen *Morphismus,* wenn sie stetig ist und wenn für jede in Y offene Menge $W \neq \emptyset$ und jede reguläre Funktion $g: W \to \mathbb{C}$ die Komposition $g \circ f: f^{-1}(W) \to \mathbb{C}$ wieder eine reguläre Funktion ist. $g \circ f$ nennen wir die *vermöge f zurückgezogene Funktion g* und bezeichnen diese mit $f^*(g)$:

(i) $\quad f^*(g) := g \circ f : f^{-1}(W) \to \mathbb{C}$, ($W \subseteq Y$ *offen*).

Die Menge der Morphismen $f: X \to Y$ von X nach Y bezeichnen wir mit $\mathrm{Mor}(X, Y)$:

(ii) $\quad \mathrm{Mor}(X, Y) := \{f: X \to Y \mid f \textit{ Morphismus}\}$. ○

(7.2) **Bemerkungen:** A) Seien $X \subseteq \mathbb{A}^m$, $Y \subseteq \mathbb{A}^n$ lokal abgeschlossen und $\neq \emptyset$. Die Koordinatenfunktionen von $\mathbb{A}^m$ seien $z_1, \ldots, z_m$, jene von $\mathbb{A}^n$ seien $w_1, \ldots, w_n$. Sei $f: X \to Y$ eine Abbildung. $f^*(w_i \upharpoonright Y) = (w_i \upharpoonright Y) \circ f$ ist die *i-k Komponentenfunktion von f.* Wir wollen zeigen:

(i) *$f: X \to Y$ ist genau dann ein Morphismus, wenn die Komponentenfunktionen von f regulär sind, d.h. wenn gilt* $f_i := f^*(w_i \upharpoonright Y) \in \mathcal{O}(X)$ $(i = 1, \ldots n)$.

Ist f ein Morphismus, ist f_i nach Voraussetzung regulär. Seien umgekehrt $f_1, \ldots, f_n$ regulär. Zuerst zeigen wir, dass f stetig ist. Sei also V offen in Y. Wir können schreiben $V = Y \cap U$, wo $U \subseteq \mathbb{A}^n$ offen ist. Wir müssen zeigen, dass $f^{-1}(V)$ offen ist in X. Sei also $U = U(h_1, \ldots, h_s)$, $(h_j \in \mathbb{C}[z_1, \ldots, z_n])$. Sofort überlegt man sich, dass die durch $p \mapsto h_j(f_1(p), \ldots, f_n(p))$ definierten Funktionen $f^*(h_j) := h_j \circ f: X \to \mathbb{C}$ regulär sind. Damit sind diese Funktionen stetig (vgl. (6.13) (iv)). Deshalb ist $f^{-1}(V) = \{p \in X \mid \exists j \in \{1, \ldots, s\} : f^*(h_j)(p) \neq 0\}$ offen. Sei jetzt $W \neq \emptyset$ offen in Y und $g \in \mathcal{O}(W)$. Wir müssen zeigen, dass $g \circ f$ auf $f^{-1}(W)$ regulär ist. Weil g und $f_1, \ldots, f_n$ lokal durch rationale Funktionen dargestellt werden können, folgt dies aus

$$g \circ f(z_1, \ldots, z_n) = g(f_1(z_1, \ldots, z_n), \ldots, f_n(z_1, \ldots, z_n)).$$

B) Als erste Anwendung von (i) erhält man:

(ii) *Ist $f: X \to Y$ ein Morphismus zwischen lokal abgeschlossenen Teilmengen affiner Räume und sind $U \subseteq X$, $V \subseteq Y$ lokal abgeschlossene Mengen mit $f(U) \subseteq V$, so ist $f \upharpoonright : U \to V$ ein Morphismus.*

(ii)′ *Ist $X \subseteq \mathbb{A}^n$ lokal abgeschlossen und $\neq \emptyset$, so gilt* $\mathrm{Mor}(X, \mathbb{A}^1) = \mathcal{O}(X)$.

C) Weil reguläre Funktionen in der starken Topologie stetig sind folgt aus (i):

(iii) *Morphismen sind stetig bezüglich der starken Topologie.*

D) Seien $X \subseteq \mathbb{A}^m$, $Y \subseteq \mathbb{A}^n$ lokal abgeschlossen und nicht leer. Sei $f: X \to Y$ ein Morphismus. Dann ist das Zurückziehen f^* mit f ein Homomorphismus von $\mathbb{C}$-Algebren. Genauer:

(iv) *Ist $W \neq \emptyset$ offen in Y, so ist die durch $g \mapsto f^*(g)$ definierte Abbildung*

$$f^* : \mathcal{O}(W) \to \mathcal{O}(f^{-1}(W)) \text{ ein Homomorphismus von } \mathbb{C}\text{-Algebren.}$$

E) Seien $X \subseteq \mathbb{A}^m$, $Y \subseteq \mathbb{A}^n$, $Z \subseteq \mathbb{A}^p$ lokal abgeschlossen und $\neq \emptyset$. Dann gilt offenbar:

(v) (a) *$id_X : X \to X$ ist ein Morphismus, $id_X^* = id_{\mathcal{O}(X)} : \mathcal{O}(X) \to \mathcal{O}(X)$.*

(b) *Sind $f: X \to Y$ und $g : Y \to Z$ Morphismen, so ist auch $g \circ f: X \to Z$ ein Morphismus, und es besteht das folgende kommutative Diagramm von Homomorphismen von $\mathbb{C}$-Algebren*

$$\begin{array}{ccc} \mathcal{O}(Z) & \xrightarrow{(g\circ f)^*} & \mathcal{O}(X) \\ & {\scriptstyle g^*}\searrow \quad \circlearrowleft \quad \nearrow{\scriptstyle f^*} & \\ & \mathcal{O}(Y) & \end{array},$$

d.h. es gilt, $(g \circ f)^* = f^* \circ g^*$.

F) Seien $Y \subseteq X \subseteq \mathbb{A}^n$ lokal abgeschlossen und $\neq \emptyset$. Dann gilt:

(vi) *Die Inklusionsabbildung $\imath : Y \to X$ ist ein Morphismus und $\imath^* : \mathcal{O}(X) \to \mathcal{O}(Y)$ die Einschränkungsabbildung.* ○

(7.3) **Definition:** Seien $X \subseteq \mathbb{A}^m$, $Y \subseteq \mathbb{A}^n$ lokal abgeschlossen und $\neq \emptyset$. Einen Morphismus $f: X \to Y$ nennen wir einen *Isomorphismus* wenn er eine Umkehrabbildung hat, die selbst wieder ein Morphismus ist. In diesem Fall nennen wir X und Y *isomorph*. Die Isomorphie deuten wir wieder an mit dem Zeichen $\cong$. ○

(7.4) **Bemerkung:** Die im folgenden auftretenden Mengen seien alles nichtleere lokal abgeschlossene Teilmengen von affinen Räumen. Isomorphismen werden immer als Isomorphismen zwischen solchen Mengen verstanden. Auf Grund von (7.2) (v) sieht man:

(i) (a) *id_X ist ein Isomorphismus.*

(b) *Ist f ein Isomorphismus, so ist es auch f^{-1}.*

(c) *Die Komposition von Isomorphismen ist wieder ein Isomorphismus.*

(ii) *$f : X \to Y$ Isomorphismus $\Rightarrow f^* : \mathcal{O}(Y) \to \mathcal{O}(X)$ Isomorphismus.*

Weil Morphismen sowohl in der Zariski-Topologie als auch in der starken Topologie stetig sind (vgl. (7.2) (iii)), folgt aus (i) (b):

(iii) *Isomorphismen sind Homöomorphismen, und zwar sowohl in der Zariski-Topologie als auch in der starken Topologie.*

Im Hinblick auf (7.2) (ii) können wir ergänzen:

(iv) *Ist $f: X \to Y$ ein Isomorphismus und sind $U \subseteq X$, $V \subseteq Y$ lokal abgeschlossen, so bestehen die Isomorphismen $f\restriction: U \to f(U)$, $f\restriction: f^{-1}(V) \to V$.* ○

Quasiaffine und affine Varietäten. Wir studieren jetzt die lokal abgeschlossenen Teilmengen affiner Räume, wobei wir uns nur für *Isomorphieklassen* interessieren. Wir betrachten also isomorphe Mengen der genannten Art als gleich. Wir passen unsere Sprechweise diesem Standpunkt an und setzen fest:

(7.5) **Definition:** Nichtleere lokal abgeschlossene Teilmengen affiner Räume nennen wir *quasiaffine Varietäten.* Quasiaffine Varietäten, die zu einer abgeschlossenen Menge eines affinen Raumes isomorph sind, nennen wir *affine Varietäten.* ○

(7.5)′ **Bemerkung:** Im Hinblick auf (6.8) A) und (7.4) (iv) gilt:

(i) *Lokal abgeschlossene Teilmengen quasiaffiner Varietäten sind quasiaffine Varietäten.*

(ii) *Abgeschlossene Teilmengen affiner Varietäten sind affine Varietäten.* ○

(7.6) **Bemerkung:** Sei $X \subseteq \mathbb{A}^m$ lokal abgeschlossen und sei $Y \subseteq \mathbb{A}^n$ *abgeschlossen,* wobei $X, Y \neq \emptyset$. Die Koordinatenfunktionen von $\mathbb{A}^m$ seien $z_1, \ldots, z_m$, jene von $\mathbb{A}^n$ seien $w_1, \ldots, w_n$. Weiter sei $\varphi: \mathcal{O}(Y) \to \mathcal{O}(X)$ ein Homomorphismus von $\mathbb{C}$-Algebren. Wir definieren eine Abbildung $f: X \to \mathbb{A}^n$ durch die Vorschrift

(*) $(c_1, \ldots, c_m) = c \xrightarrow{f} (\varphi(w_1\restriction Y)(c), \ldots, \varphi(w_n\restriction Y)(c)), \quad (c \in X \subseteq \mathbb{A}^m).$

Die Komponentenfunktionen f_i von f sind also gegeben durch

(*i*) $f_i = \varphi(w_i\restriction Y) \in \mathcal{O}(X), \ (i = 1, \ldots, n).$

Nach (7.2) (i) ist $f: X \to \mathbb{A}^n$ ein Morphismus.

Weil $\varphi: \mathcal{O}(Y) \to \mathcal{O}(X)$ und $\cdot\restriction: \mathbb{A}^m \to Y$ Homomorphismen von $\mathbb{C}$-Algebren sind, gilt

(ii) $\quad h(\varphi(w_1 \restriction Y), \ldots, \varphi(w_n \restriction Y)) = \varphi(h \restriction Y), \ \forall\, h \in \mathbb{C}[w_1, \ldots, w_n].$

Wählen wir h aus $I(Y)$ und $c \in X$, so folgt $h(f(c)) = \varphi(h \restriction Y)(c) = 0(c) = 0$. Dies impliziert $f(c) \in Y$. Also können wir sagen:

(iii) $\quad f(X) \subseteq Y.$

Wir können f also als Morphismus von X nach Y auffassen, was wir ab jetzt tun wollen:

Sei $g \in \mathcal{O}(Y)$. Nach (6.15) finden wir ein $h \in \mathbb{C}[w_1, \ldots, w_n]$, so dass $g = h \restriction Y$. Aus (ii) folgt $f^*(g)(c) = g \circ f(c) = h(f(c)) = \varphi(h \restriction Y)(c) = \varphi(g)(c)$, $(c \in X)$. Damit ist gezeigt:

(iv) $\qquad f^*(g) = \varphi(g), (g \in \mathcal{O}(Y))$.

Nach (i) ist f der einzige Morphismus von X nach Y mit dieser Eigenschaft. Zusammenfassend können wir also sagen:

(v) *Durch die Vorschrift* (*) *wird ein Morphismus* $f: X \to Y$ *definiert mit* $\varphi = f^*$. f *ist der einzige Morphismus mit dieser Eigenschaft.* ○

Als Anwendung erhalten wir:

(7.7) **Satz:** *Sei* Y *eine affine und* X *eine quasiaffine Varietät und sei* $\varphi: \mathcal{O}(Y) \to \mathcal{O}(X)$ *ein Homomorphismus von* $\mathbb{C}$-*Algebren. Dann gibt es genau einen Morphismus* $f: X \to Y$ *mit* $f^* = \varphi$.

Beweis: Es gibt eine abgeschlossene Menge Y' eines affinen Raumes $\mathbb{A}^n$ und einen Isomorphismus $\tau: Y \to Y'$. Sofort sieht man, dass es genügt, die Behauptung für Y', X und den Homomorphismus $\varphi \circ \tau^*: \mathcal{O}(Y') \to \mathcal{O}(X)$ zu zeigen. Dies tut man mit (7.6) (v). □

(7.8) **Bemerkungen und Definitionen:** A) Gemäss Definition ist eine quasiaffine Varietät eigentlich immer ein *Paar* $(X, \mathbb{A}^n)$, wobei X eine in $\mathbb{A}^n$ lokal abgeschlossene Menge ist. Obwohl wir streng an dieser Auffassung festhalten, werden wir wie bisher immer nur von einer affinen (resp. quasiaffinen) Varietät X sprechen und nicht ausdrücklich auf deren Einbettung $X \hookrightarrow \mathbb{A}^n$ hinweisen, obgleich diese nach Definition mit zur Struktur von X gehört.

B) Alle Aussagen, die wir über quasiaffine Varietäten machen werden, bleiben richtig, wenn wir diese Varietäten durch isomorphe ersetzen (und die auftretenden Morphismen entsprechend durch zurückziehen modifizieren). Wir werden allerdings oft auf den (im Einzelfall leicht zu erbringenden) Nachweis dieser *Invarianz unter Isomorphie* verzichten. So werden wir also nicht mehr wie im Beweis von (7.7) explizite darauf hinweisen, dass wir eine affine Varietät Y durch eine zu ihr isomorphe abgeschlossene Menge $Y' \subseteq \mathbb{A}^n$ ersetzen, sondern Y stillschweigend als abgeschlossene Menge eines affinen Raumes auffassen.

C) Das soeben Gesagte ist insbesondere im Hinblick auf topologische Aussagen wichtig! Nach (7.4) (iii) sind die Isomorphismen ja Homöomorphismen sowohl bezüglich der starken als auch der Zariski-Topologie. Dabei sind beide Topologien einer quasiaffinen Varietät $X \hookrightarrow \mathbb{A}^n$ als induzierte Topologien zu verstehen. (7.4) (iii) besagt aber gerade, dass (homöomorphienvariante) topologische Aussagen auch invariant unter Isomorphie sind. Der topologische Typ (bezüglich der starken oder der Zariski-Topologie) hängt also nur von der Isomorphieklasse einer quasiaffinen Varietät ab!

D) Sei X eine affine Varietät. Wie in (6.23) und (6.26) definieren wir jetzt das *Nullstellengebilde* $V_X(\mathcal{M})$ einer Menge $\mathcal{M} \subseteq \mathcal{O}(X)$ und das *Verschwindungsideal* $I_X(Y)$ einer abgeschlossenen Menge $Y \subseteq X$ durch:

(i) (a) $V_X(\mathcal{M}) := \{p \in X \mid f(p) = 0, \forall f \in \mathcal{M}\}$; $(\emptyset \neq \mathcal{M} \subseteq \mathcal{O}(X))$.
(b) $I_X(Y) := \{f \in \mathcal{O}(X) \mid f(Y) = 0\}$; $(Y \subseteq X$ *abgeschlossen*$)$.

Dabei kürzen wir wieder ab $V_X(\{f_1, \ldots, f_r\}) = V_X(f_1, \ldots, f_r)$. Entsprechend definieren wir auch

(ii) $U_X(\mathcal{M}) := X - V_X(\mathcal{M})$; $(\emptyset \neq \mathcal{M} \subseteq \mathcal{O}(X))$

und kürzen ab $U_X(\{f_1, \ldots, f_r\}) = U_X(f_1, \ldots, f_r)$. Die (offenen) Mengen

(iii) $U_X(f)$; $(f \in \mathcal{O}(X))$

nennen wir wieder *elementare offene Mengen von X*.

Weil X affin ist, besteht ein Isomorphismus $\varepsilon : X' \to X$, wobei X' eine abgeschlossene Teilmenge eines affinen Raumes ist. Weil ε ein Homöomorphismus und $\varepsilon^* : \mathcal{O}(X) \to \mathcal{O}(X')$ ein Isomorphismus ist, folgt leicht

$$V_X(\mathcal{M}) = \varepsilon(V_{X'}(\varepsilon^*(\mathcal{M}))), \quad I_X(Y) = \varepsilon^{*-1}(I_{X'}(\varepsilon^{-1}(Y)).$$

Damit überträgt man alle in (6.15), (6.24), (6.25), (6.26), (6.27), (6.28) gemachten Aussagen auf X!

Auch davon wollen wir im folgenden stillschweigend Gebrauch machen. ○

Morphismen zwischen affinen Varietäten. Wir leiten nun – ausgehend vom Satz (7.7) – einige Tatsachen über Morphismen zwischen affinen Varietäten her.

(7.9) **Lemma:** *Seien X und Y affine Varietäten und $f: X \to Y$ ein Morphismus. Seien $Z \subseteq X$, $W \subseteq Y$ abgeschlossen. Dann gilt:*

(i) $\overline{f(Z)} = V_Y((f^*)^{-1}(I_X(Z)))$; $I_Y(\overline{f(Z)}) = (f^*)^{-1}(I_X(Z))$.

(ii) $f^{-1}(W) = V_X(f^*(I_Y(W))\,\mathcal{O}(X))$; $I_X(f^{-1}(W)) = \sqrt{f^*(I_Y(W))\,\mathcal{O}(X)}$.

Beweis: (i): Ist $h \in \mathcal{O}(Y)$, so gilt $h(\overline{f(Z)}) = 0 \Leftrightarrow h(f(Z)) = 0 \Leftrightarrow f^*(h)\,(Z) = 0$. Daraus folgt $I_Y(\overline{f(Z)}) = (f^*)^{-1}(I_X(Z))$. Jetzt schliesst man mit dem Nullstellensatz für Y.

(ii): Ist $p \in X$, so gilt $p \in f^{-1}(W) \Leftrightarrow f(p) \in W \Leftrightarrow I_Y(W)(f(p)) = 0 \Leftrightarrow f^*(I_Y(W))\,(p) = 0 \Leftrightarrow p \in V_X(f^*(I_Y(W)) = V_X(f^*(I_Y(W))\mathcal{O}(X))$. □

Jetzt können wir zeigen, dass für einen Morphismus $f: X \to Y$ zwischen affinen Varietäten die Eigenschaften des induzierten Homomorphismus $f^* : \mathcal{O}(Y) \to \mathcal{O}(X)$ von besonderer Bedeutung sind:

(7.10) **Satz:** *Sei $f: X \to Y$ ein Morphismus zwischen affinen Varietäten, und sei $f^*: \mathcal{O}(Y) \to \mathcal{O}(X)$ der induzierte Homomorphismus. Dann gilt:*

(i) *f^* ist Isomorphismus $\Leftrightarrow f$ ist Isomorphismus.*

(ii) *f^* ist injektiv $\Leftrightarrow f(X)$ ist dicht in Y, d.h. $\overline{f(X)} = Y$.*

(iii) *f^* ist surjektiv $\Leftrightarrow f(X)$ ist abgeschlossen in Y und $f: X \to f(X)$ ist ein Isomorphismus.*

Beweis: (i): «$\Leftarrow$» ist klar nach (7.4) (ii). Zum Nachweis von «$\Leftrightarrow$» beachten wir, dass es nach (7.7) einen Morphismus $g: Y \to X$ gibt mit $g^* = (f^*)^{-1}$. Nach (7.2) folgt $(f \cdot g)^* = (f^*)^{-1} \cdot f^* = id_{\mathcal{O}(Y)}$, nach (7.7) also $f \cdot g = id_Y$. Analog gilt $g \cdot f = id_X$. Also ist $g = f^{-1}$.

(ii): Nach (7.9) (i) gilt $\overline{f(X)} = V_Y((f^*)^{-1}(I_X(X)) = V_Y((f^*)^{-1}(0)) = V_Y(\text{Kern}\,(f^*))$. Also gilt $f(X) = Y \Leftrightarrow \text{Kern}\,(f^*) = 0$.

(iii): «$\Rightarrow$»: Wie vorhin können wir schreiben $\overline{f(X)} = V_Y\,(\text{Kern}\,(f^*))$. Sei jetzt $q \in \overline{f(X)}$. Dann ist $I_Y(q)$ ein Kern (f^*) umfassendes Maximalideal von $\mathcal{O}(Y)$. Weil f^* surjektiv ist, schliessen wir aus (6.17) (ii), dass $f^*(I_Y(q)) = f^*(I_Y(q))\mathcal{O}(X) \neq \mathcal{O}(X)$. Nach (7.9) (ii) ergibt sich $f^{-1}(q) \neq \emptyset$, also $q \in f(X)$. Es gilt also $f(X) = \overline{f(X)}$, d.h. $f(X)$ ist abgeschlossen. Nach (7.9) folgt jetzt aber $I_Y(f(X)) = \text{Kern}\,(f^*)$. Nach dem Homomorphiesatz besteht ein Isomorphismus

$$\overline{f^*}: \mathcal{O}(f(X)) = \mathcal{O}(Y) \,/\, \text{Kern}\,(f^*) \to \mathcal{O}(X),$$

der auch durch $f: X \to f(X)$ induziert ist. Nach (i) wird $f: X \to f(X)$ zum Isomorphismus.

«$\Leftarrow$»: Ist $f(X) = \overline{f(X)}$, so können wir wieder schreiben $I_Y(f(X)) = \text{Kern}\,(f^*)$. $\overline{f^*}: \mathcal{O}(Y) / \text{Kern}(f^*) = \mathcal{O}(f(X)) \to \mathcal{O}(X)$ ist wie oben durch den Isomorphismus $f: X \to f(X)$ induziert, also nach (i) ein Isomorphismus. $f^*: \mathcal{O}(Y) \to \mathcal{O}(X)$ wird also surjektiv. □

(7.10)′ **Korollar:** *Sei $A = \mathbb{C}[a_1, \ldots, a_n]$ eine reduzierte, endlich erzeugte $\mathbb{C}$-Algebra. Dann gibt es eine bis auf Isomorphie bestimmte affine Varietät X mit $\mathcal{O}(X) \underset{\mathbb{C}}{\cong} A$.*

Beweis: Die Existenz von X folgt aus (6.22), die Eindeutigkeit aus (7.10) (i). □

Dominante Morphismen, abgeschlossene Einbettungen.

(7.10)″ **Bemerkungen und Definitionen:** A) Nebst der Isomorphie treten in (7.10) zwei weitere wichtige Eigenschaften eines Morphismus $f: X \to Y$ zwischen quasiaffinen Varietäten auf. Zunächst haben wir die in (7.10) (ii) genannte Eigenschaft, dass $\overline{f(X)} = Y$. Gleichbedeutend ist es zu sagen, das Bild $f(X)$ von X liege dicht in Y. Morphismen mit dieser Eigenschaft nennt man *dominante Morphismen*. Also:

(i) $\quad f: X \to Y$ *dominant* $:\Leftrightarrow \overline{f(X)} = Y$.

B) In (7.10) (iii) tritt die Eigenschaft auf, dass $f(X) \subseteq Y$ abgeschlossen ist und dass der Morphismus $f: X \to f(X)$ ein Isomorphismus ist. Gleichbedeutend ist es zu sagen, dass f *abgeschlossen* und ein *Isomorphismus auf sein Bild* ist. In dieser Situation können wir X vermöge des Isomorphismus $f: X \xrightarrow{\cong} f(X)$ mit der abgeschlossenen Teilmenge $f(X) \subseteq Y$ identifizieren. Einen Morphismus f mit den genannten Eigenschaften nennt man deshalb eine *abgeschlossene Einbettung*. Also:

(ii) $f: X \to Y$ *abgeschlossene Einbettung* $\Leftrightarrow \begin{cases} f \text{ ist abgeschlossen} \\ \text{und} \\ f: X \to f(X) \text{ ist Isomorphismus.} \end{cases}$

Offenbar bleibt die eben definierte Eigenschaft bei Einschränkung von f auf abgeschlossene Untermengen erhalten.

(iii) *Ist* $f: X \to Y$ *abgeschlossene Einbettung und ist* $Z \subseteq X$ *abgeschlossen, so ist auch die Einschränkung* $f \restriction Z: Z \to X$ *eine abgeschlossene Einbettung.*

Weil Isomorphismen injektiv sind, gilt:

(iv) *Abgeschlossene Einbettungen sind injektiv.*

C) (7.10) (ii) und (iii) können wir jetzt aussprechen in der Form:

(v) *Für einen Morphismus* $f: X \to Y$ *zwischen affinen Varietäten gilt:*
   (a) f *dominant* $\Leftrightarrow f^*: \mathcal{O}(Y) \to \mathcal{O}(X)$ *injektiv.*
   (b) f *abgeschlossene Einbettung* $\Leftrightarrow f^*: \mathcal{O}(Y) \to \mathcal{O}(X)$ *surjektiv.*

Injektivität, Surjektivität und Bijektivität des induzierten Homomorphismus f^* haben also für affine Varietäten eine geometrische Bedeutung! ○

Anmerkung: Es ist eine typische Eigenschaft der *affinen* Varietäten, dass das Verhalten der Morphismen $f: X \to Y$ schon durch ringtheoretische Eigenschaften des induzierten Homomorphismus $f^*: \mathcal{O}(Y) \to \mathcal{O}(X)$ bestimmt wird (vgl. (7.10), (7.10)'' (v)). Der Grund dafür ist, dass die *Kategorie der affinen Varietäten* in natürlicher Weise *dual ist zur Kategorie der endlich erzeugten reduzierten* $\mathbb{C}$*-Algebren.* Genauer: Durch die Zuordnung $X \to \mathcal{O}(X)$ wird eine Bijektion zwischen den Isomorphieklassen von affinen Varietäten und den Isomorphieklassen von endlich erzeugten reduzierten $\mathbb{C}$-Algebren definiert. (Dies folgt aus (7.10'.) Weiter wird – für zwei affine Varietäten X und Y – durch die Zuordnung $f \mapsto f^*$ eine Bijektion definiert zwischen der Menge Mor (X, Y) der Morphismen von X nach Y und der Menge AlgHom $(\mathcal{O}(Y), \mathcal{O}(X))$ der Homomorphismen von $\mathbb{C}$-Algebren von $\mathcal{O}(Y)$ nach $\mathcal{O}(X)$.(Dies folgt aus (7.7).) *Für quasiaffine Varietäten gilt diese Aussage nicht!* (Ein Beispiel dazu wird etwa durch (7.11) F) geliefert werden.) ○

Beispiele von Morphismen. Wir wollen uns die Bedeutung des Morphismus-Begriffs an einigen einfachen Beispielen veranschaulichen.

(7.11) **Beispiele:** A) Nach (7.2) (i) sind affin-lineare Abbildungen $\mathbb{A}^m \to \mathbb{A}^n$ Morphismen.

B) Sei $X = V(z_1 z_2 - z_3) \subseteq \mathbb{A}^3$. Durch $(c_1, c_2, c_3) \mapsto (c_1, c_2)$ wird ein Morphismus $f: X \to \mathbb{A}^2$ definiert (vgl. (7.2) A)). Seien w_1, w_2 die Koordinatenfunktionen von $\mathbb{A}^2$. Offenbar ist $f^*(w_i) = z_i \restriction X$, $(i = 1, 2)$. Nach (6.20) ist $\mathcal{O}(X) = \mathbb{C}[z_1 \restriction X, z_2 \restriction X, z_3 \restriction X]$. Dabei ist $z_3 \restriction X = (z_1 \restriction X)(z_2 \restriction X)$. Wir können also schreiben $\mathcal{O}(X) = \mathbb{C}[f^*(w_1), f^*(w_2)]$. $f^*: \mathbb{C}[w_1, w_2] = \mathcal{O}(\mathbb{A}^2) \to \mathcal{O}(X)$ ist also surjektiv. f selbst ist trivialerweise surjektiv. Nach (7.10) (iii) wird f ein Isomorphismus. Man sieht dies natürlich auch direkt durch Angabe des inversen Morphismus $f^{-1}: \mathbb{A}^2 \to X$, definiert durch $(c_1, c_2) \to (c_1, c_2, c_3)$.

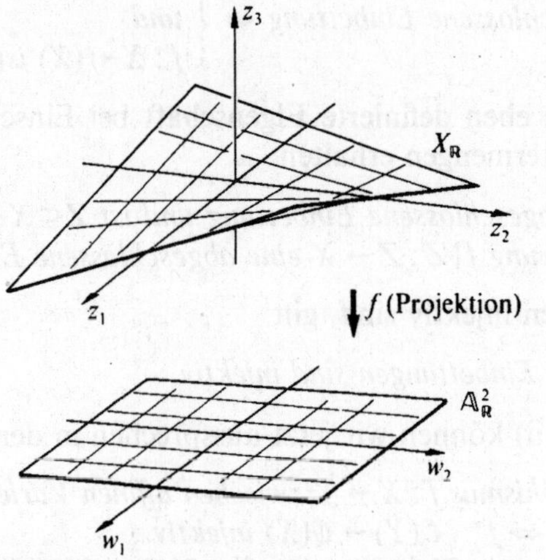

Jetzt betrachten wir den Morphismus $g: X \to \mathbb{A}^2$, definiert durch $(c_1, c_2, c_3) \to (c_1, c_3)$. Sofort sieht man, dass gilt $g(X) = \{(c_1, c_2) \in \mathbb{A}^2 \mid c_1 \neq 0\} \cup \{\mathbf{0}\}$. $g(X)$ enthält die offene Menge $U(w_1)$. Weil $\mathbb{A}^2$ irreduzibel ist, folgt $\overline{g(X)} = \mathbb{A}^2$. Nach (7.10) (ii) ist g^* injektiv. Wegen $f(X) \neq \mathbb{A}^2$ ist g^* nach (7.10) (iii) nicht surjektiv. Es gilt $g^*(w_1) = z_1 \restriction X$, $g^*(w_2) = z_3 \restriction X$, also $g^*(\mathbb{C}[w_1, w_2]) = \mathbb{C}[z_1 \restriction X, z_3 \restriction X] \subsetneqq \mathcal{O}(X)$, also $z_2 \restriction X \notin \mathbb{C}[z_1 \restriction X, z_3 \restriction X]$. Dies entspricht der Tatsache, dass sich die Gleichung $z_1 z_2 - z_3 = 0$ nicht für alle Werte von z_1 und z_3 nach z_2 auflösen lässt.

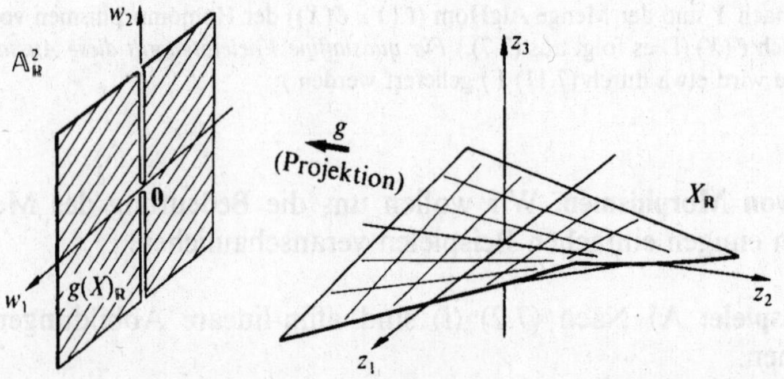

C) Wir betrachten den Unterring $A=\mathbb{C}[z^2, z^3]$ des Polynomringes $\mathbb{C}[z]$ und die affine Ebene $\mathbb{A}^2$ mit den Koordinaten w_1, w_2. $\pi : \mathbb{C}[w_1, w_2] \twoheadrightarrow A$ sei der durch $w_1 \mapsto z^2$, $w_2 \mapsto z^3$ definierte Einsetzungshomomorphismus und $X = V(\text{Kern } (\pi)) \subseteq \mathbb{A}^2$. Nach (6.21) besteht ein $\mathbb{C}$-Algebren-Isomorphismus $\alpha : \mathcal{O}(X) \to A$ mit der Eigenschaft $w_1 \upharpoonright X \mapsto z^2$, $w_2 \upharpoonright X \mapsto z^3$. Offenbar gilt $w_1^3 - w_2^2 \in$ Kern (π), also $Y := v(w_1^3 - w_2^2) \supseteq X$. Sei $\tau : A \to \mathbb{C}[z]$ die Inklusionsabbildung und $\varphi := \tau \circ \alpha : \mathcal{O}(X) \to \mathbb{C}[z] = \mathcal{O}(\mathbb{A}^1)$. Dann ist $\varphi(w_1 \upharpoonright X) = z^2$, $\varphi(w_2 \upharpoonright X) = z^3$. Durch $c \mapsto (c^2, c^3)$ wird jetzt ein Morphismus $f: \mathbb{A}^1 \to X$ definiert mit $f^* = \varphi$ (vgl. (7.6)). Nach (3.10) (i) wissen wir also bereits, dass $f: \mathbb{A}^1 \to Y$ ein Homöomorphismus in der starken Topologie ist. Insbesondere ist $X = Y = V(w_1^3 - w_2^2)$. Weil $w_1^2 - w_2^2$ quadratfrei ist (s. (3.10)), folgt $I(X) = (w_1^3 - w_2^2)$ (s. (5.25)). Weiter ist $f: \mathbb{A}^1 \to X$ ein Homöomorphismus in der starken Topologie. Im Hinblick auf (6.4) C) und die Tatsache, dass endliche Mengen in X abgeschlossen sind, folgt, dass f abgeschlossen ist. Da f bijektiv ist, muss f in der Zariski-Topologie ein Homöomorphismus sein. Insbesondere ist X irreduzibel (s. (7.4) (iii)) und $w_1^3 - w_2^2$ prim (s. (5.24)). Offenbar ist $f^*(\mathcal{O}(X)) \neq \mathbb{C}[z]$ ($z \notin A$!). Also ist f ein Homöomorphismus, f^* aber keine Surjektion!

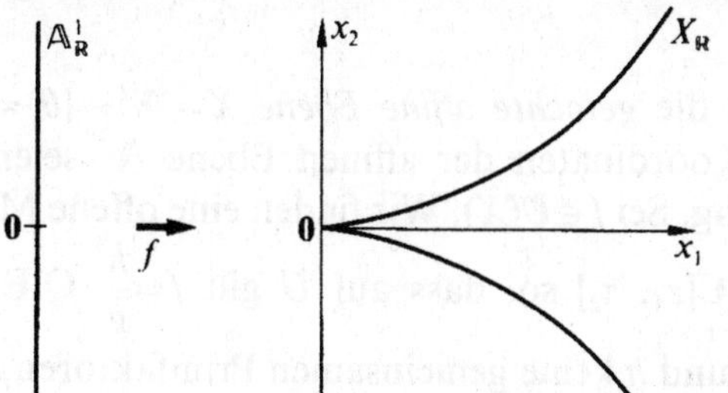

D) Sei $f \in \mathbb{C}[z]$ ein Polynom positiven Grades. $\mathbb{A}^2$ sei versehen mit den Koordinatenfunktionen z, w, $\mathbb{A}^1 \subseteq \mathbb{A}^2$ mit der Koordinatenfunktion z. Wir betrachten den *Graphen* $X = V(w - f(z)) \subseteq \mathbb{A}^2$ der Funktion $w = f(z)$. Durch $(c_1, c_2) \mapsto c_1$, $c_1 \mapsto (c_1, f(c_1))$ wird ein Paar zueinander inverser Morphismen $X \underset{l^{-1}}{\overset{l}{\rightleftarrows}} \mathbb{A}^1$ definiert!

Ist $f \in \mathbb{R}[z]$, ergibt sich im Reellen die Veranschaulichung

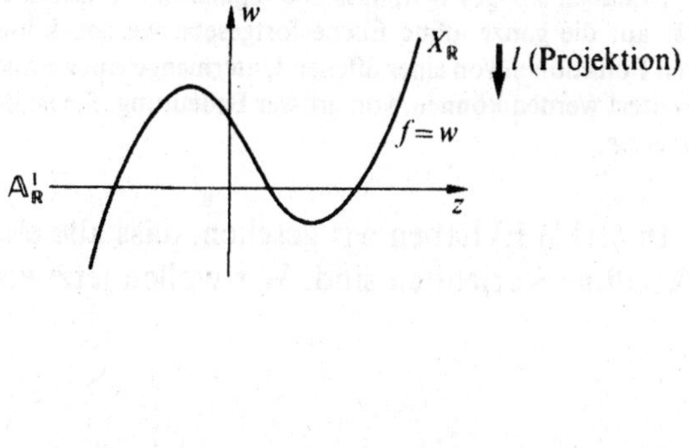

E) Seien $f \in \mathbb{C}[z]$ und $\mathbb{A}^1 \subseteq \mathbb{A}^2$ wie in D). Wir betrachten den Graphen $X = V(1 - w(z)) \subseteq \mathbb{A}^2$ von $w = f(z)^{-1}$. Durch $(c_1, c_2) \mapsto c_1, c_1 \mapsto (c_1, f(c_1)^{-1})$ erhält man offenbar ein Paar zueinander inverser Morphismen $X \underset{l^{-1}}{\overset{l}{\rightleftarrows}} \mathbb{A}^1 - V(f) = U(f)$, also einen Isomorphismus $l: X \xrightarrow[\cong]{} U(f)$. Insbesondere ist $U(f)$ eine affine Varietät! Die reelle Veranschaulichung:

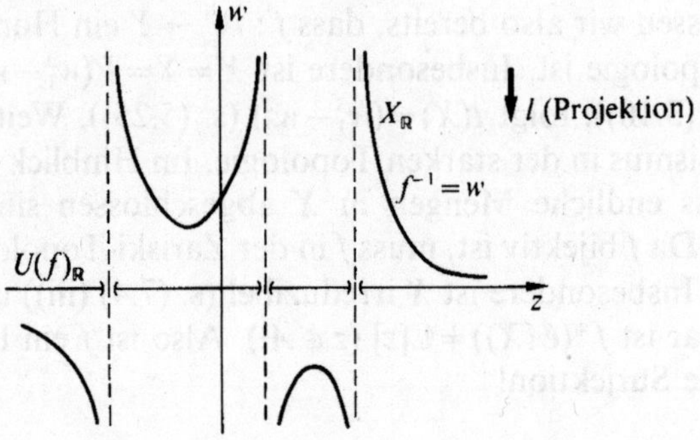

F) Wir betrachten die *gelochte affine Ebene* $X = \mathbb{A}^2 - \{0\} = U(z_1) \cup U(z_2) \subseteq \mathbb{A}^2$, wobei z_1, z_2 die Koordinaten der affinen Ebene $\mathbb{A}^2$ seien. $\iota : X \to \mathbb{A}^2$ sei die Inklusionsabbildung. Sei $f \in \mathcal{O}(X)$. Wir finden eine offene Menge $U \neq \emptyset$ in X und Polynome g, $h \in \mathbb{C}[z_1, z_2]$ so, dass auf U gilt $f = \frac{h}{g}$. O.E. können wir dabei annehmen, dass g und h keine gemeinsamen Primfaktoren haben. $gf - h \in \mathcal{O}(X)$ ist stetig (s. (6.13) B) (ii)) und verschwindet auf U, also auf dem Abschluss $\overline{U}$ von U in X, der – weil X irreduzibel ist (s. (6.9) A) (v)) – mit X übereinstimmt. Also gilt $gf - h = 0$ auf X. Insbesondere folgt $V(g) \subseteq V(h)$. Nach (5.24) (vi) ist dies nur möglich, wenn $V(g) = \emptyset$, d.h. wenn $g \in \mathbb{C} - \{0\}$ (denn sonst hätten $V(g)$ und $V(h)$ eine gemeinsame irreduzible Komponente, also einen gemeinsamen Primfaktor). Wir können also schreiben $f = \tilde{f} \upharpoonright X$, wo $\tilde{f} = g^{-1}h \in \mathbb{C}[z_1, z_2]$. Damit ist $\iota^* : \mathcal{O}(\mathbb{A}^2) = \mathbb{C}[z_1, z_2] \to \mathcal{O}(X)$ surjektiv (s. (7.2) F). Wegen $\iota(X) = \mathbb{A}^2$ ist ι^* injektiv, also ein Isomorphismus. ι selbst ist nicht surjektiv, also kein Isomorphismus. Im Hinblick auf (7.10) (i) folgt: $\mathbb{A}^2 - \{0\}$ ist nicht affin! ○

Anmerkung: In (7.11) F) haben wir gesehen, dass alle regulären Funktionen der gelochten affinen Ebene $\mathbb{A}^2 - \{0\}$ regulär auf die ganze affine Ebene fortgesetzt werden können. Allgemein ist die Frage, welche regulären Funktionen von einer offenen Untermenge einer affinen Varietät regulär auf die ganze Varietät erweitert werden können, von grosser Bedeutung. Sie ist der Ausgangspunkt der *lokalen Kohomologietheorie*. ○

Nenneraufnahme. In (7.11) E) haben wir gesehen, dass alle elementaren offenen Mengen $U(f) \subseteq \mathbb{A}^1$ affine Varietäten sind. Wir wollen jetzt eine Verallgemeinerung dieser Tatsache auf beliebige affine Varietäten beweisen. Wir werden allerdings etwas mehr zeigen und müssen deswegen eine algebraische Konstruktion vorwegnehmen, die sogenannte Nenneraufnahme. Diese erweitert das Konzept des «Bruchrechnens» auf Ringe.

(7.12) **Definitionen und Bemerkungen:** A) Sei A ein Ring und sei S eine multiplikativ abgeschlossene Teilmenge von A mit der Eigenschaft $0 \notin S \ni 1$. Eine solche Menge S nennen wir eine *Nennermenge.* Auf $S \times A$ führen wir eine Äquivalenz ein durch:

(i) $$(s, a) \sim (s', a') \Leftrightarrow \exists\, t \in S : tsa' = ts'a, \ (s, s' \in S;\ a, a' \in A).$$

Die Klasse von (s, a) bezeichnen wir mit $\frac{a}{s}$ und nennen sie einen *Bruch mit Zähler a und Nenner s*, $(s \in S, a \in A)$. Die Menge $\{\frac{a}{s} \mid s \in S, a \in A\}$ der *Brüche mit Zähler in A und Nenner in S* bezeichnen wir mit $S^{-1}A$. In $S^{-1}A$ kann man *kürzen* und *erweitern*, d.h. es gilt:

$$\frac{a}{s} = \frac{ta}{ts} \quad (s, t \in S, a \in A).$$

Weiter gilt: $(s, a) \sim (s', a')$, $(t, b) \sim (t', b') \Rightarrow (st, ta+sb) \sim (s't', t'a'+s'b')$, $(st, ab) = (s't', a'b')$. Deshalb definiert man in $S^{-1}A$ eine *Addition* und eine *Multiplikation* von Brüchen durch:

(ii) $$\frac{a}{s} + \frac{b}{t} := \frac{ta+sb}{st}, \ \frac{a}{s} \cdot \frac{b}{t} := \frac{ab}{st}, \ (s, t \in S;\ a, b \in A).$$

Damit wird $S^{-1}A$ zum Ring mit Null-Element $\frac{0}{1}$ und Eins-Element $\frac{1}{1}$.

Enthält S keine Nullteiler, so gilt $(s, a) \sim (s', a) \Leftrightarrow sa' = sa'$.

In diesem Fall liefert die obige Konstruktion das «gewöhnliche» Bruchrechnen.

Allgemein nennt man den Übergang von A zu $S^{-1}A$ die *Nenneraufnahme* mit S.

Ist A eine $\mathbb{C}$-Algebra, so ist auch $S^{-1}A$ eine solche.

B) Sei $S \subseteq A$ eine Nennermenge. Dann wird die *kanonische Abbildung*

(iii) $$\eta_s : A \longrightarrow S^{-1}A, \ (a \mapsto \frac{a}{1})$$

zu einem Homomorphismus von Ringen. Sofort sieht man auch

(iv) Kern $(\eta_s) = \{a \in A \mid \exists\, t \in S : ta = 0\}$.

(v) (a) $S \subseteq NNT(A) \Leftrightarrow \eta_s$ *injektiv.*
(b) $S \subseteq A^* \Leftrightarrow \eta_s =$ *Isomorphismus.*

C) Sei $\varphi : A \to B$ ein Homomorphismus von Ringen und seien $S \subseteq A$, $T \subseteq B$ Nennermengen so, dass $\varphi(S) \subseteq T$. Dann ist

$$\begin{array}{ccc} S^{-1}\varphi : S^{-1}A & \to & T^{-1}B \quad (s \in S,\, a \in A) \\ \cup\!\!\!\mid & & \cup\!\!\!\mid \\ \dfrac{a}{s} & \mapsto & \dfrac{\varphi(a)}{\varphi(s)} \end{array}$$

der einzige Homomorphismus Ψ, der im folgenden Diagramm erscheint:

$$\begin{array}{ccc} A & \xrightarrow{\ \varphi\ } & B \\ {\scriptstyle \eta_s}\downarrow & \circlearrowleft & \downarrow{\scriptstyle \eta_T} \\ S^{-1}A & \xrightarrow{\ \Psi\ } & T^{-1}B \end{array}$$

$S^{-1}\varphi : S^{-1}A \to T^{-1}B$ nennt man durch φ *induzierten Homomorphismus*. Ist φ ein Homomorphismus von $\mathbb{C}$-Algebren, so ist es auch $S^{-1}\varphi$.

(vi) *Ist φ injektiv und gilt* Kern $(\eta_T) \cap \varphi(A) \subseteq \varphi(\text{Kern}\, \eta_S))$, *so ist $S^{-1}\varphi$ injektiv.*

D) Seien S und A wie oben. Leicht prüft man dann nach:

(vii) (a) $S^{-1}I := IS^{-1}A = \{\frac{a}{s} \mid s \in S,\ \ a \in I\}$, ($I \subseteq A$ *Ideal*).

(b) $\eta_s^{-1}(S^{-1}I) = \{a \in A \mid \exists\, t \in S : t\,a \in I\}$, ($I \subseteq A$ *Ideal*).

(c) $S^{-1}I = S^{-1}A \Leftrightarrow S \cap \sqrt{I} \neq \emptyset$, ($I \subseteq A$ *Ideal*).

(d) $S^{-1}\,(\eta_s^{-1}(J)) = J$, ($J \subseteq S^{-1}A$ *Ideal*).

Auf Grund von (vii) prüft man jetzt leicht nach:

(iix) (a) $S^{-1}\,(\sum_{i \in \mathscr{A}} I_i) = \sum_{i \in \mathscr{A}} S^{-1}I_i$, ($I_i \subseteq A$ *Ideale*).

(b) $S^{-1}\,(I_1 \cap \ldots \cap I_r) = S^{-1}I_1 \cap \ldots \cap S^{-1}I_r$, ($I_i \subseteq A$ *Ideale*).

Ebenfalls aus (vii) (a) und (c) folgt sofort:

(*ix*) $\mathfrak{p} \in \text{Spec}\,(A) \Rightarrow \begin{cases} S\mathfrak{p}^{-1} = S^{-1}A, \textit{ falls } S \cap \mathfrak{p} \neq \emptyset \\ S^{-1}\mathfrak{p} \in \text{Spec}\,(S^{-1}A), \textit{ falls } S \cap \mathfrak{p} = \emptyset. \end{cases}$

Im Hinblick auf (vii) (d) schliesst man jetzt:

(*x*) *Die Zuordnungen*

$$\begin{array}{ccc} \mathfrak{p} & \longrightarrow & S^{-1}\mathfrak{p} \\ \cap\!\!\!\mid & & \cap\!\!\!\mid \\ \text{Spec}(A)_S := \{\mathfrak{p} \in \text{Spec}\,(A) \mid \mathfrak{p} \cap S = \emptyset\} & \overset{S^{-1}}{\underset{\eta_s^{-1}(\cdot)}{\rightleftarrows}} & \text{Spec}\,(S^{-1}A) \\ \cup\!\!\!\mid & & \cup\!\!\!\mid \\ \eta_s^{-1}(\mathfrak{q}) & \longleftarrow & \mathfrak{q} \end{array}$$

sind zueinander inverse Bijektionen.

Aus (vii) (a) folgt sofort:

(*xi*) *I perfekt* $\Rightarrow S^{-1}I$ *perfekt*, ($I \subseteq A$ *Ideal*).

Wendet man (*xi*) mit $I=\{0\}$, so folgt (wegen $S^{-1}\{0\}=\{0\}$):

(xii) *A reduziert* $\Rightarrow S^{-1}A$ *reduziert.*

Nach (vii) (d) sind alle Ideale von $S^{-1}A$ Erweiterungsideale von Idealen aus A. Daraus folgt natürlich sofort:

(xiii) *A noethersch* $\Rightarrow S^{-1}A$ *noethersch.*

E) Sei $f \in A$ nicht nilpotent. Dann ist $\{f^n \mid n \in \mathbb{N}_0\}$ eine Nennermenge. Wir schreiben dann A_f statt $\{f^n \mid n \in \mathbb{N}_0\}^{-1}A$ und η_f statt $\eta_{\{f^n \mid n\in\mathbb{N}_0\}}$.

F) Sei A *Integritätsbereich.* Dann ist $A-\{0\}$ eine Nennermenge und $(A-\{0\})^{-1}A$ ein Körper. Diesen nennen wir den *Quotientenkörper* von A und bezeichnen ihn mit Quot (A). Nach (v) (a) ist $\eta_{A-\{0\}}: A \to \text{Quot}(A)$ injektiv. Wir identifizieren deshalb $a \in A$ mit $\frac{a}{1}=\eta_{A-\{0\}}(a)$, $(a \in A)$ und fassen A als Unterring von Quot (A) auf.

Ist $S \subseteq A-\{0\}$ multiplikativ abgeschlossen mit $1 \in S$, so ist S eine Nennermenge. $S^{-1}id_A: S^{-1}A \to \text{Quot}(A)$ ist dann injektiv (vgl. (vi)). So können wir $\frac{a}{s}$ $(s \in S, a \in A)$ als Element von Quot (A) auffassen und erhalten die Situation:

(xiv)
$$\begin{array}{ccc} & A & \\ \rotatebox{45}{$\subseteq$} & & \rotatebox{-45}{$\supseteq$} \\ S^{-1}A & \subseteq & Quot(A) \end{array}$$

Insbesondere folgt etwa:

(xv) *A integer* $\Rightarrow S^{-1}A$ *integer.*

(xvi) $\mathbb{C}(z_1, \ldots, z_n) := \text{Quot}(\mathbb{C}[z_1, \ldots, z_n])$

heisst der *Körper der rationalen Funktionen in* $z_1, \ldots, z_n$. ○

Reguläre Funktionen und elementare offene Mengen. Wir wenden jetzt die Nenneraufnahme geometrisch an:

(7.13) **Definition und Bemerkung:** Sei X eine quasiaffine Varietät und sei $f \in \mathcal{O}(X)-\{0\}$. Wegen der Stetigkeit von f ist die Menge der Punkte $p \in X$, auf denen f verschwindet, offen in X. Wie im affinen Fall bezeichnen wir diese Menge mit $U_X(f)$ und nennen sie die durch f in X definierte *elementare offene Menge:*

(i) $\qquad U_X(f) := \{p \in X \mid f(p) \neq 0\}; \; (f \in \mathcal{O}(X)).$

Natürlich ist $\mathcal{O}(X)$ ein reduzierter Ring, also $\{f^n \mid n \in \mathbb{N}\}$ (wegen $f \neq 0$) eine Nennermenge (vgl. (7.12) E)). Weiter ist $(f \upharpoonright U_X(f))^n \subseteq \mathcal{O}(U_X(f))$, $\forall n \in \mathbb{N}_0$. Nach (7.12) (v) (b) besteht also ein kanonischer Isomorphismus

$$\mathcal{O}(U_X(f)) \xrightarrow{\ \cong\ } \mathcal{O}(U_X(f))_{f\upharpoonright U_X(f)}; \quad (g \mapsto \frac{g}{1}).$$

Der *Einschränkungshomomorphismus*

$$\rho : \mathcal{O}(X) \to \mathcal{O}(U_X(f)); \quad (g \mapsto g \upharpoonright U_X(f))$$

induziert nach (7.12) C) einen Homomorphismus

(ii) $$\rho_f : \mathcal{O}(X)_f \to \mathcal{O}(U_X(f))_{f\upharpoonright U_X(f)} \cong \mathcal{O}(U_X(f)); \quad \left(\frac{g}{f^n} \mapsto \frac{g\upharpoonright U_X(f)}{f^n\upharpoonright U_X(f)}\right).$$

Dieser *induzierte Homomorphismus* erscheint also im Diagramm

(ii)': $$\begin{array}{ccc} \mathcal{O}(X) & \xrightarrow{\ \rho\ } & \mathcal{O}(U_X(f)) \\ & {\scriptstyle \eta_f}\searrow \quad \circlearrowleft & \uparrow {\scriptstyle \rho_f} \\ & & \mathcal{O}(X)_f \end{array}$$

Insbesondere ist ρ_f ein Homomorphismus von $\mathbb{C}$-Algebren.

Wir halten fest:

(iii) $\rho_f : \mathcal{O}(X)_f \to \mathcal{O}(U_X(f))$ *ist injektiv.*

Beweis: $\rho_f\left(\frac{g}{f^n}\right) = 0 \Rightarrow g \upharpoonright U_X(f) = 0 \Rightarrow fg = 0 \Rightarrow \frac{g}{f^n} = \frac{fg}{f^{n+1}} = 0.$ ○

Wir wollen jetzt zeigen, dass ρ_f ein Isomorphismus ist. Zunächst behandeln wir den affinen Fall und zeigen:

(7.14) **Satz:** *Sei X eine affine Varietät, und sei $f \in \mathcal{O}(X) - \{0\}$. Dann ist die elementare offene Menge $U_X(f) \subseteq X$ ebenfalls affin, und es besteht das Diagramm:*

$$\begin{array}{ccc} \mathcal{O}(X) & \xrightarrow{\ \upharpoonright U_X(f)\ } & \mathcal{O}(U_X(f)) \\ & {\scriptstyle \eta_f}\searrow \quad \circlearrowleft & \wr\Vert\, {\scriptstyle \rho_f} \\ & & \mathcal{O}(X)_f \end{array}$$

Beweis: Wir können X als abgeschlossene Menge eines affinen Raumes $\mathbb{A}^n$ mit den Koordinatenfunktionen $z_1, \ldots, z_n$ auffassen. $\mathbb{A}^{n+1}$ sei der affine Raum mit den Koordinatenfunktionen $z_1, \ldots, z_{n+1}$. $\mathbb{A}^n \subseteq \mathbb{A}^{n+1}$ ist dann die algebraische Menge $V(z_{n+1})$. Nach (5.16) können wir schreiben $f = \tilde{f} \upharpoonright X$, wobei $\tilde{f} \in \mathbb{C}[z_1, \ldots, z_n]$. $p : \mathbb{A}^{n+1} \to \mathbb{A}^n$ sei der durch $(z_1, \ldots, z_{n+1}) \mapsto (z_1, \ldots, z_n)$ definierte Projektionsmorphismus.

In $\mathbb{A}^{n+1}$ betrachten wir die abgeschlossene Menge $Y := p^{-1}(X) \cap V(1 - z_{n+1}\tilde{f})$ und den Morphismus $\bar{p} := p \upharpoonright : Y \to U_{\mathbb{A}^n}(\tilde{f}) \cap X = U_X(f)$. Durch

$$(z_1, \ldots, z_n) \mapsto \left(z_1, \ldots, z_n, \frac{1}{\tilde{f}\, z_1, \ldots, z_n)} \right)$$

wird offenbar ein zu $\bar{p}$ inverser Morphismus $U_X(f) \to Y$ definiert. Also ist $\bar{p} : Y \to U_X(f)$ ein Isomorphismus. Deshalb ist $U_X(f)$ affin. Es bleibt also zu zeigen, dass ρ_f surjektiv ist.

Sei also $u \in \mathcal{O}(U_X(f))$. Dann ist $\bar{p}^*(u) \in \mathcal{O}(Y) = \mathbb{C}[z_1 \upharpoonright Y, \ldots, z_{n+1} \upharpoonright Y]$ (vgl. (6.20)). Weiter ist $(\tilde{f} \upharpoonright Y)\ (z_{n+1} \upharpoonright Y) = 1$. Deswegen gibt es ein $r \in \mathbb{N}$ mit $(\tilde{f} \upharpoonright Y)^r\ p^*(u) \in \mathbb{C}[z_1 \upharpoonright Y, \ldots, z_n \upharpoonright Y]$. Wir finden also ein $v \in \mathbb{C}[z_1, \ldots, z_n]$ mit $v \upharpoonright Y = (\tilde{f}^r \upharpoonright Y)\, p^*(u)$. Beachtet man, dass $\bar{p}^{*-1}(\tilde{f}^r \upharpoonright Y) = f^r \upharpoonright U_x(f)$ und $\bar{p}^{*-1}(v \upharpoonright Y) = v \upharpoonright U_X(f)$, so folgt mit $g = v \upharpoonright X$ die Gleichung $(f^r \upharpoonright U_X(f))\ (g \upharpoonright U_X(f)) = u$, also $u = \rho_f \left(\frac{g}{f^r} \right)$. □

(7.15) **Korollar:** *Sei X eine quasiaffine Varietät und sei $U \neq \emptyset$ offen in X. Dann lässt sich U schreiben als Vereinigung $U = U_1 \cup \ldots \cup U_r$ endlich vieler offener affiner Mengen $U_i \subseteq X$.*

Beweis: Man kann $U = X$ setzen. X ist offen in einer affinen Varietät Y. Jetzt schliesst man mit (6.27) (i) und (7.14). □

(7.16) **Bemerkung:** (7.15) besagt, dass die affinen offenen Teilmengen einer quasiaffinen Varietät eine Basis der offenen Mengen bilden. ○

Als Anwendung von (7.14) und (7.15) können wir jetzt zeigen:

(7.17) **Korollar:** *Sei X eine quasiaffine Varietät und sei $f \in \mathcal{O}(X) - \{0\}$. Dann ist die kanonische Abbildung $\rho_f : \mathcal{O}(X)_f \to \mathcal{O}(U_X(f))$ ein Isomorphismus.*

Beweis: Seien $U_1, \ldots, U_r \subseteq X$ affine offene Mengen, welche X überdecken (vgl. (7.15)). Sei $U = U_X(f)$ und sei $t \in \mathcal{O}(U)$. Wir müssen ein $g \in \mathcal{O}(X)$ und ein $n \in \mathbb{N}$ finden so, dass $t(f^n \upharpoonright U) = g \upharpoonright U$.

Wir setzen fest: $f_i := f \upharpoonright U_i$.

Nach (7.14) ist $\rho_{f_i} : \mathcal{O}(U_i)_{f_i} \to \mathcal{O}(U \cap U_i)$ ein Isomorphismus ($i = 1, \ldots, r$). Deshalb finden wir Zahlen $m_i \in \mathbb{N}$ und Funktionen $v_i \in \mathcal{O}(U_i)$ mit $(t \upharpoonright U \cap U_i)$

$(f^{m_i}\restriction U\cap U_i)=v_i\restriction U\cap U_i$. Mit $m=\max\{m_i\mid i=1,\ldots,r\}$ und $w_i=(f^{m-m_i}\restriction U_i)v_i$ erhalten wir $(t\restriction U\cap U_i)(f^m\restriction U\cap U_i)=w_i\restriction U\cap U_i$, $(i=1,\ldots,r)$. Weil f^m auf U keine Nullstelle hat, folgt jetzt $w_i\restriction U\cap U_i\cap U_j=w_j\restriction U\cap U_i\cap U_j$; $(1\leqslant i,j\leqslant r)$.

Wir setzen jetzt $f_{i,j}:=f\restriction U_i\cap U_j$. Dann gilt offenbar $U_i\cap U_j\cap U=U_{f_{i,j}}(U_i\cap U_j)$. So erhalten wir (vgl. (7.13)):

$$\rho_{f_{i,j}}\left(\frac{w_i\restriction U_i\cap U_j}{1}\right)=w_i\restriction U_i\cap U_j\cap U=w_j\restriction U_i\cap U_j\cap U=\rho_{f_{i,j}}\left(\frac{w_j\restriction U_i\cap U_j}{1}\right).$$

Weil $\rho_{f_{i,j}}$ injektiv ist (vgl. 7.13) (iii), folgt in $\mathcal{O}(U_i\cap U_j)_{f_{i,j}}$ die Gleichung $\dfrac{w_i\restriction U_i\cap U_j}{1}=\dfrac{w_j\restriction U_i\cap U_j}{1}$, $(1\leqslant i,\ j\leqslant r)$. So finden wir Zahlen $s_{i,j}\in\mathbb{N}$ mit $f_{i,j}^{s_{i,j}}(w_i\restriction U_i\cap U_j)=f_{i,j}^{s_{i,j}}(w_j\restriction U_i\cap U_j)$ (vgl. (7.12) (i)). Mit $s=\max\{s_{i,j}\}$ erhalten wir schliesslich $f_i^s\,w_i\restriction U_i\cap U_j=f_j^s\,w_j\restriction U_i\cap U_j$, $(1\leqslant i,j\leqslant r)$. Deshalb gibt es eine Funktion $g\in\mathcal{O}(X)$ mit $g\restriction U_i=f_i^s w_i$, $(i=1,\ldots,r)$ (s. (6.13) (ii) (b)).

Mit $n=m+s$ folgt $(t\restriction U\cap U_i)\ (f^n\restriction U\cap U_i)=(f^s\restriction U\cap U_i)\ (w_i\restriction U\cap U_i)=g\restriction U\cap U_i$, $(i=1,\ldots,r)$, also das Gewünschte. □

Als Anwendung beweisen wir jetzt das folgende *Affinitätskriterium.*

(7.18) **Satz:** *Sei X eine quasiaffine Varietät und seien* $f_1,\ldots,f_r\in\mathcal{O}(X)-\{0\}$ *so, dass* $U_X(f_i)$ *affin ist und so, dass* $(f_1,\ldots,f_r)=\mathcal{O}(X)$. *Dann ist X affin.*

Beweis: Sei $U_i=U_X(f_i)$. Nach (7.17) sind die kanonischen Abbildungen $\rho_{f_i}:\mathcal{O}(X)_{f_i}\to\mathcal{O}(U_i)$ Isomorphismen.

Zunächst wollen wir zeigen, dass $\mathcal{O}(X)$ über $\mathbb{C}$ endlich erzeugt ist. Nach Voraussetzung ist $\sum_i f_ig_i=1$ mit geeigneten Funktionen $g_i\in\mathcal{O}(X)$. Weil U_i affin ist, ist $\mathcal{O}(U_i)$ über $\mathbb{C}$ endlich erzeugt (vgl. 7.8)). Also gilt dasselbe für $\mathcal{O}(X)_{f_i}$. Wir können also schreiben $\mathcal{O}(X)_{f_i}=\mathbb{C}[a_{i,1},\ldots,a_{i,s_i},g_i,f_i]_{f_i}$, wobei $a_{i,1},\ldots,a_{i,s_i}\in\mathcal{O}(X)$. Wir setzen $B=\mathbb{C}[a_{1,1},\ldots,a_{r,s_r},f_1,\ldots,f_r,g_1,\ldots,g_r]$ und zeigen, dass $\mathcal{O}(X)=B$. Sei also $f\in\mathcal{O}(X)$. Wegen $\mathcal{O}(X)_{f_i}=B_{f_i}$ finden wir Zahlen $n_i\in\mathbb{N}$ mit $f_i^{n_i}f\in B$, $(i=1,\ldots,r)$. Wegen $g_i\in B$ ist $1\in\sum_i f_iB$, also $\sum_i f_iB=B$, d.h. $\sum_i f_i^{n_i}B=B$ (vgl. (5.12) (ii)). Mit geeigneten Elementen $h_j\in B$ folgt $\sum_i h_if_i^{n_i}=1$. Daraus ergibt sich $f=\sum_i h_if_i^{n_i}\in B$.

$\mathcal{O}(X)$ ist also eine endlich erzeugte (und reduzierte) $\mathbb{C}$-Algebra. Deshalb gibt es eine affine Varietät $\tilde{X}$ mit $\mathcal{O}(\tilde{X})=\mathcal{O}(X)$ (vgl. (6.22)). Nach (7.7) gibt es einen Morphismus $l:X\to\tilde{X}$ mit $l^*=id_{\mathcal{O}(X)}$. Es bleibt zu zeigen, dass l ein Isomorphismus ist. Wir setzen $\tilde{U}_i=U_{\tilde{X}}(f_i)$. Offenbar ist $l(U_i)\subseteq\tilde{U}_i$. Wegen $\sum_i f_i\mathcal{O}(\tilde{X})=\mathcal{O}(\tilde{X})$ ist $\bigcup_i\tilde{U}=X$. Weil die Isomorphismus-Eigenschaft lokaler Natur ist, genügt es zu zeigen, dass die Morphismen $l_i : U_i \xrightarrow{l} \tilde{U}_i$ Isomorphismen sind. Wegen der Diagramme

$$\begin{array}{ccc}
\mathcal{O}(X)_{f_i} & \xrightarrow{l_{f_i}^* = id} & \mathcal{O}(\tilde{X})_{f_i} \\
\rho_{f_i}\downarrow\wr\!\wr & \circlearrowleft & \rho_{f_i}\downarrow\wr\!\wr \\
\mathcal{O}(U_i) & \xrightarrow[l_i^*]{} & \mathcal{O}(\tilde{U}_i)
\end{array}$$

ist l_i^* jeweils ein Isomorphismus. Weil U_i und $\tilde{U}_i$ affin sind, ist auch l_i ein Isomorphismus (vgl. (7.10) (i)). □

Affine Morphismen. Jetzt beweisen wir ein wichtiges Resultat über Morphismen.

(7.19) **Satz:** *Sei $f: X \to Y$ ein Morphismus zwischen quasiaffinen Varietäten. Dann sind äquivalent:*

(i) *Jeder Punkt $q \in Y$ besitzt eine affine offene Umgebung $W_q \subseteq Y$ so, dass $f^{-1}(W_q)$ affin ist.*

(ii) *Für jede affine offene Menge $V \subseteq Y$ ist die offene Menge $f^{-1}(V) \subseteq X$ affin.*

Beweis: Es genügt, die Implikation (ii) ⇒ (i) zu beweisen. Sei $q \in V$. Wir finden ein $l \in \mathcal{O}(W_q)$ so, dass die in W_q elementare offene Menge $W'_q = U_{W_q}(l) \subseteq V$ eine offene Umgebung von q wird. $f^{-1}(W_q) = U_{f^{-1}(W_q)}(f^*(l))$ ist dann affin (vgl. (7.14)). Damit können wir W_q jeweils ersetzen durch W'_q, d.h. annehmen, es sei $W_q \subseteq V$. Wir finden jetzt jeweils ein $h \in \mathcal{O}(V)$ so, dass $W''_q := U_q(h) \subseteq W_q$ eine offene Umgebung von q wird. $f^{-1}(W''_q) = U_{f^{-1}(W_q)}(f^*(h))$ ist dann affin. Damit können wir W_q jeweils ersetzen durch W''_q, d.h. annehmen, W_q sei jeweils elementar in V. Wir finden also Funktionen $l_1, \ldots, l_r \in \mathcal{O}(V) - \{0\}$ so, dass $U_i := f^{-1}(U_V(l_i))$ affin ist, und so, dass $V = \bigcup_i U_V(l_i)$, denn V ist ja kompakt. Nach dem Nullstellensatz folgt zunächst $(l_1, \ldots, l_r)\,\mathcal{O}(V) = \mathcal{O}(V)$. Setzen wir $f_i = f^*(l_i) \in \mathcal{O}(f^{-1}(V))$, so erhalten wir $U_i = U_{f^{-1}(V)}(f_i)$ und $(f_1, \ldots, f_r) = \mathcal{O}(f^{-1}(V))$. Nach (7.18) ist $f^{-1}(V)$ affin. □

(7.20) **Definition:** Einen Morphismus $f: X \to Y$ zwischen quasiaffinen Varietäten, der die äquivalenten Eigenschaften (7.16) (i), (ii) besitzt, nennen wir *affin*. ○

(7.21) **Bemerkung:** Ein Morphismus $f: X \to Y$ zwischen zwei affinen Varietäten ist immer affin. Weiter ergibt sich aus der Charakterisierung (7.19) (ii) sofort, dass die Eigenschaft, affin zu sein, eine *lokale Eigenschaft* ist, d.h. dass für einen Morphismus die folgenden Eigenschaften äquivalent sind:

(i) *$f: X \to Y$ ist affin.*

(ii) *$f: f^{-1}(Y_0) \to Y_0$ ist affin für alle offenen Mengen $Y_0 \subseteq Y$.*

(iii) *Es gibt eine offene Überdeckung $\{Y_i \mid i \in \mathscr{A}\}$ von Y so, dass $f: f^{-1}(Y_i) \to Y_i$ affin ist für alle $i \in \mathscr{A}$.* ○

(7.22) **Aufgaben:** (1) Sei $f: X \to Y$ ein dominanter Morphismus zwischen quasiaffinen Varietäten. Man zeige, dass $f^*: \mathcal{O}(Y) \to \mathcal{O}(X)$ injektiv ist.

(2) Durch $z \mapsto (z^5, z^2)$ wird ein Morphismus $f: \mathbb{A}^1 \to \mathbb{A}^2$ definiert, der keine abgeschlossene Einbettung ist, aber abgeschlossen ist und einen Homöomorphismus $\mathbb{A}^1 \to f(\mathbb{A}^1)$ induziert.

(3) Seien $f, g \in \mathbb{C}[z_1, \ldots, z_n]$ zwei teilerfremde Polynome von positivem Grad. Man zeige, dass die Einschränkungsabbildung $\mathcal{O}(\mathbb{A}^n) \to \mathcal{O}(U(f, g))$ ein Isomorphismus ist, und schliesse daraus, dass $U(f, g)$ nicht affin ist, $(n > 1)$.

(4) Sei $f: \mathbb{A}^n \to \mathbb{A}^n$ ein Isomorphismus. Man zeige, dass die Funktionaldeterminante $\det(\partial f_i/\partial z_j \mid 1 \leqslant i, j \leqslant n)$ zu $\mathbb{C}^*$ gehört. Man schliesse daraus, dass f im Fall $n=1$ von der Form $f(z) = az + b$ ist. Man zeige, dass im Falle $n=2$ Komponentenfunktionen vom Grad >1 auftreten können.

(5) Sei X affin und sei $\mathcal{O}(X)$ faktoriell. Sei Y eine maximale irreduzible echte abgeschlossene Untermenge von X. Dann ist $X - Y$ affin.

(6) Seien $U, V \subseteq \mathbb{A}^1$ offen und $\neq \emptyset$ und sei $f: U \to V$ ein bijektiver Morphismus. Dann gilt $f = \dfrac{az+b}{cz+d}$, wobei $a, b, c, d \in \mathbb{C}$. Seien $c_1, c_2, c_3 \in \mathbb{A}^1$ paarweise verschieden. Man bestimme alle Isomorphismen $g: \mathbb{A}^1 - \{0, -1, 1\} \to \mathbb{A}^1 - \{c_1, c_2, c_3\}$. ○

8. Lokale Ringe, Produkte

Funktionskeime und lokale Ringe. In (7.14) tritt etwas sehr Typisches zutage: Die regulären Funktionen auf (gewissen) offenen Teilmengen von affinen Varietäten erhält man durch Nenneraufnahme. Wir wollen jetzt zu einer «lokalen» Betrachtung von (quasi-)affinen Varietäten übergehen und werden dort diese Erscheinung wieder beobachten.

(8.1) **Definitionen und Bemerkungen:** A) Sei X eine quasiaffine Varietät, $p \in X$ ein Punkt, und sei $\mathbb{U}_p$ die Menge der offenen Umgebungen von p. Wir betrachten die Menge

$$\mathscr{R}_p := \{(f, U) \mid U \in \mathbb{U}_p,\ f \in \mathcal{O}(U)\}$$

aller in einer offenen Umgebung von p definierten regulären Funktionen. Auf dieser Menge führen wir eine Äquivalenzrelation durch:

(i) $(f, U) \sim (g, V) \Leftrightarrow \exists\ W \in \mathbb{U}_p$ *mit* $W \subseteq U \cap V$ *und* $f\restriction W = g\restriction W$.

Offenbar gilt dann:

(ii) $(f, U) \sim (f\restriction V, V), (V \in \mathbb{U}_p, V \subseteq U)$.

Die Klasse von $(f, U) \in \mathcal{R}_p$ bezeichnen wir mit $(f, U)_p$ oder auch mit f_p (diese Vereinfachung ist im Hinblick auf (ii) erlaubt und nennen sie den *Keim der* (auf $U \in \mathbb{U}_p$ definierten) *regulären Funktion* f in p. Anstatt von Klassen reden wir von *regulären Funktionskeimen in* p. Die Menge der regulären Funktionskeime in p bezeichnen wir mit $\mathcal{O}_{X,p}$:

(iii) $\mathcal{O}_{X,p} := \{f_p \mid (f, U) \in \mathcal{R}_p\}$.

In $\mathcal{O}_{X,p}$ können wir eine Addition und eine Multiplikation einführen durch

(iv) (a) $f_p + g_p := ((f \restriction U \cap V) + (g \restriction U \cap V))_p$,
(b) $f_p\, g_p := ((f \restriction U \cap V) \cdot (g \restriction U \cap V))_p$, $((f, U), (g, V) \in \mathcal{R}_p)$.

So wird $\mathcal{O}_{X,p}$ zum Ring mit Null-Element 0_p und Eins-Element 1_p. Identifizieren wir den Keim c_p der konstanten Funktion $c: U \to \{c\}$ $(c \in \mathbb{C}, U \in \mathbb{U}_p)$ mit $\mathbb{C}$, so wird $\mathcal{O}_{X,p}$ zur $\mathbb{C}$-Algebra. Insbesondere wird die *kanonische Abbildung* des Keims-Bildens

(v) $\cdot_p : \mathcal{O}(U) \to \mathcal{O}_{X,p}, \quad (f \mapsto f_p); \quad (U \in \mathbb{U}_p)$,

zu einem Homomorphismus von $\mathbb{C}$-Algebren.

B) Wir halten die obigen Bezeichnungen fest. Wegen $(f, U) \sim (g, V) \Rightarrow f(p) = g(p)$ ist es sinnvoll zu definieren

(vi) $f_p(p) := f(p), (f_p \in \mathcal{O}_{X,p})$.

Man nennt $f_p(p)$ den *Wert* des Keims f_p. Das *Auswerten von Keimen*

(vii) $\cdot(p) : \mathcal{O}_{X,p} \to \mathbb{C}, (f_p \mapsto f_p(p))$,

ist ein Homomorphismus von $\mathbb{C}$-Algebren, dessen Kern gerade gegeben ist durch:

(iix) $\mathfrak{m}_{X,p} = \mathfrak{m}_p := \{f_p \in \mathcal{O}_{X,p} \mid f_p(p) = 0\}$.

Ist $(f, U) \in \mathcal{R}_p$ so, dass $f_p(p) \neq 0$, gibt es ein $V \in \mathbb{U}_p$ mit $f(q) \neq 0, \forall\, q \in V$. Dann ist $(\frac{1}{f}, V) \in \mathcal{R}_p$ und $(\frac{1}{f})_p f_p = 1$, also $f_p \in \mathcal{O}_{X,p}$. Damit ist gezeigt:

(ix) (a) $\mathcal{O}^*_{X,p} = \mathcal{O}_{X,p} - \mathfrak{m}_{X,p}$; $\operatorname{Max}(\mathcal{O}_{X,p}) = \{\mathfrak{m}_{X,p}\}$.
(b) $\mathbb{C} \xrightarrow{\cong} \mathcal{O}_{X,p}/\mathfrak{m}_{X,p}$; $(c \mapsto \bar{c}, \gamma(p) \leftarrow\!\shortmid \bar{\gamma})$.

C) Sei $f: X \to Y$ ein Morphismus zwischen quasiprojektiven Varietäten und sei $p \in X$. Dann besteht ein *induzierter Homomorphismus* von $\mathbb{C}$-Algebren:

(x) $f_p^* : \mathcal{O}_{Y,f(p)} \to \mathcal{O}_{X,p} \quad (g_{f(p)} \mapsto f^*(g)_p = (g \circ f)_p; \ (g, W) \in \mathcal{R}_{f(p)}).$

Das Ausüben von f_p^* nennen wir auch das *Zurückziehen von Keimen* an der Stelle p.

Sofort prüft man jetzt nach:

(xi) (a) $id_p^* = id_{\mathcal{O}_{X,p}}$.

(b) *Ist $g: Y \to Z$ ein weiterer Morphismus zwischen quasiprojektiven Varietäten so besteht das Diagramm*

$$\begin{array}{ccc} \mathcal{O}_{Z,\, g\circ f(p)} & \xrightarrow{(g\circ f)_p^*} & \mathcal{O}_{X,p} \\ & {\scriptstyle g_{f(p)}^*}\searrow \quad \circlearrowleft \quad \nearrow{\scriptstyle f_p^*} & \\ & \mathcal{O}_{Y,f(p)} & \end{array}$$

d.h. es gilt $(g \circ f)^* = f_p^* \circ g_{f(p)}^*$.

Daraus folgt:

(xii) $f: X \to Y$ *Isomorphismus* $\Rightarrow f_p^* : \mathcal{O}_{Y,f(p)} \to \mathcal{O}_{X,p}$ *Isomorphismus.*

Leicht rechnet man nach:

(xiii) $\qquad f_p^*(\mathfrak{m}_{Y,f(p)}) \subseteq \mathfrak{m}_{X,p}$.

Aus der Konstruktion von $\mathcal{O}_{X,p}$ ist klar:

(xiv) *Ist $U \in \mathbb{U}_p$ und ist $i: U \to X$ die Inklusionsabbildung, so gilt $\mathcal{O}_{X,p} = \mathcal{O}_{U,p}$ und $i_p^* = id_{\mathcal{O}_{X,p}}$.*

D) Sei Y *abgeschlossen* in X und $p \in Y$. Wir betrachten das perfekte Ideal

(xv) $\qquad I_{X,p}(Y) := \{f_p \mid (f, U) \in \mathcal{R}_p, f(U \cap Y) = 0\} \subseteq \mathcal{O}_{X,p}$

der auf Y verschwindenden Funktionskeime in p, das wir das *Verschwindungsideal von Y in $\mathcal{O}_{X,p}$* nennen. Es ist $\mathfrak{m}_{X,p} = I_{X,p}(\{p\})$. Wir wollen zeigen:

(xvi) *Ist $Y \subseteq X$ abgeschlossen, $p \in Y$ und $i: Y \to X$ die Inklusionsabbildung, so ist $i_p^* : \mathcal{O}_{X,p} \to \mathcal{O}_{Y,p}$ surjektiv. Dabei gilt* $\mathrm{Kern}(i_p^*) = I_{X,p}(Y)$.

Nach (7.15) gibt es eine affine offene Umgebung U von p. Nach (xiv) können wir X durch U und Y durch $Y \cap U$ ersetzen, d.h. annehmen, X sei affin. Nach (6.28) ist die Einschränkungsabbildung $\mathcal{O}(X) \to \mathcal{O}(Y)$ surjektiv. Dies zeigt, dass i_p^* surjektiv ist. Die Aussage über den Kern ist trivial. ○

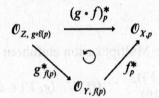

(8.2) **Definition:** Ist X eine quasiaffine Varietät und $p \in X$, so nennen wir den Ring $\mathcal{O}_{X,p}$ der regulären Funktionskeime von X in p den *lokalen Ring von* X *in* p. $\mathfrak{m}_{X,p}$ ist das einzige Maximalideal von $\mathcal{O}_{X,p}$. In Anlehnung daran nennt man einen Ring A mit einem einzigen Maximalideal $\mathfrak{m}$ einen *lokalen Ring*. Man sagt in dieser Situation auch kürzer, $(A, \mathfrak{m})$ sei lokal. ○

Lokalisierung von Ringen. Wir wollen jetzt zeigen, wie man die Ringe $\mathcal{O}_{X,p}$ durch Nenneraufnahme gewinnen kann, und einige Konsequenzen aus dieser Tatsache ziehen.

(8.3) **Definition und Bemerkungen:** A) Sei A ein Ring und $\mathfrak{p} \in \operatorname{Spec}(A)$. Dann ist $A-\mathfrak{p}$ eine Nennermenge. Wir schreiben dann (vgl. (7.12)):

$$A_{\mathfrak{p}} := (A-\mathfrak{p})^{-1}A; \quad I_{\mathfrak{p}} := (A-\mathfrak{p})^{-1}I; \quad \eta_{\mathfrak{p}} := \eta_{A-\mathfrak{p}}, \ldots .$$

Nach (7.12) (x) ist

$$(A_{\mathfrak{p}}, \mathfrak{p}\, A_{\mathfrak{p}})$$

ein lokaler Ring im Sinne von (8.2). Wir nennen $A_{\mathfrak{p}}$ deshalb die *Lokalisierung von A in* $\mathfrak{p}$, die Nenneraufnahme mit $A-\mathfrak{p}$ das *Lokalisieren in* $\mathfrak{p}$.

B) Sei X eine *affine Varietät*, und sei $p \in X$. Wir schreiben $I_X(p)$ für $I_X(\{p\})$. Nach dem Nullstellensatz ist $I_X(p) \in \operatorname{Max}(\mathcal{O}(X))$.

Ist $g \in \mathcal{O}(X)-I_X(p)$, so ist $g_p \in \mathcal{O}^*_{X,p}$ (vgl. (8.1) (ix)). Nach (7.12) (v) (b), (vi) besteht deshalb ein Homomorphismus

(i) $$\mathcal{O}(X)_{I_X(p)} \xrightarrow{\psi_p} \mathcal{O}_{X,p}, \left(\frac{f}{g} \mapsto g_p^{-1}f_p\,; \quad f, g \in \mathcal{O}(X),\, g \notin I_X(p)\right).$$

Wir wollen zeigen:

(ii) ψ_p *ist ein Isomorphismus von* $\mathbb{C}$*-Algebren.*

Beweis: Sei zunächst $\frac{h}{g} \in \operatorname{Kern}(\psi_p)$. Dann ist $h_p = 0$, also $h \restriction U = 0$ für ein $U \in \mathfrak{U}_p$. Nach (6.27) (i) können wir annehmen, es sei $U = U_X(f)$, $(f \in \mathcal{O}(X)-I_X(p))$. Dann ist $fh = 0$, also $\frac{h}{g} = \frac{fh}{fg} = 0$. Damit ist ψ_p injektiv.

Zum Nachweis der Surjektivität wählen wir $\gamma \in \mathcal{O}_{X,p}$. Nach (6.27) (i) finden wir ein $f \in \mathcal{O}(X)-I_X(p)$ und ein $h \in \mathcal{O}(U_X(f))$ mit $h_p = \gamma$. Sei $\rho_f : \mathcal{O}(X)_f \to \mathcal{O}(U_X(f))$ der kanonische Isomorphismus von (7.14). Wir können schreiben $\rho_f^{-1}(h) = \frac{g}{f^n}$, $(g \in \mathcal{O}(X),\ n \in \mathbb{N})$. Jetzt folgt $\psi_p\left(\frac{g}{f^n}\right) = h_p = \gamma$.

C) Seien X und p wie oben und sei $Y \subseteq X$ abgeschlossen mit $p \in Y$. Auf Grund von (ii) prüft man sofort nach:

(iii) $$I_{X,p}(Y) = \psi_p(I_X(Y)\,\mathcal{O}(X)_{I_X(p)}) = I_X(Y)\,\mathcal{O}_{X,p}.$$

D) Schliesslich wollen wir festhalten:

(iv) *Sei $f: X \to Y$ ein Morphismus zwischen quasiaffinen Varietäten. Sei $q \in Y$, $p \in f^{-1}(q)$ und seien $Z \subseteq X$, $W \subseteq Y$ abgeschlossen mit $p \in Z$, $q \in W$. Dann gilt:*
$$I_{Y,q}(\overline{f(Z)}) = (f_p^*)^{-1}(I_{X,p}(Z)) \text{ und } I_{X,p}(f^{-1}(W)) = \sqrt{f_p^*(I_{Y,q}(W))\,\mathcal{O}_{X,p}}.$$

Beweis: O.E. kann man X und Y als affin voraussetzen (vgl. (7.16), (8.1) (xiv)). Jetzt schliesst man mit (iii) und mit (7.9). ○

Nach (8.3) (i) lassen sich die lokalen Ringe affiner Varietäten durch Lokalisieren gewinnen. Diese Tatsache hat zur Folge, dass zwischen der lokalen topologischen Struktur von Varietäten und der Struktur der lokalen Ringe ein enger Zusammenhang besteht. Diesen wollen wir jetzt herleiten.

(8.4) **Definition:** Sei X ein noetherscher topologischer Raum und $p \in X$ ein Punkt. Wir nennen X *irreduzibel in p*, wenn p in einer einzigen irreduziblen Komponente von X liegt. Offenbar gleichbedeutend dazu ist, dass p eine irreduzible offene Umgebung besitzt. ○

(8.5) **Satz:** *Sei X eine quasiaffine Varietät, $p \in X$. Dann gilt:*

(i) *Ist X affin, so besteht ein Diagramm*

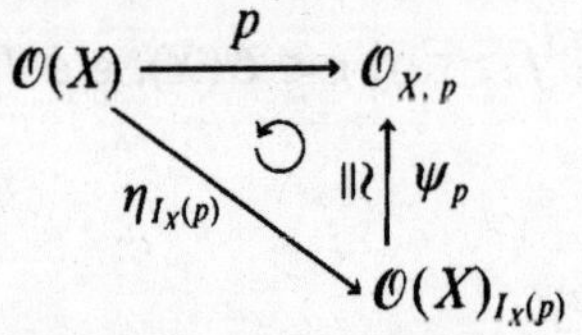

(ii) *$\mathcal{O}_{X,p}$ ist noethersch und reduziert.*

(iii) *Durch $Y \mapsto I_{X,p}(Y)$ wird eine Bijektion zwischen den p enthaltenden, irreduziblen, abgeschlossenen Teilmengen von X und den Primidealen von $\mathcal{O}_{X,p}$ definiert.*

(iv) *$\mathcal{O}_{X,p}$ integer $\Leftrightarrow$ X irreduzibel in p.*

Beweis: (i) ist klar aus (8.3) (i).

(ii) Nach (7.15) und (8.1) (xiv) kann man X durch eine affine offene Umgebung U von p ersetzen, also annehmen, X sei affin. Jetzt schliesst man mit (i), weil die Eigenschaften, noethersch oder reduziert zu sein, bei Nenneraufnahme und bei Isomorphie erhalten bleiben (vgl. (7.12) (xii), (xiii)).

(iii) Sei U wie in (ii). $\overline{\cdot}$ stehe für den Abschluss in X. Durch $Y \mapsto Y \cap U$ ($Y \subseteq X$ irreduzibel abgeschlossen, $p \in Y$) und $Z \mapsto \overline{Z}$ ($Z \subseteq U$ irreduzibel abgeschlossen, $p \in Z$) werden zwei zueinander inverse Zuordnungen zwischen den durch p laufenden irreduziblen abgeschlossenen Teilmengen von X und den durch p laufenden irreduziblen abgeschlossenen Teilmengen von U definiert (vgl. (6.9) (i)–(v)). Beachtet man noch (8.1) (xiv), so kann man jetzt X durch U ersetzen, d.h. annehmen, X sei affin. Nach dem Nullstellensatz und (7.12) (x) wird jetzt durch $Y \mapsto I_X(Y)\mathcal{O}(X)_{I_X(p)}$ eine Bijektion zwischen den fraglichen Mengen Y und Spec $(\mathcal{O}(X)_{I_X(p)})$ definiert. Jetzt schliesst man mit (8.3) (iii).

(iv) «$\Rightarrow$» ist klar nach (iii). «$\Leftarrow$»: Ist X irreduzibel in p, so besitzt p nach (7.15) eine affine offene irreduzible Umgebung U. Man kann wieder X durch U ersetzen, also annehmen, X sei affin und irreduzibel. Dann ist $\mathcal{O}(X)$ integer. Jetzt schliesst man mit (i) und (7.12) (xv). □

Die lokale Struktur quasiaffiner Varietäten. Dass sich lokale Ringe quasiaffiner Varietäten durch Nenneraufnahme gewinnen lassen, bewirkt, dass diese Ringe nicht nur die lokalen topologischen Eigenschaften einer Varietät bestimmen, sondern auch die lokalen geometrischen Eigenschaften. Der Zusammenhang wird dabei hergestellt durch das folgende Resultat, das man als eine lokale Version von (7.7) verstehen kann.

(8.6) **Satz:** *Sei X eine quasiaffine Varietät, Y eine affine Varietät, sei $p \in X$, $q \in Y$ und sei $\varphi : \mathcal{O}_{Y,q} \to \mathcal{O}_{X,p}$ ein Homomorphismus von $\mathbb{C}$-Algebren so, dass $\varphi(\mathfrak{m}_{Y,q}) \subseteq \mathfrak{m}_{X,p}$. Dann gibt es eine affine offene Umgebung $U \subseteq X$ von p und zu dieser einen eindeutig bestimmten Morphismus $f: U \to Y$ mit $f(p) = q$ und $f_p^* = \varphi$.*

Beweis: Wie üblich können wir annehmen, X sei affin. Wir können schreiben $\mathcal{O}(Y) = \mathbb{C}[h_1, \ldots, h_n]$ ($h_i \in \mathcal{O}(Y)$). Nach (8.5) (i) finden wir Elemente $g_i \in \mathcal{O}(X) - I_X(p)$, $l_i \in \mathcal{O}(X)$ so, dass $(g_i)_p\, \varphi((h_i)_q) = (l_i)_p$ $(i = 1, \ldots, n)$. Indem wir g_i durch $g_1 \ldots g_n$ und l_i durch $\prod_{j \neq i} g_j\, l_i$ ersetzen, können wir annehmen, es sei $g_1 = g_2 = \ldots = g_n =: g$ und schreiben $\varphi((h_i)_q) = (g_p)^{-1}(l_i)_p$. $\frac{li}{g}$ definiert auf $U_X(g)$ eine reguläre Funktion k_i, für die gilt $\varphi((h_i)_q) = (k_i)_p$. Ersetzen wir X durch $U_X(g)$, so können wir annehmen, es sei $k_i \in \mathcal{O}(X)$.

Sei jetzt $U \subseteq X$ eine affine offene Umgebung von p, welche alle nicht durch p laufenden irreduziblen Komponenten von X vermeidet. Dann ist jede offene Umgebung $W \subseteq U$ von p dicht in U. Deshalb ist die Keimbildung $\gamma : \mathcal{O}(U) \xrightarrow{\cdot_p} \mathcal{O}_{X,p}$ injektiv. Wir schreiben σ für die Umkehrabbildung $\gamma(\mathcal{O}(U)) \to \mathcal{O}(U)$ von γ und τ für die kanonische Abbildung $\cdot_q : \mathcal{O}(Y) \to \mathcal{O}_{Y,q}$. Wegen $\varphi((h_i)_q) = (k_i)_p = (k_i \restriction U)_p \in \gamma(\mathcal{O}(U))$ gilt $\varphi(\tau(\mathcal{O}(Y))) \subseteq \gamma(\mathcal{O}(U))$. So erhalten wir einen Homomorphismus von $\mathbb{C}$-Algebren $\sigma \circ \varphi \circ \tau : \mathcal{O}(Y) \to \mathcal{O}(X)$. Nach (7.7) gibt es genau einen Morphismus $f: U \to Y$ mit $f^* = \sigma \circ \varphi \circ \tau$.

Wir wollen zeigen, dass f^* die gewünschten Eigenschaften hat. Zunächst gilt $f^*(I_Y(q)) = \sigma \circ \varphi \circ \tau\,(I_Y(q)) \subseteq \gamma^{-1}\,(\varphi \circ \tau(I_Y(q))) \subseteq \gamma^{-1}\,(\varphi(\mathfrak{m}_{Y,q})) \subseteq \gamma^{-1}\,(\mathfrak{m}_{X,p}) \subseteq I_U(p)$, also $I_Y(q) \subseteq (f^*)^{-1}(I_U(p))$. Nach (7.9) (ii) folgt $\{f(p)\} = \{f(p)\} = V_Y((f^*)^{-1}\,(I_U(p))) \subseteq V_Y(I_Y(q)) = \{q\}$, also $f(p) = q$.

Sei jetzt $r \in \mathcal{O}_{Y,q}$. Nach (8.5) können wir schreiben $r = (t_q)^{-1} u_q$, mit $u, t \in \mathcal{O}(Y)$, $t \in I_Y(q)$. Es folgt (vgl. (8.1) (x)) $f_p^*(u_q) = f^*(u)_p = (\sigma \circ \varphi \circ \tau)\;(U)_p = \sigma \circ \varphi(U_q)_p = \sigma(\varphi(u_q)_p) = \varphi(U_q)$. Analog folgt $f_q^*(t_q) = \varphi(t_q)$ und mithin $f_p^*(t_q{}^{-1}) = \varphi(t_q{}^{-1})$. Jetzt ergibt sich $f_p^*(r) = f^*((t_q)^{-1})\, f^*(U_q) = \varphi\,(t_q{}^{-1})\varphi(U_q) = \varphi(r)$. Also gilt $f_p^* = \varphi$.

Sei jetzt $\tilde{f}: U \to Y$ ein weiterer Morphismus mit $\tilde{f}(p) = q$ und $\tilde{f}_p^* = \varphi$. Dann ist $\tilde{f}^*(v) = \sigma(\tilde{f}^*(v)_p) = \sigma(\tilde{f}_p^*(v_q)) = \sigma\,(\varphi(v_q)) = \sigma \circ \varphi \circ \tau(v)$, $(v \in \mathcal{O}(Y))$, also $f^* = \sigma \circ \varphi \circ \gamma$. Nach (7.7) folgt so $\tilde{f} = f$. Dies beweist die Eindeutigkeit von f. □

Jetzt können wir zeigen, was wir vorhin angetönt haben: Die lokalen Ringe $\mathcal{O}_{X,p}$ bestimmen X «in der Nähe von p»:

(8.7) **Korollar:** *Seien X und Y quasiaffine Varietäten, seien $p \in X$, $q \in Y$ und sei $\varphi: \mathcal{O}_{Y,q} \xrightarrow{\cong} \mathcal{O}_{X,p}$ ein Isomorphismus von $\mathbb{C}$-Algebren. Dann gibt es affine offene Umgebungen $U \subseteq X$, $V \subseteq Y$* von *p* resp. *q und zu diesen einen eindeutig bestimmten Isomorphismus $f: U \xrightarrow{\cong} V$ mit $f(p) = q$, $f_p^* = \varphi$.*

Beweis: Wie üblich können wir annehmen, X und Y seien affin. Wegen $\varphi(\mathfrak{m}_{Y,q}) = \mathfrak{m}_{X,p}$ gibt es nach (8.6) eine offene Umgebung $\tilde{U}$ von p und zu dieser einen Morphismus $f: \tilde{U} \to Y$ mit $f(p) = q$, $f_p^* = \varphi$. Nach Verkleinerung von $\tilde{U}$ können wir – ebenfalls gemäss (8.6) – annehmen, $id_{\tilde{U}}: \tilde{U} \to \tilde{U}$ sei der einzige Morphismus, der p festlässt und in $\mathcal{O}_{X,p}$ die Identität induziert. Entsprechend finden wir eine offene Umgebung $\tilde{V}$ von q und einen Morphismus $g: \tilde{V} \to X$ mit $g(q) = p$, $g_q^* = \varphi^{-1}$. Wir können wieder annehmen, $id_{\tilde{V}}: \tilde{V} \circlearrowleft$ sei der einzige Morphismus, der q festlässt und $id_{\mathcal{O}_{Y,q}}$ induziert. Ersetzen wir $\tilde{U}$ durch $\tilde{U} \cap f^{-1}(\tilde{V})$ und $\tilde{V}$ durch $V \cap g^{-1}(\tilde{U})$, so können wir zusätzlich annehmen, es bestünde die Situation $\tilde{U} \underset{g}{\overset{f}{\rightleftarrows}} \tilde{V}$. Dann wird $g \circ f(p) = p$, $(g \circ f)_p^* = f_p^* \circ g_q^* = \varphi \circ \varphi^{-1} = id_{\mathcal{O}_{X,p}}$, also $g \circ f = id_{\tilde{U}}$. Analog gilt $f \circ g = id_{\tilde{V}}$. Damit ist $f: \tilde{U} \to \tilde{V}$ ein Isomorphismus.

Wir ersetzen jetzt $\tilde{V}$ durch eine affine offene Umgebung $\tilde{W} \subseteq \tilde{V}$ von q und $\tilde{U}$ durch $\varphi^{-1}(\tilde{W})$, d.h. wir nehmen an, $\tilde{V}$ sei affin. Nach (8.6) gibt es dann eine affine offene Umgebung $U \subseteq \tilde{U}$ von p so, dass $f: U \to \tilde{V}$ der einzige Morphismus ist, der p nach q abbildet und φ induziert. Weiter ist $V := f(U)$ affin und offen und $f: U \to V$ ein Isomorphismus. □

(8.8) **Korollar:** *Sei $f: X \to Y$ ein Morphismus zwischen quasiaffinen Varietäten und sei $p \in X$. Dann sind äquivalent:*

(i) *$f_p^*: \mathcal{O}_{Y,f(p)} \to \mathcal{O}_{X,p}$ ist ein Isomorphismus.*

(ii) *Es gibt affine offene Umgebungen $U \subseteq X$ von p und $V \subseteq Y$ von $f(p)$ so, dass $f \restriction U : U \to V$ ein Isomorphismus wird.*

(8.9) **Bemerkung:** Seien X und Y irreduzible quasiaffine Varietäten. Ist einer der lokalen Ringe von X isomorph zu einem der lokalen Ringe von Y, so gibt es nach (8.7) dichte offene Mengen $U \subseteq X$, $V \subseteq Y$, die isomorph sind. Anders ausgedrückt: Nach Entfernung geeigneter «dünner» abgeschlossener Untermengen werden X und Y isomorph. Natürlich gilt auch die Umkehrung. Wir veranschaulichen uns diese Situation wie folgt:

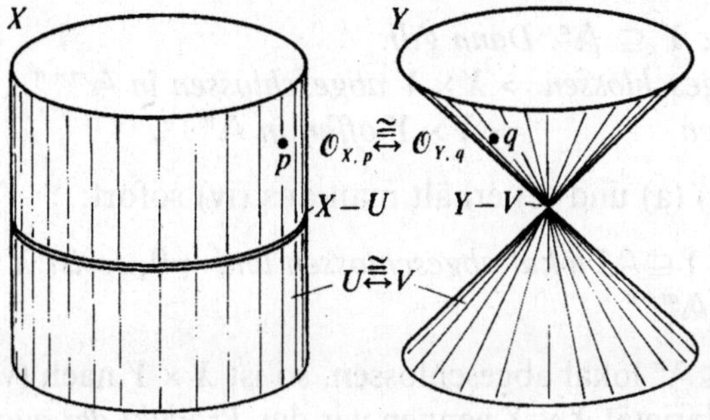

Anmerkung: Auch in andern geometrischen Theorien kann man lokale Ringe als Ringe von Funktionskeimen einführen. Das Typische für die algebraische Geometrie ist die schon mehrfach gebrauchte Tatsache, dass sich diese Ringe mit einem algebraischen Prozess – eben der Nenneraufnahme – aus dem Funktionenring einer geeigneten Umgebung gewinnen lassen. ○

Produkte von quasiaffinen Varietäten. Sei X eine quasiaffine Varietät und seien U, $V \subseteq X$ affine offene Mengen. Wir fragen, ob $U \cap V$ wieder affin ist. Allerdings wollen wir das Problem im grösseren Rahmen angehen.

(8.10) **Definitionen und Bemerkungen:** A) Ist $p=(c_1, \ldots, c_m) \in \mathbb{A}^n$, $q=(d_1, \ldots, d_n) \in \mathbb{A}^n$, so schreiben wir $p \times q$, für den Punkt $(c_1, \ldots, c_m, d_1, \ldots, d_m) \in \mathbb{A}^{m+n}$. Weiter setzen wir

(i) $$X \times Y := \{p \times q \mid p \in X, q \in Y\}, \quad (X \subseteq \mathbb{A}^m \colon Y \subseteq \mathbb{A}^n).$$

$X \times Y$ ist nichts anderes als das kartesische Produkt der Mengen $X \subseteq \mathbb{A}^m$, $Y \subseteq \mathbb{A}^n$, auf spezielle Weise in $\mathbb{A}^{m+n}$ eingebettet. Sofort macht man sich klar:

(ii) (a) $X \times \emptyset = \emptyset \times Y = \emptyset, \quad (X \subseteq \mathbb{A}^m; Y \subseteq \mathbb{A}^n)$.

(b) $X' \subseteq X,\ Y' \subseteq Y \Leftrightarrow X' \times Y' \subseteq X \times Y, \quad (X \subseteq \mathbb{A}^m;\ Y \subseteq \mathbb{A}^n)$.

(c) $\mathbb{A}^m \times \mathbb{A}^n = \mathbb{A}^{m+n}$.

(d) $\left(\bigcup_i X_i\right) \times \left(\bigcup_j Y_j\right) = \bigcup_{i,j} (X_i \times Y_j), \quad (X_i \subseteq \mathbb{A}^m;\ Y_j \subseteq \mathbb{A}^n)$.

(e) $(X_1 \cap X_2) \times (Y_1 \cap Y_2) = (X_1 \times Y_1) \cap (X_2 \times Y_2), \quad (X_i \subseteq \mathbb{A}^m, Y_j \subseteq \mathbb{A}^n).$
(f) $(\mathbb{A}^m - X) \times (\mathbb{A}^n - Y) = \mathbb{A}^{m+n} - \mathbb{A}^m \times Y \cup X \times \mathbb{A}^n, \quad (X \subseteq \mathbb{A}^m;\ Y \subseteq \mathbb{A}^n).$

B) Die Koordinatenfunktionen von $\mathbb{A}^m$ seien $z_1, \ldots, z_m$, jene von $\mathbb{A}^n$ seien $w_1, \ldots, w_n$ und diejenigen von $\mathbb{A}^{m+n}$ seien $z_1, \ldots, z_m, w_1, \ldots, w_n$. Wir fassen $\mathcal{O}(\mathbb{A}^m) = \mathbb{C}[z_1, \ldots, z_m]$ und $\mathcal{O}(\mathbb{A}^n) = \mathbb{C}[w_1, \ldots, w_n]$ als Unterringe von $\mathcal{O}(\mathbb{A}^{m+n}) = \mathbb{C}[z_1, \ldots, z_m, w_1, \ldots, w_n]$ auf. Dann gilt offenbar

(iii) $V_{\mathbb{A}^m}(\mathcal{M}) \times V_{\mathbb{A}^n}(\mathcal{N}) = V_{\mathbb{A}^{m+n}}(\mathcal{M} \cup \mathcal{N}), \quad (\emptyset \neq \mathcal{M} \subseteq \mathcal{O}(\mathbb{A}^m), \emptyset \neq \mathcal{N} \subseteq \mathcal{O}(\mathbb{A}^n)).$

Unter Verwendung von (ii)(f) folgt daraus:

(iv) *Sei* $X \subseteq \mathbb{A}^m$, $Y \subseteq \mathbb{A}^n$. *Dann gilt:*
(a) X, Y *abgeschlossen* $\Rightarrow X \times Y$ *abgeschlossen in* $\mathbb{A}^{m+n}$.
(b) X, Y *offen* $\Rightarrow X \times Y$ *offen in* $\mathbb{A}^{m+n}$.

Mit Hilfe von (ii) (a) und (e) erhält man aus (iv) sofort:

(v) *Sind* $X \subseteq \mathbb{A}^m$, $Y \subseteq \mathbb{A}^n$ *lokal abgeschlossen und* $\neq \emptyset$, *so ist* $X \times Y \neq \emptyset$ *und lokal abgeschlossen in* $\mathbb{A}^{m+n}$.

Sind $X \subseteq \mathbb{A}^m$, $Y \subseteq \mathbb{A}^n$ lokal abgeschlossen, so ist $X \times Y$ nach (v) eine quasiaffine Varietät. Diese Varietät $X \times Y$ nennen wir das *Produkt der quasiaffinen Varietäten X und Y.*

C) Schliesslich betrachten wir die kanonischen Projektionen

(vi) (a) $pr_1 : \mathbb{A}^{m+n} \to \mathbb{A}^m; (p \times q \mapsto p)$,
(b) $pr_2 : \mathbb{A}^{m+n} \to \mathbb{A}^n; (p \times q \mapsto q)$.

Nach (7.2) (i) handelt es sich um Morphismen. Deshalb folgt aus (v) und (7.2) (ii):

(vii) *Sind* $X \subseteq \mathbb{A}^m$, $Y \subseteq \mathbb{A}^n$ *lokal abgeschlossen und* $\neq \emptyset$, *so sind die beiden kanonischen Projektionen* $pr_1 : X \times Y \to X, (p \times q \mapsto p)$; $pr_2 : X \times Y \to Y, (p \times q \mapsto q)$ *surjektive Morphismen.*

Sind X und Y wie in (vii), so nennen wir die kanonischen Projektionen pr_1, pr_2 auch die *Projektionsmorphismen.*

D) Wichtig ist es zu bemerken:

(iix) *Die Zariski-Topologie des Produktes $X \times Y$ zweier quasiaffiner Varietäten ist im allgemeinen nicht die Produkttopologie von X und Y.* ○

(8.11) **Satz:** *Seien X und Y quasiaffine Varietäten. Dann gilt:*

(i) *Ist* $U \subseteq X$, $V \subseteq Y$, *so bestehen die Implikationen*
(a) U *offen in* X, V *offen in* $Y \Rightarrow U \times V$ *offen in* $X \times Y$.
(b) U *abgeschlossen in* X, V *abgeschlossen in* $Y \Rightarrow U \times V$ *abgeschlossen in* $X \times Y$.

(ii) (a) *X, Y irreduzibel $\Leftrightarrow X \times Y$ irreduzibel.*

(b) *Sind $X_1, \ldots, X_r$ die verschiedenen irreduziblen Komponenten von X, $Y_1, \ldots, Y_s$ jene von Y, so sind die Mengen $X_i \times Y_j$ $(1 \leqslant i \leqslant r;\ 1 \leqslant j \leqslant s)$ die verschiedenen irreduziblen Komponenten von $X \times Y$.*

Beweis: Seien X und Y lokal abgeschlossen in $\mathbb{A}^m$ resp. $\mathbb{A}^n$.

(i) (a): Wir schreiben $U = X \cap \tilde{U}$, $V = Y \cap \tilde{V}$, wobei $\tilde{U}$ offen in $\mathbb{A}^m$ und $\tilde{V}$ offen in $\mathbb{A}^n$ ist. Nach (8.10) (ii) (e) gilt dann $U \times V = (X \times Y) \cap (\tilde{U} \cap \tilde{V})$, wobei $\tilde{U} \times \tilde{V}$ nach (8.10) (iv) (b) offen ist in $\mathbb{A}^{m+n}$.

(i) (b) wird analog bewiesen.

(ii) (a) $\Rightarrow$: Seien X und Y irreduzibel. Sei $\overline{X}$ der Abschluss von X in $\mathbb{A}^m$, $\overline{Y}$ der Abschluss von Y in $\mathbb{A}^n$. $\overline{X}$ und $\overline{Y}$ sind irreduzibel (s. (6.9) (v)). X ist offen in $\overline{X}$ und Y ist offen in $\overline{Y}$. Nach (i) (a) ist also $X \times Y$ offen in $\overline{X} \times \overline{Y}$. Nach (6.9) (iv) genügt es deswegen zu zeigen, dass $\overline{X \times Y}$ irreduzibel ist. Damit können wir X durch $\overline{X}$ und Y durch $\overline{Y}$ ersetzen, d.h. annehmen, X und Y seien bereits abgeschlossen. Nehmen wir an, $X \times Y$ sei nicht irreduzibel. Nach (8.10) (iv) (a) ist $X \times Y$ abgeschlossen in $\mathbb{A}^{m+n}$. Nach dem Nullstellensatz ist $I_{\mathbb{A}^{m+n}}(X \times Y)$ nicht prim (und echt). Also finden wir Polynome $f, g \in \mathcal{O}(\mathbb{A}^{m+n}) - I_{\mathbb{A}^{m+n}}(X \times Y)$ mit der Eigenschaft $f \cdot g \in I_{\mathbb{A}^{m+n}}(X \times Y)$. Insbesondere finden wir Punkte $p_1 \times q_1, p_2 \times q_2 \in X \times Y$ mit $f(p_1 \times q_1) \neq 0$, $g(p_2 \times q_2) \neq 0$. Durch $q \mapsto f(p_1 \times q)$, $q \mapsto g(p_2 \times q)$ werden zwei reguläre Funktionen auf Y definiert, die nicht identisch verschwinden. Weil diese Funktionen stetig sind und weil Y irreduzibel ist, gibt es ein $q \in Y$ mit $f(p_1 \times q) \neq 0$, $g(p_2 \times q) \neq 0$. Durch $p \mapsto h(p) := f(p \times q)$, $p \mapsto l(p) := g(p \times q)$ erhalten wir zwei Polynome $h, l \in \mathcal{O}(\mathbb{A}^m) - I_{\mathbb{A}^m}(X)$ mit $h \cdot l \in I_{\mathbb{A}^m}(X)$. Nach dem Nullstellensatz steht dies in Widerspruch zur Irreduzibilität von X. «(ii) (a) $\Leftarrow$» ist klar nach (6.9) (vi).

(ii) (b): Nach (i) (b) und dem eben Gezeigten sind die Mengen $X_i \times Y_j$ irreduzibel und abgeschlossen in $X \times Y$. Weiter gilt $X \times Y = \bigcup_{i,j} (X_i \times Y_j)$, wobei die Mengen $X_i \times X_j$ paarweise verschieden sind (vgl. (8.10) (ii) (d), (b)). Dies zeigt das Gewünschte (vgl. (6.11)). □

Produkte von Morphismen.

(8.12) **Definitionen und Bemerkungen:** A) Seien X und Y quasiaffine Varietäten. Nach (7.2) (i) gilt dann

(i) *Ist Z eine quasiaffine Varietät und sind $f_1 : Z \to X$, $f_2 : Z \to Y$ Morphismen, so wird durch $s \mapsto f_1(s) \times f_2(s)$ ein Morphismus $(f_1, f_2) : Z \to X \times Y$ definiert.*

(f_1, f_2) nennen wir auch den durch f_1 und f_2 *induzierten Morphismus*. Weiter gilt:

(ii) *Sind X, Y und Z quasiaffine Varietäten, so bestehen Isomorphismen*

(a) *$X \times Y \cong Y \times X$, $(p \times q \rightleftarrows q \times p)$ (Kommutativität des Produkts).*

(b) $(X \times Y) \times Z \cong X \times (Y \times Z)$, $((p \times q) \times s \leftrightarrows p \times (q \times s))$ (*Assoziativität des Produkts*).

B) Seien $f: X \to X'$, $g: Y \to Y'$ Morphismen zwischen quasiaffinen Varietäten. Wir schreiben pr_1' und pr_2' für die beiden Projektionsmorphismen $X' \times Y' \to X'$ resp. $X' \times Y' \to Y'$. Den induzierten Morphismus

(iii) $f \times g := (pr_1' \circ f, pr_2' \circ g) : X \times Y \to X' \times Y'$, $(p \times q \mapsto f(p) \times g(q))$

nennen wir das *Produkt von f und g*.

Sofort verifiziert man:

(iv) (a) $id_X \times id_Y = id_{X \times Y}$.

(b) *Sind* $f: X \to X'$, $f': X' \to X''$ *und* $g: Y \to Y'$, $g': Y' \to Y''$ *Morphismen zwischen quasiaffinen Varietäten, so gilt*

$$\begin{array}{ccc} X \times Y & \xrightarrow{(f' \circ f) \times (g' \circ g)} & X'' \times Y'' \\ & {\scriptstyle f \times g} \searrow \quad \circlearrowleft \quad \nearrow {\scriptstyle f' \times g'} & \\ & X' \times Y' & \end{array}$$

(v) *Sind* $f: X \to X'$, $g: Y \to Y'$ *Isomorphismen quasiaffiner Varietäten, so ist* $f \times g: X \times Y \to Y \times Y'$ *ein Isomorphismus.* ○

(8.13) **Satz:** *Seien X und Y affine Varietäten. Dann ist $X \times Y$ affin.*

Beweis: Wir können schreiben $X \cong X'$, $Y \cong Y'$, wo X' und Y' abgeschlossene Mengen in gewissen affinen Räumen $\mathbb{A}^m$ resp. $\mathbb{A}^n$ sind. Nach (8.10) (iv) (a) ist $X' \times Y'$ abgeschlossen in $\mathbb{A}^{m+n}$. Nach (8.12) (iv) gilt $X \times Y \cong X' \times Y'$. □

Die Diagonaleinbettung. Wir wollen jetzt das Resultat formulieren, das uns erlaubt, die Durchschnitte affiner offener Mengen einer Varietät zu verstehen.

(8.14) **Definition:** Sei X eine quasiaffine Varietät. Den induzierten Morphismus (vgl. (8.12) (i))

(i) $d_X := (id_X, id_X) : X \to X \times X$, $(p \mapsto p \times p)$

nennen wir den *Diagonalmorphismus* von X.

Die *Diagonale* D_X von $X \times X$ definieren wir als

(ii) $D_X := \operatorname{Im}(d_X) = \{(p \times p) \mid p \in X\}$. ○

(8.15) **Satz:** *Sei X eine quasiaffine Varietät. Dann ist der Diagonalmorphismus $d_X: X \to X \times X$ eine abgeschlossene Einbettung* (*vgl.* (7.10)″ (ii)).

Beweis: Zuerst zeigen wir, dass d_X abgeschlossen ist. Sei $X \subseteq \mathbb{A}^m$ lokal abgeschlossen. Sei Z abgeschlossen in X. Wir schreiben $Z = X \cap V$, wo $V \subseteq \mathbb{A}^m$ abgeschlossen ist. Wegen $d_X(Z) = (X \times X) \cap d_{\mathbb{A}^m}(V)$ genügt es zu zeigen, dass $d_{\mathbb{A}^m}(V)$ abgeschlossen ist. Es gilt $d_{\mathbb{A}^m}(V) = (V \times V) \cap D_{\mathbb{A}^m}$. $D_{\mathbb{A}^m} = V_{\mathbb{A}^{2m}}(z_1 - w_1, \ldots, z_m - w_m)$ ist abgeschlossen in $\mathbb{A}^{2m}$. $V \times V$ ist abgeschlossen in $\mathbb{A}^{2m}$ (s. (8.10) (iv) (a)).

Jetzt zeigen wir, dass $d_X : X \to d_X(X) = D_X$ ein Isomorphismus ist. In der Tat ist der durch Einschränkung des Projektionsmorphismus $pr_1 : X \times X \to X$ entstehende Morphismus $s : d_X \to X$, $(p \times p \mapsto p)$ zu d_X invers. □

(8.15) erlaubt es also, eine Varietät X kanonisch in $X \times X$ einzubetten als Diagonale durch den Morphismus d_X. d_X nennt man deshalb auch die *Diagonaleinbettung* von X.

(8.16) **Korollar:** *Sei X eine quasiaffine Varietät und seien U und V affine offene Mengen in X so, dass $U \cap V \neq \emptyset$. Dann ist $U \cap V$ affin und offen in X.*

Beweis: Der Isomorphismus $d_X : X \to D_X$ $(p \mapsto p \times p)$ ergibt nach (7.4) (iv) einen Isomorphismus $d_X\restriction : U \cap V \xrightarrow{\cong} d_X(U \cap V)$. Offenbar ist aber $d_X(U \cap V) = (U \times V) \cap D_X$. Es gilt also $U \cap V \cong (U \times V) \cap D_X$. $U \times V$ ist nach (8.13) affin. Nach (8.13) ist D_X abgeschlossen in $X \times X$. Deshalb ist $(U \times V) \cap D_X$ abgeschlossen in $U \times V$. Nach (7.5)′ (ii) wird $(U \times V) \cap D_X$ affin. Damit gilt dasselbe für $U \cap V$. □

Wir wollen eine wichtige Klasse von Varietäten erwähnen, in der der eingeführte Produktbegriff eine Rolle spielt, die sogenannten *affinen algebraischen Gruppen*. Unter einer affinen algebraischen Gruppe versteht man eine affine Varietät X zusammen mit zwei Morphismen $X \times X \xrightarrow{\pi} X$, $X \xrightarrow{\iota} X$ und einem Punkt $e \in X$ so, dass X durch die Operation $p \times q \mapsto p \cdot q := \pi(p, q)$ zur Gruppe mit Eins-Element e wird, wobei gelten soll $\iota(p) = p^{-1}$ $(p \in X)$. X ist also eine Gruppe, bei der die Multiplikation und das Invertieren durch Morphismen gegeben sind.

(8.17) **Beispiele:** A) Die *allgemeine lineare Gruppe* $GL_n(\mathbb{C}) = \{A \in \mathbb{C}^{n \times n} \mid \det(A) \neq 0\}$ ist eine affine algebraische Gruppe. Versehen wir nämlich $\mathbb{C}^{n \times n} = \mathbb{C}^{n^2}$ mit den Koordinaten $z_{i,j}$ $(1 \leqslant i, j \leqslant n)$, so ist $GL_n(\mathbb{C}) = \mathbb{C}^{n^2} - V(\det(z_{i,j} \mid 1 \leqslant i, j \leqslant n))$ eine elementare offene Menge in $\mathbb{A}^{n^2}$, also eine affine Varietät. Sind $A, B \in GL_n(\mathbb{C})$, so sind die Koeffizienten von $A \cdot B$ (resp. von A^{-1}) Polynome (resp. rationale Funktionen) in den Koeffizienten von A und B, (resp. von A). Multiplizieren und Invertieren sind also durch Morphismen gegeben.

B) In $GL_n(2) =: X$ betrachten wir die Untergruppe $B = X \cap V_{\mathbb{A}^4}(z_{21})$ der oberen Dreiecksmatrizen, die Untergruppe $T = B \cap V_{\mathbb{A}^4}(z_{12})$ der Diagonalmatrizen, die

Untergruppe $C = T \cap V_{\mathbb{A}^4}(z_{11} - z_{22})$ der Skalarmatrizen und die Untergruppe $S = B \cap V_{\mathbb{A}^4}(z_{11}\,z_{22} - 1)$ der Matrizen mit Determinante 1. Alle diese Untergruppen sind abgeschlossen, also wieder affin.

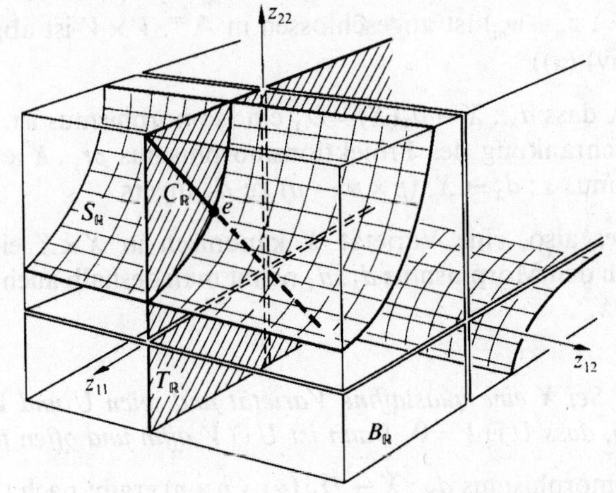

(8.18) **Aufgaben:** (1) Sei $X = V(z_1^3 - z_2^2) \subseteq \mathbb{A}^2$. Man zeige: «$\mathfrak{m}_{X,0}$ ist kein Hauptideal» und schliesse daraus, dass keine offene Umgebung $U \subseteq X$ von $\mathbf{0}$ zu einer offenen Menge von $\mathbb{A}^1$ isomorph ist.

(2) (vgl. Skizze zu (8.9)) Sei $X = V(z_1^2 + z_2^2 - 1)$, $Y = V(z_1^2 + z_2^2 - z_3^2) \subseteq \mathbb{A}^3$ $p = (1, 1, 1)$, $U = X \cap U(z_3)$, $V = Y \cap U(z_3)$. Man gebe Isomorphismen $\mathcal{O}_{X,p} \cong \mathcal{O}_{Y,p}$ und $U \cong V$ an.

(3) Man beschreibe das Invertieren in $S_{\mathbb{R}}$ (vgl. (8.17) B)) geometrisch.

(4) Sei X eine affine algebraische Gruppe. Dann gilt $\mathcal{O}_{X,p} \cong \mathcal{O}_{Y,q}$ $(p, q \in X)$. Man schliesse daraus, dass X disjunkte Vereinigung seiner irreduziblen Komponenten ist.

(5) Wir schreiben $\mathbb{A}^1 \times \mathbb{A}^1 = \mathbb{A}^2$, wobei die beiden Geraden $\mathbb{A}^1$ mit den Koordinatenfunktionen z und w versehen seien. Man bestimme alle Polynome $f \in \mathbb{C}[z, w] = \mathcal{O}(\mathbb{A}^2)$, für welche $U_{\mathbb{A}^2}(f)$ offen ist in der Produkttopologie.

(6) Sei X eine affine Varietät, $p \in X$ und U eine affine offene Umgebung von p. Man zeige algebraisch, dass $\mathcal{O}(X)_{I_X(p)} \cong \mathcal{O}(U)_{I_U(p)}$.

(7) Sei X eine affine algebraische Gruppe und sei $x \in X$. Man zeige, dass Menge $\{y \in X \mid yx = xy\}$ abgeschlossen ist, und schliesse daraus auf die Abgeschlossenheit des Zentrums von X.

(8) Sei $X = V(f) \subseteq \mathbb{A}^2$ eine affine Kurve und sei $p \in X$ ein regulärer Punkt. Man zeige, dass $\mathcal{O}_{X,p}$ ein Hauptidealbereich ist.

III Endliche Morphismen und Dimension

In diesem Kapitel führen wir eine wichtige Invariante der algebraischen Varietäten ein – nämlich die *Dimension*. Zunächst zeigen wir an einem Beispiel, dass die (algebraische) Fassung dieses Begriffes nicht so einfach ist, wie man es von der linearen Algebra her erwarten würde. Wir werden die Dimension allerdings erst etwas später einführen – und zwar als topologische Invariante. Zuerst wollen wir natürlich das zum Aufbau der Dimensionstheorie unerlässliche algebraische Werkzeug der ganzen Erweiterungen einführen. Dabei interessieren wir uns ganz besonders für das Verhalten der Primidealketten bei ganzen Ringerweiterungen. Die ganzen Erweiterungen führen uns auch zum Begriff des *endlichen Morphismus*, des zweiten Hauptthemas dieses Kapitels.

Abschnitt 10 ist dem Aufbau der Dimensionstheorie gewidmet. Als erstes Hauptergebnis beweisen wir hier das sogenannte Normalisationslemma und als Anwendung den Kettensatz für Primideale. Dann definieren wir die Dimension und beschreiben sie algebraisch mit Hilfe des Transzendenzgrades. Anschliessend schätzen wir die Dimension einer affinen Varietät durch die Anzahl ihrer definierenden Gleichungen ab. Dazu beweisen wir einen Satz aus der kommutativen Algebra – das Krullsche Hauptideallemma. Um dieses Resultat zu erhalten, stellen wir ein modultheoretisches Hilfsmittel bereit, das uns auch später nützlich sein wird, nämlich den Längenbegriff für Moduln.

In Abschnitt 11 befassen wir uns mit den topologischen Eigenschaften von Morphismen. Zunächst beweisen wir das sogenannte Normalisationslemma für Morphismen, welches besagt, dass Morphismen «generisch» über einen endlichen Morphismus und eine Projektion faktorisieren. Dann beweisen wir den Hauptsatz über Morphismen. Als Anwendung dieses Satzes ergibt sich, dass die Bilder sogenannter konstruierbarer Mengen wieder konstruierbar sind. Dann wenden wir uns der Faserdimension von Morphismen zu. Wir beweisen, dass diese generisch konstant und für abgeschlossene Morphismen zudem halbstetig ist. Dann untersuchen wir die endlichen Morphismen im Hinblick auf die starke Topologie. Schliesslich beweisen wir den sogenannten Topologievergleichssatz für konstruierbare Mengen.

Abschnitt 12 ist den quasiendlichen Morphismen gewidmet, d.h. den Morphismen mit generisch endlichen Faser. Für solche Morphismen definieren wir einen

Grad-Begriff und zeigen, dass dieser mit der *generischen Anzahl* der Punkte in der Faser übereinstimmt. Als wichtiges Hilfsmittel treten dabei Diskriminanten auf. Als Spezialfall der quasiendlichen Morphismen studieren wir die birationalen – d.h. die *generisch injektiven*. Hier zeigen wir als wichtigstes Resultat die Existenz von Normalisierungen. Schliesslich beweisen wir die «Reduziertheit der generischen Faser» eines Morphismus. Als Anwendung erhalten wir die «generische Unverzweigtheit» der endlichen Morphismen.

9. Ganze Erweiterungen

Ein Beispiel zur Problematik des Dimensionsbegriffs.

(9.1) **Beispiel:** In $\mathbb{C}[z_1, z_2] = \mathcal{O}(\mathbb{A}^2)$ betrachten wir die 4 Polynome $f_1 := z_1$, $f_2 := z_1 z_2$, $f_3 := z_2(z_2-1)$, $f_4 := z_2^2(z_2-1)$ und die $\mathbb{C}$-Algebra $A = \mathbb{C}[f_1, f_2, f_3, f_4] \subseteq \mathcal{O}(\mathbb{A}^2)$. Wir betrachten den affinen Raum $\mathbb{A}^4$ mit den Koordinatenfunktionen $w_1, \ldots, w_4$ und den durch $w_i \mapsto f_i$ definierten Einsetzungshomomorphismus $\pi : \mathcal{O}(\mathbb{A}^4) = \mathbb{C}[w_1, \ldots, w_4] \to \mathcal{O}(\mathbb{A}^2)$. Wir setzen $X = V_{\mathbb{A}^4}(\mathrm{Kern}(\pi))$. Nach (6.21) können wir schreiben $\mathcal{O}(X) = A$, wobei in $\mathcal{O}(X)$ gilt $f_i = w_i \upharpoonright X$, $(i = 1, \ldots, 4)$. Durch die Inklusionsabbildung $\imath : \mathcal{O}(X) \to \mathcal{O}(\mathbb{A}^2)$ wird ein Morphismus $f : \mathbb{A}^2 \to X \subseteq \mathbb{A}^4$ mit den Komponentenfunktionen $f_1, f_2, f_3, f_4 \in \mathcal{O}(\mathbb{A}^2)$ definiert (s. (7.6)). Es gilt also $f(c_1, c_2) = (c_1, c_1 c_2, c_2(c_2-1), c_2^2(c_2-1))$, $((c_1, c_2) \in \mathbb{A}^2)$. In $\mathcal{O}(\mathbb{A}^4)$ wählen wir jetzt die folgenden drei Polynome: $h_1 := w_1 w_4 - w_2 w_3$, $h_2 := w_1^2 w_3 + w_1 w_2 - w_2^2$, $h_3 := w_3^3 + w_3 w_4 - w_4^2$. Sofort rechnet man nach, dass $h_1, h_2, h_3 \in \mathrm{Kern}(\pi) = I(X)$. Somit gilt $X \subseteq V(h_1, h_2, h_3) := Y$. Wir betrachten in Y die elementaren offenen Mengen $V_1 := Y \cap U(w_1)$, $V_2 := Y \cap U(w_3)$. Wegen $h_2, h_3 \in I(Y)$ gilt $V_1 \cup V_2 = Y - \{\mathbf{0}\}$. Wir definieren Morphismen $g_i : V_i \to \mathbb{A}^2$, $(i = 1, 2)$ durch $g_1(d_1, d_2, d_3, d_4) = \left(d_1, \dfrac{d_2}{d_1}\right)$ und $g_2(d_1, d_2, d_3, d_4) = \left(d_1, \dfrac{d_4}{d_3}\right)$. Wegen $h_1 \in I(Y)$ stimmen g_1 und g_2 auf $V_1 \cap V_2$ überein. Also definieren g_1 und g_2 einen Morphismus $g : Y - \{\mathbf{0}\} \to \mathbb{A}^2$ mit $g \upharpoonright V_i = g_i$, $(i = 1, 2)$. In $\mathbb{A}^2$ betrachten wir die offenen Mengen $U_1 := U(z_1)$, $U_2 := U(z_2(z_2-1))$. Sofort prüft man nach: $(f \upharpoonright U_i) \circ g_i = id_{V_i}$, $g_i \circ (f \upharpoonright U_i) = id_{U_i}$, $(i = 1, 2)$. Wegen $U_1 \cup U_2 = \mathbb{A}^2 - \{(0,0), (0,1)\}$ und $X \subseteq Y$ folgt daraus

(i) (a) $\mathbb{A}^2 - \{(0,0), (0,1)\} \xrightarrow[\cong]{f} X - \{\mathbf{0}\}$; (b) $f(\mathbb{A}^2) = X = V(h_1, h_2, h_3)$.

Andrerseits gibt $(0, 0, 0, 1) \in V(h_1, h_2) - X$, $(0, 1, 0, 0) \in V(h_1, h_3) - X$ und $\left(1, \frac{1}{2} + \frac{\sqrt{5}}{2}, 1, \frac{1}{2} - \frac{\sqrt{5}}{2}\right) \in V(h_2, h_3) - X$, also:

(ii) $V(h_1, h_2), V(h_1, h_3), V(h_2, h_3) \supsetneqq X$.

(i) besagt, dass wir X erhalten, indem wir die Ebene $\mathbb{A}^2$ durch f (im $\mathbb{A}^4$) geeignet «verbiegen» so, dass die Punkte (0, 0), (0, 1) zusammenfallen. Leicht sieht man, dass der Rang der Funktionalmatrix $J := \left(\frac{\partial f_i}{\partial z_i}\right) = \begin{pmatrix} 1, & z_2, & 0\ , & 0 \\ 0, & z_1, & 2z_2-1, & (3z_2-2)z_2 \end{pmatrix}$ von f konstant 2 ist und dass die von $J(0, 0)$ und $J(0, 1)$ in $\mathbb{C}^4$ aufgespannten Ebenen nur den Ursprung gemein haben. In der Nähe von $\mathbf{0}$ sieht also X aus wie zwei sich transversal schneidende Ebenen in $\mathbb{C}^4$.

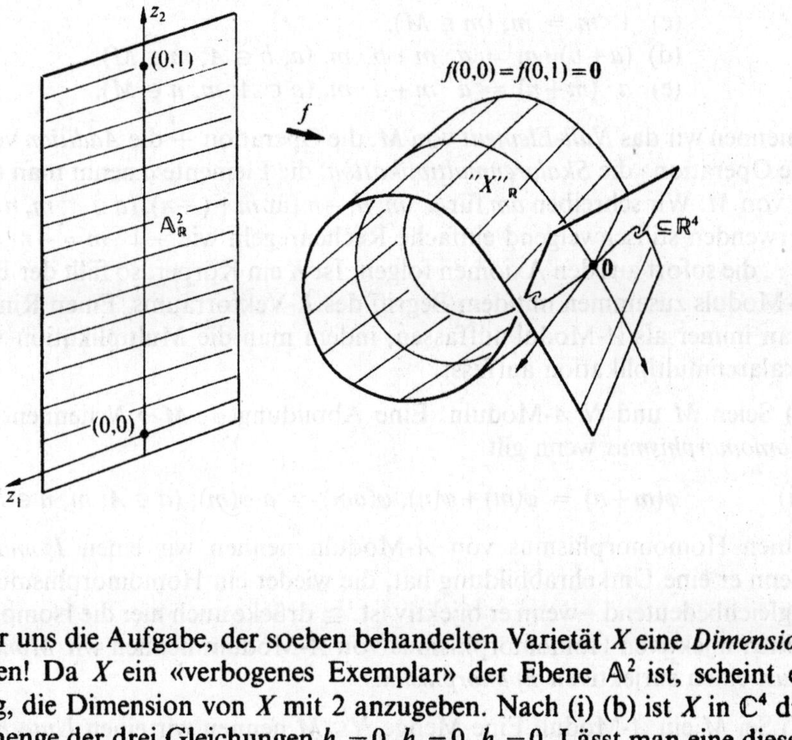

○

Stellen wir uns die Aufgabe, der soeben behandelten Varietät X eine *Dimension* zuzuordnen! Da X ein «verbogenes Exemplar» der Ebene $\mathbb{A}^2$ ist, scheint es vernünftig, die Dimension von X mit 2 anzugeben. Nach (i) (b) ist X in $\mathbb{C}^4$ die Lösungsmenge der drei Gleichungen $h_1 = 0$, $h_2 = 0$, $h_3 = 0$. Lässt man eine dieser Gleichungen weg, so erhält man nach (ii) jedesmal eine echt grössere Lösungsmenge. Wären h_1, h_2, h_3 linear, also X eine Ebene in $\mathbb{C}^4$, könnte so etwas nicht passieren! Es zeigt sich also dem Anschein nach eine Diskrepanz: Verlangen wir vom Dimensionsbegriff «vernünftige» topologische Eigenschaften, so lässt sich dieser algebraisch nicht mehr so einfach verstehen wie in der linearen Algebra. Um diesem vermeintlichen Dilemma zu entgehen, ist ein gewisser algebraischer Apparat nötig. Diesen wollen wir im folgenden bereitstellen.

Anmerkung: Man kann sogar zeigen, dass sich die obige Varietät X überhaupt nicht als Lösungsmenge zweier algebraischer Gleichungen schreiben lässt! Der eigentliche Grund dafür ist die Tatsache, dass X in der Nähe von $\mathbf{0}$ die Vereinigung zweier sich transversal schneidender Flächen ist. ○

Moduln.

(9.2) **Definitionen und Bemerkungen:** A) Sei A ein Ring. Ein *A-Modul* ist eine Menge M, versehen mit einer inneren Operation $M \times M \xrightarrow{+} M$ und einer äusseren Operation $A \times M \longrightarrow M$, zusammen mit einem Element 0, so dass folgende Axiome gelten.

(i) (a) *$(M, +)$ ist eine abelsche Gruppe mit Neutralelement* 0.
(b) $(a \cdot b) \cdot m = a \cdot (b \cdot m)$, $(a, b \in A;\ m \in M)$.
(c) $1 \cdot m = m$, $(m \in M)$.
(d) $(a+b) \cdot m = a \cdot m + b \cdot m$, $(a, b \in A;\ m \in M)$.
(e) $a \cdot (m+n) = a \cdot m + a \cdot m$, $(a \in A;\ m, n \in M)$.

0 nennen wir das *Null-Element* von M, die Operation + die *Addition* von M und die Operation · die *Skalarenmultiplikation*; die Elemente a nennt man oft *Skalare* von M. Wir schreiben am für $a \cdot m$, $m-n$ für $m+(-n)$, $(a \in A;\ m, n \in M)$ und verwenden stillschweigend einfache Rechenregeln wie $-1 \cdot m = -m$, $0 \cdot m = 0$, ..., die sofort aus den Axiomen folgen. Ist K ein Körper, so fällt der Begriff des K-Moduls zusammen mit dem Begriff des K-Vektorraums. Einen Ring A kann man immer als A-Modul auffassen, indem man die Multiplikation von A als Skalarenmultiplikation auffasst.

B) Seien M und N A-Moduln. Eine Abbildung $\varphi: M \to N$ nennen wir einen *Homomorphismus* wenn gilt

(ii) $$\varphi(m+n) = \varphi(m)+\varphi(n),\ \varphi(am) = a\,\varphi(m);\ (a \in A;\ m, n \in M).$$

Einen Homomorphismus von A-Moduln nennen wir einen *Isomorphismus*, wenn er eine Umkehrabbildung hat, die wieder ein Homomorphismus ist oder – gleichbedeutend – wenn er bijektiv ist. $\cong$ drücke auch hier die Isomorphie aus. Einen injektiven Homomorphismus von A-Moduln nennen wir *Monomorphismus*, einen surjektiven *Epimorphismus*.

C) Sei M ein A-Modul. Eine Menge $N \subseteq M$ nennen wir einen *Untermodul* von M, wenn sie bezüglich der vorhandenen Operationen +, · ein A-Modul wird, d.h. wenn gilt:

(iii) *$(N, +)$ ist Untergruppe von $(M, +)$ und aus $a \in A$, $n \in N$ folgt $an \in N$.*

Die Untermoduln von A sind genau die Ideale von A. Der Durchschnitt von Untermoduln ist wieder ein Untermodul.

Ist $\varphi: M \to N$ ein Homomorphismus von A-Moduln und $P \subseteq M$, $Q \subseteq N$ Untermoduln, so sind $\varphi(P) \subseteq N$, $\varphi^{-1}(Q) \subseteq M$ Untermoduln. $\varphi^{-1}(0)$ nennen wir den *Kern* von φ. Offenbar gilt wieder: φ injektiv $\Leftrightarrow$ Kern $(\varphi) = \{0\}$.

D) Ist M ein A-Modul und $N \subseteq M$ ein Untermodul, so sagen wir, zwei Elemente $m, n \in M$ haben den *gleichen Rest modulo* N und schreiben $m \equiv n \bmod (N)$, wenn $m-n \in N$. Die Restgleichheit modulo N ist eine Äquivalenzrelation. Ist $m \in M$, so schreiben wir m/N für die Äquivalenzklasse von m und nennen diese wieder die *Restklasse* von m modulo N. Ist $\mathcal{M} \subseteq M$, so schreiben wir $\mathcal{M}/N$ für die Menge $\{m/N \mid m \in \mathcal{M}\}$. M/N wird in kanonischer Weise zum A-Modul, und zwar vermöge der Operationen $m/N + n/N := (m+n)/N$; $a \cdot (m/N) = am/N$; $(a \in A;\ m\ n \in M)$. Wir schreiben auch $\overline{m}$ für m/N und $\overline{\mathcal{M}}$ für $\mathcal{M}/N$. Durch $m \mapsto \overline{m}$ wird ein surjektiver Homomorphismus $M \to M/N$ von A-Moduln definiert, der *Restklassenhomomorphismus*.

Schliesslich gilt auch für Moduln wieder der *Homomorphiesatz*, auf dessen Formulierung wir verzichten.

E) Sei A ein Ring, M ein A-Modul und $\mathcal{M} \subseteq M$. Wir setzen

(iv) $\qquad (\mathcal{M}) := \{a_1 m_1 + \ldots + a_n m_n \mid a_i \in A,\ m_i \in \mathcal{M}\}.$

$(\mathcal{M})$ ist ein Untermodul von M. Sind $m_1, \ldots, m_s \in M$, so schreiben wir wieder $(m_1, \ldots, m_s)$ für $(\{m_1, \ldots, m_s\})$:

(iv)′ $\qquad (m_1, \ldots, m_s) := \{a_1 m_1 + \ldots + a_n m_n \mid a_i \in A\}.$

Einen Modul $N = (m_1, \ldots, m_s) \subseteq M$ nennen wir *endlich erzeugt*, $m_1, \ldots, m_s$ ein *Erzeugendensystem von* N. Für (m) schreiben wir auch Am. Die *Summe* einer Familie $\{N_\iota \mid \iota \in \mathcal{A}\}$ von Untermoduln wird wieder definiert als $\sum_{\iota \in \mathcal{A}} N_\iota := (\bigcup_{\iota \in \mathcal{A}} N_\iota)$.

Ist $I \subseteq A$ ein Ideal, so schreiben wir IM für den Untermodul

$$(\{am \mid a \in I;\ m \in M\}) = \{\sum_i a_i m_i \mid a_i \in I,\ m_i \in M\}.$$

Für $(a)M$ schreiben wir aM.

F) Sei M ein A-Modul und sei $B = \{b_\iota\}_{\iota \in \mathcal{A}}$ ein *System* von Elementen aus M. Wir sagen M sei *frei über der Basis B*, wenn jedes Element $m \in M$ eindeutig aus den Elementen von B linear kombiniert werden kann, d.h. wenn wir m mit eindeutig bestimmten Koeffizienten a_ι als endliche Summe $m = \sum_\iota a_\iota b_\iota$ schreiben können. Insbesondere sind die Elemente b_ι über A linear unabhängig. Ist M frei über der Basis $B = \{b_\iota\}_{\iota \in \mathcal{A}}$, ist N ein A-Modul und $C = \{c_\iota\}_{\iota \in \mathcal{A}} \subseteq N$, gibt es genau einen Homomorphismus $\varphi : M \to N$ mit der Eigenschaft $\varphi(b_\iota) = c_\iota$, $(\iota \in \mathcal{A})$. Dabei ist $\varphi(M) = (C)$ und $\varphi(M)$ ist genau dann frei über C, wenn φ injektiv ist.

Sei $r \in \mathbb{N}$. Sind $(c_1, \ldots, c_r) = \boldsymbol{c}$, $(d_1, \ldots, d_r) = \boldsymbol{d} \in A^r$ und $a \in A$, so definieren wir $\boldsymbol{c} + \boldsymbol{d} := (c_1 + d_1, \ldots, c_r + d_r)$, $a \cdot \boldsymbol{c} := (ac_1, \ldots, ac_r)$. So wird A^r zum freien Modul über der *kanonischen Basis* $\boldsymbol{e}_1, \ldots, \boldsymbol{e}_r$, wo

$$\boldsymbol{e}_i = (0, \ldots, 1, 0 \ldots, 0), \ (i = 1, \ldots, r).$$

G) Sei $\varphi : A \to B$ ein Homomorphismus von Ringen und sei M ein B-Modul. Dann können wir B kanonisch als A-Modul auffassen vermöge der Skalarenmultiplikation $a \cdot m := \varphi(a)m$, $(a \in A,\ m \in M)$. Insbesondere ist B selbst ein A-Modul.

H) Sei M ein A-Modul. Auf $A \times M$ führen wir eine Addition und eine Multiplikation ein durch

(v) $\qquad (a, m) + (b, n) := (a+b,\ m+n),\ (a, m) \cdot (b, n) := (ab,\ an + bm).$

Auf diese Weise wird $A \times M$ zum Ring mit Null-Element $(0, 0)$ und Eins-Element $(1, 0)$. Diesen nennen wir den *Idealisator* von M und bezeichnen ihn mit $A[M]$.

(vi) $A[M] :=$ *Idealisator von* $M = A \times M$, *versehen mit den Operationen* (v).

Vermöge $a \mapsto (a, 0)$ resp. $m \mapsto (0, m)$ betten wir A resp. M in $A[M]$ ein. So wird A zum Unterring von $A[M]$ und jeder Untermodul $N \subseteq M$ zum Ideal von $A[M]$. ○

Noethersche Moduln.

(9.3) **Lemma:** *Sei A ein noetherscher Ring, M ein endlich erzeugter A-Modul. Dann gilt:*

(i) *Jeder Untermodul $N \subseteq M$ ist endlich erzeugt.*

(ii) *Jede unendliche aufsteigende Folge $N_0 \subseteq N_1 \subseteq \ldots \subseteq N_n \subseteq \ldots$ von Untermoduln von M wird stationär.*

(iii) *Jede nichtleere Menge von Untermoduln von M hat maximale Mitglieder.*

Beweis: Sei $m_1, \ldots, m_r$ ein Erzeugendensystem von M. Für den Idealisator gilt dann offenbar $A[M] = A[m_1, \ldots, m_r]$. Nach dem Hilbertschen Basissatz ist $A[M]$ ein noetherscher Ring. Jetzt folgt alles, weil die Untermoduln von M Ideale von $A[M]$ sind. □

(9.3)′ **Definition:** Einen A-Modul M, der die äquivalenten Eigenschaften (9.3) (i)–(iii) besitzt, nennt man einen *noetherschen* Modul. ○

Ganze Erweiterungen. Wir wenden uns jetzt dem wichtigsten Begriff dieses Abschnittes zu, der ganzen Erweiterung von Ringen. Zunächst machen wir eine weitere Vorbemerkung über Moduln.

(9.4) **Bemerkungen:** A) Sei A ein Ring und sei M ein A-Modul. Sind $m, n \in \mathbb{N}$, so schreiben wir $M^{m \times n}$ für die Menge der Matrizen

$$T \equiv (t_{ij} \mid 1 \leqslant i \leqslant m, 1 \leqslant j \leqslant n) = \begin{pmatrix} t_{11} & t_{12} & \cdots & t_{1n} \\ \cdot & & & \cdot \\ \cdot & & & \cdot \\ t_{m1} & t_{m2} & \cdots & t_{mn} \end{pmatrix}, (t_{i,j} \in M).$$

Ist $S \in A^{r \times m}$ und $T \in M^{m \times n}$, so ist das Matrizenprodukt $S\,T \in M^{r \times m}$ wie üblich definiert.

B) Sei $U=(u_{i,j} \mid 1 \leqslant i, j \leqslant n) \in A^{n \times n}$. Wir definieren die Determinante det (U) von U nach der üblichen Formel:

$$\det(U) = \sum_{\sigma \in \mathfrak{S}_n} sgn\, \sigma \prod_{i=1}^{n} u_{i\sigma(i)}.$$

Entsprechend wird det (U) *linear* in Zeilen und Spalten und *alternierend* in Zeilen und Spalten. Insbesondere gilt folgendes: Stimmen zwei Spalten oder zwei Zeilen in U überein, so gilt det $(U)=0$. Damit wollen wir zeigen:

(i) *(Satz von Kramer) Seien $m_1, \ldots, m_n$ Elemente eines A-Moduls M und sei $U=(u_{ij} \mid 1 \leqslant i, j \leqslant n) \in A^{n \times n}$ so, dass*

$$U \begin{bmatrix} m_1 \\ \cdot \\ \cdot \\ \cdot \\ m_n \end{bmatrix} = \begin{bmatrix} 0 \\ \cdot \\ \cdot \\ \cdot \\ 0 \end{bmatrix}.$$

Dann folgt $\det(U)m_k=0$, $(k=1, \ldots, n)$.

Beweis: Wegen $u_{i,j}$, $\det(U) \in A$ und $m_k \in M$ können wir genausogut im Idealisator $A[M]$ rechnen, d.h. annehmen, es seien $m_1, \ldots, m_n \in A$. Es genügt, den Fall $k=1$ zu behandeln. Wir schreiben $\boldsymbol{u}_{.j}$ für die j-te Spalte von U. Aus der angenommenen Gleichung folgt dann $m_1 \boldsymbol{u}_{.1} = \sum_{j>1} -m_j\, \boldsymbol{u}_{.j}$. Unter Verwendung der genannten Eigenschaften der Determinante folgt $\det(U)m_1 = \det(m_1\, \boldsymbol{u}_{.1}, \boldsymbol{u}_{.2}, \ldots, \boldsymbol{u}_{.n}) = \det(\sum_{j>1} -m_j\, \boldsymbol{u}_{.j}, \boldsymbol{u}_{.2}, \ldots, \boldsymbol{u}_{.n}) = -\sum_{j>1} m_j \det(\boldsymbol{u}_{.j}, \boldsymbol{u}_{.2}, \ldots, \boldsymbol{u}_{.n}) = 0$. ○

(9.5) **Lemma:** *Sei B ein Erweiterungsring von A und sei $x \in B$. Sei $n \in \mathbb{N}$. Dann sind äquivalent:*

(i) *Es besteht eine Gleichung $x^n + a_{n-1}x^{n-1} + \ldots + a_0 = 0$ mit $a_0, \ldots, a_{n-1} \in A$.*
(ii) $A[x] = A + Ax + \ldots + Ax^{n-1}$.

Beweis: «(i) ⇒ (ii)»: Sei $y = \sum_{i=0}^{r} c_i x^i \in A[x]$, $(c_i \in A)$. Wir müssen zeigen, dass $y \in A + Ax + \ldots + Ax^{n-1}$. Für $r<n$ ist dies klar. Sei also $r \geqslant n$. Dann können wir schreiben $y = y - c_r x^{r-n}[x^n + a_{n-1}x^{n-1} + \ldots + a_0] = \sum_{i=0}^{r-n-1} c_i x^i + \sum_{i=r-n}^{r-1} (c_i - c_r a_{i-r-n}) x^i = \sum_{i=0}^{r-1} c'_i x^i$, $(c'_i \in A)$. Mit diesem Verfahren reduziert man r schliesslich auf einen Wert $<n$. «(ii) ⇒ (i)»: Trivial. □

(9.6) **Definition:** Sei A ein Unterring von B, $x \in B$. Eine Gleichung $x^n + a_{n-1}x^{n-1} + \ldots + a_0 = 0$, ($n \in \mathbb{N}$; $a_0, \ldots, a_{n-1} \in A$) nennen wir eine *ganze Gleichung* für x über A. Genügt x einer solchen Gleichung, so nennen wir x *ganz* über A. Die Menge aller über A ganzen Elemente $x \in B$ nennt man den *ganzen Abschluss* von A in B. Sind alle Elemente $x \in B$ ganz über A, so nennen wir B *ganz über* A. Wir sagen dann auch, B sei eine *ganze Erweiterung* von A. Ist B eine endlich erzeugte ganze Erweiterung von A, so nennen wir B eine *endliche ganze Erweiterung von* A. ○

Die endlichen ganzen Erweiterungen spielen in diesem Abschnitt eine zentrale Rolle. Wir beweisen zunächst einige Grundtatsachen:

(9.7) **Lemma:** *Sei B ein Erweiterungsring von A und sei $x \in B$. Dann sind äquivalent:*

(i) *x ist ganz über A.*

(ii) *$A[x]$ ist ein endlich erzeugter A-Modul.*

(iii) *Es gibt einen $A[x]$ umfassenden Unterring C von B, der als A-Modul endlich erzeugt ist.*

Beweis: «(i) ⇒ (ii)» folgt aus (9.5), «(ii) ⇒ (iii)» ist trivial. «(iii) ⇒ (i)»: Sei $A[x] \subseteq C \subseteq B$, wobei $C = \sum_{i=1}^{n} Am_i$ ein Unterring von B ist. Dann können wir schreiben $xm_i = \sum_{j=1}^{n} a_{i,j}m_j$; ($a_{i,j} \in A$; $1 \leqslant i, j \leqslant n$). Steht $\mathbb{1}_n \in A^{n \times n}$ für die Einheitsmatrix und ist $T = (a_{i,j} \mid 1 \leqslant i, j \leqslant n) \in A^{n \times n}$, so können wir also schreiben:

$$(x\mathbb{1}_n - T)\begin{pmatrix} m_1 \\ \cdot \\ \cdot \\ \cdot \\ m_n \end{pmatrix} = \begin{pmatrix} 0 \\ \cdot \\ \cdot \\ \cdot \\ 0 \end{pmatrix}.$$

Nach dem Kramerschen Satz folgt $\det(x\mathbb{1}_n - T)\, m_k = 0$, ($k = 1, \ldots, n$), also $\det(x\mathbb{1}_n - T)\, C = 0$, also $\det(x\mathbb{1}_n - T) = 0$. Wegen $T \in A^{n \times n}$ liefert dies eine ganze Gleichung für x über A. □

(9.8) **Satz:** *Seien $A \subseteq B$ Ringe. Dann gilt:*

(i) *Der ganze Abschluss von A in B ist ein A umfassender Unterring von B. Insbesondere gilt: Sind $b_1, \ldots, b_r \in B$ ganz über A, so ist $A[b_1, \ldots, b_r]$ ganz über A.*

(ii) *B ist genau dann eine endliche ganze Eweiterung von A, wenn B als A-Modul endlich erzeugt ist.*

(iii) *Ist B eine (endliche) ganze Erweiterung von A und C eine (endliche) ganze Erweiterung von B, so ist C eine (endliche) ganze Erweiterung von A; (Transitivität der Ganzheit).*

Beweis: (i): Sei D der ganze Abschluss von A in B. $A \subseteq D$ ist trivial. Es bleibt also zu zeigen: $x, y \in D \Rightarrow x+y,\ x \cdot y \in D$. Nach (9.5) können wir schreiben $A[x]=\sum_{i\leqslant s} Ax^i$, $A[y]=\sum_{j\leqslant t} Ay^j$. Daraus ergibt sich $A[x, y]=\sum_{i\leqslant s,\, j\leqslant t} Ax^iy^j$. $A[x, y]$ ist also ein endlich erzeugter A-Modul. Weiter gilt $A[x+y]\subseteq A[x, y]$ und $A[xy]\subseteq A[x, y]$. Anwendung von (9.7) mit $C=A[x, y]$ zeigt das Gewünschte.

(ii): Sei B eine endliche ganze Erweiterung von A. Wir können schreiben $B=A[x_1, \ldots, x_r]$. Durch Induktion nach r zeigen wir, dass B als A-Modul endlich erzeugt ist. Der Fall $r=1$ ist klar wegen (9.7). Sei $r>1$. Nach Induktion ist $B' := A[x_1, \ldots, x_{r-1}]$ endlich erzeugt als A-Modul: $B'=\sum_{i\leqslant s} Am_i$. Weiter ist $B=B'[x_r]$, und x_r ist ganz über B'. Nach (9.7) ist B endlich erzeugt als B'-Modul: $B=\sum_{j\leqslant t} B'n_j$. Jetzt folgt $B=\sum_{i\leqslant s,\, j\leqslant t} Am_in_j$. B ist also ein endlich erzeugter A-Modul.

Ist umgekehrt B ein endlich erzeugter A-Modul, so ist B nach (9.7) ganz über A und – trivialerweise – endlich erzeugt als Ring.

(iii): Sei B eine endliche ganze Erweiterung von A, C eine endliche ganze Erweiterung von B. Nach (ii) ist B endlich erzeugt als A-Modul und C endlich erzeugt als B-Modul. Damit ist C endlich erzeugt als A-Modul, also endlich und ganz über A. Sei jetzt B ganz über A, C ganz über B und $x \in C$. Es besteht eine ganze Gleichung $x^n+b_{n-1}x^{n-1}+\ldots+b_0=0$, ($b_i \in C$). Also ist x ganz über $B' := B[b_0, \ldots, b_{n-1}]$. Wendet man das vorhin Gezeigte auf die endlichen ganzen Erweiterungen $A \subseteq B'$, $B' \subseteq B'[x]$ an, so folgt, dass x ganz ist über A. □

Ideale und ganze Erweiterungen. Unsere eigentliche Aufgabe besteht jetzt darin, das Verhalten der Idealtheorie beim Übergang zu ganzen Erweiterungen zu untersuchen. Wir stellen zunächst die dazu nötigen Hilfsmittel bereit.

(9.9) **Lemma:** *Sei $I \subseteq A$ ein Ideal und sei M ein endlich erzeugter A-Modul. Es gelte $IM=M$. Dann gibt es ein Element $a \in I$ mit $(1-a)M=\{0\}$.*

Beweis: Sei $M=\sum_{i=1}^{n} Am_i$. Dann bestehen Gleichungen

$m_j=\sum_{j=1}^{n} a_{i,j}\, m_j$ $(a_{i,j} \in I;\ 1\leqslant i, j\leqslant n)$. Mit $T=(a_{i,j} \mid 1\leqslant i, j\leqslant n) \in A^{n\times n}$ folgt:

$$(\mathbb{1}-T)\begin{pmatrix} m_1 \\ \cdot \\ \cdot \\ \cdot \\ m_n \end{pmatrix} = \begin{pmatrix} 0 \\ \cdot \\ \cdot \\ \cdot \\ 0 \end{pmatrix}.$$

Nach dem Kramerschen Satz folgt $\det(\mathbb{1}_n - T)\ M = \{0\}$. Wegen $a_{i,j} \in I$ ist $\det(\mathbb{1}_n - T)$ von der Form $1 - a$, mit $a \in I$. □

Das obige Lemma findet meist in seiner lokalen Version Anwendung, und zwar in der folgenden Form.

(9.9)′ **Satz:** (*Lemma von Nakayama*): *Sei* $(A, \mathfrak{m})$ *ein lokaler Ring (vgl. (8.2)), sei* M *ein endlich erzeugter A-Modul,* $N \subseteq M$ *ein Untermodul und gelte* $N + \mathfrak{m}M = M$. *Dann gilt* $N = M$.

Insbesondere folgt aus $\mathfrak{m}M = M$ *immer* $M = \{0\}$.

Beweis: Sei $\mathfrak{m}M = M$. Nach (9.9) gibt es ein $a \in \mathfrak{m}$ mit $(1-a)M = \{0\}$. Wegen $1 - a \notin \mathfrak{m}$ ist $1 - a \in A^*$. So folgt $M = (1-a)^{-1}\ (1-a)M = (1-a)^{-1}\ M = \{0\}$. Dies beweist die zweite Aussage.

Ist $N + \mathfrak{m}M = M$, so folgt $\mathfrak{m}(M/N) = M/N$. Nach dem eben Gezeigten gilt also $M/N = \{0\}$, d.h. $N = M$. □

(9.10) **Lemma:** *Sei B ein ganzer Erweiterungsring von A und* $I \subsetneq A$ *ein echtes Ideal. Dann ist IB ein echtes Ideal von B.*

Beweis: Nehmen wir das Gegenteil an! Dann können wir schreiben $1 = \sum_{i=1}^{n} a_i\, b_i$ $(a_i \in I;\ b_i \in A)$. Mit $C = A[b_1, \ldots, b_n]$ folgt $1 \in I\,C$, d.h. $C = IC$. Nach (9.8) (ii) ist C endlich erzeugt als A-Modul. Nach (9.9) gibt es ein $a \in I$ mit $(1-a)C = 0$. Es folgt $(1-a) \cdot 1 = 0$, d.h. $1 = a \in I$. □

(9.11) **Bemerkung:** Sei B ein Erweiterungsring von A. Ist $J \subsetneq B$ ein echtes Ideal, so wird durch $a/(J \cap A) \mapsto a/J$, $(a \in A)$ ein injektiver Homomorphismus $A/(J \cap A) \to B/J$ definiert, der erlaubt, $A/(J \cap A)$ als Unterring von B/J aufzufassen. Ist $S \subseteq A$ eine Nennermenge, so wird durch $\frac{a}{s} \mapsto \frac{a}{s}$, $(a \in A,\ s \in S)$ ein injektiver Homomorphismus $S^{-1}A \to S^{-1}B$ definiert, der es erlaubt, $S^{-1}A$ als Unterring von $S^{-1}B$ aufzufassen (s. (7.12) (vi)). ○

(9.12) **Lemma:** *Sei B ein Erweiterungsring von A,* $J \subsetneq B$ *ein echtes Ideal und* $S \subseteq A$ *eine Nennermenge. Dann gilt:*

(i) *B (endlich) ganz über A* $\Rightarrow$ *B/J (endlich) ganz über* $A/J \cap A$.

(ii) (a) *Ist C der ganze Abschluss von A in B, so ist* $S^{-1}C$ *der ganze Abschluss von* $S^{-1}A$ *in* $S^{-1}B$.

(b) *B (endlich) ganz über A* $\Rightarrow$ $S^{-1}B$ *(endlich) ganz über* $S^{-1}A$.

Beweis: (i): $x \in B$ genüge der ganzen Gleichung $x^n + a_{n-1}x^{n-1} + \ldots + a_0 = 0$, $(a_0, \ldots, a_{n-1} \in A)$. Dann genügt $\bar{x} = x/J$ der Gleichung $\bar{x}^n + \bar{a}_{n-1}\,\bar{x}^{n-1} + \ldots + \bar{a}_0 = 0$, wobei $\bar{a}_i = a_i/(J \cap A) \in A/(J \cap A)$. Die Endlichkeitsaussage folgt aus (9.8) (ii).,

(ii) (a): Sei $\frac{x}{s} \in S^{-1}C$, $(x \in C; s \in S)$. x genügt einer ganzen Gleichung $x^n + a_{n-1} x^{n-1} + \ldots + a_0 = 0$, $(a_0, \ldots, a_{n-1} \in A)$. Es folgt $(\frac{x}{s})^n + \frac{a_{n-1}}{s}(\frac{x}{s})^{n-1} + \ldots + \frac{a_0}{s^n} = \frac{x^n + a_{n-1} x^{n-1} + \ldots + a_0}{s^n} = 0$. Also ist $\frac{x}{s}$ ganz über $S^{-1}A$.

Sei umgekehrt $y \in S^{-1}B$ ganz über $S^{-1}A$. Dann besteht eine Gleichung $y^h + u_{n-1} y^{n-1} + \ldots + u_0 = 0$, $(u_0, \ldots, u_{n-1} \in S^{-1}A)$. Die Brüche $y, u_0, \ldots, u_{n-1}$ können mit einem gemeinsamen Nenner s geschrieben werden: $y = \frac{x}{s}$, $u_0 = \frac{a_0}{s}, \ldots$, $u_{n-1} = \frac{a_{n-1}}{s}$, $(x, a_0, \ldots, a_{n-1} \in A)$. Jetzt folgt wieder $\frac{x^n + a_{n-1} x^{n-1} + \ldots + a_0}{s^n} = 0$. Wir finden also ein $t \in S$ mit $t^n(x^n + a_{n-1} x^{n-1} + \ldots + a_0) = 0$. Es folgt $(tx)^n + t\, a_{n-1} (tx)^{n-1} + \ldots + t^n a_0 = 0$, also $t\, x \in C$, also $y = \frac{tx}{ts} \in S^{-1}C$.

(ii) (b): Klar aus (ii) (a). □

(9.13) **Lemma** (*Retraktionslemma*): *Sei B eine ganze Erweiterung von A sei $J \subseteq B$ und sei $\mathfrak{q} \in$ Spec (B) so, dass $\mathfrak{q} \subseteq J$ und $\mathfrak{q} \cap A = J \cap A$. Dann gilt $J = \mathfrak{q}$.*

Beweis: Nach (9.12) ist $\overline{B} := B/\mathfrak{q}$ ganz über $\overline{A} := A/(\mathfrak{q} \cap A)$, und $\overline{J} := J/\mathfrak{q}$ erfüllt $\overline{J} \cap \overline{A} = \{0\}$. Sei $\overline{x} \in \overline{J}$. Dann gibt es ein kleinstes $n \in \mathbb{N}$ so, dass eine ganze Gleichung $\overline{x}^n + \overline{a}_{n-1} \overline{x}^{n-1} + \ldots + \overline{a}_0 = 0$ $(\overline{a}_0, \ldots, \overline{a}_{n-1} \in \overline{A})$ besteht. Es folgt $\overline{a}_0 = -\overline{x}^n - \overline{a}_{n-1}\overline{x}^{n-1} - \ldots - \overline{a}_1 \overline{x} \in \overline{A} \cap \overline{J}$, also $\overline{a}_0 = 0$. Wir behaupten, dass $\overline{x} = 0$. Nehmen wir das Gegenteil an! Dann ist $n > 1$, denn sonst wäre $\overline{x} = -\overline{a}_0 = 0$. Aus $\overline{a}_0 = 0$ folgt aber $\overline{x}(\overline{x}^{n-1} + \overline{a}_{n-1} \overline{x}^{n-2} + \ldots + \overline{a}_1) = 0$. Weil $\mathfrak{q}$ prim ist, ist $\overline{B}$ integer (vgl. (6.19) (iii)). Deshalb folgt $\overline{x}^{n-1} + \overline{a}_{n-1} \overline{x}^{n-2} + \ldots + \overline{a}_1 = 0$, also ein Widerspruch zur Minimalität von n. Damit ist gezeigt, dass gilt $\overline{J} = \{0\}$, also $J = \mathfrak{q}$. □

(9.14) **Satz** (*Going-up-Lemma von Cohen-Seidenberg*): *Sei B eine ganze Erweiterung von A, sei $J \subseteq B$ ein Ideal und sei $\mathfrak{p} \in$ Spec (A) so, dass $J \cap A \subseteq \mathfrak{p}$. Dann gibt es ein $\mathfrak{q} \in$ Spec (B) mit $J \subseteq \mathfrak{q}$ und $\mathfrak{q} \cap A = \mathfrak{p}$.*

Beweis: Nach (9.12) ist $\overline{B} := B/J$ ganz über $\overline{A} := A/(J \cap A)$. Finden wir ein $\overline{\mathfrak{q}} \in$ Spec $(\overline{B})$ mit $\overline{\mathfrak{q}} \cap \overline{A} = \overline{\mathfrak{p}} := \mathfrak{p}/(J \cap A)$, so hat das Urbild $\mathfrak{q}$ von $\overline{\mathfrak{q}}$ in B offenbar die gewünschten Eigenschaften. Deswegen können wir A und B ersetzen durch $\overline{A}$ und $\overline{B}$, d.h. annehmen, es sei $J = 0$. Sei $S = A - \mathfrak{p}$. Nach (9.12) ist $S^{-1}B$ ganz über $S^{-1}A = \mathfrak{p}$. Finden wir ein $\mathfrak{q}' \in$ Spec $(S^{-1}B)$ mit $\mathfrak{q}' \cap S^{-1}A = S^{-1}\mathfrak{p}$, so gilt für das Urbild $\mathfrak{q} = \eta_s^{-1}(\mathfrak{q}')$ von $\mathfrak{q}'$ in B offenbar $\mathfrak{q} \cap A = \eta_s^{-1}(\mathfrak{q}' \cap S^{-1}A) = \eta_s^{-1}(S^{-1}\mathfrak{p}) = \mathfrak{p}$ (vgl. (7.12) (x)). Deshalb können wir A und B ersetzen durch $A_\mathfrak{p}$ resp. $S^{-1}B$ und $\mathfrak{p}$ durch $\mathfrak{p}A_\mathfrak{p}$, d.h. annehmen, A sei lokal und $\mathfrak{p}$ das Maximalideal von A. Nach (9.10) ist $\mathfrak{p}\, B$ ein echtes Ideal von B, also enthalten in einem $\mathfrak{q} \in$ Max $(B) \subseteq$ Spec (B). Jetzt folgt $\mathfrak{q} \cap A = \mathfrak{p}$. □

Primidealketten und ganze Erweiterungen. Ist B eine ganze Erweiterung von A, so ist es im Hinblick auf geometrische Anwendungen besonders wichtig zu wissen, welcher Zusammenhang zwischen Spec (A) und Spec (B) besteht. Dieser Frage wollen wir uns jetzt zuwenden.

(9.15) **Definitionen und Bemerkungen:** A) Sei A ein Ring. Unter einer *Primidealkette* von A oder einer *Kette* in Spec (A) verstehen wir eine Kette

(i) $$\mathfrak{p}_0 \subseteq \mathfrak{p}_1 \subseteq \ldots \subseteq \mathfrak{p}_n \quad \textit{mit} \quad \mathfrak{p}_i \in \operatorname{Spec}(A), (i = 0, \ldots, n).$$

Die Zahl n nennen wir die *Länge* der Kette $\mathfrak{p}_0 \subseteq \ldots \subseteq \mathfrak{p}_n$.

Wir sagen die Kette $\mathfrak{p}_0 \subseteq \ldots \subseteq \mathfrak{p}_n$ *sei echt*, wenn

(i)′ $$\mathfrak{p}_i \subsetneq \mathfrak{p}_{i+1}, \quad (i=0, \ldots, n-1).$$

Sind $\mathfrak{p}_0 \subsetneq \ldots \subsetneq \mathfrak{p}_n$ und $\mathfrak{p}'_0 \subsetneq \ldots \subsetneq \mathfrak{p}'_m$ *echte* Ketten in Spec (A), so sagen wir, $\mathfrak{p}'_0 \subsetneq \ldots \subsetneq \mathfrak{p}'_m$ sei eine *Erweiterung* von $\mathfrak{p}_0 \subsetneq \ldots \subsetneq \mathfrak{p}_n$, wenn

(ii) $$\{\mathfrak{p}_0, \ldots, \mathfrak{p}_n\} \subseteq \{\mathfrak{p}'_0, \ldots, \mathfrak{p}'_m\}.$$

Wir sagen dann auch, $\mathfrak{p}_0 \subsetneq \ldots \subsetneq \mathfrak{p}_n$ sei eine *Teilkette* von $\mathfrak{p}'_0 \subsetneq \ldots \subsetneq \mathfrak{p}'_m$. Dabei reden wir von einer *echten* Erweiterung (resp. Teilkette), wenn

(ii)′ $$\{\mathfrak{p}_0, \ldots, \mathfrak{p}_n\} \subsetneq \{\mathfrak{p}'_0, \ldots, \mathfrak{p}'_m\}.$$

Eine Erweiterungskette $\mathfrak{p}'_0 \subsetneq \ldots \subsetneq \mathfrak{p}'_m$ von $\mathfrak{p}_0 \subsetneq \ldots \subsetneq \mathfrak{p}_n$ nennen wir eine *Verfeinerung*, wenn beide Ketten dieselben Enden haben, d.h. wenn

(iii) $$\mathfrak{p}'_0 = \mathfrak{p}_0, \mathfrak{p}'_m = \mathfrak{p}_n.$$

Dabei nennen wir eine Verfeinerung *echt*, wenn sie als Erweiterung echt ist, d.h. wenn sie (ii)′ erfüllt.

Eine echte Kette ohne echte Erweiterung nennen wir *maximal* oder eine *maximale* echte *Primidealkette*. Eine echte Kette ohne echte Verfeinerung nennen wir *unverfeinerbar*.

B) Sei B ein Erweiterungsring von A. Ist $\mathfrak{p} \in \operatorname{Spec}(A)$, $\mathfrak{q} \in \operatorname{Spec}(B)$ so, dass $\mathfrak{p} = \mathfrak{q} \cap A$, nennen wir $\mathfrak{p}$ die *Retraktion von* $\mathfrak{q}$ und sagen auch $\mathfrak{q}$ *liege über* $\mathfrak{p}$. Sind $\mathfrak{p}_0 \subseteq \ldots \subseteq \mathfrak{p}_n$ und $\mathfrak{q}_0 \subseteq \ldots \subseteq \mathfrak{q}_n$ Ketten aus Spec (A) resp. Spec (B) so, dass $\mathfrak{p}_i = \mathfrak{q}_i \cap A$ $(i=0, \ldots, n)$, nennen wir die Kette $\mathfrak{p}_0 \subseteq \ldots \subseteq \mathfrak{p}_n$ die *Retraktion* von $\mathfrak{q}_0 \subseteq \ldots \subseteq \mathfrak{q}_n$ und sagen auch, $\mathfrak{q}_0 \subseteq \ldots \subseteq \mathfrak{q}_n$ *liege über* $\mathfrak{p}_0 \subseteq \ldots \subseteq \mathfrak{p}_n$.

Ist $\mathfrak{p}$ die Retraktion von $\mathfrak{q}$, so schreibt man oft $\mathfrak{p}-\mathfrak{q}$. In dieser Schreibweise lassen sich viele Aussagen einprägsam niederschreiben. So etwa das Going-up-Lemma (9.14) (für $J=\mathfrak{s}\in \operatorname{Spec}(B)$):

$$\text{(iv)}\quad \begin{array}{ccc} \mathfrak{p} & & \\ \rotatebox{90}{$\subseteq$} & & \\ \mathfrak{t} & \text{———} & \mathfrak{s}\end{array} \quad\Rightarrow \exists \mathfrak{q}:\quad \begin{array}{ccc}\mathfrak{p} & \text{———} & \mathfrak{q}\\ \rotatebox{90}{$\subseteq$} & & \rotatebox{90}{$\subseteq$} \\ \mathfrak{t} & \text{———} & \mathfrak{s}\end{array} \qquad \circ$$

(9.16) **Satz:** *Sei B eine ganze Erweiterung von A. Dann gilt*

(i) (*Retraktions-Eigenschaft*). *Die Retraktion einer echten Primidealkette von B ist eine echte Primidealkette von A.*

(ii) (*Lying-over-Eigenschaft*) *Über jeder Kette aus* Spec (A) *liegt eine Kette aus* Spec (B). *Ist die Kette aus* Spec (A) *echt und unverfeinerbar* (*resp. maximal*), *so ist es auch die darüberliegende Kette aus* Spec (B).

(iii) (*Going-up-Eigenschaft*) *Ist* $\mathfrak{p}_0\subseteq \ldots \subseteq\mathfrak{p}_n$ *eine Kette aus* Spec (A) *und liegt* $\mathfrak{q}_0\subseteq \ldots \subseteq\mathfrak{q}_m$, ($m\leqslant n$, $\mathfrak{q}_i\in \operatorname{Spec}(B)$) *über* $\mathfrak{p}_0\subseteq \ldots \subseteq\mathfrak{p}_m$, *so lässt sich die Kette* $\mathfrak{q}_0\subseteq \ldots \subseteq\mathfrak{q}_m$ *nach oben erweitern zu einer Kette* $\mathfrak{q}_0\subseteq \ldots \subseteq\mathfrak{q}_n$, *welche über* $\mathfrak{p}_0\subseteq \ldots \subseteq\mathfrak{p}_n$ *liegt.*

Beweis: (i): Klar aus dem Retraktionslemma.

(iii): Nach dem Going-up-Lemma (angewendet mit $J=\mathfrak{q}_m, \mathfrak{q}_{m+1}, \ldots$) konstruiert man $\mathfrak{q}_{m+1}\subseteq\mathfrak{q}_{m+2}\subseteq \ldots \subseteq\mathfrak{q}_n$ induktiv.

(ii): Sei $\mathfrak{p}_0\subseteq \ldots \subseteq\mathfrak{p}_n$ eine Kette aus Spec (A). Nach dem Going-up-Lemma (angewendet mit $J=0$) findet man ein $\mathfrak{q}_0\in \operatorname{Spec}(B)$ mit $\mathfrak{p}_0=A\cap\mathfrak{q}_0$. Nach der Going-up-Eigenschaft ergänzt man $\mathfrak{q}_0$ zu einer Kette, die über $\mathfrak{p}_0\subseteq \ldots \subseteq\mathfrak{p}_n$ liegt. Die Aussage über die Unverfeinbarkeit (resp. Maximalität) folgt aus dem Retraktionslemma. □

Wir wollen noch einige weitere Bemerkungen über Primideale machen, die uns im folgenden nützlich sein werden.

(9.17) **Bemerkungen:** A) Sei A ein Ring und sei $I\subseteq A$ ein echtes Ideal. Ein I umfassendes Primideal $\mathfrak{p}\subseteq A$ nennen wir ein *Primoberideal* von I. Entsprechend reden wir auch von *minimalen Primoberidealen*. Ist $\{\mathfrak{p}_\iota \mid \iota\in\mathscr{A}\}$ eine bezüglich der Inklusion total geordnete Menge von Primoberidealen von I, so ist auch $\bigcap_{\iota\in\mathscr{A}}\mathfrak{p}_\iota$ ein Primoberideal von I. Nach dem Zornschen Lemma folgt:

(i) *Jedes Primoberideal von I enthält ein minimales Primoberideal von I.*

Als nächstes wollen wir zeigen:

(ii) $\sqrt{I}$ *ist der Durchschnitt der minimalen Primoberideale von I.*

Beweis: Sei $\mathscr{S}$ die Menge der minimalen Primoberideale von I. Ist $\mathfrak{p} \in \mathscr{S}$, so gilt $\sqrt{I} \subseteq \sqrt{\mathfrak{p}} = \mathfrak{p}$, und es folgt $\sqrt{I} \subseteq \bigcap_{\mathfrak{p} \in \mathscr{S}} \mathfrak{p}$. Sei umgekehrt $f \in A - \sqrt{I}$. Dann ist $\{f^n \mid n \in \mathbb{N}\} \cap \sqrt{I} = \emptyset$. Nach (7.12) (vii) (c) ist also $I_f \neq A_f$. Deshalb besitzt I_f ein minimales Primoberideal $\mathfrak{q}' \subseteq A_f$. Demnach ist $\mathfrak{q} := \eta_{f-1}(\mathfrak{q}') \subseteq A$ ein Primoberideal von I mit $f \notin I$. $\mathfrak{q}$ enthält ein minimales Primoberideal $\mathfrak{p}$ von I. Wegen $f \notin \mathfrak{p}$ folgt $f \notin \bigcap_{\mathfrak{p} \in \mathscr{S}} \mathfrak{p}$. Dies beweist $\bigcap_{\mathfrak{p} \in \mathscr{S}} \mathfrak{p} \subseteq \sqrt{I}$.

B) (iii) *Sei I ein echtes Ideal in einem noetherschen Ring A. Dann hat I nur endlich viele minimale Primoberideale.*

Beweis: Sei I maximal mit der Eigenschaft, unendlich viele minimale Primoberideale zu haben. I ist nicht prim. Also finden wir Elemente $f_1, f_2 \in A - I$ mit $f_1 f_2 \in I$. Es gilt dann $I \subsetneqq I + Af_i \subsetneqq A$. Deshalb besitzt $I + Af_i$ jeweils nur endlich viele minimale Primoberideale. Sei jetzt $\mathfrak{p}$ ein minimales Primoberideal von I. Wegen $f_1 f_2 \in I$ folgt $I + Af_i \subseteq \mathfrak{p}$ für ein i. Also ist $\mathfrak{p}$ minimales Primoberideal von einem der beiden Ideale $I + Af_i$. Dies ergibt einen Widerspruch. ○

Normale Ringe. Die Going-up-Eigenschaft (9.16) (iii) legt es nahe zu fragen, ob man im Falle einer ganzen Ring-Erweiterung $A \subseteq B$ eine Primidealkette aus B, die über dem oberen Teil einer gegebenen Kette $\mathfrak{p}_0 \subsetneqq \ldots \subsetneqq \mathfrak{p}_n$ aus A liegt, nicht nach unten zu einer über $\mathfrak{p}_0 \subseteq \ldots \subseteq \mathfrak{p}_n$ liegenden Kette ergänzen kann. Es zeigt sich allerdings, dass diese sogenannte Going-down-Eigenschaft ohne zusätzliche Annahmen über A nicht richtig ist. Wir wollen jetzt eine Eigenschaft des Ringes A definieren, welche (zumindest für gewisse ganze Erweiterungen) das fragliche Verhalten von Primidealketten garantiert, die sogenannte Normalität.

(9.18) **Definition:** Sie B ein Erweiterungsring von A. Wir nennen A *ganz abgeschlossen* in B, wenn A sein eigener ganzer Abschluss in B ist. Einen Integritätsbereich nennen wir *normal*, wenn er in seinem Quotientenkörper ganz abgeschlossen ist. ○

(9.19) **Satz:** *Faktorielle Ringe sind normal.*

Beweis: Sei A faktoriell mit Quotientenkörper K. Sei $x \in K - \{0\}$ ganz über A. Nach (9.5) gibt es ein $n \in \mathbb{N}$ mit $x^n \in A + Ax + \ldots + Ax^{n-1}$. Wir können schreiben $x = \frac{a}{s}$, wo $a, s \in A - \{0\}$ keinen gemeinsamen Primfaktor haben. Dann folgt $s^{n-1}x^n \in As^{n-1} + Axs^{n-1} + \ldots + Ax^{n-1}s^{n-1} \subseteq A$, also $a^n \in sA$. Weil a und s keinen gemeinsamen Primfaktor haben, folgt $s \in A^*$, also $x \in A$. □

(9.20) **Satz:** *Sei A ein normaler noetherscher Integritätsbereich und seien $t_1, \ldots, t_r$ Unbestimmte. Dann ist auch $A[t_1, \ldots, t_r]$ normal.*

Beweis: Durch Induktion beschränkt man sich auf den Fall $r=1$. Wir setzen $t_1=t$, schreiben K für den Quotientenkörper von A und L für den Quotientenkörper von $A[t]$. Sei $x \in L$ ganz über $A[t]$. Wir müssen zeigen, dass $x \in A[t]$. x ist ganz über $K[t]$. Weil $K[t]$ nach (9.19) normal ist, folgt $x \in K[t]$. Wir können also schreiben $x=\sum_{i=0}^{n} a_i t^i$, wobei $n \geqslant 0$ und $a_i \in K$. Wir müssen zeigen, dass $a_i \in A$ für $i=0, \ldots, n$. Es genügt zu zeigen, dass $a_n \in A$; denn dann ist $a_n t^n \in A[t]$, also $x'=\sum_{i=0}^{n-1} a_i t^i = x - a_n t^n$ wieder ganz über $A[t]$ (vgl. (9.8) (i)), und man kann induktiv weiterschliessen.

Sei $c \in A-\{0\}$ ein gemeinsamer Nenner der Brüche a_i. Dann ist $cx \in A[t]$. Weil x ganz ist über $A[t]$, können wir schreiben $A[t][x]=\sum_{j=0}^{s} A[t]x^j$ mit geeignetem $s \in \mathbb{N}_0$ (vgl. (9.5)). Es folgt $c^s A[t][x] \subseteq A[t]$, also $c^s x^m \in A[t]$, $(\forall\, m \in \mathbb{N})$. Weil wir schreiben können $x^m = a_n^m t^{nm} + f_m(t)$, wo $f_m(t) \in K[t]$ vom Grad $< nm$ ist, folgt $c^s a_n^m \in A$, $(\forall m \in \mathbb{N})$. Damit ist $A[a_n]$ ein Untermodul des A-Moduls $A\frac{1}{c^s} \cong A$, also ein endlich erzeugter A-Modul (vgl. (9.3)). Deshalb ist a_n ganz über A (vgl. (9.7)), also $a_n \in A$. □

Zur weiteren Untersuchung der normalen Ringe machen wir jetzt einige Bemerkungen über Polynome und Körper.

(9.21) **Bemerkungen und Definitionen:** A) Ist A ein Ring und t eine Unbestimmte, so nennen wir ein Polynom $f \in A[t]$ *unitär*, wenn sein höchster Koeffizient 1 ist, d.h. wenn wir schreiben können $f=a_0+a_1 t+ \ldots + a_{n-1} t^{n-1} + t^n$. Es gilt:

(i) *Ist $f \in A[t]$ ein unitäres Polynom (oder allgemeiner ein Polynom, dessen höchster Koeffizient in A invertierbar ist) vom Grad n und ist $g \in A[t]$ ein beliebiges Polynom, so gibt es eindeutig bestimmte Polynome q, $r \in A[t]$ derart, dass*

$$g = fq+r, \quad \mathrm{Grad}\,(r) < n.$$

Der Beweis dieser Aussage verläuft ähnlich wie der Beweis des euklidschen Restsatzes (2.13) und sei dem Leser überlassen.

Als Anwendung ergibt sich sofort:

(ii) *Ist B ein Erweiterungsring von A und ist $f \in A[t]$ ein unitäres Polynom, so gilt $A[t] \cap fB[t] = fA[t]$.*

B) Sei jetzt K ein Körper. Wir halten zunächst fest:

(iii) *Ist $I \subseteq K[t]$ ein Ideal $\neq \{0\}$ und ist f ein Polynom von kleinstem Grad in $I-\{0\}$, so gilt $I=fK[t]$.*

Beweis: Sei $g \in I$. Nach (i) können wir schreiben $g = fq + r$ mit $q, r \in K[t]$, Grad $(r) <$ Grad (g). Wegen $r = g - fq \in I$ folgt $r = 0$, also $g \in fK[t]$. Dies beweist $I \subseteq fK[t]$. Die Inklusion «$\supseteq$» ist trivial.

Mit (iii) haben wir gezeigt, dass $K[t]$ ein *Hauptidealring* ist.

(iii)′ *Ist $I \subseteq K[t]$ ein Ideal $\neq \{0\}$, so gibt es genau ein unitäres Polynom f von kleinstem Grad in I. Dieses Polynom f nennen wir das Minimalpolynom von I. Es erzeugt das Ideal I.*

Beweis: Sind $f, f' \in I - \{0\}$ unitär von minimalem Grad, so ist $f - f' \in I$ und von kleinerem Grad als f und f'. Es folgt $f = f'$. Der Rest klar aus (iii).

C) Sei B ein Erweiterungsring von K und sei $x \in B$ ein über K algebraisches Element, d.h. es bestehe eine Gleichung $h(x) = 0$, wo $h[t] \in K[t] - \{0\}$ (vgl. (5.2) D)). Sei $\varphi : K[t] \to B$ der durch $t \mapsto x$ definierte Einsetzungshomomorphismus. Dann gilt $\{0\} \neq$ Kern $(\varphi) \neq K[t]$. Deshalb existiert das Minimalpolynom f von Kern (φ). Wir nennen f das *Minimalpolynom von x über K*. Wir können auch sagen:

(iv) *Das Minimalpolynom von x über K ist das unitäre Polynom kleinsten Grades aus $K[t] - \{0\}$ für das gilt $f(x) = 0$. Ist $g \in K[t]$ ein weiteres Polynom mit $g(x) = 0$, so ist g in $K[t]$ ein Vielfaches von f. Zudem besteht ein kanonischer Isomorphismus*

$$K[t]/(f) \xrightarrow{\cong} K[x],$$

induziert durch den Einsetzungshomomorphismus $\varphi : K[t] \to B$.

Ist $K[x]$ integer, so ist Kern $(\varphi) = (f)$ prim. Also können wir sagen:

(iv)′ *Ist $K[x]$ ein Integritätsbereich, so ist das Minimalpolynom von x über K das einzige irreduzible unitäre Polynom $f \in K[t] - \{0\}$ mit $f(x) = 0$.*

Das folgende Resultat spielt für normale Ringe eine Rolle:

(v) *Sei A ein Integritätsbereich mit dem Quotientenkörper K. Das Minimalpolynom f von x über K gehöre bereits zu $A[t]$. Dann gilt:*

(a) *Der durch $t \mapsto x$ definierte Einsetzungshomomorphismus $A[t] \to B$ hat den Kern $fA[t]$.*

(b) *Der A-Modul $A[x]$ ist frei über der Basis* $1, x, \ldots, x^{\mathrm{Grad}(f)-1}$.

Beweis: (a) ist klar aus (ii). Zum Nachweis von (b) setzen wir $n =$ Grad (f). Nach (9.3) folgt aus $f(x) = 0$ bereits $A[x] = \sum_{i=0}^{n-1} Ax^i$. Weiter sind $1, \ldots, x^{n-1}$ über K linear unabhängig, denn sonst wäre $g(x) = 0$ für ein Polynom $g \in K[t] - \{0\}$ von Grad $< n$.

D) Sei $f \in K[t]$ ein Polynom. Einen Erweiterungskörper K' von K nennen wir einen *Zerfällungskörper* an f, wenn f – aufgefasst als Element von $K'[t]$ – in Linearfaktoren zerfällt, d.h. wenn wir schreiben können

$$f(t) = a\,(t-\lambda'_1)\ldots(t-\lambda'_n) \quad \text{mit} \quad a \in K, \quad \lambda'_i \in K'$$

(vi) *Jedes Polynom $f \in K[t]$ besitzt einen Zerfällungskörper $K' \supseteq K$.*

Beweis: (Induktion nach $n = \mathrm{Grad}\,(f)$, bei beliebigem K): Die Fälle $n \leqslant 1$ sind klar. Sei also $n > 1$ und sei h ein Primfaktor von f ($K[t]$ ist faktoriell). Wir schreiben $f = hg$ ($g \in K[t]$). Wegen $(h) \cap K = \{0\}$ wird durch $c \mapsto c/(h)$ eine Einbettung von K in den Integritätsbereich $C = K[t]/(h)$ definiert. Wir können also K als Unterkörper von $\overline{K} = \mathrm{Quot}(C)$ auffassen. Sei $\lambda_1 = t/(h) \in \overline{K}$. Dann gilt $h(\lambda_1) = h(t)/(h) = h/(h) = 0$, also $f(\lambda_1) = h(\lambda_1)g(\lambda_1) = 0$. Das Minimalpolynom von λ_1 über $\overline{K}$ ist $-\lambda_1 + t$. In $\overline{K}[t]$ gilt also $f(t) = (t-\lambda_1)l(t)$; dabei ist $l(t) \in \overline{K}[t]$ vom Grad $n-1$. Nach Induktion besitzt l einen Zerfällungskörper $K' \supseteq \overline{K}$. Dieser ist auch Zerfällungskörper von f.

(vii) *Sei $f \in K[t] - \{0\}$ ein unitäres irreduzibles Polynom, sei $K' \supseteq K$ ein Zerfällungskörper von f und seien $x'_1, \ldots, x'_n \in K'$ die Nullstellen von f. Dann ist f das Minimalpolynom von x'_i über K und es bestehen Isomorphismen*

$$K[x'_i] \xrightarrow[\cong]{\alpha_{ij}} K[x'_j] \textit{ mit } \alpha_{ij} \restriction K = id \textit{ und } \alpha_{ij}(x'_i) = x'_j.$$

Beweis: Dass f Minimalpolynom der x'_i ist, folgt aus (iv)'. Die Isomorphismen α_{ij} ergeben sich aus den in (iv) genannten Isomorphismen $K[t]/(f) \xrightarrow{\cong} K[x'_i]$. ○

Als erste Anwendung des eben Gesagten erhalten wir:

(9.22) **Lemma:** *Sei A ein normaler Integritätsbereich mit dem Quotientenkörper K. Sei B ein integrer Erweiterungsring von K und sei $x \in B$ ganz über A. Dann gilt:*

(i) *Das Minimalpolynom f von x über K gehört bereits zu $A[t]$.*

(ii) *Der A-Modul $A[x]$ ist frei über der Basis* $1, x, \ldots, x^{\mathrm{Grad}\,(f)-1}$.

Beweis: Nach (9.21) (v) genügt es, (i) zu zeigen. Sei $L = \mathrm{Quot}\,(B)$ und sei $L' \supseteq L$ ein Zerfällungskörper von $f \in K[t] \subseteq L[t]$. Wir können schreiben $f(t) = (t-\lambda'_1)\ldots(t-\lambda'_n)$, wo $\lambda'_1, \ldots \lambda'_n \in L'$. Weil x ganz ist über A, finden wir ein unitäres Polynom $g \in A[t] - \{0\}$ mit $g(x) = 0$. Weil f das Minimalpolynom von x ist, können wir also schreiben $g = fh$, wobei $h \in K[t]$. So erhalten wir $g(\lambda'_i) = f(\lambda'_i)h(\lambda'_i) = 0$. Die Elemente λ'_i sind also ganz über A. Die Koeffizienten von f gehören offenbar zum Ring $A[\lambda'_1, \ldots, \lambda'_n]$ und sind deshalb ebenfalls ganz über A. Weil diese Koeffizienten aber auch in K liegen, folgt aus der Normalität von A, dass sie sogar bereits in A liegen. □

Ganze Erweiterungen von normalen Ringen. Jetzt untersuchen wir das Verhalten von Primidealen bei ganzen Erweiterungen von normalen Ringen.

(9.23) **Satz** (*Going-down-Lemma von Cohen-Seidenberg*): *Sei A ein noetherscher normaler Ring, sei B eine endliche ganze integre Erweiterung von A und seien* $\mathfrak{p} \in \operatorname{Spec}(A)$, $\mathfrak{s} \in \operatorname{Spec}(B)$, *so dass* $\mathfrak{p} \subseteq \mathfrak{s} \cap A$. *Dann gibt es ein* $\mathfrak{q} \in \operatorname{Spec}(B)$ *mit* $\mathfrak{q} \subseteq \mathfrak{s}$ *und* $\mathfrak{q} \cap A = \mathfrak{p}$.

Beweis: B ist noethersch (vgl. (5.8)) und $\mathfrak{p}B \subseteq \mathfrak{s}$ ein echtes Ideal von B. Seien $\mathfrak{q}_1, \ldots, \mathfrak{q}_s$ die (endlich vielen) minimalen Primoberideale von $\mathfrak{p}\, B$ (vgl. (9.17) (iii)). Wir finden ein j mit $\mathfrak{q}_j \subseteq \mathfrak{s}$ (vgl. (9.17) (ii)). Also genügt es zu zeigen, dass $\mathfrak{q}_i \cap A = \mathfrak{p}$, $(i = 1, \ldots, s)$. Nehmen wir das Gegenteil an! Dann gibt es (nach geeigneter Umnumerierung der $\mathfrak{q}_i$) ein $r > 0$ so, dass $\mathfrak{q}_i \cap A \supsetneqq \mathfrak{p}$ für $i \leqslant r$ und $\mathfrak{q}_i \cap A = \mathfrak{p}$ für $i > r$. Sei $a_i \in \mathfrak{q}_i \cap A - \mathfrak{p}$ $(i \leqslant r)$. Dann ist $a := \prod_{i=1}^{r} a_i \in \bigcap_{i \leqslant r} \mathfrak{q}_i \cap A - \mathfrak{p}$. Nach der Lying-over-Eigenschaft gibt es über $\mathfrak{p}$ liegende Primideale von B. Nach der Retraktionseigenschaft sind diese minimale Primoberideale von $\mathfrak{p}B$. Daraus folgt $r < s$. Im Hinblick auf (5.12) (v) gilt $\bigcap_{j > r} \mathfrak{q}_j \nsubseteq \mathfrak{q}_1$. Deshalb gibt es ein Element $x \in \bigcap_{j > r} \mathfrak{q}_j - \bigcap_{i \leqslant r} \mathfrak{q}_i$.

Wir wollen zeigen, dass $(ax)^m \in \mathfrak{p}A[x]$ für ein $m \in \mathbb{N}$. Wir müssen zeigen, dass $ax \in \sqrt{\mathfrak{p}A[x]}$, d.h. dass ax zu jedem minimalen Primoberideal $\mathfrak{r} \subseteq A[x]$ von $\mathfrak{p}A[x]$ gehört (vgl. (9.17) (ii)). Über jedem solchen $\mathfrak{r}$ liegt wegen der Lying-over-Eigenschaft der Erweiterung $A[x] \subseteq B$ ein Primideal $\mathfrak{q}$ von B. Dabei gilt $\mathfrak{q} \supseteq \mathfrak{p}A[x]B = \mathfrak{p}B$. Nach der Retraktionseigenschaft muss $\mathfrak{q}$ ein minimales Primoberideal von $\mathfrak{p}B$ sein. Es gilt also $\mathfrak{q} = \mathfrak{q}_i$ für ein $i \in \{1, \ldots, s\}$. Es folgt $\mathfrak{r} = A[x] \cap \mathfrak{q}_i$. Nach Konstruktion gilt aber $ax \in A[x] \cap \mathfrak{q}_i$.

Nach (9.22) finden wir ein n, so dass $A[x]$ frei ist über der Basis $1, x, \ldots, x^{m-1}$. Wir können also schreiben $x^m = \sum_{i=0}^{m-1} b_i\, x^i$ mit eindeutig bestimmten Koeffizienten $b_i \in A$. Wegen $x \notin \bigcap_{i \leqslant r} \mathfrak{q}_i$ ist $x \notin \sqrt{\mathfrak{p}A[x]}$, also $x^m \notin \mathfrak{p}A[x]$. Deshalb ist $b_j \notin \mathfrak{p}$ für ein $j < m$. Andrerseits ist $\sum_{i=0}^{m-1} a^m\, b_i\, x^i = a^m\, x^m \in \mathfrak{p}A[x] = \mathfrak{p} + \mathfrak{p}x + \ldots + \mathfrak{p}x^{m-1}$. Wegen der linearen Unabhängigkeit der Basiselemente $1, \ldots, x^{n-1}$ über A folgt $a^m\, b_j \in \mathfrak{p}$. Im Hinblick auf a^m, $b_j \notin \mathfrak{p}$ ist dies ein Widerspruch. □

(9.24) **Satz** (*Going-down-Satz*): *Sei A ein noetherscher normaler Ring und sei B eine endliche ganze integre Erweiterung von A. Ist* $\mathfrak{p}_0 \subseteq \ldots \subseteq \mathfrak{p}_n$ *eine Kette aus* $\operatorname{Spec}(A)$ *und liegt die Kette* $\mathfrak{q}_m \subseteq \ldots \subseteq \mathfrak{q}_n$ $(m \leqslant n,\ \mathfrak{q}_i \in \operatorname{Spec}(B))$ *über der Kette* $\mathfrak{p}_m \subseteq \ldots \subseteq \mathfrak{p}_n$, *so lässt sich* $\mathfrak{q}_m \subseteq \ldots \subseteq \mathfrak{q}_n$ *nach unten erweitern zu einer Kette* $\mathfrak{q}_0 \subseteq \ldots \subseteq \mathfrak{q}_n$, *die über* $\mathfrak{p}_0 \subseteq \ldots \subseteq \mathfrak{p}_n$ *liegt.*

Beweis: Klar aus (9.23). □

Anmerkung: Durch eine leichte Modifikation des Beweises von (9.23) sieht man, dass man A gar nicht als noethersch vorauszusetzen braucht. Entsprechend gilt (9.24) auch falls A nicht noethersch ist. Mit etwas Mehraufwand kann man auch zeigen, dass B nur integer und ganz sein muss über A.

○

Endliche Morphismen. Wir kehren jetzt wieder zur Geometrie zurück und führen mit Hilfe des Begriffs der ganzen Erweiterung eine wichtige Klasse von Morphismen ein. Zunächst legen wir die folgende Sprechweise fest:

Ist $f: X \to Y$ ein Morphismus zwischen quasiaffinen Varietäten, und ist $W \subseteq Y$ eine affine offene Teilmenge, so sagen wir der Morphismus f sei *endlich über* W, wenn $f^{-1}(W) \subseteq X$ affin ist, wenn $f^*: \mathcal{O}(W) \to \mathcal{O}(f^{-1}(W))$ injektiv ist und wenn $\mathcal{O}(f^{-1}(W))$ ganz ist über $f^*(\mathcal{O}(W))$. Nach (7.10) können wir die ersten beiden Bedingungen auch ersetzen durch: «$f^{-1}(W)$ ist affin und $f(f^{-1}(W))$ ist dicht in W», oder kürzer durch: «$f: f^{-1}(W) \to W$ ist ein affiner dominanter Morphismus.»

(9.25) **Satz:** *Sei $f: X \to Y$ ein Morphismus zwischen quasiaffinen Varietäten. Dann sind aequivalent:*

(i) *Jeder Punkt $q \in Y$ besitzt eine affine offene Umgebung $W_q \subseteq Y$ so, dass f endlich ist über W_q.*

(ii) *f ist endlich über jeder offenen affinen Menge $V \subseteq Y$.*

Beweis: Es genügt (i) $\Rightarrow$ (ii) zu zeigen. Aus (i) folgt zunächst, dass f ein affiner Morphismus ist.

Wir wählen jetzt eine beliebige affine offene Menge $W \subseteq Y$ und stellen eine Vorbetrachtung an. Nach dem oben Gesagten ist zunächst $f^{-1}(W)$ affin. Wir wollen zuerst zeigen, dass $f^*: \mathcal{O}(W) \to \mathcal{O}(f^{-1}(W))$ injektiv ist. Nach (7.10) müssen wir dazu zeigen, dass $f(f^{-1}(W))$ in W dicht ist. Dies folgt aber sofort, weil gemäss (i) jeder Punkt $q \in W$ eine offene Umgebung W_q hat, für welche $f(f^{-1}(W))$ dicht ist in W_q.

Jetzt wählen wir $l \in \mathcal{O}(W) - \{0\}$. Nach dem eben Gesagten ist dann $f^*(l) \in \mathcal{O}(f^{-1}(W)) - \{0\}$ und es gilt $f^{-1}(U_W(l)) = U_{f^{-1}(W)}(f^*(l))$.

Nach (7.14) besteht deshalb das Diagramm

$$(*) \qquad \begin{array}{ccc} \mathcal{O}(U_W(l)) & \xrightarrow{\;f^*\;} & \mathcal{O}(f^{-1}(U_W(l))) \\ \wr\| & \circlearrowleft & \wr\| \\ \mathcal{O}(W)_l & \xrightarrow{\;f^*\;} & \mathcal{O}(f^{-1}(W))_{f^*(l)} \end{array}$$

Ist f endlich über W, so folgt jetzt, dass f auch endlich ist über $U_W(l)$, denn die Ganzheit über einem Unterring bleibt ja bei Nenneraufnahme erhalten. Die

Eigenschaft von f, über einer affinen offenen Menge $W \subseteq Y$ endlich zu sein, überträgt sich also auf die elementaren offenen Teilmengen von W.

Jetzt zeigen wir, dass f endlich ist über einer beliebigen festen affinen offenen Menge $V \subseteq Y$. Nach dem ersten Teil unserer Vorbetrachtung ist $f^*: \mathcal{O}(V) \to \mathcal{O}(f^{-1}(V))$ injektiv. Es bleibt also zu zeigen, dass $\mathcal{O}(f^{-1}(V))$ ganz ist über $f^*(\mathcal{O}(V))$. Sei also $g \in \mathcal{O}(f^{-1}(V))$. Wir zeigen, dass g ganz ist über $f^*(\mathcal{O}(V))$.

Sei $q \in V$ und sei $W_q \subseteq Y$ affin und offen so, dass f endlich ist über W_q. Wir finden eine offene Teilumgebung $W'_q \subseteq V$ von q in W_q, welche sowohl in W_q als auch in V elementar ist. Nach dem zweiten Teil unserer Vorbetrachtung ist f endlich über W'_q. Wegen der Kompaktheit von V finden wir also endlich viele elementare offene Mengen $V_i = U_V(l_i)$ $(l_i \in \mathcal{O}(V) - \{0\}; i = 1, \ldots, r)$ so, dass f über V_i endlich ist und mit $V = \bigcup_{i=1}^{r} V_i$.

Nach (*) folgt also, dass $\frac{g}{1} \in \mathcal{O}(f^{-1}(V))_{f^*(l_i)}$ ganz ist über $f^*_{l_i}(\mathcal{O}(V)_{l_i}) = f^*(\mathcal{O}(V))_{f^*(l_i)}$. Daraus erhält man in $\mathcal{O}(f^{-1})(V))$ jeweils eine Gleichung

$$(*)_i \qquad f^*(l_i)^{s_i}\,(g^{n_i} + a_{i,n_i-1}\,g^{n_i-1} + \ldots + a_{i,0}) = 0, \quad (a_{i,j} \in f^*(\mathcal{O}(V)).$$

Nach Multiplikation mit geeigneten Potenzen von g können wir annehmen, es sei $n_1 = n_2 = \ldots = n_r = n$. Wegen $\bigcup U_V(l_i^{s_i}) = \bigcup V_i = V$ gilt nach dem Nullstellensatz $(l_1^{s_1}, \ldots, l_r^{s_r}) = \mathcal{O}(V)$. Wir erhalten also eine Gleichung $\sum_{i=1}^{r} c_i\, l_i^{s_i} = 1, (c_i \in \mathcal{O}(V))$.

Es folgt $\sum_{i=1}^{r} f^*(c_i) f^*(l_i)^{s_i} = 1$. Jetzt multiplizieren wir die Gleichung$(*)_i$ mit $f^*(c_i)$ und addieren die so erhaltenen Gleichungen. Dies liefert die folgende ganze Gleichung

$$g^n + (\sum_i f^*(c_i) a_{i,n-1})\, g^{n-1} + \ldots + \sum_i f^*(c_i) a_{i,0} = 0. \qquad \square$$

(9.26) **Definition:** Einen Morphismus $f: X \to Y$ zwischen zwei quasiaffinen Varietäten nennen wir *endlich*, wenn er die äquivalenten Bedingungen (9.25)(i), (ii) erfüllt. Sind X und Y affine Varietäten, so ist f genau dann endlich, wenn f dominant (d.h. $f^*: \mathcal{O}(Y) \to \mathcal{O}(X)$ injektiv) ist und wenn $\mathcal{O}(X)$ eine (endliche) ganze Erweiterung von $f^*(\mathcal{O}(Y))$ ist. Endliche Morphismen sind affin. Die Endlichkeit von Morphismen ist eine lokale Eigenschaft im Sinne von (7.21). ○

(9.27) **Satz:** *Sei $f: X \to Y$ ein endlicher Morphismus. Dann gilt:*

(i) *f ist surjektiv, abgeschlossen, und $f^{-1}(q)$ ist endlich für alle $q \in Y$.*

(ii) *Ist $Z \subseteq X$ abgeschlossen und $\neq \emptyset$, so ist die Einschränkung $f: Z \to f(Z)$ ebenfalls endlich.*

Beweis: Es genügt, die Behauptung für alle Morphismen $f: f^{-1}(V) \to V$ zu zeigen, wo $V \subseteq Y$ affin und offen ist. Weil diese Morphismen wieder endlich sind, können wir Y durch V ersetzen, d.h. annehmen Y sei affin. Weil f affin ist, wird dann auch X affin.

Sei $q \in Y$. Nach (9.10) ist $J := f^*(I_Y(q))\mathcal{O}(X)$ ein echtes Ideal von $\mathcal{O}(X)$. Damit ist $f^{-1}(q) = V_X(J)$ (vgl. (7.9)) nach dem Nullstellensatz nicht leer. Also ist f surjektiv.

Sei $\mathfrak{m} \in \text{Max}(\mathcal{O}(X))$ so, dass $J \subseteq \mathfrak{m}$. Dann ist $\mathfrak{m} \cap f^*(\mathcal{O}(Y)) = f^*(I_Y(q))$. Nach dem Retraktionslemma ist $\mathfrak{m}$ also ein minimales Primoberideal von J. Also umfassen nur endlich viele Maximalideale von $\mathcal{O}(X)$ das Ideal J (vgl. (9.16) (iii)). Nach dem Nullstellensatz muss die Faser $f^{-1}(q)$ deshalb endlich sein.

Sei jetzt $Z \subseteq X$ abgeschlossen, $Z \neq \emptyset$ und sei $\overline{f(Z)}$ der Abschluss von $f(Z)$ in Y. Wir schreiben g für die Einschränkung $f \upharpoonright Z : Z \to \overline{f(Z)}$. Es genügt zu zeigen, dass g endlich ist. Denn wegen der schon bewiesenen Surjektivität der endlichen Morphismen ist dann $f(Z) = g(Z) = \overline{f(Z)}$, was die Abgeschlossenheit von f und gleichzeitig Aussage (ii) beweist.

Nach Konstruktion ist g bereits dominant. Es bleibt also zu zeigen, dass $\mathcal{O}(Z)$ ganz ist über $g^*(\mathcal{O}(\overline{f(Z)}))$. Sei also $h \in \mathcal{O}(Z)$. Nach (6.28) gibt es ein $l \in \mathcal{O}(X)$ mit $h = l \upharpoonright Z$. Weil f endlich ist, genügt l einer ganzen Gleichung $l^n + f^*(k_{n-1})\, l^{n-1} + \ldots + f^*(k_0) = 0$, $(k_i \in \mathcal{O}(X))$. Durch Ausüben von $\cdot \upharpoonright Z$ folgt aus dieser die ganze Gleichung $h^n + g^*(k_{n-1} \upharpoonright Z)\, h^{n-1} + \ldots + g^*(k_0 \upharpoonright Z) = 0$ von h über $g^*(\mathcal{O}(\overline{f(Z)}))$. □

(9.28) **Satz:** *Seien $f: X \to Y$, $f': X' \to Y'$ Morphismen zwischen quasiaffinen Varietäten, $f \times f': X \times X' \to Y \times Y'$ ihr Produkt. Dann gilt:*

(i) *Sind f und f' affin, so ist es auch $f \times f'$.*

(ii) *Sind f und f' endlich, so ist es auch $f \times f'$.*

Beweis: (i): Seien $\{Y_i \mid i = 1, \ldots, r\}$, $\{Y'_j \mid j = 1, \ldots, s\}$ affine offene Überdeckungen von Y resp. von Y'. Dann ist $\{Y_i \times Y'_j \mid 1 \leqslant i \leqslant r,\ 1 \leqslant j \leqslant s\}$ eine affine offene Überdeckung von $Y \times Y'$ (vgl. (8.11)(i)(a), (8.13)). Nach Voraussetzung sind $f^{-1}(Y_i)$ und $f'^{-1}(Y'_j)$ jeweils affin. Also ist es auch $(f \times f')^{-1}(Y_i \times Y'_j) = f^{-1}(Y_i) \times f^{-1}(Y'_j)$. Damit ist $f \times f'$ affin.

(ii): Wir wählen $\{Y_i \mid i = 1, \ldots, r\}$, $\{Y'_j \mid j = 1, \ldots, s\}$ wie oben. Es genügt zu zeigen, dass $f \times f': f^{-1}(Y_i) \times f^{-1}(Y'_j) \to Y_i \times Y'_j$ endlich ist. Damit können wir uns auf den Fall beschränken, dass X, X', Y, Y' affin sind. Wir können dabei X und X' als abgeschlossene Mengen in affinen Räumen $\mathbb{A}^m$ resp. $\mathbb{A}^n$ auffassen, wobei $\mathcal{O}(\mathbb{A}^m) = \mathbb{C}[z_1, \ldots, z_m]$, $\mathcal{O}(\mathbb{A}^n) = \mathbb{C}[w_1, \ldots, w_n]$.

Nach (9.27) (i) sind f und f' surjektiv. Also ist es auch $f \times f'$. Nach (7.10) (ii) wird $(f \times f')^*$ injektiv. Es bleibt zu zeigen, dass $\mathcal{O}(X \times X')$ ganz ist über

$(f\times f')^*(\mathcal{O}(Y\times Y'))$. Dazu schreiben wir $\mathcal{O}(\mathbb{A}^{m+n})=\mathbb{C}[z_1,\ldots,z_m,w_1,\ldots,w_n]$ und betrachten die Projektionen $pr_1: X\times X'\to X$, $pr_1: Y\times Y'\to Y$. Es gilt $\mathcal{O}(X\times X')=\mathbb{C}[z_1\upharpoonright X\times X',\ldots,z_m\upharpoonright X\times X', w_1\upharpoonright X\times X',\ldots,w_n\upharpoonright X\times X']$. Weil $\mathcal{O}(X)$ ganz ist über $f^*(\mathcal{O}(Y))$ besteht eine ganze Gleichung

$$[z_i\upharpoonright X]^s+f^*(a_{s-1})\quad [z_i\upharpoonright X]^{s-1}+\ \ldots\ +f^*(a_0)=0,\quad (a_0,\ \ldots,\ a_{s-1}\ \in\ \mathcal{O}(Y))$$

für $z_i\upharpoonright X$ über $f^*(\mathcal{O}(Y))$. Wenden wir auf diese Gleichung $pr_1^*: \mathcal{O}(X)\to\mathcal{O}(X\times X')$ an, und beachten wir, dass $pr_1^*(z_i\upharpoonright X)=z_i\upharpoonright X\times X'$ und $pr_1^*(f^*(a_j))=(f\times f')^*pr_1^*(a_j)$, so erhalten wir eine Gleichung

$$[z_i\upharpoonright X\times X']^s+(f\times f')^*(pr_1^*(a_{s-1}))[z_i\upharpoonright X\times X']^{s-1}+\ldots+(f\times f')^*(pr_1^*(a_0))=0.$$

Diese zeigt, dass $z_i\upharpoonright X\times X'$ jeweils ganz ist über $(f\times f')^*(\mathcal{O}(Y\times Y'))$. Dasselbe gilt für $w_j\upharpoonright X\times X'$. Nach (9.8) folgt das Gewünschte. □

(9.29) **Aufgaben:** (1) Man zeige, dass der Morphismus $f: \mathbb{A}^2\to X$ aus Beispiel (9.1) endlich ist. Weiter entscheide man, welche der in (7.11) gegebenen Morphismen endlich sind.

(2) Man betrachte die in (9.1) gegebene Inklusion $\mathcal{O}(X)\hookrightarrow\mathcal{O}(\mathbb{A}^2)$. Man suche ein Primideal $\mathfrak{p}\in$ Spec $(\mathcal{O}(X))$ mit $\mathfrak{p}\subseteq I_X(\mathbf{0})=:\mathfrak{m}$ derart, dass kein in $\mathfrak{n}:=I_{\mathbb{A}^2}(\mathbf{0})$ enthaltenes Primideal $\mathfrak{q}$ über $\mathfrak{p}$ liegt. (Dies zeigt, dass hier die Going-down-Eigenschaft nicht gilt.)

(3) Man zeige durch ein Beispiel, dass das Lemma von Nakayama für nicht endlich erzeugbare Moduln nicht gilt.

(4) Sei A ein Ring und sei x ein Element, welches über A einer ganzen Gleichung von Grad n genügt. Sei $\mathfrak{p}\in$ Spec (A). Man zeige, dass höchstens n Primideale von $A[x]$ über $\mathfrak{p}$ liegen. Dann schliesse man, dass es zu jeder endlichen ganzen Erweiterung $A\subseteq B$ ein $n\in\mathbb{N}$ gibt derart, dass über jedem Primideal von A höchstens n Primideale von B liegen.

(5) Man zeige mit (4), dass es zu jedem endlichen Morphismus $f: X\to Y$ ein $n\in\mathbb{N}$ gibt mit $\# f^{-1}(q)\leqslant n$, $\forall q\in Y$.

(6) Sei A normal und sei B ein endlicher ganzer integrer Erweiterungsring von A. Sei $\mathfrak{p}\in$ Spec (A). Man zeige, dass alle minimalen Primoberideale von $\mathfrak{p}B$ über $\mathfrak{p}$ liegen. (Hinweis: Man nehme das Gegenteil an. Dann gibt es ein kleinstes Primideal $\mathfrak{s}\supsetneqq\mathfrak{p}$ von A, über welchem ein minimales Primoberideal von $\mathfrak{p}B$ liegt. Jetzt kann man A und B durch $A_{\mathfrak{s}}$ und $(A-\mathfrak{s})^{-1}B$ ersetzen, d.h. annehmen, $\mathfrak{p}B$ habe nur endlich viele minimale Primoberideale. Jetzt schliesst man wie in (9.23).) Damit ist gezeigt, dass (9.23) und (9.24) ohne die Voraussetzung «A noethersche» gelten.

(7) $\mathbb{C}[z_1,z_2,z_3]/(z_1^2+z_2^2-z_3^2)$ ist normal aber nicht faktoriell.

○

10. Dimensionstheorie

Der Transzendenzgrad. Wir stellen zunächst ein für das Weitere unentbehrliches Werkzeug aus der Körpertheorie bereit.

(10.1) **Definitionen und Bemerkungen:** A) Sei B ein *Integritätsbereich* und $A\subseteq B$ ein Unterring. Besteht für $x\in B$ eine Gleichung $ax^n+a_{n-1}x^{n-1}+\ldots+a_0=0$,

($n \in \mathbb{N}$; $a_0, \dots, a_{n-1}, a \in A$, $a \neq 0$), so heisst x nach (5.2)D) *algebraisch* über B. Es folgt dann $(ax)^n + aa_{n-1}(ax)^{n-1} + \dots + a^n a_0 = 0$. Also ist ax ganz über A. Man schliesst damit:

(i) (a) *$x \in B$ ist genau dann algebraisch über A, wenn es ein $a \in A - \{0\}$ so gibt, dass ax ganz ist über A.*

(b) *Ist A ein Körper, so fallen die Begriffe «algebraisch» und «ganz» zusammen.*

Die Menge A' der über A algebraischen Elemente von B nennen wir den *algebraischen Abschluss* von A in B. Es gilt:

(ii) (a) *A' ist ein A umfassender Unterring von B.*

(b) *Ist A ein Körper, so ist es auch jeder A umfassende Unterring A'' von A'.*

Beweis: (a) folgt sofort aus (i) (a) und (9.8) (i). Zum Nachweis von (b) beachte man zunächst, dass A' ganz ist über A (vgl. (i) (b)). Also ist A'' ganz über A. Weiter ist $\{0\} \in \operatorname{Spec}(A'')$. Ist $\mathfrak{m} \in \operatorname{Max}(A'')$, so ist $\mathfrak{m} \cap A = \{0\}$ (A ist Körper). Nach dem Retraktionslemma ist $\mathfrak{m} = \{0\}$. Also ist A'' ein Körper (vgl. 5.4) (iv)). Ist $A' = B$, so sagen wir, B sei *algebraisch über A.*

(iii) (a) *B algebraisch über $A \Leftrightarrow$* Quot (B) *algebraisch über* Quot (A).

(b) *B algebraisch über $A \Rightarrow$* Quot $(B) = (A - \{0\})^{-1} B$.

Beweis: «(b)»: Nach (i) ist $(A - \{0\})^{-1} B$ algebraisch über A, also erst recht über $(A - \{0\})^{-1} A = \operatorname{Quot}(A)$. Nach (ii) (b) ist $(A - \{0\})^{-1} B$ ein Körper. Wegen $B \subseteq (A - \{0\})^{-1} B \subseteq \operatorname{Quot}(B)$ folgt die Behauptung.

«*(a)*»: «$\Rightarrow$» ist sofort klar aus (b) und (i). «$\Leftarrow$» ist leicht nachzurechnen.

Aus (i) (b), (iii) (a) und der Transitivität der Ganzheit folgt sofort

(iv) *Sind $A \subseteq B \subseteq C$ Integritätsbereiche so, dass B algebraisch ist über A, und C algebraisch ist über B, so ist C algebraisch über A (Transitivität der algebraischen Abhängigkeit).*

B) Seien $A \subseteq B$ wie oben. Wir wollen uns überlegen

(v) *Sei $y_1, \dots, y_r, z_1, \dots, z_s \in B$ ein System über A algebraisch abhängiger Elemente so, dass $y_1, \dots, y_r$ über A algebraisch unabhängig sind* (vgl. (5.2)D)). *Dann gibt es ein $k \in \{1, \dots, s\}$ so, dass z_k algebraisch ist über $A[y_1, \dots, y_r, z_1, \dots, z_{k-1}, z_{k+1}, \dots, z_s]$.*

Beweis: Seien $t_1, \dots, t_r, w_1, \dots, w_s$ Unbestimmte. Wir finden ein Polynom $f(\mathbf{t}, \mathbf{w}) = \sum a_{\nu,\mu} \mathbf{t}^\nu \mathbf{w}^\mu \in A[t_1, \dots, t_r, w_1, \dots, w_r] - \{0\}$ so, dass $f(\mathbf{y}, \mathbf{z}) = 0$. Weil $y_1, \dots, y_r$ algebraisch unabhängig sind, kommt in $f(\mathbf{t}, \mathbf{w})$ eine der Variablen w_k wirklich vor, d.h. es gilt $f(\mathbf{t}, \mathbf{w}) \notin A[t_1, \dots, t_r]$. Jetzt setzen wir $f_j = \sum_{\mu_k = j} a_{\nu,\mu} \mathbf{t}^\nu w_1^{\mu_1} \dots w_{k-1}^{\mu_{k-1}} w_{k+1}^{\mu_{k+1}} \dots w_s^{\mu_s}$. Dann gilt $f = \sum_j f_j w_k^j$. Ist $b_j := f_j(\mathbf{y}, z_1, \dots, z_{k-1}, z_{k+1}, \dots, z_s) \neq 0$ für ein j, so folgt aus $\sum_j b_j z_k^j = f(\mathbf{y}, \mathbf{z}) = 0$, dass z_k algebraisch ist über $A[y_1, \ldots, y_r, z_1, \ldots, z_{k-1}, z_{k+1}, \ldots, z_s]$. Andernfalls sind die Elemente $y_1, \ldots, y_r, z_1, \ldots, z_{k-1}, z_{k+1}, \ldots, z_s$ über A algebraisch abhängig. Jetzt kann man dieses kleinere System wieder gleich behandeln wie vorhin. Weil für $s=1$ immer der erste Fall vorliegt, macht man so Induktion über s.

Als Anwendung von (v) erhält man den folgenden *Austauschsatz für algebraisch unabhängige Systeme.*

(vi) *Seien $x_1, \ldots, x_n \in B$ und $x'_1, \ldots, x'_m \in B$ $(m \leqslant n)$ zwei algebraisch unabhängige Systeme über A. Dann kann man im ersten System m geeignete Elemente ersetzen durch $x'_1, \ldots, x'_m$ und erhält so wieder ein algebraisch unabhängiges System über A.*

Beweis: (Induktion nach m): Der Fall $m=0$ ist trivial. Sei also $m>0$. Nach geeigneter Umnumerierung der Elemente $x_1, \ldots, x_n$ können wir nach Induktion annehmen, die Elemente $x'_1, \ldots, x'_{m-1}, x_m, \ldots, x_n$ seien algebraisch unabhängig über A. Sind auch die Elemente $x'_1, \ldots, x'_{m-1}, x'_m, x_m, \ldots, x_n$ algebraisch unabhängig, sind wir fertig. Andernfalls können wir gemäss (v) und nach geeigneter Umnumerierung der Elemente $x_m, \ldots, x_n$ annehmen, x_m sei algebraisch über $A[x'_1, \ldots, x'_{m-1}, x'_m, x_{m+1}, \ldots, x_n]$. Es bleibt zu zeigen, dass die Elemente $x'_1, \ldots, x'_{m-1}, x'_m, x_{m+1}, \ldots, x_n$ algebraisch unabhängig sind über A. Nehmen wir das Gegenteil an! Anwendung von (v) mit $y_1 = x_{m+1}, \ldots, y_{n-m} = x_n, y_{n-m+1} = x'_1, \ldots, y_{n-1} = x'_{m-1}$ und $z_1 = x'_m$ zeigt, dass x'_m algebraisch ist über $A[x'_1, \ldots, x'_{m-1}, x_{m+1}, \ldots, x_n]$. Nach (iv) wird dann x_m algebraisch über $A[x'_1, \ldots, x'_{m-1}, x_{m+1}, \ldots, x_n]$. Also sind die Elemente $x'_1, \ldots, x_{m-1}, x_m, \ldots, x_n$ algebraisch abhängig über A. Dies widerspricht dem eingangs Gesagten.

C) Seien $A \subseteq B$ wie oben. Ein über A algebraisch unabhängiges System $x_1, \ldots, x_n \in B$ nennen wir eine *Transzendenzbasis* von A über B, wenn es kein $x \in B$ so gibt, dass $x_1, \ldots, x_n, x$ algebraisch unabhängig sind über A. n nennen wir die *Länge* der Tanszendenzbasis. Auf Grund von (iv) und (v) sieht man leicht:

(vii) *Sind $x_1, \ldots, x_n \in B$, so sind äquivalent:*

(a) *$x_1, \ldots, x_n$ ist eine Transzendenzbasis von B über A.*
(b) *B ist algebraisch über $K[x_1, \ldots, x_n]$, aber über keinem der Ringe $K[x_1, \ldots, x_{k-1}, x_{k+1}, \ldots, x_n]$, $(k=1, \ldots, n)$.*

Der Austauschsatz (vi) liefert weiter (vgl. Lineare Algebra):

(iix) *Besitzt B über A eine Transzendenzbasis $x_1, \ldots, x_n$, so haben alle Transzendenzbasen von B über A dieselbe Länge n. Diese gemeinsame Länge aller Transzendenzbasen nennen wir den Transzendenzgrad* $\operatorname{trdeg}_A(B)$ *von B über A.*

Ist B algebraisch, so setzen wir $\operatorname{tradeg}_A(B)=0$. Besitzt B algebraisch unabhängige Systeme $x_1, \ldots, x_n$ beliebig grosser Länge n, so setzen wir $\operatorname{trdeg}_A(B)=\infty$.

D) Seien $A \subseteq B$ wie oben. Nach (vii) ist eine Transzendenzbasis von B über A ein minimales System $x_1, \ldots, x_n \in B$ so, dass B algebraisch ist über $A[x_1, \ldots, x_n]$. Deshalb gilt:

(ix) *Ist B algebraisch über $A[b_1, \ldots, b_n]$, so besitzt $b_1, \ldots, b_n$ ein Teilsystem $b_{i_1}, \ldots, b_{i_r}$, das eine Transzendenzbasis von B über A ist. Insbesondere gilt* $\operatorname{trdeg}_A(B) \leqslant n$.

(x) *Sind $A \subseteq B \subseteq C$ Integritätsbereiche, so gilt die Formel*

$$\operatorname{trdeg}_A(C) = \operatorname{trdeg}_A(B) + \operatorname{trdeg}_B(C). \qquad \circ$$

Das Normalisationslemma. Wir beweisen jetzt das sogenannte Normalisationslemma, welches zusammen mit den im vorigen Abschnitt bewiesenen Resultaten über ganze Erweiterungen den Schlüssel zur Dimensionstheorie algebraischer Varietäten liefert.

(10.2) **Satz** (*Normalisationslemma*): *Sei K ein Körper und sei A ein endlich erzeugter Erweiterungsring von K. Seien $I_1 \subseteq I_2 \subseteq \ldots \subseteq I_r$ echte Ideale von A. Dann gibt es über K algebraisch unabhängige Elemente $t_1, \ldots, t_n \in A$ so, dass gilt:*

(i) *A ist eine endliche ganze Erweiterung von $K[t_1, \ldots, t_n]$.*

(ii) *Für jedes $s \in \{1, \ldots, r\}$ gibt es ein $k_s \in \mathbb{N}_0$ mit*

$$I_s \cap K[t_1, \ldots, t_n] = (t_1, \ldots, t_{k_s}).$$

Beweis: Zuerst behandeln wir den Fall, dass $A = K[z_1, \ldots, z_n]$ selbst ein Polynomring in den Unbestimmten $z_1, \ldots, z_n$ ist. Der Fall $n=0$ ist dann trivial. Sei also $n>0$. Zunächst nehmen wir an, es sei $r=1$. Ist $I_1 = \{0\}$, so kann man setzen $t_i = z_i$ $(i=1, \ldots, n)$. Sei also $I_1 \neq \{0\}$. Zunächst nehmen wir an, es sei $I_1 = (f)$, wo $f = \sum_{\nu \in \mathcal{M}} c_\nu z^\nu \in K[z_1, \ldots, z_n]$. Dabei sei $\mathcal{M} \subseteq \mathbb{N}_0^n$ endlich und $c_\nu \in K - \{0\}$ für alle $\nu \in \mathcal{M}$. Sei $N \in \mathbb{N}$ so, dass alle Komponenten ν_i aller n-Tupel $(\nu_1, \ldots, \nu_n) \in \mathcal{M}$ nicht grösser als N sind. Wir setzen $p_j = (N+1)^j$, $(j=2, \ldots, n)$ und setzen $\sigma(\nu) = \nu_1 + p_2 \nu_2 + \ldots + p_n \nu_n$, $(\nu = (\nu_1, \ldots, \nu_n) \in \mathcal{M})$. Die durch $\nu \mapsto \sigma(\nu)$ definierte Abbildung $\sigma : \mathcal{M} \to \mathbb{N}_0$ ist injektiv. Also gibt es ein eindeutig bestimmtes Tupel $\mu \in \mathcal{M}$, auf dem σ sein Maximum $\bar{\sigma}$ annimmt. Wir setzen $t_1 = f$ und $t_i = z_i - z_1^{p_i}$, $(i=2, \ldots, n)$. Jetzt folgt:

$$\sum_{\nu \in \mathcal{M}} c_\nu z_1^{\nu_1} (t_2 + z_1^{p_2})^{\nu_2} \ldots (t_n + z_1^{p_n})^{\nu_n} - t_1 = f - t_1 = 0.$$

Im Hinblick auf das oben Bemerkte schreibt sich diese Gleichung als $c_\mu z_1^{\bar{\sigma}} + \sum_{j=0}^{\bar{\sigma}-1} g_j z_1^j = 0$, $(g_j \in K[t_1, \ldots, t_n]; j=0, \ldots, \bar{\sigma}-1)$. Multiplikation mit c_μ^{-1} liefert eine ganze Gleichung für z_1 über $K[t_1, \ldots, t_n]$. Wegen $z_i \in K[t_1, \ldots, t_n][z_1]$, $(i=1, \ldots, n)$ folgt wegen der Transitivität der Ganzheit, dass A ganz ist über

$K[t_1, \ldots, t_n]$. Wegen $\operatorname{trdeg}_k(A)=n$ folgt, dass $t_1, \ldots, t_n$ eine Transzendenzbasis über K ist (vgl. (10.1) (iix)). (t_1) ist ein Primideal des Polynomringes $K[t_1, \ldots, t_n]$. Deshalb liegt ein Primideal $\mathfrak{q}$ von A über (t_1) (s. (9.16) (ii)). Wegen $At_1 \subseteq \mathfrak{q}$ folgt $(t_1) \subseteq I_1 \cap K[t_1, \ldots, t_n] = At_1 \cap K[t_1, \ldots, t_n] \subseteq \mathfrak{q} \cap K[t_1, \ldots, t_n] = (t_1)$, also $I_1 \cap K[t_1, \ldots, t_n] = (t_1)$. Dies beschliesst den Fall $I_1 = (f_1)$.

Jetzt behandeln wir den Fall, dass $I_1 \subseteq A = K[z_1, \ldots, z_n]$ ein beliebiges Ideal ist, und zwar durch Induktion nach n. Der Fall $n=1$ ist klar nach dem Obigen, weil dann ja A ein Hauptidealring ist (vgl. (9.21)B). Ist $f \in I_1 - \{0\}$, so finden wir nach dem Vorangehenden über K algebraisch unabhängige Elemente $f = t_1, x_2, \ldots, x_n$ so, dass A ganz ist über $K[t_1, x_2, \ldots, x_n]$ und so, dass $At_1 \cap K[t_1, x_2, \ldots, x_n] = (t_1)$. Anwendung der Induktionsvoraussetzung auf das Paar $I_1 \cap K[x_2, \ldots, x_n] \subseteq K[x_2, \ldots, x_n]$ liefert über K algebraisch unabhängige Elemente $t_2, \ldots, t_n \in K[x_2, \ldots, x_n]$ und ein $k_1 \in \mathbb{N}$ so, dass $K[x_2, \ldots, x_n]$ ganz ist über $K[t_2, \ldots, t_n]$, und so, dass $I_1 \cap K[t_2, \ldots, t_n] = (t_2, \ldots, t_{k_1})$. Aus der Transitivität der Ganzheit folgt, dass A ganz ist über $K[t_1, \ldots, t_n]$. Deshalb sind die Elemente $t_1, \ldots, t_n$ algebraisch unabhängig über K (vgl. (10.1) (iix)).

Natürlich gilt $(t_1, \ldots, t_{k_1}) \subseteq I_1 \cap K[t_1, \ldots, t_n]$. Sei umgekehrt $g \in I_1 \cap K[t_1, \ldots, t_n]$. Wir können schreiben $g = \sum_i g_i t_1^i$, wo $g_i \in K[t_2, \ldots, t_n]$. Wegen $t_1 \in I_1$ folgt $g_0 \in I_1 \cap K[t_2, \ldots, t_n] = (t_2, \ldots, t_{k_1})$, also $g \in (t_1, \ldots, t_{k_1})$. Wir erhalten $I_1 \cap K[t_1, \ldots, t_n] = (t_1, \ldots, t_{k_1})$.

Jetzt behandeln wir (unter Beibehaltung von $A = K[z_1, \ldots, z_n]$) den Fall, dass $r \in \mathbb{N}$ beliebig ist, und zwar durch Induktion nach r. Sei also $r > 1$. Nach Induktion finden wir über K algebraisch unabhängige Elemente $x_1, \ldots, x_n \in A$ und Zahlen $k_1, \ldots, k_{r-1} \in \mathbb{N}_0$ so, dass A ganz ist über $K[x_1, \ldots, x_n]$, und so, dass $I_s \cap K[x_1, \ldots, x_n] = (x_1, \ldots, x_{k_s})$, $(s=1, \ldots, r-1)$. Wir setzen $t_i = x_i$ für $i=1, \ldots, k_{r-1} =: k$. Anwendung des Falls $r=1$ auf das Paar $I_r \cap K[x_{k+1}, \ldots, x_n] \subseteq K[x_{k+1}, \ldots, x_n]$ liefert uns über K algebraisch unabhängige Elemente $t_{k+1}, \ldots, t_n \in K[x_{k+1}, \ldots, x_n]$ so, dass dieser Ring ganz ist über $K[t_{k+1}, \ldots, t_n]$, und so, dass $I_r \cap K[t_{k+1}, \ldots, t_n] = (t_{k+1}, \ldots, t_{k_r})$ für ein $k_r \geqslant k$. Wie im Fall $i=1$ sieht man jetzt, dass A ganz ist über $K[t_1, \ldots, t_n]$, (also $t_1, \ldots, t_n$ algebraisch unabhängig über K), und dass $I_s \cap K[t_1, \ldots, t_n] = (t_1, \ldots, t_s)$, $(s=1, \ldots, r)$.

Zum Schluss sei $A = K[a_1, \ldots, a_m]$ beliebig. Seien $z_1, \ldots, z_m$ Unbestimmte und sei $\pi : K[z_1, \ldots, z_m] \twoheadrightarrow A$ der durch $z_i \mapsto a_i$ definierte Einsetzungshomomorphismus, $J_0 = \operatorname{Kern}(\pi)$, $J_j = \pi^{-1}(I_i)$, $(i=1, \ldots, r)$. Nach dem Obigen finden wir über K algebraisch unabhängige Elemente $u_1, \ldots, u_m \in K[z_1, \ldots, z_m]$ und Zahlen $l_0, \ldots, l_r \in \mathbb{N}_0$ so, dass $K[z_1, \ldots, z_m]$ ganz ist über $K[u_1, \ldots, u_m]$, und so, dass $J_s \cap K[u_1, \ldots, u_m] = (u_1, \ldots, u_{l_s})$, $(s=0, \ldots, r)$. Wir setzen $n = m - l_0$, $k_s = l_s - l_0$ $(s=1, \ldots, r)$ und $t_i = \pi(u_{i+l_0})$, $(i=1, \ldots, n)$. Wegen $\pi(K[u_1, \ldots, u_m]) = K[t_1, \ldots, t_n]$ ist A ganz über dem letztgenannten Ring (vgl. (9.12) (i) und (6.19) (v)). Wegen $J_0 \cap K[u_{1+l_0}, \ldots, u_m] = \{0\}$ ist $\pi \restriction : K[u_{1+l_0}, \ldots, u_m] \to K[t_1, \ldots, t_n]$ ein Isomorphismus, also $t_1, \ldots, t_n$ ein über K algebraisch unabhängiges System. Wegen $J_s \cap K[u_{1+l_0}, \ldots, u_m] = (u_{1+l_0}, \ldots, u_{k_s})$ folgt jetzt aber auch $I_s \cap K[t_1, \ldots, t_n] = \pi\,(J_s \cap K[u_{1+l_0}, \ldots, u_m]) = (t_1, \ldots, t_{k_s})$, $(s = 1, \ldots, r)$. □

Anmerkung: Üblicherweise wird eine schwächere Form des Normalisationslemma angegeben, die auf Hilbert zurückgeht und keine Aussage über die Idealkette $I_1 \subseteq \ldots \subseteq I_r$ macht. Die hier angegebene Form geht zurück auf Gabriel-Serre [$S-G$]. Sie erweist sich als nützlich für die Behandlung von Dimensionsfragen (vgl. Beweis von (10.4)). ○

(10.3) **Korollar:** *Sei X eine affine Varietät und seien $X_1 \supseteq X_2 \supseteq \ldots \supseteq X_r \neq \emptyset$ abgeschlossene Untermengen von X. Dann gibt es einen endlichen Morphismus $f: X \to \mathbb{A}^n$ und Zahlen $k_1, \ldots, k_r \in \mathbb{N}_0$ so, dass $f(X_s) = V_{\mathbb{A}^n}(z_1, \ldots, z_{k_s}) \cong \mathbb{A}^{n-k_s}$, $(s = 1, \ldots, r)$ (wo $z_1, \ldots, z_n$ die Koordinatenfunktionen von $\mathbb{A}^n$ sind).*

Beweis: Der Koordinatenring $\mathcal{O}(X)$ ist endlich erzeugt über $\mathbb{C}$ (vgl. (6.18)). Nach (10.2) finden wir über $\mathbb{C}$ algebraisch unabhängige Elemente $z_1, \ldots, z_n \in \mathcal{O}(X)$ so, dass $\mathcal{O}(X)$ endlich und ganz ist über $\mathbb{C}[z_1, \ldots, z_n] = \mathcal{O}(\mathbb{A}^n)$, und Zahlen $k_1, \ldots, k_r \in \mathbb{N}_0$ so, dass $I_X(X_s) \cap \mathcal{O}(\mathbb{A}^n) = (z_1, \ldots, z_{k_s})$, $(s = 1, \ldots, r)$. Nach (7.7) finden wir einen Morphismus $f: X \to \mathbb{A}^n$ so, dass $f^*: \mathcal{O}(\mathbb{A}^n) \to \mathcal{O}(X)$ die Inklusionsabbildung wird. f ist endlich. Nach (7.9) (i) und (9.22) (i) gilt $f(X_s) = V_{\mathbb{A}^n}(z_1, \ldots, z_{k_s})$. □

(10.3) besagt, dass man eine affine Varietät X zusammen mit einer Kette $X_1 \supseteq X_2 \supseteq \ldots \supseteq X_r \neq \emptyset$ abgeschlossener Mengen durch einen *endlichen Morphismus $f: X \to \mathbb{A}^n$ linearisieren kann.*

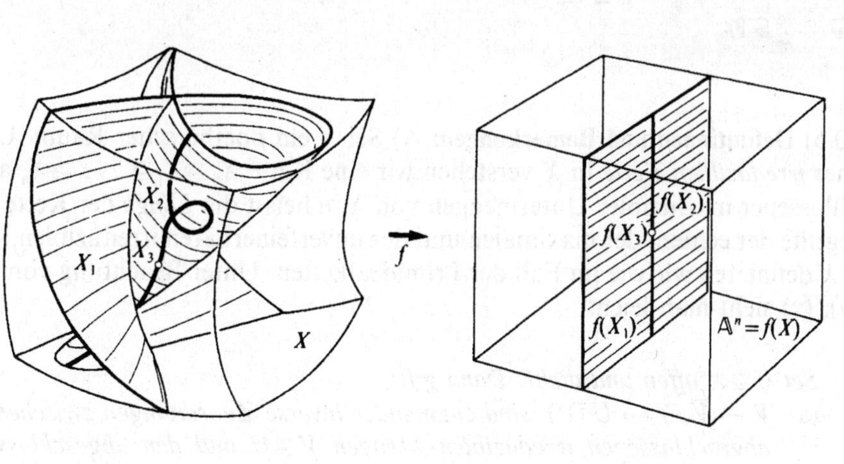

Der Kettensatz. Jetzt wollen wir uns der Dimensionstheorie der algebraischen Varietäten zuwenden. Als erstes beweisen wir, dass das folgende grundlegende Resultat:

(10.4) **Satz** (*Kettensatz*): *Sei K ein Körper und sei A ein endlich erzeugter, integrer Erweiterungsring von K. Dann gilt:*

(i) *Alle echten Primidealketten $\mathfrak{p}_0 \subsetneq \ldots \subsetneq \mathfrak{p}_l$ aus A sind von der Länge $l \leqslant \operatorname{trdeg}_K(A)$ ($< \infty$, s. (10.1) (iix)).*

(ii) *Die maximalen echten Primidealketten aus A sind alle von der Länge $\operatorname{trdeg}_K(A)$.*

Beweis: Sei $n := \operatorname{trdeg}_K(A)$. Sei $\mathfrak{p}_0 \subsetneq \ldots \subsetneq \mathfrak{p}_l$ eine echte Primidealkette aus A. Nach dem Normalisationslemma finden wir über K algebraisch unabhängige Elemente $t_1, \ldots, t_n \in A$ und Zahlen $k_0, \ldots, k_l \in \mathbb{N}_0$ so, dass A ganz ist über $K[t_1, \ldots, t_n]$ und $\mathfrak{p}_i \cap K[t_1, \ldots, t_n] = (t_1, \ldots, t_{k_i})$, $(i = 0, \ldots, l)$. Nach der Retraktionseigenschaft (9.16) (i) folgt $k_0 < k_1 < \ldots < k_l \leqslant n$, also $l \leqslant n$. Damit ist (i) gezeigt. Wir nehmen jetzt an, unsere Kette sei maximal. Dann ist $\mathfrak{p}_0 = \{0\}$, also $k_0 = 0$. Weiter ist $\mathfrak{p}_l \in \operatorname{Max}(A)$. Nach der Going-up-Eigenschaft (9.15) (iii) ist dann $\mathfrak{p}_l \cap K[t_1, \ldots, t_n] \in \operatorname{Max}(K[t_1, \ldots, t_n])$, also $k_l = n$. Es bleibt demnach zu zeigen, dass $k_{i+1} - k_i = 1$, $(i = 0, \ldots, l-1)$. Nehmen wir an, es sei $k_{i+1} - k_i > 1$ für ein i. Wir setzen $u_j = t_{j+k_i} / \mathfrak{p}_i$, $(j = 1, \ldots, r := n - k_i)$. Dann ist $A/\mathfrak{p}_i$ ganz über $K[u_1, \ldots, u_r]$ und $\mathfrak{p}_{i+1}/\mathfrak{p}_i$ liegt über $\mathfrak{s} := (u_1, \ldots, u_{k_{i+1}-k_i})$. Wegen $\mathfrak{p}_i \cap K[t_{j+k_i}, \ldots, t_n] = \{0\}$ ist der Einsetzungshomomorphismus $K[t_{j+k_i}, \ldots, t_n] \to K[u_1, \ldots, u_r]$, $(t_{j+k_i} \mapsto u_j)$, ein Isomorphismus, also $u_1, \ldots, u_r$ algebraisch unabhängig über K. Insbesondere ist $(u_1) \subsetneq \mathfrak{s}$ eine echte Primidealkette in $K[u_1, \ldots, u_r]$, und $K[u_1, \ldots, u_r]$ ist faktoriell (s. (5.22)), also normal (s. (9.19)). Nach der Going-down-Eigenschaft (9.24) gibt es ein über (u_1) liegendes Primideal $\bar{\mathfrak{q}}$ von $A/\mathfrak{p}_i$ mit $\bar{\mathfrak{q}} \subsetneq \mathfrak{p}_{i+1}/\mathfrak{p}_i$. Ist $\mathfrak{q} \subseteq A$ das Urbild von $\bar{\mathfrak{q}}$ in A, so erhalten wir eine echte Primidealkette $\mathfrak{p}_i \subsetneq \mathfrak{q} \subsetneq \mathfrak{p}_{i+1}$, was im Widerspruch steht zur Maximalität von $\mathfrak{p}_0 \subsetneq \cdots \subsetneq \mathfrak{p}_l$. □

(10.5) **Definitionen und Bemerkungen:** A) Sei X ein noetherscher Raum. Unter einer *irreduziblen Kette* in X verstehen wir eine Kette $X_0 \supseteq X_1 \supseteq \ldots \supseteq X_n$ abgeschlossener irreduzibler Untermengen von X. n heisst die *Länge* der Kette. Die Begriffe der echten, der maximalen und der unverfeinerbaren irreduziblen Kette in X definieren wir wie im Fall der Primidealketten. Unter Beachtung von (6.9) (iv), (v) sieht man leicht:

(i) *Sei $U \subseteq X$ offen und dicht. Dann gilt:*

(a) *$V \mapsto \overline{V}$, $Y \mapsto U \cap Y$ sind zueinander inverse Zuordnungen zwischen den abgeschlossenen irreduziblen Mengen $V \subseteq U$ und den abgeschlossenen irreduziblen Mengen $Y \subseteq X$, für welche gilt $U \cap Y \neq \emptyset$.*

(b) *Ist $U_0 \supseteq \ldots \supseteq U_l$ eine irreduzible Kette in U, so ist $\overline{U}_0 \supseteq \ldots \supseteq \overline{U}_l$ eine irreduzible Kette in X. Dabei ist die erste Kette genau dann echt (resp. unverfeinerbar, resp. maximal), wenn die zweite es ist.*

B) Auf Grund des Nullstellensatzes in X ist sofort klar:

(ii) *Ist X eine affine Varietät, so werden durch*

$$X_0 \supseteq \ldots \supseteq X_n \mapsto I_X(X_0) \subseteq \ldots \subseteq I_X(X_n), \quad (X_i \subseteq X \textit{ abgeschlossen, irreduzibel})$$
$$\mathfrak{p}_0 \subseteq \ldots \subseteq \mathfrak{p}_n \mapsto V_X(\mathfrak{p}_0) \supseteq \ldots \supseteq V_X(\mathfrak{p}_n), \quad (\mathfrak{p}_i \in \operatorname{Spec}(\mathcal{O}(X)))$$

zueinander inverse Bijektionen zwischen den irreduziblen Ketten aus X und den Primidealketten aus $\mathcal{O}(X)$ definiert. Bei diesen Übergängen bleiben Echtheit, Maximalität und Unverfeinerbarkeit erhalten.

C) Ist X ein noetherscher Raum und $p \in X$, so sagen wir eine irreduzible Kette $X_0 \supseteq \ldots \supseteq X_n$ von X *laufe durch p*, wenn $p \in X_n$. Aus (8.5)(iii) folgt jetzt sofort:

(iii) *Ist X eine quasiaffine Varietät, so wird durch*

$$X_0 \supseteq \ldots \supseteq X_n \mapsto I_{X,p}(X_0) \subseteq \ldots \subseteq I_{X,p}(X_n), (X_i \subseteq X \textit{abgeschlossen, irreduzibel}, p \in X_n)$$

eine Bijektion zwischen den durch p laufenden irreduziblen Ketten von X und den Primidealketten von $\mathcal{O}_{X,p}$ definiert. Bei diesem Übergang bleiben Echtheit, Maximalität und Unverfeinerbarkeit erhalten. ○

Die Dimension.

(10.6) **Definition:** Sei X ein noetherscher Raum. Wir definieren die *Dimension* dim (X) *von X* als das Supremum der Längen aller echten irreduziblen Ketten $X_0 \supsetneqq X_1 \supsetneqq \ldots \supsetneqq X_n$ von X. Wir setzen $\dim(\emptyset) = -\infty$. Ist $p \in X$, so definieren wir die *Dimension von X in p als*:

$$\dim_p(X) = \inf\{\dim(U) \mid U \subseteq X \text{ offen}, p \in U\}.$$

Ist A ein Ring, so definieren die *Dimension* dim (A) von A als das Supremum der Längen aller Primidealketten aus A. ○

(10.7) **Satz:** *Sei X eine quasiaffine Varietät. Dann gilt:*

(i) $\dim(X) = \max\{\dim(X_i) \mid X_i = \textit{irred. Komp. von } X\} < \infty$.

(ii) *Ist X affin, so gilt* $\dim(X) = \dim(\mathcal{O}(X))$.

(iii) *Ist X irreduzibel, haben alle maximalen irreduziblen Ketten in X die Länge* dim (X).

(iv) *Ist X irreduzibel und affin, so gilt* $\dim(X) = \operatorname{trdeg}_{\mathbb{C}}(\mathcal{O}(X))$.

Beweis: Zuerst beweisen wir (iv). Sei also X irreduzibel und affin. Nach (10.5)(ii) und dem Kettensatz haben alle echten irreduziblen Ketten in X eine Länge $\leqslant \operatorname{trdeg}_{\mathbb{C}}(\mathcal{O}(X))$, wobei genau bei den maximalen Ketten Gleichheit gilt. Zum Nachweis von (iii) fasse man X als lokal abgeschlossene Menge in einem affinen Raum $\mathbb{A}^n$ auf. Dann haben nach dem eben Gezeigten alle maximalen irreduziblen Ketten in $\overline{X}$ dieselbe Länge $< \infty$. Anwendung von (10.5)(i)(b) auf das Paar

$X \subseteq \bar{X}$ zeigt, dass jetzt dasselbe auch für alle maximalen irreduziblen Ketten von X gilt. Dies zeigt (iii) und beweist aber auch, dass irreduzible Varietäten endliche Dimension haben.

Die Gleichung in (i) folgt daraus, dass jede irreduzible abgeschlossene Teilmenge von X in einer Komponente X_i liegt (s. (6.10)). Die Ungleichung folgt jetzt aus dem eben Gezeigten. □

(10.8) **Satz:** *Sei X eine quasiaffine Varietät und sei $p \in X$. Dann gilt:*

(i) $\dim_p(X) = \max\{\dim(X_i) \mid X_i = \textit{irred. Komp. von } X, p \in X_i\} = \sup\{n \mid X_0 \supsetneqq \ldots \supsetneqq X_n \textit{ echte irred. Kette durch } p\} = \dim(\mathcal{O}_{X,p}) < \infty$.

(ii) *Ist X irreduzibel in p, so haben alle maximalen durch p laufenden irreduziblen Ketten die Länge* $\dim(X)$.

Beweis: (ii): Man wähle eine affine offene Umgebung U von p in X. Jetzt schliesst man sofort mit (10.5) (i), (ii) und dem Kettensatz. (i) ist dann sofort klar aus (ii) und (10.5) (iii). □

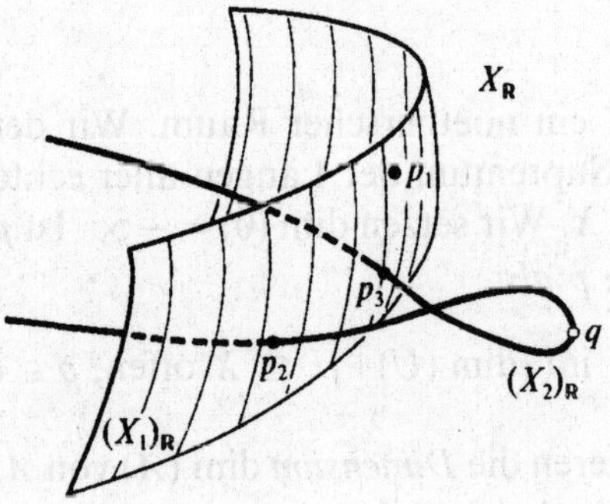

$X = X_1 \cup X_2$, (X_i = irred. Komp.), $\dim(X_1) = 2$, $\dim(X_2) = 1$,
$p_i \in X_1 \Rightarrow \dim_{p_i}(X_2) = 2$, $q \in X_2 - X_1 \Rightarrow \dim_q(X) = 1$, $\dim(X) = 2$.

(10.9) **Satz:** *Sei $f: X \to Y$ ein endlicher Morphismus zwischen affinen Varietäten. Dann gilt* $\dim(X) = \dim(Y)$.

Beweis: Nach (10.7) (ii) genügt es zu zeigen, dass $\dim(\mathcal{O}(X)) = \dim(\mathcal{O}(Y))$. $\mathcal{O}(X)$ ist ein ganzer Erweiterungsring von $\mathcal{O}(Y)$. Nach der Retraktionseigenschaft (9.16) (i) folgt $\dim(\mathcal{O}(Y) \geqslant \dim(\mathcal{O}(X))$, nach der Lying-over-Eigenschaft (9.16) (ii) folgt $\dim(\mathcal{O}(Y)) \leqslant \dim(\mathcal{O}(X))$. □

(10.10) **Satz:** *Seien X, Y quasiaffine Varietäten. Dann gilt:*

(i) $\dim(X \times Y) = \dim(X) + \dim(Y)$.

(ii) $p \in X, q \in Y \Rightarrow \dim_{p \times q}(X \times Y) = \dim_p(X) + \dim_p(Y)$.

Beweis: Es genügt, (i) für irreduzible Varietäten X und Y zu zeigen, denn alles Weitere folgt dann aus (10.7) (i), (10.8) (i) und (8.11) (ii) (b). Nach (10.5) (i) und (8.11) (i) (a) kann man wieder annehmen, X und Y seien affin. Nach (10.3) gibt es endliche Morphismen $f: X \to \mathbb{A}^m$, $g: Y \to \mathbb{A}^n$. Nach (10.9) folgt $m = \dim(X)$, $n = \dim(Y)$. Nach (9.28) (ii) ist $f \times g: X \times Y \to \mathbb{A}^m \times \mathbb{A}^n = \mathbb{A}^{m+n}$ endlich. Nach (10.9) (und (10.7) (iv)) folgt $\dim(X \times Y) = m + n = \dim(X) + \dim(Y)$. □

Moduln endlicher Länge. Das Beispiel (9.1) hat uns gezeigt, dass die Anzahl der definierenden Gleichungen einer Varietät keinen vernünftigen Dimensionsbegriff liefert. Trotzdem besteht ein wichtiger Zusammenhang zwischen beiden Begriffen, den wir jetzt erarbeiten wollen. Wir beginnen mit einem Exkurs in die Algebra und stellen einige modultheoretische Hilfsmittel bereit, auf die wir auch später zurückgreifen werden.

(10.11) **Bemerkungen und Definitionen:** A) Sei A ein Ring, $I \subseteq A$ ein echtes Ideal und M ein A-Modul. Dann wird M/IM in kanonischer Weise zum A/I-Modul vermöge der Skalarenmultiplikation

$$(a/I) \cdot (m/IM) := (am/IM), \quad (a \in A,\ m \in M).$$

Die Menge $\{a \in A \mid aM = \{0\}\}$ nennen wir den *Annulator* von M und bezeichnen ihn mit $\operatorname{ann}(M)$. $\operatorname{ann}(M)$ ist ein Ideal von A, das genau dann echt ist, wenn $M \neq \{0\}$. Ist $I \subseteq \operatorname{ann}(M)$, so ist $IM = \{0\}$, also $M/IM = M$, also M ein A/I-Modul.

B) Seien $I, J \subseteq A$ Ideale. Gemäss (9.2) ist dann das *Produkt* $I \cdot J$ dieser Ideale definiert. Das Produkt von Idealen ist assoziativ und kommutativ. Die n-te *Potenz* I^n eines Ideals ist in kanonischer Weise definiert. Es gilt

$$I^n = \{\sum_j a_{1,j} \ldots a_{n,j} \mid a_{i,j} \in I\}.$$

Leicht überlegt man sich schliesslich

(i) *Ist $\sqrt{I}$ endlich erzeugt, gibt es ein $n \in \mathbb{N}$ mit $(\sqrt{I})^n \subseteq I$.*

C) Mit Hilfe des Annulators lässt sich der für die Ringe eingeführte Dimensionsbegriff auf Moduln erweitern. Aus bestimmten Gründen wollen wir uns allerdings auf endlich erzeugte Moduln beschränken. Für einen *endlich erzeugten* A-Modul M definieren wir die *Dimension von M durch:*

(ii) $$\dim(M) := \begin{cases} -\infty, & \textit{falls } M = \{0\} \\ \dim(A/\operatorname{ann}(M)), & \textit{falls } M \neq 0. \end{cases}$$

Wegen $\operatorname{ann}(A) = \{0\}$ und $A \cong A/\{0\}$ gilt:

(iii) *Die Dimension von A als A-Modul ist dasselbe wie die Dimension von A als Ring.*

(iv) *Für einen endlich erzeugten Modul M über einem noetherschen lokalen Ring* $(A, \mathfrak{m})$ *sind äquivalent:*

(a) $\dim(M) \leqslant 0$.

(b) $\sqrt{\operatorname{ann}(M)} \supseteq \mathfrak{m}$.

(c) $\exists\, s \in \mathbb{N}_0 : \mathfrak{m}^s M = \{0\}$.

Beweis: (a) $\Leftrightarrow$ (b): $\dim(M) \leqslant 0$ bedeutet nach (ii), dass entweder $M = \{0\}$ oder dass $\dim(A/\operatorname{ann}(M)) = 0$. Letzteres bedeutet aber, dass $\mathfrak{m}$ das einzige (minimale) Primoberideal von $\operatorname{ann}(M)$ ist, also dass $\sqrt{\operatorname{ann}(M)} = \mathfrak{m}$. $M = \{0\}$ ist trivialerweise zu $\operatorname{ann}(M) = A$ äquivalent, also zu $\sqrt{\operatorname{ann}(M)} = A$.
(b) $\Leftrightarrow$ (c) folgt sofort aus (i). ○

(10.12) **Bemerkungen und Definitionen:** A) Sei A ein Ring und M ein A-Modul. Sei

(i) $\qquad M_0 \subsetneqq M_1 \subsetneqq \ldots \subsetneqq M_l\,;\ (M_i \subseteq M$ *Untermodul*)

eine (*echte*) *Kette* von Untermoduln von M. Wir nennen dann l die *Länge* dieser Kette. Den Begriff der *maximalen Kette* von Untermoduln definieren wir in naheliegender Weise.

Einen A-Modul M nennen wir *einfach*, wenn er ausser $\{0\}$ und M keine Untermoduln zulässt. Offenbar gilt

(ii) *Eine Kette* $M_0 \subsetneqq \ldots \subsetneqq M_l$ *von Moduln in M ist genau dann maximal, wenn* $M_0 = 0$, $M_l = M$ *und wenn* M_i/M_{i-1} *einfach ist für* $i = 1, \ldots, l$.

B) Die *Länge eines A-Moduls M* definieren wir als das Supremum der Längen aller Ketten von Moduln in M, also:

(iii) $l_A(M) = l(M) := \sup\{l \in \mathbb{N}_0 \mid \exists$ *Kette* $M_0 \subsetneqq M_1 \subsetneqq \ldots \subsetneqq M_l$ *von Moduln in* $M\}$.

Offenbar gilt:

(iii)′(a) $l_A(M) = 0 \Leftrightarrow M = 0$; (b) $l_A(M) \leqslant 1 \Leftrightarrow M$ *einfach.*

Schliesslich definieren wir

(iv) *M von endlicher Länge* $\Leftrightarrow l_A(M) < \infty$.

Wir zeigen:

(v) *Für* $l \in \mathbb{N}_0$ *sind äquivalent:*

(a) $l_A(M) = l$.

(b) *Es gibt eine maximale Kette* $M_0 \subsetneqq M_1 \subsetneqq \ldots \subsetneqq M_l$ *der Länge l von Untermoduln in M.*

Beweis: «(a) $\Rightarrow$ (b)» ist trivial. «(b) $\Rightarrow$ (a)» zeigen wir durch Induktion nach l. Der Fall $l = 0$ ist trivial. Sei also $l > 0$, und sei $M'_0 \subsetneqq M'_1 \subsetneqq \ldots \subsetneqq M'_{l'}$ eine Kette von Moduln in M. Es genügt zu zeigen, dass $l' \leqslant l$.

Es gibt ein grösstes $t \leqslant l'$ mit $M'_t \subseteq M_{l-1}$. Es ist also $M'_i \not\subseteq M_{l-1}$, d.h. $M_{l-1} \subsetneqq M'_i + M_{l-1} \subseteq M_l = M$ für alle $i > t$. Deshalb ist $M'_i + M_{l-1} = M$ für alle $i > t$. Daraus folgt $M'_{i+1} = M'_{i+1} \cap M = M'_{i+1} \cap (M'_i + M_{l-1}) = M'_i + M'_{i+1} \cap M_{l-1}$, d.h. $M'_i \cap M_{l-1} \subsetneqq M'_{i+1} \cap M_{l-1}$ für $i > t$ (denn sonst wäre $M'_{i+1} \subseteq M'_i$). Also ist $M'_0 \subsetneqq M'_1 \subsetneqq \ldots \subsetneqq M'_t \subsetneqq M'_{t+2} \cap M_{l-1} \subsetneqq \ldots \subsetneqq M'_{l'} \cap M_{l-1}$ eine Kette der Länge $\geqslant l'-1$ von Moduln in M_{l-1}. Weiter ist $M_0 \subsetneqq M_1 \subsetneqq \ldots \subsetneqq M_{l-1}$ eine maximale Kette in M_{l-1}. Nach Induktion folgt deshalb $l'-1 \leqslant l-1$, also $l' \leqslant l$.

C) Aus (v) ist sofort klar:

(vii) *Ist M ein A-Modul endlicher Länge, so haben alle maximalen Ketten $M_0 \subsetneqq \ldots \subsetneqq M_l$ von Moduln in M die Länge $l = l_A(M)$.*

Als Anwendung folgt die sogenannte *Additivität der Länge*:

(iix) *Ist $N \subseteq M$ ein Untermodul, so gilt $l(M) = l(N) + l(M/N)$.*

Beweis: Ist $N_0 \subsetneqq \ldots \subsetneqq N_s$ eine Kette in N, $\overline{M}_0 \subsetneqq \ldots \subsetneqq \overline{M}_t$ eine Kette in M/N und $M_i \subseteq M$ das kanonische Urbild von $\overline{M}_i$, so ist auch $N_0 \subsetneqq \ldots \subsetneqq N_s \subsetneqq M_1 \subsetneqq \ldots \subsetneqq M_t$ eine Kette von M. Dies erledigt sofort die Fälle $l(N) = \infty$ oder $l(M/N) = \infty$. Sind $l(N)$, $l(M/N) < \infty$, so wählt man die obigen Ketten maximal. Nach (vii) wird dann $s = l(N)$, $t = l(M/N)$. Mit (ii) sieht man leicht, dass auch die zusammengesetzte Kette $N_0 \subsetneqq \ldots \subsetneqq N_s \subsetneqq M_1 \subsetneqq \ldots \subsetneqq M_t$ maximal wird. Jetzt schliesst man mit (v)).

D) Schliesslich halten wir noch fest:

(ix) (a) Ist $\mathfrak{m} \in \operatorname{Max}(A)$, *so gilt* $l_A(M/\mathfrak{m}M) = \dim_{A/\mathfrak{m}}(M/\mathfrak{m}M)$.
(b) *Ist K ein Körper und V ein K-Vektorraum, so gilt $l_K(V) = \dim_K(V)$.*

(Dabei steht $\dim_K(V)$ für die Vektorraum-Dimension).

Aus (ix)(a) und der Additivität der Länge ergibt sich induktiv sofort die folgende Formel

(x) $$l(M/\mathfrak{m}^n M) = \sum_{i=0}^{n-1} \dim_{A/\mathfrak{m}} (\mathfrak{m}^i M/\mathfrak{m}^{i+1} M). \qquad \circ$$

(10.13) **Satz:** *Sei $(A, \mathfrak{m})$ ein noetherscher lokaler Ring und M ein endlich erzeugter A-Modul. Dann gilt:*

$$\dim(M) \leq 0 \Leftrightarrow l(M) < \infty.$$

Beweis: «$\Rightarrow$»: Ist $\dim(M) \leqslant 0$, so gibt es ein $s \in \mathbb{N}_0$ mit $\mathfrak{m}^s M = \{0\}$ (vgl. (10.11) (iv). Gemäss unseren Voraussetzungen sind die Moduln $\mathfrak{m}^i M/\mathfrak{m}^{i+1} M$ endlich erzeugt, also von endlicher Dimension über $A/\mathfrak{m}$. Im Hinblick auf (10.12) (x) folgt $l(M) = l(M/\mathfrak{m}^s M) < \infty$.

«⇐»: Nach (10.12) (x) gilt $\sum_{i=0}^{n-1} \dim_{A/\mathfrak{m}} (\mathfrak{m}^i M/\mathfrak{m}^{i+1} M) = l(M/\mathfrak{m}^n M) \leqslant l(M)$, $\forall\, n \in \mathbb{N}$. Deshalb gibt es ein s mit $\dim_{A/\mathfrak{m}} (\mathfrak{m}^{s+1} M/\mathfrak{m}^s M) = 0$, also mit $\mathfrak{m}\, \mathfrak{m}^s M = \mathfrak{m}^{s+1} M = \mathfrak{m}^s M$. Nach Nakayama folgt $\mathfrak{m}^s M = \{0\}$ und somit $\dim (M) = 0$. □

Höhe und Kodimension. Nach diesen modultheoretischen Ausführungen kehren wir zur Dimensionstheorie zurück und definieren

(10.14) **Definition und Bemerkungen:** A) Sei A ein Ring und $\mathfrak{p} \subseteq A$ ein Primideal. Wir definieren die *Höhe* $ht(\mathfrak{p})$ von $\mathfrak{p}$ als das Supremum der Längen l aller echten Primidealketten $\mathfrak{p}_0 \subsetneqq \mathfrak{p}_1 \subsetneqq \ldots \subsetneqq \mathfrak{p}_l$ in A mit $\mathfrak{p}_l \subseteq \mathfrak{p}$. Also:

(i) $$\mathrm{ht}(\mathfrak{p}) := \sup \{l \mid \exists \textit{ Primidealkette } \mathfrak{p}_0 \subsetneqq \ldots \subsetneqq \mathfrak{p}_l \textit{ in } A \textit{ mit } \mathfrak{p}_l \subseteq \mathfrak{p}\}.$$

Ist $I \subseteq A$ ein Ideal, so definieren wir

(i)′ $$\mathrm{ht}(I) := \begin{cases} \infty, \textit{ falls } I = A \\ \inf \{\mathrm{ht}(\mathfrak{p}) \mid \mathfrak{p} \in \mathrm{Spec}\,(A),\ I \subseteq \mathfrak{p}\}, \textit{ falls } I \neq A \end{cases}$$

B) Ist $\mathfrak{p} \in \mathrm{Spec}\,(A)$, so folgt aus (7.12)(x) sofort:

(ii) $$\mathrm{ht}(\mathfrak{p}) = \dim (A_{\mathfrak{p}}).$$

Insbesondere können wir also sagen:

(ii)′ $$(A, \mathfrak{m}) \textit{ lokal} \Rightarrow \dim (A) = \mathrm{ht}(\mathfrak{m}).$$ ○

(10.15) **Satz** (*Krullsches Hauptideallemma*): *Sei A ein noetherscher Ring und sei $x \in A - A^*$. Dann gilt* $\mathrm{ht}(\mathfrak{p}) \leqslant 1$ *für jedes minimale Primoberideal* $\mathfrak{p}$ *von* xA.

Beweis: $\mathfrak{p}A_{\mathfrak{p}}$ ist ein minimales Primoberideal von $xA_{\mathfrak{p}} = \eta_{\mathfrak{p}}(x)A_{\mathfrak{p}}$. Denn sonst gäbe es nach (7.12)(x) ein Primideal $\mathfrak{q} \subseteq \mathfrak{p}$ mit $\mathfrak{q} \supseteq \eta_{\mathfrak{p}}^{-1}(xA_{\mathfrak{p}}) \supseteq xA$. So können wir A durch $A_{\mathfrak{p}}$ ersetzen, also annehmen, $(A, \mathfrak{m})$ sei lokal und $\mathfrak{m}$ ein minimales Primoberideal von xA. Im Hinblick auf (10.14) (ii)′ müssen wir zeigen, dass $\dim (A) \leqslant 1$.

Nehmen wir das Gegenteil an! Dann gibt es eine echte Primidealkette $\mathfrak{q} \subsetneqq \mathfrak{p} \subsetneqq \mathfrak{m}$. $\mathfrak{m}/\mathfrak{q}$ ist ein minimales Primoberideal von $xA/\mathfrak{q}$. So ersetzen wir A durch $A/\mathfrak{q}$ und nehmen damit an, A sei integer mit einer echten Primidealkette $\{0\} \subsetneqq \mathfrak{p} \subsetneqq \mathfrak{m}$. Wir setzen $\mathfrak{p}^{(n)} := \eta_{\mathfrak{p}}^{-1} (\mathfrak{p}^n A_{\mathfrak{p}}) = \mathfrak{p}^n A_{\mathfrak{p}} \cap A$ (vgl. (7.12) F). A/xA ist ein noetherscher Ring mit dem einzigen Primideal $\mathfrak{m}/xA$ (vgl. (6.19) (iv)). Also ist $\dim (A/xA) = 0$, d.h. $l(A/xA) < \infty$ (vgl. (10.13)). $(\mathfrak{p}^{(0)} + xA)/xA \supseteq (\mathfrak{p}^{(1)} + xA)/xA \supseteq \ldots$ ist eine Folge von Untermoduln von A/xA. Wegen $l(A/xA) < \infty$ wird diese Folge stationär. Es gibt also ein $n \in \mathbb{N}$ mit $\mathfrak{p}^{(n)} + xA = \mathfrak{p}^{(n+1)} + xA$, d.h. mit $\mathfrak{p}^{(n)} \subseteq \mathfrak{p}^{(n+1)} + xA$.

Ist $t \in \mathfrak{p}^{(n)}$, so können wir also schreiben $t = w + xz$, wobei $w \in \mathfrak{p}^{(n+1)}$, $z \in A$. Daraus folgt $xz \in \mathfrak{p}^{(n)} = \mathfrak{p}^n A_{\mathfrak{p}} \cap A$. Weil $\mathfrak{m}$ ein minimales Primoberideal von xA ist, gilt $x \notin \mathfrak{p}$. So können wir schreiben $z = \dfrac{xz}{x} = \dfrac{1}{x}(xz) \in \mathfrak{p}^n A_{\mathfrak{p}} \cap A = \mathfrak{p}^{(n)}$. Daraus folgt $\mathfrak{p}^{(n)} = \mathfrak{p}^{(n+1)} + x\mathfrak{p}^{(n)}$, also $\mathfrak{p}^{(n)} = \mathfrak{p}^{(n+1)} + \mathfrak{m}\mathfrak{p}^{(n)}$. Gemäss Nakayama ergibt sich $\mathfrak{p}^{(n+1)} = \mathfrak{p}^{(n)}$. Im Hinblick auf (7.12) (vii) (d) folgt $\mathfrak{p}^n A_{\mathfrak{p}} = \mathfrak{p}^{(n)} A_{\mathfrak{p}} = \mathfrak{p}^{(n+1)} A_{\mathfrak{p}} = \mathfrak{p}^{n+1} A_{\mathfrak{p}}$. Anwendung von Nakayama mit dem lokalen Ring $A_{\mathfrak{p}}$ und dem Modul $\mathfrak{p}^n A_{\mathfrak{p}}$ liefert $\mathfrak{p}^n A_{\mathfrak{p}} = \{0\}$. Daraus folgt $\mathfrak{p}^n = \{0\}$. Dies darf nicht sein, weil A integer ist. $\square$

(10.16) **Lemma:** *Sei A ein noetherscher Ring, $\mathfrak{q} \in \mathrm{Spec}\,(A)$, $x \in \mathfrak{q}$ und $\mathfrak{p}_0 \subsetneqq \ldots \subsetneqq \mathfrak{p}_l$ eine echte Primidealkette mit $l > 0$ und $\mathfrak{p}_l \subseteq \mathfrak{q}$. Dann gibt es eine echte Primidealkette $\mathfrak{p}'_0 \subsetneqq \ldots \subsetneqq \mathfrak{p}'_{l-1}$ mit $x \in \mathfrak{p}'_0$ und $\mathfrak{p}'_{l-1} \subseteq \mathfrak{q}$.*

Beweis: (Induktion nach l): ist $l = 1$, setze man $\mathfrak{p}'_0 = \mathfrak{q}$. Sei also $l > 1$. Ist $x \in \mathfrak{p}_{l-1}$, so wendet man die Induktionsvoraussetzung auf das Primideal $\mathfrak{p}_{l-1}$ und die Kette $\mathfrak{p}_0 \subsetneqq \ldots \subsetneqq \mathfrak{p}_{l-1}$ an und erhält eine Kette $\mathfrak{p}_0 \subsetneqq \mathfrak{p}'_1 \subsetneqq \ldots \subsetneqq \mathfrak{p}'_{l-2}$ mit $x \in \mathfrak{p}'_0$, $\mathfrak{p}'_{l-2} \subseteq \mathfrak{p}_{l-1}$. Jetzt setzt man $\mathfrak{p}'_{l-1} = \mathfrak{p}_l$.

Sei also $x \notin \mathfrak{p}_{l-1}$. Wegen $xA + \mathfrak{p}_{l-2} \subseteq \mathfrak{q}$ besitzt $xA + \mathfrak{p}_{l-2}$ ein minimales Primoberideal $\mathfrak{s} \subseteq \mathfrak{q}$ (vgl. (9.16) (i)). Es besteht also eine Kette $\mathfrak{p}_0 \subsetneqq \mathfrak{p}_1 \subsetneqq \ldots \subsetneqq \mathfrak{p}_{l-2} \subsetneqq \mathfrak{s}$. Wenden wir auf diese die Induktionsvoraussetzung an (mit $\mathfrak{s}$ anstelle von $\mathfrak{q}$), so finden wir eine Kette $\mathfrak{p}'_0 \subsetneqq \mathfrak{p}'_1 \subsetneqq \ldots \subsetneqq \mathfrak{p}'_{l-2}$ mit $x \in \mathfrak{p}'_0$ und $\mathfrak{p}'_{l-2} \subseteq \mathfrak{s}$. Weiter ist $\mathfrak{s} \subsetneqq \mathfrak{q}$. Wäre nämlich $\mathfrak{s} = \mathfrak{q}$, so hätten wir in $A/\mathfrak{p}_{l-2}$ die echte Primidealkette $\{0\} \subsetneqq \mathfrak{p}_{l-1}/\mathfrak{p}_{l-2} \subsetneqq \mathfrak{s}/\mathfrak{p}_{l-2}$. Dies ist aber nach dem Krullschen Hauptideallemma nicht möglich, weil $\mathfrak{s}/\mathfrak{p}_{l-2}$ ein minimales Primoberideal des Hauptideals $(x/\mathfrak{p}_{l-2}) A/\mathfrak{p}_{l-2} = (xA + \mathfrak{p}_{l-2})/\mathfrak{p}_{l-2}$ ist (vgl. (6.19) (iv)).

Setzen wir jetzt $\mathfrak{p}'_{l-1} = \mathfrak{q}$, so haben wir die gewünschte Primidealkette konstruiert. $\square$

Jetzt beweisen wir das oben angekündigte Resultat:

(10.17) **Satz** (*Krullscher Höhensatz*): *Sei A ein noetherscher Ring und sei $I = (x_1, \ldots, x_r) \subsetneqq A$ ein echtes Ideal. Dann gilt $\mathrm{ht}(\mathfrak{p}) \leqslant r$ für alle minimalen Primoberideale $\mathfrak{p}$ von I. Insbesondere ist also $\mathrm{ht}(I) \leqslant r$.*

Beweis (Induktion nach r): Der Fall $r = 1$ ist klar nach dem Hauptideallemma. Sei also $r > 1$. Sei $\mathfrak{p}_0 \subsetneqq \mathfrak{p}_1 \subsetneqq \ldots \subsetneqq \mathfrak{p}_l$ eine echte Primidealkette mit $\mathfrak{p}_l \subseteq \mathfrak{p}$. Wir müssen zeigen, dass $l \leqslant r$. Für $l = 0$ ist dies klar. Sei also $l > 0$. Nach (10.17) finden wir in A eine Primidealkette $\mathfrak{p}'_0 \subsetneqq \mathfrak{p}'_1 \subsetneqq \ldots \subsetneqq \mathfrak{p}'_{l-1}$ mit $x_r \in \mathfrak{p}'_0$, $\mathfrak{p}'_{l-1} \subseteq \mathfrak{p}$. In $A/x_r A$ erhalten wir so eine Primidealkette $\mathfrak{p}'_0/x_r A \subsetneqq \ldots \subsetneqq \mathfrak{p}'_{l-1}/x_r A$ mit $\mathfrak{p}'_{l-1}/x_r A \subseteq \mathfrak{p}/x_r A$. Dabei ist $\mathfrak{p}/x_r A$ ein minimales Primoberideal von $(x_1/x_r A, \ldots, x_{r-1}/x_r A) = I/x_r A$. Nach Induktion ist also $\mathrm{ht}(\mathfrak{p}/x_r A) \leqslant r - 1$, mithin also auch $l - 1 \leqslant r - 1$, also schliesslich $l \leqslant r$. $\square$

Jetzt wollen wir das Bewiesene geometrisch anwenden. Dazu benötigen wir den Begriff der Kodimension, den wir jetzt definieren:

(10.18) **Definition und Bemerkungen:** A) Sei X ein noetherscher Raum und sei $Z \subseteq X$ abgeschlossen und irreduzibel. Wir definieren die *Kodimension* $\operatorname{codim}_X(Z)$ von Z in X als das Supremum der Längen l aller echten irreduziblen Ketten $X_0 \supsetneqq X_1 \supsetneqq \ldots \supsetneqq X_l$ mit $X_l \supseteq Z$. Also:

(i) $\operatorname{codim}_X(Z) := \sup\{l \mid \exists$ *irred. Kette* $X_0 \supsetneqq \ldots \supsetneqq X_l$ *in* X *mit* $X_l \supseteq Z\}$.

Ist $Y \subseteq X$ abgeschlossen, so definieren wir:

(i)′ $\operatorname{codim}_X(Y) := \begin{cases} \infty, \textit{ falls } Y = \emptyset \\ \inf\{\operatorname{codim}_X(Z) \mid Z \subseteq Y, Z \textit{ abg. irred.}\}, \textit{ sonst} \end{cases}$

B) Für Varietäten halten wir fest:

(iii) *Sei X eine quasiaffine Varietät und sei $Y \subseteq X$ abgeschlossen. Dann gilt:*
  (a) $\dim(X) \geqslant \dim(Y) + \operatorname{codim}_X(Y)$.
  Ist X irreduzibel, so gilt sogar Gleichheit.
  (b) $\operatorname{codim}_X(\{p\}) = \dim_p(X), \forall p \in X$.

Beweis: (a): Sei zunächst $Z \subseteq X$ irreduzibel mit $\dim(Z) = d$ und $\operatorname{codim}_X(Z) = r$. Wir finden dann unverfeinerbare irreduzible Ketten $X = X_0 \supsetneqq \ldots \supsetneqq X_r = Z$, $Z = Z_0 \supsetneqq \ldots \supsetneqq Z_d = \{q\}$. $X_0 \supsetneqq \ldots \supsetneqq X_r \supsetneqq Z_1 \supsetneqq \ldots \supsetneqq Z_d$ ist dann eine maximale irreduzible Kette in X. Also gilt $\dim(Z) + \operatorname{codim}_X(Z) = d + r \leqslant \dim(X)$. Ist X irreduzibel, so folgt im Hinblick auf (10.7) (iii) sogar Gleichheit. Jetzt schliesst man, indem Z die irreduziblen abgeschlossenen Teilmengen von Y durchlaufen lässt.

(b): Klar aus der Definition von $\dim_p(X)$.

C) Das Konzept der Höhe und das Konzept der Kodimension sind wie folgt verknüpft:

(iv) *Ist X eine affine Varietät, so gilt:*
  (a) $\operatorname{codim}_X(Y) = \operatorname{ht}(I_X(Y))$, $(Y \subseteq X$ *abgeschlossen*$)$.
  (b) $\operatorname{codim}_X(V_X(I)) = \operatorname{ht}(I)$, $(I \subseteq \mathcal{O}(X)$ *Ideal*$)$.

(iv)′ *Ist X quasiprojektiv, $Z \subseteq X$ abgeschlossen und irreduzibel, so gilt:*

$$\operatorname{codim}_X(Z) = \operatorname{ht}(I_{X,p}(Z)), \quad (p \in X).$$

Beweis: (iv) ist klar nach dem Nullstellensatz (6.25) und nach (6.26)(i). (iv)′ folgt aus (8.5)(iii). ○

Jetzt können wir den früher angekündigten Zusammenhang zwischen der Anzahl der definierenden Gleichungen und der Dimension einer affinen Varietät formulieren und beweisen:

(10.19) **Satz** (*Kodimensionssatz*): *Sei X eine affine Varietät und seien* $f_1, \ldots, f_r \in \mathcal{O}(X)$ *so, dass* $(f_1, \ldots, f_r) \subsetneqq \mathcal{O}(X)$ *ein echtes Ideal ist. Dann gilt* $\operatorname{codim}_X(Z) \leqslant r$ *für alle irreduziblen Komponenten Z von* $V_X(f_1, \ldots, f_r)$. *Insbesondere ist also* $\operatorname{codim}_X(V_X(f_1, \ldots, f_r)) \leqslant r$.

Beweis: Nach dem Nullstellensatz sind die Verschwindungsideale $I_X(Z)$ der irreduziblen Komponenten Z von $V_X(f_1, \ldots, f_r)$ gerade die minimalen Primoberideale von $(f_1, \ldots, f_r)$. Jetzt schliesst man mit (10.18) (iv) (a) und dem Krullschen Höhensatz. □

(10.20) **Korollar:** *Sei X eine irreduzible affine Varietät und seien* $f_1, \ldots, f_r \in \mathcal{O}(X)$ *so, dass* $(f_1, \ldots, f_r) \subsetneqq \mathcal{O}(X)$ *ein echtes Ideal ist. Dann gilt* $\dim(Z) \geqslant \dim(X) - r$ *für alle irreduziblen Komponenten Z vom* $V_X(f_1, \ldots, f_r)$. *Insbesondere ist also* $\dim(V_X(f_1, \ldots, f_r)) \geqslant \dim(X) - r$.

Beweis: Klar aus (10.19) und (10.18)(iii)(a). □

Anmerkung: Ist $Y = V_{\mathbb{A}^n}(f_1, \ldots, f_r) \subseteq \mathbb{A}^n$ eine abgeschlossene Menge, so gilt nach (10.20) $\dim(Y) \geqslant n - r$. Die Dimension von Y ist also höchstens um die Anzahl r der definierenden Gleichungen kleiner als die Dimension n des umgebenden affinen Raumes. Dies steht in Übereinstimmung mit dem, was wir aus der linearen Algebra erwarten. Es ist natürlich zu fragen, für welche abgeschlossenen Mengen $Y \subseteq \mathbb{A}^n$ die definierenden Polynome $f_1, \ldots, f_r$ so gewählt werden können, dass $\dim(Y) = n - r$. Solche abgeschlossene Mengen $Y \subseteq \mathbb{A}^n$ nennt man *mengentheoretisch vollständige Durchschnitte*. Es handelt sich also genau um die abgeschlossenen Mengen $Y \subseteq \mathbb{A}^n$, die als Durchschnitt von $\operatorname{codim}_{\mathbb{A}^n}(Y)$ Hyperflächen geschrieben werden können. (Dass mindestens so viele Hyperflächen benötigt werden, ist die Aussage des Kodimensionssatzes.) Gilt die stärkere Bedingung, dass $I_{\mathbb{A}^n}(Y)$ durch $\operatorname{codim}_{\mathbb{A}^n}(Y)$ Polynome erzeugt werden kann, so nennt man Y einen *vollständigen Durchschnitt* schlechthin. Um die Frage nach diesen beiden Eigenschaften bestehen zahlreiche ungelöste Probleme. Eines der ältesten ist das affine *Raumkurvenproblem*, nämlich die Frage, ob sich jede irreduzible abgeschlossene 1-dimensionale Menge $Y \subseteq \mathbb{A}^3$ als Durchschnitt zweier Flächen schreiben lässt. Teilantworten sind hier allerdings bekannt. Ist z.B. die Kurve $Y \subseteq \mathbb{A}^3$ lokal vollständiger Durchschnitt (d.h. sind die lokalen Verschwindungsideale von Y immer durch 2 Elemente erzeugbar), so lässt sich das Raumkurvenproblem nach D. Ferrand und L. Szpiro positiv beantworten. Über Körpern der Charakteristik $p \neq 0$ ist die Antwort auf das Problem immer positiv (vgl. Cowsik-Nori[CN]). Eine schöne Einführung in diesen Fragenkomplex findet man in E. Kunz [K]. ○

Als Anwendung von (10.20) beweisen wir:

(10.21) **Satz** (*affiner Schnittdimensionssatz*): *Seien* $X, Y \subseteq \mathbb{A}^n$ *irreduzible abgeschlossene Mengen, und sei* $X \cap Y \neq \emptyset$. *Dann gilt*

$$\dim(Z) \geqslant \dim(X) + \dim(Y) - n$$

für jede irreduzible Komponente Z von $X \cap Y$.

Beweis: Wir machen zuerst eine Vorbemerkung, welche für den Beweis allerdings von grundlegender Bedeutung ist: Der durch $q \mapsto q \times q$ vermittelte Diagonalmorphismus $d: \mathbb{A}^n \to D_{\mathbb{A}^n} = \{q \times q \mid q \in \mathbb{A}^n\} \subseteq \mathbb{A}^{2n}$ ist ein Isomorphismus (vgl. (8.15)) und damit ein Homöomorphismus (vgl. (7.4) (iii)). Damit führt d die irreduziblen Komponenten von $X \cap Y$ über in irreduzible Komponenten von $d(X \cap Y) = (X \times Y) \cap D$ und verändert dabei die Dimension nicht.

Sind $z_1, \ldots, z_n, w_1, \ldots, w_n$ die Koordinatenfunktionen des Raumes $\mathbb{A}^{2n}$, so können wir schreiben $D = V_{\mathbb{A}^{2n}}(z_1 - w_1, \ldots, z_n - w_n)$ und erhalten so $(X \times Y) \cap D = V_{X \times Y}((z_1 - w_1) \restriction X \times Y, \ldots, (z_n - w_n) \restriction X \times Y)$. Nach (8.11) (ii) ist $X \times Y$ affin und irreduzibel. Gemäss (10.10) (i) gilt $\dim(X \times Y) = \dim(X) + \dim(Y)$. (10.18)′ liefert also die Ungleichung $\dim(T) \geqslant \dim(X) + \dim(Y) - n$ für jede irreduzible Komponente T von $(X \times Y) \cap D$. Nach dem eingangs Gesagten besteht diese Ungleichung dann aber auch für jede irreduzible Komponente Z von $X \cap Y$. □

Wir legen jetzt einige Sprechweisen fest.

(10.22) **Definitionen und Bemerkungen:** A) Sei X eine quasiaffine Varietät. Wir sagen X sei *rein-dimensional*, wenn alle irreduziblen Komponenten von X die selbe Dimension haben. Ist diese Dimension d, so nennen wir X rein *d-dimensional*. Rein 1-dimensionale Varietäten nennen wir *Kurven*, rein 2-dimensionale nennen wir *Flächen*. Einc abgeschlossene Menge $Y \subseteq X$ nennen wir *rein k-kodimensional*, wenn alle irreduziblen Komponenten von Y in X die Kodimension k haben. Rein 1-kodimensionale Untermengen von X nennen wir *Hyperflächen* in X. Zu dieser Sprechweise sind wir berechtigt, weil die Hyperflächen im Sinne von Kapitel I genau die rein 1-kodimensionalen abgeschlossenen Mengen $Y \subseteq \mathbb{A}^n$ sind. Dies folgt sofort aus der Zerlegung (5.24) dcr affinen Hyperflächen. ○

Zur Dimensionstheorie noetherscher Ringe. Wir haben in diesem Abschnitt die Dimension von Varietäten mit Hilfe von Primidealketten in den Koordinatenringen studiert. Dieses Vorgehen legt es nahe, ganz allgemein Primidealketten in noetherschen Ringen zu studieren. Dies führt zur sogenannten *Dimensionstheorie der kommutativen Ringe.* Wir machen einige Bemerkungen zu diesem Gebiet, die uns später nützlich sein werden.

(10.23) **Bemerkungen:** A) Aus den Definitionen der Dimension und der Höhe folgt für einen beliebigen Ring A und ein beliebiges echtes Ideal $I \subsetneq A$:

(i) (a) $\dim(A) = \sup\{\dim(A/\mathfrak{p}) \mid \mathfrak{p} \subseteq A$ *(minimales) Primideal*$\}$.
(b) $\dim(A) = \sup\{\mathrm{ht}(\mathfrak{p}) \mid \mathfrak{p} \in \mathrm{Spec}(A)\} = \sup\{\mathrm{ht}(\mathfrak{m}) \mid \mathfrak{m} \in \mathrm{Max}(A)\}$.
(c) $\mathrm{ht}(I) = \inf\{\mathrm{ht}(\mathfrak{p}) \mid \mathfrak{p} =$ *minimales Primoberideal von* $I\}$.

Im Hinblick auf (i) ist auch klar:

(ii) (a) $\dim(A/\sqrt{\{0\}}) = \dim(A)$.
(b) $\mathrm{ht}(\sqrt{I}) = \mathrm{ht}(I)$.

Aus dem Krullschen Höhensatz erhalten wir:

(iii) *Die echten Ideale eines noetherschen Ringes sind von endlicher Höhe.*

Nützlich ist auch die folgende Feststellung, die sich sofort aus dem Lemma (10.5) ergibt:

(iv) *Ist A ein noetherscher Ring, $\mathfrak{p} \subseteq A$ ein Primideal und $x \in \mathfrak{p}$, so gilt* $\mathrm{ht}(\mathfrak{p}/xA) \geqslant \mathrm{ht}(\mathfrak{p}) - 1$. *Vermeidet x die in $\mathfrak{p}$ liegenden minimalen Primideale von A, so gilt sogar Gleichheit.*

Für noethersche lokale Ringe ergibt sich jetzt (vgl. (10.14) (ii)):

(iii)′ *Noethersche lokale Ringe sind von endlicher Dimension.*

(iv)′ *Ist $(A, \mathfrak{m})$ ein noetherscher lokaler Ring und ist $x \in \mathfrak{m}$, so gilt* $\dim(A/xA) \geqslant \dim(A) - 1$. *Vermeidet x die minimalen Primideale von A, so gilt sogar Gleichheit.*

B) Über ganze Erweiterungen halten wir fest:

(v) *Ist B ein ganzer Erweiterungsring von A, so gilt:*
(a) $\dim(B) = \dim(A)$.
(b) $\mathrm{ht}(A \cap \mathfrak{q}) \geqslant \mathrm{ht}(\mathfrak{q})$, $\forall\, \mathfrak{q} \in \mathrm{Spec}(B)$.

Beweis: Beide Aussagen folgen sofort aus (9.16). (Für (a): vgl. Beweis von (10.9)).

(vi) *Sei A noethersch und normal und sei B ein endlicher ganzer integrer Erweiterungsring von A. Dann gilt:*
(a) *Ist $\mathfrak{p} \in \mathrm{Spec}(A)$ und $\mathfrak{s} \in \mathrm{Spec}(B)$ ein minimales Primoberideal von $\mathfrak{p}B$, so besteht die Gleichung $\mathfrak{p} = A \cap \mathfrak{s}$.*
(b) $\mathrm{ht}(A \cap \mathfrak{q}) = \mathrm{ht}(\mathfrak{q})$, $\forall\, \mathfrak{q} \in \mathrm{Spec}(B)$.

Beweis: Unmittelbar aus (v) und dem Going-down-Satz (9.24).

C) Endlich erzeugte Erweiterungsringe von Körpern haben eine besonders «schöne» Dimensionstheorie. Aus dem Kettensatz (10.4) und aus (i) sieht man nämlich leicht:

(vii) *Ist A ein endlich erzeugter Erweiterungsring eines Körpers K, so gilt:*
(a) $\dim(A) < \infty$.
(b) *Sind $\mathfrak{p} \subseteq \mathfrak{q}$ zwei Primideale aus A, so haben alle unverfeinerbaren Primidealketten $\mathfrak{p} = \mathfrak{p}_0 \subsetneqq \ldots \subsetneqq \mathfrak{p}_r = \mathfrak{q}$ zwischen $\mathfrak{p}$ und $\mathfrak{q}$ dieselbe Länge.*

(c) *Ist* $\mathfrak{p} \subseteq A$ *ein Primideal und sind* $\mathfrak{m}, \mathfrak{n} \supseteq \mathfrak{p}$ *zwei Maximalideale aus* A, *so haben die unverfeinerbaren Ketten zwischen* $\mathfrak{p}$ *und* $\mathfrak{m}$ *und die unverfeinerbaren Ketten zwischen* $\mathfrak{p}$ *und* $\mathfrak{n}$ *dieselbe Länge.*

(d) *Ist* A *integer, so gilt* $\mathrm{ht}(\mathfrak{p}) + \dim(A/\mathfrak{p}) = \dim(A)$, $\forall\, \mathfrak{p} \in \mathrm{Spec}(A)$.

Dies wirkt sich auch auf ganze Erweiterungen aus:

(iix) *Sind* $A \subseteq B$ *über einem Körper* K *endlich erzeugte Integritätsbereiche und ist* B *ganz über* A, *so gilt (vgl.* (vi) (b)):

$$\mathrm{ht}(A \cap \mathfrak{q}) = \mathrm{ht}(\mathfrak{q}), \quad \forall\, \mathfrak{q} \in \mathrm{Spec}(B).$$

Beweis: Nach (v) (a) und (vii) (a) gilt $\dim(A) = \dim(B) < \infty$. Nach (9.12) (i) ist $B/\mathfrak{q}$ ganz über $A/A \cap \mathfrak{q}$. Es gilt also auch $\dim(A/A \cap \mathfrak{q}) = \dim(B/\mathfrak{q})$. Jetzt wende man (vii) (d) auf $A \cap \mathfrak{q} \subseteq A$ und $\mathfrak{q} \subseteq B$ an.

D) Noethersche Ringe, welche die Eigenschaft (vii) (b) haben, nennt man *Kettenringe*. Es handelt sich also um noethersche Ringe, für welche alle unverfeinerbaren Primidealketten zwischen zwei festen Primidealen dieselbe Länge haben.

Unter Beachtung von (6.19) (iv) und (7.12) (x) sieht man:

(ix) *Die Eigenschaft Kettenring zu sein, bleibt bei Restklassenbildung und bei Nenneraufnahme erhalten.*

Mit (8.5) (i) folgt insbesondere:

(x) *Die lokalen Ringe* $\mathcal{O}_{X,p}$ *sind Kettenringe.* ○

Anmerkung: Nach M. Nagata [N] kennt man lokale noethersche Integritätsbereiche, welche nicht Kettenringe sind. In derselben Arbeit wird auch gezeigt, dass sich die Kettenring-Eigenschaft nicht auf Polynomringe vererbt. Bei Ringen, die über Körpern endlich erzeugt sind, treten nach dem Obigen solche Pathologien nicht auf. ○

Wir beschliessen diesen Abschnitt mit einer Bemerkung zur Dimension endlich erzeugter Moduln, wie wir sie in (10.11) (ii) definiert haben.

(10.24) **Bemerkung:** Zunächst zeigen wir:

(i) *Sei* M *ein endlich erzeugter* A*-Modul und sei* $I \subseteq A$ *ein Ideal.*

Dann gilt $\sqrt{\mathrm{ann}(M/IM)} = \sqrt{I + \mathrm{ann}(M)}$.

Beweis: Wegen $I + \mathrm{ann}(M) \subseteq \mathrm{ann}(M/IM)$ genügt es, die Inklusion $\mathrm{ann}(M/IM) \subseteq \sqrt{I + \mathrm{ann}(M)}$ zu zeigen (vgl. (5.12) (i), (ii)). Sei also $x \in \mathrm{ann}(M/IM)$. Dann ist

$xM \subseteq IM$. Wir können schreiben $M = \sum_{i=1}^{r} A\, m_i$ und erhalten so ein System von Gleichungen

$$x\, m_i = \sum_{j=1}^{r} a_{ij}\, m_j, \quad (i = 1, \ldots, r)$$

mit $a_{ij} \in I$. Mit $T := (a_{ij} \mid 1 \leqslant i, j \leqslant r) \in A^{r \times r}$ erhalten wir $\delta M = \{0\}$, also $\delta \in \operatorname{ann}(M)$, wobei $\delta = \det(x\mathbb{1}_r - T)$ (vgl. (9.4) (i)). Dabei können wir schreiben $\delta = x^r + b_{r-1}\, x^{r-1} + \ldots + b_0$, wobei $b_0, \ldots, b_{r-1} \in I$. So folgt $x^r \in I + \operatorname{ann}(M)$, also $x \in \sqrt{I + \operatorname{ann}(M)}$.

Als Anwendung ergibt sich:

(ii) *Sei M ein endlich erzeugter A-Modul und sei $I \subseteq A$ ein Ideal mit $IM \neq M$. Dann gilt* $\dim(M/IM) = \dim(A/(\operatorname{ann}(M) + I))$.

Beweis: Wegen $IM \neq M$ ist $M/IM \neq 0$, also $\dim(M/IM) = \dim(A/\operatorname{ann}(M/IM))$. Jetzt schliesst man mit (i) und (10.21) (ii) (a). ○

(10.25) **Aufgaben:** (1) Sei $X = V(z_1^3 - z_2^2) \subseteq \mathbb{A}^2$. Man gebe einen endlichen Morphismus $X \to \mathbb{A}^1$ an.

(2) Man bestimme die Dimension der in (9.1) definierten Varietät X.

(3) Man zeige, dass Spec $(\mathbb{C}[z_1, z_2])$ genau aus den Idealen: $\{0\}$; (f), $(f \in \mathbb{C}[z_1, z_2] - \mathbb{C}^*, f$ irreduzibel); $(z_1 - c_1, z_2 - c_2)$, $(c_1, c_2 \in \mathbb{C})$ besteht.

(4) Man zeige: Ein noetherscher Ring A ist genau dann von endlicher Länge als A-Modul, wenn er die Dimension 0 hat.

(5) Sei A ein noetherscher Ring und sei $x_1, \ldots, x_r \in A$ eine Folge von Elementen in A mit $(x_1, \ldots, x_r) \neq A$. x_1 vermeide alle minimalen Primideale und x_i vermeide alle minimalen Primoberideale von $(x_1, \ldots, x_{i-1})$, $(i = 2, \ldots, r)$. Dann gilt $ht(\mathfrak{p}) = r$ für alle minimalen Primoberideale von $(x_1, \ldots, x_r)$.

(6) Sei $X \subseteq \mathbb{A}^3$ eine Fläche und sei $p \in X$. Sei $cT_p(X)$ der Tangentialkegel an X in p. Man zeige, dass $\dim(X \cap cT_p(X)) \geqslant 1$, wobei echte Ungleichheit genau dann besteht, wenn eine Komponente von X ein Kegel mit Spitze p ist.

(7) Sei $X = V(z_1 z_3 - z_2 z_4) \subseteq \mathbb{A}^4$. Man zeige, dass X eine irreduzible 3-dimensionale Varietät mit $\operatorname{Sing}(X) = \mathbf{0}$ ist. Dann suche man zwei irreduzible durch $\mathbf{0}$ laufende Flächen z_1, z_2 mit $z_1 \cap z_2 = \{p\}$. (Fazit: Ersetzt man in der Schnittdimensionsformel $\mathbb{A}^n$ durch eine beliebige irreduzible Varietät der Dimension n, so gilt die Formel nicht mehr!)

(8) Sei K ein *algebraisch abgeschlossener Körper* (d.h. jedes Polynom $f(t) \in K[t]$ besitzt eine Nullstelle $c \in K$). Sei A ein endlich erzeugter Erweiterungsring von K und sei $I \subseteq A$ ein echtes Ideal. Man zeige, dass die kanonische Abbildung $K \to A/I$ genau dann ein Isomorphismus ist, wenn $I \in \operatorname{Max}(A)$. Damit beweise man, dass der schwache Nullstellensatz für Polynomalgebren über K gilt.

(9) (vgl. (5.26) (1)) Man zeige mit Hilfe des Normalisationslemmas: Ist K ein Körper, A eine endlich erzeugte K-Algebra und $I \subsetneqq A$ ein echtes perfektes Ideal. Dann ist I der Durchschnitt aller I umfassenden Maximalideale. Mit (8) beweise man daraus den starken Nullstellensatz über algebraisch abgeschlossenen Körpern. ○

11. Topologische Eigenschaften von Morphismen

Der Hauptsatz über Morphismen.

(11.1) **Beispiel:** Sei $X = V_{\mathbb{A}^3}(z_2^2 - z_1^2\, z_3 + z_2^2\, z_3)$ und sei $f: X \to \mathbb{A}^2$ definiert durch $(c_1, c_2, c_3) \mapsto (c_1, c_2)$. Ist $c_1 \neq \pm c_2$, so ist $\left(c_1, c_2, \dfrac{c_2^2}{c_1^2 - c_2^2}\right)$ offenbar das einzige Urbild von (c_1, c_2). Weiter ist $f^{-1}(0,0) = \{(0, 0, c_3) \mid c_3 \in \mathbb{C}\} \cong \mathbb{A}^1$. Ist $c_1 = \pm c_2 \neq 0$, so ist offenbar $f^{-1}(c_1, c_2) = \emptyset$. So sehen wir, dass gilt:

(i) $\quad f(X) = U_{\mathbb{A}^2}(z_1^2 - z_2^2) \cup \{(0, 0)\}$.

(ii) $$f^{-1}(c_1, c_2) = \begin{cases} \left(c_1, c_2, \dfrac{c_2^2}{c_1^2 - c_2^2}\right) = \textit{Punkt, falls } (c_1, c_2) \in U_{\mathbb{A}^2}(z_1^2 - z_2^2), \\ V_{\mathbb{A}^3}(z_1, z_2) \cong \mathbb{A}^1, \textit{ falls } (c_1, c_1) = (0, 0). \end{cases}$$

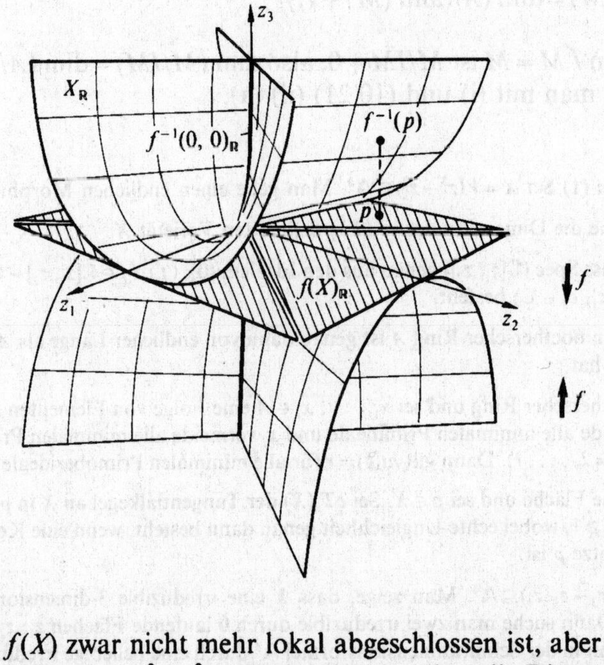

(i) zeigt, dass $f(X)$ zwar nicht mehr lokal abgeschlossen ist, aber immerhin die dichte offene Menge $U_{\mathbb{A}^2}(z_1^2 - z_2^2)$ enthält. (ii) zeigt, dass die Dimension der *Faser* $f^{-1}(p)$ für fast alle $p \in f(X)$ ihren kleinsten Wert 0 annimmt und nur auf der Menge $\{\mathbf{0}\}$ nach oben springt. Diese Phänomene wollen wir jetzt allgemein untersuchen. ○

(11.2) **Lemma:** *Sei B ein Integritätsbereich, der endlich erzeugt ist über einem Unterring $A \subseteq B$. Dann gibt es ein $h \in A - \{0\}$ und über A_h algebraisch unabhängige Elemente $t_1, \ldots, t_n \in B$ so, dass B_h endlich und ganz ist über $A_h[t_1, \ldots, t_n]$.*

Beweis: Sei $S=A-\{0\}$, $K=\text{Quot}(A)$. Nach (7.12)F) ist $K\subseteq L:=\text{Quot}(B)$, so dass wir in L rechnen können. Sei $B=A[b_1, \ldots, b_r]$. Dann ist offenbar $S^{-1}B=K[a_1, \ldots, a_r]$, also $S^{-1}B$ endlich erzeugt über K. Nach dem Normalisationslemma finden wir über K algebraisch unabhängige Elemente $t_1, \ldots, t_n \in S^{-1}B$ so, dass $S^{-1}B$ endlich und ganz ist über $K[t_1, \ldots, t_n]$. Nach Multiplikation der t_i mit einem geeigneten Generalnenner aus S können wir annehmen, es seien $t_1, \ldots, t_n \in B$.

Sei $i \in \{1, \ldots, r\}$. Dann besteht eine ganze Gleichung

$$b_i^{n_i}+c_{i,n_i-1}\, b_i^{n_i-1}+\ldots+c_{i,0}=0, \quad (n_i \in \mathbb{N};\ c_{i,0}, \ldots, c_{i,n_i-1} \in K[t_1, \ldots, t_n]).$$

Wir finden ein $h \in A-\{0\}$ so, dass $c_{i,j}=\dfrac{e_{i,j}}{h}$, mit $e_{i,j} \in A[t_1, \ldots, t_n]$, $(i=1, \ldots, r;$ $j=0, \ldots, n_i-1)$. Es folgt $c_{i,j} \in A_h[t_1, \ldots, t_n]$. Also ist b_i jeweils ganz über $A_h[t_1, \ldots, t_n]$. Wegen $B_h=A_h[b_1, \ldots, b_r]$ ist B_h ganz über $A_h[t_1, \ldots, t_n]$ (vgl. (9.8) (i)). □

(11.3) **Bemerkung:** Sei $X\subseteq \mathbb{A}^m$ abgeschlossen und sei $\mathcal{O}(\mathbb{A}^m)=\mathbb{C}[z_1, \ldots, z_m]$. Wir schreiben $\mathcal{O}(\mathbb{A}^n)=\mathbb{C}[w_1, \ldots, w_n]$, und können somit auch schreiben $\mathcal{O}(\mathbb{A}^{m+n})=\mathcal{O}(\mathbb{A}^m\times\mathbb{A}^n)=\mathbb{C}[z_1, \ldots, z_m, w_1, \ldots, w_n]$. Nach (6.20) können wir sagen

$$\mathcal{O}(X\times\mathbb{A}^n) = \mathbb{C}[z_1 \restriction X\times\mathbb{A}^n, \ldots, z_m \restriction X\times\mathbb{A}^n, w_1 \restriction X\times\mathbb{A}^n, \ldots, w_n \restriction X\times\mathbb{A}^n].$$

Sind $pr_1\colon X\times\mathbb{A}^n \to X$, $pr_2\colon X\times\mathbb{A}^n \to \mathbb{A}^n$ die Projektionsmorphismen, so gilt $z_i\restriction X\times\mathbb{A}^n=pr_1^*(z_i\restriction X)$, $(i=1, \ldots, m)$, $w_j\restriction X\times\mathbb{A}^n=pr_2^*(w_j)$, $(j=1, \ldots, n)$. Wegen $\mathcal{O}(X)=\mathbb{C}[z_1\restriction X, \ldots, z_n\restriction X]$ können wir also schreiben,

$$\mathcal{O}(X\times\mathbb{A}^n) = pr_1^*\,(\mathcal{O}(X))[pr_2^*(w_1), \ldots, pr_2^*(w_n)].$$

Wir wollen jetzt zeigen:

(i) *Seien $t_1, \ldots, t_n$ Unbestimmte. Dann wird durch*

$$\sum_\nu f_\nu t^\nu \mapsto \sum_\nu pr_1^*(f_\nu)\, pr_2^*(w^\nu) = \sum_\nu pr_1^*(f_\nu)\,(w\restriction X\times\mathbb{A}^n)^\nu, \quad (f_\nu \in \mathcal{O}(X))$$

ein Isomorphismus

$$\mathcal{O}(X)[t_1, \ldots, t_n] \xrightarrow[\cong]{\varepsilon} \mathcal{O}(X\times\mathbb{A}^n)$$

definiert.

Beweis: Dass durch die obige Vorschrift ein surjektiver Homomorphismus definiert, ist leicht zu sehen. Ist $\sum_\nu pr_1^*(f_\nu)pr_2^*(w^\nu)=0$, so ist $\sum_\nu f_\nu(p)\, w^\nu=0$ in $\mathcal{O}(\mathbb{A}^n)$ für alle $p \in X$, also $f_\nu=0$, $\forall\ \nu$. ○

(11.4) Satz (*Normalisationslemma für Morphismen*): *Sei $f: X \to Y$ ein Morphismus zwischen affinen Varietäten. Sei X irreduzibel. Dann gibt es eine affine offene Untermenge $U \neq \emptyset$ von $\overline{f(X)}$ so, dass $f^{-1}(U)$ affin ist, und so, dass mit geeignetem $n \in \mathbb{N}_0$ ein kommutatives Diagramm*

$$\begin{array}{ccccc} f^{-1}(U) & & \xrightarrow{\quad f \quad} & & U \\ & \searrow^{f'} & \circlearrowleft & \nearrow_{pr_1} & \\ & & U \times \mathbb{A}^n & & \end{array}$$

besteht, in dem f' ein endlicher Morphismus ist. Insbesondere gilt dabei $n = \dim(X) - \dim(\overline{f(X)})$.

Beweis: O.E. können wir $Y = \overline{f(X)}$ setzen. Weil X irreduzibel ist, ist $\mathcal{O}(X)$ integer. Nach (7.10) (ii) ist $f^*: \mathcal{O}(Y) \to \mathcal{O}(X)$ injektiv. Wir können also $\mathcal{O}(Y)$ als Unterring von $\mathcal{O}(X)$ auffassen und f^* als die Inklusionsabbildung $\mathcal{O}(Y) \hookrightarrow \mathcal{O}(X)$. Nach (11.2) gibt es ein $h \in \mathcal{O}(Y) - \{0\}$ und über $\mathcal{O}(Y)_h$ algebraisch unabhängige Elemente $t_1, \ldots, t_n \in \mathcal{O}(X)$ so, dass $\mathcal{O}(X)_h$ ganz wird über $\mathcal{O}(Y)_h[t_1, \ldots, t_n]$. Sei $U := U_Y(h)$. Offenbar ist dann $f^{-1}(U) = U_X(h)$. U und $f^{-1}(U)$ sind also affin und offen in Y resp. X. Nach (7.14) besteht das Diagramm

$$\begin{array}{ccc} \mathcal{O}(U) & \xrightarrow{\quad f^* \quad} & \mathcal{O}(f^{-1}(U)) \\ \wr\!\!\parallel & \circlearrowleft & \wr\!\!\parallel \\ \mathcal{O}(Y)_h & \longrightarrow & \mathcal{O}(X)_h \end{array}$$

Dieses erlaubt es zu schreiben $\mathcal{O}(Y)_h = \mathcal{O}(U)$, $\mathcal{O}(X)_h = \mathcal{O}(f^{-1}(U))$ und f^* als die Inklusionsabbildung $\mathcal{O}(U) \hookrightarrow \mathcal{O}(f^{-1}(U))$ auffassen.

Weil die Elemente $t_1, \ldots, t_n$ über $\mathcal{O}(U) = \mathcal{O}(Y)_h$ algebraisch unabhängig sind, besteht nach (11.3) (i) die Situation

$$\begin{array}{ccc} \mathcal{O}(U) & \xrightarrow{\quad f^* \quad} & \mathcal{O}(f^{-1}(U)) \\ {\scriptstyle pr_1^*}\downarrow & \searrow \; \circlearrowleft \;\; \circlearrowleft & \uparrow \text{ endliche ganze Erweiterung} \\ \mathcal{O}(U \times \mathbb{A}^n) & \underset{\varepsilon}{\overset{\cong}{\longleftrightarrow}} & \mathcal{O}(U)[t_1, \ldots, t_n] \end{array}$$

Übergang zu den induzierten Morphismen (vgl. (7.7)) liefert das gewünschte Diagramm. Die Gleichung für n folgt wegen $\dim(U) = \dim(Y)$ (vgl. (10.5) (i)) aus (10.9) und (10.10). □

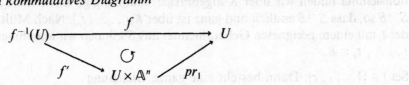

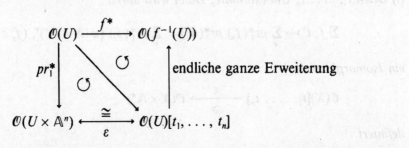

(11.5) **Satz** (*Hauptsatz über Morphismen*): *Sei $f: X \to Y$ ein Morphismus zwischen quasiaffinen Varietäten. Dann gibt es eine Menge $U \subseteq f(X)$, die offen und dicht ist in $\overline{f(X)}$.*

Beweis: Zunächst behandeln wir den Fall, dass X irreduzibel ist. O.E. können wir $Y = \overline{f(X)}$ setzen. Nach (6.9) (v), (vi) ist dann Y irreduzibel. Sei $Y_0 \neq \emptyset$ eine affine offene Teilmenge von Y und sei $X_0 \neq \emptyset$ eine affine offene Teilmenge von $f^{-1}(Y_0)$. Nach (6.9)A) (iv) ist X_0 irreduzibel. Nach (11.4) gibt es eine affine offene Menge $U \neq \emptyset$ in Y_0 so, dass $V := f^{-1}(U) \cap X_0$ affin ist, und das Diagramm

$$\begin{array}{ccc} V & \xrightarrow{\quad f \quad} & U \\ & {}_{f'}\searrow \quad \circlearrowleft \quad \nearrow_{pr_1} & \\ & U \times \mathbb{A}^n & \end{array}$$

besteht, in dem f' endlich ist. f' und pr_1 sind surjektiv. Also ist $U = f(V)$. Weil U offen ist in der irreduziblen Varietät Y, folgt $\overline{U} = Y$.

Seien jetzt $X_1, \ldots, X_r$, $(r > 1)$, die irreduziblen Komponenten von X. $\overline{f(X_i)}$ ist dann irreduzibel und es gilt $\overline{f(X)} = \bigcup_{i=1}^{r} \overline{f(X_i)}$. Wir können annehmen, es sei $\overline{f(X_i)} \nsubseteq \overline{f(X_j)}$, sobald $i \neq j$, denn sonst können wir die Komponente X_i weglassen. $W_i := \overline{f(X_i)} - \bigcup_{j \neq i} \overline{f(X_j)}$ ist also $\neq \emptyset$ und offen in $\overline{f(X)}$ und in $\overline{f(X_i)}$. Nach dem Obigen finden wir Mengen $U_i \subseteq f(X_i)$ so, dass U_i offen und dicht ist in $\overline{f(X_i)}$. $U_i \cap W_i$ ist damit offen in $\overline{f(X)}$ und dicht in $\overline{f(X_i)}$. $U := \bigcup_{i=1}^{r} (U_i \cap W_i)$ hat dann die gewünschte Eigenschaft. □

Anmerkung: Die im Hauptsatz über Morphismen gemachte Aussage ist sehr typisch für die algebraische Geometrie. In der analytischen Geometrie gilt z.B. eine entsprechende Aussage nicht allgemein. Betrachtet man nämlich etwa die durch $t \mapsto (\cos t, \sin at)$, $(a \in \mathbb{R} - \mathbb{Q})$ definierte reell-analytische Abbildung $f: \mathbb{R} \to \mathbb{R}^2$, so ist $\overline{f(\mathbb{R})}$ die Quadratfläche $\{(u, v) \in \mathbb{R}^2 \mid -1 \leqslant u, v \leqslant 1\}$. Andrerseits gibt es in beliebiger Nähe jedes Punktes von $\overline{f(X)}$ sowohl Punkte aus $f(X)$ als auch Punkte aus $\overline{f(X)} - f(X)$. ○

Eine nützliche Anwendung von (11.5) lautet:

(11.6) **Korollar:** *Sei X eine irreduzible quasiaffine Varietät und sei $f \in \mathcal{O}(X)$ nicht konstant. Dann ist $\mathbb{C} - f(X)$ eine endliche Menge.*

Beweis: Man fasst f als Morphismus von X nach $\mathbb{A}^1$ auf. $f(X)$ ist dann irreduzibel in $\mathbb{A}^1$ (vgl. (6.9) (v), (vi)) und besteht aus mehr als einem Punkt. Deshalb ist $\overline{f(X)} = \mathbb{A}^1$. Nach (11.5) enthält also $f(X)$ eine in $\mathbb{A}^1$ offene dichte Menge U. Jetzt schliesst man, weil $\mathbb{A}^1 - U$ endlich ist. □

Konstruierbare Mengen. Wir möchten jetzt aus (11.5) einen «Erhaltungssatz» herleiten, der besagt, dass Morphismen Mengen eines gewissen Typs wieder in Mengen dieses Typs überführen.

(11.7) **Definition:** Sei X ein noetherscher Raum. Eine Menge $Z \subseteq X$ heisst *konstruierbar*, wenn sie als Vereinigung endlich vieler in X lokal abgeschlossener Mengen geschrieben werden kann. ○

(11.8) **Bemerkung:** Ist X ein noetherscher Raum, so ist $Z \subseteq X$ genau dann konstruierbar, wenn es endlich viele offene Mengen $U_1, \ldots, U_r \subseteq X$ und endlich viele abgeschlossene Mengen $W_1, \ldots, W_s \subseteq X$ so gibt, dass man Z durch (endlich oft) wiederholtes Bilden von Vereinigungen und Durchschnitten aus diesen Mengen erhält. Insbesondere sieht man:

(i) *Endliche Durchschnitte, endliche Vereinigungen sowie Komplemente konstruierbarer Mengen sind wieder konstruierbar.* ○

(11.9) **Satz:** *Sei $f: X \to Y$ ein Morphismus zwischen quasiaffinen Varietäten und sei $Z \subseteq X$ konstruierbar. Dann ist $f(Z)$ ebenfalls konstruierbar.*

Beweis: (Induktion nach $d := \dim(\overline{f(Z)})$: Ist $d=0$, so ist $f(Z)$ eine endliche Menge von Punkten, und wir sind fertig. Sei also $d>0$. Wir schreiben $Z = Z_1 \cup \ldots \cup Z_r$, wo Z_i in X lokal abgeschlossen ist. Wegen $f(Z) = f(Z_1) \cup \ldots \cup f(Z_r)$ genügt es zu zeigen, dass $f(Z_i)$ konstruierbar ist, $(i = 1, \ldots, r)$. Wir können also gleich annehmen, Z sei lokal abgeschlossen. Jetzt können wir aber annehmen, es sei $X = Z$. Schliesslich kann man sich darauf beschränken zu zeigen, dass $f(X_i)$ konstruierbar ist für jede irreduzible Komponente X_i von X. So können wir annehmen, X sei irreduzibel. (Man beachte: Nach den obigen Ersetzungsprozessen gilt $\dim(X) \leqslant d$.)

Nach dem Hauptsatz über Morphismen finden wir eine Menge $U \subseteq f(X)$, die offen und dicht ist in $\overline{f(X)}$. $W := \overline{f(X)} - U$ ist abgeschlossen und $\neq X$. Deshalb gilt $\dim(W) < d$ (vgl. (10.7) (iii)). $V = f^{-1}(W)$ ist abgeschlossen in X und erfüllt $\overline{f(V)} \subseteq W$. Nach Induktion ist $f(V)$ konstruierbar in X. Wegen $X = f^{-1}(U) \cup V$ gilt $f(X) = f(f^{-1}(U)) \cup f(V) = U \cup f(V)$, und $f(X)$ wird konstruierbar. □

Damit haben wir das erste der in (11.1) beobachteten Phänomene allgemein erklärt. Man beachte, dass dort ja gilt $f(X) = U_{\mathbb{A}^2}(z_1^2 - z_2^2) \cup \{\mathbf{0}\}$ und dass die rechts stehende Menge konstruierbar ist.

Parametersysteme. Wir wollen uns jetzt der Faserdimension $f^{-1}(p)$ eines Morphismus zuwenden. Dazu müssen wir allerdings ein algebraisches Hilfsmittel bereitstellen. Wir beginnen mit dem sogenannten *Vermeidungslemma für Primideale.*

(11.10) **Lemma:** *Sei A ein Ring, seien $I, J \subseteq A$ Ideale und seien $\mathfrak{p}_1, \ldots, \mathfrak{p}_r \in$ Spec(A) so, dass $J \nsubseteq \mathfrak{p}_i$ $(i = 1, \ldots, r)$ und $J \nsubseteq I$. Dann gilt $J \nsubseteq I \cup \mathfrak{p}_1 \cup \ldots \cup \mathfrak{p}_r$.*

Beweis (Induktion nach r): Sei $r=1$, $\mathfrak{p}_1=\mathfrak{p}$. Der Fall $I\subseteq\mathfrak{p}$ ist trivial. Sei also $I\nsubseteq\mathfrak{p}$. Wir wählen $x\in J-I$. Ist $x\notin\mathfrak{p}$, sind wir fertig. Andernfalls wählen wir $y\in I-\mathfrak{p}$ und $z\in J-\mathfrak{p}$. Offenbar gilt dann $x+yz\in J-I\cup\mathfrak{p}$.

Sei $r>1$. Wir können annehmen, dass unter den Idealen I, $\mathfrak{p}_1, \ldots, \mathfrak{p}_r$ keine gegenseitigen Inklusionen bestehen. Denn sonst könnte man das kleinere der Ideale in einer solchen Inklusion weglassen und direkt durch Induktion schliessen.

Sei also $a_i\in\mathfrak{p}_i-\mathfrak{p}_r$ $(i=1, \ldots, r-1)$, $a\in I-\mathfrak{p}_r$, $b\in J-\mathfrak{p}_r$, $c=ab\prod\limits_{i=1}^{r'} a_i$. Es gilt $c\in J\cap I\cap\mathfrak{p}_1\cap\ldots\cap\mathfrak{p}_{r-1}-\mathfrak{p}_r$. Nach Induktion gibt es ein $d\in J-I\cup\mathfrak{p}_1\cup\ldots\cup\mathfrak{p}_{r-1}$. Ist $d\notin\mathfrak{p}_r$, sind wir fertig. Ist $d\in\mathfrak{p}_r$, so gilt $c+d\in J-I\cup\mathfrak{p}_1\cup\ldots\cup\mathfrak{p}_r$. □

(11.11) **Definition und Bemerkung:** A) Sei $(A, \mathfrak{m})$ noethersch und lokal. Sei $\dim(A)=d$, und seien $x_1, \ldots, x_d\in\mathfrak{m}$. Wir nennen $x_1, \ldots, x_d$ ein *Parametersystem von A*, wenn die folgenden, offenbar äquivalenten Bedingungen erfüllt sind ($(x_1, \ldots, x_d):=\{0\}$ für $d=0$):

(i) (a) $\sqrt{(x_1, \ldots, x_d)}=\mathfrak{m}$,
(b) $ht(x_1, \ldots, x_d)=d$,
(c) $\dim(A/(x_1, \ldots, x_d))=0$.

Parametersysteme sind also die Systeme minimaler Länge, die ein Ideal mit dem Radikal $\mathfrak{m}$ erzeugen.

Ein Element $x\in\mathfrak{m}$ nennen wir einen *Parameter von A*, wenn es Teil eines Parametersystems ist, d.h. wenn es Elemente $x_2, \ldots, x_d\in\mathfrak{m}$ gibt derart, dass $x, x_2, \ldots, x_d$ im Parametersystem ist.

B) Wir halten fest:

(ii) *Sei $d>0$ und $x\in\mathfrak{m}$. Dann sind äquivalent*
(a) *x ist ein Parameter,*
(b) $\dim(A/xA)=d-1$,
(c) $\dim(A/xA)<d$.

Beweis: (a) ⇒ (b): Sei $x, x_2, \ldots, x_d$ ein Parametersystem. Dann gilt im Ring $\overline{A}:=A/Ax$ die Beziehung $\sqrt{(\overline{x}_2, \ldots, \overline{x}_d)}=\overline{\mathfrak{m}}$. Nach Krull folgt $\dim(A/xA)=\mathrm{ht}(\overline{\mathfrak{m}})\leqslant d-1$. Nach (10.23) (vi)′ ist andrerseits $\dim(A/xA)\geqslant d-1$. (b) ⇔ (c) ist klar nach (10.23) (vi)′. (b) ⇒ (a): (Induktion nach d) Sei $d=1$. Dann ist $\dim(A/xA)=0$, also x ein Parameter (vgl. (i)). Sei $d>1$. Dann ist $\dim(A/xA)=d-1>0$. Insbesondere sind die minimalen Primoberideale $\mathfrak{p}_1, \ldots, \mathfrak{p}_r$ alle $\neq\mathfrak{m}$. Nach dem Vermeidungslemma für Primideale finden wir ein Element $x_2\in\mathfrak{m}-\mathfrak{p}_1\cup\ldots\cup\mathfrak{p}_r$. Die Restklasse $\overline{x}_2\in A/Ax:=\overline{A}$ vermeidet alle minimalen Primideale. Es gilt also $\dim(\overline{A}/\overline{x}_2\overline{A})=\dim(\overline{A})-1=d-2$ (vgl. (10.23) (vi)′). Nach Induktion ist $\overline{x}_2$ also ein Parameter in $\overline{A}$, d.h. $\overline{x}_2$ lässt sich zu einem Parametersystem $\overline{x}_2, \ldots, \overline{x}_d$ von $\overline{A}$ ergänzen, $(x_3, \ldots, x_d\in A)$. Wegen

$A/(x, x_2, \ldots, x_d) \cong \overline{A}/(\overline{x}_2, \ldots, \overline{x}_d)$ ist $x, x_2, \ldots, x_d$ ein Parametersystem von A (vgl. (i) (c)).

Als Anwendung erhält man:

(iii) *In einem lokalen Ring* $(A, \mathfrak{m})$ *gibt es Parametersysteme.*

Beweis: Für $\dim(A)=0$ ist nichts zu zeigen. Ist $d=\dim(A)>0$, so genügt es, nach (ii) einen Parameter $x \in \mathfrak{m}$ zu finden. Weil die minimalen Primideale $\mathfrak{p}_1, \ldots, \mathfrak{p}_r$ von A in diesem Fall $\neq \mathfrak{m}$ sind, finden wir nach dem Vermeidungslemma ein $x \in \mathfrak{m} - \mathfrak{p}_1 \cup \ldots \cup \mathfrak{p}_r$. Nach (10.23) (vi)′ ist x ein Parameter.

Wir wollen schliesslich festalten:

(iii) *Seien* $x_1, \ldots, x_d \in \mathfrak{m}$ *und sei* $r \in \{1, \ldots, d\}$. *Dann sind äquivalent*

(a) $x_1, \ldots, x_d$ *ist ein Parametersystem.*

(b) $\dim(A/(x_1, \ldots, x_r)) = d-r$ *und die Restklassen* $\overline{x}_{r+1}, \ldots, \overline{x}_d$ *der Elemente* $x_{r+1}, \ldots, x_d$ *bilden ein Parametersystem in* $A/(x_1, \ldots, x_r)$.

Beweis: (a) ⇒ (b): Sei $\overline{A} = A/(x_1, \ldots, x_r)$. Wiederholte Anwendung von (10.23) (vi)′ zeigt, dass $\dim(\overline{A}) \geqslant d-r$. Andrerseits ist $\dim(\overline{A}) = \mathrm{ht}(\overline{\mathfrak{m}}) = \mathrm{ht}(\sqrt{(\overline{x}_{r+1}, \ldots, \overline{x}_d)}) \leqslant d-r$. Daraus folgt (b).

(b) ⇒ (a): Klar wegen $A/(x_1, \ldots, x_d) \cong \overline{A}/(\overline{x}_{r+1}, \ldots, \overline{x}_d)$, unter Verwendung von (i) (c). ○

Wir machen noch eine Bemerkung zur geometrischen Bedeutung des Begriffs Parametersystem.

(11.12) **Bemerkung:** Sei X eine affine Varietät, sei $p \in X$ so, dass $\dim_p(X) = d$. Seien $f_1, \ldots, f_d \in \mathcal{O}(X)$. Gemäss (8.5) (iii) bilden die d Keime $(f_1)_p, \ldots, (f_d)_p$ genau dann ein Parametersystem von $\mathcal{O}_{X,p}$, wenn $\{p\}$ eine irreduzible Komponente von $V_X(f_1, \ldots, f_d) = V_X(f_1) \cap \ldots \cap V_X(f_d)$ ist, d.h., wenn die d Hyperflächen $V_X(f_i)$ $(i=1, \ldots, d)$ nach Einschränkung auf eine geeignete Umgebung U von p, gerade p ausschneiden. ○

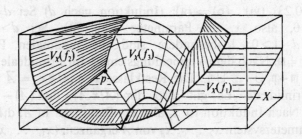

Die Faserdimension.

(11.13) **Satz:** *Sei* $f: X \to Y$ *ein Morphismus zwischen quasiaffinen Varietäten. Sei* $q \in f(X)$. *Dann gilt* $\operatorname{codim}_x(Z) \leqslant \dim_q(\overline{f(X)})$ *für jede irreduzible Komponente* Z *von* $f^{-1}(q)$.

Beweis: O.E. können wir $\overline{f(X)} = Y$ annehmen. Sei $d = \dim_q(Y)$ und sei $p \in Z$. Nach (10.13) (ii) müssen wir zeigen, dass $ht(I_{X,p}(Z)) \leqslant d$. $I_{X,p}(Z)$ ist ein minimales Primoberideal von $I_{X,p}(f^{-1}(q))$ (vgl. (8.5) (iii)), also von $\sqrt{f_p^*(\mathfrak{m}_{Y,q})\mathcal{O}_{X,p}}$ (vgl. (8.3) (iv)).

Sei jetzt $x_1, \ldots, x_d \in \mathcal{O}_{Y,q}$ ein Parametersystem. Aus $\sqrt{(x_1, \ldots, x_d)} = \mathfrak{m}_{Y,q}$ folgt sofort $\sqrt{(f_p^*(x_1), \ldots, f_p^*(x_d))} = \sqrt{f_p^*(\mathfrak{m}_{Y,q})\mathcal{O}_{X,p}}$. Also ist $I_{X,p}(Z)$ ein minimales Primoberideal von $(f_p^*(x_1), \ldots, f_p^*(x_d))$. Jetzt folgt nach dem Krullschen Höhensatz $\operatorname{ht}(I_{X,p}(Z)) \leqslant d$. □

Wir beweisen jetzt ein Ergebnis, das analog ist zum Hauptsatz über Morphismen.

(11.14) **Satz** (*Hauptsatz über die Faserdimension*): *Sei* $f: X \to Y$ *ein Morphismus zwischen quasiaffinen Varietäten. Sei X irreduzibel und sei*

$$n := \dim(X) - \dim(\overline{f(X)}).$$

Dann gilt:

(i) $\dim(f^{-1}(q)) \geqslant n$ *für alle* $q \in f(X)$.

(ii) *Es gibt eine Menge* $U \subseteq f(X)$, *die offen und dicht ist in* $\overline{f(X)}$, so dass $\dim(f^{-1}(q)) = n$ *für alle* $q \in U$.

Beweis: O.E. können wir $Y = \overline{f(X)}$ setzen. Y ist dann irreduzibel (s. (6.9) A)).
(i): Weil Y irreduzibel ist, gilt $\dim_q(Y) = \dim(Y)$ (vgl. (10.8) (i)). Unter Verwendung von (10.18) (iii) und (11.13) folgt jetzt
$\dim(f^{-1}(q)) = \dim(X) - \operatorname{codim}_X(f^{-1}(q)) \geqslant \dim(X) - \dim_q(Y) = n$.

(ii): Sei $V \neq \emptyset$ affin und offen in Y und sei $\{W_1, \ldots, W_s\}$ eine affine offene Überdeckung von $f^{-1}(V)$. Wir halten $i \in \{1, \ldots, s\}$ fest. Da W_i irreduzibel ist, finden wir nach dem Normalisationslemma für Morphismen eine affine offene Menge $U_i \subseteq V$ so, dass $f^{-1}(U_i) \cap W_i$ affin ist, und so, dass jeweils die folgende Situation besteht (Man beachte, dass $\dim(U_i) = \dim(Y)$, $\dim(W_i) = \dim(X)$, vgl. (10.5) (i))

$$\begin{array}{ccc} f^{-1}(U_i) \cap W_i & \xrightarrow{\quad f \quad} & U_i \\ & \circlearrowleft & \\ {\scriptstyle f'_i}\searrow & & \nearrow{\scriptstyle pr_1} \\ & U_i \times \mathbb{A}^n & \end{array}, \quad f'_i \text{ endlich}, \quad (i = 1, \ldots, s).$$

Sei $q \in U_i$. Dann gilt $\dim(pr_1^{-1}(q)) = \dim(\{q\} \times \mathbb{A}^n) = n$, (10.10) (i)). Nach (9.27) (ii) ist $f'_i : f^{-1}(q) \cap W_i = (f'_i)^{-1}\ (pr_1^{-1}(q)) \to pr_1^{-1}(q)$ endlich. Nach (10.9) folgt $\dim(f^{-1}(q) \cap W_i) = n$.

$U := \bigcap_{i=1}^{s} U_i \subseteq f(X)$ ist offen und dicht in Y. Sei $q \in U$ und sei Z eine irreduzible Komponente von $f^{-1}(q)$ so, dass $\dim(Z) = \dim(f^{-1}(q))$. Wegen $f^{-1}(q) \subseteq \bigcup_{i=1}^{s} W_i$ gibt es ein $i \in \{1, \ldots, s\}$ mit $Z \cap W_i \neq \emptyset$. $Z \cap W_i$ ist dann offen und dicht in Z. Über (10.5) (i) folgt $\dim(f^{-1}(q)) = \dim(Z) = \dim(Z \cap W_i)$
$\leqslant \dim(f^{-1}(q) \cap W_i) = n$. Nach (i) erhalten wir $\dim(f^{-1}(q)) = n$. □

(11.15) **Satz** (*Halbstetigkeit der Faserdimension*): *Sei $f: X \to Y$ ein Morphismus zwischen quasiaffinen Varietäten. X sei irreduzibel, und die Abbildung $f: X \to f(X)$ sei (topologisch) abgeschlossen. Schliesslich sei*

$$r \geqslant \dim(X) - \dim(\overline{f(X)}).$$

Dann ist

$$F(f, r) := \{q \in Y \mid \dim(f^{-1}(q)) \leqslant r\}$$

offen und dicht in $f(X)$.

Beweis: (Induktion nach $\dim(X) = d$): Der Fall $d = 0$ ist trivial. Sei also $d > 0$. Nach (11.14) gibt es eine offene Menge $U \neq \emptyset$ in $f(X)$ mit der Eigenschaft, dass $\dim(f^{-1}(q)) \leqslant r$ für alle $q \in U$. Weil $f(X)$ noethersch ist, können wir annehmen, U sei maximal mit dieser Eigenschaft. Es gilt $U \subseteq F(f, r)$. Wir müssen zeigen, dass Gleichheit gilt.

Nehmen wir das Gegenteil an! Dann gibt es einen Punkt $q \in F(f, r) - U$. $Z_1, \ldots, Z_t$ seien die irreduziblen Komponenten der abgeschlossenen Teilmenge $X - f^{-1}(U)$ von X. Nach geeigneter Umnumerierung können wir annehmen, es sei $q \in f(Z_i)$ für $i = 1, \ldots, l$ und $q \notin f(Z_j)$ für $j > l$. Wegen $f^{-1}(U) \neq \emptyset$ ist $X - f^{-1}(U) \neq X$. Weil X irreduzibel ist, folgt $\dim(Z_i) < d$, $(i \leqslant l)$. Weiter ist $\dim((f \restriction Z_i)^{-1}(q)) = \dim(Z_i \cap f^{-1}(q)) \leqslant \dim(f^{-1}(q)) \leqslant r$, also $q \in F(f \restriction Z_i, r)$ für $i \leqslant l$. Nach Induktion gibt es also jeweils eine in $f(Z_i)$ offene Umgebung U_i von q mit der Eigenschaft $\dim(Z_i \cap f^{-1}(s)) \leqslant r$, $\forall\, s \in U_i$.

Weil f abgeschlossen ist, ist $\bigcup_{j>l} f(Z_j)$ abgeschlossen, also $Y - \bigcup_{j>l} f(Z_j)$ eine offene Umgebung von q. Deshalb ist

$$W := U_1 \cap \ldots \cap U_l \cap (Y - \bigcup_{j>l} f(Z_j))$$

eine offene Umgebung von q in $Y - U$. Dabei gilt $\dim(Z_i \cap f^{-1}(s)) \leqslant r$ für alle $s \in W$ und $i = 1, \ldots, l$. Weiter ist $f^{-1}(s) \subseteq Z_1 \cup \ldots \cup Z_l$. Deshalb gilt $\dim(f^{-1}(s)) \leqslant r$ für alle $s \in W$, also $W \subseteq F(f, r)$. Wir können schreiben $W = W_0 \cap (Y - U)$, wobei W_0 offen ist in Y. Jetzt wird $U \cup W = U \cup (W_0 \cap (Y - U)) = U \cup ((U \cup W_0) \cap (Y - U)) = (U \cup W_0) \cap Y = U \cap W_0$ eine offene, U echt umfassende Teilmenge von $F(f, r)$. Dies widerspricht der Maximalität von U. ○

(11.16) **Beispiel:** Im affinen Raum $\mathbb{A}^3$ mit den Koordinatenfunktionen w_1, w_2, w_3 betrachten wir die offene (also irreduzible) Menge $X = \mathbb{A}^3 - L$, wo $L = V(w_1, w_2)$. Wir betrachten einen weitern affinen Raum $\mathbb{A}^3$ mit den Koordinaten z_1, z_2, z_3 und den durch $(c_1, c_2, c_3) \mapsto (c_1, c_2, c_2 c_3)$ definierten Morphismus $h: X \to \mathbb{A}^3$. Leicht sieht man, dass $h(X) = (\mathbb{A}^3 - E) \cup (H - \{\mathbf{0}\})$, wo $E = V(z_2)$, $H = V(z_2, z_3)$. Für die Fasern ergibt sich:

$$\text{(i)}\ h^{-1}(q = (b_1, b_2, b_3)) = \begin{cases} \{(b_1, b_2, \frac{b_3}{b_2})\} = \{\textit{Punkt}\}, \textit{falls } q \in (\mathbb{A}^3 - E) - (H - \{\mathbf{0}\}). \\ \{(b_1, 0, c) \mid c \in \mathbb{C}\} \cong \mathbb{A}^1, \textit{falls } q \in H - \{\mathbf{0}\}. \end{cases}$$

Schliesslich sei Y die affine Varietät mit dem Koordinatenring

$$\mathcal{O}(Y) = \mathbb{C}[g_1 = z_1, g_2 = z_3, g_3 = z_1 z_2, g_4 = z_2 z_3, g_5 = z_2(z_2 - 1), g_6 = z_2^2(z_2 - 1)].$$

Die Inklusionsabbildung $\mathcal{O}(Y) \overset{\iota}{\hookrightarrow} \mathbb{C}[z_1, z_2, z_3] = \mathcal{O}(\mathbb{A}^3)$ gibt Anlass zu einem Morphismus $g: \mathbb{A}^3 \to Y$ mit $g^* = \iota$. Weil die ganze Gleichung $z_2^2 - z_2 - g_5 = 0$ besteht ist $\mathcal{O}(\mathbb{A}^3) = \mathcal{O}(Y)[z_2]$ ganz über $\mathcal{O}(Y)$, also g ein endlicher Morphismus.

Durch den Einsetzungshomomorphismus $\mathbb{C}[u_1, \ldots, u_6] \to \mathcal{O}(Y)$, $(u_i \mapsto g_i)$ erhalten wir eine Einbettung von Y in den $\mathbb{A}^6$ mit den Koordinaten $u_1, \ldots, u_6$. Sofort rechnet man nach (die Komponentenfunktionen von g sind $g_1, \ldots, g_6$!):

$$\text{(ii)}\qquad g^{-1}(s) = \begin{cases} 1\ \textit{Punkt}, \textit{falls } s \neq \mathbf{0} \\ \{\mathbf{0}, p = (0, 1, 0)\}, \textit{falls } s = \mathbf{0}. \end{cases}$$

$g: \mathbb{A}^3 \to Y \subseteq \mathbb{A}^6$ ist in der Tat die «3-dimensionale Version» des in (9.1) gegebenen Morphismus $f: \mathbb{A}^2 \to X \subseteq \mathbb{A}^4$ und bettet $\mathbb{A}^3$ in $\mathbb{A}^6$ ein, unter Identifikation der Punkte $\mathbf{0}, p \in \mathbb{A}^3$.

Wir betrachten die Komposition $f := g \circ h: X \to Y$. Kombiniert man (i) und (ii), so erhält man:

$$\text{(iii)}\qquad \text{(a)}\ f(X) = [Y - g(E)] \cup g(H).$$

$$\text{(b)}\ f^{-1}(s) = \begin{cases} \{\textit{Punkt}\}, \textit{falls } s \in (f(X) - g(H)), \\ \mathbb{A}^1, \textit{falls } s \in g(H) - \{\mathbf{0}\}, \\ \{(0, 1, 0)\}, \textit{falls } s = \{\mathbf{0}\}. \end{cases}$$

Aus (iii) (b) folgt $F(f, 0) = [f(X) - g(H)] \cup \{\mathbf{0}\}$, also $f(X) - F(f, 0) = g(H) - \{\mathbf{0}\}$, also $g^{-1}(f(X) - F(f, 0)) = H - \{\mathbf{0}\}$. $H - \{\mathbf{0}\}$ ist nicht abgeschlossen in

$(\mathbb{A}^3 - E) \cup (H - \{0\}) = g^{-1}(f(X))$. D.h., $f(X) - F(f, 0)$ ist nicht abgeschlossen in $f(X)$. Damit ist $F(f, 0)$ nicht offen in $f(X)$. Dies zeigt, dass die Faserdimension im allgemeinen nicht halbstetig ist.

Anschaulich lässt sich das beobachtete Phänomen wie folgt erklären:

Sei $F = V(w_2)$. h drückt $F - L$ auf $H - \{\mathbf{0}\}$ zusammen, und ist auf $X - F$ bijektiv. g setzt den Punkt p anstelle des in $h(X)$ fehlenden Punktes $\mathbf{0}$ in H ein, also einen Punkt mit Faserdimension 0 in eine Gerade mit Punkten der Faserdimension 1.

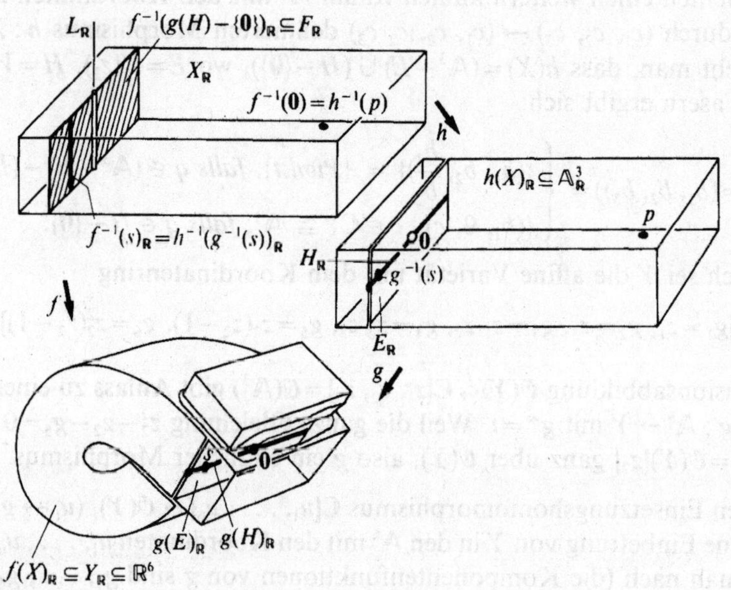

○

Normale Varietäten. Das Konzept der Normalität von Ringen hat sich in der Dimensionstheorie bereits als sehr wichtig erwiesen. Entsprechend stellen sich die sogenannten normalen Varietäten als sehr wichtig heraus.

(11.17) **Definition:** Sei X eine quasiaffine Varietät, und sei $p \in X$. Wir sagen p sei ein *normaler Punkt von X* oder X sei *normal in p*, wenn der lokale Ring $\mathcal{O}_{X,p}$ normal ist. Wir nennen X *normal*, wenn alle Punkte von X normal sind. ○

(11.17)′ **Lemma:** *Für einen Integritätsbereich A sind äquivalent:*

(i) *A ist normal.*

(ii) $A_{\mathfrak{m}}$ *ist normal für alle* $\mathfrak{m} \in \operatorname{Max}(A)$.

Beweis: «(i) ⇒ (iii)» folgt aus (9.12) (ii) (a).

«(ii) ⇒ (i)»: Sei $x \in L = \mathrm{Quot}\,(A)$ ganz über A und sei $A_{\mathfrak{m}}$ normal für alle $\mathfrak{m} \in \mathrm{Max}\,(A)$. Dann ist $x \in \bigcap_{\mathfrak{m}} A_{\mathfrak{m}}$. Zu jedem $\mathfrak{m} \in \mathrm{Max}\,(A)$ gibt es also $s_{\mathfrak{m}} \in A - \mathfrak{m}$ mit $s_{\mathfrak{m}}\, x \in A$. Es folgt $(\sum_{\mathfrak{m}} As_{\mathfrak{m}})\, x \subseteq A$. Wegen (5.4) (ii) ist $\sum_{\mathfrak{m}} As_{\mathfrak{m}}$ kein echtes Ideal von A, also $1 \in \sum_{\mathfrak{m}} As_{\mathfrak{m}}$, also $x \in A$. □

(11.18) **Satz:** *Eine affine, irreduzible Varietät X ist genau dann normal, wenn $\mathcal{O}(X)$ normal ist.*

Beweis: Die Normalität von X ist nach dem Nullstellensatz und nach (8.5) gleichbedeutend damit, dass $\mathcal{O}(X)_{\mathfrak{m}}$ normal ist für alle $\mathfrak{m} \in \mathrm{Max}\,(\mathcal{O}(X))$. Jetzt schliesst man mit (11.17)'. □

(11.19) **Bemerkung:** Seien X und Y affin und irreduzibel, und sei $f: X \to Y$ ein endlicher Morphismus. Sei $K := \mathrm{Quot}\,(f^*(\mathcal{O}(Y))$, sei $g \in \mathcal{O}(X)$ und sei $m(t) \in K[t]$ das Minimalpolynom von g über K. Wir halten fest:

(i) *Ist Y normal, so gilt $m(t) \in f^*(\mathcal{O}(Y))[t]$.*

Beweis: Nach (11.18) ist $\mathcal{O}(Y)$ normal. Wegen $f^*(\mathcal{O}(Y)) \cong \mathcal{O}(Y)$ ist $f^*(\mathcal{O}(Y))$ normal. Jetzt schliesst man mit (9.22) (i).

Die geometrische Bedeutung der Schlussfolgerung von (i) wird klar durch:

(ii) Sei $m(t) = t^n + f^*(h_{n-1})t^{n-1} + \ldots + f^*(h_0) \in f^*(\mathcal{O}(Y))[t]$, $(h_i \in \mathcal{O}(Y))$, *sei $q \in Y$, und sei $c \in \mathbb{C}$ so, dass $c^n + h_{n-1}(q)\, c^{n-1} + \ldots + h_0(q) = 0$. Dann gibt es einen Punkt $p \in X$ mit $f(p) = q$, $g(p) = c$.*

Beweis: Nach (7.9) ist $f^{-1}(q) = V_X(f^*(I_Y(q))\mathcal{O}(X))$. Nach dem Nullstellensatz in X genügt es also zu zeigen, dass $f^*(I_Y(q))\mathcal{O}(X) + (g-c)\mathcal{O}(X)$ ein echtes Ideal von $\mathcal{O}(X)$ ist. Weil $\mathcal{O}(X)$ ganz ist über $A := f^*(\mathcal{O}(Y))[g]$, genügt es zu zeigen, dass $f^*(I_Y(q))A + (g-c)A$ ein echtes Ideal von A ist (vgl. (9.10)). Nehmen wir das Gegenteil an! Dann finden wir Elemente $u_1, \ldots, u_r \in f^*(I_Y(q))$ und Polynome $l_1(t), \ldots, l_r(t)$, $l(t) \in f^*(\mathcal{O}(Y))[t]$ so, dass $\sum_i u_i\, l_i\,(g) + (g-c)\; l(g) = 1$. Mit $a(t) = \sum_i u_i\, l_i(t) + (t-c)\; l(t) - 1$, folgt $a(g) = 0$. Weil $m(t)$ unitär ist, können wir schreiben $a(t) = m(t)\, b(t) + e(t)$, wobei $b(t), e(t) \in f^*(\mathcal{O}(Y))[t]$ und Grad $(e(t)) < n$ (vgl. (9.21) (i)). Wegen $e(g) = 0$ folgt $e(t) = 0$, also $a(t) = m(t)\; b(t)$. Nach Voraussetzung ist $m(c) \in f^*(I_Y(q))$, also $\sum_i u_i\; l_i\; (c) - 1 = a(c) = m(c)\; b(c) \in f^*(I_Y(q))\mathcal{O}(X)$. Daraus folgt $1 \in f^*(I_Y(q))\mathcal{O}(X)$, also $f^{-1}(q) = \emptyset$, was im Widerspruch steht zur Surjektivität von f (vgl. (9.27) (i)). ○

(11.20) **Beispiel:** Der affine Raum $\mathbb{A}^n$ ist normal (s. (5.23), (9.19)). ○

Morphismen und starke Topologie. Wir machen jetzt noch einige Betrachtungen zur starken Topologie. Wir beginnen mit einer Vorbemerkung.

(11.21) **Bemerkung:** Seien $p_1, \ldots, p_r$ endlich viele paarweise verschiedene Punkte einer quasiaffinen Varietät X. Wir sagen, eine reguläre Funktion $f \in \mathcal{O}(X)$ *trenne die Punkte* $p_1, \ldots, p_r$, wenn die Werte $f(p_1), \ldots, f(p_r)$ paarweise verschieden sind. Wir wollen uns überlegen, dass solche Funktionen immer existieren. Weil X lokal abgeschlossen ist in einem affinen Raum, genügt es den Fall $X = \mathbb{A}^n$ zu behandeln, d.h. ein Polynom $f \in \mathbb{C}[z_1, \ldots, z_n]$ zu finden, das r gegebene Punkte trennt. Dies ist aber eine leichte Aufgabe. ○

(11.22) **Satz:** *Sei $f: X \to Y$ ein endlicher Morphismus zwischen quasiaffinen Varietäten. Dann gilt:*

(i) *f ist eigentlich bezüglich der starken Topologie.*

(ii) *X irreduzibel, Y normal $\Rightarrow$ f ist offen bezüglich der starken Topologie.*

Beweis: O.E. kann man annehmen, X und Y seien affin. Wir fassen X als abgeschlossene Menge eines affinen Raumes $\mathbb{A}^n$ mit den Koordinatenfunktionen $z_1, \ldots, z_n$ auf und setzen $z_i \restriction X = \bar{z}_i$.

(i): Wir wissen bereits, dass f surjektiv und bezüglich der starken Topologie stetig ist. Wir müssen also zeigen, dass f abgeschlossen ist und dass Urbilder von kompakten Mengen wieder kompakt sind, wobei sich diese Aussagen auf die starke Topologie beziehen. Damit bleibt folgendes zu zeigen: Ist $\{p_\nu\}_{\nu=1}^\infty \subseteq X$ eine Folge so, dass die Folge $\{f(p_\nu) =: q_\nu\}_{\nu=1}^\infty \subseteq Y$ einen Grenzwert q hat, dann besitzt $\{p_\nu\}_{\nu=1}^\infty$ einen Häufungspunkt.

Es bestehen ganze Gleichungen

$$\bar{z}_i^{N_i} + f^*(h_{i,N_i-1})\bar{z}_i^{N_i-1} + \ldots + f^*(h_{i,0}) = 0 \quad (i = 1, \ldots, n;\ h_{i,j} \in \mathcal{O}(Y)).$$

Diese führen zu Gleichungen

$$z_i(p_\nu)^{N_i} + h_{i,N_i-1}(q_\nu)\, z_i(p_\nu)^{N_i-1} + \ldots + h_{i,0}(q_\nu) = 0, \ (i = 1, \ldots, n;\ \nu \in \mathbb{N}).$$

Sei $i \in \{1, \ldots, n\}$. Weil $h_{i,j}$ stetig ist, gilt $h_{i,j}(q_\nu) \xrightarrow[\nu \to \infty]{} h_{i,j}(q)$. Nach (2.16) ergibt sich: Jede unendliche Teilfolge von $\{p_\nu\}$ besitzt eine unendliche Teilfolge $\{p_{\nu_i(\mu)}\}_{\mu=1}^\infty$ so, dass $z_i(p_{\nu_i(\mu)}) \xrightarrow[\mu \to \infty]{} c_i \in \mathbb{C}$, wobei $c_i^{N_i} + h_{i,j}(q)\, c_i^{N_i-1} + \ldots + h_{i,0} = 0$.

Deshalb besitzt $\{p_\nu\}$ eine unendliche Teilfolge $\{p_{\nu(\mu)}\}_{\mu=1}^\infty$ mit $z_i(p_{\nu(\mu)}) \xrightarrow[\mu \to \infty]{} c_i$, $(i = 1, \ldots, n)$. Es folgt

$$p_{\nu(\mu)} \xrightarrow[\mu \to \infty]{} (c_1, \ldots, c_n) := p,$$

und p wird Häufungspunkt der Folge $\{p_\nu\}$.

(ii): Sei $p \in X$ und sei $q = f(p)$. Sei $\{q_\nu\}_{\nu=1}^\infty \subseteq Y$ eine Folge mit Grenzwert q. Wir müssen eine Folge $\{p_\nu\}_{\nu=1}^\infty \subseteq X$ finden, für die gilt $f(p_\nu) = q_\nu$, $(\nu \in \mathbb{N})$ und die p als Häufungspunkt hat. Sei $g \in \mathcal{O}(X)$ eine Funktion, welche die endlich vielen

Punkte der Faser $f^{-1}(q)$ trennt (vgl. (11.21)). Weil Y normal ist, finden wir Funktionen $h_0, \ldots, h_{N-1} \in \mathcal{O}(Y)$ so, dass $t^N + f^*(h_{N-1})\, t^{N-1} + \ldots + f^*(h_0)$ das Minimalpolynom von g über Quot $(f^*(\mathcal{O}(Y)))$ ist (vgl. (11.19) (i)). Sei $c = g(p)$. Wegen $h_i(q_\nu) \xrightarrow[\nu \to \infty]{} h_i(q)$ und wegen $c^N + h_{N-1}(q)\, c^{N-1} + \ldots + h_0(q) = 0$ finden wir eine Folge $\{c_\nu\}_{\nu=1}^{\infty} \subseteq \mathbb{C}$ mit

$$c_\nu \xrightarrow[\nu \to \infty]{} c \text{ und } c_\nu^N + h_{N-1}(q_\nu) c_\nu^{N-1} + \ldots + h_0(q_\nu) = 0 \text{ (vgl. (2.16))}.$$

Nach (11.19) (ii) finden wir eine Folge $\{p_\nu\}_{\nu=1}^{\infty} \subseteq X$ mit $f(p_\nu) = q_\nu$ und $g(p_\nu) = c_\nu$. Nach dem oben Gezeigten hat diese Folge einen Häufungspunkt $s \in X$. Wegen der Stetigkeit von f ist $f(s)$ ein Häufungspunkt der Folge $\{q_\nu\}$, also $s \in f^{-1}(q)$. Wegen der Stetigkeit von g gilt $g(s) = c = g(p)$. Gemäss unserer Wahl von g folgt $p = s$. □

Als Anwendung ergibt sich:

(11.23) **Satz** (*Topologie-Vergleichs-Satz*): *Sei Z konstruierbar in einer quasiaffinen Varietät X. Dann stimmt der Abschluss $\overline{Z}$ von Z bezüglich der Zariski-Topologie mit dem Abschluss Z' von Z bezüglich der starken Topologie überein.*

Beweis: Z ist die Vereinigung endlich vieler lokal abgeschlossener Untermengen von X. Weil topologische Abschlüsse mit endlichen Vereinigungen vertauschen, können wir O.E. annehmen, Z sei lokal abgeschlossen. Indem wir Z in seine irreduziblen Komponenten zerlegen, können wir aus demselben Grund annehmen, Z sei irreduzibel. Wir wissen bereits, dass $Z' \subseteq \overline{Z}$ (vgl. (6.4)A)). Deshalb können wir $X = \overline{Z}$ setzen. Damit können wir annehmen, Z sei offen in X bezüglich der Zariski-Topologie. Wir müssen zeigen, dass $Z' = X$. Nehmen wir das Gegenteil an! Dann gibt es einen Punkt $p \in X - Z'$. Wir wollen daraus einen Widerspruch herleiten. Indem wir X durch eine affine offene Umgebung von p ersetzen, können wir annehmen, X sei affin und irreduzibel.

Es ist $X - Z' \subseteq X - Z$, wobei $X - Z'$ offen ist bezüglich der starken Topologie und $X - Z$ abgeschlossen bezüglich der Zariski-Topologie. Also enthält $X - Z$ eine bezüglich der starken Topologie offene Umgebung U von p. Nach (10.3) finden wir einen endlichen Morphismus $f: X \to \mathbb{A}^n$, wobei $n = \dim(X)$ (vgl. (10.9)).

Nach (11.20) ist $\mathbb{A}^n$ normal. Nach (11.22) (ii) ist $f(U) \subseteq \mathbb{A}^n$ offen bezüglich der starken Topologie. Nach (9.27) (i) ist $f(X-Z)$ Zariski-abgeschlossen in $\mathbb{A}^n$. Wegen $f(U) \subseteq f(X-Z)$ folgt $f(X-Z) = \mathbb{A}^n$ (vgl. (2.1)). Nach (9.27) (ii) und (10.9) gilt also $\dim(X-Z) = \dim(X)$, d.h. $Z = \emptyset$, mithin der Widerspruch $X = \emptyset$. □

(11.24) **Korollar:** *Sei Z konstruierbar in einer quasiaffinen Varietät. Z ist genau dann abgeschlossen (resp. offen) bezüglich der Zariski-Topologie, wenn Z abgeschlossen (resp. offen) ist bezüglich der starken Topologie.*

Beweis: Mit Z ist auch $X - Z$ konstruierbar. Deshalb kann man sich auf den abgeschlossenen Fall beschränken und mit (11.23) schliessen. □

(11.25) **Korollar:** *Sei $f: X \to Y$ ein Morphismus zwischen quasiaffinen Varietäten. Ist f offen bezüglich der starken Topologie, so ist f offen bezüglich der Zariski-Topologie. Die entsprechende Aussage gilt für die Abgeschlossenheit von f.*

Beweis: Ist $U \subseteq X$ Zariski-offen, ist $f(U)$ konstruierbar (vgl. (11.9)). Nach (11.24) folgt die Zariski-Offenheit von $f(U)$. Der Beweis für die Abgeschlossenheit ist derselbe. □

(11.26) **Korollar:** *Sei $f: X \to Y$ ein endlicher Morphismus zwischen irreduziblen Varietäten. Y sei normal. Dann ist f offen.*

Beweis: Klar aus (11.22) (ii) und (11.25). □

(11.27) **Bemerkung:** Die Voraussetzung, dass Y normal ist, kann in (11.26) nicht weggelassen werden. Dies sieht man etwa an dem in (9.1) gegebenen Morphismus $\mathbb{A}^2 \xrightarrow{f} X$. Leicht sieht man, dass dieser endlich ist. Andrerseits gilt $f^{-1}(f(U_{\mathbb{A}^2}(z_1))) = U_{\mathbb{A}^2}(z_1) \cup \{(0,0)\}$, was zeigt, dass f nicht offen ist. ○

(11.28) **Aufgaben:** (1) Man beweise das in der Anmerkung zu (11.5) über die dort definierte Funktion f Gesagte.

(2) Sei $(A, \mathfrak{m})$ ein noetherscher lokaler Ring und sei t eine Unbestimmte. Man zeige $\operatorname{ht}(\mathfrak{m}A[t]) = \dim(A)$ und $\dim(A[t]) = \dim(A) + 1$.

(3) (a) Die Faser eines Morphismus $f: \mathbb{A}^n \to \mathbb{A}^1$ ist leer oder von der Dimension $n-1$.

(b) Man gebe Beispiele von Morphismen $\mathbb{A}^{n+s} \to \mathbb{A}^s$, deren Faserdimensionen alle Werte zwischen n und $n+s-1$ annehmen.

(4) Eine quasiaffine Varietät X positiver Dimension ist nie kompakt bezüglich der starken Topologie.

(5) Sei $f: X \to Y$ ein Morphismus zwischen quasiaffinen Varietäten, der bezüglich der starken Topologie eigentlich ist. Dann sind die Fasern $f^{-1}(q)$ von f alle endlich.

(6) Sei B ein Integritätsbereich, der endlich und ganz ist über einem noetherschen normalen Ring A. Sei $f \in B - \{0\}$. Seien $\mathfrak{p}_1, \ldots, \mathfrak{p}_t$ die minimalen Primoberideale von $(Bf \cap A)B$, wobei $f \in \mathfrak{p}_1, \ldots, \mathfrak{p}_r$, $f \notin \mathfrak{p}_{r+1}, \ldots, \mathfrak{p}_t$. Sei $g \in \mathfrak{p}_1 \cap \ldots \cap \mathfrak{p}_r - \mathfrak{p}_{r+1} \cup \ldots \cup \mathfrak{p}_t$, $L = [(Bf \cap A)B + Bg] \cap A$, $\mathfrak{p} \in \operatorname{Spec}(A)$. Man zeige: $\mathfrak{p} \not\supseteq L \Leftrightarrow \exists\, \mathfrak{q} \in \operatorname{Spec}(B)$ mit $f \notin \mathfrak{q}$, $\mathfrak{q} \cap A = \mathfrak{p}$.

(7) Mit (6) beweise man (11.26) direkt. ○

12. Quasiendliche und birationale Morphismen

Quasiendliche Morphismen. Wir stellen ein Lemma an den Beginn dieses Abschnitts:

(12.1) **Lemma:** *Sei $f: X \to Y$ ein Morphismus zwischen irreduziblen Varietäten. Y sei affin und X sei quasiaffin. X enthalte eine offene Menge X_0 derart, dass $f: X_0 \to Y$ endlich wird. Dann gilt $X_0 = X$.*

Beweis: Nach dem Normalisationslemma besteht ein endlicher Morphismus $g: Y \to \mathbb{A}^d$. Deshalb können wir $f: X \to Y$ ersetzen durch die Komposition $g \circ f: X \to \mathbb{A}^d$, also annehmen Y sei normal.

Sei $q \in Y$. Weil f surjektiv ist, genügt es zu zeigen, dass $f^{-1}(q) \subseteq X_0$. Nehmen wir das Gegenteil an! Dann gibt es einen Punkt $p_0 \in f^{-1}(q) - X_0$. Weil der Morphismus $f: X_0 \to Y$ endlich ist, wird seine Faser $f^{-1}(q) \cap X_0$ über q endlich. Wir setzen $f^{-1}(q) \cap X_0 = \{p_1, \ldots, p_r\}$. Sei $g \in \mathcal{O}(X)$ eine Funktion, welche die Punkte $p_0, \ldots, p_r$ trennt, für welche also die $r+1$ Werte $g(p_i)$ paarweise verschieden sind.

$g \restriction X_0 \in \mathcal{O}(X_0)$ ist ganz über $f^*(\mathcal{O}(Y))$. Weil die Varietät Y normal ist, gehört das Minimalpolynom $m(t)$ von $g \restriction X_0$ über dem Körper $K :=$ Quot $(f^*(\mathcal{O}(Y))$ bereits zu $f^*(\mathcal{O}(Y))[t]$ (vgl. (11.19) (i)). Wir können also schreiben

$$m(t) = t^n + f^*(h_{n-1})\, t^{n-1} + \ldots + f^*(h_0) \text{ mit } h_0, \ldots, h_{n-1} \in \mathcal{O}(Y).$$

Für alle $p \in X_0$ gilt also $m(g)\,(p) = 0$. Aus Stetigkeitsgründen gilt diese Gleichung sogar für alle $p \in X$. Insbesondere ist also $g(p_0)^n + h_{n-1}(q)\, g(p_0)^{n-1} + \ldots + h_0(q) = m(g)(p_0) = 0$. Nach (11.19) (ii) gibt es also ein $\bar{p} \in f^{-1}(q) \cap X_0$ mit $g(\bar{p}) = g \restriction X_0(\bar{p}) = g(p_0)$. Dies widerspricht unsrer Wahl von g. □

Als Anwendung ergibt sich sofort:

(12.1)′ **Satz:** *Für einen Morphismus $f: X \to Y$ zwischen quasiaffinen irreduziblen Varietäten sind äquivalent.*

(i) *Es gibt dichte offene (affine) Untermengen $U \subseteq X$, $V \subseteq Y$ so, dass der Morphismus $f: U \to V$ existiert und endlich wird.*

(ii) *Es gibt eine dichte affine offene Untermenge $V \subseteq Y$ so, dass der Morphismus $f: f^{-1}(V) \to V$ endlich wird.* □

(12.1)″ **Definition:** Einen Morphismus $f: X \to Y$ zwischen quasiaffinen irreduziblen Varietäten nennen wir *quasiendlich*, wenn er die äquivalenten Bedingungen (12.1)′(i), (ii) erfüllt. Insbesondere sind also endliche Morphismen (zwischen irreduziblen Varietäten) quasiendlich. ○

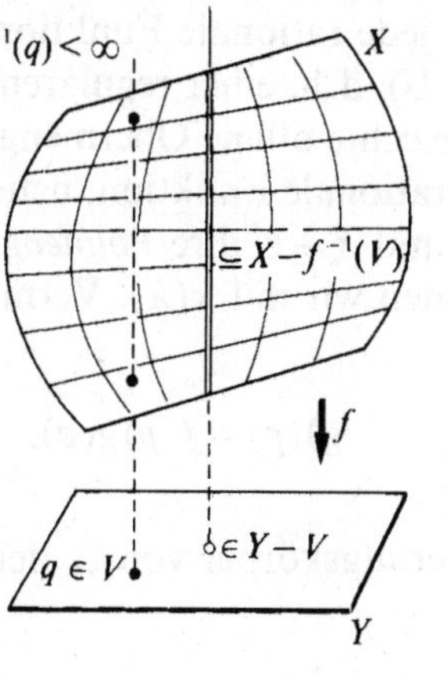

Wir wollen in diesem Abschnitt die soeben definierte Klasse von Morphismen studieren.

Allerdings sind die meisten Resultate, die wir beweisen, «generischer» Natur, d.h. sie betreffen im wesentlichen den «endlichen Teil» $f: f^{-1}(V) \to V$ eines quasiendlichen Morphismus. In diesem Sinne wird es sich also primär um eine Fortsetzung der Untersuchung der endlichen Morphismen handeln.

Rationale Funktionenkörper. Wir führen zunächst ein für das folgende fundamentales Konzept ein.

(12.2) **Definitionen und Bemerkungen:** A) Sei X eine *irreduzible*, quasiaffine Varietät. $\mathbb{U}$ sei die Menge der offenen Untermengen $U \neq \emptyset$ von X, und $\mathcal{R}$ sei die Menge $\{(f, U) \mid U \in \mathbb{U}, f \in \mathcal{O}(U)\}$ (vgl. (8.1)). Auf $\mathcal{R}$ definieren wir eine Äquivalenzrelation durch

(i) $$(f, U) \sim (g, V) \Leftrightarrow \exists\, W \in \mathbb{U} \textit{ mit } W \subseteq U \cap V \textit{ und } f \restriction W = g \restriction W.$$

Die zu (f, U) gehörige Äquivalenzklasse nennen wir die durch (f, U) oder (falls kein Anlass zu Verwechslung besteht), die durch f definierte *rationale Funktion* auf X. Insbesondere können wir die Konstanten $c \in \mathbb{C}$ als rationale Funktionen auffassen, indem wir c mit der Klasse von (c, X) identifizieren. Seien $U, V \in \mathbb{U}$ so, dass $U \subseteq V$. Weil V irreduzibel ist (vgl. (6.9) (iv)) und weil reguläre Funktionen stetig sind (vgl. (6.13) (ii)) ist der Einschränkungshomomorphismus $\restriction \bullet\,; \mathcal{O}(V) \to \mathcal{O}(U)$ injektiv. Ist $g \in \mathcal{O}(V), f \in \mathcal{O}(U)$ so, dass $f = g \restriction U$, so nennen wir (g, V) eine *Erweiterung* von (U, f) und schreiben $(f, U) \leqslant (g, V)$. g ist dabei eindeutig bestimmt. So ist klar, dass jedes Paar $(f, U) \in \mathcal{R}$ eine eindeutig bestimmte *maximale Erweiterung* $(\tilde{f}\ \tilde{U}) \in \mathcal{R}$ besitzt. Zwei Paare (f, U) und (g, V) sind äquivalent genau dann, wenn ihre maximalen Erweiterungen übereinstimmen. Deswegen kann man jede rationale Funktion eindeutig identifizieren mit einem maximalen Paar (f, U), d.h. einer regulären Funktion $f \in \mathcal{O}(U)$, die sich nicht mehr regulär auf eine echte offene Obermenge von U erweitern lässt. Wir schreiben dann f für diese rationale Funktion, nennen U den *Definitionsbereich* der rationalen Funktion f und $X - U$ ihre *Polmenge*. Die Menge der rationalen Funktionen auf X bezeichnen wir mit $\kappa(X)$. Vermöge der Operationen

(ii) $$(f+g)(p) := f(p)+g(p), \quad (f \cdot g)(p) = f(p)g(p), \quad ((f, U), \quad (g, V) \in \mathcal{R}, p \in U \cap V)$$

wird $\kappa(X)$ zu einem Erweiterungskörper von $\mathbb{C}$, dem *rationalen Funktionenkörper von X*.

B) Ist $U \subseteq X$ offen und $f \in \kappa(X)$, so ist die *Einschränkung* $f \restriction U \in \kappa(U)$ wohldefiniert, denn U wird ja vom Definitionsbereich von f getroffen. Wir erhalten so offenbar einen Isomorphismus $\cdot \restriction : \kappa(X) \xrightarrow[\cong]{} \kappa(U)$ von $\mathbb{C}$-Algebren. Deshalb identifizieren wir:

(iii) $\qquad \kappa(U) = \kappa(X), \quad (U \subseteq X \textit{ offen}, U \neq \emptyset).$

Sei $p \in X$. Sind U und V offene Umgebungen von p und sind $f \in \mathcal{O}(U)$ und $g \in \mathcal{O}(V)$ so, dass die Keime f_p und g_p übereinstimmen, gilt $(f, U) \sim (g, V)$ (vgl. 8.1)). So erhalten wir einen injektiven Homomorphismus von $\mathbb{C}$-Algebren.

(iv) $\qquad \mathcal{O}_{X,p} \hookrightarrow \kappa(X), \quad (f_p \mapsto f; \quad (f, U) \textit{ maximal mit } p \in U),$

der den lokalen Ring $\mathcal{O}_{X,p}$ identifiziert mit der Menge der rationalen Funktionen, die in p keinen Pol haben. $\mathcal{O}(X)$ selbst fassen wir dabei als den Unterring der rationalen Funktionen auf, die in keinem Punkt p einen Pol haben. Wir können also allgemeiner schreiben

(v) $\qquad \mathcal{O}(U) = \bigcap_{p \in U} \mathcal{O}_{X,p}, \quad (U \subseteq X \textit{ offen}).$

C) Schliesslich wollen wir noch festhalten, dass man $\kappa(X)$ auch als Quotientenkörper schreiben kann:

(v) $\qquad \kappa(X) = \mathrm{Quot}\,(\mathcal{O}(U)), \quad (U \subseteq X \textit{ offen, affin}).$

Die Inklusion «$\supseteq$» ist in der Tat trivial. Ist umgekehrt $f \in \kappa(X) = \kappa(U)$, so ist $f \in \mathcal{O}_{X,p} = \mathcal{O}_{U,p}$ für ein $p \in U$. Nach (8.5) (i) ist aber $\mathrm{Quot}\,(\mathcal{O}_{U,p}) = \mathrm{Quot}\,(\mathcal{O}(U))$. Es gilt zum Beispiel (vgl. (7.12) (xvi))

(v) $\qquad \kappa(\mathbb{A}^n) = \mathbb{C}(z_1, \ldots, z_n).$

D) Im Hinblick auf die Dimensionstheorie halten wir fest:

(vi) $\qquad \dim(X) = \mathrm{trdeg}_{\mathbb{C}}\,(\kappa(X)), \quad (X = \textit{quasiaffine Varietät}).$

Zum Nachweis kann man X ersetzen durch eine offene affine Teilmenge (vgl. (10.5) (i), (12.2) (iii)), also annehmen X sei affin. Nach (v) ist dann $\kappa(X)$ algebraisch über $\mathcal{O}(X)$, also $\mathrm{trdeg}_{\mathbb{C}}\,(\kappa(X)) = \mathrm{trdeg}_{\mathbb{C}}\,(\mathcal{O}(X))$ (vgl. (10.1) (x)). Nach (10.7) (iv) folgt das Gewünschte.

E) Sei $f: X \to Y$ ein *dominanter Morphismus* (d.h. ein Morphismus mit $\overline{f(X)} = Y$, vgl. (7.10)″ (ii).

Ist $g \in \kappa(Y)$, so wird $f(X)$ vom Definitionsbereich von g getroffen. Deshalb definiert die zurückgezogene Funktion $f^*(g) = g \circ f$ eine rationale Funktion auf

X. Aus $f^*(g)=0$ folgt dabei $g=0$. So erhalten wir einen injektiven Homomorphismus von $\mathbb{C}$-Algebren

(vii) $f^*: \kappa(Y) \hookrightarrow \kappa(X)$; $(X \xrightarrow{f} Y$ *dominant; X, Y irreduzibel*).

Vermöge f^* können wir also $\kappa(Y)$ auffassen als Unterkörper von $\kappa(X)$. ○

(12.3) **Satz:** *Sei $f: X \to Y$ ein Morphismus zwischen irreduziblen quasiaffinen Varietäten. Dann sind äquivalent:*

(i) *f ist quasiendlich.*

(ii) *f ist dominant und $\kappa(X)$ eine endlich erzeugte, algebraische Erweiterung von $f^*(\kappa(Y))$.*

(iii) *Es gilt* $\dim(X)=\dim(Y)$ *und f ist dominant.*

(iv) *Es gilt* $\dim(X)=\dim(Y)$ *und $f^{-1}(q)$ ist endlich für ein $q \in Y$.*

Beweis: «(i) ⇒ (ii)»: Sei $U \subseteq Y$ affin, offen und $\neq \emptyset$ und sei $V \subseteq f^{-1}(U)$ affin und offen so, dass $f: V \to U$ endlich wird. Dann ist $\overline{f(X)} \supseteq \overline{f(V)} = \overline{U} = Y$, also f dominant. Weiter ist $\mathcal{O}(V)$ eine endliche ganze Erweiterung von $f^*(\mathcal{O}(U))$. Wir können schreiben $\mathcal{O}(V)=\mathbb{C}[a_1, \ldots, a_n]$ (vgl. (6.18)). Sei $L=f^*(\kappa(Y))$. Wegen $f^*(\mathcal{O}(U)) \subseteq L$ ist $L[a_1, \ldots, a_n]$ ganz über L, also ein $\mathcal{O}(V)$ umfassender Unterkörper von $\kappa(X)=\mathrm{Quot}(V))$ (vgl. (10.1), (12.2) (iii), (iv)). Es folgt $\kappa(X)=L[a_1, \ldots, a_n]$.

«(ii) ⇒ (iii)»: Nach (10.1) (x) gilt $\mathrm{trdeg}_{\mathbb{C}}(K(X))=\mathrm{trdeg}_{\mathbb{C}}(f^*(\kappa(Y)))=\mathrm{trdeg}_{\mathbb{C}}(\kappa(Y))$. Über (12.2) (vi) erhalten wir $\dim(X)=\dim(Y)$.

«(iii) ⇒ (iv)»: Wegen $\dim(X)=\dim(\overline{f(X)})$ ergibt sich aus (11.15) (ii) die Existenz eines Punktes $q \in f(X)$ mit $\dim(f^{-1}(q))=0$. Die irreduziblen Komponenten von $f^{-1}(q)$ sind dann einpunktig, also $f^{-1}(q)$ endlich.

«(iv) ⇒ (i)»: Man kan Y ersetzen durch eine affine offene Umgebung von q, X durch eine affine offene Menge in $f^{-1}(Y)$, welche $f^{-1}(q)$ trifft. Damit kann man X und Y als affin annehmen. Aus $\dim(f^{-1}(q))=0$ folgt $\dim(X)=\dim(\overline{f(X)})$ (vgl. (11.14) (ii)). Weil Y irreduzibel ist, ergibt sich $\overline{f(X)}=Y$. Nach (11.4) wird f quasiendlich. □

Der Grad eines quasiendlichen Morphismus.

(12.4) **Definitionen und Bemerkungen:** Sei K ein Körper und L ein algebraischer Erweiterungskörper von K, der als Ring über K endlich erzeugt ist. Wir sagen dann kurz, L sei eine *endliche algebraische Erweiterung* von K. Nach (10.1) (i) ist dies gleichbedeutend damit, dass L eine endliche ganze Erweiterung von K ist, also mit der Tatsache, dass L ein K-Vektorraum endlicher Dimension ist (vgl. (9.8) (ii)). Diese Dimension von L über K nennen wir den *Grad von L über K* (oder den Grad der Erweiterung $K \subseteq L$) und bezeichnen sie mit $[L:K]$.

Wir halten folgende Tatsachen fest:

(i) $[L:K] = 1 \Leftrightarrow L = K$.

(ii) *Sind $K \subseteq L \subseteq P$ Körper so, dass L endlich algebraisch ist über K und P endlich algebraisch über L, so ist P endlich algebraisch über K und es gilt $[P:K] = [P:L][L:K]$.*

Beweis: (i) ist trivial. (ii): Sei $d = [L:K]$, $s = [P:L]$ und sei $a_1, \ldots, a_d$ eine K-Basis von L, $b_1, \ldots, b_s$ eine L-Basis von P. $a_1 b_1, \ldots, a_d b_s$ ist K-Basis von P. ○

(12.5) **Definition:** Den *Grad* eines quasiendlichen Morphismus $f: X \to Y$ zwischen zwei irreduziblen quasiaffinen Varietäten definieren wir durch

$$\text{Grad}(f) := [\kappa(X) : f^*(\kappa(Y))].$$

(Diese Festsetzung ist sinnvoll im Hinblick auf (12.3) (v)). ○

(12.6) **Bemerkung:** Aus (12.3) und (12.4) (ii) folgt: Sind $f: X \to Y$ und $g: Y \to Z$ quasiendliche Morphismen zwischen irreduziblen quasiaffinen Varietäten, so ist $g \circ f: X \to Z$ quasiendlich und es gilt die *Gradgleichung:*

$$\text{Grad}(g \circ f) = \text{Grad}(f)\ \text{Grad}(g). \qquad ○$$

Die Diskriminante. Wir wollen jetzt ein wichtiges algebraisches Hilfsmittel zur Untersuchung der quasiendlichen Morphismen bereitstellen:

(12.7) **Definitionen und Bemerkungen:** A) Sei A ein Integritätsbereich.

Wir definieren die *Charakteristik* char (A) *von A als* 0, falls $n \cdot 1 \neq 0$ für alle $n \in \mathbb{N}$. Andernfalls setzen wir char $(A) = \min\{n \in \mathbb{N} \mid n \cdot 1 = 0\}$. Offenbar ist char $(A)\mathbb{Z}$ der Kern des durch $n \mapsto n \cdot 1$ definierten kanonischen Homomorphismus $\mathbb{Z} \to A$, also ein Primideal von $\mathbb{Z}$. Deshalb ist char (A) entweder $=0$ oder dann eine Primzahl. char $(A) = 0$ ist gleichbedeutend damit, dass A ein Erweiterungsring von $\mathbb{Z}$ ist. Als erstes zeigen wir

(i) *Sei K ein Körper der Charakteristik* 0, *t eine Unbestimmte und sei $f \in K[t]$ von positivem Grad n und irreduzibel. Dann ist f separabel. D.h. ist $K' \supseteq K$ ein Zerfällungskörper von f* (s. (9.21)), *so sind die n Wurzeln $\lambda'_1, \ldots, \lambda'_n$ von f in K' paarweise verschieden.*

Beweis: O.E. kann man f unitär wählen. Man definiert die *Ableitung* eines beliebigen Polynoms $g = \sum_{i=0}^{m} b_i t^i \in K'[t]$ als $g' := \sum_{i=1}^{m} i b_i t^{i-1}$. Die Zuordnung $g \mapsto g'$ ist K'-linear und es gilt die gewohnte *Produktregel.* Ist $g \in K[t]$, so folgt $g' \in K[t]$. Nehmen wir an, unsere Behauptung sei falsch, d.h. es gelte etwa $\lambda'_{n-1} = \lambda'_n$. Wir können schreiben $f(t) = g(t)(t-\lambda'_n)^2$, wo $g(t) = (t-\lambda'_1) \ldots (t-\lambda'_{n-2})$. Dann folgt $f'(t) = [g(t)(t-\lambda'_n)^2]' = [g'(t)(t-\lambda'_n) + 2g(t)](t-\lambda'_n)$, also

$f'(\lambda'_n)=0$. Wegen char $(K) \neq 0$ ist $f'(t) \neq 0$ und natürlich von Grad $<n$. $f(t)$ ist irreduzibel und erfüllt $f(\lambda'_n)=0$. $f(t)$ ist also das Minimalpolynom von λ'_n. Es folgt ein Widerspruch zu $f'(\lambda'_n)=0$.

B) Sei K ein Körper und L ein endlicher algebraischer Erweiterungskörper von K. Wir sagen, L sei eine *primitive Erweiterung* von K, wenn wir schreiben können $L=K[a]$, $(a \in L)$. a heisst dann ein *primitives Element* von L bezüglich K. Wir zeigen

(iii) *(Satz vom primitiven Element) Sei K ein Körper der Charakteristik* 0. *Dann ist jede endliche algebraische Körpererweiterung von K primitiv.*

Beweis: Sei $L=K[a_1, \ldots, a_n]$ ein endlicher algebraischer Erweiterungskörper von K. Durch Induktion können wir uns auf die Behandlung des Falles $n=2$ beschränken und schreiben $L=K[b, c]$, $(b, c, \in L)$. Sei t eine Unbestimmte und seien $f, g \in K[t]$ die Minimalpolynome von b resp. c. Sei $K' \supseteq L$ ein Zerfällungskörper von fg. K' ist dann Zerfällungskörper von f und von g. Seien $b=b_1, \ldots, b_r \in K'$ die (nach (i)) paarweise verschiedenen Wurzeln von f, $c=c_1, \ldots, c_s \in K'$ die paarweise verschiedenen Wurzeln von g. Wegen $\mathbb{Z} \subseteq K$ ist K unendlich. Deshalb gibt es ein $u \in K^*$ so, dass $b_i+u\ c_j \neq b+u\ c$ für $j \in \{2, \ldots, s\}$, $i \in \{1, \ldots, r\}$. Wir wollen zeigen, dass $a:=b+uc$ ein primitives Element ist.

Wir setzen $h(t):=f(a-ut)$. Dann gilt $g(c)=0$, $h(c)=0$, und wegen unserer Wahl von u ist c die einzige gemeinsame Wurzel der Polynome g und h in K', wobei es sich um eine einfache Wurzel handelt. Dabei ist K' ein Zerfällungskörper von h. In $K'[t]$ ist also $t-c$ im Wesentlichen der einzige gemeinsame Primfaktor von $g(t)$ und $h(t)$. Weil $K'[t]$ ein Hauptidealring ist (vgl. (9.21)B)), gilt also in $K'[t]$ die Beziehung $(g(t), h(t))=(t-c)$.

Nach (10.1) (ii) (b) ist $K[a]$ ein Körper, also $K[a][t]$ ein Hauptidealring. In $K[a][t]$ gilt also $(g(t), h(t))=(l(t))$, wo $l(t) \in K[a][t]$ unitär ist. In $K[t]$ folgt deshalb $(l(t))=(g(t), h(t))=(t-c)$, mithin also $l(t)=t-c$. Daraus folgt $c \in K[a]$, also $b \in K[a]$ und schliesslich $L=K[a]$.

C) Sei A ein Ring und seien $t_1, \ldots, t_n$ Unbestimmte. Ein Polynom $s(t_1, \ldots, t_n) \in A[t_1, \ldots, t_n]$ heisst *symmetrisch*, wenn es bei Variablenvertauschungen gleich bleibt, d.h. wenn gilt

(iv) $$\tau(s):=s\,(t_{\tau(1)}, \ldots, t_{\tau(n)}) = s(t_1, \ldots, t_n), \ (\forall\ \tau \in \mathfrak{S}_n).$$

Durch $s \mapsto \tau(s)$ wird jeweils ein Isomorphismus von $A[t_1, \ldots, t_n]$ in sich definiert. Daraus sieht man sofort, dass die Menge $A[t_1, \ldots, t_n]_{\text{symm.}}$ der symmetrischen Polynome ein A umfassender Unterring von $A[t_1, \ldots, t_n]$ ist.

Die n symmetrischen Polynome

(v) $$\sigma_i := (-1)^i \sum_{\nu_j \neq \nu_l \text{ für } j \neq l} t_{\nu_1} \ldots t_{\nu_i}, \ (i=1, \ldots, n).$$

nennen wir die *elementaren symmetrischen Polynome* in $t_1, \ldots, t_n$.

Durch Einsetzen verifiziert man sofort:

(vi) $t_i^n + \sigma_1 t_i^{n-1} + \sigma_2 t_i^{n-2} + \ldots + \sigma_n = 0, (i=1, \ldots, n).$

Wir wollen zeigen

(vii) $A[t_1, \ldots, t_n]_{\text{symm.}} = A[\sigma_1, \ldots, \sigma_n].$

Beweis: Sei $s \in A[t_1, \ldots, t_n]_{\text{symm.}}$ und vom Grad d. Ist $d \leqslant 0$, sind wir fertig. Andernfalls sei $at_1^{i_1} \ldots t_n^{i_n}$ $(a \in A - \{0\})$ das lexikographisch höchste Monom in s. Es gilt dann $\sum_j i_j = d$. Weil s symmetrisch ist, treten auch alle Monome $\tau^{-1}(at^{i_1} \ldots t_n^{i_n}) = at_1^{i_{\tau(1)}} \ldots t_n^{i_{\tau(n)}}$ in s auf $(\tau \in \mathfrak{S}_n)$. Deshalb gilt $i_1 \geqslant i_2 \geqslant \ldots \geqslant i_n$. Leicht prüft man jetzt nach, dass $t := (-1)_a^d \sigma_1^{i_1 - i_2} \ldots \sigma_{n-1}^{i_{n-1} - i_n} \sigma_n^{i_n}$ ein symmetrisches Polynom von Grad d ist, dessen d-ter homogener Teil gegeben ist durch $t_{(d)} = \sum_{\tau \in \mathfrak{S}_n} at_n^{i_{\tau(1)}} \ldots t_n^{i_{\tau(n)}}$. Folglich ist $s-t$ symmetrisch vom Grad $\leqslant d$ und alle in $s-t$ auftretenden Monome sind lexikographisch echt kleiner als $at_1^{i_1} \ldots t_n^{i_n}$. Jetzt behandelt man $s-t$ in derselben Weise wie s, etc. Das Verfahren bricht schliesslich ab, wobei dann s als Polynom in $\sigma_1, \ldots, \sigma_n$ geschrieben ist.

D) In $\mathbb{Z}[t_1, \ldots, t_n]$ betrachten wir das symmetrische Polynom $\sigma(t_1, \ldots, t_n) = \prod_{i \neq j} (t_i - t_j)$. Sind $s_1, \ldots, s_n$ Unbestimmte, so gibt es nach (vii) ein Polynom $\Delta^{(n)}(s_1, \ldots, s_n) \in \mathbb{Z}[s_1, \ldots, s_n]$ mit $\Delta^{(n)}(\sigma_1, \ldots, \sigma_n) = \sigma(t_1, \ldots, t_n)$. Dabei ist $\Delta^{(n)}$ eindeutig bestimmt, denn $\sigma_1, \ldots, \sigma_n$ sind algebraisch unabhängig über $\mathbb{Z}$, ($\mathbb{Z}[t_1, \ldots, t_n]$ ist integer und nach (vii) ganz über $\mathbb{Z}[\sigma_1, \ldots, \sigma_n]$). $\Delta^{(n)}$ nennen wir das n-te *Diskriminantenpolynom*.

E) Sei K ein Körper, t eine Unbestimmte und $f(t) = t^n + a_1 t^{n-1} + \ldots + a_n \in K[t]$ ein unitäres Polynom vom Grad $n > 0$. Sei K' ein Zerfällungskörper von $f(t)$ und seien $\alpha_1, \ldots, \alpha_n \in K'$ die Wurzeln von $f(t)$, d.h. $f(t) = (t-\alpha_1)(t-\alpha_2) \ldots (t-\alpha_n)$. Dann ist offenbar $\sigma_i(\alpha_1, \ldots, \alpha_n) = a_i$ $(i=1, \ldots, n)$, also $\Delta^{(n)}(a_1, \ldots, a_n) = \sigma(\alpha_1, \ldots, \alpha_n)$, d.h.

(iix) $\Delta(f) := \Delta^{(n)}(a_1, \ldots, a_n) = \prod_{i \neq j} (\alpha_i - \alpha_j).$

$\Delta(f)$ heisst die *Diskriminante von f*.
$\Delta(f)$ ist ein ganzzahliges Polynom in $a_1, \ldots, a_n$, gehört also zu K. $\Delta(f) \neq 0$ ist gleichbedeutend damit, dass die Wurzeln $\alpha_1, \ldots, \alpha_n$ von f paarweise verschieden sind, d.h. mit der *Separabilität* von f.

(ix) *Sei K ein Körper der Charakteristik* 0, *sei B ein integrer Erweiterungsring von K, und sei* $b \in B$ *algebraisch über K. Dann ist die Diskriminante* $\Delta(m)$ *des Minimalpolynoms* $m(t) \in K[t]$ *von b über K von* 0 *verschieden.*

Beweis: $m(t)$ ist irreduzibel (vgl. (9.21) (iv)′), also separabel (s. (i)). Als letztes wollen wir noch festhalten:

(x) *Ist a ein primitives Element einer endlich algebraischen Körpererweiterung* $K \subseteq L$, *so hat das Minimalpolynom von a über K gerade den Grad* $[L : K]$.

Beweis: s. (9.21)(v)(b). ○

Den Satz vom Primitiven Element erlaubt es, (11.2) in der folgenden Weise zu verschärfen:

(12.8) **Lemma:** *Sei A ein Integritätsbereich der Charakteristik 0, der endlich erzeugt ist über einem Unterring C. Dann gibt es über C algebraisch unabhängige Elemente* $t_1, \ldots, t_n \in A$ *ein Element* $a \in C[t_1, \ldots, t_n] - \{0\}$ *und ein Element* $b \in A$ *so, dass mit* $B = C[t_1, \ldots, t_n]$ *folgendes gilt:*

(i) $A_a = B_a[b]$.

(ii) *Das Minimalpolynom* $m(t)$ *von b über* $K = \mathrm{Quot}\,(B)$ *gehört schon zu* $B_a[t]$, *und seine Diskriminante* $\Delta(m)$ *ist invertierbar in* B_a.

Beweis: Nach (11.2) finden wir über C algebraisch unabhängige Elemente $t_1, \ldots, t_n \in A$, so dass A ein endlich erzeugter algebraischer Erweiterungsring von $B = C[t_1, \ldots, t_n]$ wird. Sei jetzt $b' \in L := \mathrm{Quot}\,(A)$ ein primitives Element von L über K. Setzen wir $T = B - \{0\}$, so gilt nach (10.1) (iii) $L = T^{-1}A$. Wir können also schreiben $b' = \frac{b}{d}$, mit $b \in A$, $d \in T$. Natürlich ist dann auch b ein primitives Element. Wegen $L = K[b] = T^{-1}B[b]$ können wir schreiben $A = B\left[\frac{u_1}{d_1}, \ldots, \frac{u_r}{d_r}\right]$ mit $u_i \in B[b]$ und $d_i \in T$. Schliesslich sei $s \in T$ ein Generalnenner des Minimalpolynoms $m(t)$ von b über $K = T^{-1}B$. Dann ist $m(t) \in B_s[t]$, und nach (12.7) (ix) gilt $\Delta(m) \in B_s - \{0\}$, also $\Delta(m) = \frac{u}{s^k}$ mit $u \in B - \{0\}$ und $k \in \mathbb{N}_0$. Setzt man jetzt $a = d_1 \ldots d_r su$, so folgt die Behauptung. □

Wir vermerken noch den folgenden Spezialfall:

(12.8)′ **Lemma:** *Sei A ein Integritätsbereich der Charakteristik 0, der endlich erzeugt und algebraisch ist über einem Unterring C. Dann gibt es Elemente* $a \in C - \{0\}$, $b \in A$ *derart, dass gilt*

(i) $A_a = C_a[b]$.

(ii) *Das Minimalpolynom* $m(t)$ *von b über* $K = \mathrm{Quot}(C)$ *gehört zu* $C_a[t]$, *und seine Diskriminante* $\Delta(m)$ *ist invertierbar in* C_a.

Beweis: Man wende (12.8) an und beachte, dass $n = 0$ gelten muss. □

Fasern von quasiendlichen Morphismen. Wir kehren jetzt wieder zur Geometrie zurück und beweisen das folgende Resultat:

(12.9) **Lemma** (*Fasertrennungslemma*): *Sei $f: X \to Y$ ein endlicher Morphismus zwischen irreduziblen affinen Varietäten. Sei $g \in \mathcal{O}(X)$. Das Minimalpolynom $m(t)$ von g über $f^*(K(Y))$ gehöre bereits zu $f^*(\mathcal{O}(Y))[t]$, und seine Diskriminante $\Delta(m) \in f^*(\mathcal{O}(Y))$ vermeide das Maximalideal $f^*(I_Y(q))$ für einen Punkt $q \in Y$.*

Dann gibt es $n :=$ Grad $(m(t))$ Punkte $p_1, \ldots, p_n \in f^{-1}(q)$, die durch g getrennt werden. Dabei nimmt g auf der ganzen Faser $f^{-1}(q)$ nur die Werte $\{g(p_i) \mid i = 1, \ldots, n\}$ an.

Beweis: Wir schreiben $m(t) = t^n + f^*(h_{n-1})t^{n-1} + \ldots + f^*(h_0)$, $h_i \in \mathcal{O}(Y)$. $\Delta(m) \notin f^*(I_Y(q))$ bedeutet für die Diskriminante $\Delta(\overline{m})$ des Polynoms $\overline{m}(t) = t^n + h_{n-1}(q)t^{n-1} + \ldots + h_0(q) \in \mathbb{C}[t]$ gerade

$$\Delta(\overline{m}) = \Delta^{(n)}(h_{n-1}(q), \ldots, h_0(q)) = \Delta^{(n)}(h_{n-1}, \ldots, h_0)(q) = f^{*-1}(\Delta(m))(q) \neq 0.$$

Also hat $\overline{m}(t)$ n verschiedene Nullstellen $c_1, \ldots, c_n$. Nach (11.19) (ii) finden wir also Punkte $p_1, \ldots, p_n \in f^{-1}(q)$ mit $g(p_i) = c_i$ $(i = 1, \ldots, n)$.

Ist $p \in f^{-1}(q)$, so folgt aus $\overline{m}(g(p)) = m(g)(p) = 0(p) = 0$ sofort, dass $g(p) = c_i$ für ein i. □

Die Aussage des Fasertrennungslemmas sei an der folgenden Skizze für den Fall $n = 3$ veranschaulicht.

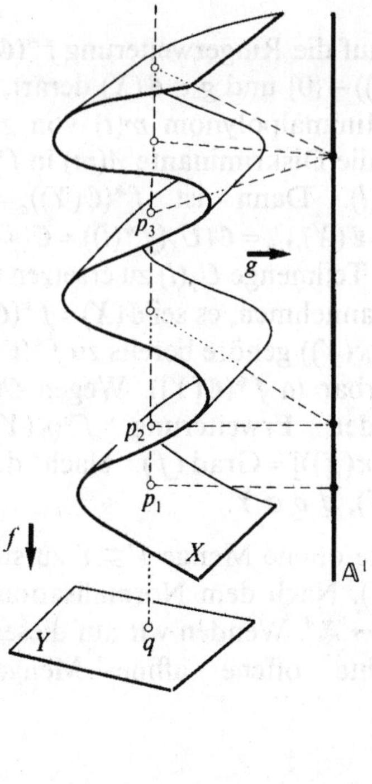

(12.10) **Lemma:** *Sei $f: X \to Y$ ein endlicher Morphismus zwischen irreduziblen affinen Varietäten. Y sei normal. Dann gilt*

$$\# f^{-1}(q) \leqslant \operatorname{Grad}(f); \quad \forall q \in Y.$$

Beweis: Sei $f^{-1}(q)=\{p_1, \ldots, p_r\}$, und sei $g \in \mathcal{O}(X)$ eine Funktion, welche die Punkte $p_1, \ldots, p_r$ trennt. Nach (11.19) (i) liegt das Minimalpolynom $m(t)$ von g über $f^*(\kappa(Y))$ bereits in $f^*(\mathcal{O}(Y))[t]$. Wir schreiben $m(t)=t^n+f^*(h_{n-1})t^{n-1}+\ldots+f^*(h_0)$, wo $h_j \in \mathcal{O}(Y)$. Wegen $f^*(\kappa(Y))[g] \subseteq \kappa(X)$ ist $n=\operatorname{Grad}(m)=[f^*(\kappa(Y))[g]:f^*(\kappa(Y)] \leqslant [\kappa(X):f^*(\kappa(Y))]=\operatorname{Grad}(f)$ (s. (12.7) (x), (12.4) (ii), (12.5)). Andrerseits sind die r Werte $g(p_i)$ paarweise verschiedene Nullstellen von $\overline{m}(t)=t^n+h_{n-1}(q)t^{n-1}+\ldots+h_0(q)$. Also ist $r \leqslant n \leqslant \operatorname{Grad}(f)$. □

(12.11) **Satz:** *Sei $f: X \to Y$ ein endlicher Morphismus zwischen irreduziblen quasiaffinen Varietäten. Sei weiter*

$$Y_0 = \{q \in Y \mid \# f^{-1}(q) = \operatorname{Grad}(f)\}.$$

Dann gilt:

(i) *Es gibt eine dichte offene Menge $V \subseteq Y$ mit $V \subseteq Y_0$.*

(ii) *Ist Y normal, so gilt $\# f^{-1}(q) \leqslant \operatorname{Grad}(f)$ für alle $q \in Y$, und die Menge Y_0 ist offen.*

Beweis: O.E. können wir Y, und damit auch X, als affin voraussetzen (endliche Morphismen sind affin).

(i): Wir wenden (12.8)′ auf die Ringerweiterung $f^*(\mathcal{O}(Y)) \subseteq \mathcal{O}(X)$ an und finden so Elemente $a \in f^*(\mathcal{O}(Y))-\{0\}$ und $g \in \mathcal{O}(X)$ derart, dass $\mathcal{O}(X)_a=f^*(\mathcal{O}(Y))_a[g]$, und derart, dass das Minimalpolynom $m(t)$ von g über $f^*(\kappa(Y))$ bereits zu $f^*(\mathcal{O}(Y))_a[t]$ gehört und die Diskriminante $\Delta(m)$ in $f^*(\mathcal{O}(Y))_a$ invertierbar wird. Wir schreiben $a=f^*(l)$. Dann ist $f^*(\mathcal{O}(Y))_a=f^*(\mathcal{O}(Y))_{f^*(l)}=f^*(\mathcal{O}(Y)_l)=f^*(\mathcal{O}(U_Y(l))$ und $\mathcal{O}(X)_a=\mathcal{O}(X)_{f^*(l)}=\mathcal{O}(U_X(f^*(l))=\mathcal{O}(f^{-1}(U_Y(l)))$. Dies erlaubt es, Y durch die affine offene Teilmenge $U_Y(l)$ zu ersetzen und X durch deren Urbild. Damit können wir aber annehmen, es sei $\mathcal{O}(X)=f^*(\mathcal{O}(Y))[g]$, das Minimalpolynom $m(t)$ von g über $f^*(\kappa(Y))$ gehöre bereits zu $f^*(\mathcal{O}(Y))[t]$ und seine Diskriminante $\Delta(m)$ sei invertierbar in $f^*(\mathcal{O}(Y))$. Wegen $\mathcal{O}(X)=f^*(\mathcal{O}(Y))[g]$ ist g ein primitives Element der Erweiterung $f^*(\kappa(Y)) \subseteq \kappa(X)$. Deshalb gilt $\operatorname{Grad}(m(t))=[\kappa(X):f^*(\kappa(Y))]=\operatorname{Grad}(f)$. Nach dem Fasertrennungslemma folgt $\# f^{-1}(q) \geqslant \operatorname{Grad}(f)$, $\forall q \in Y$.

Es bleibt also eine dichte offene Menge $V \subseteq Y$ zu suchen mit der Eigenschaft, dass $\# f^{-1}(q) \leqslant \operatorname{Grad}(f)$. Nach dem Normalisationslemma besteht ein endlicher Morphismus $f': Y \to \mathbb{A}^d$. Wenden wir auf diesen das eben Gezeigte an, so finden wir eine dichte offene affine Menge $W \subseteq \mathbb{A}^d$ derart, dass

$\#f'^{-1}(s) \geqslant \text{Grad}(f')$, $\forall\ s \in W$. (12.10), angewandt auf den Morphismus $f' \circ f: X \to \mathbb{A}^d$, liefert weiter, dass $\#(f' \circ f)^{-1}(s) \leqslant \text{Grad}(f' \circ f) = \text{Grad}(f) \cdot \text{Grad}(f')$. Jetzt setzt man $V = f'^{-1}(W)$.

(ii): Die behauptete Ungleichung folgt aus (12.10). Sei also $q \in Y_0$ und sei $g \in \mathcal{O}(X)$ eine Funktion, welche die $n = \text{Grad}(f)$ Punkte der Faser $f^{-1}(q)$ trennt. Das Minimalpolynom $m(t)$ von g über $f^*(\kappa(Y))$ liegt dann in $f^*(\mathcal{O}(Y))[t]$ (vgl. (9.21)(i)). Wir schreiben $m(t) = t^r + f^*(h_{r-1})t^{r-1} + \ldots + f^*(h_0)$, $(h_i \in \mathcal{O}(Y))$. $\overline{m}(t) = t^r + h_{r-1}(q)t + \ldots + h_0(q) \in \mathbb{C}[t]$ hat dann die $n = \text{Grad}(f)$ verschiedenen Nullstellen $g(p)$, $p \in f^{-1}(q)$. Es folgt $\text{Grad}(m(t)) = r \geqslant n$, also $\text{Grad}(m(t)) = \text{Grad}(f) = n$ und $\Delta(\overline{m}) = \Delta^{(n)}(h_{n-1}, \ldots, h_0)(q) \neq 0$. Die letzte Ungleichung bleibt in einer offenen Umgebung $W \subseteq Y_0$ von q richtig. Nach dem Fasertrennungslemma folgt $\#f^{-1}(s) = n$, $\forall\ s \in W$. □

(12.12) **Lemma:** *Sei $f: X \to Y$ ein Morphismus zwischen irreduziblen quasiaffinen Varietäten und seien $U \subseteq X$, $V \subseteq Y$ dichte offene Mengen derart, dass $f(U) \subseteq V$. Dann sind äquivalent:*

(i) *$f: X \to Y$ ist quasiendlich vom Grad d.*

(ii) *$f: U \to V$ ist quasiendlich vom Grad d.*

Beweis: Offenbar tritt die Dominanz für beide Morphismen gleichzeitig auf. Daraus folgt die Behauptung wegen $\kappa(U) = \kappa(X)$, $\kappa(V) = \kappa(Y)$ sofort mit (12.3). □

(12.13) **Korollar:** *Sei $f: X \to Y$ ein Morphismus zwischen irreduziblen quasiaffinen Varietäten und sei $d \in \mathbb{N}$. Dann sind äquivalent:*

(i) *$f: X \to Y$ ist quasiendlich vom Grad d.*

(ii) *Es gibt eine offene Menge $V \subseteq Y$ derart, dass $\#f^{-1}(q) = d$, $\forall\ q \in V$.*

(iii) *Es gibt offene Mengen $U \subseteq X$, $V \subseteq Y$ derart, dass $\#(f^{-1}(q) \cap U) = d$, $\forall\ q \in V$.*

Beweis: (i) ⇒ (ii): Wir nehmen an, f sei quasiendlich vom Grad d. Dann gibt es eine affine offene Menge $W \subseteq Y$ derart, dass $f: f^{-1}(W) \to W$ endlich ist. Nach (12.12) ist dieser endliche Morphismus ebenfalls vom Grad d. Jetzt findet man V gemäss (12.11).

(ii) ⇒ (iii) ist trivial. Zum Nachweis von (iii) ⇒ (i) müssen wir nach (12.13) nur zeigen, dass der Morphismus $f: U \to V$ quasiendlich vom Grad d ist, falls alle seine Fasern aus d Punkten bestehen. Aus dieser Annahme folgt aber nach dem Hauptsatz über die Faserdimension, dass $f: U \to V$ dominant, nach (12.3) also quasiendlich ist. Die Aussage über den Grad folgt jetzt sofort wieder aus (12.12). □

Birationale Morphismen. Wir beweisen jetzt eine Anwendung von (12.13), welche uns auf eine neue, sehr wichtige Klasse von Morphismen führt.

(12.13)′ **Korollar:** *Sei $f: X \to Y$ ein Morphismus zwischen irreduziblen quasiaffinen Varietäten. Dann sind äquivalent:*

(i) *f ist quasiendlich vom Grad* 1.

(ii) *f ist dominant und $f^*: \kappa(Y) \to \kappa(X)$ ein Isomorphismus.*

(iii) *Es gibt eine dichte offene Menge $V \subseteq Y$ derart, dass $f: f^{-1}(V) \to V$ ein Isomorphismus wird.*

(iv) *Es gibt eine dichte offene Menge $U \subseteq X$ derart, dass $f: U \to Y$ injektiv und dominant wird.*

Beweis: (i) $\Leftrightarrow$ (ii) sind klar aus den Definitionen, (iii) $\Rightarrow$ (iv) ist trivial. (ii) $\Rightarrow$ (iii): Es gelte (ii). Weil f dann quasiendlich ist, finden wir eine affine offene Menge $W \subseteq Y$ so, dass $f: f^{-1}(W) \to W$ endlich ist. $\mathcal{O}(f^{-1}(W))$ ist also eine endliche ganze Erweiterung von $f^*(\mathcal{O}(W))$, und beide Ringe haben den Quotientenkörper $\kappa(X)$. Wir finden also ein $a \in f^*(\mathcal{O}(W)) - \{0\}$ mit $f^*(\mathcal{O}(W))_a = \mathcal{O}(f^{-1}(W))_a$. Wir schreiben $a = f^*(l)$, $(l \in \mathcal{O}(W) - \{0\})$ und setzen $V = U_w(l)$. Dann folgt $f^*(\mathcal{O}(V)) = \mathcal{O}(f^{-1}(V))$. Damit wird $f^*: \mathcal{O}(V) \to \mathcal{O}(f^{-1}(V))$ zum Isomorphismus. Weil V und $f^{-1}(V)$ affin sind, wird also auch $f: f^{-1}(V) \to V$ zum Isomorphismus (vgl. (7.10)). (iv) $\Rightarrow$ (i): Gilt (iv), so finden wir nach dem Hauptsatz über Morphismen eine dichte offene Menge $V \subseteq Y$ mit $V \subseteq f(U)$. Es folgt $\#(f^{-1}(q) \cap U) = 1$, $\forall q \in V$. Jetzt schliesst man mit (12.13). □

(12.14) **Definition:** Einen Morphismus $f: X \to Y$ zwischen irreduziblen quasiaffinen Varietäten nennen wir *birational*, wenn er die äquivalenten Bedingungen (12.13)′ (i)–(iv) erfüllt. ○

Anmerkung: Der Begriff des birationalen Morphismus ist von grundlegender Bedeutung für die algebraische Geometrie und hat viele Aspekte. Ist etwa $f: X \to Y$ ein surjektiver birationaler Morphismus, so kann man sich vorstellen, Y werde vermöge f durch die Punkte von X parametrisiert, denn f ist ja fast überall ein Isomorphismus. Von einer Parametrisierung erwartet man naturgemäss, dass der Parameterraum X einfacher ist als der parametrisierte Raum Y. Damit stellt sich das grundsätzliche Problem, zu einer gegebenen Varietät Y eine Parametrisierung $f: X \to Y$ (d.h. einen surjektiven birationalen Morphismus) zu finden, bei welcher X möglichst einfach wird. Wir wollen auf dieses sehr schwierige, aber (allerdings nicht im Rahmen der quasiaffinen Varietäten) gelöste Problem hier nicht weiter eingehen und nur auf die Arbeiten von O. Zariski [Z_1], H. Hironaka [Hi] verweisen.

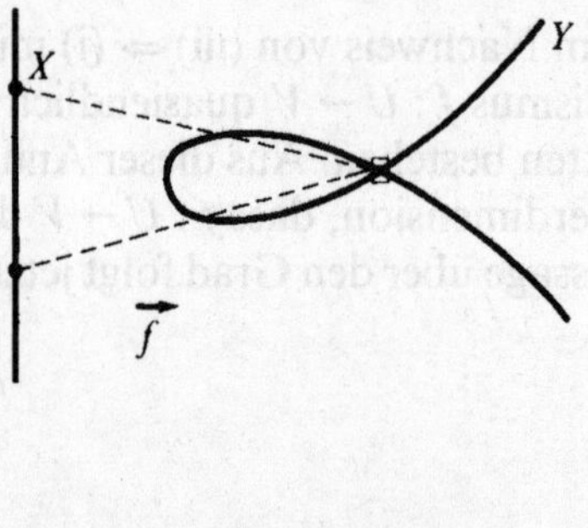

Im zweiten Teil dieses Abschnittes werden wir einen (sehr kleinen) Schritt in der Richtung des genannten Problems tun und zeigen, dass eine gegebene Varietät Y wenigstens immer eine «Parametrisierung» durch eine normale Varietät zulässt.

Im Zusammenhang mit den birationalen Morphismen liegt es auch nahe, den Standpunkt von (8.9) einzunehmen. Man betrachtet also zwei irreduzible Varietäten als äquivalent, wenn sie auf dichten offenen Untermengen (bis auf Isomorphie) übereinstimmen. Zwei solcher Varietäten X, Y nennt man dann *birational äquivalent*. Gleichbedeutend ist, dass ein Isomorphismus $\kappa(X)\cong\kappa(Y)$ (von $\mathbb{C}$-Algebren) zwischen den Funktionenkörpern beider Varietäten besteht.

Gibt es einen birationalen Morphismus $f: X\to Y$, so besteht diese Situation.

Nach dem, was wir oben über die Funktionenkörper bemerkt haben, ist das Studium der birationalen Äquivalenzklassen von Varietäten nichts anderes als die Theorie der endlich erzeugten Körper über $\mathbb{C}$, d.h. die Theorie der *algebraischen Funktionenkörper*. ○

Wir wenden uns jetzt den endlichen birationalen Morphismen zu. Unser Hauptziel ist dabei ein schon in der obigen Anmerkung erwähnter Existenzsatz: Wir wollen zeigen, dass es zu jeder quasiaffinen irreduziblen Varietät X einen endlichen birationalen Morphismus $\tilde{X}\to X$ gibt, in dem $\tilde{X}$ normal ist. Es wird sich auch zeigen, dass $\tilde{X}$ im wesentlichen eindeutig ist. Wir stellen ein Ergebnis voran, das uns später die Eindeutigkeit von $\tilde{X}$ liefern wird:

(12.15) **Satz** (*Faktorisierungseigenschaft der endlichen birationalen Morphismen*): *Seien $f:\tilde{X}\to X$, $g:\hat{X}\to X$ Morphismen zwischen irreduziblen quasiaffinen Varietäten. Dabei sei f endlich und birational. Weiter sei g dominant und $\hat{X}$ normal. Dann faktorisiert g eindeutig über f, d.h. es gibt genau einen Morphismus $h:\hat{X}\to\tilde{X}$ derart, dass $g=f\circ h$.*

Beweis: Nehmen wir zunächst an, X sei affin. Weil f endlich ist, wird dann $\tilde{X}$ ebenfalls affin. In $\kappa(\tilde{X})$ besteht also die Situation $f^*(\mathcal{O}(X))\subseteq\mathcal{O}(\tilde{X})\subseteq\kappa(X)$. Wegen der Endlichkeit von f ist $\mathcal{O}(\tilde{X})$ ganz über $f^*(\mathcal{O}(X))$.

Weil $\hat{X}$ normal ist, sind die lokalen Ringe $\mathcal{O}_{\hat{X},p}$ von $\hat{X}$ ganz abgeschlossen in $\operatorname{Quot}(\mathcal{O}_{\hat{X},p})=\kappa(\hat{X})$. Sofort folgt daraus, dass auch $\mathcal{O}(\hat{X})=\bigcap_{p\in\hat{X}}\mathcal{O}_{\hat{X},p}$ ganz abgeschlossen ist in $\kappa(\hat{X})$. Weil f birational ist, besteht der Isomorphismus $f^*:\kappa(X)\to\kappa(\tilde{X})$. Wegen der Dominanz von g besteht die Injektion $g^*:\kappa(X)\to\kappa(\hat{X})$. Betrachten wir die Komposition $g^*\circ f^{*-1}:\kappa(\tilde{X})\to\kappa(\hat{X})$, so erhalten wir $g^*(\mathcal{O}(X))=g^*\circ f^{*-1}(f^*(\mathcal{O}(X)))\subseteq g^*\circ f^*(\mathcal{O}(\tilde{X}))=:B$, wobei B ganz ist über $g^*(\mathcal{O}(X))$. Weiter ist $g^*(\mathcal{O}(X))\subseteq\mathcal{O}(\hat{X})$. Weil $\mathcal{O}(\hat{X})$ ganz abgeschlossen ist in $\kappa(\hat{X})$, folgt $B\subseteq\mathcal{O}(\hat{X})$, also $g^*\circ f^{*-1}(\mathcal{O}(\tilde{X}))\subseteq\mathcal{O}(\hat{X})$. So erhalten wir den Homomorphismus $\varphi:=g^*\circ f^{*-1}:\mathcal{O}(\tilde{X})\to\mathcal{O}(\hat{X})$. Weil $\tilde{X}$ affin ist, gibt es nach (7.7) genau einen Morphismus $h:\hat{X}\to\tilde{X}$ mit $h^*=\varphi$.

Wir wollen zeigen, dass $g=f\circ h$. Es genügt, dies für die Einschränkungen von h auf affine offene Teilmengen $U\subseteq\hat{X}$ zu zeigen. Wegen $(h\restriction U)^*=h^*=\varphi$ können wir also $\hat{X}$ durch U ersetzen, d.h. annehmen, $\hat{X}$ sei affin. Sei $p\in\hat{X}$. Dann folgt im Hinblick auf (7.9) (i) $I_X(g(p)) = (g^*)^{-1}(I_{\hat{X}}(p)) = (h^* \circ f^*)^{-1}(I_{\hat{X}}(p)) = ((f \circ h)^*)^{-1}(I_{\hat{X}}(p)) = I_X(f \circ h(p))$, also $g(p) = f \circ h(p)$.

Gilt $g = f \circ l$ für einen Morphismus $l: \hat{X} \to \tilde{X}$, so folgt sofort $l^* = \varphi$, nach (7.7) also $h = l$. Dies erledigt den Fall, dass X affin ist.

Im Allgemeinfall gehen wir aus von einer affinen offenen Überdeckung $X = \bigcup_{i \in \mathscr{A}} X_i$ von X. Anwendung des eben Gezeigten auf die Morphismen $f: f^{-1}(X_i) \to X_i$, $g: g^{-1}(X_i) \to X_i$ liefert eindeutig bestimmte Morphismen $h_i: g^{-1}(X_i) \to X_i$ mit $g \upharpoonright g^{-1}(X_i) = f \circ h_i$. Die Mengen $X_i \cap X_j$ sind affin (vgl. (8.13) (i)). Die Eindeutigkeitsaussage aus dem schon bewiesenen affinen Fall liefert, dass h_i und h_j auf $g^{-1}(X_i) \cap g^{-1}(X_j)$ jeweils übereinstimmen. Die Morphismen h_i lassen sich deshalb zu einem Morphismus $h: \hat{X} \to \tilde{X}$ mit der gewünschten Eigenschaft verkleben. □

Die Normalisierung einer Varietät. Wir beginnen mit dem folgenden algebraischen Resultat, das zum Kernstück des Beweises der früher gemachten Existenzaussage für endliche birationale Morphismen wird.

(12.16) **Satz:** *Sei A ein Integritätsbereich, der endlich erzeugt ist über einem Körper k der Charakteristik 0. L sei ein endlich algebraischer Erweiterungskörper des Quotientenkörpers K von A. Dann ist der ganze Abschluss $\overline{A}$ von A in L ebenfalls endlich erzeugt über k.*

Beweis: Nach dem Normalisationslemma finden wir über k algebraisch unabhängige Elemente $t_1, \ldots, t_r \in A$ so, dass A endlich und ganz ist über $A_0 := k[t_1, \ldots, t_r]$. Wegen der Transitivität der Ganzheit ist $\overline{A}$ der ganze Abschluss von A_0 in L. Weiter ist K eine endliche algebraische Erweiterung von $K_0 := \text{Quot}(A_0)$, also L endlich algebraisch über K_0. Wir können also A ersetzen durch A_0, d.h. annehmen, A sei normal. Weil A endlich erzeugt ist über k, genügt es zu zeigen, dass $\overline{A}$ endlich erzeugt ist als A-Modul.

Sei $x \in L$ ein primitives Element von L über K. Nach (10.1)(iii)(b) (angewandt auf $A \subseteq \overline{A}$) können wir schreiben $x = \frac{x_1}{s}$, wobei $x_1 \in \overline{A}$ und $s \in A - \{0\}$. x_1 ist dann natürlich auch ein primitives Element. Sei $m(t) = t^n + a_{n-1} t^{n-1} + \ldots + a_0 \in K[t]$ das Minimalpolynom von x_1 über K. Weil A normal und x_1 ganz ist über A, folgt wieder $a_0, \ldots, a_{n-1} \in A$ (vgl. (9.22) (i)). Sei $L' \supseteq L$ ein Zerfällungskörper von $m(t)$. Wir können also schreiben $m(t) = (t - x_1) \ldots (t - x_n)$, wobei $x_2, \ldots, x_n \in L'$. Nach (9.21) (vii) gibt es Isomorphismen $\Psi_i: K[x_1] \to K[x_i]$ mit $\Psi_i \upharpoonright K = id_K$, $\Psi_i(x_1) = x_i$, $(i = 1, \ldots, n)$. Sei $y \in \overline{A}$. y genügt einer ganzen Gleichung

$$y^r + b_{r-1} y^{r-1} + \ldots + b_0 = 0 \text{ über } A, \ (b_0, \ldots, b_{r-1} \in A).$$

Es folgt

$$\Psi_i(y)^r + b_{r-1}\,\Psi_i(y)^{r-1} + \ldots + b_0 = \Psi_i\,(y^r + b_{r-1}\,y^{r-1} + \ldots + b_0) = 0.$$

Also ist $y_i := \Psi_i(y)$ ganz über A, $(i = 1, \ldots, n)$. Wegen $m(x_i) = 0$ ist x_i ebenfalls ganz über A, $(i = 1, \ldots, n)$.

Weil die Elemente $1, x_1, \ldots, x_1^{n-1}$ eine K-Basis von L bilden, können wir schreiben $y = \sum_{j=0}^{n-1} c_j\,x_1^j$, mit $c_0, \ldots, c_{n-1} \in K$. Jetzt folgt aber $y_i = \Psi_i(y) = \sum_{j=0}^{n-1} c_j\,x_i^j$. So erhalten wir in L' das Gleichungssystem

$$\begin{pmatrix} x_1^0 & x_1^1 & \ldots & x_1^{n-1} \\ x_2^0 & x_2^1 & \ldots & x_2^{n-1} \\ \vdots & \vdots & & \vdots \\ x_n^0 & x_n^1 & \ldots & x_n^{n-1} \end{pmatrix} \begin{pmatrix} c_0 \\ \vdots \\ c_{n-1} \end{pmatrix} = \begin{pmatrix} y_1 \\ \vdots \\ y_n \end{pmatrix}$$

Sei $\delta = \det(x_i^j \mid 1 \leqslant i \leqslant n, 0 \leqslant j \leqslant n-1)$. Aus der linearen Algebra weiss man, dass $\delta = \prod_{i<j} (x_j - x_i)$. Demnach wird δ^2 gerade die Diskriminante $\Delta(m)$ von $m(t)$. Nach (12.7) (ix) (und wegen $m(t) \in A[t]$) gilt also $\delta^2 \in A - \{0\}$.

Nach der Kramerschen Regel führt das obige Gleichungssystem auf die Gleichungen $c_j = \frac{u_j}{\delta}$, wobei $u_j \in A[x_1, \ldots, x_n, y_1, \ldots, y_n] =: B$. Wegen $\delta \in B$ folgt $\delta^2\,c_j = \delta u_j \in K \cap B$ (man beachte, dass $c_j, \delta^2 \in K$).

Weil B von über A ganzen Elementen erzeugt wird, ist B ganz über A. Damit wird $\delta^2\,c_j$ ein über A ganzes Element von K. Es gilt also $\delta^2\,c_j \in A$, $(j = 0, \ldots, n-1)$, denn A ist ja normal. Jetzt folgt $\delta^2\,y = \sum_{j=0}^{n-1} \delta^2\,c_j\,x_1^j \in A[x_1]$. So erhalten wir $\delta^2\,\overline{A} \subseteq A[x_1]$. Nach (9.8) ist $A[x_1]$ als A-Modul endlich erzeugt. Weil A noethersch ist, gilt dies auch für $\delta^2\,\overline{A}$. Im Hinblick auf den Isomorphismus $\overline{A} \xrightarrow{\cdot\,\delta^2} \delta^2\,\overline{A}$ wird schliesslich $\overline{A}$ selbst ein endlich erzeugter A-Modul. □

Anmerkung: Der soeben bewiesene Satz gilt auch, falls der Körper k eine Charakteristik $\neq 0$ hat. Der Beweis verlangt dann allerdings zusätzlichen Aufwand. Der Satz bleibt auch richtig, wenn man k durch $\mathbb{Z}$ ersetzt. Ersetzt man A durch einen beliebigen noetherschen Integritätsbereich, gilt der Satz nicht mehr allgemein. ○

Jetzt haben wir unser Ziel erreicht, und können beweisen:

(12.17) **Satz:** *Sei X eine irreduzible quasiaffine Varietät. Dann gibt es einen endlichen birationalen Morphismus $f: \tilde{X} \to X$ derart, dass $\tilde{X}$ normal ist. Dabei ist dieser Morphismus im wesentlichen eindeutig. Es gilt nämlich:*

Ist $g: \hat{X} \to X$ ein weiterer endlicher birationaler Morphismus mit normalem $\hat{X}$, so gibt es einen eindeutig bestimmten Isomorphismus $h: \hat{X} \to \tilde{X}$, der im folgenden kommutativen Diagramm erscheint

$$\begin{array}{ccc} \hat{X} & \xrightarrow{\;g\;} & \\ h \downarrow \wr\!\wr \quad \circlearrowleft & & X \\ \tilde{X} & \xrightarrow[\;f\;]{} & \end{array}$$

Beweis: X ist lokal abgeschlossene Teilmenge eines affinen Raumes $\mathbb{A}^n$. Sei $\overline{X} \subseteq \mathbb{A}^n$ der Abschluss von X. Sei B der ganze Abschluss von $\mathcal{O}(\overline{X})$ in $\kappa(\overline{X})$. Nach (12.16) ist B eine endlich erzeugte $\mathbb{C}$-Algebra und natürlich normal. Nach (7.7) und (7.10)′ gibt es eine affine Varietät X' und einen Morphismus $f: X' \to \overline{X}$ so, dass $\mathcal{O}(X') = B$, und so, dass $f^*: \mathcal{O}(\overline{X}) \to B$ gerade die Inklusionsabbildung ist. Weil B ganz ist über $\mathcal{O}(\overline{X})$, ist f endlich. Weil $f^*: \kappa(\overline{X}) \to \kappa(X') = \text{Quot}\,(B) = \kappa(\overline{X})$ mit $\text{id}_{\kappa(\overline{X})}$ zusammenfällt, wird f birational. Setzt man $\tilde{X} = f^{-1}(X)$, so ist $f: \tilde{X} \to X$ endlich und birational und $\tilde{X}$ normal.

Die Eindeutigkeitsaussage folgt sofort aus der Faktorisierungseigenschaft der endlichen birationalen Morphismen. □

(12.18) **Definition und Bemerkungen:** A) Sei X eine irreduzible quasiaffine Varietät. Einen endlichen birationalen Morphismus $\tilde{X} \to X$ mit normaler Varietät $\tilde{X}$ nennen wir eine *Normalisierung* von X. Im Hinblick auf das (Existenz- und) Eindeutigkeitsresultat (12.17) sprechen wir auch von *der Normalisierung* von X.

B) Die Normalisierung von X kann auch verstanden werden als *«die kleinste normale Varietät, die über X liegt»*. Ist nämlich $\overline{X} \to X$ ein weiterer dominanter Morphismus mit normaler Varietät $\overline{X}$, so besteht nach der Faktorisierungseigenschaft (12.15) die Situation

$$\overset{\frown}{\overline{X} \to \tilde{X} \to X}.$$

Analog kann man die Normalisierung als *«die grösste Varietät, die endlich und birational über X liegt»* auffassen. ○

Anmerkung: Sei X irreduzibel und affin. Dann kann man die Normalisierung $\tilde{X} \to X$ betrachten. Nach dem Normalisationslemma gibt es aber auch einen endlichen Morphismus $X \to \mathbb{A}^d$. Diese beiden Morphismen dürfen nicht verwechselt werden. Jeder dieser beiden Morphismen stellt ein typisches Werkzeug dar, mit dem man die Varietät X untersuchen kann. Die Normalisierung entspricht, wie schon erwähnt, der Idee, X mit Hilfe einer Parametrisierung durch eine einfachere Varietät zu studieren. Hinter dem Morphismus $X \to \mathbb{A}^d$ steht die Idee, X als «verzweigte Überlagerung» des einfachen Raumes $\mathbb{A}^d$ zu studieren. ○

Der normale Ort einer Varietät. Wir wollen nun eine Anwendung von (12.17) geben. Zunächst definieren wir

(12.19) **Definition und Bemerkung:** A) Sei X eine quasiaffine Varietät. Die Menge der Punkte $p \in X$, in denen X normal ist, nennen wir den *normalen Ort von X* und bezeichnen diesen mit Nor (X). Also:

$$\text{Nor}(X) := \{p \in X \mid \mathcal{O}_{X,p} \textit{ normal}\}.$$

B) Wir geben – für den Fall, dass X irreduzibel ist – eine andere Charakterisierung von Nor (X), nämlich:

(i) *Sei X irreduzibel, und sei $f: \tilde{X} \to X$ die Normalisierung von X. Dann sind äquivalent:*
   (a) $p \in$ Nor (X).
   (b) *p besitzt eine offene Umgebung $U \subseteq X$ derart, dass $f: f^{-1}(U) \to U$ zum Isomorphismus wird.*

Beweis: (a) ⇒ (b): Sei $p \in$ Nor (X). Um U zu finden, können wir X bereits durch eine offene affine Umgebung von p ersetzen, also annehmen, X sei affin. Dann ist auch $\tilde{X}$ affin und $\mathcal{O}(\tilde{X})$ wird eine endliche ganze Erweiterung von $f^*(\mathcal{O}(X))$. Wir können also schreiben $\mathcal{O}(\tilde{X}) = f^*(\mathcal{O}(X))[b_1, \ldots, b_r]$. Sei $S = \mathcal{O}(X) - I_X(p)$. $f^*(S)^{-1} f^*(\mathcal{O}(X)) = f^*(\mathcal{O}_{X,p})$ ist dann normal, also ganz abgeschlossen in seinem Quotientenkörper $\kappa(\tilde{X})$. Es folgt $f^*(S)^{-1}\mathcal{O}(\tilde{X}) = f^*(S)^{-1} f^*(\mathcal{O}(X))$. Wir finden also Elemente $s_i \in S$ mit $f^*(s_i) b_i \in f^*(\mathcal{O}(X))$, $(i = 1, \ldots, r)$. Wir setzen $l = s_1 \ldots s_r$ und erhalten $\mathcal{O}(\tilde{X})_{f^*(l)} = f^*(\mathcal{O}(X))_{f^*(l)}$. Setzen wir jetzt $U = U_X(l)$, so folgt wegen $f^{-1}(U) = U_{\tilde{X}}(f^*(l))$ sofort $\mathcal{O}(f^{-1}(U)) = f^*(\mathcal{O}(U))$. Damit besteht der durch f induzierte Isomorphismus $f^*: \mathcal{O}(U) \to \mathcal{O}(f^{-1}(U))$. Jetzt schliesst man mit (7.10) (i).

(b) ⇒ (a): Folgt sofort aus der Feststellung, dass die Normalität beim Übergang auf offene Untermengen und bei Isomorphie erhalten bleibt.

C) Weil normale Ringe nach Definition integer sind, folgt im Hinblick auf (8.5) sofort

(ii) $p \in$ Nor (X) ⇒ *X ist irreduzibel in p.* ○

Jetzt beweisen wir:

(12.20) **Satz** (*Offenheit des normalen Ortes*): *Sei X eine quasiaffine Varietät. Dann ist* Nor(X) *offen und dicht in X.*

Beweis: Sei $X = X_1 \cup \ldots \cup X_r$ eine Zerlegung von X in irreduzible Komponenten. Im Hinblick auf (12.19) (ii) und weil die Normalität eines Punktes eine lokale Eigenschaft ist (d.h. nur von seinem lokalen Ring abhängt), gilt Nor$(X) = \bigcup_{i=1}^{r} (X_i - \bigcup_{j \neq i} X_j)$. Es genügt dehalb, die Behauptung für die irreduziblen offenen Mengen $X_i - \bigcup_{j \neq i} X_j$ zu zeigen. Anders ausgedrückt dürfen wir annehmen, X sei irreduzibel. Jetzt folgt die Behauptung sofort aus (12.19) (i). □

Reduziertheit von Fasern. Wir führen jetzt einen weitern Begriff ein, der sich später vor allem für endliche Morphismen als wichtig erweist. Es handelt sich dabei um eine algebraisch definierte Eigenschaft von Fasern:

(12.21) **Definition und Bemerkungen:** A) Sei $f: X \to Y$ ein Morphismus, sei $p \in X$ und $q = f(p)$. Wir sagen, die *Faser von f* (über q) *sei reduziert im Punkt p*, wenn der Restklassenring $\mathcal{O}_{X,p} / f_p^*(\mathfrak{m}_{Y,q})\, \mathcal{O}_{X,p}$ reduziert ist. f_p^* steht dabei für den durch f induzierten Homomorphismus $f_p^*: \mathcal{O}_{Y,q} \to \mathcal{O}_{X,p}$. Gleichbedeutend ist natürlich, dass das Ideal $f_p^*(\mathfrak{m}_{Y,q}) \subseteq \mathcal{O}_{X,p}$ perfekt ist. Ebenfalls gleichbedeutend ist die Beziehung

(i) $$I_{X,p}(f^{-1}(q)) = f_p^*(\mathfrak{m}_{Y,q})\, \mathcal{O}_{X,p}, \qquad (q = f(p)),$$

wo $I_{X,p}(f^{-1}(q))$ für das lokale Verschwindungsideal der Faser $f^{-1}(q)$ in p steht (vgl. (8.3) (iv)).

B) Ist die Faser von f über q reduziert in jedem Punkt $p \in f^{-1}(q)$, so sagen wir, die Faser von f *über q sei reduziert*. Leere Fasern betrachten wir ebenfalls als reduziert.

Die Reduziertheit der Faser ist offenbar eine lokale Eigenschaft, d.h. es gilt:

(ii) *Sei $f: X \to Y$ ein Morphismus und sei $q \in Y$. Dann sind äquivalent:*
   (a) *Die Faser von f ist reduziert über q.*
   (b) *Die Faser von $f: U \to Y$ über q ist reduziert für jede offene Menge $U \subseteq X$.*
   (c) *Es gibt eine offene Überdeckung $\{U_i \mid i \in \mathcal{A}\}$ von X derart, dass die Faser von $f: U_i \to Y$ über q reduziert ist für alle $i \in \mathcal{A}$.* ○

(12.22) **Satz:** *Sei $f: X \to Y$ ein endlicher Morphismus zwischen irreduziblen quasiaffinen Varietäten. Sei $q \in Y$ derart, dass die Faser von f über q reduziert ist. Dann gilt $\# f^{-1}(q) \geqslant$ Grad(f).*

Beweis: O.E. können wir X und Y als affin annehmen (vgl. (12.21) (iii)). Sei $\{p_1, \ldots, p_r\} = f^{-1}(q)$ und sei $I = f^*(I_Y(q))\mathcal{O}(X)$. Wegen der Endlichkeit und der Reduziertheit der Faser von f über q können wir schreiben $\mathfrak{m}_{X,p_i} = \sqrt{f^*_{p_i}(\mathfrak{m}_{Y,q})\,\mathcal{O}_{X,p}} = f^*(\mathfrak{m}_{Y,q})\,\mathcal{O}_{X,r} = f^*(I_Y(q))\,\mathcal{O}(X)_{I_X(p_i)} = I_{I_X(p_i)}$, $(i = 1, \ldots, r)$.

Jetzt definieren wir einen Homomorphismus von $\mathbb{C}$-Algebren $\pi : \mathcal{O}(X) \to \mathbb{C}^r$ durch $g \mapsto (g(p_1), \ldots, g(p_r))$ und behaupten, dass Kern $(\pi) = I$. Die Inklusion «$\supseteq$» ist trivial. Zum Nachweis der Inklusion «$\subseteq$» wählen wir $g \in$ Kern (π). Dann folgt $g_{p_i} \in \mathfrak{m}_{X,p_i} = I_{I_X(p_i)} (i = 1, \ldots, r)$. Wir finden also jeweils ein $s_i \in \mathcal{O}(X) - I_X(p_i)$ mit $s_i\, g \in I$. Nach dem Nullstellensatz sind die Ideale $I_X(p_i)$ gerade die I umfassenden Maximalideale von $\mathcal{O}(X)$. Deshalb folgt $\sum_{i=1}^{r} s_i\, \mathcal{O}(X) + I = \mathcal{O}(X)$. Mit geeigneten Elementen $h_i \in \mathcal{O}(X)$, $b \in I$ gilt also $\sum_i s_i\, h_i + b = 1$. So erhalten wir $g = \left(\sum_i s_i\, h_i + b\right) g = \sum s_i\, g h_i + bg \in I$. Damit ist Kern $(\pi) = I$.

Nach dem Homomorphiesatz besteht jetzt eine Injektion $\mathcal{O}(X)/f^*(I_Y(q))\,\mathcal{O}(X) = \mathcal{O}(X)/I \hookrightarrow \mathbb{C}^r$. Insbesondere lässt sich der links stehende Modul über $f^*(\mathcal{O}(Y))/f^*(I_Y(q)) = \mathbb{C}$ durch r Elemente erzeugen. Wir können also schreiben $\mathcal{O}(X) = M + f^*(I_Y(q))\,\mathcal{O}(X)$, wobei $M = \sum_{i=1}^{r} b_i\, f^*(\mathcal{O}(Y))$ mit $b_1, \ldots, b_r \in \mathcal{O}(X)$. Insbesondere wird jetzt $f^*(I_Y(q))\,(\mathcal{O}(X)/M) = \{0\}$. Nach (9.9) finden wir also ein $a \in f^*(I_Y(q))$ mit $(1-a)\,(\mathcal{O}(X)/M) = \{0\}$, also $(1-a)\,\mathcal{O}(X) \subseteq M = \sum_{i=1}^{r} b_i\, f^*(\mathcal{O}(Y))$. Setzen wir $S = f^*(\mathcal{O}(Y)) - \{0\}$, so erhalten wir $\kappa(X) = S^{-1}\mathcal{O}(X) = \sum_{i \leqslant r} b_i\, S^{-1} f^*(\mathcal{O}(Y)) = \sum_{i \leqslant r} b_i\, f^*(\kappa(Y))$, also Grad $(f) = [\kappa(X) : f^*(\kappa(Y))] \leqslant r = \# f^{-1}(q)$. □

Wir wollen jetzt zeigen, dass eine Faser in «fast allen» ihrer Punkte reduziert. Dazu brauchen wir das folgende Hilfsresultat.

(12.23) **Lemma:** *Sei D ein Integritätsbereich mit dem Quotientenkörper K, sei $D[b]$ ein algebraischer integrer Erweiterungsring von D und sei $\mathfrak{p} \in$ Spec (D). Das Minimalpolynom $m(t) = t^n + a_{n-1}\, t^{n-1} + \ldots + a_0$ von b über K gehöre schon zu $D[t]$, und für seine Diskriminante gelte $\Delta(m) \notin \mathfrak{p}$.*

Dann ist das Erweiterungsideal $\mathfrak{p}\, D[b] \subseteq D[b]$ perfekt.

Beweis: Nach (9.20) (v) ist $m(t)D[t]$ der Kern des durch $t \mapsto b$ definierten Einsetzungshomomorphismus $\varphi : D[t] \to D[b]$. Es folgt $\varphi^{-1}(\mathfrak{p}D[b]) = m(t)D[t] + \mathfrak{p}D[t] =: I$.

Sei $D \xrightarrow{\quad} D/\mathfrak{p} =: \overline{D}$ die Restklassenabbildung und sei $\pi : D[t] \to \overline{D}[t]$ der durch $\sum c_i\, t^i \mapsto \sum \overline{c_i}\, t^i$ definierte kanonische Homomorphismus. Schreiben wir $\overline{m}(t) = \pi(m(t)) = t^n + \overline{a}_{n-1}\, t^{n-1} + \ldots + \overline{a}_0$, so erhalten wir $\pi^{-1}(\overline{m}(t)\, \overline{D}[t]) = I$. Nach dem Homomorphiesatz folgt $D[b]/\mathfrak{p}D[b] \cong \overline{D}[t]/\overline{m}(t)\, \overline{D}[t]$. Es genügt also zu zeigen, dass $\overline{m}(t)\overline{D}[t] \subseteq \overline{D}[t]$ perfekt ist.

Sei $\overline{K}=\text{Quot}(\overline{D})$. Weil $\overline{m}(t)$ unitär ist, gilt $\overline{m}(t)\overline{D}[t]=\overline{D}[t]\cap\overline{m}(t)\overline{K}[t]$ (vgl. (9.20) (ii)). Es genügt also zu zeigen, dass $\overline{m}(t)\overline{K}[t]$ perfekt ist, wegen der Faktorialität von $\overline{K}[t]$ also, dass $\overline{m}(t)$ quadratfrei ist. Nun gilt aber für die Diskriminante von $\overline{m}(t): \Delta(\overline{m})=\Delta^{(n)}(\overline{a}_{n-1},\ldots,\overline{a}_0)=\overline{\Delta^{(n)}(a_{n-1},\ldots,a_0)}=\overline{\Delta(m)}\neq 0$. Also ist $\overline{m}(t)$ separabel und damit natürlich auch quadratfrei. □

(12.24) **Satz** (*Generische Reduziertheit der Fasern*): *Sei $f: X\to Y$ ein Morphismus zwischen quasiaffinen Varietäten. Dann gibt es eine dichte offene Menge $U\subseteq X$ derart, dass alle Fasern des eingeschränkten Morphismus $f: U\to Y$ reduziert sind.*

Beweis: Sei $X=X_1\cup\ldots\cup X_r$ die Zerlegung in irreduzible Komponenten. Offenbar genügt es, die Behauptung für die Morphismen $f: X_i-\bigcup_{j\neq i}X_j\to Y$ zu zeigen. Wir können also annehmen, X sei irreduzibel. Leicht sieht man auch, dass man X und Y als affin und f als dominant voraussetzen kann.

Anwendung von (12.8) auf die Ringe $f^*(\mathcal{O}(Y))\subseteq\mathcal{O}(X)$ liefert uns über $f^*(\mathcal{O}(Y))$ algebraisch unabhängige Elemente $t_1,\ldots,t_n\in\mathcal{O}(X)$, ein Element $a\in f^*(\mathcal{O}(Y))[t_1,\ldots,t_n]-\{0\}$ und ein Element $b\in\mathcal{O}(X)$ derart, dass $\mathcal{O}(U_X(a))=\mathcal{O}(X)_a=f^*(\mathcal{O}(Y))[t_1,\ldots,t_n]_a[b]$, und derart, dass das Minimalpolynom $m(t)$ von b über dem Quotientenkörper von $D:=f^*(\mathcal{O}(Y))[t_1,\ldots,t_n]_a$ schon zu $D[t]$ gehört, und derart, dass die Diskriminante $\Delta(m)$ von m in D invertierbar ist.

Wir setzen $U=U_X(a)$ und wählen $q\in f(U)$. Dann ist $f^*(I_Y(q))\in\text{Max}\,(f^*(\mathcal{O}(Y)))$, also ein Primideal. Damit wird aber $f^*(I_Y(q))D$ ein Primideal von D (s. (5.21), (7.12) (ix)). Nach (15.24) wird $f^*(I_Y(q))\,\mathcal{O}(U)$ schliesslich ein perfektes Ideal von $\mathcal{O}(U)=D[b]$. Wählt man $p\in U\cap f^{-1}(q)$, so wird $f_p^*(\mathfrak{m}_{Y,q})=f^*(I_Y(q))\,\mathcal{O}(U)_{I_U(p)}$ ebenfalls perfekt (s. (7.12) (xi)). □

Verzweigtheit von Morphismen.

(12.25) **Definitionen und Bemerkungen:** A) Sei $f: X\to Y$ ein *endlicher Morphismus* zwischen zwei irreduziblen quasiaffinen Varietäten. Sei $p\in X$. Wir sagen f sei *unverzweigt in p*, wenn die Faser $f^{-1}(f(p))$ von f über $f(p)$ reduziert ist. Weil die Faser $f^{-1}(f(p))$ nur aus endlich vielen Punkten besteht, ist $\{p\}$ eine irreduzible Komponente von $f^{-1}(f(p))$, also $\mathfrak{m}_{X,p}$ ein minimales Primoberideal von $f_p^*(\mathfrak{m}_{Y,f(p)})\,\mathcal{O}_{X,p}$. Deshalb können wir sagen:

(i) *f unverzweigt in p* $\Leftrightarrow f_p^*(\mathfrak{m}_{Y,f(p)})\,\mathcal{O}_{X,p}=\mathfrak{m}_{X,p}$.

Treffen diese Bedingungen nicht zu, so sagen wir, f sei *verzweigt in p*.

B) Die Voraussetzungen von A) seien festgehalten. Sei $q\in Y$. Wir sagen, f sei *unverzweigt über q*, oder *X liege* (vermöge f) *unverzweigt über q*, wenn f unverzweigt ist in allen Punkten $p\in f^{-1}(q)$, d.h. wenn die Faser von f über q reduziert ist. Andernfalls sagen wir, *f sei verzweigt über q* oder *X liege verzweigt über q*.

C) Es gelten die Bezeichnungen von B). Wir sagen dann, f sei *topologisch unverzweigt über* $q \in Y$, wenn $\# f^{-1}(q) = \text{Grad}(f)$, d.h. wenn die Faser von f über q genau so viele Punkte hat, wie der Grad von f angibt. Andernfalls sagen wir, f sei *topologisch verzweigt über dem Punkt* q. ○

Auf den Zusammenhang zwischen der Unverzweigtheit und der topologischen Unverzweigtheit wollen wir nicht weiter eingehen. Wir halten dazu lediglich fest:

(12.26) **Satz:** *Sei* $f: X \to Y$ *ein endlicher Morphismus zwischen irreduziblen quasiaffinen Varietäten, und sei* Y *normal. Dann gilt:*

(i) *Ist* f *unverzweigt über einem Punkt* $q \in Y$, *so ist* f *auch topologisch unverzweigt über* q.

(ii) *Die Punkte* $q \in Y$, *über welchen* q *topologisch unverzweigt ist, bilden eine dichte offene Teilmenge von* Y.

Beweis: Klar aus (12.22) und (12.11) (ii). □

(12.11) (i) besagt, dass ein endlicher Morphismus $f: X \to Y$ zwischen irreduziblen Varietäten *generisch,* d.h. über einer dichten offenen Menge von Punkten $q \in Y$ topologisch unverzweigt ist. In der Tat gilt diese Aussage auch für die Unverzweigtheit schlechthin:

(12.27) **Satz** (*generische Unverzweigtheit der endlichen Morphismen*): *Sei* $f: X \to Y$ *ein endlicher Morphismus zwischen irreduziblen quasiaffinen Varietäten. Dann gibt es eine dichte offene Menge* $V \subseteq Y$ *derart, dass* f *unverzweigt ist über jedem Punkt* $q \in V$.

Beweis: Wir wählen $U \subseteq X$ als dichte offene Menge mit der Eigenschaft, dass alle Fasern des eingeschränkten Morphismus $f: U \to Y$ reduziert sind (vgl. (12.24)). Wir setzen $Z = X - U$. Wegen der Endlichkeit von f ist $f(Z) \subseteq Y$ abgeschlossen, und es gilt $\dim(f(Z)) = \dim(Z) < \dim(X) = \dim(Y)$. Jetzt setze man $V = Y - f(Z)$ und beachte, dass $f^{-1}(V) \subseteq U$. □

(12.28) **Beispiel:** Wir betrachten die Kurve $X = V(z_2^2 - z_1^3 - z_1^2) \subseteq \mathbb{A}^2$. Ist $h \in \mathcal{O}(\mathbb{A}^2) = \mathbb{C}[z_1, z_2]$, so setzen wir $\bar{h} = h \upharpoonright X$. Es gilt also $\mathcal{O}(X) = \mathbb{C}[\bar{z}_1, \bar{z}_2]$, wobei die Relation $\bar{z}_2^2 - \bar{z}_1^3 - \bar{z}_1^2 = 0$ besteht. $w := \bar{z}_1$ und $t := \dfrac{\bar{z}_2}{\bar{z}_1} \in \kappa(X)$ sind nicht algebraisch über $\mathbb{C}$. Auf Grund unserer Relation erhalten wir

(i) $$\bar{z}_1 = t^2 - 1, \quad \bar{z}_2 = t^3 - t.$$

Es besteht nun die folgende Kette von ganzen Ringerweiterungen:

$$\mathbb{C}[w] \overset{i}{\hookrightarrow} \mathcal{O}(X) \overset{j}{\hookrightarrow} \mathbb{C}[t].$$

Diese führt zu endlichen Morphismen $\mathbb{A}^1 \xrightarrow{f} X \xrightarrow{g} \mathbb{A}^1$, welche in Koordinaten gegeben sind durch (vgl. (i)):

$$t \overset{f}{\longmapsto} (t^2-1,\, t^3-t), \quad (z_1, z_2) \overset{g}{\longmapsto} z_1.$$

Durch $(z_1, z_2) \to \frac{z_2}{z_1}$ wird offenbar ein Morphismus

$$f' : X - \{\mathbf{0}\} \longrightarrow \mathbb{A}^1 - \{-1, +1\} = f^{-1}(\mathbf{0})$$

definiert, der zu $f: f^{-1}(X-\{\mathbf{0}\}) \to X - \{\mathbf{0}\}$ invers ist. Insbesondere wird also f birational, d.h. $f: \mathbb{A}^1 \to X$ die Normalisierung von X. Wegen $f^{-1}(\mathbf{0}) = \{-1, +1\}$ ist $\operatorname{Nor}(X) = X - \{\mathbf{0}\}$ (vgl. (12.22)).

Weiter ist klar, dass $g^{-1}(z_1) = \{(z_1, \pm z_1\sqrt{z_1+1})\}$. Somit wird $\# g^{-1}(z_1) = 2$ für $z_1 \neq 0, -1$, $g^{-1}(0) = \{(0,0)\}$ und $g^{-1}(-1) = \{(-1, 0)\}$. Damit ist Grad $(g) = 2$, und der Verzweigungsort $Z(g)$ von g besteht aus den beiden Punkten $0, -1 \in \mathbb{A}^1$.

Im Reellen erhalten wir die folgende Veranschaulichung:

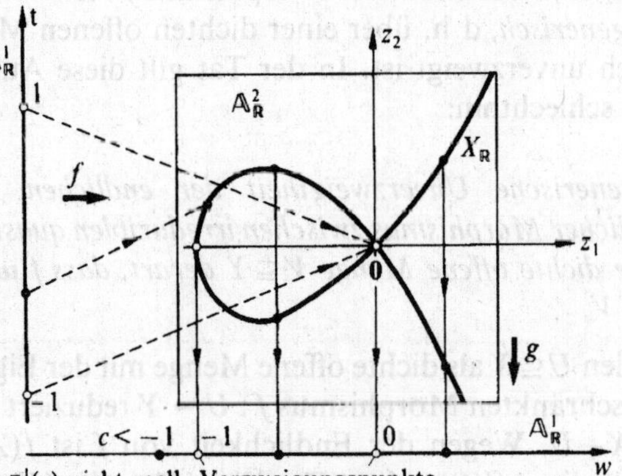

$g^{-1}(c)$ nicht reell Verzweigungspunkte

○

(12.29) **Aufgaben:** (1) Sei $X \subseteq \mathbb{A}^2$ eine irreduzible Kurve. Sei π: $\mathbb{A}^2 \to \mathbb{A}^1$ die durch $(c_1, c_2) \mapsto c_1$ definierte Projektion. Dann ist $X = \pi^{-1}(c)$ für ein c oder der Morphismus $f = \pi: X \to \mathbb{A}^1$ quasiendlich mit Grad $(f) \leqslant$ Grad (X). Dabei gilt Gleichheit genau dann, wenn X in Richtung $\pi^{-1}(0)$ vollständig ist.

(2) Man bestimme die Normalisierung $\tilde{X} \to X$ für die Kurve $X = V(z_1^3 - z_2^2)$.

(3) Man bestimme die Normalisierung der in (9.1) definierten Varietät X.

(4) Man zeige, dass der ganze Abschluss von $\mathbb{Z}$ in einem endlich algebraischen Erweiterungskörper K von $\mathbb{Q}$ endlich erzeugt ist.

(5) Man führe das, was in (12.28) gemacht wurde, mit der Kurve $X = V(z_2^3 - z_1^4 - z_1^3)$ durch.

(6) Man konstruiere einen endlichen Morphismus $f: \mathbb{A}^n \to \mathbb{A}^n$ von vorgegebenem Grad d.

(7) Es gibt keinen birationalen Morphismus f: $V(z_1^3 + z_2^3 - 1) \to \mathbb{A}^1$. Hinweis: Besteht ein birationaler Morphismus $f: X \to Y$, so gibt es zwei Punkte $p \in X$, $q \in Y$ mit $\mathcal{O}_{X,p} \cong \mathcal{O}_{Y,q}$. ○

IV. Tangentialraum und Multiplizität

In Kapitel I haben wir den Begriff der Vielfachheit $\mu_p(X)$ eines Punktes p einer algebraischen Hyperfläche $X \subseteq \mathbb{A}^n$ definiert, und zwar einfach als das Minimum der Verschwindungsordnungen $\mu_p(f)$ aller Polynome f aus dem Verschwindungsideal $I(X)$ von X. Würde man den Multiplizitätsbegriff in dieser Form für beliebige lokal abgeschlossene Mengen $X \subseteq \mathbb{A}^n$ übernehmen, ergäbe sich nichts Sinnvolles. Um dies einzusehen, wähle man etwa zwei sich in einem Punkt $p \in \mathbb{A}^3$ schneidende Geraden L_1, L_2 und setze $X = L_1 \cup L_2$. Ist $\mathbb{A}^2$ die von X aufgespannte Ebene, so wähle man $f \in I(\mathbb{A}^2) \subseteq I(X)$ vom Grad 1. Dann ist $\mu_p(f) = 1$. Als Untermenge von $\mathbb{A}^3$ aufgefasst, hätte X in p also die Vielfachheit 1. In $\mathbb{A}^2$ gilt andrerseits $\mu_p(X) = 2$.

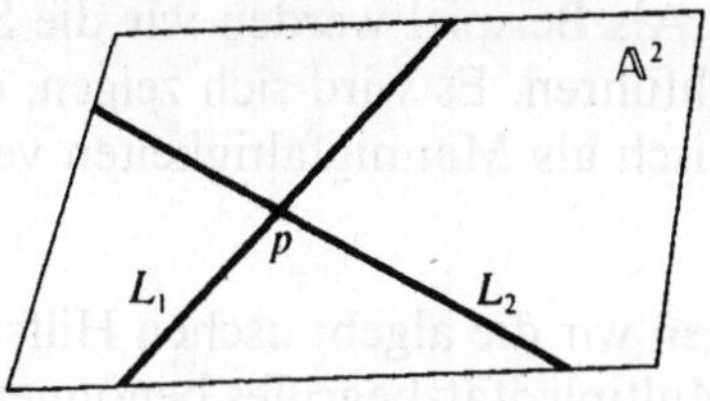

Mit der obigen naiven Festsetzung ergäbe sich also nicht einmal ein einbettungsunabhängiger Begriff. Dasselbe Problem besteht für den Begriff des regulären (und des singulären) Punktes, den wir in Kapitel I für Hyperflächen eingeführt haben.

Ziel dieses Kapitels ist es, die oben erwähnten Begriffe geeignet auf beliebige quasiaffine Varietäten zu erweitern und sie dann zu studieren.

Die Erweiterung des Multiplizitätsbegriffes verlangt einen gewissen technischen Aufwand. Wir werden deshalb zuerst den Begriff des regulären (resp. des singulären) Punktes allgemeiner fassen. Weil wir dabei nicht mehr vom Multiplizitätsbegriff ausgehen können (wie wir das für Hyperflächen getan haben), führen wir zuerst einen andern fundamentalen Begriff ein: den Tangentialraum einer Varietät in einem Punkt. Diesen definieren wir (ähnlich wie in der Differentialgeometrie) als den Vektorraum der Ableitungen von Funktionskeimen im fraglichen Punkt.

Stimmt die Dimension des Tangentialraumes in einem Punkt mit der Dimension der Varietät selbst überein, so sprechen wir von einem regulären Punkt. Im Falle von Hyperflächen stimmt dieser neue Regularitätsbegriff mit dem alten überein.

Dann beweisen wir eines der grundlegendsten Resultate der algebraischen Geometrie, nämlich die Tatsache, dass die Menge der regulären Punkte einer Varietät offen und dicht ist in dieser.

Anschliessend befassen wir uns eingehend mit den Zusammenhängen zwischen der Normalität und der Regularität von Punkten. Wir werden u.a. sehen, dass reguläre Punkte einer Varietät normal sind und dass für Kurven auch die Umkehrung gilt. Als Hauptergebnis werden wir das Normalitätskriterium beweisen, welches die Normalität einer Varietät auf eine Aussage über die regulären Punkte und über die Polmengen von rationalen Funktionen zurückführt. An den Anfang dieser Betrachtungen stellen wir einige Resultate über noethersche normale Ringe, welche uns das nötige algebraische Rüstzeug liefern.

Der nächste Abschnitt befasst sich mit der sogenannten Stratifikation von Varietäten. Es geht dabei darum, eine Varietät möglichst effektiv als disjunkte Vereinigung regulärer Untervarietäten (den sogenannten Strata) darzustellen. Unter Verwendung des Satzes über implizite analytische Funktionen (den wir ohne Beweis übernehmen) zeigen wir, dass die Strata komplex-analytische Mannigfaltigkeiten sind. Als Beispiel werden wir die Stratifikation der Determinantenvarietäten durchführen. Es wird sich zeigen, dass man in diesem Fall die Strata schon algebraisch als Mannigfaltigkeiten verstehen kann, d.h. dass diese rational sind.

Im Anschluss daran stellen wir die algebraischen Hilfsmittel bereit, die wir zur Verallgemeinerung des Multiplizitätsbegriffes benötigen. Zunächst untersuchen wir noethersche, graduierte Ringe und Moduln und führen deren Hilbert-Polynom ein. Darauf aufbauend definieren wir das Hilbert-Samuel-Polynom und die Hilbert-Samuel-Multiplizität eines noetherschen lokalen Ringes. Wir gehen dabei etwas breiter vor als vorerst nötig, weil wir später im Rahmen der projektiven Varietäten nochmals auf diesen Abschnitt zurückgreifen wollen.

Im letzten Abschnitt dieses Kapitels definieren wir die Multiplizität einer beliebigen Varietät in einem Punkt als die Hilbert-Samuel-Multiplizität seines lokalen Ringes. Es ist dann leicht zu zeigen, dass wir so für Hyperflächen den alten Multiplizitätsbegriff zurückerhalten. In Übereinstimmung mit dem, was wir von den Hyperflächen gewohnt sind, erwarten wir natürlich auch, dass auf einer beliebigen (irreduzibeln resp. rein-dimensionalen) Varietät die regulären Punkte genau diejenigen mit der Multiplizität eins sind. Dass dies richtig ist, werden wir als «Hauptsatz über die Multiplizität» beweisen.

Schliesslich werden wir auch das in Kapitel I für Hyperflächen eingeführte Konzept des Tangentialkegels verallgemeinern. Dazu nehmen wir einige allgemeine Betrachtungen über algebraische Kegel vorweg, die wir auch später nochmals brauchen werden. Dann beweisen wir den «Dimensionssatz für Tangentialkegel», der u.a. besagt, dass die Dimension des Tangentialkegels in einem Punkt mit der Dimension der Varietät in diesem Punkt übereinstimmt.

Anschliessend verallgemeinern wir das Konzept der Vielfachheit einer Tangente und führen den Begriff der Vielfachheit einer irreduziblen Komponente des Tangentialkegels ein. Die Vielfachheit einer solchen Komponente ist dabei gerade die Vielfachheit der generischen Tangente in dieser Komponente. Zum Schluss beweisen wir die «Multiplizitätsformel für den Tangentialkegel», welche die Vielfachheiten der Komponenten des Tangentialkegels in Zusammenhang bringt mit der Multiplizität seiner Spitze auf der gegebenen Varietät. Damit ist ein entsprechendes Resultat über ebene Kurven aus Kapitel I auf beliebige Varietäten verallgemeinert.

13. Der Tangentialraum

Tangentialvektoren und Richtungsableitungen.

(13.1) **Bemerkung:** Wir betrachten den affinen Raum $\mathbb{A}^n$ mit den Koordinaten $z_1, \ldots, z_n$. Ist $f \in \kappa(\mathbb{A}^n)$ eine in p definierte rationale Funktion und $(a_1, \ldots, a_n) = \vec{a} \in \mathbb{C}^n$ ein Vektor, so definieren wir die *Ableitung des Keims* $f_p \in \mathcal{O}_{\mathbb{A}^n, p}$ *in Richtung von* $\vec{a}$ als:

(*i*)
$$\tau_{\vec{a}}(f_p) = \sum_{i=1}^{n} a_i \frac{\partial f}{\partial z_i}(p).$$

(Diese Festsetzung ist sinnvoll, weil $\frac{\partial f}{\partial z_i}(p)$ tatsächlich nur vom Keim f_p abhängt.)

Sei jetzt $X \subseteq \mathbb{A}^n$ lokal abgeschlossen mit $p \in X$. Es ist dann naheliegend, $\vec{a}$ als *Tangentialvektor von X in p* aufzufassen, wenn die Richtungsableitung $\tau_{\vec{a}}(f_p)$ für alle auf X verschwindenden Keime f_p verschwindet, d.h. wenn

$$\tau_{\vec{a}}(f_p) = 0, \quad \forall f_p \in I_{\mathbb{A}^n, p}(X).$$

Die Menge der Tangentialvektoren von X in p bildet offenbar einen Unterraum von $\mathbb{C}^n$. Diesen Unterraum nennt man den Tangentialraum von X in p und bezeichnet diesen mit $T_p(X)$.

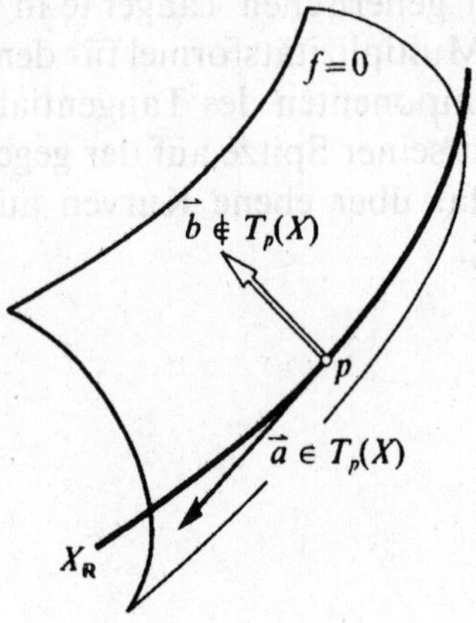

Diese Beschreibung des Tangentialraumes hat den Nachteil, von der Einbettung von X in $\mathbb{A}^n$ abzuhängen. Deshalb geben wir eine andere Charakterisierung von $T_p(X)$, die nur vom lokalen Ring $\mathcal{O}_{X,p}$ abhängt.

Unter einer *Ableitung* oder *Derivation* von $\mathcal{O}_{X,p}$ nach $\mathbb{C}$ verstehen wir eine $\mathbb{C}$-lineare Abbildung $d: \mathcal{O}_{X,p} \to \mathbb{C}$, welche der folgenden *Produktregel* genügt:

(ii) $$d(\gamma\delta) = \gamma(p)\, d(\delta) + d(\gamma)\, \delta(p), \quad (\gamma, \delta \in \mathcal{O}_{X,p}).$$

Die Menge der Ableitungen von $\mathcal{O}_{X,p}$ nach $\mathbb{C}$ ist kanonisch ein $\mathbb{C}$-Vektorraum. Diesen bezeichnen wir mit $\mathrm{Der}(\mathcal{O}_{X,p}, \mathbb{C})$. Sofort rechnet man nach, dass Ableitungen auf konstanten Keimen verschwinden:

(ii)′ $$c \in \mathbb{C} \subseteq \mathcal{O}_{X,p}, \quad d \in \mathrm{Der}(\mathcal{O}_{X,p}, \mathbb{C}) \Rightarrow d(c) = 0.$$

Wir wollen jetzt jedem Tangentialvektor $\vec{a} \in T_p(X)$ eine Ableitung $\bar{\tau}_a \in \mathrm{Der}(\mathcal{O}_{X,p}, \mathbb{C})$ zuordnen. Dazu betrachten wir den durch die Inklusionsabbildung $i: X \to \mathbb{A}^n$ induzierten Homomorphismus $i_p^*: \mathcal{O}_{\mathbb{A}^n,p} \to \mathcal{O}_{X,p}$. i_p^* ist surjektiv und hat den Kern $I_{\mathbb{A}^n,p}(X)$ (vgl. (8.1) (xvi)). Also wird durch

(iii) $$\bar{\tau}_{\vec{a}}(i^*(f_p)) := \tau_{\vec{a}}(f_p), \quad (f_p \in \mathcal{O}_{\mathbb{A}^n,p})$$

eine Abbildung $\bar{\tau}_{\vec{a}}: \mathcal{O}_{X,p} \to \mathbb{C}$ definiert. Dass es sich um eine Ableitung handelt, ist leicht nachzuprüfen.

Wir wollen nun zeigen:

(iv) *Durch* $\vec{a} \mapsto \bar{\tau}_{\vec{a}}$ *wird ein Isomorphismus* $\bar{\tau}: T_p(X) \xrightarrow{\cong} \mathrm{Der}(\mathcal{O}_{X,p}, \mathbb{C})$ *definiert.*

Beweis: Die $\mathbb{C}$-Linearität von $\bar{\tau}$ ist leicht nachzuprüfen. Aus $\bar{\tau}_{\vec{a}} = 0$ folgt $\tau_{\vec{a}}(f_p) = 0$ ($\forall f_p \in \mathcal{O}_{\mathbb{A}^n, p}$), also $\vec{a} = 0$. Deshalb ist $\bar{\tau}$ injektiv. Zum Nachweis der Surjektivität wählen wir $d \in \mathrm{Der}(\mathcal{O}_{X,p}, \mathbb{C})$ und setzen $a_i = d(i_p^*((z_j)_p))$, $(j = 1, \ldots, n)$. Es genügt zu zeigen, dass $d = \bar{\tau}_{\vec{a}}$. Nach Konstruktion ist $d(i_p^*((z_j)_p)) = \bar{\tau}_{\vec{a}}((z_j)_p)$, $(j = 1, \ldots, r)$. Es genügt also zu zeigen, dass zwei Ableitungen $d_1, d_2 \in \mathrm{Der}(\mathcal{O}_{X,p}, \mathbb{C})$ gleich sind, wenn sie übereinstimmen auf den n Keimen $i_p^*((z_j)_p)$. Sei also $\gamma \in \mathcal{O}_{X,p}$. Wir können schreiben $\gamma = i_p^*(\frac{f_p}{g_p})$, wobei $f, g \in \mathbb{C}[z_1, \ldots, z_n]$ und $g(p) \neq 0$. Setzen wir $\alpha = i_p^*(f_p)$, $\beta = i_p^*(g_p)$, so können wir schreiben $\gamma\beta = \alpha$. Aus der Produktregel folgt $d_i(\gamma)\,\beta(p) + \gamma(p)\,d_i(\beta) = d_i(\alpha)$, $(i = 1, 2)$. Es genügt also zu zeigen, dass $d_1(\alpha) = d_2(\alpha)$, $d_1(\beta) = d_2(\beta)$. Weil α und β poloynominale Ausdrücke in $(z_1)_p, \ldots (z_n)_p$ mit Koeffizienten in $\mathbb{C}$ sind, folgt dies aus der Linearität der Ableitungen und der Produktregel. ○

Tangentialraum und Differentiale. Im Hinblick auf das eben Bewiesene sind wir zur folgenden einbettungsunabhängigen Definition des Tangentialraumes berechtigt.

(13.2) **Definition:** Sei X eine quasiaffine Varietät und sei $p \in X$ ein Punkt. Unter dem *Tangentialraum* $T_p(X)$ von X in p verstehen wir den $\mathbb{C}$-Vektorraum $\mathrm{Der}(\mathcal{O}_{X,p}, \mathbb{C})$ der Ableitungen von $\mathcal{O}_{X,p}$ nach $\mathbb{C}$. Diese Ableitungen selbst nennen wir *Tangentialvektoren.* ○

Sei nun $f: X \to Y$ ein Morphismus, und sei $p \in X$.

Sei $\tau \in T_p(X)$. Sofort prüft man nach, dass durch $\gamma \mapsto \tau(f_p^*(\gamma))$ eine Ableitung von $\mathcal{O}_{Y,f(p)}$ nach $\mathbb{C}$, also ein Tangentialvektor $d_p f(\tau) := \tau \circ f_p^* \in T_{f(p)}(Y)$, definiert wird.

(13.3) **Definition:** Sei $f: X \to Y$ ein Morphismus zwischen quasiaffinen Varietäten und sei $p \in X$. Die durch $\tau \mapsto d_p f(\tau) := \tau \circ f_p^*$ definierte $\mathbb{C}$-lineare Abbildung

$$d_p f: T_p(X) \to T_{f(p)}(Y)$$

nennen wir das *Differential von f im Punkt p.* ○

(13.4) **Bemerkung:** Sofort verifiziert man die folgenden Eigenschaften des Differentials:

(i) (a) $d_p\, id_X = id_{T_p(X)}$, $(p \in X)$.

(b) *Sind* $f: X \to Y$, $g: Y \to Z$ *Morphismen und ist* $p \in X$, *so besteht das Diagramm*

$$\begin{array}{ccc} T_p(X) & \xrightarrow{\;d_p\, g\circ f\;} & T_{g\circ f(p)}(Z) \\ & {\scriptstyle d_p f}\searrow \quad \circlearrowleft \quad \nearrow{\scriptstyle d_{f(p)} g} & \\ & T_{f(p)}(Y) & \end{array}$$

Aus (i) folgt insbesondere:

(ii) $f: X \to Y$ *Isomorphismus* $\Rightarrow$ $d_p f: T_p(X) \to T_{f(p)}(Y)$ *Isomorphismus*, $(p \in X)$.

Natürlich ist der Tangentialraum ein lokaler Begriff, was wir wie folgt ausdrükken können:

(iii) *Ist* $U \subseteq X$ *eine offene Umgebung von* p *und* $\iota: U \to X$ *die Inklusionsabbildung, so ist* $d_p\iota: T_p(U) \to T_p(X)$ *ein Isomorphismus.*

Schliesslich wollen wir noch festhalten:

(iv) *Ist* $V \subseteq X$ *abgeschlossen,* $\iota: V \to X$ *die Inklusionsabbildung und* $p \in V$, *so ist* $d_p\iota: T_p(X) \to T_p(X)$ *injektiv. Dabei gilt* $d_p\iota(T_p(V)) = \{\tau \in T_p(X) \mid \tau(I_{X,p}(V)) = 0\}$.

Beweis: Nach (8.1) C) (xvi) ist $\iota_p^*: \mathcal{O}_{X,p} \to \mathcal{O}_{V,p}$ surjektiv und es gilt Kern $(\iota_p^*) = I_{X,p}(V)$. Daraus folgen beide Behauptungen leicht. ○

Die Einbettungsdimension.

(13.5) **Definition:** Die Dimension $\dim_{\mathbb{C}}(T_p(X))$ nennen wir die *Einbettungsdimension* von X in p und bezeichnen diese mit $\operatorname{edim}_p(X)$. ○

(13.6) **Satz** (*Jacobi-Formel*): *Sei* $X \subseteq \mathbb{A}^n$ *abgeschlossen und sei* $p \in X$. *Seien* $f_1, \ldots, f_s \in \mathcal{O}(\mathbb{A}^n) = \mathbb{C}[z_1, \ldots, z_n]$ *Polynome, welche das Verschwindungsideal* $I_{\mathbb{A}^n}(X)$ *von* X *erzeugen. Sei* r *der Rang der* $s \times n$*-Matrix*

$$\left(\frac{\partial f_i}{\partial z_j}(p) \,\middle|\, 1 \leqslant i \leqslant s;\ 1 \leqslant j \leqslant n\right).$$

Dann gilt $\operatorname{edim}_p(X) = n - r$.

Beweis: Nach (8.3) C) (iii) ist $I_{\mathbb{A}^n,p}(X) = \sum_i \mathcal{O}_{\mathbb{A}^n,p}(f_i)_p$. Nach (13.1) folgt $T_p(X) = \{\vec{a} = (a_1, \ldots, a_n) \in \mathbb{C}^n \mid \tau_{\vec{a}}(f_p) = \sum_{j=1}^n a_j \frac{\partial f}{\partial z_j}(p) = 0, \forall f \in I_{\mathbb{A}^n}(X)\}$. Ist $f \in I_{\mathbb{A}^n}(X)$, so können wir schreiben $f = \sum_i g_i f_i$, $(g_1, \ldots, g_s \in \mathcal{O}(\mathbb{A}^n))$. Dann ist $\frac{\partial f}{\partial z_j}(p) = \sum_i g_i(p) \frac{\partial f_i}{\partial z_j}(p)$, also $\tau_{\vec{a}}(f_p) = \sum_{i,j} a_j g_i(p) \frac{\partial f_i}{\partial z_j}(p) = \sum_i g_i(p) \tau_{\vec{a}}((f_i)_p)$.

Damit ist $\vec{a} \in T_p(X)$ genau dann, wenn $\tau_{\vec{a}}((f_i)_p) = 0$ $(i = 1, \ldots, s)$, d.h. genau dann, wenn

$$\begin{pmatrix} \frac{\partial f_1}{\partial z_1}(p) \ldots \frac{\partial f_1}{\partial z_n}(p) \\ \ldots\ldots\ldots\ldots\ldots \\ \frac{\partial f_s}{\partial z_1}(p) \ldots \frac{\partial f_s}{\partial z_n}(p) \end{pmatrix} \begin{pmatrix} a_1 \\ \vdots \\ a_n \end{pmatrix} = 0. \qquad \square$$

(13.7) **Beispiele:** A) Anwendung von (13.6) mit $X = \mathbb{A}^n$ liefert zunächst:

(i) $\qquad \operatorname{edim}_p(\mathbb{A}^n) = n, \quad (p \in \mathbb{A}^n), \quad (n \in \mathbb{N}_0).$

Wir schreiben $\frac{\partial}{\partial z_j}(p)$ für die durch $f_p \mapsto \frac{\partial f}{\partial z_i}(p)$ definierte Ableitung. Wegen $\frac{\partial z_k}{\partial z_j}(p) = \delta_{j,k}$ sind diese n Ableitungen über $\mathbb{C}$ linear unabhängig. Wir können also schreiben

(ii) $\qquad T_p(\mathbb{A}^n) = \bigoplus_{i=1}^n \mathbb{C} \frac{\partial}{\partial z_i}(p), \quad (p \in \mathbb{A}^n).$

B) Sei $p \in X$, wo $X \subseteq \mathbb{A}^n$ eine affine Hyperfläche ist. Wir schreiben $X = V(f)$, wo $f \in \mathbb{C}[z_1, \ldots, z_n] - \{0\}$ quadratfrei ist. Nach (5.25) ist dann $I_{\mathbb{A}^n}(X) = (f)$. Nach (3.6) gilt aber $p \in \operatorname{Reg}(X) \Leftrightarrow (\frac{\partial f}{\partial z_1}(p), \ldots, \frac{\partial f}{\partial z_n}(p)) \neq 0$. Mit (13.6) folgt also

(iii) $\qquad \operatorname{edim}_p(X) = \begin{cases} n-1, \text{ falls } p \in \operatorname{Reg}(X) \\ n, \text{ falls } p \in \operatorname{Sing}(X) \end{cases}, \quad (X \subseteq \mathbb{A}^n \text{ Hyperfläche}). \ \circ$

Als Anwendung von (13.6) beweisen wir

(13.8) **Korollar** (*Halbstetigkeit der Einbettungsdimension*): *Sei X eine quasiaffine Varietät und sei $d \in \mathbb{N}_0$. Dann ist $\{p \in X \mid \mathrm{edim}_p(X) \leqslant d\}$ eine (eventuell leere) offene Teilmenge von X.*

Beweis: Die Behauptung ist im Hinblick auf (13.4) (iii) lokaler Art. Deshalb können wir annehmen, X sei affin (vgl. (7.16)). Im Hinblick auf (13.4) (ii) und (7.4) (iii) können wir schliesslich annehmen, X sei abgeschlossene Teilmenge eines affinen Raumes $\mathbb{A}^n$. Wir wählen $f_1, \ldots, f_s \in \mathbb{C}[z_1, \ldots, z_n] = \mathcal{O}(\mathbb{A}^n)$ so, dass $I_{\mathbb{A}^n}(X) = (f_1, \ldots, f_s)$. $J \in \mathcal{O}(\mathbb{A}^n)^{s \times n}$ sei die Matrix $\left(\frac{\partial f_i}{\partial z_j} \,\middle|\, 1 \leqslant i \leqslant s;\ 1 \leqslant j \leqslant n\right)$. $g_1, \ldots, g_N \in \mathcal{O}(\mathbb{A}^n)$ seien die Determinanten sämtlicher Minoren vom Format $n-d$ der Matrix J. Gibt es keine solchen Minoren, setze man $N=1$, $g_1=0$. Nach (13.6) ist die in der Behauptung genannte Menge identisch mit der in X offenen Menge $X \cap U_{\mathbb{A}^n}(g_1, \ldots, g_N)$. □

Die Rolle des lokalen Ringes. (13.6) liefert eine «einbettungsabhängige» Beschreibung der Einbettungsdimension, welche offenbar sehr nützlich ist. Allerdings ist es auch nötig, die Einbettungsdimension mit Hilfe des lokalen Ringes zu charakterisieren. Dazu treffen wir jetzt einige Vorbereitungen.

(13.9) **Bemerkungen:** A) Sei X eine quasiaffine Varietät, sei $p \in X$ und sei $\mathfrak{m}_{X,p}$ das Maximalideal des lokalen Ringes $\mathcal{O}_{X,p}$. $\mathfrak{m}_{X,p}/\mathfrak{m}^2_{X,p}$ ist dann in kanonischer Weise ein Modul über $\mathcal{O}_{X,p}/\mathfrak{m}_{X,p}$. Durch $f_p/\mathfrak{m}_{X,p} \mapsto f_p(p)$ wird nach dem Homomorphiesatz ein Isomorphismus $\mathcal{O}_{X,p}/\mathfrak{m}_{X,p} \xrightarrow[\cong]{\lambda_p} \mathbb{C}$ definiert (vgl. (8.1) B) (vii), (iix)). Dadurch wird $\mathfrak{m}_{X,p}/\mathfrak{m}^2_{X,p}$ kanonisch zu einem $\mathbb{C}$-Vektorraum. Ist $c \in \mathbb{C} \subseteq \mathcal{O}_{X,p}$ ein konstanter Funktionskeim, so gilt $\lambda_p(c/\mathfrak{m}_{X,p}) = c$. Deshalb erhalten wir auf $\mathfrak{m}_{X,p}/\mathfrak{m}^2_{X,p}$ dieselbe Vektorraumstruktur, wenn wir die Skalarenmultiplikation über die Multiplikation mit konstanten Keimen einführen.

Weil $\mathfrak{m}_{X,p}$ über $\mathcal{O}_{X,p}$ endlich erzeugt ist, ist der $\mathbb{C}$-Vektorraum $\mathfrak{m}_{X,p}/\mathfrak{m}^2_{X,p}$ von endlicher Dimension.

B) Wir halten die obigen Bezeichnungen fest und wählen eine Ableitung $\tau \in T_p(X)$. Ist $\gamma \in \mathfrak{m}^2_{X,p}$, so können wir schreiben $\gamma = \sum_i a_i \beta_i$, wobei $a_i, \beta_i \in \mathfrak{m}_{X,p}$. Unter Verwendung der Produktregel erhalten wir jetzt $\tau(\gamma) = \sum_i (a_i(p)\, \tau(\beta_i) + \beta_i(p)\, \tau(a_i)) = 0$. Also gilt $\tau(\mathfrak{m}^2_{X,p}) = 0$. Deshalb gilt:

(i) *Durch $f_p/\mathfrak{m}^2_{X,p} \mapsto \tau(f_p)$ wird eine lineare Abbildung $\bar{\tau} : \mathfrak{m}_{X,p}/\mathfrak{m}^2_{X,p} \to \mathbb{C}$ definiert,* $(\tau \in T_p(X))$. ○

Bezeichnen wir den *Dualraum* eines Vektorraumes V mit V^*, so können wir jetzt zeigen:

(13.10) **Satz:** *Sei X eine quasiaffine Varietät und sei $p \in X$. Dann definiert die in (13.9)(i) beschriebene Zuordnung $\tau \mapsto \bar{\tau}$ einen Isomorphismus von Vektorräumen*

$$\varepsilon_p : T_p(X) \xrightarrow{\cong} (\mathfrak{m}_{X,p}/\mathfrak{m}_{X,p}^2)^*.$$

Insbesondere gilt auch

$$\operatorname{edim}_p(X) = \dim_{\mathbb{C}}(\mathfrak{m}_{X,p}/\mathfrak{m}_{X,p}^2) \quad (<\infty).$$

Beweis: Durch $\tau \to \bar{\tau}$ wird offenbar eine lineare Abbildung $\varepsilon_p : T_p(X) \to (\mathfrak{m}_{X,p}/\mathfrak{m}_{X,p}^2)^*$ definiert. Zuerst zeigen wir, dass ε_p injektiv ist. Sei also $\tau \in T_p(X)$ so, dass $\varepsilon_p(\tau) = \bar{\tau} = 0$. Ist $\gamma \in \mathcal{O}_{X,p}$, so ist $\gamma(p) \in \mathbb{C}$ und $\gamma - \gamma(p) \in \mathfrak{m}_{X,p}$. Jetzt folgt $\tau(\gamma) = \tau(\gamma - \gamma(p) + \gamma(p)) = \tau(\gamma - \gamma(p)) + \tau(\gamma(p)) = \tau(\gamma - \gamma(p)) = \bar{\tau}((\gamma - \gamma(p))/\mathfrak{m}_{X,p}^2) = 0$. Also ist $\tau = 0$.

Zum Nachweis der Surjektivität wählen wir $\sigma \in (\mathfrak{m}_{X,p}/\mathfrak{m}_{X,p}^2)^*$. Durch $\gamma \mapsto \sigma((\gamma - \gamma(p))/\mathfrak{m}_{X,p}^2)$ wird dann offenbar eine $\mathbb{C}$-lineare Abbildung $\tau : \mathcal{O}_{X,p} \to \mathbb{C}$ definiert. Leicht rechnet man nach, dass τ eine Ableitung ist und dass $\varepsilon_p(\tau) = \sigma$. □

(13.11) **Definition und Bemerkungen:** A) Sei X eine quasiaffine Varietät und sei $p \in X$. Nach (13.10) besteht ein Isomorphismus $\mathfrak{m}_{X,p}/\mathfrak{m}_{X,p}^2 \cong T_p(X)^*$.

Wir identifizieren beide Räume und nennen im weitern $\mathfrak{m}_{X,p}/\mathfrak{m}_{X,p}^2 = T_p(X)^*$ den *Kotangentialraum* von X in p.

B) Der Isomorphismus $\varepsilon_p : T_p(X) \to (\mathfrak{m}_{X,p}/\mathfrak{m}_{X,p}^2)^*$ von (13.10) ist im folgenden Sinn *natürlich*: Ist $f : X \to Y$ ein Morphismus und ist $p \in X$, so gilt $f_p^*(\mathfrak{m}_{Y,f(p)}) \subseteq \mathfrak{m}_{X,p}$ (vgl. (8.1) C) (xiv)). Durch $\gamma/\mathfrak{m}_{Y,f(p)}^2 \mapsto f_p^*(\gamma)/\mathfrak{m}_{X,p}^2$ wird deshalb eine lineare Abbildung

(i) $$\bar{f}_p : \mathfrak{m}_{Y,f(p)}/\mathfrak{m}_{Y,f(p)}^2 \to \mathfrak{m}_{X,p}/\mathfrak{m}_{X,p}^2$$

definiert. Die genannte Natürlichkeit bedeutet nun, dass die zu $\bar{f}_p$ duale lineare Abbildung $(\bar{f}_p)^*$ vermöge der Isomorphismen ε_p und $\varepsilon_{f(p)}$ mit dem Differential von f in p identifiziert wird. Anders ausgedrückt besteht das kommutative Diagramm.

(ii) $$\begin{array}{ccc} T_p(X) & \xrightarrow{d_p f} & T_{f(p)}(Y) \\ \wr\Vert\downarrow \varepsilon_p & \circlearrowleft & \wr\Vert\downarrow \varepsilon_{f(p)} \\ (\mathfrak{m}_{X,p}/\mathfrak{m}_{X,p}^2)^* & \xrightarrow{(\bar{f}_p)^*} & (\mathfrak{m}_{Y,f(p)}/\mathfrak{m}_{Y,f(p)}^2)^* \end{array}$$ ○

Tangentialräume von Fasern. Wir wollen uns nun mit der Einbettungsdimension der Punkte in der Faser eines Morphismus $f: X \to Y$ befassen. Dabei spielt der Kern des Differentials $d_p f: T_p(X) \to T_q(Y)$ $(q \in Y,\ p \in f^{-1}(q))$ eine besondere Rolle.

Wir beweisen das folgende Resultat, in welchem wir $T_p(f^{-1}(q))$ vermöge (13.4) (iv) als Unterraum von $T_p(X)$ auffassen und in welchem die Reduziertheit der Faser $f^{-1}(q)$ in p (vgl. (12.21) B)) auftritt, ($\overline{f(X)}$ steht dabei für den topologischen Abschluss von $f(X)$ in Y):

(13.12) **Satz** (*Hauptsatz über die Tangentialräume von Fasern*): *Sei $f: X \to Y$ ein Morphismus zwischen quasiaffinen Varietäten, sei $p \in X$, und sei $q = f(p)$. Weiter sei die Faser $f^{-1}(q)$ von f über q reduziert in p. Dann gilt:*

(i) $\quad \mathrm{Kern}\,(d_p f) = T_p(f^{-1}(q))$.

(ii) $\quad \mathrm{edim}_p(X) \leqslant \mathrm{edim}_q(\overline{f(X)}) + \mathrm{edim}_p(f^{-1}(q))$.

Beweis: (i): O.E. können wir annehmen, es sei $Y = \overline{f(X)}$. Sei $i: f^{-1}(q) \to X$ die Inklusionsabbildung. Weil $f^{-1}(q)$ reduziert ist in p, gilt $f_p^*(\mathfrak{m}_{Y,q}) = I_{X,p}(f^{-1}(q)) = \mathrm{Kern}\,(i_p^*)$. Dabei stehen $f_p^*: \mathcal{O}_{Y,q} \to \mathcal{O}_{X,p}$ und $i_p^*: \mathcal{O}_{X,p} \to \mathcal{O}_{f^{-1}(q),p}$ für die durch $f: X \to Y$ resp. $i: f^{-1}(q) \to X$ induzierten Homomorphismen. Wir betrachten jetzt die in den Kotangentialräumen induzierten linearen Abbildungen

$$\mathfrak{m}_{Y,q}/\mathfrak{m}_{Y,q}^2 \xrightarrow{\ \bar{f}_p\ } \mathfrak{m}_{X,p}/\mathfrak{m}_{X,p}^2 \xrightarrow{\ \bar{i}_p\ } \mathfrak{m}_{f^{-1}(q),p}/\mathfrak{m}_{f^{-1}(q),p}^2.$$

Dann gilt $\mathrm{Kern}(\bar{i}_p) = \mathrm{Bild}\,(\bar{f}_p)$. Wenn wir jetzt dualisieren und (13.11) (ii) beachten, so erhalten wir $\mathrm{Kern}\,(d_p f) = \mathrm{Kern}\,((\bar{f}_p)^*) = \mathrm{Bild}\,((\bar{i}_p)^*) = \mathrm{Bild}\,(d_p i) = T_p(f^{-1}(q))$.

(ii): Klar aus (i). □

Als Anwendung des soeben gezeigten Satzes erhalten wir:

(13.13) **Korollar:** *Sei $f: X \to Y$ ein Morphismus zwischen quasiaffinen Varietäten. Dann gibt es eine dichte offene Menge $U \subseteq X$, derart, dass für alle $q \in f(U)$ und alle $p \in U \cap f^{-1}(q)$ gilt:*

(i) $\quad \mathrm{Kern}\,(d_p f) = T_p(f^{-1}(q))$.

(ii) $\quad \mathrm{edim}_p(X) \leqslant \mathrm{edim}_q(\overline{f(X)}) + \mathrm{edim}_p(f^{-1}(q))$.

Beweis: Klar aus (13.12) und (12.24). □

$T_p(f^{-1}(q)) = T_{p'}(f^{-1}(q')) = \{0\}$, Kern $(d_p f) = \{0\}$, Kern $(d_{p'} f) \neq \{0\}$

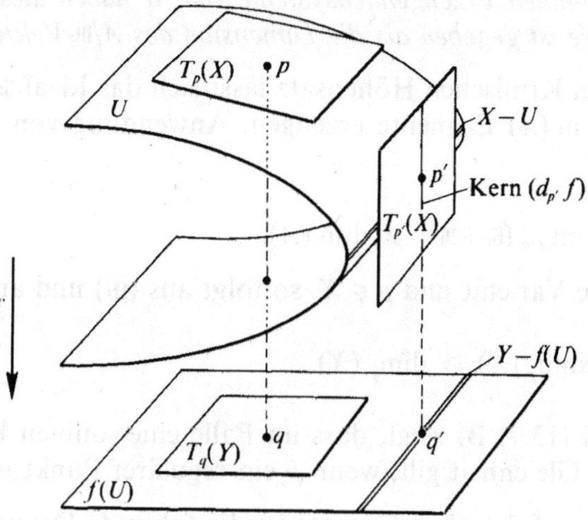

Anmerkung: Sei $f: X \to Y$ ein endlicher Morphismus zwischen quasiaffinen Varietäten. Y sei normal und $q \in Y$ sei so, dass die Faser von f über q reduziert ist. Nach (12.23) wissen wir bereits, dass f dann über q unverzweigt ist. Die Reduziertheit der Faser in q wirkt sich demnach auf das topologische Verhalten von f in der Nähe von q aus. (13.12) verschärft nun diese Aussage und zeigt, dass auch das analytische Verhalten von f besonders einfach wird: Beachtet man nämlich, dass $T_p(f^{-1}(q)) = \{0\}$ für alle $p \in f^{-1}(q)$, so sieht man, dass $d_p(f): T_p(X) \to T_q(Y)$ injektiv wird für alle $p \in f^{-1}(q)$. f ist also immersiv in den Punkten der Faser $f^{-1}(q)$. ○

Reguläre und singuläre Punkte. Jetzt wollen wir den Begriff des regulären (resp. des singulären) Punktes auf einer beliebigen quasiaffinen Varietät definieren. Wir schicken eine Vorbemerkung voraus:

(13.14) **Bemerkungen:** A) Sei $(A, \mathfrak{m})$ ein noetherscher lokaler Ring und sei M ein endlich erzeugter A-Modul. Dann ist $M/\mathfrak{m}M$ in kanonischer Weise ein Vektorraum über dem Körper $A/\mathfrak{m}$. $M \longrightarrow M/\mathfrak{m}M$ sei die Restklassenabbildung. Ein Erzeugendensystem $m_1, \ldots, m_r$ von M nennen wir *minimal*, wenn sich M durch kein echtes Teilsystem von $m_1, \ldots, m_r$ erzeugen lässt. Wir wollen zeigen:

(i) *Die Elemente $m_1, \ldots, m_r \in M$ bilden genau dann ein minimales Erzeugendensystem von M, wenn ihre Restklassen $\overline{m}_1, \ldots, \overline{m}_r$ eine Basis von $M/\mathfrak{m}M$ bilden.*

Beweis: Die Eigenschaft erzeugend zu sein, erhält sich trivialerweise bei Restklassenbildung. Deshalb genügt es zu zeigen, dass M durch $m_1, \ldots, m_r$ erzeugt wird, falls $(\overline{m}_1, \ldots, \overline{m}_r) = M/\mathfrak{m}M$. Sei also $N = (m_1, \ldots, m_r)$. Aus $(\overline{m}_1, \ldots, \overline{m}_r) = M/\mathfrak{m}M$ folgt $N + \mathfrak{m}M = M$, also $\mathfrak{m}(M/N) = 0$. Nach Nakayama erhalten wir $M/N = 0$, also $M = N$.

Eine unmittelbare Konsequenz aus (i) ist:

(ii) *Alle minimalen Erzeugendensysteme von M haben dieselbe Anzahl von Elementen. Diese ist gegeben als die Dimension des $A/\mathfrak{m}$-Vektorraumes $M/\mathfrak{m}M$.*

B) Nach dem Krullschen Höhensatz lässt sich das Ideal $\mathfrak{m}$ nicht durch weniger als $ht(\mathfrak{m}) = \dim(A)$ Elemente erzeugen. Anwendung von (ii) mit $M = \mathfrak{m}$ liefert also:

(iii) $\dim_{A/\mathfrak{m}}(\mathfrak{m}/\mathfrak{m}^2) \geqslant \dim(A)$.

C) Ist X eine Varietät und $p \in X$, so folgt aus (iii) und aus (13.10) sofort:

(iv) $\operatorname{edim}_p(X) \geqslant \dim_p(X)$.

Das Beispiel (13.7) B) zeigt, dass im Falle einer affinen Hyperfläche X in (iv) genau dann Gleichheit gilt, wenn p ein regulärer Punkt ist. ○

Im Hinblick auf das eben Gesagte ist die folgende Definition naheliegend:

(13.15) **Definition:** Einen Punkt p einer quasiaffinen Varietät X heisst *regulär*, wenn $\operatorname{edim}_p(X) = \dim_p(X)$. Andernfalls (d.h. wenn $\operatorname{edim}_p(X) > \dim_p(X)$) nennen wir p einen *singulären* Punkt von X. Die Menge der regulären Punkte von X bezeichnen wir mit $\operatorname{Reg}(X)$, die Menge der singulären mit $\operatorname{Sing}(X)$. $\operatorname{Reg}(X)$ (resp. $\operatorname{Sing}(X)$) nennen wir auch den *regulären* (resp. *singulären*) *Ort von X*.

Einen lokalen Ring $(A, \mathfrak{m})$ nennen wir *regulär*, wenn er noethersch ist und wenn $\dim(\mathfrak{m}/\mathfrak{m}^2) = \dim(A)$ oder – gleichbedeutend – wenn $\mathfrak{m}$ durch $\dim(A)$-Elemente erzeugt werden kann. Ein Punkt $p \in X$ ist also genau dann regulär, wenn sein lokaler Ring $\mathcal{O}_{X,p}$ regulär ist. ○

(13.16) **Beispiel:** Im Hinblick auf (13.7) A) gilt:

$$\operatorname{Reg}(\mathbb{A}^n) = \mathbb{A}^n, \quad (n \in \mathbb{N}_0). \qquad ○$$

(13.17) **Lemma:** *Reguläre lokale Ringe sind integer.*

Beweis: Sei $(A, \mathfrak{m})$ regulär und lokal. Wir machen Induktion nach $d := \dim(A)$. Ist $d = 0$, so ist $\mathfrak{m} = \{0\}$, also A ein Körper.

Sei also $d > 0$ und seien $\mathfrak{p}_1, \ldots, \mathfrak{p}_r$ die minimalen Primideale von A. Wegen $\dim(A) = d > 0$ gilt $\mathfrak{m} \not\subseteq \mathfrak{p}_i$ $(i = 1, \ldots, r)$. Wegen $\dim(\mathfrak{m}/\mathfrak{m}^2) > 0$ gilt $\mathfrak{m} \supsetneqq \mathfrak{m}^2$. Wir finden also ein $x \in \mathfrak{m} - \mathfrak{m}^2 \cup \mathfrak{p}_1 \cup \ldots \cup \mathfrak{p}_r$ (vgl. (11.10)). Jetzt finden wir Elemente $x_2, \ldots, x_d \in \mathfrak{m}$ so, dass die Restklassen $x/\mathfrak{m}^2, x_2/\mathfrak{m}^2, \ldots, x_d/\mathfrak{m}^2$ eine Basis von $\mathfrak{m}/\mathfrak{m}^2$ bilden. Nach (13.15) (i) folgt jetzt $\mathfrak{m} = (x, x_2, \ldots, x_d)$. Insbesondere bilden die Elemente $x, x_2, \ldots, x_d$ ein Parametersystem von A (vgl. (11.11)). Jetzt folgt aber $\dim(A/xA) = d - 1$ (vgl. (11.11) (ii)). Weil das Maximalideal $\mathfrak{m}/xA$ von A/xA

durch die $d-1$-Restklassen $x_2/xA, \ldots, x_d/xA$ erzeugt wird, ist A/xA ein regulärer Ring.

Nach Induktion ist A/xA integer, also xA ein Primideal. Für einen geeigneten Index i gilt also $\mathfrak{p}_i \subseteq xA$. Es genügt zu zeigen, dass $\mathfrak{p}_i = \{0\}$. Dazu wählen wir $b \in \mathfrak{p}_i$. Wir finden ein $a \in A$ mit $xa = b_i$. Wegen $x \notin \mathfrak{p}_i$ ist $a \in \mathfrak{p}_i$. Somit ist $\mathfrak{p}_i = x\mathfrak{p}_i$, also $\mathfrak{p}_i = \mathfrak{m}\mathfrak{p}_i$. Nach Nakayama folgt $\mathfrak{p}_i = \{0\}$. □

Im Hinblick auf (8.5) (iv) folgt für eine quasiaffine Varietät X:

(13.18) **Satz:** *Ist $p \in$ Reg (X), so ist X irreduzibel in p.* □

Jetzt beweisen wir das zentrale Resultat dieses Abschnittes.

(13.19) **Satz** (*Offenheit des regulären Ortes*): *Sei X eine quasiaffine Varietät. Dann ist der reguläre Ort* Reg (X) *offen und dicht in X.*

Beweis: Nach (13.18) liegt kein regulärer Punkt von X in mehr als einer irreduziblen Komponente von X (vgl. (8.5) (iv)). Deshalb kann man sich auf den Fall beschränken, dass X irreduzibel ist (vgl. Beweis von (12.20)). Dann ist aber Reg $(X) = \{p \in X \mid \operatorname{edim}_p(X) \leqslant \dim(X)\}$. Im Hinblick auf (13.8) genügt es also zu zeigen, dass X Punkte der Einbettungsdimension $\leqslant \dim(X) =: n$ enthält. Dazu dürfen wir X durch eine affine offene Teilmenge ersetzen, also annehmen, X sei schon affin. Nach dem Normalisationslemma gibt es einen endlichen Morphismus $f: X \to \mathbb{A}^n$. Nach (13.13) finden wir einen Punkt $p \in X$ derart, dass Kern $(d_p f) = T_p(f^{-1}(q))$, wobei $q = f(p)$. Weil $f^{-1}(q)$ endlich ist, gilt natürlich $T_p(f^{-1}(q)) = \{0\}$. Also ist das Differential $d_p f: T_p(X) \to T_q(\mathbb{A}^n)$ injektiv, und es folgt $\operatorname{edim}_p(X) \leqslant \operatorname{edim}_q(\mathbb{A}^n) = n$ (vgl. (13.7) A). □

Anmerkung: Die fundamentale Bedeutung von (13.19) liegt u.a. darin, dass man die Menge Reg (X) einer quasiaffinen Varietät X auch im Rahmen anderer geometrischer Theorien versteht (als der algebraischen Geometrie). Wie wir im nächsten Abschnitt sehen werden, handelt es sich bei Reg (X) in natürlicher Weise um eine komplex-analytische Mannigfaltigkeit. ○

Normale und reguläre Punkte. Wir wollen jetzt den Zusammenhang zwischen normalen und regulären Punkten untersuchen. Zuerst werden wir zeigen, dass reguläre Punkte normal sind, wobei beide Eigenschaften für Kurven übereinstimmen. Schliesslich beweisen wir das Normalitätskriterium (13.27) als Hauptergebnis dieser Untersuchung.

Wir schicken etwas Algebra voraus.

(13.20) **Lemma:** *Sei $(A, \mathfrak{m})$ ein lokaler, noetherscher Integritätsbereich. Sei $x \in \mathfrak{m} - \{0\}$ so, dass A/xA normal ist. Dann ist auch A normal.*

Beweis: Zunächst halten wir fest, dass jedes Element $a \in A - \{0\}$ geschrieben werden kann in der Form $a = x^r e$, wo $r \in \mathbb{N}_0$ und $e \in A - xA$. Wegen $A = x^0 A \supseteq$

$xA \supseteq \ldots$ müssen wir dazu zeigen, dass $I := \bigcap_{r \geqslant 0} x^r A$ das 0-Ideal ist. Weil x Nichtnullteiler ist, gilt aber offenbar $xI = I$, also $\mathfrak{m}I = I$, und nach Nakayama folgt $I = \{0\}$.

Weil A/xA integer ist, gilt $xA \in \operatorname{Spec}(A)$. Sei jetzt $b = \frac{u}{v} \in \operatorname{Quot}(A)$, $(u, v \in A - \{0\})$ ganz über A. Wir müssen zeigen $B = A[b]$. Aus der Lying-over-Eigenschaft folgt wegen $xA \in \operatorname{Spec}(A)$ zunächst $xB \cap A = xA$. Wir schreiben jetzt $u = x^r d$, $v = x^s e$, wo $e, d \in A - xA$. Mit $t = r - s$ folgt $b = \frac{x^t d}{e}$. Dabei ist $t \geqslant 0$, denn sonst wäre $d = x^{-t} e\, b \in xB \cap A = xA$. Wir können also schreiben $b = \frac{w}{e}$, wo $w \in A$, $e \in A - xA$.

Insbesondere folgt jetzt $B_e = A_e$, also $xA_e = xB_e \in \operatorname{Spec}(B_e)$. Damit wird $\mathfrak{p} := xA_e \cap B$ ein über xA liegendes Primideal von B. Nach (9.12) (ii) wird $B/\mathfrak{p}$ zu einer ganzen Erweiterung von A/xA, wobei zudem $B/\mathfrak{p} \subseteq A/xA\left[\frac{1}{e/xA}\right] \subseteq \operatorname{Quot}(A/xA)$. Weil A normal ist, folgt $B/\mathfrak{p} = A/xA$, mithin also $B = A + \mathfrak{p}$.

Aus dieser Gleichheit ergibt sich zunächst $b \in A + \mathfrak{p} \subseteq A + xA_e$, also $w = be \in (eA + xA_e) \cap A = eA + xA_e \cap A = eA + xA$. Wir können also schreiben $w = ea + xc$, also $b = a + \frac{xc}{e}$, $(a, c \in A)$. Jetzt folgt $B = A\left[\frac{xc}{e}\right]$, also $B = A + \frac{xc}{e} B$.

Sei $b_1, \ldots, b_n \in B$ ein Erzeugendensystem des A-Moduls B und sei $\overline{\cdot}: B \to B/A =: \overline{B}$ die Restklassenabbildung. Wir erhalten dann $\overline{B} = \frac{xc}{e}\overline{B}$, mithin also ein Gleichungssystem $\overline{b}_i = \sum_{j=1}^{n} \frac{xc}{e} a_{i,j}\, \overline{b}_j$, $(i = 1, \ldots, n)$ mit $a_{i,j} \in A$. Wir können also schreiben

$$\Lambda \begin{bmatrix} \overline{b}_1 \\ \cdot \\ \overline{b}_n \end{bmatrix} = \begin{bmatrix} 0 \\ \cdot \\ 0 \end{bmatrix}, \quad \text{wobei} \quad \Lambda = \frac{xc}{e}(a_{i,j} \mid 1 \leqslant i, j \leqslant n) - \mathbb{1}_n \in B^{n \times n}.$$

Nach (9.4) (i) folgt $\det(\Lambda)\overline{b}_i = 0$, $(i = 1, \ldots, n)$, also $\det(\Lambda)B \subseteq A$. Die Determinante $\det(\Lambda)$ ist von der Gestalt $\pm(1 + \frac{xc}{e} a)$, mit $a \in A$. Wir erhalten also $(1 + \frac{xc}{e} a)B \subseteq A$. Zunächst folgt jetzt $1 + \frac{xc}{e} a = (1 + \frac{xc}{e} a)1 \in A$, also

$\frac{xc}{e} a \in A \cap xA_e = xA$. Deshalb ist $1 + \frac{xc}{e} a \notin \mathfrak{m}$, also $1 + \frac{xc}{e} a \in A^*$. Daraus schliessen wir, dass $B \subseteq A$. □

(13.21) **Satz:** *Reguläre lokale Ringe sind normal.*

Beweis: Sei $(A, \mathfrak{m})$ regulär und lokal. Wir machen Induktion nach $d = \dim(A)$. Ist $d = 0$, so ist A ein Körper, und wir sind fertig. Sei also $d > 0$. Wir finden dann ein $x \in \mathfrak{m} - \mathfrak{m}^2$ und schliessen wie im Beweis von (13.18), dass A/xA regulär von der Dimension $d-1$ ist. Jetzt machen wir Induktion vermöge (13.18) und (13.20). □

(13.22) **Korollar:** *Für eine quasiaffine Varietät X gilt* $\operatorname{Reg}(X) \subseteq \operatorname{Nor}(X)$.

Das Normalitätskriterium. Wir wollen nun ein Kriterium für die Normalität einer Varietät herleiten, in welchem der reguläre Ort eine wichtige Rolle spielt. Als erstes beweisen wir:

(13.23) **Satz:** *Ein 1-dimensionaler lokaler normaler noetherscher Ring* $(A, \mathfrak{m})$ *ist regulär.*

Beweis: Wir müssen zeigen, dass $\mathfrak{m}$ ein Hauptideal ist. Wegen $\dim(\mathfrak{m}/\mathfrak{m}^2) \geqslant 1$ finden wir ein $x \in \mathfrak{m} - \mathfrak{m}^2$. Wir wollen zeigen, dass $\mathfrak{m} = xA$. Nehmen wir das Gegenteil an! Dann ist $\mathfrak{m} \neq xA$. Weiter ist $\mathfrak{m}$ das einzige minimale Primoberideal von xA. Also ist $\sqrt{xA} = \mathfrak{m}$ (vgl. (9.17) A) (ii)). Damit gibt es ein $n \in \mathbb{N}$ mit $\mathfrak{m}^n \subseteq xA$ (vgl. (10.11). Wir wählen n minimal. Wegen $\mathfrak{m} \neq xA$ ist $n > 1$. Wir finden also ein $y \in \mathfrak{m}^{n-1} - xA$. Jetzt folgt $y\mathfrak{m} \subseteq xA$. Es gilt sogar $y\mathfrak{m} \subseteq x\mathfrak{m}$, denn sonst wäre $y\mathfrak{m} = xA$, also $x \in y\mathfrak{m} \subseteq \mathfrak{m}^2$. Es ist also $\frac{y}{x}\mathfrak{m} \subseteq \mathfrak{m}$. Induktiv folgt hieraus $(\frac{y}{x})^r \mathfrak{m} \subseteq \mathfrak{m}$, $\forall r \in \mathbb{N}$. Daraus ergibt sich $xA[\frac{y}{x}] \subseteq A$, also $A[\frac{y}{x}] \subseteq \frac{1}{x}A$. $\frac{y}{x}$ ist also ganz über A. Es folgt $\frac{y}{x} \in A$, also der Widerspruch $y \in xA$. □

(13.24) **Korollar:** *Für eine Kurve X gilt* $\operatorname{Reg}(X) = \operatorname{Nor}(X)$. □

(13.25) **Satz:** *Sei A ein noetherscher Integritätsbereich und sei*

$$\mathscr{P} = \{\mathfrak{p} \in \operatorname{Spec}(A) \mid ht(\mathfrak{p}) = 1\}.$$

A ist genau dann normal, wenn $A_\mathfrak{p}$ regulär ist für alle $\mathfrak{p} \in \mathscr{P}$ und wenn $A = \bigcap_{\mathfrak{p} \in \mathscr{P}} A_\mathfrak{p}$.

Beweis: Sei A normal. Ist $\mathfrak{p} \in \mathscr{P}$, so ist $A_\mathfrak{p}$ normal (vgl. (9.12) (ii) (a)). Wegen $\dim(A_\mathfrak{p}) = 1$ ist $A_\mathfrak{p}$ regulär (vgl. (13.23)). Sei jetzt $x \in \bigcap_{\mathfrak{p} \in \mathscr{P}} A_\mathfrak{p}$. Wir müssen zeigen, dass $x \in A$. Nehmen wir das Gegenteil an! Dann ist $I_x := \{a \in A \mid ax \in A\}$ ein echtes Ideal von A. Wir setzen $\mathscr{M} = \{I_y \mid y \in \bigcap_{\mathfrak{p} \in \mathscr{P}} A_{\mathfrak{p}} - A\}$. Nach (9.3) (ii) können wir x so wählen, dass I_x maximal wird in $\mathscr{M}$. Wir setzen $I = I_x$.

Als erstes zeigen wir, dass $I = \sqrt{I}$. Nach (10.11) (i) und wegen $Ix \subseteq A$ finden wir eine kleinste Zahl $n \in \mathbb{N}$ mit $(\sqrt{I})^n x \subseteq A$. Wir wählen $z \in (\sqrt{I})^{n-1} x - A$. Offenbar ist $z \in Ax \subseteq \bigcap_{\mathfrak{p} \in \mathscr{P}} A_{\mathfrak{p}}$ und $(\sqrt{I})z \subseteq A$. Damit wird $I \subseteq \sqrt{I} \subseteq I_z$. Wegen der Maximalität von I in $\mathscr{M}$ folgt $I = I_z$, also $I = \sqrt{I}$.

Sei jetzt $s \in I - \{0\}$, und seien $\mathfrak{p}_1, \ldots, \mathfrak{p}_r$ die minimalen Primoberideale von As. Nach dem Krullschen Höhensatz ist $\mathfrak{p}_i \in \mathscr{P}$. Es ist $x \in A_{\mathfrak{p}_i}$, also $x = \frac{a_i}{t_i}$ mit $a_i \in A$, $t_i \notin \mathfrak{p}_i$. Es folgt $t_i x = a_i \in A$, also $t_i \in I - \mathfrak{p}_i$. Nach (11.10) finden wir ein $t \in I - \mathfrak{p}_1 \cup \ldots \cup \mathfrak{p}_r$. Jetzt gilt sx, $tx \in A$ und $t(sx) = s(tx) \in \mathfrak{p}_i$, also $sx \in \mathfrak{p}_i$, $(i = 1, \ldots, r)$. So erhalten wir $sx \in \mathfrak{p}_1 \cap \ldots \cap \mathfrak{p}_r = \sqrt{As} \subseteq \sqrt{I} = I$, mithin $Ix \subseteq I$.

Induktiv folgt jetzt $Ix^m \subseteq I \subseteq A$, $\forall\, m \in \mathbb{N}$. Ist $a \in I - \{0\}$, so erhalten wir $a\, x^m \in A$, also $x^m \subseteq \frac{1}{a} A$, mithin $A[x] \subseteq \frac{1}{a} A$. Damit ist x ganz über A, d.h. $x \in A$. Dies ist ein Widerspruch.

Sei jetzt $A_{\mathfrak{p}}$ regulär für alle $\mathfrak{p} \in \mathscr{P}$ und $A = \bigcap_{\mathfrak{p} \in \mathscr{P}} A_{\mathfrak{p}}$. Nach (13.23) ist dann $A_{\mathfrak{p}}$ jeweils normal, also ganz abgeschlossen in Quot (A). Diese Eigenschaft überträgt sich auf $\bigcap_{\mathfrak{p} \in \mathscr{P}} A_{\mathfrak{p}}$, mithin auf A. □

(13.26) **Lemma:** *Sei $(A, \mathfrak{m})$ ein lokaler noetherscher Integritätsbereich und sei $x \in \mathfrak{m} - \{0\}$ so, dass A/xA regulär ist. Dann ist A regulär.*

Beweis: Sei $d = \dim(A/xA)$. Wir finden Elemente $x_1, \ldots, x_d \in \mathfrak{m}$ so, dass $\mathfrak{m}/xA = (x_1/xA, \ldots, x_d/xA)$. Es folgt $\mathfrak{m} = (x, x_1, \ldots, x_d)$, wegen $\dim(A) > d$ also die Behauptung. □

Jetzt sind wir in der Lage, das angekündigte Kriterium zu beweisen.

(13.27) **Satz** (*Normalitätskriterium*): *Eine irreduzible quasiaffine Varietät X ist genau dann normal, wenn die folgenden zwei Bedingungen erfüllt sind:*

(i) $\operatorname{codim}_X(\operatorname{Sing}(X)) > 1$.

(ii) *Die Polmenge jeder rationalen Funktion $f \in \kappa(X) - \mathcal{O}(X)$ ist eine Hyperfläche in X.*

Beweis: O.E. können wir annehmen, X sei affin. Wir setzen $A = \mathcal{O}(X)$ und $\mathscr{P} = \{\mathfrak{p} \in \operatorname{Spec}(A) \mid ht(\mathfrak{p}) = 1\}$. Sei $Y \subseteq X$ irreduzibel mit $\operatorname{codim}_X(Y) = 1$. Dann ist $I_X(Y) = \mathfrak{p} \in \mathscr{P}$.

Sei zunächst X normal. Nach (13.23) ist $(A_\mathfrak{p}, \mathfrak{p}A_\mathfrak{p})$ ein regulärer lokaler Ring der Dimension 1. Wir finden also ein $g \in \mathfrak{p}$ mit $\mathfrak{p}A_\mathfrak{p} = gA_\mathfrak{p}$. Weil $\mathfrak{p}$ endlich erzeugt ist, finden wir ein $h \in A - \mathfrak{p}$ mit $\mathfrak{p}A_h = gA_h$. Dabei ist $U_X(h) \cap Y \neq \emptyset$. Wegen (13.19) finden wir ein $q \in \mathrm{Reg}\,(Y) \cap U_X(h)$. Wegen $h \notin I_X(q)$ ist $g_q\mathcal{O}_{X,q} = gA_{I_X(q)} = \mathfrak{p}A_{I_X(q)} = I_{X,q}(Y)$, also $\mathcal{O}_{X,q}/g_q\mathcal{O}_{X,q} \cong \mathcal{O}_{Y,q}$ (vgl. (8.1), (8.3)). Nach (13.26) wird $\mathcal{O}_{X,q}$ regulär, und es folgt $q \in Y \cap \mathrm{Reg}\,(X)$. Dies beweist (i).

Zum Nachweis von (ii) wählen wir eine Funktion $f \in \kappa(X) - \mathcal{O}(X)$ und nehmen an, die Polmenge W von f besitze eine irreduzible Komponente Z mit $\mathrm{codim}_X(Z) > 1$. Indem wir X durch eine dichte offene affine Teilmenge ersetzen, die keine der andern Komponenten von W trifft, können wir annehmen, Z sei die ganze Polmenge. Wählen wir $Y \subseteq X$ wie oben, so ist $Y \nsubseteq Z$. Damit ist $f \in \mathcal{O}_{X,q} = A_{I_X(q)}$ für ein $q \in Y$ (vgl. (12.2) (iv)). Es folgt $f \in A_\mathfrak{p}$. Nach dem Nullstellensatz ist jedes $\mathfrak{p} \in \mathcal{P}$ von der Form $I_X(Y)$, wo $Y \subseteq X$ abgeschlossen, irreduzibel und von der Kodimension 1 ist. Also gilt $f \in \bigcap_{\mathfrak{p} \in \mathcal{P}} A_\mathfrak{p}$. Nach (13.25) folgt der Widerspruch $f \in \mathcal{O}(X)$.

Umgekehrt gelte jetzt (i), (ii). Wir wählen $\mathfrak{p} \in \mathcal{P}$ und setzen $Y = V_X(\mathfrak{p})$. Wegen $\mathrm{codim}_X(Y) = 1$ gibt es ein $q \in \mathrm{Reg}\,(X) \cap Y$. Damit ist $A_{I_X(q)}$ regulär, also normal (vgl. (13.21)). Damit ist $A_\mathfrak{p} = (A_{I_X(q)})_{\mathfrak{p}A_{I_X(q)}}$ normal, also regulär (vgl. (13.23)). Sei $f \in \bigcap_{\mathfrak{p} \in \mathcal{P}} A_\mathfrak{p}$. Wählen wir $Y \subseteq X$ wie oben, so folgt $f \in \mathcal{O}(X)_{I_X(Y)}$. Also liegt Y nicht in der Polmenge von f. Nach (ii) folgt $f \in A$. Gemäss (13.25) ist A normal. □

(13.28) **Korollar:** *Eine irreduzible quasiaffine Fläche X ist genau dann normal, wenn sie höchstens endlich viele Singularitäten hat und wenn keine rationale Funktion $f \in \kappa(X)$ isolierte Pole hat.* □

(13.29) **Anmerkung:** Sei X eine affine Varietät. Die Eigenschaft (13.27) (ii) besagt dann, dass jede reguläre Funktion, die auf einer offenen Menge $U \subseteq X$ mit $\mathrm{codim}_X(X - U) > 1$ definiert ist, regulär auf ganz X fortgesetzt werden kann. Diese Fortsetzungseigenschaft für reguläre Funktionen ist eine «kohomologische» Bedingung. (13.27) (i) ist eine geometrische Bedingung. Die Normalität ist also eine Eigenschaft, welche sowohl die kohomologische als auch die geometrische Natur von X betrifft.

○

(13.30) **Aufgaben:** (1) Man bestimme die Einbettungsdimension $\mathrm{edim}_\mathbf{0}(X)$ der in (9.1) definierten Varietät X im Ursprung.

(2) Der lokale Ring $\mathcal{O}_{X,p}$ einer Varietät in p sei faktoriell. Weiter sei $Z \subseteq X$ abgeschlossen mit $p \in \mathrm{Reg}\,(Z)$ und $\mathrm{codim}_{X,p}(Z) = 1$. Dann ist $p \in \mathrm{Reg}\,(X)$.

(3) Sei X eine irreduzible Fläche, sei $p \in \mathrm{Sing}\,(X)$ und sei $Z \subseteq X$ eine durch p laufende Kurve, welche in p regulär ist. Dann ist $\mathcal{O}_{X,p}$ nicht faktoriell.

(4) Sei $f \in \mathbb{C}[z_1, z_2, z_3]$ irreduzibel und homogen vom Grad > 1. Dann ist $\mathbb{C}[z_1, z_2, z_3]/(f)$ nicht faktoriell.

(5) Sei $X \subseteq \mathbb{A}^2$ eine Kurve durch p, und sei $\mathscr{C}_p \subseteq \mathbb{C}^2$ die Menge aller Richtungsvektoren von Tangenten an X in p. Man zeige, dass $\mathscr{C}_p \subseteq T_p(X)$, dass $\mathscr{C}_p \neq T_p(X)$ für $p \in \operatorname{Sing}(X)$ und dass $\mathscr{C}_p$ den Raum $T_p(X)$ nicht aufzuspannen braucht.

(6) Man zeige, dass die in (9.1) definierte Fläche X nicht normal ist.

(7) Sei $X \xrightarrow{f} Y$ ein Morphismus zwischen irreduziblen Varietäten. Man zeige, dass f genau dann quasiendlich ist, wenn das Differential $d_p f$ von f auf einer offenen dichten Menge von Punkten $p \in X$ ein Isomorphismus ist.

(8) Ist $f: X \to Y$ eine abgeschlossene Einbettung, so ist das Differential $d_p f$ von f für alle $p \in X$ injektiv. Gilt die Umkehrung?

(9) Sei $f: X \to Y$ ein endlicher Morphismus. Y sei singularitätenfrei und X habe Singularitäten. Dann gibt es Punkte $q \in Y$, über welchen f verzweigt ist.

(10) Man gebe Beispiele von Flächen X mit $\operatorname{Reg}(X) \subsetneqq \operatorname{Nor}(X)$. ○

14 Stratifikation

Strata von Varietäten. Wir wollen uns jetzt mit der geometrischen Bedeutung der Resultate des vorangehenden Abschnittes auseinandersetzen. Wir beginnen mit der folgenden Betrachtung:

(14.1) **Bemerkungen und Definition:** Sei X eine quasiaffine Varietät. $X_1, \ldots, X_s$ seien die irreduziblen Komponenten von X. Wir nehmen an, es sei $\dim(X_1) \geqslant \dim(X_2) \geqslant \ldots \geqslant \dim(X_s)$. $r = r(X)$ sei die Anzahl der irreduziblen Komponenten maximaler Dimension. Es gilt also $\dim(X_i) = \dim(X)$, falls $i \leqslant r$ und $\dim(X_j) < \dim(X)$, falls $j > r$. Wir setzen jetzt:

(i) (a) $\operatorname{Reg}_0(X) := \{p \in \operatorname{Reg}(X) \mid \dim_p(X) = \dim(X)\}$,

(b) $\operatorname{Sing}_0(X) := X - \operatorname{Reg}_0(X)$.

Offenbar ist $\{p \in X \mid \dim_p(X) = \dim(X)\} = \bigcup_{i=1}^{r} X_i$. Weiter ist ein Punkt $p \in X$ genau dann regulär, wenn er nur in einer irreduziblen Komponente von X liegt und dabei in dieser regulär ist. (Dies folgt daraus, dass X in allen regulären Punkten irreduzibel sein muss.) Deshalb können wir schreiben:

(ii) (a) $\operatorname{Reg}_0(X) = \bigcup_{i \leqslant r} [\operatorname{Reg}(X_i) - (\bigcup_{\substack{j \leqslant s \\ j \neq i}} X_j)] = \operatorname{Reg}(X) - \bigcup_{j > r} X_j$.

(b) $\operatorname{Sing}_0(X) = \operatorname{Sing}(\bigcup_{i \leqslant r} X_i) \cup \bigcup_{j > r} X_j = \operatorname{Sing}(X) \cup \bigcup_{j > r} X_j$.

Wir können also sagen (mit der Konvention dim $(\emptyset) = -1$):

(iii) (a) $\mathrm{Reg}_0(X)$ *ist offen in* X. *Dabei ist* $\mathrm{Reg}_0(X)$ *rein* dim (X)*-dimensional und singularitätenfrei,* d.h. es gilt $\mathrm{Reg}(\mathrm{Reg}_0(X)) = \mathrm{Reg}_0(X)$.

(b) $\mathrm{Sing}_0(X) = X - \mathrm{Reg}_0(X)$ *ist abgeschlossen in* X *und erfüllt* $\dim(\mathrm{Sing}_0(X)) < \dim(X)$.

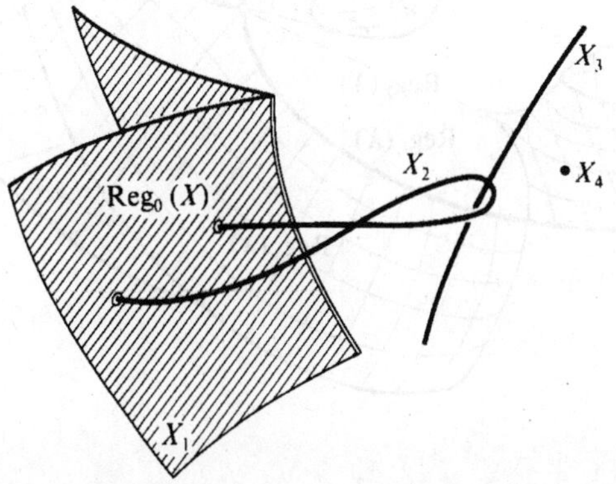

Wir können das oben beschriebene Verfahren iterieren. Dazu setzen wir fest $\mathrm{Reg}_0(\emptyset) = \mathrm{Sing}_0(\emptyset) = \emptyset$ und definieren

(iii) (a) $\mathrm{Reg}_i(X) = \mathrm{Reg}_0(\mathrm{Sing}_{i-1}(X))$
(b) $\mathrm{Sing}_i(X) = \mathrm{Sing}_0(\mathrm{Sing}_{i-1}(X))$ $\quad (i = 1, 2, 3, \ldots)$.

Wir erhalten so eine Kette $\mathrm{Sing}_0(X) \supseteq \mathrm{Sing}_1(X) \supseteq \mathrm{Sing}_2(X) \supseteq \ldots$, abgeschlossener Untermengen von X. Dabei nimmt die Dimension jedesmal echt ab, bis die leere Menge erreicht ist (vgl. (ii) (b)). Wir setzen jetzt:

$$\sigma(X) := \min\{i \in \mathbb{N}_0 \mid \mathrm{Sing}_i(X) = \emptyset\}.$$

Zusammenfassend können wir also festhalten (mit der Konvention $\mathrm{Sing}_{-1}(X) = X$):

(v) (a) $X = \mathrm{Reg}_0(X) \mathbin{\dot\cup} \mathrm{Reg}_1(X) \mathbin{\dot\cup} \ldots \mathbin{\dot\cup} \mathrm{Reg}_{\sigma(x)}(X)$.

(b) $\mathrm{Reg}_i(X)$ *ist offen in* $\mathrm{Sing}_{i-1}(X) = \bigcup_{j \geq i} \mathrm{Reg}_j(X)$ *und* $\mathrm{Sing}_{i-1}(X)$ *ist abgeschlossen in* X, $(i = 0, \ldots, \sigma(X))$.

(c) $\mathrm{Reg}_i(X)$ *ist singularitätenfrei und rein-dimensional.*

(d) $\dim(X) = \dim(\mathrm{Reg}_0(X)) > \ldots > \dim(\mathrm{Reg}_{\sigma(X)}(X)) \geq 0$.

Wir haben X also dargestellt als disjunkte Vereinigung lokal abgeschlossener, rein-dimensionaler, singularitätenfreier Untermengen $Y_1, \ldots, Y_t$ von abnehmender Dimension. Dabei ist Y_i eine maximale rein-dimensionale singularitätenfreie offene Untermenge von $\bigcup_{j \geq i} Y_j$. Eine solche Zerlegung von X nennt man eine *Stratifikation*. Sie ist – wie man leicht sieht – eindeutig, d.h. es gilt $t=\sigma(X)$, $Y_i=\mathrm{Reg}_i(X)$. Die Mengen $\mathrm{Reg}_i(X)$ $(i=0,\ldots,\sigma(X))$ nennt man die *Strata* von X. Genauer heisst $\mathrm{Reg}_i(X)$ *das i-te Stratum* von X.

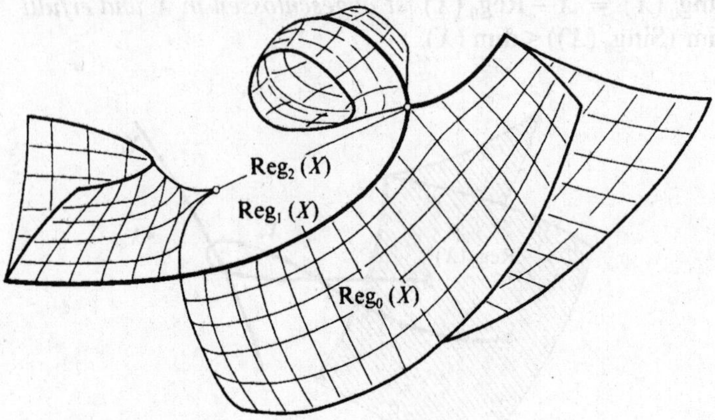

○

Strata als analytische Mannigfaltigkeiten. Dem Konzept der Stratifikation liegt natürlich eine allgemeine Idee zugrunde: Nämlich, dass singularitätenfreie Varietäten (also die einzelnen Strata) «einfacher» sind als solche mit Singularitäten. In der Tat «sehen singularitätenfreie Varietäten lokal immer wie affine Räume aus». (Wir haben dies in unseren Skizzen zur Stratifikation bereits stillschweigend verwendet.) Allerdings sind singularitätenfreie Varietäten nicht lokal isomorph zu affinen Räumen. Die obige Aussage lässt sich also nicht im engern Sinne der algebraischen Geometrie verstehen. Um präziser werden zu können, machen wir eine Vorbemerkung.

(14.2) **Definitionen und Bemerkungen:** A) Sei $U\subseteq\mathbb{C}^n$ eine (bezüglich der starken Topologie) offene Menge. Eine Funktion $f: U\to\mathbb{C}$ nennen wir *analytisch*, wenn sie sich in der Umgebung jedes Punktes $p=(c_1,\ldots,c_n)\in\mathbb{C}^n$ durch eine *Potenzreihe* darstellen lässt, d.h. wenn für alle $(z_1,\ldots,z_n)$ einer gewissen offenen Umgebung $U_p\subseteq U$ von p gilt:

(i) $$f(z_1,\ldots,z_n)=\sum_{\nu_1,\ldots,\nu_n\geqslant 0} a_{\nu_1\ldots\nu_n}^{(p)}(z_1-c_1)^{\nu_1}\ldots(z_n-c_n)^{\nu_1}.$$

Die Koeffizienten $a^{(p)}_{\nu_1\ldots\nu_n}\in\mathbb{C}$ sind dabei durch f und den Punkt p eindeutig bestimmt. Funktionen, die durch eine Potenzreihe dargestellt werden, sind gliedweise (partiell) differenzierbar. Dabei gilt

(ii) $$a^{(p)}_{\nu_1\ldots\nu_n}=\frac{1}{\nu_1!\ldots\nu_n!}\,\frac{\partial^{\nu_1+\ldots+\nu_n}f}{\partial z_1^{\nu_1}\ldots\partial z_n^{\nu_n}}(p).$$

Die Darstellung (i) von f entspricht also der Taylor-Entwicklung. Polynome sind analytische Funktionen. Summen, Produkte und Kompositionen analytischer Funktionen sind wieder analytisch. Ist $f: U \to \mathbb{C}$ analytisch, so ist $\frac{1}{f}: U - f^{-1}(0) \to \mathbb{C}$ ebenfalls analytisch.

Eine *Abbildung* $f: U \to \mathbb{C}^m$ nennen wir *analytisch*, wenn ihre Komponentenfunktionen analytisch sind. Die Komposition analytischer Abbildungen ist wieder analytisch.

B) Ist $U \subseteq \mathbb{C}^n$ offen und sind $f_1, \ldots, f_r: U \to \mathbb{C}$ analytische Funktionen, so führen wir das gemeinsame Nullstellengebilde ein:

(iii) $$V_U(f_1, \ldots, f_r) = \{p \in U \mid f_i(p) = 0;\ i = 1, \ldots, r\}. \qquad \circ$$

Ohne Beweis führen wir jetzt den folgenden wichtigen Satz über analytische Funktionen an:

(14.3) **Satz** (*Hauptsatz über implizite analytische Funktionen*): *Sei $U \subseteq \mathbb{C}^n$ offen, sei $r \leqslant n$, seien $f_1, \ldots, f_r: U \to \mathbb{C}$ analytische Funktionen, und sei*

$p \in V_U(f_1, \ldots, f_r) =: X$

so, dass

$$\det\left(\frac{\partial f_i}{\partial z_j}(p) \,\middle|\, 1 \leqslant i, j \leqslant r\right) \neq 0.$$

Sei $\pi: \mathbb{C}^n \to \mathbb{C}^{n-r}$ die durch $(z_1, \ldots, z_n) \mapsto (z_{r+1}, \ldots, z_n)$ definierte Projektion. Dann gibt es eine offene Umgebung $W \subseteq U$ von p und analytische Funktionen $g_1, \ldots, g_r: \pi(W) \to \mathbb{C}$ so, dass

$$X \cap W = \{(g_1(c_{r+1}, \ldots, c_n), \ldots, g_r(c_{r+1}, \ldots, c_n), c_{r+1}, \ldots, c_n) \mid (c_{r+1}, \ldots, c_n) \in \pi(W)\}.$$

(14.4) **Bemerkung:** (14.3) besagt, dass die Menge $X = V_U(f_1, \ldots, f_r)$ in der Nähe von p als *Graph* der durch

$$(z_{r+1}, \ldots, z_n) \mapsto (g_1(z_{r+1}, \ldots, z_n), \ldots, g_r(z_{r+1}, \ldots, z_n))$$

definierten analytischen Abbildung $g: \pi(W) \to \mathbb{C}^r$ schreiben lässt:

(i) $$X \cap W = \{(g(q), q) \mid q \in \pi(W)\}.$$

$X \cap W$ «liegt also schlicht über der offenen Menge $\pi(W) \subseteq \mathbb{C}^r$».

Wir wollen uns den Fall $n = 3$, $r = 2$, $p = (0, 0, 0)$ im Reellen veranschaulichen.

Die Voraussetzung $\det(\frac{\partial f_i}{\partial z_j}(p) \mid 1 \leqslant i, j \leqslant r) \neq 0$ bedeutet, dass die beiden Normalenvektoren $\vec{n}_i = (\frac{\partial f_i}{\partial z_1}(p), \frac{\partial f_i}{\partial z_2}(p))$ an die Kurven $z_3 = 0$, $f_i = 0$ $(i = 1, 2)$ linear unabhängig sind.

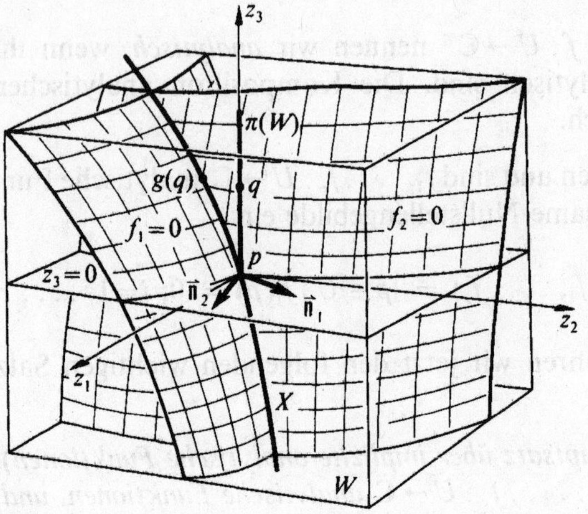

○

(14.5) **Korollar:** *Sei* $X \subseteq \mathbb{A}^n$ *abgeschlossen und sei* $p \in \operatorname{Reg}(X)$, $d = \dim_p(X)$. *Dann gibt es eine bezüglich der starken Topologie offene Umgebung* $W_p \subseteq \mathbb{A}^n$ *von* p, *eine offene Menge* $V_p \subseteq \mathbb{C}^d$ *und analytische Abbildungen*

$$\pi_p : W_p \to V_p, \qquad \sigma_p : V_p \to X \cap W_p$$

so, dass $\sigma_p \circ (\pi_p \restriction_{X \cap W_p}) = id_{X \cap W_p}$ *und* $(\pi_p \restriction_{X \cap W_p}) \circ \sigma_p = id_{V_p}$.

Beweis: Sei $r = n - d$. Wegen $\operatorname{edim}_p(X) = n - r$ finden wir Polynome $f_1, \ldots, f_r \in I_{\mathbb{A}^n}(X)$ so, dass die $r \times n$-Matrix

$$\left(\frac{\partial f_i}{\partial z_j}(p) \,\middle|\, 1 \leqslant i \leqslant r;\ 1 \leqslant j \leqslant n\right)$$

vom Rang r ist (vgl. (13.6)). Nach geeigneter Umnumerierung der Koordinatenfunktionen $z_1, \ldots, z_n$ können wir annehmen, es sei $\det(\frac{\partial f_i}{\partial z_j}(p) \mid 1 \leqslant i, j \leqslant r) \neq 0$.

Wir setzen $Y = V_{\mathbb{A}^n}(f_1, \ldots, f_r)$. $\pi : \mathbb{A}^n \to \mathbb{C}^d$ sei definiert durch $(z_1, \ldots, z_n) \mapsto (z_{r+1}, \ldots, z_n)$. Nach (14.3) finden wir eine bezüglich der starken Topologie offene Umgebung $W \subseteq \mathbb{A}^n$ von p und eine analytische Abbildung $g : \pi(W) \to \mathbb{C}^r$ so, dass $Y \cap W = \{(g(q), q) \mid q \in \pi(W)\}$. Wir definieren jetzt eine analytische Abbildung $\sigma : \pi(W) \to Y \cap W$ durch $q \mapsto (g(q), q)$.

Jetzt beachten wir dass $Y \supseteq X$ und dass $\operatorname{edim}_p(Y) \leqslant d$ (vgl. (13.6)). Es folgt $\operatorname{edim}_p(Y) = \dim_p(Y) = \dim_p(X)$. Insbesondere ist $p \in \operatorname{Reg}(Y)$, also Y irreduzibel in p. Wegen $Y \supseteq X$ stimmt die durch p laufende irreduzible Komponente von Y mit der entsprechenden Komponente von X überein. Deshalb besitzt p eine offene Umgebung $U \subseteq \mathbb{A}^n$ mit $U \cap X = U \cap Y$. Jetzt setze man $W_p = W \cap U$, $\pi_p = \pi \restriction W_p$, $V_p = \pi_p(W_p)$ und $\sigma_p = \sigma \restriction V_p$. □

(14.6) **Korollar:** *Sei X eine quasiaffine, singularitätenfreie Varietät der reinen Dimension d. Dann gibt es zu jedem Punkt $p \in X$ eine bezüglich der starken Topologie offene Umgebung U_p, eine offene Menge $V_p \subseteq \mathbb{C}^d$ und einen Homöomorphismus $\tau_p : U_p \to V_p$.*

Dabei kann man die Kollektion $\{\tau_p : U_p \to V_p \mid p \in X\}$ so wählen, dass die sogenannten Übergangsabbildungen

$$\tau_p \tau_q^{-1} : \tau_p(U_p \cap U_q \to \tau_q(U_p \cap U_q)$$

analytisch sind für alle $p, q \in X$ mit $U_p \cap U_q \neq \emptyset$.

Beweis: Sei $p \in X$. X_p sei eine affine offene Umgebung von p. Wir fassen X_p als abgeschlossene Menge eines affinen Raumes $\mathbb{A}^n$ auf. Jetzt wählen wir $\pi_p : W_p \to V_p$, $\sigma_p : V_p \to X_p \cap W_p$ gemäss (14.5) und setzen $U_p = X_p \cap W_p$, $\tau_p = \pi_p \restriction U_p$. □

(14.7) **Bemerkung:** Einen Haussdorfschen Raum X, zusammen mit einer Kollektion $\{\tau_p : U_p \to V_p \mid p \in X\}$, ($U_p \subseteq X$ offen, $V_p \subseteq \mathbb{C}^n$ offen, $\tau_p : U_p \to V_p$ Homöomorphismus) nennt man eine *topologische Mannigfaltigkeit der komplexen Dimension d.* Die Kollektion $\{\tau_p : U_p \to V_p \mid p \in X\}$ nennt man einen komplexen topologischen *Atlas* von X. Die Homöomorphismen $\tau_p : U_p \to V_p$ nennt man die einzelnen *Karten.* Vermöge dieser Karten «sieht X topologisch in der Nähe jedes Punktes p wie der Raum $\mathbb{C}^d$ aus». d ist dabei durch X eindeutig bestimmt.

Sind die in (14.6) genannten *Übergangsabbildungen* $\tau_p(U_p \cap U_q) \rightleftarrows \tau_q(U_p \cap U_q)$ alle analytisch, so nennen wir $\{\tau_p : U_p \to V_p \mid p \in X\}$ einen *komplex-analytischen Atlas* von X. Das «Verkleben» der Karten erfolgt hier also analytisch.

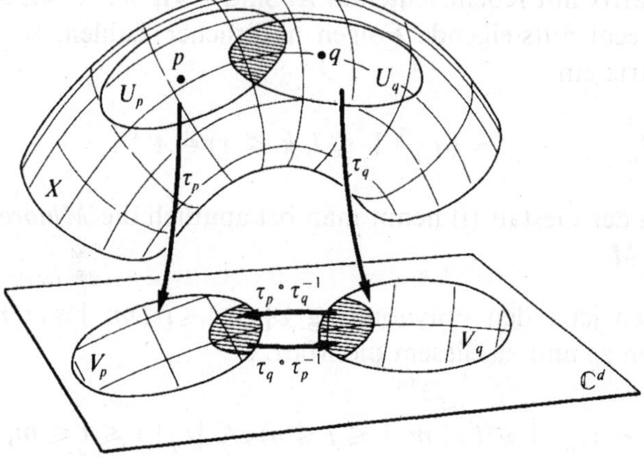

Zwei komplex-analytische Atlanten $\{\tau_p : U_p \to V_p \mid p \in X\}$, $\{\tau'_p : U'_p \to V'_p \mid p \in X\}$ nennt man *äquivalent*, wenn die Abbildungen

$$\begin{aligned} \tau_p \circ \tau_q'^{-1} &: \tau_p(U_p \cap U'_p) \to \tau'_q(U_p \cap U'_q) \\ \tau'_q \circ \tau_p \quad &: \tau_p(U_p \cap U'_q) \to \tau_p(U_p \cap U'_p) \end{aligned}$$

analytisch sind für alle $p, q \in X$ mit $U_p \cap U'_q \neq \emptyset$. (Man überlegt sich leicht, dass es sich dabei tatsächlich um eine Äquivalenzrelation handelt.)

Den Raum X, zusammen mit einer Äquivalenzklasse komplex-analytischer Atlanten nennt man eine *komplex-analytische Mannigfaltigkeit der Dimension d.* ○

Wir können also (14.6) formulieren als:

(14.8) **Korollar:** *Eine quasiaffine, singularitätenfreie Varietät X der reinen Dimension d ist eine komplex-analytische Mannigfaltigkeit der Dimension d.* □

Unsere früher gemachte Aussage über die Strata können wir jetzt präziser ausdrücken in der Form:

(14.9) **Korollar:** *Die Strata* $\mathrm{Reg}_i(X)$ $(i=0, \ldots, \sigma(X))$ *einer quasiaffinen Varietät X sind komplex-analytische Mannigfaltigkeiten.*

Beweis: $\mathrm{Reg}_i(X)$ ist rein-dimensional und singularitätenfrei. □

Determinantenvarietäten.

(14.10) **Beispiel** (*Stratifikation von Determinantenvarietäten*): Seien $r \leqslant m \leqslant n$ natürliche Zahlen. Sei A ein Ring und sei

$$M = (a_{ij} \mid 1 \leqslant i \leqslant m, 1 \leqslant j \leqslant n) \in A^{m \times n}$$

eine $m \times n$-Matrix mit Koeffizienten in A. Sind $1 \leqslant i_1 < \ldots < i_r \leqslant m$, $1 \leqslant j_1 < \ldots < j_r \leqslant n$ zwei echt aufsteigende Folgen natürlicher Zahlen, so führen wir die folgende Matrix ein

(i) $$M_{i_1 \ldots i_r, j_1 \ldots j_r} := (a_{i_l j_k} \mid 1 \leqslant l, k \leqslant r) \in A^{r \times r}.$$

Die Matrizen der Gestalt (*i*) nennt man bekanntlich die *Minoren* vom Format r der Matrix M.

Wir betrachten jetzt den Polynomring $\mathbb{C}[z_{ij} \mid 1 \leqslant i \leqslant m, 1 \leqslant j \leqslant n]$ in den $m \cdot n$ Unbestimmten z_{ij} und zu diesem die Matrix

$$Z := (z_{ij} \mid 1 \leqslant i \leqslant m, 1 \leqslant j \leqslant n) \in \mathbb{C}[z_{ij} \mid 1 \leqslant i \leqslant m, 1 \leqslant j \leqslant n]^{m \times n}.$$

Sind $1 \leqslant i_1 < \ldots < i_r \leqslant m$, $1 \leqslant j_1 < \ldots < j_r \leqslant n$ wie oben, so setzen wir

(ii) $$\Delta_{i_1 \ldots i_r, j_1 \ldots j_r} := \det(Z_{i_1 \ldots i_r, j_1 \ldots j_r}) \in \mathbb{C}\,[z_{ij} \mid 1 \leqslant i \leqslant m,\ 1 \leqslant j \leqslant n].$$

Offenbar ist $\Delta_{i_1 \ldots i_r, j_1 \ldots j_r}$ ein homogenes Polynom vom Grad r. Schliesslich führen wir das r-te *Determinantenideal* von $\mathbb{C}[z_{ij} \mid 1 \leqslant i \leqslant m, 1 \leqslant j \leqslant n]$ ein, das definiert wird durch

(iii) $$I_r := (\Delta_{i_1 \ldots i_r, j_1 \ldots j_r} \mid 1 \leqslant i_1 < \ldots < i_r \leqslant m;\ 1 \leqslant j_1 < \ldots < j_r \leqslant n).$$

Wir schreiben jetzt $\mathbb{A}^{m \times n}$ für den $m \cdot n$-dimensionalen affinen Raum mit den Koordinatenfunktionen z_{ij}. Diesen können wir kanonisch identifizieren mit der Menge $\mathbb{C}^{m \times n}$ aller $m \times n$-Matrizen mit Koeffizienten in $\mathbb{C}$. Insbesondere gilt dann $\mathcal{O}(\mathbb{A}^{m \times n}) = \mathbb{C}[z_{ij} \mid 1 \leqslant i \leqslant m, 1 \leqslant j \leqslant n]$.

Wir definieren jetzt:

(iv) $$\begin{aligned}&(a)\ X_s = \{M \in \mathbb{A}^{m \times n} \mid \operatorname{Rang}(M) = s\}\\ &(b)\ X_{\leqslant s} = \{M \in \mathbb{A}^{m \times n} \mid \operatorname{Rang}(M) \leqslant s\}\end{aligned}, \quad (s \in \{0, \ldots, m\}).$$

Offenbar gelten die folgenden Beziehungen:

(v) $$\begin{aligned}&(a)\ \{0\} = X_0 = X_{\leqslant 0} \subsetneqq X_{\leqslant 1} \subsetneqq \ldots \subsetneqq X_{\leqslant m} = \mathbb{A}^{m \times n}.\\ &(b)\ X_s = X_{\leqslant s} - X_{\leqslant s-1},\ (0 < s \leqslant m).\\ &(c)\ X_{\leqslant s} = X_s \,\dot{\cup}\, X_{s-1} \,\dot{\cup} \ldots \dot{\cup}\, X_0.\end{aligned}$$

Weiter gehört eine Matrix M genau dann zu $X_{\leqslant s} (s < m)$, wenn $\Delta_{i_1 \ldots i_{s+1}, j_1 \ldots j_{s+1}}(M) = \det(M_{i_1 \ldots i_{s+1}, j_1 \ldots j_{s+1}}) = 0$ für alle Folgen $1 \leqslant i_1 < \ldots < i_{s+1} \leqslant m$, $1 \leqslant j_1 < \ldots < j_{s+1} \leqslant m$. Also können wir sagen:

(vi) $$X_{\leqslant s} = V_{\mathbb{A}^{m \times n}}(I_{s+1}), \quad (s = 0, \ldots, m-1).$$

Insbesondere ist $X_{\leqslant s} \subseteq \mathbb{A}^{m \times n}$ abgeschlossen, also eine affine Varietät. Wir sprechen deshalb von der s-ten *Determinantenvarietät* in $\mathbb{A}^{m \times n}$, $(s = 0, \ldots, m-1)$. Unser Ziel ist es zu zeigen, dass die Zerlegung (v) (c) gerade die Stratifikation dieser Determinantenvarietät ist.

Wir betrachten jetzt die Gruppe

(vii) $$G := GL_m(\mathbb{C}) \times GL_n(\mathbb{C}),$$

wobei $GL_k(\mathbb{C})$ für die Gruppe der regulären $k \times k$-Matrizen steht. Die Multiplikation in G ist dabei komponentenweise definiert. Das Eins-Element $\mathbb{1}$ von G ist das Paar $(\mathbb{1}_m, \mathbb{1}_n)$, wo $\mathbb{1}_k \in GL_k(\mathbb{C})$ die Einheitsmatrix ist.

Ist $g=(S,T)\in G$, definieren wir

(iix) $$g(M) = S\,M\,T^{-1}, \quad (M\in\mathbb{A}^{m\times n}).$$

Wie man sofort nachprüft, *operiert G linear* auf $\mathbb{A}^{m\times n}$, d.h. es gilt:

(ix) (a) $\mathbb{1}(M) = M$; $gf(M) = g(f(M))$, $(f, g\in G, M\in\mathbb{A}^{m\times n})$.

(b) *Die durch* $M\mapsto g(M)$ *vermittelte Abbildung* $g:\mathbb{A}^{m\times n}\to\mathbb{A}^{m\times n}$ *ist ein linearer Automorphismus.*

Ist $M\in\mathbb{A}^{m\times n}$, so definieren wir die *Bahn* von M als die Menge

$$G(M) := \{g(M)\mid g\in G\}.$$

Jetzt setzen wir

$$E_s := \left(\begin{array}{c|c} \mathbb{1}_s & 0 \\ \hline 0 & 0 \end{array}\right)\in\mathbb{A}^{m\times n}, \quad (s\in\{0,\ldots,m\}).$$

Aus der linearen Algebra weiss man, dass $M\in\mathbb{A}^{m\times n}$ genau dann vom Rang s ist, wenn es reguläre Matrizen $S\in GL_m(\mathbb{C})$, $T\in GL_n(\mathbb{C})$ so gibt, dass $M=SE_sT^{-1}$. Also können wir sagen:

(x) $$X_s = G(E_s), \quad (s\leqslant m).$$

Im Hinblick auf (ix) (a) folgt jetzt:

(x)′ (a) $M\in X_s \Rightarrow X_s = G(M)$
(b) $M, N\in X_s \Rightarrow \exists\, g\in G$ *mit* $g(M) = N$ $\quad (s\leqslant m)$.

Beachtet man noch (ix) (b), so erhält man, dass G auf $X_{\leqslant s}$ und auf X_s *regulär operiert*, d.h.:

(x)″ *Die durch* $M\mapsto g(M)$ *definierte Abbildung* $g: X_{\leqslant s}\to X_{\leqslant s}$ *ist ein Isomorphismus. Dabei gilt* $g(X_s)=X_s$, $(s\leqslant m)$.

Jetzt wollen wir zeigen:

(xi) *Der topologische Abschluss* $\overline{X}_s$ *von* X_s in $\mathbb{A}^{m\times n}$ *stimmt mit der Determinantenvarietät* $X_{\leqslant s}$ *überein,* $(s<m)$.

Beweis: Weil $X_{\leqslant s}$ abgeschlossen ist in $\mathbb{A}^{m\times n}$, genügt es zu zeigen, dass $X_{\leqslant s}\subseteq\overline{X}_s$. Weil X_s in $\mathbb{A}^{m\times n}$ lokal abgeschlossen (vgl. (v) (b)), also konstruierbar ist, kann man sich nach dem Topologievergleichssatz (11.25) auf den Abschluss bezüglich der starken Topologie beschränken. Sei also $M\in X_{\leqslant s}$. Wir finden ein $r\leqslant s$ mit

$M \in X_r$. Ist $r=s$, sind wir fertig. Andernfalls wählen wir ein $g \in G$ mit $M=g(E_r)$ (vgl. (x)′(b)) und setzen

$$E(t) = \left(\begin{array}{c|c} \mathbb{1}_r & 0 \\ \hline 0 & t\mathbb{1}_{s-r} \end{array}\right), \quad (t \in \mathbb{C}-\{0\}).$$

Dann ist $g(E(t)) \in X_s$ und, wegen der Stetigkeit von g, gilt $g(E(t)) \xrightarrow[t \to 0]{} M$. Es folgt $M \in \bar{X}_s$.

$X_s = G(E_s)$ ist damit offen und dicht in $X_{\leqslant s}$. Wir nennen X_s deshalb auch die *dichte Bahn* in $X_{\leqslant s}$.

Als nächstes wollen wir zeigen:

(xii) $\quad \operatorname{edim}_M (X_{\leqslant s}) = mn, \quad \forall\, M \in X_{\leqslant s-1}, \quad (0 < s \leqslant m).$

Beweis: Wegen $X_{\leqslant s} \subseteq \mathbb{A}^{m\times n}$ genügt es zu zeigen, dass $\operatorname{edim}_M (X_{\leqslant s}) \geqslant mn$, sobald $M \in X_r$, wobei $r<s$. Dazu betrachten wir die Elementarmatrizen $E_{i,j}=(e_{k,l} \mid 1 \leqslant k \leqslant m, 1 \leqslant l \leqslant n)$, definiert durch $e_{k,l}=1$, falls $k=i$, $l=j$ und $e_{k,l}=0$ sonst. Jetzt setzen wir $L_{i,j}(t)=E_r+tE_{i,j}$, $(t \in \mathbb{C})$. Wegen $r<s$ ist $L_{i,j}(t) \in X_{\leqslant s}$. Damit liegt die durch E_r laufende Gerade $L_{i,j}=\{L_{ij}(t) \mid t \in \mathbb{C}\}$ ganz in $X_{\leqslant s}$. Jetzt folgt (in der in (13.7)A) eingeführten Schreibweise) $\mathbb{C}\,\frac{\partial}{\partial z_{ij}}(E_r)=$ $T_{E_r}(L_{i,j}) \subseteq T_{E_r}(X_{\leqslant s})$, also $\sum_{i,j} \mathbb{C}\,\frac{\partial}{\partial z_{i,j}}(E_r) \subseteq T_{E_r}(X_{\leqslant s})$, also $\operatorname{edim}_{E_r}(X_{\leqslant s}) \geqslant mn$. Nach (x)′(b) finden wir ein $g \in G$ mit $g(E_r)=M$. Nach (x)″ und (13.4) (ii) folgt $T_M(X_{\leqslant s}) \cong T_{E_r}(X_{\leqslant s})$, mithin also die Behauptung.

Jetz können wir zeigen:

(xiii) $\quad \begin{array}{l} \text{(a) } \operatorname{Reg}_0 (X_{\leqslant s}) = X_s \\ \text{(b) } \operatorname{Sing}_0 (X_{\leqslant s}) = X_{\leqslant s-1} \end{array}, \quad (0 < s < m).$

Beweis: X_s ist offen und dicht in $X_{\leqslant s}$ (vgl. (xi)), wird also von $\operatorname{Reg}_0 (X_{\leqslant s})$ getroffen. Sei $M \in X_s \cap \operatorname{Reg}_0 (X_{\leqslant s})$ und sei $N \in X_s$ beliebig. Wir finden ein $g \in G$ so, dass der Isomorphismus $g: X_{\leqslant s} \to X_{\leqslant s}$ den Punkt M in den Punkt N überführt. Daraus folgt sofort $N \in \operatorname{Reg}_0 (X_{\leqslant s})$. Damit ist $X_s \subseteq \operatorname{Reg}_0 (X_{\leqslant s})$. Wegen $\dim (X_{\leqslant s}) < mn$ folgt andrerseits aus (xii), dass $X_{\leqslant s} - X_s = X_{\leqslant s-1} \subseteq \operatorname{Sing} (X_{\leqslant s}) \subseteq \operatorname{Sing}_0 (X_{\leqslant s})$. Damit ist alles klar.

Jetzt folgt natürlich sofort

(xiv) $\quad \operatorname{Reg}_i (X_{\leqslant s}) = X_{s-i}, \quad (i=0, \ldots, s;\ 0 \leqslant s < m).$

Damit ist gezeigt, dass die Zerlegung (v) (c) gerade die Stratifikation von $X_{\leqslant s}$ ist. Wir wollen allerdings etwas weitergehen und beweisen:

(xv) $X_{\leqslant s}$ *ist irreduzibel.*

Beweis: Wegen (xi) genügt es zu zeigen, dass X_s irreduzibel ist. Weil X_s singularitätenfrei ist (vgl. (xiii)), ist X_s in allen Punkten $M \in X_s$ irreduzibel, also die disjunkte Vereinigung seiner irreduziblen Komponenten. Wir müssen also zeigen, dass X_s zusammenhängend ist. Es genügt zu zeigen, dass X_s bezüglich der starken Topologie wegweise zusammenhängt. Im Hinblick auf (x) genügt es also zu zeigen, dass E_s und $g(E_s)$ für jedes $g \in G$ durch einen in $G(E_s)$ verlaufenden Weg verbunden werden können. Weil $g(E_s)$ stetig von g abhängt, genügt es also zu zeigen, dass $\mathbb{1} = (\mathbb{1}_m, \mathbb{1}_n)$ und $g = (S, T)$ durch einen in G verlaufenden Weg verbunden werden können. Es genügt natürlich, einen Weg $\sigma : [0, 1] \to GL_m(\mathbb{C})$ zu finden, für den gilt $\sigma(0) = \mathbb{1}_m$, $\sigma(1) = S$. Weil 0 kein Eigenwert von S ist, finden wir einen Weg $\tau : [0, 1] \to \mathbb{C}$ so, dass $\tau(0) = 0$, $\tau(1) = 1$, $0 \notin \tau(]0, 1])$, und so, dass $\dfrac{1 - \tau(t)}{\tau(t)}$ für kein $t \in]0, 1]$ ein Eigenwert von S wird. Jetzt setze man

$$\sigma(t) = \mathbb{1}_m(1 - \tau(t)) + \tau(t)S, \quad (t \in [0, 1]).$$

Nun wollen wir zeigen:

(xvi) *Sei* $s \in \{1, \dots, m-1\}$, *und sei* $d = mn - (m-s)(n-s)$. *Dann besitzt jeder Punkt* $M \in X_s$ *eine offene Umgebung* $U_M \subseteq X_s$, *welche isomorph ist zu einer offenen Teilmenge* V_M *des affinen Raumes* $\mathbb{A}^d$.

Beweis: Es genügt zu zeigen, dass ein Isomorphismus von $\mathbb{C}$-Algebren $\mathcal{O}_{X_s, M} \cong \mathcal{O}_{\mathbb{A}^d, p}$ besteht, wo $p \in \mathbb{A}^d$ (vgl. (8.7)). Wir schreiben $M = g(E_s)$ mit $g \in G$. Nach (ix)(b) gilt dann $g_p^* : \mathcal{O}_{X_s, M} \xrightarrow[\cong]{} \mathcal{O}_{X_s, E_s}$. Wir können uns also auf den

Fall $M = E_s$ beschränken.

Sei $Y \subseteq \mathbb{A}^{m \times n}$ die Menge aller Matrizen der Gestalt

$$N = \left.s\left\{\left[\begin{array}{c|c}
\overset{s}{\underset{\sim}{}} & \\
\hline
& 0
\end{array}\right]\right.\right. \in \mathbb{A}^{m \times n}$$

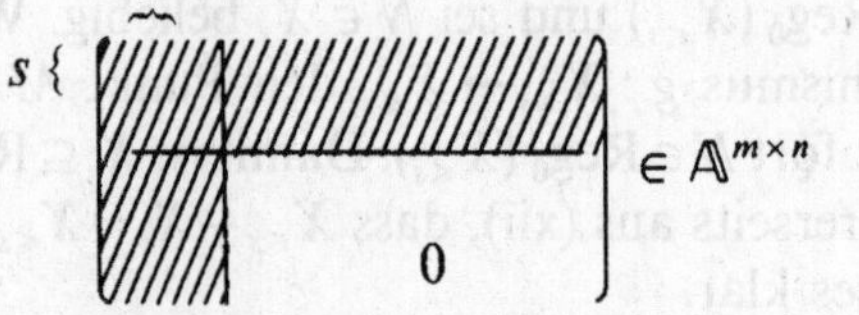

Wir können auch schreiben $Y = V_{\mathbb{A}^{m \times n}}(\{z_{ij} \mid m - s < i \leqslant m, n - s < j \leqslant n\})$. Dies zeigt, dass $Y \cong \mathbb{A}^d$. Es genügt also zu zeigen, dass eine offene Umgebung von E_s in X_s

isomorph ist zu einer offenen Menge von Y. Dazu führen wir ein die Menge $Y' \subseteq Y$ aller Matrizen

$$P = s\left\{\left[\begin{array}{c|c} \overbrace{W}^{s} & W' \\ \hline W'' & 0 \end{array}\right]\right., \quad \text{mit Rang}(W) = s.$$

Wir können auch schreiben $Y' = Y \cap U_{\mathbb{A}^{m\times n}}(\Delta_{1\,\ldots\,s,\,1\,\ldots\,s})$. Dies zeigt, dass Y' offen ist in Y. Wegen $E_s \in Y'$ ist Y' auch dicht in Y.

Jetzt beweisen wir ein Hilfsresultat aus der linearen Algebra:

(*) *Sei* $P = \left[\begin{array}{c|c} W & W' \\ \hline W'' & 0 \end{array}\right] \in Y'$ *und sei* $\tilde{P} = \left[\begin{array}{c|c} W & W' \\ \hline W'' & W^* \end{array}\right]$, $(W^* \in \mathbb{C}^{(m-s)\times(n-s)})$.

Dann gilt: $\tilde{P} \in X_s \Leftrightarrow W^* = W''W^{-1}W'$

Zum Nachweis von «$\Leftarrow$» nehmen wir an, es sei $W^* = W''W^{-1}W'$! Es genügt zu zeigen, dass die i-te Spalte $\tilde{p}_i$ von $\tilde{P}$ eine Linearkombination der ersten s-Spalten $\tilde{p}_1, \ldots, \tilde{p}_s$ von $\tilde{P}$ ist $(i > s)$. Wegen Rang$(W) = s$ lässt sich die $(i-s)$-te Spalte von W' schreiben als $W\lambda$, wobei $\lambda = \begin{pmatrix} \lambda_1 \\ \cdot \\ \cdot \\ \lambda_s \end{pmatrix} \in \mathbb{C}^{s\times 1}$. Die $(i-s)$-te Spalte von W^* hat deshalb die Form $W''W^{-1}W\lambda = W''\lambda$. Damit erhalten wir $\tilde{p}_i = \left(\frac{W\lambda}{W''\lambda}\right) = \left(\frac{W}{W''}\right)\lambda = \left(\tilde{p}_1 \ldots \tilde{p}_s\right)\lambda$. Zum Nachweis von «$\Rightarrow$» nehmen wir an, es sei $\tilde{P} \in X_s$. Wegen Rang$\left(\tilde{p}_1 \ldots \tilde{p}_s\right) = s$ können wir dann schreiben $\tilde{p}_i = (\tilde{p}_1 \ldots \tilde{p}_s)\lambda$, $(i > s,\ \lambda \in \mathbb{C}^{s\times 1})$. Es folgt, dass die $(i-s)$-te Spalte von W' die Gestalt $w'_{i-s} = W\lambda$, die $(i-s)$-te Spalte von W^* die Gestalt $W''\lambda = W''W^{-1}W\lambda = W''W^{-1}W'_{i-s}$ hat. Jetzt folgt $W^* = W''W^{-1}W'$!

Nun definieren wir zwei Morphismen $f: X_s \to Y$ und $g: Y' \to X_s$ durch die Vorschriften

$$\left[\begin{array}{c|c} W & W' \\ \hline W'' & W^* \end{array}\right] \overset{f}{\mapsto} \left[\begin{array}{c|c} W & W' \\ \hline W'' & 0 \end{array}\right], \quad \left[\begin{array}{c|c} W & W' \\ \hline W'' & 0 \end{array}\right] \overset{g}{\mapsto} \left[\begin{array}{c|c} W & W' \\ \hline W'' & W''W^{-1}W' \end{array}\right].$$

Gemäss (*) gilt $f(X_s) \supseteq Y'$, $g(Y') \subseteq f^{-1}(Y')$ und die Einschränkungen $f^{-1}(Y') \xrightarrow{f} Y'$, $Y' \xrightarrow{g} f^{-1}(Y')$ sind zueinander invers. So erhalten wir einen Isomorphismus zwischen der offenen Umgebung $U_{E_s} = f^{-1}(Y')$ von E_s und der offenen Menge $Y' \subseteq Y$.

(xvi) besagt also, dass die Strata X_s der Determinantenvarietäten $X_{\leqslant s}$ ($s=0, \ldots, m-1$) nicht nur als analytische Mannigfaltigkeiten, sondern auch im Sinne der algebraischen Geometrie «lokal wie affine Räume aussehen». Eine quasiaffine Varietät X, die eine dichte offene Untermenge besitzt, die zu einer dichten offenen Menge eines affinen Raumes $\mathbb{A}^d$ isomorph ist, nennt man *rational* (gleichbedeutend dazu ist nach (12.2) $\kappa(X) \cong \mathbb{C}(z_1, \ldots, z_d)$). Die Determinantenvarietäten sind nach (xvi) und (xi) solche rationalen Varietäten. Ebenfalls folgt aus (xvi):

(xvii) $\dim(X_{\leqslant s}) = \dim(X_s) = mn-(m-s)(n-s)$, ($s=0, 1, \ldots, m-1$). ○

Anmerkung: Im vorangehenden Beispiel liessen wir eine algebraische Gruppe – nämlich die Gruppe $GL_m(\mathbb{C}) \times GL_n(\mathbb{C})$ – auf einer Varietät – nämlich dem affinen Raum $\mathbb{A}^{m\times n}$ – operieren und haben die Bahnen X_s bei dieser Operation studiert. Solche Untersuchungen gehören in das Gebiet der *Invariantentheorie*. Als Einführung in dieses wichtige Teilgebiet der algebraischen Geometrie sei dem Leser das Buch H.P. Kraft [*K*] empfohlen. Wir haben mit Hilfe von topologischen Argumenten gezeigt, dass die Determinantenvarietäten $X_{\leqslant s}$ irreduzibel sind. Man kann auch direkt zeigen, dass die Determinantenideale I_{s+1} prim sind. Mit mehr Aufwand lässt sich zeigen, dass $X_{\leqslant s}$ sogar normal ist. ○

(14.11) **Bemerkung:** Sei X eine quasiaffine Varietät. Die Strata $\mathrm{Reg}_i(X)$ ($0 \leqslant i \leqslant \sigma(X)$) bilden gewissermassen die natürlichen singularitätenfreien «Bausteine», aus denen X aufgebaut ist. Allerdings bestimmen diese Bausteine allein X nicht, denn man muss noch wissen, wie diese zusammengesetzt werden müssen. So gibt es etwa nicht-homöomorphe Varietäten X und Y mit $\mathrm{Reg}_i(X) \cong \mathrm{Reg}_i(Y)$, ($i=0, 1, \ldots, \sigma(X)=\sigma(Y)$).

Als Beispiel wähle man etwa $X=V(z_1^3-z_2^2) \subseteq \mathbb{A}^3$, $Y=V(z_3 z_1^3-z_2^2) \subseteq \mathbb{A}^3$. Leicht rechnet man nach, dass $\sigma(X)=\sigma(Y)=1$ und dass gilt:

$$\mathrm{Reg}_0(X) \cong \mathbb{A}^2-\mathbb{A}^1 \cong \mathrm{Reg}_0(Y), \quad \mathrm{Reg}_1(X) \cong \mathbb{A}^1 \cong \mathrm{Reg}_1(Y),$$
$$X \approx \mathbb{A}^2 \not\approx Y.$$

Im Reellen ergibt sich die folgende Veranschaulichung:

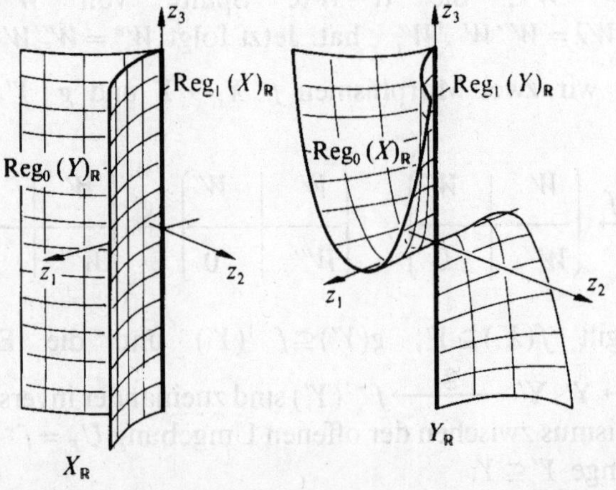

○

(14.12) **Aufgaben:** (1) Sei $Y \subseteq V_{\mathbb{A}^3}(z_1 - 1)$ eine Kurve mit den Singularitäten $p_1, \ldots, p_r$. Sei X die Vereinigung aller Geraden $L \subseteq \mathbb{A}^3$ mit $\mathbf{0} \in L$, $L \cap Y \neq \emptyset$. Man stratifiziere X.

(2) Sei $X = V_{\mathbb{A}^2}(z_1^3 + z_2^3 - 1)$. Man zeige, dass X nicht rational ist.

(3) Man führe die Rechnungen aus dem Beispiel von (14.11) durch.

(4) Sei X eine irreduzible Varietät, sei $p \in X$, sei $G \subseteq \mathrm{Mor}\,(X, X)$ eine Gruppe derart, dass die Bahn von p in X dicht liegt. Dann gehört diese Bahn zu $\mathrm{Reg}_0\,(X)$.

(5) Sei $n \in \mathbb{N}$. Man wähle $r \leqslant n$ und konstruiere eine irreduzible Kurve $X \subseteq \mathbb{A}^2$ mit $\mathrm{Reg}_0\,(X) \cong \mathbb{A}^1 - \{0, 1, \ldots, r-1\}$, $\mathrm{Reg}_1\,(X) \cong \{0, \ldots, r-1\}$ ○

15. Hilbert-Samuel-Polynome

Graduierte Ringe und Moduln. Um den in Kapitel I für Hyperflächen eingeführten Vielfachheitsbegriff auf beliebige Varietäten zu erweitern, brauchen wir ein algebraisches Hilfsmittel, das wir jetzt bereitstellen wollen. Zunächst machen wir einige Vorbemerkungen.

(15.1) **Bemerkungen:** A) Sei A ein Ring und sei $\{M_i \mid i \in \mathscr{A}\}$ eine Familie von A-Moduln. Die Elemente des kartesischen Produktes $\prod_{i \in \mathscr{A}} M_i$ schreiben wir als Folgen in der Form $\{m_i\}_{i \in \mathscr{A}}$, $(m_i \in M_i)$. m_i heisst dabei die i-te *Komponente* des Elementes $\{m_i\}_{i \in \mathscr{A}} \in \prod_{i \in \mathscr{A}} M_i$. Bei komponentenweiser Definition der Operationen wird $\prod_{i \in \mathscr{A}} M_i$ zu einem A-Modul. Diesen bezeichnen wir als das *direkte Produkt der Moduln* M_i.

B) Seien A und $\{M_i \mid i \in \mathscr{A}\}$ wie oben. Unter der *direkten Summe* $\bigoplus_{i \in \mathscr{A}} M_i$ *der Moduln* M_i verstehen wir den im direkten Produkt $\prod_{i \in \mathscr{A}} M_i$ gebildeten Summenmodul $\sum_{i \in \mathscr{A}} M_i$. $\bigoplus_{i \in \mathscr{A}} M_i$ ist also nichts anderes als die Menge aller Elemente $\{m_i\}_{i \in \mathscr{A}} \in \prod_{i \in \mathscr{A}} M_i$, deren Komponenten m_i für alle bis auf eventuell endlich viele $i \in \mathscr{A}$ verschwinden.

Ist $\mathscr{A}$ endlich, so gilt $\bigoplus_{i \in \mathscr{A}} M_i = \prod_{i \in \mathscr{A}} M_i$.

C) Wir halten die obigen Bezeichnungen fest. Ist $\mathscr{B} \subseteq \mathscr{A}$, so können wir das Element $\{m_j\}_{j \in \mathscr{B}} \in \prod_{i \in \mathscr{B}} M_i$ identifizieren mit dem Element $\{\overline{m}_i\}_{i \in \mathscr{A}} \in \prod_{i \in \mathscr{A}} M_i$, das definiert ist durch

$$\overline{m}_i = \begin{cases} m_i, & \text{falls } i \in \mathscr{B}, \\ 0, & \text{sonst.} \end{cases}$$

So fassen wir $\prod_{j \in \mathscr{B}} M_j$ als Untermodul von $\prod_{i \in \mathscr{A}} M_i$ auf und $\bigoplus_{j \in \mathscr{B}} M_j$ als Untermodul von $\bigoplus_{i \in \mathscr{A}} M_i$. (Insbesondere können wir M_j als Untermodul von $\prod_i M_i$ resp. von

$\bigoplus_i M_i$ auffassen). Ist $M_l = \{0\}$ für alle $l \in \mathscr{A} - \mathscr{B}$, so gilt $\prod_{j \in \mathscr{B}} M_j = \prod_{i \in \mathscr{A}} M_i$ resp. $\bigoplus_{j \in \mathscr{B}} M_j = \bigoplus_{i \in \mathscr{A}} M_i$.

D) Ist $N_i \subseteq M_i$ jeweils ein Untermodul ($i \in \mathscr{A}$), so fassen wir $\prod_i N_i$ als Untermodul von $\prod_i M_i$ auf und $\bigoplus_i N_i$ als Untermodul von $\bigoplus_i M_i$.

E) Sei $\{\varphi_i : M_i \to N_i \mid i \in \mathscr{A}\}$ eine Familie von Homomorphismen von A-Moduln. Dann definieren wir das *direkte Produkt* $\prod_i \varphi_i : \prod_i M_i \to \prod_i N_i$ resp. die *direkte Summe* $\bigoplus_i \varphi_i : \bigoplus_i M_i \to \bigoplus_i N_i$ der Homomorphismen φ_i komponentenweise. Es handelt sich dabei wieder um Homomorphismen.

F) Sei M ein A-Modul und sei $\{N_i \mid i \in \mathscr{A}\}$ eine Familie von Untermoduln von M so, dass $M = \sum_{i \in \mathscr{A}} N_i$. Durch die Zuordnung $\{m_i\}_{i \in \mathscr{A}} \mapsto \sum_{i \in \mathscr{A}} m_i$ wird dann offenbar ein surjektiver Homomorphismus $\bigoplus_i N_i \to M$ definiert. Ist dieser ein Isomorphismus, so sagen wir, die *Summe* $\sum N_i$ sei *direkt*, oder auch M sei die *direkte Summe der Untermoduln* N_i. Wir schreiben dann auch $\bigoplus N_i$ anstelle von $\sum_i N_i$. Gleichbedeutend zur Direktheit der Summe $\sum_i N_i$ ist, dass jedes Element $m \in M$ mit eindeutig bestimmten (und für fast alle i verschwindenden) Elementen $m_i \in N_i$ als Summe $m = \sum_i m_i$ geschrieben werden kann.

G) Beachtet man, dass $\mathbb{Z}$-Moduln nichts anderes als additive Gruppen sind, so liefert das Obige für den Fall $A = \mathbb{Z}$ das Konzept des direkten Produktes resp. der direkten Summe von abelschen Gruppen. Ist A ein Körper, erhalten wir die entsprechenden Begriffe für Vektorräume. ○

(15.2) **Definition:** Unter einem *graduierten Ring* verstehen wir einen Ring A, zusammen mit einer Familie $\{A_i \mid i \in \mathbb{Z}\}$ von additiven Untergruppen A_i von A so, dass folgendes gilt:

(i) $\quad A = \bigoplus_{i \in \mathbb{Z}} A_i$.

(ii) $\quad x \in A_i,\ y \in A_j \Rightarrow xy \in A_{i+j}, \quad (i, j \in \mathbb{Z})$.

Unter einem *graduierten Modul* über dem graduierten Ring $A = \bigoplus_{i \in \mathbb{Z}} A_i$ verstehen wir einen A-Modul M, zusammen mit einer Familie $\{M_i \mid i \in \mathbb{Z}\}$ von additiven Untergruppen M_i von M so, dass gilt:

(iii) $\quad M = \bigoplus_{i \in \mathbb{Z}} M_i$.

(iv) $\quad x \in A_i, \quad m \in M_j \Rightarrow xm \in M_{i+j}, \quad (i, j \in \mathbb{Z})$. ○

In diesem Abschnitt wollen wir uns hauptsächlich mit den soeben eingeführten Objekten befassen, nämlich den graduierten Ringen und Moduln. Wir beginnen mit einigen allgemeinen Betrachtungen.

(15.3) **Bemerkungen:** A) Sei $A = \bigoplus_{i \in \mathbb{Z}} A_i$ ein graduierter Ring und sei $M = \bigoplus_{i \in \mathbb{Z}} M_i$ ein graduierter A-Modul. Dann lässt sich jedes Element $m \in M$ mit eindeutig bestimmten Elementen $m_{(i)} \in M_i$ schreiben als (endliche) Summe $m = \sum_i m_{(i)}$. Dabei verschwindet $m_{(i)}$ für fast alle i. $m_{(i)}$ nennen wir den i-ten *homogenen Teil von m* und die Darstellung $m = \sum m_{(i)}$ die *Zerlegung von m in homogene Teile*. Ist $m = m_{(i)}$, d.h. $m \in M_i$ für ein $i \in \mathbb{Z}$, so nennen wir m ein *homogenes Element* von M. ist dabei $m \neq 0$, so ist i eindeutig bestimmt und heisst der *Grad* des homogenen Elementes m. Da A in kanonischer Weise ein graduierter A-Modul ist, gilt das eben Gesagte auch für A selbst.

Auf Grund der Axiome (15.2) ergeben sich für die homogenen Teile die folgenden Rechenregeln:

(i) (a) $(m+n)_{(i)} = m_{(i)} + n_{(i)}$, $(m, n \in M;\ i \in \mathbb{Z})$.
(b) $(x\,m)_{(i)} = \sum_{l+j=i} x_{(l)}\, m_{(j)}$, $(x \in A,\ m \in M;\ i \in \mathbb{Z})$.

Ist $x \in A$, so folgt aus (i) (b) $1_{(0)}x_{(i)} = (1x_{(i)})_{(i)} = x_{(i)}$, also $1_{(0)}x = 1_{(0)} \sum_i x_{(i)} = \sum_i x_{(i)} = x$. Damit ist $1_{(0)} = 1$, also $1 \in A_0$. Nach (15.2) (ii) ist A_0 demnach ein *Unterring von A*. Nach (15.2) (iv) ist M_i (resp. A_i) jeweils ein *A_0-Untermodul von M* (resp. von A), und die direkten Summen (15.2) (iv) (resp. (*i*)) sind direkte Summen von A_0-Moduln. Der A_0-Modul M_i heisst der *i-te homogene Teil von M*.

B) Seien $A = \bigoplus_i A_i$ und $M = \bigoplus_i M_i$ wie oben. Ein *graduierter Untermodul* von M ist ein A-Untermodul N von M, der zusammen mit der Familie $\{N_i := N \cap M_i \mid i \in \mathbb{Z}\}$ zu einem graduierten A-Modul wird. Wir können dann also schreiben

(ii) $$N = \bigoplus_i N_i\,; \quad N_i = N \cap M_i\,; \quad (i \in \mathbb{Z}).$$

Sofort überlegt man sich:

(iii) *Ein A-Untermodul $N \subseteq M$ ist genau dann graduiert, wenn die homogenen Teile $n_{(i)} \in M_i$ jedes Elementes $n \in N$ ebenfalls zu N gehören.*

Daraus ergibt sich:

(iv) *Ein (endlich erzeugter) Untermodul N ist genau dann graduiert, wenn er durch (endlich viele) homogene Elemente aus M erzeugt werden kann.*

Aus (iii) erhält man:

(v) *Ist* $\{N^{(j)} \mid j \in \mathscr{A}\}$ *eine Familie graduierter Untermoduln von* M, *so sind auch* $\sum_j N^{(j)}$ *und* $\bigcap_j N^{(j)}$ *graduierte Untermoduln von* M. *Für deren homogene Teile gilt dabei:* $(\sum_j N^{(j)})_i = \sum_j N_i^{(j)}$; $\quad (\bigcap_j N^{(j)})_i = \bigcap_j N_i^{(j)}, \quad (i \in \mathbb{Z})$.

C) Schliesslich wollen wir noch festhalten, dass der Restklassenmodul eines graduierten Moduls nach einem graduierten Untermodul in kanonischer Weise graduiert ist (Beweis als Übung!):

(vi) *Ist* $N \subseteq M$ *ein graduierter Untermodul und ist* $\overline{\cdot} : M \to M/N$ *die Restklassenabbildung, so ist* M/N, *zusammen mit der Familie* $\{\overline{M}_i \mid i \in \mathbb{Z}\}$ *ein graduierter Modul.*

Ist $N = \bigoplus_i N_i$ ein graduierter Untermodul von $M = \bigoplus M_i$, so bestehen nach dem Homomorphiesatz kanonische A_0-Isomorphismen $\overline{M}_i \cong M_i/N_i$. Also gilt:

(vi)′ $\qquad M/N = \bigoplus_i (M/N)_i\,; \quad (M/N)_i \cong M_i/N_i\,.$

D) Unter einem *graduierten Ideal I* eines graduierten Ringes A verstehen wir einen graduierten Untermodul von A. Aus (iv) folgt sofort:

(vii) *Ist* $I \subseteq A$ *ein graduiertes Ideal und* M *ein graduierter* A-*Modul, so ist* IM *ein graduierter Untermodul von* M.

Sofort verifiziert man auch:

(iix) *Das Radikal* $\sqrt{I}$ *eines graduierten Ideals ist wieder graduiert.*

E) Seien $M = \bigoplus M_i$, $N = \bigoplus N_i$ graduierte A-Moduln. Einen *Homomorphismus* $h : M \to N$ nennen wir *graduiert*, wenn $h(M_i) \subseteq N_i$, $(\forall\ i \in \mathbb{Z})$. In diesem Fall nennen wir den A_0-Homomorphismus $h_i := h\restriction M_i : M_i \to N_i$ den i-ten *homogenen Teil von h*. Offenbar gilt:

(ix) *Kern und Bild eines graduierten Homomorphismus sind graduierte Moduln.* ○

Homogene Ringe.

(15.4) **Definition:** Einen graduierten Ring $A = \bigoplus_{i \in \mathbb{Z}} A_i$ nennen wir *homogen*, wenn er über A_0 durch homogene Elemente vom Grad 1 erzeugt wird. Es muss also zu jedem Element $x \in A$ Elemente $a_{\nu_1 \ldots \nu_r} \in A_0$, $(\nu_1, \ldots, \nu_r \in \mathbb{N}_0)$ und Elemente $x_1, \ldots, x_r \in A_1$ geben so, dass x als endliche Summe $x = \sum_{\nu_1, \ldots, \nu_r \geq 0} a_{\nu_1 \ldots \nu_r} x_1^{\nu_1} \ldots x_r^{\nu_r}$ geschrieben werden kann. ○

(15.5) **Bemerkungen:** A) Sei $A = \bigoplus_{i \in \mathbb{Z}} A_i$ ein homogener Ring. Offenbar ist dann $A_i = \{0\}$ für alle $i < 0$. Wir können also schreiben $A = \bigoplus_{i \in \mathbb{N}_0} A_i$.

Ist $n \in \mathbb{Z}$, so ist jetzt sofort klar, dass

$$M_{\geqslant n} := \bigoplus_{i \geqslant n} M_i$$

ein graduierter Untermodul von M ist. Insbesondere ist $A_{\geqslant 1} = \bigoplus_{i \geqslant 1} A_i$ ein graduiertes Ideal von A. Dieses nennen wir das *irrelevante Ideal* von A. Offenbar gilt:

(i) $\quad A_{\geqslant n} = (A_n) = (A_{\geqslant 1})^n, \quad (n \in \mathbb{N}).$

B) Sei B ein Ring und seien $t_1, \ldots, t_n$ Unbestimmte. Wir setzen

(ii) $\quad B[t_1, \ldots, t_n]_i := \sum_{\nu_1 + \ldots + \nu_r = i} B t_1^{\nu_1} \ldots t_r^{\nu_r}, \quad (i \in \mathbb{N}_0).$

So wird $B[t_1, \ldots, t_n] = \bigoplus_{i \in \mathbb{N}_0} B[t_1, \ldots, t_n]_i$ in kanonischer Weise zum homogenen Ring. Dabei ist das irrelevante Ideal gerade das durch die Unbestimmten erzeugte Ideal $(t_1, \ldots, t_n)$. In diesem Sinne wollen wir Polynomringe stets als homogen betrachten (vgl. (2.2), (2.3), (5.2)C)). ○

(15.6) **Satz:** *Sei* $A = \bigoplus A_i$ *ein homogener noetherscher Ring. Dann gilt:*

(i) A_0 *ist noethersch und es gibt endlich viele homogene Elemente* $x_1, \ldots, x_r \in A_1$ *vom Grad* 1 *so, dass*

$$A = A_0[x_1, \ldots, x_r].$$

(ii) Ist $M = \bigoplus_{i \in \mathbb{Z}} M_i$ *ein endlich erzeugter graduierter A-Modul, so ist* M_i *ein endlich erzeugter* A_0*-Modul* ($i \in \mathbb{Z}$). *Dabei gilt* $M_i = \{0\}$ *für alle* $i \ll 0$.

Beweis: (i): A_0 ist noethersch, weil durch $x \mapsto x_{(0)}$ ein surjektiver Homomorphismus definiert wird. Das irrelevante Ideal $A_{\geqslant 1}$ ist endlich erzeugt, wird also durch endlich viele homogene Elemente $x_1, \ldots, x_s$ erzeugt (vgl. (15.3) (iv)). Wir können annehmen, es sei $x_1, \ldots, x_r \in A_1$ und die Elemente $x_{r+1}, \ldots, x_s$ seien vom Grad > 1. Beachtet man, dass $A_j = 0$ für $j < 0$, so folgt aus den Formeln (15.3) (i) die Beziehung $A_1 = \sum_{i=1}^{r} A_0 x_i$. Weil A homogen ist, ergibt sich daraus sofort $A = A_0[x_1, \ldots, x_r]$.

(ii): Nach (15.3) B) lässt sich M durch endlich viele homogene Elemente $m_1, \ldots, m_t \in M$ erzeugen. Sei $m_j \in M_{d_j}$. Aus den Formeln (15.3) (i) erhält man $M_i = \sum_{j=1}^{r} A_{i-dj} m_j$. Wählt man $x_1, \ldots, x_r$ gemäss (i), so zeigt (15.3) A) (i) aber auch $A_k = \sum_{|\nu| = k} A_0 x_1^{\nu_1} \ldots x_r^{\nu_r}$, ($k \geqslant 0$). So folgt schliesslich

$$M_i = \sum_{j : i - d_j \geqslant 0} \; \sum_{|\nu| = i - d_j} A_0 x_1^{\nu_1} \ldots x_r^{\nu_r} m_j.$$

Daraus folgt das Gewünschte sofort. □

Jetzt können wir sagen, was uns im folgenden interessiert: Wir wollen einen noetherschen homogenen Ring $A = \bigoplus A_i$ betrachten, für den A_0 ein (unendlicher) Körper ist. Für einen endlich erzeugten graduierten A-Modul $M = \bigoplus M_i$ wollen wir dann das asymptotische Wachstum der (nach (15.6) endlichen) Dimension des A_0-Vektorraumes M_i für $i \to \infty$ studieren. Allerdings müssen wir dazu einige allgemeine Hilfsmittel bereitstellen.

Assozierte Primideale.

(15.7) **Definitionen und Bemerkungen:** A) Sei A ein Ring und sei M ein A-Modul. Ein Element $a \in A$ nennen wir einen *Nullteiler* bezüglich M, wenn es ein $m \in M - \{0\}$ so gibt, dass am$=0$. Andernfalls nennen wir A einen *Nichtnullteiler* bezüglich M. Die Menge der Nullteiler bezüglich M bezeichnen wir mit $NT(M)$, jene der Nichtnullteiler mit $NNT(M)$ (vgl. (5.19)A):

$$NT(M) := \{a \in A \mid \exists\, m \in M - \{0\} : am = 0\},$$
$$NNT(M) = M - NT(M).$$

B) Um die Mengen $NT(M)$ besser verstehen zu können, führen wir einen weitern Begriff ein: Ein *Primideal* $\mathfrak{p}$ von A nennen wir *assoziiert zu* M, wenn es ein $m \in M$ so gibt, dass $\mathfrak{p}$ gerade mit dem Annulator $\operatorname{ann}(Am) = \{a \in A \mid am = 0\}$ des Moduls $Am \subseteq M$ übereinstimmt. (Wegen $\mathfrak{p} \neq A$ ist dann $m \neq 0$.) Die Menge der zu M assoziierten Primideale bezeichnen wir mit Ass (M):

$$\operatorname{Ass}(M) = \{\mathfrak{p} \in \operatorname{Spec}(A) \mid \exists\, m \in M : \mathfrak{p} = \operatorname{ann}(Am)\}.$$

Offenbar gilt:

(i) $\mathfrak{p} \in \operatorname{Ass}(M) \Rightarrow \operatorname{ann}(M) \subseteq \mathfrak{p} \subseteq NT(M)$.

Weiter halten wir fest:

(ii) *Sei* $\operatorname{ann}(Am) = \mathfrak{q} \in \operatorname{Spec}(A)$. *Dann ist* $\operatorname{ann}(Ap) = \mathfrak{q}$ *für alle* $p \in Am - \{0\}$. *Insbesondere ist* $\operatorname{Ass}(P) = \{\mathfrak{q}\}$ *für alle von* $\{0\}$ *verschiedenen Untermoduln* $P \subseteq$ Am.

Beweis: Es genügt, die erste Behauptung zu beweisen. Wegen $Ap \subseteq Am$ ist die Inklusion «$\supseteq$» klar. Zum Nachweis von «$\subseteq$» schreiben wir $p = xm$. Dann ist $x \notin \mathfrak{q}$. Ist $y \in \operatorname{ann}(Ap)$, so gilt $y\, xm = 0$, also $yx \in \mathfrak{q}$. Weil $\mathfrak{q}$ prim ist, folgt $y \in \mathfrak{q}$.

(iii) *Ist* $N \subseteq M$ *ein Untermodul, so gilt*

$$\operatorname{Ass}(N) \subseteq \operatorname{Ass}(M) \subseteq \operatorname{Ass}(N) \cup \operatorname{Ass}(M/N).$$

Beweis: Sei $\mathfrak{p} \in \operatorname{Ass}(N)$. Wir können schreiben $\mathfrak{p} = \operatorname{ann}(An)$, wobei $n \in N$ geeignet gewählt ist. Wegen $n \in M$ ist $\mathfrak{p} \in \operatorname{Ass}(M)$. Dies beweist die erste Inklusion.

Sei jetzt $\mathfrak{q} = \operatorname{ann}(Am) \in \operatorname{Ass}(M)$. Nehmen wir zuerst an, es sei $Am \cap N = \{0\}$, und bezeichnen wir die Restklassenbildung nach N mit $\overline{\cdot}$. Dann gilt $\operatorname{ann}(A\overline{m}) = \{a \in A \mid a\overline{m} = \overline{0}\} = \{a \in A \mid am \in N\} = \{a \in A \mid am \in Am \cap N = \{0\}\} = \operatorname{ann}(Am) = \mathfrak{q}$, also $\mathfrak{q} \in \operatorname{Ass}(M/N)$. Sei schliesslich $Am \cap N =: P \neq \{0\}$. Nach (ii) gilt dann $\mathfrak{q} \in \operatorname{Ass}(P)$. Die erste Inklusion (angewandt auf $P \subseteq N$) liefert jetzt $\mathfrak{q} \in \operatorname{Ass}(N)$. ○

(15.8) **Satz:** *Sei* $M \neq \{0\}$ *ein endlich erzeugter Modul über einem noetherschen Ring A. Dann gilt:*

(i) Ass (M) *ist endlich und nicht leer.*

(ii) $NT(M) = \bigcup_{\mathfrak{p} \in \text{Ass}(M)} \mathfrak{p}$.

(iii) *Die minimalen Primoberideale des Annulators* ann (M) *von M sind gerade die minimalen Mitglieder von* Ass (M).

Beweis: Wir setzen $\mathscr{S} = \{\text{ann}(Am) \mid m \in M - \{0\}\}$.

Offenbar gilt $\mathscr{S} \cap \text{Spec}(A) = \text{Ass}(M)$. Dabei sind alle Ideale $I \in \mathscr{S}$ echt.

Wir zeigen zunächst, dass die (bezüglich der Inklusion) maximalen Mitglieder von $\mathscr{S}$ prim sind, also zu Ass (M) gehören. Sei also $I = \text{ann}(Am) \in \mathscr{S}$ maximal, und seien $x, y \in A - I$. Dann gilt $xm \neq 0$ und $I \subseteq \text{ann}(Axm) \in \mathscr{S}$. Wegen der Maximalität von I folgt $\text{ann}(Axm) = I$. Somit ist $y \notin \text{ann}(Axm)$, also $xym \neq 0$, d.h. $xy \notin I$. Damit ist I ein Primideal.

Jetzt beweisen wir die Aussagen (i)–(iii).

(i): Weil A noethersch ist, hat $\mathscr{S}$ maximale Mitglieder. Nach dem eben Gezeigten gehören diese zu Ass (M). Also ist $\text{Ass}(M) \neq \emptyset$. Es bleibt zu zeigen, dass Ass (M) endlich ist.

Nehmen wir das Gegenteil an! Sei $\mathscr{T}$ die Menge aller Untermoduln $N \subsetneq M$, für die Ass (M/N) unendlich ist. Wegen $\{0\} \in \mathscr{T}$ ist $\mathscr{T} \neq \emptyset$ und hat demnach ein maximales Mitglied N (vgl. (9.3) (iii)). Indem wir M ersetzen durch M/N, können wir annehmen, es sei $\mathscr{T} = \{\{0\}\}$. Sei $\mathfrak{p} \in \text{Ass}(M)$. Wir finden also ein $m \in M - \{0\}$ so, dass $\mathfrak{p} = \text{ann}(Am)$. Gemäss (15.7) (ii) ist $\{\mathfrak{p}\} = \text{Ass}(Am)$. Wegen $Am \notin \mathscr{T}$ ist Ass (M/Am) endlich. Nach (15.7) (iii) gilt weiter $\text{Ass}(M) \subseteq \text{Ass}(Am) \cup \text{Ass}(M/Am)$, und wir erhalten den Widerspruch, dass Ass (M) doch endlich ist.

(ii): Offenbar gilt $NT(M) = \bigcup_{m \in M - \{0\}} \text{ann}(Am) = \bigcup_{I \in \mathscr{S}} I$. Weil A noethersch ist, liegt jedes $I \in \mathscr{S}$ in einem maximalen Mitglied von $\mathscr{S}$, also in einem $\mathfrak{p} \in \text{Ass}(M)$. Andrerseits ist $\text{Ass}(M) \subseteq \mathscr{S}$. Beides zusammen ergibt $\bigcup_{I \in \mathscr{S}} I = \bigcup_{\mathfrak{p} \in \text{Ass}(\mathfrak{p})} \mathfrak{p}$ und damit die Behauptung.

(iii): Nach (15.7) B) (i) genügt es zu zeigen, dass jedes minimale Primoberideal $\mathfrak{s}$ von ann (M) zu Ass (M) gehört. Wir schreiben $M = \sum_{i=1}^{t} Am_i$. Wegen $\bigcap_{i=1}^{t} \text{ann}(Am_i) = \text{ann}(M) \subseteq \mathfrak{s}$ gibt es ein i mit $\text{ann}(Am_i) \subseteq \mathfrak{s}$. Wir finden also ein $m \in M - \{0\}$ so, dass $I = \text{ann}(Am) \subseteq \mathfrak{s}$. Dabei können wir m so wählen, dass I maximal wird mit dieser Eigenschaft.

Wir behaupten, dass $NT(Am) \subseteq \mathfrak{s}$. Nehmen wir nämlich das Gegenteil an, gibt es ein $x \in NT(Am) - \mathfrak{s}$. Wir finden dann ein $y \in A$ so, dass $ym \neq 0$, $xym = 0$. Damit ist $y \in \operatorname{ann}(Axm) - I$. Andrerseits ist $\operatorname{ann}(Axm) = \{a \in A \mid ax \in I\} \subseteq \{a \in A \mid ax \in \mathfrak{s}\} \subseteq \mathfrak{s}$. Dies widerspricht der Maximalität von I.

Sei jetzt $\mathfrak{p} \in \operatorname{Ass}(Am)$. Nach (15.7) (i) gilt dann $\operatorname{ann}(M) \subseteq \operatorname{ann}(Am) \subseteq \mathfrak{p} \subseteq NT(Am) \subseteq \mathfrak{s}$. Daraus folgt $\mathfrak{s} = \mathfrak{p} \in \operatorname{Ass}(Am)$. Mit (15.7) (iii) ergibt sich $\mathfrak{s} \in \operatorname{Ass}(M)$. □

(15.9) **Satz:** *Sei $A = \bigoplus A_i$ ein graduierter Ring und $M = \bigoplus M_i$ ein graduierter A-Modul. Sei $\mathfrak{p} \in \operatorname{Ass}(M)$. Dann ist $\mathfrak{p}$ graduiert und von der Form $\mathfrak{p} = \operatorname{ann}(Ah)$, wo $h \in M - \{0\}$ ein homogenes Element ist.*

Beweis: Wir schreiben $\mathfrak{p} = \operatorname{ann}(Am)$ mit $m \in M - \{0\}$ und zerlegen m in homogene Teile $m = \sum_{i=u}^{v} m_{(i)}$. Wir führen den Beweis durch Induktion nach $v - u$. Dabei verwenden wir wiederholt die folgende Aussage, deren Nachweis dem Leser überlassen sei:

(*) $\qquad n \in M$ homogen $\Rightarrow \operatorname{ann}(An)$ graduiert.

Ist $v - u = 0$, so ist m homogen. Nach (*) ist dann $\mathfrak{p}$ graduiert, und wir können $h = m$ setzen.

Sei also $v - u > 0$. Zunächst nehmen wir an, es sei $\operatorname{ann}(Am_{(v)}) \not\subseteq \mathfrak{p}$ und wählen ein $x \in \operatorname{ann}(Am_{(v)}) - \mathfrak{p}$. Dann gibt es ein $j \in \mathbb{Z}$ so, dass $x_{(j)} \notin \mathfrak{p}$. Nach (*) ist $\operatorname{ann}(Am_{(v)})$ graduiert, also $x_{(j)} \in \operatorname{ann}(Am_{(v)})$. Wir können also x durch $x_{(j)}$ ersetzen, d.h. annehmen, x sei homogen. Dann ist $l := x\,m \in Am - \{0\}$. Nach (15.7) (ii) gilt also $\operatorname{ann}(Al) = \mathfrak{p}$. Die Zerlegung von l in homogene Teile hat wegen $x\,m_{(v)} = 0$ die Gestalt $\sum_{i=u}^{v-1} x\,m_{(i)} = \sum_{i=u}^{v-1} l_{(i)}$. Jetzt schliesst man durch Anwendung der Induktionsvoraussetzung auf l.

Sei schliesslich $\operatorname{ann}(Am_{(v)}) \subseteq \mathfrak{p}$. Sei $y = \sum_{i=r}^{s} y_{(i)} \in \mathfrak{p}$. Es gilt zu zeigen, dass $y_{(i)} \in \mathfrak{p}$. Dies geschieht durch Induktion nach $s - r$. Für $s - r = 0$ ist nichts zu zeigen. Sei also $s - r > 0$. Es gilt $y_{(s)}\, m_{(v)} = (ym)_{(s+v)} = 0_{(s+v)} = 0$, also $y_{(s)} \in \operatorname{ann}(Am_{(v)}) \subseteq \mathfrak{p}$, also $\sum_{i=r}^{s-1} y_{(i)} = y - y_{(s)} \in \mathfrak{p}$. Dies erlaubt, induktiv zu schliessen. □

Torsionsmoduln und Quasi-Nichtnullteiler.

(15.10) **Definition und Bemerkungen:** A) Ist M ein A-Modul und $I \subseteq A$ ein Ideal, so definieren wir die *I-Torsion* von M als den Untermodul

$$T_I(M) = \{m \in M \mid \exists\, n \in \mathbb{N}_0 : I^n m = \{0\}\}.$$

Sofort prüft man nach

(i) (a) $T_I(T_I(M)) = T_I(M)$.
(b) $T_I(M/T_I(M)) = \{0\}$.

B) Wir halten die Bezeichnungen von A) fest und wollen beweisen:

(ii) *Ist A noethersch und M endlich erzeugt, so gilt*
(a) $\exists\, s \in \mathbb{N}_0 : I^s\, T_I(M) = \{0\}$.
(b) $\mathrm{Ass}\,(T_I(M)) = \{\mathfrak{p} \in \mathrm{Ass}\,(M) \mid I \subseteq \mathfrak{p}\}$.
(c) $\mathrm{Ass}\,(M/T_I(M)) = \{\mathfrak{p} \in \mathrm{Ass}\,(M) \mid I \nsubseteq \mathfrak{p}\}$.

Beweis: (a) ist klar, weil $T_I(M)$ endlich erzeugt ist. (b, c): Gemäss (15.7) (iii) gilt $\mathrm{Ass}\,(T_I(M)) \subseteq \mathrm{Ass}\,(M) \subseteq \mathrm{Ass}\,(M/T_I(M)) \cup \mathrm{Ass}\,(T_I(M))$. Gemäss (a) und (15.7) (i) gilt $I \subseteq \mathfrak{p}$ für alle $\mathfrak{p} \in \mathrm{Ass}\,(T_I(M))$. Daraus folgt die Inklusion «$\subseteq$» in (b) und damit auch die Inklusion «$\supseteq$» in (c).

Sei jetzt $\mathfrak{p} \in \mathrm{Ass}\,(M/T_I(M))$. Wir finden ein $m \in M - T_I(M)$ so, dass $\mathfrak{p} = \mathrm{ann}\,(Am/T_I(\mathrm{M}))$. Zunächst folgt $I \nsubseteq \mathfrak{p}$, denn sonst wäre $\{0\} \neq Am/T_I(M) \subseteq T_I(M/T_I(M))$, was (i) (b) widerspricht. Weiter erhalten wir $\mathfrak{p}\, m \subseteq T_I(M)$, also (mit geeignetem $s \in \mathbb{N}_0$)
$I^s\, \mathfrak{p}\, m = \{0\}$, d.h. $\mathfrak{p} \subseteq \mathrm{ann}\,(I^s m) \subseteq \mathrm{ann}\,(Am/T_I(M)) = \mathfrak{p}$, d.h. $\mathfrak{p} = \mathrm{ann}\,(I^s m)$.
Nach (15.7) (ii), (iii) folgt $\mathfrak{p} \in \mathrm{Ass}\,(I^s m) \in \mathrm{Ass}\,(M)$. Dies beweist die Inklusion «$\subseteq$» in (c), damit aber auch die Inklusion «$\supseteq$» in (b).

C) Ist I ein graduiertes Ideal eines graduierten Ringes A und ist M ein graduierter A-Modul, so ist leicht zu sehen, dass $T_I(M)$ ein graduierter Untermodul von M wird. Wir halten fest:

(iii) Sei $A = \bigoplus_{i \geqslant \mathbb{N}_0} \mathrm{A}_i$ *ein noetherscher homogener Ring und* $\mathrm{M} = \bigoplus_{i \in \mathbb{Z}} M_i$ *ein endlich erzeugter graduierter A-Modul. Sei* $T := T_{A_{\geqslant 1}}(M)$. *Dann gibt es ein* $t \in \mathbb{Z}$ *so, dass* $T_{\geqslant t} = \{0\}$. *Insbesondere besteht ein graduierter Isomorphismus*

$$M_{\geqslant t} \xrightarrow[\cong]{} (M/T)_{\geqslant t}.$$

Beweis: T ist durch endlich viele homogene Elemente $m_1, \ldots, m_k$ erzeugt. Wir wählen r so, dass $m_1, \ldots, m_k \in \bigoplus_{i \leqslant r} M_i$. Weiter gibt es ein $s \in \mathbb{N}_0$ mit $A_{\geqslant s}\ T = (A_{\geqslant 1})^s T = \{0\}$. Mit $t = r + s$ folgt $T_{\geqslant t} = \{0\}$. Als Isomorphismus wähle man die Restklassenabbildung. ○

(15.11) **Definitionen und Bemerkungen:** A) Sei A ein homogener Ring und M ein graduierter A-Modul. Ein Element $x \in A$ nennen wir einen *Quasi-Nichtnullteiler* bezüglich M, wenn es ein $t \in \mathbb{Z}$ gibt, so dass $x \in NNT(M_{\geqslant t})$. Die Menge dieser Elemente x bezeichnen wir mit $NNT_+(M)$:

$$NNT_+(M) := \{x \in A \mid \exists\, t \in \mathbb{Z} : x \in NNT(M_{\geqslant t})\}.$$

Sofort ist klar

(i) $NNT_+(M) = NNT_+(M_{\geq n}), \quad \forall\, n \in \mathbb{Z}.$

B) Sei jetzt A noethersch und homogen und sei M ein endlich erzeugter graduierter A-Modul. Ein zu M assoziiertes Primideal $\mathfrak{p}$ nennen wir *relevant*, wenn $A_{\geq 1} \nsubseteq \mathfrak{p}$. Die Menge der relevanten zu M assoziierten Primideale bezeichnen wir mit $\operatorname{Ass}_+(M)$. Also:

$$\operatorname{Ass}_+(M) = \{\mathfrak{p} \in \operatorname{Ass}(M) \mid A_{\geq 1} \nsubseteq \mathfrak{p}\}.$$

Es gilt:

(ii) (a) $\operatorname{Ass}_+(M) = \operatorname{Ass}(M/T_{A_{\geq 1}}(M)) = \operatorname{Ass}_+(M/T_{A_{\geq 1}}(M))$.
(b) $\operatorname{Ass}_+(M) = \operatorname{Ass}_+(M_{\geq n}), \forall\, n \in \mathbb{Z}$.
(c) $\operatorname{Ass}_+(M) = \operatorname{Ass}(M_{\geq n}), \forall\, n \gg 0$.

Beweis: (a) ist klar aus (15.9) (c).

(b): Nach (15.7) (iii) gilt $\operatorname{Ass}_+(M_{\geq n}) \subseteq \operatorname{Ass}_+(M) \subseteq \operatorname{Ass}_+(M_{\geq n}) \cup \operatorname{Ass}_+(M/M_{\geq n})$. Für $i > n$ ist $(M/M_{\geq n})_i = M_i/M_i = \{0\}$. Für $i \ll 0$ ist $(M/M_{\geq n})_i = M_i = \{0\}$ (vgl. (15.6) (ii)). Deshalb gibt es ein $s \in \mathbb{N}_0$ mit $(A_{\geq 1})^s (M/M_{\geq n}) \cong (A_{\geq s})(M/M_{\geq n}) = \{0\}$. Also gilt $\mathfrak{p} \supseteq (A_{\geq 1})^s$ und damit auch $\mathfrak{p} \supseteq A_{\geq 1}$ für alle $\mathfrak{p} \in \operatorname{Ass}(M/M_{\geq n})$ (vgl. (15.7) (i)). Es folgt $\operatorname{Ass}_+(M/M_{\geq n}) = \emptyset$ und damit die Behauptung.

(c): Gemäss (15.9) (iii) gibt es ein t mit $(M/T)_{\geq n} = M_{\geq n}\ \forall\, t \geq n$. Dabei ist $T = T_{A_{\geq 1}}(M)$. Unter Verwendung von (a), (b) folgt für $n \geq t$: $\operatorname{Ass}_+(M) = \operatorname{Ass}_+(M_{\geq n}) \subseteq \operatorname{Ass}(M_{\geq n}) = \operatorname{Ass}((M/T)_{\geq n}) \subseteq \operatorname{Ass}(M/T) = \operatorname{Ass}_+(M)$, also die Behauptung. ○

Jetzt gilt die folgende asymptotische Version von (15.8) (ii).

(15.12) **Satz:** *Sei M ein endlich erzeugter graduierter Modul über einem noetherschen homogenen Ring A. Dann gilt:*

(i) $NNT_+(M) = NNT(M_{\geq n}), \forall\, n \gg 0.$

(ii) $NNT_+(M) = A - \bigcup_{\mathfrak{p} \in \operatorname{Ass}_+(M)} \mathfrak{p}.$

Beweis: (i): Gemäss (15.11) (ii) finden wir ein t so, dass $\operatorname{Ass}_+(M) = \operatorname{Ass}(M_{\geq n})$, $\forall\, n \geq t$. Ist $x \in NNT_+(M)$, so gibt es ein m mit $x \in NNT(M_{\geq m})$. Dabei können wir ohne weiteres annehmen, es sei $m \geq t$. Damit folgt im Hinblick auf (15.8) (ii) $x \in A - \bigcup_{\mathfrak{p} \in \operatorname{Ass}(M_{\geq m})} \mathfrak{p} = A - \bigcup_{\mathfrak{p} \in \operatorname{Ass}(M_{\geq n})} \mathfrak{p} = NNT(M_{\geq n})$ und somit $NNT_+(M) \subseteq NNT(M_{\geq n})$ für alle $n \geq t$. Die umgekehrte Inklusion ist klar nach Definition von $NNT_+(M)$.

(ii): Ist $n \geq t$, so gilt $NNT_+(M) = NNT(M_{\geq n}) = A - \bigcup_{\mathfrak{p} \in \operatorname{Ass}(M_{\geq n})} \mathfrak{p}$ und $\operatorname{Ass}(M_{\geq n}) = \operatorname{Ass}_+(M)$. □

Homogene K-Algebren.

(15.13) **Definition und Bemerkungen:** A) Ist C ein Ring und $A=\bigoplus_{i\geqslant 0} A_i$ ein homogener Ring mit $A_0=C$, so nennen wir A eine *homogene C-Algebra.*

B) Im folgenden sei K ein *Körper* und $A=\bigoplus_{i\geqslant 0} A_i$ eine homogene K-Algebra. Dann gilt:

(i) (a) $A_{\geqslant 1} \in \mathrm{Max}(A)$.
(b) *Ist* $I \subsetneq A$ *ein echtes graduiertes Ideal von* A, *so gilt* $I \subseteq A_{\geqslant 1}$.
(c) $\mathrm{Ass}_+(M) = \mathrm{Ass}(M) - \{A_{\geqslant 1}\} = \mathrm{Ass}(M_{\geqslant n}),\ \forall\, n \gg 0$

Beweis: (a): $A/A_{\geqslant 1}$ ist kanonisch isomorph zu K, also ein Körper.

(b): Sei $x \in I$ und $x=\sum x_{(i)}$ die Zerlegung von x in homogene Teile. Es gilt zu zeigen, dass $x_{(0)}=0$. Dies ist aber klar, denn sonst wäre $x_{(0)} \in I \cap K^* \subseteq I \cap A^*$, also $I=A$.

(c) folgt aus (a), (15.9) und (15.11) (ii) (c).

C) Um allfällige Verwechslungen zu vermeiden, treffen wir die folgende Konvention:

Die Dimension eines K-Vektorraumes V wird mit $l_K(V)=l(V)$ *bezeichnet.* Wir fassen also die Dimension (im Sinne der linearen Algebra) als die Länge im Sinne von (10.13) auf.

Weiter wollen wir jetzt annehmen, $A=K\oplus A_1\oplus \ldots$ sei eine *noethersche* homogene K-Algebra und $M=\bigoplus M_i$ sei ein *endlich erzeugter* graduierter A-Modul. Gemäss (15.16) gilt dann

$$l_K(M_n) < \infty,\ \forall\, n \in \mathbb{Z}.$$

Ist $x \in A$ ein homogenes Element, so ist die Menge

(ii) $$(0 \underset{M}{:} x) = (0:x) := \{m \in M \mid x\, m = 0\}$$

offenbar ein graduierter Untermodul von M. Für diese Menge gilt die folgende formel:

(iii) $$x \in A_r \;\Rightarrow\; l((M/xM)_n) = l(M_n) - l(M_{n-r}) + l((0:x)_{n-r}).$$

Beweis: Wegen $(M/xM)_n = M_n/xM_{n-r}$ gilt zunächst $l((M/xM)_n)=l(M_n)-l(xM_{n-r})$. Weiter hat der kanonische Epimorphismus $x: M_{n-r} \to x\,M_{n-r}$ gerade den Kern $(0:x)_{n-r}$. Es folgt also $l(xM_{n-r})=l(M_{n-r})-l((0:x)_{n-r})$ und damit die Behauptung.

Sofort verifiziert man für ein homogenes Element $x \in A$:

(iv) (a) $x \in NNT(M) \Leftrightarrow (0:x) = \{0\}$.
(b) $x \in NNT_+(M) \Leftrightarrow \exists\, s \in \mathbb{Z} : (0:x)_{\geqslant s} = \{0\}$.

Aus (iii) und (iv) erhält man jetzt leicht:

(v) (a) $x \in A_r \cap NNT(M) \Rightarrow l((M/xM)_n) = l(M_n) - l(M_{n-r}),\ \forall\, n \in \mathbb{Z}$.
(b) $x \in A_r \cap NNT_+(M) \Rightarrow l((M/xM)_n) = l(M_n) - l(M_{n-r}),\ \forall\, n \gg 0$.

Die folgende Existenzaussage wird später eine Rolle spielen:

(vi) *Ist K unendlich, so gilt* $A_r \cap NNT_+(M) \neq \emptyset,\ \forall\, r \geqslant 0$.

Beweis: Sei $\{\mathfrak{p}_1, \ldots, \mathfrak{p}_s\} = \mathrm{Ass}_+(M)$. Es gilt jeweils $\mathfrak{p}_i \cap A_r \subsetneqq A_r$. Andernfalls wäre ja $A_r \subseteq \mathfrak{p}_i$, also $A_{\geqslant r} \subseteq \mathfrak{p}_i$. Weil $\mathfrak{p}_i$ prim ist, ergäbe sich daraus der Widerspruch $A_{\geqslant 1} \subseteq \sqrt{A_{\geqslant r}} \subseteq \mathfrak{p}_i$. Die Mengen $\mathfrak{p}_i \cap A_r$ sind also echte Unterräume des K-Vektorraums A_r. Weil K unendlich ist, folgt $\bigcup_{i=1}^{s} \mathfrak{p}_i \cap A_r \subsetneqq A_r$, also $A_r \subseteq \mathfrak{p}_1 \cup \ldots \cup \mathfrak{p}_s$. Jetzt schliesst man mit (15.12) (ii). ○

Das Hilbertpolynom. Im Anschluss an das Ergebnis (15.6) haben wir uns vorgenommen, das asymptotische Wachstum der Vektorraum-Dimensionen $l_K(M_n)$ für einen endlich erzeugten graduierten Modul $M = \bigoplus_n M_n$ über einer homogenen noetherschen K-Algebra A zu untersuchen. Jetzt können wir das entsprechende Hauptergebnis formulieren und beweisen. Allerdings werden wir unsere Aussage über die Summenfunktion $\sum_{i \leqslant n} l_K(M_i)$ machen. Weiter wird in unserem Satz die Dimension $\dim(M)$ des A-Moduls M eine Rolle spielen, wie wir sie in (10.11) (ii) definiert haben. Wichtig ist dabei, dass $\dim(M) < \infty$. Für $M = \{0\}$ ist dies natürlich klar aus der Definition. Ist $M \neq \{0\}$, so beachte man, dass $A/\mathrm{ann}(M)$ ein endlich erzeugter Erweiterungsring von K ist. (10.21) (vii) (a) besagt deshalb, dass $\dim(M) = \dim(A/\mathrm{ann}(M)) < \infty$. Jetzt formulieren wir unser Resultat:

(15.14) **Satz:** *Sei K ein unendlicher Körper,* $A = K \oplus A_1 \oplus A_2 \ldots$ *eine endlich erzeugte homogene K-Algebra, und sei* $M = \bigoplus M_i \neq \{0\}$ *ein endlich erzeugter graduierter A-Modul der Dimension* $\dim(M) = d$. *Dann gibt es eindeutig bestimmte Zahlen* $e_0 \in \mathbb{N}, e_1, \ldots, e_d \in \mathbb{Z}$ *mit der Eigenschaft*

$$\sum_{i \leqslant n} l_K(M_i) = \sum_{j=0}^{d} e_j \binom{n+d}{d-j}, \quad \forall\, n \gg 0.$$

Beweis: Zuerst zeigen wir die Existenz der Zahlen e_j. Wegen $M \neq \{0\}$ ist $d \geqslant 0$. Wir können also Induktion nach d machen.

Sei $d=0$. Dann sind die minimalen Primoberideale von $\operatorname{ann}(M)$ Maximalideale in A. Nach (15.8) (iii) gehören diese minimalen Primoberideale zu $\operatorname{Ass}(M)$ und sind deshalb nach (15.9) graduiert. Weil sie zugleich maximal sind, folgt nach (15.13) (i), dass sie alle mit $A_{\geqslant 1}$ übereinstimmen müssen. Also ist $\sqrt{\operatorname{ann}(M)}=A_{\geqslant 1}$. Dies bedeutet aber gerade, dass M mit seiner $A_{\geqslant 1}$-Torsion $T_{A_{\geqslant 1}}(M)$ übereinstimmt (vgl. (15.10)). Nach (15.10) (iii) folgt $M_i=\{0\}$, $\forall\, i\gg 0$. Nach (15.6) ist M_i für alle $i\in\mathbb{Z}$ ein endlich erzeugter K-Vektorraum, und es gilt $M_i=\{0\}$ $\forall_i \ll 0$. Es genügt also, $e_0=\sum_i l_K(M_i)$ zu setzen, und der Fall $d=0$ ist erledigt.

Sei jetzt $d>0$. Nach (15.13) (vi) gibt es ein Element $x\in A_1\cap NNT_+(M)$. Wir zeigen zuerst, dass $\dim(M/xM)=d-1$. Nach (15.6) gibt es ein kleinstes $s\in\mathbb{Z}$ mit $M_s\neq\{0\}$. Es ist also $(xM)_s=\{0\}\neq M_s$ und somit $xM\neq M$. Nach (10.22) (ii) gilt also $\dim(M/xM)=\dim(A/(\operatorname{ann}(M)+xA))$. Wie im Fall $d=0$ folgt aus (15.8) (iii) und (15.9) wieder, dass alle minimalen Primoberideale von $\operatorname{ann}(M)$ graduiert sind und damit echt in $A_{\geqslant 1}$ enthalten sein müssen. Insbesondere liegen diese Primoberideale in $\operatorname{Ass}_+(M)$ (vgl. (15.11) und werden damit von x vermieden. Daraus ergibt sich leicht $\dim(A/(\operatorname{ann}(M)+xA))=\dim(A/\operatorname{ann}(M))-1=$ $=d-1$ (vgl. (10.21) (iv), (vii) (c)), also $\dim(M/xM)=d-1$.

Nach Induktion gibt es ein $n_0\in\mathbb{Z}$ und eindeutig bestimmte Zahlen $e'_0\in\mathbb{N}$, e'_1, $\ldots$, $e'_{d-1}\in\mathbb{Z}$ mit der Eigenschaft

$$g(n):=\sum_{i\leqslant n} l_K((M/xM)_i) = \sum_{j=0}^{d-1} e'_j\binom{n+d-1}{d-1-j},\quad \forall\, n\geqslant n_0.$$

Gemäss (15.13) (v) (b) gibt es ein $m_0>n_0$ derart, dass

$$l_K(M_n)-l_K(M_{n-1}) = l_K((M/xM)_n),\quad \forall\, n > m_0.$$

Wegen $n>n_0$ kann die rechte Seite dieser Gleichung als $g(n)-g(n-1)$ geschrieben werden. Setzen wir $c=l_K(M_{m_0-1})-g(m_0-1)$, so können wir also schreiben $l_K(M_n)=g(n)+c$, $\forall\, n\geqslant m_0$. Setzen wir jetzt $f(n):=\sum_{i\leqslant n} l_K(M_i)$, so erhalten wir also

$$f(n)=f(n-1)+g(n)+c=f(n-1)+\sum_{j=0}^{d-1} e'_j\binom{n+d-1}{d-1-j}+c,\ \forall\, n\geqslant m_0.$$

Gemäss den Pascalschen Formeln für Binomialkoeffizienten gilt

$$\binom{n+d-1}{d-j}+\binom{n+d-1}{d-1-j}=\binom{n+d}{d-j}.$$

Durch Induktion über n erhalten wir damit aus der obigen Rekurenzformel für f sofort die Gleichung

$$f(n) = f(m_0+1) + \sum_{j=0}^{d-1} e'_j \binom{n+d}{d-j} + (n-m_0+1)c, \quad \forall\, n \geqslant m_0.$$

Setzen wir $e_0 = e'_0, \ldots, e_{d-2} = e'_{d-2}, e_{d-1} = e'_{d-1} + c, e_d = f(m_0-1) - (m_0+1+d)c$, so haben wir unsere Zahlen gefunden.

Zum Nachweis der Eindeutigkeit gehe man aus von einer zweiten Darstellung $f(n) = \sum_{j=0}^{d} \bar{e}_j \binom{n+d}{d-j}$, $n \geqslant 0$. Dann folgt $\sum_{j=0}^{d} (e_j - \bar{e}_j)\binom{n+d}{d-j} = 0$, $\forall\, n \geqslant 0$. Weil $\binom{n+d}{d-j}$ jeweils ein Polynom vom Grad $d-j$ in n ist, folgt $e_j - \bar{e}_j = 0$, $(j = 0, \ldots, d)$. □

Der soeben bewiesene Satz gibt Anlass zu einer wichtigen Begriffsbildung. Diese wird es uns erlauben, den Multiplizitätsbegriff wesentlich allgemeiner zu fassen als in Kapitel I. Mit dem gleichen Werkzeug werden wir später auch den Begriff des Grades einer Hyperfläche verallgemeinern können.

(15.15) **Definitionen und Bemerkungen:** Sei K ein unendlicher Körper, $A = \bigoplus_{i \geqslant 0} A_i$ eine endlich erzeugte homogene K-Algebra und $M = \bigoplus_i M_i$ ein endlich erzeugter graduierter A-Modul. Wir definieren die *(erste) Hilbertfunktion* $h_M : \mathbb{Z} \to \mathbb{N}_0$ von M durch

(i) $$h_M(n) := \sum_{i \leqslant n} l_K(M_i) = l_K(M_{\leqslant n}).$$

Dabei steht l_K nach wie vor für die Vektorraum-Dimension über K und $M_{\leqslant n}$ für den K-Vektorraum $\bigoplus_{i \leqslant n} M_i \subseteq M$.

Ist $M \neq \{0\}$ und $\dim(M) = d$, so wählen wir $e_0 \in \mathbb{N}, e_1, \ldots, e_d \in \mathbb{Z}$ wie in (15.14) und definieren das *(erste) Hilbertpolynom* $\bar{h}_M(t) \in \mathbb{Q}[t]$ durch die Festsetzung:

(i)′ $$\bar{h}_M(t) := \sum_{j=0}^{d} e_j \binom{t+d}{d-j}, \quad M \neq \{0\}.$$

weiter sei festgesetzt:

(i)″ $$h_{\{0\}}(t) := 0.$$

Nach (15.14) gilt dann

(ii) $\overline{h}_M(n) = h_M(n), \quad \forall\, n \gg 0.$

Wir können deshalb auch sagen:

(iii) *Das Hilbertpolynom $\overline{h}_M$ von M ist das (eindeutig bestimmte) Polynom, welches für alle hinreichend grossen Argumente $n \in \mathbb{Z}$ mit der Hilbertfunktion h_M von M übereinstimmt. h_M hat den Grad* dim (M).

Unter Beibehaltung der obigen Bezeichnungen definieren wir die *Multiplizität von M* durch

(iv) $$e(M) := \begin{cases} e_0, & \text{falls } M \neq \{0\} \\ 0, & \text{falls } M = \{0\} \end{cases}.$$

Offenbar gilt dann:

(v) *Ist $M \neq \{0\}$, so ist* $\dfrac{e(M)}{\dim(M)!}$ *der höchste Koeffizient des Hilbertpolynoms h_M von M.* ○

(15.16) **Beispiel:** Sei K ein unendlicher Körper. Wir betrachten den Polynomring $A = K[t_1, \ldots, t_d]$ bezüglich seiner kanonischen Graduierung. Dann ist (vgl. (2.3))

$$h_A(n) = \sum_{i \leqslant n} l_K(A_i) = \sum_{i \leqslant n} \binom{d+i-1}{i} = \binom{n+d}{d}, \quad \forall\, n \geqslant 0.$$

Also gilt $\overline{h}_A(t) = \binom{t+d}{d}$ und $e(A) = 1$. ○

Anmerkung: Die Voraussetzung, dass K unendlich ist, wird in (15.14) und (15.15) eigentlich gar nicht benötigt. Ist nämlich K endlich, so nimmt man mit dem unendlichen Körper $K(t)$ (t = Unbestimmte) durch Tensionen eine Basiserweiterung vor und überlegt sich, dass die Hilbertfunktion dabei unverändert bleibt. Für unsere Anwendungen ist die Voraussetzung der Unendlichkeit von K allerdings keine Einschränkung. ○

Rees-Ringe und graduierte Ringe zu Idealen. Wir wollen die soeben eingeführten Begriffe auf endlich erzeugte Moduln über noetherschen lokalen Ringen übertragen. Dazu ordnen wir einem noetherschen lokalen Ring in bestimmter Weise eine homogene Algebra zu und jedem seiner Moduln einen graduierten Modul über dieser Algebra. Diese Konstruktion nehmen wir jetzt in Angriff.

(15.17) **Definitionen und Bemerkungen:** A) Sei A ein Ring, $I \subseteq A$ ein Ideal und M ein A-Modul. Wir betrachten die direkte Summe

$$R(I) := \bigoplus_{i \geqslant 0} I^i.$$

Auf $R(I)$ definieren wir eine Multiplikation durch

$$(\Sigma a_i)(\Sigma b_j) := \sum_k \sum_{i+j=k} a_i b_j, \quad (a_i \in I^i, b_j \in I^j).$$

Dadurch wird $R(I)$ zur homogenen A-Algebra. $R(I)$ nennen wir den *Rees-Ring von A zum Ideal I.*

Ist $x \in I$, so schreiben wir x', wenn wir x als homogenes Element von Grad 1 in $R(I)$ auffassen. Also gilt $x'_{(i)} = x$ resp. 0, je nachdem ob $i = 1$ oder $i \neq 1$. Sofort prüft man nach

(i) $\quad R((x_1, \ldots, x_r)) = A[x'_1, \ldots, x'_r], \quad (x_i \in A)$

und erhält daraus:

(ii) $\quad$ *A noethersch* $\Rightarrow$ *R(I) noethersch.*

Sei M ein A-Modul. Die direkte Summe

$$R(I, M) := \bigoplus_{i \geqslant 0} I^i M$$

können wir vermöge der durch $(\sum_i a_i)(\Sigma b_j) := \sum_k \sum_{i+j=k} a_i b_j \; (a_i \in I^i, c_j \in I^j M)$ definierten Skalarenmultiplikation als graduierten $R(I)$-Modul auffassen. $R(I, M)$ heisst der *Rees-Modul von M* zum *Ideal I. I^iM* ist also der i-te homogene Teil von $R(I, M)$.

Fassen wir Elemente $m \in M$ auch als homogene Elemente vom Grad 0 in $R(I, M)$ auf, so können wir schreiben:

(iii) $\quad R(I, \sum_{i=1}^r Am_i) = \sum_{i=1}^r R(I)m_i, \quad (m_i \in M),$

und sehen so:

(iv) $\quad$ *M endlich erzeugt* $\Rightarrow$ *R(I, M) endlich erzeugt.*

B) Wir halten die obigen Bezeichnungen fest. $I\,R(I)$ ist ein graduiertes Ideal von $R(I)$, dessen i-ter homogener Teil gegeben ist durch $(I\,R(I))_i = I^{i+1}$, $(i \geqslant 0)$. Jetzt definieren wir den *graduierten Ring von A zum Ideal I* als den Restklassenring (vgl. (15.3) (iv)′):

$$Gr(I) := R(I)/I\,R(I) = \bigoplus_{i \geq 0} I^i/I^{i+1}, \quad (I \subseteq R(I)_0).$$

$Gr(I)$ ist offenbar eine homogene A/I-Algebra.

Ist $x \in I$, so stehe $\bar{x} \in I/I^2$ für die Restklasse von x nach I^2, aufgefasst als Element von $Gr(I)_1$. In den Bezeichnungen von A) ist $\bar{x} = x'/IR(I)$. Aus (i) folgt deshalb

(v) $$Gr((x_1, \ldots, x_r)) = (A/I)\,[\bar{x}_1, \ldots, \bar{x}_r], \quad (x_i \in A).$$

Insbesondere gilt:

(vi) *A noethersch ⇒ Gr(I) noethersch.*

Den Restklassenmodul

$$Gr(I, M) := R(I, M)/I\,R(I, M) = \bigoplus_{i \geq 0} I^iM/I^{i+1}M$$

fassen wir als graduierten Modul über $Gr(I)$ auf. $Gr(I, M)$ heisst der *graduierte Modul von M zum Ideal I.*

Ist $m \in M$, so schreiben wir $\overline{m}$ für die Restklasse $m/I\,M \in Gr(I, M)_1$ und erhalten aus (iii)

(vii) $$Gr(I, \sum_{i=1}^{r} Am_i) = \sum_{i=1}^{r} Gr(I)\overline{m}_i, \quad (m_i \in M).$$

Insbesondere gilt also:

(iix) *M endlich erzeugt ⇒ Gr(I, M) endlich erzeugt.* ○

(15.18) **Lemma** (*Artin-Rees*): *Sei A ein noetherscher Ring, $I \subseteq A$ ein Ideal, M ein endlich erzeugter A-Modul und $N \subseteq M$ ein Untermodul. Dann gibt es ein $r \in \mathbb{N}_0$ derart, dass*

$$I^nM \cap N = I^{n-r}(I^rM \cap N), \quad \forall\, n \geq r.$$

Beweis: $T := \bigoplus_{i \geq 0} (I^iM \cap N)$ ist offenbar ein graduierter Untermodul des Rees-Moduls $R(I, M)$. $R(I)$ ist noethersch und $R(I, M)$ ist endlich erzeugt (vgl. (15.18) (ii), (iix)). Also wird T durch endlich viele homogene Elemente $t_1, \ldots, t_s \in T$ erzeugt (vgl. (15.3) (iv)). Sei r das Maximum der Grade dieser Elemente

t_j. Ist $n \geq r$, so lässt sich jedes Element t des n-ten homogenen Teils T_n von T schreiben als $t = \sum_k a_k u_k$, wobei $a_k \in R(I)_{n-r} = I^{n-r}$ und $u_k \in T_r = I^r M \cap N$. Dies bedeutet $I^n M \cap N = T_n \subseteq I^{n-r}(I^r M \cap N)$. Die Inklusion «$\supseteq$» ist trivial. ○

(15.19) **Lemma** (*Krullsches Durchschnittslemma*): *Sei* $(A, \mathfrak{m})$ *ein noetherscher lokaler Ring,* $I \subseteq \mathfrak{m}$ *ein Ideal und* M *ein endlich erzeugter* A*-Modul. Dann gilt* $\bigcap_{n \geq 0} I^n M = \{0\}$.

Beweis: Es genügt, den Fall $I = \mathfrak{m}$ zu behandeln. Sei $N = \bigcap_{n \geq 0} \mathfrak{m}^n M$. Nach (15.18) gibt es ein r mit $\mathfrak{m}^n M \cap N \subseteq \mathfrak{m}^{n-r} N$, $\forall\, n \geq r$. Insbesondere folgt $N \subseteq \mathfrak{m}^{r+1} M \cap N \subseteq \mathfrak{m} N$, also $N = \mathfrak{m} N$. Nach Nakayama wird $N = \{0\}$. □

Hilbert-Samuel-Polynome und Multiplizität.

(15.20) **Definitionen und Bemerkungen:** A) Sei $(A, \mathfrak{m})$ ein noetherscher lokaler Ring mit unendlichem Restklassenkörper $K = A/\mathfrak{m}$. Weiter sei M ein endlich erzeugter A-Modul.

Nach (15.17) ist

$$Gr(\mathfrak{m}) = \bigoplus_{i \geq 0} \mathfrak{m}^i/\mathfrak{m}^{i+1} = K \oplus \mathfrak{m}/\mathfrak{m}^2 \oplus \mathfrak{m}^2/\mathfrak{m}^3 \oplus \ldots$$

eine endlich erzeugte homogene K-Algebra. Nach (15.17) (iix) ist

$$Gr(\mathfrak{m}, M) = \bigoplus_{i \geq 0} \mathfrak{m}^i M/\mathfrak{m}^{i+1} M$$

ein endlich erzeugter graduierter Modul über $Gr(\mathfrak{m})$.

B) Wir definieren jetzt die *Hilbert-Samuel-Funktion* H_M von M und das *Hilbert-Samuel-Polynom* $\overline{H}_M$ von M durch:

$$H_M := h_{Gr(\mathfrak{m}, M)}, \quad \overline{H}_M := \overline{h}_{Gr(\mathfrak{m}, M)},$$

wo $h_{Gr(\mathfrak{m}, M)}$ und $\overline{h}_{Gr(\mathfrak{m}, M)}$ gemäss (15.15) definiert sind.

Die *Multiplizität* $m(M)$ des Moduls M definieren wir als die in (15.15) eingeführte Multiplizität des graduierten Moduls $Gr(\mathfrak{m}, M)$:

$$m(M) := e(Gr(\mathfrak{m}, M)).$$

C) Wir behalten die obigen Voraussetzungen und Bezeichnungen bei. Nach (10.11) (iv) ist $\dim (M/\mathfrak{m}^{n+1} M) = 0$. Nach (10.13) (i) ist $M/\mathfrak{m}^{n+1} M$, also ein A-Modul endlicher Länge. Gemäss (10.13) (v) wird diese Länge mit Hilfe der K-Dimension l_K ausgedrückt durch:

(i) $$l_A(M/\mathfrak{m}^{n+1} M) = \sum_{i \leq n} l_K(\mathfrak{m}^i M/\mathfrak{m}^{i+1} M) = H_M(n).$$

Also können wir zusammenfassen (vgl. (15.15) (iii)):

(ii) *Die Hilbert-Samuel-Funktion* $H_M(n)$ *von M ist gegeben durch*

$$H_M(n) = l_A(M/\mathfrak{m}^{n+1}M).$$

Das Hilbert-Samuel-Polynom von M ist das (eindeutig bestimmte) Polynom $\overline{H}_M$ *mit der Eigenschaft*

$$\overline{H}_M(n) = l_A(M/\mathfrak{m}^{n+1}M), \quad \forall\, n \gg 0. \qquad \circ$$

(15.21) **Definitionen und Bemerkungen:** A) Sei $(A, \mathfrak{m})$ ein noetherscher lokaler Ring, M ein endlich erzeugter A-Modul und $m \in M - \{0\}$. Nach dem Krullschen Durchschnittslemma ist $\bigcap_{n\geq 0} \mathfrak{m}^n M = \{0\}$. Deshalb gibt es eine durch x eindeutig bestimmte Zahl $\nu(m) \in \mathbb{N}_0$ mit

$$m \in \mathfrak{m}^{\nu(m)}M - \mathfrak{m}^{\nu(m)+1}M.$$

Diese Zahl $\nu(m) \in \mathbb{N}_0$ nennen wir die *Ordnung* von x. Wir setzen $\nu(0) = \infty$.

Weiter fassen wir die Restklasse

$$m^* := m/\mathfrak{m}^{\nu(m)+1}M \in \mathfrak{m}^{\nu(m)}M/\mathfrak{m}^{\nu(m)+1}M = Gr(\mathfrak{m}, M)_{\nu(m)}$$

als homogenes Element vom Grad $\nu(m)$ in $Gr(\mathfrak{m}, M)$ auf. m^* nennen wir die *charakteristische Form von m*. Wir setzen $0^* = 0$.

Im Fall $A = M$ ist x^* ein Element von $Gr(\mathfrak{m})$, $(x \in A)$.

B) Wir behalten die Bezeichnungen und Voraussetzungen von A) bei. Sofort verifiziert man:

(i) (a) $\nu(xm) \geqslant \nu(x) + \nu(m)$, $(x \in A,\ m \in M)$.
(b) $\nu(n+m) \geqslant \min\{\nu(m), \nu(n)\}$, *wobei Gleichheit gilt falls* $\nu(m) \neq \nu(n)$.

(ii) *Ist* $x \in A - \{0\}$, $m \in M - \{0\}$, *so gilt die Äquivalenz*

$$\nu(xm) = \nu(x) + \nu(m) \Leftrightarrow x^*\, m^* = (xm)^* \Leftrightarrow x^*\, m^* \neq 0.$$

Beweis: Gemäss den Rechengesetzen in $Gr(\mathfrak{m}, M)$ gilt (vgl. (15.18) A)) $x^*\, m^* = xm/\mathfrak{m}^{\nu(x)+\nu(m)+1}M \in Gr(\mathfrak{m}, M)_{\nu(x)+\nu(m)}$. Daraus folgt alles.

(iii) *Sei* $\nu = \nu(x)$. *Dann gilt* $\mathfrak{m}^n M \cap xM \supseteq x\mathfrak{m}^{n-\nu}M$, $\forall\, n \geqslant \nu$. *Weiter gilt:*
(a) $x^* \in NNT(Gr(\mathfrak{m}, M)) \Rightarrow \mathfrak{m}^n M \cap xM = x\mathfrak{m}^{n-\nu}M$, $\forall\, n \geqslant \nu$.
(b) $x^* \in NNT_+(Gr(\mathfrak{m}, M)) \Rightarrow \mathfrak{m}^n M \cap xM = x\mathfrak{m}^{n-\nu}M$, $\forall\, n \geqslant 0$.

Beweis: Trivialerweise gilt $m^n M \cap xM \supseteq x\mathfrak{m}^{n-\nu}$, $\forall\ n \geqslant \nu$. (a): Sei $m \in \mathfrak{m}^n M \cap xM - \{0\}$. Wir schreiben $m = xl$ mit $l \in M - \{0\}$. Wegen $l^* \in Gr(\mathfrak{m}, M) - \{0\}$ ist $x^*\, l^* \neq 0$. Nach (ii) folgt also $\nu + \nu(l) = \nu(xl) = \nu(m)$. Wegen $m \in \mathfrak{m}^n M$ ist

$v(m) \geqslant n$. So erhalten wir $v(l) \geqslant n-v$, also $l \in \mathfrak{m}^{n-v}M$, mithin $m \in x\,\mathfrak{m}^{n-v}M$.
(b): Nehmen wir an, es sei $x^* \in NNT(Gr(\mathfrak{m}, M)_{\geqslant t})$. Nach Artin-Rees gibt es ein $r \in \mathbb{N}_0$ mit $\mathfrak{m}^n M \cap xM = \mathfrak{m}^{n-r}(\mathfrak{m}^r M \cap xM) \subseteq \mathfrak{m}^n M \cap x\mathfrak{m}^{n-r}M$ für alle $n \geqslant r$. Ist $m \in \mathfrak{m}^n M \cap xM - \{0\}$ und $n \geqslant r$, so können wir also schreiben $m = xl$, mit $l \in \mathfrak{m}^{n-r}M - \{0\}$. Für $n \geqslant t+r$ ist dann $l^* \in Gr(\mathfrak{m}, M)_{\geqslant t} - \{0\}$. Insbesondere ist $x^*\, l^* \neq 0$. Jetzt schliessen wir wieder wie in (a).

Im folgenden stehe $T_\mathfrak{m}(M)$ für die in (5.10) eingeführte $\mathfrak{m}$-Torsion von M. Wir zeigen dann:

(iv) (a) $x^* \in NNT(Gr(\mathfrak{m}, M)) \Rightarrow x \in NNT(M)$.
(b) $x^* \in NNT_+(Gr(\mathfrak{m}, M)) \Rightarrow x \in NNT(M/T_\mathfrak{m}(M))$.

Beweis: (a): Sei $m \in M - \{0\}$. Wegen $x^*\, m^* \neq 0$ ist $(xm)^* \neq 0$ (vgl. (ii)), also $xm \neq 0$.

(b): Sei $m \in M - T_\mathfrak{m}(M)$ und sei $x^* \in NNT(Gr(\mathfrak{m}, M)_{\geqslant t})$. Wegen $m \notin T_\mathfrak{m}(M)$ gilt $\mathfrak{m}^s m \neq \{0\}$, $\forall\ s \geqslant t$. Wir finden also jeweils ein $y_s \in \mathfrak{m}^s$ mit $y_s\, m \neq 0$. Wegen $v(y_s\, m) \geqslant s \geqslant t$ ist $(y_s\, m)^* \in Gr(\mathfrak{m}, M)_{\geqslant t} - \{0\}$, also $x^*\,(y_s\, m)^* \neq 0$. Nach (ii) folgt $(x\, y_s\, m)^* \neq 0$, also $xy_s\, m \neq 0$, also $\mathfrak{m}^s xm \neq \{0\}$, also $xm \notin T_\mathfrak{m}(M)$.

C) Sei $h: M \to N$ ein Homomorphismus von A-Moduln. Durch $\sum m_i \mapsto \sum h(m_i)$, $(m_i \in \mathfrak{m}^i M)$ wird ein graduierter Homomorphismus $R(\mathfrak{m}, h): R(\mathfrak{m}, M) \to R(\mathfrak{m}, N)$ zwischen den Rees-Moduln definiert (vgl. (15.18) A)). Dieser führt offenbar $\mathfrak{m}R(\mathfrak{m}, M)$ in $\mathfrak{m}R(\mathfrak{m}, N)$ über und induziert damit einen graduierten Homomorphismus

$$Gr(\mathfrak{m}, h): Gr(\mathfrak{m}, M) \to Gr(\mathfrak{m}, N), \quad (\textstyle\sum m_i/\mathfrak{m}^{i+1}M \mapsto \sum h(m_i)/\mathfrak{m}^{i+1}N).$$

Ist h surjektiv, so ist es auch $Gr(\mathfrak{m}, h)$.

Ist $L \subseteq M$ ein Untermodul und $\overline{\cdot}: M \to M/L$ die Restklassenabbildung, so erhalten wir eine *kanonische Surjektion*

$$Gr(\mathfrak{m}, \overline{\cdot}): Gr(\mathfrak{m}, M) \twoheadrightarrow Gr(\mathfrak{m}, M/L).$$

(vi) *Sei* $x \in A$ *und* $\pi: Gr(\mathfrak{m}, M) \twoheadrightarrow Gr(\mathfrak{m}, M/xM)$ *die kanonische Surjektion. Dann ist* Kern $(\pi) \supseteq x^* Gr(\mathfrak{m}, M)$. *Weiter gilt*
(a) $x^* \in NNT(Gr(\mathfrak{m}, M)) \Rightarrow$ Kern $(\pi) = x^* Gr(\mathfrak{m}, M)$.
(b) $x^* \in NNT_+(Gr(\mathfrak{m}, M)) \Rightarrow \exists\ t \in \mathbb{N}_0:$ Kern $(\pi)_{\geqslant t} = (x^* Gr/\mathfrak{m}, M))_{\geqslant t}$.

Beweis: Sei $v = v(x)$, $n \in \mathbb{N}_0$. $\pi_n: \mathfrak{m}^n M/\mathfrak{m}^{n+1}M \to \mathfrak{m}^n(M/xM)/\mathfrak{m}^{n+1}(M/xM)$ hat offenbar den Kern $(\mathfrak{m}^n M \cap xM + \mathfrak{m}^{n+1}M)/\mathfrak{m}^{n+1}M$. Also gilt Kern $(\pi)_n = (\mathfrak{m}^n M \cap xM + \mathfrak{m}^{n+1}M)/\mathfrak{m}^{n+1}M$. Weiter gilt auch

$(x^* Gr(\mathfrak{m}, M))_n = (x\mathfrak{m}^{n-v}M + \mathfrak{m}^{n+1}M)/\mathfrak{m}^{n+1}M$ für $n \geqslant v$

und $(x^* Gr(\mathfrak{m}, M))_n = 0$ für $n < v$. Jetzt schliesst man mit (iii). ○

Für das folgende Resultat beachte man, dass die $\mathfrak{m}$-Torsion $T_{\mathfrak{m}}(M)$ eines endlich erzeugten Moduls M über einem noetherschen lokalen durch eine Potenz von $\mathfrak{m}$ annulliert wird, mithin also endliche Länge hat.

(15.22) **Satz:** *Sei $(A, \mathfrak{m})$ ein noetherscher lokaler Ring mit unendlichem Restklassenkörper $A/\mathfrak{m}$. Sei M ein endlich erzeugter A-Modul und sei $x \in \mathfrak{m}-\{0\}$. Sei $\nu=\nu(x)$, $T=T_{\mathfrak{m}}(M)$. Dann gilt:*

(i) $x^* \in NNT(Gr(\mathfrak{m}, M)) \Rightarrow H_{M/xM}(n)=H_M(n)-H_M(n-\nu),\ \forall\, n \geqslant \nu.$

(ii) $x^* \in NNT_+(Gr(\mathfrak{m}, M)) \Rightarrow \overline{H}_{M/xM}(n)=\overline{H}_M(t)-\overline{H}_M(t-\nu)+l_A(T/xT).$

Beweis: Sei $n \in \mathbb{N}_0$. Der kanonische Epimorphismus

$$\pi_n : M/\mathfrak{m}^{n+1}M \to (M/xM)/\mathfrak{m}^{n+1}(M/xM)$$

hat den Kern $(xM+\mathfrak{m}^{n+1}M)/\mathfrak{m}^{n+1}M$, der seinerseits isomorph ist zu $xM/\mathfrak{m}^{n+1}M \cap xM$. Nach (15.21) (iii) gilt weiter $\mathfrak{m}^{n+1}M \cap xM=\mathfrak{m}^{n-\nu+1}xM$, und zwar für alle $n \geqslant \nu$ resp. alle hinreichend grossen n, je nachdem ob x^* bezüglich $Gr(\mathfrak{m}, M)$ Nichtnullteiler oder Quasinichtnullteiler ist. Wegen der Additivität der Länge gilt also für die entsprechenden $n \in \mathbb{N}_0$:

$$(*) \qquad H_{M/xM}(n) = H_M(n)-l_A\,(xM/\mathfrak{m}^{n-\nu+1}xM).$$

Ist $x^* \in NNT(Gr(\mathfrak{m}, M))$, so ist $x \in NNT(M)$ (vgl. (15.21) (iv) (a)), also $xM \cong M$. Wir können also den letzten Ausdruck von (*) durch $H_M(n-\nu)$ ersetzen. Dies beweist (i).

Sei also lediglich $x^* \in NNT_+(Gr(\mathfrak{m}, M))$. Dann ist $x \in NNT(M/T_{\mathfrak{m}}(M))$ (vgl. (15.21) (iv) (b)). Damit ist der Kern N der Multiplikationsabbildung $M \xrightarrow{\cdot x} xM$ enthalten in $T_{\mathfrak{m}}(M)$, und wir können schreiben $\mathfrak{m}^s N=\{0\}$ für ein $s \in \mathbb{N}_0$. Der induzierte Epimorphismus

$$\rho_n : M/\mathfrak{m}^{n-\nu+1}M \to xM/\mathfrak{m}^{n-\nu+1}xM$$

hat den Kern $(N+\mathfrak{m}^{n-\nu+1}M)/\mathfrak{m}^{n-\nu+1}M \cong N/\mathfrak{m}^{n-\nu+1}M \cap N$. Wählen wir n genügend gross, so folgt nach Artin-Rees sofort $\mathfrak{m}^{n-\nu+1}M \cap N \subseteq \mathfrak{m}^s N=\{0\}$, also Kern $(\rho_n) \cong N$. Für grosse n ergibt sich wegen der Additivität der Länge $l_A(xM/\mathfrak{m}^{n-\nu+1}xM)=l_A(M/\mathfrak{m}^{n-\nu+1}M)-l_A(N)=H_M(n-\nu)-l_A(N)$. Weil (*) für hinreichend grosse n gilt, erhalten wir also

$$H_{M/xM}(n) = H_M(n)-H_M(n-\nu)+l_A(N),\ \forall\, n \gg 0.$$

Weil N auch der Kern des Epimorphismus $T \xrightarrow{x\,\cdot} xT$ ist, gilt schliesslich $l_A(N)=l_A(T)-l_A(xT)=l_A(T/xT)$. Jetzt folgt die Behauptung im Hinblick auf (15.20) (ii). □

Anmerkung: Die Bedeutung des soeben bewiesenen Satzes liegt vor allem in der Aussage (ii). Nehmen wir etwa an, es sei $T_{\mathfrak{m}}(M)=\{0\}$. Lassen wir dann x die Menge $\mathfrak{m}^{\nu}-\mathfrak{m}^{\nu+1}$ aller Elemente der Ordnung ν durchlaufen, so gilt «fast immer»

$$\overline{H}_{M/xM}(t) = \overline{H}_M(t)-\overline{H}_M(t-\nu).$$

Genauer: Diese Gleichung gilt sobald x^* in $\mathfrak{m}^{\nu}/\mathfrak{m}^{\nu+1}$ die vielen echten Unterräume $\mathfrak{m}^{\nu}/\mathfrak{m}^{\nu+1}\cap\mathfrak{p}$, ($\mathfrak{p}\in \mathrm{Ass}_+(Gr(\mathfrak{m}, M))$) vermeidet (vgl. Beweis (15.13) (vi)). ○

Dimension und Additivität. Wir wollen jetzt den Grad des Hilbert-Samuel-Polynoms bestimmen und anschliessend eine wichtige Eigenschaft der Multiplizität beweisen, nämlich deren Additivität.

(15.23) **Satz:** *Sei $(A, \mathfrak{m})$ ein noetherscher lokaler Ring mit unendlichem Restklassenkörper $A/\mathfrak{m}$. Sei $M\neq\{0\}$ ein endlich erzeugter A-Modul mit dem Hilbert-Samuel-Polynom $\overline{H}_M$. Dann gilt:*

(i) $\quad \mathrm{Grad}\,(\overline{H}_M) = \dim(M) = \dim(Gr(\mathfrak{m}, M)).$

(ii) $\quad$ *Der höchste Koeffizient von* $\overline{H}_M$ ist $\dfrac{m(M)}{\dim(M)!}$.

Beweis: Im Hinblick auf (15.15) (iii), (v) und (15.20) B) ist zu zeigen, dass $d := \dim(M)$ und $d' = \mathrm{Grad}\,(\overline{H}_M)$ übereinstimmen. Dies tun wir durch Induktion nach d.

Sei zunächst $d=0$. Dann ist $\mathfrak{m}^s M=\{0\}$ für ein $s\in\mathbb{N}$. Damit ist $\overline{H}_M(t)=l_A(M)\in\mathbb{N}$, also $d'=0$.

Sei also $d>0$. Dann ist auch $d'>0$. Andernfalls wäre für $s\gg 0$ $l_A(\mathfrak{m}^s M/\mathfrak{m}^{s+1}M) =\overline{H}_M(s+1)-\overline{H}_M(s)=0$, also $\mathfrak{m}^s M=\mathfrak{m}\,(\mathfrak{m}^s M)$. Nach dem Lemma von Nakayama wäre dann $\mathfrak{m}^s M=\{0\}$, also $d=0$. Nach (15.13) (vi) gibt es ein $x\in\mathfrak{m}-\mathfrak{m}^2$ so, dass $x^*\in NNT_+(Gr(\mathfrak{m}, M))$. Nach (15.22) (ii) gilt jetzt $\overline{H}_{M/xM}(t) =\overline{H}_M(t)-\overline{H}_M(t-1)+\mathrm{const.}$. Nach Nakayama ist $(M/xM)/\mathfrak{m}(M/xM) \cong M/\mathfrak{m}M\neq\{0\}$. Dies zeigt, dass $M/xM\neq\{0\}$ und $\overline{H}_{M/xM}\neq 0$. Letzteres, zusammen mit $d'>0$, liefert jetzt $\mathrm{Grad}\,(\overline{H}_{M/xM})=d'-1$.

Wegen $M/xM\neq\{0\}$ gilt nach (10.22) (ii) $\dim(M/xM)=\dim(A/\mathrm{ann}(M)+xA))$. Nach (15.21) (iv) (b) ist $x\in NNT(M/T_{\mathfrak{m}}(M))$. x vermeidet deshalb alle $\mathfrak{p}\in \mathrm{Ass}(M)-\{\mathfrak{m}\}$ (s. (15.10) (ii) (c)), mithin also die minimalen Primoberideale von $\mathrm{ann}(M)$ (s. (15.8) (iii)). Gemäss (10.21) (iv)′ folgt jetzt

$$\dim(A/(\mathrm{ann}(M)+ xA))=\dim(A/\mathrm{ann}(M))-1,$$

also $\dim(M/xM)=d-1$. Nach Induktion wird jetzt $d'-1=d-1$, und wir sind fertig. □

Genauso wie beim Satz (15.22) liegt die Bedeutung des folgenden Korollars darin, dass die gegebene Gleichung für «fast alle» Elemente $x \in \mathfrak{m}$ einer gegebenen Ordnung gilt.

(15.24) **Korollar:** *Sei $(A, \mathfrak{m})$ ein noetherscher lokaler Ring mit unendlichem Restklassenkörper $A/\mathfrak{m}$. Sei M ein endlich erzeugter A-Modul mit* $\dim(M) > 0$, *und sei $x \in \mathfrak{m} - \{0\}$ ein Element der Ordnung $v(x) = v$ mit $x^* \in NNT_+(Gr(\mathfrak{m}, M))$. Dann gilt:*

$$m(M/xM) = vm(M).$$

Beweis: Nach (15.23) ist $\overline{H}_M(t)$ vom Grad $\dim(M) > 0$ und hat den höchsten Koeffizienten $\dfrac{m(M)}{\dim(M)!}$. Nach (15.22) gilt $\overline{H}_{M/xM}(t) = \overline{H}_M(t) - \overline{H}_M(t-v) + \text{const.}$ $\overline{H}_{M/xM}$ hat also den Grad $\dim(M) - 1$ (man beachte wieder, dass $M/xM \neq 0$) und den höchsten Koeffizienten $\dfrac{vm(M)}{(\dim(M)-1)!}$. Aus der Aussage über den Grad folgt gemäss (15.23) (i) $\dim(M/xM) = \dim(M) - 1$. Wendet man (15.23) (ii) nochmals auf M/xM an, folgt die Behauptung. □

(15.25) **Satz** (*Additivität der Multiplizität*): *Sei $(A, \mathfrak{m})$ ein noetherscher lokaler Ring mit unendlichem Restklassenkörper $A/\mathfrak{m}$. Sei M ein endlich erzeugter A-Modul und $N \subseteq M$ ein Untermodul. Dann gilt*

$$m(M) = \begin{cases} m(N) + m(M/N), & \textit{falls} \quad \dim(N) = \dim(M/N) = \dim(M) \\ m(N) \quad\quad\quad\quad\quad , & \textit{falls} \quad \dim(M/N) \neq \dim(M) \\ m(M/N) \quad\quad\quad\;\; , & \textit{falls} \quad \dim(N) \neq \dim(M) \end{cases}.$$

Beweis: Der kanonische Epimorphismus $M/\mathfrak{m}^{n+1}M \to (M/N)/\mathfrak{m}^{n+1}(M/N)$ hat offenbar den Kern $(N + \mathfrak{m}^{n+1}M)/\mathfrak{m}^{n+1}M \cong N/N \cap \mathfrak{m}^{n+1}M$. Setzen wir $f(n) := l_A(N/N \cap \mathfrak{m}^{n+1}M)$, so folgt aus der Additivität der Länge sofort $H_M(t) = H_{M/N}(n) + f(n)$, $(n \in \mathbb{N}_0)$. Weil H_M und $H_{M/N}$ für grosse Argumente durch Polynome aus $\mathbb{Q}[t]$ dargestellt werden können, gilt dasselbe auch für f. Wir finden also ein $\overline{f}(t) \in \mathbb{Q}[t]$ mit $\overline{f}(n) = f(n)$, $\forall \ n \gg 0$. Insbesondere gilt $\overline{H}_M(t) = \overline{H}_{M/N}(t) + \overline{f}(t)$.

Nach dieser Vorbemerkung beweisen wir die behaupteten Gleichungen. Ist einer der drei Module N, M, M/N der 0-Modul, ist alles klar. Seien also N, M, $M/N \neq \{0\}$. Wir setzen $d' = \dim(N)$, $d = \dim(M)$ und $\overline{d} = \dim(M/N)$. Nach (15.23) sind die höchsten Terme von $\overline{H}_M(t)$ und $\overline{H}_{M/N}(t)$ gegeben durch $\dfrac{m(M)t^d}{d!}$ resp. $\dfrac{m(M/N)t^{\overline{d}}}{\overline{d}!}$.

Jetzt wollen wir zeigen, dass $\overline{f}(t)$ denselben höchsten Term hat wie $\overline{H}_N(t)$, nämlich $\frac{m(N)t^{d'}}{d'!}$. Dazu beachten wir, dass es nach Artin-Rees ein $r \in \mathbb{N}_0$ gibt, mit $N \cap \mathfrak{m}^{n+1}M \subseteq \mathfrak{m}^{n+1-r}N$, $\forall\, n \geqslant r$. Es gilt also $\mathfrak{m}^{n+1}N \subseteq N \cap \mathfrak{m}^{n+1}M \subseteq \mathfrak{m}^{n+1-r}N$, also $l_A(N/\mathfrak{m}^{n+1}N) \geqslant l_A(N/N \cap \mathfrak{m}^{n+1}M) \geqslant l_A(N/\mathfrak{m}^{n+1-r}N)$ für alle $n \gg 0$. Daraus folgt $\overline{H}_N(n) \geqslant \overline{f}(n) \geqslant \overline{H}_N(n-r)$ für alle $n \gg 0$ und damit die Übereinstimmung der höchsten Terme von $\overline{f}$ und $\overline{H}_N$.

Beachtet man noch, dass $d', \overline{d} \leqslant d$, so folgt jetzt alles mit der eingangs bewiesenen Gleichung $\overline{H}_M = \overline{H}_N + \overline{f}$. □

Anmerkung: Ist (in den Bezeichnungen von (15.25)) $\dim(M) = 0$, so gilt trivialerweise $\overline{H}_M(t) = l_A(M) = m(M)$. In diesem Fall stimmt dann die Aussage von (15.25) genau mit der Additivität der Länge überein. Dies legt es nahe, unsern Multiplizitätsbegriff als eine Verallgemeinerung des Längenbegriffs zu verstehen. ○

(15.26) **Bemerkung:** Sei $(A, \mathfrak{m})$ ein noetherscher lokaler Ring mit unendlichem Restklassenkörper, sei M ein endlich erzeugter A-Modul und sei $I \subseteq \mathfrak{m}$ ein Ideal mit $IM = \{0\}$. Dann ist M in kanonischer Weise ein Modul über dem lokalen Ring $(\overline{A} := A/I, \overline{\mathfrak{m}} := \mathfrak{m}/I)$ und es gilt $\overline{\mathfrak{m}}^n M = \mathfrak{m}^n M$, also $M/\overline{\mathfrak{m}}^n M = M/\mathfrak{m}^n M$ für alle $n \in \mathbb{N}_0$. Wir können also sagen

(i) *H_M, $\overline{H}_M$ und $m(M)$ hängen nicht davon ab, ob wir M als Modul über A oder als Modul über $\overline{A}$ auffassen.* ○

(15.27) **Aufgaben:** (1) Sei A ein noetherscher graduierter Ring und sei M ein endlich erzeugter A-Modul. Sei $a \in A$. Man zeige, dass a ein Nichtnullteiler ist bezüglich M, wenn ein homogener Teil von a diese Eigenschaft hat. Weiter zeige man anhand von Beispielen, dass die Umkehrung nicht gilt.

(2) Sei $A = \mathbb{C}[z_1, \ldots, z_n]$, und sei $f \in A - \{0\}$ homogen vom Grad $r > 0$. Man berechne die Hilbertfunktion, das Hilbertpolynom und die Multiplizität des graduierten A-Moduls A/fA.

(3) Sei $(A, \mathfrak{m})$ ein noetherscher lokaler Ring, und sei $I \subseteq \mathfrak{m}$ ein Ideal. Man zeige: Ist der graduierte Ring $Gr(I)$ integer, so ist I prim und A integer.

(4) Sei $f^{(\varepsilon)} = z_1^3 + \varepsilon z_1^2 - z_2^2$, $X^{(\varepsilon)} = V_{\mathbb{A}^2}(f^{(\varepsilon)})$. Man zeige: $Gr(\mathfrak{m}_{X^{(\varepsilon)},0})$ ist nie integer und genau für $\varepsilon = 0$ nicht reduziert.

(5) Sei $(A, \mathfrak{m})$ noethersch und lokal, und seien $M_1, \ldots, M_r$ endlich erzeugte A-Moduln. Dann gilt $H_{M_1 \oplus \ldots \oplus M_r} = H_{M_1} + \ldots + H_{M_r}$ und $e(M_1 \oplus \ldots \oplus M_r) = \sum_{\dim(M_i) = d} e(M_i)$, wo $d = \max\{\dim(M_i) \mid i = 1, \ldots, r\}$.

(6) Sei $(A, \mathfrak{m})$ noethersch und lokal, sei $I \subseteq A$ ein Ideal und sei M ein endlich erzeugter A-Modul. Gilt $\dim(A/(I + \operatorname{ann}(M))) < \dim(M)$, so ist $m(M/T_I(M)) = m(M)$.

(7) Sei $(A, \mathfrak{m})$ noethersch und lokal, sei M ein endlich erzeugter A-Modul und sei $M_0 \supseteq M_1 \supseteq \ldots \supseteq M_r$ eine Kette von Untermoduln aus M mit $\dim(M_i) = \dim(M_{j+1}/M_j) = \dim(M)$. Dann ist $r \leqslant m(M)$.

(8) Sei $A = \mathbb{C}[z_1, z_2, z_3]$, und sei M der graduierte A-Modul A/fA. Man bestimme

$\{(a_1, a_2, a_3) \in \mathbb{C}^3 \mid \sum a_i z_i \in NNT(M)\}$

für $f = z_1^2 + z_2^2 - z_3^2$, $f = z_1^2 - z_1 z_2 + z_1 z_3$.

(9) Sei $(A, \mathfrak{m})$ ein lokaler noetherscher Integritätsbereich. Sei M ein endlich erzeugter A-Modul mit $\dim(M) = \dim(A)$. Man zeige, dass $m(A) \leqslant m(M)$, wobei genau dann Gleichheit gilt, wenn $\dim(M/N) < \dim(M)$ für jeden Untermodul $N \neq 0$ von M.

(10) Man überlege sich, dass in den Sätzen über das Hilbert-Samuel-Polynom die Voraussetzung $|A/\mathfrak{m}| = \infty$ nicht nötig ist.

(11) Sei $(A, \mathfrak{m})$ ein 1-dimensionaler lokaler Ring mit $\mathfrak{m} = Aa$, und sei $x \in A - \{0\}$. Dann ist $x = a^{\nu(x)} \varepsilon$, mit $\varepsilon \in A^*$. ○

16. Multiplizität und Tangentialkegel

Das Hilbert-Samuel-Polynom für einen Punkt.

(16.1) **Definitionen und Bemerkungen:** A) Sei X eine quasiaffine Varietät und $p \in X$ ein Punkt. Wir betrachten den lokalen Ring $(\mathcal{O}_{X,p}, \mathfrak{m}_{X,p})$ und seinen graduierten Ring (vgl. (15.18) B)).

(i) $$Gr_p(X) := Gr(\mathfrak{m}_{X,p}) = \bigoplus_{n \geqslant 0} \mathfrak{m}_{X,p}^n/\mathfrak{m}_{X,p}^{n+1},$$

den wir den *graduierten Ring von X in p* nennen. $\mathcal{O}_{X,p}$ hat nach (8.1) (iv) den Restklassenkörper $\mathcal{O}_{X,p}/\mathfrak{m}_{X,p} \cong \mathbb{C}$. Also ist $Gr_p(X)$ eine noethersche homogene $\mathbb{C}$-Algebra (vgl. (15.20) A)), und wir können die *Hilbert-Samuel-Funktion* $H_{X,p}$ und das *Hilbert-Samuel-Polynom* $\overline{H}_{X,p}$ von X in p definieren als

(ii) $$H_{X,p} := H_{\mathcal{O}_{X,p}}, \quad \overline{H}_{X,p} := \overline{H}_{\mathcal{O}_{X,p}}.$$

Im Hinblick auf (15.20) (ii) und (15.23) können wir sagen

(iii) *Für alle* $n \in \mathbb{N}_0$ *gilt* $H_{X,p}(n) = l(\mathcal{O}_{X,p}/\mathfrak{m}_{X,p}^{n+1})$. *Insbesondere ist das Hilbert-Samuel-Polynom von X in p das (eindeutig bestimmte) Polynom* $\overline{H}_{X,p}$ *mit der Eigenschaft* $\overline{H}_{X,p}(n) = l(\mathcal{O}_{X,p}/\mathfrak{m}_{X,p}^{n+1})$, $\forall\, n \gg 0$. *Dabei gilt* Grad $(\overline{H}_{X,p}) = \dim_p(X) = \dim(Gr_p(X))$.

B) Wir halten die Bezeichnungen von A) fest. Weiter setzen wir $e = \operatorname{edim}_p(X) = \dim_{\mathbb{C}}(\mathfrak{m}_{X,p}/\mathfrak{m}_{X,p}^2)$ und wählen ein minimales Erzeugendensystem $x_1, \ldots, x_e$ von $\mathfrak{m}_{X,p}$ (vgl. (13.15) (ii)). $x_i^* = x_i/\mathfrak{m}_{X,p}^2 \in \mathfrak{m}_{X,p}/\mathfrak{m}_{X,p}^2 = Gr(X)_1$ sei die charakteristische Form von x_i, $(i = 1, \ldots, e)$. Gemäss (15.18) (v) erhalten wir $Gr_p(X) = \mathcal{O}_{X,p}/\mathfrak{m}_{X,p}[x_1^*, \ldots, x_e^*] = \mathbb{C}[x_1^*, \ldots, x_e^*]$. Seien $t_1, \ldots, t_e$ Unbestimmte. Wir betrachten den durch $z_i \mapsto x_i^*$ definierten Einsetzungshomomorphismus

(iv) $$\pi : \mathbb{C}[t_1, \ldots, t_e] \twoheadrightarrow Gr_p(X), \quad (e = \operatorname{edim}_p(X)).$$

Dieser ist surjektiv und graduiert

(v) (a) $\pi(\mathbb{C}[t_1, \ldots, t_e]_n) = Gr_p(X)_n$, $(n \in \mathbb{N}_0)$.

(b) $\mathbb{C}[t_1, \ldots, t_e]_1 \xrightarrow[\cong]{\pi} Gr_p(X)_1 = \mathfrak{m}_{X,p}/\mathfrak{m}_{X,p}^2$.

Wir überlegen uns:

(vi) *Der Einsetzungshomomorphismus* $\pi : \mathbb{C}[t_1, \ldots, t_e] \twoheadrightarrow Gr_p(X)$ *ist genau dann ein Isomorphismus, wenn* $p \in Reg(X)$.

Beweis: Ist π ein Isomorphismus, so folgt $\dim_p(X) = \dim(Gr_p(X)) = \dim(\mathbb{C}[t_1, \ldots, t_e]) = e = \operatorname{edim}_p(X)$, also $p \in \operatorname{Reg}(X)$. Ist $p \in \operatorname{Reg}(X)$, so ist $\dim(\mathbb{C}[t_1, \ldots, t_e]) = e = \operatorname{edim}_p(X) = \dim_p(X) = \dim(Gr_p(X)) = \dim(\mathbb{C}[t_1, \ldots, t_e]/\operatorname{Kern}(\pi))$, also $\operatorname{Kern}(\pi) = \{0\}$.

Insbesondere können wir also sagen:

(vii) *Ist* $p \in \operatorname{Reg}(X)$ *und* $\dim_p(X) = d$, *so gilt:*

(a) $H_{X,p}(n) = \binom{n+d}{d}$, $\forall\, n \geq 0$; $\overline{H}_{X,p}(t) = \binom{t+d}{d}$.

(b) $m(\mathcal{O}_{X,p}) = 1$.

Beweis: Nach (vi) ist $H_{X,p}(n) = h^{(1)}_{Gr(\mathfrak{m},M)}(n) = h^{(1)}_{\mathbb{C}[z_1,\ldots,z_{e=d}]}(n) = \dim_{\mathbb{C}}(\mathbb{C}[t_1, \ldots, t_d]_{\leq n}) = \binom{n+d}{d}$ (vgl. (15.16)).

C) Sei $Y \subseteq X$ abgeschlossen so, dass $p \in Y$. Dann ist $\mathcal{O}_{Y,p} \cong \mathcal{O}_{X,p}/I_{X,p}(Y)$. Nach (15.26) können wir dann sagen

(iix) $m(\mathcal{O}_{Y,p})$ *ist unabhängig davon, ob wir* $\mathcal{O}_{Y,p}$ *als lokalen Ring oder als* $\mathcal{O}_{X,p}$-*Modul auffassen.*

D) Über Hyperflächen $Y \subseteq X$ wollen wir festhalten

(ix) *Sei* $Y \subseteq X$ *eine durch p laufende Hyperfläche in X und sei* $a \in I_{X,p}(Y)$ *derart, dass* $a^* \in NNT_+(Gr_p(X))$. *Dann gilt*

$$m(\mathcal{O}_{Y,p}) \leq \nu(a)\, m(\mathcal{O}_{X,p}).$$

Beweis: $\mathcal{O}_{Y,p} = \mathcal{O}_{X,p}/I_{X,p}(Y)$ kann als Restklassenring von $\mathcal{O}_{X,p}/a\mathcal{O}_{X,p}$ geschrieben werden. Dabei haben beide Ringe dieselbe Dimension , nämlich $\dim_p(X) - 1$. Aus (iix) und (15.25) folgt also $m(\mathcal{O}_{Y,p}) \leq m(\mathcal{O}_{X,p}/a\mathcal{O}_{X,p})$. Nach (15.24) ist aber $m(\mathcal{O}_{X,p}/a\mathcal{O}_{X,p}) = \nu(a) m(\mathcal{O}_{X,p})$

(ix)′ *Seien* $Y \subseteq X$ *und a wie oben, gelte aber zusätzlich* $I_{X,p}(Y) = (a)$. *Dann gilt*

$$m(\mathcal{O}_{Y,p}) = \nu(a) m(\mathcal{O}_{X,p}).$$

Diese Aussage wird wie (ix) bewiesen. Die Bedeutung beider Ergebnisse liegt natürlich wieder darin, dass die Bedingung $a^* \in NNT_+(Gr_p(X))$ für «fast alle» Keime $a \in \mathcal{O}_{X,p}$ einer festen Ordnung $\nu(a)$ erfüllt ist.

E) Sei jetzt $p=(c_1, \ldots, c_n) \in \mathbb{A}^n$. Sei $f \in \mathcal{O}(\mathbb{A}^n)=\mathbb{C}[z_1, \ldots, z_n], f \neq 0$. Wir setzen $z'_i = z_i - c_i$ $(i=1, \ldots, n)$ und bilden die Taylor-Entwicklung von f an der Stelle $p=c$ (vgl. (2.10)):

$$f = \sum_{i \geq \mu_p(f)} f_{(i)}^{(p)}; \quad f^{(p)} := f_{(\mu_p(f))}^{(p)} = \text{Leitform von } f \text{ in } p \neq 0.$$

Anders ausgedrückt: Wir zerlegen f bezüglich der Variablen z'_i in homogene Teile. Wir sehen so, dass $f \in (z'_1, \ldots, z'_n)^{\mu_p(f)} - (z'_1, \ldots, z'_n)^{\mu_p(f)+1}$. Wegen

$$\mathfrak{m}^i_{\mathbb{A}^n,p} = (z'_1, \ldots, z'_n)^i \mathcal{O}_{\mathbb{A}^n,p}, \; (z'_1, \ldots, z'_n)^i = \mathcal{O}(\mathbb{A}^n) \cap \mathfrak{m}^i_{\mathbb{A}^n,p} \; (i \in \mathbb{N}_0)$$

erhalten wir deshalb $f_p \in \mathfrak{m}^{\mu_p(f)}_{\mathbb{A}^n,p} - \mathfrak{m}^{\mu_p(f)+1}_{\mathbb{A}^n,p}$, also

(x) $\qquad \mu_p(f) = \nu(f_p), \quad (f \in \mathcal{O}(\mathbb{A}^n), p \in \mathbb{A}^n).$

Wir können also sagen: *Der Ordnungsbegriff für Keime ist eine natürliche Verallgemeinerung des Begriffs der Vielfachheit von Polynomen.*

Wegen $m_{\mathbb{A}^n,p} = ((z'_1)_p, \ldots, (z'_n)_p)$, $p \in \operatorname{Reg}(\mathbb{A}^n)$ und $\operatorname{edim}_p(\mathbb{A}^n)=n$ besteht nach (vi) ein (bezüglich der Variablen $z'_1, \ldots, z'_n \in \mathcal{O}(\mathbb{A}^n)$ graduierter) Isomorphismus

(xi) $\qquad \mathcal{O}(\mathbb{A}^n) = \mathbb{C}[z'_1, \ldots, z'_n] \xrightarrow[\cong]{\pi_p} Gr_p(\mathbb{A}^n), \; (z'_i \mapsto (z'_i)^*_p).$

Auf Grund der Taylor-Entwicklung von f in p sieht man sofort

(xi)′ $\qquad \pi_p(f^{(p)}) = f^*_p.$

Jetzt können wir den graduierten Ring einer Hyperfläche $X \subseteq \mathbb{A}^n$ in einem Punkt $p \in X$ bestimmen.

(xii) *Sei $X = V(f) \subseteq \mathbb{A}^n$ eine Hyperfläche, definiert durch ein quadratfreies Polynom f. Sei $p \in X$. Dann besteht ein Isomorphismus*

$$\mathcal{O}(\mathbb{A}^n)/(f^{(p)}) \xrightarrow[\cong]{\overline{\pi}_p} Gr_p(X), \quad (z'_i/(f^{(p)}) \mapsto (z'_i \upharpoonright X)^*).$$

Beweis: Nach (5.25) ist $I(X)=(f)$, also $I_{\mathbb{A}^n,p}(X)=(f_p)$. Wir können also schreiben $\mathcal{O}_{X,p} = \mathcal{O}_{\mathbb{A}^n,p}/(f_p)$ und erhalten (vgl. (iix)) $Gr_p(X) = Gr(\mathfrak{m}_{\mathbb{A}^n,p}, \mathcal{O}_{\mathbb{A}^n,p}/(f_p))$. Weil

$Gr_p(\mathbb{A}^n)$ integer ist (vgl. (xi)) ist $f_p^* \in NNT(Gr_p(\mathbb{A}^n))$. Deshalb hat die kanonische Surjektion (vgl. (15.21) (vi) (a))

$$Gr_p(\mathbb{A}^n) = Gr(\mathfrak{m}_{\mathbb{A}^n,p}, \mathcal{O}_{\mathbb{A}^n,p}) \to Gr(\mathfrak{m}_{\mathbb{A}^n,p}, \mathcal{O}_{\mathbb{A}^n,p}/(f_p)) = Gr_p(X)$$

gerade den Kern f_p^*. Jetzt schliesst man mit (xi), (xi′) und dem Homomorphiesatz.

$\mu_p(X)$ stehe im folgenden für die gemäss (3.3) definierte Vielfachheit der Hyperfläche X an der Stelle $p \in X$.

(xiii) *Sei $X \subseteq \mathbb{A}^n$ eine Hyperfläche und $p \in X$. Dann gilt:*

$$\mu_p(X) = m(\mathcal{O}_{X,p}).$$

Beweis: Wir schreiben $X = V(f)$ mit einem quadratfreien Polynom f. Wir haben bereits vorhin gesehen, dass dann $I_{\mathbb{A}^n,p}(X) = f_p\mathcal{O}_{\mathbb{A}^n,p}$ und dass $f_p^* \in NNT(Gr_p(\mathbb{A}^n))$. Nach (ix) (b) folgt also $m(\mathcal{O}_{X,p}) = \nu(f_p)m(\mathcal{O}_{\mathbb{A}^n,p})$. Wegen $p \in \operatorname{Reg}(\mathbb{A}^n)$ ist $m(\mathcal{O}_{\mathbb{A}^n,p}) = 1$ (vgl. (vii) (b)). Gemäss (x) ist $\nu(f_p) = \mu_p(f)$. Nach (3.6) ist $\mu_p(f) = \mu_p(X)$. ○

Der Multiplizitätsbegriff für Punkte. Im Hinblick auf das zuletzt Gezeigte ist es sinnvoll, den Multiplizitätsbegriff für Hyperflächen wie folgt zu verallgemeinern:

(16.2) **Definition:** Sei X eine quasiaffine Varietät und sei $p \in X$. Dann definieren wir die *Vielfachheit* oder *Multiplizität $\mu_p(X)$ von X an der Stelle p* als die Multiplizität $m(\mathcal{O}_{X,p})$ des lokalen Ringes $\mathcal{O}_{X,p}$ von X in p:

$$\mu_p(X) := m(\mathcal{O}_{X,p}).$$ ○

Als erstes wollen wir uns jetzt darüber klar werden, wie sich die Multiplizität im Hinblick auf irreduzible Komponenten verhält. Zunächst beweisen wir ein algebraisches Resultat, in welchem die in (10.13) eingeführte Länge von Moduln eine Rolle spielt. Wir bemerken zuerst folgendes: Ist A ein noetherscher Ring uns $\mathfrak{p} \subseteq A$ ein minimales Primideal von A, so ist $A_\mathfrak{p}$ ein lokaler Ring der Dimension 0, denn $\mathfrak{p}A_\mathfrak{p}$ ist das einzige Primideal von $A_\mathfrak{p}$. Nach (10.13) (ii) ist die Länge $l(A_\mathfrak{p})$ des $A_\mathfrak{p}$-Moduls $A_\mathfrak{p}$ endlich. $l(A_\mathfrak{p})$ ist dabei die gemeinsame Länge aller maximalen Idealketten $A_\mathfrak{p} = I_0 \supsetneqq \ldots \supsetneqq I_r = \{0\}$ in $A_\mathfrak{p}$. Insbesondere ist $l(A_\mathfrak{p}) > 0$.

Weiter beachte man, dass $\dim(A/\mathfrak{p}) = \dim(A)$ ($\mathfrak{p} \in \operatorname{Spec}(A)$) nur gelten kann, wenn $\mathfrak{p}$ minimal ist, also nur für endlich viele $\mathfrak{p}$.

(16.3) **Satz:** *Sei $(A, \mathfrak{m})$ ein noetherscher lokaler Ring mit unendlichem Restklassenkörper $A/\mathfrak{m}$. Sei $\{\mathfrak{p}_1, \ldots, \mathfrak{p}_r\} = \{\mathfrak{p} \in \operatorname{Spec}(A) \mid \dim(A/\mathfrak{p}) = \dim(A)\}$. Dann gilt*

$$m(A) = \sum_{i=1}^{r} m(A/\mathfrak{p}_i)\, l(A_{\mathfrak{p}_i}).$$

Beweis: Wegen $\mathfrak{p}_1 \in \mathrm{Ass}(A)$ finden wir ein $x \in A$ mit $\mathfrak{p} = \mathrm{ann}(Ax)$. Der Kern der Multiplikationsabbildung $A \xrightarrow{\cdot x} Ax$ ist also gerade $\mathfrak{p}_1$. Nach dem Homomorphiesatz besteht also ein Isomorphismus $Ax \cong A/\mathfrak{p}_1$ von A-Moduln.

Jetzt machen wir Induktion nach $s(A) = \sum_{i=1}^{r} l(A_{\mathfrak{p}_i})$. Sei $s(A) = 1$. Dann ist $r = 1$ und $l(A_{\mathfrak{p}1}) = 1$. Insbesondere ist also $\mathfrak{p}_1 A_{\mathfrak{p}_1} = \{0\}$. Damit ist aber $x \notin \mathfrak{p}_1$, denn sonst wäre $\frac{x}{1} = \frac{0}{1}$ in $A_{\mathfrak{p}_1}$, also $xu = 0$ für ein $u \in A - \mathfrak{p}_1$. Wegen $r = 1$ folgt, dass $\dim(A/\mathfrak{q}) < \dim(A)$ für alle Primoberideale $\mathfrak{q}$ von Ax. Also ist $\dim(A/Ax) < \dim(A)$. Die Additivität der Multiplizität liefert deshalb

$$m(A) = m(Ax) = m(A/\mathfrak{p}_1) = m(A/\mathfrak{p}_1)\, l(A_{\mathfrak{p}_1}).$$

Sei jetzt $s(A) > 1$. Ist $i > 1$, so ist $\mathfrak{p}_1 \subsetneqq \mathfrak{p}_i$, also $\mathfrak{p}_1 \cap (A - \mathfrak{p}_p) \neq \emptyset$. Aus $x\mathfrak{p}_1 = \{0\}$ folgt deshalb $xA_{\mathfrak{p}_1} = \{0\}$ und $x \in \mathfrak{p}_i$. Schreiben wir $\overline{\cdot}$ für die Restklassenbildung nach dem Ideal Ax, so folgt $\dim(\overline{A}) = \dim(\overline{A}/\overline{\mathfrak{p}}_i)$ und $l(\overline{A}_{\overline{\mathfrak{p}}_i}) = l(A_{\mathfrak{p}_i})$ für $i = 2, \ldots, r$. Nehmen wir zunächst an, es sei $l(A_{\mathfrak{p}_1}) = 1$. Wie oben folgt dann $x \notin \mathfrak{p}_1$. Damit wird $\{\overline{\mathfrak{p}}_2, \ldots, \overline{\mathfrak{p}}_r\} = \{\overline{\mathfrak{p}} \in \mathrm{Spec}(\overline{A}) \mid \dim(\overline{A}/\overline{\mathfrak{p}}) = \dim(\overline{A})\}$ und wir sehen, dass $s(\overline{A}) = s(A) - 1$. Nach Induktion gilt also

$$m(\overline{A}) = \sum_{i=2}^{r} m(\overline{A}/\overline{\mathfrak{p}}_i) l(\overline{A}_{\overline{\mathfrak{p}}_i}) = \sum_{i=2}^{r} m(A/\mathfrak{p}_i) l(A_{\mathfrak{p}_i}).$$

Wegen $\dim(A) = \dim(\overline{A}) = \dim(Ax)$ liefert die Additivität der Multiplizität $m(A) = m(Ax) + m(\overline{A}) = m(A/\mathfrak{p}_1) l(A_{\mathfrak{p}_1}) + m(\overline{A})$ und somit die Behauptung.

Sei also $l(A_{\mathfrak{p}_1}) > 1$. Dann ist das Maximalideal $\mathfrak{p}_1 A_{\mathfrak{p}_1}$ von $A_{\mathfrak{p}_1}$ nicht das Nullideal. Wegen $x\mathfrak{p}_1 A_{\mathfrak{p}_1} = \{0\}$ folgt $\frac{x}{1} A_{\mathfrak{p}_1} = \{0\}$. Wegen $\mathrm{ann}(Ax) \subseteq \mathfrak{p}$ ist dabei $\frac{x}{1} \neq 0$ in $A_{\mathfrak{p}_1}$. Die Multiplikationsabbildung $\frac{x}{1} : A_{\mathfrak{p}_1} \to \frac{x}{1} A_{\mathfrak{p}_1} = (Ax)_{\mathfrak{p}_1}$ hat deshalb den Kern $\mathfrak{p}_1 A_{\mathfrak{p}_1}$. Nach dem Homomorphiesatz folgt $(Ax) \cong A_{\mathfrak{p}_1}/\mathfrak{p}_1 A_{\mathfrak{p}_1}$, also $l((Ax)_{\mathfrak{p}_1}) = 1$. Wegen $\overline{A}_{\mathfrak{p}_1} \cong A_{\mathfrak{p}_1}/(Ax)_{\mathfrak{p}_1}$ folgt aus der Additivität der Länge $l(\overline{A}_{\mathfrak{p}_1}) = l(A_{\mathfrak{p}_1}) - 1$. So erhalten wir $\{\overline{\mathfrak{p}}_1, \ldots, \overline{\mathfrak{p}}_r\} = \{\overline{\mathfrak{p}} \in \mathrm{Spec}(\overline{A}) \mid \dim(\overline{A}/\overline{\mathfrak{p}}) = \dim(\overline{A})\}$ und $s(\overline{A}) = s(A) - 1$. Nach Induktion ergibt sich also

$$m(\overline{A}) = \sum_{i=1}^{r} m(\overline{A}/\overline{\mathfrak{p}}_i) l(\overline{A}_{\overline{\mathfrak{p}}_i}) = m(A/\mathfrak{p}_1)(l(A_{\mathfrak{p}_1}) - 1) + \sum_{i=2}^{r} m(A/\mathfrak{p}_i) l(A_{\mathfrak{p}_i}).$$

Jetzt schliesst man wieder wie oben mit der Additivität der Multiplizität. □

Jetzt können wir zeigen:

(16.4) **Satz:** *Sei X eine quasiaffine Varietät, sei $p \in X$ und seien $X_1, \ldots, X_r$ die durch p laufenden irreduziblen Komponenten von X mit maximaler Dimension. Dann gilt* $\mu_p(X) = \sum_{i=1}^{r} \mu_p(X_i)$.

Beweis: Das Verschwindungsideal $\mathfrak{p}_i := I_{X,p}(X_i) \subseteq \mathcal{O}_{X,p}$ ist jeweils ein minimales Primideal von $\mathcal{O}_{X,p}$. Dabei gilt $\{\mathfrak{p}_1, \ldots, \mathfrak{p}_r\} = \{\mathfrak{p} \in \operatorname{Spec}(\mathcal{O}_{X,p}) \mid \dim(\mathcal{O}_{X,p}/\mathfrak{p}_i) = \dim(\mathcal{O}_{X,p})\}$ (vgl. (8.5) (iii)). Weiter ist $\mathcal{O}_{X,p}$ reduziert (vgl. (8.5) (ii)). Dasselbe gilt also für den 0-dimensionalen Ring $(\mathcal{O}_{X,p})_{\mathfrak{p}_i}$. Es ist also $\mathfrak{p}_i(\mathcal{O}_{X,p})_{\mathfrak{p}_i} = \sqrt{\{0\}} = \{0\}$, d.h. $l((\mathcal{O}_{X,p})_{\mathfrak{p}_i}) = 1$. Jetzt schliesst man mit (16.3). □

Multiplizität und Regularität. Nach (16.1) (vii) wissen wir, dass für einen Punkt p einer quasiaffinen Varietät X die Implikation

$$p \in \operatorname{Reg}(X) \Rightarrow \mu_p(X) = 1$$

besteht. Es liegt nahe zu fragen, ob auch die umgekehrte Implikation gilt. Gemäss (16.4) kann man dies allerdings nur erwarten, wenn X in p rein-dimensional ist, d.h. wenn alle durch p laufenden irreduziblen Komponenten dieselbe Dimension $\dim_p(X)$ haben. ((16.4) besagt ja unter anderem, dass die durch p laufenden Komponenten von nicht maximaler Dimension gar keinen Einfluss auf die Multiplizität haben.) Unser nächstes Ziel ist deshalb der Nachweis der genannten Umkehrung unter der Annahme, dass X in p rein-dimensional ist.

Ist dieses Resultat gezeigt, so haben wir natürlich ursprüngliches Kriterium für die Singularität von Punkten auf affinen Hyperflächen (vgl. (3.3)) soweit als möglich auf beliebige quasiaffine Varictäten erweitert. (Man beachte, dass affine Hyperflächen rein-dimensional sind.)

Wir beginnen mit dem Beweis eines wichtigen algebraischen Hilfsresultats, dem sog. *Lemma von Hironaka.*

(16.5) **Satz:** *Sei $(A, \mathfrak{m})$ ein lokaler Integritätsbereich, der sich als Lokalisierung einer endlich erzeugten k-Algebra schreiben lässt, wobei k ein Körper der Charakteristik 0 ist. Sei $x \in A - \{0\}$. Weiter soll gelten:*
(a) *xA besitzt ein einziges minimales Primoberideal $\mathfrak{p}$.*
(b) *$xA_{\mathfrak{p}} = \mathfrak{p}A_{\mathfrak{p}}$.*
(c) *$A/\mathfrak{p}$ ist normal.*
Dann gilt $\mathfrak{p} = xA$ und A ist normal.

Beweis: Im Hinblick auf (13.20) genügt es zu zeigen, dass $\mathfrak{p} = xA$. Dies tun wir durch Induktion nach $\dim(A)$. Ist $\dim(A) = 1$, so ist $\mathfrak{m} = \mathfrak{p}$, also $A_{\mathfrak{p}} = A$, also $xA = \mathfrak{p}$.

Sei also $\dim(A) > 1$. Sei K der Quotientenkörper von A. Wir können schreiben $A = B_{\mathfrak{s}}$, wo $B \subseteq L$ eine endlich erzeugte k-Algebra ist und wobei $\mathfrak{s} \in \operatorname{Spec}(B)$. Sei $\overline{B}$ der ganze Abschluss von B in K. Nach (12.16) und (9.8) (ii) ist $\overline{B}$ ein endlich erzeugter B-Modul. Deshalb ist der Ring $\overline{A} := (\overline{B})_{\mathfrak{s}}$ ein endlich erzeugter Modul über $B_{\mathfrak{s}} = A$. Nach (9.12) (ii) ist $\overline{A}$ der ganze Abschluss von A in K, also normal.

Sei jetzt $\bar{\mathfrak{p}} \in \text{Spec}(A)$ so, dass $\bar{\mathfrak{p}} \cap A = \mathfrak{p}$ (vgl. (9.14)). Weil $\mathfrak{p}$ das einzige minimale Primoberideal von xA ist, folgt aus der Lying-over-Eigenschaft (9.15) (ii) sofort, dass $\bar{\mathfrak{p}}$ ein minimales Primoberideal von $x\bar{A}$ ist.

Wir wollen jetzt zeigen, dass $x\bar{A} = \bar{\mathfrak{p}}$. Es genügt, die Inklusion $\bar{\mathfrak{p}} \subseteq x\bar{A}$ zu zeigen. Dazu setzen wir $\mathcal{S} = \{\bar{\mathfrak{s}} \in \text{Spec}(\bar{A}) \mid ht(\bar{\mathfrak{s}}) = 1\}$. Weil $\bar{A}$ noethersch und normal ist, gilt $\bar{A} = \bigcap_{\bar{\mathfrak{s}} \in \mathcal{S}} \bar{A}_{\bar{\mathfrak{s}}}$ (vgl. (13.25)). Weil x Nichtnullteiler ist, ergibt sich daraus $x\bar{A} = \bigcap_{\bar{\mathfrak{s}} \in \mathcal{S}} x\bar{A}_{\bar{\mathfrak{s}}}$. es genügt also zu zeigen, dass $\bar{\mathfrak{p}}\bar{A}_{\bar{\mathfrak{s}}} \subseteq x\bar{A}_{\bar{\mathfrak{s}}}$ für alle $\bar{\mathfrak{s}} \in \mathcal{S}$. Ist $x \notin \bar{\mathfrak{s}}$, so ist $x\bar{A}_{\bar{\mathfrak{s}}} = \bar{A}_{\bar{\mathfrak{s}}}$, und wir sind fertig. Sei also $x \in \bar{\mathfrak{s}}$. Nach (10.18) (v) gilt $ht(\bar{\mathfrak{s}} \cap B) = ht(\bar{\mathfrak{s}} \cap \bar{B})$. Weil A und $\bar{A}$ aus B resp. $\bar{B}$ durch Nenneraufnahme entstehen, gilt andrerseits $ht(\bar{\mathfrak{s}} \cap A) = ht(\bar{\mathfrak{s}} \cap B)$ und $ht(\bar{\mathfrak{s}} \cap \bar{B}) = ht(\bar{\mathfrak{s}}) = 1$. So folgt $ht(\bar{\mathfrak{s}} \cap A) = 1$. Weil $\mathfrak{p}$ das einzige minimale Primoberideal von xA ist, folgt $\mathfrak{p} = \bar{\mathfrak{s}} \cap A$.

Jetzt beweisen wir $\overline{\mathfrak{p}A_{\bar{\mathfrak{s}}}} = x\bar{A}_{\bar{\mathfrak{s}}}$. Nach (9.12) (ii) ist $\bar{A}_{\mathfrak{p}}$ der ganze Abschluss von $A_{\mathfrak{p}}$ in $K = \text{Quot}(A_{\mathfrak{p}})$. Wegen $\mathfrak{p}A_{\mathfrak{p}} = xA_{\mathfrak{p}}$ ist $A_{\mathfrak{p}}$ ein 1-dimensionaler regulärer Ring, also normal (vgl. (13.21)). Damit ist $\bar{A}_{\mathfrak{p}} = A_{\mathfrak{p}}$. $\overline{\mathfrak{p}A_{\mathfrak{p}}}$ und $\overline{\mathfrak{s}A_{\mathfrak{p}}}$ sind von $\{0\}$ verschiedene Primideale in $\bar{A}_{\mathfrak{p}} = A_{\mathfrak{p}}$ und stimmen deshalb mit $\mathfrak{p}A_{\mathfrak{p}} = xA_{\mathfrak{p}}$ überein. Zudem folgt $\bar{A}_{\mathfrak{p}} = A_{\mathfrak{p}} = \bar{A}_{\bar{\mathfrak{s}}}$, mithin also $\overline{\mathfrak{p}A_{\bar{\mathfrak{s}}}} = x\bar{A}_{\bar{\mathfrak{s}}}$. Damit ist $x\bar{A} = \bar{\mathfrak{p}}$ gezeigt. So wird $\bar{A}/x\bar{A}$ zu einem ganzen, integren Erweiterungsring von $A/\mathfrak{p}$ (vgl. (9.12) (i)). Wegen $\bar{A}_{\bar{\mathfrak{p}}} = \bar{A}_{\mathfrak{p}} = A_{\mathfrak{p}}$ gilt weiter $\text{Quot}(\bar{A}/x\bar{A}) = \bar{A}_{\bar{\mathfrak{p}}}/x\bar{A}_{\bar{\mathfrak{p}}} = A_{\mathfrak{p}}/\mathfrak{p}A_{\mathfrak{p}} = \text{Quot}(A/\mathfrak{p})$. Weil $A/\mathfrak{p}$ normal ist, folgt $\bar{A}/x\bar{A} = A/\mathfrak{p}$, also $\bar{A} = A + x\bar{A}$. Somit gilt $\bar{A} = A + \mathfrak{m}\bar{A}$, nach Nakayama also $\bar{A} = A$. So folgt schliesslich $xA = x\bar{A} = \bar{\mathfrak{p}} = \mathfrak{p}$. □

(16.6) **Satz** (*Hauptsatz über die Multiplizität*): *Sei X eine quasiaffine Varietät und sei $p \in X$. Dann sind äquivalent:*

(i) $p \in \text{Reg}(X)$.

(ii) $\mu_p(X) = 1$ *und X ist rein-dimensional in p (d.h. alle durch p laufenden irreduziblen Komponenten von X haben dieselbe Dimension).*

Beweis: (i) ⇒ (ii) ist klar im Hinblick auf (16.1) (vii) sowie auf die Tatsache, dass X in den regulären Punkten irreduzibel ist (vgl. (13.18)).

(ii) ⇒ (i): Wir machen Induktion nach $\dim_p(X) =: d$. Der Fall $d = 0$ ist trivial. Sei also $d > 0$.

Nach (16.4) folgt aus $\mu_p(X) = 1$, dass eine einzige irreduzible Komponente maximaler Dimension durch p läuft. Weil X rein-dimensional ist in p, wird X irreduzibel in p. $A := \mathcal{O}_{X,p}$ ist also integer. Wir setzen $\mathfrak{m} = \mathfrak{m}_{X,p}$ und wählen ein $x \in \mathfrak{m}$ so, dass $x^* \in Gr(\mathfrak{m})_1 \cap NNT_+(Gr(\mathfrak{m}))$. Ein solches x gibt es nach (15.13) (vi).

Gemäss (15.27) gilt jetzt $m(A/xA) = m(A) = \mu_p(X) = 1$. Weiter ist $A/\sqrt{xA}$ ein Restklassenring von A/xA. Dabei haben beide Ringe dieselbe Dimension. Nach (15.24) folgt $m(A/\sqrt{xA}) \leqslant m(A/xA) = 1$, also $m(A/\sqrt{xA}) = 1$. Seien $\mathfrak{p}_1, \ldots, \mathfrak{p}_r$ die minimalen Primoberideale von xA. Nach dem Krullschen Hauptideallemma und der Kettenring-Eigenschaft von A ergibt sich

$\dim(A/\mathfrak{p}_i) = \dim(A) - 1 = d - 1, (i = 1, \ldots, r)$.

Wir finden abgeschlossene irreduzible Mengen $Y_1, \ldots, Y_r \subseteq X$ mit $I_{X,p}(Y_i) = \mathfrak{p}_i$. Setzen wir $Y = Y_1 \cup \ldots \cup Y_r$, so folgt $I_{X,p}(Y) = \mathfrak{p}_1 \cap \ldots \cap \mathfrak{p}_r = \sqrt{xA}$, also $\mathcal{O}_{Y,p} \cong A/\sqrt{xA}$. So folgt $\mu_p(Y) = m(A/\sqrt{xA}) = 1$. Wegen $\dim_p(Y_i) = \dim(A/\mathfrak{p}_i) = d - 1$ ist Y in p rein $(d-1)$-dimensional. Nach Induktion folgt $p \in \operatorname{Reg}(Y)$. Damit ist $A/\sqrt{xA} \cong \mathcal{O}_{Y,p}$ regulär, insbesondere also ein normaler Integritätsbereich (vgl. (13.21)). Daraus ergibt sich $r = 1$ und $\sqrt{xA} = \mathfrak{p}_1 =: \mathfrak{p}$. $\mathfrak{p}$ ist also das einzige minimale Primoberideal von xA und $A/\mathfrak{p}$ ist normal. Weiter ist $m(A/\mathfrak{p}) = 1 = m(A/xA)$. Nach (16.3) folgt $l(A_\mathfrak{p}/xA_\mathfrak{p}) = 1$, also $xA_\mathfrak{p} = \mathfrak{p}A_\mathfrak{p}$. Nach (16.5) erhalten wir deshalb $xA = \mathfrak{p} = \sqrt{xA}$. Deshalb ist $A/xA = A/\sqrt{xA}$ regulär. Nach (13.26) wird $\mathcal{O}_{X,p} = A$ regulär. Also ist $p \in \operatorname{Reg}(X)$. □

(16.7) **Korollar:** *Für einen Punkt p einer rein-dimensionalen quasiaffinen Varietät gilt:*

$$\mu_p(X) = 1 \Leftrightarrow p \in \operatorname{Reg}(X); \quad \mu_p(X) > 1 \Leftrightarrow p \in \operatorname{Sing}(X). \quad \square$$

Affine algebraische Kegel. Wir wollen jetzt das in Abschnitt 4 definierte Konzept des Tangentialkegels verallgemeinern. Zuerst machen wir einige allgemeine Vorbemerkungen über Kegel.

(16.8) **Bemerkungen und Definitionen:** A) Sei $C \subseteq \mathbb{A}^n$ abgeschlossen und

$p = (c_1, \ldots, c_n) \in C$.

Ist C ein Kegel mit Spitze p (d.h. enthält C mit jedem Punkt $q \in C - \{p\}$ auch die ganze Gerade durch p und q), so sagen wir kurz (C, p) sei ein *(affiner) algebraischer Kegel.* Im folgenden sei stets

$$z_i' := z_i - c_i, \quad (i = 1, \ldots, n).$$

Wir halten fest:

(i) *Für eine abgeschlossene Menge $C \subseteq \mathbb{A}^n$ sind äquivalent:*
   (a) *C ist das Nullstellengebilde eines bezüglich der Variablen $z_1', \ldots, z_n'$ graduierten Ideals $I \subseteq \mathcal{O}(\mathbb{A}^n) = \mathbb{C}[z_1', \ldots, z_n']$.*
   (b) *$I_{\mathbb{A}^n}(C)$ ist bezüglich der Variablen $z_1', \ldots, z_n'$ graduiert.*
   (c) *(C, p) ist ein Kegel.*

Beweis: O.E. können wir $p = 0$ und damit auch $z_i' = z_i$ annehmen. (a) ⇒ (b) ist dann klar aus (15.3) (iix) wegen $\sqrt{I} = I_{\mathbb{A}^n}(C)$. Wegen $C = V(I_{\mathbb{A}^n}(C))$ bleibt (b) ⇔ (c) zu zeigen, d.h. die Aussage, dass $(C, 0)$ genau dann ein Kegel ist, wenn

$I_{\mathbb{A}^n}(C)$ bezüglich der kanonischen Graduierung von $\mathcal{O}(\mathbb{A}^n) = \mathbb{C}[z_1, \ldots, z_n]$ graduiert ist. Dies ergibt sich aber leicht aus der Tatsache, dass ein Polynom f genau dann längs einer durch 0 laufenden Geraden $L \subseteq \mathbb{A}^n$ verschwindet, wenn alle seine homogenen Teile diese Eigenschaft haben (vgl. (2.5)).

Als Anwendung erhalten wir:

(ii) *Ist $(C, p) \subseteq \mathbb{A}^n$ ein algebraischer Kegel, so ist $\mathcal{O}(C)$ in natürlicher Weise eine homogene $\mathbb{C}$-Algebra. Dabei ist die Einschränkungsabbildung $\mathcal{O}(\mathbb{A}^n) \xrightarrow{\bullet \restriction} \mathcal{O}(C)$ graduiert bezüglich der auf $\mathcal{O}(\mathbb{A}^n)$ durch die Variablen z'_i definierten Graduierung.*

Beweis: $\mathcal{O}(C)$ ist als $\mathcal{O}(\mathbb{A}^n)$-Modul der Kokern der Inklusionsabbildung $I_{\mathbb{A}^n}(C) \hookrightarrow \mathcal{O}(\mathbb{A}^n)$, welche nach (i) graduiert ist. Jetzt schliesst man mit (15.3) (ix).

B) Ist (C, p) ein Kegel, so nennen wir die durch p laufenden Geraden $L \subseteq C$ die *erzeugenden Geraden* des Kegels. Die erzeugenden Geraden von C lassen sich in der Form $\{p + \lambda(s-p) \mid \lambda \in \mathbb{C}\}$, $s \in C$ parametrisieren. Sei jetzt $(D, q) \subseteq \mathbb{A}^m$ ein weiterer algebraischer Kegel. Wir nennen einen Morphismus $f: C \to D$ einen *Morphismus von Kegeln* wenn gilt:

$$f(p + \lambda(s-p)) = q + \lambda(f(s) - q)), \quad (s \in C, \lambda \in \mathbb{C}).$$

Anders ausgedrückt muss f die Spitzen ineinanderführen und jede erzeugende Gerade L von C auf die Spitze von D oder durch eine affin-lineare Transformation auf eine erzeugende Gerade von D abbilden.

(iii) *Ein Morphismus $f: C \to D$ ist genau dann ein Morphismus von Kegeln, wenn der induzierte Homomorphismus $f^*: \mathcal{O}(D) \to \mathcal{O}(C)$ graduiert ist.*

Beweis: O.E. können wir $p=0$, $q=0$ annehmen. Wir schreiben

$$\mathcal{O}(\mathbb{A}^n) = \mathbb{C}[z_1, \ldots, z_n],\ \mathcal{O}(\mathbb{A}^m) = \mathbb{C}[w_1, \ldots, w_m].$$

Aus (2.5) folgt sofort, dass eine Funktion $l \in \mathcal{O}(C)$ genau dann zu $\mathcal{O}(C)_i$ gehört, wenn $l(\lambda s) = \lambda^i l(s)$ für alle $\lambda \in \mathbb{C}$ und alle $s \in C$.

Ist $f: C \to D$ ein Morphismus von Kegeln, so gilt jeweils $f^*(w_j \restriction D)(\lambda s) = w_j(f(\lambda s)) = w_j\ (\lambda f(s)) = \lambda w_j(f(s)) = \lambda f^*(w_j \restriction D)(s)$, also $f^*(w_j \restriction D) \in \mathcal{O}(C)_1$. Weil $\mathcal{O}(D)$ homogen ist und über $\mathbb{C}$ durch die Elemente $w_j \restriction D \in \mathcal{O}(D)_1$ erzeugt wird, muss $f^*: \mathcal{O}(D) \to \mathcal{O}(C)$ graduiert sein. Dieser Schluss ist umkehrbar.

C) Unter einem *Isomorphismus von* (algebraischen) *Kegeln* verstehen wir einen Morphismus von Kegeln, der sich durch einen Morphismus von Kegeln invertieren lässt. Weil die inverse Abbildung zu einem graduierten Isomorphismus wieder graduiert ist, folgt aus (iii):

(iv) *Ist ein Morphismus von Kegeln ein Isomorphismus von Varietäten, so ist er bereits ein Isomorphismus von Kegeln.*

Aus (7.7) folgt weiter:

(v) *Sind $(C, p) \subseteq \mathbb{A}^n$, $(D, q) \subseteq \mathbb{A}^m$ algebraische Kegel und ist $\varphi : \mathcal{O}(D) \to \mathcal{O}(C)$ ein graduierter Homomorphismus, so gibt es einen eindeutig bestimmten Morphismus von Kegeln $f: C \to D$ mit $f^* = \varphi$.*

In Analogie zu (7.10)′ gilt schliesslich.

(vi) *Sei A eine reduzierte, homogene, endlich erzeugte $\mathbb{C}$-Algebra. Dann gibt es einen algebraischen Kegel (C, p) derart, dass ein graduierter Isomorphismus von $\mathbb{C}$-Algebren $\mathcal{O}(C) \cong A$ besteht. Dabei ist (C, p) bis auf Isomorphie von Kegeln eindeutig.*

Beweis: Wir können schreiben $A = \mathbb{C}[x_1, \ldots, x_n]$, wobei $x_i \in A_1$. Der Kern I des durch $z_i \mapsto x_i$ definierten Einsetzungshomomorphismus

$$\mathcal{O}(\mathbb{A}^n) = \mathbb{C}[z_1, \ldots, z_n] \xrightarrow{\pi} A$$

ist perfekt und graduiert. Setzen wir $C = V(I)$, so ist $(C, 0)$ ein algebraischer Kegel und es gilt $I_{\mathbb{A}^n}(C) = I$. Deshalb induziert π einen graduierten Isomorphismus $\mathcal{O}(C) = \mathcal{O}(\mathbb{A}^n)/I \cong A$. Die Eindeutigkeitsaussage folgt sofort aus (v).

D) Sei $(C, p) \subseteq \mathbb{A}^n$ ein algebraischer Kegel. Eine abgeschlossene Menge $C' \subseteq C$ nennen wir einen *Unterkegel* von C, wenn (C', p) ein Kegel ist. Zum Beispiel ist eine abgeschlossene Menge $C \subseteq \mathbb{A}^n$ genau dann ein Kegel mit Spitze p, wenn (C, p) ein Unterkegel von $(\mathbb{A}^n, p)$ ist. In Verallgemeinerung von (i) formulieren wir jetzt den *Nullstellensatz für Kegel.*

(vii) *Sei (C, p) ein algebraischer Kegel. Dann definieren die Zuordnungen $C' \mapsto I_C(C')$ und $J \to V_C(J)$ zueinander inverse Bijektionen zwischen der Menge der algebraischen Unterkegel von C und der Menge der graduierten perfekten Ideale von $\mathcal{O}(C)$.*

Beweis: Nach dem allgemeinen Nullstellensatz bleibt zu zeigen, dass eine abgeschlossene Menge $C' \subseteq C$ genau dann ein Unterkegel ist, wenn das Ideal $I_c(C')$ graduiert ist. Dazu fassen wir (C, p) als Unterkegel von $(\mathbb{A}^n, p)$ auf. Gemäss (ii) ist die (surjektive) Einschränkungsabbildung $i^* : \mathcal{O}(\mathbb{A}^n) \to \mathcal{O}(C)$ graduiert. Jetzt schliesst man wegen $I_{\mathbb{A}^n}(C') = i^{*-1}(I_C(C'))$ mit (i).

(iix) *Die irreduziblen Komponenten eines algebraischen Kegels (C, p) sind Unterkegel.*

Beweis: Die irreduziblen Komponenten von C entsprechen nach dem allgemeinen Nullstellensatz den minimalen Primidealen von $\mathcal{O}(C)$. Nach (15.8), (15.9) sind diese graduiert. Jetzt schliesst man mit (vii).

(ix) *Die Spitze p eines algebraischen Kegels* (C, p) *entspricht unter der Bijektion* (vii) *dem homogenen Maximalideal* $\mathcal{O}(C)_{\geq 1}$ *von* $\mathcal{O}(C)$.

Beweis: p liegt in allen Unterkegeln. Jetzt schliesst man mit (vii).

E) (x) *Sei* $C \subseteq \mathbb{A}^n$, $p \in C$. *Dann sind äquivalent:*
(a) (C, p) *ist ein algebraischer Kegel der Dimension* 1.
(b) C *ist die Vereinigung endlich vieler durch p laufender Geraden.*

Beweis: (a) $\Rightarrow$ (b): Sei $L \subseteq C$ eine erzeugende Gerade. L ist irreduzibel und liegt deshalb in einer irreduziblen Komponente C_i von C. Aus Dimensionsgründen folgt $L = C_i$. Dies zeigt alles. (b) $\Rightarrow$ (a) ist trivial.

Aus (x) folgt insbesondere:

(x)′ *Die irreduziblen, 1-dimensionalen algebraischen Kegel mit Spitze* $p \in \mathbb{A}^n$ *sind gerade die durch p laufenden Geraden.*

Diese Aussage impliziert natürlich folgendes:

(xi) *Ist* (C, p) *ein algebraischer Kegel, so sind die erzeugenden Geraden dieses Kegels gerade die 1-dimensionalen irreduziblen Unterkegel von C. Die erzeugenden Geraden entsprechen also unter der Bijektion* (vii) *genau den graduierten Primidealen* $\mathfrak{p}$ *von* $\mathcal{O}(C)$, *für welche* $\dim(\mathcal{O}(C)/\mathfrak{p}) = 1$. ○

Tangentialkegel.

(16.9) **Bemerkungen:** A) Sei jetzt $X \subseteq \mathbb{A}^n$ eine abgeschlossene Menge und sei $p = (c_1, \ldots, c_n) \in X$. Wir führen wieder die Variablen $z'_j = z_j - c_j$ $(j = 1, \ldots, n)$ ein. $i: X \hookrightarrow \mathbb{A}^n$ sei die Inklusionsabbildung. Für das Maximalideal $\mathfrak{m}_{X,p}$ des lokalen Ringes $\mathcal{O}_{X,p}$ von X in p gilt dann $\mathfrak{m}_{X,p} = (i^*(z'_1)_p, \ldots, i^*(z'_n)_p)$. Deshalb besteht ein bezüglich der Variablen z'_i graduierter surjektiver Einsetzungshomomorphismus

(i) $\pi_{X,p}: \mathcal{O}(\mathbb{A}^n) = \mathbb{C}[z'_1, \ldots, z'_n] \to Gr_p(X) = \bigoplus_{k \geq 0} \mathfrak{m}^k_{X,p}/\mathfrak{m}^{k+1}_{X,p}$, *definiert durch die Vorschrift* $z'_j \mapsto i^*(z'_j)_p/\mathfrak{m}^2_{X,p} \in Gr_p(X)_1$.

(Für den Fall $X = \mathbb{A}^n$ handelt es sich gerade um den Isomorphismus (16.1) (xi).) Nach (15.3) (ix) ist das Ideal Kern $(\pi_{X,p})$ bezüglich der Variablen $z'_1, \ldots, z'_n$ graduiert. Wir wollen jetzt dieses Ideal noch anders beschreiben.

Ist $f \in \mathcal{O}(\mathbb{A}^n)$, so betrachten wir den Leitterm $f^{(p)} = f^{(p)}_{(\mu_p(f))}$ (der Taylor-Entwicklung) von f in p (wobei wir diese im Fall $f=0$ als 0 definieren (vgl. (2.11) (iii)). Wir beweisen:

(ii) *Die (bezüglich der Variablen z'_j) homogenen Elemente von Kern $(\pi_{X,p})$ sind gerade die Leitterme $f^{(p)}$ der Polynome $f \in I_{\mathbb{A}^n}(X)$ an der Stelle p.*

Beweis: Sei $h \in \mathcal{O}(\mathbb{A}^n)$ homogen vom Grad $r < \infty$ in den Variablen z'_j. Dann ist $i^*(h)_p \in \mathfrak{m}^r_{X,p}$ und es gilt gemäss (i):

$$\pi_{X,p}(h) = i^*(h)_p/\mathfrak{m}^{r+1}_{X,p} \in \mathfrak{m}^r_{X,p}/\mathfrak{m}^{r+1}_{X,p} \in Gr_p(X)_r.$$

Insbesondere gilt also

$$h \in \text{Kern}\,(\pi_{X,p}) \Leftrightarrow i^*(h)_p \in \mathfrak{m}^{r+1}_{X,p} \Leftrightarrow i^*(h) \in I_X(p)^{r+1}.$$

Nun ist aber $I_{\mathbb{A}^n}(X)$ der Kern des Einschränkungshomomorphismus $i^* : \mathcal{O}(\mathbb{A}^n) \to \mathcal{O}(X)$, und es gilt $i^*((z'_1, \ldots, z'_n)^{r+1}) = I_X(p)^{r+1}$. Daraus schliessen wir auf:

$$h \in \text{Kern}\,(\pi_{X,p}) \Leftrightarrow h \in (z'_1, \ldots, z'_n)^{r+1} + I_{\mathbb{A}^n}(X) =: J_r.$$

Sofort sieht man aber, dass die homogenen Elemente von Grad r in J_r gerade die Anfangsformen derjenigen $f \in I_{\mathbb{A}^n}(X)$ sind, für welche $\mu_p(f) = r$. Dies beweist alles.

Weil Kern $(\pi_{X,p})$ graduiert ist und weil offenbar term $f^{(p)}$ von jedem Polynom $f \in I_{\mathbb{A}^n}(X)$ Vielfaches eines quadratfreien Polynoms $\tilde{f} \in I_{\mathbb{A}^n}(X)$ ist, folgt aus (ii):

(iii) Kern $(\pi_{X,p})$ *ist das durch die Leitformen $f^{(p)}$ der (quadratfreien) Polynome $f \in I_{\mathbb{A}^n}(X)$ erzeugte Ideal.*

Jetzt können wir sagen:

(iv) *Das Nullstellengebilde $V_{\mathbb{A}^n}$* (Kern $(\pi_{X,p})$) *ist gerade der Durchschnitt der Tangentialkegel $cT_p(Y)$, wo Y alle X umfassenden Hyperflächen durchläuft. $V_{\mathbb{A}^n}$* (Kern $(\pi_{X,p})$) *ist also der Kegel mit Spitze p, dessen erzeugende Geraden Tangente an jede X umfassende Hyperfläche Y im Punkt p sind.*

Beweis: Die Tangentialkegel $c\,T_p(Y)$ sind nach (4.4) gerade die Nullstellengebilde $V_{\mathbb{A}^n}(f^{(p)})$, wo $f \in I_{\mathbb{A}^n}(X)$ quadratfrei ist. Jetzt schliesst man mit (iii).

Weil Kern $(\pi_{X,p})$ schon durch endlich viele der Formen $f^{(p)}_{(\mu_p(f))}$ erzeugt wird, können wir mit geeigneten Hyperflächen $Y_1, \ldots, Y_r \supseteq X$ auch schreiben

(iv)′ $\quad V_{\mathbb{A}^n}$ (Kern $(\pi_{X,p})) = cT_p(Y_1) \cap \ldots \cap cT_p(Y_r)$.

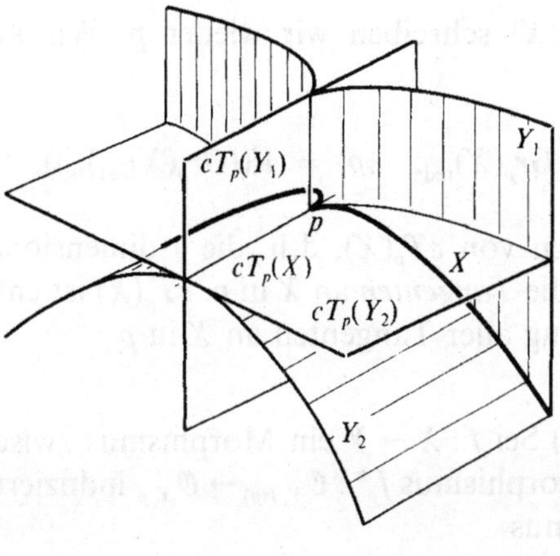

$$X = Y_1 \cap Y_2, \qquad cT_p(X) = cT_p(Y_1) \cap cT_p(Y_2)$$

B) Die Aussage (iv) legt es nahe, den Kegel

(v) $\quad cT_p(X) := V_{\mathbb{A}^n}$ (Kern $(\pi_{X,p})$)

als den Tangentialkegel von X in p zu definieren. Damit ist zunächst zumindest das entsprechende Konzept für Hyperflächen in naheliegender Weise verallgemeinert. Wir wollen jetzt eine «einbettungsunabhängige» Beschreibung von $cT_p(X)$ geben.

Dazu beachten wir, dass $\sqrt{\{0\}} \subseteq Gr_p(X)$ ein graduiertes Ideal ist (vgl. (15.3) (ix)). Weiter ist $\pi_{X,p}{}^{-1}(\sqrt{\{0\}} = \sqrt{\text{Kern}\,(\pi_{X,p})} = I_{\mathbb{A}^n}(cT_p(X))$. $\pi_{X,p}$ induziert also einen graduierten Isomorphismus

(vi) $$\mathcal{O}(cT_p(X)) = \mathcal{O}(\mathbb{A}^n)/I_{\mathbb{A}^n}(cT_p(X)) \xrightarrow[\cong]{} Gr_p(X)/\sqrt{\{0\}}.$$

$cT_p(X)$ ist also der gemäss (16.9) (vi) (bis auf Isomorphie von Kegeln) eindeutig bestimmte Kegel C für den ein graduierter Isomorphismus $\mathcal{O}(C) \cong Gr_p(X)/\sqrt{\{0\}}$ besteht. ○

Wir nehmen das zuletzt Gesagte zum Anlass der folgenden

(16.10) **Definition:** Sei X eine quasiaffine Varietät und sei $p \in X$. Unter dem *Tangentialkegel* $cT_p(X)$ von X in p verstehen wir den (bis auf Isomorphie von Kegeln) eindeutig bestimmten algebraischen Kegel mit dem Koordinatenring $Gr_p(X)_{\text{red}} = Gr_p(X)/\sqrt{(0)}$.

Für die *Spitze* von $cT_p(X)$ schreiben wir wieder p. Wir können also kurz schreiben:

$$\mathcal{O}(cT_p(X)) = Gr_p(X)_{\text{red}}, \quad \{p\} = V((Gr_p(X)_{\text{red}})_{\geqslant 1}).$$

Die erzeugenden Geraden von $cT_p(X)$, d.h. die 1-dimensionalen irreduziblen Unterkegel, nennen wir die *Tangenten* an X in p. $cT_p(X)$ ist entweder gerade $\{p\}$ oder dann die Vereinigung aller Tangenten an X in p. ○

(16.11) **Bemerkungen:** A) Sei $f: X \to Y$ ein Morphismus zwischen quasiaffinen Varietäten. Der Homomorphismus $f_p^*: \mathcal{O}_{Y,f(p)} \to \mathcal{O}_{X,p}$ induziert dann einen graduierten Homomorphismus

(i) $$Gr_p(f^*): Gr_{f(p)}(Y) \to Gr_p(X), \quad (a/\mathfrak{m}_{Y,f(p)}^{i+1} \mapsto f_p^*(a)/\mathfrak{m}_{X,p}^{i+1};\ a \in \mathfrak{m}_{Y,f(p)}^i).$$

Restklassenbildung nach $\sqrt{\{0\}}$ liefert einen induzierten graduierten Homomorphismus

(i)′ $$Gr_p(f^*)_{\text{red}}: \mathcal{O}(cT_{f(p)}(Y)) = Gr_{f(p)}(Y)_{\text{red}} \to Gr_p(X)_{\text{red}} = \mathcal{O}(cT_p(X)).$$

Gemäss (16.8) (v) gibt es jetzt einen eindeutig bestimmten Morphismus $cT_p(f)$ von Kegeln wie folgt:

(ii) $$cT_p(f): cT_p(X) \to cT_{f(p)}(Y), \quad cT_p(f)^* = Gr_p(f^*)_{red}.$$

Diesen Morphismus $cT_p(f)$ nennen wir den *durch f in den Tangentialkegeln induzierten Morphismus.*

Sofort prüft man nach:

(iii) (a) $cT_p(id_X) = id_{cT_p(X)}$.
(b) $cT_p(f \circ g) = cT_p(f) \circ cT_{f(p)}(g)$.

(iv) *Ist $U \subseteq X$ eine offene Umgebung von p und $i: U \to X$ die Inklusionsabbildung, so ist $cT_p(i): cT_p(U) \to cT_p(X)$ ein Isomorphismus.* (*Vermöge dieses Isomorphismus wollen wir im weitern $cT_p(U)$ und $cT_p(X)$ identifizieren!*)

Beweis: $i_p^*: \mathcal{O}_{X,p} \to \mathcal{O}_{U,p}$ ist ein Isomorphismus.

(v) *Sei $Z \subseteq X$ abgeschlossen so, dass $p \in Z$. Sei $i: Z \to X$ die Inklusionsabbildung. Dann ist $cT_p(i): cT_p(Z) \to cT_p(X)$ eine abgeschlossene Einbettung. Wir können $cT_p(Z)$ vermöge $cT_p(i)$ also als Unterkegel von $cT_p(X)$ auffassen.*

Beweis: Weil $i_p^*: \mathcal{O}_{Z,p} \to \mathcal{O}_{Z,p}$ surjektiv ist, gilt dasselbe für $cT_p(i)^* = Gr_p(i^*)_{red}$. Jetzt schliesst man mit (7.10)″ (iii) (b).

B) Wir haben soeben gesehen, dass wir den Tangentialkegel $cT_p(Z)$ einer durch p laufenden abgeschlossenen Menge $Z \subseteq X$ in natürlicher Weise als Unterkegel von $cT_p(X)$ auffassen können. UnterBeibehaltung dieser Auffassung zeigen wir jetzt:

(vi) *Ist X eine quasiaffin Varietät, $p \in X$, und sind $Z_1, \ldots, Z_r$ r durch p laufende abgeschlossene Untermengen von X, so gilt*

$$cT_p(Z_1 \cup \ldots \cup Z_r) = cT_p(Z_1) \cup \ldots \cup cT_p(Z_r).$$

Beweis: Durch Induktion beschränkt man sich auf den Fall $r=2$. Im Hinblick auf (v) genügt es also, die Inklusion $cT_p(Z_1 \cup Z_2) \subseteq cT_p(Z_1) \cup cT_p(Z_2)$ zu zeigen. Gemäss (iv) können wir X durch eine offene affine Umgebung von p ersetzen, also annehmen, X sei abgeschlossene Teilmenge eines affinen Raumes $\mathbb{A}^n$. Dasselbe gilt dann auch für die Mengen Z_i. Nach (16.8) (iv) und (v) können wir schreiben $cT_p(Z_1 \cup Z_2) = \bigcap_{Y \in H} cT_p(Y)$, $cT_p(Z_i) = \bigcap_{Y_i \in H_i} cT_p(Y_i)$, $(i=1, 2)$. Dabei ist H die Menge aller $Z_1 \cup Z_2$ umfassenden Hyperflächen und H_i die Menge aller Z_i umfassenden Hyperflächen. Die Elemente von H sind aber offenbar gerade die Hyperflächen der Form $Y = Y_1 \cup Y_2$ mit $Y_i \in H_i$. Es genügt also zu zeigen, dass $cT_p(Y_1 \cup Y_2) \subseteq cT_p(Y_1) \cup cT_p(Y_2)$. Wir können schreiben $I_{\mathbb{A}^n}(Y_i) = (f_i)$, $I_{\mathbb{A}^n}(Y_1 \cup Y_2) = (f)$, $(f, f_1, f_2 \in \mathcal{O}(\mathbb{A}^n))$. $f_1 f_2$ ist dann ein Vielfaches von f. Dies überträgt sich auf die Anfangsglieder der Taylor-Entwicklungen in p. Es ist also $cT_p(Y_1 \cap Y_2) = V_{\mathbb{A}^n}(f^{(p)}) \subseteq V_{\mathbb{A}^n}(f_2^{(p)} f_2^{(p)}) = cT_p(Y_1) \cup cT_p(Y_2)$. ○

(16.12) **Satz** (*Dimensionssatz für Tangentialkegel*): *Sei X eine quasiaffine Varietät und sei $p \in X$. Dann gilt*

(i) $\dim(cT_p(X)) = \dim_p(X)$.

(ii) *Sind $X_1, \ldots, X_r$ die durch p laufenden irreduziblen Komponenten von X, so gilt*

$$cT_p(X) = cT_p(X_1) \cup \ldots \cup cT_p(X_r).$$

(iii) *Ist X rein-dimensional in p, so ist $cT_p(X)$ ebenfalls rein-dimensional.*

Beweis: (i): Im Hinblick auf (10.21) (ii) ist $\dim(cT_p(X)) = \dim(\mathrm{Gr}_p(X)_{\mathrm{red}}) = \dim(\mathrm{Gr}_p(X))$. Nach (16.1) (iii) gilt $\dim(Gr_p(X)) = \dim(\mathcal{O}_{X,p}) = \dim_p(X)$.

(ii): Klar aus (16.11) (vi).

(iii): Gemäss (ii) genügt es zu zeigen, dass $cT_p(X)$ rein-dimensional ist, falls X in p irreduzibel ist, d.h. falls $\mathcal{O}_{X,p}$ integer ist. Unter dieser Annahme müssen wir also zeigen, dass $\dim(Gr_p(X)/\bar{\mathfrak{p}})$ denselben Wert hat für alle minimalen Primideale $\bar{\mathfrak{p}}$ von $Gr_p(X)$. In $Gr_p(X)/\bar{\mathfrak{p}}$ haben nach dem Kettensatz (10.4) alle maximalen Primidealketten die Länge $\dim(Gr_p(X)/\bar{\mathfrak{p}})$. $\bar{\mathfrak{p}}$ ist als graduiertes Ideal von $Gr_p(X)$ (vgl. (15.8), (15.9)) enthalten im homogenen Maximalideal $\bar{\mathfrak{n}} = Gr_p(X)_{\geqslant 1}$ von $Gr_p(X)$. Es genügt also zu zeigen, dass die Länge aller unverfeinerbaren Primidealketten $\bar{\mathfrak{p}} = \bar{\mathfrak{p}}_0 \subsetneqq \bar{\mathfrak{p}}_1 \subsetneqq \ldots \subsetneqq \bar{\mathfrak{p}}_l = \bar{\mathfrak{n}}$ unabhängig vom gewählten minimalen Primideal $\bar{\mathfrak{p}}$ ist.

Wir schreiben dazu $Gr_p(X) = R/\mathfrak{m}_{X,p}R$, wobei $R := R(\mathfrak{m}_{X,p}) = \bigoplus_{i \geqslant 0} \mathfrak{m}^i_{X,p}$ der Rees-Ring von $\mathfrak{m}_{X,p}$ ist (vgl. (15.18) A), B)). $\mathfrak{n} := \mathfrak{m}_{X,p}R + R_{\geqslant 1}$ ist dann offenbart das Urbild von $\bar{\mathfrak{n}}$ unter der Restklassenabbildung $R \to R/\mathfrak{m}_{X,p}R = Gr_p(X)$. Insbesondere ist $\mathfrak{n} \in \operatorname{Max}(R)$. Es genügt jetzt zu zeigen, dass die Länge l von unverfeinerbaren Primidealketten $\mathfrak{p} = \mathfrak{p}_0 \subsetneqq \ldots \subsetneqq \mathfrak{p}_l = \mathfrak{n}$ für alle minimalen Primoberideale $\mathfrak{p}$ von $\mathfrak{m}_{X,p}R$ denselben Wert hat. R ist aber offenbar integer. Weiter ist R endlich erzeugt über $\mathcal{O}_{X,p}$. $\mathcal{O}_{X,p}$ entsteht aus einer endlich erzeugten $\mathbb{C}$-Algebra durch Nenneraufnahme. Damit hat auch R diese Eigenschaft. Insbesondere ist R ein Kettenring (vgl. (10.21) (ix)) mit dem einzigen minimalen Primideal $\{0\}$. Es genügt deshalb zu zeigen, dass die Höhe $ht(\mathfrak{p})$ für alle minimalen Primoberideale $\mathfrak{p}$ von $\mathfrak{m}_{X,p}R$ denselben Wert hat. Ist $\mathfrak{m}_{X,p} = \{0\}$, so ist dies klar.

Sei also $\mathfrak{m}_{X,p} \neq \{0\}$ und sei $\mathfrak{p}$ ein minimales Primoberideal von $\mathfrak{m}_{X,p}R$. Wir behaupten, dass $R_1 \nsubseteq \mathfrak{p}$. In der Tat wäre ja sonst $\mathfrak{p} = \mathfrak{n}$, also $\bar{\mathfrak{n}}$ minimales Primideal von $R/\mathfrak{m}_{X,p}R = Gr_p(X)$. Damit wäre $\dim(Gr_p(X)) = 0$, also $\dim_p(X) = 0$, also $\mathfrak{m}_{X,p} = \{0\}$. Wir finden also ein $s' \in R_1 - \mathfrak{p}$. Wegen $R_1 = \mathfrak{m}_{X,p}$ gilt $s'_{(i)} = 0$, $\forall\, i \neq 1$ und $s'_{(1)} := s \in \mathfrak{m}_{X,p}$. Wir fassen s als Element von R_0 auf. Ist $a \in \mathfrak{m}_{X,p} \subseteq R_0$, so schreiben wir a', wenn wir a als Element von R_1 auffassen. In $R_{\mathfrak{p}}$ folgt jetzt

$$\frac{a}{1} = \frac{s'a}{s'} = \frac{s\,a'}{s'} \in s\,R_{\mathfrak{p}}, \text{ also } \mathfrak{m}_{X,p}R_{\mathfrak{p}} \subseteq sR_{\mathfrak{p}}.$$

Wegen $s \in \mathfrak{m}_{X,p}$ erhalten wir also $\mathfrak{m}_{X,p}R_{\mathfrak{p}} = sR_{\mathfrak{p}}$. Weil $\mathfrak{p}R_{\mathfrak{p}}$ ein minimales Primoberideal von $\mathfrak{m}_{X,p}R_{\mathfrak{p}}$ ist, folgt nach dem Krullschen Hauptideallemma sofort $ht(\mathfrak{p}R_{\mathfrak{p}}) = 1$, also $ht(\mathfrak{p}) = 1$. □

Tangenten und deren Vielfachheit. In Abschnitt 4 haben wir für affine Hyperflächen den Begriff der Vielfachheit einer Tangente eingeführt. Auch diesen Begriff wollen wir jetzt völlig allgemein fassen.

Wir beginnen mit einigen algebraischen Vorbemerkungen.

(16.13) Bemerkungen: A) Wir betrachten eine homogene, endlich erzeugte $\mathbb{C}$-Algebra $A=\mathbb{C}\oplus A_1\oplus A_2\oplus\ldots$. Die reduzierte homogene $\mathbb{C}$-Algebra

$$A_{red}=A/\sqrt{\{0\}}$$

fassen wir als Koordinatenring eines algebraischen Kegels $(C,p)\subseteq\mathbb{A}^n$ auf. Die Restklassenabbildung liefert dann einen surjektiven, graduierten Homomorphismus

(i) $\qquad \pi\colon A\twoheadrightarrow A_{red}=\mathcal{O}(C).$

Ist $q\in C$, so gilt:

$$\tilde{I}_A(q)=\tilde{I}(q):=\pi^{-1}(I_C(q))\in \operatorname{Max}(A).$$

Jetzt betrachten wir den lokalen Ring

(ii) $\qquad A_q:=A_{\tilde{I}(q)}.$

Im Hinblick auf den Homomorphismus (i) gilt offenbar

(iii) $\qquad (A_q)_{red}=\mathcal{O}(C)_{I_C(q)}=\mathcal{O}_{C,q}.$

Jetzt wollen wir zeigen:

(iv) *Ist $L\subseteq(C,p)$ eine erzeugende Gerade und sind $q,s\in L-\{p\}$, so besteht ein Isomorphismus $\mathfrak{p}: A_q\xrightarrow{\cong}A_s$. Insbesondere gilt für die Multiplizitäten: $m(A_q)=m(A_s)$.*

Beweis: O.E. können wir $p=0\in\mathbb{A}^n$ annehmen. Wir können dann schreiben $q=(c_1,\ldots,c_n)$, $s=(\lambda c_1,\ldots,\lambda c_n)$, wobei $q\neq 0$ und wobei $\lambda\in\mathbb{C}-\{0\}$. $z_1,\ldots,z_n$ seien die Koordinatenfunktionen von $\mathbb{A}^n$. Wir setzen $\bar{z}_i:=z_i\restriction C$. Dann ist $I_c(q)=(\bar{z}_1-c_1,\ldots,\bar{z}_n-c_n)$ und $I_n(s)=(\bar{z}_1-\lambda c_1,\ldots,\bar{z}_n-\lambda c_n)=(\lambda^{-1}\bar{z}_1-c_1,\ldots,\lambda^{-1}\bar{z}_n-c_n)$. Wir wählen Elemente $x_1,\ldots,x_n\in A_1$ mit $\pi(x_i)=\bar{z}_i$, $(i=1,\ldots,n)$. Dann folgt

$$\tilde{I}_A(q)=(x_1-c_1,\ldots,x_n-c_n)+\sqrt{\{0\}},$$

$$\tilde{I}_A(s)=(\lambda^{-1}x_1-c_1,\ldots,\lambda^{-1}x_n-c_n)+\sqrt{\{0\}}.$$

Sofort überlegt man sich, dass durch $f\mapsto\sum_i\lambda^{-i}f_{(i)}$ ein Isomorphismus $\varphi: A\xrightarrow[\cong]{}A$ von $\mathbb{C}$-Algebren definiert wird. Offenbar gilt $\varphi(\tilde{I}_A(q))=\tilde{I}_A(s)$.

Durch $\frac{f}{g}\mapsto\frac{\varphi(f)}{\varphi(f)}$, $(f\in A,\, g\in A-\tilde{I}_A(q))$ wird deshalb ein Isomorphismus $A_q\cong A_s$ von $\mathbb{C}$-Algebren definiert.

B) Man kann das eben Gesagte auch mit dem Ring $\mathcal{O}(C)$ tun. Dann ist $\varphi = \rho^*$, wo $\rho : C \to C$ die Streckung mit Zentrum p ist, welche s in q überführt. Also können wir sagen:

(iv)′ *Ist* $L \subseteq (C, p)$ *eine erzeugende Gerade und sind* $q, s \in L - \{p\}$, *so gilt* $\rho^* : \mathcal{O}_{C,q} \xrightarrow{\cong} \mathcal{O}_{C,s}$ *und* $\mu_q(C) = \mu_s(C)$.

Anwendung von (iv) auf $Gr_p(X)$ ergibt:

(v) *Ist X eine quasiaffine Varietät,* $p \in X$, *und ist* $L \subseteq cT_p(X)$ *eine Tangente an X in p, so nimmt die Multiplizität* $m(Gr_p(X)_q)$ *für alle Punkte* $q \in L - \{p\}$ *denselben Wert an.*

Man überzeugt sich übrigens leicht davon, dass im Falle einer affinen Hyperfläche $X \subseteq \mathbb{A}^n$ der konstante Wert $m(Gr_p(X)_q)$ gerade mit der in (4.5) definierten Vielfachheit $\mu_{p,L}(X)$ der Tangente L übereinstimmt (vgl. (4.6) (i)). ○

Im Hinblick auf das eben Gesagte ist es sinnvoll festzusetzen:

(16.14) **Definition:** Sei X eine quasiaffine Varietät und sei $p \in X$. Sei $L \subseteq cT_p(X)$ eine Tangente an X in p. Wir definieren jetzt die *Vielfachheit* oder *Multiplizität* $\mu_{p,L}(X)$ der Tangente L als den nach (16.13) (v) konstanten Wert $m(Gr_p(X)_q)$, wo q ein von der Spitze p des Tangentialkegels verschiedener Punkt aus L ist:

$$\mu_{p,L}(X) := m(Gr_p(X)_q), \quad q \in L - \{p\}. \qquad ○$$

An Abschnitt 4 haben wir für ebene affine Kurven den Zusammenhang zwischen der Multiplizität $\mu_p(X)$ von X in einem Punkt p und den Vielfachheiten der Tangenten in p gesehen. Wir wollen jetzt auch dieses Ergebnis auf beliebige Varietäten erweitern.

(16.15) **Definitionen und Bemerkungen:** A) Sei X eine quasiaffine Varietät, sei $p \in X$ und seien $C_1, \ldots, C_s$ die irreduziblen Komponenten des Tangentialkegels $cT_p(X)$. Die C_i sind Unterkegel von $cT_p(X)$ (vgl. (16.9) (iix)). Nach dem Nullstellensatz für Kegel sind die Verschwindungsideale $I_{cT_p(X)}(C_i)$ gerade die minimalen Primideale von $\mathcal{O}(cT_p(X))$. Wir betrachten wieder die Restklassenabbildung

$$Gr_p(X) \xrightarrow{\pi} Gr_p(X)_{red} = \mathcal{O}(cT_p(X)).$$

Die Urbilder

$$\tilde{I}(C_i) := \pi^{-1}(I_{cT_p(X)}(C_i)), \quad (i = 1, \ldots, s)$$

sind dann genau die minimalen Primideale von $Gr_p(X)$. Insbesondere ist $Gr_p(X)_{\tilde{I}(C_i)}$ jeweils ein lokaler Ring der Dimension 0, d.h. von endlicher Länge.

Deshalb ist es möglich, die *Vielfachheit* oder *Multiplizität* $\mu_{p,C_i}(X)$ der *irreduziblen Komponente* C_i von $cT_p(X)$ zu definieren durch

(i) $$\mu_{p,C_i}(X) := l(Gr_p(X)_{\tilde{I}(C_i)}, \quad (i = 1, \ldots, s).$$

B) Um die eben eingeführte Vielfachheit von Komponenten des Tangentialkegels besser zu verstehen, bringen wir sie in Zusammenhang mit der Vielfachheit von Tangenten und zeigen:

(ii) *Sei $L \subseteq cT_p(X)$ eine Tangente an X in p, sei $q \in L - \{p\}$ und seien $C_1, \ldots, C_r$ die durch q laufenden irreduziblen Komponenten von $cT_p(X)$ mit maximaler Dimension. Dann gilt*

$$\mu_{p,L}(X) = \sum_{j=1}^{r} \mu_q(C_j) \cdot \mu_{p,C_j}(X).$$

Beweis: Wir setzen $A = Gr_p(X)$ und betrachten den in (16.13) eingeführten lokalen Ring A_q. Weiter setzen wir $\mathfrak{p}_j = \tilde{I}(C_j)A_q$, $(j = 1, \ldots, r)$. Die $\mathfrak{p}_j$ sind minimale Primideale von A_q. Dabei handelt es sich genau um diejenigen (minimalen) Primideale von A_q, deren Restklassenring maximale Dimension hat. Nach (16.4) gilt also: $m(A_q) = \sum_{j=1}^{r} m(A_q/\mathfrak{p}_j) l((A_q)_{\mathfrak{p}_j})$. Nach Definition ist aber $m(A_q) = \mu_{p,L}(X)$; weiter ist $A_q/\mathfrak{p}_j \cong \mathcal{O}_{cT_p(X),q}$ und $(A_q)_{\mathfrak{p}_j} \cong Gr_p(X)_{\tilde{I}(C_j)}$. Dies zeigt alles.

Zur Veranschaulichung betrachten wir eine Situation, in der $cT_p(X)$ drei Komponenten C_1, C_2, C_3 hat, wobei $\dim(C_1) = \dim(C_2) = 2$, $\dim(C_3) = 1$, $\mu_{p,C_1}(X) = 1$, $\mu_{p,C_2}(X) = 2$, $\mu_{p,C_3}(X) = 3$. Wir legen 5 Tangenten L_i und wählen Punkte $q_i \in L_i - \{p\}$, wobei gelten soll $q_1 \in C_2 - C_1 \cup C_3$, $q_2 \in C_1 \cap C_2 - C_3$, $q_3, q_4 \in C_1 - C_2 \cup C_3$, $q_5 \in C_3 - C_1 \cup C_2$. Weiter sei $q_i \in \mathrm{Reg}(C_j)$ für alle $i \neq 3$ und alle j mit $q_i \in C_j$. Schliesslich sei $\mu_{q_3}(C_1) = 2$.

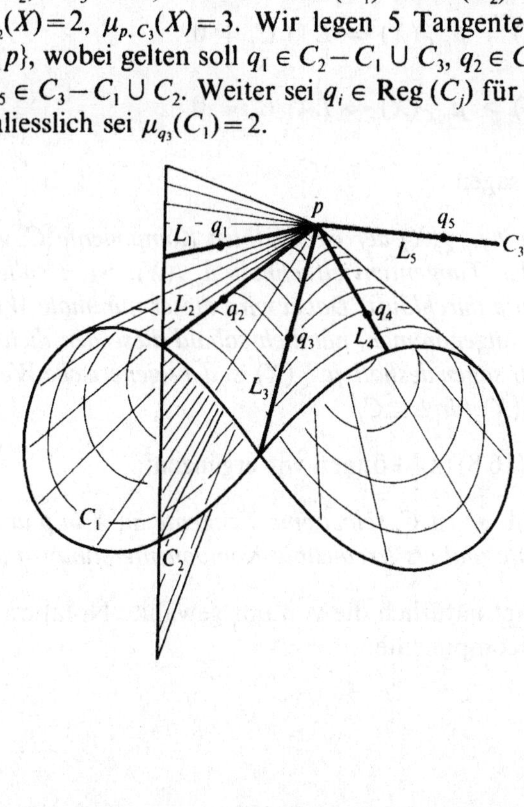

In dieser Situation gilt für die Multiplizitäten $\mu_{p, L_i}(X)$:

i	1	2	3	4	5
$\mu_{p, L_i}(X)$	2	3	2	1	3

B) Wir halten die obigen Bezeichnungen fest und nehmen an, es sei $\dim_p(X) > 0$. Dann ist $\dim(C_i) > 0$ und die Menge

$$\mathring{\mathrm{Reg}}(C_i) := \mathrm{Reg}(C_i) - \{p\}$$

ist eine dichte offene Untermenge von C_i. Nach (16.13) (iv)′ handelt es sich dabei um einen *offenen Unterkegel* von C_i: Trifft eine erzeugende Gerade $L \subseteq C_i$ die Menge $\mathring{\mathrm{Reg}}(C_i)$, so liegt die ganze punktierte Gerade in $\mathring{\mathrm{Reg}}(C_i)$. Entsprechend wird jetzt die Menge

(iii) $$U_i := \mathring{\mathrm{Reg}}(C_i) - \bigcup_{j \neq i} C_j$$

zu einem dichten offenen Unterkegel von C_i.

Aus (ii) und dem Hauptsatz über die Multiplizität schliesst man sofort:

(iv) *Ist $L \subseteq C_i$ eine Tangente an X in p, so gilt:*

$$\mu_{p, L}(X) = \mu_{p, C_i}(X) \Leftrightarrow L \cap U_i \neq \emptyset.$$

$$\mu_{p, L}(X) > \mu_{p, C_i}(X) \Leftrightarrow L \cap U_i = \emptyset.$$

Wir können also sagen:

(v) *Die Vielfachheit $\mu_{p, C_i}(X)$ der irreduziblen Komponente C_i von $cT_p(X)$ ist der minimale Wert der Tangentenvielfachheit $\mu_{p, L}(X)$, wo L alle in C_i liegenden Tangenten an X in p durchläuft. Dabei wird dieser minimale Wert für «fast alle» Tangenten $L \subseteq C_i$ angenommen, nämlich sobald diese den dichten offenen Kegel $U_i \subseteq C_i$ treffen. Wir sagen deshalb $\mu_{p, C_i}(X)$ ist der «generische Wert der Tangentenmultiplizität» $\mu_{p, L}(X)$ für $L \subseteq C_i$.*

Im Hinblick auf (16.8) (x)′ können wir ergänzen:

(v)′ *Ist* $\dim(C_i) = 1$, *so ist C_i selbst eine Tangente an X in p und die Vielfachheit von C_i als Tangente und als irreduzible Komponente stimmen überein.*

Erst (v)′ rechtfertigt natürlich die von uns gewählte Notation für die Vielfachheit irreduzibler Komponenten. ○

(16.16) **Lemma:** *Sei $A = k \oplus A_1 \oplus \ldots$ eine noethersche homogene Algebra über einem beliebigen Körper k. Sei $\mathfrak{n} = A_{\geqslant 1}$ das homogene Maximalideal von A. Dann bestehen graduierte Isomorphismen von $\mathbb{C}$-Algebren*

$$Gr(\mathfrak{n}) \cong Gr(\mathfrak{n}A_{\mathfrak{n}}) \cong A.$$

Beweis: Es ist $\mathfrak{n}^i = A_{\geqslant i} = \bigoplus_{j \geqslant i} A_j$. Deshalb bestehen k-Isomorphismen

$\varphi_i : A_i \to \mathfrak{n}^i/\mathfrak{n}^{i+1}$, definiert durch $a \mapsto a/\mathfrak{n}^{i+1}$.

Sofort sieht man, dass die direkte Summe $\oplus\varphi_i : A \to Gr(\mathfrak{n})$ auch ein Ring-Homomorphismus ist. Weil A ein lokaler Ring mit Maximalideal $\mathfrak{n}$ ist, ändert sich $\mathfrak{n}^i/\mathfrak{n}^{i+1}$ beim Lokalisieren an $\mathfrak{n}$ nicht. Es gilt also $\mathfrak{n}^i/\mathfrak{n}^{i+1} = \mathfrak{n}^i A_{\mathfrak{n}}/\mathfrak{n}^{i+1}A_{\mathfrak{n}} = (\mathfrak{n}A_{\mathfrak{n}})^i/(\mathfrak{n}A_{\mathfrak{n}})^{i+1}$, d.h. $Gr(\mathfrak{n}) = Gr(\mathfrak{n}A_{\mathfrak{n}})$. □

Jetzt stellen wir den Zusammenhang her zwischen der Multiplizität $\mu_p(X)$ eines Punktes $p \in X$, den Multiplizitäten $\mu_p(C_i)$ der Spitze p des Tangentialkegels $cT_p(X)$ in dessen irreduziblen Komponenten C_i und den Multiplizitäten $\mu_{p,C_i}(X)$ dieser Komponenten in $cT_p(X)$. □

(16.17) **Satz** (*Multiplizitätsformel für den Tangentialkegel*): *Sei X eine quasiaffine Varietät und sei $p \in X$. $C_1, \ldots, C_r$ seien die irreduziblen Komponenten maximaler Dimension des Tangentialkegels $cT_p(X)$. Dann gilt:*

$$\mu_p(X) = \sum_{i=1}^{r} \mu_p(C_i) \cdot \mu_{p,C_i}(X).$$

Beweis: Sei $A = Gr_p(X)$, $\mathfrak{n} = Gr_p(X)_{\geqslant 1}$. Nach (16.16) gilt $Gr(\mathfrak{n}A_{\mathfrak{n}}) = A = Gr_p(X) = Gr(\mathfrak{m}_{X,p})$. Weil die Multiplizität eines lokalen Ringes nur von dessen graduiertem Ring abhängt, folgt $m(\mathfrak{n}A_{\mathfrak{n}}) = m(\mathcal{O}_{X,p}) = \mu_p(X)$. Die in (16.15) eingeführten Primideale $\mathfrak{p}_i = \tilde{I}(C_i) \subseteq A$ sind graduiert, liegen also in $\mathfrak{n}$. Weiter sind die r Primideale $\mathfrak{p}_i A_{\mathfrak{n}} \subseteq A_{\mathfrak{n}}$ gerade diejenigen, deren Restklassenring maximale Dimension hat. Beachtet man noch, dass $(A_{\mathfrak{n}})_{\mathfrak{p}_i A_{\mathfrak{n}}} \cong A_{\mathfrak{p}_i}$ (also $\mu_{p,C_i}(X) = l((A_{\mathfrak{n}})_{\mathfrak{p}_i A_{\mathfrak{n}}})$ und $\mathcal{O}_{C_i,p} = A_{\mathfrak{n}}/\mathfrak{p}_i A_{\mathfrak{n}}$ (also $\mu_p(C_i) = m(A_{\mathfrak{n}}/\mathfrak{p}_i A_{\mathfrak{n}})$), so folgt die Behauptung aus (16.3). □

(16.18) **Bemerkung:** Für Kurven erhält man aus (16.17) unter Beachtung (16.12) (i), (16.10) (x) und (16.15) (v)′ sofort:

(i) *Ist $\dim_p(X) = 1$, so hat X in p nur endlich viele Tangenten $L_1, \ldots, L_r$, ($r > 0$, $L_i \neq L_j$ für $i \neq j$). Es gilt also $cT_p(X) = L_1 \cup \ldots \cup L_r$ und es besteht die Gleichung*

$$\mu_p(X) = \sum_{i=1}^{r} \mu_{p,L_i}(X).$$

Damit erhalten wir aus (16.17) ein Ergebnis zurück, das wir für ebene Kurven bereits in Abschnitt 4 hergeleitet haben! ○

(16.19) **Aufgaben:** (1) Man zeige, dass der Tangentialkegel $cT_0(X)$ der in (9.1) behandelten Fläche X aus zwei sich in $\mathbf{0}$ schneidenden Ebenen besteht, die je von der Vielfachheit 1 sind. Daraus bestimme man $\mu_0(X)$.

(2) Ist $p \in X$, so gilt $\mu_p(X) = \mu_p(cT_p(X))$.

(3) Ist X eine irreduzible Fläche und ist $\mu_p(X) = 2$, so besteht $cT_0(X)$ aus einer doppelt gezählten Ebene oder zwei einfach gezählten Ebenen, die sich nur in p oder auch längs einer Geraden schneiden können. Man suche Beispiele für alle drei Fälle.

(4) Für einen affinen algebraischen Kegel C mit Spitze p gilt $C = cT_p(C)$. In diesem Fall sind (16.17) und (16.4) identisch.

(5) Sei X von reiner Dimension in p. Dann gilt $p \in \operatorname{Reg}(X)$ genau dann, wenn $cT_p(X)$ ein einfach gezählter affiner Raum ist.

(6) Ein affiner algebraischer Kegel $C \subseteq \mathbb{A}^n$ ist genau dann singularitätenfrei, wenn er ein affin linearer Unterraum ist.

(7) Sei X irreduzibel in p. Man zeige: Ist $Gr_p(X)$ reduziert, so hat jede irreduzible Komponente C von $cT_p(X)$ die Vielfachheit $\mu_{p,C}(X) = 1$.

(8) Man finde eine Varietät $X \subseteq \mathbb{A}^3$, deren Tangentialkegel $cT_0(X)$ beschaffen ist wie im Beispiel zu (16.15) B).

(9) Sei X eine irreduzible Kurve und sei $p \in X$. Unter dem Multiplizitätstyp von X in p versteht man das Zahlentupel $(\mu_{p,L_1}(X), \ldots, \mu_{p,L_r}(X))$, wo L_i die verschiedenen Tangenten an X in p durchläuft, und wo $\mu_{p,L_i}(X) \geq \mu_{p,L_{i+1}}(X)$. Man gebe eine Formel für die Anzahl dieser Typen, wenn $\mu_p(X) = \mu$ festgehalten wird.

(10) Sei X irreduzibel in X und sei $cT_p(X) - \{p\}$ zusammenhängend. Dann gilt $p \in \operatorname{Reg}(X) \Leftrightarrow \mu_{p,L}(X) = 1$, $\forall$ Tangenten L von X in p. ○

V. Projektive Varietäten

In Kapitel I haben wir affine Hyperflächen mit Geraden geschnitten und dabei die Schnittvielfachheit eingeführt. Um für jede Gerade auf dieselbe Anzahl von Schnittpunkten zu kommen (natürlich gezählt mit Vielfachheit), haben wir zu einem Kunstgriff Zuflucht genommen: Wir haben für Geraden, in deren Richtung die Hyperfläche ins Unendliche geht, eine Schnittvielfachheit im Unendlichen definiert. Natürlich legt dieses Vorgehen die Frage nahe, ob man nicht dieselbe Wirkung erreicht, wenn man die gegebene Hyperfläche durch Hinzufügen von Punkten «im Unendlichen» geeignet erweitert. Dabei sollte der entstehende Raum wieder «gute algebraische Eigenschaften» haben. Tatsächlich kann eine solche Konstruktion durchgeführt werden, und zwar im Rahmen der projektiven Varietäten, die wir jetzt einführen wollen.

Wir behandeln zunächst den n-dimensionalen projektiven Raum $\mathbb{P}^n$, den wir, wie die affinen Räume $\mathbb{A}^n$, mit einer starken Topologie und einer Zariski-Topologie versehen. $\mathbb{P}^n$ lässt sich als ein Raum verstehen, der durch geeignetes Verkleben von $n+1$ Exemplaren von $\mathbb{A}^n$ zustande kommt. Im Gegensatz zur affinen Situation sind hier alle Zariski-abgeschlossenen Mengen kompakt bezüglich der starken Topologie. Zu jeder Zariski-abgeschlossenen Menge $X \subseteq \mathbb{P}^n$ gehört in natürlicher Weise ein affiner Kegel aus $\mathbb{A}^{n+1}$ mit Spitze in $\mathbf{0}$ und entsprechend ein graduiertes Ideal aus dem Polynomring $\mathbb{C}[z_0, \ldots, z_n]$. Der genaue Zusammenhang wird dabei durch den homogenen Nullstellensatz beschrieben. Dieser Satz ermöglicht es, die topologische Struktur von $\mathbb{P}^n$ genau zu untersuchen. Insbesondere können wir mit seiner Hilfe den Schnittdimensionssatz beweisen, der besagt, dass das Permanenzprinzip für das Schneiden mindestens «mengentheoretisch» gilt.

Als nächstes machen wir die lokal abgeschlossenen Teilmengen von $\mathbb{P}^n$ zu Objekten der algebraischen Geometrie, indem wir auf diesen reguläre Funktionen definieren. So erhalten wir die projektiven und quasiprojektiven Varietäten. Schliesslich definieren wir den Morphismumsbegriff, und zwar so, dass wir die neu eingeführten Varietäten mit den uns schon bekannten quasiaffinen vergleichen können. Es wird sich zeigen, dass alle quasiaffinen Varietäten quasiprojektiv sind und dass alle quasiprojektiven Varietäten durch endlich viele offene affine Teilmengen überdeckt werden können. So haben wir also eine Erweiterung der bisherigen Theorie und können andrerseits viele Sätze vom quasiaffinen Fall direkt auf den quasiprojektiven übertragen.

Um den im Kapitel I gegebenen Zusammenhang zwischen der Schnittvielfachheit und dem Grad zu verallgemeinern, führen wir den Grad-Begriff für abgeschlossene Mengen $X \subseteq \mathbb{P}^n$ ein und definieren den Begriff der Schnittvielfachheit einer solchen Menge mit einer Hyperfläche. In dieser Situation beweisen wir den Satz von Bézout, welcher zwischen beiden Begriffen einen wichtigen Zusammenhang herstellt. Um den technischen Aufwand nicht wesentlich weitertreiben zu müssen, beschränken wir uns auf diesen rudimentären Teil der Schnitt-Theorie. Insbesondere verzichten wir auf die Definition der Schnittvielfachheit in allgemeineren Situationen.

Zum Schluss dieses Kapitels behandeln wir ebene projektive Kurven. Dabei steht die Verzweigungstheorie von generischen Projektionen im Vordergrund. Ausführlich befassen wir uns hier mit den kubischen Kurven. An einem Beispiel machen wir klar, dass eine solche Kurve topologisch gesehen ein Torus ist. Dann definieren wir die Hesse-Form einer ebenen Kurve und untersuchen mit dieser die Wendepunkte. Schliesslich führen wir auch die Gruppenstruktur einer kubischen Kurve ein und charakterisieren mit deren Hilfe die Wendepunktkonfiguration.

17. Der projektive Raum

Der Begriff des projektiven Raumes. Sei K ein Körper, und sei $(c_0, \ldots, c_n) \in K^{n+1}$, $(n \geqslant 0)$, wobei $(c_0, \ldots, c_n) \neq (0, \ldots, 0)$. Wir schreiben dann $(c_0 : \ldots : c_n)$ für die durch $(0, \ldots, 0) = \mathbf{0}$ und $(c_0, \ldots, c_n) = \mathbf{c}$ laufende *Gerade* in K^{n+1}, also:

$$(c_0 : \ldots : c_n) := \{(\lambda c_0, \ldots, \lambda c_n) \mid \lambda \in K\}, \quad ((c_0, \ldots, c_n) \in K^{n+1} - \{\mathbf{0}\}).$$

(17.1) **Definition und Bemerkungen:** A) Sei K ein Körper und sei $n \geqslant 0$. Die Menge der durch den Ursprung $\mathbf{0}$ von K^{n+1} laufenden Geraden L nennen wir den *n-dimensionalen projektiven Raum* $\mathbb{P}^n_K$ *über dem Körper K*. Also:

$$\mathbb{P}^n_K := \{(c_0 : \ldots : c_n) \mid (c_0, \ldots, c_n) \in K^{n+1} - \{\mathbf{0}\}\}.$$

Die Geraden $(c_0 : \ldots : c_n)$ nennen wir *Punkte des Raumes* $\mathbb{P}^n_K$. Genauer nennen wir $(c_0 : \ldots : c_n) \in \mathbb{P}^n_K$ den Punkt mit den *homogenen Koordinaten* $(c_0, \ldots, c_n)$.

B) Sind $(c_0, \ldots, c_n), (d_0, \ldots, d_n) \in K^{n+1} - \{\mathbf{0}\}$, so gilt:

(i) $$(c_0 : \ldots : c_n) = (d_0 : \ldots : d_n) \Leftrightarrow \exists \lambda \in K - \{0\} : d_i = \lambda c_i, \quad (i = 0, \ldots, n).$$

Damit können wir den Raum $\mathbb{P}_K^n$ auch anders auffassen: Wir definieren auf $K^{n+1}-\{\mathbf{0}\}$ eine Äquivalenzrelation «$\sim$» durch die Festsetzung

$$(c_0, \ldots, c_n) \sim (d_0, \ldots, d_n) :\Leftrightarrow \exists\, \lambda \in K-\{0\} : d_i = \lambda c_i, \quad (i=0, \ldots, n).$$

Die Gerade $(c_0 : \ldots : c_n)$ ist dann gerade die *Äquivalenzklasse* von $(c_0, \ldots, c_n)$, und $\mathbb{P}_K^n$ ist die Menge dieser Klassen.

C) Wir werden uns später hauptsächlich für den *komplexen projektiven Raum* $\mathbb{P}_{\mathbb{C}}^n$ interessieren, den wir kurz mit $\mathbb{P}^n$ bezeichnen:

$$\mathbb{P}^n := \mathbb{P}_{\mathbb{C}}^n = \{(c_0 : \ldots : c_n) \mid (c_0, \ldots, c_n) \in \mathbb{C}^{n+1}-\{\mathbf{0}\}\}.$$

Zur Veranschaulichung werden wir häufig den *reellen projektiven Raum* $\mathbb{P}_{\mathbb{R}}^n$ beiziehen, den wir in kanonischer Weise als Unterraum von $\mathbb{P}^n$ auffassen. Ist $X \subseteq \mathbb{P}^n$, so definieren wir den *reellen Teil von X* oder die *Menge der reellen Punkte von X* durch

$$X_{\mathbb{R}} := X \cap \mathbb{P}_{\mathbb{R}}^n.$$

D) $\mathbb{P}_K^0$ besteht offenbar genau aus dem einen Punkt (1). $\mathbb{P}_K^1$ nennen wir die *projektive Gerade* über K, $\mathbb{P}_K^2$ die *projektive Ebene*. In Übereinstimmung mit dem Obigen werden wir $\mathbb{P}^1$ (resp. $\mathbb{P}_{\mathbb{R}}^1$) als *komplexe* (resp. reelle) *projektive Gerade* bezeichnen, $\mathbb{P}^2$ (resp. $\mathbb{P}_{\mathbb{R}}^2$) als *komplexe* (resp. reelle) *projektive Ebene*. ○

Jetzt wollen wir die Räume $\mathbb{P}^n$ und $\mathbb{P}_{\mathbb{R}}^n$ zu topologischen, ja sogar zu metrischen, Räumen machen.

(17.2) **Definitionen und Bemerkungen:** A) Sei $K=\mathbb{R}$ oder $K=\mathbb{C}$ und sei $n \in \mathbb{N}_0$. Wir betrachten die *kanonische Projektion* (die nach Definition surjektiv wird):

(i) $$\pi : K^{n+1}-\{\mathbf{0}\} \longrightarrow \mathbb{P}_K^n; \quad (c_0, \ldots, c_n) \stackrel{\pi}{\longmapsto} (c_0 : \ldots : c_n).$$

Wir nennen nun eine Menge $U \subseteq \mathbb{P}_K^n$ *offen bezüglich* der *starken Topologie*, wenn die Menge $\pi^{-1}(U) \subseteq K^{n+1}$ offen ist bezüglich der starken Topologie. Also:

(ii) $$U \subseteq \mathbb{P}_K^n \text{ offen} \Leftrightarrow \pi^{-1}(U) \subseteq K^{n+1} \text{ offen}.$$

Sofort sieht man ein, dass die so definierten offenen Mengen $U \subseteq \mathbb{P}_K^n$ genau die offenen Mengen einer Topologie auf $\mathbb{P}_K^n$ bilden. Diese Topologie nennen wir die *starke Topologie* auf $\mathbb{P}_K^n$. Wir zeigen:

(ii)′ *Die kanonische Projektion* $\pi : K^{n+1}-\{\mathbf{0}\} \longrightarrow \mathbb{P}_K^n$ *ist offen bezüglich der starken Topologie.*

Beweis: Nach (ii) genügt es zu zeigen, dass $\pi^{-1}(\pi(W))$ offen ist in $K^{n+1} - \{0\}$ für jede offene Menge $W \subseteq K^{n+1} - \{0\}$. Wir können schreiben $\pi^{-1}(\pi(W)) = \tilde{W} - \{0\}$, wo $\tilde{W}$ der Kegel über W mit Spitze 0 ist, d.h. die Vereinigung aller durch 0 laufenden Geraden, welche W treffen. Die Offenheit des «punktierten Kegels» $\tilde{W} - \{0\}$ ist aber leicht zu verifizieren.

B) Zur weitern Untersuchung der topologischen Struktur von $\mathbb{P}_K^n$ betrachten wir die *n-Sphäre* $S_K^n \subseteq K^{n+1} - \{0\}$, definiert durch:

(iii) $$S_K^n := \{c = (c_0, \ldots, c_n) \in K^{n+1} \mid \|c\|^2 = \sum_{i=0}^{n} |c_i|^2 = 1\}.$$

Wir betrachten die folgende Abbildung:

(iii)' $$\rho : K^{n+1} - \{0\} \longrightarrow S_K^n; \quad c = (c_0, \ldots, c_n) \overset{\rho}{\longmapsto} \left(\frac{c_0}{\|c\|}, \ldots, \frac{c_n}{\|c\|}\right).$$

Sofort sieht man:

(iv) *Es besteht ein kommutatives Diagramm*

$$
\begin{array}{ccc}
K^{n+1} - \{0\} & \overset{\pi}{\longrightarrow} & \mathbb{P}_K^n \\
& \rho \searrow \quad \circlearrowright \quad \nearrow \pi' = \pi \upharpoonright S_K^n & \\
& S_K^n &
\end{array}
$$

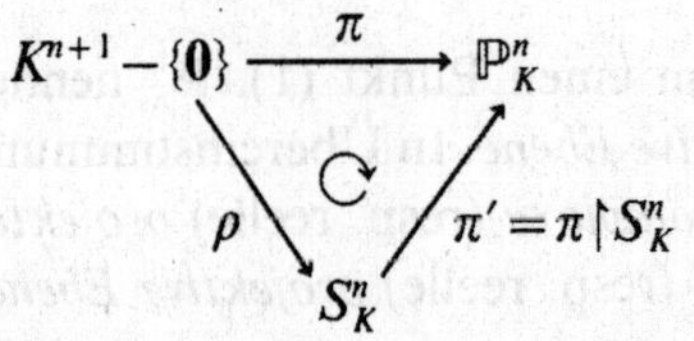

Dabei sind die Abbildungen π, ρ, π' surjektiv, stetig und offen bezüglich der starken Topologie.

Als Anwendung erhalten wir:

(v) $\mathbb{P}_K^n$ *ist bezüglich der starken Topologie kompakt und wegweise zusammenhängend.*

Beweis: S_K^n ist kompakt, und $\pi' : S_K^n \to \mathbb{P}_K^n$ ist stetig und surjektiv. Deshalb ist $\mathbb{P}_K^n$ kompakt. $\mathbb{P}_K^0 = \{(1)\}$ hängt trivialerweise zusammen. Ist $n > 0$, so hängt $K^{n+1} - \{0\}$ wegweise zusammen. Weil π stetig und surjektiv ist, gilt dasselbe auch für $\mathbb{P}_K^n$.

C) Jetzt wollen wir $\mathbb{P}_K^n$ mit einer Metrik versehen. Wir gehen dabei aus von der Standardmetrik auf S_K^n, definiert durch

$$d(c, e) = \|c - e\|, \quad (c, d \in S_K^n).$$

Wir wollen nun eine *Metrik* $\bar{d} : \mathbb{P}_K^n \times \mathbb{P}_K^n \to \mathbb{R}$ auf $\mathbb{P}_K^n$ ($K = \mathbb{C}$ oder $\mathbb{R}$) definieren durch die Festsetzung:

(vi) $$\bar{d}(p, q) = \inf \{d(c, e) \mid c \in (\pi')^{-1}(p), \quad e \in (\pi')^{-1}(q)\}.$$

Anders ausgedrückt ist $\bar{d}(p, q)$ gerade der Abstand der Fasern über p und q unter der Surjektion $\pi' : S_K^n \to \mathbb{P}_K^n$. Natürlich müssen wir uns vergewissern, dass so tatsächlich eine Metrik definiert wird auf $\mathbb{P}_K^n$. Sofort sieht man, dass es hiezu genügt zu zeigen:

(vi)′ *Sind* $p, q \in \mathbb{P}_K^n$ *und ist* $\boldsymbol{c} \in (\pi')^{-1}(p)$, *so gibt es ein* $\boldsymbol{e} \in (\pi')^{-1}(q)$ *mit*

$$\bar{d}(p, q) = d(\boldsymbol{c}, \boldsymbol{e}).$$

Beweis: Die Fasern $(\pi')^{-1}(p)$, $(\pi')^{-1}(q)$ sind abgeschlossen in S_K^n. Weil S_K^n kompakt und hausdorffsch ist, sind sie selbst wieder kompakt. Ihr Abstand wird deshalb für ein Punktepaar angenommen. Genauer gibt es Punkte $\boldsymbol{c}' \in (\pi')^{-1}(p)$ und $\boldsymbol{e}' \in (\pi')^{-1}(q)$ derart, dass $\bar{d}(p, q) = d(\boldsymbol{c}', \boldsymbol{e}')$. Wegen $\pi(\boldsymbol{c}') = \pi'(\boldsymbol{c}') = p = \pi'(\boldsymbol{c}) = \pi(\boldsymbol{c})$ gibt es ein $\lambda \in K - \{0\}$ mit $\lambda\boldsymbol{c}' = \boldsymbol{c}$. Wegen $\|\boldsymbol{c}'\| = \|\boldsymbol{c}\| = 1$ ist dabei $|\lambda| = 1$. Insbesondere folgt so, dass $\lambda\boldsymbol{e}' =: \boldsymbol{e} \in (\pi')^{-1}(q)$. Weiter folgt $d(\boldsymbol{c}, \boldsymbol{e}) = \|\lambda\boldsymbol{c}' - \lambda\boldsymbol{e}'\| = |\lambda|\, \|\boldsymbol{c}' - \boldsymbol{e}'\| = \|\boldsymbol{c}' - \boldsymbol{e}'\| = d(\boldsymbol{c}', \boldsymbol{e}') = \bar{d}(p, q)$. $\bar{d}$ definiert also eine Metrik.

Die Verifikation der folgenden Aussagen ist nun einfach und sei dem Leser überlassen:

(vii) *Die Metrik* $\bar{d} : \mathbb{P}_K^n \times \mathbb{P}_K^n \to \mathbb{R}$ *induziert auf* $\mathbb{P}_K^n$ *gerade die starke Topologie. Diese Topologie hat eine abzählbare Basis der offenen Mengen.* ○

Anmerkung: Hinter der oben angegebenen Metrisierung von $\mathbb{P}_K^n$ $(K = \mathbb{R}, \mathbb{C})$ steht ein ganz allgemeines Konzept. Wir können nämlich $\mathbb{P}_K^n$ als Raum der Bahnen unter der Operation der kompakten topologischen Gruppe $C_K := \{\lambda \in K \mid |\lambda| = 1\} \subseteq K^*$ auf dem kompakten metrischen Raum S_K^n auffassen. Die Operation von C_K auf S_K^n wird dabei definiert durch $\lambda \times \boldsymbol{c} \mapsto \lambda\boldsymbol{c}$. Die Fasern unter $\pi' : S_K^n \to \mathbb{P}_K^n$ sind genau die Bahnen. Die Metrik d von S_K^n ist dabei invariant bezüglich der Operation von C_K. Deshalb existiert auf dem Raum $\mathbb{P}_K^n$ der Bahnen die *Quotientenmetrik* $\bar{d}$. ○

Zur Veranschaulichung des Bisherigen betrachten wir zwei Beispiele.

(17.3) **Beispiele:** A) (*Die reelle projektive Gerade*) Wir wählen $K = \mathbb{R}$, $n = 1$. Dann besteht die Situation

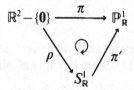

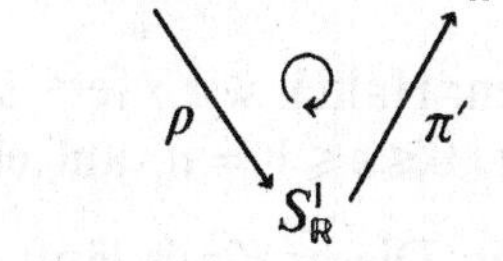

Die Faser $(\pi')^{-1}(p)$ über einem Punkt $p \in \mathbb{P}_{\mathbb{R}}^1$ besteht immer aus einem Paar gegenüberliegender Punkte auf dem Einheitskreis $S_{\mathbb{R}}^1$. $\mathbb{P}_{\mathbb{R}}^1$ entsteht also durch

Identifikation gegenüberliegender Punkte auf einem Kreis und ist deshalb selbst homöomorph zu einem Kreis!

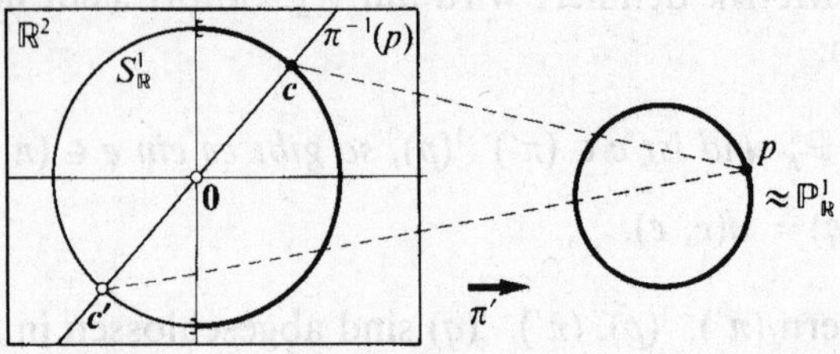

B) (*Die reelle projektive Ebene*) Wir wählen $K=\mathbb{R}$, $n=2$. Es besteht die Situation

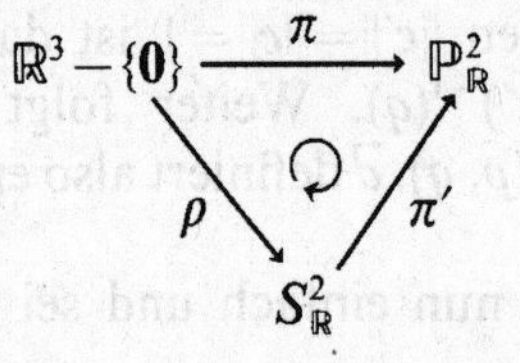

$\mathbb{P}^2_{\mathbb{R}}$ entsteht auch hier wieder, indem vermöge π' zwei gegenüberliegende Punkte der Einheitskugelfläche $S^2_{\mathbb{R}}$ identifiziert werden.

Wir wollen uns ein grobes Bild von der topologischen Gestalt von $\mathbb{P}^2_{\mathbb{R}}$ machen, indem wir eine stetige Abbildung $\varphi: \mathbb{P}^2_{\mathbb{R}} \to \mathbb{R}^3$ angeben, wobei wir allerdings in Kauf nehmen, dass diese weder injektiv noch immersiv ist.

Dazu betrachten wir die Einheitskreisscheibe D in $\mathbb{R}^2$, gegeben durch $D=\{(c_1, c_2) \in \mathbb{R}^2 \mid c_1^2+c_2^2 \leqslant 1\}$. In dieser führen wir Polarkoordinaten α, ε $(0 \leqslant \alpha < 2\pi,\ 0 \leqslant \varepsilon \leqslant 1)$ ein so, dass $(c_1, c_2)=(\varepsilon \cos \alpha, \varepsilon \sin \alpha)$. Jetzt definieren wir die Abbildung $\psi: D \to \mathbb{R}^3$ durch die Vorschrift

$$(\varepsilon \cos \alpha, \varepsilon \sin \alpha) \mapsto (u(\alpha, \varepsilon), v(\alpha, \varepsilon), w(\alpha, \varepsilon)) \in \mathbb{R}^3,$$

$$\text{wobei} \quad \begin{cases} u(\alpha, \varepsilon) = \frac{1}{3}(2-\cos(2\alpha)) \sin(\varepsilon\pi) \cos \alpha \\ v(\alpha, \varepsilon) = \frac{1}{3}(2-\cos(2\alpha)) \sin(\varepsilon\pi) \sin \alpha \\ w(\alpha, \varepsilon) = 2-\frac{1}{3}(2-\cos(2\alpha))(1-\cos(\varepsilon\pi)) \end{cases}.$$

Geometrisch können wir ψ wie folgt beschreiben: Halten wir α fest, so wird der Scheibendurchmesser $\{(\varepsilon \cos(\pm\alpha), \varepsilon \sin(\pm\alpha)) \mid 0 \leqslant \varepsilon \leqslant 1\} = d_\alpha$ auf einen Kreis $\psi(d_\alpha) \subseteq \mathbb{R}^3$ vom Radius $\frac{1}{3}$ (2-cos (2α)) abgebildet. Dieser Kreis läuft durch den Punkt $(0, 0, 2)$, hat sein Zentrum auf der w-Achse und schneidet die (u, w)-Ebene mit dem Winkel α.

Wir definieren jetzt $\gamma : \mathbb{P}^2_{\mathbb{R}} \to D$ durch die Vorschrift

$$(a_0 : a_1 : a_2) \mapsto \begin{cases} \|\boldsymbol{a}\|^{-1} sgn(a_0)\,(a_1, a_2), & \text{falls } a_0 \neq 0 \\ \|\boldsymbol{a}\|^{-1} sgn(a_1)\,(a_1, a_2), & \text{falls } a_0 = 0,\ a_1 \neq 0 \\ (0, 1) & \text{, falls } a_0 = a_1 = 0. \end{cases}$$

Leicht prüft man nach, dass die Komposition $\varphi := \psi \circ \gamma : \mathbb{P}^2_{\mathbb{R}} \to \mathbb{R}^3$ stetig und offen auf ihr Bild ist. Die Punkte auf der Strecke $s = \{(0, 0, w) \mid 0 < w < \frac{3}{2}\} \subseteq \varphi(\mathbb{P}^2_{\mathbb{R}})$ zwischen den Punkten $\mathbf{0} = \varphi(0 : 0 : 1)$ und $p := \varphi(0 : 1 : 0) = (0, 0, \frac{3}{2})$ haben jeweils genau zwei Urbilder in $\mathbb{P}^2_{\mathbb{R}}$. So hat $\varphi(\mathbb{P}^2_{\mathbb{R}})$ längs dieser Strecke eine Selbstdurchdringung. Das stetige «offene» Bild $\varphi(\mathbb{P}^2_{\mathbb{R}})$ der reellen projektiven Ebene entsteht also, indem wir gegenüberliegende Randpunkte auf der Scheibe D identifizieren und für Randpunkte, welche bezüglich der c_1-Achse spiegelbildlich liegen, dasselbe tun und so eine Selbstdurchdringung einführen.

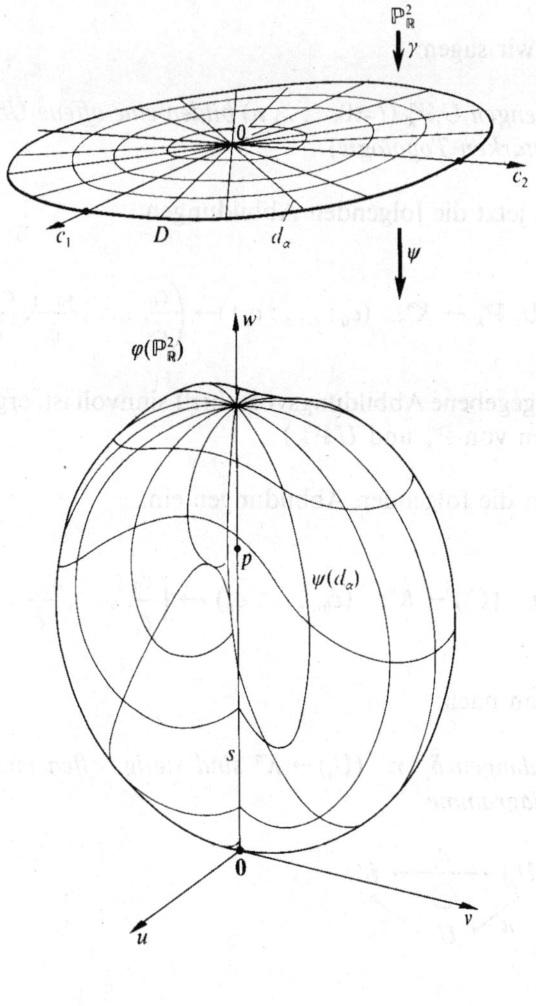

○

Anmerkung: Das oben konstruierte stetige Bild $\varphi(\mathbb{P}^2_{\mathbb{R}})$ nennt man das *Kreuzhaubenmodell* der reellen projektiven Ebene. Es zeigt anschaulich sehr schön, dass $\mathbb{P}^2_{\mathbb{R}}$ *nicht orientierbar* ist. Durchläuft man nämlich etwa den eingezeichneten Kreis $\psi(d_\alpha)$ in einer bestimmten Richtung, wobei man zu Beginn auf der Aussenseite der Fläche steht, kehrt man nach einem vollen Umlauf auf der Innenseite der Fläche gehend zurück. Für weitere Veranschaulichungen der projektiven Ebene $\mathbb{P}^2_{\mathbb{R}}$ sei auf E. Brieskorn [*B*] verwiesen. ○

Der kanonische affine Atlas. Wir wollen jetzt $\mathbb{P}^n_K$ ($K = \mathbb{R}, \mathbb{C}$) durch Angabe eines kanonischen Atlas zu einer Mannigfaltigkeit machen (vgl. (14.7)). Genauer gesagt, wollen wir $\mathbb{P}^n_K$ durch Verkleben von $n+1$ Kopien von K^n erzeugen.

(17.4) **Definitionen und Bemerkungen:** A) Sei $K = \mathbb{R}$ oder $K = \mathbb{C}$, und sei $n \in \mathbb{N}_0$. Wir setzen

(i) $$U_i\,\mathbb{P}^n_K = U_i =: \{(c_0 : \ldots : c_n) \in \mathbb{P}^n_K \mid c_i \neq 0\}, \quad (i = 0, \ldots, n).$$

Sofort können wir sagen:

(i)′ *Die $n+1$ Mengen $U_i\mathbb{P}^n_K$ ($i = 0, \ldots, n$) bilden eine offene Überdeckung von $\mathbb{P}^n_K$ (bezüglich der starken Topologie).*

Wir betrachten jetzt die folgenden Abbildungen:

(ii) $$\tau_i : U_i\,\mathbb{P}^n_K \to K^n, \quad (c_0 : \ldots : c_n) \mapsto \left(\frac{c_0}{c_i}, \ldots, \frac{c_{i-1}}{c_i}, \frac{c_{i+1}}{c_i}, \ldots, \frac{c_n}{c_i}\right).$$

(Dass die in (ii) gegebene Abbildungsvorschrift sinnvoll ist, ergibt sich sofort aus den Definitionen von $\mathbb{P}^n_K$ und $U_i\mathbb{P}^n_K$.)

Wir führen jetzt die folgenden Abbildungen ein:

(ii)′ $$\delta_i : \pi^{-1}(U_i) \to K^n; \quad (c_0, \ldots, c_n) \mapsto \left(\frac{c_0}{c_i}, \ldots, \frac{c_{i-1}}{c_i}, \frac{c_{i+1}}{c_i}, \ldots, \frac{c_n}{c_i}\right).$$

Sofort prüft man nach:

(ii)″ *Die Abbildungen $\delta_i : \pi^{-1}(U_i) \to K^n$ sind stetig, offen und surjektiv. Weiter bestehen die Diagramme*

$$\begin{array}{ccc} \pi^{-1}(U_i) & \xrightarrow{\ \delta_i\ } & K^n \\ & \circlearrowleft & \\ {\scriptstyle \pi} \searrow & & \nearrow {\scriptstyle \tau_i} \\ & U_i & \end{array}$$

Als Anwendung von (ii)″ erhalten wir jetzt:

(ii)‴ (a) *Die Abbildungen* $\tau_i : U_i \to K^n$ *sind Homöomorphismen.*

(b) $\tau_i(U_i \cap U_j) = \begin{cases} \{(a_1, \ldots, a_n) \mid a_{j+1} \neq 0\}, & \textit{falls } j < i \\ \{(a_1, \ldots, a_n) \mid a_j \neq 0\}, & \textit{falls } j > i \end{cases}$.

(c) *Die Übergangsabbildungen* $\tau_j \circ \tau_i^{-1} : \tau_i(U_i \cap U_j) \to \tau_j(U_i \cap U_j)$ *sind gegeben durch:*

$$(a_1, \ldots, a_n) \mapsto \begin{cases} \left(\frac{a_1}{a_{j+1}}, \ldots, \frac{a_j}{a_{j+1}}, \frac{a_{j+2}}{a_{j+1}}, \ldots, \frac{a_i}{a_{j+1}}, \frac{1}{a_{j+1}}, \frac{a_{i+1}}{a_{j+1}}, \ldots, \frac{a_n}{a_{j+1}}\right), & \textit{falls } j < i \\ \left(\frac{a_1}{a_j}, \ldots, \frac{a_i}{a_j}, \frac{1}{a_j}, \frac{a_{i+1}}{a_j}, \ldots, \frac{a_{j-1}}{a_j}, \frac{a_{j+1}}{a_j}, \ldots, \frac{a_n}{a_j}\right), & \textit{falls } j > i. \end{cases}$$

Beweis: (a): Durch $(a_1, \ldots, a_n) \mapsto (a_1 : \ldots : a_i : 1 : a_{i+1} : \ldots : a_n)$ wird jeweils eine Abbildung $\sigma_i : K^n \to U_i$ definiert, die offen zu τ_i invers ist. Die τ_i sind also bijektiv.

Aus (ii)″ und der Offenheit von π folgt, dass τ_i jeweils stetig und offen ist. Mithin ist τ_i ein Homöomorphismus.

(b) und (c) folgen sofort unter Verwendung der Abbildungen σ_i.

B) (i)′ und (ii)‴ besagen insbesondere, dass das System

(iii) $\{\tau_i : U_i \mathbb{P}^n_K \to K^n \mid i = 0, \ldots, n\}$

einen topologischen Atlas auf $\mathbb{P}^n_K$ definiert, durch den also $\mathbb{P}^n_K$ zu einer komplex (resp. reell) n-dimensionalen Mannigfaltigkeit wird. Nach (ii)′ sind die Übergangsabbildungen besonders einfache, durch rationale Funktionen definierte Homöomorphismen. Dies berechtigt uns zur Sprechweise, dass $\mathbb{P}^n_K$ eine rationale Mannigfaltigkeit ist und (iii) ein rationaler Atlas.

Den Atlas (iii) nennen wir den *kanonischen Atlas* von $\mathbb{P}^n_K$, die Karte $U_i\mathbb{P}^n_K \to K^n$ die i-te *kanonische Karte*. ○

(17.5) **Beispiel** (*Die komplexe projektive Gerade*): Wir wollen $\mathbb{P}^1$ im Hinblick auf den kanonischen Atlas studieren, der in diesem Fall aus den zwei kanonischen Karten

$$\tau_i : U_i \mathbb{P}^1 \xrightarrow{\approx} \mathbb{C} \quad (i = 0, 1)$$

besteht, wobei gemäss (17.4) (ii)′ gilt ($i, j \in \{0, 1\}, i \neq j$)

$$\tau_i (U_0\mathbb{P}^1 \cap U_1\mathbb{P}^1) = \mathbb{C} - \{0\}, \quad \tau_i \tau_j^{-1} : \begin{array}{ccc} \mathbb{C} - \{0\} & \to & \mathbb{C} - \{0\}. \\ \cup\!\!\!\mid & & \cup\!\!\!\mid \\ a & \mapsto & a^{-1} \end{array}$$

Um uns die Struktur von $\mathbb{P}^1$ näherzubringen, geben wir einen uns wohlbekannten Raum an, auf dem ein Atlas $\{v_i : V_i \to \mathbb{C} \mid i=0, 1\}$ gegeben ist und der sich verhält wie der Atlas von $\mathbb{P}^1$. Es soll also gelten

$$v_i(V_0 \cap V_1) = \mathbb{C}-\{0\}; \quad v_i \circ v_j^{-1} : a \mapsto a^{-1} \quad (a \in \mathbb{C}-\{0\}).$$

Eine solche Struktur ist hier skizziert:

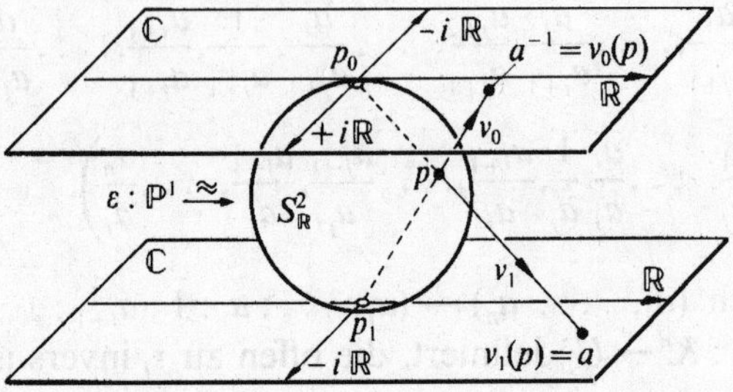

Der wohlbekannte Raum ist dabei die Kugelfläche $S^2_{\mathbb{R}}$ vom Radius $\frac{1}{2}$. Auf dieser zeichnen wir ein Antipodenpaar $\{p_0, p_1\}$ aus und setzen $V_0 = S^2 - \{p_1\}$, $V_1 = S^2 - \{p_0\}$. In p_0 und p_1 legen wir je eine Tangentialebene an S^2, die wir als ein Paar von komplexen Zahlenebenen mit parallelen reellen Achsen und antiparallelen imaginären Achsen auffassen. $v_i : V_i \to \mathbb{C}$ sei die *stereographische Projektion* auf die Tangentialebene in p_i aus dem gegenüberliegenden Punkt p_j.

Durch die Vorschrift $q \mapsto v_i^{-1} \circ \tau_i(q)$ $(q \in U_i \mathbb{P}^1)$ wird jetzt ein Homöomorphismus

(i) $\qquad \varepsilon : \mathbb{P}^1 \xrightarrow{\approx} S^2_{\mathbb{R}}$

definiert. Es handelt sich dabei sogar um einen Isomorphismus von rationalen Mannigfaltigkeiten, denn die induzierten Abbildungen $v_i \circ \varepsilon \circ \tau_i^{-1} : \mathbb{C} \to \mathbb{C}$ sind gegeben durch $id_{\mathbb{C}}$. ○

Anmerkung: $\mathbb{P}^1$ ist, wie aus der obigen Konstruktion ersichtlich ist, gerade die *Riemannsche Zahlenkugel* $\overline{\mathbb{C}} = \mathbb{C} \cup \{\infty\}$. ○

Zariski-Topologie und affine Kegel. Unser Ziel ist, im projektiven Raum $\mathbb{P}^n$ algebraische Geometrie zu betreiben. Wir nehmen die «Algebraisierung» von $\mathbb{P}^n$ in zwei Schritten vor. Im ersten Schritt führen wir auf dem $\mathbb{P}^n$ eine geeignete Topologie ein, die sogenannte Zariski-Topologie.

(17.6) **Definitionen und Bemerkungen:** A) Wir betrachten die kanonische Projektion $\pi : \mathbb{C}^{n+1} - \{\mathbf{0}\} \to \mathbb{P}^n$ (vgl. (17.2) (i)) und sagen eine Menge $U \subseteq \mathbb{P}^n$ sei *Zariski-offen*, wenn $\pi^{-1}(U) \subseteq \mathbb{C}^{n+1} - \{\mathbf{0}\} = \mathbb{A}^{n+1} - \{\mathbf{0}\}$ Zariski-offen ist. Die so definierten offenen Mengen bilden dann wieder genau die offenen Mengen einer Topologie auf $\mathbb{P}^n$. Diese Topologie nennen wir die *Zariski-Topologie* auf $\mathbb{P}^n$. Weil die starke Topologie auf $\mathbb{A}^{n+1}-\{\mathbf{0}\}$ feiner ist als die Zariski-Topologie, gilt dasselbe natürlich auch auf $\mathbb{P}^n$.

Wie schon im Falle des affinen Raumes, beziehen *wir jetzt alle topologischen Aussagen über projektive Räume $\mathbb{P}^n$ auf die Zariski-Topologie.* Andernfalls heben wir ausdrücklich hervor, dass wir uns auf die starke Topologie beziehen.

Die folgende Aussage charakterisiert unter anderem die Zariski-Topologie:

(i) $\pi: \mathbb{A}^{n+1}-\{\mathbf{0}\} \to \mathbb{P}^n \ ((c_0, \ldots, c_n) \mapsto (c_0 : \ldots : c_n))$ *ist stetig, offen und surjektiv.*

Beweis: Die Stetigkeit und die Surjektivität von π sind klar aus der Definition. Zum Nachweis der Offenheit wählen wir eine offene Menge $W \subseteq \mathbb{A}^{n+1}-\{0\}$ und zeigen, dass $\pi^{-1}(\pi(W))$ offen ist. Dazu schreiben wir $W = U_{\mathbb{A}^{n+1}}(f_1, \ldots, f_r)-\{\mathbf{0}\}$. Ein Punkt $\mathbf{c}=(c_0, \ldots, c_n) \in \mathbb{A}^{n+1}-\{0\}$ gehört offenbar genau dann zu $\pi^{-1}(\pi(W))$, wenn es ein $\lambda \in \mathbb{C}^*$ gibt mit $\lambda \mathbf{c} \in W$. Gleichbedeutend dazu ist, dass $f_i(\lambda \mathbf{c}) \neq 0$ für ein $i \in \{1, \ldots, r\}$ und ein $\lambda \in \mathbb{C}^*$. $f_i(\lambda \mathbf{c}) \neq 0$ heisst aber gerade, dass ein homogener Teil $(f_i)_{(j)}$ von f_i in $\mathbf{c}$ nicht verschwindet. Damit wird

$$\pi^{-1}(\pi(W)) = U_{\mathbb{A}^{n-1}}(\{(f_i)_{(j)} \mid i \leqslant r, j \geqslant 0\})-\{\mathbf{0}\}.$$

Aus der entsprechenden Eigenschaft von $\mathbb{A}^{n+1}-(\mathbf{0}\}$ schliessen wir:

(ii) $\mathbb{P}^n$ *ist ein noetherscher topologischer Raum.*

Auf Grund von (ii) werden wir für projektive Räume alle für noethersche Räume erklärten Begriffe verwenden! (Zum Beispiel: irreduzible abgeschlossene Untermengen, irreduzible Komponenten, lokal abgeschlossene Mengen, konstruierbare Mengen, ...)

Schliesslich wollen wir noch festhalten:

(iii) *Zariski-abgeschlossene Mengen $X \subseteq \mathbb{P}^n$ sind kompakt bezüglich der starken Topologie.*

Beweis: Sofort klar aus (17.2) (v) und der Tatsache, dass die starke Topologie feiner ist als die Zariski-Topologie.

B) Sei jetzt $X \subseteq \mathbb{P}^n$ eine lokal abgeschlossene Menge. Wir setzen

(iv) $\qquad c\mathbb{A}(X) := \pi^{-1}(X) \cup \{\mathbf{0}\} \subseteq \mathbb{A}^{n+1}.$

$c\mathbb{A}(X)$ ist konstruierbar in $\mathbb{A}^{n+1}$. Es handelt sich dabei offenbar um einen Kegel mit Spitze in $\mathbf{0}$, nämlich um die Vereinigung aller durch $\mathbf{0}$ laufende Geraden, die den Punkten von X entsprechen. $c\mathbb{A}(X)$ ist der sogenannte *affine Kegel über X.*

Sofort sieht man:

(iv)' $\qquad X \subseteq \mathbb{P}^n$ *abgeschlossen* $\Leftrightarrow$ $c\mathbb{A}(X)$ *abgeschlossen.*

Ist $C \subseteq \mathbb{A}^{n+1}$ ein algebraischer Kegel mit Spitze $\mathbf{0}$, so definieren wir die *Projektivisierung von C* durch

(iv)'' $\quad \mathbb{P}(C) := \pi\,(C - \{\mathbf{0}\}) \subseteq \mathbb{P}^n.$

$\mathbb{P}(C)$ ist nicht anders als die Menge der als Punkte von $\mathbb{P}^n$ aufgefassten erzeugenden Geraden von C.

Sofort verifiziert man jetzt:

(v) *Durch die Zuordnungen $X \mapsto c\mathbb{A}(X)$ und $C \mapsto \mathbb{P}(C)$ werden zwei zueinander inverse Bijektionen zwischen der Menge der abgeschlossenen Teilmengen $X \subseteq \mathbb{P}^n$ und der Menge der algebraischen Kegel $C \subseteq \mathbb{A}^{n+1}$ mit Spitze in $\mathbf{0}$ definiert.*

Sofort zeigt man ($X, Y, X_i \subseteq \mathbb{P}^n$ abgeschlossen, $C, D, C_i \subseteq \mathbb{A}^{n+1}$ abgeschlossene Kegel mit Spitze $\mathbf{0}$):

(v)' (a) $c\mathbb{A}(\emptyset) = \{\mathbf{0}\}$, $c\mathbb{A}(\mathbb{P}^n) = \mathbb{A}^{n+1}$.
(b) $X \subseteq Y \Leftrightarrow c\mathbb{A}(X) \subseteq c\mathbb{A}(Y)$.
(c) X *irreduzibel* $\Leftrightarrow c\mathbb{A}(X)$ *irreduzibel und* $\neq \{\mathbf{0}\}$.
(d) $c\mathbb{A}(X_1 \cup \ldots \cup X_r) = c\mathbb{A}(X_1) \cup \ldots c\mathbb{A}(X_r)$.
(e) $c\mathbb{A}\,(\bigcap_{i \in \mathscr{A}} X_i) = \bigcap_{i \in \mathscr{A}} c\mathbb{A}(X_i)$.

(v)'' (a) $\mathbb{P}(\{\mathbf{0}\}) = \emptyset$, $\mathbb{P}\,(\mathbb{A}^{n+1}) = \mathbb{P}^n$.
(b) $C \subseteq D \Leftrightarrow \mathbb{P}(C) \subseteq \mathbb{P}(D)$.
(c) C *irreduzibel und* $\neq \{\mathbf{0}\} \Leftrightarrow \mathbb{P}(C)$ *irreduzibel.*
(d) $\mathbb{P}(C_1 \cup \ldots \cup C_r) = \mathbb{P}(C_1) \cup \ldots \cup \mathbb{P}(C_r)$.
(e) $\mathbb{P}\,(\bigcap_{i \in \mathscr{A}} C_i) = \bigcap_{i \in \mathscr{A}} \mathbb{P}(C_i)$.

Insbesondere sieht man etwa (vgl. (16.8) (x)'):

(vi) (a) $\mathbb{P}^n$ *ist irreduzibel.*
(b) $p \in \mathbb{P}^n \Rightarrow \{p\}$ *abgeschlossen und irreduzibel.*

C) Wir können die Zariski-Topologie auf $\mathbb{P}^n$ auch mit Hilfe des kanonischen Atlas untersuchen, den wir in (17.4) (iii) definiert haben. Dazu betrachten wir die in (17.4) (ii)' definierten Abbildungen $\delta_i : \pi^{-1}(U_i\,\mathbb{P}^n) \to \mathbb{A}^n$. Versehen wir $\mathbb{A}^{n+1}$ mit den Koordinatenfunktionen $z_0, \ldots, z_n$, so können wir sagen:

(vii)(a) $\pi^{-1}(U_i\,\mathbb{P}^n) = U_{\mathbb{A}^{n+1}}(z_i)$, d.h. $\pi^{-1}(U_i\,\mathbb{P}^n)$ *ist offen in* $\mathbb{A}^{n+1}$.
(b) δ_i *ist ein surjektiver, offener Morphismus und erscheint im Diagramm*

$$\begin{array}{ccc} \pi^{-1}(U_i\,\mathbb{P}^n) & \xrightarrow{\delta_i} & \mathbb{A}^n \\ & \underset{\pi}{\searrow} \quad \circlearrowleft \quad \nearrow_{\tau_i} & \\ & U_i\,\mathbb{P}^n & \end{array}$$

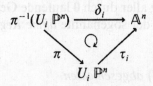

Beweis: (a) ist trivial. Die Surjektivität und die Morphismuseigenschaft von δ_i sind ebenfalls klar. Weil δ_i nach (17.4) (ii)″ offen ist bezüglich der starken Topologie, folgt die Offenheit bezüglich der Zariski-Topologie aus (11.25).

Jetzt erhalten wir:

(vii)′ (a) *Die Mengen $U_i\,\mathbb{P}^n \subseteq \mathbb{P}^n$ sind offen und dicht und überdecken $\mathbb{P}^n$.*
(b) *Die Kartenabbildungen $\tau_i : U_i\,\mathbb{P}^n \to \mathbb{A}^n$ sind Homöomorphismen.*

Beweis: (a) ist klar aus (vii) (a). Nach (17.4) (ii)″ ist τ_i bijektiv. Aus (vii) (b) und der Offenheit von π folgt weiter, dass τ_i stetig und offen ist.

Aus (vii)′ folgert man nun leicht:

(iix) *Eine Menge $X \subseteq \mathbb{P}^n$ ist genau dann offen (resp. abgeschlossen, resp. lokal abgeschlossen, resp. konstruierbar), wenn die Mengen $\tau_i(X \cap U_i\,\mathbb{P}^n) \subseteq \mathbb{A}^n$ die entsprechende Eigenschaft haben für alle $i \in \{0, \ldots, n\}$, für welche $X \cap U_i\,\mathbb{P}^n \neq \emptyset$.*

(iix)′ *Eine lokal abgeschlossene Menge $X \subseteq \mathbb{P}^n$ ist genau dann irreduzibel, wenn die Mengen $\tau_i(X \cap U_i\,\mathbb{P}^n) \subseteq \mathbb{A}^n$ irreduzibel sind für alle $i \in \{0, \ldots, n\}$ mit $X \cap U_i\,\mathbb{P}^n \neq \emptyset$.*

Schliesslich wird durch

$$(c_0, \ldots, c_{i-1}, 1, c_{i+1}, \ldots, c_n) \mapsto (c_0, \ldots, c_{i-1}, c_{i+1}, \ldots, c_n)$$

ein Isomorphismus $\varepsilon_i : V_{\mathbb{A}^{n+1}}(z_i - 1) \to \mathbb{A}^n$ definiert, der im folgenden Diagramm erscheint:

(ix)
$$\begin{array}{ccc} V_{\mathbb{A}^{n+1}}(z_i - 1) & \xrightarrow[\cong]{\varepsilon_i} & \mathbb{A}^n \\ & {\scriptstyle \pi} \searrow \quad \circlearrowleft \quad \nearrow {\scriptstyle \tau_i} & \\ & U_i\mathbb{P}^n & \end{array}$$

Mit (ix) erhält man insbesondere Homöomorphismen

(x) $V_{\mathbb{A}^{n+1}}(z_i - 1) \cap c\mathbb{A}(X) \xrightarrow{\tau_i^{-1} \circ \varepsilon_i} U_i\,\mathbb{P}^n \cap X$, ($X \subseteq \mathbb{P}^n$ *lokal abgeschlossen*).

Die Spur $U_i\,\mathbb{P}^n \cap X \approx \tau_i(U_i\,\mathbb{P}^n \cap X) \subseteq \mathbb{A}^n$ von X auf der i-ten kanonischen Karte entspricht also dem Schnitt des affinen Kegels $c\mathbb{A}(X)$ mit der Hyperebene $z_i = 1$. Die nachfolgende Skizze gibt eine Veranschaulichung der Situation (im Reellen) für $n = 2$.

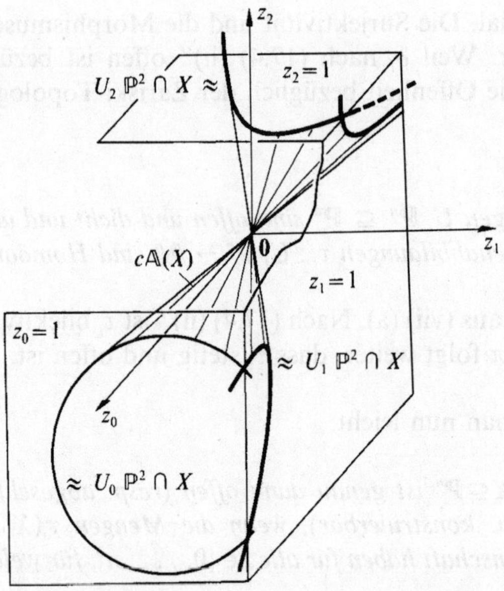

○

Wir halten einige grundsätzliche topologische Aussagen über $\mathbb{P}^n$ fest.

(17.7) **Satz** (*Topologievergleichssatz für projektive Räume*): *Eine konstruierbare Menge $X \subseteq \mathbb{P}^n$ ist genau dann offen (resp. abgeschlossen) bezüglich der Zariski-Topologie, wenn sie offen (resp. abgeschlossen) ist bezüglich der starken Topologie. Insbesondere stimmen die Abschlüsse von X bezüglich beider Topologien überein.*

Beweis: Unmittelbar aus dem Topologievergleichssatz (11.25), aus (17.4) (ii)′ und (17.6) (iix). □

Projektiver Abschluss und Fernpunkte.

(17.8) **Definitionen und Bemerkungen:** A) Sei $X \subseteq \mathbb{A}^n$ lokal abgeschlossen. Vermöge des kanonischen Homöomorphismus $\tau_0^{-1} : \mathbb{A}^n \xrightarrow[\approx]{} U_0\,\mathbb{P}^n$ können wir X identifizieren mit der in $\mathbb{P}^n$ lokal abgeschlossenen Menge $\tau_0^{-1}(X)$. Deren topologischen Abschluss $\overline{\tau_0^{-1}(X)}$ in $\mathbb{P}^n$ nennen wir den *projektiven Abschluss von X in $\mathbb{P}^n$* und bezeichnen diesen kurz mit $\overline{X}$. Nach (17.7) ist es egal, ob wir $\overline{X}$ durch Abschliessen bezüglich der Zariski-Topologie oder der starken Topologie bilden. Weil $U_0\,\mathbb{P}^n$ offen und dicht ist in $\mathbb{P}^n$, können wir sagen:

(i) *Durch $X \mapsto \overline{X}$ und $Y \mapsto \tau_0(U_0\,\mathbb{P}^n \cap Y)$ werden zueinander inverse Bijektionen zwischen der Menge aller abgeschlossenen irreduziblen Teilmengen X von $\mathbb{A}^n$ und der Menge aller abgeschlossenen irreduziblen Teilmengen $Y \subseteq \mathbb{P}^n$ mit $Y \cap U_0\,\mathbb{P}^n \neq \emptyset$ definiert.*

B) Seien X und $\overline{X}$ definiert wie in A). Die Punkte aus $\overline{X} - U_0\,\mathbb{P}^n$ nennt man *Fernpunkte* (oder *Punkte im Unendlichen*) von X. Die Rechtfertigung:

(ii) *Für einen Punkt $p \in \mathbb{P}^n$ und eine lokal abgeschlossene Menge $X \subseteq \mathbb{A}^n$ sind äquivalent:*

(a) *p ist ein Fernpunkt von X.*

(b) *Es gibt eine Folge $\{q_\nu\}_{\nu=1}^\infty \subseteq X$ mit*

$$\tau_0^{-1}(q_\nu) \xrightarrow[\nu \to \infty]{} p \text{ und } \| q_\nu \| \xrightarrow[\nu \to \infty]{} \infty.$$

(c) *Es ist $p \in \overline{X}$ und für jede Folge $\{q_\nu\}_{\nu=1}^\infty \subseteq X$ mit $\tau_0^{-1}(q_\nu) \xrightarrow[\nu \to \infty]{} p$ gilt*

$$\| q_\nu \| \xrightarrow[\nu \to \infty]{} \infty.$$

Beweis: Sei $\{q_\nu\}_{\nu=1} \subseteq X$ so, dass $\tau_0(q_\nu) \to p = (c_0 : \ldots : c_n)$. Ist d die kanonische Metrik (17.2) (vi) auf $\mathbb{P}^n$, so folgt $\overline{d}(\tau_0^{-1}(q_\nu), p) \xrightarrow[\nu \to \infty]{} 0$. Wir können aber schreiben $\overline{d}(\tau_0^{-1}(q_\nu), p) = \|\lambda_\nu (1 + \|q_\nu\|^2)^{-1}(1, q_\nu) - \|c\|^{-1} c\|$ mit $|\lambda_\nu| = 1$ (vgl. (17.2) (vi)') und sehen so, dass $\|q_\nu\| \xrightarrow[\nu \to \infty]{} \infty$ genau dann gilt, wenn $c_0 = 0$, d.h. wenn $p \notin U_0\mathbb{P}^n$. Dies zeigt alles.

Der obige Beweis zeigt aber auch (vgl. (4.18)):

(iii) *Ein Punkt $p = (0 : c_1 : \ldots : c_n) \in \mathbb{P}^n - U_0\,\mathbb{P}^n$ ist genau dann Fernpunkt der lokal abgeschlossenen Menge $X \subseteq \mathbb{A}^n$, wenn X in Richtung der Geraden $L = \{\lambda(c_1, \ldots, c_n) \mid \lambda \in \mathbb{C}\} \subseteq \mathbb{A}^n$ ins Unendliche geht (d.h. wenn es eine Folge $\{q_\nu\}_{\nu=1}^\infty \subseteq X - \{\mathbf{0}\}$ gibt mit $\| q_\nu \| \xrightarrow[\nu \to \infty]{} \infty$ und so, dass die Folge der Geraden $L_{\mathbf{0}, q_\nu} := \{\lambda q_\nu \mid \lambda \in \mathbb{C}\}$ gegen die Gerade L strebt).*

Die Fernpunkte von X entsprechen also den Geraden, in deren Richtung X ins Unendliche verschwindet, also anschaulich den «Fluchtpunkten» von X (d.h. den «Punkten am Horizont», denen X zustrebt). Identifiziert man $\mathbb{A}^n$ vermöge ε_0 (vgl. (17.6) (ix)) mit der Hyperebene $V_{\mathbb{A}^{n+1}}(z_0 - 1)$, so ergibt sich von einem Aussichtspunkt in $\mathbb{A}^{n+1}$ der folgende Blick auf $\mathbb{A}^n$: ○

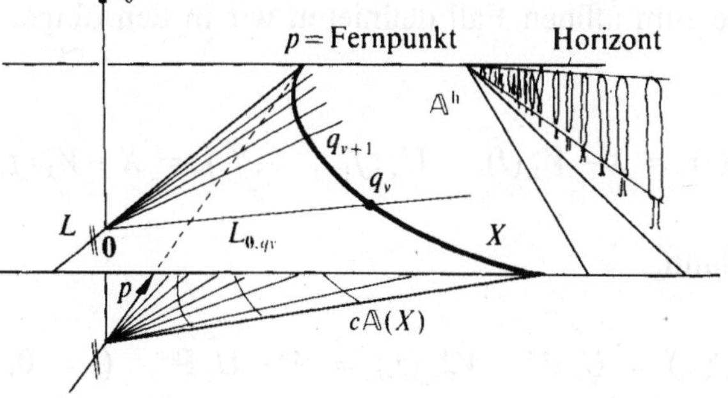

Homogener Koordinatenring und graduierte Verschwindungsideale. Wir wollen jetzt zeigen, dass auch im projektiven Raum ein enger Zusammenhang zwischen der Idealtheorie und der Topologie besteht, und zwar im Sinne des Nullstellensatzes. Wir schicken die nötigen Definitionen und Bemerkungen voraus.

(17.9) **Definitionen und Bemerkungen:** A) Sei $X \subseteq \mathbb{P}^n$ abgeschlossen. Dann ist der affine Kegel $c\mathbb{A}(X) \subseteq \mathbb{A}^{n+1}$ ein Kegel mit Spitze $\mathbf{0}$. Nach (16.8) (ii) gilt:

(i) *Der Koordinatenring $\mathcal{O}(c\mathbb{A}(X))$ ist eine homogene $\mathbb{C}$-Algebra, und zwar so, dass die Einschränkungsabbildung $\mathbb{C}[z_0, \ldots, z_n] = \mathcal{O}(\mathbb{A}^n) \xrightarrow{\cdot \upharpoonright} \mathcal{O}(c\mathbb{A}(X))$ (bezüglich der kanonischen Graduierung von $\mathbb{C}[z_0, \ldots, z_n]$ graduiert wird.*

Man nennt den Ring $\mathcal{O}(c\mathbb{A}(X))$ deshalb den *homogenen Koordinatenring der abgeschlossenen Menge $X \subseteq \mathbb{P}^n$*. Insbesondere ist $\mathbb{C}[z_0, \ldots, z_n]$ der homogene Koordinatenring von $\mathbb{P}^n$.

B) Ist $X \subseteq \mathbb{P}^n$ abgeschlossen und $Y \subseteq X$ eine abgeschlossene Untermenge, so definieren wir das *graduierte Verschwindungsideal von Y* im homogenen Koordinatenring $\mathcal{O}(c\mathbb{A}(X))$ von X durch

(ii) $I_X^+(Y) := I_{c\mathbb{A}(X)}(c\mathbb{A}(Y)) = \{f \in \mathcal{O}(c\mathbb{A}(X)) \mid f(c_0, \ldots, c_n) = 0, \forall\, (c_0 : \ldots : c_n) \in Y\}$.

Nach (16.8) (vii) handelt es sich um ein perfektes graduiertes echtes Ideal von $\mathcal{O}(c\mathbb{A}(X))$.

Ist $p \in X$, so schreiben wir kurz $I_X^+(p)$ für $I_X^+(\{p\})$.

C) Sei $X \subseteq \mathbb{P}^n$ weiterhin abgeschlossen und sei $I \subseteq \mathcal{O}(c\mathbb{A}(X))$ ein echtes graduiertes Ideal. Nach (16.8) (i) ist dann aber $V_{c\mathbb{A}(X)}(I)$ ein Unterkegel von $(c\mathbb{A}(X), \mathbf{0})$. Deshalb können wir das *projektive Nullstellengebilde $V_X^+(I)$ von I in X* definieren als:

(iii) $V_X^+(I) := \mathbb{P}(V_{c\mathbb{A}(X)}(I)) = \{(c_0 : \ldots : c_n) \in Y \mid f(c_0, \ldots, c_n) = 0, \forall\, f \in I\}$.

Sind $f_1, \ldots, f_r \in \mathcal{O}(c\mathbb{A}(X))$ homogene Elemente, so schreiben wir kurz $V_X^+(f_1, \ldots, f_r)$ anstelle von $V_X^+((f_1, \ldots, f_r))$.

D) In Analogie zum affinen Fall definieren wir in den obigen Bezeichnungen auch:

(iv) $\qquad U_X^+(I) := X - V_X^+(I); \quad U_X^+(f_1, \ldots, f_r) := X - V_X^+(f_1, \ldots, f_r)$.

Offenbar gilt dann:

(v) $\qquad U_{\mathbb{P}^n}^+(z_i) = U_i\,\mathbb{P}^n; \quad V_{\mathbb{P}^n}^+(z_i) = \mathbb{P}^n - U_i\,\mathbb{P}^n, \quad (i = 0, \ldots, n)$. ○

Jetzt können wir den angekündigten Zusammenhang zwischen der Idealtheorie und der Topologie von projektiven Räumen formulieren:

(17.10) **Satz** (*Homogener Nullstellensatz*): *Sei* $X \subseteq \mathbb{P}^n$ *eine abgeschlossene Menge,* $A = \mathcal{O}(c\mathbb{A}(X))$ *ihr homogener Koordinatenring. Dann definieren die Zuordnungen* $Y \mapsto I_X^+(Y)$ *und* $J \mapsto V_X^+(J)$ *zwei zueinander inverse Bijektionen zwischen der Menge der abgeschlossenen Untermengen von* X *und der Menge der echten graduierten perfekten Ideale von* A.

Beweis: Sofort klar aus dem Nullstellensatz für Kegel (16.8) (vii) und (17.6) (v). □

(17.11) **Bemerkung:** Im Hinblick auf (17.8) (v) und den gewöhnlichen Nullstellensatz können wir ergänzend zu (17.10) sagen:

(i) *Die in* (17.10) *gegebenen Zuordnungen kehren Inklusionen um.*

(ii) *Unter der angegebenen Bijektion entsprechen die irreduziblen abgeschlossenen Teilmengen* $Y \subseteq X$ *genau den relevanten graduierten Primidealen von* $A = \mathcal{O}(c\mathbb{A}(X))$.

(iii) $\quad I_X^+(\emptyset) = A_{\geqslant 1}, \quad I_X^+(X) = \{0\}.$

(iv) $\quad I_X^+(V_X^+(J)) = \sqrt{J}, \ (J \subsetneqq A,$ *graduiert*). ○

Homogenisierung und Dehomogenisierung. Wir wollen schliesslich eine algebraische Beschreibung des in (17.8) eingeführten projektiven Abschlusses einer abgeschlossenen Menge $X \subseteq \mathbb{A}^n$ geben. Zunächst stellen wir die algebraischen Begriffe bereit:

(17.12) **Definitionen und Bemerkungen:** A) Sei $f \in \mathbb{C}[z_1, \ldots, z_n] = \mathcal{O}(\mathbb{A}^n)$ ein Polynom vom Grad $d \geqslant 0$. Wir definieren die *Homogenisierung* f^+ von f bezüglich der Unbestimmten z_0 als das folgende homogene Polynom vom Grad d:

(i) $$f^+ := \sum_{i=0}^{d} f_{(i)} z_0^{d-i} \in \mathbb{C}[z_0, \ldots, z_n] = \mathcal{O}(\mathbb{A}^{n+1}).$$

($f_{(i)}$ steht dabei für den i-ten homogenen Teil von f.) Weiter sei $0^+ = 0$.

Sofort prüft man nach:

(ii) (a) $(fg)^+ = f^+ g^+$
(b) $(f+g)^+ = f^+ + z_0^{\operatorname{Grad}(f) - \operatorname{Grad}(g)} g^+$, (Grad $(f) \geqslant$ Grad $(g) \geqslant 0$).

(iii) $\quad h \in \mathcal{O}(\mathbb{A}^{n+1})$ *homogen* $\Rightarrow \exists\, r \in \mathbb{N}_0, f \in \mathcal{O}(\mathbb{A}^n) : h = z_0^r f^+.$

Ist $I \subseteq \mathcal{O}(\mathbb{A}^n)$ ein Ideal, so definieren wir die *Homogenisierung I^+ von I* als das folgende graduierte Ideal von $\mathcal{O}(\mathbb{A}^{n+1})$:

(iv) $$I^+ := \sum_{f \in I} f^+ \ \mathcal{O}(\mathbb{A}^{n+1}).$$

B) Wir halten $i \in \{0, \ldots, n\}$ fest. Ist $l(z_0, \ldots, z_n) \in \mathcal{O}(\mathbb{A}^{n+1})$, so setzen wir:

(v) $$l_{[z_i=1]} := l(z_0, \ldots, z_{i-1}, 1, z_{i+1}, \ldots, z_n) \in \mathbb{C}[z_0, \ldots, z_{i-1}, z_{i+1}, \ldots, z_n].$$

$l_{[z_i=1]}$ ist das Bild von l unter dem durch $z_i \mapsto 1$ definierten Einsetzungshomomorphismus $\varphi_i : \mathbb{C}[z_0, \ldots, z_n] \to \mathbb{C}[z_0, \ldots, z_{i-1}, z_{i+1}, \ldots, z_n]$. Ist l homogen, so nennen wir $l_{[z_i=1]}$ die *Dehomogenisierung von l bezüglich der Variablen z_i*.

Ist $J \subseteq \mathcal{O}(\mathbb{A}^{n+1})$, so definieren wir das Ideal

(vi) $$J_{[z_i=1]} := \{l_{[z_i=1]} \mid l \in J\} = \varphi_i(J) \subseteq \mathbb{C}[z_0, \ldots, z_{i-1}, z_{i+1}, \ldots, z_n].$$

Ist J graduiert, so nennen wir $J_{[z_i=1]}$ die *Dehomogenisierung von J bezüglich der Variablen z_i*.

C) Der Zusammenhang zwischen dem Homogenisieren und dem Dehomogenisieren wird gegeben durch:

(vii) (a) $(z_0^r f^+)_{[z_0=1]} = f, \ (f \in \mathcal{O}(\mathbb{A}^n))$.
(b) $(I^+)_{[z_0=1]} = I, \ (I \subseteq \mathcal{O}(\mathbb{A}^n)$ *Ideal*$)$.
(c) $I^+ = (\{h \in \mathcal{O}(\mathbb{A}^{n+1}) \mid h$ *homogen*, $h_{[z_0=1]} \in I\})$.

Beweis: (a), (b) sind trivial. Die Inklusion «$\subseteq$» in (c) folgt sofort aus (a). Es bleibt zu zeigen, dass für ein homogenes Element $h \in \mathcal{O}(\mathbb{A}^{n+1})$ mit $h_{[z_0=1]} \in I$ gelten muss $h \in I^+$. Dazu schreibe man $h = z_0^r f^+$ $(f \in \mathcal{O}(\mathbb{A}^n))$ (vgl. (iii)). Nach (a) folgt dann $f = h_{[z_0=1]} \in I$, also $f^+ \in I^+$, also $h \in I^+$.

Als Anwendung zeigen wir:

(iix) $$\sqrt{I^+} = \sqrt{I}^+, \quad (I \subseteq \mathcal{O}(\mathbb{A}^n) \textit{ Ideal}).$$

Beweis: Ein homogenes Element $h \in \mathcal{O}(\mathbb{A}^{n+1})$ gehört genau dann zu $\sqrt{I^+}$, wenn es eine Potenz hat, die zu I^+ gehört, also wenn es eine Potenz hat, deren Dehomogenisierung bezüglich z_0 zu I gehört (vgl. (vii) (c)). Weil das Dehomogenisieren mit Potenzbildung vertauscht, gilt dieselbe Bedingung für die Zugehörigkeit von h zu $\sqrt{I}^+$. Weil beide Ideale graduiert sind, folgt die Behauptung. ○

Jetzt können wir den projektiven Abschluss wie folgt beschreiben:

(17.13) **Satz:** *Ist* $X \subseteq \mathbb{A}^n$ *abgeschlossen, so ist das graduierte Verschwindungsideal* $I^+_{\mathbb{P}^n}(\overline{X})$ *des projektiven Abschlusses* $\overline{X} \subseteq \mathbb{P}^n$ *von* X *gerade die Homogenisierung des Verschwindungsideals* $I_{\mathbb{A}^n}(X)$ *von* X.

$$I^+_{\mathbb{P}^n}(\overline{X}) = I_{\mathbb{A}^n}(X)^+.$$

Beweis: $\tau_0 : U_0\,\mathbb{P}^n \to \mathbb{A}^n$ sei gemäss (17.4) (ii) definiert. Nach Definition ist $\overline{X}$ der topologische Abschluss von $\tau_0^{-1}(X) = \{(1 : c_1 : \ldots : c_n) \mid (c_1, \ldots, c_n) \in X\}$ in $\mathbb{P}^n$. Ein homogenes Polynom $h \in \mathcal{O}(\mathbb{A}^{n+1})$ gehört also genau dann zu $I^+_{\mathbb{P}^n}(\overline{X})$, wenn es auf $\tau_0^{-1}(X)$ verschwindet, d.h. wenn $h(1, c_1, \ldots, c_n) = 0$ für alle $(c_1, \ldots, c_n) \in X$, also wenn $h_{[z_0=1]} \in I_{\mathbb{A}^n}(X)$. Jetzt schliesst man mit (17.13) (vii) (c). □

(17.13)′ **Korollar:** *Den projektiven Abschluss einer affinen algebraischen Menge erhält man als das projektive Nullstellengebilde der Homogenisierungen der definierenden Polynome:*

$$\overline{V_{\mathbb{A}^n}(f_1, \ldots, f_r)} = V^+_{\mathbb{P}^n}(f_1^+, \ldots, f_r^+), \quad (f_i \in \mathcal{O}(\mathbb{A}^n)).$$

Beweis: Sofort klar aus dem (homogenen) Nullstellensatz (17.13), (17.12) und der Tatsache, dass $I_{\mathbb{A}^n}(V_{\mathbb{A}^n}(f_1, \ldots, f_n)) = \sqrt{(f_1, \ldots, f_n)}$ und

$$I^+_{\mathbb{P}^n}(V^+_{\mathbb{P}^n}(f_1^+, \ldots, f_r^+)) = \sqrt{(f_1^+, \ldots, f_r^+)}. \qquad \square$$

Die Spur, welche eine abgeschlossene Menge $X \subseteq \mathbb{P}^n$ auf den einzelnen kanonischen Karten $U_i\,\mathbb{P}^n \xrightarrow[\approx]{\tau_i} \mathbb{A}^n$ hinterlässt, wird beschrieben durch:

(17.14) **Satz:** *Ist* $X \subseteq \mathbb{P}^n$ *abgeschlossen, so ist das Verschwindungsideal*

$$I_{\mathbb{A}^n}(\tau_i(U_i\,\mathbb{P}^n \cap X))$$

der Spur von X *auf der i-ten kanonischen Karte gerade die Dehomogenisierung des graduierten Verschwindungsideals von* X *bezüglich* z_i:

$$I_{\mathbb{A}^n}(\tau_i(U_i\,\mathbb{P}^n \cap X)) = I^+_{\mathbb{P}^n}(X)_{[z_i=1]}.$$

Beweis: O.E. können wir $i=0$ wählen. Für ein Polynom $f \in \mathcal{O}(\mathbb{A}^n)$ gilt dann offenbar $f \in I_{\mathbb{A}^n}(\tau_0(U_0\mathbb{P}^n \cap X)) \Leftrightarrow f\left(\frac{c_1}{c_0}, \ldots, \frac{c_n}{c_0}\right) = 0$, $\forall\, (c_0 : \ldots : c_n) \in X$ mit $c_0 \neq 0$.

Aus $f \in I_{\mathbb{A}^n}(\tau_0(U_0\,\mathbb{P}^n \cap X))$ folgt nun $f^+(c_0, \ldots, c_n) = c_0^{\operatorname{Grad}(f)} f\left(\frac{c_1}{c_0}, \ldots, \frac{c_n}{c_0}\right) = 0$ für alle $(c_0 : \ldots : c_n) \in X$ mit $c_0 \neq 0$, d.h. $z_0 f^+ \in I^+_{\mathbb{P}^n}(X)$, also $f = (z_0 f^+)_{[z_0=1]} \in I^+_{\mathbb{P}^n}(X)_{[z_0=1]}$.

Ist umgekehrt $f \in I^+_{\mathbb{P}^n}(X)_{[z_0=1]}$, so können wir schreiben $f = g_{[z_0=1]}$ mit $g \in I^+_{\mathbb{P}^n}(X)$. Für alle $(c_0 : \ldots : c_n) \in X$ mit $c_0 \neq 0$ folgt dann $f\left(\frac{c_1}{c_0}, \ldots, \frac{c_n}{c_0}\right) = g\left(1, \frac{c_1}{c_0}, \ldots, \frac{c_n}{c_0}\right) = 0$. So wird klar, dass f zu $I_{\mathbb{A}^n}(\tau_0(U_0\mathbb{P}^n \cap X))$ gehört. □

(17.14)′ **Satz:** *Die Spur eines projektiven Nullstellengebildes*

$$V^+_{\mathbb{P}^n}(h_1, \ldots, h_r), \quad (h_j \in \mathcal{O}(\mathbb{A}^{n+1}), \textit{ homogen})$$

auf der i-ten kanonischen Karte ist das Nullstellengebilde der Dehomogenisierungen $(h_j)_{[z_i=1]}$:

$$\tau_i(U_i\mathbb{P}^n \cap V^+_{\mathbb{P}^n}(h_1, \ldots, h_r)) = V_{\mathbb{A}^n}((h_1)_{[z_i=1]}, \ldots, (h_r)_{[z_i=1]}).$$

Beweis: O.E. kann man $i=0$ wählen. Für einen Punkt $(c_1, \ldots, c_n) \in \mathbb{A}^n$ gilt dann $(c_1, \ldots, c_n) \in \tau_0(U_0\,\mathbb{P}^n \cap V^+_{\mathbb{P}^n}(h_1, \ldots, h_r)) \Leftrightarrow h_j(1, c_1, \ldots, c_n) = 0, (j=1, \ldots, r)$. □

(17.15) **Bemerkungen:** A) (17.13)′ und (17.14)′ zusammen besagen folgendes: Sind $f_1, \ldots, f_r \in \mathcal{O}(\mathbb{A}^n)$, so erhält man den projektiven Abschluss $\overline{X}$ von $X = V_{\mathbb{A}^n}(f_1, \ldots, f_r)$ als das projektive Nullstellengebilde $V^+_{\mathbb{P}^n}(f_1^+, \ldots, f_r^+)$ der homogenisierten Polynome f_j. Will man das Ergebnis $\overline{X}$ auf der i-ten kanonischen Karte betrachten, so muss man die Homogenisierungen f_j^+ bezüglich z_i dehomogenisieren und anschliessend zum Nullstellengebilde

$$V_{\mathbb{A}^n}((f_1^+)_{[z_i=1]}, \ldots, (f_r^+)_{[z_i=1]})$$

der Dehomogenisierungen übergehen.

B) Beachtet man, dass die Fernpunkte einer quasiaffinen Varietät X genau gerade die Punkte $(c_0 : c_1 : \ldots : c_n) \in \overline{X}$, für welche $c_0 = 0$, so folgt aus (17.13)′ ($g_{(i)}$ steht für den i-ten homogenen Teil von g):

(i) *Sind* $f_1, \ldots, f_r \in \mathcal{O}(\mathbb{A}^N)$ *mit* Grad $(f_i) = d_i > 0$, *so ist die Menge der Fernpunkte von* $V_{\mathbb{A}^n}(f_1, \ldots, f_r)$ *gegeben durch*

$$V^+_{\mathbb{P}^n}(z_0, (f_1)_{(d_1)}, (f_2)_{(d_2)}, \ldots, (f_r)_{(d_r)}).$$

Im Fall einer Hyperfläche $V_{\mathbb{A}^n}(f)$ ($f \in \mathcal{O}(\mathbb{A}^n)$, Grad $(f) = d$) wissen wir nach (4.18), dass $V_{\mathbb{A}^n}(f_{(d)})$ gerade der Kegel der Geraden durch **0** ist, in deren Richtung $V_{\mathbb{A}^n}(f)$ nicht vollständig ist. (i) besagt jetzt, dass die Fernpunkte von $V_{\mathbb{A}^n}(f)$ genau die Fernpunkte dieser kritischen Geraden sind. Der projektive Abschluss von $V_{\mathbb{A}^n}(f)$ und der projektive Abschluss einer kritischen Geraden treffen sich also in einem Fernpunkt.

Allgemeiner besagen (i) und (17.8) (iii), dass $V_{\mathbb{A}^n}((f_1)_{(d_1)}, \ldots, (f_r)_{(dr)})$ gerade der Kegel der Geraden durch **0** ist, in deren Richtung $V_{\mathbb{A}^n}(f_1, \ldots, f_r)$ ins Unendliche geht. Dies verallgemeinert (4.18). ○

Dimensionstheorie im projektiven Raum. Lokal abgeschlossene Teilmengen $X \subseteq \mathbb{P}^n$ sind noethersche Räume. Deshalb kann man solchen Mengen nach (10.6) eine Dimension dim (X) zuordnen. Auch die Begriffe der lokalen Dimension $\dim_p (X)$ in einem Punkt $p \in X$ und der Kodimension $\operatorname{codim}_X (Y)$ einer abgeschlossenen Teilmenge $Y \subseteq X$ (vgl. (10.17) A)) sind erklärt. Wir wollen uns nun der Dimensionstheorie dieser Mengen $X \subseteq \mathbb{P}^n$ zuwenden. Das Schlüsselresultat dazu ist:

(17.16) **Satz** (*Homogener Kettensatz*): *Sei $A = K \oplus A_1 \oplus A_2 \oplus \ldots$ eine integre, noethersche, homogene Algebra über dem Körper K. Dann haben alle echten maximalen Ketten $\mathfrak{p}_0 \subsetneqq \ldots \subsetneqq \mathfrak{p}_l$ von graduierten Primidealen aus A die Länge* $l = \dim (A)$.

Beweis: Nach dem Kettensatz (10.4) genügt es folgendes zu zeigen: Sind $\mathfrak{p} \subsetneqq \mathfrak{q}$ graduierte Primideale und gibt es kein graduiertes Primideal $\mathfrak{s}$ mit $\mathfrak{p} \subsetneqq \mathfrak{s} \subsetneqq \mathfrak{q}$, so gibt es überhaupt kein Primideal $\mathfrak{s}'$ von A mit $\mathfrak{p} \subsetneqq \mathfrak{s}' \subsetneqq \mathfrak{q}$. Dazu können wir A ersetzen durch $A/\mathfrak{p}$, also $\mathfrak{p} = \{0\}$ annehmen. Jetzt wählen wir ein homogenes Element $x \in \mathfrak{q} - \{0\}$ und ein minimales Primoberideal $\mathfrak{q}'$ von xA mit $\mathfrak{q}' \subseteq \mathfrak{q}$. Nach dem Krullschen Hauptideallemma folgt $\operatorname{ht}(\mathfrak{q}') = 1$. Weiter ist $\mathfrak{q}'$ assoziiert zum graduierten Modul A/xA (vgl. (15.8) (iii)), also selbst graduiert (vgl. (15.9)). Wegen unserer Wahl von $\mathfrak{q}$ folgt $\mathfrak{q} = \mathfrak{q}'$, also $\operatorname{ht}(\mathfrak{q}) = 1$. □

(17.17) **Korollar** (*Kettensatz für Kegel*): *Sei $(C, p) \subseteq \mathbb{A}^s$ ein irreduzibler algebraischer Kegel mit Spitze p. Dann haben alle echten maximalen Ketten $C_0 \supsetneqq C_1 \supsetneqq \ldots \supsetneqq C_l$ von irreduziblen Unterkegeln die Länge* $l = \dim (C)$.

Beweis: Klar nach (17.16) und dem Nullstellensatz für Kegel (16.8) (vii). □

(17.18) **Korollar** (*Projektiver Kettensatz*): *Sei $X \subseteq \mathbb{P}^n$ lokal abgeschlossen und irreduzibel. Dann haben alle echten maximalen Ketten $X_0 \supsetneqq X_1 \supsetneqq \ldots \supsetneqq X_l$ von in X abgeschlossenen irreduziblen Mengen die Länge* $\dim (X) = \dim(c\mathbb{A}(\overline{X})) - 1 = \dim_0 (c\mathbb{A}(\overline{X})) - 1$.

Beweis: O.E. kann man X durch $\overline{X}$ ersetzen (vgl. (10.5) (i)), also annehmen, X sei abgeschlossen. Jetzt schliesst man mit (17.17) und (17.6) (v), (v)′ (a), (c). □

(17.18)′ **Korollar:** *Sei $X \subseteq \mathbb{P}^n$ lokal abgeschlossen und $c\mathbb{A}(X) \neq \{\mathbf{0}\}$. Dann ist $X \neq \emptyset$ und es gilt* $\dim (X) = \dim (c\mathbb{A}(\overline{X})) - 1 = \dim_{\mathbf{0}} (c\mathbb{A}(\overline{X})) - 1$.

Beweis: Sicher ist $c\mathbb{A}(X) \neq \{\mathbf{0}\}$. Nach (17.6) (v), (v′) (a) folgt $\overline{X} \neq \emptyset$, also $X \neq \emptyset$. Da sich Dimensionen komponentenweise berechnen lassen, schliesst man mit (17.18).

(17.19) **Satz** (*Projektiver Kodimensionssatz*): *Sei $X \subseteq \mathbb{P}^n$ abgeschlossen und von der Dimension $\geqslant r > 0$. Sei A der homogene Koordinatenring von X und seien*

$h_1, \ldots, h_r \in A$ homogene Elemente von positivem Grad. Dann gilt $\operatorname{codim}_X(Z) \leqslant r$ *für alle irreduziblen Komponenten Z des projektiven Nullstellengebildes*

$$V_X^+(h_1, \ldots, h_r)$$

der Elemente h_i in X.

Beweis: Nach (17.6) (v) genügt es zu zeigen, dass die irreduziblen Komponenten des affinen Kegels $c\mathbb{A}(V_X^+(h_1, \ldots, h_r)) = V_{c\mathbb{A}(X)}(h_1, \ldots, h_r) \neq \{\mathbf{0}\}$ sind und in $c\mathbb{A}(X)$ eine Kodimension $\leqslant r$ haben. $(h_1, \ldots, h_r)$ ist ein echtes Ideal von $\mathcal{O}(c\mathbb{A}(X))$. Nach dem affinen Kodimensionssatz haben die irreduziblen Komponenten von $V_{c\mathbb{A}(X)}(h_1, \ldots, h_r)$ aber tatsächlich alle eine Kodimension $\leqslant r$. Wegen $\dim(c\mathbb{A}(X)) > r$ ist dann keine dieser Komponenten ein Punkt. Dies zeigt alles. □

Wir beweisen jetzt eine besondere Eigenschaft des $\mathbb{P}^n$, welche unter anderem besagt, dass hier das Permanenzprinzip für das Schneiden von abgeschlossenen Mengen zumindest topologisch gilt.

(17.20) **Satz** (*Projektiver Schnittdimensionssatz*): *Seien $X, Y \subseteq \mathbb{P}^n$ irreduzibel und abgeschlossen. Weiter sei* $\dim(X) + \dim(Y) \geqslant n$. *Dann ist $X \cap Y \neq \emptyset$, und für jede irreduzible Komponente Z von $X \cap Y$ gilt* $\dim(Z) \geqslant \dim(X) + \dim(Y) - n$.

Beweis: Die affinen Kegel $c\mathbb{A}(X)$, $c\mathbb{A}(Y) \subseteq \mathbb{A}^{n+1}$ treffen sich in $\mathbf{0}$ und sind irreduzibel. Nach dem affinen Schnittdimensionssatz (10.19) gilt also $\dim(T) \geqslant \dim(c\mathbb{A}(X)) + \dim(c\mathbb{A}(Y)) - n - 1 = \dim(X) + \dim(Y) - n + 1$ (vgl. (17.18)′) für jede irreduzible Komponente T von $c\mathbb{A}(X) \cap c\mathbb{A}(Y) = c\mathbb{A}(X \cap Y)$. Daraus folgt zunächst $\dim(c\mathbb{A}(X \cap Y)) > 0$, also $X \cap Y = \emptyset$ (vgl. (17.18)′). Ist Z eine irreduzible Komponente von $X \cap Y$, so ist $c\mathbb{A}(Z)$ eine irreduzible Komponente von $c\mathbb{A}(X \cap Y)$. Deshalb gilt nach der obigen Ungleichung $\dim(c\mathbb{A}(Z)) \geqslant \dim(X) + \dim(Y) - n + 1$. Anwendung von (17.18) auf Z liefert $\dim(Z) \geqslant \dim(X) + \dim(Y) - n$. □

(17.21) **Korollar:** *Seien X und $Y \subseteq \mathbb{P}^n$ abgeschlossen und $\neq \emptyset$. Weiter sei* $\dim(X) + \dim(Y) \geqslant n$. *Dann ist $X \cap Y \neq \emptyset$.*

Anmerkung: (17.20) (resp. (17.21)) besagt u. a., dass sich eine abgeschlossene Kurve $X \subseteq \mathbb{P}^n$ und eine abgeschlossene Hyperfläche $Y \subseteq \mathbb{P}^n$ immer schneiden. Insbesondere schneiden sich abgeschlossene Kurven in $\mathbb{P}^2$ immer. Dies sind aber gerade topologische Permanenzaussagen über das Schneiden.

Es gilt ein weiterer, mit (17.20) verwandter, aber tiefer liegender Satz, der sog. *projektive Zusammenhangssatz*. Dieser besagt folgendes: Sind $X, Y \subseteq \mathbb{P}^n$ abgeschlossen und irreduzibel und gilt $\dim(X) + \dim(Y) > n$, so ist $X \cap Y$ sogar zusammenhängend. Dieser Satz wurde unabhängig bewiesen von E. Barth [B], W. Fulton – H. Hansen [F–H] und G. Faltings [F]. Ein weiterer Beweis, der (ähnlich wie unser Beweis von (17.20)) zuerst eine entsprechende lokale affine Zusammenhangsaussage gibt und diese dann auf die affinen Kegel $c\mathbb{A}(X)$ und $c\mathbb{A}(Y)$ anwendet, findet sich in M. Brodmann – J. Rung [B–R]. ○

(17.22) **Aufgaben:** (1) Sei D die abgeschlossene Einheitskreisscheibe, und sei $S \subseteq D$ der Streifen aller Punkte $(x, y) \in D$ mit $|y| \leqslant \frac{1}{4}$. Sei $\pi' : S^2 \to \mathbb{P}^2_{\mathbb{R}}$ die kanonische Projektion, und sei $\varepsilon : D \to S^2$ gegeben durch $(x, y) \mapsto (x, y, \sqrt{1 - x^2 - y^2})$. Sei $a : D \to \mathbb{P}^2_{\mathbb{R}}$ die Komposition $\pi' \circ \varepsilon$. Man zeige, dass $a(S) \subseteq \mathbb{P}^2_{\mathbb{R}}$ ein Moebius-Band ist.

(2) Gegeben die kanonische Karte $\sigma_0 : \mathbb{A}^2 \to \mathbb{P}^2$ und die in $\mathbb{A}^2$ parallelen Geraden $L = V(z_1)$, $L' = V(z_1 - 1)$. Sei $p_t = (0, t) \in L$. Man bestimme den Abstand $d\,(G_0(p_t), (\sigma_0(L'))$ des Punktes p_t von L' in $\mathbb{P}^2$.

(3) Man bestimme und skizziere den reellen Teil des affinen Kegels $c\mathbb{A}(X)$ für den projektiven Abschluss X der Kurve $V_{\mathbb{A}^2}(f)$, wo $f = z_1^3 - z_2^2$, $f = z_1^3 - z_1^2 - z_2^2$, $f = z_1^2 + z_2^2 - 1$.

(4) Man bestimme die Fernpunkte der Fermat-Kurven $V_{\mathbb{A}^2}(z_1^n + z_2^n - 1)$.

(5) Sei $f(z_1) \in \mathbb{C}[z_1]$. Man bestimme die Fernpunkte der projektiven Kurve $V_{\mathbb{A}^2}(z_2 - f(z_1))$.

(6) Sei $E = V^+_{\mathbb{P}^3}(z_3)$. Man bestimme alle homogenen Polynome $f \in \mathbb{C}[z_0, \ldots, z_4]$ mit $E \cap V^+_{\mathbb{P}^3}(f) = V^+_{\mathbb{P}^3}(z_0, z_3)$.

(7) Man zeige, dass der projektive Abschluss der Parabel $V_{\mathbb{A}^2}(z_1^2 - z_2)$ bezüglich der starken Topologie homöomorph zu $\mathbb{P}^1$ ist.   ○

18. Morphismen

Reguläre Funktionen. Im vorangehenden Abschnitt haben wir uns mit der topologischen Struktur des projektiven Raumes $\mathbb{P}^n$ befasst und diese in Zusammenhang mit der Idealtheorie gebracht. Jetzt wollen wir für lokal abgeschlossene Mengen in projektiven Räumen einen Abbildungsbegriff einführen, welcher der algebraischen Betrachtungsweise angepasst ist. Wir beginnen mit einem geeigneten Funktionsbegriff:

(18.1) **Definitionen und Bemerkungen:** A) Sei $X \subseteq \mathbb{P}^n$ lokal abgeschlossen. Eine Funktion $f : X \to \mathbb{C}$ nennen wir *regulär,* wenn sie lokal als Quotient zweier homogener Polynome vom selben Grad geschrieben werden kann, d.h. wenn folgendes gilt:

(i) *Zu jedem Punkt $p \in X$ gibt es eine offene Umgebung U von p und zwei homogene Polynome l, $h \in \mathbb{C}[z_0, \ldots, z_n]$ vom selben Grad derart, dass für alle Punkte $(c_0 : \ldots : c_n) \in U$ gilt:*

$$h(c_0, \ldots, c_n) \neq 0 \quad und \quad f(c_0 : \ldots : c_n) = \frac{l(c_0, \ldots, c_n)}{h(c_0, \ldots, c_n)}.$$

(Diese Definition ist sinnvoll, weil der rechtsstehende Bruch unverändert bleibt, wenn man $(c_0, \ldots, c_n)$ ersetzt durch $(\lambda c_0, \ldots, \lambda c_n)$, $(\lambda \in \mathbb{C}^*)$).

Die Menge der regulären Funktionen $f : X \to \mathbb{C}$ ist wieder in kanonischer Weise eine reduzierte $\mathbb{C}$-Algebra, wobei wir $\mathbb{C}$ als Körper der konstanten Funktionen auffassen. Wie im Affinen schreiben wir $\mathcal{O}(X)$ für diese *Algebra der regulären Funktionen auf X*:

(ii) $\mathcal{O}(X) := \{f : X \to \mathbb{C} \mid f \text{ regulär}\}$.

B) Wir halten die obigen Bezeichnungen fest und betrachten die kanonische Projektion $\pi : \mathbb{A}^{n+1} - \{\mathbf{0}\} \to \mathbb{P}^n$ (vgl. (17.2) (i)) sowie die kanonischen Karten $\tau_i : U_i\, \mathbb{P}^n \mapsto \mathbb{A}^n$ (vgl. (17.4) (ii)).

(ii) *Für eine Funktion $f : X \to \mathbb{C}$ sind äquivalent:*

(a) *f ist regulär.*

(b) *Die Komposition $f \circ \pi : \pi^{-1}(X) \to \mathbb{C}$ ist eine reguläre Funktion auf der quasiaffinen Varietät $\pi^{-1}(X)$.*

(c) *Die Komposition $f \circ \tau_i^{-1} : \tau_i(U_i\, \mathbb{P}^n \cap X) \to \mathbb{C}$ ist eine reguläre Funktion auf der quasiaffinen Varietät $\tau_i(U_i\, \mathbb{P}^n \cap X)$ für alle $i \in \{0, \dots, n\}$ mit der Eigenschaft $U_i\, \mathbb{P}^n \cap X \neq \emptyset$.*

Beweis: (a) $\Rightarrow$ (b): Sei $q \in \pi^{-1}(X)$. Weil f regulär ist, gibt es eine offene Umgebung $U \subseteq X$ von p und zwei homogene Polynome $l, h \in \mathbb{C}[z_0, \dots, z_n]$ derart, dass $f \circ \pi(\boldsymbol{c}) = f(c_0 : \dots : c_n) = \dfrac{l(\boldsymbol{c})}{h(\boldsymbol{c})}$ für alle $\boldsymbol{c} = (c_0, \dots, c_n) \in \pi^{-1}(U)$. Damit ist $f \circ \pi$ regulär.

(b) $\Rightarrow$ (c): Sei $s \in \tau_i(U_i\, \mathbb{P}^n \cap X) \subseteq \mathbb{A}^n$ und sei $q \in \pi^{-1}(\tau_i^{-1}(s))$. Weil $f \circ \pi$ regulär ist, gibt es eine offene Umgebung $V \subseteq \pi^{-1}(X)$ von q und Polynome $u, v \in \mathbb{C}[z_0, \dots, z_n]$, derart dass $f \circ \pi(\boldsymbol{c}) = \dfrac{u(\boldsymbol{c})}{v(\boldsymbol{c})}$ für alle $\boldsymbol{c} = (c_0, \dots, c_n) \in V$.

Nach allfälliger Verkleinerung von V können wir annehmen, es gäbe ein $d \in \mathbb{N}_0$, derart dass der d-te homogene Teil $v_{(d)}$ von v nirgends auf V verschwindet. Wir halten $\boldsymbol{c} \in V$ fest. Dann gibt es eine offene Umgebung $W \subseteq \mathbb{C}$ von 1 mit $\lambda\, \boldsymbol{c} \in V$ für alle $\lambda \in W$. So folgt $\dfrac{u(\lambda \boldsymbol{c})}{v(\lambda \boldsymbol{c})} = f \circ \pi(\lambda \boldsymbol{c}) = f \circ \pi(\boldsymbol{c}) = \dfrac{u(\boldsymbol{c})}{v(\boldsymbol{c})}$, also

$$\sum_i \lambda^i\, u_{(i)}(\boldsymbol{c}) v(\boldsymbol{c}) = u(\lambda \boldsymbol{c}) v(\boldsymbol{c}) = u(\boldsymbol{c}) v(\lambda \boldsymbol{c}) = \sum_i \lambda^i\, v_{(i)}(\boldsymbol{c})\, u(\boldsymbol{c}), \forall\, \lambda \in W.$$

Nach dem Idenditätssatz für Polynome ergibt sich insbesondere $u_{(d)}(\boldsymbol{c}) v(\boldsymbol{c}) = v_{(d)}(\boldsymbol{c}) u(\boldsymbol{c})$, also $\dfrac{u_{(d)}(\boldsymbol{c})}{v_{(d)}(\boldsymbol{c})} = \dfrac{u(\boldsymbol{c})}{v(\boldsymbol{c})} = f \circ \pi(\boldsymbol{c})$. Wir können deshalb die Polynome u und v jeweils durch ihre d-ten homogenen Teile ersetzen, d.h. annehmen, u und v seien homogen vom selben Grad. Damit gilt aber $f \circ \pi(\boldsymbol{c}) = \dfrac{u(\boldsymbol{c})}{v(\boldsymbol{c})}$ für alle $\boldsymbol{c}$ aus der offenen Menge $\tilde{V} = \pi^{-1}(\pi(V))$. Für alle Punkte $\boldsymbol{a} = (a_0, \dots, a_{i-1}, a_{i+1}, \dots, a_n)$ aus der offenen Umgebung $\tau_i(U_i \mathbb{P}^n \cap \pi(V))$ von s folgt jetzt $f \circ \tau_i^{-1}(\boldsymbol{a}) = f(a_0 : \dots : a_{i-1} : 1 : a_{i+1} : \dots : a_n) = f \circ \pi(a_0, \dots, a_{i-1}, 1, a_{i+1}, \dots, a_n) = \dfrac{u(a_0, \dots, a_{i-1}, 1, a_{i+1}, \dots, a_n)}{v(a_0, \dots, a_{i-1}, 1, a_{i+1}, \dots, a_n)}$. Also ist $f \circ \tau_i^{-1}$ regulär.

(c) ⇒ (a): Sei $p \in X$. Wir finden ein i mit $p \in U_i \mathbb{P}^n \cap X$. Weil $f \circ \tau_i^{-1}$ regulär ist, gibt es eine offene Umgebung $V \subseteq \tau_i(U_i \mathbb{P}^n \cap X)$ von $\tau_i(p)$ und Polynome $t, w \in \mathbb{C}[z_0, \ldots, z_{i-1}, z_{i+1}, \ldots, z_n]$, derart dass für alle $\boldsymbol{a} = (a_0, \ldots, a_{i-1}, a_{i+1}, \ldots, a_n) \in V$ gilt $f \circ \tau_i^{-1}(\boldsymbol{a}) = \dfrac{t(\boldsymbol{a})}{w(\boldsymbol{a})}$. Sei $d = \text{Grad}(t)$, $d' = \text{Grad}(w)$, $\bar{d} = \max(d, d')$, und seien t^+ und w^+ die Homogenisierungen von t resp. w bezüglich der Variablen z_i. $l := z_i^{\bar{d}-d}\, t^+$ und $h := z_i^{\bar{d}-d'}\, w^+$ sind dann homogen vom selben Grad $\bar{d}$, und für $(c_0 : \ldots : c_n) \in \tau_i^{-1}(V)$ gilt

$$f(c_0 : \ldots : c_n) = f \circ \tau_i^{-1} \circ \tau_i(c_0 : \ldots : c_n) = f \circ \tau_i^{-1}\left(\frac{c_0}{c_i}, \ldots, \frac{c_{i-1}}{c_i}, \frac{c_{f+1}}{c_i}, \ldots, \frac{c_n}{c_i}\right) =$$

$$\frac{t\left(\dfrac{c_0}{c_i}, \ldots, \dfrac{c_{i-1}}{c_i}, \dfrac{c_{i+1}}{c_i}, \ldots, \dfrac{c_n}{c_i}\right)}{w\left(\dfrac{c_0}{c_i}, \ldots, \dfrac{c_{i-1}}{c_i}, \dfrac{c_{i+1}}{c_i}, \ldots, \dfrac{c_n}{c_i}\right)} = \frac{b(c_0, \ldots, c_n)}{h(c_0, \ldots, c_n)}.$$

Also ist f regulär.

C) Als Anwendung des Obigen sehen wir ($X \subseteq \mathbb{P}^n$ lokal abgeschlossen):

(iii) (a) *Ist $f: X \to \mathbb{C}$ regulär und $U \subseteq X$ lokal abgeschlossen, so ist $f: U \to \mathbb{C}$ regulär.*

(b) *Reguläre Funktionen auf X sind stetig bezüglich der starken Topologie und der Zariski-Topologie.*

Beweis: (a) und die Stetigkeit bezüglich der starken Topologie sind klar aus den Definitionen. Zum Nachweis der Stetigkeit bezüglich der Zariski-Topologie beachte man das Diagramm

$$\begin{array}{ccc} \pi^{-1}(X) & \xrightarrow{\;f \circ \pi\;} & \mathbb{A}^1 = \mathbb{C} \\ & \underset{\pi}{\searrow} \;\circlearrowleft\; \nearrow_{f} & \\ & X & \end{array}$$

und verwende, dass $f \circ \pi$ stetig ist (vgl. (ii) (b)) und dass π offen und surjektiv ist. ○

Quasiprojektive Varietäten und Morphismen. Jetzt wollen wir den angekündigten Abbildungsbegriff einführen. Wir wollen dies gleich in einem erweiterten Rahmen tun, indem wir auch lokal abgeschlossene Mengen in affinen Räumen, d.h. quasiaffine Varietäten, mit in Betracht ziehen.

(18.2) **Definitionen und Bemerkungen:** A) Unter einer *quasiprojektiven Varietät* wollen wir eine lokal abgeschlossene Menge X eines projektiven Raumes verstehen.

Im folgenden seien X und Y quasiaffine oder quasiprojektive Varietäten. Weil wir für beide Klassen von Varietäten die Zariski-Topologie und den Begriff der regulären Funktion zur Verfügung haben, können wir unsern frühern Morphismusbegriff wie folgt erweitern:

(i) *Eine Abbildung* $f: X \to Y$ *heisst ein Morphismus, wenn gilt:*
  (a) f *ist stetig (bezüglich der Zariski-Topologie).*
  (b) *Für jede offene nichtleere Menge* $V \subseteq Y$ *und jede reguläre Funktion* $g \in \mathcal{O}(V)$ *ist die Komposition* $g \circ f: f^{-1}(V) \to \mathbb{C}$ *eine reguläre Funktion auf der offenen Menge* $f^{-1}(V) \subseteq X$.

Die in (b) genannte Komposition $g \circ f: f^{-1}(V) \to \mathbb{C}$ nennen wir die vermöge f auf X *zurückgezogene reguläre Funktion* g und bezeichnen diese wieder mit $f^*(g)$. Also:

(ii) $$f^*(g) \in \mathcal{O}(f^{-1}(V)), \text{ wobei } f^*(g) := g \circ f.$$

B) Ist $f: X \to Y$ ein Morphismus, so wird durch $g \to f^*(g)$ ein Homomorphismus $\mathcal{O}(Y) \to \mathcal{O}(X)$ von $\mathbb{C}$-Algebren definiert. Diesen durch f *induzierten Homomorphismus* bezeichnen wir mit f^*:

(iii) $$f^*: \mathcal{O}(Y) \to \mathcal{O}(X),\ g \mapsto f^*(g) = g \circ f.$$

Genau wie im quasiaffinen Fall gilt natürlich auch hier:

(iv) (a) $id_X: X \to X$ *ist ein Morphismus, wobei* $id_X{}^* = id_{\mathcal{O}(X)}$.
  (b) *Sind* $f: X \to Y$ *und* $g: Y \to Z$ *Morphismen, so ist auch die Komposition* $g \circ f: X \to Z$ *ein Morphismus. Dabei gilt für die induzierten Homomorphismen* $(g \circ f)^* = f^* \circ g^*$.

(v) *Die regulären Funktionen* $g \in \mathcal{O}(X)$ *sind genau die Morphismen* $g: X \to \mathbb{A}^1$.

Wieder nennen wir einen Morphismus $f: X \to Y$ einen *Isomorphismus*, wenn er eine Umkehrabbildung $f^{-1}: Y \to X$ hat und diese selbst wieder ein Morphismus ist. Aus (iv) ist klar:

(vi) (a) id_X *ist ein Isomorphismus.*
  (b) *Ist* $f: X \to Y$ *ein Isomorphismus, so ist auch* $f^{-1}: Y \to X$ *ein Isomorphismus. Ebenso ist dann der induzierte Homomorphismus* $f^*: \mathcal{O}(Y) \to \mathcal{O}(X)$ *ein Isomorphismus und es gilt* $(f^*)^{-1} = (f^{-1})^*$.
  (c) *Die Komposition von Isomorphismen ist ein Isomorphismus.*

Besteht zwischen X und Y ein Isomorphismus, so nennen wir X und Y *isomorph* und schreiben $X \cong Y$. Nach (vi) ist die Isomorphie eine Äquivalenzrelation.

C) Im folgenden sei X quasiaffin oder quasiprojektiv.

(vii)(a) *Sei $Y \subseteq \mathbb{A}^n$ lokal abgeschlossen. Eine Abbildung $f: X \to Y$ ist genau dann ein Morphismus, wenn es reguläre Funktionen $f_1, \ldots, f_n \in \mathcal{O}(X)$ gibt mit der Eigenschaft:*

$$f(p) = (f_1(p), \ldots, f_n(p)), \quad \forall\, p \in X.$$

(b) *Sei $Y \subseteq \mathbb{P}^n$ lokal abgeschlossen. Eine Abbildung $f: X \to Y$ ist genau dann ein Morphismus, wenn es zu jedem Punkt $q \in X$ eine offene Umgebung U und reguläre Funktionen $f_0, \ldots, f_n \in \mathcal{O}(U)$ gibt mit der Eigenschaft:*

$$f(p) = (f_0(p) : \ldots : f_n(p)), \quad \forall\, p \in U.$$

Beweis: (a): Seien $z_1, \ldots, z_n$ die Koordinatenfunktionen von $\mathbb{A}^n$ und sei $\overline{z_i} = z_i \restriction Y$. Ist $f: X \to Y$ regulär, so genügt es, $f_i = f^*(\overline{z_i})$ zu setzen. Seien jetzt umgekehrt die Funktionen $f_i := \overline{z_i} \circ f: X \to \mathbb{C}$ regulär. Sei $V \subseteq Y$ offen und $g \in \mathcal{O}(V)$. Sei $q \in f^{-1}(V)$. Wir finden eine offene Umgebung $W \subseteq V$ von $f(q)$ und Polynome $h, l \in \mathbb{C}[z_1, \ldots, z_n] = \mathcal{O}(\mathbb{A}^n)$ so, dass für alle $(c_1, \ldots, c_n) \in W$ gilt

$$g(c_1, \ldots, c_n) = \frac{l(c_1, \ldots, c_n)}{h(c_1, \ldots, c_n)},$$

wobei h nirgends auf W verschwindet. Für $p \in f^{-1}(W)$ folgt dann

$$g \circ f(p) = g(f(p)) = \frac{l(f_1(p), \ldots, f_n(p))}{h(f_1(p), \ldots, f_n(p))},$$

wobei der Nenner nie verschwindet. Weil $\mathcal{O}(f^{-1}(W))$ eine $\mathbb{C}$-Algebra ist, sind der Zähler und der Nenner des letzten Bruches reguläre Funktionen in p. Damit gilt das gleiche offenbar auch für den Bruch selbst. So wird $g \circ f: f^{-1}(V) \to \mathbb{C}$ regulär.

(b): Sei $j \in \{0, \ldots, n\}$, sei $Y_j = U_j\, \mathbb{P}^n \cap Y$, $X_j = f^{-1}(Y_j)$, sei $\overline{w_i} \in \mathcal{O}(Y_j)$ die durch $(c_0 : \ldots : c_n) \mapsto \frac{c_i}{c_j}$ definierte reguläre Funktion und sei $f_i = w_i \circ f: X_j \to \mathbb{C}$ $(i = 0, \ldots, n)$. Ist $p \in X_j$, so können wir schreiben $f(p) = (f_0(p)) : \ldots : f_n(p))$. Ist f regulär, so sind es natürlich auch die Funktionen $f_i = f^*(w_i)$. Seien umgekehrt die Funktionen f_i regulär. Sei $V \subseteq Y_j$ offen, $g \in \mathcal{O}(V)$ und $q \in f^{-1}(V)$. Wir finden eine offene Umgebung $W \subseteq V$ von $f(q)$ und homogene Polynome $h, l \in \mathbb{C}[z_0, \ldots, z_n]$ vom gleichen Grad derart, dass $g(c_0 : \ldots : c_n) = \dfrac{l(c_0, \ldots, c_n)}{h(c_0, \ldots, c_n)}$, $h(c_0, \ldots, c_n) \neq 0$ für alle $(c_0 : \ldots : c_n) \in W$. Jetzt sieht man wie im Beweis von (a), dass $g \circ f: f^{-1}(V) \to \mathbb{C}$ regulär wird. Damit wird $f: X_j \to Y_j$ zum Morphismus. Weil die X_j die Menge X offen überdecken, wird auch f selbst ein Morphismus.

Im Fall (a) nennt man die Funktionen $f_1, \ldots, f_n$ wieder die *Komponentenfunktionen* von f. Im Fall (b) spricht man entsprechend von *lokalen Komponentenfunktionen.*

D) Als Anwendung der soeben eingeführten Komponentendarstellung zeigen wir:

(iix) *Sei $f: X \to Y$ ein Morphismus. Dann gilt:*
(a) *Ist $U \subseteq X$ lokal abgeschlossen, so ist $f: U \to Y$ ein Morphismus.*
(b) *Ist $V \subseteq Y$ lokal abgeschlossen, so ist $f: f^{-1}(V) \to V$ ein Morphismus.*
(c) *f ist stetig bezüglich der starken Topologie und der Zariski-Topologie.*

Beweis: (a) ist klar aus (18.1) (iii) (a). (b) ergibt sich ebenfalls aus (18.1) (iii) (a), angewandt auf die (lokalen) Komponentenfunktionen von f. (c): Die Stetigkeit bezüglich der Zariski-Topologie ist Teil der Definition. Die Stetigkeit bezüglich der starken Topologie folgt aus der entsprechenden Stetigkeit der (lokalen) Komponentenfunktionen (vgl. (18.1) (iii) (b)).

Aus (iix) (c) ergibt sich jetzt wieder:

(ix) *Isomorphismen sind Homöomorphismen bezüglich der starken Topologie und der Zariski-Topologie. Isomorphie impliziert also Homöomorphie bezüglich beider Topologien.*

Über projektive Räume lässt sich sagen:

(x) (a) *Die kanonische Projektion $\pi: \mathbb{A}^{n+1} - \{0\} \to \mathbb{P}^n$ ist ein Morphismus.*
(b) *Die kanonischen Karten $\tau_i: U_i\,\mathbb{P}^n \to \mathbb{A}^n$ und die Übergangsabbildungen $\tau_i \circ \tau_j^{-1}: \tau_j(U_i\,\mathbb{P}^n \cap U_j\,\mathbb{P}^n) \to \tau_i(U_i\,\mathbb{P}^n \cap U_j\,\mathbb{P}^n)$ sind Isomorphismen.*

Beweis: π, τ_i und τ_i^{-1} haben reguläre Komponentenfunktionen.

Als wichtige Anwendung von (x) ergibt sich:

(xi) *Jede quasiaffine Varietät ist isomorph zu einer quasiprojektiven Varietät.*

Beweis: Sei X quasiaffin. Wir fassen X auf als lokal abgeschlossene Menge eines affinen Raumes $\mathbb{A}^n$. Weil $\tau_0^{-1}: \mathbb{A}^n \to U_0\,\mathbb{P}^n$ ein Isomorphismus, also ein Homöomorphismus ist (vgl. (x) (b), (ix)), wird $\tau_0^{-1}(X) \subseteq \mathbb{P}^n$ lokal abgeschlossen. Gemäss (iix) (b) wird $\tau_0^{-1}: X \to \tau_0^{-1}(X)$ zum Isomorphismus. ○

(18.3) **Definition und Bemerkungen:** A) Gemäss (18.2) (xi) können wir jede quasiaffine Varietät (bis auf Isomorphie) als quasiprojektiv auffassen. Wir tragen dem Rechnung und sagen:

(i) (a) *Eine quasiprojektive Varietät X, welche zu einer quasiaffinen isomorph ist, nennen wir eine quasiaffine Varietät.*
(b) *Eine quasiprojektive Varietät X, welche zu einer affinen isomorph ist, nennen wir eine affine Varietät.*
(c) *Eine quasiprojektive Varietät X, welche zu einer abgeschlossenen Teilmenge Z eines projektiven Raumes isomorph ist, nennen wir eine projektive Varietät.*

B) Auf Grund von (18.2) (ix) ist klar:

(ii) (a) *X quasiprojektiv, $Y \subseteq X$ lokal abgeschlossen $\Rightarrow$ Y quasiprojektiv.*
(b) *X quasiaffin, $Y \subseteq X$ lokal abgeschlossen $\Rightarrow$ Y quasiaffin.*
(c) *X projektiv, $Y \subseteq X$ abgeschlossen $\Rightarrow$ Y projektiv.*
(d) *X affin, $Y \subseteq X$ abgeschlossen $\Rightarrow$ Y affin.* ○

(18.4) **Satz:** (i) *Eine quasiprojektive Varietät ist genau dann projektiv, wenn sie bezüglich der starken Topologie kompakt ist.*

(ii) *Eine quasiaffine Varietät ist genau dann eine endliche Menge, wenn sie bezüglich der starken Topologie kompakt ist, d.h. wenn sie projektiv ist.*

Beweis: (i): Sei $X \subseteq \mathbb{P}^n$ lokal abgeschlossen. Ist X kompakt bezüglich der starken Topologie, so ist X bezüglich dieser Topologie in $\mathbb{P}^n$ auch abgeschlossen, denn $\mathbb{P}^n$ ist ja hausdorffsch bezüglich der starken Topologie. Nach dem projektiven Topologievergleichssatz ist X also auch bezüglich der Zariski-Topologie abgeschlossen, mithin eine projektive Varietät. Umgekehrt wissen wir bereits, dass Zariski-abgeschlossene Mengen in projektiven Räumen bezüglich der starken Topologie kompakt sind (vgl. (17.6) (iii)). (ii): Sei X eine quasiaffine Varietät, welche bezüglich der starken Topologie kompakt ist. Sei $f: X \to \mathbb{C}$ eine reguläre Funktion. Weil f bezüglich der starken Topologie stetig ist, ist $f(X) \subseteq \mathbb{C}$ kompakt, also beschränkt. Ist Y eine irreduzible Komponente von X, so ist $f(Y)$ beschränkt. Nach (11.6) ist $f \restriction Y$ konstant; also wird $f(X)$ endlich. Damit wird X endlich, da f beliebig war. Die Umkehrung ist trivial. □

(18.5) **Bemerkung:** Wir wollen ab jetzt alle affinen und quasiaffinen Varietäten als quasiprojektive Varietäten auffassen, wozu wir ja nach (18.2) (xi) berechtigt sind. Im Hinblick auf (18.4) besteht also die folgende Situation:

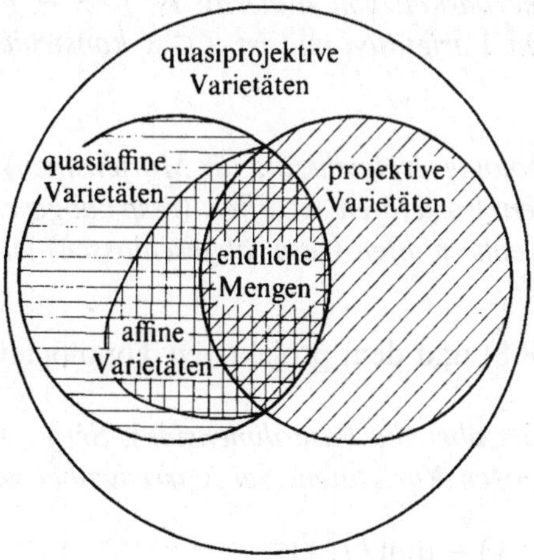

○

Topologische Eigenschaften quasiprojektiver Varietäten. Viele Resultate über quasiaffine Varietäten lassen sich dank des folgenden Satzes auf den quasiprojektiven Fall übertragen.

(18.6) **Satz:** *Sei X eine quasiprojektive Varietät und sei $U \subseteq X$ offen und $\neq \emptyset$. Dann ist U die Vereinigung endlich vieler affiner offener Mengen $U_1, \ldots, U_r \subseteq X$.*

Beweis: Wir können X durch U ersetzen, also $X = U$ annehmen. X ist lokal abgeschlossen in einem projektiven Raum $\mathbb{P}^n$. Wir betrachten die kanonischen Isomorphismen $\tau_i : U_i\, \mathbb{P}^n \to \mathbb{A}^n$ für alle $i \in \{0, \ldots, n\}$ mit $U_i\, \mathbb{P}^n \cap X \neq \emptyset$. Weil $U_i\, \mathbb{P}^n \cap X$ lokal abgeschlossen ist in $U_i\, \mathbb{P}^n$, ist $\tau_i(U_i\, \mathbb{P}^n \cap X)$ lokal abgeschlossen in $\mathbb{A}^n$ (s. (18.2) (ix)), also quasiaffin. $\tau_i(U_i\, \mathbb{P}^n \cap X)$ lässt sich also durch endlich viele offene affine Mengen $V_{i,1}, \ldots, V_{i,r_i} \subseteq \tau_i(U_i\, \mathbb{P}^n \cap X)$ überdecken. Die Mengen $\tau_i^{-1}(V_{i,j}) \subseteq X$ liefern jetzt eine offene affine Überdeckung von X. □

(18.6)′ **Bemerkung:** Viele Sätze über Morphismen zwischen quasiaffinen Varietäten lassen sich vermöge (18.6) verallgemeinern auf Morphismen zwischen quasiprojektiven Varietäten. Das Vorgehen ist folgendes: Möchte man eine bestimmte Aussage über einen Morphismus $f : X \to Y$ beweisen, so wählt man eine affine offene Überdeckung $V_1, \ldots, V_r$ von Y und je eine affine offene Überdeckung $U_{i,1}, \ldots, U_{i,s_i}$ von $f^{-1}(V_i)$. Dann überlegt man sich, dass es genügt, die Aussage für die Einschränkungen $f : U_{i,j} \to V_i$ zu zeigen, und dass sie für diese gilt. Diese Übertragungsmethode wollen wir die *Methode der affinen Überdeckung* nennen. Nach dieser Methode zeigt man die folgenden Resultate auf Grund der entsprechenden Aussagen über Morphismen zwischen quasiaffinen Varietäten. ○

(18.7) **Satz** (*Hauptsatz über Morphismen*): *Sei $f : X \to Y$ ein Morphismus zwischen quasiprojektiven Varietäten. Dann gibt es eine im Abschluss $\overline{f(X)}$ von $f(X)$ in Y dichte offene Menge $U \subseteq f(X)$.*

(18.8) **Satz** (*Konstruierbarkeit von Bildern*): *Ist $f : X \to Y$ ein Morphismus zwischen quasiprojektiven Varietäten und ist $Z \subseteq X$ konstruierbar, so ist $f(Z)$ konstruierbar in Y.*

(18.8)′ **Korollar** (*Topologievergleichssatz für Morphismen*): *Ein Morphismus zwischen quasiprojektiven Varietäten ist offen (resp. abgeschlossen) bezüglich der Zariski-Topologie, wenn er offen (resp. abgeschlossen) ist bezüglich der starken Topologie.*

Beweis: Klar aus (18.8) und dem projektiven Topologievergleichssatz. □

(18.9) **Satz** (*Hauptsatz über die Faserdimension*): *Sei $f : X \to Y$ ein Morphismus zwischen quasiprojektiven Varietäten. Sei X irreduzibel, und sei*

$$n := \dim(X) - \dim(\overline{f(X)}).$$

Dann gilt

(i) $\dim(f^{-1}(q)) \geqslant n$ *für alle* $q \in f(X)$.

(ii) *Es gibt eine Menge* $U \subseteq f(X)$, *die offen und dicht ist in* $\overline{f(X)}$, *so dass* $\dim(f^{-1}(q)) = n$ *für alle* $q \in U$.

Morphismen aus projektiven Varietäten. Jetzt wollen wir uns den Morphismen aus einer projektiven Varietät zuwenden und beweisen:

(18.10) **Satz:** *Sei X projektiv, sei Y quasiprojektiv und sei* $f: X \to Y$ *ein Morphismus. Dann gilt:*

(i) *f ist abgeschlossen bezüglich der starken Topologie und der Zariski-Topologie.*

(ii) *f ist eigentlich bezüglich der starken Topologie.*

(iii) $f(X)$ *ist eine projektive Varietät und abgeschlossen in Y.*

Beweis: X ist kompakt und f ist stetig bezüglich der starken Topologie. Deshalb ist f eigentlich bezüglich der starken Topologie. Weil Y bezüglich der starken Topologie hausdorffsch ist, folgt auch, dass f abgeschlossen ist bezüglich dieser Topologie. Nach (18.8)′ wird also f auch abgeschlossen bezüglich der Zariski-Topologie. Insbesondere ist $f(X)$ abgeschlossen in Y bezüglich der Zariski-Topologie und kompakt bezüglich der starken Topologie, also eine projektive Varietät. □

(18.10)′ **Korollar** (*Halbstetigkeit der Faserdimension im Projektiven*): *Sei X projektiv und irreduzibel, sei Y quasiprojektiv und sei* $f: X \to Y$ *ein Morphismus. Sei* $r \geqslant \dim(X) - \dim(\overline{f(X)})$. *Dann ist*

$$F(f, r) := \{q \in Y \mid \dim(f^{-1}(q)) \leqslant r\}$$

offen und dicht in $f(X)$.

Beweis: Weil f abgeschlossen ist, schliesst man mit (11.15). □

(18.11) **Satz:** *Sei X eine irreduzible projektive Varietät. Dann gilt* $\mathcal{O}(X) = \mathbb{C}$, *d.h. jede auf ganz X definierte reguläre Funktion ist konstant.*

Beweis: Sei $f \in \mathcal{O}(X)$. Wir fassen f als Morphismus $f: X \to \mathbb{A}^1$ auf. Nach (18.10) (iii) ist $f(X)$ Zariski-abgeschlossen in $\mathbb{A}^1$ (also affin) und zugleich projektiv. Nach (18.4) (ii) wird $f(X)$ also eine endliche Menge. Weil X irreduzibel ist, ist es auch $f(X)$. Damit besteht $f(X)$ aus genau einem Punkt. □

Anmerkung: Wenden wir (18.11) auf die projektive Gerade $\mathbb{P}^1$ an, so erhalten wir, dass es auf dieser nur konstant globale reguläre Funktionen gibt. Dies entspricht dem *Satz von Liouville* aus der Funktionentheorie, der bekanntlich besagt, dass es auf der Riemannschen Zahlenkugel $\overline{\mathbb{C}} \cong \mathbb{P}^1$ nur konstante globale holomorphe Funktionen gibt. (18.11) kann deshalb als eine algebraische und verallgemeinerte Version des Satzes von Liouville verstanden werden. In Tat und Wahrheit handelt es sich nicht nur um eine algebraische Version, denn globale analytische Funktionen auf projektiven Räumen sind regulär (vgl. dazu $[S_2]$). ○

Die lokale Struktur quasiprojektiver Varietäten. Wir wollen uns kurz mit den lokalen Eigenschaften von quasiprojektiven Varietäten befassen.

(18.12) **Definitionen und Bemerkungen:** A) Sei X eine quasiprojektive Varietät, und sei $p \in X$. Ist $U \subseteq X$ eine offene Umgebung von p und ist $g \in \mathcal{O}(U)$ regulär, so definieren wir den *Keim* g_p *von* g *in* p genau wie im quasiaffinen Fall. Entsprechend definieren wir auch den *lokalen Ring* $\mathcal{O}_{X,p}$ *von* X *in* p als den Ring der *regulären Funktionskeime auf* X *in* p.

(i) $\qquad \mathcal{O}_{X,p} := \{g_p \mid g \in \mathcal{O}(U),\ p \in U \subseteq X \text{ offen}\}.$

Natürlich ist die *Keimbildung* $g \mapsto g_p$ wieder ein Homomorphismus von $\mathcal{O}(X)$ nach $\mathcal{O}_{X,p}$. Das *Auswerten von Keimen* ist wieder wohldefiniert, und zwar durch $g_p(p) := g(p)$, ($g \in \mathcal{O}(U)$, $p \in U \subseteq X$ offen).

$\mathcal{O}_{X,p}$ hat offenbar wieder das einzige *Maximalideal*.

(i)' $\qquad \mathfrak{m}_{X,p} := \{\gamma \in \mathcal{O}_{X,p} \mid \gamma(p) = 0\}.$

Ist $Z \subseteq X$ abgeschlossen und $p \in Z$, so definieren wir das *lokale Verschwindungsideal* $I_{X,p}(Z) \subseteq \mathcal{O}_{X,p}$ von Z in p als das Ideal

(i)'' $\qquad I_{X,p}(Z) := \{g_p \in \mathcal{O}_{X,p} \mid g(Z \cap U) = 0,\ g \in \mathcal{O}(U),\ p \in U \subseteq X \text{ offen}\}.$

Natürlich gilt wieder $\mathfrak{m}_{X,p} = I_{X,p}(\{p\})$.

B) Ist $f: X \to Y$ ein Morphismus zwischen quasiprojektiven Varietäten, so definiert man das *Zurückziehen von Funktionskeimen* wie im Quasiaffinen:

(ii) $\qquad f^*_p: \mathcal{O}_{Y,f(p)} \to \mathcal{O}_{X,p},\quad g_p \mapsto f^*(g)_p \quad (g \in \mathcal{O}(U),\ p \in U \subseteq X \text{ offen}).$

Aus der Definition der Keimbildung ist klar:

(iii) *Ist* $U \subseteq X$ *eine offene Umgebung von* p *und ist* $i: U \to X$ *die Inklusionsabbildung so ist* $i^*_p: \mathcal{O}_{X,p} \to \mathcal{O}_{U,p}$ *ein Isomorphismus. Anders gesagt, bleibt der lokale Ring* $\mathcal{O}_{X,p}$ *von* X *in* p *unverändert, wenn wir* X *durch eine offene Umgebung* $U \subseteq X$ *von* p *ersetzen. Da man* U *gemäss* (18.6) *immer affin wählen kann, lässt sich alles, was wir im quasiaffinen Fall über die lokalen Ringe* $\mathcal{O}_{X,p}$ *wissen, sofort auf die lokalen Ringe quasiprojektiver Varietäten übertragen.*

So ist etwa $\mathcal{O}_{X,p}$ immer eine noethersche reduzierte $\mathbb{C}$-Algebra, deren Primideale gerade die Verschwindungsideale der durch p laufenden abgeschlossenen irreduziblen Teilmengen von X sind.

C) Der Begriff der *Ableitung* $\delta : \mathcal{O}_{X,p} \to \mathbb{C}$ auf dem lokalen Ring und damit auch der Begriff des *Tangentialraums* $T_p(X)$ und des *Differentials* $d_p f : T_p(X) \to T_{f(p)}(Y)$ eines Morphismus $f : X \to Y$ wird wie im quasiaffinen Fall definiert. Auch hier überträgt man durch Übergang zu affinen offenen Umgebungen das früher Gezeigte auf den quasiprojektiven Fall. Generell kann man natürlich alle früher nur mit Hilfe der lokalen Ringe definierten Begriffe sofort auch auf quasiprojektive Varietäten übertragen und die entsprechenden Resultate durch *Übergang zu affinen offenen Umgebungen beweisen.* Wir zählen einige solcher Begriffe auf: Die *Normalität* und die *Regularität* von Punkten $p \in X$, die *Einbettungsdimension* $\operatorname{edim}_p(X)$ von X in p und der Begriff der *Reduziertheit der Faser* eines Morphismus $f : X \to Y$ in einem Punkt $p \in X$. Weitere solche Begriffe sind die *Multiplizität* $\mu_p(X)$ und auch der *Tangentialkegel* $cT_p(X)$ von X in p sowie alle im Zusammenhang mit diesem eingeführten Begriffe.

D) Auch globale Resultate über diese lokalen Begriffe lassen sich mit der Methode der affinen Überdeckung sofort übertragen auf den quasiprojektiven Fall. Wir erwähnen etwa die *Offenheit* (und Dichtheit) *des normalen Ortes* Nor (X), die *Offenheit* (und Dichtheit) *des regulären Ortes* Reg (X) einer quasiprojektiven Varietät X und die *Halbstetigkeit der Einbettungsdimension* sowie die *generische Reduziertheit der Fasern.*

Insbesondere lässt sich auch der Begriff der *Strata* $\operatorname{Reg}_i(X)$ einer Varietät erweitern, und alles über *Stratifikationen* Gesagte bleibt dabei richtig. ○

(18.13) **Definitionen und Bemerkungen:** A) Sei X eine *irreduzible quasiprojektive Varietät*. Der Begriff der *rationalen Funktion* auf X sowie der Begriff der *Polmenge* einer solchen Funktion wird genau wie im quasiaffinen Fall definiert. Entsprechend definiert man den *rationalen Funktionenkörper* $\kappa(X)$ von X. Auch jetzt können wir die Ringe $\mathcal{O}(U)$ ($U \subseteq X$ offen, dicht) und $\mathcal{O}_{X,p}$ ($p \in X$) kanonisch als Unterringe von $\kappa(X)$ auffassen und schreiben

(i) $$\mathcal{O}(U) = \bigcap_{p \in U} \mathcal{O}_{X,p} \subseteq \kappa(X), \quad (U \subseteq X \textit{ offen, dicht}).$$

B) Ist $f : X \to Y$ ein *dominanter Morphismus* (d.h. gilt $\overline{f(X)} = Y$) zwischen irreduziblen quasiprojektiven Varietäten, so definiert das *Zurückziehen von rationalen* Funktionen einen injektiven Homomorphismus (s.(18.7)).

(ii) $$f^* : \kappa(Y) \to \kappa(X),\ g \mapsto f^*(g),\ (g \in \mathcal{O}(U),\ U \subseteq X \textit{ offen, dicht}).$$

Sofort folgt dann aus der Definition der rationalen Funktionen:

(iii) *Ist* $U \subseteq X$ *offen und dicht und ist* $i: U \to X$ *die Inklusionsabbildung, so ist die induzierte Abbildung* $i^*: \kappa(X) \to \kappa(U)$ *ein Isomorphismus.*

Wir können also U offen und affin wählen in X und $\kappa(U)$ mit $\kappa(X)$ identifizieren. Dann können wir sagen:

(iv) $\qquad \kappa(X) = \operatorname{Quot}(\mathcal{O}(U)), \quad (U \subseteq X$ *offen, affin*$)$.

Mit Hilfe dieser Beziehung lassen sich viele Begriffe vom quasiaffinen auf den quasiprojektiven Fall übertragen, wobei sie ihre Eigenschaften behalten. Wir erwähnen etwa den Begriff der *Rationalität* einer Varietät oder der *birationalen Äquivalenz*. Nach (18.2) (x) ist etwa $\mathbb{P}^n$ *rational.* ○

Segre-Einbettungen und Produkte. Nebst den in (18.12) und (18.13) erwähnten Begriffsbildungen und *Aussagen von lokalem Typ* gibt es im Bereich der quasiprojektiven Varietäten natürlich auch Konzepte und Resultate, die sich nicht einfach durch Rückführung auf den quasiaffinen Fall gewinnen lassen. Ein typisches globales Konzept liegt den Segre-Einbettungen zu Grunde, die wir jetzt einführen. Mit deren Hilfe werden wir dann Produkte quasiprojektiver Varietäten definieren können.

(18.14) **Definitionen und Bemerkungen:** A) Seien $n,m \geqslant 0$. Wir fassen das kartesische Produkt $\mathbb{P}^n \times \mathbb{P}^m$ als Menge auf und definieren die folgende Abbildung, die offenbar *wohldefiniert* und *injektiv* ist.

(i) $\qquad \sigma: \mathbb{P}^n \times \mathbb{P}^m \to \mathbb{P}^{nm+n+m},$

$$((c_0 : \ldots : c_n), (e_0 : \ldots : e_m)) \xrightarrow{\ \sigma\ } (c_0 e_0 : \ldots : c_j e_j : \ldots : c_n e_m).$$

Wir nennen σ die *Segre-Einbettung* von $\mathbb{P}^n \times \mathbb{P}^m$ in $\mathbb{P}^{nm+n+m}$. Im Raum $\mathbb{P}^{nm+n+m}$ führen wir die homogenen Koordinaten $t_{i,j}$ $(0 \leqslant i \leqslant n,\ 0 \leqslant j \leqslant m)$ ein und setzen $Z = V^+_{\mathbb{P}^{nm+n+m}}(\{t_{i,j}\, t_{k,l} - t_{i,l}\, t_{k,j} \mid 0 \leqslant i, k \leqslant n;\ 0 \leqslant j, l \leqslant m\})$. Z ist nichts andres als die Projektivisierung $\mathbb{P}(\mathbb{A}^{(n+1)\times(m+1)}_{\leqslant 1})$ der Varietät $\mathbb{A}^{(n+1)\times(m+1)}_{\leqslant 1}$ der $(n+1)\times(m+1)$-Matrizen vom Rang $\leqslant 1$ (vgl. (14.10)). Offenbar gilt $\sigma(\mathbb{P}^n \times \mathbb{P}^m) \subseteq Z$. Sofort sieht man auch, dass durch

$$(l_{0,0} : \ldots : l_{i,j} : \ldots : l_{n,m}) \begin{cases} \xmapsto{\ pr_1\ } (l_{0,j} : \ldots : l_{i,j} : \ldots : l_{n,j}) \\ \xmapsto{\ pr_2\ } (l_{i,0} : \ldots : l_{i,j} : \ldots : l_{i,m}) \end{cases} \quad (l_{i,j} \neq 0)$$

zwei Morphismen $pr_1: Z \to \mathbb{P}^n$, $pr_2: Z \to \mathbb{P}^m$ definiert werden. Dabei gilt offenbar $\sigma(pr_1(s), pr_2(s)) = s$ und $(pr_1 \circ \sigma(p, q), pr_2 \circ \sigma(p, q)) = (p, q)$.

Schreiben wir $(pr_1, pr_2)(s) = (pr_1(s), pr_2(s))$, so gilt also:

(ii) $$\mathbb{P}^n \times \mathbb{P}^m \underset{(pr_1,\, pr_2)}{\overset{\sigma}{\rightleftarrows}} \sigma(\mathbb{P}^n \times \mathbb{P}^m) = Z; \quad \sigma^{-1} = (pr_1, pr_2).$$

B) Wir halten die Bezeichnungen von A) fest und zeigen:

(iii) *Sei* $X \subseteq \mathbb{P}^n$, $Y \subseteq \mathbb{P}^n$. *Dann gilt*

(a) $\sigma(X \times Y) = pr_1^{-1}(X) \cap pr_2^{-1}(Y)$.

(b) $X \subseteq \mathbb{P}^n$, $Y \subseteq \mathbb{P}^m$ *abgeschlossen* $\Rightarrow \sigma(X \times Y)$ *abgeschlossen in* $\sigma(\mathbb{P}^n \times \mathbb{P}^m)$.

(c) $X \subseteq \mathbb{P}^n$, $Y \subseteq \mathbb{P}^m$ *lokal abgeschlossen* $\Rightarrow \sigma(X \times Y)$ *lokal abgeschlossen in* $\sigma(\mathbb{P}^n \times \mathbb{P}^m)$.

Beweis: (a) folgt sofort aus (ii). (b) und (c) folgen aus (a) wegen der Stetigkeit der Morphismen pr_i.

(iv) *Seien* $X \subseteq \mathbb{P}^n$, $Y \subseteq \mathbb{P}^n$ *lokal abgeschlossen, sei W eine quasiprojektive Varietät und seien* $f_1 : W \to X$, $f_2 : W \to Y$ *Morphismen. Dann gibt es einen eindeutig bestimmten Morphismus* $(f_1, f_2) : W \to \sigma(X \times Y)$ *mit* $pr_i \circ (f_1, f_2) = f_i$, $(i = 1, 2)$.

Beweis: Man definiere $(f_1, f_2)(w) = \sigma(f_1(w), f_2(w))$, $(w \in W)$.

C) Seien X und Y zwei quasiprojektive Varietäten. Eine Varietät P zusammen mit zwei Morphismen $pr_1 : P \to X, pr_2 : P \to Y$ nennen wir ein *Produkt* von X und Y, wenn sie die in (iv) beschriebene *universelle Eigenschaft* hat, d.h. wenn folgendes gilt:

(iv)′ *Ist W eine Varietät und sind* $f_1 : W \to X, f_2 : W \to Y$ *Morphismen, so gibt es genau einen Morphismus* $(f_1, f_2) : W \to P$ *mit der Eigenschaft* $pr_i \circ (f_1, f_2) = f_i$ $(i = 1, 2)$.

$(f_1, f_2) : W \to P$ heisst der durch f_1 und f_2 *induzierte Morphismus*. Durch die Eigenschaft (iv)′ ist das Produkt von X und Y im wesentlichen eindeutig festgelegt, d.h. es gilt (mit $\varepsilon = (pr'_1, pr'_2)$):

(v) *Sind* (P, pr_1, pr_2) *und* (P', pr'_1, pr'_1) *Produkte von X und Y, so gibt es einen eindeutig bestimmten Isomorphismus* $\varepsilon : P' \to P$, *für den das folgende Diagramm besteht:*

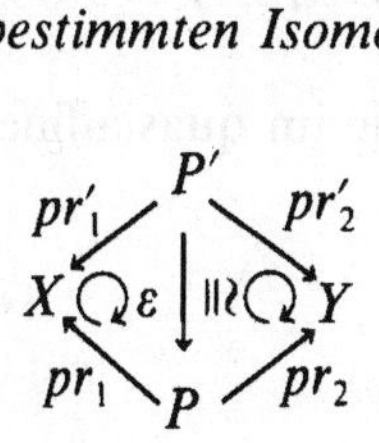

Wir sprechen deshalb oft von *dem Produkt P* von zwei Varietäten X und Y und schreiben für dieses $X \times Y$. Die zugehörigen Morphismen $pr_1 : X \times Y \to X$, $pr_2 : X \times Y \to Y$ nennt man die *Projektionsmorphismen*. (iv) besagt gerade, dass

$\sigma(X\times Y)\subseteq\mathbb{P}^{nm+n+m}$ ($X\subseteq\mathbb{P}^n$, $Y\subseteq\mathbb{P}^m$) eine *Realisierung des Produktes* $X\times Y$ ist. Diese Realisierung nennen wir das *Segre-Produkt* oder die Segre-Realisierung des Produkts. Gemäss (8.12) (i) ist das für quasiaffine Varietäten eingeführte Produkt mit dem soeben definierten Produktbegriff identisch. Genauer können wir sagen: Sind $X\subseteq\mathbb{A}^n$, $Y\subseteq\mathbb{A}^m$ lokal abgeschlossen, so ist das kartesische Produkt $X\times Y\subseteq\mathbb{A}^{n+m}$ eine Realisierung des Produkts.

D) Sei $p\in X$, $q\in Y$ und sei s ein Punkt. Wir betrachten die beiden Morphismen $f_1:\{s\}\to x$, $f_2:\{s\}\to Y$, definiert durch $f_1:s\mapsto p$, $f_2:s\mapsto q$. Dann besteht die Menge $(f_1,f_2)(s)\subseteq X$ aus genau einem Punkt, den wir mit $p\times q$ bezeichnen. $p\times q$ ist bestimmt durch

(v) $$pr_1(p\times q)=p,\quad pr_2(p\times q)=q,\quad (p\in X;\ q\in Y).$$

Durch die Zuordnung $p\times q\to p\times q$ wird also offenbar eine *Bijektion zwischen dem kartesischen Produkt* $X\times Y$ von X und Y und dem *Produkt* $X\times Y$ von X und Y definiert. Im Falle der Segre-Realisierung des Produktes ist diese Bijektion die Segre-Einbettung σ. Sind $U\subseteq X$, $V\subseteq Y$ lokal abgeschlossen, so wird die Teilmenge

(vi) $$\{p\times q\in X\times Y\mid p\in U,\ q\in V\}=pr_1{}^{-1}(U)\cap pr_2{}^{-1}(V)$$

offenbar wieder lokal abgeschlossen in $X\times Y$ und nach (iv)′ durch $p\times q\mapsto p\times q$ isomorph zum Produkt $U\times V$. So können wir das Produkt $U\times V$ kanonisch als lokal abgeschlossene Teilmenge von $X\times Y$ auffassen. Dabei gilt gemäss (vi):

(vi)′ (a) $U\subseteq X$, $V\subseteq Y$ *offen* $\Rightarrow U\times V$ *offen in* $X\times Y$.
(b) $U\subseteq X$, $V\subseteq Y$ *abgeschlossen* $\Rightarrow U\times V$ *abgeschlossen in* $X\times Y$.

E) Seien $f: X\to X'$, $g: Y\to Y'$ Morphismen zwischen quasiprojektiven Varietäten. Wie in (8.12) B) definieren wir jetzt das *Produkt der Morphismen* f und g durch den Morphismus

(vii) $$f\times g:=(pr_1'\circ f,\ pr_2'\circ g): X\times Y\to X'\times Y',\quad (p\times q\mapsto f(p)\times g(q)).$$

Die Eigenschaften dieses Produkts sind dieselben wie im quasiaffinen Fall.

Schliesslich definieren wir den *Diagonalmorphismus*:

(iix) $$d_X:=(id_X,\ id_X): X\to X\times X,\quad (p\mapsto p\times p)$$

und die *Diagonale in* $X\times X$ als

(ix) $$D_X=d_X(X)=\{p\times p\mid p\in X\}.$$ ○

Wir fassen zusammen:

(18.15) **Satz:** *Seien X und Y quasiprojektive Varietäten. Dann gibt es eine quasiprojektive Varietät $X \times Y$, welche Produkt der Varietäten X und Y ist. Sind X und Y quasiaffin (resp. affin resp. projektiv), so ist auch $X \times Y$ quasiaffin (resp. affin resp. projektiv). Weiter ist der Diagonalmorphismus $d_X : X \to X \times X$ eine abgeschlossene Einbettung, d.h. die Diagonale $D_X \subseteq X \times X$ ist abgeschlossen und $d_X : X \to D_X$ ein Isomorphismus.*

Beweis: Die Existenzaussage ist klar nach dem Vorangehenden. Die Aussage über die Eigenschaft (quasi-)affin zu sein, folgt aus dem Obigen und aus (8.13) (i). Die Aussage über die Projektivität folgt aus (18.14) (iii) (b) sowie der Tatsache, dass $\sigma(\mathbb{P}^n \times \mathbb{P}^m)$ in $\mathbb{P}^n \times \mathbb{P}^m$ abgeschlossen ist (vgl. (18.14) (ii)). Zur Behandlung des Diagonalmorphismus fassen wir X als lokal abgeschlossene Menge in $\mathbb{P}^n$ auf. Dann ist $d_{\mathbb{P}^n} : \mathbb{P}^n \to \mathbb{P}^n \times \mathbb{P}^n$ abgeschlossen (vgl. (18.10)). Also ist $D_X = (X \times X) \cap D_{\mathbb{P}^n}$ abgeschlossen. $pr_1 \restriction D_X : p \times p \to p$ definiert offenbar den Umkehrmorphinismus $d_X^{-1} : D_X \to X$ von d_X. □

(18.15)′ **Korollar:** *Sei X eine quasiprojektive Varietät, und seien $U, V \subseteq X$ affine offene Mengen mit $U \cap V \neq \emptyset$. Dann ist die offene Menge $U \cap V \subseteq X$ ebenfalls affin.*

Beweis: Nach (18.15) besteht ein Isomorphismus

$$d_X : U \cap V \xrightarrow{\cong} d_X(U \cap V) = D_X \cap (U \times V).$$

Nach (18.15) und (18.14) (vi)′ (a) ist $U \times V$ eine offene affine Teilmenge von $X \times X$. Weil D_X abgeschlossen ist in X, ist $D_X \cap (U \times V)$ abgeschlossen in $U \times V$, also affin. Damit gilt dasselbe für $U \cap V$. □

(18.16) **Bemerkungen:** A) Seien X und Y quasiprojektive Varietäten und seien $\{U_i \mid i = 1, \ldots, r\}, \{V_j \mid j = 1, \ldots, s\}$ offene affine Überdeckungen von X resp. von Y. Nach (18.15) und (18.14) (vi)′ (a) ist dann $\{U_i \times V_j \mid 1 \leqslant i \leqslant r, 1 \leqslant j \leqslant s\}$ eine offene affine Überdeckung von $X \times Y$. Deshalb lassen sich wieder viele Resultate über Produkte sofort vom quasiaffinen auf den allgemeinen Fall übertragen. Als Aussagen von lokalem Typ erwähnen wir etwa:

(i) *X, Y irreduzibel $\Rightarrow$ $X \times Y$ irreduzibel.*

(ii) $\dim(X \times Y) = \dim(X) + \dim(Y)$.

(iii) $\mathrm{Reg}(X \times Y) = \mathrm{Reg}(X) \times \mathrm{Reg}(Y)$.

B) Im affinen Fall gilt $\mathbb{A}^n \times \mathbb{A}^m \cong \mathbb{A}^{n+m}$. Für das Produkt von projektiven Räumen gilt die entsprechende Aussage nicht, d.h. es ist im allgemeinen $\mathbb{P}^n \times \mathbb{P}^m \not\cong \mathbb{P}^{n+m}$. Wir machen uns dies klar im Fall $\mathbb{P}^1 \times \mathbb{P}^1$. Es gilt $\dim(\mathbb{P}^1 \times \mathbb{P}^1) = 2$. Ist $p \in \mathbb{P}^1$, so ist $\{p\} \times \mathbb{P}^1 \cong \mathbb{P}^1 \cong \mathbb{P}^1 \times \{p\}$. Sind $p, q \in \mathbb{P}^1$ zwei verschiedene Punkte, so sind $\{p\} \times \mathbb{P}^1$, $\{q\} \times \mathbb{P}^1$ zwei 1-dimensionale abgeschlossene Untermengen, die sich nicht treffen. Nach dem Schnittdimensionssatz (17.20) ist dies in $\mathbb{P}^2$ nicht möglich! Im Hinblick auf den kanonischen Homöomorphismus $\mathbb{P}^1_{\mathbb{R}} \approx S^1_{\mathbb{R}}$ (vgl. (17.3)) folgt $(\mathbb{P}^1 \times \mathbb{P}^1)_{\mathbb{R}} = \mathbb{P}^1_{\mathbb{R}} \times \mathbb{P}^1_{\mathbb{R}} = S^1_{\mathbb{R}} \times S^1_{\mathbb{R}} \approx$ Torus.

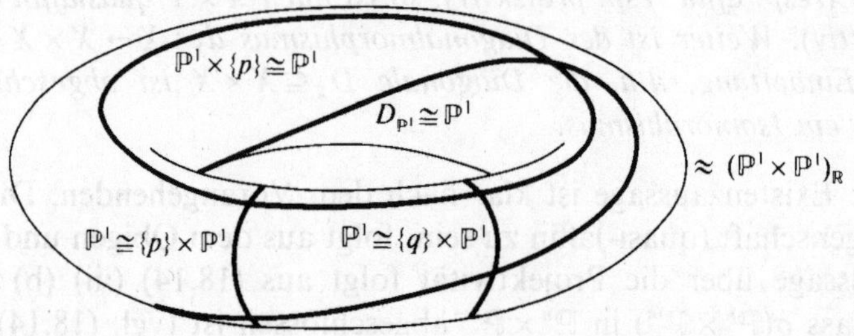

○

(18.17) **Bemerkungen und Definitionen:** A) Als Anwendung von (18.15)′ ergibt sich die folgende Verallgemeinerung von (7.7):

(i) *Sei Y eine affine und X eine quasiprojektive Varietät, und sei $\varphi : \mathcal{O}(Y) \to \mathcal{O}(X)$ ein Homomorphismus von $\mathbb{C}$-Algebren. Dann gibt es genau einen Morphismus $f: X \to Y$ mit $f^* = \varphi$.*

Beweis: Sei $\{U_i \mid i = 1, \ldots, r\}$ eine affine offene Überdeckung von X, sei $\iota_i : U_i \to X$ die Inklusionsabbildung und sei $\varphi_i := \iota_i^* \circ \varphi : \mathcal{O}(Y) \to \mathcal{O}(U_i)$. Nach (7.7) gibt es jeweils einen eindeutig bestimmten Morphismus $f_i : U_i \to X$ mit $f_i^* = \varphi_i$. Setzen wir $f_{i,j} = f_i \restriction U_i \cap U_j$, so folgt $f_{i,j}^* = f_{j,i}^*$. (7.7), angewandt mit der affinen Menge $U_i \cap U_j$ anstelle von X, liefert $f_{i,j} = f_{j,i}$. So gibt es einen Morphismus $f: X \to Y$ mit $f \restriction U_i = f_i$.

B) Mit Hilfe von (i) beweist man jetzt (7.18) genau wie im quasiaffinen Fall auch für quasiprojektive Varietäten. Entsprechend verallgemeinert man dann sofort auch (7.19) auf quasiprojektive Varietäten. Deshalb kann man den Begriff des *affinen Morphismus* zwischen quasiprojektiven Varietäten genau gleich definieren wie im quasiaffinen Fall. Damit gilt dasselbe auch für den Begriff des *endlichen Morphismus*.

C) Den Begriff des *quasiendlichen Morphismus* zwischen quasiprojektiven (irreduziblen) Varietäten definiert man ebenfalls wörtlich gleich wie im quasiaffinen Fall, ebenso den *Grad-Begriff* eines solchen Morphismus. Die verschiedenen Charakterisierungen quasiendlicher Morphismen sowie die *geometrische Charakterisierung* des Grads als Mächtigkeit der generischen Faser sind Resultate lokaler Natur und können deshalb übernommen werden. Dies gilt insbesondere auch für den Begriff des *birationalen Morphismus* sowie für unsere Aussagen über *Verzweigungspunkte* und die *Reduziertheit von Fasern*. ○

Veronese-Einbettungen. Wir haben die Segre-Einbettung benutzt, um das Produkt quasiprojektiver Varietäten einzuführen. Wir wollen jetzt die sogenannte

Veronese-Einbettung einführen, um mit dieser die Normalisierung solcher Varietäten zu behandeln.

(18.18) **Definitionen und Bemerkungen:** A) Sei $n \geqslant 0$ und sei $r \in \mathbb{N}$. Wir numerieren die homogenen Koordinaten von $\mathbb{P}^{\binom{n+r}{r}-1}$ durch die lexikographisch geordneten r-Tupel $(j_1, \ldots, j_r)$ mit $0 \leqslant j_1 \leqslant j_2 \leqslant \ldots \leqslant j_r \leqslant n$ und schreiben die Punkte dieses Raumes entsprechend in der Form $(\ldots : l_{(j_1, \ldots, j_r)} : \ldots)$. Jetzt betrachten wir den Morphismus

$$\text{(i)} \qquad \beta_r : \mathbb{P}^n \to \mathbb{P}^{\binom{n+r}{r}-1}, \quad (c_0 : \ldots : c_n) \mapsto (\ldots : l_{(j_1, \ldots, j_r)} = \prod_{k=1}^{r} c_{j_k} : \ldots),$$

den wir die r-te *Veronese Einbettung* oder die *r-Tupel-Abbildung* nennen. Wir beweisen zunächst:

(ii) $\beta_r : \mathbb{P}^n \to \mathbb{P}^{\binom{n+r}{r}-1}$ *ist eine abgeschlossene Einbettung.*

Beweis: Die Abgeschlossenheit von β_r ist klar nach (18.10) (i). Es bleibt also ein zu β_r inverser Morphismus $\beta_r(\mathbb{P}^n) \to \mathbb{P}^n$ zu konstruieren. Ein solcher wird gegeben durch die Vorschrift

$$(\ldots : l_{(j_1, \ldots j_r)} : \ldots) \mapsto (l_{(0, j, \ldots, j)} : \ldots : l_{(j, \ldots, j)} : l_{(j, \ldots, j, j+1)} : \ldots : l_{(j, \ldots, j, n)}),$$
$$p \in \beta_r(\mathbb{P}^n),\ l_{(j, \ldots, j)} \neq 0 .$$

Die Details der Rechnung seien dem Leser als Übungsaufgabe überlassen.

B) Sei $X \subseteq \mathbb{P}^n$ abgeschlossen. Die abgeschlossene Menge

$$\text{(iii)} \qquad X^{(r)} := \beta_r(X) \subseteq \mathbb{P}^{\binom{n+r}{r}-1}$$

nennen wir die r-te *Veronese-Transformierte von X.* Nach (ii) gilt

$$\text{(iii)}' \qquad \beta_r : X \xrightarrow[\cong]{} X^{(r)}.$$

Ist $A = \bigoplus_n A_n$ ein graduierter Ring, so nennen wir den graduierten Ring

$$A^{(r)} := \bigoplus_n A_{nr}, \quad (r \in \mathbb{N})$$

den r-ten *Veronese-Unterring von A.* Wir wollen zeigen:

(iv) *Der homogene Koordinaten-Ring der r-ten Veronese-Transformierten* $X^{(r)} \subseteq \mathbb{P}^{\binom{n+r}{r}-1}$ *einer abgeschlossenen Menge* $X \subseteq \mathbb{P}^n$ *ist (bis auf Isomorphie von* *homogenen $\mathbb{C}$-Algebren) gerade der r-te Veronese Unterring $A^{(r)}$ des homogenen Koordinatenringes A von X.*

Beweis: Durch $(c_0, \ldots, c_n) \mapsto (\ldots, \prod_{j_1 \leqslant \ldots \leqslant j_r} c_{j_k}, \ldots)$ wird ein Morphismus $\gamma : \mathbb{A}^{n+1} \longrightarrow \mathbb{A}^{\binom{n+r}{r}}$ definiert. Für die affinen Kegel von $X^{(r)}$ und X gilt offenbar $c\mathbb{A}(X^{(r)}) = \gamma(c\mathbb{A}(X))$. Insbesondere ist $\gamma : c\mathbb{A}(X) \to c\mathbb{A}(X^{(r)})$ surjektiv, also $\gamma^* : \mathcal{O}(c\mathbb{A}(X^{(r)})) \to \mathcal{O}(c\mathbb{A}(X)) = A$ injektiv. Sind $w_{(j_1, \ldots, j_r)}$ $(0 \leqslant j_1 \leqslant \ldots \leqslant j_r \leqslant n)$ die Koordinatenfunktionen von $\mathbb{A}^{\binom{n+r}{r}}$ und $z_0, \ldots, z_n$ jene von $\mathbb{A}^{n+1}$, so gilt $w_{(j_1, \ldots, j_r)} \restriction c\mathbb{A}(X^{(r)}) \overset{\gamma^*}{\longmapsto} z_{j_1} \ldots z_{j_r} \restriction c\mathbb{A}(X)$. Daraus folgt
$\gamma^*(\mathcal{O}(c\mathbb{A}(X^{(r)}))) = \mathcal{O}(c\mathbb{A}(X))^{(r)} = A^{(r)}$,
also $\gamma^* : \mathcal{O}(c\mathbb{A}(X^{(r)}) \xrightarrow{\cong} A^{(r)}$.

C) Gemäss (iii)′ ändert sich der Isomorphietyp einer abgeschlossenen Menge $X \subseteq \mathbb{P}^n$ nicht beim Durchführen einer Veronese-Transformation. Die Menge wird lediglich «anders eingebettet». Wir wählen als Beispiel:

$$\beta_3 : \mathbb{P}^1 \to \mathbb{P}^3, \quad (c_0 : c_1) \mapsto (c_0^3 : c_0^2\, c_1 : c_0\, c_1^2 : c_1^3).$$

Zur Veranschaulichung betrachten wir die Situation der affinen Karten:

$$\begin{array}{ccc} U_0\mathbb{P}^1 & \xrightarrow{\beta^3} & U_0\mathbb{P}^3 \\ \tau_0 \downarrow \wr\!\wr & \circlearrowleft & \tau_0 \downarrow \wr\!\wr \\ \mathbb{A}^1 & \longrightarrow & \mathbb{A}^3 \end{array}$$

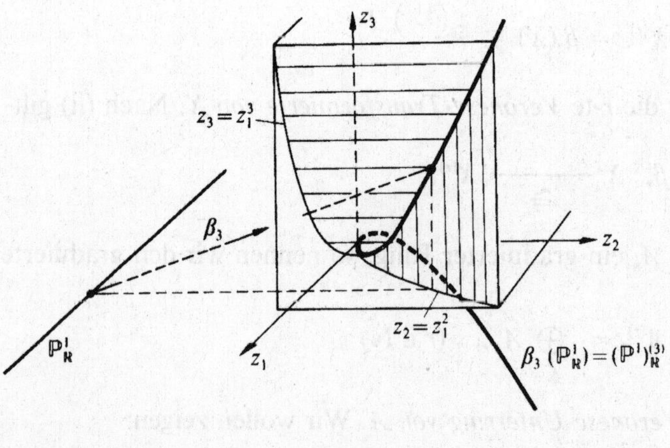

○

Um die Veronese-Transformation anwenden zu können, brauchen wir einige Resultate über graduierte Unterringe und deren Veronese-Unterringe.

(18.19) **Bemerkungen und Definitionen:** A) Wir beginnen mit der Nenneraufnahme. Sei $A = \bigoplus_{n \in \mathbb{Z}} A_n$ ein graduierter Ring. Eine *Nennermenge* $S \subseteq A$ nennen wir *homogen*, wenn sie aus lauter homogenen Elementen besteht. In diesem Fall trägt der Ring $S^{-1}A$ eine *kanonische Graduierung*:

(i) $S^{-1}A = \bigoplus_{n \in \mathbb{Z}} (S^{-1}A)_n;\ (S^{-1}A)_n := \{\frac{a}{s} \mid a \in A_m \text{ homogen}, s \in S, m - \text{Grad}(s) = n\}.$

Der kanonische Homomorphismus $\eta_s : A \to S^{-1}A$ ist graduiert. Weiter gilt:

(ii) *Ist $s \in S$ vom Grad r, so ist die durch $x \to \frac{s}{1} \cdot x$ definierte Multiplikationsabbildung $(S^{-1}A)_n \xrightarrow{\frac{s}{1}} (S^{-1}A)_{n+r}$ ein Isomorphismus von $(S^{-1}A)_0$-Moduln.*

Beweis: Durch $y \mapsto \frac{1}{s} \cdot y$ wird die Inverse definiert.

(ii)′ *Ist $s \in S$ vom Grad 1 und ist t eine Unbestimmte, so besteht ein Isomorphismus*

$$\varphi : (S^{-1}A)_0[t, t^{-1}] = \bigoplus_{n \in \mathbb{Z}} (S^{-1}A)_0\, t^n \xrightarrow[\cong]{} S^{-1}A$$

mit $\varphi \restriction (S^{-1}A)_0 = id,\ \varphi(t^n) = (\frac{s}{1})^n.$

Beweis: Durch $\Sigma\, c_i\, t^i \mapsto \Sigma\, c_i (\frac{s}{1})^i\ (c_i \in (S^{-1}A)_0)$ wird offenbar ein Homomorphismus $\varphi : (S^{-1}A)_0\,[t, t^{-1}] \to S^{-1}A$ definiert. Dass es sich um einen Isomorphismus handelt, folgt aus (ii).

(iii) $\quad (S^{-1}A)^{(r)} = (S \cap A^{(r)})^{-1} A^{(r)},\ (r \in \mathbb{N}).$

Beweis: «$\supseteq$» ist trivial; «$\subseteq$» ergibt sich durch Erweitern.

B) Sei jetzt $A = \bigoplus_{n \in \mathbb{Z}} A_n$ ein graduierter Integritätsbereich. Die Menge der homogenen Elemente $s \in A - \{0\}$ bildet eine homogene Nennermenge. Den Ring, der aus A durch Aufnahme dieser Nennermenge entsteht, nennen wir den *graduierten Quotientenring* von A und bezeichnen diesen mit $\text{Quot}^+(A)$

$$\text{Quot}^+(A) := \{s \in A - \{0\} \mid s \text{ homogen}\}^{-1} A \subseteq \text{Quot}(A).$$

Sofort überlegt man sich:

(iv) *Der 0-te homogene Teil* $\text{Quot}^+(A)_0$ *des graduierten Quotientenringes* $\text{Quot}^+(A)$ *eines graduierten Integritätsbereiches A ist ein Körper.*

Im Hinblick auf (iii) ist klar:

(v) $\quad \operatorname{Quot}^+(A^{(r)}) = \operatorname{Quot}^+(A)^{(r)}, \ (r \in \mathbb{N}).$

Schliesslich wollen wir noch festhalten:

(vi) *Sei* $A = \bigoplus_{n \in \mathbb{Z}} A_n$ *ein graduierter noetherscher Integritätsbereich. Dann gilt:*

(a) *Der ganze Abschluss* $\tilde{A}$ *von* A *in* $\operatorname{Quot}^+(A)$ *ist ein graduierter Unterring von* $\operatorname{Quot}^+(A)$.

(b) $\tilde{A}^{(r)}$ *ist der ganze Abschluss von* $A^{(r)}$ *in* $\operatorname{Quot}^+(A^{(r)})$, $(r \in \mathbb{N})$.

Beweis: (a): Sei $b \in \operatorname{Quot}^+(A)$ ganz über A. Es genügt zu zeigen, dass die homogenen Teile $b_{(i)}$ von b ganz sind über A. Dies tun wir durch Induktion nach $d = \#\{i \mid b_{(i)} \neq 0\}$. Für $d \leqslant 1$ ist alles klar. Sei also $d > 1$ und sei $v = \min\{i \mid b_{(i)} \neq 0\}$. Wir finden einen homogenen Generalnenner $s \in A - \{0\}$ aller Elemente $b_{(i)} \neq 0$. Es ist also $s\,b \in A$. Weil $A[b]$ ein endlich erzeugter A-Modul ist, finden wir ein $m \in \mathbb{N}$ so, dass $s^m\, b^n \in A$ für alle $n \in \mathbb{N}$. Weil s^m homogen ist, folgt $s^m\, b^n_{(v)} \in A$, $\forall\, n \in \mathbb{N}$, also $A[b^n_{(v)}] \subseteq \frac{1}{s^m} A \cong A$. Weil A noethersch ist, wird $A[b^n_{(v)}]$ ein endlich erzeugter A-Modul. Also ist $b_{(v)}$ ganz über A. Damit gilt dasselbe auch für $\sum_{i \neq v} b_{(i)} = b - b_{(v)}$. Jetzt schliesst man noch nach Induktion.

(b): Ist $x \in A$ homogen, so ist $x^r \in A^{(r)}$. Deshalb ist A ganz über $A^{(r)}$. Nach (v) wird deshalb $\tilde{A} \cap \operatorname{Quot}^+(A)^{(r)}$ zum ganzen Abschluss von $A^{(r)}$ in $\operatorname{Quot}^+(A^{(r)})$. Wegen $\tilde{A} \cap \operatorname{Quot}^+(A)^{(r)} = \tilde{A}^{(r)}$ folgt jetzt die Behauptung.

C) Ist f ein homogenes, nicht nilpotentes Element eines graduierten Ringes A, so ist $\{f^n \mid n \in \mathbb{N}_0\}$ eine homogene Nennermenge. A_f wird also in kanonischer Weise graduiert. Die Ringe A_f mit $f \in A_1$ spielen später eine besondere Rolle. Wir halten deshalb fest:

(vii) *Sei* $A = \bigoplus_{i \geqslant 0} A_i$ *ein homogener Integritätsbereich. Dann gilt:*

(a) $\operatorname{Quot}^+(A)_0 = \operatorname{Quot}((A_f)_0), \ \forall f \in A_1 - \{0\}.$

(b) *Ist* A *ganz abgeschlossen in* $\operatorname{Quot}^+(A)$, *so ist der Ring* $(A_f)_0$ *normal für alle* $f \in A_1 - \{0\}$.

Beweis: (a): Die Inklusion «$\supseteq$» ist klar. Sei also $x \in \operatorname{Quot}^+(A)_0$. Wir können schreiben $x = \frac{h}{g}$ mit $h \in A_i$, $g \in A_i - \{0\}$. Es folgt $x = \frac{f^i h}{f^i g} = \frac{h}{f^i}\left(\frac{g}{f^i}\right)^{-1} \in \operatorname{Quot}((A_f)_0)$.

(b): Sei $u \in \operatorname{Quot}((A_f)_0) = \operatorname{Quot}^+(A)_0$ ganz über $(A_f)_0$. Dann besteht eine ganze Gleichung $u^r + v_{r-1}u^{r-1} + \ldots + v_0 = 0$, mit $v_i \in (A_f)_0$. Mit geeignetem $\delta \in \mathbb{N}_0$ gilt

$v_j f^s \in A_s$ $(j=0, \ldots, r-1)$. So erhalten wir für uf^s die ganze Gleichung $(uf^s)^r + (v_{r-1} f^s)(uf^s)^{r-1} + v_{r-2} f^{2s}(uf^s)^{r-2} + \ldots + v_0 f^{rs} = 0$ über A. Es folgt $uf^s \in A$, also $u \in A_f$, also $u \in (A_f)_0$.

D) Wir wenden uns den homogenen $\mathbb{C}$-Algebren zu und zeigen:

(iix) *Sei* $B = \bigoplus_i B_i$ *ein graduierter Integritätsbereich, welcher ganz ist über einem graduierten Unterring* $A = \bigoplus_{i \geq 0} A_i$. *Dabei sei* $A_i = 0$ *für* $\forall\, i < 0$ *und* $A_0 = \mathbb{C}$. *Dann folgt* $B_i = 0$, $\forall\, i < 0$ *und* $B_0 = \mathbb{C}$.

Beweis: Sei $b \in B_i$, $i < 0$. Es besteht eine ganze Gleichung $b^n + a_{n-1} b^{n-1} + \ldots + a_0 = 0$. Wegen $a_j \in A \subseteq B_{\geq 0}$ folgt $b^n \in B_{\geq (n-1)i} \cap B_{ni} = \{0\}$. Weil B integer ist, folgt sofort $b = 0$. Sei $b \in B_0$. Dann besteht ebenfalls die ganze Gleichung vom angegebenen Typ. Wir können in dieser Gleichung zu 0-ten homogenen Teilen übergehen und erhalten so eine ganze Gleichung für b über $\mathbb{C}$. Weil $\mathbb{C}$ algebraisch abgeschlossen und $\mathbb{C}[b]$ integer ist, folgt $b \in \mathbb{C}$.

Das folgende Ergebnis spielt später eine Rolle:

(ix) *Sei* $B = \bigoplus_i B_i$ *ein graduierter Integritätsbereich, welcher endlich und ganz ist über einem graduierten Unterring* $A = \bigoplus A_i$. *Dabei sei* A *eine endlich erzeugte, homogene* $\mathbb{C}$-*Algebra. Dann gibt es ein* $r \in \mathbb{N}$ *derart, dass der* r-*te Veronese-Unterring* $B^{(r)}$ *von* B *eine endlich erzeugte, homogene* $\mathbb{C}$-*Algebra wird.*

Beweis: Nach (iix) können wir schreiben $B = \sum_{j=1}^{s} Ab_j$, wo $b_j \in B$ ein homogenes Element vom Grad $d_j \geq 0$ ist. Sei $r \in \mathbb{N}$ so, dass $r \leq d_j (j = 1, \ldots, s)$.

Sei $b \in B_{ir}$, $i \in \mathbb{N}$. Dann gibt es eine Darstellung $b = \sum_{j=1}^{s} a_j b_j$, wobei $a_j \in A_{ir-d_j}$.

Wir setzen $v = ir - d_j$. Weil A homogen ist, gilt

$$a_j = \sum_{1 \leq l_1 \leq \ldots \leq l_v \leq t} c_{l_1, \ldots, l_v} x_{l_1} \ldots x_{l_v},$$

wo $x_1, \ldots, x_t \in A_1$, $c_{l_1, \ldots, l_v} \in \mathbb{C}$ geeignet gewählt sind. Es folgt

$$a_j b_j = \sum c_{l_1, \ldots, l_v} x_{l_1} \ldots x_{l_v} b_j.$$

Indem wir – von vorne beginnend – immer r-Faktoren von $x_{l_1} \ldots x_{l_v}$ zusammenfassen, können wir $x_{l_1} \ldots x_{l_v} b_j$ als Produkt von lauter Faktoren aus B_r schreiben. Es folgt $a_j b_j \in \mathbb{C}[B_r]$, also $b \in \mathbb{C}[B_r] = \mathbb{C}[B^{(r)})_1]$. Wegen $B_0 = \mathbb{C}$ (vgl. (ix)) sind wir fertig. ○

Elementare affine Teilmengen projektiver Varietäten. Wir wollen die vorangehenden algebraischen Ergebnisse geometrisch verwerten. Zuerst beweisen wir die folgende projektive Version von (7.14):

(18.20) **Satz:** *Sei* $X \subseteq \mathbb{P}^n$ *abgeschlossen und* $\neq \emptyset$, *sei* $A = \bigoplus_{i \geq 0} A_i$ *der homogene Koordinatenring von* X *und sei* $f \in A_r - \{0\}$ *homogen vom Grad* $r > 0$. *Dann gilt:*

(i) *Die offene Menge* $U = U_X^+(f) = \{(c_0 : \ldots : c_n) \in X \mid f(c_0, \ldots, c_n) \neq 0\}$ *ist affin.*

(ii) *Es besteht ein kanonischer Isomorphismus*

$$\rho_f^+ : (A_f)_0 \xrightarrow{\cong} \mathcal{O}(U),$$

welcher einem Bruch $\frac{g}{f^i} \in (A_f)_0$ $(g \in A_{r\,i})$ *die auf* U *durch*

$$(c_0 : \ldots : c_n) \mapsto \frac{g(c_0, \ldots, c_n)}{f^i(c_0, \ldots, c_n)}$$

definierte reguläre Funktion zuordnet.

(iii) *Ist* $Z \subseteq X$ *abgeschlossen, so besteht für die Verschwindungsideale die Beziehung*

$$I_U(Z \cap U) = \rho_f^+((I_X^+(Z))_f)_0).$$

Beweis: (iii) folgt leicht aus (i) und (ii). Es genügt also (i) und (ii) zu beweisen.

Wir betrachten zunächst die r-te Veronese-Einbettung $\beta_r : X \xrightarrow{\cong} X^{(r)} \subseteq \mathbb{P}^{\binom{n+r}{r}-1}$ sowie den durch $(c_0, \ldots, c_n) \mapsto (\ldots, \prod_{j_1 \leq \ldots \leq j_r} c_{j_k}, \ldots)$ definierten Morphismus $c\mathbb{A}(X) \xrightarrow{\gamma} c\mathbb{A}(X^{(r)})$ (vgl. Bew. (18.18) (iv)). Fassen wir den homogenen Koordinatenring $\mathcal{O}(c\mathbb{A}(X^{(r)}))$ von $X^{(r)}$ als r-ten Veronese-Unterring von $A = \mathcal{O}(c\mathbb{A}(X))$ auf, so ist der durch γ induzierte Homomorphismus $\gamma^* : A^{(r)} \to A$ gerade die Inklusionsabbildung (vgl. (18.18) (iv)). Daraus folgt $\gamma(U_{c\mathbb{A}(X)}(f)) = U_{c\mathbb{A}(X^{(r)})}(f)$, also $\beta_r(U_X^+(f)) = U_{X^{(r)}}^+(f)$. Zusammen mit (18.19) (iii) erlaubt uns dies, X durch $X^{(r)}$ zu ersetzen. Wegen $f \in A_1^{(r)}$ können wir deshalb o.E. $r = 1$ annehmen. Wir können also schreiben $f = l \restriction c\mathbb{A}(X)$, wo $l \in \mathbb{C}[z_0, \ldots, z_n]$ homogen von Grad 1 ist.

Durch $(c_0 : \ldots : c_n) \mapsto \left(\dfrac{c_0}{f(c_0, \ldots, c_1)}, \ldots, \dfrac{c_n}{f(c_0, \ldots, c_1)}\right)$ wird jetzt offenbar ein Morphismus $a : U_X^+(f) \to V_{cA(X)}(1-f)$ definiert. Es handelt sich sogar um einen Isomorphismus, denn durch $(c_0, \ldots, c_n) \to (c_0 : \ldots : c_n)$ wird offenbar ein zu a inverser Morphismus definiert. Weil $V_{cA(X)}(1-f)$ affin ist, ist also auch $U_X^+(f)$ affin. Die kanonische Surjektion $\pi : U_{cA(X)}(f) \to U_X^+(f)$ (definiert durch $(c_0, \ldots, c_n) \mapsto (c_0 : \ldots : c_n)$) induziert nach (7.10) eine Injektion

$$\pi^* : \mathcal{O}(U_X^+(f)) \to \mathcal{O}(U_{cA(X)}(f)) = A_f = \bigoplus_{i \in \mathbb{Z}} (A_f)_0 \left(\frac{f}{1}\right)^i \quad \text{(vgl. (18.19) (ii)')}.$$

Offenbar gilt für die oben eingeführte kanonische Abbildung ρ_f^+ die Beziehung $\pi^* \circ \rho_f^+ = id_{(A_f)_0}$. Es bleibt also zu zeigen $\pi^*(\mathcal{O}(U_X^+(f)) \subseteq (A_f)_0$. Sei also $h \in \mathcal{O}(U_X^+(f))$. Wir können schreiben $\pi^*(h) = \sum_i u_i \left(\frac{f}{1}\right)^i$, wo $u_i \in (A_f)_0$. Ist $c = (c_0, \ldots, c_n) \in U_{cA}(X)(f)$ und $\lambda \in \mathbb{C}^*$, so folgt $\sum_i u_i(c)\lambda^i f^i(c) = \sum u_i(\lambda c) f^i(\lambda c) = \pi^*(h)(\lambda c) = h(\pi(\lambda c)) = h(\pi(c)) = \pi^*(h)(c) = \sum_i u_i(c) f^i(c)$. Somit wird $u_i(c) = 0$ für alle $i \neq 0$, und es folgt $\pi^*(h) = u_0(c) \in (A_f)_0$. □

(18.20) erlaubt es nun, das projektive Analogon zu (8.5) (i) zu beweisen:

(18.20)′ **Korollar:** *Sei $X \subseteq \mathbb{P}^n$ eine abgeschlossene Menge $\neq \emptyset$ mit dem homogenen Koordinatenring $A = \bigoplus_{i \geq 0} A_i$. Sei $p \in X$ und sei $S(p)$ die Menge aller homogenen Elemente aus $A - I_X^+(p)$. Dann gilt:*

(i) *Es besteht ein kanonischer Isomorphismus*

$$\Psi_p^+ : (S(p)^{-1}A)_0 \xrightarrow[\cong]{} \mathcal{O}_{X,p},$$

welcher einen Bruch $\frac{g}{s}$ $(g \in A_i,\ s \in A_i \cap S(p))$ den Keim l_p der auf $U_X^+(s)$ durch $(c_0 : \ldots : c_n) \mapsto \dfrac{g(c_0, \ldots, c_n)}{s(c_0, \ldots, c_n)}$ definierten regulären Funktion l zuordnet. (Man beachte, dass $p \in U_X^+(s)$).

(ii) *Ist $Z \subseteq X$ abgeschlossen und $p \in Z$, so wird das lokale Verschwindungsideal von Z in p gegeben durch*

$$I_{X,p}(Z) = \Psi_p^+ ((S(p)^{-1} I_X^+(Z))_0).$$

Beweis: Sei $f \in A_1 - I_X^+(p)$. Offenbar wird durch

$$\frac{g}{s} \mapsto \left(\frac{s}{f^i}\right)^{-1} \frac{g}{f^i} \quad (s \in A_i \cap S(p),\, g \in A_i)$$

$$\left(\frac{s}{f^j}\right)^{-1} \left(\frac{g}{f^i}\right) \mapsto \frac{gf^j}{sf^i} \quad (s \in A_j \cap S(p),\, g \in A_i)$$

ein Paar zueinander inverser Homomorphismen zwischen $(S(p)^{-1}A)_0$ und $(A_f)_{0(I_X^+(p)_f)_0}$ definiert. Schreiben wir U für die affine offene Umgebung $U_X^+(f)$ von p, so erhalten wir im Hinblick auf (18.20) (ii), (iii) und (8.5) (i) ein Diagramm

$$\begin{array}{ccc}
(S(p)^{-1}A)_0 & \xrightarrow{\cong} & \mathcal{O}(U)_{I_u(p)} \\
& \searrow^{\psi_p^+} \quad \circlearrowright & \downarrow \psi_p \\
& & \mathcal{O}_{X,p} = \mathcal{O}_{U,p}
\end{array}$$

wo Ψ_p^+ gemäss (i) definiert ist. Daraus folgt alles. □

Als weitere Anwendung von (18.20) zeigen wir:

(18.21) **Korollar:** *Sei $X \subseteq \mathbb{P}^n$ irreduzibel und abgeschlossen, und sei $A = \bigoplus_{i \geq 0} A_i$ der homogene Koordinatenring von X. Dann gilt:*

(i) *Es besteht ein kanonischer Isomorphismus*

$$\rho^+ : \mathrm{Quot}^+(A)_0 \to \kappa(X),$$

welcher einem Bruch $\frac{f}{g} \in \mathrm{Quot}^+(A)_0$ $(f \in A_i,\, g \in A_i - \{0\})$ *die auf* $U_X^+(g)$ *durch*

$$(c_0 : \ldots : c_n) \mapsto \frac{f(c_0, \ldots, c_n)}{g(c_0, \ldots, c_n)}$$ *definierte rationale Funktion zuordnet.*

(ii) *Ist A ganz abgeschlossen in* $\mathrm{Quot}^+(A)$, *so ist X normal.*

Beweis: Sei $f \in A_1 - \{0\}$. Nach (18.19) (vii) (a) ist $\mathrm{Quot}^+(A)_0 = \mathrm{Quot}((A_f)_0)$. Jetzt schliesst man mit Hilfe des Isomorphismus $\rho_f^+ : (A_f)_0 \to \mathcal{O}(U_X^+(f))$ (vgl. (18.20)) und der Tatsache, dass $\kappa(X) = \mathrm{Quot}(\mathcal{O}(U_X^+(f))$ (vgl. (18.13) (iv)).

(ii): X wird durch die Mengen $U_X^+(z_i) = U_i\, \mathbb{P}^n \cap X$ affin und offen überdeckt. Es genügt also zu zeigen, dass diese Mengen normal sind. Im Hinblick auf (18.20) reicht es also zu zeigen, dass $(A_f)_0$ normal ist für alle $f \in A_1 - \{0\}$. Dies folgt aus (18.19) (vii) (b) □

Lokale Ringe in irreduziblen Mengen. Man kann den Begriff des lokalen Ringes etwas allgemeiner fassen als wir dies bisher getan haben, und erhält im projektiven Fall immer noch die in (18.20)′ gemachten Aussagen:

(18.22) **Definitionen und Bemerkungen:** A) Sei X eine beliebige irreduzible Varietät und sei $Z \subseteq X$ irreduzibel und abgeschlossen. $\mathcal{O}_{X,Z}$ sei die Menge aller rationalen Funktionen, deren Polmenge nicht ganz Z umfasst:

(i) $\mathcal{O}_{X,Z} := \{f \in \kappa(X) \mid Z \nsubseteq \text{Polmenge von } f\}$.

Offenbar ist

(ii) $\mathfrak{m}_{X,Z} := \{f \in \mathcal{O}_{X,Z} \mid f(Z - \text{Polmenge von } f) = 0\}$

das einzige Maximalideal von $\mathcal{O}_{X,Z}$ (denn alle $f \in \mathcal{O}_{X,Z} - \mathfrak{m}_{X,Z}$ sind invertierbar in $\mathcal{O}_{X,Z}$).

Wir nennen $\mathcal{O}_{X,Z}$ deshalb den *lokalen Ring von X in Z*.

Besteht Z nur aus einem Punkt, so erhalten wir mit dem Obigen das gewohnte Konzept des lokalen Ringes zurück.

Ist $W \subseteq X$ eine abgeschlossene Menge mit $Z \subseteq W$, so setzen wir

(iii) $I_{X,Z}(W) := \{f \in \mathcal{O}_{X,Z} \mid f(Z - \text{Polmenge von } f) = 0\}$.

$I_{X,Z}(W)$ ist ein perfektes Ideal von $\mathcal{O}_{X,Z}$, welches wir das *lokale Verschwindungsideal* von W in $\mathcal{O}_{X,Z}$ nennen.

B) Wir halten die obigen Bezeichnungen fest und wählen einen Punkt $p \in Z$. Dann gilt:

(iv) (a) $\mathcal{O}_{X,Z} = (\mathcal{O}_{X,p})_{I_{X,p}(Z)}$.
(b) $I_{X,Z}(W) = I_{X,p}(W)_{I_{X,p}(Z)}$.

Beweis: Offenbar ist $\mathcal{O}_{X,p} \subseteq \mathcal{O}_{X,Z} \subseteq \text{Quot}(\mathcal{O}_{X,p}) = \kappa(X)$. Sei $S = \mathcal{O}_{X,p} - I_{X,p}(Z)$. Offenbar ist $(\mathcal{O}_{X,p})_{I_{X,p}(Z)} = S^{-1}\mathcal{O}_{X,p} \subseteq \mathcal{O}_{X,Z}$ und $I_{X,p}(W)_{I_{X,p}(Z)} = S^{-1}I_{X,p}(W) \subseteq I_{X,Z}(W)$. Sei umgekehrt $f \in \mathcal{O}_{X,Z}$. Sei U der Definitionsbereich von f. Dann ist $U \cap Z \neq \emptyset$. Sei V eine affine offene Umgebung von p in X. Wegen $p \in Z$ ist $V \cap Z \neq \emptyset$. Weil Z irreduzibel ist, folgt $U \cap V \cap Z = (U \cap Z) \cap (U \cap Z) \neq \emptyset$. Wir wählen $q \in U \cap V \cap Z$ und eine elementare offene Umgebung $U_V(g) \subseteq V$ von q in V, ($g \in \mathcal{O}(V)$). Wegen $q \in Z$, $g(q) \neq 0$ ist $g \in S$. Wegen $U_V(g) \subseteq U$ gilt $f \in \mathcal{O}(U_V(g)) = \mathcal{O}(V)_g \subseteq (\mathcal{O}_{X,p})_g \subseteq S^{-1}\mathcal{O}_{X,p}$. Dies beweist $\mathcal{O}_{X,Z} \subseteq (\mathcal{O}_{X,p})_{I_{X,p}(Z)}$. Gehört f bereits zu $I_{X,Z}(W)$, so folgt $f \in I_{U_V(g)}(W \cap U_V^+(g)) = I_W(Z \cap W)_g \subseteq I_{X,p}(W)_g \subseteq S^{-1}I_{X,p}(W)$, was auch die Inklusion $I_{X,Z}(W) \subseteq I_{X,p}(W)_{I_{X,p}(W)}$ beweist.

Im Hinblick auf die Eigenschaften der Nenneraufnahme ergibt sich jetzt aus (vi) und (8.5):

(v) (a) *$\mathcal{O}_{X,Z}$ ist ein noetherscher lokaler Integritätsbereich.*
(b) *Durch $W \mapsto I_{X,Z}(W)$ wird eine Bijektion zwischen den Z umfassenden abgeschlossenen Teilmengen W von X und den perfekten Idealen von $\mathcal{O}_{X,Z}$ definiert.*

C) Sei jetzt $X \subseteq \mathbb{P}^n$ eine abgeschlossene irreduzible Menge, und sei $Z \subseteq X$ eine abgeschlossene irreduzible Teilmenge. In Verallgemeinerung von (18.20)′ können wir jetzt sagen:

(vi) *Ist $A = \bigoplus_{i \geq 0} A_i$ der homogene Koordinatenring von X und ist $S(Z)$ die Menge der homogenen Elemente aus $A - I^+_{\mathbb{P}^n}(Z)$, so gilt in $\kappa(X) = \mathrm{Quot}^+(A)_0$ (vgl. (18.21)):*
(a) $(S(Z)^{-1}A)_0 = \mathcal{O}_{X,Z}$,
(b) $(S(Z)^{-1}I^+_X(W))_0 = I_{X,Z}(W)$, *($W \subseteq X$ abgeschlossen, $Z \subseteq W$).*

Beweis: Sei $p \in Z$. Gemäss (18.20)′ ist $(S(p)^{-1}A)_0 = \mathcal{O}_{X,p}$ und $(S(p)^{-1}I^+_X(W)) = I_{X,p}(W)$. Wegen $S(p) \subseteq S(Z)$ ist offenbar $S(Z)^{-1}A = S(Z)^{-1}(S(p)^{-1}A)$ und $S(Z)^{-1}I^+_X(W) = S(Z)^{-1}(S(p)^{-1}I^+_X(W))$ schliesst man jetzt mit (iv).

Als Anwendung ergibt sich das folgende Resultat, das sich später als nützlich erweisen wird (die Bezeichnungen sind wie oben):

(vii) *Sei $s \in A - I^+_X(Z)$ homogen vom Grad 1 und sei t eine Unbestimmte. Dann besteht ein Isomorphismus*

$$\varepsilon : \mathcal{O}_{X,Z}[t]_{\mathfrak{m}_{X,Z}[t]} \xrightarrow{\cong} A_{I^+_X(Z)}, \quad \left(\frac{\Sigma a_i\, t^i}{\Sigma b_i\, t^i} \mapsto \frac{\Sigma a_i\, s^i}{\Sigma b_i\, s^i}\right).$$

Dabei gilt

$$\varepsilon(I_{X,Z}(W)\mathcal{O}_{X,Z}[t]_{\mathfrak{m}_{X,Z}[t]}) = I^+_X(W)A_{I^+(Z)}.$$

Beweis: Der kanonische Isomorphismus (vgl. (vi), (18.19) (ii)′) $\mathcal{O}_{X,Z}[t, t^{-1}] = (S(Z)^{-1}A)_0[t, t^{-1}] \xrightarrow{\cong} S(Z)^{-1}A$, $(\Sigma a_i\, t^i \mapsto \Sigma a_i\, s^i)$ führt $\mathfrak{m}_{X,Z}[t]$ über in $S(Z)^{-1}I^+_X(Z)$ und $I_{X,Z}(W)[t]$ in $S(Z)^{-1}I_X(W)^+$. Jetzt erhält man ε durch Lokalisieren an $\mathfrak{m}_{X,Z}[t]$ resp. $S(Z)^{-1}\, I^+_X(Z)$. ○

Endliche Morphismen und affine Kegel. Wir wenden uns jetzt den Morphismen zu und beweisen:

(18.23) **Satz:** *Seien $X \subseteq \mathbb{P}^n$, $Y \subseteq \mathbb{P}^m$ abgeschlossen und $\neq \emptyset$. Sei*

$$f : c\mathbb{A}(X) \to c\mathbb{A}(Y)$$

ein endlicher Morphismus von Kegeln. Dann gibt es einen eindeutig bestimmten Morphismus $\tilde{f} : X \to Y$, der im folgenden Diagramm erscheint:

$$\begin{array}{ccc} c\mathbb{A}(X)-\{0\} & \xrightarrow{\quad f \quad} & c\mathbb{A}(Y)-\{0\} \\ \pi \big\downarrow \text{kan.} & \circlearrowleft & \pi \big\downarrow \text{kan.} \\ X & \xrightarrow{\quad \tilde{f} \quad} & Y \end{array}$$

Dabei ist $\tilde{f}$ endlich.

Beweis: Sei $(c_0 : \ldots : c_n) \in X$. Fassen wir $(c_0 : \ldots : c_n)$ als Gerade in $\mathbb{A}^{n+1}$ (also als Erzeugende von $c\mathbb{A}(X)$) auf, so ist $f(c_0 : \ldots : c_n)$ wegen der Endlichkeit von f von $\{0\}$ verschieden, mithin also eine Erzeugende von $c\mathbb{A}(Y)$. So wird durch $(c_0 : \ldots : c_n) \mapsto \pi \circ f(c_0, \ldots, c_n)$ ein Morphismus $\tilde{f} : X \to Y$ definiert.

Es bleibt zu zeigen, dass $\tilde{f}$ endlich ist. Dazu setzen wir $V_i = U_i\mathbb{P}^m \cap Y$, $W_i = \tilde{f}^{-1}(V_i)$. Weil V_i affin (oder leer) ist, genügt es zu zeigen, dass $\tilde{f} : W_i \to V_i$ endlich ist, sobald $V_i \neq \emptyset$. Dazu betrachten wir die homogenen Koordinatenringe $A = \mathcal{O}(c\mathbb{A}(X))$, $B = \mathcal{O}(c\mathbb{A}(Y))$ und den durch f induzierten Homomorphismus $f^* : B \to A$. f^* ist graduiert, injektiv, und A ist ein ganzer Erweiterungsring von $f^*(B)$.

Sei $V_i \neq \emptyset$. Wir können dann schreiben $V_i = U_Y^+(h)$, wo $h \in B_1 - \{0\}$ die Einschränkung auf $c\mathbb{A}(Y)$ der i-ten Koordinatenfunktion ist. Offenbar ist dann $W_i = U_X^+(f^*(h))$, wobei $f^*(h) \in A_1 - \{0\}$. Nach (18.20) ist W_i tatsächlich affin. Weiter können wir schreiben $\mathcal{O}(V_i) = (B_h)_0$, $\mathcal{O}(W_i) = (A_{f^*(h)})_0$. Sofort sieht man auch, dass $\tilde{f}^* : \mathcal{O}(V_i) \to \mathcal{O}(W_i)$ gerade der durch f^* induzierte Homomorphismus $(f^*_h)_0 : (B_h)_0 \to (A_{f^*(h)})_0$ ist. Deshalb ist $\tilde{f}^*$ injektiv und $\mathcal{O}(W_i)$ ganz über $\tilde{f}^*(\mathcal{O}(V_i))$. □

(18.23)′ **Definition und Bemerkungen:** A) Sind $X \subseteq \mathbb{P}^n$, $Y \subseteq \mathbb{P}^m$ abgeschlossen und $\neq \emptyset$, und ist $f : c\mathbb{A}(X) \to c\mathbb{A}(Y)$ ein endlicher Morphismus von Kegeln, so nennen wir den gemäss (18.22) durch $(c_0 : \ldots : c_n) \mapsto f(\pi(c_0, \ldots, c_n))$ definierten Morphismus $\tilde{f} : X \to Y$ den durch f *induzierten endlichen Morphismus.*

B) Die soeben eingeführte Operation $f \mapsto \tilde{f}$ hat die üblichen funktoriellen Eigenschaften:

(i) (a) $\widetilde{id}_{c\mathbb{A}(X)} = id_X$.

(b) $\widetilde{f \circ g} = \tilde{f} \circ \tilde{g}$.

Daraus folgt insbesondere:

(ii) *Ist* $f: c\mathbb{A}(X) \to c\mathbb{A}(Y)$ *ein Isomorphismus von Kegeln, so ist der induzierte Morphismus* $\tilde{f}: X \to Y$ *ein Isomorphismus.*

C) Sei $g: c\mathbb{A}(X) \to c\mathbb{A}(Y)$ ein (nicht notwendigerweise endlicher) Morphismus von Kegeln und sei $U = c\mathbb{A}(X) - g^{-1}(\mathbf{0})$. Dann ist $\tilde{U} = \pi(U) \subseteq X$ offen in X und es gibt einen eindeutig bestimmten Morphismus $\tilde{g}: \tilde{U} \to Y$, der im folgenden Diagramm erscheint

(iii)
$$\begin{array}{ccc} U & \xrightarrow{\;g \restriction U\;} & c\mathbb{A}(Y) - \{0\} \\ \pi \Big\downarrow \text{kan.} & \circlearrowleft & \pi \Big\downarrow \text{kan.} \\ \tilde{U} & \xrightarrow{\;\tilde{g}\;} & Y \end{array}$$

Ist g endlich, so gilt $U = X$, und wir sind in der Situation von A). ○

(18.24) **Korollar:** *Seien* $X \subseteq \mathbb{P}^n$, $Y \subseteq \mathbb{P}^m$ *irreduzible abgeschlossene Mengen und sei* $f: c\mathbb{A}(X) \to c\mathbb{A}(Y)$ *ein endlicher Morphismus von Kegeln,* $\tilde{f}: X \to Y$ *der durch* f *induzierte Morphismus. Dann gilt* Grad $(\tilde{f}) =$ Grad (f). *Insbesondere ist* $\tilde{f}$ *genau dann birational, wenn* f *birational ist.*

Beweis: Ist t eine Unbestimmte, so können wir nach (18.21) (i) und (18.19) (ii)′ schreiben $\kappa(c\mathbb{A}(X)) = \text{Quot}\,(\mathcal{O}(c\mathbb{A}(X))) = \text{Quot}\,(\text{Quot}^+\,(\mathcal{O}(c\mathbb{A}(X)))) = \text{Quot}\,(\text{Quot}^+\,(\mathcal{O}(c\mathbb{A}(X)))_0[t,\ t^{-1}]) = \text{Quot}\,(\kappa(X)[t,\ t^{-1}]) = \kappa(X)(t)$. Analog folgt $\kappa(c\mathbb{A}(Y)) = \kappa(Y)(t)$. Jetzt folgt $\text{Grad}\,(f) = [\kappa(c\mathbb{A}(X)) : f^*K(c\mathbb{A}(Y))] = [\kappa(X)(t) : \tilde{f}^*(\kappa(Y))(t)] = [\kappa(X) : \tilde{f}^*(\kappa(Y))] = \text{Grad}\,(\tilde{f})$. □

Normalisierung quasiprojektiver Varietäten. Jetzt kommen wir zu unserer wichtigsten Anwendung der Veronese-Transformation. Wir schicken dazu eine Bemerkung voraus:

(18.25) **Bemerkung und Definition:** Sei X eine quasiprojektive Varietät. Einen endlichen birationalen Morphismus $f: \tilde{X} \to X$ mit normaler quasiprojektiver Varietät $\tilde{X}$ nennen wir wieder eine *Normalisierung* von X. Die Faktorisierungseigenschaft (12.15) der endlichen birationalen Morphismen ist – wie man leicht sieht – eine Eigenschaft von lokalem Typ. Sie überträgt sich also auf quasiprojektive Varietäten. Deshalb ist die *Normalisierung* einer quasiprojektiven Varietät im wesentlichen *eindeutig* (im Sinne von (12.17)). ○

(18.26) **Satz:** *Jede irreduzible quasiprojektive Varietät X besitzt eine Normalisierung $f: \tilde{X} \to X$. Dabei gilt:*

(i) *X affin $\Rightarrow \tilde{X}$ affin.*

(ii) *X quasiaffin $\Rightarrow \tilde{X}$ quasiaffin.*

(iii) *X projektiv $\Rightarrow \tilde{X}$ projektiv.*

Beweis: Sei zunächst X projektiv. Wir schreiben X als abgeschlossene Menge eines projektiven Raumes $\mathbb{P}^n$. Sei A der homogene Koordinatenring von X. Sei $\tilde{A}$ der ganze Abschluss von A in $\mathrm{Quot}^+(A)$. Nach (12.16) ist der ganze Abschluss von A in $\mathrm{Quot}(A)$ ein endlich erzeugter A-Modul. Weil $\tilde{A}$ in diesem enthalten ist, ist auch $\tilde{A}$ ein endlich erzeugter A-Modul. Nach (18.19) (vi) ist $\tilde{A}$ graduiert. Nach (18.19) (ix) gibt es also ein $r \in \mathbb{N}$ derart, dass der r-te Veronese-Unterring $\tilde{A}^{(r)}$ von $\tilde{A}$ eine (integre) homogene endlich erzeugte $\mathbb{C}$-Algebra wird. Nach (18.19) (vi) (b) ist $\tilde{A}^{(r)}$ ganz abgeschlossen in $\mathrm{Quot}^+(A^{(r)})$, denn es handelt sich ja um den ganzen Abschluss von $A^{(r)}$ in seinem Quotientenring.

Nach (16.8) (vi) finden wir jetzt einen irreduziblen algebraischen Kegel C mit Spitze $\mathbf{0}$ in einem affinen Raum $\mathbb{A}^{m+1}$ $(m \geqslant 0)$ derart, dass $\tilde{A}^{(r)} = \mathcal{O}(C)$. Sei $\tilde{X} = \mathbb{P}(C) \subseteq \mathbb{P}^m$ die Projektivisierung von C. Dann ist $\tilde{A}^{(r)}$ der homogene Koordinatenring von $\tilde{X}$. Insbesondere ist also $\tilde{X}$ normal (vgl. (18.21) (ii)). Weiter ist $\tilde{X}$ projektiv.

Nach (18.18) (iv) ist $A^{(r)}$ der homogene Koordinatenring der r-ten Veronese-Transformierten $X^{(r)}$ von X. Die Inklusionsabbildung $A^{(r)} \to \tilde{A}^{(r)}$ induziert nach (16.8) (v) einen endlichen birationalen Morphismus $l: C = c\mathbb{A}(\tilde{X}) \to c\mathbb{A}(X^{(r)})$ von Kegeln. Nach (18.24) indudziert l einen endlichen birationalen Morphismus $\tilde{l}: \tilde{X} \to X^{(r)}$. Sei jetzt $\beta_r: X \to X^{(r)}$ der kanonische Isomorphismus (18.18) (iii)'. Setzen wir $f = \beta_r^{-1} \circ \tilde{l}: \tilde{X} \to X$, so erhalten wir eine Normalisierung.

Dies beweist die Existenz der Normalisierung von projektiven Varietäten und zugleich die Aussage (iii). Ist X quasiprojektiv, also lokal abgeschlossen in einem projektiven Raum $\mathbb{P}^n$, so besitzt demnach der Abschluss $\bar{X}$ von X in $\mathbb{P}^n$ eine Normalisierung $f: \hat{X} \to \bar{X}$ durch eine projektive Varietät $\hat{X}$. $\tilde{X} := f^{-1}(X) \xrightarrow{f} X$ ist dann eine Normalisierung von X. Dies beweist ganz allgemein die Existenz der Normalisierung. Die Aussage (i) folgt aus der Endlichkeit von f, die Aussage (ii) aus (12.17). □

(18.27) **Aufgaben:** (1) Ist $X \subseteq \mathbb{P}^n$ abgeschlossen mit r Zusammenhangskomponenten, so gilt $\mathcal{O}(X) \cong \mathbb{C}^r$. Sind $X_1, \ldots, X_s \subseteq \mathbb{P}^n$ abgeschlossen und irreduzibel mit $\dim(X_i) + \dim(X_{i+1}) \geqslant n$ für $i = 1, \ldots, s-1$, so gilt $\mathcal{O}(X_1 \cup \ldots \cup X_s) = \mathbb{C}$.

(2) Ist X projektiv und Z quasiprojektiv, so ist der Projektionsmorphismus $X \times Z \to Z$ abgeschlossen.

(3) Sei $f: X \to Y$ ein Morphismus von einer irreduziblen projektiven Varietät X in eine quasiaffine Varietät Y. Dann ist $f(X)$ ein Punkt.

(4) Sei $f: X \to \mathbb{P}^1$ ein nicht konstanter Morphismus aus der projektiven irreduziblen Varietät X. Dann ist f surjektiv.

(5) Man betrachte das Segre-Produkt $\mathbb{P}^1 \times \mathbb{P}^1 \subseteq \mathbb{P}^3$ und stratifiziere dessen affinen Kegel $c\mathbb{A}(\mathbb{P}^1 \times \mathbb{P}^1) \subseteq \mathbb{A}^4$. Man löse dieselbe Aufgabe für das Segre-Produkt $\mathbb{P}^1 \times \mathbb{P}^2 \subseteq \mathbb{P}^5$.

(6) Sei $X \subseteq \mathbb{P}^n$ abgeschlossen. Der Veronese-Isomorphismus $\beta_r: X \to X^{(r)}$ ist nicht induziert durch einen endlichen Morphismus zwischen den affinen Kegeln im Sinne von (18.23)′.

(7) Sei $C^{(r)}$ der affine Kegel der r-ten Veronese-Transformierten $(\mathbb{P}^n)^{(r)} \subseteq \mathbb{P}^{\binom{n+r}{r}-1}$ des projektiven Raumes $\mathbb{P}^n$. Man bestimme die Multiplizität $\mu_0(C^{(r)})$ dieses Kegels in seiner Spitze.

(8) Sei A ein graduierter Ring, $A^{(r)}$ sein r-ter Veronese-Unterring. Durch $\mathfrak{p} \mapsto \mathfrak{p} \cap A^{(r)}$ wird dann eine Bijektion zwischen den homogenen Primidealen von A und jenen von $A^{(r)}$ definiert.

(9) Sei Y eine quasiprojektive Varietät. Wir sagen eine abgeschlossene Menge $X \subseteq \mathbb{P}^n \times Y$ liege über Y, wenn sie durch die kanonische Projektion $\mathbb{P}^n \times Y \to Y$ auf Y abgebildet wird. Eine quasiprojektive Varietät heisst eine projektive Varietät über Y, wenn sie isomorph zu einer abgeschlossenen Menge $X \subseteq \mathbb{P}^n \times Y$ ist, die über Y liegt. Man zeige, dass die üblichen projektiven Varietäten genau die projektiven Varietäten über einem Punkt sind.

(10) Sei Y affin. Wir betrachten die Projektion $\pi_Y = \pi \times id_Y : \mathbb{A}^{n+1} - \{\mathbf{0}\} \times Y \to \mathbb{P}^n \times Y$. Man zeige, dass π_Y offen und surjektiv ist. Ist $X \subseteq \mathbb{P}^n \times Y$ eine abgeschlossene und über Y liegende Menge, so ist $c\mathbb{A}_Y(X) := \{\mathbf{0}\} \times Y \cup \pi_Y^{-1}(X)$ abgeschlossen in $\mathbb{A}^{n+1} \times Y$ und heisst der affine Kegel von X über Y. Das Verschwindungsideal $I^+(X) := I_{\mathbb{A}^{n+1} \times Y}(c\,\mathbb{A}_Y(X))$ ist ein graduiertes Ideal der homogenen $\mathcal{O}(Y)$-Algebra $\mathcal{O}(\mathbb{A}^{n+1} \times Y) = \mathcal{O}(Y)[z_0, \ldots, z_n]$ mit $I^+(X)_0 = \{0\}$. $I^+(X)$ heisst das homogene Verschwindungsideal von X über Y. $\mathcal{O}(c\mathbb{A}_Y(X)) \cong \mathcal{O}(Y)[z_0, \ldots, z_n]/I^+(X) = B$ ist eine homogene $\mathcal{O}(Y)$-Algebra – der homogene Koordinatenring von X. Die $n+1$-Mengen $U_i = \{((c_0 : \ldots : c_n), q) \in Y \mid c_i \neq 0\}$ bilden eine offene affine Überdeckung von X, und es gilt $\mathcal{O}(U_i) \cong \mathcal{O}(Y)[\frac{\bar{z}_0}{\bar{z}_i}, \ldots, \frac{\bar{z}_n}{\bar{z}_i}] \subseteq B_{\bar{z}_i}$, wo $\bar{z}_i = z_i / I^+(X) \in B$.

(11) Sei Y affin und sei $B = \mathcal{O}(Y) \oplus B_1 \oplus \ldots$ eine reduzierte, noethersche homogene $\mathcal{O}(Y)$-Algebra. Dann gibt es ein $n \in \mathbb{N}$ und eine über Y liegende abgeschlossene Menge $X \subseteq \mathbb{P}^n \times Y$, für deren homogener Koordinatenring ein graduierter Isomorphismus $B \cong \mathcal{O}(c\,\mathbb{A}_Y(X))$ besteht. Ist $X' \subseteq \mathbb{P}^m \times Y$ eine zweite abgeschlossene Menge mit dieser Eigenschaft, so besteht ein eindeutig bestimmter Isomorphismus $\varphi: X \to X'$, der im folgenden Diagramm erscheint:

$$\begin{array}{ccccc} \mathbb{P}^n \times Y & \hookleftarrow X & \xrightarrow[\cong]{\varphi} & X' \hookrightarrow & \mathbb{P}^m \times Y \\ & \searrow{\scriptstyle pr} & \circlearrowleft & {\scriptstyle pr}\swarrow & \\ & & Y & & \end{array}$$

Wir schreiben $X = \operatorname{Proj}(B)$ und nennen $\operatorname{Proj}(B)$ die durch B definierte projektive Varietät über Y.

(12) Sei Y affin und sei $I = (x_1, \ldots, x_r) \subseteq \mathcal{O}(Y)$ ein Ideal. Sei $R(I) = \mathcal{O}(Y) \oplus I \oplus I^2 \oplus \ldots$ die Rees-Algebra von I. Die über Y liegende projektive Varietät $Bl_Y(I) := \operatorname{Proj}(R(I))$ nennt man die *Aufblasung von Y bezüglich I*. Wir schreiben π_I für die Einschränkung von $pr: \mathbb{P}^n \times Y \to Y$ auf $Bl_Y(I) \subseteq \mathbb{P}^n \times Y$ und erhalten so einen Morphismus $\pi_I: Bl_Y(I) \to Y$. Man zeige, dass π_I surjektiv und abgeschlossen ist und dass π_I durch Einschränkung einen Isomorphismus $Bl_Y(I) - \pi_I^{-1}(V(I)) \to Y - V(I)$ definiert.

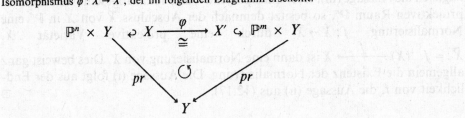

Schliesslich zeige man, dass die sogenannte Ausnahmefaser $\pi_I^{-1}(V(I))$ als Proj $(Gr(I)_{\mathrm{red}})$ gegeben ist und dass $Bl_Y(I)$ durch die r offenen affinen Mengen $U_i = \pi_I^{-1}(U_Y(x_i))$ überdeckt wird, wobei $\mathcal{O}(U_i) \cong \mathcal{O}(Y)[\frac{x_1}{x_i}, \ldots, \frac{x_r}{x_i}]$.

(13) Man bestimme (und skizziere die reellen Teile) der affinen offenen Mengen U_i, $(i=1, 2)$ für die Aufblasung $Bl_{\mathbb{A}^2}((x_1, x_2))$ für die 3 Fälle $x_1 = z_1$, $x_2 = z_2$; $x_1 = z_1$, $x_2 = z_2^2$; $x_1 = z_1^2$, $x_2 = z_2^2$. Anschliessend zeige man, dass $Bl_{\mathbb{A}^2}((z_1, z_2))_{\mathbb{R}}$ zu einem Möbiusband homöomorph ist.

(14) Man betrachte die Aufblasung $Bl_X(I_X(\mathbf{0}))$ für die beiden Kurven $X = V_{\mathbb{A}^2}(z_1^3 - z_2^2)$ und $X = V_{\mathbb{A}^2}(z_1^3 - z_2^2 - z_1^2)$ und zeige, dass diese isomorph zu $\mathbb{A}^1$ sind. In beiden Fällen bestimme man die Ausnahmefaser.

(15) Man betrachte die Aufblasungen aus (14) und zudem die Aufblasung $Bl_{\mathbb{A}^2}((z_1, z_2)) \xrightarrow{\pi} \mathbb{A}^2$. Weiter betrachte man die abgeschlossenen Mengen $\overline{\pi^{-1}(X - \{\mathbf{0}\})} \subseteq Bl_{\mathbb{A}^2}((z_1, z_2))$ und zeige, dass die folgende Situation besteht

$$\begin{array}{ccc} Bl_X(I_X(\mathbf{0})) & \longrightarrow & X \\ \wr\| & & \downarrow \\ \overline{\pi^{-1}(X - \{0\})} & \longrightarrow & \mathbb{A}^2 \end{array}$$

(16) Man veranschauliche sich das in (15) Gesagte im Reellen mit Hilfe von (13).

○

19. Grad und Schnittvielfachheit

Der Grad einer projektiven Varietät. In Kapitel I haben wir den Grad einer affinen Hyperfläche $X \subseteq \mathbb{A}^n$ definiert als der minimale Grad aller Polynome $f \in I_{\mathbb{A}^n}(X) - \{0\}$. Weil $I_{\mathbb{A}^n}(X)$ ein Hauptideal ist, können wir auch schreiben

$$\text{Grad}\,(X) = \text{Grad}\,(f), \quad \text{wo } I_{\mathbb{A}^n}(X) = (f).$$

Wir wollen jetzt diesen Grad-Begriff verallgemeinern, wobei wir dies allerdings nicht für affine, sondern für projektive Varietäten tun.

Wir beginnen mit einer Vorbemerkung:

(19.1) **Definitionen und Bemerkungen:** A) Eine abgeschlossene Menge $X \subseteq \mathbb{P}^n$ nennen wir wieder eine *Hyperfläche*, wenn sie in $\mathbb{P}^n$ von der reinen Kodimension

1 ist, d.h. wenn alle irreduziblen Komponenten von X in $\mathbb{P}^n$ die Kodimension 1 haben. Es gilt:

(i) *Für eine abgeschlossene Menge $X \subseteq \mathbb{P}^n$ sind äquivalent:*
(a) *X ist Hyperfläche in $\mathbb{P}^n$.*
(b) *Der affine Kegel $c\mathbb{A}(X)$ von X ist Hyperfläche in $\mathbb{A}^{n+1}$.*
(c) *Das homogene Verschwindungsideal $I^+_{\mathbb{P}^n}(X)$ von X wird durch ein homogenes Element $\neq 0$ erzeugt.*
(d) *X ist das projektive Nullstellengebilde $V_{\mathbb{P}^n}(f)$ eines homogenen Polynoms $f \neq 0$.*

Beweis: (a) $\Rightarrow$ (b) ist klar aus (17.18) und (17.6) (v).

(b) $\Rightarrow$ (c): $I^+_{\mathbb{P}^n}(X) = I_{\mathbb{A}^{n+1}}(c\mathbb{A}(X))$ ist ein graduiertes, von $\{\mathbf{0}\}$ verschiedenes Hauptideal (vgl. (10.22)).

(c) $\Rightarrow$ (d) ist klar aus dem homogenen Nullstellensatz, (d) $\Rightarrow$ (a) aus dem projektiven Kodimensionssatz.

B) Als Anwendung von (i) ergibt sich:

(ii) *Ist $X \subseteq \mathbb{P}^n$ eine abgeschlossene Hyperfläche und ist f ein homogenes Polynom mit $I^+_{\mathbb{P}^n}(X) = (f)$, so stimmt der Grad von f mit der Multiplizität $\mu_0(c\mathbb{A}(X))$ des affinen Kegels $c\mathbb{A}(X)$ in seiner Spitze überein.*

Beweis: Es gilt $I_{\mathbb{A}^{n+1}}(c\mathbb{A}(X)) = I^+_{\mathbb{P}^n}(X) = (f)$. Damit ist $\mu_0(c\mathbb{A}(X))$ die Verschwindungsordnung von f in $\mathbf{0}$. Weil f homogen ist, ist diese gleich dem Grad von f.

(iii) *Ist $X \subseteq \mathbb{A}^n$ eine affine Hyperfläche und $\overline{X} \subseteq \mathbb{P}^n$ ihr projektiver Abschluss, so gilt $\mu_0(c\mathbb{A}(\overline{X})) = \mathrm{Grad}\,(X)$.*

Beweis: Wir können schreiben $I_{\mathbb{A}^n}(X) = (f)$ mit $\mathrm{Grad}\,(f) = \mathrm{Grad}\,(X)$. Ist f^+ die Homogenisierung von f, so gilt $I^+_{\mathbb{P}^n}(\overline{X}) = f^+$ (vgl. (17.13)) und $\mathrm{Grad}\,(f^+) = \mathrm{Grad}\,(f)$. Jetzt schliesst man mit (ii). ○

Die Aussagen (i) und (ii) legen die folgende Definition nahe:

(19.2) **Definition:** Sei $X \subseteq \mathbb{P}^n$ abgeschlossen. Wir definieren den *Grad von X in $\mathbb{P}^n$* als die *Multiplizität des affinen Kegels $c\mathbb{A}(X) \subseteq \mathbb{A}^{n+1}$* in seiner Spitze $\mathbf{0}$:

$$\mathrm{Grad}\,(X) := \mu_0\,(c\mathbb{A}(X)), \quad (X \subseteq \mathbb{P}^n \textit{ abgeschlossen, } X \neq \emptyset).$$

Den Grad einer lokal abgeschlossenen Menge $X \subseteq \mathbb{P}^n$ definieren wir als den Grad ihres Abschlusses. Den Grad einer lokal abgeschlossenen Menge $X \subseteq \mathbb{A}^n$ definieren wir als den Grad ihres projektiven Abschlusses. ○

(19.3) **Bemerkungen:** A) Der Grad einer abgeschlossenen Menge $X \subseteq \mathbb{P}^n$ bezieht sich auf das Paar $(X, \mathbb{P}^n)$, d.h. er ist «einbettungsabhängig».

B) Sei $X \subseteq \mathbb{P}^n$ abgeschlossen und $\neq \emptyset$ und sei $A = \mathcal{O}(c\mathbb{A}(X)) = \mathbb{C} \oplus A_1 \ldots$ der homogene Koordinatenring von X. Nach (16.16) ist A graduiert isomorph zum graduierten Ring des lokalen Rings $A_{A_{\geq 1}} = \mathcal{O}_{c\mathbb{A}(X),\mathbf{0}}$. Also:

(i) $$A \cong Gr_0(c\mathbb{A}(X)).$$

Das Hilbert-Polynom von A stimmt also mit dem Hilbert-Samuel-Polynom des lokalen Ringes $\mathcal{O}_{c\mathbb{A}(X),\mathbf{0}}$ überein (vgl. (16.1)):

(ii) $$\overline{h}_A(t) = \overline{H}_{c\mathbb{A}(X),\mathbf{0}}(t).$$

Insbesondere ist der Grad von X gerade die Multiplizität von A (vgl. (15.15)):

(iii) $$\text{Grad}\,(X) = e(A) = m(\mathcal{O}_{c\mathbb{A}(x),\mathbf{0}}).$$

Steht $l_{\mathbb{C}}$ für die Dimension von $\mathbb{C}$-Vektorräumen, so stimmt $l_{\mathbb{C}}(A_i)$ für $i \gg 0$ mit dem Wert des Differenzenpolynoms $\Delta\overline{h}_A(t) = \overline{h}_A(t) - \overline{h}_A(t-1)$ überein. Wegen $\text{Grad}\,(\Delta\overline{h}_A) = \text{Grad}\,(\overline{h}_A) - 1 = \dim(A) - 1 = \dim(c\,\mathbb{A}(X)) - 1 = \dim(X)$ gilt also:

(iv) *Für $i \gg 0$ gilt $l_{\mathbb{C}}(A_i) = \Delta\overline{h}_A(i)$. Dabei hat das Polynom $\Delta\overline{h}_A(t)$ den höchsten Term* $\dfrac{\text{Grad}\,(X)}{\dim(X)!}\, t^{\dim(X)}$.

C) In (19.1) (ii) haben wir festgestellt:

(v) *Ist $X \subseteq \mathbb{P}^n$ eine Hyperfläche und ist $f \in \mathcal{O}(\mathbb{A}^{n+1})$ ein homogenes Polynom mit $I^+_{\mathbb{P}^n}(X) = (f)$, so gilt* $\text{Grad}\,(X) = \text{Grad}\,(f)$. ○

(19.4) **Satz:** *Sei $X \subseteq \mathbb{P}^n$ abgeschlossen und $\neq \emptyset$. Seien $X_1, \ldots, X_r$ die (verschiedenen) irreduziblen Komponenten maximaler Dimension von X. Dann gilt:*

$$\text{Grad}\,(X) = \sum_{i=1}^{r} \text{Grad}\,(X_i).$$

Beweis: Die affinen Kegel $c\mathbb{A}(X_i) \subseteq \mathbb{A}^{n+1}$ sind nach (17.6) (v), (v)′ gerade die irreduziblen Komponenten maximaler Dimension von $c\mathbb{A}(X)$, welche durch $\mathbf{0}$ laufen. Jetzt schliesst man mit (16.4). □

(19.5) **Definition und Bemerkungen:** A) Sei $X \subseteq \mathbb{P}^n$ abgeschlossen. Wir nennen X einen *projektiven Unterraum* von $\mathbb{P}^n$, wenn X das Nullstellengebilde von lauter homogenen linearen Polynomen $f \in \mathcal{O}(\mathbb{A}^{n+1})$ ist, die auch 0 sein dürfen. Gleichbedeutend ist auch, dass der affine Kegel $c\mathbb{A}(X) \subseteq \mathbb{A}^{n+1}$ von X ein affiner Unterraum von $\mathbb{A}^{n+1}$ ist. Ist $X \subseteq \mathbb{P}^n$ ein projektiver Unterraum von $\mathbb{P}^n (X \neq \emptyset)$, so besteht also ein Isomorphismus von Kegeln $c\mathbb{A}(X) \cong \mathbb{A}^{m+1}$ (mit Spitze $\mathbf{0}$), wobei $m = \dim(X)$. Dieser induziert einen Isomorphismus $X \cong \mathbb{P}^m$ (s. (18.23)). X ist also tatsächlich zu einem projektiven Raum isomorph!

Projektive Unterräume der Kodimension 1 nennen wir *Hyperebenen*, solche der Dimension 1 (resp. 2) *Geraden* (resp. *Ebenen*).

B) Jeder projektive Unterraum $\mathbb{P}^m \subseteq \mathbb{P}^n$ lässt sich schreiben als das projektive Nullstellengebilde von linear unabhängigen homogenen linearen Polynomen. Genauer können wir sagen:

(i) *Ist $r \leqslant n$ und sind $l_1, \ldots, l_r \in \mathcal{O}(\mathbb{A}^{n+1}) = \mathbb{C}[z_0, \ldots, z_n]$ über $\mathbb{C}$ linear unabhängige homogene Polynome vom Grad 1, so ist deren Nullstellengebilde $X := V^+_{\mathbb{P}^n}(l_1, \ldots, l_r)$ in $\mathbb{P}^n$ ein projektiver Unterraum der Kodimension r. Das Ideal $\sum_i l_i\, \mathcal{O}(\mathbb{A}^{n+1})$ ist dabei gerade das Verschwindungsideal $I^+_{\mathbb{P}^n}(X)$ von X.*

Beweis: Durch $n+1-r$ Elemente $l_{r+1}, \ldots, l_{n+1}$ können wir $l_1, \ldots, l_r$ zu einer $\mathbb{C}$-Basis von $\mathcal{O}(\mathbb{A}^{n+1})_1 = \sum_{i=0}^{n} \mathbb{C}\, z_i$ ergänzen. Es gilt dann $\mathbb{C}[z_0, \ldots, z_n] = \mathbb{C}[l_1, \ldots, l_{n+1}]$. Die Elemente $l_1, \ldots, l_{n+1}$ sind dann algebraisch unabhängig über $\mathbb{C}$ und verhalten sich somit wie Variablen. Insbesondere wird $(l_1, \ldots, l_r)$ ein Primideal der Höhe r. Daraus folgt alles.

(ii) *Für eine abgeschlossene Menge $X \subseteq \mathbb{P}^n$, $X \neq \emptyset$ sind äquivalent:*
 (a) *X ist ein projektiver Unterraum von $\mathbb{P}^n$.*
 (b) *Der homogene Koordinatenring von X ist graduiert isomorph zu einer Polynomalgebra über $\mathbb{C}$.*

Beweis: (a) $\Rightarrow$ (b) ist klar wegen $c\mathbb{A}(X) \cong \mathbb{A}^{m+1}$ (vgl. A)).

(b) $\Rightarrow$ (a): Ist der homogene Koordinatenring $A = c\mathbb{A}(X)$ graduiert isomorph zu einem Polynomring $\mathbb{C}[w_0, \ldots, w_m]$, so gilt $\dim(X) = \dim(A) - 1 = m$, und der $\mathbb{C}$-Vektorraum A_1 hat die Dimension $m+1$. Wegen $\dim(\mathcal{O}(\mathbb{A}^{n+1})_1) = n+1$ und $A_1 = \mathcal{O}(\mathbb{A}^{n+1})_1 / I^+_{\mathbb{P}^n}(X)_1$ finden wir in $I^+_{\mathbb{P}^n}(X)_1$ mindestens $n-m$ linear unabhängige Elemente $l_1, \ldots, l_{n-m}$. Nach (i) ist $Y := V^+_{\mathbb{P}^n}(l_1, \ldots, l_{n-m}) \cong \mathbb{P}^m$ ein projektiver Unterraum von $\mathbb{P}^n$. Weil Y irreduzibel ist und wegen $Y \supseteq X$ folgt aus Dimensionsgründen $X = Y$.

C) Der Durchschnitt von projektiven Unterräumen ist offenbar wieder ein projektiver Unterraum. Ist $M \subseteq \mathbb{P}^n$ eine Menge, so kann man deshalb vom kleinsten projektiven Unterraum von $\mathbb{P}^n$ sprechen, der M enthält. Diesen Unterraum nennen wir den durch *M aufgespannten projektiven Unterraum* und bezeichnen ihn mit $\langle M \rangle$.

Sind X und $Y \subseteq \mathbb{P}^n$ zwei nichtleere projektive Unterräume von $\mathbb{P}^n$, so gilt offenbar $c\mathbb{A}(\langle X \cup Y \rangle) = \{\boldsymbol{c} + \boldsymbol{e} \mid \boldsymbol{c} \in c\mathbb{A}(X),\ \boldsymbol{e} \in c\mathbb{A}(Y)\}$. Deshalb folgt aus der Dimensionsformel der linearen Algebra

$$\text{(iii)} \qquad \dim(\langle X \cup Y \rangle) = \begin{cases} \dim(X) + \dim(Y) + 1, & \textit{falls } X \cap Y = \emptyset \\ \dim(X) + \dim(Y) - \dim(X \cap Y), & \textit{sonst} \end{cases}.$$

Offenbar ist dann $I^+_{\mathbb{P}^n}(X)_1 \cap I^+_{\mathbb{P}^n}(Y)_1$ gerade die Menge der auf X und auf Y verschwindenden linearen homogenen Polynome. Deshalb gilt für die ersten homogenen Teile der Verschwindungsideale

(iv) (a) $\langle X \cup Y \rangle = V^+_{\mathbb{P}^n}(I^+_{\mathbb{P}^n}(X)_1 \cap I^+_{\mathbb{P}^n}(Y)_1)$,
(b) $I^+_{\mathbb{P}^n}(\langle X \cup Y \rangle) = (I^+_{\mathbb{P}^n}(X)_1 \cap I^+_{\mathbb{P}^n}(Y)_1)$. ○

Wir beweisen jetzt ein Resultat über den Grad, das in Analogie steht zum Hauptsatz über die Multiplizität (und das aus diesem Satz folgt):

(19.6) **Satz:** *Sei $X \subseteq \mathbb{P}^n$ abgeschlossen und $\neq \emptyset$. Dann sind äquivalent:*

(i) *X ist ein projektiver Unterraum von $\mathbb{P}^n$.*

(ii) *Es gilt* Grad $(X) = 1$ *und X ist rein-dimensional.*

Beweis: (i) ⇒ (ii): Ist X ein projektiver Unterraum von $\mathbb{P}^n$, so ist der homogene Koordinatenring A von X nach (19.5) (ii) ein Polynomring über $\mathbb{C}$. Nach (15.16) und (19.2) (iii) erhalten wir Grad $(X) = e(A) = 1$. Weiter ist $X \cong \mathbb{P}^m$ irreduzibel, also rein-dimensional.

(ii) ⇒ (i): Nach (17.6) (v) ist $c\mathbb{A}(X)$ rein-dimensional in $\mathbf{0}$. Wegen $\mu_0(c\mathbb{A}(X)) =$ Grad $(X) = 1$ folgt aus dem Hauptsatz über die Multiplizität, dass $c\mathbb{A}(X)$ in $\mathbf{0}$ regulär ist. Nach (16.1) (vi) ist deshalb der graduierte Ring $Gr_0(c\mathbb{A}(X))$ ein Polynomring. Jetzt schliesst man mit (19.3) (iii) und (19.5) (ii). □

Das homogene Normalisationslemma, generische Projektionen. Wir wollen nun den Grad einer abgeschlossenen Menge $X \subseteq \mathbb{P}^n$ als den Grad eines geeigneten Morphismus $X \to \mathbb{P}^m$ beschreiben. Wir beginnen mit der Bereitstellung der dazu nötigen algebraischen Hilfsmittel:

(19.7) **Definition:** Sei k ein Körper und sei $A = k \oplus A_1 \oplus \ldots$ eine noethersche homogene k-Algebra der Dimension d. Ein System von d homogenen Elementen $x_1, \ldots, x_d \in A_1$ vom Grad 1 nennen wir ein *homogenes Parametersystem* von A, wenn die Elemente $x_1, \ldots, x_d$ ein irrelevantes Ideal erzeugen, d.h. wenn das Radikal $\sqrt{(x_1, \ldots, x_d)}$ mit dem homogenen Maximalideal $A_{\geq 1} = A_1 \oplus A_2 \oplus \ldots$ von A übereinstimmt. ○

(19.8) **Satz** (*Homogenes Normalisationslemma*): *Sei k ein Körper und sei $A = k \oplus A_1 \oplus A_2 \ldots$ eine noethersche homogene k-Algebra der Dimension d. Dann gilt:*

(i) *Ist k unendlich, so gibt es ein homogenes Parametersystem $x_1, \ldots, x_d \in A_1$.*

(ii) *Ist $x_1, \ldots, x_d \in A_1$ ein homogenes Parametersystem, so sind die Elemente $x_1, \ldots, x_d \in$ algebraisch unabhängig über k, und A ist eine endliche ganze Erweiterung von $k[x_1, \ldots, x_d]$.*

Beweis: (i) (Induktion nach $d=\dim(A)$): Für $d=0$ ist nichts zu zeigen. Sei also $d>0$. Wir finden dann einen Quasi-Nichtnullteiler $x_1\in A_1$ (vgl. (15.13) (vi)). x_1 vermeidet $\mathrm{Ass}_+(A)$, also minimalen Primoberideale von A. Deshalb gilt $\dim(A/x_1A)=d-1$ (vgl. (10.21)). Nach Induktion finden wir $d-1$ homogene Elemente $\bar{x}_2,\dots,\bar{x}_d\in(A/x_1A)_1$ mit der Eigenschaft $\sqrt{(\bar{x}_2,\dots,\bar{x}_d)}=(A/x_1A)_{\geqslant 1}$. Sind $x_2,\dots,x_d\in A_1$ Urbilder der Elemente $\bar{x}_2,\dots,\bar{x}_d$, so folgt $\sqrt{(x_1,\dots,x_d)}=A_{\geqslant 1}$.

(ii): Wegen $\sqrt{(x_1,\dots,x_d)}=A_{\geqslant 1}$ und weil $A_{\geqslant 1}$ endlich erzeugt ist, gibt es ein $r\in\mathbb{N}$ mit $A_{\geqslant r}=(A_{\geqslant 1})^r\subseteq(x_1,\dots,x_d)$. Ist $i\geqslant r$, so folgt $A_i=(x_1,\dots,x_d)_i=\sum_{j=1}^{d}x_jA_{i-1}$. Wiederholte Anwendung dieser Formel liefert $A_i=\sum_{\nu_1+\dots+\nu_d=r-1}x_1^{\nu_1}\dots x_d^{\nu_d}A_{r-1}$. Dies zeigt, dass A als Modul über $B:=k[x_1,\dots,x_d]$ durch $V:=k\oplus\dots\oplus A_{r-1}$ erzeugt wird. Ist $a_1,\dots,a_l$ eine k-Basis von V, so folgt $A=\sum_{j=1}^{l}Ba_j$. Also ist A eine endliche ganze Erweiterung von B. Insbesondere gilt deshalb $\dim(B)=\dim(A)=d$.

Sind $t_1,\dots,t_d$ Unbestimmte und ist $\pi:k[t_1,\dots,t_d]\to B$ der durch $t_i\mapsto x_i$ definierte Einsetzungshomomorphismus, so gilt $B\cong k[t_1,\dots,t_d]/\mathrm{Kern}(\pi)$, also $\dim(k[t_1,\dots,t_d]/\mathrm{Kern}(\pi))=d$. Daraus folgt $\mathrm{Kern}(\pi)=\{0\}$, und die Elemente $x_1,\dots,x_d$ werden algebraisch unabhängig über k. □

(19.9) **Definition und Bemerkungen:** A) Sei $X\subseteq\mathbb{P}^n$ abgeschlossen von der Dimension $m\geqslant 0$. Sei $A=\mathbb{C}\oplus A_1\oplus\dots=\mathcal{O}(c\mathbb{A}(X))$ der homogene Koordinatenring von X. Wegen $\dim(A)=m+1$ (vgl. (17.18)′) finden wir nach (19.8)(i) ein homogenes Parametersystem

$$x_0,\dots,x_m\in A_1=\mathcal{O}(c\mathbb{A}(X))_1,\quad m=\dim(X).$$

Nach (19.8) (ii) können wir $B=\mathbb{C}[x_0,\dots,x_m]$ als Polynomring in den Unbestimmten $x_0,\dots,x_m$ auffassen, d.h. als den homogenen Koordinatenring $\mathcal{O}(c\mathbb{A}(\mathbb{P}^m))$ eines projektiven Raumes $\mathbb{P}^m$. Die Inklusionsabbildung

$$\varepsilon:\mathcal{O}(c\mathbb{A}(\mathbb{P}^m))=B\to A=\mathcal{O}(c\mathbb{A}(X))$$

ist graduiert und A ist ganz über B. Deshalb induziert ε einen endlichen Morphismus von Kegeln (vgl. (16.8) (v)):

(i) $$f:c\mathbb{A}(X)\to c\mathbb{A}(\mathbb{P}^m),\quad (c\mapsto(x_0(c),\dots,x_m(c))).$$

Schliesslich induziert f einen endlichen Morphismus (vgl. (18.23)).

(ii) $\tilde{f}: X \to \mathbb{P}^m$, $((c_0 : \ldots : c_n) \xrightarrow{\ \tilde{f}\ } (x_0(c) : \ldots : x_m(c))$.

Diesen endlichen Morphismus $\tilde{f}: X \to \mathbb{P}^n$ nennen wir die *durch das homogene Parametersystem* $x_0, \ldots, x_m \in A$ *vermittelte generische Projektion*. Jeden Morphismus $X \to \mathbb{P}^m$ der auf diese Weise definiert wird, nennen wir eine *generische Projektion*.

B) Wir wollen die soeben eingeführten generischen Projektionen anders beschreiben! Dazu halten wir die obige Bezeichnung fest. Weiter wollen wir vorerst annehmen, es sei $X \subsetneqq \mathbb{P}^n$, d.h. $m < n$. Wir schreiben $\mathcal{O}(\mathbb{A}^{n+1}) = \mathbb{C}\,[z_0, \ldots, z_n]$ und wählen $w_0, \ldots, w_m \in \mathcal{O}(\mathbb{A}^{n+1})_1$ derart, dass $w_i \lceil c\mathbb{A}(X) = x_i \in \mathcal{O}(c\mathbb{A}(X)) = A$.

Durch geeignete Elemente $w_j \in \mathcal{O}(\mathbb{A}^{n+1})_1$ ergänzen wir $w_0, \ldots, w_m$ zu einer Basis $w_0, \ldots, w_m, w_{m+1}, \ldots, w_n$ von $\mathcal{O}(\mathbb{A}^{n+1})_1$. Wir können dann schreiben $\mathcal{O}(\mathbb{A}^{n+1}) = \mathbb{C}\,[w_0, \ldots, w_n]$ und die w_i als homogene Koordinatenfunktionen auf $\mathbb{P}^n$ einführen (vgl. Bew. (19.5) (i)).

Nach (19.5) (i) sind

(iii) $\mathbb{P}^{n-m-1} := V^+_{\mathbb{P}^n}(w_0, \ldots, w_m)$, $V^+_{\mathbb{P}^n}(w_{m+1}, \ldots, w_n)$ $(m = \dim (X))$

zwei disjunkte projektive Unterräume von $\mathbb{P}^n$.

Durch die Zuordnung $(w_0 : \ldots : w_m : 0 : \ldots : 0) \leftrightarrow (w_0 : \ldots : w_m)$ können wir $V^+_{\mathbb{P}^n}(w_{m+1}, \ldots, w_n)$ kanonisch als den projektiven Raum $\mathbb{P}^m$ (mit den Koordinatenfunktionen $w_0, \ldots, w_m$) auffassen. Durch $(w_0 : \ldots : w_n) \mapsto (w_0 : \ldots : w_m)$ wird dann ein surjektiver Morphismus

(iv) $pr : \mathbb{P}^n - \mathbb{P}^{n-m-1} \to \mathbb{P}^m \subseteq \mathbb{P}^n$

definiert. Dieser heisst die *Projektion mit dem Zentrum* $\mathbb{P}^{n-m-1}$ *auf den Unterraum* $\mathbb{P}^m$ oder die *Projektion aus* $\mathbb{P}^{n-m-1}$ *auf* $\mathbb{P}^m$.

Nach Wahl unserer Elemente w_i ist $\sqrt{I^+_{\mathbb{P}^n}(X) + (w_0, \ldots, w_m)} = \mathcal{O}(\mathbb{A}^{n+1})_{\geqslant 1}$, also $X \cap V^+_{\mathbb{P}^n}(w_0, \ldots, w_m) \subseteq V^+_{\mathbb{P}^n}(\mathcal{O}(\mathbb{A}^{n+1})_{\geqslant 1}) = \emptyset$. Wir können also schreiben

(v) $X \cap \mathbb{P}^{n-m-1} = \emptyset$.

Ist $(c_0 : \ldots : c_n) \in X$ (dargestellt bezüglich der Koordination z_j), so gilt $pr(c_0 : \ldots : c_n) = (w_0(\mathbf{c}) : \ldots : w_m(\mathbf{c})) = (x_0(\mathbf{c}) : \ldots : x_m(\mathbf{c})) = \tilde{f}(c_0 : \ldots : c_n)$. Es besteht also das Diagramm:

$$\text{(vi)} \qquad \begin{array}{ccc} X & \xrightarrow{\ \tilde{f}\ } & \mathbb{P}^m \\ & \searrow \ \circlearrowleft \ \nearrow_{pr} & \\ & \mathbb{P}^n - \mathbb{P}^{n-m-1} & \end{array}$$

Die generische Projektion $\tilde{f}$ ist also die (Einschränkung der) Projektion aus dem zu X disjunkten Zentrum $\mathbb{P}^{n-m-1}$. Ist umgekehrt eine Projektion $pr : \mathbb{P}^n - \mathbb{P}^{n-m-1} \to \mathbb{P}^m$ mit zu X disjunktem Zentrum $\mathbb{P}^{n-m-1} = V^+_{\mathbb{P}^n}(v_0, \ldots, v_m)$ gegeben ($w_j \in \mathcal{O}(\mathbb{A}^{n+1})_1$), so gilt $\sqrt{I^+_{\mathbb{P}^n}(X) + (v_0, \ldots, v_m)} = \mathcal{O}(\mathbb{A}^{n+1})_{\geqslant 1}$.

$$y_0 := v_0 \upharpoonright c\mathbb{A}(X), \ldots, y_m := v_m \upharpoonright c\mathbb{A}(X) \in A$$

bilden deshalb ein homogenes Parametersystem in A. Leicht sieht man jetzt, dass für die durch dieses Parametersystem induzierte generische Projektion wieder das Diagramm (vi) besteht.

Also können wir (falls $m < n$) sagen:

(vii) *Die generischen Projektionen $\tilde{f} : X \to \mathbb{P}^m$ entsprechen genau den Projektionen von X aus zu X disjunkten Zentren $\mathbb{P}^{n-m-1}$. Definieren wir die Projektion aus dem Zentrum $\emptyset$ als $id_{\mathbb{P}^n}$, so bleibt* (vii) *auch im Fall $m = n$ richtig.*

C) Wir wollen jetzt die Projektionen aus Unterräumen, und damit die generischen Projektionen, noch anders beschreiben. Wir halten die obigen Bezeichnungen fest. Sei $p \in \mathbb{P}^n - \mathbb{P}^{n-m-1}$. Der von p und dem Projektionszentrum $\mathbb{P}^{n-m-1}$ aufgespannte projektive Raum $\langle\{p\} \cup \mathbb{P}^{n-m-1}\rangle$ hat nach (19.5) (iii) die Dimension $n-m$. Wir bezeichnen ihn deshalb mit $\mathbb{P}^{n-m}(p)$. (Natürlich nehmen wir wieder an, es sei $n > m$.) Eine Linearform $l(w_0, \ldots, w_n) \in \mathcal{O}(\mathbb{A}^{n+1})_1$ verschwindet offenbar genau dann auf dem Bildpunkt $pr(p)$, wenn

$$h := l(w_0, \ldots, w_m, 0, \ldots, 0)$$

auf p verschwindet, d.h. wenn h auf $\mathbb{P}^{n-m}(p)$ verschwindet. Weil $l-h$ auf $V^+_{\mathbb{P}^n}(w_{m+1}, \ldots, w_n) = \mathbb{P}^m$ verschwindet folgt $\{pr(p)\} = \mathbb{P}^{n-m}(p) \cap \mathbb{P}^m$. Also:

(iix) *Das Bild $pr(p)$ eines Punktes $p \in \mathbb{P}^n - \mathbb{P}^{n-m-1}$ bei der Projektion aus dem Zentrum $\mathbb{P}^{n-m-1}$ ist der einzige Schnittpunkt des von p und dem Zentrum aufgespannten Raumes $\mathbb{P}^{n-m}(p)$ mit dem Bildraum $\mathbb{P}^m$ der Projektion.*

Ist etwa $m = n-1$, so ist das Projektionszentrum $\mathbb{P}^0$ ein Punkt, $\mathbb{P}^1(p)$ die Gerade durch p und das Zentrum $\mathbb{P}^0$ und $pr(p)$ der Schnittpunkt dieser Geraden mit dem

Bildraum $\mathbb{P}^{n-1}$. pr ist in diesem Fall also das, was wir uns unter einer Projektion aus dem Zentrum $\mathbb{P}^0$ anschaulich vorstellen.

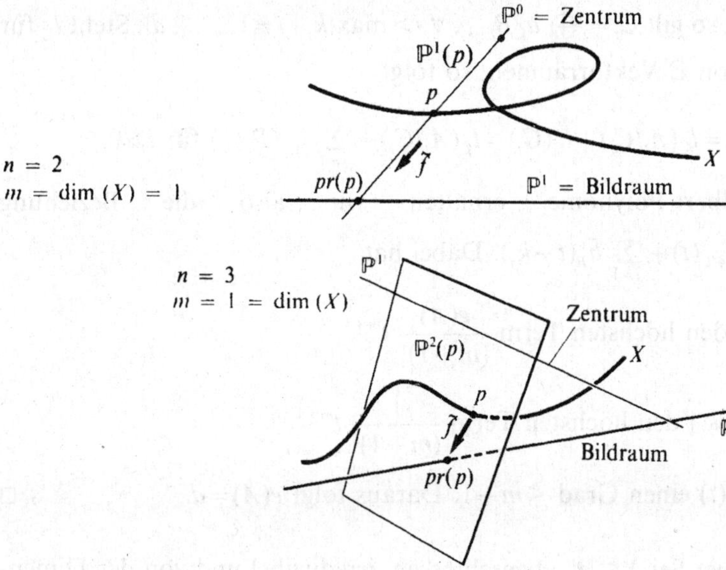

○

Grad und generische Projektionen. Jetzt kommen wir zur angekündigten Charakterisierung des Grades:

(19.9) **Satz** (*Hauptsatz über generische Projektionen*): *Sei* $X \subseteq \mathbb{P}^n$ *eine abgeschlossene, irreduzible Menge. Sei* $\tilde{f}: X \to \mathbb{P}^m$ *eine generische Projektion. Dann gilt* $\dim(X) = m$, $\mathrm{Grad}(X) = \mathrm{Grad}(\tilde{f})$.

Beweis: Die Aussage über $\dim(X)$ folgt nach Definition. Zum Nachweis der Aussage über den Grad schreiben wir $A = \mathbb{C} \oplus A_1 \ldots$ für den homogenen Koordinatenring von X. Weil X irreduzibel ist, ist A integer. Weiter nehmen wir an, $\tilde{f}$ sei durch das homogene Parametersystem $x_0, \ldots, x_m \in A_1$ induziert, d.h. durch den Morphismus $f: c\mathbb{A}(X) \to \mathbb{A}^{m+1}$ von Kegeln, der durch die Inklusionsabbildung $\mathcal{O}(\mathbb{A}^{m+1}) = B := \mathbb{C}[x_0, \ldots, x_m] \hookrightarrow A = \mathcal{O}(c\mathbb{A}(X))$ definiert wird. Insbesondere ist der Körpergrad $[\mathrm{Quot}(A) : \mathrm{Quot}(B)] =: d$ gerade der Grad von f (s. (18.24)). Es genügt also zu zeigen, dass die Multiplizität $e(A)$ des graduierten Ringes A gerade mit d übereinstimmt (19.3) (iii). Zur Berechnung von $e(A)$ können wir dabei A offenbar als graduierten B-Modul auffassen.

Sei $S = B - \{0\}$. Dann ist $L := \mathrm{Quot}(A) = S^{-1}A = S^{-1}(\mathrm{Quot}^+(B))$. Deshalb finden wir homogene Elemente $a_1, \ldots, a_d \in A$, welche eine Basis von L über $K := \mathrm{Quot}(B)$ bilden. $C = \sum_{j=1}^{d} B\, a_j$ ist dann ein graduierter B-Untermodul von A. Jedes Element aus $A \subseteq L$ ist ein Bruch mit Zähler in C und Nenner in S. Weiter ist A endlich erzeugt über B, also auch über C. Deshalb finden wir ein

$b \in S$ mit $bA \subseteq C$. Der B-Modul A/C hat deshalb einen von $\{0\}$ verschiedenen Annulator, d.h. eine Dimension $< \dim(B) = \dim(A) = m+1$.

Ist $k_j = \text{Grad}(a_j)$, so gilt $C_i = \bigoplus_{j=1}^{d} a_j B_{i-k_j}$, $\forall\, i > \max\{k_j \mid j = 1, \ldots, d\}$. Steht $l_{\mathbb{C}}$ für die Dimension von $\mathbb{C}$-Vektorräumen, so folgt

$$l_{\mathbb{C}}(A_i) = l_{\mathbb{C}}(A_i/C_i) + l_{\mathbb{C}}(C_i) = l_{\mathbb{C}}(A_i/C_i) + \sum_{j=1}^{d} l_{\mathbb{C}}(B_{i-k_j}) \text{ für } i \gg 0.$$

Für die Hilbert-Polynome erhalten wir also die Beziehung $\bar{h}_A(t) = \text{const.} + \bar{h}_{A/C}(t) + \sum_{j=1}^{d} \bar{h}_B(t-k_j)$. Dabei hat

$$\bar{h}_A(t) \text{ den höchsten Term } \frac{e(A)}{(m+1)!}\, t^{m+1},$$

$$\bar{h}_B(t-k_j) \text{ den höchsten Term } \frac{1}{(m+1)!}\, t^{m+1}$$

und const. $+\bar{h}_{A/C}(t)$ einen Grad $< m+1$. Daraus folgt $e(A) = d$. □

(19.10) **Bemerkung:** Sei $X \subseteq \mathbb{P}^n$ abgeschlossen, irreduzibel und von der Dimension $m < n$. Wir wählen einen zu X disjunkten projektiven Unterraum $\mathbb{P}^{n-n-1} \subseteq \mathbb{P}^n$ und einen zweiten projektiven Unterraum $\mathbb{P}^m \subseteq \mathbb{P}^n$, der $\mathbb{P}^{n-m-1}$ nicht trifft. Ist $q \in \mathbb{P}^m$, so schreiben wir $\mathbb{P}^{n-m}(q)$ für den durch q und $\mathbb{P}^{n-m-1}$ aufgespannten Unterraum $\langle \{q\} \cup \mathbb{P}^{n-m-1} \rangle$. $X \cap \mathbb{P}^{n-m}(q)$ ist nach (19.8) gerade die Faser $\tilde{f}^{-1}(q)$ unter der generischen Projektion $\tilde{f}: X \to \mathbb{P}^m$ mit dem Zentrum $\mathbb{P}^{n-m-1}$. Weil $\mathbb{P}^m$ normal ist, folgt aus (12.11) (ii) und (19.9) sofort $1 \leq \# X \cap \mathbb{P}^{n-m}(q) \leq \text{Grad}(X)$. Dabei gilt fast immer $\mathbb{P}^{n-m}(q) = \text{Grad}(X)$, nämlich sobald q den Verzweigungsort von $\tilde{f}$ vermeidet. Also hat X mit einem generischen projektiven Unterraum $\mathbb{P}^{n-m} \supseteq \mathbb{P}^{n-m-1}$ von $\mathbb{P}^n$ genau Grad (X) Schnittpunkte. ○

(19.11) **Beispiele:** A) Sei $X \subseteq \mathbb{P}^n$ abgeschlossen und von der Dimension $m \geq 0$. Sei $r \in \mathbb{N}$ und sei $X^{(r)} \subseteq \mathbb{P}^{\binom{n+r}{r}-1}$ die r-te Veronese-Transformierte. Ist $A = \mathbb{C} \oplus A_1 \oplus A_2 \ldots$ der homogene Koordinatenring von X, so ist der r-te Veronese-Unterring $A^{(r)} = \mathbb{C} \oplus A_r \oplus A_{2r} \ldots$ der homogene Koordinatenring von $X^{(r)}$. Im Hinblick auf (19.2) (iv) können wir jetzt schreiben $\Delta \bar{h}_{A^{(r)}}(t) = \Delta \bar{h}_A(rt)$ und erhalten so Grad $(X^{(r)}) = r^m$ Grad (X).

B) Sei $X \subseteq \mathbb{A}^2$ eine ebene irreduzible Kurve vom Grad d. Sei $\bar{X} \subseteq \mathbb{P}^2$ der projektive Abschluss von X. $\bar{X}$ ist dann ebenfalls eine irreduzible Kurve vom Grad d (vgl. (19.1) (iii)). Sei $H \subseteq \mathbb{A}^2$ eine Gerade, in deren Richtung X vollständig ist. Dann gehört der Fernpunkt ∞ des projektiven Abschlusses $\bar{H}$ von H nicht zu $\bar{X}$. Eine Gerade $L \subseteq \mathbb{A}^2$ ist genau dann parallel zu H, wenn ihr projektiver

Abschluss $\overline{L}$ den Punkt ∞ trifft. Sei $G \subseteq \mathbb{A}^2$ eine nicht zu H parallele Gerade. Die Projektion $pr: \mathbb{P}^2 - \{\infty\} \to \overline{G} = \mathbb{P}^1$ aus dem Punkt ∞ wird in $\mathbb{A}^2$ als Parallelprojektion $\mathbb{A}^2 \to G$ in Richtung H sichtbar. Insbesondere sieht man, dass $\# X \cap L = d$ für alle Geraden $L \parallel H$ bis auf eventuell endlich viele Ausnahmen (vgl. (19.10)). Dabei gilt $\# X \cap L < d$ genau dann, wenn L Tangente ist an X oder wenn L die Kurve X in einer Singularität trifft (vgl. (4.17)).

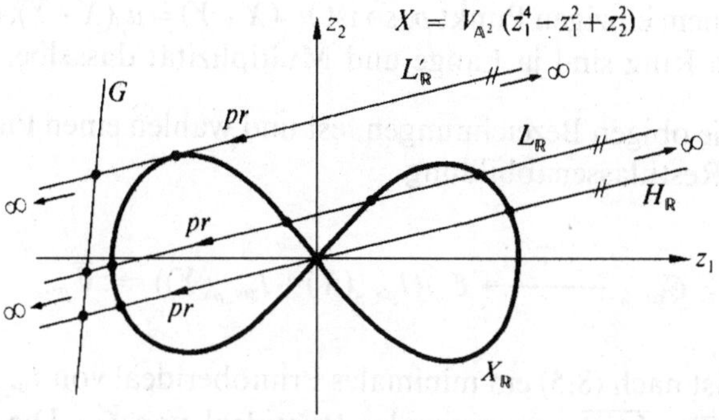

○

Der Begriff der Schnittvielfachheit. Wir haben in Abschnitt 4 die Schnittvielfachheit $\mu_p(X \cdot L)$ einer affinen Hyperfläche X mit einer Geraden L in einem Punkt $p \in X \cap L$ definiert. Wir wollen jetzt dieses Konzept verallgemeinern. Wünschenswert wäre es, für zwei beliebige abgeschlossene Mengen $X, Y \subseteq \mathbb{P}^n$ und eine irreduzible Komponente Z von $X \cap Y$ die Schnittvielfachheit $\mu_z(X \cdot Y)$ von X und Y in Z zu definieren. Ein derart allgemeiner Zugang wäre allerdings mit beträchtlichem Aufwand verbunden. Wir beschränken uns deshalb auf den Fall, wo lediglich die Gerade L durch eine beliebige abgeschlossene Menge ersetzt wird, X aber weiterhin eine Hyperfläche ist.

(19.12) **Definitionen und Bemerkungen:** A) Sei $X \subseteq \mathbb{P}^n$ eine abgeschlossene Hyperfläche und $Y \subseteq \mathbb{P}^n$ eine beliebige abgeschlossene Menge, die X trifft und mit X keine irreduzible Komponente gemeinsam hat. Ist $p \in X \cap Y$, so definieren wir die *Schnittvielfachheit $\mu_p(X \cdot Y)$ von X und Y in p* als die Multiplizität des lokalen Ringes $\mathcal{O}_{\mathbb{P}^n,p}/(I_{\mathbb{P}^n,p}(X) + I_{\mathbb{P}^n,p}(Y))$, wobei $I_{\mathbb{P}^n,p}(X), I_{\mathbb{P}^n,p}(Y) \subseteq \mathcal{O}_{\mathbb{P}^n,p}$ für die lokalen Verschwindungsideale steht. Also:

(i) $$\mu_p(X \cdot Y) := m(\mathcal{O}_{\mathbb{P}^n,p}/(I_{\mathbb{P}^n,p}(X) + I_{\mathbb{P}^n,p}(Y))).$$

B) Wir halten die Bezeichnungen von A) fest und wählen eine irreduzible Komponente Z von $X \cap Y$. Jetzt betrachten wir den lokalen Ring $\mathcal{O}_{\mathbb{P}^n,Z}$ von $\mathbb{P}^n$ in Z (vgl. (18.21)′ (i)). Das Maximalideal $\mathfrak{m}_{\mathbb{P}^n,Z}$ von $\mathcal{O}_{\mathbb{P}^n,Z}$ ist dann gemäss (18.21)′ (v) (b) ein minimales Primoberideal von $I_{\mathbb{P}^n,Z}(X) + I_{\mathbb{P}^n,Z}(Y)$. Der Restklassenring $\mathcal{O}_{\mathbb{P}^n,Z}/(I_{\mathbb{P}^n,Z}(X) + I_{\mathbb{P}^n,Z}(Y))$ ist also ein noetherscher lokaler Ring der

Dimension 0, d.h. von endlicher Länge. Diese Länge definieren wir als die *Schnittvielfachheit* $\mu_Z(X \cdot Y)$ *von* X *und* Y *längs der irreduziblen Komponente* Z von $X \cap Y$, also:

(ii) $$\mu_Z(X \cdot Y) := l(\mathcal{O}_{\mathbb{P}^n, Z}/(I_{\mathbb{P}^n, Z}(X) + I_{\mathbb{P}^n, Z}(Y)).$$

Besteht Z aus einem einzigen Punkt p, so ist $\mu_Z(X \cdot Y) = \mu_p(X \cdot Y)$, denn für einen 0-dimensionalen Ring sind ja Länge und Multiplizität dasselbe.

C) Wir halten die obigen Bezeichnungen fest und wählen einen Punkt $p \in Z$. Wir betrachten die Restklassenabbildung

(iii) $$\mathcal{O}_p = \mathcal{O}_{\mathbb{P}^n, p} \xrightarrow{\ \overline{\cdot}\ } \mathcal{O}_p/(I_{\mathbb{P}^n, p}(X) + I_{\mathbb{P}^n, p}(Y)) =: \overline{\mathcal{O}}_p.$$

$I_p(Z) = I_{\mathbb{P}^n, p}(Z)$ ist nach (8.5) ein minimales Primoberideal von $I_{\mathbb{P}^n, p}(X) + I_{\mathbb{P}^n, p}(Y)$. Deshalb ist $\overline{I}_p(Z) = \overline{I_p(Z)}$ ein minimales Primideal von $\overline{\mathcal{O}}_p$. Die Lokalisierung $(\overline{\mathcal{O}}_p)_{\overline{I}_p(Z)}$ ist deshalb 0-dimensional, d.h. von endlicher Länge. Dabei gilt

(iv) $$\mu_Z(X \cdot Y) = l((\overline{\mathcal{O}}_p)_{\overline{I}_p(Z)}), \quad (p \in Z).$$

Beweis: Nach (18.21)′ (iv) gilt $\mathcal{O}_{\mathbb{P}^n, Z} = (\mathcal{O}_p)_{I_p(Z)}$ und $I_{\mathbb{P}^n, Z}(X) + I_{\mathbb{P}^n, Z}(Y) = (I_{\mathbb{P}^n, p}(X) + I_{\mathbb{P}^n, p}(Y))_{I_p(Z)}$. Deshalb besteht ein Isomorphismus

$$\mathcal{O}_{\mathbb{P}^n, Z}/(I_{\mathbb{P}^n, Z}(X) + I_{\mathbb{P}^n, Z}(Y)) \cong (\overline{\mathcal{O}}_p)_{\overline{I}_p(Z)}.$$

D) Wir wollen noch eine weitere Beschreibung von $\mu_Z(X \cdot Y)$ geben. Dazu betrachten wir den homogenen Koordinatenring $A = \mathcal{O}(\mathbb{A}^{n+1}) = \mathbb{C}[z_0, \ldots, z_n]$ von $\mathbb{P}^n$ und die Restklassenabbildung

(v) $$A \xrightarrow{\ \overline{\cdot}\ } A/(I^+_{\mathbb{P}^n}(X) + I^+_{\mathbb{P}^n}(Y)) =: \overline{A}.$$

Nach dem homogenen Nullstellensatz ist $I^+_{\mathbb{P}^n}(Z)$ ein minimales Primoberideal von $I^+_{\mathbb{P}^n}(X) + I^+_{\mathbb{P}^n}(Y)$, also $\overline{I}^+(Z) := \overline{I^+_{\mathbb{P}^n}(Z)}$ ein minimales Primideal von $\overline{A}$. $\overline{A}_{\overline{I}^+(Z)}$ ist also ein noetherscher 0-dimensionaler Ring, d.h. von endlicher Länge. Wir behaupten:

(vi) $$\mu_Z(X \cdot Y) = l(\overline{A}_{\overline{I}^+(Z)}).$$

Beweis: Sei t eine Unbestimmte und sei $s \in A - I^+_{\mathbb{P}^n}(Z)$ homogen vom Grad 1. Nach (18.21)′ (vii) können wir schreiben $\mathcal{O}_{\mathbb{P}^n, Z}[t]_{\mathfrak{m}_{\mathbb{P}^n, Z}[t]} \cong A_{I^+_{\mathbb{P}^n}(Z)}$ und vermöge dieses Isomorphismus $(I_{\mathbb{P}^n,Z}(X)+I_{\mathbb{P}^n,Z}(Y))_{\mathfrak{m}_{X,Z}}$ mit $(I^+_{\mathbb{P}^n}(X)+I^+_{\mathbb{P}^n}(Y))_{I^+_{\mathbb{P}^n}(Z)}$ idendifizieren. Wir betrachten die Restklassenabbildung

$$\mathcal{O}_{\mathbb{P}^n,Z} \xrightarrow{\;\bar{\cdot}\;} \mathcal{O}_{\mathbb{P}^n,Z}/(I_{\mathbb{P}^n,Z}(X)+I_{\mathbb{P}^n,Z}(Y)) =: \overline{\mathcal{O}}_{\mathbb{P}^n,Z}$$

und erhalten so $\overline{\mathcal{O}}_{\mathbb{P}^n,Z}[t]_{\mathfrak{m}_{\mathbb{P}^n,Z}[t]} \cong \overline{A}I^+_{\mathbb{P}^n(Z)}$. Wir setzen $B=\overline{\mathcal{O}}_{\mathbb{P}^n,Z}$, $\mathfrak{n}=\overline{\mathfrak{m}}_{\mathbb{P}^n,Z}$. Es bleibt das folgende, allgemeine Resultat zu zeigen:

(vii) *Ist* $(B,\mathfrak{n})$ *ein noetherscher lokaler Ring der Dimension* 0, *und ist* t *eine Unbestimmte, so gilt* $l(B[t]_{\mathfrak{n}[t]})=l(B)$.

Beweis: (Induktion nach $l(B)$): Ist $l(B)=1$, so ist $\mathfrak{n}=0$ und B ein Körper. $B[t]_{\mathfrak{n}[t]}$ ist dann ebenfalls ein Körper, also von der Länge 1. Ist $l(B)>1$, so wählen wir ein Ideal $I\subseteq B$ der Länge 1. B/I und $B/I[t]_{\mathfrak{n}/I[t]}\cong B[t]_{\mathfrak{n}[t]}/I[t]_{\mathfrak{n}[t]}$ haben dann nach Induktion beide die Länge $l(B)-1$. Es genügt also zu zeigen, dass das Ideal $I[t]_{\mathfrak{n}[t]}$ die Länge 1 hat. Wegen $l(I)=1$ ist I ein von $\mathfrak{n}$ annuliertes Hauptideal $\neq 0$. $I[t]_{\mathfrak{n}[t]}$ ist deshalb ein von $\mathfrak{n}[t]_{\mathfrak{n}[t]}$ annullliertes Hauptideal $\neq 0$, also von der Länge 1.

E) Um den Zusammenhang zwischen der Schnittvielfachheit in Punkten und längs Komponenten herzustellen, halten wir fest:

(iix) *Ist* $p\in X\cap Y$ *und sind* $Z_1,\ldots,Z_r$ *die durch* p *laufenden irreduziblen Komponenten maximaler Dimension, so gilt* $\mu_p(X\cdot Y) = \sum_{i=1}^{r} \mu_p(Z_i)\,\mu_{Z_i}(X\cdot Y)$.

Beweis: Die Ideale $\bar{I}_p(Z_i)$ sind nach dem in B) Gesagten genau die minimalen Primideale maximaler Dimension von $\overline{\mathcal{O}}_p$. Jetzt schliesst man mit (16.4) wegen $\mu_p(X\cdot Y)=m(\overline{\mathcal{O}}_p)$, $\mu_p(Z_i)=m(\overline{\mathcal{O}}_p/\bar{I}_p(Z_i))$ und $\mu_{Z_i}(X\cdot Y)=l((\overline{\mathcal{O}}_p)_{\bar{I}_p(Z_i)})$.

Ist Z eine irreduzible Komponente von $X\cap Y$, so folgt aus (iv), dass $\mu_p(X\cdot Y)$ für alle p, die zur dichten offenen Teilmenge $\operatorname{Reg}(X\cap Y)\cap Z$ von Z gehören, den Wert $\mu_Z(X\cdot Y)$ annimmt. Wie bei der Vielfachheit der Komponenten des Tangentialkegels können wir also sagen:

(ix) $\mu_Z(X\cdot Y)$ *ist der generische Wert von* $\mu_p(X\cdot Y)$ *für* $p\in Z$.

F) Wir halten die obigen Bezeichnungen fest und wählen $p\in X\cap Y$. Wir können dann schreiben $I_{\mathbb{P}^n,p}(X)=(h_p)$, wo $h\in\kappa(\mathbb{P}^n)$ in einer offenen Umgebung U von p definiert ist. Schreiben wir h'_p für die Einschränkung $(h\restriction U\cap Y)_p\in\mathcal{O}_{Y,p}$ des Keimes h_p, so gilt $\overline{\mathcal{O}}_p=\mathcal{O}_{Y,p}/(h'_p)$. Wir können also sagen:

(x) $\mu_p(X\cdot Y) = m(\mathcal{O}_{Y,p}/(h'_p))$.

Weil in einem regulären lokalen Ring die Ordnung $\nu(a)$ eines Elements mit der Multiplizität des Restklassenringes nach diesem Element übereinstimmt (vgl. (15.24), können wir also sagen

$$(x)' \qquad p \in X \cap \operatorname{Reg}(Y) \Rightarrow \mu_p(X \cdot Y) = \nu(h'_p).$$

Damit wird $\mu_p(X \cdot Y)$ zu einem Mass dafür, wie stark sich die Hyperfläche X in p an Y anschmiegt.

Für die beiden Tangentialräume $T_p(X)$, $T_p(Y) \subseteq T_p(\mathbb{P}^n)$ gilt nach (13.10):

$$T_p(X) = (\mathfrak{m}_{X,p}/\mathfrak{m}^2_{X,p})^* = (\mathfrak{m}_{\mathbb{P}^n,p}/(\mathfrak{m}^2_{\mathbb{P}^n,p} + I_{\mathbb{P}^n,p}(X)))^* = (\mathfrak{m}_{\mathbb{P}^n,p}/(\mathfrak{m}^2_{\mathbb{P}^n,p} + (h_p))^*,$$

$$T_p(Y) = (\mathfrak{m}_{Y,p}/\mathfrak{m}^2_{Y,p})^* = (\mathfrak{m}_{\mathbb{P}^n,p}/(\mathfrak{m}^2_{\mathbb{P}^n,p} + I_{\mathbb{P}^n,p}(Y)))^*.$$

$T_p(Y) \subseteq T_p(X)$ ist deshalb gleichbedeutend mit $\mathfrak{m}^2_{\mathbb{P}^n,p} + (h_p) \subseteq \mathfrak{m}^2_{\mathbb{P}^n,p} + I_{\mathbb{P}^n,p}(Y)$, d.h. mit $h_p \in \mathfrak{m}^2_{\mathbb{P}^n,p} + I_{\mathbb{P}^n,p}(Y)$, also mit $h'_p \in \mathfrak{m}^2_{Y,p}$, d.h. mit $\nu(h'_p) > 1$. Im Hinblick auf (x)′ folgt:

$$(xi) \qquad \mu_p(X \cdot Y) = 1 \Leftrightarrow T_p(Y) \nsubseteq T_p(X), \qquad (\forall\, p \in X \cap \operatorname{Reg}(Y)).$$

Unter der Voraussetzung, dass p in Y regulär ist, bedeutet $\mu_p(X \cdot Y) = 1$ also gerade, dass sich X und Y in p *transversal* schneiden. (Man kann dies als Definition des transversalen Schneidens betrachten.)

Die folgende Figur soll das bisher Gesagte veranschaulichen.

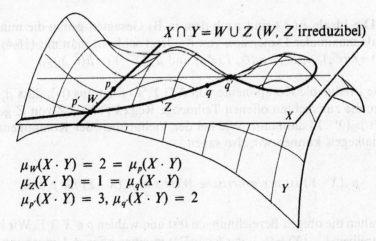

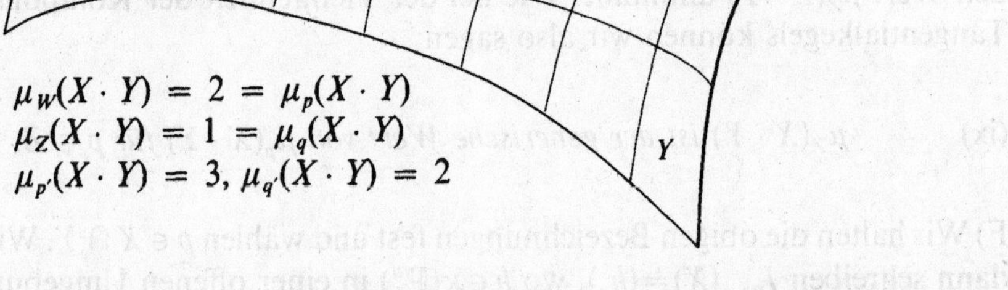

$$\mu_W(X \cdot Y) = 2 = \mu_p(X \cdot Y)$$
$$\mu_Z(X \cdot Y) = 1 = \mu_q(X \cdot Y)$$
$$\mu_{p'}(X \cdot Y) = 3,\ \mu_{q'}(X \cdot Y) = 2$$

G) Sei $X \subseteq \mathbb{A}^n$ eine affine Hyperfläche und sei $L \subsetneq \mathbb{A}^n$ eine Gerade mit $L \nsubseteq X$. Wir können schreiben $I_{\mathbb{A}^n}(X) = (h)$, wobei $h \in \mathcal{O}(\mathbb{A}^n)$. Ist $p \in X \cap L$ und sind $\overline{X}, \overline{L} \subseteq \mathbb{P}^n$ die projektiven Abschlüsse von X und L, so gilt nach (vi)′ die Gleichung $\mu_p(\overline{X} \cdot \overline{L}) = \nu(h'_p)$, wobei $h' = h \upharpoonright L \in \mathcal{O}(L)$. Dabei ist $\nu(h'_p)$ die Verschwindungsordnung von h' an der Stelle p (vgl. (16.1)) und stimmt deshalb mit der in Abschnitt 4 definierten Schnittvielfachheit $\mu_p(X \cdot L)$ überein:

$$\text{(xii)} \qquad \mu_p(\overline{X} \cdot \overline{L}) = \mu_p(X \cdot L).$$

Ist X nicht vollständig in Richtung L, so besitzen $\overline{X}$ und $\overline{L}$ genau einen gemeinsamen Fernpunkt $\overline{p}$ (vgl. (17.8) (iii)). Unter Verwendung von (17.15) sieht man leicht:

$$\text{(iix)}' \qquad \mu_{\overline{p}}(\overline{X} \cdot \overline{L}) = \mu_{\infty}(X \cdot L),$$

wobei der rechtsstehende Ausdruck gemäss (4.12) definiert ist. Damit ist der Zusammenhang zwischen dem in Kapitel I und dem jetzt definierten Begriff der Schnittvielfachheit hergestellt.

H) Oft ist es nützlich, die folgende ergänzende Festsetzung zu (i) zu machen:

$$\text{(xiii)} \qquad p \notin X \cap Y \Rightarrow \mu_p(X \cdot Y) := 0.$$

Natürlich gilt auch in diesem Fall die Formel (i).

Praktisch ist die obige Festsetzung etwa in den Formeln

$$\text{(xiv)} \qquad \sum_{p \in X \cap Y} \mu_p(X \cdot Y) = \sum_{p \in X} \mu_p(X \cdot Y) = \sum_{p \in Y} \mu_p(X \cdot Y) = \sum_{p \in \mathbb{P}^n} \mu_p(X \cdot Y). \quad \circ$$

Der Zusammenhang zwischen Grad und Schnittvielfachheit. Wir wollen uns jetzt der Untersuchung der Schnittvielfachheit zuwenden. Zuerst beweisen wir allerdings zwei Hilfsresultate.

(19.13) **Lemma:** *Sei k ein unendlicher Körper, sei $A = \bigoplus_{i \geq 0} A_i$ eine noethersche homogene k-Algebra und sei $M = \bigoplus_i M_i$ ein endlich erzeugter graduierter A-Modul der Dimension > 1. Sei $v \in \mathbb{N}$ und sei $x \in A_v \cap NNT_+(M)$. Dann ist $e(M/xM) = v\, e(M)$.*

Beweis: Steht l_k für die Dimension von k-Vektorräumen, so gilt

$l_k((M/xM)_n) = l_k(M_n) - l_k(M_{n-v})$ für alle $n \gg 0$ (vgl. (15.13) (v)).

Für die Hilbert-Polynome erhalten wir deshalb

$\overline{h}_{M/xM}(t) = \overline{h}_M(t) - \overline{h}_M(t-v) + \text{const}.$

Im Hinblick auf (15.15) (v) und Grad $(\overline{h}) = \dim(M) > 1$ folgt die Behauptung. □

(19.14) **Lemma:** *Sei k ein unendlicher Körper, sei* $A = \bigoplus_{i \geq 0} A_i$ *eine noethersche homogene k-Algebra und seien* $\mathfrak{p}_1, \ldots, \mathfrak{p}_r$ *die minimalen Primideale von A, deren Restklassenring von maximaler Dimension ist. Dann gilt*

$$e(A) = \sum_{i=1}^{r} e(A/\mathfrak{p}_i)\, l(A_{\mathfrak{p}_i}).$$

Beweis: Sei $B = A_{A_{\geq 1}}$, $\mathfrak{m} = A_{\geq 1} B$. Gemäss (16.16) ist A gerade der graduierte Ring $Gr(\mathfrak{m})$ des lokalen Ringes B. Es gilt also $e(A) = m(B)$. Die $\mathfrak{p}_i$ sind graduiert ((15.8) (15.9)) und liegen in $A_{\geq 1}$. Nach dem homogenen Kettensatz sind die Ideale $\mathfrak{p}_i B$ gerade diejenigen minimalen Primideale von B, deren Restklassenring maximale Dimension hat. Weiter ist $A_{\mathfrak{p}_i} \cong B_{\mathfrak{p}_i B}$, also $l(A_{\mathfrak{p}_i}) = l(B_{\mathfrak{p}_i B})$.

Schliesslich können wir (16.16) auch auf die graduierten Ringe $A/\mathfrak{p}_i$ anwenden und schreiben $e(A/\mathfrak{p}_i) = m((A/\mathfrak{p}_i)_{(A/\mathfrak{p}_i)_{\geq 0}}) = m(B/\mathfrak{p}_i B)$. Jetzt schliesst man mit (16.3). □

(19.15) **Satz:** *Sei* $Y \subsetneq \mathbb{P}^n$ *eine abgeschlossene Menge von reiner Dimension* > 0 *und sei* $X \subseteq \mathbb{P}^n$ *eine abgeschlossene Hyperfläche, welche keine irreduzible Komponente von Y enthält. Dann haben alle irreduziblen Komponenten* $Z_1, \ldots, Z_r$ *von* $X \cap Y$ *eine um 1 kleinere Dimension als Y und es gilt*

$$\text{Grad}(X)\ \text{Grad}(Y) = \sum_{i=1}^{r} \text{Grad}(Z_i) \mu_{Z_i}(X \cdot Y).$$

Beweis: Sei $A = \mathcal{O}(\mathbb{A}^n)$. Wir finden ein $f \in A_{\text{Grad}(X)} - \{0\}$ mit $I^+_{\mathbb{P}^n}(X) = (f)$. Wir schreiben B für den homogenen Koordinatenring $A/I^+_{\mathbb{P}^n}(Y)$ von Y und g für das kanonische Bild von f in $B_{\text{Grad}(X)}$. Dann gilt $X \cap Y = V^+_Y(g)$. Wegen $\dim(Y) > 0$ und weil X keine Komponente von Y enthält, erhalten wir aus dem projektiven Kodimensionssatz sofort $\text{codim}_Y(Z_i) = 1$ für jede irreduzible Komponente Z_i von $X \cap Y$. Weil Y rein-dimensional ist, folgt $\dim(Z_i) = \dim(Y) - 1$.

Weil g (nach dem eben Gesagten) die minimalen Primideale des reduzierten noetherschen Ringes B vermeidet, gilt $g \in NNT(B)$. Für die Multiplizität von $\overline{A} = A/(I^+_{\mathbb{P}^n}(X) + I^+_{\mathbb{P}^n}(Y)) = B/g\,B$ folgt deshalb aus (19.13) die Gleichung $e(\overline{A}) = \text{Grad}(X)\, e(B) = \text{Grad}(X)\ \text{Grad}(Y)$.

Die Bilder $\overline{I}^+(Z_i) \subseteq \overline{A}$ der Verschwindungsideale $I^+_{\mathbb{P}^n}(Z) \subseteq A$ sind genau die minimalen Primideale von $\overline{A}$ (vgl. (19.12) B)). Dabei gilt jeweils

$$\dim(\overline{A}/\overline{I}^+(Z_i)) = \dim(Z_i) + 1 = \dim(Y),\quad e(\overline{A}/\overline{I}^+(Z_i)) = \text{Grad}(Z_i)$$

und $l(\overline{A}_{\overline{I}^+(Z_i)}) = \mu_{Z_i}(X \cdot Y)$. Jetzt schliesst man mit (19.14). □

Anmerkung: Der projektive Schnittdimensionssatz (17.20) besagt, dass sich X und Y unter den in (19.16) gemachten Voraussetzungen schneiden. Der projektive Kodimensionssatz besagt, dass $X \cap Y$ von reiner Dimension ist. (19.16) verschärft diese beiden topologischen Aussagen ganz wesentlich. Als Nachteil fällt dabei ins Gewicht, dass wir X als Hyperfläche voraussetzen mussten, schon weil wir nur in diesem Fall von Schnittvielfachheiten gesprochen haben.

Die allgemeine Fassung des Begriffs der Schnittvielfachheit reicht bis in die Anfänge der algebraischen Geometrie zurück. Nach vielen diesbezüglichen Versuchen zahlreicher Mathematiker gelangte A. Weil [W] schliesslich zu einem sinnvollen allgemeinen Begriff. Grundlegende Beiträge zur Schnittvielfachheit findet man auch in B. Van der Waerden [Wa] und A. Chevalley [C]. Ein rein algebraischer Zugang zur Schnittvielfachheit wird in J. P. Serre [S-G] gegeben. Würde man die Schnittvielfachheiten für beliebige projektive Varietäten gemäss (19.12) definieren, so ergäbe sich ein anderer Begriff als der heute übliche.

Die *Schnitttheorie* verwendet heute Methoden, die den Rahmen dieses Buches sprengen würden. Für den interessierten Leser verweisen wir auf die Einführung [F] von W. Fulton. ○

(19.16) **Korollar:** *Sei $Y \subsetneq \mathbb{P}^n$ eine abgeschlossene Kurve und sei $X \subseteq \mathbb{P}^n$ eine abgeschlossene Hyperfläche, welche keine irreduzible Komponente von Y enthält. Dann ist $X \cap Y$ endlich und es gilt*

$$\operatorname{Grad}(X)\operatorname{Grad}(Y) = \sum_{p \in X \cap Y} \mu_p(X \cdot Y).$$

Beweis: Man beachte, dass $\operatorname{Grad}(p) = 1$ (vgl. (19.6)). □

(19.17) **Korollar** (*Satz von Bézout*): *Seien $X, Y \subseteq \mathbb{P}^2$ abgeschlossene Kurven ohne gemeinsame irreduzible Komponente. Dann ist $X \cap Y$ endlich und es gilt*

$$\sum_{p \in X \cap Y} \mu_p(X \cdot Y) = \operatorname{Grad}(X)\operatorname{Grad}(Y).$$

Anmerkungen: A) (19.16) besagt u.a., dass die Anzahl der Schnittpunkte zwischen einer projektiven Hyperfläche X und einer projektiven Geraden $L \nsubseteq X$ gezählt mit ihrer Vielfachheit immer gleich dem Grad von X ist. Im Projektiven gilt also das *Permanenzprinzip für das Schneiden von Geraden und Hyperflächen* nicht nur topologisch, sondern auch im Hinblick auf die totale Schnittvielfachheit. Im Affinen haben wir dieses Prinzip künstlich erzwungen, indem wir Schnittvielfachheiten im Unendlichen eingeführt haben, womit wir nach (19.12) E) einfach den eben beschriebenen Spezialfall von (19.16) vorweggenommen haben.

B) Der Satz von Bézout ist einer der ältesten Anfänge der Schnitttheorie. Verallgemeinerungen und Erweiterungen dieses Satzes zu finden, ist auch heute noch ein aktuelles Problemfeld. Historisch hat man Schnittvielfachheiten von Kurven nicht mit Hilfe des Längenbegriffs, sondern mit *Resultanten* bestimmt. Ein moderner Zugang zur Schnitttheorie von Kurven mit der Resultantenmethode findet sich in Brieskorn [B]. ○

(19.18) **Aufgaben:** (1) Sei $p \in X$ und sei Y die Projektivisierung des Tangentialkegels $cT_p(X)$ von X in p, aufgefasst als abgeschlossene Teilmenge von $\mathbb{P}^{e-1}$, wo $e = \operatorname{edim}_p(X)$. Dann ist $\operatorname{Grad}(Y) \leqslant \mu_p(X)$. Ist $Gr_p(X)$ reduziert, so gilt Gleichheit.

(2) Sei $X \subseteq \mathbb{P}^n$ eine Hyperfläche, sei $p \in X$ ein Punkt und sei $L \subseteq \mathbb{P}^n$. Dann gilt: L ist Tangente an X in $p \Leftrightarrow \mu_p(X \cdot L) > \mu_p(X)$. Dabei ist der Tangentenbegriff lokal, d.h. auf einer affinen Karte definiert.

(3) Sei $X \subseteq \mathbb{P}^n$ irreduzibel und abgeschlossen. Sei $f \in c\mathbb{A}(X)$ vom Grad d. Dann gilt Grad $(V_X^+(f)) \leqslant$ Grad $(X) \cdot d$. Ist (f) generisch reduziert (d.h. $(f)_\mathfrak{p} = \mathfrak{p}_\mathfrak{p}$ für alle minimalen Primoberideale $\mathfrak{p}$ von (f)), so gilt Gleichheit.

(4) Sei $f(z_1) \in \mathbb{C}[z_1]$ und sei $X \subseteq \mathbb{P}^2$ der projektive Abschluss der Kurve $V_{\mathbb{A}^2}(z_2 - f(z_1))$. Ist $p = (1 : c_1 : c_2) \in X$, so gilt für die durch p und $(1 : 1 : 0)$ laufende Gerade L_p immer $\mu_p(X \cdot L_p) = \nu_{c_1}(f) + 1$. Für die Tangente T_p an X in p gilt weiter $\mu_p(X \cdot T_p) = \nu_{c_1}\left(\frac{df}{dz_1}\right)$.

(5) Sei $X \subseteq \mathbb{P}^2$ eine Kurve vom Grad d. Sind $p, q \in X$ zwei verschiedene Punkte, so gilt $\mu_p(X) + \mu_q(Y) \leqslant d$, sobald X keine Gerade enthält.

(6) $X \subseteq \mathbb{P}^2$ eine Kurve vom Grad d und seien $p_0, \ldots, p_{d^2} \in X$ $d^2 + 1$ paarweise verschiedene Punkte. Dann ist X die einzige abgeschlossene Kurve in $\mathbb{P}^2$, die durch $p_0, \ldots, p_{d^2}$ läuft und deren Grad d nicht übersteigt.

(7) Sei $X \subseteq \mathbb{P}^2$ eine irreduzible projektive Kurve vom Grad $d > 1$. Ist $L \subseteq \mathbb{P}^2$ eine Gerade mit $L \cap X = p$, so ist L die einzige Tangente von X in p.

(8) Durch jeden Punkt einer Hyperfläche $X \subseteq \mathbb{P}^n$ vom Grad $d > 1$ gebe es eine Gerade L, welche X in d verschiedenen Punkten schneidet und welche nicht in X liegt. Dann hat X keine Singularitäten.

(9) Eine glatte Kurve $X \subseteq \mathbb{P}^2$ ist irreduzibel. ○

20. Ebene projektive Kurven

Der Satz von Bézout für zwei homogene Polynome. Wir wenden uns jetzt den ebenen projektiven Kurven zu, d.h. den rein 1-dimensionalen abgeschlossenen Mengen $X \subseteq \mathbb{P}^2$. Dabei interessieren wir uns hauptsächlich für den Fall, wo X keine Singularitäten hat. Zuerst wollen wir den Satz von Bézout etwas verallgemeinern, wozu wir mit einigen Vorbemerkungen beginnen.

(20.1) **Definition und Bemerkungen:** A) Wir betrachten die projektive Ebene $\mathbb{P}^2$ und zwei homogene Polynome $f, g \in A = \mathcal{O}(\mathbb{A}^3) = \mathbb{C}[z_0, z_1, z_2]$ von positivem Grad. Dabei wollen wir annehmen, f und g haben keinen gemeinsamen Primfaktor. Gleichbedeutend ist, dass die Kurven $V_{\mathbb{P}^2}^+(f)$ und $V_{\mathbb{P}^2}^+(g)$ keine gemeinsame Komponente haben, also dass $V_{\mathbb{P}^2}^+(f) \cap V_{\mathbb{P}^2}^+(g)$ endlich ist.

Wir betrachten die Restklassenabbildung

$$A = \mathcal{O}(\mathbb{A}^3) \xrightarrow{\;\overline{\cdot}\;} \overline{A} := \mathcal{O}(\mathbb{A}^3)/(f, g).$$

Ist $p \in V_{\mathbb{P}^2}^+(f) \cap V_{\mathbb{P}^2}^+(g)$, so ist $I^+(p) \subseteq A$ ein minimales Primoberideal von (f, g), also $\overline{I}^+(p)$ ein minimales Primideal von $\overline{A}$. Wir definieren jetzt die *Schnittvielfachheit von f und g in p* als die Länge der Lokalisierung $\overline{A}_{\overline{I}^+(p)}$:

(i) $\mu_p(f \cdot g) := l(\overline{A}_{\overline{I}^+(p)})$.

B) Sind $X, Y \subseteq \mathbb{P}^2$ Kurven ohne gemeinsame Komponente, so können wir schreiben (vgl. (19.12) B)).

(ii) $\mu_p(X \cdot Y) = \mu_p(f \cdot g), \quad wo \quad (f) = I^+(X), \quad (g) = I^+(Y), \quad p \in X \cap Y.$

Die Schnittvielfachheit von homogenen Polynomen in A ist also eine natürliche Verallgemeinerung des Begriffs der Schnittvielfachheit für ebene projektive Kurven.

C) Wir wollen noch eine andere, nützliche lokale Beschreibung der Schnittvielfachheit von Polynomen geben. Wir halten die obigen Bezeichnungen fest und nehmen an, der Schnittpunkt $p \in V^+_{\mathbb{P}^2}(f) \cap V^+_{\mathbb{P}^2}(g)$ liege auf der 0-ten kanonischen affinen Karte $U_0\mathbb{P}^2 = U^+_{\mathbb{P}^2}(z_0)$. Wir betrachten die Dehomogenisierungen $f_{[z_0=1]}$, $g_{[z_0=1]} \in \mathcal{O}(\mathbb{A}^2) = \mathbb{C}[z_1, z_2]$. $\tau_0 : U_0\mathbb{P}^2 \xrightarrow{\cong} \mathbb{A}^2$ sei die Kartenabbildung. Dann gilt

(iii) $\mu_p(f \cdot g) = l(\mathcal{O}_{\mathbb{A}^2, \tau_0(p)} / (f_{[z_0=1]}, g_{[z_0=1]}))$.

Beweis: Es gilt $\mathcal{O}(U_0\mathbb{P}^2) = (A_{z_0})_0$ (vgl. (18.)), und der durch τ_0 induzierte Isomorphismus $\tau_0{}^* : \mathcal{O}(\mathbb{A}^2) \to \mathcal{O}(U_0\mathbb{P}^2)$ hat offenbar die Eigenschaft $z_i \mapsto \frac{z_i}{z_0}$ $(i=1, 2)$. Dasselbe gilt dann auch für den induzierten Isomorphismus $(\tau^*_0)_p : \mathcal{O}_{\mathbb{A}^2, \tau_0(p)} \to \mathcal{O}_{\mathbb{P}^2, p} = (S^{-1}A)_0 =: B$ (S steht dabei für die Menge der homogenen Elemente aus $A - I^+(p)$). Ist $d = \text{Grad}\,(f)$, $e = \text{Grad}\,(g)$, so folgt $f_{[z_0=1]} \mapsto \frac{f}{z_0^d}$, $g_{[z_0=1]} \mapsto \frac{g}{z_0^e}$. Der Isomorphismus $(\tau^*_0)_p$ führt deshalb das Ideal $(f_{[z_0=1]}, g_{[z_0=1]})$ in das Ideal $(\frac{f}{z_0^d}, \frac{g}{z_0^e}) = (S^{-1}(f, g))_0 \subseteq B$ über. Es bleibt also zu zeigen, dass

$$B/S^{-1}(f, g)_0 = (S^{-1}A/S^{-1}(f, g))_0 := \overline{B} \text{ und } \overline{A}_{I^+(p)} = A_{I^+(p)}/(f, g)A_{I^+(p)}$$

dieselbe Länge haben. Dies folgt wie im Beweis von (19.12) (ii). ○

Jetzt können wir den Satz von Bézout wie folgt auf homogene Polynome verallgemeinern.

(20.2) **Satz:** *Seien $f, g \in A = \mathbb{C}[z_0, z_1, z_2]$ homogene Polynome von positivem Grad und ohne gemeinsame Primfaktoren. Dann gilt*

$$\text{Grad}\,(f)\ \text{Grad}\,(g) = \sum_{p \in V^+_{\mathbb{P}^2}(f) \cap V^+_{\mathbb{P}^2}(g)} \mu_p\,(f \cdot g).$$

Beweis: Sei $B = A/(g)$, $\overline{A} = A/(f, g) = B/(f')$, wobei $f' = f/(g) \in B$. Wegen $e(A) = 1$ folgt aus (19.13) $e(B) = \text{Grad}\,(g)$. Weil f und g keinen Primfaktor gemeinsam haben, gilt $f' \in NNT(B)$. Wegen $\dim(B)=2$ folgt aus (19.13) $e(\overline{A})=\text{Grad}(f')$ $e(B)=\text{Grad}(f)\ \text{Grad}(g)$. Sind $p_1, \ldots, p_r$ die Schnittpunkte von $V^+_{\mathbb{P}^2}(f)$ und $V^+_{\mathbb{P}^2}(g)$, so sind die kanonischen Bilder $\overline{I}^+(p_i) \subseteq \overline{A}$ der Verschwindungsideale $I^+_{\mathbb{P}^2}(p_i) \subseteq A$ gerade die minimalen Primideale von $\overline{A}$. Dabei ist $\overline{A}/\overline{I}^+(p_i) = A/I^+(p_i)$ der homogene Koordinatenring von p_i. Deshalb ist $\dim(\overline{A}/\overline{I}^+(p_i))=1$, $e(\overline{A}/I^+(p_i))=1$ (vgl. (17.18)$'$, (19.6)). Wegen $\mu_{p_i}(f \cdot g) = l(\overline{A}_{\overline{I}^+(p_i)})$ folgt jetzt die Behauptung aus (19.14). □

Die Verzweigungsordnung. Als nächstes wollen wir die generischen Projektionen $f: X \to \mathbb{P}^1$ der ebenen projektiven Kurven untersuchen. Wir beginnen mit der Einführung eines Begriffes:

(20.3) **Definition und Bemerkungen:** A) Sei $f: X \to Y$ ein *endlicher* Morphismus zwischen irreduziblen quasiprojektiven Varietäten. Sei $p \in X$. Dann ist $\{p\}$ eine irreduzible Komponente der Faser $f^{-1}(f(p))$. Deshalb ist das Maximalideal $I_{X,p}(\{p\}) = \mathfrak{m}_{X,p} \subseteq \mathcal{O}_{X,p}$ ein minimales Primoberideal von $f_p^*(\mathfrak{m}_{Y,f(p)})$. Dabei ist $f_p^*: \mathcal{O}_{Y,f(p)} \to \mathcal{O}_{X,p}$ der durch f induzierte Homomorphismus. Insbesondere ist der lokale Ring $\mathcal{O}_{X,p}/f_p^*(\mathfrak{m}_{Y,f(p)})\mathcal{O}_{X,p}$ von der Dimension 0, also von endlicher Länge. Wir definieren die *Verzweigungsordnung* $v_p(f)$ von f in p als die um 1 verminderte Länge dieses Rings:

(i) $$v_p(f) := l(\mathcal{O}_{X,p}/f_p^*(\mathfrak{m}_{Y,f(p)})\mathcal{O}_{X,p}) - 1.$$

Es gibt immer $v_p(f) \geq 0$. $v_p(f)$ ist ein Mass dafür, wie stark f in p verzweigt ist, denn im Hinblick auf (12.25) (i) gilt:

(ii) $$v_p(f) = 0 \Leftrightarrow f \ \textit{unverzweigt in } p.$$

B) Wir wollen jetzt die Verzweigungsordnung von generischen Projektionen ebener Kurven betrachten. Sei also $X \subseteq \mathbb{P}^2$ eine irreduzible Kurve und sei $s \in \mathbb{P}^2 - X$ ein Punkt. Sei $\mathbb{P}^1 \subseteq \mathbb{P}^2$ eine Gerade mit $s \notin \mathbb{P}^1$ und sei $\tilde{f}: X \to \mathbb{P}^1$ die Projektion aus dem Zentrum s. Wie in (19.9) C) bezeichnen wir die durch s und einen Punkt $p \in X$ aufgespannte Gerade mit $\mathbb{P}^1(p)$.

(iii) *Die Verzweigungsordnung von $\tilde{f}$ in p ist gerade die um* 1 *verminderte Schnittvielfachheit der Kurve X mit der Projektionsgeraden $\mathbb{P}^1(p)$:*

$$v_p(\tilde{f}) = \mu_p(X \cdot \mathbb{P}^1(p)) - 1.$$

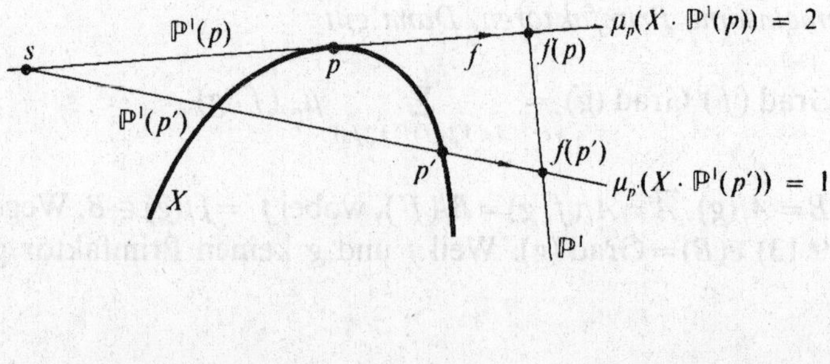

Beweis: Im Hinblick auf (i) und (19.12) (i) genügt es zu zeigen, dass die lokalen Ringe $\mathcal{O}_{X,p}/\bar{f}_p^*(\mathfrak{m}_{\mathbb{P}^1,f(p)})\mathcal{O}_{X,p}$ und $\mathcal{O}_{\mathbb{P}^2,p}/(I_{\mathbb{P}^2,p}(X)+I_{\mathbb{P}^2,p}(L))$ isomorph sind, wo L für die Projektionsgerade $\mathbb{P}^1(p)$ steht. Der durch die Inklusionsabbildung $i: X \to \mathbb{P}^2$ induzierte Epimorphismus $i_p^*: \mathcal{O}_{\mathbb{P}^2,p} \to \mathcal{O}_{X,p}$ hat gerade den Kern $I_{\mathbb{P}^2,p}(X)$. Es genügt also, die Gleichung $i_p^*(I_{\mathbb{P}^2,p}(L)) = \bar{f}_p^*(\mathfrak{m}_{\mathbb{P}^1,f(p)})\mathcal{O}_{X,p}$ zu zeigen. Sei $\pi: \mathbb{P}^2 - \{s\} \to \mathbb{P}^1$ die Projektion aus s. Dann ist $\bar{f} = \pi \circ i$, also $\bar{f}_p^* = (\pi \circ i)_p^* = i_p^* \circ \pi_p^*$. Deshalb genügt es, $I_{\mathbb{P}^2,p}(L) = \pi_p^*(\mathfrak{m}_{\mathbb{P}^1,\pi(p)})\mathcal{O}_{\mathbb{P}^2,p}$ nachzuweisen.

Nach geeigneter Koordinatenwahl in $\mathbb{P}^2$ können wir annehmen, es sei $s=(0:0:1)$, $\pi(p)=(1:0:0) \in \mathbb{P}^1 = V^+(z_2)$. So wird $L = \mathbb{P}^1(p) = V^+(z_2)$, also $I_{\mathbb{P}^2,p}(L) = \frac{z_1}{z_0}\,\mathcal{O}_{\mathbb{P}^2,p}$. Aus diesem Grund ist offenbar $\mathfrak{m}_{\mathbb{P}^1,\pi(p)} = \left(\frac{z_1}{z_0}\restriction_{\mathbb{P}^1}\right)\mathcal{O}_{\mathbb{P}^1,\pi(p)}$. π ist jetzt gegeben durch $(z_0:z_1:z_2) \mapsto (z_0:z_1:0)$. Deshalb ist $\pi_p^*\left(\frac{z_1}{z_0}\restriction_{\mathbb{P}^1}\right) = \frac{z_1}{z_0} \in \mathcal{O}_{\mathbb{P}^2,p}$,

also $I_{\mathbb{P}^2,p}(L) = \frac{z_1}{z_0}\,\mathcal{O}_{\mathbb{P}^2,p} = \pi_p^*(\mathfrak{m}_{\mathbb{P}^1,\pi(p)})\mathcal{O}_{\mathbb{P}^2,p}$. ○

(20.4) Satz: *Sei $X \subseteq \mathbb{P}^2$ eine singularitätenfreie Kurve vom* Grad d *und sei $\bar{f}: X \to \mathbb{P}^1$ eine generische Projektion. Dann gilt*

(i) $$\sum_{p \in X} v_p(\bar{f}) = d(d-1).$$

(ii) $$\sum_{p \in \bar{f}^{-1}(q)} (v_p(\bar{f})+1) = d, \quad \forall\, q \in \mathbb{P}^1.$$

Beweis: (i): Wir schreiben $\bar{f} = \pi\restriction X$, wo $\pi: \mathbb{P}^2 - \{s\} \to \mathbb{P}^1$ die Projektion aus einem Punkt $s \in \mathbb{P}^2 - X$ ist. Dabei können wir ohne Einschränkung annehmen, es sei $s=(0:0:1)$. Das Verschwindungsideal $I_{\mathbb{P}^2}^+(X)$ in $\mathbb{C}[z_0, z_1, z_2]$ wird durch ein irreduzibles homogenes Polynom h vom Grad d erzeugt. Wegen $s \notin X$ ist $h(0,0,1) \neq 0$, also h von der Form $h(z_0, z_1, z_2) = a_0(z_0, z_1) + a_1(z_0, z_1)z_2 + \ldots + a_d z_2^d$, wo $a_i(z_0, z_1) \in \mathbb{C}[z_0, z_1]_{d-i}$ für $i<d$ und $a_d \in \mathbb{C}^*$. Deshalb ist $g := \frac{\partial h}{\partial z_2} = a_1(z_0, z_1) + \ldots + d\,a_d z_2^{d-1}$ homogen vom Grad $d-1$.

Sei jetzt $p \in X$. Wir wollen zeigen, dass $\mu_p(h \cdot g) = v_p(f)$, wobei wir $\mu_p(h \cdot g)$ als 0 auffassen, wenn $p \notin X \cap V^+(g)$. Nach (20.2) ergibt sich dann die Behauptung (i).

Wir setzen $p = (c_0 : c_1 : c_2)$. Sei zunächst $c_0 \neq 0$, d.h. $p \in U_{\mathbb{P}^2}^+(z_0)$. Ist $\tau_0: U_{\mathbb{P}^2}^+(z_0) \xrightarrow{\cong} \mathbb{A}^2$ die kanonische Kartenabbildung, so gilt $\tau_0(p) = (\frac{c_1}{c_0}, \frac{c_2}{c_0})$. Die Dehomogenisierung von h nach z_0 hat $\tau_0(p)$ als Nullstelle und kann deshalb geschrieben werden in der Form $h_{[z_0=1]} = (c_0 z_2 - c_2)h' + (c_0 z_1 - c_1)h_2$, wo $h', h_2 \in$

$\mathbb{C}[z_1, z_2]$. Wegen $h_{[z_0=1]} = a_0(1, z_1) + a_1(1, z_1)z_2 + \ldots + a_d z_2^d$ ist $h' \neq 0$. Wir können also schreiben $h' = (c_0 z_2 - c_2)^{\nu-1} h_1$, mit $h_1 \in \mathbb{C}[z_1, z_2] - \{0\}$ und $\nu \in \mathbb{N}$. Wir können also schreiben

$$(*) \qquad h_{[z_0=1]} = (c_0 z_2 - c_2)^\nu h_1 + (c_0 z_1 - c_1) h_2, \quad (h_1, h_2 \in \mathbb{C}[z_1, z_2];\ h_1 \neq 0,\ \nu \in \mathbb{N}).$$

Dabei wollen wir $\nu \in \mathbb{N}$ maximal wählen. Dann ist $h_1(\tau_0(p)) \neq 0$. Andernfalls wäre nämlich $h_1 = (c_0 z_2 - c_2)u + (c_0 z_1 - c_2)\boldsymbol{v}$ mit $u, \boldsymbol{v} \in \mathbb{C}[z_1, z_2]$, und wir könnten schreiben $h_{[z_0=1]} = (c_0 z_2 - c_2)^{\nu+1} u + (c_0 z_1 - c_1)(h_2 + (c_0 z_2 - c_2)^\nu h_1)$. Dabei wäre wieder $u \neq 0$, und wir hätten einen Widerspruch.

Gemäss (*) gilt im lokalen Ring $\mathcal{O}_{\mathbb{A}^3, \tau_0(p)}$ die Beziehung $h_1(\tau_0(p)) \neq 0$. Im lokalen Ring $\mathcal{O}_{\mathbb{A}^2, \tau_0(p)}$ gilt deshalb die Beziehung

$$(h_{[z_0=1]}, (c_0 z_1 - c_1 z_0)_{[z_0=1]}) = ((c_0 z_2 - c_2)^\nu, (c_0 z_1 - c_1)) = \left((z_2 - \frac{c_2}{c_0})^\nu, (z_1 - \frac{c_1}{c_0}) \right).$$

$c_0 z_1 - c_1 z_0$ erzeugt gerade das Verschwindungsideal $I^+_{\mathbb{P}^2}(\mathbb{P}^1(p))$ der Projektionsgeraden $\mathbb{P}^{-1}(p)$ durch s und p. Sofort sieht man, dass

$$\mathcal{O}_{\mathbb{A}^2, \tau_0(p)} / ((z_2 - \frac{c_2}{c_0})^\nu, (z_1 - \frac{c_1}{c_0})) \cong \mathbb{C}[z_2]/(z_2 - \frac{c_2}{c_0})^\nu,$$

also dass der linksstehende Ring die Länge ν hat. Im Hinblick auf (20.3) (iii) und (20.1) (iii) folgt deshalb $\nu_p(f) = \mu_p(X \cdot \mathbb{P}^1(p)) - 1 = \nu - 1$. Wegen $g_{[z_0=1]} = \frac{\partial}{\partial z_2}(h_{[z_0=1]})$ können wir auch schreiben $g_{[z_0=1]} = (c_0 z_2 - c_2)^{\nu-1} g_1 + (c_0 z_1 - c_1) g_2$ mit $g_1, g_2 \in \mathbb{C}[z_1, z_2]$, $g_1(\tau_0(p)) \neq 0$. Ist $\nu = 1$, so ist $p \notin V^+(g)$, und wir sind fertig. Sei also $\nu > 1$. Dann ist $g_{[z_0=1]}(\tau_0(p)) = 0$. Andrerseits erzeugt $h_{[z_0=1]}$ das Verschwindungsideal der Kurve $\tau_0(X \cap U^+_{\mathbb{P}^2}(z_0))$. Weil diese Kurve keine Singularität hat, folgt $\frac{\partial}{\partial z_1}(h_{[z_0=1]})(\tau_0(p)) \neq 0$, also $h_2(\tau_0(p)) \neq 0$. Deshalb gilt in $\mathcal{O}_{\mathbb{A}^2, \tau_0(p)}$ die Beziehung

$$c_0 z_1 - c_1 \in (g_{[z_0=1]}, (c_0 z_2 - c_2)^{\nu-1}),$$

also $(h_{[z_0=1]}, g_{[z_0=1]}) = ((c_0 z_2 - c_2)^{\nu-1}, c_0 z_1 - c_1)$. Im Hinblick auf (20.1) (iii) folgt jetzt $\mu_p(h \cdot g) = \nu - 1 = \nu_p(f)$.

Ist $c_0 = 0$, so ist (wegen $s \neq p$) $c_1 \neq 0$. Jetzt schliesst man wie oben, indem man statt der Karte τ_0 die Karte $\tau_1 : U^+_{\mathbb{P}^2}(z_1) \to \mathbb{A}^2$ zu Hilfe nimmt.

(ii): Klar aus (20.3) (iii) und (19.17). □

Als Anwendung erhalten wir die folgende topologische Charakterisierung der Verzweigungsordnung:

(20.5) **Korollar:** *Sei $X \subseteq \mathbb{P}^2$ eine singularitätenfreie Kurve vom Grad d und sei $\tilde{f}: X \to \mathbb{P}^1$ eine generische Projektion. Sei $p \in X$. Dann gibt es eine bezüglich der starken Topologie offene Umgebung $U \subseteq X$ von p derart, dass folgendes gilt:*

(i) $\# \, [U \cap \tilde{f}^{-1}(\tilde{f}(p'))] = \nu_p(\tilde{f})+1, \quad \forall \, p' \in U-\{p\}.$

(ii) $U \cap \tilde{f}^{-1}(\tilde{f}(p)) = \{p\}.$

Beweis: Wir schreiben $\tilde{f}=\pi \restriction X$, wo $\pi: \mathbb{P}^2-\{s\} \to \mathbb{P}^1$ die Projektion aus dem Punkt $s=(0:0:1) \in \mathbb{P}^2-X$ ist. O. E. können wir annehmen, es sei $p \in W := X \cap U^+_{\mathbb{P}^2}(z_0)$. Wir wählen einen beliebigen Punkt $p'=(1:c_1:c_2) \in W$. h sei ein homogenes Polynom vom Grad d, welches das Verschwindungsideal $I^+_{\mathbb{P}^2}(X) \subseteq \mathbb{C}[z_0, z_1, z_2]$ erzeugt. Wie wir im Beweis von (20.4) gesehen haben, können wir schreiben $h(1, z_1, z_2)=h_{[z_0=1]}=(z_2-c_2)^{\nu_{p'}(\tilde{f})+1}h_1+(z_1-c_1)h_2$, wobei $h_1, h_2 \in \mathbb{C}[z_1, z_2]$, $h_1(c_1, c_2) \neq 0$. Deshalb ist $\nu_{p'}(\tilde{f})+1$ gerade die Vielfachheit $\mu_{c_2}(h(1, c_1, z_2))$ von c_2 als Nullstelle des Polynoms $h(1, c_1, z_2) \in \mathbb{C}[z_2]$.

Die Projektionsgerade durch s und p' ist gegeben durch $\mathbb{P}^1(p')=V^+_{\mathbb{P}^2}(z_1-c_1 z_0)$. Wegen $\tilde{f}^{-1}(\tilde{f}(p'))=X \cap \mathbb{P}^1(p')$ $(\subseteq W)$ besteht die Faser $f^{-1}(f(p'))$ also genau aus den Punkten $(1:c_1:a)$, wo $a \in \mathbb{C}$ die Nullstellen des Polynoms $h(1, c_1, z_2)$ durchläuft. Dabei hat $h(1, c_1, z_2)$ einen Grad $\leqslant d$. Nach (19.9) besteht $\tilde{f}^{-1}(\tilde{f}(p'))$ für fast alle $p' \in W$ aus genau d Punkten. Deshalb hat $h(1, c_1, z_2)$ für fast alle $c_1 \in \mathbb{C}$ den Grad d und d paarweise verschiedene Nullstellen.

Schreiben wir $p=(1:b_1:b_2)$ und lassen wir $c_1 \in \mathbb{C}-\{b_1\}$ gegen b_1 gehen, so streben genau $\mu_{b_2}(h(1, b_1, z_2))=\nu_p(f)+1$ der Nullstellen von $h(1, c_1, z_2)$ gegen die Nullstelle b_2 von $h(1, b_1, z_2)$ (vgl. (2.16)). Daraus folgt die Behauptung sofort. □

Eine ebene Kubik.

(20.6) **Beispiel:** Wir betrachten die Kurve $X=V^+_{\mathbb{P}^2}(h) \subseteq \mathbb{P}^2$, wobei

(i) $h(z_0, z_1, z_2) = z_0^2 z_1 + c z_1^2 z_0 - z_2^3, \quad (c \in \mathbb{C}-\{0\}).$

Offenbar ist h durch kein Polynom vom Grad 1 teilbar, also irreduzibel. Das durch h erzeugte Ideal ist also prim und stimmt mit dem Verschwindungsideal $I^+_{\mathbb{P}^2}(X) \subseteq \mathbb{C}[z_0, z_1, z_2]$ überein. Insbesondere gilt Grad $(X)=3$.

Die Dehomogenisierungen von h sind gegeben durch:

(ii) (a) $h_{[z_0=1]} = z_1 + c z_1^2 - z_2^3.$
(b) $h_{[z_1=1]} = z_0^2 + c z_0 - z_2^3.$
(c) $h_{[z_2=1]} = z_0^2 z_1 + c z_1^2 z_0 - 1.$

Offenbar hat keine dieser drei Dehomogenisierungen $h_{[z_i=1]}$ eine gemeinsame Nullstelle mit ihren beiden partiellen Ableitungen. Deshalb ist die Spur $V(h_{[z_i=1]})$ von X auf der i-ten kanonischen Karte $U^+_{\mathbb{P}^2}(z_i)\cong\mathbb{A}^2$ von $\mathbb{P}^2$ jeweils singularitätenfrei. Deshalb ist X selbst singularitätenfrei.

Wir betrachten jetzt die Projektion $\pi:\mathbb{P}^2-\{s\}\to\mathbb{P}^1$ aus dem Punkt $s=(0:0:1)$. Diese ist gegeben durch die Vorschrift $(z_0:z_1:z_2)\mapsto(z_0:z_1)$ (vgl. (19.9) (iv)). Wegen $s\notin X$ wird durch π eine generische Projektion $\pi\restriction X=\bar{f}:X\to\mathbb{P}^1$ definiert. Offenbar gilt jetzt

(iii) (a) $\bar{f}^{-1}(0:1)=(0:1:0);\bar{f}^{-1}(1:0)=(1:0:0),\bar{f}^{-1}(-c:1)=(-c:1:0),$

(b) $\#\bar{f}^{-1}(q)=3,\ \forall\ q\in\mathbb{P}^1-\{(0:1),(1:0),(1:-\frac{1}{c})\}.$

Im Hinblick auf (20.4) (ii) folgt jetzt

$$\text{(iii)}\qquad v_p(\bar{f})=\begin{cases}2, \textit{für } p\in\{(0:1:0),(1:0:0),(1:-\frac{1}{c}:0)\}\\ 0, \textit{für } p\in X-\{(0:1:0),(1:0:0),(1:-\frac{1}{c}:0)\}.\end{cases}$$

In Übereinstimmung mit (20.4) (i) erhalten wir $\sum_{p\in X} v_p(\bar{f})=6.$

Wir wollen jetzt die Projektion $\bar{f}:X\to\mathbb{P}^1$ benutzen, um die topologische Gestalt von X zu verstehen. Wir setzen

$$p_1=(0:1:0),\quad p_2=(1:0:0),\quad p_3=(1:-\frac{1}{c}:0),$$
$$q_1=(0:1),\quad q_2=(1:0),\quad q_3=(1:-\frac{1}{c}).$$

Weiter definieren wir drei (bezüglich der starken Topologie) stetige Abbildungen $g_j:\mathbb{P}^1\to X$ $(j=1,2,3)$ durch die Vorschrift

$$g_j(z_0:z_1):=(z_0:z_1:\sqrt[3]{z_0^2\,z_1+c\,z_1^2\,z_0}_{\,j})\quad(j=1,2,3).$$

Dabei ist $\sqrt[3]{t}_{\,j}$ die dritte Wurzel von t, deren Argument im Intervall $[\frac{2(j-1)}{3}\pi,\ \frac{2j}{3}\pi[$ liegt, (wobei $\sqrt[3]{0}_{\,j}=0$). Offenbar ist dann $\bar{f}^{-1}(q)=\{g_1(q),g_2(q),g_3(q)\}$ und $X=\bigcup_{j=1}^{3} g_j(\mathbb{P}^1)$. Dabei ist $g_i(q_i)=p_i$ (vgl. (iii)). Jetzt identifizieren wir $\mathbb{P}^1$ mit der reellen Kugelfläche S^2 (vgl. (17.5)) und legen einen orientierten Kreis C durch die 3 Punkte $q_1, q_2, q_3 \in \mathbb{P}^1$. Den links von C liegenden Teil von $\mathbb{P}^1$ nennen wir A, den rechts liegenden nennen wir B.

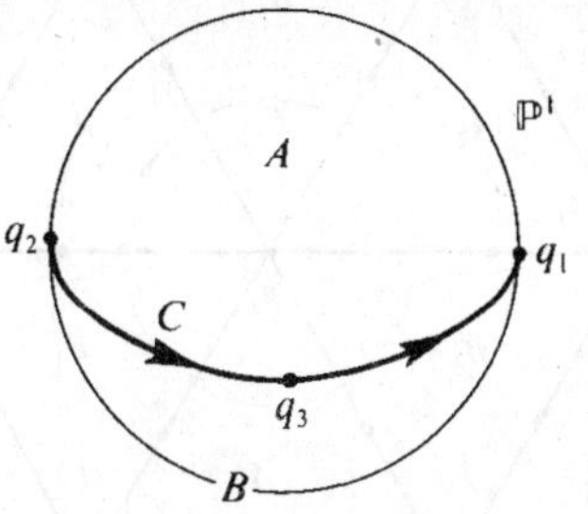

Wir setzen $A_j := g_j(\overline{A})$, $B_j := g_j(\overline{B})$, $(j=1, 2, 3)$, wobei $\overline{\cdot}$ für den Abschluss bezüglich der starken Topologie steht. X ist die Vereinigung der 6 «Dreiecke» A_j, B_j $(j=1, 2, 3)$, welche die gemeinsamen Ecken p_1, p_2, p_3 haben.

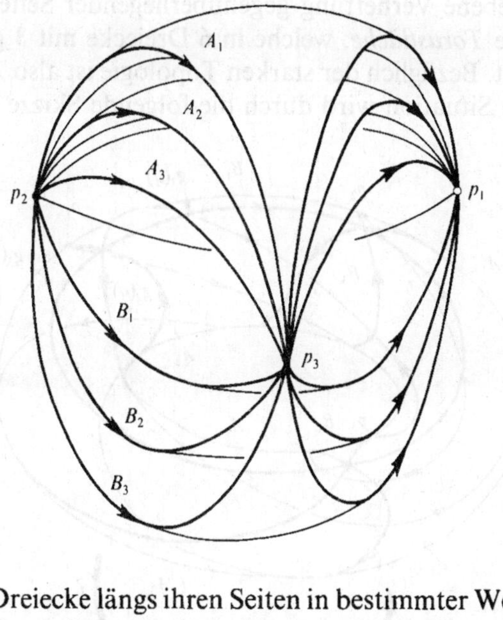

Dabei sind diese 6 Dreiecke längs ihren Seiten in bestimmter Weise verklebt. Um uns über die Verheftung dieser Dreiecke klar zu werden, betrachten wir in X den geschlossenen Weg $\sigma : [0, 6\pi] \to X$, der definiert wird ist durch $\sigma(t) = g_{j(t)}(1 : -\frac{1}{c} + \rho e^{it})$, wobei $j(t) = \max\{n \in \mathbb{N} \mid n \leqslant \frac{t}{2\pi}\}$. Dabei sei $0 < \rho < < 1$. Durchläuft t das Intervall $[0, 6\pi]$, so sieht man leicht, dass $\sigma(t)$ die 6 zu verklebenden Dreiecke in der Reihenfolge $A_1\ B_1\ A_2\ B_2\ A_3\ B_3$ durchläuft. Sofort sieht man auch, dass nie zwei Dreiecke A_i, A_j eine Seite gemeinsam haben und dass zwei Dreiecke A_i, B_j höchstens eine Seite gemeinsam haben. Die Verheftung ist deshalb nach der folgenden Skizze vorzunehmen:

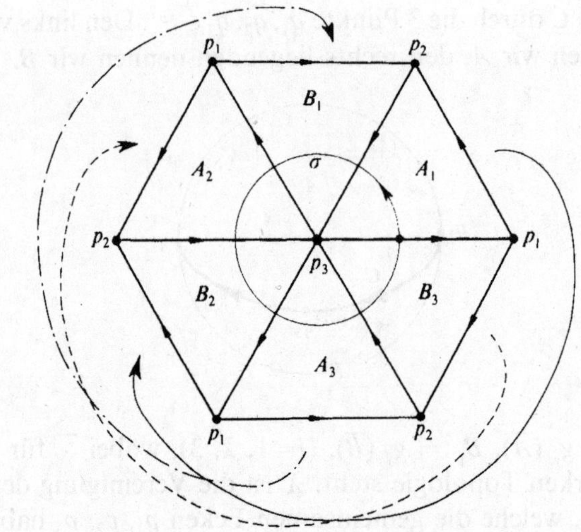

Durch die angegebene Verheftung gegenüberliegender Seiten entsteht topologisch gesehen eine *Torusfläche*, welche in 6 Dreiecke mit 3 gemeinsamen Eckpunkten zerlegt ist. Bezüglich der starken Topologie ist also X homöomorph zu einem Torus! Die Situation wird durch die folgende Skizze veranschaulicht:

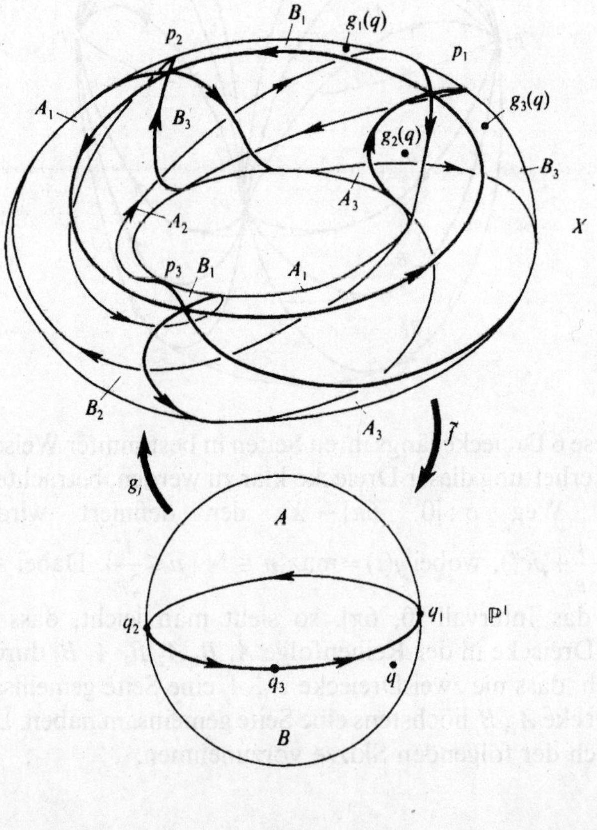

Nach (20.5) gilt dabei

(iv) $\lim_{q \to q_i} (g_j(q)) = p_i = f^{-1}(q_i), (j=1, 2, 3; i=1, 2, 3).$ ○

Anmerkungen: A) Man kann zeigen, dass jede singularitätenfreie Kurve $X \subseteq \mathbb{P}^2$ vom Grad 3 nach Einführung geeigneter homogener Koordinaten in der Form (*i*) geschrieben werden kann. Bezüglich der starken Topologie ist eine solche Kurve also immer eine Tonusfläche, also eine orientierbare (reell) 2-dimensionale zusammenhängende kompakte Mannigfaltigkeit vom *topologischen Geschlecht* 1.

B) Eine irreduzible, singularitätenfreie projektive Kurve ist nach (14.18) hinsichtlich der starken Topologie immer eine reell 2-dimensionale, kompakte, orientierbare Mannigfaltigkeit. Eine solche Kurve X ist auch immer wegweise zusammenhängend (s. [*B*]) und damit eine geschlossene orientierbare Fläche. Der topologische Typ von X ist also durch das Geschlecht g von X festgelegt

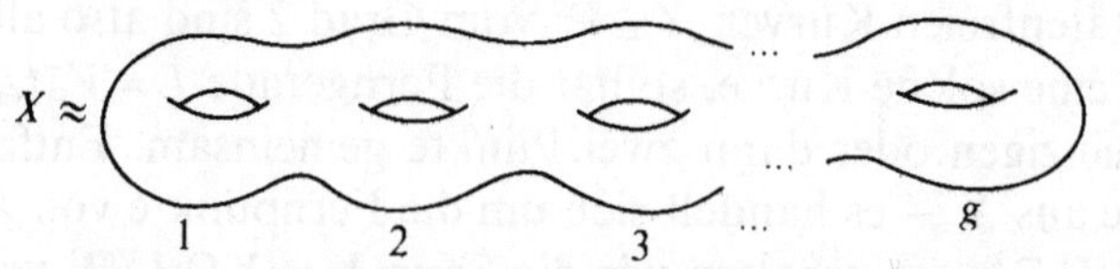

C) Ist $X \subseteq \mathbb{P}^2$ eine ebene singularitätenfreie Kurve, so lässt sich deren Geschlecht g immer mit der in (20.6) benutzten Methode aus dem Grad d von X bestimmen. Wir wählen dazu eine generische Projektion $\bar{f}: X \to \mathbb{P}^1$. $\bar{f}$ ist über höchstens endlich vielen Punkten $q_1, \ldots, q_r \in \mathbb{P}^1$ verzweigt. Nach geeigneter Umnumerierung können wir diese r Punkte durch Grosskreissegmente in $S^2 \approx \mathbb{P}^1$ zu einem einfach geschlossenen Polygonzug verbinden. So wird S^2 in zwei r-Ecke $\overline{A}, \overline{B}$ mit gemeinsamem Rand und gemeinsamen Ecken $q_1, \ldots, q_r$ zerlegt. $\bar{f}^{-1}(\overline{A})$ ist deshalb die Vereinigung von d verschiedenen r-Ecken. Dasselbe gilt für $\bar{f}^{-1}(\overline{B})$. Topologisch gesehen ist also X ein geschlossenes Polyeder. Dessen s-Seitenflächen sind r-Ecke. Dabei ist $s=2d$. Über jeder Seite des Polygons $\overline{A}$ liegen d Kanten dieses Polyeders X. X hat also $k=rd$ Kanten. Zur Bestimmung der Eckenzahl e von X schreiben wir $\bar{f}^{-1}(q_i) = \{p_{i,1}, \ldots, p_{i,e_i}\}$, $(i=1, \ldots, r)$. Natürlich ist dann $e = \sum_i e_i$. Nach (20.4) (ii) gilt jeweils $e_i = d - \sum \nu_{p_{i,j}}(\bar{f})$. Nach (20.4) (i) ist $\sum_{i,j} \nu_{i,j}(\bar{f}) = d(d-1)$. So wird $e = \sum_i e_i = rd - \sum_{i,j} \nu_{i,j}(\bar{f}) = rd - d(d-1)$. Die Eulersche Polyederformel liefert deshalb

$$g = \frac{2-e+k-s}{2} = \frac{2-rd+d(d-1)+rd-2d}{2} = \frac{(d-1)(d-2)}{2}.$$ ○

(20.7) **Beispiel:** Sei $X \subseteq \mathbb{P}^2$ eine singularitätenfreie Kurve vom Grad 2. Nach der eben angegebenen Formel für das Geschlecht muss X das Geschlecht 0 haben, d.h. bezüglich der starken Topologie homöomorph zur 2-Sphäre S^2 sein. In der Tat gilt mehr, denn es besteht sogar ein Isomorphismus

(i) $X \cong \mathbb{P}^1$.

Wir können nämlich schreiben $I^+_{\mathbb{P}^2}(X) = (f)$, wo $f \in \mathbb{C}[z_0, z_1, z_2]_2 - \{0\}$ ein homogenes irreduzibles Polynom vom Grad 2 ist. Aus der linearen Algebra weiss man, dass sich symmetrische Bilinearformen über $\mathbb{C}$ auf Diagonalgestalt bringen lassen. Nach einer linearen Variablensubstitution können wir also schreiben

$$f = \varepsilon_0 z_0^2 - \varepsilon_1 z_1^2 - \varepsilon_2 z_2^2, \quad (\varepsilon_i \in \{0, 1\}).$$

Bei diesem Übergang bleibt f irreduzibel. Deshalb gilt $\varepsilon_i = 1$ $(i = 0, 1, 2)$. Wir können also annehmen, es sei $f = z_0^2 - z_1^2 - z_2^2$, also $X = V_{\mathbb{P}^2}^+(z_0^2 - z_1^2 - z_2^2)$. Verstehen wir die Gerade $\mathbb{P}^1$ mit den homogenen Koordinatenfunktionen w_0, w_1, so gilt für die durch $(w_0 : w_1) \mapsto (w_0^2 : w_0\, w_1 : w_1^2)$ definierte 2-te Veronese-Einbettung: $\mathbb{P}^1 \to \mathbb{P}^2$ offenbar: $(\mathbb{P}^1) = X$. Weil v eine abgeschlossene Einbettung ist, erhalten wir einen Isomorphismus $\mathbb{P}^1 \xrightarrow{\cong} X$.

Die singularitätenfreien Kurven $X \subseteq \mathbb{P}^2$ vom Grad 2 sind also alle isomorph zu $\mathbb{P}^1 \approx S^2$. Ist X eine solche Kurve, so hat die Ferngerade $L = V_{\mathbb{P}}^+(z_0)$ nach Bézout mit X einen einzigen oder dann zwei Punkte gemeinsam. Entfernen wir diese Schnittpunkte aus X – es handelt sich um die Fernpunkte von X bezüglich der affinen Karte $U_0\mathbb{P}^2$ – so erhalten wir die Spur $X_0 = X \cap U_0\mathbb{P}^1$ von X auf dieser Karte. Es ergeben sich also zwei Möglichkeiten:

(ii) (a) *X hat einen Fernpunkt* $\Rightarrow X_0 \cong \mathbb{P}^1$*–Punkt* $\cong \mathbb{A}^1 \approx S^2$*–Punkt.*
(b) *X hat zwei Fernpunkte* $\Rightarrow X_0 \cong \mathbb{P}^1$*–2 Punkte* $\cong \mathbb{A}^1$*–Punkt* $\approx S^2$*– 2 Punkte.*

Da man jede affine irreduzible Kurve $Y \subseteq \mathbb{A}^2$ vom Grad 2 als Spur X_0 einer singularitätenfreien Kurve $X \subseteq \mathbb{P}^2$ vom Grad 2 verstehen kann, ergibt sich:

(iii) *Ist $Y \subseteq \mathbb{A}^2$ singularitätenfrei und vom Grad 2, so gilt $Y \cong \mathbb{A}^1$ oder $Y \cong \mathbb{A}^1 - \{\mathbf{0}\}$.*

○

Tangenten und Wendepunkte: Wir wollen das in Kapitel I für affine Hyperflächen definierte Konzept der Tangente auch im projektiven Fall zur Verfügung haben.

(20.8) **Definitionen und Bemerkungen:** A) Sei $X \subseteq \mathbb{P}^n$ eine abgeschlossene Hyperfläche und sei $p \in X$. Sei $L \subseteq \mathbb{P}^n$ eine projektive Gerade mit $p \in L$. Dann gilt

(i) $\mu_p(X \cdot L) \geqslant \mu_p(X)$.

Beweis: Wir können X als den projektiven Abschluss einer Hyperfläche $Y \subseteq \mathbb{A}^n$ auffassen, L als den projektiven Abschluss einer Geraden $H \subseteq \mathbb{A}^n$ und annehmen, es sei $p \in Y \cap H$. Wegen $\mu_p(X) = \mu_p(Y) \leqslant \mu_p(Y \cdot H)$ (vgl. (3.19)) schliessen wir mit (19.12) (iix).

B) In Anlehnung an (4.1) definieren wir jetzt:

(ii) *L Tangente an X in p* $: \Leftrightarrow \mu_p(X \cdot L) > \mu_p(X)$.

Entsprechend definieren wir den *projektiven Tangentialkegel* $\bar{c}T_p(X)$ an X in p als die Vereinigung aller projektiver Tangenten an X in p:

(iii) $$\bar{c}T_p(X) = \bigcup_{L=\text{Tangente an } X \text{ in } p} L.$$

C) Natürlich haben wir mit dem Obigen keine wirklich neuen Begriffe eingeführt. Ist nämlich $Y \subseteq \mathbb{A}^n$ eine affine Hyperfläche, ist $p \in Y$ und steht $\overline{\cdot}$ für den projektiven Abschluss (vgl. (19.12) (iix)), so gilt

(iv) (a) *H Tangente an Y in $p \Leftrightarrow \overline{H}$ Tangente an $\overline{Y}$ in p.*
(b) $\bar{c}T_p(\overline{Y}) = \overline{cT_p(Y)}$.

D) Natürlich kann man jetzt durch Übergang zu affinen Karten sofort auch hier einen *Vielfachheitsbegriff für Tangenten* definieren. Wir verzichten darauf, dies im einzelnen durchzuführen.

E) Für projektive Kurven halten wir fest:

(v) *Sei $X \subseteq \mathbb{P}^2$ eine Kurve und sei $p \in$* Reg (X). *Dann besitzt X genau eine Tangente in p.*

Beweis: Im Affinen gilt diese Aussage nach (4.10). Jetzt schliesst man mit (iv). ○

(20.9) **Definition:** Sei $X \subseteq \mathbb{P}^2$ eine Kurve und sei $p \in \operatorname{Reg}(X)$. Sei L die Tangente an X in p (vgl. (20.8) (v)). Dann wissen wir nach (20.8) (i), dass $\mu_p(X \cdot L) > 1 = \mu_p(X)$, also dass

(i) $$o_p(X) := \mu_p(X \cdot L) - 2 \geqslant 0.$$

Ist $o_p(X) > 0$, so nennen wir p einen *Wendepunkt* von X. Andernfalls nennen wir p einen *gewöhnlichen regulären Punkt* von X. $o_p(X)$ heisst die *Ordnung* des regulären Punktes $p \in X$. Diese ist positiv genau dann, wenn p ein Wendepunkt ist:

(ii) $$o_p(X) > 0 \Leftrightarrow p \textit{ ist Wendepunkt von } X, \ (p \in \operatorname{Reg}(X)).$$

Wegen $\mu_p(X \cdot L) \leqslant \operatorname{Grad}(X) \cdot \operatorname{Grad}(L) = \operatorname{Grad}(X)$ gilt:

(iii) $$0 \leqslant o_p(X) \leqslant \operatorname{Grad}(X) - 2, \quad (p \in \operatorname{Reg}(X)).$$

Ist $o_p(X) = 1$, so nennen wir p einen *einfachen Wendepunkt.*

Eine Gerade $L \subseteq \mathbb{P}^2$, welche Tangente an X in einem Wendepunkt ist, nennen wir eine *Wendetangente* an X.

(20.10) **Satz:** *Sei $X \subseteq \mathbb{P}^2$ eine singularitätenfreie Kurve, und sei $L \subseteq \mathbb{P}^2$ eine Gerade. Dann gilt:*

(i) *L ist Tangente an $X \Leftrightarrow \# X \cap L <$* Grad (X).

(ii) *L ist Wendetangente an $X \Leftrightarrow \# X \cap L <$* Grad $(X) - 1$.

Beweis: Nach Bézout gilt $\sum_{p \in X \cap L} \mu_p(X \cdot L) = \text{Grad}\,(X) \cdot \text{Grad}\,(L) = \text{Grad}\,(X)$. Daraus ist alles klar. □

Die Hesse-Form. Wir wollen jetzt ein Hilfsmittel zur Behandlung der Wendepunkte ebener Kurven einführen.

(20.11) **Definition und Bemerkung:** A) Sei $f \in \mathbb{C}[z_0, z_1, z_2]$ ein homogenes Polynom vom Grad $\geqslant 3$. Wir definieren die *Hesse-Form* von f als das folgende Polynom

(i)
$$f_H := \det \begin{pmatrix} \frac{\partial^2 f}{\partial z_0^2} & \frac{\partial^2 f}{\partial z_0\, \partial z_1} & \frac{\partial^2 f}{\partial z_0\, \partial z_2} \\ \frac{\partial^2 f}{\partial z_0\, \partial z_1} & \frac{\partial^2 f}{\partial z_1^2} & \frac{\partial^2 f}{\partial z_1\, \partial z_2} \\ \frac{\partial^2 f}{\partial z_0\, \partial z_2} & \frac{\partial^2 f}{\partial z_1\, \partial z_2} & \frac{\partial^2 f}{\partial z_2^2} \end{pmatrix} \in \mathbb{C}[z_0, z_1, z_2]$$

Aus dieser Definition ist sofort klar:

(ii) *f_H ist homogen mit* Grad $(f_H) = 3\,(\text{Grad}\,(f) - 2)$.

Die in (i) erscheinende Matrix $\left(\frac{\partial^2 f}{\partial z_i\, \partial z_j} \,\middle|\, 0 \leqslant i, j \leqslant 2 \right) \in \mathbb{C}[z_0, z_1, z_2]^3$ nennen wir die *Hesse-Matrix* von f.

B) Wir wählen eine reguläre 3×3-Matrix

$$A := \begin{pmatrix} a_{00} & a_{01} & a_{02} \\ a_{10} & a_{11} & a_{12} \\ a_{20} & a_{21} & a_{22} \end{pmatrix} \in \mathbb{C}^{3 \times 3}.$$

Ist $f \in \mathbb{C}[z_0, z_1, z_2]$ ein homogenes Polynom, so setzen wir

(iii)
$$f^{(A)}(z_0, z_1, z_2) := f\Big(\sum_{i=0}^{2} a_{0,i}\, z_i, \sum_{i=0}^{2} a_{1i}\, z_i, \sum_{i=0}^{2} a_{2,i}\, z_i\Big).$$

$f^{(A)}$ ist dann homogen vom selben Grad wie f. Fassen wir $f^{(A)}$ als Funktion von $\mathbb{C}^3$ nach $\mathbb{C}$ auf, so handelt es sich um die Komposition $f \cdot A$ der durch A

definierten linearen Abbildung $\mathbb{C}^3 \to \mathbb{C}^3$ mit der Funktion f. Entsprechend erhält man für die Hesse-Matrizen die Beziehung

(iv) $$\left[\frac{\partial^2 f^{(A)}}{\partial z_i\, \partial z_j}\right] = A \left[\left(\frac{\partial^2 f}{\partial z_i\, \partial z_j}\right)^{(A)}\right] A^T.$$

Für die Hesse-Formen folgt also:

(v) $$(f^{(A)})_H = \det(A)^2\, (f_H)^{(A)}.$$

(20.12) **Lemma:** *Sei $X \subseteq \mathbb{P}^2$ eine projektive, irreduzible Kurve vom Grad $d \geqslant 2$ und sei $f \in \mathbb{C}[z_0, z_1, z_2]_d$ derart, dass $I^+_{\mathbb{P}^2}(X) = (f)$. Sei $p \in Reg\,(X)$. Dann gilt*

$$o_p(X) = \mu_p(f \cdot f_H)$$

Beweis: Im Hinblick auf (20.11) (v) ist die Behauptung invariant unter linearen Koordinatentransformationen. Wir können deshalb annehmen, es sei $p = (1:0:0)$ und $L = V^+_{\mathbb{P}^2}(z_1)$ sei die Tangente an X in p. Wir schreiben $f = z_1 g + h$, wo $g \in \mathbb{C}[z_0, z_1, z_2]_{d-1}$, $h \in \mathbb{C}[z_0, z_2]_d$. Wegen $(f, z_1) = (h, z_1)$ ist $\mu_p(h \cdot z_1) = \mu_p(f \cdot z_1) = \mu_p(X \cdot L) > 1$. Dies ist nur möglich, falls $h \in (z_2^2)$. Wegen der Irreduzibilität von f ist $h \neq 0$. Wir können also schreiben $h = z_2^r\, l$, wo $r \geqslant 2$, $l \in \mathbb{C}[z_0, z_2]_{d-r}$, $l \notin (z_2)$. Es folgt $\mu_p(h \cdot z_1) = r$, also $o_p(X) = \mu_p(X \cdot L) - 2 = \mu_p(h \cdot z_1) - 2 = r - 2$.

Wir wollen jetzt $\mu_p(f \cdot f_H)$ bestimmen. Wir schreiben dazu $f = z_1\, g + z_2^r\, l$ und erhalten

$$\frac{\partial^2 f}{\partial z_0^2} = z_1 \frac{\partial^2 g}{\partial z_0^2} + z_2^r \frac{\partial^2 l}{\partial z_0^2},$$

$$\frac{\partial^2 f}{\partial z_0\, \partial z_2} = z_1 \frac{\partial^2 g}{\partial z_0\, \partial z_2} + z_2^{r-1}\left(z_2 \frac{\partial^2 l}{\partial z_0\, \partial z_2} + r \frac{\partial l}{\partial z_0}\right),$$

$$\frac{\partial^2 f}{\partial z_2^2} = z_1 \frac{\partial^2 g}{\partial z_2^2} + r(r-1)\, z_2^{r-2} l + z_2^{r-1}\left(2 \frac{\partial l}{\partial z_2} + z_2 \frac{\partial^2 l}{\partial z_2}\right).$$

Weiter ist

$$f_H = \frac{\partial^2 f}{\partial z_0^2} \frac{\partial^2 f}{\partial z_1^2} \frac{\partial^2 f}{\partial z_2^2} + 2 \frac{\partial^2 f}{\partial z_0\, \partial z_1} \frac{\partial^2 f}{\partial z_1\, \partial z_2} \frac{\partial^2 f}{\partial z_0\, \partial z_2} -$$

$$- \left(\frac{\partial^2 f}{\partial z_0\, \partial z_2}\right)^2 \left(\frac{\partial^2 f}{\partial z_1^2}\right) - \left(\frac{\partial^2 f}{\partial z_0\, \partial z_1}\right)^2 \left(\frac{\partial^2 f}{\partial z_2^2}\right) - \left(\frac{\partial^2 f}{\partial z_1\, \partial z_2}\right) \left(\frac{\partial^2 f}{\partial z_0^2}\right).$$

Gemäss den obigen Gleichungen gilt dabei

$$\frac{\partial^2 f}{\partial z_0^2}\frac{\partial^2 f}{\partial z_1^2}\frac{\partial^2 f}{\partial z_2^2},\quad 2\frac{\partial^2 f}{\partial z_0\,\partial z_1}\frac{\partial^2 f}{\partial z_1\,\partial z_2}\frac{\partial^2 f}{\partial z_0\,\partial z_2},\quad \left(\frac{\partial^2 f}{\partial z_0\,\partial z_2}\right)^2\left(\frac{\partial^2 f}{\partial z_1^2}\right),$$
$$\left(\frac{\partial^2 f}{\partial z_1\,\partial z_2}\right)\left(\frac{\partial^2 f}{\partial z_0^2}\right)\in (z_1, z_2^{r-1})$$

und

$$\left(\frac{\partial^2 f}{\partial z_0\,\partial z_1}\right)^2\left(\frac{\partial^2 f}{\partial z_2^2}\right) = U + r(r-1)\left(\frac{\partial^2 f}{\partial z_0\,\partial z_1}\right)^2 z_2^{r-2} l, \quad \text{mit} \quad U\in (z_1, z_2^{r-1}).$$

Wir können also schreiben $f_H = z_1\,\tilde{g} + z_2^{r-2}\tilde{l}$ mit $\tilde{g}\in \mathbb{C}[z_0, z_1, z_2]$ und $\tilde{l}\in\mathbb{C}[z_0, z_1]$. Wir behaupten, dass in dieser Darstellung gelten muss $\tilde{l}\notin (z_2)$. Nehmen wir nämlich das Gegenteil an, so ist $f_H\in (z_1, z_2^{r-1})$ und aus dem Obigen folgt $\left(\frac{\partial^2 f}{\partial z_0\,\partial z_1}\right)^2 z_2^{r-2}\, l\in (z_2^{r-2})\cap(z_1, z_2^{r-1}) = (z_1\, z_2^{r-2}, z_2^{r-1}) = z_2^{r-2}(z_1, z_2)$. Entsprechend folgt in $\mathbb{C}[z_0, z_1, z_2]$ die Beziehung $\left(\frac{\partial^2 f}{\partial z_0\,\partial z_1}\right)^2 l\in (z_1, z_2)$. Wegen $l\notin (z_1, z_2)$ und weil (z_1, z_2) prim ist, ergibt sich $\frac{\partial^2 f}{\partial z_0\,\partial z_1}\in (z_1, z_2)$. Wegen

$$\frac{\partial^2 f}{\partial z_0\,\partial z_1} = \frac{\partial^2}{\partial z_0\,\partial z_1}(z_1 g + z_2^r l) = \frac{\partial g}{\partial z_0} + z_1\frac{\partial^2 g}{\partial z_0\,\partial z_1}$$

folgt $\frac{\partial g}{\partial z_0}\in (z_1, z_2)$. Entsprechend wird $g = z_0\, t + s$, wo $t\in (z_1, z_2)$ und wo $s\in\mathbb{C}[z_1, z_2]_{d-1}\subseteq (z_1, z_2)$. Folglich ist $g\in (z_1, z_2)$, also $f\in (z_1^2, z_1 z_2, z_2^2) = (z_1, z_2)^2$. Schreiben wir $\cdot\,^*$ für das Dehomogenisieren bezüglich z_0, so folgt $f^*\in\mathfrak{m}_{\mathbb{A}^2, 0}^2$. Wegen $I_{\mathbb{P}^2, 0}(X) = I_{\mathbb{A}^2, 0}(X\cap\mathbb{A}^2) = (f^*)$ folgt $\mu_p(X) = \nu_p(f^*)\geqslant 2$, was der Regularität von X in p widerspricht. Also ist $\tilde{l}(z_0, z_2)\notin (z_2)$.

Insbesondere ist $\tilde{l}^* = l(1, z_2)\notin (z_1, z_2)$, also $\tilde{l}^*$ invertierbar in $\mathcal{O}_{\mathbb{A}^2, 0} = \mathcal{O}_{\mathbb{P}^2, p}$. Wegen $f^* = z_1\, g^* + z_2^r\, l^*$ ist g^* ebenfalls invertierbar in diesem Ring, denn sonst wäre $\mu_p(X) = \nu_p(f^*) > 1$. Wir erhalten so das lineare Gleichungssystem

$$A\begin{pmatrix} z_1 \\ z_2^{r-2}\end{pmatrix} = \begin{pmatrix} f^* \\ f_H^*\end{pmatrix};\quad A = \begin{pmatrix} g^* & z_2^r\, l^* \\ \tilde{g}^* & \tilde{l}^*\end{pmatrix}\in\mathcal{O}_{\mathbb{P}^2, p}^{2\times 2}.$$

Dabei ist $\det(A) = g^*\, l^* - \tilde{g}^*\, z_2^r\, l^*\in\mathcal{O}_{\mathbb{P}^2, p} - \mathfrak{m}_{\mathbb{P}^2, p}$, also A invertierbar. Es folgt

$$\begin{pmatrix} z_1 \\ z_2^{r-2}\end{pmatrix} = A^{-1}\begin{pmatrix} f^* \\ f_H^*\end{pmatrix},\quad A^{-1}\in\mathcal{O}_{\mathbb{P}^2, p}^{2\times 2},$$

also $z_1, z_2^{r-2}\in (f^*, f_H^*)$, mithin $(z_1, z_2^{r-2}) = (f^*, f_H^*)$.

Damit erhalten wir schliesslich

$$\mu_p(f \cdot f_H) = l(\mathcal{O}_{\mathbb{P}^2,p} / (f^*, f_H^*)) = l(\mathcal{O}_{\mathbb{P}^2,p} / (z_1, z_2^{r-2})) = r-2 = o_p(X). \quad \square$$

(20.13) **Satz:** *Sei $X \subseteq \mathbb{P}^2$ eine singularitätenfreie projektive Kurve vom Grad >1. Dann gilt*

$$\sum_{p \in X} o_p(X) = 3 \operatorname{Grad}(X)(\operatorname{Grad}(X)-2).$$

Beweis: Wir setzen $\operatorname{Grad}(X) = d$ und schreiben $I^+_{\mathbb{P}^2}(X) = (f)$, wo $f \in \mathbb{C}[z_0, z_1, z_2]$ homogen vom Grad d ist. Nach (20.11) ist dann $\operatorname{Grad}(f_H) = 3(d-2)$. Unter Beachtung von (20.12) und (20.2) folgt $\sum_{p \in X} o_p(X) = \sum_{p \in X} \mu_p(f \cdot f_H) = d\,3(d-2) = 3d(d-2)$. $\square$

(20.14) **Korollar:** *Eine singularitätenfreie projektive Kurve $X \subseteq \mathbb{P}^2$ vom* Grad $d>1$ *hat höchstens $3d(d-2)$ Wendepunkte.*

Beweis: $p \in X$ ist genau dann ein Wendepunkt, wenn $o_p(X) > 0$. $\square$

(20.15) **Korollar:** *Eine singularitätenfreie projektive Kurve $X \subseteq \mathbb{P}^2$ vom Grad 3 hat genau 9 Wendepunkte. Diese sind alle einfach. Weiter existieren genau 9 Wendetangenten. Es handelt sich dabei um die Geraden, welche X genau in einem Punkt (dem zugehörigen Wendepunkt) treffen.*

Beweis: Nach (20.10) (iii) ist $o_p(X) \leqslant 1$ für alle $p \in X$. Wegen $\sum_{p \in X} o_p(X) = 3 \cdot 3(3-2) = 9$ (vgl. (20.13)) folgt die Aussage über die Wendepunkte. Die Aussage über die Wendetangenten ergibt sich jetzt sofort aus (20.10). $\square$

Die Gruppenstruktur der kubischen Kurven. Wir wollen jetzt die in Beispiel (1.7) durchgeführte Konstruktion im Rahmen der singularitätenfreien Kurven $X \subseteq \mathbb{P}^2$ von Grad 3 allgemein verstehen.

(20.16) **Definitionen und Bemerkungen:** A) Sei $X \subseteq \mathbb{P}^2$ eine singularitätenfreie projektive Kurve vom Grad 3. Eine solche Kurve wollen wir auch kurz eine *kubische Kurve* in $\mathbb{P}^2$ nennen.

Sind $p, q \in X$ zwei verschiedene Punkte, so schreiben wir $L_{p,q}$ für die durch p und q laufende Gerade. Ist $p = q$, so definieren wir $L_{p,p}$ als die Tangente von X in p. Nach Bézout gilt in jedem Fall $\sum_{s \in X \cap L_{p,q}} \mu_s(X \cdot L_{p,q}) = 3$, wobei $\mu_p(X \cdot L_{p,q}) \geqslant 1$.

Deshalb ist klar:

(i) *Zu je zwei Punkten* $p, q \in X$ *gibt es genau einen Punkt* $\langle p, q\rangle \in X$ *mit* $X \cap L_{p,q} = \{p, q, \langle p, q\rangle\}$.

$\langle p, q\rangle$ nennen wir den *Verbindungspunkt* von p und q.

B) Sei weiterhin $X \subseteq \mathbb{P}^2$ eine kubische Kurve. Dann gilt:

(ii) (a) $\langle p, q\rangle = \langle q, p\rangle$.
(b) $\langle p, \langle p, q\rangle\rangle = q$.
(c) $\langle p, p\rangle = p \Leftrightarrow p =$ *Wendepunkt*.

Beweis: (a) und (b) sind klar aus (i). (c) folgt aus (20.15).

(iii) *Die durch* $p \times q \mapsto \langle p, q\rangle$ *definierte Abbildung* $X \times X \xrightarrow{\langle\cdot,\cdot\rangle} X$ *ist ein Morphismus.*

Beweis: Sei $I^+_{\mathbb{P}^2}(X) = (f)$, wo $f(z_0, z_1, z_2)$ homogen vom Grad 3 ist. Zuerst zeigen wir, dass $p \times q \mapsto \langle p, q\rangle$ Zariski-stetig ist. Weil X eine Kurve ist, sind die abgeschlossenen Mengen in X (nebst X und $\emptyset$) gerade die endlichen Mengen. Es genügt deshalb zu zeigen, dass $\{p \times q \in X \times X \mid \langle p, q\rangle = s\}$ für jeden festen Punkt $s \in X$ abgeschlossen ist. Weil $X \times X$ abgeschlossen ist im Segre-Produkt $\mathbb{P}^2 \times \mathbb{P}^2 \subseteq \mathbb{P}^8$, genügt es zu zeigen, dass die Menge aller Punkte $p \times q \in \mathbb{P}^2 \times \mathbb{P}^2$, für welche p, q und s auf einer Geraden liegen, abgeschlossen ist. Dazu schreiben wir $s = (c_0 : c_1 : c_2)$, $p = (a_0 : a_1 : a_2)$, $q = (b_0 : b_1 : b_2)$. Die Kollinearität der Punkte p, q, s bedeutet dann, dass

$$\det \begin{pmatrix} a_0 & b_0 & c_0 \\ a_1 & b_1 & c_1 \\ a_2 & b_2 & c_2 \end{pmatrix} = 0, \quad \text{also}$$

$c_0(a_1 b_2 - a_2 b_1) + c_1 (b_0 a_2 - a_2 b_0) + c_2 (a_0 b_1 - a_1 b_0) = 0$. Da in $\mathbb{P}^8$ andrerseits $p \times q = (a_0 b_0 : a_0 b_1 : \ldots : a_2 b_2)$, drückt diese Gleichung eine abgeschlossene Bedingung aus. Dies beweist die Stetigkeit.

Sei jetzt $p_0 \times q_0 \in X \times Y$. Wir finden eine Gerade $H \subseteq \mathbb{P}^2$ mit $p_0, q_0, \langle p_0, q_0\rangle \notin H$. Wegen der bewiesenen Stetigkeit finden wir dann eine offene Umgebung $U \subseteq X \times X$ von $p_0 \times q_0$ derart, dass $p, q, \langle p, q\rangle \notin H$ für alle $p \times q \in U$. Es genügt jetzt zu zeigen, dass $\langle\cdot,\cdot\rangle : U \to X$ ein Morphismus ist. Nach geeigneter Koordinatenwahl können wir annehmen, H sei die Ferngerade $V^+_{\mathbb{P}^2}(z_0)$ und X treffe H in $(0:0:1)$. Für $p \times q \in U$ gilt dann $p, q, \langle p, q\rangle \in U_0\mathbb{P}^2 = \mathbb{A}^2$ und $(0:0:1) \notin L_{p,q}$. Letzteres bedeutet, dass $L^0_{p,q} = \mathbb{A}^2 \cap L_{p,q}$ nie zur z_2-Achse parallel liegt. Die Dehomogenisierung $f_{[z_0=1]} =: g \in \mathbb{C}[z_1, z_2]$ ist vom Grad 3 und erfüllt $I_{\mathbb{A}^2}(\mathbb{A}^2 \cap X) = (g)$.

Wir fassen $p = (a_1, a_2)$, $q = (b_1, b_2)$ als Punkte von $\mathbb{A}^2$ auf. Ist $q \neq p$, so ist $a_1 \neq b_1$ (wegen $L^0_{p,q} \neq V(z_2)$), und somit ist $L^0_{p,q}$ gegeben durch

$$z_2 = \frac{b_2 - a_2}{b_1 - a_1} z_1 + a_2 - \frac{b_2 - a_2}{b_1 - a_1} a_1.$$

Dabei ist $\frac{b_2-a_2}{b_1-a_1}-g'(a_1) =: \rho(\boldsymbol{a}, \boldsymbol{b})$ eine auf U definierte rationale Funktion mit $\rho(\boldsymbol{a}, \boldsymbol{a})=0$. Ersetzen wir in der obigen Gleichung $\frac{b_2-a_2}{b_1-a_1}$ durch $u(\boldsymbol{a}, \boldsymbol{b})=g'(a_1)+\rho(\boldsymbol{a}, \boldsymbol{b})$ und setzen wir $v(\boldsymbol{a}, \boldsymbol{b})=a_2-u(\boldsymbol{a}, \boldsymbol{b})a_1$, so gilt für alle Paare $p\times q=(\boldsymbol{a}, \boldsymbol{b})$ die Gleichung

$$z_2 = u(\boldsymbol{a}, \boldsymbol{b})z_1+v(\boldsymbol{a}, \boldsymbol{b}) := l(z_1; \boldsymbol{a}, \boldsymbol{b}).$$

$g(z_1, l(z_1; \boldsymbol{a}, \boldsymbol{b}))$ ist ein Polynom vom Grad 3, dessen Nullstellen gerade die Abszissen der Punkte aus $L_{p,q}\cap X$ sind. Dabei sind die Koeffizienten rationale Funktionen in $\boldsymbol{a}$ und $\boldsymbol{b}$. Insbesondere sind a_1 und b_1 Nullstellen. Sei e_1 die dritte (mit Vielfachheit gezählte) Nullstelle. Koeffizientenvergleich bei z_1^2 liefert dann eine Gleichung $e_1=t(\boldsymbol{a}, \boldsymbol{b})-a_1-b_1 =: w(\boldsymbol{a}, \boldsymbol{b})$, wo t auf U definiert und rational ist. Damit ist $\langle p, q\rangle=(e_1, l(e_1, \boldsymbol{a}, \boldsymbol{b}))=(w(\boldsymbol{a}, \boldsymbol{b}), l(w(\boldsymbol{a}, \boldsymbol{b}); \boldsymbol{a}, \boldsymbol{b}))$. Die Komponentenfunktionen von $\langle\cdot,\cdot\rangle: U\to X$ sind also rational. ○

Wir wollen jetzt einen Schritt weiter gehen und vermöge der Operation $p\times q\mapsto\langle p, q\rangle$ eine Gruppenoperation auf der kubischen Kuve X definieren.

(20.17) **Definition und Bemerkungen:** A) Sei $X\subseteq\mathbb{P}^2$ eine kubische Kurve. Wir wählen einen festen Punkt $e\in X$. Sind $p, q\in X$, so definieren wir das *Produkt* von p und q durch

(i) $$p * q := \langle e, \langle p, q\rangle\rangle.$$

Im Reellen ergibt sich die folgende Veranschaulichung:

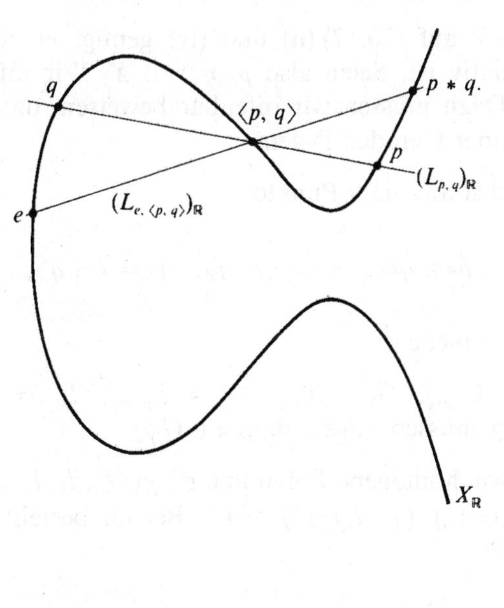

B) Leicht prüft man die folgenden Regeln nach:

(ii) (a) $p * q = q * p$.
(b) $p * e = e * p = p$.
(c) $p * \langle p, \langle e, e \rangle \rangle = e$.

Wir setzen

(iii) $p^{-1} := \langle p, \langle e, e \rangle \rangle$

und können (ii) (c) dann schreiben als $p*p^{-1} = p^{-1}*p = e$.

Aus (20.16) (iii) folgt schliesslich:

(iv) *Die beiden Abbildungen*

$$X \times X \xrightarrow{*} X, \quad (p \times q \mapsto p * q)$$
$$X \xrightarrow{\cdot^{-1}} X, \quad (p \mapsto p^{-1})$$

sind Morphismen. ○

Unter einer *algebraischen Gruppe* verstehen wir eine quasiprojektive Varietät X, versehen mit einer Gruppenoperation $\cdot$, so dass die Abbildungen $X \times X \xrightarrow{\pi} X, (p \times q \mapsto p \cdot q)$ und $X \xrightarrow{\tau} X\ (p \mapsto p^{-1})$ Morphismen sind (vgl. Abschnitt 8).

(20.18) **Satz:** *Sei $X \subseteq \mathbb{P}^2$ eine kubische Kurve, sei $e \in X$ und sei $* : X \times X \to X$ gemäss (20.17) (i) definiert. Dann ist $(X, *)$ eine kommutative algebraische Gruppe mit Neutralement e.*

Beweis: Im Hinblick auf (20.17) (ii) und (iv) genügt es zu zeigen, dass die Operation $*$ assoziativ ist. Seien also $p, q, r \in X$. Wir müssen zeigen, dass $(p*q)*r = p*(q*r)$. Dazu müssen wir offenbar beweisen, dass die 3 Punkte p, $\langle p*q, r \rangle$, $q*r$ auf einer Geraden liegen.

Wir nehmen zunächst an, die 9 Punkte

$$e, p, q, r, p*q, q*r, \quad s := \langle p, q \rangle, \quad t := \langle r, q \rangle, \quad u := \langle p*q, r \rangle$$

seien paarweise verschieden.

Wir setzen $G_1 := L_{e, p*q}$, $G_2 := L_{r, q}$, $G_3 := L_{p, q*r}$, $L_1 := L_{p, q}$, $L_2 := L_{r, p*q}$, $L_3 := \langle e, q*r \rangle$. Wir müssen zeigen, dass $u \in G_3$.

Zunächst wählen wir homogene Polynome $g_1, g_2, g_3, l_1, l_2, l_3$ vom Grad 1 mit $I^+_{\mathbb{P}^2}(G_i) = (g_i)$, $I^+_{\mathbb{P}^2}(L_j) = (l_j)$, $(1 \leqslant i, j \leqslant 3)$. Nach Bézout besteht der Durchschnitt

$V_+(l_1\, l_2\, l_3) \cap X$ aus höchstens 9 Punkten. Weil die oben angeführten Punkte zu diesem Durchschnitt gehören, folgt $V_+(l_1\, l_2\, l_3) \cap X = \{e, p, q, r, p{*}q, q{*}r, s, t, u\}$.

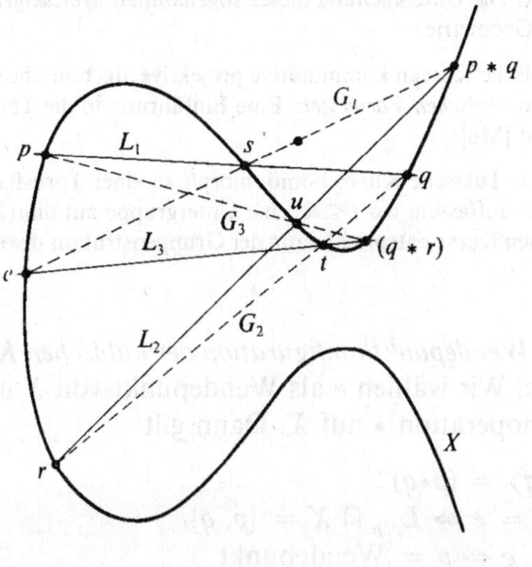

Weiter gilt $G_1 \cap X = \{e, s, p{*}q\}$. Wir wählen einen Punkt $v \in G_1 - X$. $f \in \mathbb{C}[z_0, z_1, z_2]$ sei das homogene Polynom vom Grad 3, welches X definiert. Offenbar finden wir ein Zahlenpaar $(\lambda, \mu) \in \mathbb{C}^2 - \{0, 0\}$ derart, dass $v \in V^+_{\mathbb{P}^2}(\lambda f + \mu l_1\, l_2\, l_3)$. Wir setzen $h = \lambda f + \mu l_1\, l_2\, l_3$. h ist ein homogenes Polynom von Grad 3, und der Durchschnitt $V^+_{\mathbb{P}^2}(g_1) \cap V^+_{\mathbb{P}^2}(h)$ enthält die 4 Punkte e, s, $p{*}q$, v. Nach (20.2) ist dies nur möglich, wenn g_1 und h einen gemeinsamen Primfaktor haben. Dieser muss dann natürlich g_1 sein. Wir können also schreiben $h = g_1\, m$, wo m homogen von Grad 2 ist. Offenbar gehören unsere 9 Punkte zu $V^+_{\mathbb{P}^2}(h) = V^+_{\mathbb{P}^2}(g_1) \cup V^+_{\mathbb{P}^2}(m) = G_1 \cup V^+_{\mathbb{P}^2}(m)$. Daraus folgt aber $p, q, r, q{*}r, t, u \in V^+_{\mathbb{P}^2}(m)$, denn diese 6 Punkte gehören nicht zu G_1. Weiter gilt $r, q, t \in V^+_{\mathbb{P}^2}(g_2) \cap V^+_{\mathbb{P}^2}(m)$. Über (20.2) folgt jetzt wie oben $m = g_2\, n$, wo $n \in \mathbb{C}[z_0, z_1, z_2]$ homogen vom Grad 1 ist. Die Punkte p, $q{*}r$, u gehören nicht zu $V^+_{\mathbb{P}^2}(g_2)$, mithin also zu $V^+_{\mathbb{P}^2}(n)$. Wegen $p, q{*}r \in G_3$ gilt $V^+_{\mathbb{P}^2}(n) = G_3$. Es folgt $u \in G_3$. Dies zeigt unsere Behauptung, falls die 9 eingeführten Punkte alle verschieden sind.

Wegen der Morphismus-Eigenschaft der Abbildung $a \times b \mapsto \langle a, b\rangle$ ist das Zusammenfallen je zweier der 9 Punkte eine abgeschlossene Bedingung an den Punkt $p \times q \times r \in X \times X \times X = X^3$. Auf einer dichten offenen Menge $U \subseteq X^3$ sind unsere 9 Punkte also paarweise verschieden. Die durch $p \times q \times r \mapsto p{*}(q{*}r)$, $p \times q \times r \mapsto (p{*}q){*}r$ definierten Morphismen $X^3 \to X$ stimmen deshalb nach dem oben Gezeigten auf U überein. Damit stimmen aber beide Morphismen überhaupt überein. □

Anmerkungen: A) Sei $X = V^+_{\mathbb{P}^2}(f) \subseteq \mathbb{P}^2$ eine kubische Kurve, wo $f \in \mathbb{C}[z_0, z_1, z_2]$ homogen vom Grad 3 ist. Hat f seine Koeffizienten in $\mathbb{Q}$, so sieht man mit dem in (2.16) Gesagten sofort: $p, q \in X_{\mathbb{Q}} \Rightarrow \langle p, q \rangle \in X_{\mathbb{Q}}$. Wählt man $e \in X_{\mathbb{Q}}$, so wird $(X_{\mathbb{Q}}, *)$ deshalb zu einer Untergruppe von $(X, *)$. Der schon im Anschluss an das Beispiel (1.7) erwähnte Satz von Mordell besagt, dass die abelsche Gruppe $(X_{\mathbb{Q}}, *)$ endlich erzeugt ist. Die Untersuchung dieser sogenannten *Mordellgruppen* ist ein wichtiges Feld der arithmetischen Geometrie.

B) Nach (20.18) sind kubische Kurven kommutative projektive algebraische Gruppen und gehören somit zu den sogenannten *abelschen Varietäten*. Eine Einführung in die Theorie dieser Varietäten findet sich in *D* Mumford [Mu].

C) Wie wir wissen, ist jede kubische Kurve homöomorph zu einer Torusfläche. Jede Torusfläche lässt sich als Gruppe $\mathbb{R}^2/\Gamma$ auffassen, wo $\Gamma \subseteq \mathbb{R}^2$ eine Untergruppe mit $\dim(\mathbb{R}\Gamma) = 2$ ist. Die Gruppenstruktur einer kubischen Kurve entspricht dann der Gruppenstruktur des entsprechenden Torus. ○

(20.19) **Anwendung** (*Wendepunktkonfiguration der kubischen Kurven*): Sei $X \subseteq \mathbb{P}^2$ eine kubische Kurve. Wir wählen e als Wendepunkt von X und betrachten die zugehörige Gruppenoperation $*$ auf X. Dann gilt:

(i) (a) $\langle p, q \rangle = (p*q)^{-1}$.
(b) $p^2*q = e \Leftrightarrow L_{p,p} \cap X = \{p, q\}$.
(c) $p^3 = e \Leftrightarrow p =$ Wendepunkt.

Beweis: (a): $L_{e,e}$ ist eine Wendetangente und trifft X deshalb nur im Punkt e. Es ist also $\langle e, e \rangle = e$, also $(p*q)^{-1} = \langle p*q, \langle e, e \rangle \rangle = \langle p*q, e \rangle = \langle \langle e, \langle p, q \rangle \rangle, e \rangle = \langle p, q \rangle$.

(b): $p^2*q = e \Leftrightarrow q = (p*q)^{-1} \Leftrightarrow q = \langle p, q \rangle \Leftrightarrow L_{p,p} \cap X = \{p, q\}$.

(c): $p^3 = e \Leftrightarrow p^2*p = e \Leftrightarrow L_{p,p} \cap X = \{p\} \Leftrightarrow L_{p,p} =$ Wendetangente.

(iii) *Sind $p, q \in X$ zwei verschiedene Wendepunkte, so ist $\langle p, q \rangle$ ein von p und q verschiedener Wendepunkt.*

Beweis: Es ist $\langle p, q \rangle^3 = ((p*q)^{-1})^3 = (p^3*q^3)^{-1} = (e*e)^{-1} = e$, also ist $\langle p, q \rangle$ ein Wendepunkt (vgl. (i) (c)). $L_{p,q}$ ist weder Tangente in p noch in q. Deshalb ist $\langle p, q \rangle \neq p, q$.

Weil X genau 9 Wendepunkte hat, folgt:

(iv) *Zwischen den 9 Wendepunkten von X gibt es genau 12 Verbindungsgeraden. Auf jeder dieser Verbindungsgeraden liegen genau 3 Wendepunkte. Von jedem Wendepunkt aus gehen genau 4 Verbindungsgeraden.* ○

(20.20) **Aufgaben:** (1) Man betrachte die Kurve $X = V_{\mathbb{P}^2}(z_0^4 + z_1^4 - z_2^4)$ und versuche, deren topologische Gestalt mit der Methode von (20.6) zu bestimmen.

(2) Man zeige, dass sich 3 Tangenten einer glatten kubischen Kurve $X \subseteq \mathbb{P}^2$ nicht in einem Punkt treffen können.

(3) Man bestimme die Hesse-Form H_f für $f = z_0^n + z_1^n - z_2^n$ $(n > 2)$ und bestimme so die Wendepunkte der Fermat-Kurve $V_{\mathbb{P}^2}(f)$.

(4) Man wähle in (3) $n=3$ und bestimme die Wendepunkte samt ihren Verbindungsgeraden.

(5) Für eine glatte Kurve $X \subseteq \mathbb{P}^3$ vom Grad $\leqslant 3$ gilt $\mathcal{O}_{X,p} \cong \mathcal{O}_{X,q}$, $\forall\, p, q \in X$.

(6) Sei $X \subseteq \mathbb{P}^2$ singularitätenfrei und vom Grad 2. Seien $p_1, \ldots, p_6 \in X$ sechs paarweise verschiedene Punkte, und sei q_1 der Schnittpunkt von $L_1 = L_{p_1, p_2}$ mit $L_4 = L_{p_4 p_5}$, q_2 jener von $L_2 = L_{p_2 p_3}$ mit $L_5 = L_{p_5 p_6}$, q_3 jener von $L_3 = L_{p_3 p_4}$ mit $L_6 = L_{p_6 p_1}$. Man zeige, dass die 9 Punkte $q_1, q_2, q_3, p_1, \ldots, p_6$ paarweise verschieden sind und dass $\{p_1, \ldots, p_6\} = X \cap (L_2 \cup L_4 \cup L_6)$.

(7) In den Bezeichnungen von (6) wähle man $g, h \in \mathbb{C}[z_0, z_1, z_2]$ homogen vom Grad 3 mit $V^+_{\mathbb{P}^2}(g) = L_2 \cup L_4 \cup L_6$ und $V^+_{\mathbb{P}^2}(h) = L_1 \cup L_3 \cup L_5$. Sei $p \in X - \{p_1, \ldots, p_6\}$. Man zeige, dass es $(\lambda, \mu) \in \mathbb{C}^2$ gibt, derart dass $u = \lambda g + \mu h$ homogen vom Grad 3 ist und $p \in V^+_{\mathbb{P}^2}(u)$. Man zeige, dass $u = fl$ mit $l \in \mathbb{C}[z_0, z_1, z_2]$ und schliesse, dass die 3 Punkte q_1, q_2, q_3 auf der Geraden $L = V^+_{\mathbb{P}^2}(l)$ liegen.

(8) Das in (6) und (7) gezeigte Resultat $q_1, q_2, q_3 \in L$ heisst der *Satz von Pascal*. Man mache sich die Bedeutung dieses Satzes im Reellen klar, indem man $X_{\mathbb{R}}$ als Ellipse annimmt. ○

VI. Garben

Sei X eine quasiprojektive Varietät. Ist X affin, so wissen wir, dass X durch den Ring $\mathcal{O}(X)$ bis auf Isomorphie festgelegt ist. Falls X andrerseits projektiv und zusammenhängend ist, gilt $\mathcal{O}(X) = \mathbb{C}$. In diesem Fall liefert uns der Ring $\mathcal{O}(X)$ also keine relevante Information über X. Im Allgemeinen wird man also vermutlich viele Ringe $\mathcal{O}(U)$ ($U \subseteq X$ offen) betrachten müssen, um von den regulären Funktionen Rückschlüsse auf die Struktur von X ziehen zu können. Wir brauchen dazu eine Konstruktion, welche alle Ringe $\mathcal{O}(U)$ beschreibt und es erlaubt, diese zu vergleichen. Eine solche Konstruktion liefert die Garbentheorie – und zwar in Form der Strukturgarbe $\mathcal{O}_X$ von X. Um zu diesem Konzept zu gelangen, führen wir zuerst den Garben-Begriff ein und entwickeln die Elemente der Garbentheorie.

Für beliebige Varietäten ersetzt die Strukturgarbe den im affinen Fall definierten Koordinatenring. Allgemeiner führen wir ein Klasse von Garben ein, welche den endlich erzeugten Moduln über dem Koordinatenring entsprechen – die kohärenten Garben. Diese speziellen Garben sind für die algebraische Geometrie ganz besonders wichtig. Sie haben u.a. die Eigenschaft, dass ihre Struktur lokal durch die sogenannten Halme festgelegt wird. Dies entspricht der Tatsache, dass die lokale Struktur einer Varietät bereits durch deren lokale Ringe bestimmt ist. Eine besondere Klasse kohärenter Garben sind die lokal freien Garben. Diese spielen in der algebraischen Geometrie dieselbe Rolle wie die Vektorbündel in der Differentialgeometrie.

Nebst der Strukturgarbe $\mathcal{O}_X$ einer algebraischen Varietät X führen wir zwei weitere wichtige kohärente Garben ein, nämlich die Tangentialgarbe $\mathcal{T}_X$ und die Garbe Ω_X der Kähler-Differentiale. Wir werden diese Garben eingehend untersuchen und u.a. zeigen, dass Ω_X genau dann lokal frei ist, wenn X keine Singularitäten hat. Um den Zusammenhang zwischen Ω_X und $\mathcal{T}_X$ zu verstehen, führen wir Homomorphismengarben und den Dualisierungsprozess für Garben ein. Wir zeigen dann, dass $\mathcal{T}_X$ zu Ω_X dual ist, und verwenden dies, um Rückschlüsse auf $\mathcal{T}_X$ zu ziehen.

Ausführlich befassen wir uns auch mit den sogenannten invertierbaren Garben, d.h. den lokal freien Garben vom Rang 1 über einer Varietät X. Wir werden sehen, dass deren Isomorphieklassen in natürlicher Weise eine abelsche Gruppe bilden, die sogenannte Picard-Gruppe von X. Um diese Gruppe einzuführen, müssen wir allerdings zuerst Tensorprodukte von Garben definieren. Speziell werden wir zeigen, dass die Picard-Gruppe einer affinen faktoriellen Varietät trivial ist.

Zum Schluss werden wir kohärente Garben über projektiven Varietäten untersuchen. Dabei gehen wir aus von einer abgeschlossenen Teilmenge $X \subseteq \mathbb{P}^d$ und einer kohärenten Garbe $\mathscr{F}$ über X. Ist $n \in \mathbb{Z}$, so definieren wir eine neue (von der Einbettung $X \hookrightarrow \mathbb{P}^d$ abhängige) Garbe $\mathscr{F}(n)$ – die n-te Verdrehung von $\mathscr{F}$. Zuerst werden wir zeigen, dass die invertierbaren Garben über $\mathbb{P}^d$ bis auf Isomorphie von der Form $\mathcal{O}_{\mathbb{P}^d}(n)$ sind. Dies bedeutet, dass die Picard-Gruppe von $\mathbb{P}^d$ (für $d > 0$) isomorph zu $\mathbb{Z}$ ist.

Weiter werden wir sehen, dass sich mit Hilfe der Verdrehungen $\mathscr{F}(n)$ ein bestimmter graduierter Modul $\Gamma_*(X, \mathscr{F})$ über dem homogenen Koordinatenring A von X definieren lässt. Diesen nennt man den totalen Schnittmodul von $\mathscr{F}$. Als fundamentales Resultat beweisen wir den Endlichkeitssatz von Serre, der besagt, dass $\Gamma_*(X, \mathscr{F})_{\geqslant r}$ für alle $r \in \mathbb{Z}$ endlich erzeugt ist. Dieses Ergebnis erlaubt es unter anderem, das Hilbertpolynom und den Grad von $\mathscr{F}$ zu definieren. Dabei wird der Grad der Strukturgarbe $\mathcal{O}_X$ gerade zum Grad von X. Als Ergänzung zum Endlichkeitssatz geben wir schliesslich ein Kriterium dafür, dass der gesamte Modul $\Gamma_*(X, \mathscr{F})$ endlich erzeugt ist.

21. Grundbegriffe der Garbentheorie

Der Garbenbegriff

(21.1) **Definitionen:** A) Sei X ein topologischer Raum. Unter einer *Prägarbe* $\mathscr{F}$ *von abelschen Gruppen* über X versteht man eine Vorschrift

(i) $\qquad U \mapsto \mathscr{F}(U); \quad (U \subseteq X \textit{ offen}),$

welche jeder offenen Menge $U \subseteq X$ eine abelsche Gruppe $\mathscr{F}(U)$ zuordnet und welche jedem Paar $V \subseteq U$ offener Mengen in X einen Gruppenhomomorphismus

(i)′ $\qquad \rho^U_V : \mathscr{F}(U) \to \mathscr{F}(V); \quad (V \subseteq U \subseteq X \textit{ offen})$

zuordnet.

Dabei sollen die folgenden *Prägarbenaxiome* gelten:

(ii) (a) $\mathscr{F}(\emptyset) = \{0\}$.
(b) $\rho^U_U = \mathrm{id}_{\mathscr{F}(U)}; \quad (U \subseteq X \textit{ offen})$.
(c) $\rho^U_W = \rho^V_W \circ \rho^U_V; \quad (W \subseteq V \subseteq U \subseteq X \textit{ offen})$.

B) Ist $\mathscr{F}(U)$ jeweils ein Ring (oder eine $\mathbb{C}$-Algebra), sind die Abbildungen $\rho_V^U: \mathscr{F}(U) \to \mathscr{F}(V)$ jeweils Homomorphismen von Ringen (resp. von $\mathbb{C}$-Algebren) und sind die Axiome (ii) erfüllt (wir betrachten $\{0\}$ hier ausnahmsweise als Ring), so nennen wir $\mathscr{F}$ eine *Prägarbe von Ringen* resp. eine *Prägarbe von* $\mathbb{C}$-*Algebren*.

Sei $\mathscr{A}$ ein Prägarbe von Ringen über X. Ist $\mathscr{F}(U)$ jeweils ein $\mathscr{A}(U)$-Modul und $\rho_V^U: \mathscr{F}(U) \to \mathscr{F}(V)$ jeweils ein Homomorphismus von $\mathscr{A}(U)$-Moduln (d.h. gilt $\rho_V^U(m+n) = \rho_V^U(m) + \rho_V^U(n)$, $\rho_V^U(am) = \rho_V^U(a)\rho_V^U(m)$, $\forall m, n \in \mathscr{F}(U)$, $\forall a \in \mathscr{F}(U)$, so nennen wir die durch $U \mapsto \mathscr{F}(U)$ definierte Zuordnung eine *Prägarbe von* $\mathscr{A}$-*Moduln*.

Sprechen wir in Zukunft von einer Prägarbe schlechthin, so ist immer an eine dieser speziellen Typen von Prägarben zu denken. Bezüglich der Addition sind alle oben definierten Prägarben in kanonischer Weise Prägarben von abelschen Gruppen.

C) Eine Prägarbe $\mathscr{F}$ über X nennen wir eine *Garbe*, wenn sie zusätzlich die sogenannte *Verklebungseigenschaft* hat, welche besagt:

(iii) *Ist $U \subseteq X$ offen, ist $\{U_i \mid i \in I\}$ eine offene Überdeckung von U und ist*

$\{m_i \in \mathscr{F}(U_i) \mid i \in I\}$ eine Familie mit $\rho_{U_i \cap U_j}^{U_i}(m_i) = \rho_{U_i \cap U_j}^{U_j}(m_j)$, $(i, j \in I)$,

so gibt es genau ein $m \in \mathscr{F}(U)$ mit der Eigenschaft $\rho_{U_i}^U(m) = m_i$, $\forall i \in I$.

D) Wir wollen noch einige Sprechweisen einführen. Ist $\mathscr{F}$ eine Prägarbe, so nennen wir die Elemente m von $\mathscr{F}(U)$ *Schnitte* von $\mathscr{F}$ über der offenen Teilmenge $U \subseteq X$. Die Homomorphismen $\rho_V^U: \mathscr{F}(U) \to \mathscr{F}(V)$ nennen wir *Einschränkungsabbildungen*. Ist $m \in \mathscr{F}(U)$ ein Schnitt, so nennen wir den Schnitt $\rho_V^U(m) \in \mathscr{F}(V)$ entsprechend die *Einschränkung* des Schnittes m auf die offene Teilmenge $V \subseteq U$. Eine Kollektion $\{m_i \in \mathscr{F}(U_i) \mid i \in I\}$, ($U_i \subseteq X$ offen) von Schnitten nennen wir *verträglich*, wenn $\rho_{U_i \cap U_j}^{U_i}(m_i) = \rho_{U_i \cap U_j}^{U_j}(m_j)$, $\forall i, j$. $\mathscr{F}$ ist also genau dann eine Garbe, wenn sich jede verträgliche Kollektion $\{m_i \in \mathscr{F}(U_i) \mid i \in I\}$ von Schnitten in eindeutiger Weise zu einem Schnitt $m \in \mathscr{F}(\bigcup_{i \in I} U_i)$ «verkleben» lässt. ○

(21.2) **Bemerkung und Definition:** A) Die Frage, ob eine Prägarbe schon eine Garbe ist, d.h. ob sie die Verklebungseigenschaft hat, wird immer wieder eine Rolle spielen. Wir geben dazu ein Kriterium an.

Sei also X ein topologischer Raum und sei M eine Menge. Sei $\mathscr{F}$ eine Prägarbe über X, so dass $\mathscr{F}(U)$ für jede offene Menge $U \neq \emptyset$ in X eine Menge von Abbildungen $f: U \to M$ von U nach M ist und die Einschränkungshomomorphismen ρ_V^U durch das Einschränken dieser Abbildungen gegeben sind:

(i) (a) $\mathscr{F}(U) \subseteq M^U := \{f: U \to M\}$; *($\emptyset \neq U \subseteq X$ offen).*
(b) $\rho_V^U(f) = f \restriction V$; *($\emptyset \neq V \subseteq U \subseteq X$ offen).*

Unter diesen Ausnahmen gilt, wie man sich sofort überlegt:

(ii) *$\mathscr{F}$ ist genau dann eine Garbe, wenn für jede offene Menge $U \subseteq X$, $(U \neq \emptyset)$, jede Abbildung $f: U \to M$ und jede offene Überdeckung $\{U_i \mid i \in I\}$ von U gilt:*

$$f \in \mathscr{F}(U) \Leftrightarrow f \upharpoonright U_i \in \mathscr{F}(U_i), \forall i \in I.$$

B) Sei X eine quasiprojektive Varietät. Wir setzen $\mathcal{O}(\emptyset) = \{0\}$. Dann gilt:

(iii) *Durch die Vorschrift*

(a) $U \mapsto \mathcal{O}_X(U) := \mathcal{O}(U)$; *$(U \subseteq X$ offen$)$,*

(b) $\rho_V^U: \mathcal{O}_X(U) \to \mathcal{O}_X(V)$; *$(V \subseteq U \subseteq X$ offen$)$,*

$$\begin{matrix} \cup\!\!\!\shortmid & & \cup\!\!\!\shortmid \\ f & \mapsto & f \upharpoonright U \end{matrix}$$

wird über X eine Garbe $\mathcal{O}_X$ von $\mathbb{C}$-Algebren definiert.

Beweis: Dass $\mathcal{O}_X$ eine Prägarbe von $\mathbb{C}$-Algebren ist, wird sofort klar. Die Garben-Eigenschaft folgt aus dem Kriterium (ii), angewandt mit $M = \mathbb{C}$ und unter Beachtung der Tatsache, dass die Regularität von Funktionen eine lokale Eigenschaft ist.

Die in (iii) definierte Garbe $\mathcal{O}_X$ nennen wir die *Strukturgarbe der Varietät X.*

○

Halme. Die Strukturgarben algebraischer Varietäten spielen für das Weitere eine fundamentale Rolle. Zunächst entwickeln wir ein Konzept, welches im Falle der Strukturgarben gerade den Begriff des lokalen Rings zurückgibt, nämlich das Konzept des Halmes.

(21.3) **Definitionen und Bemerkungen:** A) Sei X ein topologischer Raum und sei $p \in X$. $\mathbb{U}_p$ bezeichne die Menge der offenen Umgebungen von p. Sei $\mathscr{F}$ eine Prägarbe über X. Auf der Menge

(i) $\mathscr{F}(\mathbb{U}_p) := \{(m, U) \mid U \in \mathbb{U}_p, m \in \mathscr{F}(U)\}$

definieren wir eine *Äquivalenzrelation* $\tilde{p}$ durch:

(ii) $(m, U) \sim_p (n, V) :\Leftrightarrow \exists W \in \mathbb{U}_p$ mit $W \subseteq U \cap V$ und $\rho_W^U(m) = \rho_W^V(n)$.

Die Klasse von (m, U) bezeichnen wir mit m_p und nennen diese den *Keim* des Schnittes m in p:

(iii) $m_p := (m, U)/\sim_p, \quad ((m, U) \in \mathscr{F}(\mathbb{U}_p))$.

Die Menge aller Keime m_p in p bezeichnen wir mit $\mathscr{F}_p$ und nennen wir den *Halm* von $\mathscr{F}$ in p:

(iv) $\mathscr{F}_p := \mathscr{F}(\mathbb{U}_p)/\sim_p = \{m_p \mid (m, U) \in \mathscr{F}(\mathbb{U}_p)\}$.

B) Der Halm $\mathscr{F}_p$ erbt in natürlicher Weise die algebraische Struktur der Prägarbe $\mathscr{F}$. Ist also etwa $\mathscr{F}$ eine Prägarbe (additiv geschriebener) abelscher Gruppen, so kann man auf $\mathscr{F}_p$ eine Addition von Keimen einführen durch

(v) $m_p + n_p := (\rho_W^U(m) + \rho_W^V(n))_p$; $((m, U), (n, V) \in \mathscr{F}(\mathbb{U}_p)$; $W \in \mathbb{U}_p$, $W \subseteq U \cap V)$.

Natürlich muss man mit Hilfe der Prägarbenaxiome zeigen, dass $(\rho_W^U(m) + \rho_W^V(n))_p$ nur von den Keimen $m_p, n_p \in \mathscr{F}_p$, nicht aber von deren Repräsentanten $(m, U), (n, V)$ und der offenen Menge W abhängt. Dies wollen wir dem Leser überlassen.

Sofort prüft man jetzt nach:

(vi) (a) *Bezüglich der in* (v) *definierten Addition ist der Halm* $\mathscr{F}_p$ *eine abelsche Gruppe mit neutralem Element* 0_p.

(b) *Ist* $U \in \mathbb{U}_p$, *so ist die durch* $m \mapsto m_p$ *definierte Abbildung* $\rho_p^U : \mathscr{F}(U) \to \mathscr{F}_p$ *ein Homomorphismus. Dabei gilt*

$$\begin{array}{ccc} \mathscr{F}(U) & \xrightarrow{\rho_p^U} & \\ {\scriptstyle\rho_V^U}\downarrow & \circlearrowleft & \mathscr{F}_p \\ \mathscr{F}(V) & \xrightarrow{\rho_p^U} & \end{array} \qquad (V \subseteq U,\ V \in \mathbb{U}_p)$$

C) Ist $\mathscr{A}$ eine Prägarbe von Ringen, resp. von $\mathbb{C}$-Algebren, so wird der Halm $\mathscr{A}_p$ entsprechend zum Ring und die kanonische Abbildung $\rho_p^U : \mathscr{A}(U) \to \mathscr{A}_p$ zum Homomorphismus von Ringen (resp. von $\mathbb{C}$-Algebren). Die Addition auf $\mathscr{A}_p$ wird dabei gemäss (v) definiert und die Multiplikation gemäss

(vii) $a_p\, b_p := (\rho_W^U(a)\, \rho_W^V(b))_p$; $((a, U), (b, V) \in \mathscr{A}(\mathbb{U}_p)$; $W \in \mathbb{U}_p$, $W \subseteq U \cap V)$.

Ist $\mathscr{F}$ eine Prägarbe von $\mathscr{A}$-Moduln, so wird der Halm $\mathscr{F}_p$ entsprechend zum $\mathscr{A}_p$-Modul. Die Addition auf $\mathscr{F}_p$ ist dabei gemäss (v) definiert, die Skalarenmultiplikation gemäss:

(iix) $a_p\, m_p := (\rho_W^U(a) \rho_W^V(m))_p$; $((a, U) \in \mathscr{A}(\mathbb{U}_p), (m, V) \in \mathscr{F}(\mathbb{U}_p)$; $\mathbb{U}_p \ni W \subseteq U \cap V)$.

D) Für *Garben* wird die besondere Bedeutung des Keim-Begriffs belegt durch:

(ix) *Sei* $\mathscr{F}$ *eine Garbe über* X, *sei* $U \subseteq X$ *offen und* $\neq \emptyset$, *und seien* $m, n \in \mathscr{F}(U)$ *zwei Schnitte von* $\mathscr{F}$ *über* U. *Dann gilt:*

$$m = n \Leftrightarrow m_p = n_p, \quad \forall p \in U.$$

Beweis: «$\Rightarrow$» ist klar. Sei also $m_p = n_p$ für alle $p \in U$. Nach der Definition des Keimes finden wir dann jeweils eine offene Umgebung $W_p \subseteq U$ von p in U mit $\rho_{W_p}^U(m) = \rho_{W_p}^U(n)$. $\{W_p \mid p \in U\}$ ist dann eine offene Überdeckung und $\{\rho_{W_p}^U(m) \in \mathscr{F}(W_p) \mid p \in U\}$ eine verträgliche Kollektion von Schnitten. Es gibt also genau einen Schnitt $s \in \mathscr{F}(U)$ mit $\rho_{W_p}^U(s) = \rho_{W_p}^U(m)$, $\forall p \in U$. Offenbar haben aber m und n selbst die von s verlangte Eigenschaft. So folgt $m = s = n$, also $m = n$.

E) Im Fall der Strukturgarbe $\mathcal{O}_X$ einer algebraischen Varietät sind die Halme offenbar grade die lokalen Ringe:

(x) $$\mathcal{O}_{X,p} = (\mathcal{O}_X)_p.$$

Natürlich entspricht der in (iii) eingeführte Keimbegriff in diesem Fall gerade dem Keimbegriff für reguläre Funktionen. ○

Wir wollen den durch (ix) angedeuteten Zusammenhang zwischen Schnitten und Keimen etwas genauer betrachten.

(21.4) **Definitionen und Bemerkungen:** A) Sei X ein topologischer Raum und sei $\mathcal{F}$ eine Prägarbe über X. Sei $U \subseteq X$ offen. Unter einem *Schnitt von Keimen von $\mathcal{F}$ über U* verstehen wir eine Abbildung $\gamma : U \to \dot{\bigcup}_{p \in X} \mathcal{F}_p$ von U in die disjunkte Vereinigung $\dot{\bigcup}_{p \in X} \mathcal{F}_p$ der Halme von $\mathcal{F}$, derart dass

(i) (a) $\gamma(p) \in \mathcal{F}_p, \forall p \in U$.

(b) *Zu jedem Punkt $p \in U$ gibt es eine offene Umgebung $V \subseteq U$ von p und einen Schnitt $m \in \mathcal{F}(V)$ mit der Eigenschaft $\gamma(q) = m_q, \forall q \in V$.*

Anders ausgedrückt ist ein Schnitt von Keimen über U eine Kollektion

$$\{\gamma(p) \in \mathcal{F}_p \mid p \in U\}$$

von Keimen, welche lokal durch Schnitte in die Prägarbe $\mathcal{F}$ gegeben ist.

Die Menge der Schnitte von Keimen über U bezeichnen wir mit $\Gamma(U, \mathcal{F})$, also:

(ii) $$\Gamma(U, \mathcal{F}) := \{\gamma \mid \gamma = \textit{Schnitt von Keimen über } U\}.$$

$\Gamma(U, \mathcal{F})$ ist in natürlicher Weise wieder eine Gruppe, wobei die Gruppenoperation von den Halmen übernommen wird:

(iii) $$(\gamma + \delta)(p) := \gamma(p) + \delta(p), \quad (\gamma, \delta \in \Gamma(U, \mathcal{F});\ p \in U).$$

Im Falle einer Prägarbe von Ringen (resp. von $\mathbb{C}$-Algebren) $\mathcal{A}$ wird $\Gamma(U, \mathcal{A})$ in derselben Weise zu einem Ring resp. zu einer $\mathbb{C}$-Algebra. Ist $\mathcal{F}$ eine Prägarbe von $\mathcal{A}$-Moduln, so wird $\Gamma(U, \mathcal{F})$ entsprechend zu einem $\Gamma(U, \mathcal{A})$-Modul.

In Ergänzung von (ii) setzen wir fest:

(ii)′ $$\mathcal{F}(\emptyset) = \{0\}.$$

B) Wir halten die obigen Bezeichnungen fest. Offenbar besteht dann jeweils ein kanonischer Homomorphismus

$$\text{(iv)} \qquad \begin{array}{ccc} \varepsilon_U : \mathscr{F}(U) & \to & \Gamma(U, \mathscr{F}), \\ \Psi & & \Psi \\ m & \mapsto & (p \mapsto m_p) \end{array} \qquad (U \subseteq X \text{ offen}).$$

Wir wollen festhalten:

(v) *Die Prägarbe $\mathscr{F}$ ist genau dann eine Garbe, wenn alle kanonischen Homomorphismen $\varepsilon_U : \mathscr{F}(U) \to \Gamma(U, \mathscr{F})$, ($U \subseteq X$ offen), Isomorphismen sind.*

Beweis: Sei $\mathscr{F}$ eine Garbe und sei $\gamma \in \Gamma(U, \mathscr{F})$. Dann gibt es eine offene Überdeckung $\{U_i \mid i \in I\}$ von U und eine Kollektion $\{m_i \mid i \in I\}$ von Schnitten $m_i \in \mathscr{F}(U_i)$, so dass $\gamma(q) = (m_i)_q$ für alle $q \in U_i$. Ist $q \in U_i \cap U_j$, so gilt $(m_i)_q = \gamma(q) = (m_j)_q$, also $\rho^{U_i}_{U_i \cap U_j}(m_i)_q = \rho^{U_j}_{U_i \cap U_j}(m_j)_q$. Nach (21.3) (ix) folgt $\rho^{U_i}_{U_i \cap U_j}(m_i) = \rho^{U_j}_{U_i \cap U_j}(m_j)$. Die Schnitte m_i sind also verträglich. Deshalb gibt es einen Schnitt $m \in \mathscr{F}(U)$ mit $\rho^U_{U_i}(m) = m_i$, $\forall i \in I$. Es folgt $m_p = \rho^U_{U_i}(m)_p = (m_i)_p = \gamma(p)$, $\forall p \in U_i$, also $m_p = \gamma(p)$, $\forall p \in U$, also $\varepsilon_U(m) = \gamma$. Deshalb ist ε_U surjektiv. Aus $\gamma(m) = \gamma(n)$, ($m, n \in \mathscr{F}(U)$) folgt andrerseits $m_p = n_p$, $\forall p \in U$, mithin nach (21.3) (ix) $m = n$. Deshalb ist ε_U injektiv.

Sei umgekehrt $\varepsilon_U : \mathscr{F}(U) \to \Gamma(U, \mathscr{F})$ ein Isomorphismus für alle offenen Teilmengen $U \subseteq X$. Wir wollen zeigen, dass $\mathscr{F}$ die Verklebungseigenschaft hat. Dazu halten wir eine offene Menge $U \subseteq X$ fest, wählen eine offene Überdeckung $\{U_i \mid i \in I\}$ von U und eine verträgliche Kollektion $\{m_i \in \mathscr{F}(U_i) \mid i \in I\}$ von Schnitten. Ist $q \in U_i \cap U_j$, so gilt dann $(m_i)_q = (m_j)_q$. Deshalb wird durch $\gamma(p) := (m_i)_p$ $(p \in U_i)$ ein Schnitt $\gamma \in \Gamma(U, \mathscr{F})$ von Keimen definiert. Sei $m := \varepsilon_U^{-1}(\gamma) \in \mathscr{F}(U)$. Dann ist $\rho^U_{U_i}(m)_p = m_p = \gamma(p) = (m_i)_p$ für alle $p \in U_i$, also $\varepsilon_{U_i}(\rho^U_{U_i}(m)) = \varepsilon_{U_i}(m_i)$. Weil ε_{U_i} injektiv ist, folgt $\rho^U_{U_i}(m) = m_i$, $\forall i \in I$. Sei $n \in \mathscr{F}(U)$ ein weiterer Schnitt mit $\rho^U_{U_i}(n) = m_i$, $\forall i \in I$. Dann ist $n_p = \rho^U_{U_i}(n)_p = (m_i)_p = \rho^U_{U_i}(m)_p = m_p$, $\forall p \in U_i$, also $\varepsilon_U(n)(p) = n_p = m_p = \varepsilon_U(m)(p)$ für alle $p \in U$. Weil ε_U injektiv ist folgt $n = m$.

C) Ist $\mathscr{F}$ eine *Garbe*, so identifizieren wir stillschweigend $\mathscr{F}(U)$ und $\Gamma(\mathscr{F}, U)$ vermöge des kanonischen Isomorphismus ε_U. Wir identifizieren also einen Schnitt $m \in \mathscr{F}(U)$ mit dem Schnitt $(m_p \mid p \in U) = \varepsilon_U(m)$ seiner Keime. Die disjunkte Vereinigung $\dot{\bigcup}_{p \in X} \mathscr{F}_p$ aller Halme nennen wir den *Totalraum der Garbe* $\mathscr{F}$, den Raum X den *Basisraum*. So erhalten wir die folgende Veranschaulichung, in der die Graphen der Schnitte als Schnitte durch eine Garbe erscheinen.

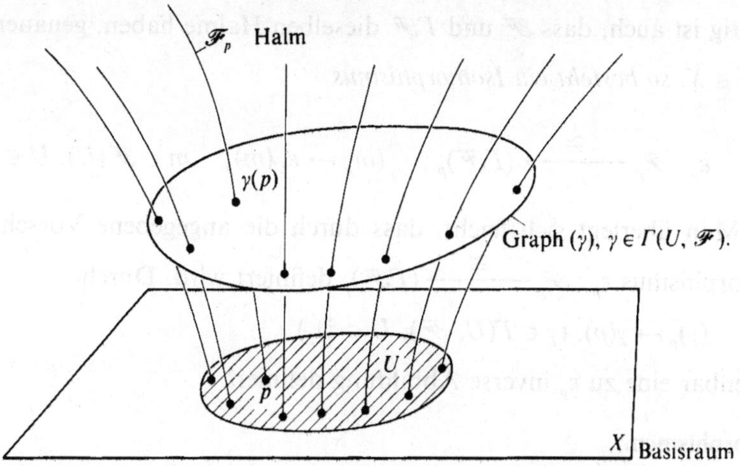

○

(21.5) **Definition und Bemerkungen:** A) Sei X ein topologischer Raum und sei $\mathscr{F}$ eine Prägarbe über X. Anwendung von (21.2) (i) mit $M = \dot{\bigcup}_{p \in X} \mathscr{F}_p$ zeigt dann, dass durch

$$\text{(i)}\quad \begin{array}{ll} \text{(a)} & U \mapsto \Gamma(U, \mathscr{F}); \qquad\qquad (U \subseteq X \textit{ offen}), \\ \text{(b)} & \rho_V^U : \Gamma(U, \mathscr{F}) \to \Gamma(V, \mathscr{F}); \ (V \subseteq U \subseteq X \textit{ offen}) \\ & \quad\ \ \Psi \qquad\qquad\quad \Psi \\ & \quad\ \ \gamma \qquad \mapsto \gamma \upharpoonright V \end{array}$$

eine Garbe $\Gamma\mathscr{F}$ über X definiert wird. $\Gamma\mathscr{F}$ nennen wir die zur Prägarbe $\mathscr{F}$ *assoziierte Garbe*.

B) Die Garbe $\Gamma\mathscr{F}$ trägt in kanonischer Weise dieselbe Struktur wie die Prägarbe $\mathscr{F}$. D.h. $\Gamma\mathscr{F}$ ist immer eine Garbe von Gruppen, wobei die Gruppenstruktur vermöge (21.4) (iii) definiert ist. Ist $\mathscr{A}$ eine Prägarbe von Ringen (resp. von $\mathbb{C}$-Algebren), so wird $\Gamma\mathscr{A}$ entsprechend zu einer Garbe von Ringen (resp. von $\mathbb{C}$-Algebren). Ist $\mathscr{F}$ eine Prägarbe von $\mathscr{A}$-Moduln, so wird $\Gamma\mathscr{F}$ zu einer Garbe von $\mathscr{A}$-Moduln.

C) Im Hinblick auf (21.4) C) können wir sagen

$$\text{(ii)} \qquad \mathscr{F} \textit{ Garbe} \Rightarrow \mathscr{F} = \Gamma\mathscr{F}.$$

Als Konsequenz ergibt sich

$$\text{(ii)}' \qquad \Gamma^2\mathscr{F} = \Gamma\mathscr{F}.$$

D) Wichtig ist auch, dass $\mathscr{F}$ und $\Gamma\mathscr{F}$ dieselben Halme haben, genauer:

(iii) *Ist $p \in X$, so besteht ein Isomorphismus*

$$\varepsilon_p : \mathscr{F}_p \xrightarrow{\cong} (\Gamma\mathscr{F})_p\,, \quad (m_p \mapsto \varepsilon_U(m)_p;\quad m \in \mathscr{F}(U),\ U \in \mathbb{U}_p).$$

Beweis: Man überlegt sich leicht, dass durch die angegebene Vorschrift ein Homomorphismus $\varepsilon_p : \mathscr{F}_p \xrightarrow{\cong} (\Gamma\mathscr{F})_p$ definiert wird. Durch

$$(\gamma)_p \mapsto \gamma(p), (\gamma \in \Gamma(U, \mathscr{F}),\ U \in \mathbb{U}_p)$$

wird offenbar eine zu ε_p inverse Abbildung definiert. ○

Homomorphismen.

(21.6) **Definitionen und Bemerkungen:** A) Seien $\mathscr{F}$ und $\mathscr{G}$ Prägarben (abelscher Gruppen) über einen topologischen Raum X. Unter einem *Homomorphismus* $h : \mathscr{F} \to \mathscr{G}$ von $\mathscr{F}$ nach $\mathscr{G}$ verstehen wir eine Kollektion

(i) $\quad h_U : \mathscr{F}(U) \to \mathscr{G}(U), \quad (U \subseteq X \text{ offen})$

von Homomorphismen, welche mit dem Einschränken verträglich sind, d.h. für welche die folgenden Diagramme bestehen

(i)′
$$\begin{array}{ccc} \mathscr{F}(U) & \xrightarrow{h_U} & \mathscr{G}(U) \\ \rho^U_V \downarrow & \circlearrowleft & \downarrow \rho^U_V \\ \mathscr{F}(V) & \xrightarrow{h_V} & \mathscr{G}(V) \end{array} \qquad (V \subseteq U \subseteq X \text{ offen}).$$

B) Sind $\mathscr{A}$ und $\mathscr{B}$ Prägarben von Ringen (resp. von $\mathbb{C}$-Algebren), so verlangen wir von einem Homomorphismus $h : \mathscr{A} \to \mathscr{B}$, dass $h_U : \mathscr{A}(U) \to \mathscr{B}(U)$ jeweils ein Homomorphismus von Ringen (resp. von $\mathbb{C}$-Algebren) ist. Sind $\mathscr{F}$ und $\mathscr{G}$ Prägarben von $\mathscr{A}$-Moduln, so verlangen wir von einem Homomorphismus $h : \mathscr{F} \to \mathscr{G}$ entsprechend, dass $h_U : \mathscr{F}(U) \to \mathscr{G}(U)$ jeweils ein Homomorphismus von $\mathscr{A}(U)$-Moduln ist.

C) Ist $\mathscr{F}$ eine Prägarbe über X, so definieren wir den *Identitätshomomorphismus* $\mathrm{id}_{\mathscr{F}}$ durch

(ii) $\quad \mathrm{id}_{\mathscr{F}} := \{\mathrm{id}_{\mathscr{F}(U)} \mid U \subseteq X \text{ offen}\} : \mathscr{F} \to \mathscr{F}.$

Sind $h : \mathscr{F} \to \mathscr{G}$, $l : \mathscr{G} \to \mathscr{H}$ Homomorphismen von Prägarben, so definieren wir die *Komposition* $l \circ h$ von h und l als den Homomorphismus von Prägarben.

(iii) $\quad l \circ h := \{l_U \circ h_U \mid U \subseteq X \text{ offen}\} : \mathscr{F} \to \mathscr{H}.$

Offenbar gelten die gewohnten Regeln für Kompositionen:

(iv) (a) $h \cdot \mathrm{id}_{\mathscr{F}} = \mathrm{id}_{\mathscr{G}} \circ h = h$.
(b) $l \circ (h \circ k) = (l \circ h) \circ k$.

D) Einen Homomorphismus $h: \mathscr{F} \to \mathscr{G}$ von Prägarben nennen wir einen *Isomorphismus*, wenn es einen zu h inversen Homomorphismus l gibt, d.h. einen Homomorphismus $l: \mathscr{G} \to \mathscr{F}$ mit $l \cdot h = \mathrm{id}_{\mathscr{F}}$, $h \cdot l = \mathrm{id}_{\mathscr{G}}$. l ist dann durch h eindeutig bestimmt, selbst wieder ein Isomorphismus und heisst der zu h *inverse Isomorphismus* h^{-1}. Für die Isomorphie verwenden wir das Zeichen $\cong$. Offenbar gilt:

(v) (a) $\mathrm{id}_{\mathscr{F}}$ *ist ein Isomorphismus mit* $\mathrm{id}_{\mathscr{F}}{}^{-1} = \mathrm{id}_{\mathscr{F}}$.
(b) *Die Komposition von Isomorphismen ist wieder ein Isomorphismus.*

Sofort sieht man auch

(vi) *Ein Homomorphismus* $h: \mathscr{F} \to \mathscr{G}$ *ist genau dann ein Isomorphismus, wenn die Homomorphismen* $h_U: \mathscr{F}(U) \to \mathscr{G}(U)$ *für alle offenen Mengen* $U \subseteq X$ *Isomorphismen sind. Dabei gilt dann jeweils* $(h^{-1})_U = (h_U)^{-1}$.

Als Anwendung ergibt sich etwa:

(vii) $\mathscr{F}$ *Garbe*, $\mathscr{F} \cong \mathscr{G} \Rightarrow \mathscr{G}$ *Garbe.* ○

(21.7) **Definitionen und Bemerkungen:** A) Seien $\mathscr{F}$ und $\mathscr{G}$ Prägarben über X und sei $h: \mathscr{F} \to \mathscr{G}$ ein Homomorphismus. Sei $p \in X$. Dann besteht eine Abbildung

(i) $h_p: \mathscr{F}_p \to \mathscr{G}_p, \quad (m_p \mapsto h_U(m)_p;\ m \in \mathscr{F}(U),\ U \in \mathfrak{U}_p)$.

Um dies einzusehen, muss man zeigen, dass $h_U(m)_p \in \mathscr{G}_p$ nur vom Keim m_p, nicht aber von seinen Repräsentanten m abhängt. Dies sei dem Leser überlassen. h_p ist dabei ein Homomorphismus zwischen den Halmen. Wir nennen h_p deshalb den in den *Halmen* über p durch h *induzierten Homormorphismus.*

B) Bezüglich Kompositionen gilt offenbar:

(ii) (a) $(\mathrm{id}_{\mathscr{F}})_p = \mathrm{id}_{\mathscr{F}_p}$.
(b) $(l \cdot h)_p = l_p \cdot h_p$.

Als Konsequenz ergibt sich

(iii) $h: \mathscr{F} \to \mathscr{G}$ *Isomorphismus* $\Rightarrow h_p$ *Isomorphismus und* $(h^{-1})_p = (h_p)^{-1}$.

C) Einen Homomorphismus $h: \mathscr{F} \to \mathscr{G}$ nennen wir *injektiv*, wenn er in den Halmen injektiv ist und *surjektiv*, wenn er in den Halmen surjektiv ist:

(iv) (a) $h: \mathscr{F} \to \mathscr{G}$ *injektiv*: $\Leftrightarrow h_p: \mathscr{F}_p \to \mathscr{G}_p$ *injektiv*, $\forall p \in X$.
(b) $h: \mathscr{F} \to \mathscr{G}$ *surjektiv*: $\Leftrightarrow h_p: \mathscr{F}_p \to \mathscr{G}_p$ *surjektiv*, $\forall p \in X$. ○

(21.8) **Lemma:** *Für einen Homomorphismus $h: \mathcal{F} \to \mathcal{G}$ von Prägarben gilt:*

(i) $h_U: \mathcal{F}(U) \to \mathcal{G}(U)$ *injektiv*, $\forall U \subseteq X$ *offen* $\Rightarrow h: \mathcal{F} \to \mathcal{G}$ *injektiv.*

(ii) *Ist $\mathcal{F}$ eine Garbe, so gilt in* (i) *auch die Implikation* «$\Leftarrow$».

Beweis: (i) Sei $m_p \in \mathcal{F}_p$ mit $h_p(m_p) = 0$, $(m \in \mathcal{F}(U), U \in \mathbb{U}_p)$. Dann ist $h_U(m)_p = 0$, also $h_W(\rho_W^U(m)) = (\rho_W^U(h_U(m)) = 0$ für eine offene Umgebung $W \subseteq U$ von p. Es folgt $\rho_W^U(m) = 0$, also $m_p = \rho_W^U(m)_p = 0_p = 0$.
(ii): Sei $m \in \mathcal{F}(U)$ mit $h_U(m) = 0$. Dann ist $h_p(m)_p = h_U(m)_p = 0_p = 0$, also $m_p = 0 = 0_p$, $\forall p \in U$. Gemäss (21.3) (ix) wird $m = 0$. □

Anmerkung: Eine entsprechende Aussage gilt für die Surjektivität nicht, selbst wenn $\mathcal{F}$ und $\mathcal{G}$ Garben sind! ○

(21.9) **Satz:** *Seien $\mathcal{F}$ und $\mathcal{G}$ Garben über X und sei $h: \mathcal{F} \to \mathcal{G}$ ein Homomorphismus. Dann gilt:*

$$h: \mathcal{F} \to \mathcal{G} \text{ Isomorphismus} \Leftrightarrow h_p: \mathcal{F}_p \to \mathcal{G}_p \text{ Isomorphismus}, \forall p \in X.$$

Beweis: «$\Rightarrow$» ist klar nach (21.7) (iii).

«$\Leftarrow$»: Im Hinblick auf (21.6) (vi) und auf (21.8) bleibt zu zeigen, dass $h_U: \mathcal{F}(U) \to \mathcal{G}(U)$ surjektiv ist für $U \subseteq X$ offen. Sei also $n \in \mathcal{G}(U)$. Sei $p \in U$. Weil $h_p: \mathcal{F}_p \to \mathcal{G}_p$ surjektiv ist, finden wir ein $m_p \in \mathcal{F}_p$ mit $h_p(m_p) = n_p$, $(m \in \mathcal{F}(V), V \in \mathbb{U}_p)$. Für eine geeignete offene Umgebung $W \subseteq U \cap V$ von p folgt also $h_W(\rho_W^V(m)) = \rho_W^V(h_V(m)) = \rho_W^U(n)$. So finden wir eine offene Überdeckung $\{U_i \mid i \in I\}$ von U und Schnitte $\{m_i \in \mathcal{F}(U_i) \mid i \in I\}$, so dass $h_{U_i}(m_i) = \rho_{U_i}^U(n)$.
Dabei gilt jeweils $h_{U_i \cap U_j}(\rho_{U_i \cap U_j}^{U_i}(m_i)) = \rho_{U_i \cap U_j}^{U_i}(h_{U_i}(m_i)) = \rho_{U_i \cap U_j}^{U_i}(n) = \rho_{U_i \cap U_j}^{U_j}(h_{U_j}(m_j)) = h_{U_i \cap U_j}(\rho_{U_i \cap U_j}^{U_j}(m_j))$. Weil $h_{U_i \cap U_j}$ injektiv ist, folgt $\rho_{U_i \cap U_j}^{U_i}(m_i) = \rho_{U_i \cap U_j}^{U_j}(m_j)$. Die Schnitte m_i sind also miteinander verträglich. Deshalb gibt es ein $m \in \mathcal{F}(U)$ mit $\rho_{U_i}^U(m) = m_i$, $\forall i \in I$. Jetzt folgt $h_U(m)_p = h_p(m_p) = h_p((m_i)_p) = n_p$, $\forall p \in U_i$, also $h_U(m)_p = n_p$, $\forall p \in U$. Nach (21.3) (ix) ergibt sich so $h_U(m) = n$. □

(21.10) **Satz:** *Sei $\mathcal{F}$ eine Prägarbe, und sei $\mathcal{G}$ eine Garbe über X. Seien $h: \mathcal{F} \to \mathcal{G}$ und $l: \mathcal{F} \to \mathcal{G}$ Homomorphismen. Dann gilt:*

$$h = l \Leftrightarrow h_p = l_p, \quad \forall p \in X.$$

Beweis: «$\Rightarrow$» ist trivial, «$\Leftarrow$» folgt sofort aus (21.3) (ix). □

(21.11) **Definitionen und Bemerkungen:** A) Wir betrachten einen Homomorphismus $h: \mathcal{F} \to \mathcal{G}$ von Prägarben über einem topologischen Raum X. Ist $U \subseteq X$

offen, so besteht – wie man sich leicht überlegt – ein Homomorphismus (vgl. (21.5))

$$\text{(i)}\qquad \begin{array}{ccc} \Gamma(U,h) = \Gamma h_U : \Gamma(U,\mathscr{F}) & \longrightarrow & \Gamma(U,\mathscr{G}) \\ \Psi & & \Psi \\ \gamma & \mapsto & (p \mapsto h_p(\gamma(p))) \end{array}$$

Sofort sieht man auch, dass die Kollektion $\{\Gamma h_U \mid U \subseteq X \text{ offen}\}$ einen Garbenhomomorphismus

$$\text{(ii)}\qquad \Gamma h : \Gamma\mathscr{F} \to \Gamma\mathscr{G}$$

definiert. Dieser heisst der zu *h assozierte Garbenhomomorphismus.*

B) Die Homomorphismen $\varepsilon_U : \mathscr{F}(U) \to \Gamma(U,\mathscr{F})$ und $\varepsilon_U : \mathscr{G}(U) \to \Gamma(U,\mathscr{G})$ (vgl. (21.5) (iv)) definieren offenbar Prägarbenhomomorphismen $\varepsilon : \mathscr{F} \to \Gamma\mathscr{F}$, $\varepsilon : \mathscr{G} \to \Gamma\mathscr{G}$, welche im folgenden kommutativen Diagramm erscheinen:

$$\text{(iii)}\qquad \begin{array}{ccc} \mathscr{F} & \xrightarrow{\;h\;} & \mathscr{G} \\ \downarrow \varepsilon & \circlearrowleft & \downarrow \varepsilon \\ \Gamma\mathscr{F} & \xrightarrow{\;\Gamma h\;} & \Gamma\mathscr{G} \end{array}$$

In den Halmen induziert $\varepsilon : \mathscr{F} \to \Gamma\mathscr{F}$ die in (21.5) (iii) eingeführten Isomorphismen $\varepsilon_p : \mathscr{F}_p \to (\Gamma\mathscr{F})_p$. Also gilt

$$\text{(iv)}\qquad \begin{array}{ccc} \mathscr{F}_p & \xrightarrow{\;h_p\;} & \mathscr{G}_p \\ \wr\!\!\parallel \downarrow \varepsilon_p & \circlearrowleft & \wr\!\!\parallel \downarrow \varepsilon_p \,, \\ (\Gamma\mathscr{F})_p & \xrightarrow{\;(\Gamma h)_p\;} & (\Gamma\mathscr{G})_p \end{array} \qquad (p \in X).$$

Insbesondere folgt (vgl. (21.9)):

(v) (a) *h injektiv* $\Leftrightarrow$ *Γh injektiv.*
(b) *h surjektiv* $\Leftrightarrow$ *Γh surjektiv.*
(c) *h Isomorphismus* $\Rightarrow$ *Γh Isomorphismus.*

Das Verhalten von Γ bezüglich Komposition ist gegeben durch ($U \subseteq X$ offen):

(vi) (a) $\Gamma(U, \mathrm{id}_{\mathscr{F}}) = \mathrm{id}_{\Gamma(U,\mathscr{F})}$; $\quad \Gamma(\mathrm{id}_{\mathscr{F}}) = \mathrm{id}_{\Gamma\mathscr{F}}$.
(b) $\Gamma(U, l \circ h) = \Gamma(U, l) \circ \Gamma(U, h)$; $\quad \Gamma(l \circ h) = (\Gamma l) \circ (\Gamma h)$. ○

Untergarben und Restklassengarben.

(21.12) **Definitionen und Bemerkungen:** A) Sei $\mathscr{F}$ eien Prägarbe über X. Eine *Unterprägarbe* $\mathscr{H} \subseteq \mathscr{F}$ von $\mathscr{F}$ ist gegeben durch eine Zuordnung $U \mapsto \mathscr{H}(U)$ ($U \subseteq X$ offen), wobei $\mathscr{H}(U) \subseteq \mathscr{F}(U)$ jeweils eine Untergruppe ist und wobei $\rho_V^U(\mathscr{H}(U)) \subseteq \mathscr{H}(V)$ für alle Paare $V \subseteq U$ offener Mengen. Durch die Einschränkungsabbildungen $\rho_V^U\restriction : \mathscr{H}(U) \to \mathscr{H}(V)$ wird dann $\mathscr{H}$ zur Prägarbe.

Der *Inklusionshomomorphismus*

(i) $\mathscr{H} \hookrightarrow \mathscr{F}, \quad \{\mathscr{H}(U) \hookrightarrow \mathscr{F}(U) \mid U \subseteq X \textit{ offen}\}$

Wird dann ein injektiver Homomorphismus (vgl. (21.8) (i)).

Insbesondere bestehen also Inklusionen

(i)′ $\mathscr{H}_p \hookrightarrow \mathscr{F}_p, \quad (m_p \mapsto m_p), \quad (p \in X).$

Ist $\mathscr{H}$ sogar eine Garbe (d.h. hat die Prägarbe $\mathscr{H} \subseteq \mathscr{F}$ die Verklebungseigenschaft), so nennen wir $\mathscr{H}$ eine *Untergarbe* von $\mathscr{F}$.

B) Ist $\mathscr{B}$ eine Prägarbe von Ringen (resp. von $\mathbb{C}$-Algebren) und ist $\mathscr{A} \subseteq \mathscr{B}$ eine Unter-(Prä-)Garbe, so dass $\mathscr{A}(U)$ jeweils ein Unterring (resp. eine Unter-$\mathbb{C}$-Algebra) von $\mathscr{B}(U)$ ist, so nennen wir $\mathscr{A}$ eine *Unter-(Prä-)Garbe von Ringen resp. von* $\mathbb{C}$*-Algebren.*

Ist $\mathscr{F}$ eine Prägarbe von $\mathscr{A}$-Moduln und ist $\mathscr{H} \subseteq \mathscr{F}$ eine Unter-(Prä-)Garbe, so dass $\mathscr{H}(U)$ jeweils ein Unter-$\mathscr{A}(U)$-Modul von $\mathscr{F}(U)$ ist, nennen wir $\mathscr{H}$ eine *Unter-(Prä-)Garbe von* $\mathscr{A}$-Moduln.

Die Untergarben $\mathscr{I} \subseteq \mathscr{A}$ von $\mathscr{A}$-Moduln nennen wir *Idealgarben* von $\mathscr{A}$.

C) Wir halten noch einige Eigenschaften von Untergarben fest:

(ii) *Sei $\mathscr{F}$ eine Garbe und seien $\mathscr{L}, \mathscr{H} \subseteq \mathscr{F}$ Untergarben. Dann gilt:*

$$\mathscr{L} = \mathscr{H} \Leftrightarrow \mathscr{L}_p = \mathscr{H}_p, \ \forall p \in X.$$

Beweis: Leicht aus (21.3) (ix).

(iii) *Ist $\mathscr{H}$ eine Unterprägarbe von $\mathscr{F}$, so ist $\Gamma\mathscr{H}$ eine Untergarbe von $\Gamma\mathscr{F}$.*

Beweis: Der Inklusionshomomorphismus $\mathscr{H} \hookrightarrow \mathscr{F}$ induziert einen injektiven Homomorphismus $\Gamma\mathscr{H} \hookrightarrow \Gamma\mathscr{F}$ (vgl. (21.11) (v) (a)), vermöge dem $\Gamma\mathscr{H}$ als Untergarbe von $\Gamma\mathscr{F}$ aufefasst werden kann.

(iv) *Ist $\mathscr{F}$ eine Garbe und $\mathscr{H} \subseteq \mathscr{F}$ eine Unterprägarbe, so ist $\Gamma\mathscr{H}$ in kanonischer Weise eine Untergarbe von $\mathscr{F}$.*

Beweis: Klar aus (iii) wegen $\Gamma\mathscr{F} = \mathscr{F}$. ○

(21.13) **Beispiele:** A) Seien $\mathscr{F}$ und $\mathscr{G}$ Garben über einem topologischen Raum X, und sei $h: \mathscr{F} \to \mathscr{G}$ ein Homomorphismus. Sei $\mathscr{L} \subseteq \mathscr{G}$ eine Untergarbe. Wir zeigen:

(i) *Durch* $U \mapsto h_U^{-1}(\mathscr{L}(U)) \subseteq \mathscr{F}(U)$ *wird eine Untergarbe* $h^{-1}(\mathscr{L}) \subseteq \mathscr{F}$ *definiert. Dabei gilt* $h^{-1}(\mathscr{L})_p = h_p{}^{-1}(\mathscr{L}_p)$, $(p \in X)$.

Beweis: Dass die angegebene Zuordnung eine Unterprägarbe $h^{-1}(\mathscr{L}) \subseteq \mathscr{F}$ definiert, ist trivial. Sei $\{U_i \mid i \in I\}$ eine offene Überdeckung von U ($U \subseteq X$ offen) und sei $\{m_i \in h^{-1}(\mathscr{L})(U_i) = h_{U_i}^{-1}(\mathscr{L}(U_i)) \mid i \in I\}$ eine verträgliche Kollektion von Schnitten. Dann gibt es genau ein $m \in \mathscr{F}(U)$ mit $\rho_{U_i}^U(m) = m_i$, $\forall i \in I$. Es folgt $\rho_{U_i}^U(h_U(m)) = h_{U_i}(\rho_{U_i}^U(m)) = h_{U_i}(m_i) \in \mathscr{L}(U_i)$. Weil $\mathscr{L}$ eine Garbe ist, ergibt sich $h_U(m) \in \mathscr{L}(U)$, also $m \in h^{-1}(\mathscr{L})(U)$. Dies zeigt die Verklebungseigenschaft von $h^{-1}(\mathscr{L})$. Die Aussage über die Halme ist leicht zu zeigen.

Die in (i) eingeführte Garbe $h^{-1}(\mathscr{L})$ nennt man die *Urbild-Garbe* von $\mathscr{L}$ in $\mathscr{F}$.

Wendet man (i) mit der (durch $U \mapsto \{0\}$ definierten) 0-Garbe an Stelle von $\mathscr{L}$ an, so folgt:

(ii) *Durch* $U \mapsto \mathrm{Kern}\,(h_U) \subseteq \mathscr{F}(U)$ *wird eine Untergarbe* $\mathrm{Kern}\,(h) \subseteq \mathscr{F}$ *definiert. Dabei gilt* $\mathrm{Kern}\,(h)_p = \mathrm{Kern}\,(h_p)$.

Kern (h) nennen wir die *Kerngarbe* von h. Offenbar gilt:

(iii) (a) *Ist* $h: \mathscr{A} \to \mathscr{B}$ *ein Homomorphismus von Garben von Ringen, so ist* $\mathrm{Kern}\,(h) \subseteq \mathscr{A}$ *eine Idealgarbe.*

(b) *Ist* $h: \mathscr{F} \to \mathscr{G}$ *ein Homomorphismus von Garben von* $\mathscr{A}$*-Moduln, so ist* $\mathrm{Kern}\,(h) \subseteq \mathscr{F}$ *eine Garbe von* $\mathscr{A}$*-Untermoduln.*

B) Ist $h: \mathscr{F} \to \mathscr{G}$ ein Homomorphismus von Garben, so wird durch die Zuordnung $U \mapsto h(\mathscr{F}(U)) \subseteq \mathscr{G}(U)$ eine Unterprägarbe $h(\mathscr{F}) \subseteq \mathscr{G}$ definiert. Die zu dieser assozierte Garbe $\Gamma h(\mathscr{F})$ ist nach (21.12) (iv) eine Untergarbe von $\mathscr{G}$. Diese nennen wir die *Bildgarbe* von h in $\mathscr{G}$ und bezeichnen diese mit Im (h). Also:

(iv) $\quad \mathrm{Im}\,(h) := \Gamma h(\mathscr{F}) \subseteq \mathscr{G}; \quad h(\mathscr{F})(U) := h(\mathscr{F}(U))$ $(U \subseteq X$ *offen*$)$.

Offenbar hat $h(\mathscr{F})$ in p den Halm $h_p(\mathscr{F}_p) = \mathrm{Im}\,(h_p)$. Im Hinblick auf (21.5) (iii) folgt deshalb:

(v) $$\mathrm{Im}\,(h)_p = h_p(\mathscr{F}_p) = \mathrm{Im}\,(h_p), \quad (p \in X).$$

Sofort sieht man wieder

(vi) (a) *Ist* $\mathscr{A} \to \mathscr{B}$ *ein Homomorphismus von Garben von Ringen (resp. von* $\mathbb{C}$*-Algebren), so ist* $\mathrm{Im}\,(h) \subseteq \mathscr{B}$ *eine Garbe von Unterringen (resp. von Unter-*$\mathbb{C}$*-Algebren).*

(b) *Ist* $h: \mathscr{F} \to \mathscr{G}$ *ein Homomorphismus von Garben von* $\mathscr{A}$*-Moduln, so ist* $\mathrm{Im}\,(h) \subseteq \mathscr{G}$ *eine Garbe von* $\mathscr{A}$*-Untermoduln.*

Schliesslich halten wir fest:

(vii) (a) $h : \mathscr{F} \to \mathscr{G}$ *injektiv* $\Leftrightarrow \operatorname{Kern}(h) = 0$.
(b) $h : \mathscr{F} \to \mathscr{G}$ *surjektiv* $\Leftrightarrow \operatorname{Im}(h) = \mathscr{G}$.
(c) $h : \mathscr{F} \to \mathscr{G}$ *Isomorphismus* $\Leftrightarrow \operatorname{Kern}(h) = 0 \wedge \operatorname{Im}(h) = \mathscr{G}$.

C) Sei X eine quasiprojektive Varietät und sei $Z \subseteq X$ abgeschlossen. Offenbar wird dann durch

(iix) $U \mapsto \mathscr{I}_X(Z)(U) := \{f \in \mathcal{O}_X(U) \mid f(Z) = 0\}, \quad (U \subseteq X \textit{ offen})$

eine Idealgarbe $\mathscr{I}_X(Z) \subseteq \mathcal{O}_X$ der Strukturgarbe definiert. Diese nennen wir die *Verschwindungsidealgarbe* von Z. Der Zusammenhang mit dem früher definierten Begriff des Verschwindungsideals ist gegeben durch die sofort zu verifizierenden Beziehungen

(ix) $U \subseteq X$ *affin und offen* $\Rightarrow \mathscr{I}_X(Z)(U) = I_U(Z \cap U)$.

(x) $(\mathscr{I}_X(Z))_p = I_{X,p}(Z), \quad (p \in X)$. ○

(21.14) **Definition und Bemerkung:** A) Sei $\mathscr{F}$ eine Garbe über X, und sei $\mathscr{H} \subseteq \mathscr{F}$ eine Untergarbe. Durch die Vorschrift

(i) (a) $U \mapsto \mathscr{F}(U)/\mathscr{H}(U), \quad (U \subseteq X \textit{ offen})$
(b) $\mathscr{F}(U)/\mathscr{H}(U) \longrightarrow \mathscr{F}(V)/\mathscr{H}(V), \quad (V \subseteq U \subseteq X \textit{ offen})$

$$\overline{m} \mapsto \overline{\rho^U_V(m)}$$

wird dann offenbar eine Prägarbe definiert. Die zu dieser Prägarbe assoziierte Garbe bezeichnen wir mit $\mathscr{F}/\mathscr{H}$ und nennen diese die *Restklassengarbe* von $\mathscr{F}$ nach $\mathscr{H}$. Wir definieren die Homomorphismen $\varepsilon_U : \mathscr{F}(U)/\mathscr{H}(U) \to \mathscr{F}/\mathscr{H}(U)$ gemäss (21.4) (iv) und schreiben σ_U für die Restklassenabbildung

$$\mathscr{F}(U) \to \mathscr{F}(U)/\mathscr{H}(U).$$

Dann definiert die Kollektion

(ii) $$\mathscr{F}(U) \xrightarrow{\pi_U := \varepsilon_U \circ \sigma_U} \mathscr{F}/\mathscr{H}(U), \quad (U \subseteq X \textit{ offen})$$
$$\sigma_U \searrow \quad \circlearrowleft \quad \nearrow \varepsilon_U$$
$$\mathscr{F}(U)/\mathscr{H}(U)$$

einen Garbenhomomorphismus

$$\text{(ii)}' \qquad \pi : \mathscr{F} \xrightarrow{\;\;\cdot\!\!\!-\;\;} \mathscr{F}/\mathscr{H},$$

den sogenannten *Restklassenhomomorphismus.*

B) Ist $\mathscr{A}$ eine Garbe von Ringen und $\mathscr{I} \subseteq \mathscr{A}$ eine Idealgarbe, so ist $\mathscr{A}/\mathscr{I}$ in kanonischer Weise eine Garbe von Ringen und $\mathscr{A} \xrightarrow{\;\;\cdot\!\!\!-\;\;} \mathscr{A}/\mathscr{I}$ ein Homomorphismus von Garben von Ringen. Entsprechendes gilt für Garben von $\mathbb{C}$-Algebren. Ist $\mathscr{F}$ eine Garbe von $\mathscr{A}$-Moduln und $\mathscr{H} \subseteq \mathscr{F}$ eine Untergarbe von $\mathscr{A}$-Untermoduln, so ist $\mathscr{F}/\mathscr{H}$ eine Garbe von $\mathscr{A}$-Moduln und $\mathscr{F} \xrightarrow{\;\;\cdot\!\!\!-\;\;} \mathscr{F}/\mathscr{H}$ ein Homomorphismus von Garben von $\mathscr{A}$-Moduln.

C) Wir halten die Bezeichnungen von A) fest. Dann gilt:

(iii) (a) *Der Restklassenhomomorphismus* $\pi : \mathscr{F} \to \mathscr{F}/\mathscr{H}$ *ist surjektiv und erfüllt* Kern $(\pi) = \mathscr{H}$.

(b) $\pi_p : \mathscr{F}_p \to (\mathscr{F}/\mathscr{H})_p$ *ist surjektiv und erfüllt* Kern $(\pi_p) = \mathscr{H}_p$.

Beweis: (b): Sei $p \in X$. Sei $\mathscr{P}$ die durch $U \mapsto \mathscr{P}(U) := \mathscr{F}(U)/\mathscr{H}(U)$ definierte Prägarbe und σ der durch die Kollektion $\{\sigma_U : \mathscr{F}(U) \to \mathscr{P}(U)\}$ definierte Prägarbenhomomorphismus. Weil σ_U jeweils surjektiv ist und den Kern $\mathscr{F}(U)$ hat, ist $\sigma_p : \mathscr{F}_p \to \mathscr{P}_p$ surjektiv und hat den Kern $\mathscr{H}_p$. Jetzt schliesst man mit dem Diagramm (vgl. (21.5) (iii)):

$$\begin{array}{ccc} \mathscr{F}_p & \xrightarrow{\pi_p} & (\mathscr{F}/\mathscr{H})_p \\ & \sigma_p \searrow \quad \circlearrowleft \quad \cong \nearrow \varepsilon_p & \\ & \mathscr{P}_p & \end{array}$$

(a) folgt sofort aus (b) unter Beachtung von Kern $(\pi)_p =$ Kern (π_p) und (21.12) (ii).

Aus (iii) (a) ergibt sich nach dem Homomorphiesatz ein Isomorphismus

$$\text{(iv)} \qquad \mathscr{F}_p/\mathscr{H}_p \xrightarrow{\;\cong\;} (\mathscr{F}/\mathscr{H})_p, \quad (\overline{m}_p \mapsto \pi_p(\overline{m}_p)).$$

D) Schliesslich erwähnen wir noch den *Homomorphiesatz für Garben*, der aus (21.9) folgt.

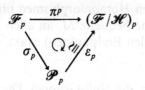

(v) *Sei $h: \mathscr{F} \to \mathscr{G}$ ein Homomorphismus von Garben. Dann induziert der durch*

$$\mathscr{F}(U)/\mathrm{Kern}\,(h_U) \xrightarrow{\cong} h_U(\mathscr{F}(U)) \quad (\overline{m} \mapsto h_U(m);\ U \subseteq X \text{ offen})$$

definierte Prägarbenhomomorphismus einen Isomorphismus

$$\mathscr{F}/\mathrm{Kern}\,(h) \underset{\cong}{\xrightarrow{\bar{h}}} \mathrm{Im}\,(h). \qquad \circ$$

Exakte Sequenzen.

(21.15) **Definitionen und Bemerkungen:** A) Sei A ein Ring. Unter einer *Sequenz von A-Moduln* (resp. einer Sequenz von abelschen Gruppen) versteht man ein Diagramm der Form

$$\text{(i)} \qquad \ldots M_i \xrightarrow{h_i} M_{i+1} \xrightarrow{h_{i+1}} M_{i+2} \xrightarrow{h_{i+2}} M_{i+3} \ldots := M_.,$$

wo die M_i A-Moduln (resp. abelsche Gruppen) und die h_i entsptechende Homomorphismen sind. Dabei darf $M_.$ links, rechts oder beidseitig abbrechen. D.h. Diagramme der Gestalt

$$M_s \to M_{s+1} \ldots; \quad \ldots M_{t-1} \to M_t; \quad M_s \to M_{s+1} \ldots M_{t-1} \to M_t$$

sind ebenfalls Sequenzen.

Wir sagen, die Sequenz $M_.$ sei *exakt an der Stelle M_i* oder an der Stelle i, wenn dort der Kern und das Bild der auftretenden Homomorphismen übereinstimmen, d.h. wenn $\mathrm{Im}\,(h_{i-1}) = \mathrm{Kern}\,(h_i)$. Ist eine Sequenz $M_.$ an allen möglichen Stellen (d.h. überall, ausser an den eventuellen Endpunkten) exakt, so nennen wir $M_.$ eine *exakte Sequenz*.

B) Wir schreiben 0 für den Null-Modul (resp. die Null-Gruppe). Die Exaktheit von $0 \longrightarrow M \xrightarrow{h} N$ ist dann gleichbedeutend mit der Injektivität von h, die Exaktheit von $M \xrightarrow{h} N \longrightarrow 0$ mit der Surjektivität von h.

Exakte Sequenzen der Form

$$\text{(ii)} \qquad 0 \longrightarrow M \xrightarrow{h} N \xrightarrow{l} P \longrightarrow 0$$

nennt man *kurze exakte Sequenzen*. In einer solchen Sequenz ist also h injektiv, l surjektiv, und es gilt $\mathrm{Im}\,(h) = \mathrm{Kern}\,(l)$.

C) Unter einer *Sequenz von Garben* (von $\mathscr{A}$-Moduln) über einem topologischen Raum X verstehen wir ein Diagramm

(iii) $$\ldots \mathscr{F}_i \xrightarrow{h_i} \mathscr{F}_{i+1} \xrightarrow{h_{i+1}} \mathscr{F}_{i+2} \ldots := \mathscr{F}_.,$$

in welchen die $\mathscr{F}_i$ Garben (von $\mathscr{A}$-Moduln) und die h_i entsprechende Homomorphismen sind. Dabei darf die Sequenz $\mathscr{F}_.$ wieder einseitig oder beidseitig abbrechen.

Entsprechend sagen wir, die Sequenz $\mathscr{F}_.$ sei *exakt an der Stelle* $\mathscr{F}_i$ oder an der Stelle i, wenn $\mathrm{Im}\,(h_{i-1}) = \mathrm{Kern}\,(h_i)$. Ist $\mathscr{F}_.$ an allen möglichen Stellen exakt, so sprechen wir wieder von einer *exakten Sequenz von Garben.*

D) Ist $p \in X$ und ist $\mathscr{F}_.$ gemäss (iii) definiert, so nennen wir

(iv) $$\ldots (\mathscr{F}_i)_p \xrightarrow{(h_i)_p} (\mathscr{F}_{i+1})_p \xrightarrow{(h_{i+1})_p} (\mathscr{F}_{i+2})_p \ldots := (\mathscr{F}_.)_p$$

die durch $\mathscr{F}_.$ in *den Halmen über p induzierte Sequenz.* Im Hinblick auf (21.13) (ii), (v) und (21.12) (ii) können wir sagen:

(v) *Die Sequenz $\mathscr{F}_.$ ist genau dann exakt an der Stelle i, wenn die induzierte Sequenz $(\mathscr{F}_.)_p$ exakt ist an der Stelle i für alle $p \in X$.*

E) Das unter B) Gesagte lässt sich natürlich alles wörtlich auf Garben übertragen. Insbesondere können wir wieder von kurzen exakten Sequenzen von Garben sprechen. ○

(21.16) **Beispiele:** Sofort sieht man

(i) *Ist $h : \mathscr{F} \to \mathscr{G}$ ein Homomorphismus von Garben, so bestehen exakte Sequenzen*

$$0 \longrightarrow \mathrm{Kern}\,(h) \hookrightarrow \mathscr{F} \xrightarrow{h} \mathscr{G} \xrightarrow{\;\dot{}\;} \mathscr{G}/\mathrm{Im}\,(h) \longrightarrow 0,$$

$$0 \longrightarrow \mathrm{Kern}\,(h) \hookrightarrow \mathscr{F} \xrightarrow{h} \mathrm{Im}\,(h) \longrightarrow 0,$$

$$0 \longrightarrow \mathscr{F}/\mathrm{Kern}\,(h) \xrightarrow{h} \mathscr{G} \xrightarrow{\;\dot{}\;} \mathscr{G}/\mathrm{Im}\,(h) \longrightarrow 0.$$

(ii) *Ist $\mathscr{H} \subseteq \mathscr{F}$ eine Untergarbe, so besteht die exakte Sequenz*

$$0 \longrightarrow \mathscr{H} \hookrightarrow \mathscr{F} \xrightarrow{\;\dot{}\;} \mathscr{F}/\mathscr{H} \longrightarrow 0.$$

(iii) *Ist*

$$0 \longrightarrow \mathscr{H} \xrightarrow{h} \mathscr{F} \xrightarrow{l} \mathscr{G}$$

eine exakte Sequenz von Garben über X, und ist $U \subseteq X$ offen, so ist die Sequenz

$$0 \longrightarrow \mathscr{H}(U) \xrightarrow{h_u} \mathscr{F}(U) \xrightarrow{l_u} \mathscr{G}(U)$$

exakt.

Beweis: Nach (21.8) (ii) ist h_U injektiv. $l_U \circ h_U = 0$ folgt sofort durch Übergang zu den Halmen. Sei $y \in$ Kern (l_U). Dann ist $l_p(y_p) = l_U(y)_p = 0_p = 0$. Wegen der Exaktheit von $0 \longrightarrow \mathscr{H}_p \xrightarrow{h_p} \mathscr{F}_p \xrightarrow{l_p} \mathscr{G}_p$ gibt es ein $\gamma \in \mathscr{H}_p$ mit $h_p(\gamma) = Y_p$. Wir können schreiben $\gamma = x_p$, wo $x \in \mathscr{H}(W)$ für eine geeignete offene Umgebung $W \subseteq U$ von p. Für eine geeignete offene Umgebung $V \subseteq W$ von p folgt dann $h_V(z) = \rho_V^U(y)$, wo $z = \rho_V^W(x)$. Indem wir das eben Gesagte in jedem Punkt $p \in U$ durchführen, finden wir eine offene Überdeckung $\{U_i \mid i \in \mathrm{I}\}$ von X und eine Kollektion $\{z_i \in \mathscr{H}(U_i) \mid i \in \mathrm{I}\}$ mit $h_{U_i}(z_i) = \rho_{U_i}^U(y)$. Insbesondere gilt dann

$$h_{U_i \cap U_j}(\rho_{U_i \cap U_j}^{U_i}(z_i)) = \rho_{U_i \cap U_j}^{U_i}(h_{U_i}(z_i)) = \rho_{U_i \cap U_j}^{U_i}(\rho_{U_i}^{U}(y)) = \rho_{U_i \cap U_j}^{U}(y)$$
$$= \rho_{U_i \cap U_j}^{U_j}(\rho_{U_j}^{U}(y)) = \rho_{U_i \cap U_j}^{U_j}(h_{U_j}(z_j)) = h_{U_i \cap U_j}(\rho_{U_i \cap U_j}^{U_j}(z_j)).$$

Nach (21.8) (ii) ist $h_{U_i \cap U_j}$ injektiv. So folgt $\rho_{U_i \cap U_j}^{U_i}(z_i) = \rho_{U_i \cap U_j}^{U_j}(z_j)$. Die z_i definieren also einen Schnitt $z \in \mathscr{H}(U)$ mit $\rho_{U_i}^U(z) = z_i$ für alle $i \in \mathrm{I}$. Jetzt folgt sofort $h_U(z) = y$. Dies beweist (iii).

Wir können (iii) auch schreiben in der Form:

(iv) (*Linksexaktheit des Schnittfunktors*) *Ist*

$$0 \longrightarrow \mathscr{H} \xrightarrow{h} \mathscr{F} \xrightarrow{l} \mathscr{G}$$

exakt, so ist

$$0 \longrightarrow \Gamma(U, \mathscr{H}) \xrightarrow{\Gamma(U,h)} \Gamma(U, \mathscr{F}) \xrightarrow{\Gamma(U,l)} \Gamma(U, \mathscr{G})$$

exakt. ○

Einschränkung auf offene Untermengen. Wir haben bis jetzt nur Garben über einem festen topologischen Raum studiert. Wir wollen nun ein Konzept einführen, das es erlaubt, Garben lokal, d.h. über offene Unterräume zu vergleichen.

(21.17) **Definitionen und Bemerkungen:** A) Sei $\mathscr{F}$ eine Garbe und sei $U \subseteq X$ eine offene Untermenge von X. Durch

(i) (a) $V \mapsto \mathscr{F}(V)$, ($V \subseteq U$ *offen*),
(b) $\rho_W^V : \mathscr{F}(V) \to \mathscr{F}(W)$, ($W \subseteq V \subseteq U$ *offen*),

wird dann offenbar eine Garbe über U definiert. Diese Garbe nennen wir die *Einschränkung von* $\mathscr{F}$ auf die offene Teilmenge U und bezeichnen diese mit $\mathscr{F} \upharpoonright U$.

Ist $h : \mathscr{F} \to \mathscr{G}$ ein Homomorphismus von Garben über X, so definiert die Kollektion

(ii) $\quad h_V : \mathscr{F}(V) \to \mathscr{G}(V), \quad (V \subseteq U \textit{ offen})$

einen Garbenhomomorphismus

(ii)′ $\quad h \upharpoonright U : \mathscr{F} \upharpoonright U \longrightarrow \mathscr{G} \upharpoonright U,$

den wir die *Einschränkung des Homomorphismus h* auf U nennen.

B) Ist $\mathscr{A}$ eine Garbe von Ringen über X und ist $U \subseteq X$ offen, so ist $\mathscr{A} \upharpoonright U$ eine Garbe von Ringen über U. Ist $h : \mathscr{A} \to \mathscr{B}$ ein Homomorphismus von Garben von Ringen, so gilt dies auch für $h \upharpoonright U : \mathscr{A} \upharpoonright U \to \mathscr{B} \upharpoonright U$. Entsprechendes lässt sich für Garben von $\mathbb{C}$-Algebren sagen. Ist $\mathscr{F}$ eine Garbe von $\mathscr{A}$-Moduln, so ist $\mathscr{F} \upharpoonright U$ eine Garbe von $\mathscr{A} \upharpoonright U$-Moduln. Ist $h : \mathscr{F} \to \mathscr{G}$ ein Homomorphismus von Garben von $\mathscr{A}$-Moduln, so ist $h \upharpoonright U : \mathscr{F} \upharpoonright U \to \mathscr{G} \upharpoonright U$ ein Homomorphismus von Garben von $\mathscr{A} \upharpoonright U$-Moduln.

C) Beim Einschränken ändern sich die Halme über U offenbar nicht:

(iii) $\quad (\mathscr{F} \upharpoonright U)_p = \mathscr{F}_p\,; \quad (h \upharpoonright U)_p = h_p, \quad (p \in U).$

Weiter gilt offenbar:

(iv) $\quad \operatorname{Kern}(h \upharpoonright U) = \operatorname{Kern}(h) \upharpoonright U, \quad \operatorname{Im}(h \upharpoonright U) = \operatorname{Im}(h) \upharpoonright U.$

Insbesondere kann man sagen:

(v) *Ist* $\mathscr{F}_{\cdot} : \ldots \mathscr{F}_{i-1} \xrightarrow{h_{i-1}} \mathscr{F}_i \xrightarrow{h_{i+1}} \mathscr{F}_{i+1} \ldots$ *eine an der Stelle i exakte Sequenz, so ist die eingeschränkte Sequenz*

$$\mathscr{F}_{\cdot} \upharpoonright U : \ldots \mathscr{F}_{i-1} \upharpoonright U \xrightarrow{h_{i-1} \upharpoonright U} \mathscr{F}_i \upharpoonright U \xrightarrow{h_{i+1} \upharpoonright U} \mathscr{F}_{i+1} \upharpoonright U \ldots$$

an der Stelle i exakt.

Bezüglich Kompositionen gilt allgemein:

(vi) $\quad$ (a) $\operatorname{id}_{\mathscr{F}} \upharpoonright U = \operatorname{id}_{\mathscr{F} \upharpoonright U}$.
$\quad$ (b) $(l \circ h) \upharpoonright U = l \upharpoonright U \circ h \upharpoonright U.$

(vii) $\quad$ *h Isomorphismus* $\Rightarrow h \upharpoonright U$ *Isomorphismus.* ○

(21.18) **Beispiel:** Für die Strukturgarbe $\mathcal{O}_X$ einer quasiprojektiven Varietät X gilt offenbar

$$\mathcal{O}_X \restriction U = \mathcal{O}_U, \quad (U \subseteq X \textit{ offen}). \qquad \circ$$

Direkte Bilder. Wir führen ein weiteres Konzept ein, das es erlaubt, Garben über verschiedenen topologischen Räumen zu vergleichen.

(21.19) **Definitionen und Bemerkungen:** A) Sei $f: X \to Y$ eine stetige Abbildung zwischen zwei topologischen Räumen X und Y. Sei $\mathcal{F}$ eine Garbe über X. Dann wird durch

(i) (a) $V \mapsto f_*\mathcal{F}(V) := \mathcal{F}(f^{-1}(V)), (V \subseteq Y \textit{ offen}),$
(b) $\rho_W^V: \mathcal{F}(f^{-1}(V)) \to \mathcal{F}(f^{-1}(W)), (W \subseteq V \subseteq Y \textit{ offen})$

eine Garbe $f_*\mathcal{F}$ über Y definiert. Diese Garbe $f_*\mathcal{F}$ nennen wir das *direkte Bild von* $\mathcal{F}$ bezüglich f.

Ist $h: \mathcal{F} \to \mathcal{G}$ ein Homomorphismus von Garben über X, so wird durch

(ii) $f_* h_V := h_{f^{-1}(V)}: \mathcal{F}(f^{-1}(V)) \to \mathcal{G}(f^{-1}(V)), \quad (V \subseteq Y \textit{ offen})$

ein Garbenhomomorphismus

(ii)′ $f_*h: f_*\mathcal{F} \to f_*\mathcal{G}$

definiert. Diesen nennen wir das *direkte Bild des Garbenhomomorphismus h* bezüglich f.

B) Ist $\mathcal{A}$ eine Garbe von Ringen (resp. von $\mathbb{C}$-Algebren) über X, so ist $f_*\mathcal{A}$ eine Garbe von Ringen (resp. von $\mathbb{C}$-Algebren) über Y. Ist $\mathcal{F}$ eine Garbe von $\mathcal{A}$-Moduln über X, so ist $f_*\mathcal{F}$ eine Garbe von $f_*\mathcal{A}$-Moduln über Y. Das Entsprechende gilt auch für die direkten Bilder von Homomorphismen.

C) Bezüglich Kompositionen gilt:

(iii) (a) $f_* \mathrm{id}_{\mathcal{F}} = \mathrm{id}_{f_*\mathcal{F}}.$
(b) $f_*(l \circ h) = f_*l \circ f_*h.$

Insbesondere können wir also sagen:

(iv) $h: \mathcal{F} \to \mathcal{G}$ *Isomorphismus* $\Rightarrow f_*h: f_*\mathcal{F} \to f_*\mathcal{G}$ *Isomorphismus.*

D) Aus der Linksexaktheit des Schnittfaktors erhalten wir jetzt die *Linksexaktheit des direkten Bildes:*

(v) *Ist* $0 \longrightarrow \mathcal{F} \xrightarrow{\;h\;} \mathcal{G} \xrightarrow{\;l\;} \mathcal{H}$ *eine exakte Sequenz von Garben über Y, so ist* $0 \longrightarrow f_*\mathcal{F} \xrightarrow{\;f_*h\;} f_*\mathcal{G} \xrightarrow{\;f_*l\;} f_*\mathcal{H}$ *eine exakte Sequenz von Garben über X.*

Beweis: Ist $U \subseteq X$ offen, so besteht die Situation

$$\begin{array}{ccccccc}
0 & \longrightarrow & f_*\mathcal{F}(U) & \xrightarrow{\;f_*h_U\;} & f_*\mathcal{G}(U) & \xrightarrow{\;f_*l_U\;} & f_*\mathcal{H}(U) \\
 & & \| & & \| & & \| \\
0 & \longrightarrow & \mathcal{F}(f^{-1}(U)) & \xrightarrow{\;h_{f^{-1}(U)}\;} & \mathcal{G}(f^{-1}(U)) & \xrightarrow{\;l_{f^{-1}(U)}\;} & \mathcal{H}(f^{-1}(U))
\end{array}$$

Nach (21.16) (iii) ist die untere Sequenz immer exakt. Dasselbe gilt also auch für die obere Sequenz. Durch Übergang zu den Halmen folgt jetzt die Behauptung. ○

(21.20) **Beispiel:** Sei X eine quasiprojektive Varietät und sei $Z \subseteq X$ abgeschlossen. $i: Z \hookrightarrow X$ stehe für die Inklusionsabbildung. $\mathcal{I}_{X,Z} \subseteq \mathcal{O}_X$ sei die Verschwindungsidealgarbe von Z in $\mathcal{O}_X$. Dann bestehen exakte Sequenzen

(i) $0 \longrightarrow \mathcal{I}_{X,Z}(U) \hookrightarrow \mathcal{O}_X(U) \xrightarrow{\;\restriction U\;} \mathcal{O}_Z(U \cap Z) = i_*\mathcal{O}_Z(U); \quad (U \subseteq X \text{ offen}).$

Diese induzieren eine exakte Sequenz von Garben

$$0 \longrightarrow \mathcal{I}_{X,Z} \hookrightarrow \mathcal{O}_X \xrightarrow{\;\cdot\restriction\;} i_*\mathcal{O}_Z.$$

Ist U affin, so ist $\cdot\restriction_U : \mathcal{O}_X(U) \to \mathcal{O}_Z(U \cap Z) = i_*\mathcal{O}_Z(U)$ surjektiv. Weil jeder Punkt $p \in X$ eine Umgebungsbasis aus affinen offenen Mengen $U \subseteq X$ besitzt, wird $\cdot\restriction_p : \mathcal{O}_{X,p} \to (i_*\mathcal{O}_Z)_p$ surjektiv. So wird die Sequenz

(ii) $$0 \longrightarrow \mathcal{I}_{X,Z} \longrightarrow \mathcal{O}_X \xrightarrow{\;\cdot\restriction\;} i_*\mathcal{O}_Z \to 0$$

exakt. Nach dem Homomorphiesatz für Garben besteht also die Situation:

(iii) $$\begin{array}{ccc}
\mathcal{O}_X/\mathcal{I}_{X,Z} & \xrightarrow{\;\cong\;} & i_*\mathcal{O}_Z \\
 & {\scriptstyle -}\nwarrow \quad \nearrow{\scriptstyle \cdot\restriction} & \\
 & \mathcal{O}_X &
\end{array}$$ ○

Anmerkung: Eine Einführung in die Garbentheorie findet sich in F. Godement [G]. ○

(21.21) **Aufgaben:** (1) Sei X eine irreduzible Varietät. Man zeige, dass die Einschränkungsabbildungen $\rho_V^U : \mathcal{O}_X(U) \to \mathcal{O}_X(V)$ injektiv sind, sobald $V \neq \emptyset$.

(2) Seien $L_1, L_2 \subseteq \mathbb{P}^3$ zwei windschiefe Geraden, sei $Z = L_1 \cup L_2$ und sei $\mathcal{F} = \mathcal{O}_{\mathbb{P}^3}/\mathcal{I}_{\mathbb{P}^3, Z}$. Dann ist $\mathcal{O}_{\mathbb{P}^3} \xrightarrow{\bar{\cdot}} \mathcal{F}$ surjektiv, aber $\Gamma(\mathbb{P}^3, \bar{\cdot}) : \Gamma(\mathbb{P}^3, \mathcal{O}_{\mathbb{P}^3}) \to \Gamma(\mathbb{P}^3, \mathcal{F})$ ist es nicht.

(3) Sei X eine irreduzible Varietät, sei $U \subseteq X$ offen und dicht und sei $i : U \to X$ die Inklusionsabbildung. Dann besteht eine kanonische Injektion $a : \mathcal{O}_X \to i_* \mathcal{O}_U$. Man zeige, dass a für $X = \mathbb{A}^2$, $U = \mathbb{A}^2 - \{\mathbf{0}\}$ ein Isomorphismus ist, und man gebe Beispiele, in welchen a nicht surjektiv ist.

(4) Sei $\pi : \mathbb{A}^2 - \{\mathbf{0}\} \to \mathbb{P}^1$ die kanonische Projektion. Ist $U \subseteq \mathbb{P}^1$ offen, so sei $\mathcal{F}(U)$ die Menge aller $f \in \mathcal{O}(\pi^{-1}(U)) \subseteq \mathbb{C}(z_1, z_2)$, welche sich lokal als Quotient $\frac{l}{g}$ zweier homogener Polynome l, g mit Grad $(l) =$ Grad $(g) + 1$ (oder $l = 0$) schreiben lassen. Durch $U \mapsto \mathcal{F}(U)$ wird dann eine Garbe $\mathcal{F}$ von $\mathcal{O}_{\mathbb{P}^1}$-Moduln definiert, für welche gilt:

$$\mathcal{F} \not\cong \mathcal{O}_X, \quad \mathcal{F} \restriction (\mathbb{P}^1 - \{p\}) \cong \mathcal{O}_X \restriction (\mathbb{P}^1 - \{p\}).$$

(5) Sei X irreduzibel und quasiprojektiv. Man zeige: X projektiv $\Leftrightarrow \mathcal{I}_{X,Z}(X) = 0$, $\forall Z \subseteq X$ abgeschlossen mit $Z \neq 0$. ○

22. Kohärente Garben

Moduln und Nenneraufnahme. In diesem Abschnitt befassen wir uns mit Garben von Moduln über der Strukturgarbe $\mathcal{O}_X$ einer quasiprojektiven Varietät X. Wir beginnen mit der Bereitstellung eines algebraischen Hilfsmittels, wobei wir die in Abschnitt 7 für Ringe eingeführte Nenneraufnahme auf Moduln erweitern.

(22.1) **Definitionen und Bemerkungen.** A) Sei A ein Ring, sei $S \subseteq A$ eine Nennermenge, und sei M ein A-Modul. Auf der Menge $S \times M$ definieren wir eine Äquivalenz ein durch:

(i) $$(s, m) \sim (s', m') \Leftrightarrow \exists\, t \in S : tsm' = ts'm, \quad (s, s' \in S;\ m, m' \in M).$$

Die Klasse von (s, m) bezeichnen wir mit $\frac{m}{s}$ und nennen sie einen *Bruch mit Zähler m und Nenner s.* Wir setzen

(ii) $$S^{-1}M := \{\frac{m}{s} \mid m \in M, s \in S\}.$$

$S^{-1}M$ wird zum $S^{-1}A$-Modul vermöge der Operationen

$$\frac{m}{s} + \frac{n}{t} := \frac{ta + sb}{st}; \quad \frac{a}{s}\frac{m}{t} := \frac{am}{st}, \quad (s, t \in S;\ a \in A,\ m, n \in M).$$

Im Fall $M = A$ erhalten wir gerade die in (7.12) definierte Nenneraufnahme zurück.

Natürlich besteht auch hier ein *kanonischer Homomorphismus* von A-Moduln

(iii) $\quad \eta_S : M \to S^{-1}M, \quad (m \mapsto \frac{m}{1})$

mit der Eigenschaft

(iv) $\quad \text{Kern}(\eta_S) = \{m \in M \mid \exists\, t \in S : tm = 0\}.$

B) Wir halten die Bezeichnungen von A) fest. Ist $h : M \to N$ ein Homomorphismus von A-Moduln, so besteht ein Homomorphismus von $S^{-1}A$-Moduln

(v) $\quad S^{-1}h : S^{-1}M \to S^{-1}N, \quad (\frac{m}{s} \mapsto \frac{h(m)}{s}).$

$S^{-1}h$ nennen wir den durch h *induzierten Homomorphismus*. Offenbar bestehen die Regeln

(vi) $\quad$ (a) $S^{-1}\,\text{id}_M = \text{id}_{S^{-1}M}.$
$\quad$ (b) $S^{-1}(l \circ h) = S^{-1}l \circ S^{-1}h.$

Insbesondere folgt:

(vi)′ $\quad$ *h Isomorphismus $\Rightarrow$ $S^{-1}h$ Isomorphismus.*

C) Sofort verifiziert man die *Exaktheit der Nenneraufnahme:*

(vii) *Ist* $M\cdot = \ldots M_{i-1} \xrightarrow{h_{i-1}} M_i \xrightarrow{h_i} M_{i+1} \ldots$ *eine an der Stelle* i *exakte Sequenz von A-Moduln, so ist die induzierte Sequenz*

$$S^{-1}M\cdot = \ldots S^{-1}M_{i-1} \xrightarrow{S^{-1}h_{i-1}} S^{-1}M_i \xrightarrow{S^{-1}h_i} S^{-1}M_{i-1} \ldots$$

ebenfalls exakt an der Stelle i.

Insbesondere folgt:

(iix) $\quad$ (a) $h : M \to N$ *injektiv* $\Rightarrow S^{-1}h : S^{-1}M \to S^{-1}N$ *injektiv.*
$\quad$ (b) $h : M \to N$ *surjektiv* $\Rightarrow S^{-1}h : S^{-1}M \to S^{-1}N$ *surjektiv.*

Ist $N \subseteq M$ ein Untermodul und $i : N \to M$ die Inklusionsabbildung, so können wir nach (iix) (a) $S^{-1}N$ vermöge der Injektion $S^{-1}i$ immer als $S^{-1}A$-Untermodul von $S^{-1}M$ auffassen. Dies wollen wir im folgenden immer tun. Also:

(ix) $\quad N \subseteq M \Rightarrow S^{-1}N \subseteq S^{-1}M.$

In diesem Sinne lässt sich dann die in (vii) festgehaltene Exaktheit auch formulieren als ($h : M \to N$ steht für einen Homomorphismus von A-Moduln):

(x) (a) $\mathrm{Kern}(S^{-1}h) = S^{-1}\,\mathrm{Kern}(h) \subseteq S^{-1}M.$
(b) $\mathrm{Im}(S^{-1}h) = S^{-1}\,\mathrm{Im}(h) \subseteq S^{-1}N.$

D) Ist $f \in A$ ein nicht nilpotentes Element, so schreiben wir wieder M_f für $\{1, f, \ldots, f^n, \ldots\}^{-1}M$ und h_f für $\{1, f, \ldots, f^n, \ldots\}^{-1}h$. Also:

(xi) $S = \{1, f, \ldots\} \Rightarrow M_f := S^{-1}M,\ h_f := S^{-1}h.$

Ist $\mathfrak{p} \in \mathrm{Spec}(A)$, so schreiben wir entsprechend

(xii) $M_\mathfrak{p} := (A-\mathfrak{p})^{-1}M, \quad h_\mathfrak{p} := (A-\mathfrak{p})^{-1}h,$

$M_\mathfrak{p}$ (resp. $h_\mathfrak{p}$) heisst die *Lokalisierung* von M (resp. von h) an der Stelle $\mathfrak{p}$.

E) Für die Annulatoren gilt bei der Nenneraufnahme:

(xiii) *Ist M ein endlich erzeugter A-Modul, so gilt*

$$\mathrm{ann}(S^{-1}M) = S^{-1}\,\mathrm{ann}(M).$$ ○

(22.2) **Bemerkungen:** A) Sind $S \subseteq T \subseteq A$ zwei Nennermengen, so sind $\eta_T(S) = \{\frac{s}{1} \mid s \in S\} \subseteq T^{-1}A$ und $\eta_S(T) = \{\frac{t}{1} \mid t \in T\} \subseteq S^{-1}A$ zwei Nennermengen.

Ist M ein A-Modul, so bestehen kanonische Bijektionen

$$\begin{array}{ccccc} \eta_T(S)^{-1}T^{-1}M & \leftarrow & T^{-1}M & \rightarrow & \eta_S(T)^{-1}S^{-1}M \\ \cup\!\!\!| & & \cup\!\!\!| & & \cup\!\!\!| \\ \dfrac{\frac{m}{t}}{\frac{1}{1}} & \leftarrow\!\shortmid & \dfrac{m}{t} & \mapsto & \dfrac{\frac{m}{1}}{\frac{t}{1}} \end{array}$$

Diese erlauben die Identifikationen

(i) (a) $\eta_T(S)^{-1}\,T^{-1}A = T^{-1}A = \eta_S(T)^{-1}S^{-1}A.$
(b) $\eta_T(S)^{-1}\,T^{-1}M = T^{-1}M = \eta_S(T)^{-1}S^{-1}M.$

Sind $u, t, s \in T$ und $m \in M$, so ist $\frac{s}{u}$ eine Einheit in $T^{-1}A$ und in $T^{-1}M$ gilt:

(ii) $$\frac{u}{s} \cdot \frac{m}{t} := \left(\frac{s}{u}\right)^{-1} \frac{m}{t} = \frac{um}{st}.$$

B) Trivialerweise gilt für eine Nennermenge $S \subseteq A$ und einen A-Modul M:

(iii) $M = \sum_i A\, m_i \Rightarrow S^{-1}M = \sum_i S^{-1} \frac{m_i}{1}$.

Insbesondere gilt also:

(iii)′ *M endlich erzeugt über $A \Rightarrow S^{-1}M$ endlich erzeugt über $S^{-1}A$.*

C) Im folgenden seien $N, L \subseteq M$ A-Untermoduln von M. Wir halten fest:

(iv) *Sei $\{S_i \subseteq A \mid i \in I\}$ eine Familie von Nennermengen, so dass für jede Kollektion $\{s_i \in S_i \mid i \in I\}$ gilt $\sum_i A\, s_i = A$. Dann besteht die Implikation:*

$$S_i^{-1}N \subseteq S_i^{-1}L, \forall i \in I \Rightarrow N \subseteq L.$$

Beweis: Sei $n \in N$. Dann ist $\frac{n}{1} \in S_i^{-1}L$. Für jeden Index i gibt es also ein $s_i \in S_i$ mit $s_i\, n \in L$. Nach Voraussetzung können wir schreiben $1 = \sum_i a_i\, s_i$ mit $a_i \in A$ und $a_i = 0$ für fast alle i. Es folgt $n = 1 \cdot n = \sum_i a_i\, s_i\, n \in L$.

Als erste Anwendung von (iv) ergibt sich das sogenannte *lokale Gleichheitskriterium:*

(v) *Für zwei Untermoduln $N, L \subseteq M$ sind äquivalent:*
(a) $N = L$.
(b) $N_{\mathfrak{p}} = L_{\mathfrak{p}}, \forall\, \mathfrak{p} \in \operatorname{Spec}(A)$.
(c) $N_{\mathfrak{m}} = L_{\mathfrak{m}}, \forall\, \mathfrak{m} \in \operatorname{Max}(A)$.

Beweis: «(a) ⇒ (b)» ist trivial, «(b) ⇒ (c)» folgt aus $\operatorname{Spec}(A) \supseteq \operatorname{Max}(A)$. (c) ⇒ (a) folgt daraus, dass die Familie der Nennermengen $A - \mathfrak{m}$ ($\mathfrak{m} \in \operatorname{Max}(A)$) offenbar die Voraussetzung von (iv) erfüllt.

(v)′ *Sei $h: M \to N$ ein Homomorphismus von A-Moduln. Dann sind äquivalent:*
(a) *h ist injektiv (resp. surjektiv resp. bijektiv).*
(b) *$h_{\mathfrak{p}}$ ist injektiv (resp. surjektiv resp. bijektiv), $\forall\, \mathfrak{p} \in \operatorname{Spec}(A)$.*
(c) *$h_{\mathfrak{m}}$ ist injektiv (resp. surjektiv resp. bijektiv), $\forall\, \mathfrak{m} \in \operatorname{Max}(A)$.*

Beweis: Man wende (v) an auf 0, Kern $(h) \subseteq M$ resp. N, Im $(h) \subseteq N$ und beachte (22.1) (x).

D) Ein nicht nilpotentes Element $f \in A$ wollen wir im folgenden als *Nenner* bezeichnen. Wir halten die Bezeichnungen von C) fest.

(vi) *Sei $\{f_i \mid i \in I\} \subseteq A$ eine Menge von Nennern mit der Eigenschaft $\sum_i A\, f_i = A$. Seien $N, L \subseteq M$ Untermoduln. Dann gilt:*

$$N = L \Leftrightarrow N_{f_i} = L_{f_i}, \forall i \in I.$$

Beweis: «$\Rightarrow$» ist trivial. «$\Leftarrow$»: Wegen $\sqrt{\sum_i A f_i^{n_i}} \supseteq \sum_i A f_i = A$ ist $\sum_i A f_i^{n_i} = A$. Die Nennermengen $S_i := \{f_i^n \mid n \in \mathbb{N}_0\}$ erfüllen also die Voraussetzung von (iv), was zu schliessen erlaubt.

(vii) *Seien* $f_1, \ldots, f_r \in A$ *Nenner, so dass* $\sum_{i=1}^{r} A f_i = A$. *Dann gilt:*

M endlich erzeugt über $A \Leftrightarrow M_{f_i}$ *endlich erzeugt über* $A_{f_i}, \forall i \leq r$.

Beweis: «$\Rightarrow$» ist klar nach (22.2) (iii)′. «$\Leftarrow$»: Wir können jeweils schreiben $M_{f_i} = \sum_{j=1}^{s_i} A_{f_i} \frac{m_{i,j}}{f_i^{nj}}$, wo $m_{i,1}, \ldots, m_{i,s_j} \in M$ endlich viele Elemente sind. Wir setzen $N = \sum_{i,j} A\, m_{i,j}$. N ist ein endlich erzeugter A-Untermodul von M. Offenbar gilt $N_{f_i} = M_{f_i}$. Nach (vi) folgt $M = N$. ○

Induzierte Garben über affinen Varietäten. Wir führen jetzt eine wichtige Klasse von Modulgarben über der Strukturgarbe $\mathcal{O}_X$ einer affinen Varietät X ein.

(22.3) **Definitionen und Bemerkungen:** A) Sei X eine *affine* Varietät und sei M ein $\mathcal{O}(X)$-Modul. Sei $U \subseteq X$ eine offene, nichtleere Menge. Unter einem *M-Schnitt* über U verstehen wir eine Abbildung $\gamma : U \to \dot{\bigcup}_{p \in X} M_{I_X(p)}$ von U in die disjunkte Vereinigung der Lokalisierungen $M_{I_X(p)}$ von M in den Verschwindungsidealen $I_X(p) \in \operatorname{Max}(\mathcal{O}(X))$ der Punkte $p \in X$ mit der Eigenschaft:

(i) (a) $\gamma(p) \in M_{I_X(p)}, \forall p \in U$.
(b) *Zu jedem Punkt* $p \in U$ *gibt es eine offene Umgebung* $V \subseteq U$ *von* p *und Elemente* $m \in M, s \in \mathcal{O}(X)$, *derart, dass* $s \notin I_X(q), \gamma(q) = \frac{m}{s} \in M_{I_X(q)}, \forall q \in V$.

Die Eigenschaft (b) besagt, dass γ lokal durch Brüche mit Zähler in M und Nenner in $\mathcal{O}(X)$ dargestellt wird.

Die Menge der M-Schnitte über U bezeichnen wir mit $\tilde{M}(U)$, also:

(ii) $$\tilde{M}(U) := \{\gamma : U \to \dot{\bigcup}_{p \in X} M_{I_X(p)} \mid \gamma \text{ erfüllt (i)}\}, \quad (U \subseteq X \text{ offen}).$$

$\tilde{M}(U)$ wird in kanonischer Weise zum $\mathcal{O}(U)$-Modul vermöge der durch

(iii) (a) $(\gamma + \delta)(p) := \gamma(p) + \delta(p)$
(b) $(f\gamma)(p) := f(p)\gamma(p)$
$(\gamma, \delta \in \tilde{M}(U), f \in \mathcal{O}(U); p \in U)$

definierten Operationen.

Im Hinblick auf (21.2) (ii) folgt jetzt sofort, dass durch

$$\text{(iv)}\qquad \begin{array}{ll} \text{(a)} & U \mapsto \tilde{M}(U) \quad (U \subseteq X \textit{ offen}) \\ \text{(b)} & \rho_V^U : \tilde{M}(U) \to \tilde{M}(V), \ (V \subseteq U \subseteq X \textit{ offen}) \\ & \qquad\ \ \gamma \quad \mapsto \gamma \restriction V \end{array}$$

eine Garbe $\tilde{M}$ von $\mathcal{O}_X$-Moduln definiert wird. Diese Garbe $\tilde{M}$ nennen wir die durch den $\mathcal{O}(X)$-Modul M *induzierte Garbe.*

B) Sei $h : M \to N$ ein Homomorphismus von $\mathcal{O}(X)$-Moduln. Ist $U \subseteq X$ offen und $p \in U$, so betrachten wir den lokalisierten Homomorphismus

$$h_{I_X(p)} : M_{I_X(p)} \to N_{I_X(p)}.$$

Ist $\gamma \in \tilde{M}(U)$, so wird durch $p \mapsto h_{I_X(p)}(\gamma(p))$ ein N-Schnitt $\tilde{h}_U(\gamma) \in \tilde{N}(U)$ definiert. Die Zuordnung

$$\text{(v)}\qquad \gamma \mapsto \tilde{h}_U(\gamma), \quad (\tilde{h}_U(\gamma)(p) := h_{I_X(p)}(\gamma(p))$$

bestimmt so einen Homomorphismus von $\mathcal{O}_X(U)$-Moduln

$$\text{(v)}'\qquad \tilde{h}_U : \tilde{M}(U) \to \tilde{N}(U).$$

Die Kollektion der $\tilde{h}_U$ bestimmt so einen Garbenhomomorphismus

$$\text{(vi)}\qquad \tilde{h} := \{\tilde{h}_U \mid U \subseteq X \textit{ offen}\} : \tilde{M} \to \tilde{N}.$$

Diese nennen wir den durch h *induzierten Garbenhomomorphismus.*

Offenbar gilt:

$$\text{(vii)}\qquad \begin{array}{ll} \text{(a)} & \widetilde{\mathrm{id}_M} = \mathrm{id}_{\tilde{M}}. \\ \text{(b)} & \widetilde{h \circ l} = \tilde{h} \circ \tilde{l}. \end{array}$$

C) Wir halten die obigen Bezeichnungen fest. Ist $m \in M$, so wird durch $p \mapsto \dfrac{m}{1} \in M_{I_X(p)}$ offenbar ein M-Schnitt $\tilde{m} \in \tilde{M}(X)$ definiert. $\tilde{m}$ nennen wir den durch m *induzierten Schnitt.*

Ist $p \in X$, so gilt bekanntlich $\mathcal{O}(X)_{I_X(p)} = \mathcal{O}_{X,p}$. In diesem Sinne besteht ein kanonischer Isomorphismus von $\mathcal{O}_{X,p}$-Moduln

$$\text{(iix)} \qquad \begin{array}{ccc} \dfrac{m}{s} & \mapsto & s_p^{-1}\tilde{m}_p \\ \Cap & & \Cap \\ M_{I_X(p)} & \overset{\cong}{\leftrightarrows} & \tilde{M}_p \\ \Cup & & \Cup \\ \gamma(p) & \leftarrow & \gamma_p \end{array} \qquad \begin{array}{l} (m \in M,\ s \in \mathcal{O}(X) - I_X(p)). \\ \\ \\ (\gamma \in \tilde{M}(U),\ U \in \mathbb{U}_p) \end{array}$$

Beweis: Man sieht leicht, dass die angegebenen Abbildungsvorschriften zueinander inverse Homomorphismen definieren.

Wir wollen in Zukunft $\tilde{M}_p$ und $M_{I_X(p)}$ vermöge des Isomorphismus (iix) identifizieren:

$$\text{(iix)}' \qquad \tilde{M}_p = M_{I_X(p)}.$$

Sofort sieht man jetzt:

(iix)″ *Ist $h: M \to N$ ein Homomorphismus von $\mathcal{O}(X)$-Moduln, so gilt*

$$\tilde{h}_p = h_{I_X(p)} : \tilde{M}_p = M_{I_X(p)} \to N_{I_X(p)} = \tilde{N}_p,$$

d.h. $\tilde{h}_p$ stimmt mit der Lokalisierung von h in *$I_X(p)$ überein.*

Weil die Exaktheit von Sequenzen von Garben halmweise getestet wird und wegen der Exaktheit des Lokalisierens folgt:

(ix) *Ist* $M\cdot = \ldots M_{i-1} \xrightarrow{h_{i-1}} M_i \xrightarrow{h_i} M_{i+1} \ldots$ *eine an der Stelle i exakte Sequenz von $\mathcal{O}(X)$-Moduln, so ist die induzierte Sequenz*

$$\tilde{M}\cdot = \ldots \tilde{M}_{i-1} \xrightarrow{\tilde{h}_{i-1}} \tilde{M} \xrightarrow{\tilde{h}_i} \tilde{M}_{i+1} \ldots$$ *ebenfalls exakt an der Stelle i.*

D) Wir halten die obigen Bezeichnungen fest. Dann besteht ein kanonischer Isomorphismus von $\mathcal{O}(X)$-Moduln.

$$\text{(x)} \qquad M \xrightarrow[\cong]{\qquad} \tilde{M}(X) \quad (m \mapsto \tilde{m}).$$

Beweis: Die angegebene Vorschrift definiert natürlich einen Homomorphismus $a: M \to \tilde{M}(X)$ von $\mathcal{O}(X)$-Moduln. Ist $a(m) = 0$, so ist $\dfrac{m}{1} = a(m)_p = 0$ in $M_{I_p(X)}$, also $(\mathcal{O}(X)m)_{I_p(X)} = 0$. Weil $I_p(X)$ die Maximalideale von $\mathcal{O}(X)$ durchläuft, ergibt sich nach dem lokalen Gleichheitskriterium sofort $\mathcal{O}(X)m = 0$, also $m = 0$. Deshalb ist a injektiv.

Um nachzuweisen, dass a surjektiv ist, wählen wir $\gamma \in \tilde{M}(X)$. Ist $p \in X$, so gibt es eine elementare offene Umgebung $U = U_X(f)$ von p und Elemente $m \in M$, f

$\in \mathcal{O}(X)$, derart, dass $\gamma_q = \frac{m}{f}$ für alle $q \in U$. Es folgt $\rho_U^X(f\gamma) = \rho_U^X(\tilde{m})$, also $\rho_U^X(f\gamma - \tilde{m}) = 0$. Wir finden eine offene affine Überdeckung $X_1, \ldots, X_r$ von X und Elemente $n_1, \ldots, n_r \in M$, $t_1, \ldots, t_r \in \mathcal{O}(X)$, derart, dass $(f\gamma - \tilde{m})_q = \frac{n_i}{t_i} \in M_{I_q(X)}$ für alle $q \in X_i$. Ist $X_i \cap U = \emptyset$, so ist $f \upharpoonright X_i = 0$, also auch $\rho_{X_i}^X(f(f\gamma - \tilde{m})) = 0$. Andernfalls verschwindet $\frac{n_i}{t_i}$ in $M_{I_q(X)}$ für jeden Punkt $q \in X_i \cap U$. Wir finden also jeweils ein $t_{q,i} \in \mathcal{O}(X) - I_q(X)$ mit $t_{q,i}\, n_i = 0$, d.h. mit $t_{q,i}\, \rho_{X_i}^X(f\gamma - \tilde{m}) = 0$. Sei $J_i = \sum_{q \in X_i \cap U} \mathcal{O}(X_i) t_{q,i}$. Dann ist $J_i\, \rho_{X_i}^X(f\gamma - \tilde{m}) = 0$. Wegen $t_{q,i} \notin I_q(X)$ ist weiter $q \notin V_{X_i}(J_i)$, also $V_{X_i}(J_i) \subseteq X_i - U = V_{X_i}(f \upharpoonright X_i)$, d.h. $f \upharpoonright X_i \in I(V_{X_i}(J_i)) = \sqrt{J_i}$. Wir finden also ein $n_i \in \mathbb{N}$ mit $f^{n_i} \in J_i$. Mit $n = \max\{n_i \mid i\}$ erhalten wir $f^n \rho_{X_i}^X(f\gamma - \tilde{m}) = 0$, $(i = 1, \ldots, r)$, also $f^n(f\gamma - \tilde{m}) = 0$, d.h. $f^{n+1}\gamma = f^n\tilde{m} = (f^n m)^\sim \in \alpha(M)$. So folgt in $\tilde{M}(X)_{I_p(X)}$ die Beziehung $\frac{\gamma}{1} \in \alpha(M)_{I_p(X)}$. Somit wird $\tilde{M}(X)_{I_p(X)} = \alpha(M)_{I_p(X)}$, $\forall p \in X$. Nach dem lokalen Gleichheitskriterium folgt $\tilde{M}(X) = \alpha(M)$. Also ist α surjektiv.

Wir wollen in Zukunft M und $\tilde{M}(X)$ vermöge des kanonischen Isomorphismus (x) identifizieren:

(x)′ $\quad \Gamma(X, \tilde{M}) = \tilde{M}(X) = M, \quad \tilde{M} = \tilde{M}(X)^\sim = \Gamma(X, \tilde{M})^\sim, \quad \tilde{m} = m.$

Sofort sieht man jetzt:

(x)″ *Ist $h: M \to N$ ein Homomorphismus von $\mathcal{O}(X)$-Moduln, so gilt*

$$\tilde{h}_X = h : \tilde{M}(X) = M \to N = \tilde{N}(X),$$

d.h. $\tilde{h}_X = \Gamma(X, \tilde{h})$ *stimmt mit h überein. Insbesondere ist* $\tilde{h} = (\tilde{h}_X)^\sim = \Gamma(X, \tilde{h})^\sim$. ○

Wir wollen jetzt Kriterien dafür angeben, dass eine Modul-Garbe über der Strukturgarbe $\mathcal{O}_X$ einer affinen Varietät X durch einen $\mathcal{O}(X)$-Modul induziert ist. Wir beginnen mit einigen Vorbemerkungen.

(22.4) **Bemerkungen und Definitionen:** A) Sei X eine *affine* Varietät und sei $\mathcal{F}$ eine Garbe von $\mathcal{O}_X$-Moduln über X. Wir wählen einen Punkt $p \in X$ und schreiben $\mathcal{O}_{X,p} = \mathcal{O}(X)_{I_X(p)}$. Es besteht dann ein kanonischer Homomorphismus von $\mathcal{O}_{X,p}$-Moduln

$$\text{(i)} \qquad \begin{array}{ccc} \psi_p : \mathcal{F}(X)_{I_X(p)} & \to & \mathcal{F}_p \\ \uplus & & \uplus \\ \frac{\gamma}{s} & \longmapsto & s_p^{-1}\gamma_p \end{array} \qquad (\gamma \in \mathcal{F}(X), \quad s \in \mathcal{O}(X) - I_X(p)).$$

ψ_p verallgemeinert den früher eingeführten kanonischen Isomorphismus $\psi : \mathcal{O}(X)_{I_X(p)} \xrightarrow[\cong]{} \mathcal{O}_{X,p}$, vermöge welchem wir $\mathcal{O}_{X,p}$ und $\mathcal{O}(X)_{I_X(p)}$ identifiziert haben.

B) Sei X wie oben, sei $f \in \mathcal{O}(X) - \{0\}$ und sei $U_X(f) \subseteq X$ die durch f definierte elementare offene Menge. Es gilt $\mathcal{O}(U_X(f)) = \mathcal{O}(X)_f$. Weiter besteht ein kanonischer Homomorphismus von $\mathcal{O}(U_X(f))$-Moduln

$$\text{(ii)} \qquad \begin{array}{ccc} \varphi_f : \mathcal{F}(X)_f & \rightarrow & \mathcal{F}(U_X(f)) \\ \Psi & & \Psi \\ \dfrac{\gamma}{f^n} & \mapsto & (f \restriction U_X(f))^{-n} \rho^X_{U_X(f)}(\gamma) \end{array} \qquad (\gamma \in \mathcal{F}(X), n \in \mathbb{N}_0).$$

φ_f verallgemeinert den früher eingeführten kanonischen Isomorphismus $\mathcal{O}(X)_f \rightarrow \mathcal{O}(U_X(f))$, den wir soeben zur Identifizierung dieser beiden Ringe verwendet haben.

C) Seien X und $\mathcal{F}$ wie oben. Weiter sei M ein $\mathcal{O}(X)$-Modul und $h : M \rightarrow \mathcal{F}(X)$ ein Homomorphismus von $\mathcal{O}(X)$-Moduln.

Sei $p \in X$. Wir betrachten die Komposition

$$\begin{array}{ccccc} \tilde{M}_p = M_{I_X(p)} & \xrightarrow{h_{I_X(p)}} & \mathcal{F}(X)_{I_X(p)} & \xrightarrow{\psi_p} & \mathcal{F}_p \\ \Psi & & & & \Psi \\ \gamma_p & & \longmapsto & & \psi_p \circ h_{I_X(p)}(\gamma_p) \end{array}$$

Ist $U \subseteq X$ offen und $\gamma \in \tilde{M}(U)$ ein M-Schnitt über U, so wird durch $p \mapsto \psi_p \circ h_{I_X(p)}(\gamma_p)$ offenbar ein Schnitt von Keimen in $\Gamma(U, \mathcal{F}) = \mathcal{F}(U)$ definiert. Diesen Schnitt bezeichnen wir mit $\tilde{h}_U(\gamma)$. Also:

$$\text{(iii)} \qquad \tilde{h}_U(\gamma) \in \Gamma(U, \mathcal{F}) = \mathcal{F}(U), \quad \tilde{h}_U(\gamma)_p = \psi_p \circ h_{I_X(p)}(\gamma_p).$$

Die Zuordnung $\gamma \mapsto \tilde{h}_U(\gamma)$ definiert dann offenbar einen Homomorphismus $\tilde{h}_U : \tilde{M}(U) \rightarrow \mathcal{F}(U)$ von $\mathcal{O}(U)$-Moduln. Die Kollektion $\{\tilde{h}_U \mid U \subseteq X \text{ offen}\}$ definiert schliesslich einen Homomorphismus von Garben von $\mathcal{O}_X$-Moduln

$$\text{(iv)} \qquad \tilde{h} : \tilde{M} \rightarrow \mathcal{F}.$$

$\tilde{h}$ nennen wir den durch h *induzierten Garbenhomomorphismus*. Im Hinblick auf (iii) gilt in den Halmen

$$\text{(v)} \qquad \tilde{h}_p = \psi_p \circ h_{I_X(p)} : \tilde{M}_p = M_{I_X(p)} \rightarrow \mathcal{F}_p.$$

Wir können $\tilde{h}$ noch anders charakterisieren:

(vi) *$\tilde{h}: \tilde{M} \to \mathscr{F}$ ist der einzige Modulgarbenhomomorphismus von $\tilde{M}$ nach $\mathscr{F}$ mit $\tilde{h}_X = h : \tilde{M}(X) = M \to \mathscr{F}(X)$.*

Beweis: Sei $l : \tilde{M} \to \mathscr{F}$ ein solcher Garbenhomomorphismus mit $l_X = h$. Ist $p \in X$ und $\gamma_p = \frac{m}{s} \in \tilde{M}_p = M_{I_X(p)}$ $(m \in M,\ s \in \mathcal{O}(X) - I_X(p))$, so folgt $l_p(\gamma_p) = l_p(\frac{m}{s}) =$

$l_p(s_p^{-1}\tilde{m}_p) = s_p^{-1} l_p(\tilde{m}_p) = s_p^{-1} l_X(\tilde{m})_p = s_p^{-1} h(m)_p = s_p^{-1}\ \psi_p \circ h_{I_X(p)}(\frac{m}{1}) = \psi_p \circ h_{I_X(p)}(\frac{m}{s}) =$

$\psi_p \circ h_{I_X(p)}(\gamma_p) = \tilde{h}_p(\gamma_p)$. Also ist $l_p = \tilde{h}_p$. Nach (21.10) folgt $l = \tilde{h}$.

Aus (vi) folgt natürlich sofort:

(vi)′ *Ist $h : M \to N = \tilde{N}(X)$ ein Homomorphismus von $\mathcal{O}(X)$-Moduln, so stimmt der nach* (iv) *definierte induzierte Homomorphismus $\tilde{h}: \tilde{M} \to \tilde{N}$ mit dem nach* (22.3) (vi) *definierten überein.* ○

(22.5) **Lemma:** *Sei X eine affine Varietät, M ein $\mathcal{O}(X)$-Modul und $f \in \mathcal{O}(X) - \{0\}$. Wir schreiben U für die durch f definierte elementare offene Menge $U_X(f) \subseteq X$. Dann induziert der kanonische $\mathcal{O}(U)$-Homomorphismus*

$$\varphi_f : M_f \to \tilde{M}(U) = (\tilde{M} \upharpoonright U)(U)$$

einen Isomorphismus

$$\tilde{\varphi}_f : (M_f)^{\sim} \xrightarrow[\cong]{} \tilde{M} \upharpoonright U.$$

Beweis: Sei $p \in U$. Wegen $I_U(p) = I_X(p)_f \subseteq \mathcal{O}(X)_f = \mathcal{O}(U)$ und $f \in \mathcal{O}(X) - I_X(p)$ folgt nach (22.1) (i) sofort

$$\begin{array}{ccc} (M_f)^{\sim}_p & \xrightarrow{(\tilde{\varphi}_k)_p} & \tilde{M}_p \\ \| & \circlearrowleft & \| \\ (M_f)_{I_U(p)} & = \; (M_f)_{I_X(p)_f} \; = & M_{I_X(p)} \end{array}$$

So wird $(\tilde{\varphi}_f)_p$ zum Isomorphismus. Dasselbe folgt jetzt nach (21.9) auch für $\tilde{\varphi}_f$. □

Jetzt beweisen wir das angekündigte Kriterium:

(22.6) **Satz:** *Sei X eine affine Varietät und sei $\mathscr{F}$ eine Garbe von $\mathcal{O}_X$-Moduln. Dann sind äquivalent:*

(i) *Es gibt einen $\mathcal{O}(X)$-Modul M, so dass $\mathscr{F} \cong \tilde{M}$.*

(ii) *Der durch* $\mathrm{id}: \mathscr{F}(X) \to \mathscr{F}(X)$ *induzierte Garbenhomomorphismus* $\widetilde{\mathrm{id}}: \mathscr{F}(X)^{\sim} \to \mathscr{F}$ *ist ein Isomorphismus.*

(iii) *Für alle* $p \in X$ *ist der kanonische Homomorphismus* $\psi_p : \mathscr{F}(X)_{I_X(p)} \to \mathscr{F}_p$ *ein Isomorphismus.*

(iv) *Für alle* $f \in \mathcal{O}(X) - \{0\}$ *ist der kanonische Homomorphismus* $\varphi_f : \mathscr{F}(X)_f \to \mathscr{F}(U_X(f))$ *ein Isomorphismus.*

Beweis: (ii) ⇒ (i) ist trivial. Zum Nachweis von (i) ⇒ (ii) setze man $\mathscr{F} = \tilde{M}$ und beachte $\mathscr{F}(X) = M$ und (22.4) (vi).

(ii) ⇔ (iii): Nach (22.4) (v) gilt $\widetilde{\mathrm{id}}_p = \psi_p \circ \mathrm{id}_{I_X(p)} = \psi_p$. Jetzt schliesst man mit (21.9).

(i) ⇒ (iv): Man setze $\mathscr{F} = \tilde{M}$, beachte $\mathscr{F}(X) = M$, und wende (22.5) an.

Es bleibt (iv) ⇒ (iii) zu zeigen. Dazu wähle man $p \in X$. Jetzt schliesst man leicht mit Hilfe der Diagramme

$$\begin{array}{ccc} \mathscr{F}(X)_f & \xrightarrow{\varphi_f} & \mathscr{F}(U_X(f)) \\ \text{kan.} \downarrow & \circlearrowleft & \downarrow \text{kan.}, \\ \mathscr{F}(X)_{I_X(p)} & \xrightarrow{\psi_p} & \mathscr{F}_p \end{array} \qquad (f \in \mathcal{O}(X) - I_X(p)),$$

wobei man zu beachten hat, dass $U_X(f)$ für $f \in \mathcal{O}(X) - I_X(p)$ eine volle Umgebungsbasis von p durchläuft. □

(22.7) **Definitionen und Bemerkungen:** A) Sei X weiterhin eine affine Varietät. Eine Garbe $\mathscr{F}$ von $\mathcal{O}_X$-Moduln, welche die äquivalenten Bedingungen (22.6) (i) – (iv) erfüllt, nennen wir *induziert*. Ist $\mathscr{F}$ induziert und $\mathscr{F}(X)$ endlich erzeugt, so nennen wir $\mathscr{F}$ *endlich induziert*. Gleichbedeutend ist, dass $\mathscr{F} \cong M^{\sim}$, wo M ein endlich erzeugter $\mathcal{O}(X)$-Modul ist.

B) Sei X weiterhin affin, und sei $\mathscr{F}$ eine Garbe von $\mathcal{O}_X$-Moduln. Auf Grund der Eigenschaft (22.6) (ix) können wir sagen (man setze $\mathscr{F}(X)_0 = 0$, $U_X(0) = \emptyset$):

(i) $\mathscr{F}$ *ist genau dann induziert, wenn für alle* $f \in \mathcal{O}(X)$ *gilt:*
  (a) $\gamma \in \mathscr{F}(X)$ *mit* $\rho^X_{U_X(f)}(\gamma) = 0 \Rightarrow \exists\, n \in \mathbb{N}$ *mit* $f^n \gamma = 0$.
  (b) $\sigma \in \mathscr{F}(U_X(f)) \Rightarrow \exists\, \gamma \in \mathscr{F}(X)$, $n \in \mathbb{N}$ *mit* $f^n \upharpoonright U_X(f) \sigma = \rho^X_{U_X(f)}(\gamma)$.

C) Wir wissen schon lange, dass die Strukturgarbe $\mathcal{O}_X$ einer affinen Varietät die Bedingungen (22.6) (iii) und (iv) erfüllt (vgl. (7.14), (8.5)). Die induzierten Garben bilden also eine Klasse, welche die Strukturgarbe in naheliegender Weise erweitert. Insbesondere können wir sagen

(ii) *Die Strukturgarbe* $\mathcal{O}_X$ *einer affinen Varietät* X *ist endlich induziert.*

Sei $Z \subseteq X$ eine abgeschlossene Teilmenge, $\mathcal{I}_X(Z) \subseteq \mathcal{O}_X$ deren Verschwindungsidealgarbe. Ist $p \in X$, so wissen wir, dass

$$\psi_p : \mathcal{I}_X(Z)\,(X)_{I_X(p)} = I_X(Z)_{I_X(p)} \to I_{X,p}(Z) = \mathcal{I}_X(Z)_p$$

ein Isomorphismus ist. Nach (22.6) folgt also:

(iii) *$\mathcal{I}_X(Z) = I_X(Z)^\sim$ ist endlich induziert ($Z \subseteq X$ abgeschlossen).*

D) Aus (22.3) (x) und (22.4) (vi) folgt sofort:

(iv) (a) *Ist $\mathcal{F}$ induziert, so gilt $\mathcal{F} = \Gamma(X, \mathcal{F})^\sim$.*
(b) *Ist $h : \mathcal{F} \to \mathcal{G}$ ein Homomorphismus zwischen induzierten Garben, so gilt $h = \Gamma(X, h)^\sim$.*

Mit (22.2) (v) und (21.15) (v) ergibt sich jetzt sofort, dass der Schnittfunktor für induzierte Garben exakt ist:

(v) *Ist $\ldots \mathcal{F}_{i-1} \xrightarrow{h_{i-1}} \mathcal{F}_i \xrightarrow{h_i} \mathcal{F}_{i+1} \ldots = \mathcal{F}$. eine an der Stelle i exakte Sequenz von induzierten Garben, so ist die Sequenz*

$$\Gamma(X, \mathcal{F}.) = \ldots \Gamma(X, \mathcal{F}_{i-1}) \xrightarrow{\Gamma(X, h_{i-1})} \Gamma(X, \mathcal{F}_i) \xrightarrow{\Gamma(X, h_i)} \Gamma(X, h_i) \ldots$$

ebenfalls exakt an der Stelle i. ○

Anmerkung: Sei X eine affine Varietät. (22.3) (x)′, (x)″ und (22.7) (iv) besagen dann, dass der Funktor $\tilde{} : M \to \tilde{M}$ eine Äquivalenz zwischen der Kategorie der $\mathcal{O}(X)$-Moduln und der Kategorie der induzierten Garben von $\mathcal{O}_X$-Moduln definiert. Die Kategorie der endlich erzeugten Moduln entspricht dabei der Kategorie der endlich erzeugten Garben. ○

Quasikohärente und kohärente Garben. Wir wollen jetzt das Konzept der (endlich) induzierten Garben von den affinen Varietäten auf beliebige quasiprojektive Varietäten verallgemeinern. Zuerst beweisen wir allerdings ein Hilfsresultat über induzierte Garben.

(22.8) **Lemma:** *Sei X eine affine Varietät und sei $\mathcal{F}$ eine Garbe von $\mathcal{O}$-Moduln. Dann sind äquivalent*

(i) *$\mathcal{F}$ ist (endlich) induziert.*

(ii) *$\mathcal{F} \restriction U_X(f)$ ist (endlich) induziert für alle $f \in \mathcal{O}(X) - \{0\}$.*

(iii) *Es gibt Elemente $f_1, \ldots, f_r \in \mathcal{O}(X) - \{0\}$, so dass $\bigcup_{i=1}^{r} U_X(f_i) = X$ und so, dass $\mathcal{F} \restriction U_X(f_i)$ (endlich) induziert ist für $i = 1, \ldots, r$.*

Beweis: (i) $\Rightarrow$ (ii) ist klar nach (22.5) und (22.2) (vii). (ii) $\Rightarrow$ (iii) ist klar, weil X noethersch ist.

(iii) $\Rightarrow$ (i): Wir setzen $U_i = U_X(f_i)$. Zuerst zeigen wir, dass der kanonische Homomorphismus $\varphi_{f_i} : \mathscr{F}(X)_{f_i} \to \mathscr{F}(U_i)$ ein Isomorphismus ist. Zum Nachweis der Injektivität nehmen wir an, es sei $\varphi_{f_i}(\frac{\gamma}{f_n^n}) = (f_i \restriction U_i)^{-n} \rho^X_{U_i}(\gamma) = 0$ ($\gamma \in \mathscr{F}(X)$, $n \in \mathbb{N}_0$). Dann ist $\rho^X_{U_i}(\gamma) = 0$, also $\rho^{U_j}_{U_i \cap U_j}(\rho^X_{U_j}(\gamma)) = \rho^X_{U_i \cap U_j}(\gamma) = 0$. Nach Voraussetzung ist $\mathscr{F} \restriction U_j$ induziert. Weiter ist $U_i \cap U_j = U_{U_j}(f_i \restriction U_j)$. Wir können also (22.7) (i) (a) auf die Garbe $\mathscr{F} \restriction U_j$ und die Funktion $f_i \restriction U_j \in \mathcal{O}(U_j)$ anwenden, und finden so ein $n_j \in \mathbb{N}$ mit $(f_i \restriction U_j)^{n_j} \rho^X_{U_j}(\gamma) = 0$. Mit $h = \max\{\cdot n_j \mid j = 1, \ldots, r\}$ folgt dann $\rho^X_{U_j}(f_i^h \gamma) = 0$ ($j = 1, \ldots, r$), also $f_i^h \gamma = 0$, d.h. $\frac{\gamma}{f_i^n} = 0$.

Zum Nachweis der Surjektivität von $\varphi_{f_i} : \mathscr{F}(X)_{f_i} \to \mathscr{F}(U_i)$ wählen wir $\sigma \in \mathscr{F}(U_i)$. Anwendung von (22.7) (i) (b) auf die Garbe $\mathscr{F} \restriction U_j$, die Funktion $f_i \restriction U_j$ und das Element $\rho^{U_i}_{U_i \cap U_j}(\sigma) \in \mathscr{F}(U_i \cap U_j) = (\mathscr{F} \restriction U_j)(U_{U_j}(f_i \restriction U_j))$ liefert uns jeweils eine Darstellung $(f_i \restriction U_i \cap U_j)^{t_i} \rho^{U_i}_{U_i \cap U_j}(\sigma) = \rho^{U_j}_{U_i \cap U_j}(\sigma_j)$ mit $t_i \in \mathbb{N}$, $\sigma_j \in \mathscr{F}(U_j)$. Mit $t = \max\{t_j \mid j = 1, \ldots, r\}$ und $\delta_j = (f_i \restriction U_j)^{t - t_i} \sigma_j$ folgt $(f_i \restriction U_i \cap U_j)^t \; \rho^{U_i}_{U_i \cap U_j}(\sigma) = \rho^{U_j}_{U_i \cap U_j}(\delta_j)$ ($j = 1, \ldots. r$), $\delta_j \in \mathscr{F}(U_j)$. Insbesondere ist deshalb $\rho^{U_j}_{U_i \cap U_j \cap U_k}(\delta_j) = \rho^{U_k}_{U_i \cap U_j \cap U_k}(\delta_k)$, also $\rho^{U_j \cap U_k}_{U_j \cap U_k \cap U_i}(\rho^{U_j}_{U_j \cap U_k}(\delta_j) - \rho^{U_k}_{U_j \cap U_k}(\delta_k)) = 0$ für $k, j \in \{1, \ldots, r\}$.

Wegen $U_j \cap U_k = U_{U_j}(f_k \restriction U_j)$ können wir die schon bewiesene Implikation (i) $\Rightarrow$ (ii) auf die Garbe $\mathscr{F} \restriction U_j$ und die Funktion $f_k \restriction U_j \in \mathcal{O}(U_j)$ anwenden und sehen, dass $\mathscr{F} \restriction U_j \cap U_k$ induziert ist. Weiter ist $U_j \cap U_k \cap U_i = U_{U_j \cap U_k}(f_i \restriction U_j \cap U_k)$. Wenden wir (22.7) (i) (b) auf die Garbe $\mathscr{F} \restriction U_j \cap U_k$ und die Funktion $f_i \restriction U_j \cap U_k$ an, so finden wir ein $s_{j,k} \in \mathbb{N}$ mit $(f_i \restriction U_j \cap U_k)^{s_{j,k}}(\rho^{U_j}_{U_j \cap U_k}(\delta_j) - \rho^{U_k}_{U_j \cap U_k}(\delta_k)) = 0$. Mit $s := \max\{s_{j,k} \mid j, k = 1, \ldots, r\}$ und $\gamma_j := (f_i \restriction U_j)^s \delta_j \in \mathscr{F}(U_j)$ folgt $\rho^{U_j}_{U_j \cap U_k}(\gamma_j) = \rho^{U_k}_{U_j \cap U_k}(\gamma_k)$. Die Schnitte $\gamma_j \in \mathscr{F}(U_j)$ sind also verträglich. Deshalb gibt es einen Schnitt $\gamma \in \mathscr{F}(X)$ mit $\rho^X_{U_j}(\gamma) = \gamma_j$ ($j = 1, \ldots, r$). Jetzt folgt $\rho^{U_i}_{U_i \cap U_j}(\rho^X_{U_i}(\gamma)) = \rho^{U_j}_{U_i \cap U_j}(\gamma_j) = \rho^{U_j}_{U_i \cap U_j}((f_i \restriction U_j)^s \delta_j) = (f_i \restriction U_i \cap U_j)^{t+s} \rho^{U_i}_{U_i \cap U_j}(\sigma)$ für $j = 1, \ldots, r$, also $\rho^X_{U_i}(\gamma) = (f_i \restriction U_i)^{t+s} \sigma$, d.h. $\sigma = (f_i \restriction U_i)^{-(t+s)} \rho^X_{U_i}(\gamma) = \varphi_{f_i}\left(\frac{\gamma}{f_i^{t+s}}\right)$.

Damit ist $\varphi_{f_i} : \mathscr{F}(X)_f \to \mathscr{F}(U_i)$ jeweils ein Isomorphismus.

Sei jetzt $p \in X$. Wir finden ein i mit $p \in U_i$. Es besteht dann das Diagramm

$$
\begin{array}{ccc}
\mathscr{F}(X)_{I_X(p)} & \xrightarrow{\quad \psi_p \quad} & \mathscr{F}_p \\
\| & \circlearrowleft & \| \\
(\mathscr{F}(X)_f)_{I_{U_i}(p)} & \xrightarrow[(\varphi_{f_i})_{I_{U_i}(p)}]{\cong} & \mathscr{F}(U_i)_{I_{U_i}(p)} = (\mathscr{F} \restriction U_i)_p
\end{array}
$$

ψ_p ist also jeweils ein Isomorphismus, also $\mathscr{F}$ induziert.

Ist $\mathscr{F}\upharpoonright U_i$ jeweils endlich induziert, so ist $\mathscr{F}(X)_{f_i}\cong\mathscr{F}(U_i)$ ein endlich erzeugter $\mathcal{O}(X)_{f_i}$-Modul. Wegen $\bigcup_i U_X(f_i)=X$ gilt nach dem Nullstellensatz $\sum_i \mathcal{O}(X)f_i=\mathcal{O}(X)$. Nach (22.2) (vii) ist dann $\mathscr{F}(X)$ endlich erzeugt über $\mathcal{O}(X)$, mithin $\mathscr{F}(X)$ endlich induziert. □

(22.9) **Satz:** *Sei X eine quasiprojektive Varietät und sei $\mathscr{F}$ eine Garbe von $\mathcal{O}_X$-Moduln. Dann sind äquivalent:*

(i) *$\mathscr{F}\upharpoonright U$ ist induziert über $\mathcal{O}_U$ für jede offene affine Menge $U\subseteq X$.*

(ii) *Jeder Punkt $p\in X$ besitzt eine affine offene Umgebung $V\subseteq X$, derart, dass $\mathscr{F}\upharpoonright V$ induziert ist über $\mathcal{O}_V$.*

Beweis: (i) ⇒ (ii) ist trivial. Gelte umgekehrt (ii) und sei $U\subseteq X$ affin. Weil X kompakt ist, wird X schon durch endlich viele der affinen Mengen V überdeckt, $X=V_1\cup\ldots\cup V_s$. Wir können $V_j\cap U$ jeweils durch endlich viele Mengen $W_{j,k}=U_{V_j}(f_{j,k})$, $(f_{j,k}\in\mathcal{O}(V_j))$ überdecken. Nach (22.8) ist $\mathscr{F}\upharpoonright W_{j,k}$ induziert. Jede Menge $W_{j,k}$ lässt sich durch endlich viele Mengen $U_{j,k,l}=U_U(g_{j,k,l})$, $(g_{j,k,l}\in\mathcal{O}(U))$ überdecken. Dabei ist $U_{j,k,l}=U_{W_{j,k}}(g_{j,k,l}\upharpoonright W_{j,k})$, also $\mathscr{F}\upharpoonright U_{j,k,l}=(\mathscr{F}\upharpoonright W_{j,k})\upharpoonright U_{j,k,l}$ induziert (vgl. (22.8)). Wegen $U=\bigcup_{j,k,l} U_{j,k,l}$ folgt jetzt ebenfalls nach (22.8), dass $\mathscr{F}\upharpoonright U$ induziert ist. □

(22.9)′ **Satz:** *Sei X eine quasiprojektive Varietät und sei $\mathscr{F}$ eine Garbe von $\mathcal{O}_X$-Moduln. Dann sind äquivalent:*

(i) *$\mathscr{F}\upharpoonright U$ ist endlich induziert über $\mathcal{O}_U$ für jede offene affine Menge $U\subseteq X$.*

(ii) *Jeder Punkt $p\in X$ besitzt eine offene affine Umgebung $V\subseteq X$, derart, dass $\mathscr{F}\upharpoonright V$ endlich induziert ist über $\mathcal{O}_V$.*

Beweis: Völlig analog zum Beweis von (22.9). □

(22.10) **Definitionen und Bemerkungen:** A) Sei X eine quasiprojektive Varietät. Eine Garbe $\mathscr{F}$ von $\mathcal{O}_X$-Moduln nennen wir *quasikohärent*, wenn sie die äquivalenten Bedingungen (22.9) (i) und (ii) erfüllt, d.h. wenn $\mathscr{F}\upharpoonright U\cong\mathscr{F}(U)^{\sim}$ für jede affine offene Menge $U\subseteq X$ (resp. für jedes Mitglied U einer affinen offenen Überdeckung von X). Erfüllt $\mathscr{F}$ die äquivalenten Bedingungen (22.9)′ (i) und (ii), so nennen wir $\mathscr{F}$ *kohärent*. Im Falle der Kohärenz von $\mathscr{F}$ ist also $\mathscr{F}(U)$ für die genannten Mengen $U\subseteq X$ zusätzlich immer ein endlich erzeugter $\mathcal{O}(U)$-Modul.

B) Aus der Definition der (Quasi-)Kohärenz ist klar, dass es sich um eine lokale Eigenschaft handelt. Genauer:

(i) *Für eine Garbe $\mathscr{F}$ von $\mathcal{O}_X$-Moduln sind äquivalent:*

(a) *$\mathscr{F}$ ist (quasi-)kohärent.*

(b) *$\mathscr{F} \restriction U$ ist (quasi-)kohärent für jede offene Menge $U \subseteq X$.*
(c) *Jeder Punkt $p \in X$ besitzt eine offene Umgebung $V \subseteq X$, so dass $\mathscr{F} \restriction V$ (quasi-)kohärent ist.*

Für affine Varietäten lässt sich entsprechend sagen:

(ii) *Für eine Garbe $\mathscr{F}$ von $\mathcal{O}_X$-Moduln über einer affinen Varietät X gilt*
(a) *$\mathscr{F}$ quasikohärent $\Leftrightarrow$ $\mathscr{F}$ induziert.*
(b) *$\mathscr{F}$ kohärent $\Leftrightarrow$ $\mathscr{F}$ endlich induziert.*

Dies zeigt, dass wir mit dem Begriff der (Quasi-)Kohärenz den Begriff der endlichen Induziertheit (resp. der Induziertheit) verallgemeinert haben.

C) Im Hinblick auf (22.7) (ii) und (iii) ist klar:

(ii) (a) *Die Strukturgarbe $\mathcal{O}_X$ einer quasiprojektiven Varietät X ist kohärent.*
(b) *Die Verschwindungsidealgarbe $\mathscr{I}_X(Z) \subseteq \mathcal{O}_X$ einer abgeschlossenen Menge $Z \subseteq X$ ist kohärent.* ○

In Abschnitt 8 haben wir gesehen, dass die lokalen Ringe $\mathcal{O}_{X,p}$ einer Varietät X deren lokale Struktur bestimmen. In ähnlicher Weise bestimmen die Halme $\mathscr{F}_p$ einer kohärenten Garbe die lokale Struktur dieser Garbe. Wir beweisen dazu:

(22.11) **Lemma:** *Sei X eine quasiprojektive Varietät, und seien $\mathscr{F}$ und $\mathscr{G}$ kohärente Garben von $\mathcal{O}_X$-Moduln. Weiter sei $p \in X$, und es bestehe ein Homomorphismus $l: \mathscr{F}_p \to \mathscr{G}_p$ von $\mathcal{O}_{X,p}$-Moduln. Dann gibt es für jede hinreichend kleine offene Umgebung $U \subseteq X$ von p einen eindeutig bestimmten Garbenhomomorphismus $h: \mathscr{F} \restriction U \to \mathscr{G} \restriction U$* mit *$h_p = l$.*

Beweis: Indem wir X durch eine geeignete Umgebung von p ersetzen, können wir annehmen, X sei affin. Wir schreiben $\mathscr{F} = \tilde{M}$, wo M ein durch $m_1, \ldots, m_r$ erzeugter $\mathcal{O}(X)$-Modul ist. Wir finden eine elementare offene Umgebung $V = U_X(f)$ von p $(f \notin I_X(p))$ und Schnitte $n_1, \ldots, n_r \in \mathscr{G}(V)$ mit $l((m_i)_p) = (n_i)_p$. Wir schreiben $\mathscr{G} \restriction V = \tilde{N}$, wo N ein endlich erzeugter $\mathcal{O}(V)$-Modul ist. Es ist $\mathscr{F} \restriction V = (M_f)^\sim$. Wir ersetzen X durch V und $\frac{m_i}{1}$ durch m_i. Damit gilt $l((m_i)_p) = (n_i)_p$, wo $n_i \in N = \mathscr{G}(X)$.

Die Kerne K resp. L der kanonischen Abbildungen $\eta_{I_X(p)}: M \to M_{I_X(p)} = \mathscr{F}_p$ resp. $\eta_{I_X(p)}: N \to N_{I_X(p)} = \mathscr{G}_p$ sind jeweils endlich erzeugte $\mathcal{O}(X)$-Moduln, also von der Form $K = \sum_{i=1}^{s} \mathcal{O}(X) k_i$, $L = \sum_{j=1}^{t} \mathcal{O}(X) l_j$. Jedes der Erzeugenden k_i oder l_j wird durch ein Element g_i resp. $g'_j \in \mathcal{O}(X) - I_X(p)$ annulliert. Mit $g = \prod_i g_i \prod_j g'_j \in \mathcal{O}(X) - I_X(p)$

folgt deshalb $K_g = L_g = 0$. Wir setzen $U = U_X(g)$ und können schreiben $\mathscr{F}\restriction U = (M_g)^{\sim}$, $\mathscr{G}\restriction U = (N_g)^{\sim}$ und erhalten die Situation

$$\begin{array}{ccccc}
M_g & & & & N_g = (\mathscr{G}\restriction U)(U) \\
\Big\downarrow \eta_{I_U(p)} = (\eta_{I_X(p)})_g & & & \swarrow & \Big\downarrow \eta_{I_U(p)} = (\eta_{I_X(p)})_g \\
(M_g)_{I_U(p)} = \mathscr{F}_p & \xrightarrow{\quad l \quad} & l(\mathscr{F}_p) & \subseteq & \mathscr{G}_p
\end{array}$$

wobei die senkrechten Abbildungen injektiv sind, weil ihre Kerne durch K_g und L_g gegeben sind (vgl. 22.1) (x)), also verschwinden. Die Komposition $u := l \circ \eta_{I_U(p)} : M_g \to N_g \subseteq l(\mathscr{F}_p)$ ist der einzige Homomorphismus von $\mathcal{O}(U)$-Moduln, der im Diagramm

$$\begin{array}{ccc}
M_g & \xrightarrow{\qquad} & N_g = (\mathscr{G}\restriction U)(U) \\
\text{kan.}\Big\downarrow & \circlearrowleft & \Big\downarrow\text{kan.} \\
\mathscr{F}_p & \xrightarrow{\quad l \quad} & \mathscr{G}_p
\end{array}$$

erscheint. Deshalb ist $h = \tilde{u} : (M_g)^{\sim} = \mathscr{F}\restriction U \to \mathscr{G}\restriction U$ (der einzige) Homomorphismus mit $h_p = l$. □

(22.12) **Satz:** *Sei X eine quasiprojektive Varietät, seien $\mathscr{F}$ und $\mathscr{G}$ kohärente Garben von $\mathcal{O}_X$-Moduln. Sei $p \in X$ und sei $l : \mathscr{F}_p \xrightarrow{\cong} \mathscr{G}_p$ ein Isomorphismus von $\mathcal{O}_{X,p}$-Moduln. Dann gibt es eine offene Umgebung $U \subseteq X$ von p und einen Isomorphismus $h : \mathscr{F}\restriction U \xrightarrow{\cong} \mathscr{G}\restriction U$ mit $h_p = l$.*

Beweis: Für eine hinreichend kleine offene Umgebung U von p finden wir nach (22.11) eindeutig bestimmte Homomorphismen $h : \mathscr{F}\restriction U \to \mathscr{G}\restriction U$, $g : \mathscr{G}\restriction U \to \mathscr{F}\restriction U$ mit $h_p = l$ und $g_p = l^{-1}$. Weiter ist (nach allfälliger Verkleinerung von U) $\mathrm{id}_{\mathscr{F}\restriction U}$ der einzige Garbenhomomorphismus $\mathscr{F}\restriction U \to \mathscr{F}\restriction U$, der über p $\mathrm{id}_{\mathscr{F}_p}$ induziert, und $\mathrm{id}_{\mathscr{G}\restriction U}$ der einzige, der $\mathrm{id}_{\mathscr{G}_p}$ induziert. Wegen $(g \circ h)_p = g_p \circ h_p = \mathrm{id}_{\mathscr{F}_p}$ folgt $g \circ h = \mathrm{id}_{\mathscr{F}\restriction U}$. Analog folgt $h \circ g = \mathrm{id}_{\mathscr{G}\restriction U}$. □

(22.12)′ **Korollar:** *Ist $h : \mathscr{F} \to \mathscr{G}$ ein Homomorphismus zwischen zwei kohärenten Garben von $\mathcal{O}_X$-Moduln und ist $h_p : \mathscr{F}_p \xrightarrow{\cong} \mathscr{G}_p$ ein Isomorpohismus, so gibt es eine offene Umgebung U von p, derart dass $h\restriction U : \mathscr{F}\restriction U \to \mathscr{G}\restriction U$ ein Isomorphismus ist. Insbesondere ist dann $h_q : \mathscr{F}_q \to \mathscr{G}_q$ ein Isomorphismus für alle $q \in U$.* □

(22.12)″ **Korollar:** *Sei X eine quasiprojektive Varietät, sei $\mathscr{F}$ eine kohärente Garbe von $\mathcal{O}_X$-Moduln und sei $p \in X$. Sei $U \subseteq X$ eine offene Umgebung von p und* *seien* $m_1, \ldots, m_r \in \mathcal{F}(U)$ *mit* $\mathcal{F}_p = \sum_{i=1}^{r} \mathcal{O}_{X,p}(m_i)_p$. *Dann gibt es eine offene Umgebung* $V \subseteq U$ *von* p *mit der Eigenschaft*

$$\mathcal{F}_q = \sum_{i=1}^{r} \mathcal{O}_{X,q}(m_i)_q, \quad \forall\, q \in V.$$

Beweis: O.E. können wir U als affin voraussetzen. Wir setzen $\mathcal{G} = (\sum_{i=1}^{r} \mathcal{O}(U)m_i)^{\sim} \subseteq \mathcal{F}(U)^{\sim} = \mathcal{F} \upharpoonright U$. Dann ist $\mathcal{G}_p = \mathcal{F}_p = (\mathcal{F} \upharpoonright U)_p$. Nach (22.12)′ gibt es also eine offene Umgebung $V \subseteq U$ von p, so dass $\mathcal{G} \upharpoonright V = \mathcal{F} \upharpoonright V$. Es folgt dann $\mathcal{F}_q = \mathcal{G}_q = \sum_{i=1}^{r} \mathcal{O}_{X,q}(m_i)_q$ für alle $q \in V$. □

Kriterien für die Kohärenz.

(22.13) **Satz:** *Sei* X *eine quasiprojektive Varietät und sei*

$$0 \longrightarrow \mathcal{H} \xrightarrow{\;h\;} \mathcal{F} \xrightarrow{\;l\;} \mathcal{G} \longrightarrow 0$$

eine exakte Sequenz von Garben von $\mathcal{O}_X$*-Moduln. Dann gilt:*

Sind zwei der Garben $\mathcal{H}$, $\mathcal{F}$, $\mathcal{G}$ *(quasi-)kohärent, so ist es auch die dritte.*

Beweis: Da es sich um ein lokales Resultat handelt, können wir X als affin voraussetzen.

Seien zunächst $\mathcal{H}$ und $\mathcal{F}$ quasikohärent. Schreiben wir i für die Inklusionsabbildung $l_X(\mathcal{F}(X)) \hookrightarrow \mathcal{G}(X)$, so erhalten wir das Diagramm (vgl. (22.3) (ix), (22.6)) mit exakten Zeilen

$$\begin{array}{ccccccccc}
0 & \longrightarrow & \mathcal{H}(X)^{\sim} & \xrightarrow{\;\tilde{h}_X\;} & \mathcal{F}(X)^{\sim} & \longrightarrow & l_X(\mathcal{F}(X))^{\sim} & \longrightarrow & 0 \\
 & & \wr\!\!\downarrow \widetilde{\mathrm{id}} & \circlearrowright & \wr\!\!\downarrow \widetilde{\mathrm{id}} & \circlearrowright & \downarrow \tilde{i} & & \\
0 & \longrightarrow & \mathcal{H} & \xrightarrow{\;h\;} & \mathcal{F} & \longrightarrow & \mathcal{G} & \longrightarrow & 0\,.
\end{array}$$

Geht man zu den Halmen über, so folgt sofort, dass $\tilde{i}$ ein Isomorphismus ist. Damit wird $\mathcal{G}$ induziert, also quasikohärent. Ist $\mathcal{F}$ kohärent, so ist $l_X(\mathcal{F}(X))$ endlich erzeugt, also $\mathcal{G}$ kohärent.

Völlig analog behandelt man den Fall, wo $\mathcal{F}$ und $\mathcal{G}$ (quasi-)kohärent sind, wobei man (22.7) (v) zu beachten hat.

Sind $\mathcal{H}$ und $\mathcal{G}$ (quasi-)kohärent, so besteht das Diagramm

$$\begin{array}{ccccccccc}
0 & \rightarrow & \mathcal{H}(X)^{\sim} & \xrightarrow{\;\tilde{h}_X\;} & \mathcal{F}(X)^{\sim} & \xrightarrow{\;\tilde{l}_X\;} & \mathcal{G}(X)^{\sim} & & \\
 & & \wr\!\!\downarrow \widetilde{\mathrm{id}} & \circlearrowright & \downarrow \widetilde{\mathrm{id}} & \circlearrowright & \wr\!\!\downarrow \widetilde{\mathrm{id}} & & \\
0 & \rightarrow & \mathcal{H} & \xrightarrow{\;h\;} & \mathcal{F} & \xrightarrow{\;l\;} & \mathcal{G} & \longrightarrow & 0\,.
\end{array}$$

Es genügt zu zeigen, dass $l_X : \mathscr{F}(X) \to \mathscr{G}(X)$ surjektiv ist, denn dann ist $\tilde{l}_X$ surjektiv, und das obige Diagramm erlaubt es, zu schliessen. Sei also $\gamma \in \mathscr{G}(X)$. Weil l surjektiv ist, gibt es zu jedem Punkt $p \in X$ eine offene Umgebung U mit $\rho_U^X(\gamma) \in l_U(\mathscr{F}(U))$. Wir finden also eine elementare offene Überdeckung $\{U_i = U_X(f_i) \mid i = 1, \ldots, r\}$ und Elemente $\delta_i \in \mathscr{F}(U_i)$ mit $l_{U_i}(\delta_i) = \rho_{U_i}^X(\gamma)$. Wir halten einen Index i fest. Wegen $\rho_{U_i \cap U_j}^{U_i}(\delta_i) - \rho_{U_i \cap U_j}^{U_j}(\delta_j) \in \operatorname{Kern}(l_{U_i \cap U_j})$ finden wir (im Hinblick auf die Linksexaktheit von $\Gamma(U_i \cap U_j, \cdot)$ ein $a_{i,j} \in \mathscr{H}(U_i \cap U_j)$ mit $h_{U_i \cap U_j}(a_{i,j}) = \rho_{U_i \cap U_j}^{U_i}(\delta_i) - \rho_{U_i \cap U_j}^{U_j}(\delta_j)$. Weil $\mathscr{H}$ quasikohärent ist, finden wir einen Schnitt $\beta_{i,j} \in \mathscr{H}(U_j)$ und eine Zahl $n_{i,j} \in \mathbb{N}$ mit $\rho_{U_i \cap U_j}^{U_j}(\beta_{i,j}) = f_i^{n_{i,j}} a_{i,j}$. Mit $n_i = \max\{n_{i,j} \mid j \leqslant r\}$ und $\sigma_{i,j} = f_i^{n_i - n_{i,j}} \beta_{i,j}$ folgt

$$\rho_{U_i \cap U_j}^{U_j}(h_{U_j}(\sigma_{i,j})) = \rho_{U_i \cap U_j}^{U_i}(f_i^{n_i}\delta_i) - \rho_{U_i \cap U_j}^{U_j}(f_i^{n_i}\delta_j).$$

Setzen wir $\varepsilon_{i,j} = f_i^{n_i}\delta_j + h_{U_j}(\sigma_{i,j}) \in \mathscr{F}(U_j)$ für $j \neq i$ und $\varepsilon_{i,i} = f_i^{n_i}\delta_i$, so erhalten wir $l_{U_j}(\varepsilon_{i,j}) = \rho_{U_j}^X(f_i^{n_i}\gamma)$ und $\rho_{U_i \cap U_j}^{U_j}(\varepsilon_{i,j}) = \rho_{U_i \cap U_j}^{U_i}(\varepsilon_{i,i})$. Weiter ist $\rho_{U_j \cap U_k}^{U_j}(\varepsilon_{i,j}) - \rho_{U_j \cap U_k}^{U_k}(\varepsilon_{i,k}) \in \operatorname{Kern}(l_{U_j \cap U_k})$, also von der Form $h_{U_j \cap U_k}(\tau_{j,k})$, mit $\tau_{j,k} \in \mathscr{H}(U_j \cap U_k)$. Wegen $\rho_{U_i \cap U_j \cap U_k}^{U_j}(\varepsilon_{i,j}) = \rho_{U_i \cap U_j \cap U_k}^{U_k}(\varepsilon_{i,k})$ und weil $h_{U_i \cap U_j \cap U_k}$ injektiv ist, wird offenbar $\rho_{U_i \cap U_j \cap U_k}^{U_j \cap U_k}(\tau_{j,k}) = 0$. Wegen der Quasikohärenz von $\mathscr{H}$ folgt $f_i^{s_{j,k}}\tau_{j,k} = 0$ für ein $s_{j,k} \in \mathbb{N}$. Mit $s_i = \max\{s_{j,k} \mid j, k \leqslant r\}$, $N_i = n_i + s_i$ und $\lambda_{i,j} = f_i^{s_i}\varepsilon_{i,j}$ erhalten wir dann $l_{U_j}(\lambda_{i,j}) = \rho_{U_j}^X(f_i^{N_i}\gamma)$, $\rho_{U_j \cap U_k}^{U_j}(\lambda_{i,j}) = \rho_{U_j \cap U_k}^{U_k}(\lambda_{i,k})$. Die Kollektion $\{\lambda_{i,j} \mid j = 1, \ldots, r\}$ definiert so einen Schnitt $\lambda_i \in \mathscr{F}(X)$ mit $l_X(\lambda_i) = f_i^{N_i}\gamma$.

Wegen $\bigcup_i U_X(f_i^{N_i}) = X$ können wir nach den Nullstellensatz schreiben $1 = \sum_{i=1}^r c_i f_i^{N_i}$ mit $c_i \in \mathbb{C}$. Es folgt $l_X(\sum_{i=1}^r c_i \lambda_i) = \sum_{i=1}^r c_i f_i^{N_i}\gamma = \gamma$, also $\gamma \in l_X(\mathscr{F}(X))$. □

(22.14) **Korollar:** *Ist $\mathscr{F}$ eine (quasi-)kohärente Garbe über der quasiprojektiven Varietät X und ist $\mathscr{G} \subseteq \mathscr{F}$ eine Garbe von Untermoduln, so gilt*

$\mathscr{G}$ (quasi-)kohärent $\Leftrightarrow$ $\mathscr{F}/\mathscr{G}$ (quasi-)kohärent.

Als nächstes wollen wir zeigen, dass die direkten Bildgarben kohärenter Garben für geeignete Morphismen wieder kohärent sind. Zunächst beweisen wir:

(22.15) **Lemma:** *Sei $f : X \to Y$ ein Morphismus zwischen affinen Varietäten und sei M ein $\mathcal{O}(X)$-Modul. Dann gilt $f_*\tilde{M} = \tilde{M}$, wobei M auf der rechten Seite dieser Gleichheit kanonisch (nämlich vermöge des durch f induzierten Homomorphismus $f^* : \mathcal{O}(Y) \to \mathcal{O}(X)$) als $\mathcal{O}(Y)$-Modul aufzufassen ist.*

Beweis: Nach Konstruktion ist $f_*\tilde{M}(Y) = \tilde{M}(X) = M$. Ist $g \in \mathcal{O}(Y) - \{0\}$, so besteht wegen $f^{-1}(U_Y(g)) = U_X(f^*(g))$ die Situation

$$\begin{array}{ccccc} M_g & = & f_*\tilde{M}(Y)_g & \xrightarrow{\varphi_g} & f_*\tilde{M}(U_Y(g)) \\ \| & & & & \| \\ M_{f^*(g)} & = & \tilde{M}(X)_{f^*(g)} & \xrightarrow[\cong]{\varphi_{f^*(g)}} & \tilde{M}(U_X(f^*(g))) \end{array}$$

Deshalb ist φ_g ein Isomorphismus, also $f_*\tilde{M}$ induziert (durch M). □

(22.16) **Satz:** *Sei $f: X \to Y$ ein Morphismus zwischen quasiprojektiven Varietäten, und sei $\mathscr{F}$ eine quasikohärente Garbe von $\mathcal{O}_X$-Moduln. Dann gilt:*

(i) *Ist f ein affiner Morphismus, so ist das direkte Bild $f_*\mathscr{F}$ eine quasikohärente Garbe von $\mathcal{O}_Y$-Moduln.*

(ii) *Ist f eine abgeschlossene Einbettung oder ein endlicher Morphismus und ist $\mathscr{F}$ kohärent, so ist das direkte Bild $f_*\mathscr{F}$ eine kohärente Garbe von $\mathcal{O}_X$-Moduln.*

Beweis: Alle drei angesprochenen Morphismen-Typen sind affin. Wegen der lokalen Natur der gemachten Aussage darf man Y durch eine affine offene Teilmenge $V \subseteq Y$ ersetzen und X durch deren (affines) Urbild $f^{-1}(V)$. Man kann also X und Y als affin voraussetzen. (i) folgt jetzt sofort aus (22.15). (ii) ergibt sich, indem man zusätzlich beachtet, dass $\mathcal{O}(X)$ vermöge f^* entweder zum homomorphen Bild von $\mathcal{O}(Y)$ oder zur endlichen ganzen Erweiterung von $\mathcal{O}(Y)$ wird, also in jedem Fall endlich erzeugt ist als $\mathcal{O}(Y)$-Modul. □

Lokal freie Garben. Wir wollen jetzt eine wichtige Klasse von kohärenten Garben einführen.

(22.17) **Definitionen und Bemerkungen:** A) Seien $\mathscr{F}_1, \ldots, \mathscr{F}_r$ Garben von $\mathcal{O}_X$-Moduln. Dann wird – wie man leicht nachrechnet – durch

(i) (a) $U \mapsto \bigoplus_{i=1}^{r} \mathscr{F}_i(U), \qquad (U \subseteq X \text{ offen}),$

(b)
$$\begin{array}{ccc} \bigoplus_{i=1}^{r} \mathscr{F}_i(U) & \longrightarrow & \bigoplus_{i=1}^{r} \mathscr{F}_i(V), \qquad (V \subseteq U \subseteq X \text{ offen}) \\ \Psi & & \Psi \\ (m_1, \ldots, m_r) & \mapsto & (\rho_V^U(m_1), \ldots, \rho_V^U(m_r)) \end{array}$$

eine Garbe von $\mathcal{O}_X$-Moduln definiert. Diese bezeichnen wir mit $\bigoplus_{i=1}^{r} \mathscr{F}_i$ oder $\mathscr{F}_1 \oplus \ldots \oplus \mathscr{F}_r$ und nennen sie die *direkte Summe* der Garben $\mathscr{F}_i$.

Sind $h_i: \mathscr{F}_i \to \mathscr{G}_i$ $(i=1, \ldots, r)$ Garbenhomomorphismen, so definieren wir die *direkte Summe* $\bigoplus_{i=1}^{r} h_i : \bigoplus_{i=1}^{r} \mathscr{F}_i \to \bigoplus_{i=1}^{r} \mathscr{G}_i$ dieser *Homomorphismen* komponentenweise, d.h. durch $(\bigoplus_{i=1}^{r} h_i)_U = \bigoplus_{i=1}^{r} (h_i)_U : \bigoplus_{i=1}^{r} \mathscr{F}_i(U) \to \bigoplus_{i=1}^{r} \mathscr{G}_i(U)$.

B) Die Halme einer direkten Summe von Garben sind komponentenweise zu bilden, denn es besteht ein Isomorphismus

(ii) $$(\bigoplus_{i=1}^{r} \mathscr{F}_i)_p \xrightarrow[\cong]{} \bigoplus_{i=1}^{r} (\mathscr{F}_i)_p, \quad (p \in X),$$

definiert durch $(m_1, \ldots, m_r)_p \mapsto ((m_1)_p, \ldots, (m_r)_p)$.

C) Ist X affin und sind $M_1, \ldots, M_r$ $\mathcal{O}(X)$-Moduln, so wird durch

$$(\bigoplus_{i=1}^{r} M_i)^{\sim}(X) = \bigoplus_{i=1}^{r} M_i \xrightarrow{\text{id}} \bigoplus_{i=1}^{r} M_i = (\bigoplus_{i=1}^{r} \tilde{M}_i)(X)$$

ein Garbenhomomorphismus

$$\iota : (\bigoplus_{i=1}^{r} M_i)^{\sim} \to \bigoplus_{i=1}^{r} \tilde{M}_i$$

definiert. Ist $p \in X$, so besteht jeweils die Situation

$$\begin{array}{ccccc} (\bigoplus_{i=1}^{r} M_i)_{I_p(X)} & \xrightarrow[\circlearrowleft]{\cong} & & & \bigoplus_{i=1}^{r} (M_i)_{I_p(X)} \\ \| & & & & \| \\ (\bigoplus_{i=1}^{r} M_i)_p^{\sim} & \xrightarrow[\iota_p]{} & (\bigoplus_{i=1}^{r} \tilde{M}_i)_p & \cong & \bigoplus_{i=1}^{r} (\tilde{M}_i)_p \end{array},$$

wobei der erste Isomorphismus durch $\frac{(m_1, \ldots, m_r)}{s} \mapsto \left(\frac{m_1}{s}, \ldots, \frac{m_r}{s}\right)$ gegeben ist, und der untere gemäss (ii). So erhalten wir einen Isomorphismus

(iii) $$\iota : (\bigoplus_{i=1}^{r} M_i)^{\sim} \xrightarrow{\cong} \bigoplus_{i=1}^{r} \tilde{M}_i.$$

Insbesondere folgt

(iv) *Sind $\mathcal{F}_1, \ldots, \mathcal{F}_r$ induzierte Garben von $\mathcal{O}_X$-Moduln über der affinen Varietät X, so ist $\bigoplus_{i=1}^{r} \mathcal{F}_i$ induziert.*

D) Sofort sieht man ein, dass

(v) (a) $(\bigoplus_{i=1}^{r} \mathcal{F}_i) \restriction U = \bigoplus_{i=1}^{r} (\mathcal{F}_i \restriction U)$, $\quad$ ($U \subseteq X$ *offen*).

(b) $f_* (\bigoplus_{i=1}^{r} \mathcal{F}_i) = \bigoplus_{i=1}^{r} f_* \mathcal{F}_i$, $\quad$ ($f : X \to Y$ *Morphismus*).

Kombiniert man (iv) mit (v) (a), so folgt

(vi) (a) $\mathcal{F}_1, \ldots, \mathcal{F}_r$ *quasikohärent* $\Rightarrow \bigoplus_{i=1}^{r} \mathcal{F}_i$ *quasikohärent.*

(b) $\mathcal{F}_1, \ldots, \mathcal{F}_r$ *kohärent* $\Rightarrow \bigoplus_{i=1}^{r} \mathcal{F}_i$ *kohärent.*

E) Wir kürzen ab

(vii) $$\mathcal{F}^r = \mathcal{F} \oplus \ldots \oplus \mathcal{F}, \quad (r \in \mathbb{N})$$

und schliessen aus (vi)

(iix) $\mathcal{F}$ *(quasi-)kohärent* $\Rightarrow \mathcal{F}^r$ *(quasi-)kohärent.* ○

(22.18) **Definition und Bemerkungen:** A) Sei X eine quasiprojektive Varietät und $\mathscr{F}$ eine Garbe von $\mathcal{O}_X$-Moduln. Wir sagen, $\mathscr{F}$ sei *frei vom Rang r*, wenn ein Isomorphismus $\mathscr{F} \cong \mathcal{O}_X^r$ besteht. Die O-Garbe fassen wir als frei vom Rang 0 auf.

Wir sagen $\mathscr{F}$ sei *lokal frei* (*von endlichem Rang*), wenn es zu jedem Punkt $p \in X$ eine offene Umgebung U und ein $r_p \in \mathbb{N}_0$ gibt mit $\mathscr{F} \upharpoonright U \cong \mathcal{O}_U^{r_p}$. In dieser Situation gilt dann $\mathscr{F}_p \cong \mathcal{O}_{X,p}^{r_p}$, wobei r_p durch $\mathscr{F}$ und p bestimmt ist (denn es gilt ja $r_p = \dim_{\mathbb{C}}(\mathscr{F}_p/\mathfrak{m}_{X,p}\mathscr{F}_p)$, vgl. (13.14)). r_p nennen wir den *Rang von* $\mathscr{F}$ *in* p und schreiben:

(i) $rg_p(\mathscr{F}) :=$ *Rang der lokal freien Garbe* $\mathscr{F}$ *in* p.

B) Wir halten die Bezeichnungen von A) fest. Aus (22.17) (v) (a), (iix) folgt dann:

(ii) (a) $\mathscr{F}$ *frei vom Rang r*, $U \subseteq X$ *offen* $\Rightarrow \mathscr{F} \upharpoonright U$ *frei vom Rang r*.
(b) $\mathscr{F}$ *frei vom Rang r* $\Rightarrow \mathscr{F}$ *lokal frei*, $rg_p(\mathscr{F}) = r$, $\forall p \in X$.

(iii) *Lokal freie Garben sind kohärent.*

Natürlich ist die Eigenschaft, lokal frei zu sein, eine lokale Eigenschaft von Garben. ○

(22.19) **Lemma:** *Sei X eine quasiprojektive Varietät, sei* $\mathscr{F}$ *eine kohärente Garbe von* $\mathcal{O}_X$*-Moduln und sei* $p \in X$. *Dann sind äquivalent:*

(i) $\mathscr{F}_p \cong \mathcal{O}_{X,p}^r$.

(ii) *Es gibt eine offene Umgebung* $U \subseteq X$ *von p mit* $\mathscr{F} \upharpoonright U \cong \mathcal{O}_U^r$.

Beweis: Klar aus (22.12)′. □

(22.20) **Satz:** *Eine kohärente Garbe von* $\mathcal{O}_X$*-Moduln ist genau dann lokal frei, wenn ihre Halme freie Moduln sind.*

Beweis: Klar aus (22.19). □

Als weitere Anwendung von (22.19) ergibt sich die *lokale Konstanz des Ranges:*

(22.21) **Satz:** *Sei* $\mathscr{F}$ *eine lokal freie Garbe von* $\mathcal{O}_X$*-Moduln und sei* $p \in X$. *Dann ist* $rg_q(\mathscr{F}) = rg_p(\mathscr{F})$ *für alle Punkte q einer geeigneten offenen Umgebung* $U \subseteq X$ *von p.* □

(22.21)′ **Korollar:** *Eine lokal freie Garbe* $\mathscr{F}$ *von* $\mathcal{O}_X$*-Moduln über einer zusammenhängende Varietät X ist von konstantem Rang, d.h.* $rg_p(\mathscr{F})$ *nimmt für alle* $p \in X$ *denselben Wert an.* □

(22.22) **Definition:** Unter einer *lokal freien Garbe* vom *Rang r* verstehen wir eine lokal freie Garbe $\mathscr{F}$ von konstantem Rang r. Anders ausgedrückt, handelt es sich um eine kohärente Garbe mit $\mathscr{F}_p \cong \mathcal{O}_{X,p}^r$ für alle $p \in X$. ○

Anmerkung: Die lokal freien Garben spielen in der algebraischen Geometrie dieselbe Rolle wie die Vektorbündel in der algebraischen Topologie. Man nennt lokal freie Garben deshalb oft auch *algebraische Vektorbündel.* Die Theorie der algebraischen (und der holomorphen) Vektorbündel nimmt in der heutigen algebraischen Geometrie eine wichtige Stellung ein. Freie Garben nennt man – in Anlehnung an die Sprechweise der Topologie – *triviale algebraische Vektorbündel.* Ein vielfach untersuchtes Problem ist die Frage, über welchen affinen Varietäten alle algebraischen Vektorbündel trivial sind. Selbst über affinen Räumen war dies lange eine offene Frage, die sogenannte Serre-Vermutung. Diese Vermutung wurde 1976 unabhängig von D. Quillen und Suslin gelöst. Eine schöne Einführung in diesen Problemkreis gibt E. Kunz [K]. ○

(22.23) **Aufgaben:** (1) Man zeige durch ein Beispiel, dass der Schnittfunktor für kohärente Garben über projektiven Varietäten nicht exakt ist.

(2) Die in (21.21) (4) eingeführte Garbe $\mathscr{F}$ ist lokal frei vom Rang 1, aber nicht frei.

(3) Man zeige, dass eine Modulgarbe $\mathscr{F}$ über einer quasiprojektiven Varietät X genau dann kohärent ist, wenn jeder Punkt p eine offene Umgebung U besitzt, derart dass eine exakte Sequenz $\mathcal{O}_U^r \to \mathcal{O}_U^s \to \mathscr{F} \upharpoonright U \to 0$ besteht.

(4) Sei $\mathscr{F}$ eine kohärente Garbe über einer quasiprojektiven Varietät. Man zeige, dass jede quasikohärente Untergarbe $\mathscr{G} \subseteq \mathscr{F}$ kohärent ist und dass jede aufsteigende Folge $\mathscr{F}_0 \subsetneqq \mathscr{F}_1 \subsetneqq \ldots$ kohärenter Untergarben von $\mathscr{F}$ stationär wird.

(5) Sei X eine singularitätenfreie Kuve. Man zeige, dass jede kohärente Untergarbe $\mathscr{I} \subseteq \mathcal{O}_X$ entweder 0 oder lokal frei vom Rang 1 ist.

(6) Seien $p_1, \ldots, p_r$ Punkte einer quasiprojektiven Varietät X und sei M_i jeweils ein $\mathcal{O}_{X,p_i}$-Modul endlicher Länge. Man zeige, dass durch $U \mapsto \bigoplus_{i: p_i \in U} M_i$ eine kohärente Garbe $\mathscr{F}$ definiert wird, für welche $\mathscr{F}_p = 0$ falls $p \notin \{p_1, \ldots, p_r\}$ und $\mathscr{F}_{p_i} = M_{p_i}$.

(7) Sei X quasiprojektiv, sei $\mathscr{F}$ kohärent und sei $Z \subseteq X$ abgeschlossen. Man zeige, dass durch $U \mapsto \mathscr{F}_Z(U) := \{\gamma \in \mathscr{F}(U) \mid \gamma_p = 0 \text{ für } p \notin Z\}$ eine kohärente Untergarbe $\mathscr{F}_Z$ von $\mathscr{F}$ definiert wird.

(8) Sei $\mathscr{I} \subseteq \mathcal{O}_X$ eine kohärente Idealgarbe. Durch $U \mapsto \sqrt{\mathscr{I}(U)} \subseteq \mathcal{O}_X(U)$ wird dann eine kohärente Idealgarbe $\sqrt{\mathscr{I}}$ definiert – das *Radikal* von $\mathscr{I}$. Dabei gilt $(\sqrt{\mathscr{I}})_p = \sqrt{\mathscr{I}_p}$.

(9) Sei $\mathscr{I} \subseteq \mathcal{O}_X$ eine kohärente Idealgarbe. Dann ist $V_X(\mathscr{I}) = \{p \in X \mid \mathscr{I}_p = 0\}$ abgeschlossen und es gilt $\mathscr{I}_{X, V_X(\mathscr{I})} = \sqrt{\mathscr{I}}$.

(10) Seien $\mathscr{F}_1$, $\mathscr{F}_2$ kohärente Untergarben einer kohärenten Garbe $\mathscr{F}$ von $\mathcal{O}_X$-Moduln. Dann definieren die durch $U \mapsto \mathscr{F}_1(U) + \mathscr{F}_2(U)$, $U \mapsto \mathscr{F}_1(U) \cap \mathscr{F}_2(U)$ definierten Prägarben kohärente Untergarben $\mathscr{F}_1 + \mathscr{F}_2$, $\mathscr{F}_1 \cap \mathscr{F}_2 \subseteq \mathscr{F}$.

(11) Man beweise (22.1) (xi). Weiter belege man durch ein Beispiel, dass die dort gemachte Aussage für beliebige A-Moduln M nicht zu gelten braucht.

○

23. Tangentialfelder und Kähler-Differentiale

Homomorphismen-Garben. Wir wollen in diesem Abschnitt zwei für die Geometrie wichtige Garben einführen. Zunächst führen wir allerdings eine allgemeine garbentheoretische Konstruktion durch. Wir beginnen mit der nötigen Algebra.

(23.1) Definitionen und Bemerkungen: A) Sind M und N zwei A-Moduln, so setzen wir

(i) $\mathrm{Hom}_A(M, N) = \{h : M \to N \mid h = \textit{Homomorphismus}\}$.

Vermöge der (für $g, h \in \mathrm{Hom}_A(M, N)$, $a \in A$) durch

$$(h+g)(m) := h(m)+g(m); \ (ah)(m) := ah(m); \ (m \in M)$$

definierten Addition und Skalarenmultiplikation wird $\mathrm{Hom}_A(M, N)$ in kanonischer Weise zum A-Modul. Wir nennen $\mathrm{Hom}_A(M, N)$ deshalb den *Modul der Homomorphismen* von M nach N.

B) Sind $u : M' \to M$ und $v : N \to N'$ Homomorphismen von A-Moduln, so wird durch die Vorschrift

$$h \mapsto v \circ h \circ u, \quad (h \in \mathrm{Hom}_A(M, N))$$

ein Homomorphismus

(ii) $\mathrm{Hom}_A(u, v) : \mathrm{Hom}_A(M, N) \to \mathrm{Hom}_A(M', N')$

definiert, der durch u und v *induzierte Homomorphismus*.

Sofort verifiziert man die Kompositionsregeln:

(iii) (a) $\mathrm{Hom}_A(\mathrm{id}_M, \mathrm{id}_N) = \mathrm{id}_{\mathrm{Hom}_A(M, N)}$.
(b) $\mathrm{Hom}_A(u \circ u', v \circ v') = \mathrm{Hom}_A(u', v) \circ \mathrm{Hom}_A(u, v')$.

Ebenso verifiziert man leicht die *Linksexaktheit* des Hom-Funktors:

(iv) (a) $0 \to M \xrightarrow{h} N \xrightarrow{l} P$ *exakt*, $L = A$-*Modul* $\Rightarrow$

$$0 \to \mathrm{Hom}(L, M) \xrightarrow{\mathrm{Hom}(\mathrm{id}_L, h)} \mathrm{Hom}(L, N) \xrightarrow{\mathrm{Hom}(\mathrm{id}_L, l)} \mathrm{Hom}(L, P) \ \textit{exakt}.$$

(b) $M \xrightarrow{h} N \xrightarrow{l} P \to 0$ *exakt*, $L = A$-*Modul* $\Rightarrow$

$$0 \to \mathrm{Hom}(P, L) \xrightarrow{\mathrm{Hom}(l, \mathrm{id}_L)} \mathrm{Hom}(N, L) \xrightarrow{\mathrm{Hom}(h, \mathrm{id}_L)} \mathrm{Hom}(M, L) \ \textit{exakt}.$$

C) Man rechnet sofort nach, dass die folgenden kanonischen Isomorphismen bestehen:

(v) $$\operatorname{Hom}_A(A, N) \xrightarrow{\cong} N, \quad (h \mapsto h(1)).$$

(vi) (a) $\operatorname{Hom}_A(\bigoplus_{i=1}^{r} M_i, N) \overset{\cong}{\to} \bigoplus_{i=1}^{r} \operatorname{Hom}_A(M_i, N), (h \mapsto (h\restriction M_1, \ldots, h\restriction M_r)).$

(b) $\bigoplus_{i=1}^{r} \operatorname{Hom}_A(M, N_i) \overset{\cong}{\to} \operatorname{Hom}_A(M, \bigoplus_{i=1}^{r} N_i), ((h_1, \ldots, h_r) \mapsto \sum_{i=1}^{r} h_i).$

D) Wir beweisen zwei wichtige Anwendungen des Bisherigen:

(vii) *Ist A noethersch und sind M und N endlich erzeugt, so ist auch* $\operatorname{Hom}_A(M, N)$ *endlich erzeugt.*

Beweis: Sei $M = \sum_{i=1}^{r} A\, m_i$. Durch $(a_1, \ldots, a_r) \mapsto \sum_i a_i m_i$ wird ein Epimorphismus $p : A^r \to M$ definiert. Nach (iv) (b), (v) und (vi) erhalten wir so einen Monomorphismus $\operatorname{Hom}_A(M, N) \hookrightarrow \operatorname{Hom}_A(A^r, N) \cong \operatorname{Hom}_A(A, N)^r \cong N^r$, der es erlaubt, $\operatorname{Hom}_A(M, N)$ als Untermodul des endlich erzeugten Moduls N^r aufzufassen. Weil A noethersch ist, folgt die Behauptung.

(iix) *Sei A noethersch, sei* $S \subseteq A$ *eine Nennermenge und sei M endlich erzeugt. Dann definiert die Vorschrift* $\frac{h}{t} \mapsto t^{-1}(S^{-1}h)$ $(t \in S,\ h \in \operatorname{Hom}_A(M, N))$ *einen Isomorphismus*

$$\varepsilon : S^{-1}\operatorname{Hom}_A(M, N) \xrightarrow{\cong} \operatorname{Hom}_{S^{-1}A}(S^{-1}M, S^{-1}N).$$

Beweis: Dass die angegebene Vorschrift immer einen Homomorphismus ε definiert, ist klar. Weil M endlich erzeugt ist, besteht wieder ein Epimorphismus $p : A^r \to M$. Weil Kern (p) endlich erzeugt ist, besteht weiter ein Epimorphismus $q : A^u \to$ Kern (p). So erhalten wir eine exakte Sequenz

$$A^u \xrightarrow{q} A^r \xrightarrow{p} M \longrightarrow 0.$$

Diese induziert eine exakte Sequenz

$$S^{-1}A^u \xrightarrow{S^{-1}a} S^{-1}A^r \xrightarrow{p} S^{-1}M \longrightarrow 0.$$

So erhalten wir vermöge (iv) (b), (v) und (vi) (a) die Situation:

$$\begin{array}{ccccc}
0 \to S^{-1}\operatorname{Hom}_A(M,N) & \to & S^{-1}\operatorname{Hom}_A(A^r, N) & \to & S^{-1}\operatorname{Hom}_A(A^u, N) \\
 & & \wr\| & & \wr\| \\
\Big\downarrow \varepsilon & \circlearrowleft & S^{-1}N^r & \circlearrowleft & S^{-1}N^u \\
 & & \wr\| & & \wr\| \\
0 \to \operatorname{Hom}_{S^{-1}A}(S^{-1}M, S^{-1}N) & \to & \operatorname{Hom}_{S^{-1}A}(S^{-1}A^r, S^{-1}N) & \to & \operatorname{Hom}_{S^{-1}A}(S^{-1}A^u, S^{-1}N)
\end{array}$$

Jetzt ist klar, dass ε ein Isomorphismus wird. ○

(23.2) **Definitionen und Bemerkungen:** A) Sei X eine quasiprojektive Varietät, und seien $\mathscr{F}$ und $\mathscr{G}$ zwei Garben von $\mathcal{O}_X$-Moduln. Wir definieren

(i) $\operatorname{Hom}_{\mathcal{O}_X}(\mathscr{F}, \mathscr{G}) := \{h : \mathscr{F} \to \mathscr{G} \mid h = \textit{Hom. von Garben von } \mathcal{O}_X\textit{-Moduln}\}$.

Jeder Garbenhomomorphismus $h : \mathscr{F} \to \mathscr{G}$ ist nach Definition gegeben als eine Kollektion $\{h_U : \operatorname{Hom}_{\mathcal{O}(U)}(\mathscr{F}(U), \mathscr{G}(U)) \mid U \subseteq X \text{ offen}\}$. Deshalb kann man in $\operatorname{Hom}_{\mathcal{O}_X}(\mathscr{F}, \mathscr{G})$ offenbar eine Addition und eine Skalarenmultiplikation definieren durch

$$(h+g)_U := h_U + g_U; \quad (fh)_U := f \restriction U\, h_U, \quad (U \subseteq X \text{ offen}),$$

wobei $h, g \in \operatorname{Hom}_{\mathcal{O}_X}(\mathscr{F}, \mathscr{G})$, $f \in \mathcal{O}(X)$. So wird $\operatorname{Hom}_{\mathcal{O}_X}(\mathscr{F}, \mathscr{G})$ zum $\mathcal{O}(X)$-Modul, dem *Modul der Homomorphismen von* $\mathscr{F}$ *nach* $\mathscr{G}$.

B) Sind $u : \mathscr{F}' \to \mathscr{F}$, $v : \mathscr{G} \to \mathscr{G}'$ Homomorphismen von Garben von $\mathcal{O}_X$-Moduln, so wird durch die Vorschrift

$$h \mapsto v \circ h \circ u, \quad (h \in \operatorname{Hom}_{\mathcal{O}_X}(\mathscr{F}, \mathscr{G}))$$

ein Homomorphismus von $\mathcal{O}(X)$-Moduln.

(ii) $\operatorname{Hom}_{\mathcal{O}_X}(u, v) : \operatorname{Hom}_{\mathcal{O}_X}(\mathscr{F}, \mathscr{G}) \to \operatorname{Hom}_{\mathcal{O}_X}(\mathscr{F}', \mathscr{G}')$

definiert. Dabei gelten die Regeln:

(iii) (a) $\operatorname{Hom}_{\mathcal{O}_X}(\mathrm{id}_{\mathscr{F}}, \mathrm{id}_{\mathscr{G}}) = \mathrm{id}_{\operatorname{Hom}_{\mathcal{O}_X}(\mathscr{F}, \mathscr{G})}$.
(b) $\operatorname{Hom}_{\mathcal{O}_X}(u \circ u', v' \circ v) = \operatorname{Hom}_{\mathcal{O}_X}(u', v') \circ \operatorname{Hom}_{\mathcal{O}_X}(u, v)$.

Ohne Schwierigkeiten verifiziert man auch hier die *Linksexaktheit:*

(iv) (a) $0 \to \mathscr{F} \xrightarrow{h} \mathscr{G} \xrightarrow{l} \mathscr{H}$ *exakt*, $\mathscr{L} = $ *Garbe von* $\mathcal{O}_X$*-Moduln* $\Rightarrow$

$0 \to \operatorname{Hom}_{\mathcal{O}_X}(\mathscr{L}, \mathscr{F}) \xrightarrow{\operatorname{Hom}(\mathrm{id}_{\mathscr{L}}, h)} \operatorname{Hom}_{\mathcal{O}_X}(\mathscr{L}, \mathscr{G}) \xrightarrow{\operatorname{Hom}(\mathrm{id}_{\mathscr{L}}, l)} \operatorname{Hom}_{\mathcal{O}_X}(\mathscr{L}, \mathscr{H})$ *exakt.*

(b) $\mathscr{F} \xrightarrow{h} \mathscr{G} \xrightarrow{l} \mathscr{H} \to 0$ *exakt*, $\mathscr{L} = $ *Garbe von* $\mathcal{O}_X$*-Moduln* $\Rightarrow$

$0 \to \operatorname{Hom}_{\mathcal{O}_X}(\mathscr{H}, \mathscr{L}) \xrightarrow{\operatorname{Hom}(l, \mathrm{id}_{\mathscr{L}})} \operatorname{Hom}_{\mathcal{O}_X}(\mathscr{G}, \mathscr{L}) \xrightarrow{\operatorname{Hom}(h, \mathrm{id}_{\mathscr{L}})} \operatorname{Hom}_{\mathcal{O}_X}(\mathscr{F}, \mathscr{L})$ *exakt.*

C) Genau wie im Falle von Moduln erhält man kanonische Isomorphismen

(v) $\operatorname{Hom}_{\mathcal{O}_X}(\mathcal{O}_X, \mathscr{G}) \xrightarrow[\cong]{a} \mathscr{G}, \quad (h_U \mapsto h_U(1))$.

(vi) (a) $\mathrm{Hom}_{\mathcal{O}_X}(\bigoplus_{i=1}^{r} \mathcal{F}_i, \mathcal{G}) \underset{\cong}{\overset{\beta}{\to}} \bigoplus_{i=1}^{r} \mathrm{Hom}_{\mathcal{O}_X}(\mathcal{F}_i, \mathcal{G}), (h_U \mapsto (h_U \restriction \mathcal{F}_1(U), \ldots, h_U \restriction \mathcal{F}_r(U))$.

(b) $\bigoplus_{i=1}^{r} \mathrm{Hom}_{\mathcal{O}_X}(\mathcal{F}, \mathcal{G}_i) \underset{\cong}{\overset{\gamma}{\to}} \mathrm{Hom}_{\mathcal{O}_X}(\mathcal{F}, \bigoplus_{i=1}^{r} \mathcal{G}_i), ((h_1, \ldots, h_r) \mapsto \sum_{i=1}^{r} h_i)$.

D) Aus (22.4) (vi), (vi)′ folgt sofort:

(vii) *Ist X affin und sind M, N zwei $\mathcal{O}(X)$-Moduln, so besteht ein Isomorphismus von $\mathcal{O}(X)$-Moduln*

$$\mathrm{Hom}_{\mathcal{O}(X)}(M, N) \xrightarrow[\cong]{} \mathrm{Hom}_{\mathcal{O}_X}(\tilde{M}, \tilde{N}), \quad (h \mapsto \tilde{h}). \qquad \circ$$

(23.3) **Bemerkungen und Definitionen:** A) Seien $\mathcal{F}$ und $\mathcal{G}$ zwei Garben von $\mathcal{O}_X$-Moduln über der quasiprojektiven Varietät X. Durch die Vorschrift

(i) (a) $U \mapsto \mathrm{Hom}_{\mathcal{O}_U}(\mathcal{F} \restriction U, \mathcal{G} \restriction U)$, ($U \subseteq X$ *offen*),

(b) $\rho_V^U : \mathrm{Hom}_{\mathcal{O}_U}(\mathcal{F} \restriction U, \mathcal{G} \restriction U) \xrightarrow{\cdot \restriction V} \mathrm{Hom}_{\mathcal{O}_V}(\mathcal{F} \restriction V, \mathcal{G} \restriction V)$, ($V \subseteq U \subseteq X$ *offen*)

wird offenbar eine Prägarbe $\mathcal{H}om(\mathcal{F}, \mathcal{G})$ von $\mathcal{O}_X$-Moduln definiert. Wir überlassen dem Leser nachzuprüfen, dass diese Prägarbe sogar die Verklebungseigenschaft hat, also eine Garbe ist. Wir nennen $\mathcal{H}om(\mathcal{F}, \mathcal{G})$ die *Garbe der Homomorphismen* von $\mathcal{F}$ nach $\mathcal{G}$. Es ist also

$$\mathcal{H}om(\mathcal{F}, \mathcal{G})(U) = \mathrm{Hom}_{\mathcal{O}_U}(\mathcal{F} \restriction U, \mathcal{G} \restriction U).$$

B) Sind $u : \mathcal{F}' \to \mathcal{F}$, $v : \mathcal{G} \to \mathcal{G}'$ Garbenhomomorphismen, so wird durch die Kollektion

$$\mathcal{H}om(\mathcal{F}, \mathcal{G})(U) \xrightarrow{\mathrm{Hom}(u \restriction U, v \restriction U)} \mathcal{H}om(\mathcal{F}', \mathcal{G}')(U)$$

ein Garbenhomomorphismus.

(ii) $\mathcal{H}om(u, v) : \mathcal{H}om(\mathcal{F}, \mathcal{G}) \to \mathcal{H}om(\mathcal{F}', \mathcal{G}')$

definiert, der durch u und v *induzierte Garbenhomomorphismus*.

Aus (23.2) (iii) ergeben sich die Regeln:

(iii) (a) $\mathcal{H}om(\mathrm{id}_{\mathcal{F}}, \mathrm{id}_{\mathcal{G}}) = \mathrm{id}_{\mathcal{H}om(\mathcal{F}, \mathcal{G})}$.

(b) $\mathcal{H}om(u \circ u', v \circ v') = \mathcal{H}om(u', v) \circ \mathcal{H}om(u, v')$.

Entsprechend folgt aus (23.2) (iv) leicht die *Linksexaktheit* des Hom-Funktors:

(iv) (a) $0 \to \mathcal{F} \xrightarrow{h} \mathcal{G} \xrightarrow{l} \mathcal{H}$ *exakt*, $\mathcal{L}$ = *Garbe von* $\mathcal{O}_X$-*Moduln* $\Rightarrow$

$0 \to \mathcal{H}om(\mathcal{L}, \mathcal{F}) \xrightarrow{\mathcal{H}om(\mathrm{id}_{\mathcal{L}}, h)} \mathcal{H}om(\mathcal{L}, \mathcal{G}) \xrightarrow{\mathcal{H}om(\mathrm{id}_{\mathcal{L}}, l)} \mathcal{H}om(\mathcal{L}, \mathcal{H})$ *exakt*.

(b) $\mathscr{F} \xrightarrow{h} \mathscr{G} \xrightarrow{l} \mathscr{H} \to 0$ *exakt*, $\mathscr{L}$ = *Garbe von* $\mathcal{O}_X$-*Moduln* $\Rightarrow$

$$0 \to \mathscr{H}om(\mathscr{H},\mathscr{L}) \xrightarrow{\mathscr{H}om(l\,\mathrm{id}_{\mathscr{L}})} \mathscr{H}om(\mathscr{G},\mathscr{L}) \xrightarrow{\mathscr{H}om(h,\,\mathrm{id}_{\mathscr{L}})} \mathscr{H}om(\mathscr{F},\mathscr{L}) \text{ exakt.}$$

C) Die in (23.2) (v) und (vi) angegebenen Isomorphismen führen zu den folgenden kanonischen Garbenisomorphismen

(v) $\mathscr{H}om(\mathcal{O}_X, \mathscr{G}) \xrightarrow[\cong]{\bar{\alpha}} \mathscr{G}, \quad (\bar{\alpha}_u = \alpha : \mathrm{Hom}_{\mathcal{O}_u}(\mathcal{O}_u, \mathscr{G}{\restriction}U) \xrightarrow[\cong]{} \mathscr{G}(U)).$

(vi) (a) $\mathscr{H}om(\bigoplus_{i=1}^{r} \mathscr{F}_i, \mathscr{G}) \xrightarrow[\cong]{\bar{\beta}} \bigoplus_{i=1}^{r} \mathscr{H}om(\mathscr{F}, \mathscr{G}),$

$(\bar{\beta}_u = \beta : \mathrm{Hom}_{\mathcal{O}_u}(\bigoplus_i \mathscr{F}_i{\restriction}U, \mathscr{G}{\restriction}U) \xrightarrow[\cong]{} \bigoplus_i \mathrm{Hom}_{\mathcal{O}_u}(\mathscr{F}_i{\restriction}U, \mathscr{G}{\restriction}U)).$

(b) $\bigoplus_{i=1}^{r} \mathscr{H}om(\mathscr{F}, \mathscr{G}_i) \xrightarrow[\cong]{\bar{\gamma}} \mathscr{H}om(\mathscr{F}, \bigoplus_{i=1}^{r} \mathscr{G}_i),$

$(\bar{\gamma}_u = \gamma : \bigoplus_i \mathrm{Hom}_{\mathcal{O}_u}(\mathscr{F}{\restriction}U, \mathscr{G}_i{\restriction}U) \xrightarrow[\cong]{} \mathrm{Hom}_{\mathcal{O}_u}(\mathscr{F}{\restriction}U, \bigoplus_i \mathscr{G}_i{\restriction}U)).$

D) Aus den Definitionen ist klar (die Bezeichnungen sind wie in A, B):

(vii) (a) $\mathscr{H}om(\mathscr{F}, \mathscr{G}){\restriction}U = \mathscr{H}om(\mathscr{F}{\restriction}U, \mathscr{G}{\restriction}U)$
(b) $\mathscr{H}om(u, v){\restriction}U = \mathscr{H}om(u{\restriction}U, v{\restriction}U)$, $(U \subseteq X$ *offen*).

E) Als Anwendung von (23.1) (iix) und (23.2) (vii) zeigen wir:

(iix) *Ist X affin und sind M, N endlich erzeugte* $\mathcal{O}(X)$-*Moduln, so gilt*

$$\mathscr{H}om(\tilde{M}, \tilde{N}) \cong \mathrm{Hom}_{\mathcal{O}(X)}(M, N)^{\sim}.$$

Beweis: Sei $f \in \mathcal{O}(X) - \{0\}$. Im Hinblick auf (23.1) (iix) und (23.2) (vii) erhalten wir mit $U := U_X(f)$ das Diagramm

Diagramm:

$$\begin{array}{ccc} \mathscr{H}om(\tilde{M}, \tilde{N})(X)_f = \mathrm{Hom}_{\mathcal{O}_X}(\tilde{M}, \tilde{N})_f & \xrightarrow{\cong} & \mathrm{Hom}_{\mathcal{O}(X)}(M, N)_f \\ \Big\downarrow \varphi_f & \circlearrowleft & \wr\Vert \Big\downarrow \varepsilon \end{array}$$

$$\mathscr{H}om(\tilde{M}, \tilde{N})(U_X(f)) \cong \mathrm{Hom}_{\mathcal{O}(U)}(\tilde{M}(U), \tilde{N}(U)) = \mathrm{Hom}_{\mathcal{O}(X)_f}(M_f, N_f),$$

welches zeigt, dass der kanonische Homomorphismus φ_f ein Isomorphismus ist. Also ist $\mathscr{H}om(\tilde{M}, \tilde{N})$ induziert. Beachtet man nun noch (23.1), so folgt die Behauptung. ○

(23.4) **Satz:** *Sei X eine quasiprojektive Varietät und seien* $\mathscr{F}$, $\mathscr{G}$ *kohärente Garben von* $\mathcal{O}_X$-*Moduln. Dann ist die Homomorphismen-Garbe* $\mathscr{H}om(\mathscr{F}, \mathscr{G})$ *kohärent und erfüllt* $\mathscr{H}om(\mathscr{F}, \mathscr{G})_p \cong \mathrm{Hom}_{\mathcal{O}_{X,p}}(\mathscr{F}_p, \mathscr{G}_p)$, $\forall p \in X$.

Beweis: Da es sich um eine lokale Aussage handelt, können wir X als affin voraussetzen. Dann ist $\mathscr{F} = \tilde{M}$, $\mathscr{G} = \tilde{N}$ mit endlich erzeugten $\mathcal{O}(X)$-Moduln M und N. Nach (23.3) (iix) folgt $\mathscr{H}om(\mathscr{F}, \mathscr{G}) \cong \mathrm{Hom}_{\mathcal{O}(X)}(M, N)^{\sim}$. Nach (23.1) (vii) ist $\mathrm{Hom}_{\mathcal{O}(X)}(M, N)$ endlich erzeugt. Dies beweist die Kohärenz. Wegen (23.1) (iix) können wir weiter schreiben $\mathscr{H}om(\mathscr{F}, \mathscr{G})_p \cong$ $(\mathrm{Hom}_{\mathcal{O}(X)}(M, N)^{\sim})_p = (\mathrm{Hom}_{\mathcal{O}(X)}(M, N))_{I_X(p)} \cong \mathrm{Hom}_{\mathcal{O}(X)_{I_X(p)}}(M_{I_X(p)}, N_{I_X(p)})$ $= \mathrm{Hom}_{\mathcal{O}_{X,p}}(\tilde{M}_p, \tilde{N}_p) = \mathrm{Hom}_{\mathcal{O}_{X,p}}(\mathscr{F}_p, \mathscr{G}_p)$. □

(23.5) **Satz:** *Seien X, $\mathscr{F}$ und $\mathscr{G}$ wie in (23.4). Dann gilt:*

(i) *$\mathscr{F}$ frei vom Rang r, $\mathscr{G}$ frei vom Rang $s \Rightarrow \mathscr{H}om(\mathscr{F}, \mathscr{G})$ frei vom Rang rs.*

(ii) *$\mathscr{F}$, $\mathscr{G}$ lokal frei* $\Rightarrow \begin{cases} \mathscr{H}om(\mathscr{F}, \mathscr{G}) \text{ lokal frei;} \\ rg_p(\mathscr{H}om(\mathscr{F}, \mathscr{G})) = rg_p(\mathscr{F})\, rg_p(\mathscr{G}),\ \forall p \in X. \end{cases}$

Beweis: Es genügt, (i) zu zeigen. Wir schreiben $\mathscr{F} = \mathcal{O}_X^r$, $\mathscr{G} = \mathcal{O}_X^s$. Nach (23.3) (v) und (vi) folgt $\mathscr{H}om(\mathscr{F}, \mathscr{G}) = \mathscr{H}om(\mathcal{O}_X^r, \mathcal{O}_X^s) \cong \mathscr{H}om(\mathcal{O}_X, \mathcal{O}_X^s)^r \cong (\mathcal{O}_X^s)^r = \mathcal{O}_X^{rs}$. □

Duale Garben. Wir führen nun den Prozess des Dualisierens von Garben ein.

(23.6) **Definitionen und Bemerkungen:** A) Sei A ein Ring und sei M ein A-Modul. Wir setzen

(i) $\quad M^{\vee} := \mathrm{Hom}_A(M, A)$

und nennen $M^{\vee}$ die *Dualisierung* von M oder den zu M *dualen Modul.* Aus (23.1) (v) und (vi) (a) erhalten wir kanonische Isomorphismen:

(ii) (a) $A^{\vee} \cong A$.
(b) $\left(\bigoplus_{i=1}^{r} M_i\right)^{\vee} \cong \bigoplus_{i=1}^{r} M_i^{\vee}$.

Aus (23.1) (vii), (xii) folgt

(iii) *Ist A noethersch und M endlich erzeugt, so gilt:*
(a) *$M^{\vee}$ ist endlich erzeugt.*
(b) $S^{-1}(M^{\vee}) \cong (S^{-1}M)^{\vee}$, *($S \subseteq A$ Nennermenge).*

B) Ist $h: M \to N$ ein Homomorphismus von A-Moduln, so schreiben wir

(iv) $\quad h^{\vee} := \mathrm{Hom}_A(h, \mathrm{id}_A): N^{\vee} \to M^{\vee}$

und nennen $h^{\vee}$ die *Dualisierung* von h. Nach (23.1) (iii) folgt

(v) (a) $(\mathrm{id}_M)^{\vee} = \mathrm{id}_{M^{\vee}}$.
(b) $(h \circ l)^{\vee} = l^{\vee} \circ h^{\vee}$.

Aus (23.1) (iv) ergibt sich

(vi) $M \xrightarrow{h} N \xrightarrow{l} P \to 0$ *exakt* $\Rightarrow 0 \to P^\vee \xrightarrow{l^\vee} N^\vee \xrightarrow{h^\vee} M^\vee$ *exakt*. ○

(23.7) **Definitionen und Bemerkungen:** A) Sei X eine quasiprojektive Varietät. Ist $\mathscr{F}$ eine Garbe von $\mathcal{O}_X$-Moduln, so definieren wir die *Dualisierung* von $\mathscr{F}$ oder die zu $\mathscr{F}$ *duale Garbe* durch

(i) $\mathscr{F}^\vee := \mathscr{H}om(\mathscr{F}, \mathcal{O}_X)$.

Aus (23.3) (v), (vi) (a) erhalten wir kanonische Isomorphismen

(ii) (a) $\mathcal{O}_X^\vee \cong \mathcal{O}_X$.
(b) $(\bigoplus_{i=1}^{r} \mathscr{F}_i)^\vee \cong \bigoplus_{i=1}^{r} (\mathscr{F}_i)^\vee$.

Aus (23.3) (iix) folgt:

(iii) *Ist X affin und M ein endlich erzeugter $\mathcal{O}(X)$-Modul, so gilt* $(\tilde{M})^\vee \cong (M^\vee)^\sim$.

B) Ist $h: \mathscr{F} \to \mathscr{G}$ ein Homomorphismus von Garben von $\mathcal{O}_X$-Moduln, so definieren wir die *Dualisierung* von h durch:

(iv) $h^\vee := \mathscr{H}om(h, \mathrm{id}_{\mathcal{O}_X}): \mathscr{G}^\vee \to \mathscr{F}^\vee$.

Aus (23.3) (iii) folgt

(v) (a) $(\mathrm{id}_{\mathscr{F}})^\vee = \mathrm{id}_{\mathscr{F}^\vee}$.
(b) $(h \circ l)^\vee = l^\vee \circ h^\vee$.

Aus (23.3) (iv) erhalten wir:

(vi) $\mathscr{F} \xrightarrow{h} \mathscr{G} \xrightarrow{l} \mathscr{H} \to 0$ *exakt* $\Rightarrow 0 \to \mathscr{H}^\vee \xrightarrow{l^\vee} \mathscr{G}^\vee \xrightarrow{h^\vee} \mathscr{F}^\vee$ *exakt*. ○

Aus (23.4) und (23.5) ergibt sich sofort

(23.8) **Satz:** *Sei X eine quasiprojektive Varietät und sei $\mathscr{F}$ eine kohärente Garbe von $\mathcal{O}_X$-Moduln. Dann ist die duale Garbe $\mathscr{F}^\vee$ kohärent und erfüllt* $(\mathscr{F}^\vee)_p \cong (\mathscr{F}_p)^\vee$, $\forall p \in X$. □

(23.9) **Satz:** *Seien X und $\mathscr{F}$ wie in (23.8). Dann gilt:*

(i) *$\mathscr{F}$ frei vom Rang $r \Rightarrow \mathscr{F}^\vee$ frei vom Rang r.*

(ii) *$\mathscr{F}$ lokal frei $\Rightarrow \mathscr{F}^\vee$ lokal frei, $rg_p(\mathscr{F}^\vee) = rg_p(\mathscr{F})$ $(\forall p \in X)$.* □

Die Tangentialgarbe. Die Geometrie hat uns bis jetzt, nebst den Strukturgarben, nur eine Klasse von kohärenten Garben geliefert – die Verschwindungsidealgarben. Wir stellen jetzt eine weitere Klasse von Garben vor, deren Konstruktion in der Geometrie fusst.

(23.10) **Definitionen und Bemerkungen:** A) Sei X eine quasiprojektive Varietät. Sei $U \subseteq X$ offen. Unter einem auf U definierten *regulären Tangentialfeld* an X – oder einem auf U definierten *regulären Feld von Tangentialvektoren* – verstehen wir eine Abbildung

$$\tau : U \to \dot{\bigcup_{p \in X}} T_p(X)$$

von U in die disjunkte Vereinigung der Tangentialräume $T_p(X)$ von X, mit der Eigenschaft

(i) (a) $\tau(p) \in T_p(X) = \mathrm{Der}_{\mathbb{C}}(\mathcal{O}_{X,p}, \mathbb{C}), \forall p \in X$.
(b) *Für jede offene Menge $V \subseteq U$ und jede reguläre Funktion $f \in \mathcal{O}(V)$ ist die durch $q \mapsto \tau(q)(f_q)$ definierte Funktion $\tau f : V \to \mathbb{C}$ regulär.*

Ein reguläres Tangentialfeld τ ordnet also jedem Punkt p seines Definitionsbereiches einen Tangentialvektor von X in p zu. Dabei hat diese Zuordnung «regulär» zu erfolgen.

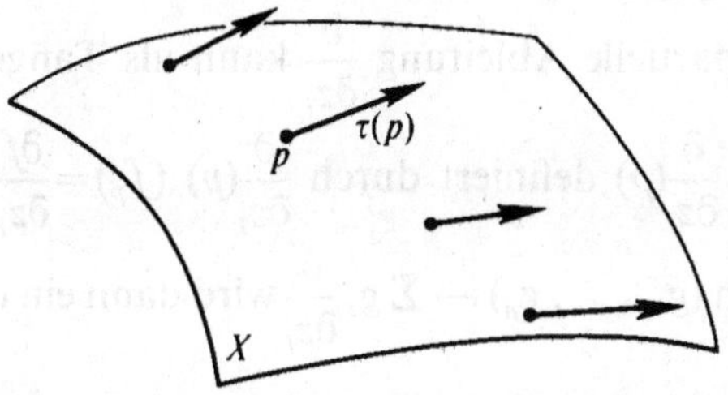

B) Wir halten die Bezeichnungen von A) fest und setzen:

(ii) $\mathcal{T}_X(U) := \{\tau : U \to \dot{\bigcup}_{p \in X} T_p(X) \mid \tau = \textit{reguläres Tangentialfeld}\}$.

Durch die Vorschriften

$$(\tau+\sigma)(p) := \tau(p)+\sigma(p), \quad f\tau(p)=f(p)\tau(p), \quad (\tau, \sigma \in \mathcal{T}_X(U), f \in \mathcal{O}(U))$$

können wir auf $\mathcal{T}_X(U)$ eine Addition und eine Skalarenmultiplikation einführen, vermöge welcher $\mathcal{T}_X(U)$ kanonisch zum $\mathcal{O}(U)$-Modul wird.

Gemäss (i) (b) wirkt τ auf $\mathcal{O}(V)$ ($V \subseteq U$ offen) vermöge $q \mapsto \tau(q)(f_q) = \tau f(q)$.

Diese Wirkung unterliegt natürlich wieder der *Produktregel:*

(iii) $\tau(fg) = f\tau g + g\tau f, \quad (\tau \in \mathcal{T}_X(U), f, g \in \mathcal{O}(V), V \subseteq U$ *offen*).

C) Im Hinblick auf (21.2) (ii) wird durch

(iv) (a) $U \mapsto \mathcal{T}_X(U), (U \subseteq X$ *offen*),
(b) $\rho_V^U : \mathcal{T}_X(U) \to \mathcal{T}_X(V), \tau \mapsto \tau \restriction V, (V \subseteq U \subseteq X$ *offen*)

eine Garbe von $\mathcal{O}_X$-Moduln definiert. Diese Garbe $\mathcal{T}_X$ heisst die *Tangentialgarbe* von X.

Wir halten fest

(v) $\mathcal{T}_X \restriction U = \mathcal{T}_U, \quad (U \subseteq X$ *offen*). ○

(23.11) **Beispiele:** A) Wir versehen den affinen Raum $\mathbb{A}^n$ mit den Koordinatenfunktionen $z_1, \ldots, z_n$. Unser Ziel ist die Bestimmung des Moduls $\mathcal{T}_{\mathbb{A}^n}(\mathbb{A}^n)$ der globalen regulären Tangentialfelder. Wir zeigen, dass der folgende kanonische Isomorphismus besteht:

(i) $$\mathcal{T}_{\mathbb{A}^n}(\mathbb{A}^n) \xrightarrow[\cong]{a} \mathcal{O}(\mathbb{A}^n)^n, \quad \tau \mapsto (\tau(z_1), \ldots, \tau(z_n)).$$

Beweis: Dass die angegebene Vorschrift einen $\mathcal{O}(\mathbb{A}^n)$-Homomorphismus definiert, ist klar. Die partielle Ableitung $\dfrac{\partial}{\partial z_i}$ kann als Tangentialfeld verstanden werden, wenn man $\dfrac{\partial}{\partial z_i}(p)$ definiert durch $\dfrac{\partial}{\partial z_i}(p)\,(f_p) = \dfrac{\partial f}{\partial z_i}(p)$, $(f \in \mathcal{O}_{\mathbb{A}^n}(U), p \in U \subseteq \mathbb{A}^n$ offen). Durch $(g_1, \ldots, g_n) \mapsto \sum g_i \dfrac{\partial}{\partial z_i}$ wird dann ein offenbar zu a inverser Homomorphismus $\mathcal{O}(\mathbb{A}^n)^n \to \mathcal{T}_{\mathbb{A}^n}(\mathbb{A}^n)$ definiert.

In den Notationen dieses Beweises können wir also sagen

(ii) $$\mathcal{T}_{\mathbb{A}^n}(\mathbb{A}^n) = \bigoplus_{i=1}^{n} \mathcal{O}(\mathbb{A}^n)\frac{\partial}{\partial z_i}.$$

B) Wir wollen jetzt die globalen Tangentialfelder der projektiven Geraden $\mathbb{P}^1$ – genauer den Modul $\mathcal{T}_{\mathbb{P}^1}(\mathbb{P}^1)$ – bestimmen. Wir versehen $\mathbb{P}^1$ mit den homogenen Koordinaten z_0, z_1. Dann betrachten wir die vier regulären Tangentialfelder

(iii) $$\tau_{i,j} \in \mathcal{T}_{\mathbb{P}^1}(\mathbb{P}^1), \quad \tau_{i,j} f = z_i \frac{\partial}{\partial z_j} f, \quad (i, j \in \{0, 1\}).$$

Dabei fassen wir $f \in \mathcal{O}_{\mathbb{P}^1}(U)$, ($U \subseteq \mathbb{P}^1$ offen) lokal als Quotient $f = \frac{h}{g}$ zweier homogener Polynome $h, g \in \mathbb{C}[z_0, z_1]$ vom selben Grad auf.

Für ein homogenes Polynom l vom Grad d gilt offenbar $z_0 \frac{\partial l}{\partial z_0} + z_1 \frac{\partial l}{\partial z_1} = dl$. So folgt $\tau_{0,0} f + \tau_{1,1} f = z_0 \frac{\partial}{\partial z_0}\left(\frac{h}{g}\right) + z_1 \frac{\partial}{\partial z_1}\left(\frac{h}{g}\right) =$

$$\frac{1}{g^2}\left(z_0 g \frac{\partial h}{\partial z_0} - z_0 h \frac{\partial g}{\partial z_0}\right) + \frac{1}{g^2}\left(z_1 g \frac{\partial h}{\partial z_1} - z_1 h \frac{\partial g}{\partial z_1}\right) =$$

$$\frac{1}{g}\left(z_0 \frac{\partial h}{\partial z_0} + z_1 \frac{\partial h}{\partial z_1}\right) - \frac{h}{g^2}\left(z_0 \frac{\partial g}{\partial z_0} + z_1 \frac{\partial g}{\partial z_0}\right) = \frac{dh}{g} - \frac{dhg}{g^2} = 0,$$

wo $d = \text{Grad } h = \text{Grad } g$. So folgt:

(iv) $\qquad \tau_{0,0} = -\tau_{1,1}.$

Wir betrachten jetzt die kanonischen affinen Karten $U_i \mathbb{P}^1 = U_i \cong \mathbb{A}^1$ $(i=0, 1)$. Es gilt $\mathcal{O}(U_0) = \mathbb{C}\left[\frac{z_1}{z_0}\right]$, $\mathcal{O}(U_1) = \mathbb{C}\left[\frac{z_0}{z_1}\right]$. Wegen $\tau_{0,1}\left(\frac{z_1}{z_0}\right) = 1 = \tau_{1,0}\left(\frac{z_0}{z_1}\right)$ und weil $\tau_{0,1}$ und $\tau_{1,0}$ der Produktregel (23.10) (iii) genügen, wirkt $\tau_{0,1}$ (resp. $\tau_{1,0}$) auf dem Polynomring $\mathcal{O}(U_0)$ (resp. $\mathcal{O}(U_1)$) wie die Ableitung nach der Variablen $\frac{z_1}{z_0}$ (resp. $\frac{z_0}{z_1}$). Im Hinblick auf (iii) folgt also:

(v) $\qquad \mathcal{T}_{\mathbb{P}^1}(U_0) = \mathcal{O}(U_0)\,(\tau_{0,1} \upharpoonright U_0); \quad \mathcal{T}_{\mathbb{P}^1}(U_1) = \mathcal{O}(U_1)\,(\tau_{1,0} \upharpoonright U_1).$

Aus $\tau_{1,0}\left(\frac{z_1}{z_0}\right) = -\frac{z_1^2}{z_0^2}$, $\tau_{0,1}\left(\frac{z_0}{z_1}\right) = -\frac{z_0^2}{z_1^2}$, $\tau_{0,0}\left(\frac{z_1}{z_0}\right) = -\frac{z_1}{z_0}$, $\tau_{0,0}\left(\frac{z_0}{z_1}\right) = \frac{z_0}{z_1}$ folgt

(vi) $\qquad$ (a) $\tau_{1,0} \upharpoonright U_0 = -\frac{z_1^2}{z_0^2}\, \tau_{0,1} \upharpoonright U_0$; $\tau_{0,1} \upharpoonright U_1 = -\frac{z_0^2}{z_1}\, \tau_{1,0} \upharpoonright U_1$.

$\qquad\qquad$ (b) $\tau_{0,0} \upharpoonright U_0 = -\frac{z_1}{z_0}\, \tau_{0,1} \upharpoonright U_0$; $\tau_{0,0} \upharpoonright U_1 = \frac{z_0}{z_1}\, \tau_{1,0} \upharpoonright U_1$.

Wir wählen $\tau \in \mathcal{T}_{\mathbb{P}^1}(\mathbb{P}^1)$. Nach (v) können wir dann schreiben $\tau \upharpoonright U_0 = f \tau_{0,1} \upharpoonright U_0$, $\tau \upharpoonright U_1 = g\, \tau_{1,0} \upharpoonright U_1$ mit $f \in \mathbb{C}\left[\frac{z_1}{z_0}\right]$ und $g \in \mathbb{C}\left[\frac{z_0}{z_1}\right]$. Gemäss (vi) (a) folgt dann

$$-\frac{z_1^2}{z_0^2}\, g\, \tau_{0,1} \upharpoonright U_0 \cap U_1 = g\, \tau_{1,0} \upharpoonright U_0 \cap U_1 = \tau \upharpoonright U_0 \cap U_1 = f \tau_{0,1} \upharpoonright U_0 \cap U_1,$$

also $-\frac{z_1^2}{z_0^2}\, g\left(\frac{z_0}{z_1}\right) = f\left(\frac{z_1}{z_0}\right) \in \mathbb{C}\left[\frac{z_1}{z_0}\right]$. Dies ist nur möglich, wenn g vom Grad $\leqslant 2$ in $\frac{z_0}{z_1}$

ist. Schreiben wir $g = c_0 + c_1 \frac{z_0}{z_1} - c_2 \frac{z_0^2}{z_1^2}$, so folgt $f = c_2 - c_1 \frac{z_1}{z_0} - c_0 \frac{z_1^2}{z_0^2}$. So erhalten wir nach (vi)

$$\tau \restriction U_0 = f\, \tau_{0,1} \restriction U_0 = (c_2\, \tau_{0,1} + c_1\, \tau_{0,0} + c_0\, \tau_{1,0}) \restriction U_0,$$

$$\tau \restriction U_1 = g\, \tau_{1,0} \restriction U_1 = (c_0\, \tau_{1,0} + c_1\, \tau_{0,0} + c_2\, \tau_{0,1}) \restriction U_1,$$

also $\tau = c_0\, \tau_{1,0} + c_1\, \tau_{0,0} + c_2\, \tau_{0,1}$, mit $c_0, c_1, c_2 \in \mathbb{C}$.

Leicht sieht man, dass die 3 Felder $\tau_{1,0}, \tau_{0,0}, \tau_{0,1}$ über $\mathbb{C}$ linear unabhängig sind. So folgt:

(vii) *$\mathscr{T}_{\mathbb{P}^1}(\mathbb{P}^1)$ ist ein $\mathbb{C}$-Vektorraum mit der Basis $\tau_{1,0}, \tau_{0,0}, \tau_{0,1}$.*

Wir wollen uns die Felder $\tau_{i,j}$ veranschaulichen. Dazu fassen wir $\mathbb{P}^1$ als 2-Sphäre S^2 mit Polen $(0:1)$ und $(1:0)$ auf. Der kanonische Isomorphismus $U_0 \xrightarrow{\cong} \mathbb{A}^1 = \mathbb{C}$ wird dann durch die stereographische Projektion aus dem Pol $(0:1)$ auf die Tangentialebene $\mathbb{A}^1$ an S^2 in $(1:0)$ beschrieben. Dabei hat $\mathbb{A}^1$ die Koordinatenfunktion $z = \frac{z_1}{z_0}$, und es gilt $\tau_{0,1} \restriction U_0 = \frac{\partial}{\partial z}$, $\tau_{0,0} \restriction U_0 = -z\frac{\partial}{\partial z}$. In jedem Punkt $q \in \mathbb{A}^1$ identifizieren wir $T_q(\mathbb{A}^1)$ mit $\mathbb{C}$ vermöge des Isomorphismus $c \mapsto c\frac{\partial}{\partial z}$. Dann entspricht $\frac{\partial}{\partial z}$ dem konstanten Vektorfeld 1, $-z\frac{\partial}{\partial z}$ Vektorfeld $z \mapsto -z$. Die Feldlinien des ersten Feldes sind die zur reellen Achse parallelen Geraden, diejenigen des zweiten Feldes sind die Geraden durch 0. Durch Zurückziehen mit der stereographischen Projektion ergeben sich jetzt die Feldlinien von $\tau_{0,1}$ als die Kreise durch den Pol $(0:1)$, welche $\mathbb{P}^1_{\mathbb{R}} = S^1 \subseteq S^2$ berühren. Die Feldlinien von $\tau_{0,0}$ werden als die Meridiankreise durch $(0:1)$ und $(1:0)$ sichtbar. Durch Spiegelung am Äquator erhält man dann die Feldlinien von $\tau_{1,0}$ resp. von $\tau_{1,1}$.

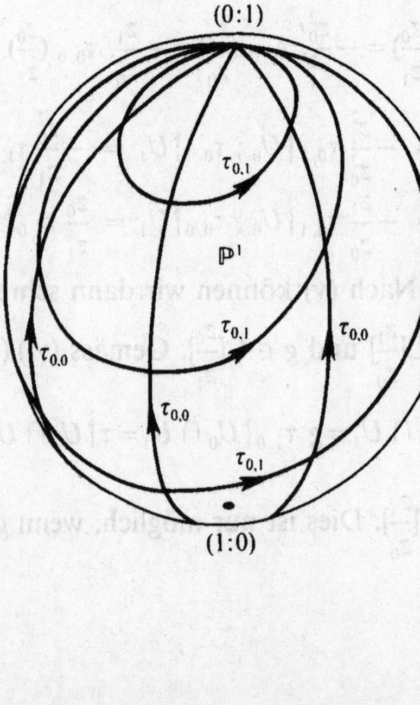

○

Die Garbe der Kähler-Differentiale. Wir wollen jetzt eine weitere wichtige Garbe einführen, die auch bei der Untersuchung der Tangentialgarbe eine Rolle spielen wird.

(23.12) **Definitionen und Bemerkungen:** A) Sei X eine quasiprojektive Varietät, und sei $p \in X$. Wir schreiben $T_p(X)^*$ für den *Kotangentialraum* von X in p, d.h. den $\mathbb{C}$-Dualraum des Tangentialraumes $T_p(X)$. Die Wirkung einer Linearform $\varepsilon \in T_p(X)^*$ auf einen Tangentialvektor $t \in T_p(X)$ bezeichnen wir mit $\langle \varepsilon, t \rangle$.

Ist $V \subseteq X$ offen, $q \in V$ und $f \in \mathcal{O}(V)$, so ist das Differential (vgl. (13.3), (18.12) C))

$$d_q f : T_q(X) \to T_{f(q)}(\mathbb{A}^1) = \mathbb{C}$$

der Funktion $f: V \to \mathbb{A}^1 = \mathbb{C}$ in q eine Linearform auf $T_q(X)$, also ein Element von $T_q(X)^*$. Deshalb ist die folgende Definition sinnvoll:

Sei $U \subseteq X$ offen. Unter einem *Kähler-Differential* ω auf U verstehen wir eine Abbildung

$$\omega : U \longrightarrow \dot{\bigcup_{p \in X}} T_p(X)^*$$

mit der Eigenschaft:

(i) (a) $\omega(p) \in T_p(X)^*, \forall p \in U$.

(b) *Zu jedem Punkt $p \in U$ gibt es eine offene Umgebung $V \subseteq U$ von p und reguläre Funktionen $g_1, \ldots, g_r, f_1, \ldots, f_r \in \mathcal{O}(V)$, derart, dass $\omega(q) = \sum_{i=1}^{r} g_i(q)\, d_q f_i$ für alle $q \in V$.*

Wir schreiben

(ii) $\qquad \Omega_X(U) := \{\omega \mid \omega = \textit{Kähler-Differential auf } U\}$.

Definieren wir die Addition und die Skalarenmultiplikation durch

$(\omega + \omega')(p) := \omega(p) + \omega'(p), f\omega(p) := f(p)\omega(p), (\omega, \omega' \in \Omega_X(U), f \in \mathcal{O}(U))$,

so wird $\Omega_X(U)$ in kanonischer Weise zum $\mathcal{O}(U)$-Modul.

B) Durch die Vorschrift

(iii) (a) $U \mapsto \Omega_X(U)$, $\qquad (U \subseteq X \textit{ offen})$,

(b) $\rho_V^U : \Omega_X(U) \xrightarrow{\;\cdot\restriction\;} \Omega_X(V)$, $\qquad (V \subseteq U \subseteq X \textit{ offen})$

wird jetzt eine Garbe Ω_X von $\mathcal{O}_X$-Moduln definiert, die *Garbe der Kähler-Differentiale* von X.

Aus der Definition von Ω_X ist klar:

(iv) $\Omega_X \upharpoonright U \cong \Omega_U$.

C) Wir halten die obigen Bezeichnungen fest. Ist $f \in \mathcal{O}(U)$, so definieren wir

(v) $d_U f \in \Omega_X(U), \quad d_U f(p) := d_p f.$

Die Abbildung

(vi) $d_U : \mathcal{O}_X(U) \to \Omega_X(U), f \mapsto d_U f$

nennen wir die *Kähler-Ableitung* auf U. $d_U f$ nennen wir das *Kähler-Differential von f*. Dei Kähler-Ableitung ist eine $\mathbb{C}$-lineare Abbildung und genügt der Produktregel

(vii) $d_U(fg) = f\, d_U\, g + g\, d_U\, f, \quad (f, g \in \mathcal{O}(U)).$

Sei $X \subseteq \mathbb{A}^n$ abgeschlossen, $\mathcal{O}(\mathbb{A}^n) = \mathbb{C}[z_1, \ldots, z_n]$. Auf Grund der $\mathbb{C}$-Linearität und der Produktregel (vii) erhält man für die Kähler-Ableitung die Formel

(iix) $d_X(\tilde{f} \upharpoonright X) = \sum_{j=1}^{n} \frac{\partial \tilde{f}}{\partial z_j} \upharpoonright X\, d_X(z_j \upharpoonright X), \; (\tilde{f} \in \mathbb{C}[z_1, \ldots, z_n]).$ ○

(23.13) **Lemma:** *Ist X affin und* $\mathcal{O}(X) = \mathbb{C}[a_1, \ldots, a_n]$, *so gilt*

$$\Omega_X(X) = \sum_{i \leq n} \mathcal{O}(X) d_X a_i.$$

Beweis: Sei $\omega \in \Omega_X(X)$. Wir finden dann eine offene Überdeckung $X_1, \ldots, X_r$ von X und reguläre Funktionen $h_i^{(j)}, l_i^{(j)} \in \mathcal{O}(X_j)$ $(i = 1, \ldots, N; j = 1, \ldots, r)$, derart, dass $\omega(p) = \sum_i h_i^{(j)}(p)\, d_p\, l_i^{(j)}$ für alle $p \in X_j$, d.h. $\rho^X_{X_j}(\omega) = \sum_i h_i^{(j)}\, d_{X_j}\, l_i^{(j)}$. Ohne Einschränkung können wir annehmen, X_j sei jeweils elementar, d.h. $X_j = U_X(f_j)$, $f_j \in \mathcal{O}(X) - \{0\}$. Weiter können wir X als abgeschlossene Menge eines affinen Raumes $\mathbb{A}^n$ auffassen, für welchen gilt $\mathcal{O}(\mathbb{A}^n) = \mathbb{C}[z_1, \ldots, z_n]$ und $a_i = z_i \upharpoonright X$ $(i = 1, \ldots, n)$.

Wir finden ein $s \in \mathbb{N}$ und Funktionen $g_i^{(j)}$ und $k_i^{(j)}$ aus $\mathcal{O}(X)$ mit

$$(f_j \upharpoonright X_j)^s\, h_i^{(j)} = g_i^{(j)} \upharpoonright X_j, \; (f_j \upharpoonright X_j)^s\, l_i^{(j)} = k_i^{(j)} \upharpoonright X_j.$$

Wir setzen

$$\omega_j := \sum_i [g_i^{(j)}\, f_j\, d_X(k_i^{(j)}) - s\, k_i^{(j)}\, g_i^{(j)}\, d_X(f_j)].$$

Nach (23.12) (iix) ist $d_X(f) \in \sum_i \mathcal{O}(X) d_X a_i$ für alle $f \in \mathcal{O}(X)$. Weil d_X linear ist, folgt $\omega_j \in \sum_i \mathcal{O}(X) d_X a_i$. Weiter gilt

$$\rho^X_{X_j}(\omega_j) = \sum_i [(f_j \upharpoonright X_j)^{s+1} h_i^{(j)} d_X((f_j \upharpoonright X_j)^s l_i^{(j)}) - s(f \upharpoonright X_j)^{2s} h_i^{(j)} l_i^{(j)} d_{X_j}(f_j \upharpoonright X_j)].$$

Gemäss der Produktregel ist

$$d_{X_j}((f_j \upharpoonright X_j)^s l_i^{(j)}) = (f_i \upharpoonright X_j)^s d_{X_j}(l_i^{(j)}) + s(f_j \upharpoonright X_j)^{s-1} l_i^{(j)} d_{X_j}(f_j \upharpoonright X_j).$$

So wird $\rho^X_{X_j}(\omega_j) = \sum_i (f_j \upharpoonright X_j)^{2s+1} h_i^{(j)} d_{X_j}(l_i^{(j)}) = \rho^X_{X_j}(f_j^{2s+1} \omega)$. Es folgt $f_j \omega_j = f_j^{2s+2} \omega$, $(j = 1, \ldots, r)$. Wegen $X = \bigcup_j U_X(f_j^{2s+2})$ gibt es nach dem Nullstellensatz eine Darstellung $1 = \sum_j b_j f_j^{2s+2}$ mit $b_j \in \mathcal{O}(X)$. So erhalten wir

$$\omega = \sum_j b_j f_j^{2s+2} \omega = \sum_j b_j f_j \omega_j \in \sum_i \mathcal{O}(X) d_X a_i. \qquad \square$$

(23.14) **Satz:** *Die Garbe Ω_X der Kähler-Differentiale einer quasiprojektiven Varietät X ist kohärent.*

Beweis: Nach (23.12) (iv) kann man X als affin voraussetzen. Im Hinblick auf (23.13) genügt es zu zeigen, dass Ω_X induziert ist. Wir wählen $f \in \mathcal{O}(X) - \{0\}$ und schreiben $\mathcal{O}(X) = \mathbb{C}[a_1, \ldots, a_r]$. Sei $U = U_X(f)$. Dann ist

$$\mathcal{O}(U) = \mathbb{C}[a_1 \upharpoonright U, \ldots, a_r \upharpoonright U, (f \upharpoonright U)^{-1}].$$

Weiter ist

$$O = d_U 1 = d_U(f \upharpoonright U (f \upharpoonright U)^{-1}) = f \upharpoonright U \, d_U(f \upharpoonright U)^{-1} + (f \upharpoonright U)^{-1} d_U(f \upharpoonright U),$$

also $d_U(f \upharpoonright U)^{-1} = -(f \upharpoonright U)^{-2} d_U(f \upharpoonright U) \in \mathcal{O}(U) \rho^X_U(\Omega_X(X))$. Nach (23.13) ist $\Omega_X(X) = \sum_{i=1}^r \mathcal{O}(X) d_X a_i$, also $\rho^X_U(\Omega_X(X)) = \sum_{i=1}^r \mathcal{O}(X) d_U(a_i \upharpoonright U)$ und $\Omega_X(U) = \sum_{i=1}^r \mathcal{O}(U) d_U(a_i \upharpoonright U) + \mathcal{O}(U) d_U(f \upharpoonright U)^{-1}$. So folgt wegen $\mathcal{O}(U) = \mathcal{O}(X)_f$

$$\Omega_X(U) = \sum_{i=1}^r \mathcal{O}(X)_f d_U(a_i \upharpoonright U) = \rho^X_U(\Omega_X(X))_{(f \upharpoonright U)}.$$

Ist $\overline{\omega} \in \Omega_X(U)$, so findet man also ein $t \in \mathbb{N}$ mit $(f \upharpoonright U)^t \omega \in \rho^X_U(\Omega_X(X))$.

Ist andrerseits $\omega \in \Omega_X(X)$ mit $\rho^X_U(\omega) = 0$, so gilt $f\omega = 0$. Damit ist Ω_X induziert.

$\square$

(23.15) **Bemerkung:** Sei X eine quasiprojektive Varietät und sei $p \in X$. Dann besteht eine wohldefinierte Abbildung

(i) $\quad d: \mathcal{O}_{X,p} \to \Omega_{X,p}, \quad f_p \mapsto (d_U f)_p, \quad (f \in \mathcal{O}(U), p \in U$ *offen*$).$

Diese nennen wir die *Kähler-Ableitung an der Stelle p*. Aus (23.12) (vii) folgt sofort:

(ii) *Die Kähler-Ableitung* $d : \mathcal{O}_{X,p} \to \Omega_{X,p}$ *ist* $\mathbb{C}$*-linear und genügt der Produktregel*

$$d(\alpha\,\beta) = \alpha\; d\,\beta + \beta\; d\,\alpha.$$

Eine unmittelbare Konsequenz aus (ii) ist

(iii) $\qquad c \in \mathbb{C} \subseteq \mathcal{O}_{X,p} \Rightarrow d\,c = 0.$ ○

(23.16) **Lemma:** *Sei X eine quasiprojektive Varietät und sei* $p \in X$. *Sei*

$$d : \mathcal{O}_{X,p} \to \Omega_{X,p}$$

die Kähler-Ableitung an der Stelle p. Dann gilt:

Ist $a_1, \ldots, a_e$ *ein minimales Erzeugendensystem von* $\mathfrak{m}_{X,p}$, *so bilden die Elemente*

$d\,a_1, \ldots, d\,a_e$ *ein minimales Erzeugendensystem von* $\Omega_{X,p}$.

Beweis: Wegen der Produktregel ist $d(\mathfrak{m}^2_{X,p}) \subseteq \mathfrak{m}_{X,p}\;\Omega_{X,p}$. Deshalb besteht eine $\mathbb{C}$-lineare Abbildung $\bar{d}$, definiert durch das folgende Diagramm

$$\begin{array}{ccc} \mathfrak{m}_{X,p}/\mathfrak{m}^2_{X,p} & \xrightarrow{\;\bar{d}\;} & \Omega_{X,p}/\mathfrak{m}_{X,p}\,\Omega_{X,p} \\ \text{kan.}\uparrow & \circlearrowleft & \uparrow\text{kan.} \\ \mathfrak{m}_{X,p} & \xrightarrow{\;d\;} & \Omega_{X,p} \end{array}.$$

Es genügt zu zeigen, dass $\bar{d}$ die $\mathbb{C}$-Basis $\bar{a}_1, \ldots, \bar{a}_e$ von $\mathfrak{m}_{X,p}/\mathfrak{m}^2_{X,p}$ in eine $\mathbb{C}$-Basis von $\Omega_{X,p}/\mathfrak{m}_{X,p}\,\Omega_{X,p}$ überführt (vgl. (13.14)), also dass $\bar{d}$ ein Isomorphismus ist.

Es besteht eine $\mathbb{C}$-lineare Abbildung $\pi : \Omega_{X,p} \to T_p(X)^*$, definiert durch $\omega_p \mapsto \omega(p)$, wo $\omega \in \Omega_X(U)$ für eine offene Umgbung U von p. Ist $\omega_p \in \mathfrak{m}_{X,p}\,\Omega_{X,p}$, so ist $\omega(p) = 0$. Also ist $\pi(\mathfrak{m}_{X,p}\,\Omega_{X,p}) = 0$. π induziert deshalb eine $\mathbb{C}$-lineare Abbildung $\bar{\pi} : \Omega_{X,p}/\mathfrak{m}_{X,p}\,\Omega_{X,p} \to T_p(X)^*$. Leicht sieht man, dass das folgende kommutative Diagramm besteht

$$(*) \qquad \begin{array}{ccc} \mathfrak{m}_{X,p}/\mathfrak{m}^2_{X,p} & \xrightarrow{\;\bar{d}\;} & \Omega_{X,p}/\mathfrak{m}_{X,p}\,\Omega_{X,p} \\ & {\scriptstyle \cong\; \varepsilon_p^*}\searrow \quad \circlearrowleft \quad \swarrow{\scriptstyle \bar{\pi}} & \\ & T_p(X)^* & \end{array},$$

in welchem $\varepsilon_p : T_p(X) \to (\mathfrak{m}_{X,p}/\mathfrak{m}^2_{X,p})^*$ der gemäss (13.10) definierte Isomorphismus ist. Im Hinblick auf dieses Diagramm genügt es also zu zeigen, dass $\bar{d}$ surjektiv ist, d.h. dass $\Omega_{X,p}$ über $\mathcal{O}_{X,p}$ durch $d(\mathfrak{m}_{X,p})$ erzeugt ist.

Ist $\gamma \in \Omega_{X,p}$, so können wir schreiben $\gamma = (\sum_i h_i\, d_U f_i)_p$, wo $h_i, f_i \in \mathcal{O}(U)$ für eine geeignete offene Umgebung U von p. Also ist $\gamma = \sum_i (h_i)_p\, d(f_i)_p$. Es bleibt zu zeigen, dass $d(f_i)_p \in d(\mathfrak{m}_{X,p})$. Dazu setzen wir $g = (f_i)_p - f_i(p)$. Dann ist $g \in \mathfrak{m}_{X,p}$, und nach (23.15) (ii), (iii) folgt sofort $d(f_i)_p = d(g + f_i(p)) = d\,g + d\,f_i(p) = d\,g \in d(\mathfrak{m}_{X,p})$. □

(23.17) **Satz:** *Sei X eine quasiprojektive Varietät und sei $p \in X$ mit* $\dim_p(X) = r$. *Dann sind äquivalent:*

(i) $p \in \operatorname{Reg}(X)$.

(ii) *Es gibt eine offene Umgebung $U \subseteq X$ von p mit $\Omega_U \cong \mathcal{O}_U^r$.*

(iii) *Der Halm $\Omega_{X,p}$ ist frei über $\mathcal{O}_{X,p}$.*

Beweis: (ii) ⇒ (iii) ist trivial.
(iii) ⇒ (i): Ist $\Omega_{X,p}$ frei über $\mathcal{O}_{X,p}$, so gibt es eine offene Umgebung U von p mit $\Omega_U \cong \mathcal{O}_U^s$, wobei $\Omega_{X,p} \cong \mathcal{O}_{X,p}^s$ (vgl. (22.19)). Sei $Y \subseteq X$ eine durch p laufende irreduzible Komponente der Dimension r. Weil $\operatorname{Reg}(X)$ offen und dicht liegt in X, gibt es einen Punkt $q \in \operatorname{Reg}(X) \cap Y \cap U$. $\mathfrak{m}_{X,q}$ ist dann durch r Elemente minimal erzeugt. Nach (23.14) gilt dann dasselbe für $\Omega_{X,q}$. Wegen $\Omega_{X,q} \cong \mathcal{O}_{X,q}^s$ folgt $s = r$. Nach (23.14) ist also $\mathfrak{m}_{X,p}$ durch r Elemente erzeugbar, d.h. $\operatorname{edim}_p(X) \leqslant r = \dim_p(X)$. Es folgt $p \in \operatorname{Reg}(X)$.

(i) ⇒ (ii): Sei $p \in \operatorname{Reg}(X)$. Nach (22.19) müssen wir zeigen, dass $\Omega_{X,p} \cong \mathcal{O}_{X,p}^r$. Dazu wählen wir ein minimales Erzeugendensystem $a_1, \ldots, a_r$ von $\mathfrak{m}_{X,p}$. Nach (23.14) gilt dann $\Omega_{X,p} = \sum_{i=1}^r \mathcal{O}_{X,p}\, d\,a_i$, wo $d: \mathcal{O}_{X,p} \to \Omega_{X,p}$ die Kähler-Ableitung in p ist. Es genügt also zu zeigen, dass die Erzeugenden $d\,a_i$ über $\mathcal{O}_{X,p}$ linear unabhängig sind.

Nehmen wir das Gegenteil an! Dann gibt es eine Gleichung $\sum_{i=1}^r b_i\, d\,a_i = 0$ mit $b_1, \ldots, b_r \in \mathcal{O}_{X,p}$, wobei ein $b_j \neq 0$ ist. Für eine geeignete offene Umgebung U von p und geeignete Funktionen $f_1, \ldots, f_r, g_1, \ldots, g_r \in \mathcal{O}(U)$ können wir dann schreiben $b_i = (g_i)_p$, $a_i = (f_i)_p$. Es gilt dann $\left(\sum_{i=1}^r g_i\, d_U f_i\right)_p = \sum b_i\, d\,a_i = 0$.

Wählen wir U genügend klein, so können wir sogar annehmen, es sei $\sum_{i=1}^r g_i\, d_U f_i = 0$.

Wegen $\Omega_{X,p} = \sum_{i=1}^r \mathcal{O}_{X,p}(d_U f_i)_p$ können wir nach (22.12)″ U so verkleinern, dass $\Omega_{X,q} = \sum_{i=1}^r \mathcal{O}_{X,q}(d_U f_i)_q = \sum_{i=1}^r \mathcal{O}_{X,q}\, d(f_i)_q$ für alle Punkte q aus U gilt: Durch eine weitere allfällige Verkleinerung von U können wir annehmen, $X \cap U$ sei irreduzibel (denn wegen $p \in \text{Reg}(X)$ ist X irreduzibel in p). Dann gilt $\dim_q(X) = r$, und mithin lässt sich $\mathfrak{m}_{X,q}$ nicht durch weniger als r Elemente erzeugen. Nach (23.14) wird also $\Omega_{X,q}$ durch $d(f_1)_q, \ldots, d(f_r)_q$ minimal erzeugt.

Wegen $(g_j)_p \neq 0$ finden wir andrerseits ein $q \in U$ mit $g_j(q) \neq 0$. Es folgt $(g_j)_q \in \mathcal{O}^*_{X,q}$. Die Beziehung $\sum_{i=1}^{r} (g_i)_q\, d(f_i)_q = \left(\sum_{i=1}^{r} g_i\, d_U f_i\right)_q = 0$ zeigt dann, dass

$$d(f_j)_q \in \sum_{i \neq j} \mathcal{O}_{X,q}\, d(f_i)_q.$$

Dies widerspricht der eben vermerkten Minimalität. □

(23.17)′ **Korollar:** *Für eine quasiprojektive Varietät sind äquivalent:*

(i) *X ist singularitätenfrei.*

(ii) *Ω_X ist lokal frei.* □

Die Beziehung zur Tangentialgarbe.

(23.18) **Bemerkung:** Sei X eine quasiprojektive Varietät und sei $U \subseteq X$ offen. Wir betrachten ein Tangentialfeld $\tau \in \mathcal{T}_X(U)$. Ist $\omega \in \Omega_X(U)$, so wird durch $p \mapsto \langle \tau, \omega \rangle(p) := \omega(p)\,(\tau(p))$ eine Abbildung $\langle \tau, \omega \rangle : U \to \mathbb{C}$ definiert. (Man beachte, dass $\omega(p) \in T_p(X)^*$, $\tau(p) \in T_p(X)$). Unter Beachtung von (23.1) (i) sieht man sofort, dass $\langle \tau, \omega \rangle$ eine reguläre Funktion ist. Also:

(i) $\langle \tau, \omega \rangle \in \mathcal{O}(U); \quad \tau \in \mathcal{T}_X(U),\ \omega \in \Omega_X(U), \quad \langle \tau, \omega \rangle(p) = \omega(p)(\tau(p)).$

Wir können zum Beispiel schreiben:

(i)′ $\tau f = \langle \tau, d_U f \rangle, \quad (\tau \in \mathcal{T}_X(U), f \in \mathcal{O}(U)).$

Durch $\omega \mapsto \langle \tau, \omega \rangle$ wird ein $\mathcal{O}(V)$-Homomorphismus $\langle \tau, \cdot \rangle : \Omega_X(V) \to \mathcal{O}(V)$ definiert ($V \subseteq U$ offen). Diese Homomorphismen geben Anlass zu einem Garbenhomomorphismus $\Omega_U \to \mathcal{O}_U$. So erhalten wir einen Homomorphismus

(ii) $\varepsilon : \mathcal{T}_X \to \text{Hom}(\Omega_X, \mathcal{O}_X) = \Omega_X^\vee$, *definiert durch*
$\varepsilon_U : \mathcal{T}_X(U) \mapsto \text{Hom}(\Omega_U, \mathcal{O}_U) = \Omega_X^\vee(U), \quad \tau \mapsto \langle \tau, \cdot \rangle$ ○

(23.19) **Satz:** *Der Homomorphismus $\varepsilon : \mathcal{T}_X \to \Omega_X^\vee$ ist ein Isomorphismus.*

Beweis: Sei $p \in X$. Wir zeigen, dass der in den Halmen induzierte Homomorphismus $\varepsilon_p : \mathcal{T}_{X,p} \to (\Omega_X^\vee)_p$ bijektiv ist.

Zum Nachweis der Injektivität nehmen wir an, es sei $\varepsilon_p(\tau_p) = 0$, wobei $\tau \in \mathcal{T}_X(U)$ und $U \subseteq X$ eine offene Umgebung von p ist.

Nach allfälliger Verkleinerung von U können wir annehmen, $\langle\tau \upharpoonright V, \cdot\rangle : \Omega_X(V) \to \mathcal{O}(V)$ sei die 0-Abbildung für alle offenen Teilmengen $V \subseteq U$. Sei jetzt $q \in U$. Es genügt zu zeigen, dass $\tau(q)=0$, d.h. dass $\delta(\tau(q))=0$, $\forall \delta \in T_q(X)^*$. Wir halten dazu δ fest. Gemäss dem Diagramm (*) aus dem Beweis von (23.16) ist die durch $\omega_q \mapsto \omega(q)$ definierte Einsetzungsabbildung $\Omega_{X,q} \to T_q(X)^*$ surjektiv. Wir finden also eine offene Umgebung $V \subseteq U$ von q und ein $\omega \in \Omega_X(V)$ mit $\omega(q)=\delta$. Es folgt $\delta(\tau(q))=\omega(q)\tau(q)=\langle\tau \upharpoonright V, \omega\rangle(q)=0(q)=0$.

Zum Nachweis der Surjektivität von ε_p wählen wir einen Keim $h_p \in (\Omega_X)_p^\vee$ eines Elements $h \in \Omega_X^\vee(U)$, wo U eine geeignete offene Umgebung von p ist. h ist also ein Garbenhomomorphismus $\Omega_U \to \mathcal{O}_U$. Wir wählen $q \in U$ und definieren eine Abbildung $\tau(q) : \mathcal{O}_{X,q} \to \mathbb{C}$ durch $f_q \mapsto h_q(d\,f_q)\ (q)$, wo $d : \mathcal{O}_{X,q} \to \Omega_{X,q}$ für die Kähler-Ableitung in q steht. $\tau(q)$ ist dann offenbar eine Derivation, also ein Element von $T_q(X)$. Man sieht jetzt leicht, dass durch $q \mapsto \tau(q)$ ein reguläres Tangentialfeld $\tau \in \mathcal{T}_X(U)$ definiert wird. Ist $V \subseteq U$ eine offene Umgebung von p und ist $f \in \mathcal{O}(V)$, so gilt für alle $q \in V$ die Beziehung

$$\langle\tau \upharpoonright V, d_V f\rangle(q) = d_V f(q)\ (\tau(q)) = d_q f(\tau(q)) = \tau(q)\ (f_q) = h_q(d\,f_q)\ (q) = h_V(d_V f)\ (q).$$

Es ist also

$$\langle\tau \upharpoonright V, d_V f\rangle = h_V(d_V f), \text{ d.h. } \langle\tau \upharpoonright V, \cdot\rangle = h_V.$$

Daraus folgt $\varepsilon_p(\tau_p)=h_p$. □

(23.20) **Korollar:** *Die Tangentialgarbe $\mathcal{T}_X$ einer quasiprojektiven Varietät X ist kohärent.*

Beweis: Wegen $\mathcal{T}_X \cong \Omega_X^\vee$ schliessen wir mit (23.14) und mit (23.8). □

(23.21) **Korollar:** *Ist X eine quasiprojektive Varietät und ist $p \in \operatorname{Reg}(X)$ mit $\dim_p(X)=r$, so gibt es eine offene Umgebung $U \subseteq X$ von p mit $\mathcal{T}_U \cong \mathcal{O}_U^r$. Insbesondere ist die Tangentialgarbe $\mathcal{T}_X$ einer singularitätenfreien Varietät X lokal frei.*

Beweis: Klar aus (23.19), (23.17) und (23.9). □

(23.22) **Beispiele:** A) Wir betrachten die Garbe $\Omega_{\mathbb{A}^n}$ der Kähler-Differentiale auf der affinen Ebene. Nach (23.13) gilt mit $d=d_{\mathbb{A}^n} : \mathcal{O}(\mathbb{A}^n)=\mathbb{C}[z_1,\ldots,z_n] \to \Omega_{\mathbb{A}^n}(\mathbb{A}^n)$ die Beziehung

(i) $$\Omega_{\mathbb{A}^n}(\mathbb{A}^n) = \sum_{i=1}^{n} \mathbb{C}[z_1,\ldots,z_n]\ d\,z_i.$$

Sei $p=(c_1,\ldots,c_n) \in \mathbb{A}^n$. Nach (23.16) und (23.17) hat der Halm $\Omega_{\mathbb{A}^n,p}$ über $\mathcal{O}_{\mathbb{A}^n,p}$ die freie Basis $d(z_1-c_1)_p=d(z_1)_p, \quad \ldots, \quad d(z_n-c_n)_p=d(z_n)_p$. $d(z_1)_p, \quad \ldots,$

$d(z_1)_p = (dz_1)_p, \ldots, (dz_n)_p$ sind also über $\mathcal{O}_{\mathbb{A}^n,p}$ jeweils linear unabhängig. Dasselbe gilt deshalb auch für $d\,z_1, \ldots, d\,z_n$. Aus (i) folgt deshalb

(ii) $\mathcal{O}(\mathbb{A}^n)^n \xrightarrow{\cong} \Omega_{\mathbb{A}^n}(\mathbb{A}^n); \quad (f_1, \ldots, f_n) \mapsto \sum_{i=1}^{n} f_i\, d\, z_i.$

Im Hinblick auf die Kohärenz von $\Omega_{\mathbb{A}^n}$ folgt

(iii) $\Omega_{\mathbb{A}^n} \cong \mathcal{O}^n_{\mathbb{A}^n}.$

Mit (23.9) folgt jetzt aus (23.20)

(iv) $\mathcal{T}_{\mathbb{A}^n} \cong \mathcal{O}^n_{\mathbb{A}^n}.$

B) Nach (23.17) und (23.21) wissen wir bereits:

(v) *Die Garben $\Omega_{\mathbb{P}^n}$ und $\mathcal{T}_{\mathbb{P}^n}$ sind lokal frei vom Rang n.*

Insbesondere sind $\Omega_{\mathbb{P}^1}$ und $\mathcal{T}_{\mathbb{P}^1}$ lokal frei vom Rang 1 über $\mathcal{O}_{\mathbb{P}^1}$. Dabei ist $\mathcal{T}_{\mathbb{P}^1}$ (und damit nach (23.9) erst recht $\Omega_{\mathbb{P}^1}$) nicht frei, denn sonst wäre ja $\mathcal{T}_{\mathbb{P}^1} \cong \mathcal{O}_{\mathbb{P}^1}$, also $\mathcal{T}_{\mathbb{P}^1}(\mathbb{P}^1) \cong \mathcal{O}_{\mathbb{P}^1}(\mathbb{P}^1) = \mathbb{C}$. Dies widerspricht (23.11) (vii). ○

Anmerkung: Die lokal freien Garben entsprechen in der Differentialgeometrie den Vektorbündeln. Insbesondere entspricht die Tangentialgarbe über einer singularitätenfreien Varietät dem sogenannten Tangentialbündel. Die Garbe der Kähler-Differentiale entspricht dann dem Kotangentialbündel, d.h. dem zum Tangentialbündel dualen Bündel. Für algebraische Varietäten gilt im allgemeinen allerdings nicht $\Omega_X \cong \mathcal{T}_X^\vee$, sondern nur, wenn X singularitätenfrei ist. Von der Differentialgeometrie her betrachtet, wäre es natürlich naheliegend, an Stelle von Ω_X die *Kotangentialgarbe* $\mathcal{T}_X^\vee$ zu betrachten. In den singulären Punkten von X würde man dabei allerdings Information über die lokale Struktur von X verlieren, welche in Ω_X enthalten ist.

○

(23.23) **Aufgaben:** (1) Sei M ein A-Modul. Ist $m \in M$, so wird durch $h \mapsto h(m)$ ein Homomorphismus $\varepsilon(m): M^\vee \to A$, also ein Element $\varepsilon(m) \in M^{\vee\vee}$ definiert. Man zeige, dass durch $m \mapsto \varepsilon(m)$ ein Homomorphismus $M \xrightarrow{\varepsilon} M^{\vee\vee}$ gegeben wird.

(2) Man zeige, dass der Homomorphismus $\varepsilon: M \to M^{\vee\vee}$ für einen endlich erzeugten, freien A-Modul M ein Isomorphismus ist.

(3) Ein bekannter Satz besagt, dass es auf der 2-Sphäre S^2 kein stetiges normiertes Tangentialfeld gibt. Man schliesse daraus, dass jedes Tangentialfeld $\tau \in \mathcal{T}_{\mathbb{P}^1}(\mathbb{P}^1)$ eine Nullstelle hat. Ohne die Verwendung von (23.11) (vii) zeige man, dass $\dim_{\mathbb{C}}(\mathcal{T}_{\mathbb{P}^1}(\mathbb{P}^1)) \geqslant 3$.

(4) Ist A eine $\mathbb{C}$-Algebra, so stehe $\mathrm{Der}_{\mathbb{C}}(A)$ für den A-Modul der $\mathbb{C}$-Derivationen auf A. Eine $\mathbb{C}$-Derivation auf A ist dabei eine $\mathbb{C}$-lineare Abbildung $\delta: A \to A$, welche der Produktregel

$\delta(a\,b) = a\,\delta(b) + b\,\delta(a)$

genügt. Man zeige: Ist X affin, so wird durch $\tau \mapsto (f \mapsto \tau(f))$ ein Isomorphismus $\mathcal{T}_X(X) \to \mathrm{Der}_{\mathbb{C}}(\mathcal{O}(X))$ definiert.

(5) Ist $X \subseteq \mathbb{A}^n$ abgeschlossen, so besteht die Situation

$$\begin{array}{ccccc} \mathcal{O}(\mathbb{A}^n) & \xrightarrow{d_{\mathbb{A}^n}} & \Omega(\mathbb{A}^n) & \ni & \sum f_i\, d_{\mathbb{A}^n} z_i \\ \downarrow \bullet \restriction & \circlearrowright & \downarrow \pi & & \downarrow \\ \mathcal{O}(X) & \xrightarrow{d_X} & \Omega(X) & \ni & \sum f_i \restriction X d_X (z_i \restriction X)\,. \end{array}$$

Für eine singularitätenfreie Hyperfläche $X \subseteq \mathbb{A}^n$ mit $I(X) = (f)$ zeige man jetzt, dass der folgende Isomorphismus besteht

$$\Omega(X) \cong \mathcal{O}(\mathbb{A}^n)^n / (d_{\mathbb{A}^n} f, f\mathcal{O}(\mathbb{A}^n)^n) = \mathcal{O}(X)^n / (\overline{d_{\mathbb{A}^n} f}).$$

(6) Sei X eine quasiprojektive Varietät. Die Endomorphismen-Garbe $\mathcal{E}nd_X$ von X wird definiert durch $U \mapsto \mathcal{E}nd_X(U) = \{a : \mathcal{O}(U) \to \mathcal{O}(U) \mid a = \mathbb{C}\text{-linear}\}$. $\mathcal{E}nd_X$ ist eine Garbe nicht-kommutativer $\mathbb{C}$-Algebren und zugleich eine Garbe von Links-$\mathcal{O}_X$-Moduln. Weiter besteht eine Einbettung $\mathcal{O}_X \hookrightarrow \mathcal{E}nd_X$ von Garben von $\mathbb{C}$-Algebren und eine Einbettung $\mathcal{T}_X \hookrightarrow \mathcal{E}nd_X$ von Garben von Links-$\mathcal{O}_X$-Moduln. Mit $\mathcal{D}_X$ bezeichnen wir die durch $\mathcal{O}_X$ und $\mathcal{T}_X$ in $\mathcal{E}nd_X$ erzeugte Garbe von $\mathbb{C}$-Algebren. $\mathcal{D}_X$ heisst die Garbe der regulären Differentialoperationen auf X. $\mathcal{D}_X$ – aufgefasst als Garbe von Links-$\mathcal{O}_X$-Moduln – ist quasikohärent.

(7) Man zeige, dass $\mathcal{O}_X \cong \Omega_X$ für $X = V_{\mathbb{A}^2}(f)$, wo $f = g(z_1) - z_2$.

○

24. Die Picard-Gruppe

Tensorprodukte von Moduln. In diesen Abschnitt wollen wir – ausgehend von den lokal freien Garben vom Rang 1 – einer Varietät X eine bestimmte Gruppe zuordnen. Wir beginnen mit der Bereitstellung einer modultheoretischen Konstruktion.

(24.1) **Definitionen und Bemerkungen:** A) Sei A ein Ring und seien M und N zwei A-Moduln. Ist $m \in M$, $n \in N$, so betrachten wir die Menge $A(m * n)$ aller formalen Ausdrücke $a(m * n)$ mit $a \in A$. Dabei bedeute $a(m * n) = b(m * n)$ nichts anderes als $a = b$. Anstelle von $1\,(m * n)$ schreiben wir $(m * n)$, anstelle von $0(m * n)$ schreiben wir 0. Definieren wir $a(m * n) + b(m * n) := (a+b)\,(m * n)$ und $a(b(m * n)) := a\,b(m * n)$, so wird $A(m * n)$ zum A-Modul. Dabei besteht ein Isomorphismus $A \xrightarrow{\cong} A(m * n)$, gegeben durch $a \mapsto a(m * n)$.

Jetzt setzen wir

$$M * N := \bigoplus_{(m,n) \in M \times N} A(m * n).$$

Mit $M \cdot N$ bezeichnen wir den in $M * N$ durch alle Elemente

$$(a\,m + a'\,m') * (b\,n + b'\,n') - a\,b(m * n) - a\,b'(m * n') - a'\,b(m' * n) - a'\,b'(m' * n')$$

$$(m,\,m' \in M;\ n,\,n' \in N;\ a,\,a',\,b,\,b' \in A)$$

erzeugten Untermodul.

Dann definieren wir:

(i) $\qquad\qquad M \underset{A}{\otimes} N = M \otimes N := M * N / M \cdot N.$

Diesen A-Modul $M \otimes N$ nennt man das *Tensorprodukt* der Moduln M und N. Weiter schreiben wir

(ii) $\qquad\qquad m \otimes n := (m * n)/M \cdot N \in M \otimes N, \quad (m \in M, n \in N).$

Mit dieser Bezeichnungsweise gilt dann

(iii) $\qquad$ (a) $M \otimes N = \sum\limits_{m \in M, n \in N} A\,m \otimes n.$

$\qquad\qquad$ (b) $(a\,m + a'\,m') \otimes (b\,n + b'\,n') =$

$$= a\,b\,m \otimes n + a\,b'\,m \otimes n' + a'\,b\,m' \otimes n + a'\,b'\,m' \otimes n'.$$

B) Sei U ein weiterer A-Modul. Eine Abbildung $\varphi : M \times N \to U$ nennen wir *bilinear*, wenn gilt

$$\varphi(a\,m + a'\,m',\,b\,n + b'\,n') =$$

$$= a\,b\,\varphi(m,\,n) + a\,b'\,\varphi(m,\,n') + a'\,b\,\varphi(m',\,n) + a'\,b'\,\varphi(m',\,n'),$$

$$(m,\,m' \in M;\ n,\,n' \in N;\ a,\,a',\,b,\,b' \in A).$$

Gemäss (iii) (b) ist die Abbildung

$$\otimes : M \times N \to M \otimes N; \quad (m,\,n) \mapsto m \otimes n$$

bilinear. Dabei gilt die sogenannte *universelle Eigenschaft des Tensorproduktes*:

(iv) *Ist $\varphi : M \times N \to U$ eine bilineare Abbildung, so gibt es genau einen A-Homomorphismus $\tilde{\varphi} : M \otimes N \to U$, der im folgenden kommutativen Diagramm erscheint:*

$$
\begin{array}{ccc}
M \times N & \xrightarrow{\ \otimes\ } & M \otimes N \\
& \searrow{\scriptstyle \varphi} & \downarrow{\scriptstyle \tilde{\varphi}} \\
& & U
\end{array}
$$

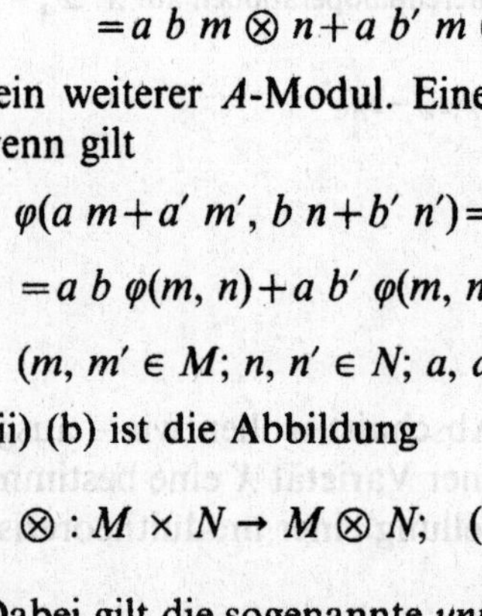

$\tilde{\varphi}$ *ist der einzige Homomorphismus mit* $\tilde{\varphi}(m \otimes n) = \varphi(m, n).$

Beweis: Durch $\sum_{m,n} a_{m,n}\, m * n \mapsto \sum a_{m,n}\, \varphi(m, n)$ wird ein Homomorphismus $M * N \xrightarrow{\varphi^*} U$ definiert. Weil φ bilinear ist, gilt Kern $\varphi^* \supseteq M \cdot N$. φ^* induziert also einen Homomorphismus $\tilde{\varphi} : M * N/M \cdot N = M \otimes N \to U$, beschrieben durch $\sum_{m,n} a_{m,n}\, m \otimes n \mapsto \sum_{m,n} a_{m,n}\, \varphi(m, n)$. $\tilde{\varphi}$ ist die gesuchte Abbildung. Deren Einzigkeit ist eine Konsequenz aus (iii) (a).

C) Auf Grund der universellen Eigenschaft verifiziert man leicht, dass die folgenden Isomorphismen existieren.

(v) (a) $A \underset{A}{\otimes} M \xrightarrow{\cong} M$; $a \otimes m \mapsto a\, m$.

(b) $M \underset{A}{\otimes} N \xrightarrow{\cong} N \underset{A}{\otimes} M$; $m \otimes n \mapsto n \otimes m$ (*Kommutativität*).

(c) $M \underset{A}{\otimes} (N \underset{A}{\otimes} P) \xrightarrow{\cong} (M \underset{A}{\otimes} N) \underset{A}{\otimes} P$; $m \otimes (n \otimes p) \mapsto (m \otimes n) \otimes p$ (*Assoziativität*).

(d) $M \underset{A}{\otimes} 0 \cong 0$.

Ebenfalls mit Hilfe der universellen Eigenschaft sieht man, dass das Tensorprodukt mit direkten Summen vertauscht

(vi) $M \underset{A}{\otimes} (\underset{i}{\oplus} N_i) \overset{\cong}{\to} \underset{i}{\oplus} M \underset{A}{\otimes} N_i$; $\quad m \otimes (\ldots, n_i, \ldots) \mapsto (\ldots, m \otimes n_i, \ldots)$.

Zweimaliges Anwenden von (vi) und Beachten von (v) (a) (b) liefert insbesondere

(vii) $\quad A^r \otimes A^s \cong A^{r \cdot s}, \quad (r, s \in \mathbb{N})$.

Aus (iii) (a) und (b) folgt schliesslich, dass das Tensorprodukt endlich erzeugter Moduln wieder endlich erzeugt ist, genauer:

(iix) $\quad (\sum_i A\, m_i) \otimes (\sum_j A\, n_j) = \sum_{i,j} A(m_i \otimes n_j)$.

D) Wir betrachten jetzt zwei Homomorphismen

$$u : M \to M', \quad v : N \to N'$$

von A-Moduln. Nach der universellen Eigenschaft gibt es dann einen Homomorphismus

(ix) $\quad u \otimes v : M \underset{A}{\otimes} N \to M' \underset{A}{\otimes} N'$; $\quad m \otimes n \mapsto u(m) \otimes v(n)$.

Diesen nennt man das *Tensorprodukt der Homomorphismen u* und *v*. Diese Bildung ist funktionell, d.h. es gilt:

(x) (a) $(u \otimes v) \circ (\tilde{u} \otimes \tilde{v}) = u \circ \tilde{u} \otimes v \circ \tilde{v}$.

(b) $id_M \otimes id_N = id_{M \otimes N}$.

Insbesondere folgt

(x)′ *u, v Isomorphismen* $\Rightarrow$ $u \otimes v$ *Isomorphismus.*

D) Eine weitere wichtige Eigenschaft des Tensorproduktes ist seine *Rechtsexaktheit:*

(xi) $$M \xrightarrow{h} N \xrightarrow{g} P \to 0 \text{ exakt}, L = A\text{-Modul} \Rightarrow$$

$$L \underset{A}{\otimes} M \xrightarrow{id \otimes h} L \underset{A}{\otimes} N \xrightarrow{id \otimes g} L \underset{A}{\otimes} P \to 0 \text{ exakt.}$$

Beweis: Es besteht das Diagramm

$$\begin{array}{ccccc} L * M & \xrightarrow{id_L * h = \alpha} & L * N & \xrightarrow{id_L * g = \beta} & L * P \\ \text{kan.} \downarrow & \circlearrowright & \text{kan.} \downarrow & \circlearrowright & \text{kan.} \downarrow \\ L * M / L \circ M & & L * N / L \circ N & & L * P / L \circ P, \\ \| & & \| & & \| \\ L \otimes M & \xrightarrow{id_L \otimes h} & L \otimes N & \xrightarrow{id_L \otimes g} & L \otimes P \end{array}$$

wobei $l * m \overset{\alpha}{\mapsto} l * h(m)$, $l * n \overset{\beta}{\mapsto} l * g(n)$. Offenbar ist β surjektiv und erfüllt Kern $(\beta) = \sum_{n \in \operatorname{Kern} \beta} A(0 * n) = \operatorname{Bild}(\alpha)$. Weiter ist $\beta(L \cdot N) = L \cdot P$, denn g ist ja surjektiv. So folgt $\beta^{-1}(L \cdot P) = \operatorname{Kern}(\beta) + L \cdot N = \operatorname{Bild}(\alpha) + L \cdot N$. Jetzt folgt sofort, dass $id_L \otimes g$ surjektiv ist und dass $\operatorname{Kern}(id_L \otimes g) = \operatorname{Bild}(id_L \otimes h)$.

E) Einen A-Modul L nennen wir *flach*, wenn das Tensorieren mit L exakte Sequenzen wieder in exakte Sequenzen überführt, d.h. wenn gilt

(xii) $M_{\cdot} = \ldots M_{i-1} \xrightarrow{h_{i-1}} M_i \xrightarrow{h_{i+1}} M_{i+1} \ldots$ *exakt an der Stelle i*

$\Rightarrow L \underset{A}{\otimes} M_{\cdot} = \ldots L \underset{A}{\otimes} M_{i-1} \xrightarrow{\mathrm{id} \otimes h_{i-1}} L \underset{A}{\otimes} M_i \xrightarrow{\mathrm{id} \otimes h_{i+1}} L \underset{A}{\otimes} M_{i+1} \ldots$ *exakt an der Stelle i.*

Gleichbedeutend mit der Flachheit von L ist nach (xi) die Implikation

(xii)′ *h injektiv* $\Rightarrow$ $\mathrm{id}_L \otimes h$ *injektiv,*

wo $h: M \to N$ für einen Homomorphismus steht.

Auf Grund von (v) (a) und (vi) sieht man leicht:

(xiii) (a) *A ist flach.*
(b) L_i *flach* $\forall i \in \mathscr{A} \Rightarrow \bigoplus_{i \in \mathscr{A}} L_i$ *flach.*

Als Spezialfall erhält man

(xiv) *Freie Moduln sind flach.*

F) Sei $\varphi : A \to B$ ein Homomorphismus von Ringen. Vermöge φ können wir B als A-Modul auffassen. Ist M ein A-Modul, so wird $B \underset{A}{\otimes} M$ zum B-Modul. Die Skalaren-Multiplikation ist dabei gegeben durch

$$b \sum_i a_i (b_i \otimes m_i) = \sum_i a_i (b\, b_i \otimes m_i).$$

Diese Festsetzung ist sinnvoll wegen

$$\sum_i a_i (b_i * m_i) \in B \cdot M \Rightarrow \sum_i a_i (b\, b_i * m_i) \in B \cdot M.$$

Wir sagen, φ sei ein *flacher Homomorphismus* oder B sei flach über A, wenn der A-Modul B flach ist.
Leicht überlegt man sich, dass die Flachheit eine transitive Eigenschaft ist:

(xv) $\varphi : A \to B$ *flach*, $\psi : B \to C$ *flach* $\Rightarrow \psi \circ \varphi : A \to C$ *flach.* ○

(24.2) **Beispiele:** A) Sei A ein Ring, $I \subsetneqq A$ ein echtes Ideal und $\overline{\cdot} : A \to A/I$ die Restklassenabbildung. Ist M ein A-Modul, so besteht – wie die universelle Eigenschaft des Tensorproduktes zeigt – ein Isomorphismus

(i) $$A/I \underset{A}{\otimes} M \xrightarrow{\cong} M/IM, \quad (\bar{a} \otimes m \mapsto am/IM).$$

Das Tensorieren mit A/I entspricht also dem Restklassenbilden bezüglich I. Weil dieses Restklassenbilden die Inklusion $I \to A$ überführt in die 0-Abbildung $I/I^2 \to A/I$, ist A/I nicht flach über A.

B) Sei $S \subseteq A$ eine Nennermenge und sei $\eta_s : A \to S^{-1}A$ der kanonische Homomorphismus. Sei M ein A-Modul. Auf Grund der universellen Eigenschaft beweist man leicht, dass ein Isomorphismus

(ii) $$S^{-1}A \underset{A}{\otimes} M \xrightarrow[\alpha_M]{\cong} S^{-1}M, \left(\frac{a}{s} \otimes m \mapsto \frac{a}{s} m\right),$$

besteht.

Ist $h : M \to N$ ein Homomorphismus, so besteht die Situation

$$\text{(iii)} \qquad \begin{array}{ccc} S^{-1}A \underset{A}{\otimes} M & \xrightarrow{id \otimes_A h} & S^{-1}A \underset{A}{\otimes} N \\ \alpha_M \downarrow \wr\!\wr & \circlearrowleft & \alpha_N \downarrow \wr\!\wr \\ S^{-1}M & \xrightarrow{S^{-1}h} & S^{-1}N \end{array}$$

Insbesondere sieht man aus der Exaktheit der Nenneraufnahme, dass aus der Injektivität von h jene von $\mathrm{id} \otimes h$ folgt.

Wir können also sagen:

(iv) $\eta_s : A \to S^{-1}A$ *ist flach.*

Schliesslich besteht nach der universellen Eigenschaft ein Isomorphismus

(v) $S^{-1}(M \underset{A}{\otimes} N) \xrightarrow{\cong} S^{-1}M \otimes_{S^{-1}A} S^{-1}N; \quad \dfrac{m \otimes n}{s} \mapsto \dfrac{m}{s} \otimes \dfrac{n}{1}.$ ○

Tensorprodukte von Garben. Wir übertragen jetzt die vorangehende Konstruktion auf Garben von Moduln.

(24.3) **Definitionen und Bemerkungen:** A) Sei X ein topologischer Raum und sei $\mathscr{A}$ eine Garbe von Ringen über X. Seien $\mathscr{F}$ und $\mathscr{G}$ zwei Garben von $\mathscr{A}$-Moduln. Durch

(i) (a) $U \mapsto \mathscr{F}(U) \underset{\mathscr{A}(U)}{\otimes} \mathscr{G}(U)$, *($U \subseteq X$ offen),*

(b) $\mathscr{F}(U) \underset{\mathscr{A}(U)}{\otimes} \mathscr{G}(U) \to \mathscr{F}(V) \underset{\mathscr{A}(V)}{\otimes} \mathscr{G}(V); \ \gamma \otimes \delta \mapsto \rho_V^U(\gamma) \otimes \rho_V^U(\delta)$,

($V \subseteq U \subseteq X$ offen)

wird eine Prägarbe von $\mathscr{A}$-Moduln definiert. Die zugehörige Garbe (vgl. (21.5)) nennen wir das *Tensorprodukt* von $\mathscr{F}$ und $\mathscr{G}$ und bezeichnen dieses mit $\mathscr{F} \underset{\mathscr{A}}{\otimes} \mathscr{G}$ oder mit $\mathscr{F} \otimes \mathscr{G}$.

B) Wir wollen zeigen:

(ii) *Für jeden Punkt $p \in X$ besteht ein Isomorphismus*

$$\varepsilon_p : \mathscr{F}_p \underset{\mathscr{A}_p}{\otimes} \mathscr{G}_p \xrightarrow{\cong} (\mathscr{F} \underset{\mathscr{A}}{\otimes} \mathscr{G})_p,$$

definiert durch $\gamma_p \otimes \delta_p \mapsto (\gamma \otimes \delta)_p$, wobei $\gamma \in \mathscr{F}(U)$, $\delta \in \mathscr{G}(U)$, $p \in U$, $U \subseteq X$ offen.

Beweis: Durch $(\gamma_p, \delta_p) \mapsto (\gamma \otimes \delta)_p$ wird tatsächlich eine $\mathscr{A}_p$-bilineare Abbildung $\mathscr{F}_p \times \mathscr{G}_p \to (\mathscr{F} \otimes \mathscr{G})_p$ definiert. Durch die obige Vorschrift wird nach der universellen Eigenschaft des Tensorproduktes also ein Homomorphismus $\varepsilon_p : \mathscr{F}_p \otimes \mathscr{G}_p \to (\mathscr{F} \otimes \mathscr{G})_p$ definiert. Für jede offene Umgebung $U \subseteq X$ von p besteht jetzt ein kommutatives Diagramm

$$\begin{array}{ccc} & \gamma \otimes \delta \in \mathscr{F}(U) \underset{\mathscr{A}(U)}{\otimes} \mathscr{G}(U) & \\ \swarrow \quad \swarrow \varphi_U & \circlearrowright & \searrow \rho_p^U \\ \gamma_p \otimes \delta_p \in \mathscr{F}_p \underset{\mathscr{A}_p}{\otimes} \mathscr{G}_p & \xrightarrow[\varepsilon_p]{} & (\mathscr{F} \underset{\mathscr{A}}{\otimes} \mathscr{G})_p, \end{array}$$

in welchem ρ_p^U für die Keimbildung steht. Weil jeder Keim aus $(\mathscr{F} \underset{\mathscr{A}}{\otimes} \mathscr{G})_p$ im Bild eines geeigneten Homomorphismus ρ_p^U erscheint, ist ε_p surjektiv. Zum Nachweis der Injektivität wählen wir ein $c \in \mathscr{F}_p \otimes \mathscr{G}_p$ mit $\varepsilon_p(c) = 0$. Für eine geeignete offene Umgebung U von p und ein geeignetes Element $b \in \mathscr{F}(U) \otimes \mathscr{G}(U)$ gilt dann $c = \varphi_U(b)$, also $\rho_p^U(b) = 0$. Wir finden dann eine offene Umgebung $V \subseteq U$ von p mit $\rho_V^U(b) = 0$. Es folgt $c = \varphi_V(\rho_V^U(b)) = 0$.

C) In Zukunft wollen wir den Halm $(\mathscr{F} \underset{\mathscr{A}}{\otimes} \mathscr{G})_p$ vermöge (ii) immer mit $\mathscr{F}_p \otimes \mathscr{G}_p$ identifizieren. Dann ist – für eine beliebige offene Menge $U \subseteq X$ der Modul $(\mathscr{F} \underset{\mathscr{A}}{\otimes} \mathscr{G})(U)$ gerade die Menge der Kollektionen $(m_p \mid p \in U) \in \prod_{p \in U} \mathscr{F}_p \underset{\mathscr{A}_p}{\otimes} \mathscr{G}_p$ mit der Eigenschaft (vgl. (21.4) C)):

(iii) *Zu jedem $p \in U$ gibt es eine offene Umgebung $V \subseteq U$ und Elemente $\gamma_1, \ldots, \gamma_r \in \mathscr{F}(V)$, $\delta_1, \ldots, \delta_r \in \mathscr{G}(V)$, derart, dass $m_q = \sum (\gamma_i)_q \otimes (\delta_i)_q \in \mathscr{F}_q \underset{\mathscr{A}_q}{\otimes} \mathscr{G}_q$, $\forall q \in V$.*

Die Einschränkungsabbildungen $\rho_V^U : (\mathscr{F} \underset{\mathscr{A}}{\otimes} \mathscr{G})(U) \to (\mathscr{F} \underset{\mathscr{A}}{\otimes} \mathscr{G})(V)$ sind dann gegeben durch

(iii)′ $\quad (m_p \mid p \in U) \mapsto (m_q \mid q \in V), \quad (V \subseteq U \subseteq X$ *offen*$)$.

Aus (iii) und (iii)′ ist sofort klar, dass das Tensorprodukt von Garben eine lokale Konstruktion ist:

(iv) $\quad (\mathscr{F} \underset{\mathscr{A}}{\otimes} \mathscr{G}) \upharpoonright U = \mathscr{F} \upharpoonright \underset{\mathscr{A} \upharpoonright U}{\otimes} \mathscr{G} \upharpoonright U, \quad (U \subseteq X$ *offen*$)$.

D) Aus (24.1) (v) erhält man sofort kanonische Isomorphismen

(v) (a) $\mathscr{A} \underset{\mathscr{A}}{\otimes} \mathscr{F} \cong \mathscr{F}$.

(b) $\mathscr{F} \underset{\mathscr{A}}{\otimes} \mathscr{G} \cong \mathscr{G} \underset{\mathscr{A}}{\otimes} \mathscr{F}$.

(c) $\mathscr{F} \underset{\mathscr{A}}{\otimes} (\mathscr{G} \underset{\mathscr{A}}{\otimes} \mathscr{H}) \cong (\mathscr{F} \underset{\mathscr{A}}{\otimes} \mathscr{G}) \underset{\mathscr{A}}{\otimes} \mathscr{H}$.

(d) $\mathscr{F} \underset{\mathscr{A}}{\otimes} 0 \cong 0$.

Entsprechend folgt aus (24.1) (vi), (vii):

(vi) $\mathscr{F} \underset{\mathscr{A}}{\otimes} (\bigoplus_i \mathscr{G}_i) \cong \bigoplus_i \mathscr{F} \underset{\mathscr{A}}{\otimes} \mathscr{G}_i$.

(vii) $\mathscr{A}^r \underset{\mathscr{A}}{\otimes} \mathscr{A}^s \cong \mathscr{A}^{rs}$, $(r, s \in \mathbb{N})$.

E) Wir betrachten zwei Homomorphismen von Garben von $\mathscr{A}$-Moduln

$$u: \mathscr{F} \to \mathscr{F}', \quad v: \mathscr{G} \to \mathscr{G}'.$$

Die Homomorphismen

$$u(U) \otimes v(U): \mathscr{F}(U) \underset{\mathscr{A}(U)}{\otimes} \mathscr{G}(U) \to \mathscr{F}'(U) \underset{\mathscr{A}(U)}{\otimes} \mathscr{G}'(U), \quad (U \subseteq X \text{ offen})$$

definieren zunächst einen Prägarben-Homomorphismus und induzieren so einen Garbenhomomorphismus

(vii) $u \otimes v: \mathscr{F} \underset{\mathscr{A}}{\otimes} \mathscr{G} \to \mathscr{F}' \underset{\mathscr{A}}{\otimes} \mathscr{G}'$,

den man das *Tensorprodukt* von u und v nennt. Dabei gilt nach C) für alle $p \in X$

(iix) $(u \otimes v)_p: (\mathscr{F} \underset{\mathscr{A}}{\otimes} \mathscr{G})_p = \mathscr{F}_p \underset{\mathscr{A}_p}{\otimes} \mathscr{G}_p \xrightarrow{u_p \otimes v_p} \mathscr{F}'_p \underset{\mathscr{A}_p}{\otimes} \mathscr{G}'_p = (\mathscr{F}' \underset{\mathscr{A}}{\otimes} \mathscr{G}')_p$.

Nun folgt aus (24.1) (x) sofort auch für Garbenhomomorphismen

(ix) (a) $(u \otimes v) \circ (\tilde{u} \otimes \tilde{v}) = u \circ \tilde{u} \otimes v \circ \tilde{v}$.

(b) $\mathrm{id}_{\mathscr{F}} \otimes \mathrm{id}_{\mathscr{G}} = \mathrm{id}_{\mathscr{F} \otimes \mathscr{G}}$.

Insbesondere ergibt sich wieder

(x) *Sind u und v Isomorphismen, so ist auch $u \otimes v$ ein Isomorphismus.*

F) Weil die Exaktheit von Sequenzen für Garben Halmweise definiert ist, folgt aus (iix) die *Rechtsexaktheit* des Tensorproduktes von Garben leicht aus (24.1) (xi):

(xi) $$\mathscr{F} \xrightarrow{h} \mathscr{G} \xrightarrow{g} \mathscr{H} \to 0 \text{ exakt} \Rightarrow$$

$$\mathscr{L} \underset{\mathscr{A}}{\otimes} \mathscr{F} \xrightarrow{\mathrm{id} \otimes h} \mathscr{L} \underset{\mathscr{A}}{\otimes} \mathscr{G} \xrightarrow{\mathrm{id} \otimes \mathscr{G}} \mathscr{L} \underset{\mathscr{A}}{\otimes} \mathscr{H} \to 0 \text{ exakt.}$$

Eine Garbe $\mathscr{L}$ von $\mathscr{A}$-Moduln nennen wir wieder *flach*, wenn das Tensorieren mit $\mathscr{L}$ exakte Sequenzen wieder in exakte Sequenzen überführt. Im Hinblick auf (iix) können wir sagen:

(xii) $$\mathscr{L} \text{ flach} \Leftrightarrow \mathscr{L}_p \text{ flach über } \mathscr{A}_p, \forall p \in X.$$ ○

Zur Behandlung kohärenter Garben zeigen wir

(24.4) **Satz:** *Sei X eine affine Varietät und seien M und N zwei $\mathcal{O}(X)$-Moduln. Dann besteht ein Isomorphismus*

$$\tilde{M} \underset{\mathcal{O}_X}{\otimes} \tilde{N} \cong (M \underset{\mathcal{O}(X)}{\otimes} N)^{\sim}.$$

Beweis: Nach der universellen Eigenschaft des Tensorproduktes besteht ein Homomorphismus

$$h : M \underset{\mathcal{O}(X)}{\otimes} N \to (\tilde{M} \underset{\mathcal{O}_X}{\otimes} \tilde{N})(X); \quad m \otimes n \mapsto (m_p \otimes n_p \mid p \in X),$$

Gemäss (22.4) C) induziert h einen Garbenhomomorphismus

$$\tilde{h} : (M \underset{\mathcal{O}(X)}{\otimes} N)^{\sim} \to \tilde{M} \underset{\mathcal{O}_X}{\otimes} \tilde{N}$$

mit $\tilde{h}((m \otimes n)_p) = m_p \otimes n_p$, $\forall p \in X$.

Nach (24.2) (v) erhalten wir also die Situation

$$\begin{array}{ccc}
(M \underset{\mathcal{O}(X)}{\otimes} N)^{\sim}_p & \xrightarrow{\tilde{h}_p} (\tilde{M} \underset{\mathcal{O}_X}{\otimes} \tilde{N})_p = & \tilde{M}_p \underset{\mathcal{O}_{X,p}}{\otimes} \tilde{N}_p \\
\| & & \| \\
(M \underset{\mathcal{O}(X)}{\otimes} N)_{I_X(p)} & \xrightarrow{\cong} & M_{I_X(p)} \underset{\mathcal{O}(X)_{I_X(p)}}{\otimes} N_{I_X(p)} .
\end{array}$$

$\tilde{h}_p$ ist also jeweils ein Isomorphismus. Also ist $\tilde{h}$ ein Isomorphismus. □

(24.5) **Satz:** *Sei X eine quasiprojektive Varietät und seien $\mathcal{F}$ und $\mathcal{G}$ zwei Garben von $\mathcal{O}_X$-Moduln. Dann gilt:*

(i) $\mathcal{F}, \mathcal{G}$ *quasikohärent* $\Rightarrow \mathcal{F} \otimes \mathcal{G}$ *quasikohärent.*

(ii) $\mathcal{F}, \mathcal{G}$ *kohärent* $\Rightarrow \mathcal{F} \otimes \mathcal{G}$ *kohärent.*

Beweis: Sei $U \subseteq X$ offen und affin. Wir können dann schreiben $\mathcal{F} \restriction U = \tilde{M}$, $\mathcal{G} \restriction U = \tilde{N}$, wo M und N zwei $\mathcal{O}(U)$-Moduln sind. Nach (24.3) (iv) und (24.4) folgt $(\mathcal{F} \otimes \mathcal{G}) \restriction U = \mathcal{F} \restriction U \underset{\mathcal{O}_U}{\otimes} \mathcal{G} \restriction U = \tilde{M} \otimes \tilde{N} = (M \underset{\mathcal{O}(U)}{\otimes} N)^\sim$.

Dies zeigt (i). Sind $\mathcal{F}$ und $\mathcal{G}$ kohärent, so sind M und N endlich erzeugt über $\mathcal{O}(U)$. Dasselbe gilt dann auch für $M \underset{\mathcal{O}(U)}{\otimes} N$. Dies beweist (ii). □

(24.6) **Satz:** *Seien X, $\mathcal{F}$ und $\mathcal{G}$ wie in (24.5). Dann gilt:*

(i) $\mathcal{F}$ *frei von Rang r, $\mathcal{G}$ frei von Rang* s $\Rightarrow \mathcal{F} \otimes \mathcal{G}$ *frei vom Rang rs.*

(ii) $\mathcal{F}, \mathcal{G}$ *lokal frei* $\Rightarrow \begin{cases} \mathcal{F} \otimes \mathcal{G} \text{ lokal frei} \\ rg_p(\mathcal{F} \otimes \mathcal{G}) = rg_p(\mathcal{F}) rg_p(\mathcal{G}). \end{cases}$

Beweis: Es genügt (i) zu zeigen. Diese Aussage folgt aber aus (24.3) (vii). □

Invertierbare Garben und die Picard-Gruppe. Wir kommen jetzt zum zentralen Thema dieses Abschnittes.

(24.7) **Bemerkung:** Sei X eine quasiprojektive Varietät und sei $\mathcal{F}$ eine Garbe von $\mathcal{O}_X$-Moduln. $\mathcal{F}^\vee$ sei die zu $\mathcal{F}$ duale Garbe. Ist $U \subseteq X$ eine offene Menge, so ist jedes Element $h \in \mathcal{F}^\vee(U)$ ein Garben-Homomorphismus $h = \{h_V \mid V \subseteq U \text{ offen}\}$ von $\mathcal{F} \restriction U$ nach $\mathcal{O}_U$. Insbesondere ist $h_U : \mathcal{F}(U) \to \mathcal{O}(U)$ ein Homomorphismus von $\mathcal{O}(U)$-Moduln. Deshalb besteht nach der universellen Eigenschaft des Tensorproduktes ein Homomorphismus

(i) $$\mathcal{F}^\vee(U) \underset{\mathcal{O}(U)}{\otimes} \mathcal{F}(U) \to \mathcal{O}(U); \quad h \otimes \gamma \mapsto h_U(\gamma).$$

Die Kollektion dieser Homomorphismen ist ein Prägarbenhomomorphismus und induziert deshalb einen Garbenhomomorphismus

(ii) $$e : \mathcal{F}^\vee \underset{\mathcal{O}_X}{\otimes} \mathcal{F} \to \mathcal{O}_X.$$

Dabei gilt für alle $p \in X$ in den Halmen

(iii) $e_p(h_p \otimes \gamma_p) = h_U(\gamma)_p$, *wo* $h \in \mathcal{F}^\vee(U), \gamma \in \mathcal{F}(U), p \in U$ *offen.* ○

(24.8) **Satz:** *Sei X eine quasiprojektive Varietät und sei $\mathscr{L}$ lokal frei vom Rang 1 über X. Dann ist der kanonische Homomorphismus $e: \mathscr{L}^\vee \underset{\mathscr{O}_X}{\otimes} \mathscr{L} \to \mathscr{O}_X$ ein Isomorphismus.*

Beweis: Sei $p \in X$. Wir müssen zeigen, dass e in den Halmen über p einen Isomorphismus induziert. Dadurch, dass wir X ersetzen durch eine hinreichend kleine offene Umgebung von p, können wir annehmen, es sei $\mathscr{L} = \mathscr{O}_X$. Dann ist aber auch $\mathscr{L}^\vee = \mathscr{O}_X$, und $e: \mathscr{L}^\vee \otimes \mathscr{L} \to \mathscr{O}_X$ stimmt mit dem kanonischen Isomorphismus $\mathscr{O}_X \otimes \mathscr{O}_X \to \mathscr{O}_X$ überein. Damit ist e_p ein Isomorphismus. □

(24.9) **Definitionen und Bemerkungen:** A) Sei X eine quasiprojektive Varietät und seien $\mathscr{L}$, $\mathscr{L}'$ zwei lokal freie Garben vom Rang 1 über X. Wir schreiben

(i) $$[\mathscr{L}] = [\mathscr{L}'] :\Leftrightarrow \mathscr{L} \cong \mathscr{L}'.$$

$[\mathscr{L}]$ ist also die *Isomorphieklasse* von $\mathscr{L}$.

Sind $\mathscr{L}$ und $\mathscr{M}$ lokal frei vom Rang 1, so ist $\mathscr{L} \otimes \mathscr{M}$ wieder lokal frei vom Rang 1, wie wir in (24.6) gesehen haben. Aus $\mathscr{L} \cong \mathscr{L}'$ und $\mathscr{M} \cong \mathscr{M}'$ folgt dabei nach (24.3) (x) auch $\mathscr{L}' \otimes \mathscr{M}' \cong \mathscr{L} \otimes \mathscr{M}$. Deshalb ist es sinnvoll, das *Produkt der Isomorphieklassen* von $\mathscr{L}$ und $\mathscr{M}$ zu definieren durch

(ii) $$[\mathscr{L}][\mathscr{M}] := [\mathscr{L} \underset{\mathscr{O}_X}{\otimes} \mathscr{M}].$$

B) Aus (24.3) (v) folgt, dass für lokal freie Garben $\mathscr{L}$, $\mathscr{M}$, $\mathscr{N}$ vom Rang 1 gilt:

(iii) (a) $[\mathscr{O}_X][\mathscr{L}] = [\mathscr{L}]$.
(b) $[\mathscr{L}][\mathscr{M}] = [\mathscr{M}][\mathscr{L}]$.
(c) $[\mathscr{L}]([\mathscr{M}][\mathscr{N}]) = ([\mathscr{L}][\mathscr{M}])[\mathscr{N}]$.

Das eingeführte Produkt ist also assoziativ, kommutativ und hat als neutrales Element die Klasse $[\mathscr{O}_X]$.

Nach (24.8) gilt schliesslich für jede lokal freie Garbe $\mathscr{L}$ vom Rang 1

(iv) $$[\mathscr{L}^\vee][\mathscr{L}] = [\mathscr{O}_X].$$

C) Zusammenfassend können wir also sagen: Die Menge

(v) $$\operatorname{Pic}(X) := \{[\mathscr{L}] \mid \mathscr{L} \textit{ lokal frei vom Rang 1 über } X\}$$

der Isomorphieklassen der lokal freien Garben vom Rang 1 bildet eine abelsche Gruppe bezüglich der in (ii) definierten Multiplikation. Diese Gruppe nennt man die *Picard-Gruppe von X*. In ihr gilt:

(vi) $$1 = [\mathscr{O}_X], \quad [\mathscr{L}]^{-1} = [\mathscr{L}^\vee].$$

Wegen der Beziehung (vi) nennt man lokal freie Garben vom Rang 1 auch kurz *invertierbare Garben.* Die Picard-Gruppe kann man dann als die Gruppe der Isomorphieklassen von invertierbaren Garben über X ansprechen. ○

Anmerkung: Die Picard-Gruppe ist eine sehr wichtige Invariante für eine algebraische Varietät. Sie kann auch als eine bestimmte Kohomologiegruppe geschrieben werden, s. [H]. Sie steht in engem Zusammenhang mit zwei andern wichtigen Gruppen, nämlich der Gruppe der Klassen von Weyl- resp. von Cartier-Divisoren. ○

Zur Picard-Gruppe affiner Varietäten. Wir wollen uns nun den Picard-Gruppen affiner Varietäten zuwenden, wozu wir eine algebraische Vorbemerkung machen.

(24.10) **Definitionen und Bemerkungen:** A) Sei A ein noetherscher Integritätsbereich mit dem Quotientenkörper K. Unter einem *invertierbaren gebrochenen Ideal* von A verstehen wir einen endlich erzeugten A-Untermodul I von K mit der Eigenschaft, dass $I_{\mathfrak{p}} \cong A_{\mathfrak{p}}$ für alle $\mathfrak{p} \in \operatorname{Spec}(A)$. Für die Menge dieser invertierbaren Ideale schreiben wir $\operatorname{Inv}(A)$. Insbesondere ist $A \in \operatorname{Inv}(A)$.

B) Das *Produkt* zweier Ideale $I, J \in \operatorname{Inv}(A)$ definieren wir durch

(i) $$I\,J := \sum_{x \in I,\, y \in J} Axy.$$

$I\,J$ gehört wieder zu $\operatorname{Inv}(A)$. Ist nämlich $I = \sum_{i=1}^{r} A\,x_i$, $J = \sum_{j=1}^{s} A\,y_j$, so folgt offenbar $I\,J = \sum_{i,j} A\,x_i\,y_j$, was zeigt, dass $I\,J$ endlich erzeugt ist. Ist $\mathfrak{p} \in \operatorname{Spec}(A)$, so finden wir Elemente $a, b \in K$ derart, dass $I_{\mathfrak{p}} = (Aa)_{\mathfrak{p}} \neq 0$ und $J_{\mathfrak{p}} = (Ab)_{\mathfrak{p}} \neq 0$. Dann folgt $(I\,J)_{\mathfrak{p}} = (Aab)_{\mathfrak{p}} \cong A_{\mathfrak{p}}$.

Sind $I, J, L \in \operatorname{Inv}(A)$, so gilt offenbar

(ii) (a) $A\,I = I.$
(b) $I\,J = J\,I.$
(c) $I\,(J\,L) = (I\,J)\,L.$

Weiter besteht für $I, J \in \operatorname{Inv}(A)$ ein Isomorphismus

(iii) $$I \underset{A}{\otimes} J \xrightarrow{\ \varphi\ } IJ; \quad (x \otimes y \mapsto xy).$$

Beweis: Nach der universellen Eigenschaft des Tensorprodukts existiert φ als Homomorphismus. Ist $\mathfrak{p} \in \operatorname{Spec}(A)$, so bestehen Isomorphismen $A_{\mathfrak{p}} \xrightarrow{\ \alpha\ } I_{\mathfrak{p}}$ $(x \mapsto xa)$, $A_{\mathfrak{p}} \xrightarrow{\ \beta\ } J_{\mathfrak{p}}$ $(x \mapsto xb)$, $A_{\mathfrak{p}} \to (I\,J)_{\mathfrak{p}}$ $(x \mapsto xab)$ mit $a \in I$, $b \in J$. So erhalten wir das Diagramm (vgl. (24.1) (v) (a), (24.2) (v)).

$$\begin{array}{ccc} A_{\mathfrak{p}} \otimes_{A_{\mathfrak{p}}} A_{\mathfrak{p}} & \xrightarrow{\cong} & A_{\mathfrak{p}} \\ \alpha \otimes \beta \downarrow \wr\!\!| & \circlearrowleft & \wr\!\!| \downarrow \gamma \\ I_{\mathfrak{p}} \underset{A_{\mathfrak{p}}}{\otimes} J_{\mathfrak{p}} \cong (I \underset{A}{\otimes} J)_{\mathfrak{p}} & \xrightarrow{\varphi_{\mathfrak{p}}} & (IJ)_{\mathfrak{p}} \end{array}.$$

Also ist $\varphi_{\mathfrak{p}}$ ein Isomorphismus, $\forall \mathfrak{p} \in \operatorname{Spec}(A)$. Nach (22.2) (v)′ ist φ also ebenfalls ein Isomorphismus.

C) Ist $I \in \operatorname{Inv}(A)$, so definieren wir

(iv) $\quad I^{-1} := \{x \in K \mid x\, I \subseteq A\}.$

Wir wollen zeigen, dass I^{-1} wieder ein invertierbares gebrochenes Ideal ist. Dazu schreiben wir $I = A\,\dfrac{a_1}{c_1} + \ldots + A\,\dfrac{a_r}{c_r}$ mit $a_i, c_i \in A - \{0\}$, so folgt

$$I^{-1} \subseteq \frac{1}{a_1 \ldots a_r} A.$$

Also ist I^{-1} endlich erzeugt.

Sei jetzt $\mathfrak{p} \in \operatorname{Spec}(A)$. Sofort sieht man, dass $(I^{-1})_{\mathfrak{p}} = \{x \in K \mid x\, I_{\mathfrak{p}} \subseteq A_{\mathfrak{p}}\}$. Schreiben wir $I_{\mathfrak{p}} = A_{\mathfrak{p}}\, a$ mit $a \in I$, so folgt $(I^{-1})_{\mathfrak{p}} = A_{\mathfrak{p}} a^{-1}$. Deshalb gilt $I^{-1} \in \operatorname{Inv}(A)$.

Schliesslich gilt auch

(v) $\quad I^{-1}\, I = A.$

Beweis: Sei $\mathfrak{p} \in \operatorname{Spec}(A)$. Wir können schreiben $I_{\mathfrak{p}} = A_{\mathfrak{p}}\, a$ und erhalten, wie wir oben bemerkt haben, $(I^{-1})_{\mathfrak{p}} = A_{\mathfrak{p}}\, a^{-1}$. Es folgt $(I^{-1}\, I)_{\mathfrak{p}} = (I^{-1})_{\mathfrak{p}}\, I_{\mathfrak{p}} = A_{\mathfrak{p}}\, a^{-1}\, A_{\mathfrak{p}}\, a = A_{\mathfrak{p}}$. Jetzt folgt die Behauptung mit dem lokalen Gleichheitskriterium.

D) Aus (ii) und (v) ist klar:

(vi) $\operatorname{Inv}(A)$ *bildet bezüglich der Multiplikation* (i) *eine abelsche Gruppe mit* 1-*Element* A.

Die speziellen gebrochenen invertierbaren Ideale der Form Ac mit $c \in K - \{0\}$ nennen wir *gebrochene Hauptideale*. Deren Menge bezeichnen wir mit $\operatorname{Inv}_0(A)$. Offenbar gilt:

(vii) (a) $\operatorname{Inv}_0(A)$ *ist eine Untergruppe von* $\operatorname{Inv}(A)$. ○
(b) $\operatorname{Inv}_0(A) \cong K^*/A^*$.

(24.11) **Satz:** *Sei X eine affine irreduzible Varietät. Dann wird durch $I \mapsto [\tilde{I}]$ ein surjektiver Homomorphismus* $\pi : \operatorname{Inv}(\mathcal{O}(X)) \to \operatorname{Pic}(X)$ *definiert. Dabei gilt* $\operatorname{Kern}(\pi) = \operatorname{Inv}_0(\mathcal{O}(X))$.

Beweis: $\tilde{I}$ ist jeweils eine kohärente Garbe von $\mathcal{O}_X$-Moduln. Ist $p \in X$, so gilt $\tilde{I}_p = I_{I_X(p)} \cong \mathcal{O}(X)_{I_X(p)} = \mathcal{O}_{X,p}$. Deshalb ist $\tilde{I}$ invertierbar, also π definiert.

Weiter ist $\pi(I\,J) = [(I\,J)^\sim] = [(I \otimes J)^\sim] = [\tilde{I} \otimes \tilde{J}] = [\tilde{I}][\tilde{J}] = \pi(I)\pi(J)$. π ist also ein Homomorphismus.

Sei jetzt $\mathcal{L}$ eine invertierbare Garbe über X. Wir setzen $L = \mathcal{L}(X)$. Sei $f \in \mathcal{O}(X) - \{0\}$. Ist $l \in L$ mit $fl = 0$, so ist $f_p\, l_p = 0$ für alle $p \in X$. Weil X irreduzibel ist, ist dabei $f_p \neq 0$. Wegen $\mathcal{L}_p \cong \mathcal{O}_{X,p}$ folgt $l_p = 0$. So wird $l = 0$. Damit ist $S := \mathcal{O}(X) - \{0\} \subseteq NNT(L)$, und wir erhalten eine kanonische Einbettung $L \subseteq S^{-1}L = S^{-1}L_{I_X(p)} = S^{-1}\mathcal{L}_p \cong S^{-1}\mathcal{O}_{X,p} = S^{-1}\mathcal{O}(X)_{I_X(p)} = S^{-1}\mathcal{O}(X) =$ Quot $(\mathcal{O}(X)) =: K$. Wir können also L als endlich erzeugten $\mathcal{O}(X)$-Untermodul von K auffassen.

Wir wollen zeigen, dass $L \in$ Inv $(\mathcal{O}(X))$. Dazu wählen wir $\mathfrak{p} \in$ Spec $(\mathcal{O}(X))$ und $p \in V_X(\mathfrak{p})$. Dann ist $L_\mathfrak{p} = (L_{I_X(p)})_\mathfrak{p} = (\mathcal{L}_p)_\mathfrak{p} \cong (\mathcal{O}_{X,p})_\mathfrak{p} = (\mathcal{O}(X)_{I_X(p)})_\mathfrak{p} = \mathcal{O}(X)_\mathfrak{p}$. Also ist $L \in$ Inv $(\mathcal{O}(X))$.

Jetzt folgt $\pi(L) = [\tilde{L}] = [\mathcal{L}]$. Also ist π surjektiv. Schliesslich gilt $I \in$ Kern $(\pi) \Leftrightarrow \tilde{I} \cong \tilde{\mathcal{O}}_X \Leftrightarrow I \cong \mathcal{O}(X) \Leftrightarrow I \in \mathrm{Inv}_0(\mathcal{O}(X))$. □

(24.12) **Satz:** *Sei A ein noetherscher faktorieller Integritätsbereich. Dann gilt* $\mathrm{Inv}_0(A) = \mathrm{Inv}\,(A)$.

Beweis: Sei $I \in$ Inv (A), Quot $(A) = K$. Weil I endlich erzeugt ist, finden wir ein $c \in A - \{0\}$ mit $Ic = IAc \subseteq A$. Deshalb genügt es zu zeigen, dass $Ic \in \mathrm{Inv}_0\,(A)$. Wir können also annehmen, es sei $I \subseteq A$. Ist $I = A$, so sind wir fertig. Sei also $I \subsetneqq A$. Nehmen wir an, I sei nicht Hauptideal. Weil A noethersch ist, können wir annehmen, I sei maximal mit diesen Eigenschaften.

Wir behaupten, dass I sogar maximal ist unter allen echt in A enthaltenen Mitgliedern von Inv (A). Andernfalls gäbe es ja ein $J \in$ Inv (A) mit $I \subsetneqq J \subsetneqq A$. Dann ist J Hauptideal, also $J = Ax$ mit einer Nichteinheit $x \neq 0$ von A. Es folgt $xI \subsetneqq I$, denn sonst wäre $(1 - xa)I = 0$ für ein $a \in A$ (vgl. (9.9)), wegen $1 \neq xa$ also $I = 0$. Es folgt $I \subsetneqq x^{-1} I \subsetneqq x^{-1} J = A$, wobei $x^{-1}I$ zu Inv (A) gehört, aber kein Hauptideal ist. Dies widerspricht der Wahl von I.

Sei jetzt $\mathfrak{p}$ ein minimales Primoberideal von I. $I_\mathfrak{p}$ ist dann ein Hauptideal in $A_\mathfrak{p}$, und $\mathfrak{p}A_\mathfrak{p}$ ist ein minimales Primoberideal von $I_\mathfrak{p}$. Nach dem Krullschen Hauptideallemma folgt $ht(\mathfrak{p}A_\mathfrak{p}) \leqslant 1$, also $ht(\mathfrak{p}) \leqslant 1$. Wegen $I \neq 0$ ist $\mathfrak{p} \neq 0$, also $ht(\mathfrak{p}) = 1$. Sei $x \in \mathfrak{p} - \{0\}$ und sei $x = x_1 \ldots x_r$ eine Zerlegung von x in Primfaktoren. Einer dieser Primfaktoren – etwa x_1 – liegt dann in $\mathfrak{p}$. Wegen $0 \neq Ax_1 \subseteq \mathfrak{p}$, $Ax_1 \in$ Spec (A) und $ht(Ax_1) = ht(\mathfrak{p}) = 1$ folgt $\mathfrak{p} = Ax_1$, also $I \subsetneqq \mathfrak{p} = Ax_1$, denn I ist ja kein Hauptideal. Dies widerspricht der oben gezeigten Maximalität von I. □

(24.13) **Korollar:** *Sei X eine affine irreduzible Varietät mit faktoriellem Koordinatenring $\mathcal{O}(X)$. Dann ist* Pic (X) *die triviale Gruppe.*

Beweis: Klar aus (24.11) und (24.12). □

(24.14) **Bemerkung:** (24.13) besagt, dass jede invertierbare Garbe $\mathcal{L}$ über einer affinen, irreduziblen faktoriellen Varietät X isomorph zur Strukturgarbe $\mathcal{O}_X$ ist. Dabei nennen wir eine affine Varietät *faktoriell*, wenn ihr Koordinatenring $\mathcal{O}(X)$ faktoriell ist. Insbesondere gilt etwa:

$$\mathcal{L} \text{ invertierbar über } \mathbb{A}^n \Rightarrow \mathcal{L} \cong \mathcal{O}_{\mathbb{A}^n}. \qquad \circ$$

(24.15) **Aufgaben:** (1) Ein Morphismus $f: X \to Y$ heisst flach, wenn für alle $p \in X$ der lokale Ring $\mathcal{O}_{X,p}$ vermöge f^*_p zum flachen $\mathcal{O}_{Y,f(p)}$-Modul wird. Sind X und Y affin, so ist f genau dann flach, wenn $\mathcal{O}(X)$ vermöge f^* zum flachen $\mathcal{O}(Y)$-Modul wird.

(2) Vermöge des Hauptsatzes über Morphismen und der Sätze aus Abschnitt 12 zeige man: Ist $f: X \to Y$ ein dominanter Morphismus zwischen irreduziblen Varietäten, so gibt es eine dichte offene Menge $U \subseteq Y$, derart, dass $f: f^{-1}(U) \to U$ flach ist.

(3) Sei A eine endlich erzeugte $\mathbb{C}$-Algebra, seien $z_1, \ldots, z_r$ Unbestimmte und sei $I \subseteq \mathbb{C}[z_1, \ldots, z_n]$ ein Ideal. Dann besteht ein Isomorphismus von $\mathbb{C}$-Algebren

$$A \underset{\mathbb{C}}{\otimes} (\mathbb{C}[z_1, \ldots, z_n]/I) \xrightarrow[\cong]{} A[z_1, \ldots, z_n]/IA[z_1, \ldots, z_n] \text{ mit } a \otimes \bar{f} \to \overline{af}.$$

(4) Sind A, B integre $\mathbb{C}$-Algebren von endlichem Typ, so ist $A \underset{\mathbb{C}}{\otimes} B$ integer und von endlichem Typ. (Hinweis: Man behandle zuerst den Fall $B = \mathbb{C}[z_1, \ldots, z_n]$. Dann zeige man, dass die Behauptung richtig bleibt, wenn B ersetzt wird durch $B' = B[z]/f(z)$, wo $f(z)$ irreduzibel und separabel ist, oder durch $B' \subseteq \text{Quot}(B)$. Dann fasse man B als geeignete ganze Erweiterung eines Polynomrings auf.)

(5) Mit (4) zeige man, dass für zwei irreduzible affine Varietäten X, Y ein Isomorphismus $\mathcal{O}(X) \underset{\mathbb{C}}{\otimes} \mathcal{O}(Y) \cong \mathcal{O}(X \times Y)$ besteht.

(6) Sei $f: X \to Y$ ein Morphismus und sei $\mathcal{F}$ eine Garbe von $\mathcal{O}_Y$-Moduln. Ist $U \subseteq X$ offen, so schreiben wir $f^{-1}\mathcal{F}(U)$ für die Menge aller Kollektionen $(\ldots, \gamma_p, \ldots \mid p \in U)$ mit $\gamma_p \in \mathcal{F}_{f(p)}$, derart, dass es zu jedem Punkt $p \in U$ eine offene Umgebung $V \subseteq Y$ von $f(p)$ und einen Schnitt $\sigma \in \mathcal{F}(V)$ gibt mit $\sigma_{f(q)} = \gamma_q$ für alle $q \in f^{-1}(V) \cap U$. Man zeige, dass durch $U \mapsto f^{-1}\mathcal{F}(U)$ eine Garbe $f^{-1}\mathcal{F}$ abelscher Gruppen definiert wird, dass $f^{-1}\mathcal{O}_Y$ eine Garbe von $\mathbb{C}$-Algebren ist und dass durch

$$(\ldots, \gamma_p, \ldots) \mapsto (\ldots, f^*_p(\gamma_p), \ldots)$$

ein Homomorphismus $f^*: f^{-1}\mathcal{O}_Y \to \mathcal{O}_X$ von Garben von $\mathbb{C}$-Algebren definiert wird. Schliesslich zeige man, dass $f^{-1}\mathcal{F}$ in kanonischer Weise eine Garbe von $f^{-1}\mathcal{O}_Y$-Moduln ist. $f^{-1}\mathcal{F}$ heisst die nach X zurückgezogene Garbe $\mathcal{F}$.

(7) Seien $f: X \to Y$ und $\mathcal{F}$ wie in (6). Wir definieren das inverse Bild $f^*\mathcal{F}$ von $\mathcal{F}$ als die folgende Garbe von $\mathcal{O}_X$-Moduln:

$$f^*\mathcal{F} := \mathcal{O}_X \underset{f^{-1}\mathcal{O}_Y}{\otimes} f^{-1}\mathcal{F}.$$

Man zeige, dass für affine Varietäten X und Y gilt $f^*\tilde{M} = (\mathcal{O}(X) \underset{\mathcal{O}(Y)}{\otimes} M)^{\sim}$, wo M ein $\mathcal{O}(Y)$-Modul ist.

(8) Sei X quasiprojektiv und sei Z abgeschlossen. Sei $\mathscr{F}$ eine (quasi-)kohärente Garbe von $\mathcal{O}_X$-Moduln. Wir definieren die Einschränkung $\mathscr{F} \upharpoonright Z$ von $\mathscr{F}$ auf Z als die Garbe $i^*\mathscr{F}$, wo $i : Z \to X$ die Inklusionsabbildung ist (vgl. (7)). Man zeige, dass $\mathscr{F} \upharpoonright Z$ wieder (quasi-)kohärent ist und dass

$$i_*(\mathscr{F} \upharpoonright Z) \cong \mathcal{O}_X/\mathscr{I}_Z \otimes \mathscr{F}.$$

(9) Sei $X = V_{\mathbb{A}^2}(z_2 - f(z_1))$. Man zeige, dass $\operatorname{Pic}(X) = 0$.

(10) Sei $U \subseteq X$ offen. Dann wird durch $[\mathscr{L}] \to [\mathscr{L} \upharpoonright U]$ ein Gruppenhomomorphismus $\varepsilon : \operatorname{Pic}(X) \to \operatorname{Pic}(U)$ definiert. Man belege durch Beispiele, dass ε nicht injektiv zu sein braucht.

(11) Für eine singularitätenfreie Kurve X gilt: $\operatorname{Pic}(X) = 0 \Rightarrow \Omega_X \cong \mathscr{T}_X \cong \mathcal{O}_X$. ○

25. Kohärente Garben über projektiven Varietäten

Verdrehte Strukturgarben. Wir definieren nun eine wichtige Operation, die sich mit kohärenten Garben auf einer projektiven Varietät durchführen lässt. Dazu müssen wir auf einer solchen Varietät eine spezielle Familie invertierbarer Garben einführen.

(25.1) **Definitionen und Bemerkungen:** A) Sei X abgeschlossen im projektiven Raum $\mathbb{P}^d$ und sei $A = \mathcal{O}(c\mathbb{A}(X))$ der homogene Koordinatenring von X. Schliesslich sei $\pi : \mathring{c}\mathbb{A}(X) \to X$ die durch $(c_0, \ldots, c_d) \mapsto (c_0 : \ldots : c_d)$ definierte kanonische Projektion. Wir schreiben

(i) $\tilde{U} := \pi^{-1}(U), \quad (U \subseteq X \textit{ offen}).$

Insbesondere ist also $\tilde{X} = \mathring{c}\mathbb{A}(X) \subseteq \mathbb{A}^{n+1}\text{-}\{\mathbf{0}\}$.

Sei $n \in \mathbb{Z}$ und sei $U \subseteq X$ offen. Für eine Funktion $f \in \mathcal{O}_{\tilde{X}}(\tilde{U})$ betrachten wir die Bedingung

(ii) *Zu jedem Punkt $p \in \tilde{U}$ gibt es eine offene Umgebung $\tilde{V} \subseteq \tilde{U}$ von p und homogene Funktionen $h, g \in A$ mit* Grad (h) − Grad $(g) = n$ *und derart, dass*

$$g(q) \neq 0, \quad f(q) = \frac{h(q)}{g(q)}, \quad \forall\, q \in \tilde{V}.$$

Jetzt betrachten wir den folgenden $\mathcal{O}_X(U)$-Modul:

(iii) $\mathcal{O}_X(n)(U) = \{f \in \mathcal{O}_{\tilde{X}}(\tilde{U}) \mid f \textit{ erfüllt } \text{(ii)}\}.$

$\mathcal{O}_X(n)(U)$ ist also die Menge aller Funktionen $f \in \mathcal{O}_{\tilde{X}}(\tilde{U})$, welche lokal als Quotient zweier homogener Funktionen aus A geschrieben werden können, wobei der Zählergrad um n grösser ist als der Nennergrad.

Offenbar wird durch

(iv) (a) $U \mapsto \mathcal{O}_X(n)(U)$, $(U \subseteq X \text{ offen})$,

(b) $\rho_V^U : \mathcal{O}_X(n)(U) \xrightarrow{\cdot \restriction} \mathcal{O}_X(n)(V)$, $(V \subseteq U \subseteq X \text{ offen})$

eine Garbe $\mathcal{O}_X(n)$ von $\mathcal{O}_X$-Moduln definiert. $\mathcal{O}_X(n)$ nennen wir die n-te *Verdrehung von* $\mathcal{O}_X$ oder die n-te *verdrehte Strukturgarbe* von X.

Die Konstruktion von $\mathcal{O}_X(n)$ hängt von $c\mathbb{A}(X)$, also von der Einbettung $X \hookrightarrow \mathbb{P}^n$ ab, ist also *einbettungsabhängig*!

B) Offenbar ist $\mathcal{O}_X(0)(U) = \mathcal{O}_X(U)$, denn $\mathcal{O}_X(U)$ ist ja die Menge aller Funktionen $f \in \mathcal{O}_{\tilde{X}}(\tilde{U})$, welche lokal als Quotient zweier homogener Funktionen vom gleichen Grad darstellbar sind. Also folgt

(v) $\mathcal{O}_X(0) = \mathcal{O}_X$.

C) Wir zerlegen A in seine homogenen Teile: $A = \bigoplus_{i \geq 0} A_i$. Jetzt wählen wir $h \in A_r$ $(r \geq 0)$. Dann bestehen offenbar Multiplikationshomomorphismen

(vi) $h_U : \mathcal{O}_X(n)(U) \to \mathcal{O}_X(n+r)(U)$; $f \mapsto hf$, $(U \subseteq X \text{ offen})$,

welche Anlass geben zu einem Garbenhomomorphismus

(vii) $h : \mathcal{O}_X(n) \longrightarrow \mathcal{O}_X(n+r)$,

dem *Multiplikationshomomorphismus* zu h. ○

(25.2) **Lemma:** *Sei* $X \subseteq \mathbb{P}^d$ *abgeschlossen, sei* $A = \bigoplus_{i \geq 0} A_i$ *der homogene Koordinatenring und sei* $h \in A_r$*. Sei* $U \subseteq U_X^+(h)$ *offen. Dann ist der eingeschränkte Multiplikationshomomorphismus*

$$h \restriction U : \mathcal{O}_X(n) \restriction U \longrightarrow \mathcal{O}_X(n+r) \restriction U$$

ein Isomorphismus. Insbesondere ist $\mathcal{O}_X(r)(U) = h\mathcal{O}_X(U)$.

Beweis: Sei $V \subseteq U$ offen. In den Bezeichnungen von (25.1) besteht dann die Situation:

$$\mathcal{O}_X(n)(V) \underset{h_V^{-1}}{\overset{h_V}{\rightleftarrows}} \mathcal{O}_X(n+r)(V); \quad f \overset{h_V}{\mapsto} hf; \quad g \overset{h_V^{-1}}{\mapsto} h^{-1}g.$$ □

(25.3) **Satz:** *Sei $X \subseteq \mathbb{P}^d$ abgeschlossen. Dann sind alle verdrehten Strukturgarben $\mathcal{O}_X(n)$ invertierbar.*

Beweis: Sei $A = \bigoplus_{i \geq 0} A_i$ der homogene Koordinatenring von X. Sei $p \in X$. Wir finden ein $l \in A_1$ mit $p \in U := U_X^+(l)$. Ist $n \geq 0$, erhalten wir nach (25.3) einen Isomorphismus $l^n \upharpoonright U : \mathcal{O}_X \upharpoonright U = \mathcal{O}_X(0) \upharpoonright U \xrightarrow{\cong} \mathcal{O}_X(n) \upharpoonright U$. Ist $n < 0$, so erhalten wir $l^n \upharpoonright U : \mathcal{O}_X(n) \xrightarrow{\cong} \mathcal{O}_X(0) \upharpoonright U = \mathcal{O}_X \upharpoonright U$. $\mathcal{O}_X(n)$ ist also lokal frei vom Rang 1. □

Einbettung in die Picard-Gruppe.

(25.4) **Bemerkung:** Sei $X \subseteq \mathbb{P}^d$ abgeschlossen mit dem homogenen Koordinatenring $A = \bigoplus_{i \geq 0} A_i$. Ist $U \subseteq X$ offen, so besteht nach der universellen Eigenschaft des Tensorprodukts jeweils ein Homomorphismus

(i) $\quad \mathcal{O}_X(n)(U) \otimes \mathcal{O}_X(m)(U) \to \mathcal{O}_X(n+m)(U); \quad f \otimes g \mapsto fg.$

Die Gesamtheit dieser Homomorphismen induziert einen Garbenhomomorphismus

(ii) $\quad i_{n,m} : \mathcal{O}_X(n) \otimes \mathcal{O}_X(m) \to \mathcal{O}_X(n+m).$

Wir wollen zeigen:

(iii) $\quad i_{n,m}$ *ist ein Isomorphismus.*

Beweis: Wir beschränken uns auf den Fall $m, n \geq 0$. Die andern Fälle verlaufen genau gleich. Sei $p \in X$ und sei $l \in A_1$ mit $p \in U = U_X^+(l)$. Es genügt zu zeigen, dass $i_{n,m} \upharpoonright U$ ein Isomorphismus ist. Dies ist aber der Fall, weil folgendes Diagramm besteht

$$\begin{array}{ccc}
(\mathcal{O}_X(n) \otimes \mathcal{O}_X(m)) \upharpoonright U & \xrightarrow{i_{n,m}} & \mathcal{O}_X(n+m) \upharpoonright U \\
\| & & \cong \uparrow l^{n+m} \upharpoonright U \\
\mathcal{O}_X(n) \upharpoonright U \otimes \mathcal{O}_X(m) \upharpoonright U & \circlearrowleft & \mathcal{O}_X(0) \upharpoonright U \\
\uparrow l^n \upharpoonright U \otimes l^m \upharpoonright U & & \| \\
\mathcal{O}_U \otimes \mathcal{O}_U & \xrightarrow[\cong]{} & \mathcal{O}_U
\end{array}$$

Wir wollen $\mathcal{O}_X(n) \otimes \mathcal{O}_X(m)$ und $\mathcal{O}_X(n+m)$ vermöge des kanonischen Isomorphismus $i_{n,m}$ identifizieren und schreiben

(iv) $\quad \mathcal{O}_X(n) \otimes \mathcal{O}_X(m) = \mathcal{O}_X(n+m).$ ○

(25.5) **Satz:** *Sei* $X \subseteq \mathbb{P}^d$ *abgeschlossen. Dann besteht ein Homomorphismus* $i: \mathbb{Z} \to \mathrm{Pic}(X)$, *definiert durch* $n \mapsto [\mathcal{O}_X(n)]$. *Ist* $\dim(X) > 0$, *so ist i injektiv. Ist* $\dim(X) = 0$, *so ist i trivial.*

Beweis: i ist definiert nach (25.3). Nach (25.4) (iv) ist i ein Homomorphismus.

Sei jetzt $\dim(X) > 0$ und sei $i(n) = 1$. Wir müssen zeigen, dass $n = 0$. Nehmen wir das Gegenteil an. Weil i ein Homomorphismus ist, gilt auch $i(-n) = 1$. Dies erlaubt es, $n > 0$ anzunehmen. Dann folgt $i(nr) = 1$, also $\mathcal{O}_X(nr) \cong \mathcal{O}_X$ für alle $r > 0$. Ist $A = \bigoplus_{i \geq 0} A_i$ der homogene Koordinatenring von X, so ist jeweils

$$A_{nr} \subseteq \mathcal{O}_X(nr)(X) \cong \mathcal{O}_X(X).$$

Dabei ist $\mathcal{O}_X(X) \cong \mathbb{C}^s$ für ein $s \in \mathbb{N}$. Ist $\bar{h}$ das Hilbert-Polynom von A, so folgt $\bar{h}(nr) = \dim_{\mathbb{C}}(A_{nr}) \leqslant s$ für alle $r \gg 0$. Wegen Grad $\bar{h} = \dim A = \dim(X) + 1 > 1$ ist dies nicht möglich.

Ist $\dim(X) = 0$, so besteht X aus endlich vielen Punkten. Man findet dann ein $l \in A_1$ mit $X \subseteq U_X^+(l)$. Nach (25.2) bestehen deshalb Isomorphismen

$\mathcal{O}_X \xrightarrow[\cong]{l^n} \mathcal{O}_X(n)$ für $n \geqslant 0$. Dies zeigt, dass $i(n) = 1$ für $n \geqslant 0$, also für $n \in \mathbb{Z}$.

□

(25.5)′ **Korollar:** *Ist* $X \subseteq \mathbb{P}^d$ *abgeschlossen, so gilt*

$$\mathcal{O}_X(n)^\vee \cong \mathcal{O}_X(-n).$$

Beweis: $[\mathcal{O}_X(n)^\vee] = [\mathcal{O}_X(n)]^{-1} = i(n)^{-1} = i(-n) = [\mathcal{O}_X(-n)]$. □

Jetzt bestimmen wir die Picard-Gruppe der projektiven Räume:

(25.6) **Satz:** *Ist* $d > 0$, *so besteht ein Isomorphismus*

$$i: \mathbb{Z} \xrightarrow[\cong]{} \mathrm{Pic}(\mathbb{P}^d); \quad n \mapsto \mathcal{O}_{\mathbb{P}^d}(n).$$

Beweis: Nach (25.4) genügt es zu zeigen, dass i surjektiv ist. Sei also $\mathcal{L}$ eine invertierbare Garbe über $\mathbb{P}^d$. Wir versehen $\mathbb{P}^d$ mit den homogenen Koordinatenfunktionen $z_0, \ldots, z_d$ und betrachten die affinen offenen Mengen $U_i = U(z_i) \cong \mathbb{A}^d$, $(i = 0, \ldots, d)$. Dann bestehen Isomorphismen $\mathcal{L} \restriction U_i \cong \mathcal{O}_{U_i}$ (s. (24.14)). Es ist also $\mathcal{L} \restriction U_i = (\mathcal{O}(U_i)\gamma_i)^\sim$, wo $\gamma_i \in \mathcal{L}(U_i)$ geeignet gewählt ist. Sei $q \in U_i \cap U_j$. Dann folgt $\mathcal{L}_q = (\mathcal{O}(U_i)\gamma_i)_{I_{U_i}(p)} = \mathcal{O}_{X,q}(\gamma_i)_q$ und entsprechend $\mathcal{L}_q = \mathcal{O}_{X,q}(\gamma_j)_q$. So wird $(\gamma_i)_q = \varepsilon_{i,j,q}(\gamma_j)_q$, wobei $\varepsilon_{i,j,q}$ eine Einheit in $\mathcal{O}_{X,q}$ ist. Die Kollektion der Keime $\varepsilon_{i,j,q}$ definiert eine reguläre Funktion $\varepsilon_{i,j} \in \mathcal{O}(U_i \cap U_j)^*$ mit $(\varepsilon_{i,j})_q = \varepsilon_{i,j,q}$ für alle $q \in U_i \cap U_j$. Natürlich ist $\varepsilon_{i,i} = 1$. Allgemein ist $\varepsilon_{i,j}$ Einheit in

$\mathcal{O}(U_i \cap U_j) = \mathbb{C}[\frac{z_0}{z_i}, \ldots, \frac{z_d}{z_i}][\frac{z_i}{z_j}]$. Dies bedeutet aber – wie man leicht sieht –, dass

$\varepsilon_{i,j} = c_{i,j}\left(\frac{z_i}{z_j}\right)^{n_{i,j}}$ für geeignete $c_{i,j} \in \mathbb{C}^*$, $n_{i,j} \in \mathbb{Z}$.

Ist $q \in U_i \cap U_j \cap U_k$, so folgt $(\varepsilon_{i,j})_q\,(\gamma_j)_q = (\gamma_i)_q = (\varepsilon_{i,k})_q(\gamma_k)_q = (\varepsilon_{i,k})_q(\varepsilon_{k,j})_q(\gamma_j)_q$, also $(\varepsilon_{i,j})_q = (\varepsilon_{i,k})_q(\varepsilon_{k,j})_q$, mithin $c_{i,j}\left(\frac{z_i}{z_j}\right)^{n_{i,j}} = c_{i,k}\,c_{k,j}\left(\frac{z_i}{z_k}\right)^{n_{i,k}}\left(\frac{z_k}{z_j}\right)^{n_{k,j}}$ $(i, j, k = 0, \ldots, d)$.

Dies ist nur möglich, wenn alle Zahlen $n_{i,j}$ denselben Wert n haben. Ersetzen wir γ_j durch $c_{0,j}\,\gamma_j$, so können wir annehmen, es sei $c_{0,0} = \ldots = c_{0,d} = 1$. Aus den obigen Gleichungen folgt dann, dass $c_{i,j} = 1$ für alle i, j. Damit wird $\varepsilon_{i,j} = \left(\frac{z_i}{z_j}\right)^n$.

Die Isomorphismen $\mathcal{O}_X(n)(U_i) = \mathcal{O}(U_i)z_i^n \xrightarrow{\cong} \mathcal{L}(U_i) = \mathcal{O}(U_i)\gamma_i$ (definiert durch $fz_i^n \mapsto f\gamma_i$) induzieren nun Isomorphismen

$$\varphi_i : \mathcal{O}_X(n)\restriction U_i = \mathcal{O}_X(n)(U_i)^{\sim} \xrightarrow{\cong} \mathcal{L}(U_i)^{\sim} = \mathcal{L}\restriction U_i.$$

Ist $q \in U_i \cap U_j$ und $c \in \mathcal{O}_X(n)_q$, so können wir schreiben $c = f_q(z_i^n)_q = f_q\left(\frac{z_i}{z_j}\right)_q^n (z_j^n)_q = f_q(\varepsilon_{i,j})_q(z_j)_q^n$. Es folgt $\varphi_{i,q}(c) = f_q(\gamma_i)_q = f_q(\varepsilon_{i,j})_q(\gamma_j)_q = \varphi_{j,q}(c)$. Also ist $\varphi_i \restriction U_i \cap U_j = \varphi_j \restriction U_i \cap U_j$.

Die Kollektion $\{\varphi_i \mid i = 0, \ldots, d\}$ bestimmt also einen Isomorphismus $\varphi : \mathcal{O}_X(n) \xrightarrow{\cong} \mathcal{L}$ definiert durch $\varphi \restriction U_i = \varphi_i$. Es folgt $[\mathcal{L}] = [\mathcal{O}_X(n)] = i(n)$. □

(25.6)′ **Bemerkung:** (25.5) besagt, dass jede invertierbare Garbe über $\mathbb{P}^d$ isomorph zu einer verdrehten Strukturgarbe $\mathcal{O}_{\mathbb{P}^d}(n)$ ist. Dabei ist n eindeutig. ○

(25.6)″ **Beispiel:** Wir untersuchen die Garben $\mathcal{O}_{\mathbb{P}^1}(n)$ und damit (bis auf Isomorphie) die invertierbaren Garben über $\mathbb{P}^1$. Dazu betrachten wir die affinen Karten $U_i = U_{\mathbb{P}^1}(z_i) \cong \mathbb{A}^1$ $(i = 0, 1)$. Nach (25.2) können wir schreiben

(i) $\mathcal{O}_{\mathbb{P}^1}(n)(U_0) = z_0^n\mathbb{C}\left[\frac{z_1}{z_0}\right]$, $\mathcal{O}_{\mathbb{P}^1}(n)(U_1) = z_1^n\mathbb{C}\left[\frac{z_0}{z_1}\right]$,

wobei wir bereits benutzt haben, dass $\mathcal{O}_{\mathbb{P}^1}(U_0) = \mathbb{C}\left[\frac{z_1}{z_0}\right]$ und $\mathcal{O}_{\mathbb{P}^1}(U_1) = \mathbb{C}\left[\frac{z_0}{z_1}\right]$. Wir fassen alle Mengen $\mathcal{O}_{\mathbb{P}^1}(n)(U)$ als Untermengen des rationalen Funktionenkörpers $\mathbb{C}(z_0, z_1)$ von $\mathbb{A}^2 = c\mathbb{A}(\mathbb{P}^1)$ auf. Dann gilt $\mathcal{O}_{\mathbb{P}^1}(n)(\mathbb{P}^1) = \mathcal{O}_{\mathbb{P}^1}(n)(U_0) \cap$

$\mathcal{O}_{\mathbb{P}^1}(n)(U_1) = z_0^n \mathbb{C}\left[\frac{z_1}{z_0}\right] \cap z_1^n \mathbb{C}\left[\frac{z_0}{z_1}\right]$. Wie man sofort sieht, ist der letzte Durchschnitt gerade der n-te homogene Teil des Polynomrings $\mathbb{C}[z_0, z_1]$ also:

(ii) $$\Gamma(\mathbb{P}^1, \mathcal{O}_{\mathbb{P}^1}(n)) = \mathcal{O}_{\mathbb{P}^1}(n)(\mathbb{P}^1) = \mathbb{C}[z_0, z_1]_n = \bigoplus_{0 \leqslant i \leqslant n} \mathbb{C}\, z_0^i z_1^{n-i}.$$

Insbesondere gilt also

(iii) $$\dim_{\mathbb{C}} (\Gamma(\mathbb{P}^1, \mathcal{O}_{\mathbb{P}^1}(n)) = \begin{cases} 0, & \textit{falls} \quad n < 0 \\ n+1, & \textit{falls} \quad n \geqslant 0. \end{cases}$$

Nach (23.21) ist die Tangentialgarbe $\mathcal{T}_{\mathbb{P}^1}$ lokal frei vom Rang 1, also $\mathcal{T}_{\mathbb{P}^1} \cong \mathcal{O}_{\mathbb{P}^1}(n)$ für ein $n \in \mathbb{Z}$. Nach (23.11) (vii) ist $\dim_{\mathbb{C}}(\Gamma(\mathbb{P}^1, \mathcal{T}_{\mathbb{P}^1})) = 3$. Also folgt aus (iii) sofort

(iv) $$\mathcal{T}_{\mathbb{P}^1} \cong \mathcal{O}_{\mathbb{P}^1}(2).$$

Weiter ist nach (23.17) die Garbe $\Omega_{\mathbb{P}^1}$ der Kähler-Differentiale ebenfalls invertierbar, also isomorph zu einer Garbe $\mathcal{O}_{\mathbb{P}^1}(m)$. Wegen $\mathcal{T}_{\mathbb{P}^1} = \Omega_{\mathbb{P}^1}^{\vee} \cong \mathcal{O}_{\mathbb{P}^1}(m)^{\vee} = \mathcal{O}_{\mathbb{P}^1}(-m)$ ist $m = -2$, also

(v) $$\Omega_{\mathbb{P}^1} \cong \mathcal{O}_{\mathbb{P}^1}(-2).$$ ○

Verdrehte kohärente Garben. Wir erweitern jetzt die Operation des Verdrehens auf kohärente Garben – ja sogar auf beliebige Modulgarben.

(25.7) **Definition und Bemerkungen:** A) Sei $X \subseteq \mathbb{P}^d$ abgeschlossen und sei $\mathcal{F}$ eine Garbe von $\mathcal{O}_X$-Moduln. Wir definieren die n-te *Verdrehung von* $\mathcal{F}$ als

(i) $$\mathcal{F}(n) := \mathcal{O}_X(n) \underset{\mathcal{O}_X}{\otimes} \mathcal{F}.$$

Damit ist wegen $\mathcal{O}_X(n) \otimes \mathcal{O}_X = \mathcal{O}_X(n)$ der Prozess des Verdrehens auf beliebige Modulgarben verallgemeinert.

B) Auf Grund von (25.1 (v) und (25.4) (iv) erhält man aus den Eigenschaften des Tensorprodukts

(ii) (a) $\mathcal{F}(0) = \mathcal{F}$
(b) $(\mathcal{F}(n))(m) = \mathcal{F}(n+m)$.
(c) $(\mathcal{F} \otimes \mathcal{G})(n) \cong \mathcal{F}(n) \otimes \mathcal{G} \cong \mathcal{F} \otimes \mathcal{G}(n)$.
(d) $(\bigoplus_i \mathcal{F}_i)(n) \cong \bigoplus_i \mathcal{F}_i(n)$.

Weil $\mathcal{O}_X(n)$ lokal frei vom Rang 1 ist, folgt weiter

(iii) (a) $\mathcal{F}$ *quasikohärent* $\Leftrightarrow \mathcal{F}(n)$ *quasikohärent.*
(b) *kohärent* $\Leftrightarrow \mathcal{F}(n)$ *kohärent.*
(c) $\mathcal{F}$ *lokal frei vom Rang r* $\Leftrightarrow \mathcal{F}(n)$ *lokal frei vom Rang r.*

C) Die n-te *Verdrehung eines Homomorphismus* $h: \mathcal{F} \to \mathcal{G}$ von Garben von $\mathcal{O}_X$-Moduln wird definiert durch

(iv) $$h(n) = id \otimes h: \mathcal{F}(n) = \mathcal{O}_X(n) \otimes \mathcal{F} \to \mathcal{O}_X(n) \otimes \mathcal{G} = \mathcal{G}(n).$$

Offenbar gelten auch hier die zu (ii) analogen Regeln. Weiter gilt:

(v) (a) $id_{\mathcal{F}}(n) = id_{\mathcal{F}(n)}$.
(b) $(l \circ h)(n) = l(n) \circ h(n)$.

Insbesondere gilt deshalb

(vi) h *Isomorphismus* $\Leftrightarrow h(n)$ *Isomorphismus.* ○

Totale Schnittmoduln. Im Beispiel (25.6) haben wir die Vektorräume $\Gamma(\mathbb{P}^1, \mathcal{O}_{\mathbb{P}^1}(n))$ in Abhängigkeit von n studiert. Dies wollen wir jetzt verallgemeinern und die Vektorräume $\Gamma(X, \mathcal{F}(n))$ für eine beliebige kohärente Garbe über einer abgeschlossenen Menge $X \subseteq \mathbb{P}^d$ untersuchen.

(25.8) **Bemerkungen und Definitionen:** A) Sei $X \subseteq \mathbb{P}^n$ abgeschlossen und sei $A = \bigoplus_{i \geq 0} A_i$ der homogene Koordinatenring von X. Sei $h \in A_r$. Wir betrachten eine Garbe $\mathcal{F}$ von $\mathcal{O}_X$-Moduln. Die Garbenhomomorphismen $h: \mathcal{O}_X(n) \to \mathcal{O}_X(n+r)$ (vgl. (25.1) (vii)) geben nun Anlass zu Homomorphismen:

(i) $$h: \begin{array}{ccc} \mathcal{F}(n) & \longrightarrow & \mathcal{F}(n+r) \\ \| & & \| \\ \mathcal{O}_X(n) \otimes \mathcal{F} & \xrightarrow[h \otimes id]{} & \mathcal{O}_X(n+r) \otimes \mathcal{F}. \end{array}$$

Insbesondere folgt aus (25.2)

(ii) *Ist* $U \subseteq U_X^+(h)$ *offen, so ist der eingeschränkte Homomorphismus*
$$h \upharpoonright U: \mathcal{F}(n) \upharpoonright U \to \mathcal{F}(n+r) \upharpoonright U$$
ein Isomorphismus.

B) Sei jetzt $U \subseteq X$ offen. Wir schreiben

(iii) $$h: \Gamma(U, \mathcal{F}(n)) \to \Gamma(U, \mathcal{F}(n+r)), \quad (h \in A_r)$$

für den durch $h: \mathcal{F}(n) \to \mathcal{F}(n+r)$ gegebenen $\mathcal{O}(U)$-Homomorphismus $h_U: \mathcal{F}(n)(U) \to \mathcal{F}(n+r)(U)$.

Jetzt betrachten wir den $\mathbb{C}$-Vektorraum

(iv) $$\Gamma_{\bullet}(U, \mathscr{F}) := \bigoplus_{n \in \mathbb{Z}} \Gamma(U, \mathscr{F}(n)).$$

Dieser wird – wie man leicht nachprüft – zum graduierten A-Modul, wenn man die Multiplikation definiert durch

$$h \cdot \gamma := h(\gamma), \ (h \in A_r, \ \gamma \in \Gamma(U, \mathscr{F}(n)).$$

C) Unser Ziel ist es, den graduierten A-Modul

(v) $$\Gamma_{\bullet}(X, \mathscr{F}) = \bigoplus_{n \in \mathbb{Z}} \Gamma(X, \mathscr{F}(n))$$

für kohärente Garben $\mathscr{F}$ zu untersuchen. $\Gamma_{\bullet}(X, \mathscr{F})$ nennen wir dabei auch den *totalen Schnittmodul von* $\mathscr{F}$. Natürlich ist dieser Modul nicht nur von X und $\mathscr{F}$, sondern auch von der Einbettung $X \hookrightarrow \mathbb{P}^d$ abhängig. ○

Wir wenden uns zunächst dem Spezialfall $\mathscr{F} = \mathcal{O}_X$ zu.

(25.9) **Bemerkung und Definition:** A) Sei wieder $X \subseteq \mathbb{P}^d$ abgeschlossen. Sei $\pi : \mathring{c}\mathbb{A}(X) \to X$ die kanonische Projektion aus dem punktierten affinen Kegel. Sei $A = \mathcal{O}(c\mathbb{A}(X))$ der homogene Koordinatenring von X. Ist $U \subseteq X$ offen, so schreiben wir wieder $\tilde{U} := \pi^{-1}(U)$. Dann ist jeweils $\Gamma(U, \mathcal{O}_X(n)) = \mathcal{O}_X(n)(U) \subseteq \mathcal{O}(\tilde{U})$, so wird $\sum_{n \in \mathbb{Z}} \Gamma(U, \mathcal{O}_X(n)) \subseteq \mathcal{O}(\tilde{U})$ ein Unterring. Dabei ist die auftretende Summe direkt. Ist nämlich $\sum_{i=1}^{s} \gamma_i = 0$ mit $\gamma_i \in \Gamma(U, \mathcal{O}_X(n_i))$ $(n_1 < \ldots < n_s)$ und ist $p \in U$, so finden wir eine Umgebung $V \subseteq U$ von p und homogene Elemente $g_i \in A_{t_i}$, $h_i \in A_{t_i + n_i}$, derart, dass auf $\tilde{V}$ gilt $\gamma_i = \frac{h_i}{g_i}$. Dabei können wir annehmen, es sei $V = U_X^+(l)$, wo $l \in A - \{0\}$ homogen ist. Dann folgt $\sum_{i=1}^{s} l \prod_{j \neq i} g_j h_i = 0$. Dabei sind die Elemente $l \prod_{j \neq i} g_j h_i \in A$ homogen und von paarweise verschiedenen Graden. Es folgt $l \prod_{j \neq i} g_j h_i = 0$, also

$$\gamma_i \restriction \tilde{V} = (l^{-1} \prod_j g_j^{-1}) \, (l \prod_{j \neq i} g_j h_i) \restriction \tilde{V} = 0,$$

mithin $\gamma_i = 0$, $(i = 1, \ldots, s)$.

Wir erhalten also die folgende Inklusion von Ringen

(i) $$A \subseteq \bigoplus_{n \in \mathbb{Z}} \Gamma(U, \mathcal{O}_X(n)) \subseteq \mathcal{O}(\tilde{U}).$$

Mit $U=X$ können wir also schreiben

(ii) $$A = \mathcal{O}(c\mathbb{A}(X)) \subseteq \bigoplus_{n\in\mathbb{Z}} \Gamma(X, \mathcal{O}_X(n)) = \Gamma_{\!\bullet}(X, \mathcal{O}_X) \subseteq \mathcal{O}(\mathring{c}\mathbb{A}(X)).$$

Insbesondere ist also $\Gamma_{\!\bullet}(X, \mathcal{O}_X)$ ein graduierter Ring, der sogenannte *totale Schnittring* von X.

B) Ist $\mathcal{F}$ eine Garbe von $\mathcal{O}_X$-Moduln, so wird $\Gamma_{\!\bullet}(U, \mathcal{F})$ jeweils zum graduierten $\Gamma_{\!\bullet}(U, \mathcal{O}_X)$-Modul. Das Produkt $f\,m$ zweier homogener Schnitte $f \in \Gamma(U, \mathcal{O}_X(r))$, $m \in \Gamma(U, \mathcal{F}(n))$ ist dabei definiert als der durch

$$p \mapsto f_p \otimes m_p \in \mathcal{O}_X(r)_p \otimes \mathcal{F}(n)_p = \mathcal{F}(n+r)_p$$

gegebene Schnitt $f\,m \in \Gamma(U, \mathcal{F}(n+r))$. Die so eingeführte Skalarenmultiplikation stimmt im Fall $\mathcal{F} = \mathcal{O}_X$ mit der in A) definierten Multiplikation auf $\Gamma_{\!\bullet}(U, \mathcal{O}_X)$ überein. ○

(25.10) **Beispiel:** Versehen wir $\mathbb{P}^d$ $(d>0)$ mit den homogenen Koordinaten $z_0, \ldots, z_d$, so gilt

(i) $$\Gamma_{\!\bullet}(\mathbb{P}^d, \mathcal{O}_{\mathbb{P}^d}) = \mathcal{O}(\mathbb{A}^{d+1}) = \mathbb{C}[z_0, \ldots, z_d], \quad (d>0).$$

Beweis: Wir wissen schon lange, dass $\mathcal{O}(\mathring{c}\mathbb{A}(\mathbb{P}^d)) = \mathcal{O}(\mathbb{A}^{d+1} - \{0\}) = \mathcal{O}(\mathbb{A}^{d+1}) = \mathcal{O}(c\mathbb{A}(\mathbb{P}^d))$ (vgl. (7.11)F)).

Aus (i) folgt jetzt insbesondere für alle $d \in \mathbb{N}$:

(ii) $$\Gamma(\mathbb{P}^d, \mathcal{O}_{\mathbb{P}^d}(n)) = \mathbb{C}[z_0, \ldots, z_d]_n = \bigoplus_{\substack{\nu_i \geq 0 \\ \Sigma\nu_i = n}} \mathbb{C}\, z_0^{\nu_0} \ldots z_d^{\nu_d}$$

(iii) $$\dim_{\mathbb{C}}(\Gamma(\mathbb{P}^d, \mathcal{O}_{\mathbb{P}^d}(n))) = \begin{cases} 0, & \text{falls } n < 0 \\ \binom{n+d}{d}, & \text{falls } n \geq 0. \end{cases}$$

Damit ist (26.5) verallgemeinert auf beliebige Dimension. ○

Wir wollen jetzt mit der Untersuchung der Schnittmoduln $\Gamma_{\!\bullet}(X, \mathcal{F})$ beginnen und zeigen:

(25.11) **Satz:** *Sei $X \subseteq \mathbb{P}^d$ abgeschlossen mit dem homogenen Korodinatenring $A = \bigoplus_{n\geq 0} A_n$, sei $f \in A_l - \{0\}$ und sei $\mathcal{F}$ eine quasikohärente Garbe von $\mathcal{O}_X$-Moduln. Wir setzen $U = U_X^+(f) = X - V_X^+(f)$.*

(i) Ist $\gamma \in \Gamma(X, \mathscr{F})$ mit $\rho_U^X(\gamma)=0$, so gibt es ein $n \in \mathbb{N}$, derart dass in $\Gamma(X, \mathscr{F}(n))$ gilt $f^n \gamma=0$.

(ii) *Ist $\delta \in \Gamma(U, \mathscr{F})$, so gibt es ein $n \in \mathbb{N}$ und ein $\bar{\delta} \in \Gamma(X, \mathscr{F}(n))$ mit $f^n \delta=\rho_U^X(\bar{\delta})$.*

Beweis: (i): Wir wählen eine $\mathbb{C}$-Basis $f_0, \ldots, f_r$ von A_1 und betrachten die affinen offenen Teilmengen $U_i=U_X^+(f_i)$. Dann ist $U_i \cap U=U_{U_i}(f_i^{-1}f)$. Wegen $\rho_{U_i \cap U}^X(\gamma)=0$ finden wir ein $n_i \in \mathbb{N}$ mit $(f_i^{-1} f)^{n_i} \rho_{U_i}^X(\gamma)=0$. Mit $n=\max\{n_i \mid i=1, \ldots, r\}$ folgt in $\Gamma(U_i, \mathscr{F}(n))$ jeweils $\rho_{U_i}^X(f^n\gamma)=f^n\rho_{U_i}^X(\gamma)=0$. Wegen $X=U_0 \cup \ldots \cup U_r$ erhalten wir $f^n \gamma=0$.

(ii): Wir behalten die Bezeichnungen von (i) bei. Wir finden dann natürliche Zahlen s_i und Elemente $\tau_i \in \mathscr{F}(U_i)$ mit $(f_i^{-1} f)^{s_i} \rho_{U_i \cap U}^U(\delta)=\rho_{U_i \cap U}^{U_i}(\tau_i)$. Mit $s=\max\{s_i \mid i=1, \ldots, r\}$ und $\bar{\tau}_i=(f_i^{-1} f)^{s-s_i} \tau_i$ folgt jetzt $(f_i^{-1} f)^s \rho_{U_i \cap U}^U(\delta)=\rho_{U_i \cap U}^{U_i}(\bar{\tau}_i)$. Mit $\tau_i'=f_i^s \bar{\tau}_i$ folgt $\rho_{U_i \cap U}^U(f^s \delta)=\rho_{U_i \cap U}^{U_i}(\tau_i')$ in $\mathscr{F}(s)(U_i \cap U)$. Insbesondere stimmen die Schnitte $\rho_{U_i \cap U_j}^{U_i}(\tau_i')$ und $\rho_{U_i \cap U_j}^{U_j}(\tau_j')$ auf $U_i \cap U_j \cap U$ überein. Dabei ist $U_i \cap U_j$ affin und es gilt $U_i \cap U_j \cap U=U_{U_i \cap U_j}(f_i^{-1} f_j^{-1} f^2)$. Es gibt deshalb natürliche Zahlen $t_{i,j}$ mit $(f_i^{-1} f_j^{-1} f^2)^{t_{i,j}} \rho_{U_i \cap U_j}^{U_i}(\tau_i')=(f_i^{-1} f_j^{-1} f^2)^{t_{i,j}} \rho_{U_i \cap U_j}^{U_j}(\tau_j')$.

Setzen wir $t=\max\{t_{i,j} \mid 1 \leqslant i, j \leqslant r\}$, $n=s+2t$, so erhalten wir in $\mathscr{F}(n)(U_i \cap U_j)$ jeweils die Gleichung $\rho_{U_i \cap U_j}^{U_i}(f^{2t}\tau_i')=\rho_{U_i \cap U_j}^{U_j}(f^{2t} \tau_j')$. Es gibt deshalb einen Schnitt $\bar{\delta} \in \Gamma(X, \mathscr{F}(n))$ mit $\rho_{U_i}^X(\bar{\delta})=f^{2t} \tau_i'$. Es folgt $\rho_{U_i \cap U}^U(f^n \delta)=\rho_{U_i \cap U}^U(f^{2t} f^s \delta)=\rho_{U_i \cap U}^{U_i}(f^{2t} \tau_i')=\rho_{U_i \cap U}^X(\bar{\delta})$, also $f^n \delta=\rho_U^X(\bar{\delta})$. □

(25.12) **Bemerkung:** Wir wählen $X \subseteq \mathbb{P}^d$, $A=\bigoplus_{n \geqslant 0} A_n$, $f \in A_1-\{0\}$ wie in (25.11) und setzen $U=U_X^+(f)$. In den Bezeichnungen von (25.9) gilt dann $\tilde{U}=U_{cA(X)}(f)$, also $\mathcal{O}(\tilde{U})=A_f$. Andrerseits ist $(A_f)_n \subseteq \Gamma(U, \mathcal{O}_X(n))$, also $A_f \subseteq \Gamma_*(U, \mathcal{O}_X)$. Im Hinblick auf (25.9) (i) können wir also schreiben

(i) $$\Gamma_*(U_X^+(f), \mathcal{O}_X) = A_f.$$

Insbesondere können wir $\Gamma_*(U_X^+(f), \mathscr{F})$ für jede Garbe $\mathscr{F}$ von $\mathcal{O}_X$-Moduln als graduierten A_f-Modul auffassen. (25.11) besagt nun, dass für eine quasikohärente Garbe $\mathscr{F}$ das folgende kommutative Diagramm besteht ($U=U_X^+(f)$):

(ii)
$$\begin{array}{ccccc}
\Gamma_*(X, \mathscr{F}) & \xrightarrow{\rho_U^X} & \Gamma_*(U, \mathscr{F}) & \ni & f^{-n}\rho_U^X(\gamma) \\
& \searrow^{\eta_f} \quad \circlearrowleft & \uparrow \varphi_f^+ \ \wr\wr & & \updownarrow \\
& & \Gamma_*(X, F)_f & \ni & \dfrac{\gamma}{f^n}
\end{array}$$

○

Induzierte Garben. Einer Modulgarbe $\mathscr{F}$ über einer abgeschlossenen Menge $X \subseteq \mathbb{P}^d$ haben wir bis jetzt einen graduierten Modul zugeordnet – den totalen Schnittmodul $\Gamma_{\bullet}(X, \mathscr{F})$. Wir wollen nun umgekehrt eine Konstruktion angeben, welche einem graduierten Modul eine Garbe über X zuordnet.

(25.13) **Definitionen und Bemerkungen:** A) Sei $X \subseteq \mathbb{P}^d$ abgeschlossen, sei

$$A = \bigoplus_{n \geq 0} A_n = \mathcal{O}(c\mathbb{A}(X))$$

der homogene Koordinatenring von X. Ist $p \in X$, so schreiben wir $S(p)$ für die Menge der homogenen Elemente $h \in A$, welche auf p nicht verschwinden, d.h. für welche $p \notin V_X^+(h)$. $S(p)$ ist eine Nennermenge, und wir wissen bereits, dass $S(p)^{-1}A$ ein graduierter Ring ist, dessen 0-ter homogener Teil $(S(p)^{-1}A)_0$ offenbar mit dem lokalen Ring $\mathcal{O}_{X,p}$ übereinstimmt:

(i) $\quad (S(p)^{-1}A)_0 = \mathcal{O}_{X,p}, \quad (p \in X).$

Sei jetzt $M = \bigoplus_{n \in \mathbb{Z}} M_n$ ein graduierter A-Modul. Dann ist $S(p)^{-1}M$ ein graduierter Modul über $S(p)^{-1}A$. Der n-te homogene Teil $(S(p)^{-1}M)_n$ ist also ein Modul über $(S(p)^{-1}A)_0 = \mathcal{O}_{X,p}$. Dabei können wir schreiben

(ii) $\quad (S(p)^{-1}M)_n = \left\{ \frac{m}{s} \in S(p)^{-1}M \;\middle|\; s \in S(p) \cap A_r,\, m \in M_{n+r} \right\}.$

B) Wir behalten die obigen Bezeichnungen bei. Ist $U \subseteq X$ offen, so schreiben wir $\tilde{M}^+(U)$ für die Menge aller Kollektionen $\gamma = (\ldots, \gamma_p, \ldots,) \in \prod_{p \in X} (S(p)^{-1}M)_0$ mit der Eigenschaft

(iii) *Zu jedem Punkt $p \in U$ gibt es eine offene Umgebung $V \subseteq U$ und homogene Elemente $m \in M_r$, $s \in A_r$, derart, dass für alle $q \in V$ gilt $s \in S(q)$, $\gamma_q = \frac{m}{s}$.*

$\tilde{M}^+(U)$ ist in kanonischer Weise ein $\mathcal{O}_X(U)$-Modul und man sieht sofort, dass durch

(iv) (a) $U \mapsto \tilde{M}^+(U), (U \subseteq X$ *offen*$)$,

(b) $\rho_V^U : \tilde{M}^+(U) \xrightarrow{\;\cdot\restriction\;} \tilde{M}^+(V), (V \subseteq U \subseteq X$ *offen*$)$

eine Garbe $\tilde{M}^+$ von $\mathcal{O}_X$-Moduln definiert wird. Diese Garbe $\tilde{M}^+$ nennen wir die durch den graduierten A-Modul M *induzierte Garbe von* $\mathcal{O}_X$-Moduln.

C) Sofort sieht man, dass die Zuordnung $\gamma = (\ldots, \gamma_p, \ldots) \mapsto \gamma_p$ es erlaubt, den Keim von γ in p mit der Komponente γ_p zu identifizieren. Wir können also schreiben:

(v) $\quad \tilde{M}_p^+ = (S(p)^{-1}M)_0, \quad (p \in X).$

Wir können die obige Konstruktion mit $M=A$ durchführen. Dann ist offenbar $\tilde{A}^+(U)=\Gamma(U, \mathcal{O}_X)=\mathcal{O}_X(U)$. Wir können also sagen

(vi) $\tilde{A}^+ = \mathcal{O}_X$.

Ist $x=s^{-1}\sum_{i\geq t} m_i \in S(p)^{-1}M$, $(s \in S(p),\ m_i \in M_i)$ und $u \in S(p)\cap A_1$, so ist $x=(su^{r-t})^{-1}\sum_{i\geq t} u^{r-t}\ m_i \in S(p)^{-1}M_{\geq r}$, wo $M_{\geq r}=\bigoplus_{n\geq r} M_n$. Es folgt $S(p)^{-1}M=S(p)^{-1}M_{\geq r}$, also:

(vii) $\tilde{M}^+_{\geq r} = \tilde{M}^+,\ (r \in \mathbb{Z})$. ○

(25.14) **Lemma:** *Sei $X\subseteq\mathbb{P}^d$ abgeschlossen mit dem homogenen Koordinatenring $A=\bigoplus_{n\geq 0} A_n$ und sei $M=\bigoplus_{n\in\mathbb{Z}} M_n$ ein graduierter A-Modul. Sei $f\in A_1-\{0\}$ und sei $U\subseteq X$ die affine offene Menge $U_X^+(f)$. Fassen wir $(M_f)_0$ auf als Modul über $(A_f)_0=\mathcal{O}_X(U)$, so gilt*

$$\tilde{M}^+\restriction U = ((M_f)_0)^{\sim}.$$

Beweis: Sei $p\in U$. Dann ist $f\in S(p)$. Wir setzen nun $\overline{S}(p) = \left\{\frac{t}{f^r}\in A_f \mid t\in S(p)\right\}$ und erhalten so $\left(\text{weil } \frac{\frac{m}{f^n}}{\frac{t}{f^r}} = \frac{m}{t}f^{r-n}\right)$ $S(p)^{-1}M=\overline{S}(p)^{-1}(M_f)$. Schreiben wir nun $\overline{S}(p)_0=\overline{S}(p)\cap(A_f)_0= \left\{\frac{u}{f^r}\mid u\in S(p)\cap A_r;\ r\geq 0\right\}$, so ist offensichtlich in $\mathcal{O}(U)=(A_f)_0$ die folgende Gleichheit erfüllt: $\mathcal{O}(U)-I_U(p)=\overline{S}(p)_0$. Andrerseits ist $(\overline{S}(p)^{-1}(M_f))_0=\overline{S}(p)_0^{-1}(M_f)_0$. So folgt schliesslich $(\tilde{M}^+\restriction U)_p=\tilde{M}_p^+=(S(p)^{-1}M)_0=(\overline{S}(p)^{-1}(M_f))_0=\overline{S}(p)_0^{-1}(M_f)_0=(\mathcal{O}(U)-I_U(p))^{-1}(M_f)_0=((M_f)_0)_{I_U(p)}$. Ist jetzt $V\subseteq U$ offen, so folgt aus der Definition von $\tilde{M}^+(V)$ und von $((M_f)_0)^{\sim}(V)$, dass diese zwei $\mathcal{O}(V)$-Moduln übereinstimmen. Dies beweist die Behauptung. □

(25.15) **Satz:** *Sei $X\subseteq\mathbb{P}^d$ abgeschlossen mit dem homogenen Koordinatenring A und sei M ein graduierter A-Modul. Dann gilt:*

(i) *Die induzierte Garbe $\tilde{M}^+$ ist quasikohärent.*

(ii) *Ist M endlich erzeugt, so ist $\tilde{M}^+$ kohärent.*

Beweis: X besitzt eine Überdeckung durch affine offene Mengen der Form $U=U_X^+(f)$ mit $f\in A_1-\{0\}$. Nach (25.14) ist dabei $\tilde{M}^+\restriction U$ jeweils quasikohärent. Dies beweist (i). Ist M endlich erzeugt, so können wir schreiben $M=\sum_{i\leq r} A\,m_i$, wo $m_i\in M_{n_i}$ homogen ist. Dann wird $(M_f)_0=\sum_{i\leq r}(A_f)_0\frac{m_i}{f^{n_i}}$ ein endlich erzeugter Modul über $\mathcal{O}(U)=(A_f)_0$. Nach (25.14) ist deshalb $\tilde{M}^+\restriction U$ kohärent. Dies beweist (ii). □

(25.16) **Definition und Bemerkung:** A) Sei $X \subseteq \mathbb{P}^d$ abgeschlossen mit dem homogenen Koordinatenring A, seien $M = \bigoplus_{n \in \mathbb{Z}} M_n$, $N = \bigoplus_{n \in \mathbb{Z}} N_n$ zwei graduierte A-Moduln und sei $h: M \to N$ ein homogener Homomorphismus (d.h. es gelte $h(M_n) \subseteq N_n$, $\forall\, n \in \mathbb{Z}$). Dann ist der durch Nenneraufnahme entstehende Homomorphismus

$$S(p)^{-1}h : S(p)^{-1}M \longrightarrow S(p)^{-1}N$$

homogen. Insbesondere ist dessen 0-ter homogener Teil

$$\text{(i)}\quad (\tilde{M}^+)_p = (S(p)^{-1}M)_0 \xrightarrow{(S(p)^{-1}h)_0} (S(p)^{-1}N)_0 = (\tilde{N}^+)_p \;;\quad \frac{m}{s} \mapsto \frac{h(m)}{s}$$

ein $(S(p)^{-1}A)_0 = \mathcal{O}_{X,p}$-Homomorphismus.

Leicht sieht man jetzt, dass ein Garbenhomomorphismus

$$\text{(ii)}\qquad \tilde{h}^+ : \tilde{M}^+ \to \tilde{N}^+$$

besteht, der in den Halmen über p gegeben ist durch

$$\text{(iii)}\qquad \tilde{h}^+_p = (S(p)^{-1}h)_0.$$

$\tilde{h}^+$ heisst der durch h *induzierte Garbenhomomorphismus.*

B) Das Induzieren ist offenbar funktionell

$$\text{(iv)}\quad \text{(a)}\quad (\mathrm{id}_M)^{\sim}_{+} = \mathrm{id}_{\tilde{M}^+}.$$
$$\phantom{\text{(iv)}}\quad \text{(b)}\quad (h \cdot l)^{\sim +} = \tilde{h}^+ \cdot \tilde{l}^+$$

Weil die Nenneraufnahme exakt ist, folgt aus (iii) die Exaktheit des Induzierens:

(v) *Ist* $M_\cdot : \ldots M_{i-1} \xrightarrow{h_{i-1}} M_i \xrightarrow{h_i} M_{i+1} \ldots$ *eine an der Stelle i exakte Sequenz homogener Homomorphismen graduierter A-Moduln, so ist die induzierte Garbensequenz* $\tilde{M}^+_\cdot : \ldots \tilde{M}^+_{i-1} \xrightarrow{\tilde{h}^+_{i-1}} \tilde{M}^+_i \xrightarrow{\tilde{h}^+_i} \tilde{M}^+_{i+1} \ldots$ *an der Stelle i exakt.*

C) Ist $M = \bigoplus_{n \in \mathbb{Z}} M_n$ ein graduierter A-Modul und ist $r \in \mathbb{Z}$, so schreiben wir $M(r)$ für den um *r nach links verschobenen Modul M*. $M(r)$ ist also der graduierte A-Modul, dessen n-ter homogener Teil gerade M_{n+r} ist:

$$\text{(vi)}\qquad M(r)_n = M_{n+r},\quad M(r) = \bigoplus_{n \in \mathbb{Z}} M_{n+r}.$$

Ist $h : M \to N$ ein homogener Homomorphismus, so definieren wir dessen r-te Linksverschiebung $h(r) : M(r) \to N(r)$ entsprechend durch

(vii) $$h(r)_n = h_{r+n}.$$

D) Wir wollen uns nun mit dem Zusammenhang zwischen dem Verschieben von Moduln und dem Verdrehen von Garben befassen. Dazu betrachten wir einen graduierten A-Modul M und einen Punkt $p \in X$. Sei $r \in \mathbb{Z}$. Durch

$$\frac{a}{s} \mapsto \left(\frac{a}{s}\right)_p, \ (a \in A_{n+r}, \ s \in S(p) \cap A_n)$$

wird offenbar ein Isomorphismus

$$\widetilde{A(r)}_p^+ = \left(S(p)^{-1} A(r)\right)_0 \xrightarrow[\cong]{i_p} \mathcal{O}_X(r)_p$$

definiert. Es besteht sogar ein Isomorphismus

$$i : \widetilde{A(r)}^+ \xrightarrow{\cong} \mathcal{O}_X(r),$$

der in den Halmen über p gerade durch i_p gegeben ist. Vermöge i identifizieren wir $\mathcal{O}_X(r)$ mit $\widetilde{A(r)}^+$:

(iix) $$\mathcal{O}_X(r) = \widetilde{A(r)}^+, \quad \mathcal{O}_X(r)_p = S(p)^{-1} A(r) = (S(p)^{-1} A)_r.$$

Sei jetzt M ein graduierter A-Modul. Der durch $\frac{a}{s} \otimes m \mapsto \frac{am}{s}$ definierte Isomorphismus $S(p)^{-1} A \otimes M \xrightarrow{\cong} S(p)^{-1} M$ führt zu einem kanonischen Isomorphismus j_p

$$\tilde{M}^+(r)_p = \mathcal{O}_X(r)_p \otimes \tilde{M}_p^+ =$$

$$= (S(p)^{-1} A)_r \otimes (S(p)^{-1} M)_0 \xrightarrow[\cong]{j_p} (S(p)^{-1} M)_r =$$

$$= (S(p)^{-1} M(r))_0 = \widetilde{M(r)}_p^+.$$

Entsprechend besteht ein Garbenisomorphismus

(ix) $$j : \tilde{M}^+(r) \xrightarrow{\cong} \widetilde{M(r)}^+,$$

der in den Halmen über p gegeben ist durch j_p.

j ist dabei natürlich: Ist ein homogener Homomorphismus $h : M \to N$ gegeben, so besteht das Diagramm

(x)
$$\begin{array}{ccc} \tilde{M}^+(r) & \longrightarrow & \tilde{N}^+(r) \\ j\downarrow\wr\!\!\parallel & \circlearrowleft & j\downarrow\wr\!\!\parallel \\ \widetilde{M(r)}^+ & \longrightarrow & \widetilde{N(r)}^+ \end{array}$$

(xi) *Dem Verschieben von Moduln entspricht also das Verdrehen von Garben.* ○

Schnittmoduln induzierter Garben. Gemäss (25.15) induziert jeder graduierte Modul eine quasikohärente Garbe. Umgekehrt sind alle quasikohärenten Garben über projektiven Varietäten durch graduierte Moduln induziert. Es gilt nämlich:

(25.17) **Satz:** *Ist $X \subseteq \mathbb{P}^d$ abgeschlossen und ist $\mathscr{F}$ eine quasikohärente Garbe von $\mathcal{O}_X$-Moduln, so besteht ein Garbenisomorphismus*

$$\varepsilon : \Gamma_{\bullet}(X, \mathscr{F})^{\sim +} \xrightarrow[\cong]{} \mathscr{F},$$

welcher in den Halmen über $p \in X$ gegeben ist durch

$$\frac{m}{s} \mapsto s_p^{-1} \otimes m_p \quad (m \in \Gamma(X, \mathscr{F}(n)), s \in S(p) \cap A_n).$$

Beweis: Wir schreiben $\Gamma = \Gamma_{\bullet}(X, \mathscr{F})$, $\tilde{\Gamma}_p^+ = (S(p)^{-1}\,\Gamma)_0$. Es ist dann klar, dass durch die angegebene Vorschrift $\frac{m}{s} \mapsto s_p^{-1} \otimes m_p \in \mathcal{O}_X(-n)_p \otimes \mathscr{F}(n)_p = \mathscr{F}_p$ ein Isomorphismus $\varepsilon_p : \tilde{\Gamma}_p^+ \to \mathscr{F}_p$ definiert wird. Ist $U \subseteq X$ offen und $\gamma = (\ldots, \gamma_p, \ldots) \in \tilde{\Gamma}^+(U)$, so ist $\varepsilon_U(\gamma) := (\ldots, \varepsilon_p(\gamma_p), \ldots) \in \Gamma(U, \mathscr{F}) = \mathscr{F}(U)$. Dabei ist durch $\gamma \mapsto \varepsilon_U(\gamma)$ jeweils ein Homomorphismus von $\mathcal{O}(U)$-Moduln gegeben. Die Kollektion $\{\varepsilon_U \mid U \subseteq X \text{ offen}\}$ definiert jetzt einen Garbenhomomorphismus $\varepsilon : \Gamma \to \mathscr{F}$, der in den Halmen über p gerade mit ε_p übereinstimmt.

Sei jetzt $f \in A_1 - \{0\}$ und $U = U_X^+(f)$. Nach (25.12) und (25.14) besteht dann die Situation

$$\begin{array}{ccc} \tilde{\Gamma}^+(U) & \xrightarrow{\varepsilon_U} & \mathscr{F}(U) \\ \parallel & & \parallel \\ (\Gamma_f)_0 & \xrightarrow[\cong]{\varphi_f^+} & \Gamma(U, \mathscr{F}) \end{array}$$

Also ist $\varepsilon \restriction U = (\varphi_f^+)^{\sim} : \tilde{\Gamma}^+ \restriction U \to \mathscr{F}(U)^{\sim} = \mathscr{F} \restriction U$ ein Isomorphismus. Dies beweist alles. □

(25.17)′ **Bemerkung:** Der Isomorphismus $\varepsilon : \Gamma_*(X, \mathscr{F})^{\sim +} \to \mathscr{F}$ ist *natürlich.* Genauer heisst dies folgendes: Ist $h : \mathscr{F} \to \mathscr{G}$ ein Homomorphismus zwischen zwei Garben von $\mathcal{O}_X$-Moduln ($X \subseteq \mathbb{P}^d$ abgeschlossen), so besteht ein homogener Homomorphismus (vgl. (21.11(i))):

$$\text{(i)} \qquad \Gamma_*(X, h) : \Gamma_*(X, \mathscr{F}) \xrightarrow{\bigoplus_n \Gamma(X, h(n))} \Gamma_*(X, \mathscr{G}).$$

Sind nun $\mathscr{F}$ und $\mathscr{G}$ quasikohärent, so besteht das Diagramm

$$\text{(ii)} \qquad \begin{array}{ccc} \Gamma_*(X, \mathscr{F})^{\sim +} & \xrightarrow{\Gamma_*(X, h)^{\sim +}} & \Gamma_*(X, \mathscr{G})^{\sim +} \\ \wr\!\!\downarrow \varepsilon & \circlearrowleft & \wr\!\!\downarrow \varepsilon \\ \mathscr{F} & \xrightarrow{\quad h \quad} & \mathscr{G} \end{array}$$

○

(25.18) **Bemerkung:** A) Gehen wir aus von einer quasikohärenten Garbe $\mathscr{F}$, so stimmt diese mit der durch den globalen Schnittmodul $\Gamma_*(X, \mathscr{F})$ induzierten Garbe überein. Umgekehrt braucht allerdings der globale Schnittmodul $\Gamma_*(X, \tilde{M}^+)$ der durch den graduierten Modul M induzierten Garbe nicht mit M übereinzustimmen (vgl. (25.13) (vii)). Wir wollen jetzt den Zusammenhang zwischen M und $\Gamma_*(X, \tilde{M}^+)$ genauer untersuchen. Dazu erinnern wir an die I-Torsion (vgl. (15.10))

$$T_I(M) = \{m \in M \mid \exists r \in \mathbb{N}: I^r m = 0\}$$

eines Moduls M.

B) Sei $X \subseteq \mathbb{P}^d$ abgeschlossen mit dem homogenen Koordinatenring A und sei $M = \bigoplus_{n \in \mathbb{Z}} M_n$ ein graduierter A-Modul. Ist $m \in M_n$, so definieren wir $\lambda_n(m) \in \Gamma(X, \tilde{M}^+(n))$ durch

$$\text{(i)} \qquad \lambda_n(m)_p = \frac{m}{1} \in (S(p)^{-1} M)_n = (S(p)^{-1} M(n))_0 = \tilde{M}^+(n)_p.$$

Durch $m \mapsto \lambda_n(m)$ wird so ein $\mathbb{C}$-Homomorphismus definiert:

$$\lambda_n : M_n \to \Gamma(X, \tilde{M}^+(n)).$$

So erhalten wir den homogenen Modulhomomorphismus

$$\text{(ii)}\qquad \lambda : M = \bigoplus_n M_n \xrightarrow{\ \bigoplus_n \lambda_n\ } \bigoplus_n \Gamma(X, \tilde{M}^+(n)) = \Gamma_*(X, \tilde{M}^+).$$

○

(25.19) **Satz:** *Sei $X \subseteq \mathbb{P}^d$ abgeschlossen mit dem homogenen Koordinatenring A. Sei $\mathfrak{m} = A_{\geqslant 1}$ das homogene Maximalideal von A, sei M ein graduierter A-Modul und sei $\lambda : M \to \Gamma_*(X, \tilde{M}^+)$ definiert wie oben. Dann ist $\tilde{\lambda}^+\ \tilde{M}^+ \to \Gamma_*(X, \tilde{M}^+)^{\sim +}$ invers zum Isomorphismus $\varepsilon : \Gamma_*(X, \tilde{M}^+)^{\sim +} \to \tilde{M}^+$ aus (25.17). Weiter gilt* Kern $(\lambda) = T_{\mathfrak{m}}(M)$ *und* Kokern $(\lambda) = T_{\mathfrak{m}}($Kokern $(\lambda))$.

Beweis: Die Aussage über $\tilde{\lambda}^+$ folgt aus der Definition.

Zum Nachweis der Behauptung über den Kern und den Kokern von λ wählen wir $f_1, \ldots, f_r \in A_1 - \{0\}$, derart, dass $\mathfrak{m} = (f_1, \ldots, f_r)$.

Die Sequenz

$$0 \longrightarrow \text{Kern}(\lambda) \longrightarrow M \xrightarrow{\ \lambda\ } \Gamma_*(X, \tilde{M}^+) \longrightarrow \text{Kokern}(\lambda) \longrightarrow 0$$

liefert durch Nenneraufnahme die exakten Sequenzen

$$0 \longrightarrow \text{Kern}(\lambda)_{f_i} \longrightarrow M_{f_i} \xrightarrow{\ \lambda_{f_i}\ } \Gamma_*(X, \tilde{M}^+)_{f_i} \longrightarrow \text{Kokern}(\lambda)_{f_i} \longrightarrow 0.$$

Weiter bestehen die Diagramme (vgl. (25.14), (25.17))

$$\begin{array}{ccc} (M_{f_i})_n & \xrightarrow{\qquad (\lambda_{f_i})_n \qquad} & (\Gamma_*(X, \tilde{M}^+)_{f_i})_n \\ \| & \circlearrowleft & \| \\ (M(n)_{f_i})_0 \cong & \Gamma(U_X^+(f_i), \tilde{M}^+(n)) & \cong (\Gamma_*(X, \tilde{M}^+(n))_{f_i})_0 \end{array}$$

welche zeigen, dass $\lambda_{f_i} = \oplus(\lambda_{f_i})_n$ jeweils ein Isomorphismus ist. Deshalb gilt Kern $(\lambda)_{f_i} =$ Kokern $(\lambda)_{f_i} = 0$. Daraus folgt die Behauptung sofort. □

(25.20) **Korollar:** *Seien $X \subseteq \mathbb{P}^d$, A und $\mathfrak{m}$ wie in (25.19). Sei M ein graduierter A-Modul und sei $\mathcal{F}$ eine quasikohärente Garbe von $\mathcal{O}_X$-Moduln. Dann gilt:*

(i) $\tilde{M}^+ = 0 \Leftrightarrow M = T_{\mathfrak{m}}(M)$.

(ii) $T_{\mathfrak{m}}(\Gamma_*(X, \mathcal{F})) = 0$.

Beweis: (i): Nach (25.19) besteht die exakte Sequenz

$$0 \to T_{\mathfrak{m}}(M) \to M \xrightarrow{\lambda} \Gamma_*(X, \tilde{M}^+).$$

Übergang zu den induzierten Garben liefert die exakte Sequenz

$$0 \to T_{\mathfrak{m}}(M)^{\sim +} \to \tilde{M}^+ \underset{\cong}{\xrightarrow{\tilde{\lambda}^+}} \Gamma_*(X, \tilde{M}^+)^{\sim +}.$$

Aus diesen zwei Sequenzen folgt die Behauptung.

(ii): Mit $\Gamma = \Gamma_*(X, \mathscr{F})$ besteht wegen $\mathscr{F} = \tilde{\Gamma}^+$ die Sequenz

$$0 \to T_{\mathfrak{m}}(\Gamma) \to \Gamma \xrightarrow{\lambda = \mathrm{id}} \Gamma.$$

Es folgt $T_{\mathfrak{m}}(\Gamma) = 0$. □

Der Endlichkeitssatz. Wir untersuchen jetzt speziell die totalen Schnittmoduln kohärenter Garben. Zuerst beweisen wir die folgende Ergänzung zu (25.15):

(25.21) **Lemma:** *Sei $X \subseteq \mathbb{P}^d$ abgeschlossen mit dem homogenen Koordinatenring A. Sei $\mathscr{F}$ eine kohärente Garbe von $\mathcal{O}_X$-Moduln. Dann gibt es einen endlich erzeugten graduierten A-Modul M mit $\mathscr{F} = \tilde{M}^+$.*

Beweis: Wir wählen eine $\mathbb{C}$-Basis $f_0, \ldots, f_r$ von A_1. Dann bilden die Mengen $U_i = U_X^+(f_i)$ eine offene Überdeckung von X, und $\Gamma(U_i, \mathscr{F})$ ist jeweils ein endlich erzeugter Modul über $(A_{f_i})_0 = \mathcal{O}(U_i)$. Sei $\delta_{i,1}, \ldots, \delta_{i,r_i}$ ein Erzeugendensystem von $\Gamma(U_i, \mathscr{F})$. Nach (25.11) (ii) gibt es Zahlen $n_{i,j} \in \mathbb{N}$ und Elemente

$$\bar{\delta}_{i,j} \in \Gamma(X, \mathscr{F}(n_{i,j})) \text{ mit } f_i^{n_{i,j}}\, \delta_{i,j} = \rho_{U_i}^X(\bar{\delta}_{i,j}).$$

Gemäss (25.12) (ii) gilt also in $\Gamma_*(U_i, \mathscr{F}) = \Gamma_*(X, \mathscr{F})_{f_i}$ jeweils die Beziehung $\delta_{i,j} = \dfrac{\bar{\delta}_{i,j}}{f_i^{n_{i,j}}}$.

Setzen wir nun $M = \sum_{i,j} A\bar{\delta}_{i,j}$! Dann wird

$$M_{f_i} = \sum_{i,j} A_{f_i}\, \bar{\delta}_{i,j} = \sum_{i,j} A_{f_i}\, \delta_{i,j} \supseteq \sum_j A_{f_i}\, \delta_{i,j} = \Gamma_*(U_i, \mathscr{F}) = \Gamma_*(X, \mathscr{F})_{f_i}.$$

Wegen $M \subseteq \Gamma_*(X, \mathscr{F})$ folgt $M_{f_i} = \Gamma_*(X, \mathscr{F})_{f_i}$. Mit $C = \Gamma_*(X, \mathscr{F})/M$ und $\mathfrak{m} = A_{\geq 1}$ ergibt sich so $T_{\mathfrak{m}}(C) = C$.

Betrachten wir nun die kurze exakte Sequenz

$$0 \longrightarrow M \xrightarrow{\text{inkl.}} \Gamma_*(X, \mathscr{F}) \longrightarrow C \longrightarrow 0,$$

so erhalten wir durch Übergang zu den zugehörigen Garben (vgl. (25.16) (v), (25.20) (i))

$$0 \longrightarrow \tilde{M}^+ \xrightarrow[\cong]{} \mathscr{F} \longrightarrow \tilde{C}^+ = 0. \qquad \square$$

Jetzt beweisen wir das Hauptresultat über die totalen Schnittmoduln kohärenter Garben.

(25.22) **Satz** (*Endlichkeitssatz*): *Sei $X \subseteq \mathbb{P}^d$ abgeschlossen mit dem homogenen Koordinatenring A und sei $\mathscr{F}$ eine kohärente Garbe von $\mathcal{O}_X$-Moduln. Dann ist $\Gamma_*(X, \mathscr{F})_{\geqslant r} = \bigoplus_{n \geqslant r} \Gamma(X, \mathscr{F}(n))$ ein endlich erzeugter A-Modul für alle $r \in \mathbb{Z}$. Insbesondere ist $\Gamma(X, \mathscr{F}(n))$ jeweils ein $\mathbb{C}$-Vektorraum endlicher Dimension.*

Beweis: Gemäss (25.21) ist $\mathscr{F}$ von der Form $\tilde{M}^+$ mit einem endlich erzeugten, graduierten A-Modul M. Wir zeigen jetzt durch Induktion nach $\dim(M)$ (vgl. (10.11) (ii)), dass $\Gamma_*(X, \tilde{M}^+)_{\geqslant r}$ endlich erzeugt ist für alle $r \in \mathbb{Z}$.

Sei zunächst $\dim(M) = 0$. Dann ist $M_n = 0$ für alle $n \gg 0$, also $M_{\geqslant r} = 0$ für ein $r \in \mathbb{Z}$ (vgl. Bew. zu (15.14)). Es folgt $\tilde{M}^+ = \tilde{M}^+{}_{\geqslant r} = \tilde{0}^+ = 0$, mithin die Behauptung.

Sei also $\dim(M) > 0$. Nehmen wir an, die Behauptung sei falsch. Dann ist $\Gamma_*(X, \tilde{M}^+)_{\geqslant r}$ nicht endlich erzeugt für ein $r \in \mathbb{Z}$. Wir finden dann einen maximalen graduierten Untermodul N von M, derart, dass $\Gamma_*(X, (M/N)^{\sim +})$ nicht endlich erzeugt ist. Nach Induktionsvoraussetzung ist dann $\dim(M/N) = \dim(M)$. Wir ersetzen jetzt M durch (M/N). Dann ist $\Gamma_*(X, (M/N)^{\sim +})_{\geqslant r}$ endlich erzeugt für jeden graduierten Untermodul $N \neq 0$ von M. Wir wollen zeigen, dass dies auf einen Widerspruch führt.

Wir wählen dazu ein Primideal $\mathfrak{p} \in \mathrm{Ass}(M)$. $\mathfrak{p}$ ist homogen und es gilt $\mathfrak{p} = \mathrm{ann}(Am)$, wo $m \in M - \{0\}$ homogen ist. Ist $m \in M_s$, so erhalten wir also die folgende exakte homogene Sequenz

$$0 \longrightarrow A/\mathfrak{p}(-s) \xrightarrow{i} M \longrightarrow M/Am \longrightarrow 0,$$

in welcher i gegeben ist durch $a/\mathfrak{p} \mapsto am$. Übergang zu den induzierten Garben liefert die exakte Sequenz (25.16) (v)

$$0 \to (A/\mathfrak{p})^{\sim +}(-s) \to \tilde{M}^+ \to (M/Am)^{\sim +} \to 0.$$

Weil der Übergang $\mathscr{F} \mapsto \Gamma(X, \mathscr{F})$ linksexakt ist, ergibt sich schliesslich die exakte Sequenz

$$0 \to \Gamma_*(X, (A/\mathfrak{p})^{\sim +}(-s))_{\geqslant r} \to \Gamma_*(S, \tilde{M}^+)_{\geqslant r} \to \Gamma_*(X, (M/Am)^{\sim +})_{\geqslant r}.$$

Nach unseren Annahmen ist der rechtsstehende Modul endlich erzeugt, währenddem es der mittlere nicht ist. Der linksstehende Modul ist deshalb ebenfalls nicht endlich erzeugt. Nach Induktionsvoraussetzung ist deshalb insbesondere $\dim(A/\mathfrak{p}) \geqslant \dim(M)$, also $\dim(A/\mathfrak{p}) = \dim(M)$.

Wir zeigen jetzt, dass $\Gamma_*(X, (A/\mathfrak{p})^{\sim +})_{\geqslant t}$ für alle $t \in \mathbb{Z}$ endlich erzeugt ist. Damit wird dann der linksstehende Modul in der vorangehenden Sequenz endlich erzeugt, und wir haben einen Widerspruch erhalten.

Wir setzen $Y = V_X^+(\mathfrak{p})$, $\overline{A} = A/\mathfrak{p}$. Dann ist $\overline{A}$ der homogene Koordinatenring der abgeschlossenen Menge $Y \subseteq X$. Ist $p \in X - Y$, so ist $S(p) \cap \mathfrak{p} \neq \emptyset$, also $\overset{\simeq+}{A}_p = (S(p)^{-1}\overline{A})_0 = 0$. Ist $p \in Y$, so ist $\overset{\simeq+}{A}_p = (S(p)^{-1}\overline{A})_0 = \mathcal{O}_{Y,p}$. Deshalb besteht ein Isomorphismus $\Gamma(X, \overset{\simeq+}{A}) \xrightarrow[\cong]{\cdot\upharpoonright} \Gamma(Y, \overset{\simeq+}{A}) = \Gamma(Y, \mathcal{O}_Y) = \mathbb{C}$, wobei die letzte Gleichung gilt, weil Y irreduzibel, also zusammenhängend ist.

Nun wählen wir $c \in A_1 - \mathfrak{p}$, und erhalten die Sequenz

$$0 \longrightarrow \overline{A} \xrightarrow{\;c\;} \overline{A}(1) \longrightarrow \overline{A}/c\overline{A}(1) \longrightarrow 0.$$

Übergang zu den induzierten Garben und dann zu den Schnittmoduln liefert die exakte Sequenz

$$0 \longrightarrow \Gamma_*(X, \overset{\simeq+}{A})_{\geqslant 0} \xrightarrow{\;c\;} \Gamma_*(X, \overset{\simeq+}{A})_{\geqslant 1} \longrightarrow \Gamma_*(X, (\overline{A}/c\overline{A})^{\sim +})_{\geqslant 1}.$$

Nach Induktion ist der rechtsstehende Modul endlich erzeugt. Mithin gilt dasselbe für $\Gamma_*(X, \overset{\simeq+}{A})_{\geqslant 1}/c\Gamma_*(X, \overset{\simeq+}{A})_{\geqslant 0}$. Mit einem geeigneten endlich erzeugten graduierten A-Modul $N \subseteq \Gamma_*(X, \overset{\simeq+}{A})_{\geqslant 0}$ gilt also $\Gamma_*(X, \overset{\simeq+}{A})_{\geqslant 1} = N + c\Gamma_*(X, \overset{\simeq+}{A})_{\geqslant 0}$.

Durch Induktion über n folgt jetzt sofort $\Gamma_*(X, \overset{\simeq+}{A})_n = N_n + \Gamma(X, \overset{\simeq+}{A})A_n$ für alle $n \geqslant 0$. Also stimmt $\Gamma_*(X, \overset{\simeq+}{A})_{\geqslant 0}$ mit dem endlich erzeugten A-Modul $N + \Gamma(X, \overset{\simeq+}{A})A$ überein.

Deshalb ist $\Gamma_*(X, \overset{\simeq+}{A})_{\geq t}$ für alle $t \geq 0$ endlich erzeugt. Vermöge der Inklusionen

$$0 \to \Gamma_*(X, \overset{\simeq+}{A})_{\geq t} \xrightarrow{c} \Gamma_*(X, \overset{\simeq+}{A})_{\geq t+1}$$

ergibt sich nun die behauptete Endlichkeit für alle $t \in \mathbb{Z}$. □

(25.23) **Korollar:** *Sei $X \subseteq \mathbb{P}^d$ abgeschlossen mit dem homogenen Koordinatenring A. Sei M ein endlich erzeugter graduierter A-Modul. Sei $\lambda : M \to \Gamma_*(X, \tilde{M}^+)$ der in (25.18) eingeführte kanonische Homomorphismus. Dann gibt es eine Zahl $r \in \mathbb{Z}$, derart, dass*

$$\lambda_{\geq r} : M_{\geq r} \xrightarrow{\lambda \restriction \cdot} \Gamma_*(X, \tilde{M}^+)_{\geq r}$$

ein Isomorphismus wird.

Beweis: Kern und Kokern von $\lambda_{\geq 0} : M_{\geq 0} \to \Gamma_*(X, \tilde{M}^+)_{\geq 0}$ sind endlich erzeugt, weil $M_{\geq 0}$ und $\Gamma_*(X, \tilde{M}^+)_{\geq 0}$ es sind. Nach (25.19) sind Kern $(\lambda_{\geq 0})$ und Kokern $(\lambda_{\geq 0})$ also auf endlich viele Grade konzentriert. Daraus ist die Behauptung klar.

Hilbertpolynom und Grad für kohärente Garben. Jetzt können wir zu unserm Ausgangspunkt zurückkehren und die Dimension der Vektorräume $\Gamma(X, \mathscr{F}(n))$ für eine kohärente Garbe $\mathscr{F}$ über einer abgeschlossenen Menge $X \subseteq \mathbb{P}^d$ untersuchen. Wir zeigen dazu das folgende Hauptresultat:

(25.24) **Satz:** *Sei $X \subseteq \mathbb{P}^d$ abgeschlossen und sei $\mathscr{F}$ eine kohärente Garbe von $\mathcal{O}_X$-Moduln. Dann gibt es ein endeutig bestimmtes Polynom $p_{\mathscr{F}}(t) \in \mathbb{Q}[t]$, derart, dass* $\dim_{\mathbb{C}} \Gamma(X, \mathscr{F}(n)) = p_{\mathscr{F}}(n)$, $\forall n \gg 0$.

Beweis: Sei A der homogene Koordinatenring von X und sei $\Gamma_* = \Gamma_*(X, \mathscr{F})_{\geq 0}$. Γ_* ist nach dem Endlichkeitssatz endlich erzeugt und besitzt deshalb ein Hilbertpolynom h_{Γ_*} (vgl. (15.15)). Es gilt also für alle $n \gg 0$ die Beziehung

$$h_{\Gamma_*}(n) = \sum_{i=0}^{n} \dim_{\mathbb{C}} \Gamma(X, \mathscr{F}(i)).$$

Es genügt deshalb, $p_{\mathscr{F}}(t)$ als das Differenzpolynom

$$\Delta \bar{h}_{\Gamma_*}(t) =)\bar{h}_{\Gamma_*}(t) - \bar{h}_{\Gamma_*}(t-1)$$

zu wählen. □

(25.25) **Definitionen und Bemerkungen:** A) Sei $X \subseteq \mathbb{P}^d$ abgeschlossen mit dem homogenen Koordinatenring A und sei $\mathscr{F}$ eine kohärente Garbe von $\mathcal{O}_X$-Moduln. Das Polynom $p_{\mathscr{F}}(t)$ aus (25.24) nennen wir das *Hilbertpolynom* der Garbe $\mathscr{F}$. Es stimmt (für beliebiges $r \in \mathbb{Z}$) offenbar mit dem Differenzpolynom $\Delta \bar{h}_{\Gamma_*(X, \mathscr{F})_{\geqslant r}}(t)$ des Hilbertpolynoms von $\Gamma_*(X, \mathscr{F})_{\geqslant r}$ überein:

(i) $$p_{\mathscr{F}}(t) = \Delta \bar{h}_{\Gamma_*(X, \mathscr{F})_{\geqslant r}}(t), \quad (r \in \mathbb{Z}).$$

Ist M ein endlich erzeugter, graduierter A-Modul, so folgt aus (25.23) und (i) sofort

(ii) $$p_{\mathscr{F}}(t) = \Delta \bar{h}_M, \quad wo \quad \mathscr{F} = \tilde{M}^+.$$

B) Mit eindeutig bestimmten Zahlen $s \in \mathbb{N}_0$, $e_0 \in \mathbb{N}_0$, $e_1, \ldots, e_s$ können wir schreiben

(iii) $$p_{\mathscr{F}}(t) = \sum_{j=0}^{s} e_j \binom{t+s}{s-j}.$$

Dabei ist $e_0 > 0 \Leftrightarrow \mathscr{F} \neq 0$ (vgl. (25.20) (i)). Wir definieren nun den *Grad der Garbe* $\mathscr{F}$ durch:

(iv) $$\text{Grad}(\mathscr{F}) := e_0.$$

Wir sehen, dass $\text{Grad}(\mathscr{F}) \geqslant 0$, wobei Gleichheit genau dann gilt, wenn $\mathscr{F}$ verschwindet.

C) Ist M ein endlich erzeugter graduierter A-Modul, so folgt aus (ii) und den Eigenschaften des Differenzenoperators falls $\tilde{M}^+ \neq 0$ sofort:

(v) (a) $\text{Grad}(\tilde{M}^+) = e(M) =$ *Multiplizität von M.*
(b) $\text{Grad}(p_{\tilde{M}^+}(t)) = \text{Grad}(\bar{h}_M) - 1 = \dim(M) - 1.$

Wenden wir (v) (a) mit $M = A$ an, und beachten wir, dass $\tilde{A}^+ = \mathcal{O}_X$ und $e(A) = \text{Grad}(X)$, so folgt:

(vi) $$\text{Grad}(X) = \text{Grad}(\mathcal{O}_X).$$

Der Grad der abgeschlossenen Menge $X \subseteq \mathbb{P}^d$ stimmt also mit dem Grad der Strukturgarbe $\mathcal{O}_X$ überein. In diesem Sinne ist der Grad-Begriff für kohärente Garben eine natürliche Erweiterung des Grad-Begriffs für projektive Varietäten. ○

Wir wollen uns nun mit dem Grad des Hilbert-Polynoms einer kohärenten Garbe befassen. Dazu machen wir eine Vorbemerkung.

(25.26) **Definitionen und Bemerkungen:** A) Sei X eine quasiprojektive Varietät und sei $\mathcal{F}$ eine Garbe von $\mathcal{O}_X$-Moduln. Den *Träger eines globalen Schnittes* $\gamma \in \Gamma(X, \mathcal{F})$ definieren wir durch

(i) $$\text{Supp}(\gamma) := \{p \in X \mid \gamma_p \neq 0\}.$$

Nach Konstruktion ist die Bedingung $\gamma_p = 0$ offen. Also ist Supp (γ) abgeschlossen.

Den *Träger der Garbe* $\mathcal{F}$ definieren wir durch

(ii) $$\text{Supp}(\mathcal{F}) := \{p \in X \mid \mathcal{F}_p \neq 0\}.$$

Ist $\mathcal{F}$ kohärent, so ist die Bedingung $\mathcal{F}_p = 0$ offen. Also:

(iii) $\mathcal{F}$ *kohärent* $\Rightarrow$ Supp $(\mathcal{F})$ *abgeschlossen.*

B) Sei jetzt $X \subseteq \mathbb{P}^d$ abgeschlossen mit dem homogenen Koordinatenring A, und sei M ein endlich erzeugter, graduierter A-Modul. Dann gilt:

(iv) $$\text{Supp}(\tilde{M}^+) = V_X^+(\text{ann}(M)).$$

Beweis: Es gilt $p \in \text{Supp}(\tilde{M}^+) \Leftrightarrow (S(p)^{-1} M)_0 \neq 0 \Leftrightarrow S(p)^{-1} M \neq 0$. Weil M endlich erzeugt ist, gilt andrerseits $S(p)^{-1} M \neq 0 \Leftrightarrow S(p) \cap \text{ann}(M) = \emptyset$. Weil ann (M) homogen ist, bedeutet letzteres, dass $I_X^+(p) \supseteq \text{ann}(M)$. Nach dem homogenen Nullstellensatz ist diese letzte Bedingung, aber in der Tat gleichbedeutend zu $p \in V_X^+(\text{ann}(M))$. ○

(25.27) **Satz:** *Sei $X \subseteq \mathbb{P}^d$ abgeschlossen und sei $\mathcal{F}$ eine kohärente Garbe von $\mathcal{O}_X$-Moduln. Dann stimmt der Grad des Hilbertpolynoms $p_{\mathcal{F}}(t)$ von $\mathcal{F}$ mit der Dimension des Trägers von $\mathcal{F}$ überein:*

$$\text{Grad}(p_{\mathcal{F}}(t)) = \dim \text{Supp}(\mathcal{F}).$$

Beweis: Wir schreiben $\tilde{M}^+ = \mathcal{F}$, wo M ein endlich erzeugter Modul über dem homogenen Koordinatenring A von X ist. Ist $\dim(M) \leqslant 0$, so ist $\mathcal{F} = 0$, und wir sind fertig. Ist $\dim(M) = \dim(A/\text{ann}(M)) > 0$, so ist

$$\dim(A/\text{ann}(M)) = \dim(V_X^+(\text{ann}(M)) + 1,$$

also $\dim(M) = \dim \text{Supp}(\mathcal{F}) + 1$ (vgl. (25.26) (iv)). Es folgt
$\text{Grad}(p_{\mathcal{F}}) = \dim(M) - 1 = \dim \text{Supp}(\mathcal{F})$ (vgl. (25.25) (v) (b)). □

Anmerkung: Das Hilbertpolynom $p_{\mathcal{F}}$ einer kohärenten Garbe $\mathcal{F}$ über einer projektiven Varietät X ist *einbettungsabhängig*, d.h. es hängt von einer abgeschlossenen Einbettung $X \hookrightarrow \mathbb{P}^d$ ab. Entsprechend ist auch der Grad von $\mathcal{F}$ eine einbettungsabhängige Grösse. Im Gegensatz dazu ist der Grad des Hilbertpolynoms selbst einbettungsunabhängig, denn dies gilt offenbar für den Träger von $\mathcal{F}$.

○

Ein Verschwindungskriterium für $\Gamma(X, \mathcal{F}(n))$. Mit (25.24) und (25.27) haben wir gute Kenntnisse über das Verhalten von $\Gamma(X, \mathcal{F}(n))$ für $n \gg 0$ gewonnen. Wir wollen jetzt $\Gamma(X, \mathcal{F}(n))$ auch für $n \ll 0$ untersuchen.

Zuerst zeigen wir

(25.28) **Lemma:** *Sei $X \subseteq \mathbb{P}^d$ abgeschlossen und sei $\mathcal{F}$ eine kohärente Garbe von $\mathcal{O}_X$-Moduln. Dann gilt*

$$\dim_{\mathbb{C}} \Gamma(X, \mathcal{F}(n)) \leqslant \dim_{\mathbb{C}} \Gamma(X, \mathcal{F}(n+1)).$$

Beweis: Wir schreiben $\mathcal{F} = \tilde{M}^+$, wo M ein endlich erzeugter graduierter Modul über dem homogenen Koordinatenring A von X ist. Ist $M_n = 0$ für $n \gg 0$, so ist $\mathcal{F} = 0$, und wir sind fertig. Andernfalls finden wir ein Element $a \in A_1 \cap NNT_+(M)$ (vgl. (15.13 (vi)). Für ein $r \in \mathbb{Z}$ ist also $a \in NNT(M_{\geqslant r})$. Ersetzen wir M durch $M_{\geqslant r}$, so erhalten wir eine Injektion $0 \to M \xrightarrow{\;a\;} M(1)$. Übergang zu den induzierten Garben und anschliessend zu den Schnittmoduln liefert Injektionen $0 \to \Gamma(X, \mathcal{F}(n)) \xrightarrow{\;a\;} \Gamma(X, \mathcal{F}(n+1))$. □

(25.29) **Satz:** *Sei $X \subseteq \mathbb{P}^d$ abgeschlossen und sei $\mathcal{F}$ eine kohärente Garbe von $\mathcal{O}_X$-Moduln, derart, dass $\mathfrak{m}_{X,p} \notin \operatorname{Ass}(\mathcal{F}_p)$ für alle $p \in X$. Dann gilt*

$$\Gamma(X, \mathcal{F}(n+1)) \neq 0 \Rightarrow \dim_{\mathbb{C}} \Gamma(X, \mathcal{F}(n)) < \dim_{\mathbb{C}} \Gamma(X, \mathcal{F}(n+1)).$$

Beweis: Wir wählen M wie im vorangehenden Beweis und setzen

$$\{\mathfrak{p}_1, \ldots, \mathfrak{p}_s\} = \operatorname{Ass}_+(M) = \operatorname{Ass}(M) - \{A_{\geqslant 1}\}.$$

Ersetzen wir M durch einen geeigneten Modul $M_{\geqslant r}$, so können wir annehmen, es sei $A_{\geqslant 1} \notin \{\mathfrak{p}_1, \ldots, \mathfrak{p}_s\} = \operatorname{Ass}(M)$.

Wir wollen jetzt zeigen, dass $\dim_{\mathbb{C}}(A_1) - \dim_{\mathbb{C}}(A_1 \cap \mathfrak{p}_i) > 1$. Nehmen wir das Gegenteil an. Wegen $A_1 \nsubseteq \mathfrak{p}_i$ wäre dann $\dim_{\mathbb{C}}(A_1/A_1 \cap \mathfrak{p}_i) = 1$ für ein $i \leqslant s$. Dies bedeutet, dass der $\mathbb{C}$-Vektorraum $(A/\mathfrak{p}_i)_1$ durch ein einziges Element $\overline{C}$ erzeugt ist. Die homogene $\mathbb{C}$-Algebra $A/\mathfrak{p}_i$ erfüllt also $\mathbb{C} \neq A/\mathfrak{p}_i = \mathbb{C}[\bar{c}]$ und ist integer. Es folgt $\dim(A/\mathfrak{p}_i) = 1$. Damit ist $\mathfrak{p}_i = V_X^+(p)$ für einen Punkt $p \in X$. Insbesondere wird $(S(p)^{-1}\,\mathfrak{p}_i)_0 = \mathfrak{m}_{X,p}$, $(S(p)^{-1}M)_0 = \mathcal{F}_p$. Wegen $\mathfrak{p}_i \in \operatorname{Ass}(M)$ finden wir ein homogenes Element $m \in M$ mit $\mathfrak{p}_i = \operatorname{ann}(A\, m)$. Ist m vom Grad t, so wählen wir ein homogenes Element $s \in S(p)$ vom Grad t. Dann folgt

$$(S(p)^{-1}\,\mathfrak{p}_i)_0 = \operatorname{ann}\left((S(p)^{-1}A)_0\,\frac{m}{s}\right) \text{ (vgl. (22.1) (xi))},$$

also der Widerspruch $\mathfrak{m}_{X,p} \in \operatorname{Ass}(\mathcal{F}_p)$.

Wegen $\dim_{\mathbb{C}}(A_1) - \dim_{\mathbb{C}}(A_1 \cap \mathfrak{p}_i) > 1$ finden wir (weil $\mathbb{C}$ unendlich ist) zwei linear unabhängige Elemente $a, b \in A_1$, derart, dass $\alpha\, a + \beta\, b \notin \bigcup_{i=1}^{s} A_1 \cap \mathfrak{p}_i$ für alle $(\alpha, \beta) \in \mathbb{C}^2 - \{(0,0)\}$. Für alle $(\alpha, \beta) \neq (0,0)$ ist also $\alpha\, a + \beta\, b \in NNT(M)$, und wir erhalten eine Injektion $0 \to M \xrightarrow{\alpha a + \beta b} M(1)$. Wie im vorangehenden Beweis gelangen wir so zu den folgenden Injektionen endlich dimensionaler $\mathbb{C}$-Vektorräume

$$0 \to \Gamma(X, \mathcal{F}(n)) \xrightarrow{\alpha a + \beta b} \Gamma(X, \mathcal{F}(n+1)).$$

Nehmen wir an, es sei $\dim_{\mathbb{C}}(\Gamma(X, \mathcal{F}(n)) \leqslant \dim_{\mathbb{C}}(\Gamma(X, \mathcal{F}(n+1))$. Nach (25.28) sind dann beide Räume von der gleichen Dimension $\neq 0$, und die angegebenen Injektionen sind Isomorphismen. Insbesondere besteht ein Automorphismus $c \mapsto a^{-1}\, b\, c$ von $\Gamma(X, \mathcal{F}(n))$. Weil $\mathbb{C}$ algebraisch abgeschlossen ist, hat dieser einen Eigenwert $\lambda \in \mathbb{C}$ und einen Eigenvektor $v \neq 0$. Es ist also $\lambda\, v = a^{-1}\, b\, v$, also $\lambda\; a\; v = b\; v$, also $(\lambda\; a - 1\; b)\;(v) = 0$. Dies widerspricht der Injektivität von $\lambda\, a - 1\, b$. □

(25.30) **Satz:** *Sei $X \subseteq \mathbb{P}^d$ abgeschlossen, und sei $\mathcal{F}$ eine kohärente Garbe von $\mathcal{O}_X$-Moduln. Dann nimmt* $\dim_{\mathbb{C}}(\Gamma(X, \mathcal{F}(n))$ *denselben Wert C an für alle $n \ll 0$. Dabei gilt*

$$C = 0 \Leftrightarrow \forall\, p \in X : \mathfrak{m}_{X,p} \notin \operatorname{Ass}(\mathcal{F}_p).$$

Beweis: Die Existenz von C ist klar aus (25.28). Die Implikation «$\Leftarrow$» ergibt sich aus (25.29). Zum Nachweis der Implikation «$\Rightarrow$» nehmen wir an, es sei $\mathfrak{m}_{X,p} \in \operatorname{Ass}(\mathcal{F}_p)$ für ein $p \in X$ und wählen M wie vorhin. Wir finden ein $u \in \mathcal{F}_p$ mit $\operatorname{ann}(\mathcal{O}_{X,p}\; u) = \mathfrak{m}_{X,p}$. Wir schreiben $u = \frac{m}{s}$, wo $m \in M$, $s \in S(p)$ homogen vom selben Grad k sind. Sei $n \leqslant 0$. Dann ist $s^n\, u = \frac{m}{s^{-n+1}} \in \mathcal{F}(n\, k)_p - \{0\}$. Wir betrachten die offene Umgebung $U = U_X^+(s)$ von p und wählen einen Punkt $q \in U - \{p\}$. Wir finden dann ein $t \in A_1$ mit $p \in V_X^+(t)$, $q \notin V_X^+(t)$. Es folgt $\frac{t^k}{s} \in \mathfrak{m}_{X,p}$, also $\frac{t}{s}\, s^n\; u = s^n\, \frac{t}{s}\; u = 0$. In $\mathcal{F}(n)_q = (S(q)^{-1}\; M)_n$ gilt also $\frac{m}{s^{-n+1}} = 0$. Deshalb gibt es einen Schnitt $\gamma \in \Gamma(X, \mathcal{F}(n))$ mit $\gamma_q = 0$ für $q \neq p$ und $\gamma_p = s^n\; u \neq 0$. Insbesondere ist $\Gamma(X, \mathcal{F}(n)) \neq 0$. □

(25.31) **Korollar:** *Sei $X \subseteq \mathbb{P}^d$ abgeschlossen und sei $\mathscr{F}$ eine kohärente Garbe von $\mathcal{O}_X$-Moduln. Dann sind äquivalent:*

(i) *$\Gamma_\bullet(X, \mathscr{F})$ ist endlich erzeugt als Modul über dem homogenen Koordinatenring A von X.*

(ii) $\Gamma(X, \mathscr{F}(n)) = 0, \forall n \ll 0.$

(iii) $\mathfrak{m}_{X,p} \notin \mathrm{Ass}(\mathscr{F}_p), \forall p \in X.$

(iv) *Es gibt keinen globalen Schnitt $\gamma \in \Gamma(X, \mathscr{F}) - \{0\}$ mit endlichem Träger.*

Beweis: (i) $\Leftrightarrow$ (ii) ist klar nach dem Endlichkeitssatz, (ii) $\Leftrightarrow$ (iii) nach (25.30) und (iv) $\Rightarrow$ (iii) nach dem Beweis von (25.30). (iii) $\Rightarrow$ (iv) sei dem Leser überlassen (Hinweis: $\mathrm{Supp}(\gamma) = p \Rightarrow \forall s \in I_X(p) : \exists n \in \mathbb{N} : s^n \gamma = 0$). □

Anmerkung: Der Endlichkeitssatz (25.22) und das Verschwindungskriterium (25.31) gehören zu den wichtigsten Resultaten der algebraischen Geometrie. Beide Sätze zusammen finden eine natürliche Fortsetzung im Verschwindungssatz von Zariski-Serre für die Kohomologiegruppen. Dieser Satz wurde in einem Spezialfall zuerst von Zariski [Z] und später von Serre [S] gezeigt. Die Arbeit [S] enthält zudem eine sehr schöne Einführung in die Theorie der kohärenten Garben und sei dem Leser ausdrücklich empfohlen. ○

(25.32) **Aufgaben:** (1) Sei $n \in \mathbb{N}$ und $\gamma \in \Gamma(\mathbb{P}^1, \mathcal{O}_{\mathbb{P}^1}(n))$. Für $p \in \mathbb{P}^1$ sei $\nu_p(\gamma) = \sup\{\nu \mid \gamma_p \in \mathfrak{m}^{\nu}_{\mathbb{P}^1,p}\, \mathcal{O}_{\mathbb{P}^1}(n)_p\}$. Man zeige: $\gamma \neq 0 \Rightarrow \sum_p \nu_p(\gamma) = n$.

(2) Ist $\mathscr{E}$ lokal frei über einer quasiprojektiven Varietät X und ist $\gamma \in \Gamma(X, \mathscr{E})$, so definieren wir das Nullstellengebilde von γ als $V_X(\gamma) = \{p \in X \mid \gamma_p \in \mathfrak{m}_{X,p}\, \mathscr{E}_p\}$. Man zeige: Ist X irreduzibel und $\gamma \neq 0$, so ist $V_X(\gamma)$ abgeschlossen in X und es gilt $1 \leq \mathrm{codim}_X(V_X(\gamma)) \leq rg(\varepsilon)$.

(3) Sei $n \in \mathbb{N}$ und $\gamma \in \Gamma(\mathbb{P}^d, \mathcal{O}_{\mathbb{P}^d}(n)) - \{0\}$. Dann ist $V_{\mathbb{P}^d}(\gamma)$ eine Hyperfläche vom Grad $\leq n$.

(4) Sei $X \subseteq \mathbb{P}^d$ abgeschlossen und sei $\mathscr{F}$ eine kohärente Garbe von $\mathcal{O}_X$-Moduln. Man beweise die Äquivalenz folgender Aussagen:

(a) $\mathrm{Supp}(\mathscr{F})$ ist endlich.

(b) $\exists n \in \mathbb{Z} : \mathscr{F}(n) \cong \mathscr{F}(n+1)$.

(c) $\forall n \in \mathbb{Z} : \mathscr{F}(n) \cong \mathscr{F}(n+1)$.

(d) $\forall n \in \mathbb{Z} : \Gamma(X, \mathscr{F}(n)) \cong \Gamma(X, \mathscr{F}(n+1))$.

(5) Sei $0 \to \mathscr{H} \to \mathscr{F} \to \mathscr{G} \to 0$ eine exakte Sequenz kohärenter Garben über einer abgeschlossenen Menge $X \subseteq \mathbb{P}^d$. Man zeige, dass $\mathrm{Supp}(\mathscr{H}) \cup \mathrm{Supp}(\mathscr{G}) = \mathrm{Supp}(\mathscr{F})$ und dass

$$\mathrm{Grad}(\mathscr{F}) = \begin{cases} \mathrm{Grad}(\mathscr{H}) + \mathrm{Grad}(\mathscr{G}), & \text{falls } \dim \mathrm{Supp}(\mathscr{H}) = \dim \mathrm{Supp}(\mathscr{G}) \\ \mathrm{Grad}(\mathscr{H}), & \text{falls } \dim \mathrm{Supp}(\mathscr{H}) > \dim \mathrm{Supp}(\mathscr{G}). \\ \mathrm{Grad}(\mathscr{G}), & \text{falls } \dim \mathrm{Supp}(\mathscr{H}) < \dim \mathrm{Supp}(\mathscr{G}) \end{cases}$$

(6) Sei $0 \to \mathscr{H} \xrightarrow{l} \mathscr{F} \xrightarrow{h} \mathscr{G} \to 0$ eine exakte Sequenz kohärenter Garben über einer abgeschlossenen Menge $X \subseteq \mathbb{P}^d$. Dann ist

$$0 \to \Gamma(X, \mathscr{H}(n)) \xrightarrow{\Gamma(X, l(n))} \Gamma(X, \mathscr{F}(n)) \xrightarrow{\Gamma(X, h(n))} \Gamma(X, \mathscr{G}(n)) \to 0$$

exakt für alle $n \gg 0$.

(7) Sei $X \subseteq \mathbb{P}^d$ abgeschlossen mit dem homogenen Koordinatenring A, sei M ein graduierter A-Modul und sei $f \in A_r$ $(r > 0)$ derart, dass $(f) = \sqrt{(f)}$. Sei $Z = V(f)$. Man zeige, dass

$\tilde{M}^+ \upharpoonright Z \cong (M/fM)^{\sim +}$, wo $\cdot \upharpoonright Z$ gemäss (24.15) (8) definiert ist.

(8) Sei $\mathscr{F}$ kohärent über einer quasiprojektiven Varietät X. Dann ist die Menge aller $p \in X$ mit $\mathfrak{m}_{X,p} \in \mathrm{Ass}\,(\mathscr{F})$ endlich, und $\mathscr{F}$ besitzt eine eindeutig bestimmte Untergarbe $\mathscr{F}'$ mit $\mathscr{F}'_p = T_{\mathfrak{m}_{X,p}}(\mathscr{F}_p)$. Dabei gilt $\mathfrak{m}_{X,p} \notin \mathrm{Ass}\,((\mathscr{F}/\mathscr{F}')_p)$, $\forall\, p \in X$.

(9) Mit (8) beweise man, dass die in (25.30) eingeführte Konstante C den Wert $\sum_p \dim_{\mathbb{C}} T_{\mathfrak{m}_{X,p}}(\mathscr{F}_p)$ hat, und damit einbettungsunabhängig ist.

Bibliographie

Referenzen

[B] *Brieskorn, E., Knörrer, H.*, Ebene algebraische Kurven, Birkhäuser, Basel 1981.

[Ba] *Barth, W.*, Verallgemeinerung des Bertinischen Theorems in abelschen Mannigfaltigkeiten, Ann. Sc. Norm. Sup. Pisa 23 (1969) 317–330.

[Br–R] *Brodmann, M., Rung, J.*, Local cohomology and the connectedness dimension in algebraic varieties, Comment. Mat. Helv. 61 (1986) 481–490.

[C] *Chevalley, C.*, Intersections of algebraic and algebroid varieties, Trans. Amer. Math. Soc. 57 (1945) 1–85.

[C–N] *Cowsik, R., Nori, M.*, Affine curves in characteristic p are set theoretic complete intersections, Invent. Math. 45 (1978) 111–114.

[E–E] *Eisenbud, D., Evans, G.*, Every algebraic set in n-space is the intersection of n hypersurfaces, Invent. Math. 19 (1973) 107–112.

[F_1] *Faltings, G.*, Endlichkeitssätze für abelsche Varietäten über Zahlkörpern, Invent. Math. (1983) 349–366.

[F_2] *Faltings, G.*, Algebraization of some vector bundles, Ann. Math. 110 (1979) 501–514.

[Fu] *Fulton, W.*, Intersection theory, Springer, New York 1984.

[Fu–H] *Fulton, W., Hansen, J.*, A connectedness theorem for projective varieties with application to intersections and singularity of mappings, Ann. Math. 110 (1979) 159–166.

[G] *Godement, F.*, Topologie algébrique et théorie des faisceaux, Hermann, Paris 1958.

[Gr] *Grothendieck, A.*, Séminaire de géométrie algébrique II, North Holland, Amsterdam 1968.

[H] *Hartshorne, R.*, Algebraic geometry, Springer, New York 1977.

[Hi] *Hironaka, H.*, Resolution of singularities of an algebraic variety over a field of characteristic zero I, II, Ann. Math. 79 (1964) 109–203, 205–326.

[K] *Kunz, E.*, Einführung in die kommutative Algebra und algebraische Geometrie, Viehweg, Braunschweig 1980.

[Kr] *Kraft, H.P.*, Geometrische Methoden in der Invariantentheorie, Viehweg, Braunschweig 1984.

[M] *Mumford, D.*, Abelian varieties, Oxford University Press, 1970.

[N] *Nagata, M.*, On the chain problem of prime ideals, Nagoya Math. J. 10 (1956) 51–64.

[S_1] *Serre, J.P.*, Géométrie algébrique et géométrie analytique, Ann. Inst. Fourier 6 (1956) 1–42.

[S_2] *Serre, J.P.*, Faisceaux algébriques cohérents, Ann. Math. 61 (1955) 197–278.

[S–G] *Serre, J.P., Gabriel, P.*, Algèbre locale, multiplicité, Lecture notes in math. 11, Springer, 1965.

[W] *Weil, A.*, Foundations of algebraic geometry (revised and enlargered version), AMS Coll. Publ. XXIX, 1962.

[Wa] *Van der Waerden, B.*, Eine Verallgemeinerung des Bézout'schen Theorems, Math. Ann. 99 (1928) 497–541.

[Z_1] *Zariski, O.*, Reduction of the singularities of algebraic three-dimensional varieties, Ann. Math. 45 (1944) 472–542.

[Z_2] *Zariski, O.*, Complete linear systems on normal varieties and a lemma of Enriques-Severi, Ann. Math. 55 (1952) 552–592.

Lehrbücher der algebraischen Geometrie

Brieskorn, E., Knörrer, H., Ebene algebraische Kurven, Birkhäuser Basel, 1981.

Demazure, M., Gabriel, P., Introduction to algebraic geometry and algebraic groups, North Holland Math. Stud., Amsterdam 1980.

Dieudonné, J., Cours de géométrie algébrique I, II, Presses univ. France, Paris 1974.

Fulton, W., Algebraic curves, Benjamin, New York 1969.

Griffiths, P., Harris, J., Principles of algebraic geometry, Wiley & Sons, New York 1976.

Gröbner, W., Algebraische Geometrie I, II, BI-Hochschulskripten, Mannheim 1968.

Grothendieck, A., Dieudonné, J., Eléments de géométrie algébrique I, Springer, Heidelberg 1979.

Grothendieck, A., Eléments de géométrie algébrique II–IV, Publ. math. IHES, No 8, 11, 17, 20, 24, 28, 32.

Hartshorne, R., Algebraic geometry, Springer, New York 1977.

Hirzebruch, F., Topological methods in algebraic geometry, 3. Aufl., Springer, New York 1966.

Hodge, W.V.D., Pedoe, B., Methods of algebraic geometry I–III, Cambridge Univ. Press, 1947–1953.

Itaka, S., Algebraic geometry, Springer, New York 1981.

Kendig, K., Elementary algebraic geometry, Springer, New York 1977.

Kunz, E., Einführung in die kommutative Algebra und algebraische Geometrie, Viehweg, Braunschweig 1980.

Lang, S., Introduction to algebraic geometry, Interscience publishers, New York 1969.

McDonald, I.G., Algebraic geometry—introduction to schemes, W.A. Benjamin, New York 1968.

Mumford, D., Introduction to algebraic geometry, Harvard Univ. Press 1965.

Mumford, D., Algebraic geometry I, complex projective varieties, Springer, New York 1976.

Samuel, P., Méthodes d'algèbre abstraite en géométrie algébrique, Springer, Heidelberg 1967.

Semple, J.G., Roth, L., Introduction to algebraic geometry, Oxford Univ. Press 1949.

Shafarevich, I.R., Basic algebraic geometry, Springer, New York 1974.

Van der Waerden, B., Einführung in die algebraische Geometrie, 2. Aufl., Springer, Heidelberg 1973.

Walker, R.J., Algebraic curves, Dover Books, 1949.

Weil, A., Foundations of algebraic geometry (revised and enlarged version), AMS Coll. Publ. XXIX, 1962.

Lehrbücher der kommutativen Algebra

Atiyah, M.F., MacDonald, I.G., Introduction to commutative algebra, Addison-Wesley, Reading 1969.

Kaplanski, I., Commutative Rings, Allyn & Bacon, Boston 1970.

Kunz, E., Einführung in die kommutative Algebra und algebraische Geometrie, Viehweg, Braunschweig 1980.

Lafon, J.-P., Les formalismes fondamentaux de l'algèbre commutative, Hermann, Paris 1974.

Matsumura, H., Commutative algebra, Benjamin + Cummings, Reading 1980.

Matsumura, H., Commutative ring theory, Cambridge Univ. Press, 1986.

Nagata, M., Local rings, Interscience Wiley, New York 1962.

Serre, J.-P., Gabriel, P., Algèbre locale, multiplicités, Springer Lecture note in math. II, Berlin 1965.

Zariski, O., Samuel, P., Commutative algebra I, II, van Nostrand, New York 1960.

Index

abelsche Varietät 352
abgeschlossene Einbettung 85
Ableitung 15, 169, 189, 190, 295
Ableitung eines Funktionskeims 189
Ableitung eines Polynoms 169
Addition 53, 89, 112
Additivität der Länge 141
Additivität der Multiplizität 239
affine algebraische Gruppe 107
affine algebraische Hyperfläche 1
affine algebraische Varietät 52, 290
affine Ebene 67
affine Gerade 67
affine Hyperebene 27
affine Hyperfläche 1
affine Varietät 81
affiner algebraischer Kegel 248
affiner Kegel über einer abgeschlossenen Menge des $\mathbb{P}^n$ 272
affiner Morphismus 95, 300
affiner Raum 2, 67
affiner Schnittdimensionssatz 145
Affinitätskriterium 94
Algebra 2, 71
Algebra der regulären Funktionen 285
algebraisch abgeschlossener Körper 149
algebraisch abhängig 55
algebraisch über 131
algebraisch unabhängig 55
algebraische Familie 34
algebraische Flächen 42
algebraische Geometrie 2
algebraische Gleichung 2
algebraische Gruppe 107, 350
algebraische Menge 2, 58
algebraisches Element 55, 131
algebraischer Abschluss 131
algebraisches Vektorbündel 397
algebraischer Funktionenkörper 177
algebraischer Kegel 40
algebraisches Gleichungssystem 2
allgemeine lineare Gruppe 107
alternierend 115
analytische Abbildung 207
analytische Funktion 206
Annullator 139
Arithmetik 7
arithmetische Geometrie 7
Assoziativgesetz 53
Assoziativität des Produkts 106
Assoziativität des Tensorprodukts 419
assoziierte Garbe 361
assoziierter Garbenhomomorphismus 365
assoziiertes Primideal 222
Atlas 209
Aufblasung 314
aufgespannter projektiver Unterraum 318
Aussage von lokalem Typ 296
Austauschsatz für algebraisch unabhängige Systeme 132
Auswerten von Keimen 97, 294

Bahn 212
Basisraum 360
berührt 39
Bildgarbe 367
bilinear 418
birational äquivalent 177
birationale Äquivalenz 177, 296
birationaler Morphismus 176, 300
Bruch 89, 376

$\mathbb{C}$-Algebra 71
Charakteristik 169
charakteristische Form 235

Darstellung einer regulären Funktion 71
Definitionsbereich einer rationalen Funktion 166
Deformation 34
Dehomogenisierung eines Ideals 280
Dehomogenisierung eines Polynoms 280
Derivation 190
Determinantenideal 211
Determinantenvarietät 211
Diagonale 106, 298
Diagonaleinbettung 107
Diagonalmorphismus 106, 298
dichte Bahn 213
dichte offene Teilmenge 69

Diffeomorphismus 6
diffeomorphes Bild 6
Differential eines Morphismus 191, 295
differenzierbare Untermannigfaltigkeit 6
Dimension 109, 227
Dimension eines Moduls 139
Dimension eines noetherschen Raumes 137
Dimension eines Rings 137
Dimensionssatz für Tangentialkegel 255
Dimensionstheorie der kommutativen Ringe 146
diophantische Gleichung 8
direkte Summe von Garben 394
direkte Summe von Garbenhomomorphismen 394
direkte Summe von Homomorphismen 218
direkte Summe von Moduln 217
direkte Summe von Untermoduln 218
direktes Bild einer Garbe 374
direktes Bild eines Garbenhomomorphismus 374
direktes Produkt von Homomorphismen 218
direktes Produkt von Moduln 217
Diskriminante 171
Diskriminantenpolynom 171
Distributivgesetz 53
Divisions-Algorithmus 19
dominanter Morphismus 84, 295
dual 403, 404
Dualisierung einer Garbe 404
Dualisierung eines Homomorphismus 403, 404
Dualisierung eines Moduls 403
Dualraum 195
durch Elemente erzeugter Erweiterungsring 55
Durchschnitt von Idealen 56

Ebene 318
echte Ideale 56
echte Kette 120, 140
eigentliche Abbildung 162
einbettungsabhängig 433, 455
Einbettungsdimension 192, 295
eindeutige Primfaktorzerlegung 64
einfacher Modul 140
einfacher Punkt 25
einfacher Wendepunkt 343
Einheit 62
Einheitengruppe 62
einschaliges Rotationshyperboloid 4
Einschränkung 356
Einschränkung einer Garbe 372
Einschränkung eines Garbenhomomorphismus 373
Einschränkung einer rationalen Funktion 167
Einschränkung einer regulären Funktion 71
Einschränkungsabbildung 71, 356
Einschränkungshomomorphismus 92
Eins-Element 53
Einsetzungshomomorphismus 55
elementare offene Menge 68, 83, 91
elementare offene Teilmenge einer affinen Varietät 83
elementare offene Teilmenge einer projektiven Varietät 306
elementare symmetrische Polynome 170
endlich erzeugte ℂ-Algebra 73
endlich erzeugter Modul 113
endlich erzeugter Erweiterungsring 55
endlich erzeugtes Ideal 56
endlich induziert 386
endlich über einer offenen Menge 127
endliche algebraische Erweiterung 168
endliche ganze Erweiterung 116
endlicher Morphismus 109, 127, 128, 300
Endlichkeitssatz 449, 450
Epimorphismus 112
EPZ-Ring 64
Erweiterung einer Kette 120
Erweiterung einer regulären Funktion 166
Erweiterungsideal 57
Erweiterungsring 54
erzeugende Geraden 249
Erzeugendensystem eines Ideals 56
Erzeugendensystem eines Moduls 113
erzeugtes Ideal 56
Euklidscher Restsatz 19
Eulersches Lemma 45
exakt an einer Stelle 370, 371
exakte Sequenz 370
exakte Sequenz von Garben 371
Exaktheit der Nenneraufnahme 377

faktorielle Varietät 431
faktorieller Ring 63
Faktorisierungseigenschaft 177
Faser 150, 157, 173
Fasertrennungslemma 173
Fermat-Kurve 8
Fermat-Problem 8
Fernpunkte 277
flach 420
flacher Homomorphismus 421
Fläche 146

freie Garbe 396
freier Modul über einer Basis 113
Fundamentalsatz des Algebra 19
Funktionskeim 96

ganz 116
ganz abgeschlossen 122
ganze Erweiterung 114, 116
ganze Gleichung 116
ganzer Abschluss 116
Garbe 355, 356
Garbe der Kähler-Differentiale 409
Garbe von Homomorphismen 401
gebrochene Hauptideale 429
gelochte affine Ebene 88
generisch 110, 185
generische Projektion 321
generische Reduziertheit der Fasern 184, 295
generische Unverzweigtheit der endlichen Morphismen 185
generischer Wert der Tangentenvielfachheit 260
geometrische Charakterisierung des Grades 48, 300
Gerade 35, 264
Gewicht eines Tupels 13
gewöhnlicher regulärer Punkt 343
glatt 25
gleicher Rest modulo 74, 112
Going-down-Lemma von Cohen-Seidenberg 126
Going-down-Satz 126
Going-up-Eigenschaft 121
Going-up-Lemma von Cohen-Seidenberg 119
Grad einer abgeschlossenen Teilmenge des $\mathbb{P}^n$ 315, 316
Grad einer affinen Hyperfläche 48
Grad einer kohärenten Garbe 453
Grad einer Körpererweiterung 168
Grad eines homogenen Elements 219
Grad eines Polynoms 13
Grad eines quasiendlichen Morphismus 168, 169, 300
Gradgleichung 169
graduierter Homomorphismus 220
graduierter Modul 217, 218
graduierter Modul zu einem Ideal 233
graduierter Ring 217, 218
graduierter Quotientenring 303
graduierter Ring einer Varietät in einem Punkt 241
graduierter Ring zu einem Ideal 233
graduierter Untermodul 219
graduiertes Ideal 220
graduiertes Verschwindungsideal 278
Graph 207
Gruppenstruktur der kubischen Kurven 347

Halbstetigkeit der Einbettungsdimension 194, 295
Halbstetigkeit der Faserdimension 158
Halbstetigkeit der Faserdimension im Projektiven 293
Halm 357
Hauptideal 56
Hauptidealring 56
Hauptsatz über die Faserdimension 157, 292
Hauptsatz über die Multiplizität 247
Hauptsatz über die Tangentialräume von Fasern 196
Hauptsatz über generische Projektionen 323
Hauptsatz über implizite analytische Funktionen 207
Hauptsatz über Morphismen 150, 153, 292
Hesse-Form 344
Hilbertfunktion 230
Hilbertpolynom 228, 230
Hilbertpolynom einer kohärenten Garbe 452, 453
Hilbert-Samuel-Funktion 234
Hilbert-Samuel-Funktion einer Varietät in einem Punkt 241
Hilbert-Samuel-Polynom 234
Hilbert-Samuel-Polynom einer Varietät in einem Punkt 241
Hilbertscher Basissatz 57
Höhe eines Ideals 142
homogen 13
homogen an einer Stelle 40
homogene C-Algebra 227
homogene Koordinaten 264
homogene Nennermenge 303
homogener Kettensatz 283
homogener Koordinatenring 278
homogener Ring 220
homogener Nullstellensatz 279
homogener Teil 13, 54, 219
homogener Teil des Polynomrings 13
homogener Teil eines Homomorphismus 220
homogener Teil eines graduierten Moduls 219
homogener Teil eines Polynoms 54
homogenes Normalisationslemma 319
homogenes Parametersystem 319
homogenes Polynom 13
Homogenisierung 279, 280
Homomorphiesatz 75, 113

Homomorphiesatz für Garben 369
Homomorphiesatz für Ringe 75
Homomorphismus von ℂ-Algebren 71
Homomorphismus von Moduln 112
Homomorphismus von Prägarben 362
Homomorphismus von Ringen 53
Hyperebene 27, 318
Hyperfläche 146, 315
Hyperfläche geht ins Unendliche 49

Ideal 55
Idealgarbe 366
Idealisator 114
Idealtheorie 58
Identitätshomomorphismus 362
Identitätssatz für Polynome 13
Imaginärteil 2
im wesentlichen eindeutig 63
im wesentlichen gleich 63
im wesentlichen verschieden 63
in den Halmen induzierte Sequenz 371
induziert 386
induzierte Garbe 381
induzierte Garbe über einer projektiven Varietät 442
induzierter endlicher Morphismus 311
induzierter Garbenhomomorphismus 381, 384, 401, 444
induzierter Homomorphismus 90, 92, 98, 377, 398
induzierter Homomorphismus in den Halmen 363
induzierter Morphismus 105
induzierter Morphismus in den Tangentialkegeln 245
induzierter Schnitt 381
injektiver Garbenhomomorphismus 363
Inklusionshomomorphismus 366
integer 62
Integritätsbereich 62
Invariantentheorie 216
Invarianz unter Isomorphie 82
inverser Isomorphismus 363
invertierbare Garbe 426, 428
invertierbares gebrochenes Ideal 428
irreduzibel in einem Punkt 100
irreduzible algebraische Menge 61
irreduzible Kette 136
irreduzible Komponente 70
irreduzible Nichteinheit 63
irreduzibler topologischer Raum 69, 100
irrelevantes Ideal 221
isomorph 54, 288
isomorphe Ringe 54
Isomorphieklasse 427
Isomorphismus 54, 112, 288, 363
Isomorphismus von ℂ-Algebren 71
Isomorphismus von Ringen 54

Kähler-Ableitung 410
Kähler-Ableitung an der Stelle p 412
Kähler-Differential 409
kanonische Abbildung 89, 97
kanonische Basis 113
kanonische Graduierung 303
kanonische Projektion 265
kanonische Surjektion 236
kanonischer Atlas 270, 271
kanonischer Homomorphismus 89, 377
Karten 209
Kategorie der affinen Varietäten 85
Kategorie der endlich erzeugten reduzierten ℂ-Algebren 85
Kegel 40
Keim 97, 357
Keimbildung 97, 294
Keim einer regulären Funktion 97
Kern 56, 112
Kern eines Homomorphismus von Ringen 56
Kerngarbe 367
Kette 120
Kettenring 148
Kettensatz 136
Kettensatz für Kegel 283
Kette von Untermoduln 140
Klassifikation 2
Kleeblattknoten 30
Koeffizienten 54
Kodimension 142, 144
Kodimensionssatz 145
Körper der rationalen Funktionen 91
kohärente Garbe 387, 389
komplex-analytische Mannigfaltigkeit 210
komplex-analytischer Atlas 209
komplexe projektive Gerade 271
komplexer projektiver Raum 265
komplexes Nullstellengebilde 7
Komponente eines Elements 217
Komponentenfunktion 79, 289
Komposition 80, 362
kommutative Algebra 66
kommutative Gruppe 53
Kommutativität der Multiplikation 53
Kommutativität des Produkts 105
Kommutativität des Tensorprodukts 419
konstruierbare Menge 154
Konstruierbarkeit von Bildern 292

Kontinuitätsprinzip 7
konvergiert koeffizientenweise 22
Koordinatenring 72, 73
Kotangentialgarbe 416
Kotangentialraum 195
Kreuzhaubenmodell 270
Kreis im Komplexen 3
kritische Richtung 49
Krullsches Durchschnittslemma 234
Krullsches Hauptideallemma 142
Krullscher Höhensatz 143
kubische Kurve 337, 347
Kurve 146
kurze exakte Sequenz 370
Kürzungsregel 62

Länge einer Kette 120, 136
Länge einer Kette von Untermoduln 140
Länge eines Moduls 140
Leitterm eines Polynoms an einer Stelle 18
Lemma von Artin-Rees 233
Lemma von Hironaka 246
Lemma von Nakayama 118
Lemma von Study 26
liegt über 120
linear 115
lineare Algebra 2
Linearisierung durch einen endlichen Morphismus 135
Linksexaktheit 375, 398, 400
Linksexaktheit des direkten Bildes 375
linksverschobener Modul 444
Lösungsgebilde 2
Lösungsmenge 2
lokal abgeschlossen 69
lokal freie Garbe 394, 396
lokal freie Garbe vom Rang *r* 396, 397
lokale Eigenschaft 71, 96, 294
lokale Kohomologietheorie 88
lokale Konstanz des Ranges 396
lokale Komponentenfunktion 289
lokaler Ring 99, 294
lokaler Ring einer Varietät in einer abgeschlossenen Menge 309
lokales Gleichheitskriterium 379
lokales Verschwindungsideal 294, 303
Lokalisierung 99
Lokalisierung eines Homomorphismus 378
Lokalisierung eines Moduls 378
Lying-over-Eigenschaft 121

M-Schnitt 380
maximale Erweiterung einer regulären Funktion 166
maximale Primidealkette 120
Maximalideal 56, 294
Menge der reellen Punkte 265
mengentheoretisch vollständiger Durchschnitt 145
Methode der affinen Überdeckung 292
Metrik des projektiven Raumes 266, 267
minimales Erzeugendensystem 197
minimales Primoberideal 121
Minimalpolynom 124
Minimalpolynom eines Elementes über einem Körper 124
Minoren 210
Modul 112
Modul der Homomorphismen 389
Modul der Homomorphismen zwischen zwei Garben 400
Modul endlicher Länge 139
Monom 54
Monomorphismus 112
Mordellgruppe 352
Morphismus 78, 79
Morphismus von Kegeln 249
Multi-Index-Schreibweise 12
Multiplikation 53, 89
Multiplikationshomomorphismus 433
multiplikativ abgeschlossen 62, 89
Multiplizität einer irreduziblen Komponente 259
Multiplizität einer Tangente 258
Multiplizität einer Varietät in einem Punkt 244
Multiplizität eines graduierten Moduls 231
Multiplizität eines Moduls über einem lokalen Ring 234
Multiplizitätsformel für den Tangentialkegel 261

n-dimensionaler affiner Raum 67
n-Sphäre 266
natürlich 195
Neillsche Parabel 27
Nenner 89, 376
Nenneraufnahme 89
Nennermenge 89
neutrales Element 53
neutrales Element der Multiplikation 53
nicht ausgeartete ebene Quadrik 27
nicht orientierbar 270
Nichteinheiten 62
Nichtnullteiler 62
Nichtnullteiler bezüglich eines Moduls 222
nilpotent 73
noetherscher Modul 114
noetherscher Raum 68

noetherscher Ring 57
normal 122, 160
normale Varietät 160
normaler Ort einer Varietät 181
normaler Punkt 160
normaler Ring 122
Normalisationslemma 133
Normalisationslemma für Morphismen 152
Normalisierung einer quasiprojektiven Varietät 312
Normalisierung einer Varietät 178, 180, 312
Normalität 295
Normalitätskriterium 202
Null-Element 53, 112
Nullstellengebilde 2, 58, 83
Nullstellengebilde einer Menge von Funktionen 83
Nullstellenmenge 2
Nullstellensatz 59, 61
Nullstellensatz für Kegel 250
Nullstellensatz in einer affinen Varietät 76
Nullstellensystem eines Polynoms 22
Nullteiler 62
Nullteiler bezüglich eines Moduls 222
Numerik 2

offener Unterkegel 260
Offenheit des normalen Ortes 182, 295
Offenheit des regulären Ortes 199, 295
operiert linear 212
operiert regulär 212
Ordnung eines Elementes 235
Ordnung eines regulären Punktes 342
Ordnungsbegriff für Keime 243

Parameter 155
Parameterraum 34
Parametersystem 155
parallel 48
partielle Ableitungen 15
perfektes Ideal 59
Permanenzprinzip 6, 331
Permanenzprinzip für das Schneiden von Geraden und Hyperflächen 331
Picard-Gruppe 427
Polmenge einer rationalen Funktion 166, 295
Polynom 2, 54
polynomiale Funktion 73
Polynomideal 55
Polynom in Unbestimmten 54
Polynomring über $\mathbb{C}$ 53
Polynomring über einem Ring A 54, 55
Potenzen eines Ideals 139
Potenzreihe 206
Prägarbenaxiome 355
Prägarbe von abelschen Gruppen 355
Prägarbe von $\mathscr{A}$-Moduln 355
Prägarbe von $\mathbb{C}$-Algebren 355
Prägarbe von Ringen 355
prim 59
Primideal 59
Primelement 63
Primfaktoren eines Elements 63
Primfaktorensatz von Gauss 64
Primidealkette 120
Primoberideal 121
primitive Erweiterung 170
primitives Element 170
primitives Tripel 8
Produkt der Isomorphieklassen 427
Produkt von Idealen 139, 428
Produkt von Morphismen 105, 106, 298
Produkt quasiaffiner Varietäten 104
Produkt quasiprojektiver Varietäten 297
Produkt zweier Punkte auf einer kubischen Kurve 349
Produktregel 169, 190, 406
Projektion aus einem projektiven Unterraum 321
Projektionsmorphismen 104, 297
projektive Ebene 265
projektive Gerade 265
projektive Varietät 290
projektiver Abschluss 276
projektiver Kettensatz 283
projektiver Kodimensionssatz 283
projektiver Raum 264
projektiver Schnittdimensionssatz 284
projektiver Tangentialkegel 343
projektiver Unterraum 317
projektiver Zusammenhangssatz 284
projektives Nullstellengebilde 278
Projektivisierung eines affinen Kegels 274
pythagoreische Tripel 8

quadratfrei 26
Quadrik 27
quasiaffine Varietät 81, 290
quasiendlicher Morphismus 164, 165, 300
quasikohärente Garbe 387, 389
Quasi-Nichtnullteiler 224, 225
quasiprojektive Varietät 287
Quotientenkörper 91
Quotientenmetrik 267

r-Tupel-Abbildung 301
Radikal 59
Rang einer Garbe in einem Punkt 396
rationale Funktion 166, 295
rationale Varietät 216

rationaler Funktionenkörper 166, 295
rationaler Teil 7
Rationalität 296
Raumkurvenproblem 145
Realisierung des Produkts 298
Realteil 3
Rechenregeln 53
Rechtsexaktheit 420
Rechtsexaktheit des Tensorprodukts von Garben 425
reduzierte Faser eines Morphismus 182
reduzierter Ring 73
Reduziertheit der Faser 182, 295, 300
reelle algebraische Geometrie 7
reelle projektive Gerade 265, 267
reeller projektiver Raum 265
reeller Teil 7, 265
Rees-Modul 232
Rees-Ring 231, 232
relevantes Primideal 226
reguläre Funktion 70, 285
regulärer Funktionskeim 97, 294
regulärer Ort 198
regulärer Punkt 25
regulärer Ring 198
reguläres Tangentialfeld 405
Regularität 246, 295
rein-dimensional 146
rein *d*-dimensional 146
rein *k*-kodimensional 146
Resultante 331
Restklasse 74, 113
Restklassengarbe 368
Restklassenhomomorphismus 74, 113, 369
Restklassenring 74
Retraktion 57, 120
Retraktions-Eigenschaft 121
Retraktionslemma 119
Richtung einer Geraden 48
Richtungsableitung 189
Riemannsche Zahlenkugel 272
Ring 53
Ring der regulären Funktionen 71
Ring der regulären Funktionskeime 97, 294
Ring der polynomialen Funktionen 73
Ring mit eindeutiger Primfaktorzerlegung 64

Satz vom primitiven Element 170
Satz von Bézout 331, 332, 333
Satz von Liouville 294
Satz von Kramer 115
Satz von Pascal 353
Schnitt 356
Schnitt von Keimen 359
Schnitttheorie 331
Schnittvielfachheit 325
Schnittvielfachheit einer Geraden mit einer Hyperfläche 35, 36, 47, 48
Schnittvielfachheit eines Polynoms mit einer Geraden 35
Schnittvielfachheit in einem Punkt 325
Schnittvielfachheit längs einer irreduziblen Komponente 326
Schnittvielfachheit zweier homogener Polynome 332
Schwacher Nullstellensatz 59
Segre-Einbettung 296
Segre-Produkt 298
semialgebraische Geometrie 7
separables Polynom 171
Sequenz von *A*-Moduln 370
Sequenz von Garben 371
singulär 26
Singularität 25
singulärer Ort 198
singulärer Punkt 25, 198
singularitätenfrei 27, 335
Skalare 112
Skalarenmultiplikation 112
Spektrum eines Ringes 59
starke Topologie 67, 265
stereographische Projektion 272
Stetigkeit der regulären Funktionen 72
Strata 204, 206, 295
Stratum 204
Stratifikation 204, 206, 295
Stratifikation von Determinantenvarietäten 210
Strukturgarbe einer Varietät 357
Summe von Idealen 56
Summe von Moduln 115
surjektiver Garbenhomomorphismus 363
symmetrisches Polynom 170

Tangente 37, 39, 254, 256, 342
Tangentialgarbe 405, 406
Tangentialkegel 40, 45, 251, 254, 295
Tangentialraum 191, 196, 295
Tangentialvektor 189, 191
Taylor-Entwicklung eines Polynoms 17
Teilkette 120
Tensorprodukt 417
Tensorprodukt von Garben 422
Tensorprodukt von Garbenhomomorphismen 424
Tensorprodukt von Homomorphismen 420
Tensorprodukt von Moduln 418
Topologie-Vergleichs-Satz 163

Topologie-Vergleichs-Satz für projektive Räume 276
Topologie-Vergleichs-Satz für Morphismen 292
topologische Mannigfaltigkeit 209
topologisches Geschlecht 341
topologisch unverzweigter Morphismus 185
topologisch verzweigter Morphismus 185
Torsionsmodul 224
Torusknoten 30
totaler Schnittmodul 439
totaler Schnittring 440
Totalraum einer Deformation 34
Totalraum einer Garbe 360
Träger einer Garbe 454
Träger eines globalen Schnittes 454
Transitivität der algebraischen Abhängigkeit 131
Transitivität der Ganzheit 117
transversal 328
Transversales Schneiden einer Geraden 40
transzendentes Element 55
Transzendenzbasis 132
Transzendenzgrad 130, 132
Trennen von Punkten durch eine reguläre Funktion 162
triviales algebraisches Vektorbündel 397

Übergang zu einer offenen affinen Umgebung 295
Übergangsabbildung 209
Unbestimmte 54
unitäres Polynom 123
universelle Eigenschaft 297
universelle Eigenschaft des Tensorproduktes 418
Untergarbe 366
Untermodul 112
Unterprägarbe 366
Unterring 54
unverfeinerbar 120
unverkürzbare Darstellung 69
unverzweigter Morphismus 184
Urbildgarbe 367

Variable 2
Verbindungspunkt 9, 348
Verdrehung der Strukturgarbe 433
Verdrehung einer Modulgarbe 437
Verdrehung eines Homomorphismus 438
Verfeinerung einer Kette 120
Verklebungseigenschaft 356
Vermeidungslemma für Primideale 154
Veronese-Einbettung 300, 301
Veronese-Transformierte 301
Veronese-Unterring 301
Verschwindungsideal 60
Verschwindungsideal einer algebraischen Menge 60
Verschwindungsideal einer algebraischen Teilmenge 83
Verschwindungsidealgarbe 368
Verschwindungskriterium 455
verträglich 356
verzweigter Morphismus 184
Verzweigungsordnung 334
Verzweigungspunkte 300
Vielfachheit 2, 17
Vielfachheit einer Hyperfläche in einem Punkt 25
Vielfachheit einer irreduziblen Komponente des Tangentialkegels 259
Vielfachheit einer Tangente 41, 258, 343
Vielfachheit einer Varietät in einem Punkt 244
Vielfachheit eines homogenen Polynoms längs einer Geraden 41
Vielfachheit eines Polynoms an einer Stelle 17
Vielfachheitsbegriff für Tangenten 41, 258
vollständiger Durchschnitt 145
Vollständigkeit einer affinen Hyperfläche in einer Richtung 48

Wendepunkt 342
Wendepunktkonfiguration 352
Wendetangente 343

Zähler 89, 376
Zariski-offen 272
Zariski-Topologie 67, 272, 273
Zariski-Topologie auf dem Spektrum eines Ringes 78
Zariski-Topologie des projektiven Raumes 273
Zerfällungskörper 125
Zerlegung der affinen Hyperflächen 65
Zerlegung eines Elements in irreduzible Faktoren 63
Zerlegung eines Polynoms in homogene Teile 13, 54
Zerlegung in homogene Teile 13, 54, 219
Zerlegung in irreduzible Komponenten 70
Zerlegung in Linearfaktoren 19, 21
Zerlegung in Primfaktoren 63
zurückgezogene Funktion 79, 288
Zurückziehen von Keimen 98, 294
Zurückziehen von rationalen Funktionen 167, 295

刘培杰数学工作室
已出版(即将出版)图书目录——高等数学

书　　名	出版时间	定　价	编号
距离几何分析导引	2015－02	68.00	446
大学几何学	2017－01	78.00	688
关于曲面的一般研究	2016－11	48.00	690
近世纯粹几何学初论	2017－01	58.00	711
拓扑学与几何学基础讲义	2017－04	58.00	756
物理学中的几何方法	2017－06	88.00	767
几何学简史	2017－08	28.00	833

复变函数引论	2013－10	68.00	269
伸缩变换与抛物旋转	2015－01	38.00	449
无穷分析引论(上)	2013－04	88.00	247
无穷分析引论(下)	2013－04	98.00	245
数学分析	2014－04	28.00	338
数学分析中的一个新方法及其应用	2013－01	38.00	231
数学分析例选:通过范例学技巧	2013－01	88.00	243
高等代数例选:通过范例学技巧	2015－06	88.00	475
三角级数论(上册)(陈建功)	2013－01	38.00	232
三角级数论(下册)(陈建功)	2013－01	48.00	233
三角级数论(哈代)	2013－06	48.00	254
三角级数	2015－07	28.00	263
超越数	2011－03	18.00	109
三角和方法	2011－03	18.00	112
随机过程(Ⅰ)	2014－01	78.00	224
随机过程(Ⅱ)	2014－01	68.00	235
算术探索	2011－12	158.00	148
组合数学	2012－04	28.00	178
组合数学浅谈	2012－03	28.00	159
丢番图方程引论	2012－03	48.00	172
拉普拉斯变换及其应用	2015－02	38.00	447
高等代数.上	2016－01	38.00	548
高等代数.下	2016－01	38.00	549
高等代数教程	2016－01	58.00	579
数学解析教程.上卷.1	2016－01	58.00	546
数学解析教程.上卷.2	2016－01	38.00	553
数学解析教程.下卷.1	2017－04	48.00	781
数学解析教程.下卷.2	2017－06	48.00	782
函数构造论.上	2016－01	38.00	554
函数构造论.中	2017－06	48.00	555
函数构造论.下	2016－09	48.00	680
概周期函数	2016－01	48.00	572
变叙的项的极限分布律	2016－01	18.00	573
整函数	2012－08	18.00	161
近代拓扑学研究	2013－04	38.00	239
多项式和无理数	2008－01	68.00	22

刘培杰数学工作室
已出版(即将出版)图书目录——高等数学

书名	出版时间	定价	编号
模糊数据统计学	2008－03	48.00	31
模糊分析学与特殊泛函空间	2013－01	68.00	241
常微分方程	2016－01	58.00	586
平稳随机函数导论	2016－03	48.00	587
量子力学原理·上	2016－01	38.00	588
图与矩阵	2014－08	40.00	644
钢丝绳原理:第二版	2017－01	78.00	745
代数拓扑和微分拓扑简史	2017－06	68.00	791
受控理论与解析不等式	2012－05	78.00	165
不等式的分拆降维降幂方法与可读证明	2016－01	68.00	591
实变函数论	2012－06	78.00	181
复变函数论	2015－08	38.00	504
非光滑优化及其变分分析	2014－01	48.00	230
疏散的马尔科夫链	2014－01	58.00	266
马尔科夫过程论基础	2015－01	28.00	433
初等微分拓扑学	2012－07	18.00	182
方程式论	2011－03	38.00	105
Galois 理论	2011－03	18.00	107
古典数学难题与伽罗瓦理论	2012－11	58.00	223
伽罗华与群论	2014－01	28.00	290
代数方程的根式解及伽罗瓦理论	2011－03	28.00	108
代数方程的根式解及伽罗瓦理论(第二版)	2015－01	28.00	423
线性偏微分方程讲义	2011－03	18.00	110
几类微分方程数值方法的研究	2015－05	38.00	485
N 体问题的周期解	2011－03	28.00	111
代数方程式论	2011－05	18.00	121
线性代数与几何:英文	2016－06	58.00	578
动力系统的不变量与函数方程	2011－07	48.00	137
基于短语评价的翻译知识获取	2012－02	48.00	168
应用随机过程	2012－04	48.00	187
概率论导引	2012－04	18.00	179
矩阵论(上)	2013－06	58.00	250
矩阵论(下)	2013－06	48.00	251
对称锥互补问题的内点法:理论分析与算法实现	2014－08	68.00	368
抽象代数:方法导引	2013－06	38.00	257
集论	2016－01	48.00	576
多项式理论研究综述	2016－01	38.00	577
函数论	2014－11	78.00	395
反问题的计算方法及应用	2011－11	28.00	147
数阵及其应用	2012－02	28.00	164
绝对值方程—折边与组合图形的解析研究	2012－07	48.00	186
代数函数论(上)	2015－07	38.00	494
代数函数论(下)	2015－07	38.00	495

刘培杰数学工作室
已出版(即将出版)图书目录——高等数学

书　　名	出版时间	定　价	编号
偏微分方程论:法文	2015—10	48.00	533
时标动力学方程的指数型二分性与周期解	2016—04	48.00	606
重刚体绕不动点运动方程的积分法	2016—05	68.00	608
水轮机水力稳定性	2016—05	48.00	620
Lévy 噪音驱动的传染病模型的动力学行为	2016—05	48.00	667
铣加工动力学系统稳定性研究的数学方法	2016—11	28.00	710
时滞系统:Lyapunov 泛函和矩阵	2017—05	68.00	784
粒子图像测速仪实用指南:第二版	2017—08	78.00	790
数域的上同调	2017—08	98.00	799
图的正交因子分解(英文)	2018—01	38.00	881
吴振奎高等数学解题真经(概率统计卷)	2012—01	38.00	149
吴振奎高等数学解题真经(微积分卷)	2012—01	68.00	150
吴振奎高等数学解题真经(线性代数卷)	2012—01	58.00	151
高等数学解题全攻略(上卷)	2013—06	58.00	252
高等数学解题全攻略(下卷)	2013—06	58.00	253
高等数学复习纲要	2014—01	18.00	384
超越吉米多维奇.数列的极限	2009—11	48.00	58
超越普里瓦洛夫.留数卷	2015—01	28.00	437
超越普里瓦洛夫.无穷乘积与它对解析函数的应用卷	2015—05	28.00	477
超越普里瓦洛夫.积分卷	2015—06	18.00	481
超越普里瓦洛夫.基础知识卷	2015—06	28.00	482
超越普里瓦洛夫.数项级数卷	2015—07	38.00	489
超越普里瓦洛夫.微分、解析函数、导数卷	2018—01	48.00	852
统计学专业英语	2007—03	28.00	16
统计学专业英语(第二版)	2012—07	48.00	176
统计学专业英语(第三版)	2015—04	68.00	465
代换分析:英文	2015—07	38.00	499
历届美国大学生数学竞赛试题集.第一卷(1938—1949)	2015—01	28.00	397
历届美国大学生数学竞赛试题集.第二卷(1950—1959)	2015—01	28.00	398
历届美国大学生数学竞赛试题集.第三卷(1960—1969)	2015—01	28.00	399
历届美国大学生数学竞赛试题集.第四卷(1970—1979)	2015—01	18.00	400
历届美国大学生数学竞赛试题集.第五卷(1980—1989)	2015—01	28.00	401
历届美国大学生数学竞赛试题集.第六卷(1990—1999)	2015—01	28.00	402
历届美国大学生数学竞赛试题集.第七卷(2000—2009)	2015—08	18.00	403
历届美国大学生数学竞赛试题集.第八卷(2010—2012)	2015—01	18.00	404
超越普特南试题:大学数学竞赛中的方法与技巧	2017—04	98.00	758
历届国际大学生数学竞赛试题集(1994—2010)	2012—01	28.00	143
全国大学生数学夏令营数学竞赛试题及解答	2007—03	28.00	15
全国大学生数学竞赛辅导教程	2012—07	28.00	189
全国大学生数学竞赛复习全书(第2版)	2017—05	58.00	787

刘培杰数学工作室

已出版(即将出版)图书目录——高等数学

书　　名	出版时间	定　价	编号
历届美国大学生数学竞赛试题集	2009-03	88.00	43
前苏联大学生数学奥林匹克竞赛题解(上编)	2012-04	28.00	169
前苏联大学生数学奥林匹克竞赛题解(下编)	2012-04	38.00	170
大学生数学竞赛讲义	2014-09	28.00	371
普林斯顿大学数学竞赛	2016-06	38.00	669

书　　名	出版时间	定　价	编号
初等数论难题集(第一卷)	2009-05	68.00	44
初等数论难题集(第二卷)(上、下)	2011-02	128.00	82,83
数论概貌	2011-03	18.00	93
代数数论(第二版)	2013-08	58.00	94
代数多项式	2014-06	38.00	289
初等数论的知识与问题	2011-02	28.00	95
超越数论基础	2011-03	28.00	96
数论初等教程	2011-03	28.00	97
数论基础	2011-03	18.00	98
数论基础与维诺格拉多夫	2014-03	18.00	292
解析数论基础	2012-08	28.00	216
解析数论基础(第二版)	2014-01	48.00	287
解析数论问题集(第二版)(原版引进)	2014-05	88.00	343
解析数论问题集(第二版)(中译本)	2016-04	88.00	607
解析数论基础(潘承洞,潘承彪著	2016-07	98.00	673
解析数论导引	2016-07	58.00	674
数论入门	2011-03	38.00	99
代数数论入门	2015-03	38.00	448
数论开篇	2012-07	28.00	194
解析数论引论	2011-03	48.00	100
Barban Davenport Halberstam 均值和	2009-01	40.00	33
基础数论	2011-03	28.00	101
初等数论 100 例	2011-05	18.00	122
初等数论经典例题	2012-07	18.00	204
最新世界各国数学奥林匹克中的初等数论试题(上、下)	2012-01	138.00	144,145
初等数论(Ⅰ)	2012-01	18.00	156
初等数论(Ⅱ)	2012-01	18.00	157
初等数论(Ⅲ)	2012-01	28.00	158
平面几何与数论中未解决的新老问题	2013-01	68.00	229
代数数论简史	2014-11	28.00	408
代数数论	2015-09	88.00	532
代数、数论及分析习题集	2016-11	98.00	695
数论导引提要及习题解答	2016-01	48.00	559
素数定理的初等证明. 第 2 版	2016-09	48.00	686
数论中的模函数与狄利克雷级数(第二版)	2017-11	78.00	837
数论:数学导引	2018-01	68.00	849
域论	2018-04	68.00	884
代数数论(冯克勤　编著)	2018-04	68.00	885

刘培杰数学工作室

已出版(即将出版)图书目录——高等数学

书 名	出版时间	定 价	编号
新编 640 个世界著名数学智力趣题	2014-01	88.00	242
500 个最新世界著名数学智力趣题	2008-06	48.00	3
400 个最新世界著名数学最值问题	2008-09	48.00	36
500 个世界著名数学征解问题	2009-06	48.00	52
400 个中国最佳初等数学征解老问题	2010-01	48.00	60
500 个俄罗斯数学经典老题	2011-01	28.00	81
1000 个国外中学物理好题	2012-04	48.00	174
300 个日本高考数学题	2012-05	38.00	142
700 个早期日本高考数学试题	2017-02	88.00	752
500 个前苏联早期高考数学试题及解答	2012-05	28.00	185
546 个早期俄罗斯大学生数学竞赛题	2014-03	38.00	285
548 个来自美苏的数学好问题	2014-11	28.00	396
20 所苏联著名大学早期入学试题	2015-02	18.00	452
161 道德国工科大学生必做的微分方程习题	2015-05	28.00	469
500 个德国工科大学生必做的高数习题	2015-06	28.00	478
360 个数学竞赛问题	2016-08	58.00	677
德国讲义日本考题.微积分卷	2015-04	48.00	456
德国讲义日本考题.微分方程卷	2015-04	38.00	457
二十世纪中叶中、英、美、日、法、俄高考数学试题精选	2017-06	38.00	783

博弈论精粹	2008-03	58.00	30
博弈论精粹.第二版(精装)	2015-01	88.00	461
数学 我爱你	2008-01	28.00	20
精神的圣徒 别样的人生——60 位中国数学家成长的历程	2008-09	48.00	39
数学史概论	2009-06	78.00	50
数学史概论(精装)	2013-03	158.00	272
数学史选讲	2016-01	48.00	544
斐波那契数列	2010-02	28.00	65
数学拼盘和斐波那契魔方	2010-07	38.00	72
斐波那契数列欣赏	2011-01	28.00	160
数学的创造	2011-02	48.00	85
数学美与创造力	2016-01	48.00	595
数海拾贝	2016-01	48.00	590
数学中的美	2011-02	38.00	84
数论中的美学	2014-12	38.00	351
数学王者 科学巨人——高斯	2015-01	28.00	428
振兴祖国数学的圆梦之旅:中国初等数学研究史话	2015-06	98.00	490
二十世纪中国数学史料研究	2015-10	48.00	536
数字谜、数阵图与棋盘覆盖	2016-01	58.00	298
时间的形状	2016-01	38.00	556
数学发现的艺术:数学探索中的合情推理	2016-07	58.00	671
活跃在数学中的参数	2016-07	48.00	675

刘培杰数学工作室
已出版(即将出版)图书目录——高等数学

书 名	出版时间	定 价	编号
格点和面积	2012—07	18.00	191
射影几何趣谈	2012—04	28.00	175
斯潘纳尔引理——从一道加拿大数学奥林匹克试题谈起	2014—01	28.00	228
李普希兹条件——从几道近年高考数学试题谈起	2012—10	18.00	221
拉格朗日中值定理——从一道北京高考试题的解法谈起	2015—10	18.00	197
闵科夫斯基定理——从一道清华大学自主招生试题谈起	2014—01	28.00	198
哈尔测度——从一道冬令营试题的背景谈起	2012—08	28.00	202
切比雪夫逼近问题——从一道中国台北数学奥林匹克试题谈起	2013—04	38.00	238
伯恩斯坦多项式与贝齐尔曲面——从一道全国高中数学联赛试题谈起	2013—03	38.00	236
卡塔兰猜想——从一道普特南竞赛试题谈起	2013—06	18.00	256
麦卡锡函数和阿克曼函数——从一道前南斯拉夫数学奥林匹克试题谈起	2012—08	18.00	201
贝蒂定理与拉姆贝克莫斯尔定理——从一个拣石子游戏谈起	2012—08	18.00	217
皮亚诺曲线和豪斯道夫分球定理——从无限集谈起	2012—08	18.00	211
平面凸图形与凸多面体	2012—10	28.00	218
斯坦因豪斯问题——从一道二十五省市自治区中学数学竞赛试题谈起	2012—07	18.00	196
纽结理论中的亚历山大多项式与琼斯多项式——从一道北京市高一数学竞赛试题谈起	2012—07	28.00	195
原则与策略——从波利亚"解题表"谈起	2013—04	38.00	244
转化与化归——从三大尺规作图不能问题谈起	2012—08	28.00	214
代数几何中的贝祖定理(第一版)——从一道 IMO 试题的解法谈起	2013—08	18.00	193
成功连贯理论与约当块理论——从一道比利时数学竞赛试题谈起	2012—04	18.00	180
素数判定与大数分解	2014—08	18.00	199
置换多项式及其应用	2012—10	18.00	220
椭圆函数与模函数——从一道美国加州大学洛杉矶分校(UCLA)博士资格考题谈起	2012—10	28.00	219
差分方程的拉格朗日方法——从一道 2011 年全国高考理科试题的解法谈起	2012—08	28.00	200
力学在几何中的一些应用	2013—01	38.00	240
高斯散度定理、斯托克斯定理和平面格林定理——从一道国际大学生数学竞赛试题谈起	即将出版		
康托洛维奇不等式——从一道全国高中联赛试题谈起	2013—03	28.00	337
西格尔引理——从一道第 18 届 IMO 试题的解法谈起	即将出版		
罗斯定理——从一道前苏联数学竞赛试题谈起	即将出版		
拉克斯定理和阿廷定理——从一道 IMO 试题的解法谈起	2014—01	58.00	246
毕卡大定理——从一道美国大学数学竞赛试题谈起	2014—07	18.00	350
贝齐尔曲线——从一道全国高中联赛试题谈起	即将出版		
拉格朗日乘子定理——从一道 2005 年全国高中联赛试题的高等数学解法谈起	2015—05	28.00	480
雅可比定理——从一道日本数学奥林匹克试题谈起	2013—04	48.00	249
李天岩一约克定理——从一道波兰数学竞赛试题谈起	2014—06	28.00	349
整系数多项式因式分解的一般方法——从克朗耐克算法谈起	即将出版		

刘培杰数学工作室
已出版(即将出版)图书目录——高等数学

书　名	出版时间	定　价	编号
布劳维不动点定理——从一道前苏联数学奥林匹克试题谈起	2014—01	38.00	273
伯恩赛德定理——从一道英国数学奥林匹克试题谈起	即将出版		
布查特－莫斯特定理——从一道上海市初中竞赛试题谈起	即将出版		
数论中的同余数问题——从一道普特南竞赛试题谈起	即将出版		
范・德蒙行列式——从一道美国数学奥林匹克试题谈起	即将出版		
中国剩余定理:总数法构建中国历史年表	2015—01	28.00	430
牛顿程序与方程求根——从一道全国高考试题解法谈起	即将出版		
库默尔定理——从一道 IMO 预选试题谈起	即将出版		
卢丁定理——从一道冬令营试题的解法谈起	即将出版		
沃斯滕霍姆定理——从一道 IMO 预选试题谈起	即将出版		
卡尔松不等式——从一道莫斯科数学奥林匹克试题谈起	即将出版		
信息论中的香农熵——从一道近年高考压轴题谈起	即将出版		
约当不等式——从一道希望杯竞赛试题谈起	即将出版		
拉比诺维奇定理	即将出版		
刘维尔定理——从一道《美国数学月刊》征解问题的解法谈起	即将出版		
卡塔兰恒等式与级数求和——从一道 IMO 试题的解法谈起	即将出版		
勒让德猜想与素数分布——从一道爱尔兰竞赛试题谈起	即将出版		
天平称重与信息论——从一道基辅市数学奥林匹克试题谈起	即将出版		
哈密尔顿－凯莱定理:从一道高中数学联赛试题的解法谈起	2014—09	18.00	376
艾思特曼定理——从一道 CMO 试题的解法谈起	即将出版		
一个爱尔特希问题——从一道西德数学奥林匹克试题谈起	即将出版		
有限群中的爱丁格尔问题——从一道北京市初中二年级数学竞赛试题谈起	即将出版		
贝克码与编码理论——从一道全国高中联赛试题谈起	即将出版		
帕斯卡三角形	2014—03	18.00	294
蒲丰投针问题——从 2009 年清华大学的一道自主招生试题谈起	2014—01	38.00	295
斯图姆定理——从一道"华约"自主招生试题的解法谈起	2014—01	18.00	296
许瓦兹引理——从一道加利福尼亚大学伯克利分校数学系博士生试题谈起	2014—08	18.00	297
拉姆塞定理——从王诗宬院士的一个问题谈起	2016—04	48.00	299
坐标法	2013—12	28.00	332
数论三角形	2014—04	38.00	341
毕克定理	2014—07	18.00	352
数林掠影	2014—09	48.00	389
我们周围的概率	2014—10	38.00	390
凸函数最值定理:从一道华约自主招生题的解法谈起	2014—10	28.00	391
易学与数学奥林匹克	2014—10	38.00	392
生物数学趣谈	2015—01	18.00	409
反演	2015—01	28.00	420
因式分解与圆锥曲线	2015—01	18.00	426
轨迹	2015—01	28.00	427
面积原理:从常庚哲命的一道 CMO 试题的积分解法谈起	2015—01	48.00	431
形形色色的不动点定理:从一道 28 届 IMO 试题谈起	2015—01	38.00	439
柯西函数方程:从一道上海交大自主招生的试题谈起	2015—02	28.00	440

刘培杰数学工作室
已出版(即将出版)图书目录——高等数学

书　名	出版时间	定　价	编号
三角恒等式	2015－02	28.00	442
无理性判定:从一道2014年"北约"自主招生试题谈起	2015－01	38.00	443
数学归纳法	2015－03	18.00	451
极端原理与解题	2015－04	28.00	464
法雷级数	2014－08	18.00	367
摆线族	2015－01	38.00	438
函数方程及其解法	2015－05	38.00	470
含参数的方程和不等式	2012－09	28.00	213
希尔伯特第十问题	2016－01	38.00	543
无穷小量的求和	2016－01	28.00	545
切比雪夫多项式:从一道清华大学金秋营试题谈起	2016－01	38.00	583
泽肯多夫定理	2016－03	38.00	599
代数等式证题法	2016－01	28.00	600
三角等式证题法	2016－01	28.00	601
吴大任教授藏书中的一个因式分解公式:从一道美国数学邀请赛试题的解法谈起	2016－06	28.00	656
易卦——类万物的数学模型	2017－08	68.00	838
"不可思议"的数与数系可持续发展	2018－01	38.00	878
最短线	2018－01	38.00	879
从毕达哥拉斯到怀尔斯	2007－10	48.00	9
从迪利克雷到维斯卡尔迪	2008－01	48.00	21
从哥德巴赫到陈景润	2008－05	98.00	35
从庞加莱到佩雷尔曼	2011－08	138.00	136
从费马到怀尔斯——费马大定理的历史	2013－10	198.00	Ⅰ
从庞加莱到佩雷尔曼——庞加莱猜想的历史	2013－10	298.00	Ⅱ
从切比雪夫到爱尔特希(上)——素数定理的初等证明	2013－07	48.00	Ⅲ
从切比雪夫到爱尔特希(下)——素数定理100年	2012－12	98.00	Ⅲ
从高斯到盖尔方特——二次域的高斯猜想	2013－10	198.00	Ⅳ
从库默尔到朗兰兹——朗兰兹猜想的历史	2014－01	98.00	Ⅴ
从比勃巴赫到德布朗斯——比勃巴赫猜想的历史	2014－02	298.00	Ⅵ
从麦比乌斯到陈省身——麦比乌斯变换与麦比乌斯带	2014－02	298.00	Ⅶ
从布尔到豪斯道夫——布尔方程与格论漫谈	2013－10	198.00	Ⅷ
从开普勒到阿诺德——三体问题的历史	2014－05	298.00	Ⅸ
从华林到华罗庚——华林问题的历史	2013－10	298.00	Ⅹ
数学物理大百科全书.第1卷	2016－01	418.00	508
数学物理大百科全书.第2卷	2016－01	408.00	509
数学物理大百科全书.第3卷	2016－01	396.00	510
数学物理大百科全书.第4卷	2016－01	408.00	511
数学物理大百科全书.第5卷	2016－01	368.00	512
朱德祥代数与几何讲义.第1卷	2017－01	38.00	697
朱德祥代数与几何讲义.第2卷	2017－01	28.00	698
朱德祥代数与几何讲义.第3卷	2017－01	28.00	699

刘培杰数学工作室
已出版(即将出版)图书目录——高等数学

书　　名	出版时间	定　价	编号
闵嗣鹤文集	2011－03	98.00	102
吴从炘数学活动三十年(1951～1980)	2010－07	99.00	32
吴从炘数学活动又三十年(1981～2010)	2015－07	98.00	491

斯米尔诺夫高等数学.第一卷	2018－03	88.00	770
斯米尔诺夫高等数学.第二卷.第一分册	2018－03	68.00	771
斯米尔诺夫高等数学.第二卷.第二分册	2018－03	68.00	772
斯米尔诺夫高等数学.第二卷.第三分册	2018－03	48.00	773
斯米尔诺夫高等数学.第三卷.第一分册	2018－03	58.00	774
斯米尔诺夫高等数学.第三卷.第二分册	2018－03	58.00	775
斯米尔诺夫高等数学.第三卷.第三分册	2018－03	68.00	776
斯米尔诺夫高等数学.第四卷.第一分册	2018－03	48.00	777
斯米尔诺夫高等数学.第四卷.第二分册	2018－03	88.00	778
斯米尔诺夫高等数学.第五卷.第一分册	2018－03	58.00	779
斯米尔诺夫高等数学.第五卷.第二分册	2018－03	68.00	780

zeta 函数,q-zeta 函数,相伴级数与积分	2015－08	88.00	513
微分形式:理论与练习	2015－08	58.00	514
离散与微分包含的逼近和优化	2015－08	58.00	515
艾伦·图灵:他的工作与影响	2016－01	98.00	560
测度理论概率导论,第 2 版	2016－01	88.00	561
带有潜在故障恢复系统的半马尔柯夫模型控制	2016－01	98.00	562
数学分析原理	2016－01	88.00	563
随机偏微分方程的有效动力学	2016－01	88.00	564
图的谱半径	2016－01	58.00	565
量子机器学习中数据挖掘的量子计算方法	2016－01	98.00	566
量子物理的非常规方法	2016－01	118.00	567
运输过程的统一非局部理论:广义波尔兹曼物理动力学,第 2 版	2016－01	198.00	568
量子力学与经典力学之间的联系在原子、分子及电动力学系统建模中的应用	2016－01	58.00	569
算术域:第 3 版	2017－08	158.00	820

算术域	2018－01	158.00	821
高等数学竞赛:1962—1991 年的米洛克斯·史怀哲竞赛	2018－01	128.00	822
用数学奥林匹克精神解决数论问题	2018－01	108.00	823
代数几何(德语)	即将出版		824
丢番图近似值	2018－01	78.00	825
代数几何学基础教程	2018－01	98.00	826
解析数论入门课程	2018－01	78.00	827
中正大学数论教程	即将出版		828
数论中的丢番图问题	2018－01	78.00	829
数论(梦幻之旅):第五届中日数论研讨会演讲集	2018－01	68.00	830
数论新应用	2018－01	68.00	831
数论	2018－01	78.00	832

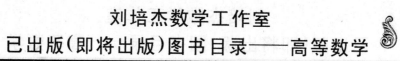

刘培杰数学工作室
已出版(即将出版)图书目录——高等数学

书　名	出版时间	定　价	编号
湍流十讲	2018－04	108.00	886
无穷维李代数:第 3 版	2018－04	98.00	887
等值、不变量和对称性:英文	2018－04	78.00	888
解析数论	即将出版		889
《数学原理》的演化:伯特兰・罗素撰写第二版时的手稿与笔记	即将出版		890
哈密尔顿数学论文集(第 4 卷):几何学、分析学、天文学、概率和有限差分等	即将出版		891

数学王子——高斯	2018－01	48.00	858
坎坷奇星——阿贝尔	2018－01	48.00	859
闪烁奇星——伽罗瓦	2018－01	58.00	860
无穷统帅——康托尔	2018－01	48.00	861
科学公主——柯瓦列夫斯卡娅	2018－01	48.00	862
抽象代数之母——埃米・诺特	2018－01	48.00	863
电脑先驱——图灵	2018－01	58.00	864
昔日神童——维纳	2018－01	48.00	865
数坛怪侠——爱尔特希	2018－01	68.00	866

当代世界中的数学.数学思想与数学基础	2018－04	38.00	892
当代世界中的数学.数学问题	即将出版		893
当代世界中的数学.应用数学与数学应用	即将出版		894
当代世界中的数学.数学王国的新疆域(一)	2018－04	38.00	895
当代世界中的数学.数学王国的新疆域(二)	即将出版		896
当代世界中的数学.数林撷英(一)	即将出版		897
当代世界中的数学.数林撷英(二)	即将出版		898
当代世界中的数学.数学之路	即将出版		899

联系地址:哈尔滨市南岗区复华四道街10号　哈尔滨工业大学出版社刘培杰数学工作室

网　　址:http://lpj.hit.edu.cn/

邮　　编:150006

联系电话:0451－86281378　　13904613167

E-mail:lpj1378@163.com